U0258895

编审委员会

主　任　侯建国

副主任　窦贤康　陈初升

　　　　　张淑林　朱长飞

委　员（按姓氏笔画排序）

方兆本　史济怀　古继宝　伍小平

刘　斌　刘万东　朱长飞　孙立广

汤书昆　向守平　李曙光　苏　淳

陆夕云　杨金龙　张淑林　陈发来

陈华平　陈初升　陈国良　陈晓非

周学海　胡化凯　胡友秋　俞书勤

侯建国　施蕴渝　郭光灿　郭庆祥

奚宏生　钱逸泰　徐善驾　盛六四

龚兴龙　程福臻　蒋　一　窦贤康

褚家如　滕脉坤　霍剑青

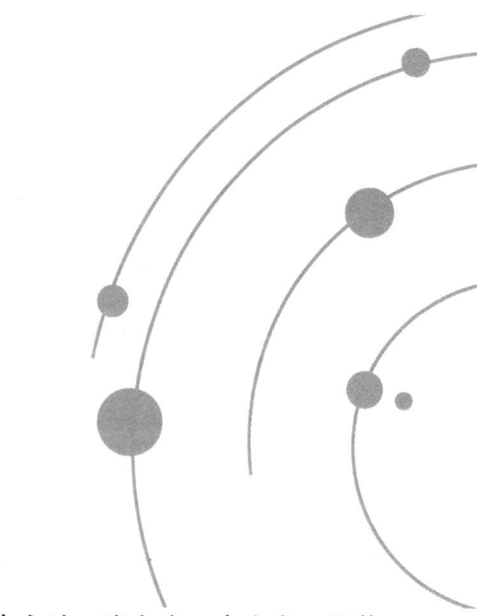

李永池　张永亮　高光发／编著

Continuum Mechanics
Fundamentals and Applications

连续介质力学基础及其应用

中国科学技术大学出版社

内容简介

本书力求用简练、清晰的语言对连续介质力学基础及其应用方面的问题进行介绍，涉及的基础知识主要有笛卡儿张量的基本知识、连续介质应力原理、主应力及最大剪应力、连续介质运动及变形描述、变形热力学及连续介质力学守恒定律和连续介质本构关系的初等理论等。为了使读者掌握应用连续介质知识求解问题的基本方法，本书对流体力学、固体力学和爆炸与冲击工程力学中常见的典型问题进行了介绍，所涉及问题的物理概念清晰明了，求解分析逻辑严谨。

本书可作为力学、工程热物理、工程科学、材料科学、地球和空间科学以及应用数学等专业的本科生教材，也可作为力学相关领域内研究生和科技工作者的参考书。

图书在版编目(CIP)数据

连续介质力学基础及其应用/李永池，张永亮，高光发编著. —合肥：中国科学技术大学出版社，2019.10

(中国科学技术大学精品教材)

安徽省“十三五”重点出版物出版规划项目

安徽省高等学校一流教材

ISBN 978-7-312-04785-5

Ⅰ.连…　Ⅱ.①李…②张…③高…　Ⅲ.连续介质力学—高等学校—教材　Ⅳ.O33

中国版本图书馆CIP数据核字(2019)第205470号

出版　中国科学技术大学出版社
安徽省合肥市金寨路96号，230026
http://press.ustc.edu.cn
https://zgkxjsdxcbs.tmall.com

印刷　安徽省瑞隆印务有限公司

发行　中国科学技术大学出版社

经销　全国新华书店

开本　787 mm×1092 mm　1/16

印张　28.25

插页　2

字数　723千

版次　2019年10月第1版

印次　2019年10月第1次印刷

定价　69.00元

总　序

2008年，为庆祝中国科学技术大学建校五十周年，反映建校以来的办学理念和特色，集中展示教材建设的成果，学校决定组织编写出版代表中国科学技术大学教学水平的精品教材系列。在各方的共同努力下，共组织选题281种，经过多轮、严格的评审，最后确定50种入选精品教材系列。

五十周年校庆精品教材系列于2008年9月纪念建校五十周年之际陆续出版，共出书50种，在学生、教师、校友以及高校同行中引起了很好的反响，并整体进入国家新闻出版总署的"十一五"国家重点图书出版规划。为继续鼓励教师积极开展教学研究与教学建设，结合自己的教学与科研积累编写高水平的教材，学校决定，将精品教材出版作为常规工作，以《中国科学技术大学精品教材》系列的形式长期出版，并设立专项基金给予支持。国家新闻出版总署也将该精品教材系列继续列入"十二五"国家重点图书出版规划。

1958年学校成立之时，教员大部分来自中国科学院的各个研究所。作为各个研究所的科研人员，他们到学校后保持了教学的同时又作研究的传统。同时，根据"全院办校，所系结合"的原则，科学院各个研究所在科研第一线工作的杰出科学家也参与学校的教学，为本科生授课，将最新的科研成果融入到教学中。虽然现在外界环境和内在条件都发生了很大变化，但学校以教学为主、教学与科研相结合的方针没有变。正因为坚持了科学与技术相结合、理论与实践相结合、教学与科研相结合的方针，并形成了优良的传统，才培养出了一批又一批高质量的人才。

学校非常重视基础课和专业基础课教学的传统，也是她特别成功的原因之一。当今社会，科技发展突飞猛进、科技成果日新月异，没有扎实的基础知识，很难在科学技术研究中作出重大贡献。建校之初，华罗庚、吴有训、严济慈等老一辈科学家、教育家就身体力行，亲自为本科生讲授基础课。他们以渊博的学识、精湛的讲课艺术、高尚的师德，带出一批又一批杰出的年轻教员，培养了一届又一届优秀学生。入选精品教材系列的绝大部分是基础课或专业基础课的教材，其作者大多直接或间接受到过这些老一辈科学家、教育家的教诲和影响，因此在教材中也贯穿着这些先辈的教育教学理念与科学探索精神。

改革开放之初，学校最先选派青年骨干教师赴西方国家交流、学习，他们在带回先进科学技术的同时，也把西方先进的教育理念、教学方法、教学内容等带回到中国科学技术大学，并以极大的热情进行教学实践，使"科学与技术相结合、理论与实践相结合、教学与科研相结合"的方针得到进一步深化，取得了非常好的效果，培养的学生得到全社会的认可。这些教学改革影响深远，直到今天仍然受到学生的欢迎，并辐射到其他高校。在入选的精品教材中，这种理念与尝试也都有充分的体现。

中国科学技术大学自建校以来就形成的又一传统是根据学生的特点，用创新的精神编写教材。进入我校学习的都是基础扎实、学业优秀、求知欲强、勇于探索和追求的学生，针对他们的具体情况编写教材，才能更加有利于培养他们的创新精神。教师们坚持教学与科研的结合，根据自己的科研体会，借鉴目前国外相关专业有关课程的经验，注意理论与实际应用的结合，基础知识与最新发展的结合，课堂教学与课外实践的结合，精心组织材料、认真编写教材，使学生在掌握扎实的理论基础的同时，了解最新的研究方法，掌握实际应用的技术。

入选的这些精品教材，既是教学一线教师长期教学积累的成果，也是学校教学传统的体现，反映了中国科学技术大学的教学理念、教学特色和教学改革成果。希望该精品教材系列的出版，能对我们继续探索科教紧密结合培养拔尖创新人才，进一步提高教育教学质量有所帮助，为高等教育事业作出我们的贡献。

中国科学院院士

第三世界科学院院士

序

李永池等人编著的《连续介质力学基础及其应用》，用准确清晰的语言对笛卡儿张量的基本知识、连续介质力学的应力原理、连续介质的运动和变形描述、变形热力学和连续介质力学的守恒定律、连续介质本构关系的初等理论，以及流体力学、固体力学和爆炸与冲击工程力学中的典型问题，进行了系统的介绍。全书概念清晰、逻辑严谨，对基本理论和基本知识的阐述准确到位，注重将严谨的数学推理和清晰的物理概念相结合，力图使读者既不停留在繁琐的数学公式推导之中，也不停留在粗浅的物理现象描述之上，而是能清晰认识数学公式所包含的深刻物理实质。

全书以流体力学和固体力学相统一、静态问题和动态问题相结合、力学和热学相结合、结构型力学和本构型力学相结合的思想进行阐述，使学生能够辩证地了解流体和固体的统一和转化、静态问题和动态问题的联系和区别、力学和热力学的耦合、结构型力学和本构型力学的相互关系与相互影响。这有利于提高学生的辩证思维能力，并启发学生的创新思维能力。

本书除了对流体力学和固体力学典型问题进行介绍以外，还特别加入了对爆炸和冲击工程力学典型问题的介绍，这将扩大学生的知识视野，提高学生处理实际问题的能力，使学生对在高应变率等极端条件下的问题特点和处理方法有恰当的认识。

书稿完成后，我通读了一遍，感到获益良多。期望本书的出版有助于提高我国力学学科的教学与科研水平。

黄克智

清华大学教授

中国科学院院士

俄罗斯科学院外籍院士

2018 年 12 月

前　言

本书取名为《连续介质力学基础及其应用》，顾名思义，其内容包括两部分，第一部分是连续介质力学的基础知识，第二部分是关于对这些知识的应用。

关于连续介质力学的基础知识，主要涉及笛卡儿张量的基本知识、连续介质应力原理、主应力及最大切应力、连续介质运动及变形描述、变形热力学及连续介质力学守恒定律、连续介质本构关系的初等理论等。

关于连续介质力学基础知识的应用，书中选择了作者认为有典型意义的流体力学、固体力学和爆炸与冲击工程力学问题的若干实例。关于流体力学典型问题，作者选择了流体力学运动方程的几个积分及其应用、量纲分析和相似理论基础、流体力学基本方程组和流体问题的相似准数、黏性不可压缩流体的一维定常流动、理想不可压缩流体的平面无旋流动的基础知识、理想气体一维定常绝热变截面管流、流体中的波和气体动力学基础知识、驻激波等内容。关于固体力学的典型问题，作者选择了弹性力学问题的位移解法和应力解法、弹性力学平面问题、弹性力学长柱体的自由扭转问题、弹塑性梁的弯曲问题、厚球壳及厚壁圆筒（圆盘）的弹塑性变形问题、各向同性线弹性介质中应力波的基础知识、波阵面上的守恒条件、弹性波在两种材料交界面上的透反射、一维应力波的特征线法及应用等内容。关于爆炸与冲击工程力学的典型问题，作者选择了平稳自持爆轰模型、爆轰产物的一维自模拟解和爆轰流场、炸药在刚壁上的平面一维接触爆炸、炸药对金属板的抛掷问题、柱形弹壳的动态断裂问题、梁在空中爆炸载荷作用下的弹性变形、薄球壳在空中载荷作用下的运动和变形、平板在水下爆炸波作用下的运动和变形、高速冲击载荷下的圆柱墩粗问题等内容。希望通过对这些问题的求解，使读者可以获得求解连续介质问题的基本方法。

除了对流体力学和固体力学典型问题进行介绍以外，本书还特别加入了对爆炸和冲击工程力学典型实例的介绍，这将扩大学生的知识视野，使学生对在高应变率等极端条件下的问题特点和处理方法有恰当的认识。

本书成书过程中，高光发、邓世春、段世伟、李煦阳、王光勇、孙晓旺、叶中豹等为本书的打印、作图和修改付出了辛勤的劳动，他们也对本书的内容提出了不少有益的建议。特别是张永亮同志，在后期几乎承担了本书全部书稿的编撰工作，没有他的劳动，本书是不可能出版的。在此对以上同志表示衷心的感谢。

由于作者水平有限，书中存在错误和不当之处在所难免，欢迎读者和专家指正。

李永池

2018年12月

目　录

第 1 章　笛卡儿张量基础知识

1.1 引　　言

量纲分析和张量分析是自然科学研究的两大基石，具有十分重要的意义。这是因为，我们不能把两个具有不同量纲的量相加，如不能将长度和时间或质量相加；同样，我们也不能将不同阶的张量相加，如不能将纯数量的标量和矢量相加，也不能将矢量和 2 阶张量或更高阶的张量相加。因此，只有各项保持量纲一致和张量阶数一致的物理方程才是合理的和科学的，否则这个物理方程就是错误的和不科学的。从张量分析重要性的角度来说，自然界中各种物理量都可以纳入张量的框架来统一描述，或者说只有当把它们作为张量来描述时才能清楚地揭示这些物理量的与具体坐标系无关的不变性本质，并揭示联系各种物理量间相互关系的物理定律的不变性本质，这就是张量概念和张量方程概念的基本价值。

考虑到在实践中应用最多的是笛卡儿张量，本书第 1 章将从连续介质力学和物理学的应用和需要的角度出发，主要在笛卡儿坐标系中介绍张量的知识，即介绍笛卡儿张量的知识。为此，我们将从现实的三维欧几里得(Euclid)空间出发，主要以均匀地分布于空间的直角笛卡儿坐标系为工具，介绍张量的概念和张量的代数及其微分和积分运算，并以局部正交基间基变换的概念为基础，介绍在正交曲线坐标系中的笛卡儿张量。我们假设读者已经掌握了高等数学中矢量代数和矢量分析的有关知识，所以不再赘述有关矢量空间的系统理论，而直接以矢量代数和矢量分析的知识为基础，逐步深入地介绍张量分析的基础理论和方法。

1.2　指标记法与求和约定

自然界中各种物理量都是客观实在量，它们是不依赖于坐标系而存在的。但是，为了对这些量进行刻画和表征，以便进行运算，我们又常常需要选择一定的坐标系，而把各种物理量在坐标系中的分量作为它们在此坐标系中的“表象”(representation)。在欧几里得(Euclid)空间中，人们最常用的坐标系是直角笛卡儿坐标系(x,y,z)(rectangular Cartesian coordinates system)。为书写方便，在张量分析中人们广泛采用“指标记法”(index notation)，即用带指标的 x_i($i=1、2、3$)来代替(x,y,z)。类似地，用 $\boldsymbol{i}_i$($i=1、2、3$)来表示坐标轴 x_i 方向上的单位基矢量，在直角笛卡儿坐标系中，它们形成长度为 1 且两两正交的幺正基(unitary basis)或法化基(normalized basis)。在笛卡儿张量理论中人们常用下标(subscripts),而在一般张量的理论中人们则常常需要同时采用上标(superscripts)和下标的形式。于是,对欧几里得空间中任一点 A 相对于坐标原点 O 的矢径 $\boldsymbol{x}=\overrightarrow{OA}$ 及空间的任何一个矢量 $\boldsymbol{a}$,我们可以按平行六面体法则(这里是长方体法则)进行线性分解而写出

$$\begin{cases}\boldsymbol{x} = x_1\boldsymbol{i}_1 + x_2\boldsymbol{i}_2 + x_3\boldsymbol{i}_3 = x_i\boldsymbol{i}_i \\ \boldsymbol{a} = a_1\boldsymbol{i}_1 + a_2\boldsymbol{i}_2 + a_3\boldsymbol{i}_3 = a_i\boldsymbol{i}_i\end{cases} \tag{1.2.1}$$

其中,x_i 和 a_i 分别是矢量 $\boldsymbol{x}$ 和 $\boldsymbol{a}$ 在幺正基矢量 $\boldsymbol{i}_i$ 上的分解系数,这是大家在解析几何中所熟知的。在笛卡儿张量理论中,人们还广泛采用所谓的"求和约定"(summation convention),式(1.2.1)中的最后两个等号即应用了"求和约定",求和约定的含义是:若某个指标在某一单项式中重复出现,则该项代表一个和式,也就意味着将此指标从1至3历遍取值并对所得的3项求和。如果是在 n 维欧几里得空间中,则是对其从1至 n 历遍取值并对所得的 n 项求和。我们把重复出现而对其约定求和的指标称为"哑标"(dummy index 或 dumb index),如式(1.2.1)中的指标 i 即是哑标。显然,哑标只有形式上的意义,而并不表示1、2、3中某一个确定的值,因此可将式(1.2.1)中的哑标 i 改为任意其他指标而并不改变该式的最后结果。例如,$\boldsymbol{a}=a_i\boldsymbol{i}_i=a_j\boldsymbol{i}_j=a_k\boldsymbol{i}_k$ 等都是可以的。

对于幺正基 $\boldsymbol{i}_i$,其幺正条件可以表达为

$$\boldsymbol{i}_i \cdot \boldsymbol{i}_j = \delta_{ij} = \begin{cases}1 & (i=j) \\ 0 & (i\neq j)\end{cases} \quad (\boldsymbol{i}、\boldsymbol{j} = 1、2、3) \tag{1.2.2}$$

其中,δ_{ij} 称为克罗尼克尔记号(Kronecker symbol 或 Kronecker delta),它在张量运算中具有重要的作用,如果将 δ_{ij} 的9个分量排成一个矩阵,它恰恰与单位矩阵相对应。与式(1.2.1)的下标 i 不同,式(1.2.2)中的指标 i 和 j 都没有重复出现,它可代表1、2、3中某一个确定的值,我们称这样的指标为"自由指标"(free index)。因此,式(1.2.1)只代表1个式子,它含有3项之和,而式(1.2.2)则代表9个式子。在张量运算中,正确区分"哑标"和"自由指标"并明确其不同的作用是十分重要的,张量运算中的许多错误也常常与指标选取不当或对指标作用认识上的错误有关,读者对这点必须特别注意。

根据 δ_{ij} 的定义与求和约定的含义,很容易理解如下各个恒等式:

$$\begin{cases}\delta_{ii} = 3 \\ \delta_{ik}\delta_{kj} = \delta_{ij} \\ \delta_{ij}\delta_{ij} = \delta_{jj} = 3 \\ a_i\delta_{ij} = a_j \\ A_{ik}\delta_{kj} = A_{ij} \\ \delta_{ij} = \delta_{ji}\end{cases} \tag{1.2.3}$$

由式(1.2.3)可见,δ_{ij} 作为一个因子与任何一个量相乘时,起到改换指标(changing index)的作用,具体表述为:将与之相乘的因子中同 δ_{ij} 中某一重复的哑标改换为 δ_{ij} 中的另一指标。

将任意矢量 $\boldsymbol{a}$ 在直角笛卡儿坐标系中的分解式(1.2.1)两端与基矢量 $\boldsymbol{i}_j$ 进行点积,即可求出分解系数 a_j:

$$\boldsymbol{a} \cdot \boldsymbol{i}_j = a_i\boldsymbol{i}_i \cdot \boldsymbol{i}_j = a_i\delta_{ij} = a_j \quad (j = 1、2、3) \tag{1.2.4}$$

这里我们利用了 δ_{ij} 的定义式(1.2.2)及其换标作用式(1.2.3)。将式(1.2.4)中的自由指标 j 改为 i,并将之与式(1.2.1)结合起来,可有

$$\begin{cases} \boldsymbol{a} = a_i \boldsymbol{i}_i \\ a_i = \boldsymbol{a} \cdot \boldsymbol{i}_i \end{cases} \tag{1.2.5}$$

式(1.2.5)中的第一式称为矢量 $\boldsymbol{a}$ 在幺正基 $\boldsymbol{i}_i$ 上的线性分解式，而第二式则表明其分解系数 a_i 等于矢量 $\boldsymbol{a}$ 在幺正基 $\boldsymbol{i}_i$ 上的正交投影。

在张量运算中还常用到另一个量 e_{ijk}，称为“置换记号”(permutation symbol)，有的书上称之为列维-悉维塔(Levy-Civita)记号，它是一个有三个指标的 3 阶系统，其定义为

$$e_{ijk} = \begin{cases} 1 & (\text{当 } ijk \text{ 为 123 的正序时}) \\ -1 & (\text{当 } ijk \text{ 为 123 的逆序时}) \\ 0 & (\text{其他}) \end{cases} \tag{1.2.6}$$

上式中的指标 i、j、k 均为自由指标，故它包括 $3^3 = 27$ 个式子，其中有 3 个为“1”，3 个为“−1”，余下的 21 个分量全为“0”。

如果我们选取的幺正基 $\boldsymbol{i}_i$ 组成右手系(本书一般情况下总是这样规定)，则根据解析几何中矢量混合乘积的定义，显然我们有

$$e_{ijk} = \boldsymbol{i}_i \cdot (\boldsymbol{i}_j \times \boldsymbol{i}_k) \tag{1.2.7}$$

此外，不难证明如下的一些恒等式成立：

$$\begin{cases} e_{ijk} = e_{jki} = e_{kij}, \quad e_{ijk} = -e_{jik}, \quad e_{ijk} = -e_{ikj}, \quad e_{ijk} = -e_{kji} \\ e_{ijk}e_{ijk} = 6 \\ \boldsymbol{a}_i \cdot (\boldsymbol{a}_j \times \boldsymbol{a}_k) = e_{ijk}\boldsymbol{a}_1 \cdot (\boldsymbol{a}_2 \times \boldsymbol{a}_3) & (\text{对任意的 3 个矢量 } \boldsymbol{a}_1、\boldsymbol{a}_2、\boldsymbol{a}_3) \\ \boldsymbol{i}_i \cdot (\boldsymbol{i}_j \times \boldsymbol{i}_k) = e_{ijk}\boldsymbol{i}_1 \cdot (\boldsymbol{i}_2 \times \boldsymbol{i}_3) & (\text{上式取 } \boldsymbol{a}_i \text{ 为 } \boldsymbol{i}_i \text{ 时}) \\ e_{ijk}A_{jk} = 0 & (\text{当 } A_{jk} = A_{kj} \text{ 时}) \end{cases} \tag{1.2.8}$$

当幺正基 $\boldsymbol{i}_i$ 组成右手系时，利用解析几何中两个矢量叉乘的定义，我们曾有如下的 9 个恒等式成立：

$$\begin{cases} \boldsymbol{i}_1 \times \boldsymbol{i}_2 = \boldsymbol{i}_3, \quad \boldsymbol{i}_2 \times \boldsymbol{i}_3 = \boldsymbol{i}_1, \quad \boldsymbol{i}_3 \times \boldsymbol{i}_1 = \boldsymbol{i}_2 \\ \boldsymbol{i}_2 \times \boldsymbol{i}_1 = -\boldsymbol{i}_3, \quad \boldsymbol{i}_3 \times \boldsymbol{i}_2 = -\boldsymbol{i}_1, \quad \boldsymbol{i}_1 \times \boldsymbol{i}_3 = -\boldsymbol{i}_2 \\ \boldsymbol{i}_1 \times \boldsymbol{i}_1 = \boldsymbol{0}, \quad \boldsymbol{i}_2 \times \boldsymbol{i}_2 = \boldsymbol{0}, \quad \boldsymbol{i}_3 \times \boldsymbol{i}_3 = \boldsymbol{0} \end{cases}$$

利用置换记号 e_{ijk}，可将这 9 个恒等式统一地写为

$$\begin{cases} \boldsymbol{i}_i \times \boldsymbol{i}_j = e_{ijk}\boldsymbol{i}_k & (i = 1、2、3; j = 1、2、3) \\ \boldsymbol{i}_i = \dfrac{1}{2}e_{ijk}\boldsymbol{i}_j \times \boldsymbol{i}_k & (i = 1、2、3) \end{cases} \tag{1.2.9}$$

利用前面的公式，我们还可以求出任意两个矢量 $\boldsymbol{a}$ 和 $\boldsymbol{b}$ 的点积、叉积以及任意三个矢量 $\boldsymbol{a}$、$\boldsymbol{b}$、$\boldsymbol{c}$ 的混合乘积的表达式。对点积，我们有

$$\boldsymbol{a} \cdot \boldsymbol{b} = a_i\boldsymbol{i}_i \cdot b_j\boldsymbol{i}_j = a_ib_j\delta_{ij} = a_ib_i$$

即

$$\boldsymbol{a} \cdot \boldsymbol{b} = a_ib_i \tag{1.2.10}$$

对叉积，我们有

$$\boldsymbol{a} \times \boldsymbol{b} = (a_i\boldsymbol{i}_i) \times (b_j\boldsymbol{i}_j) = a_ib_je_{ijk}\boldsymbol{i}_k$$

即

$$\begin{cases} \boldsymbol{a} \times \boldsymbol{b} = a_ib_je_{ijk}\boldsymbol{i}_k \\ (\boldsymbol{a} \times \boldsymbol{b})_k = a_ib_je_{ijk} = e_{kij}a_ib_j \end{cases} \tag{1.2.11}$$

对混合积，我们有

$$\boldsymbol{a} \cdot (\boldsymbol{b} \times \boldsymbol{c}) = a_i \boldsymbol{i}_i \cdot (b_j \boldsymbol{i}_j \times c_k \boldsymbol{i}_k) = a_i b_j c_k e_{ijk}$$

即

$$\boldsymbol{a} \cdot (\boldsymbol{b} \times \boldsymbol{c}) = a_i b_j c_k e_{ijk} \tag{1.2.12}$$

利用置换记号 e_{ijk} 还可以将任意一个 3×3 矩阵 $\boldsymbol{A}$ 的行列式之值 $|\boldsymbol{A}|$ 写为

$$|\boldsymbol{A}| = e_{ijk} A_{i1} A_{j2} A_{k3} \tag{1.2.13}$$

根据行标和列标对等的性质，显然将式(1.2.13)中的 $e_{ijk}A_{i1}A_{j2}A_{k3}$ 改为 $e_{ijk}A_{1i}A_{2j}A_{3k}$ 时公式也是成立的，而且将指标 123 改为 231 或 312 时公式也是成立的，所以可认为式(1.2.13)代表了 6 个公式。此外，我们也很容易证明如下的恒等式是成立的：

$$e_{lmn} |\boldsymbol{A}| = e_{ijk} A_{il} A_{jm} A_{kn} \tag{1.2.14}$$

事实上，当 lmn 为 123 的正序时，根据式(1.2.13)、式(1.2.14)的左右两端都等于 $|\boldsymbol{A}|$；当 lmn 为 123 的逆序时，式(1.2.14)的左右两端都等于 $-|\boldsymbol{A}|$，因为右端恰为将 $|\boldsymbol{A}|$ 的两列交换次序；其他情况下，其左端为 0，而右端为 2 列相同或 3 列相同的行列式，故其值也为 0。故式(1.2.14)总是成立的。

在 e_{ijk} 和 δ_{ij} 之间存在着如下的所谓 $e \sim \delta$ 恒等式：

$$e_{ijk} e_{lmk} = \delta_{il}\delta_{jm} - \delta_{im}\delta_{jl} \tag{1.2.15}$$

对 $e \sim \delta$ 恒等式所包含的 $3^4 = 81$ 个恒等式(i、j、l、m 都是自由指标)，可以采用直接验证的方法证明，也可分类对其证明。事实上，当 $i = j$ 或 $l = m$ 时，易见其左右两端都等于 0；当 $i \neq j$ 且 $l \neq m$ 时，不妨设 $i = 1, j = 2$，此时对 $l = 1, m = 2$，其左右两端都等于 1；对 $l = 2$，$m = 1$，其两端都等于 -1；对 $(l, m) = (1,3), (3,1), (2,3), (3,2)$ 时，其两端都等于 0，故式(1.2.15)总成立。

利用式(1.2.10)、式(1.2.11)、式(1.2.12)和 $e \sim \delta$ 恒等式，我们可以很方便地证明矢量代数中的很多公式，例如以下的一些公式：

$$\boldsymbol{a} \times (\boldsymbol{b} \times \boldsymbol{c}) = \boldsymbol{b}(\boldsymbol{c} \cdot \boldsymbol{a}) - \boldsymbol{c}(\boldsymbol{a} \cdot \boldsymbol{b}) \tag{1.2.16}$$

$$(\boldsymbol{a} \times \boldsymbol{b}) \cdot (\boldsymbol{c} \times \boldsymbol{d}) = (\boldsymbol{a} \cdot \boldsymbol{c})(\boldsymbol{b} \cdot \boldsymbol{d}) - (\boldsymbol{a} \cdot \boldsymbol{d})(\boldsymbol{b} \cdot \boldsymbol{c}) \tag{1.2.17}$$

以式(1.2.16)的证明为例，我们有

$$\begin{aligned}
[\boldsymbol{a} \times (\boldsymbol{b} \times \boldsymbol{c})]_i &= e_{ijk} a_j (\boldsymbol{b} \times \boldsymbol{c})_k = e_{ijk} a_j e_{kmn} b_m c_n = e_{ijk} e_{kmn} a_j b_m c_n \\
&= (\delta_{im}\delta_{jn} - \delta_{jm}\delta_{in}) a_j b_m c_n = a_j b_i c_j - a_j b_j c_i \\
&= (\boldsymbol{c} \cdot \boldsymbol{a}) b_i - (\boldsymbol{a} \cdot \boldsymbol{b}) c_i = [(\boldsymbol{c} \cdot \boldsymbol{a})\boldsymbol{b} - (\boldsymbol{a} \cdot \boldsymbol{b})\boldsymbol{c}]_i
\end{aligned}$$

在证明过程中，我们先后用到了矢量叉积的计算式(1.2.11)、$e \sim \delta$ 恒等式(1.2.15)以及矢量点积的计算式(1.2.10)。

1.3 坐标变换和笛卡儿张量的解析定义

1.3.1 基变换和坐标变换

自然界中的各种物理量通常都是客观的，且与坐标系的选取无关。但是为了更清楚地认识它们，从量的角度描述它们，了解各类物理量的异同点和相互联系，并进行运算，人们又常常借助于一定的坐标系。这不仅不违背物理量的客观实在性，相反地还使我们对它们的客观实在性有了更深刻、更具体的认识。由于坐标系可以有不同的选择方法，所以客观的物理量在不同的坐标系中将会有不同的“表象”，而且这种同一物理量在不同坐标系中不同表象间的关系，应该和表示不同坐标系间坐标变换的关系之间存在某种必然的、确定的联系，只有揭示出同一物理量在不同坐标系中表象间的关系对坐标变换关系的依赖性，才能真正说明这个物理量的客观性。因此我们有两个任务：第一是给出代表不同选择的坐标系间的所谓坐标变换的表示方法；第二是给出各种客观物理量在一定的坐标变换之下，其表象间的确定关系，后者也就是给出了张量的解析定义。

众所周知，笛卡儿坐标系间的坐标变换包括坐标原点的平移和坐标轴的旋转或反射，而平移是不改变各类量的表象的(这在矢量情形时是读者所熟知的)，故我们只研究坐标系的旋转和反射。设 $O\bar{x}_1\bar{x}_2\bar{x}_3$ 和 $Ox_1x_2x_3$ 分别代表新、旧直角笛卡儿坐标系，其相应的幺正基为 $\bar{\boldsymbol{i}}_i$ 和 $\boldsymbol{i}_i$，如图1.1所示。新基矢 $\bar{\boldsymbol{i}}_i$ 以旧基矢 $\boldsymbol{i}_j$ 的线性组合表达，其线性分解系数以 β_{ij} 表示，如表1.1所示，则可写出幺正基矢间的变换关系：

$$\bar{\boldsymbol{i}}_i = \beta_{ij}\boldsymbol{i}_j \quad (i = 1、2、3) \tag{1.3.1}$$

表1.1　幺正基变换

	$\boldsymbol{i}_1$	$\boldsymbol{i}_2$	$\boldsymbol{i}_3$
$\bar{\boldsymbol{i}}_1$	β_{11}	β_{12}	β_{13}
$\bar{\boldsymbol{i}}_2$	β_{21}	β_{22}	β_{23}
$\bar{\boldsymbol{i}}_3$	β_{31}	β_{32}	β_{33}

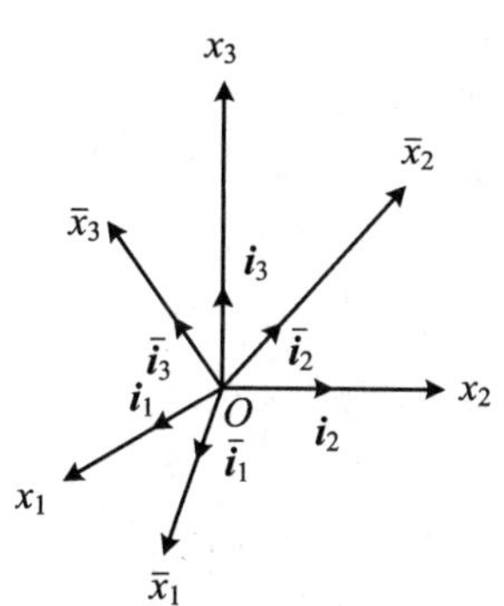

图1.1　新旧坐标系

将式(1.3.1)两端与 $\boldsymbol{i}_k$ 进行点积，并利用 $\boldsymbol{i}_j \cdot \boldsymbol{i}_k = \delta_{jk}$，可得

$$\bar{\boldsymbol{i}}_i \cdot \boldsymbol{i}_k = \beta_{ij}\boldsymbol{i}_j \cdot \boldsymbol{i}_k = \beta_{ij}\delta_{jk} = \beta_{ik}$$

即

$$\beta_{ij} = \bar{\boldsymbol{i}}_i \cdot \boldsymbol{i}_j \quad (i = 1、2、3;j = 1、2、3) \tag{1.3.2}$$

其中，β_{ij} 恰是新、旧基矢 $\bar{\boldsymbol{i}}_i$ 和 $\boldsymbol{i}_j$ 间夹角的方向余弦。故又有

$$\boldsymbol{i}_i = (\boldsymbol{i}_i \cdot \bar{\boldsymbol{i}}_j)\bar{\boldsymbol{i}}_j = \beta_{ji}\bar{\boldsymbol{i}}_j$$

将此式与式(1.3.1)合并，即

$$\begin{cases}\bar{\boldsymbol{i}}_i = \beta_{ij}\boldsymbol{i}_j \\ \boldsymbol{i}_i = \beta_{ji}\bar{\boldsymbol{i}}_j = \beta_{ij}^{\mathrm{T}}\bar{\boldsymbol{i}}_j\end{cases} \quad (i = 1、2、3) \tag{1.3.3}$$

其中，$\boldsymbol{\beta}^{\mathrm{T}}$ 表示旧基矢到新基矢的变换系数矩阵 $\boldsymbol{\beta}$ 的转置矩阵，β_{ij}^{T}是矩阵$\boldsymbol{\beta}^{\mathrm{T}}$ 的第 i 行第j 列的元素。另一方面，将式(1.3.3)中的第一式作为旧基矢 $\boldsymbol{i}_j$ 的线性代数方程组，将其反解即可得

$$\boldsymbol{i}_i = \beta_{ij}^{-1}\bar{\boldsymbol{i}}_j \tag{1.3.4}$$

其中，$\boldsymbol{\beta}^{-1}$表示 $\boldsymbol{\beta}$ 的逆矩阵。事实上，将式(1.3.3)中的第一式两端同乘以 β_{ki}^{-1}(矩阵 $\boldsymbol{\beta}^{-1}$的第 k 行第 i 列元素)，便有

$$\beta_{ki}^{-1}\bar{\boldsymbol{i}}_i = \beta_{ki}^{-1}\beta_{ij}\boldsymbol{i}_j = \delta_{kj}\boldsymbol{i}_j = \boldsymbol{i}_k$$

即得

$$\boldsymbol{i}_i = \beta_{ij}^{-1}\bar{\boldsymbol{i}}_j \tag{1.3.5}$$

对比式(1.3.3)中的第二式和式(1.3.5)可知，联系新旧幺正基矢的变换系数矩阵 $\boldsymbol{\beta}$ 为正交矩阵，这可以表达为

$$\begin{cases}\boldsymbol{\beta}^{\mathrm{T}} = \boldsymbol{\beta}^{-1} \\ \boldsymbol{\beta}\cdot\boldsymbol{\beta}^{\mathrm{T}} = \boldsymbol{I} = \boldsymbol{\beta}^{\mathrm{T}}\cdot\boldsymbol{\beta}\end{cases} \tag{1.3.6}$$

其中，$\boldsymbol{I}$ 为单位矩阵，而记号"·"表示矩阵相乘，这种记法与线性代数中把两个矩阵并在一起来表示矩阵相乘的记号是有区别的，之所以这样做是因为当我们将 2 阶张量与矩阵建立一一对应的关系时，线性代数中矩阵的乘积恰恰是与矩阵所代表的两个 2 阶张量的点积"·"相对应的，而将两个与矩阵对应的 2 阶张量并列在一起则表示两个 2 阶张量的外积(见下一节)。将式(1.3.6)改为指标记法，可写为

$$\beta_{ik}\beta_{jk} = \delta_{ij} = \beta_{ki}\beta_{kj}, \quad [\beta_{ik}][\beta_{jk}]^{\mathrm{T}} = [\delta_{ij}] = [\beta_{ki}]^{\mathrm{T}}[\beta_{kj}] \tag{1.3.7}$$

对式(1.3.6)中的第二式两边取行列式，得

$$|\boldsymbol{\beta}||\boldsymbol{\beta}^{\mathrm{T}}| = |\boldsymbol{\beta}|^2 = 1 \tag{1.3.8}$$

即$|\boldsymbol{\beta}| = \pm 1$，这表明正交矩阵的行列式等于$+1$或$-1$。我们分别称行列式为$+1$和$-1$的正交矩阵为"正则"(proper)和"非正则"(improper)的正交矩阵。可以证明，在几何上，正则的正交矩阵代表旋转，非正则的正交矩阵则代表反射。事实上，我们有

$$\begin{aligned}\bar{\boldsymbol{i}}_1\cdot(\bar{\boldsymbol{i}}_2\times\bar{\boldsymbol{i}}_3) &= \beta_{1i}\boldsymbol{i}_i\cdot(\beta_{2j}\boldsymbol{i}_j\times\beta_{3k}\boldsymbol{i}_k) = \beta_{1i}\beta_{2j}\beta_{3k}\boldsymbol{i}_i\cdot(\boldsymbol{i}_j\times\boldsymbol{i}_k) \\ &= \beta_{1i}\beta_{2j}\beta_{3k}e_{ijk}\boldsymbol{i}_1\cdot(\boldsymbol{i}_2\times\boldsymbol{i}_3) = |\beta|\,\boldsymbol{i}_1\cdot(\boldsymbol{i}_2\times\boldsymbol{i}_3)\end{aligned}$$

即

$$|\boldsymbol{\beta}| = \frac{\bar{\boldsymbol{i}}_1\cdot(\bar{\boldsymbol{i}}_2\times\bar{\boldsymbol{i}}_3)}{\boldsymbol{i}_1\cdot(\boldsymbol{i}_2\times\boldsymbol{i}_3)} \tag{1.3.9}$$

式(1.3.9)即说明了上述论断：当 $\boldsymbol{i}_i$和 $\bar{\boldsymbol{i}}_i$同定向，即同为右手系或同为左手系时(旋转变换)，$|\boldsymbol{\beta}| = 1$；当 $\boldsymbol{i}_i$ 和 $\bar{\boldsymbol{i}}_i$ 反定向时(反射变换)，$|\boldsymbol{\beta}| = -1$ 。我们一般将只讨论代表旋转的正则的幺正基变换，而且一般只讨论新、旧幺正基都是右手系的正则正交变换。

我们称式(1.3.1)为笛卡儿坐标系下的基变换。空间中同一点新、旧笛卡儿坐标 $\bar{x}_i$ 和 x_i 间的变换公式即坐标变换式，其在形式上和基变换式(1.3.1)是完全相同的。因此可以得出结论：由幺正基到幺正基的线性变换或由直角笛卡儿坐标到直角笛卡儿坐标的线性变换

是正交变换，即其系数矩阵是正交矩阵。

1.3.2　张量的解析定义

为了引入张量的概念，我们先从读者所熟悉的矢量出发，并以一种很自然的方式加以推广。在解析几何中，曾把矢量定义为有向线段，为了给引入矢量的解析定义奠定基础，我们来看一下任意矢量 $\boldsymbol{a}$ 在直角笛卡儿坐标系的基变换式(1.3.1)之下，其新、旧表象即新、旧笛卡儿分量之间有什么关系。分别以 $\bar{a}_i$ 和 a_i 表示矢量 $\boldsymbol{a}$ 在新、旧笛卡儿坐标系中的分量，则根据式(1.3.5)和式(1.3.1)，有

$$\begin{cases}\bar{a}_i = \boldsymbol{a}\cdot\bar{\boldsymbol{i}}_i = \boldsymbol{a}\cdot\beta_{ij}\boldsymbol{i}_j = \beta_{ij}a_j \\ a_i = \boldsymbol{a}\cdot\boldsymbol{i}_i = \boldsymbol{a}\cdot\beta_{ji}\bar{\boldsymbol{i}}_j = \beta_{ji}\bar{a}_j\end{cases}\quad (i = 1,2,3) \tag{1.3.10}$$

我们规定以列阵和矢量相对应，则式(1.3.10)也可按矩阵写法写为

$$\begin{cases}\bar{\boldsymbol{a}} = \boldsymbol{\beta}\cdot\boldsymbol{a} \\ \boldsymbol{a} = \boldsymbol{\beta}^{\mathrm{T}}\cdot\bar{\boldsymbol{a}}\end{cases},\quad \begin{cases}[\bar{a}_i] = [\beta_{ij}][a_j] \\ [a_i] = [\beta_{ij}]^{\mathrm{T}}[\bar{a}_j]\end{cases}\quad (i = 1,2,3) \tag{1.3.11}$$

其中，$\bar{\boldsymbol{a}}$ 和 $\boldsymbol{a}$ 分别表示由 $\bar{a}_i$ 和 a_i 排成的列阵。

式(1.3.10)是在基变换之下联系任意矢量 $\boldsymbol{a}$ 的新、旧笛卡儿分量 $\bar{a}_i$ 和 a_j 的变换公式，它既给出了矢量 $\boldsymbol{a}$ 新、旧表象变换关系对基变换的确定依赖性，也揭示了矢量 $\boldsymbol{a}$ 客观实在性的量的特征，故我们可以抛弃有向线段的几何定义，而把式(1.3.10)作为矢量的解析定义。在写出此定义的文字之前，顺便指出，当取矢量 $\boldsymbol{a}$ 为空间中任一点 A 相对于坐标原点 O 的位置矢量 $\boldsymbol{x} = \overrightarrow{OA}$，并以 $\bar{x}_i$ 和 x_i 分别表示点 A 的新、旧笛卡儿坐标，即矢量 $\boldsymbol{x}$ 的新、旧笛卡儿分量时，则有

$$\begin{cases}\bar{x}_i = \beta_{ij}x_j \\ x_i = \beta_{ji}\bar{x}_j\end{cases} \tag{1.3.12}$$

这便是笛卡儿坐标变换的公式，如前所述，它在形式上和基变换式(1.3.1)和式(1.3.5)是完全类似的。由于式(1.3.12)是线性变换，所以显然有

$$\beta_{ij} = \frac{\partial\bar{x}_i}{\partial x_j} = \frac{\partial x_j}{\partial\bar{x}_i} \tag{1.3.13}$$

定义 1　设在空间中有由式(1.3.1)或式(1.3.12)相联系的两组直角笛卡儿坐标系 x_i 和 $\bar{x}_i$，而与这两组坐标系相关联分别有一组 3 个数的集合(三维空间的 1 阶系统) a_i 和 $\bar{a}_i$，它们之间由式(1.3.10)相联系，则称这两组量 a_i 或 $\bar{a}_i$ 定义了一个笛卡儿矢量 $\boldsymbol{a}$，并分别称 a_i 和 $\bar{a}_i$ 为矢量 $\boldsymbol{a}$ 在坐标系 x_i 和 $\bar{x}_i$ 下的笛卡儿分量。

在以上关于矢量的解析定义式(1.3.10)中，基变换或坐标变换的正交过渡矩阵 $\boldsymbol{\beta}_{ij}$ 只出现了一次，规定了只有一个指标的 1 阶系统 a_i 的张量特征，故我们将矢量称为 1 阶张量。类似地，我们可以将具有如下特征的 2 阶系统 A_{ij} 定义为 2 阶笛卡儿张量。

定义 2　设在空间中有由式(1.3.1)或式(1.3.12)相联系的两组直角笛卡儿坐标系 x_i 和 $\bar{x}_i$，而与这两组坐标系相关联分别有一组 3^2 个数的集合(三维空间的 2 阶系统) A_{ij} 和 $\bar{A}_{ij}$，它们之间由如下的双线性齐次正交变换相联系：

$$\begin{cases}\bar{A}_{ij} = \beta_{il}\beta_{jm}A_{lm} \\ A_{ij} = \beta_{li}\beta_{mj}\bar{A}_{lm}\end{cases} \tag{1.3.14}$$

则称这两组量 A_{ij} 或 $\bar{A}_{ij}$ 定义了一个 2 阶笛卡儿张量 $\boldsymbol{A}$，并把 A_{ij} 和 $\bar{A}_{ij}$ 分别称为 2 阶张量 $\boldsymbol{A}$ 在坐标系 x_i 和 $\bar{x}_i$ 中的笛卡儿分量。

如果按照我们前面所规定的矩阵记法来写，则式(1.3.14)可以写为

$$\begin{cases}\bar{\boldsymbol{A}} = \boldsymbol{\beta}\cdot\boldsymbol{A}\cdot\boldsymbol{\beta}^{\mathrm{T}} \\ \boldsymbol{A} = \boldsymbol{\beta}^{\mathrm{T}}\cdot\bar{\boldsymbol{A}}\cdot\boldsymbol{\beta}\end{cases},\quad \begin{cases}[\bar{A}_{ij}] = [\beta_{il}][A_{lm}][\beta_{mj}]^{\mathrm{T}} \\ [A_{ij}] = [\beta_{li}]^{\mathrm{T}}[\bar{A}_{lm}][\beta_{mj}]\end{cases} \tag{1.3.15}$$

类似地，我们可以与坐标系 x_i 和 $\bar{x}_i$ 相关联，由 $3^3=27$ 个数组成的集合(三维空间的 3 阶系统)A_{ijk} 和 $\bar{A}_{ijk}$、$3^4=81$ 个数组成的集合(三维空间的 4 阶系统)A_{ijkl} 和 $\bar{A}_{ijkl}$、3^n 个数组成的集合(三维空间中的 n 阶系统)$A_{i\cdots}$ 和 $\bar{A}_{i\cdots}$ 定义所谓的 3 阶、4 阶乃至 n 阶笛卡儿张量，并把 $\bar{A}_{i\cdots}$ 和 $A_{i\cdots}$ 分别称为该张量在新、旧笛卡儿坐标系中的分量，它们之间满足以式(1.3.6)中的正交矩阵 $\boldsymbol{\beta}$ 为系数的 3 阶、4 阶乃至 n 阶齐次线性变换规律。例如，3 阶笛卡儿张量 $\boldsymbol{A}$ 将由联系新、旧分量 $\bar{A}_{ijk}$ 和 A_{ijk} 间的如下公式所定义：

$$\begin{cases}\bar{A}_{ijk} = \beta_{il}\beta_{jm}\beta_{nk}A_{lmn} \\ A_{ijk} = \beta_{li}\beta_{mj}\beta_{nk}\bar{A}_{lmn}\end{cases} \tag{1.3.16}$$

按照上面的方法，除了可把矢量称为 1 阶张量之外，还可把其值与坐标系选取无关的任何数量或标量(scalar)Φ 称为 0 阶张量，作为 0 阶系统，它有 $3^0=1$ 个数，在任何坐标系中都具有不变的值：

$$\bar{\Phi} = \Phi \tag{1.3.17}$$

在力学及其他自然科学中，张量具有特殊的理论和应用价值。常见的标量如长度、面积、体积、质量、密度、能量等；1 阶张量如质点速度、力、力矩、应力矢量等；2 阶张量如应力张量、速度梯度张量、位移梯度张量等；3 阶张量如应力梯度张量、应变梯度张量等；4 阶张量如弹性模量张量、柔度张量等，这些量将在本书的不同章节中出现。

另外指出，这里我们是在三维欧几里得空间给出了 0 阶、1 阶、2 阶乃至 n 阶张量的定义，它们在任一直角笛卡儿坐标系中的表象即笛卡儿分量，分别由 3^0、3^1、3^2、3^n 个数的集合所组成；类似地，我们可以在 m 维欧几里得空间中定义 n 阶张量，它们的表象将由 m^n 个数的集合(即 m 维空间中的 n 阶系统)所组成。此时，求和约定中指标历遍取值的范围将是从 1 至 m。

由以上可见，并不是任意一组数的集合(或某阶系统)都可以称为张量，它们要组成一个张量，其在不同坐标系中的表象间必须满足确定的变换法则，即张量解析定义所规定的变换公式。验证一个量是否是张量的最直接的方法就是检验这个量在坐标变换之下，其不同坐标系中的表象间是否满足解析定义所规定的变换法则，这在下一节有关张量代数的内容以及其他章节中将会给出许多具体例子。

作为最简单的例子，我们来证明以下两个最常用的量为张量。即在任何笛卡儿坐标系中，取值为 Kronecker 记号和置换记号的量分别是 2 阶和 3 阶笛卡儿张量。事实上，显然有

$$\beta_{il}\beta_{jm}\delta_{lm} = \beta_{il}\beta_{jl} = \delta_{ij} = \bar{\delta}_{ij} \tag{1.3.18}$$

$$\beta_{il}\beta_{jm}\beta_{kn}e_{lmn} = e_{ijk}\,|\,\boldsymbol{\beta}\,| = e_{ijk} = \bar{e}_{ijk} \tag{1.3.19}$$

式(1.3.18)和式(1.3.19)即证明了我们的论断。今后我们将称 δ_{ij} 为欧几里得空间中的单位张量或度量张量，而称 e_{ijk} 为欧几里得空间中的置换张量。当然，式(1.3.19)的成立只限

于正则的正交变换，而对非正则的正交变换则将差一符号，人们常常把在非正则正交变换下改变符号的张量称为伪张量。

1.4　张量代数运算

张量的一切代数运算以及将来要讲的张量求导和积分运算，其基本原则都是保持张量运算的封闭性，即由张量运算所得的新量仍应是张量。由于本书只讲笛卡儿张量，故一般情况下将省去“笛卡儿”这一限定词。

1.4.1　张量乘以标量、同阶张量的和(差)、同阶张量的线性组合

任意一个张量乘以标量 λ，都可得一新的同阶张量，其分量等于原张量相应分量的 λ 倍。例如，标量 Φ、矢量 $\boldsymbol{a}$、2 阶张量 $\boldsymbol{A}$ 的 λ 倍将分别得一新的标量 $\lambda\Phi$、矢量 $\lambda\boldsymbol{a}$、2 阶张量 $\lambda\boldsymbol{A}$，其分量分别为 $\lambda\Phi$、λa_i、λA_{ij}。

任意两个同阶张量相加(减)将得到一个新的同阶张量，其分量等于原张量相应分量的和(差)。例如，2 阶张量 $\boldsymbol{A}$ 和 $\boldsymbol{B}$ 的和与差分别是新的 2 阶张量 $\boldsymbol{C}=\boldsymbol{A}+\boldsymbol{B}$ 与 $\boldsymbol{D}=\boldsymbol{A}-\boldsymbol{B}$，其分量分别是 $C_{ij}=A_{ij}+B_{ij}$ 和 $D_{ij}=A_{ij}-B_{ij}$。

将以上两种运算相结合，并推而广之即可定义任意 n 个同阶张量 $\boldsymbol{A},\boldsymbol{B},\boldsymbol{C},\cdots$，由 n 个标量 $\lambda,\mu,\nu,\cdots$ 所做的线性组合是一个新的同阶张量 $\boldsymbol{M}=\lambda\boldsymbol{A}+\mu\boldsymbol{B}+\nu\boldsymbol{C}+\cdots$，其分量是原张量相应分量的同型线性组合，即

$$M_{ij}=\lambda A_{ij}+\mu B_{ij}+\nu C_{ij}+\cdots \tag{1.4.1}$$

证明以上各种运算所得的新量确为张量是很容易的，我们以两个 2 阶张量 A_{ij}、B_{ij} 的和 C_{ij} 确为 2 阶张量为例来说明。由于 A_{ij} 和 B_{ij} 为 2 阶张量，故在坐标变换式(1.3.14)下，其新、旧分量间的变换公式为

$$\begin{cases}\bar{A}_{ij}=\beta_{il}\beta_{jm}A_{lm}\\ \bar{B}_{ij}=\beta_{il}\beta_{jm}B_{lm}\end{cases}$$

故

$$\bar{C}_{ij}=\bar{A}_{ij}+\bar{B}_{ij}=\beta_{il}\beta_{jm}A_{lm}+\beta_{il}\beta_{jm}B_{lm}=\beta_{il}\beta_{jm}(A_{lm}+B_{lm})=\beta_{il}\beta_{jm}C_{lm}$$

此式即说明 $C_{ij}=A_{ij}+B_{ij}$ 确为 2 阶张量。其他各运算量的张量特性的证明是类似的，不再一一写出。

1.4.2　2 阶张量的转置(transpose)

定义 1　设 $\boldsymbol{T}$ 为一个 2 阶张量，$\boldsymbol{S}$ 为另一个 2 阶张量，其笛卡儿分量分别是 T_{ij} 和 S_{ij}，如果有 $S_{ij}=T_{ji}$，则称 2 阶张量 $\boldsymbol{S}$ 为 $\boldsymbol{T}$ 的转置张量，记为 $\boldsymbol{S}=\boldsymbol{T}^{\mathrm{T}}$。

由其定义显然可见，两个 2 阶张量的转置是相互的，即如果 $\boldsymbol{S}=\boldsymbol{T}^{\mathrm{T}}$ 则 $T=\boldsymbol{S}^{\mathrm{T}}$；而且，对

张量的转置张量再转置后将成为原张量，即$(\boldsymbol{T}^{\mathrm{T}})^{\mathrm{T}}=\boldsymbol{T}$。

定义 2 如果2阶张量$\boldsymbol{T}$具有性质$\boldsymbol{T}^{\mathrm{T}}=\boldsymbol{T}$，则称其为2阶对称张量(symmetric tensor)，即对2阶对称张量可有

$$\boldsymbol{T}^{\mathrm{T}}=\boldsymbol{T},\quad T_{ij}=T_{ji} \tag{1.4.2}$$

因此2阶对称张量只有6个独立的分量，2阶对称笛卡儿张量可与2阶对称矩阵建立一一对应的关系。

定义 3 如果2阶张量$\boldsymbol{W}$具有性质$\boldsymbol{W}^{\mathrm{T}}=-\boldsymbol{W}$，则称张量$\boldsymbol{W}$为2阶反对称张量(antisymmetric or skew tensor)，对2阶反对称张量可有

$$\boldsymbol{W}^{\mathrm{T}}=-\boldsymbol{W},\quad W_{ij}=-W_{ji},\quad W_{11}=W_{22}=W_{33}=0 \tag{1.4.3}$$

即2阶反对称张量的对角元素为0，而非对角元素满足反对称关系，只有3个不为0的独立分量，故2阶反对称张量可以对应一个笛卡儿矢量$\boldsymbol{\omega}$。事实上，设$\boldsymbol{W}$为反对称张量，则可按下式引入一个1阶系统ω_i：

$$\begin{bmatrix} W_{11} & W_{12} & W_{13} \\ W_{21} & W_{22} & W_{23} \\ W_{31} & W_{32} & W_{33} \end{bmatrix}=\begin{bmatrix} 0 & W_{12} & -W_{31} \\ -W_{12} & 0 & W_{23} \\ W_{31} & -W_{23} & 0 \end{bmatrix}=\begin{bmatrix} 0 & -\omega_3 & \omega_2 \\ \omega_3 & 0 & -\omega_1 \\ -\omega_2 & \omega_1 & 0 \end{bmatrix} \tag{1.4.4}$$

其中

$$\begin{cases} \omega_1=-W_{23} \\ \omega_2=-W_{31} \\ \omega_3=-W_{12} \end{cases} \tag{1.4.5}$$

即

$$\begin{cases} \omega_i=-\dfrac{1}{2}e_{ijk}W_{jk} \\ W_{ij}=-e_{ijk}\omega_k \end{cases} \tag{1.4.6}$$

由于已证e_{ijk}为3阶张量，而已知W_{jk}为2阶张量，所以从式(1.4.6)出发，利用张量的解析定义，很易证明(读者可作为练习证明)：通过式(1.4.6)中的第一式所确定的与2阶反对称张量W_{ij}对应的1阶系统ω_i确为矢量；反之，通过式(1.4.6)中的第二式所确定的与矢量$\boldsymbol{\omega}_k$所对应的2阶系统W_{ij}必为2阶反对称张量。所以可以说，2阶反对称张量W_{ij}与矢量ω_i间有着一一对应的关系。这一结果也可以视为下一节要讲的张量识别定理的特例。

1.4.3 张量的缩并(contraction)

定义 4 令一个2阶或2阶以上的张量的两个指标相同而成为哑标，并按求和约定求和而得一新张量的运算称为张量的缩并。

容易证明，由一个张量任两个指标缩并所得的新量确实是一个张量，其阶数比原张量的阶数低2。例如，我们可以由4阶张量$\boldsymbol{A}$按不同指标缩并而得出如下一些新的2阶张量：

$$A_{imjm}=B_{ij},\quad A_{immj}=C_{ij},\quad A_{ijmm}=D_{ij},\quad A_{mijm}=E_{ij},\quad A_{mimj}=F_{ij},\quad A_{mmij}=G_{ij} \tag{1.4.7}$$

当然，在一般情况下，它们是不同的2阶张量。

特别地，对2阶张量$\boldsymbol{T}$的两个指标进行一次缩并可得一个0阶张量，即标量Φ：

$$T_{mm}=\Phi \tag{1.4.8}$$

作为例子，我们来证明由 2 阶张量 $\boldsymbol{T}$ 按式(1.4.8)缩并所得的量 Φ 确为标量。事实上，在新、旧坐标系中按映射关系式(1.4.8)分别定义 $\bar{\Phi}$ 和 Φ 之后，利用 $\boldsymbol{T}$ 的 2 阶张量特性，有

$$\bar{\Phi} = \bar{T}_{mm} = \beta_{mr}\beta_{ms}T_{rs} = \delta_{rs}T_{rs} = T_{rr} = \Phi \tag{1.4.9}$$

式(1.4.9)即说明式(1.4.8)所定义的量 Φ 确为标量。对张量缩并所得新量确为张量的其他情况的证明，其方法都是类似的，例如读者可作为练习证明式(1.4.7)所定义的各量确为 2 阶张量。

1.4.4　张量的乘积或外积(outer product)

定义 5　任意两个张量的乘积或外积是一新的张量，其阶数为两个相乘因子张量的阶数之和，其分量为两个因子张量的相应分量的乘积。

例如，设 $\boldsymbol{A}$ 和 $\boldsymbol{B}$ 为 2 阶张量，$\boldsymbol{a}$ 为矢量，则可定义一新的 4 阶张量 $\boldsymbol{C}$ 为 $\boldsymbol{A}$ 和 $\boldsymbol{B}$ 的外积，记之为 $\boldsymbol{C}=\boldsymbol{AB}$，定义一新的 3 阶张量 $\boldsymbol{D}$ 为 $\boldsymbol{a}$ 和 $\boldsymbol{A}$ 的外积，记之为 $\boldsymbol{D}=\boldsymbol{aA}$，其分量 C_{ijkl} 和 D_{ijk} 分别由下式给出：

$$\begin{cases} \boldsymbol{C} = \boldsymbol{AB}, & C_{ijkl} = A_{ij}B_{kl} \\ \boldsymbol{D} = \boldsymbol{aA}, & D_{ijk} = a_iA_{jk} \end{cases} \tag{1.4.10}$$

由张量的解析定义出发，不难证明上式中所定义的量 C_{ijkl} 和 D_{ijk} 确实分别为 4 阶和 3 阶张量，读者可自行证明。

张量外积的最重要的情况是两个因子张量都是 1 阶张量即矢量，此时我们可以由两个矢量 $\boldsymbol{a}$ 和 $\boldsymbol{b}$ 进行外积而得出一个 2 阶张量 $\boldsymbol{C}=\boldsymbol{ab}$。由于它有特殊的重要性，故特将之称为矢量 $\boldsymbol{a}$ 和 $\boldsymbol{b}$ 的并矢(dyad)张量：

$$C_{ij} = a_ib_j \tag{1.4.11}$$

容易证明由式(1.4.11)所确定的 2 阶系统 C_{ij} 确为 2 阶张量。事实上，当由映射关系式(1.4.11)分别在新、旧坐标系中定义 $\bar{C}_{ij}$ 和 C_{ij} 之后，再利用 $\boldsymbol{a}$ 和 $\boldsymbol{b}$ 的矢量特性，便有

$$\bar{C}_{ij} = \bar{a}_i\bar{b}_j = \beta_{il}a_l\beta_{jm}b_m = \beta_{il}\beta_{jm}C_{lm} \tag{1.4.12}$$

式(1.4.12)即说明了 C_{ij} 确为 2 阶张量。

由于对矢量 $\boldsymbol{a}$ 和 $\boldsymbol{b}$ 可分别有幺正基上的线性分解式：

$$\begin{cases} \boldsymbol{a} = a_i\boldsymbol{i}_i \\ \boldsymbol{b} = b_j\boldsymbol{i}_j \end{cases} \tag{1.4.13}$$

故利用式(1.4.13)后可以把 $\boldsymbol{a}$ 和 $\boldsymbol{b}$ 并矢所得的 2 阶张量 $\boldsymbol{C}$ 表达为如下形式：

$$\boldsymbol{C} = \boldsymbol{ab} = a_ib_j\boldsymbol{i}_i\boldsymbol{i}_j = C_{ij}\boldsymbol{i}_i\boldsymbol{i}_j \tag{1.4.14}$$

式(1.4.14)把两个矢量 $\boldsymbol{a}$ 和 $\boldsymbol{b}$ 并矢所得的 2 阶张量 $\boldsymbol{C}$ 表达成了 9 个基并矢 $\boldsymbol{i}_i\boldsymbol{i}_j$ 的线性组合，其分解系数为 C_{ij}，这在形式上和矢量在基矢 $\boldsymbol{i}_i$ 上的线性分解式 $\boldsymbol{a}=a_i\boldsymbol{i}_i$ 是类似的，只不过张量 $\boldsymbol{C}$ 的阶数为 2，其分解所依的基本单位是基并矢 $\boldsymbol{i}_i\boldsymbol{i}_j$ 而已。由于任意两个矢量的并矢都是 2 阶张量，故任意两个基矢量的并矢(即基并矢) $\boldsymbol{i}_i\boldsymbol{i}_j$ 也是 2 阶张量(它的作用类似于 1 阶张量中的基矢 $\boldsymbol{i}_i$)，其任意线性组合 $C_{ij}\boldsymbol{i}_i\boldsymbol{i}_j$ 也是 2 阶张量。因此不但对任意两个矢量所得的 2 阶张量 $\boldsymbol{C}$ 可有分解式(1.4.14)，而且我们可以把任意的分量为 C_{ij} 的 2 阶张量 $\boldsymbol{C}$ 都按线性组合式(1.4.14)写为 $C=C_{ij}\boldsymbol{i}_i\boldsymbol{i}_j$，并将之称为 2 阶张量的并矢式(dyadic)，它是矢量记法 $\boldsymbol{a}=a_i\boldsymbol{i}_i$ 的一个推广。

类似地，按张量外积定义可知，三重基并矢 $\boldsymbol{i}_i\boldsymbol{i}_j\boldsymbol{i}_k$ 是 3 阶张量，于是可通过张量并矢式而把分量为 D_{ijk} 的 3 阶张量记为

$$\boldsymbol{D} = D_{ijk}\boldsymbol{i}_i\boldsymbol{i}_j\boldsymbol{i}_k \tag{1.4.15}$$

依此类推直至任意阶的张量。习惯上，常把矢量在基矢上分解的式(1.4.13)对高阶张量的推广式(1.4.14)、式(1.4.15)等，即张量在基并矢上分解的并矢式，称为张量的直接记法或并矢记法。张量的指标记法和直接记法各有优缺点，前者运算方便，后者容易使人看到高阶张量和矢量的联系，并便于以矢量运算为基础而引入高阶张量的相关运算，这在下面张量点积部分可以看得更清楚。

需要指出的是，由张量外积的定义显然可见，对于张量外积这一运算而言，交换律一般是不成立的，但多个张量外积的结合律却是成立的，即

$$\begin{cases}\boldsymbol{AB} \neq \boldsymbol{BA} \\ (\boldsymbol{AB})\boldsymbol{C} = \boldsymbol{A}(\boldsymbol{BC})\end{cases} \tag{1.4.16}$$

特别说来，对矢量 $\boldsymbol{a}$ 和 $\boldsymbol{b}$ 的并矢，也对应地存在：

$$\boldsymbol{ab} \neq \boldsymbol{ba}, \quad (\boldsymbol{ab})\boldsymbol{c} = \boldsymbol{a}(\boldsymbol{bc}) \tag{1.4.17}$$

另外，根据 2 阶张量转置的定义，显然有

$$(\boldsymbol{ab})^{\mathrm{T}} = \boldsymbol{ba} \tag{1.4.18}$$

1.4.5 张量的点积或内积(dot or inner product)

学习过张量的缩并、张量的外积之后可以发现：任意两个矢量 $\boldsymbol{a}$ 和 $\boldsymbol{b}$ 的点积相当于先将 $\boldsymbol{a}$ 和 $\boldsymbol{b}$ 进行外积，再对其乘积张量中的一对指标进行缩并。以张量的直接记法和矢量点积为基础，即先将 $\boldsymbol{a}$ 和 $\boldsymbol{b}$ 按直接记法写出，并进行外积，再对其一对相邻的基矢进行点积：

$$\begin{cases}\boldsymbol{a} = a_i\boldsymbol{i}_i \\ \boldsymbol{b} = b_j\boldsymbol{i}_j\end{cases} \tag{1.4.19}$$

$$\boldsymbol{a} \cdot \boldsymbol{b} = a_i\boldsymbol{i}_i \cdot b_j\boldsymbol{i}_j = a_ib_j\delta_{ij} = a_ib_i \tag{1.4.20}$$

将该思想加以推广，我们可以引入任意两个张量的点积如下：

将两个张量写为直接记法做外积相乘，并对其一对相邻基矢进行点积而得到一个新张量的运算称为两个张量的(就近)点积，这是从直接记法的角度对张量点积的定义；或者，将两个张量的分量相乘并对其一对相邻指标进行缩并而得到一个新张量的运算称为两个张量的(就近)点积，这是从指标记法的角度对张量点积的定义。

例如，设 $\boldsymbol{A}$ 和 $\boldsymbol{B}$ 均为 2 阶张量，我们可以定义其(就近)点积张量 $\boldsymbol{P}=\boldsymbol{A}\cdot\boldsymbol{B}$ 如下：

$$\boldsymbol{P} = \boldsymbol{A} \cdot \boldsymbol{B} = A_{ij}\boldsymbol{i}_i\boldsymbol{i}_j \cdot B_{kl}\boldsymbol{i}_k\boldsymbol{i}_l = A_{ij}B_{kl}\delta_{jk}\boldsymbol{i}_i\boldsymbol{i}_l = A_{ij}B_{jl}\boldsymbol{i}_i\boldsymbol{i}_l \tag{1.4.21}$$

即

$$\boldsymbol{P} = \boldsymbol{A} \cdot \boldsymbol{B}, \quad P_{il} = A_{ij}B_{jl}, \quad [P_{il}] = [A_{ij}][B_{jl}] \tag{1.4.22}$$

这里是以直接记法和指标记法两种方式写出了张量 $\boldsymbol{A}$ 和 $\boldsymbol{B}$ 的点积。容易证明，式(1.4.22)所定义的 2 阶系统 P_{il} 确实是 2 阶张量。事实上，在笛卡儿直角坐标变换下，有

$$\bar{P}_{il} = \bar{A}_{ij}\bar{B}_{jl} = \beta_{im}\beta_{jn}A_{mn}\beta_{jr}\beta_{ls}B_{rs} = \beta_{im}\delta_{nr}A_{mn}\beta_{ls}B_{rs} = \beta_{im}\beta_{ls}A_{mr}B_{rs} = \beta_{im}\beta_{ls}P_{ms}$$

这即说明了 2 阶系统 P_{il} 确实为 2 阶张量。

与线性代数中所讲的矩阵运算相比可以发现：当把两个 2 阶张量以矩阵形式表示时，两个矩阵的乘积恰恰是和它们所代表的 2 阶张量的“点积”相对应，而不是和这两个张量的“外

积”相对应。因此为了避免混乱，以后将以黑体字母矩阵(如 $\boldsymbol{A}$、$\boldsymbol{B}$)间加一个记号“·”来表示矩阵的相乘，它对应于张量运算中的点积记号“·”。

还需特别指出的是，两个 1 阶张量(矢量)的点积 $\boldsymbol{a}\cdot\boldsymbol{b}=\boldsymbol{b}\cdot\boldsymbol{a}$ 可以交换次序，而对于任意两个张量而言，其点积一般是不能交换次序的，但结合律一般是成立的，即有

$$\begin{cases}\boldsymbol{A}\cdot\boldsymbol{B}\neq\boldsymbol{B}\cdot\boldsymbol{A}\\(\boldsymbol{A}\cdot\boldsymbol{B})\cdot\boldsymbol{C}=\boldsymbol{A}\cdot(\boldsymbol{B}\cdot\boldsymbol{C})\end{cases}\tag{1.4.23}$$

结合律不成立的个别情况只是出现在两个矢量的点积结合后不能再与其他张量进行点积(无意义)的情况，如对 2 阶张量 $\boldsymbol{A}$、矢量 $\boldsymbol{a}$ 和 $\boldsymbol{b}$，$(\boldsymbol{A}\cdot\boldsymbol{a})\cdot\boldsymbol{b}\neq\boldsymbol{A}\cdot(\boldsymbol{a}\cdot\boldsymbol{b})$，因为右端无意义。

与矩阵乘积转置的公式类似，对 2 阶张量的点积，容易证明下式成立：

$$\begin{cases}(\boldsymbol{A}\cdot\boldsymbol{B})^{\mathrm{T}}=\boldsymbol{B}^{\mathrm{T}}\cdot\boldsymbol{A}^{\mathrm{T}}\\(\boldsymbol{A}\cdot\boldsymbol{B}\cdot\boldsymbol{C})^{\mathrm{T}}=\boldsymbol{C}^{\mathrm{T}}\cdot\boldsymbol{B}^{\mathrm{T}}\cdot\boldsymbol{A}^{\mathrm{T}}\end{cases}\tag{1.4.24}$$

利用张量点积的运算，容易证明对 2 阶张量 $\boldsymbol{C}$ 有

$$\begin{cases}\boldsymbol{C}=C_{ij}\boldsymbol{i}_i\boldsymbol{i}_j\\C_{ij}=\boldsymbol{i}_i\cdot\boldsymbol{C}\cdot\boldsymbol{i}_j=(\boldsymbol{C}\cdot\boldsymbol{i}_j)\cdot\boldsymbol{i}_i\end{cases}\tag{1.4.25}$$

对 3 阶张量 $\boldsymbol{D}$ 可得

$$\begin{cases}\boldsymbol{D}=D_{ijk}\boldsymbol{i}_i\boldsymbol{i}_j\boldsymbol{i}_k\\D_{ijk}=[(\boldsymbol{D}\cdot\boldsymbol{i}_k)\cdot\boldsymbol{i}_j]\cdot\boldsymbol{i}_i=\boldsymbol{i}_k\cdot[\boldsymbol{i}_j\cdot(\boldsymbol{i}_i\cdot\boldsymbol{D})]\end{cases}\tag{1.4.26}$$

这些式子可视为矢量 $\boldsymbol{a}$ 的分量公式 $a_i=\boldsymbol{a}\cdot\boldsymbol{i}_i=\boldsymbol{i}_i\cdot\boldsymbol{a}$ 的推广，但在高阶张量分量的表达式中，需特别注意与基矢点积的位置和次序。

前面所讲的两个张量的点积是人们最常用到的就近点积，但是根据引入两个张量点积的思想，我们还可以引入两个张量的各种非就近点积：从直接记法的角度出发，先将两个因子张量写为直接记法进行外积之后，再对各自某两个特别指定的基矢量进行点积；从指标记法的角度出发，先将两个因子张量的分量相乘之后，再对各自某两个特别指定的指标进行缩并。此时显然用指标记法更加简洁和一目了然，且不易造成混乱。

1.4.6　2 阶张量的二次点积

以上是对两个 2 阶张量进行外积之后再进行一次指标缩并，从而定义了两个 2 阶张量的一次点积，这样我们得到了一个新的 2 阶张量。如果对它们的外积进行两次指标缩并，便可得到一个标量，并称这种运算为这两个 2 阶张量的二次点积。但是依赖于缩并指标位置的不同，我们可得到两个不同结果的标量，分别记为 $\boldsymbol{A}:\boldsymbol{B}$ 和 $\boldsymbol{A}\cdot\cdot\boldsymbol{B}$。

$$\begin{cases}\boldsymbol{A}:\boldsymbol{B}=A_{ij}\boldsymbol{i}_i\boldsymbol{i}_j:B_{kl}\boldsymbol{i}_k\boldsymbol{i}_l=A_{ij}B_{kl}\delta_{ik}\delta_{jl}=A_{ij}B_{ij}\\\boldsymbol{A}\cdot\cdot\boldsymbol{B}=A_{ij}\boldsymbol{i}_i\boldsymbol{i}_j\cdot\cdot B_{kl}\boldsymbol{i}_k\boldsymbol{i}_l=A_{ij}B_{kl}\delta_{il}\delta_{jk}=A_{ij}B_{ji}\end{cases}\tag{1.4.27}$$

在第一种运算中，缩并过程是对两个张量前后处于同样位置的两个指标进行的(即第一对第一、第二对第二)，以“:”表示；在第二种运算中，缩并过程是对两个张量处于不同位置的两个指标进行的(即第一对第二、第二对第一)，以“··”表示。需要强调的是，尽管式(1.4.27)中的两式给出的结果都是标量，但一般而言它们却是两个不相等的标量，即

$$\boldsymbol{A}:\boldsymbol{B}\neq\boldsymbol{B}\cdot\cdot\boldsymbol{A}\tag{1.4.28}$$

但是，由其定义显然易证：当 2 阶张量 $\boldsymbol{A}$ 或 $\boldsymbol{B}$ 其一为对称张量($\boldsymbol{A}^{\mathrm{T}}=\boldsymbol{A}$ 或 $\boldsymbol{B}^{\mathrm{T}}=\boldsymbol{B}$)时，则式

(1.4.27)所定义的两个标量相等：

$$\boldsymbol{A}:\boldsymbol{B}=\boldsymbol{A}\cdot\cdot\boldsymbol{B}\quad(\text{当 }\boldsymbol{A}^{\mathrm{T}}=\boldsymbol{A}\text{ 或 }\boldsymbol{B}^{\mathrm{T}}=\boldsymbol{B}\text{ 时})\tag{1.4.29}$$

在力学中，两个 2 阶张量二次点积的最常见的例子是应力张量的变形功或变形功率。另外，我们可以类似地定义高阶张量各种意义下的二次点积乃至多次点积，它们是由我们所指定的两个因子张量的相应两对指标乃至多对指标进行缩并而得出的。

此外，对这两种二次点积，显然它们各自都是可以交换次序的，即

$$\boldsymbol{A}:\boldsymbol{B}=\boldsymbol{B}:\boldsymbol{A},\quad \boldsymbol{A}\cdot\cdot\boldsymbol{B}=\boldsymbol{B}\cdot\cdot\boldsymbol{A}\tag{1.4.30}$$

1.5 张量识别定理(商法则)

前面曾经指出过，判断一个量是否为张量最直接的方法就是检查它的表象在坐标变换下是否满足张量分量的变换法则。但是也可以通过实践来总结出如下的张量识别定理即“商法则”(quotient rules)，从而可更加简洁明了地得出某个量是否为张量的结论，这可以帮助我们免于每一次都重新进行张量变换法则的检验。但是为了便于接受和理解，我们将首先从一些具体实例出发，然后再归纳出这些实例的共性，从而认识商法则的实质并给出它的表述。

在 1.4 节中，我们曾定义了任意两个张量的点积，并指出这将得出一个新的张量。作为一个最常用的例子，我们可以由矢量 $\boldsymbol{n}$ 和 2 阶张量 $\boldsymbol{T}$ 的点积来定义如下的两个新矢量 $\boldsymbol{t}$ 和 $\boldsymbol{q}$：

$$\begin{cases}\boldsymbol{t}=\boldsymbol{n}\cdot\boldsymbol{T}\\ \boldsymbol{q}=\boldsymbol{T}\cdot\boldsymbol{n}\end{cases}\tag{1.5.1}$$

或者表示为

$$\begin{cases}t_i=n_kT_{ki}\\ q_i=T_{ik}n_k\end{cases}\tag{1.5.2}$$

从映射关系式(1.5.2)在新、旧坐标系中都成立的事实出发，并根据矢量 $\boldsymbol{n}$ 和张量 $\boldsymbol{T}$ 的张量特性，很容易证明式(1.5.2)所定义的 1 阶系统 t_i 和 q_i 确为矢量。以 t_i 为例，由于 n_k 和 T_{ki} 分别是矢量和 2 阶张量，所以有

$$\bar{t}_i=\bar{n}_k\bar{T}_{ki}=\beta_{kj}n_j\beta_{kl}\beta_{im}T_{lm}=\delta_{jl}n_j\beta_{im}T_{lm}=\beta_{im}n_lT_{lm}=\beta_{im}t_m$$

这即证明了 t_i 确为矢量。同理可证式(1.5.2)所定义的 1 阶系统 q_i 也为矢量。这里的论述相当于证明了如下的定理：

定理 1 如果 n_k 是矢量，T_{ki} 是 2 阶张量，则线性映射关系式(1.5.2)所定义的 1 阶系统 t_i(或 q_i)必为矢量。

这一定理可作为张量识别定理的最简单的例子，但是与其说它是张量识别定理，倒不如说它是张量代数运算封闭性的一个体现，因为已知张量特性的两个量都在右端，而需要证明其张量特性的量在左端。定理 1 的逆定理即如下的定理 2 则可以作为张量识别定理的最典型例证，因为已知张量特性的两个量分别在等式的左、右两端，而需要证明其张量特性的量在等式的右端。

定理2　如果对任意的矢量 n_k 和2阶系统 T_{ki}，由线性映射关系式(1.5.2)所给出的量 t_i(或 q_i)都是矢量，则2阶系统 T_{ki} 必定是2阶张量。

证明　以式(1.5.2)中的第一式为例证之。按照此映射关系，在旧、新坐标系中分别有

$$t_l = n_k T_{kl} \tag{1.5.3}$$

$$\bar{t}_m = \bar{n}_j \bar{T}_{jm} \tag{1.5.4}$$

又因为 $\boldsymbol{n}$ 和 $\boldsymbol{t}$ 是矢量，故按矢量定义有

$$\bar{t}_m = \beta_{ml} t_l \tag{1.5.5}$$

$$\bar{n}_j = \beta_{jk} n_k \tag{1.5.6}$$

将式(1.5.5)和式(1.5.6)代入式(1.5.4)，有

$$\beta_{ml} t_l = \beta_{jk} n_k \bar{T}_{jm} \tag{1.5.7}$$

再将式(1.5.3)代入式(1.5.7)，即有

$$(\beta_{ml} T_{kl} - \beta_{jk} \bar{T}_{jm}) n_k = 0 \tag{1.5.8}$$

式(1.5.8)对任意的矢量 n_k 都成立，故由 n_k 的任意性必有

$$\beta_{ml} T_{kl} - \beta_{jk} \bar{T}_{jm} = 0 \tag{1.5.9}$$

将式(1.5.9)两端同乘以 β_{ik}，即得

$$\beta_{ik}\beta_{ml} T_{kl} = \beta_{ik}\beta_{jk} \bar{T}_{jm} = \delta_{ij} \bar{T}_{jm} = \bar{T}_{im} \tag{1.5.10}$$

式(1.5.10)即说明了2阶系统 T_{kl} 确为2阶张量，定理得证。

从线性变换或线性映射的角度看，可以把式(1.5.1)中的(· $\boldsymbol{T}$)或($\boldsymbol{T}$ ·)视为一个将矢量 $\boldsymbol{n}$ 映射为矢量 $\boldsymbol{t}$ 或 $\boldsymbol{q}$ 的线性映射算子，或把式(1.5.2)视为其映射系数为 T_{ki}(或 T_{ik})而将矢量 n_k 映射为矢量 t_i(或 q_i)的线性映射。此时我们可以分别把定理1、定理2表述为：2阶张量 $\boldsymbol{T}$ 按式(1.5.2)把空间中的任意矢量 $\boldsymbol{n}$ 都线性映射为空间中的另一矢量 $\boldsymbol{t}$(或 $\boldsymbol{q}$)；反之，按式(1.5.2)将空间中的任意矢量 $\boldsymbol{n}$ 都映射为空间中的另一矢量 $\boldsymbol{t}$(或 $\boldsymbol{q}$)的线性映射系统 T_{ki} 也必为2阶张量。由于这两个互逆的命题都是成立的，故可以以矢量为桥梁给出如下关于2阶张量的新定义，称之为2阶张量的第二定义(有的书上就是将此作为2阶张量的定义)：

定义　2阶张量是通过式(1.5.2)将任意矢量都映射为矢量的线性映射系数。

矢量和2阶张量是连续介质力学中最常见的量，而作为矢量和2阶张量点积的运算，映射关系式(1.5.1)或式(1.5.2)也具有特殊的意义。在第3章应力原理中大家将会看到，它即是通过面元单位法向矢量 $\boldsymbol{n}$ 而联系应力张量 $\boldsymbol{T}$ 和面上应力矢量 $\boldsymbol{t}$ 的所谓Cauchy应力公式。在物理上，它是介质动量守恒定律的体现。我们前面指出，张量的点积一般是不能交换次序的，故一般情况下 $\boldsymbol{n} \cdot \boldsymbol{T} \neq \boldsymbol{T} \cdot \boldsymbol{n}$；但由式(1.5.1)显然有

$$\begin{cases} \boldsymbol{n} \cdot \boldsymbol{T} = \boldsymbol{T}^{\mathrm{T}} \cdot \boldsymbol{n} \\ \boldsymbol{T} \cdot \boldsymbol{n} = \boldsymbol{n} \cdot \boldsymbol{T}^{\mathrm{T}} \end{cases} \tag{1.5.11}$$

而当2阶张量 $\boldsymbol{T}$ 为对称张量，即 $\boldsymbol{T} = \boldsymbol{T}^{\mathrm{T}}$ 时，则有

$$\boldsymbol{n} \cdot \boldsymbol{T} = \boldsymbol{T} \cdot \boldsymbol{n} \quad (\text{当 } \boldsymbol{T} = \boldsymbol{T}^{\mathrm{T}} \text{ 时}) \tag{1.5.12}$$

非极性物质中的Cauchy应力张量即是此种情况(见第3章)。

下面这个定理可作为张量识别定理的另一例子，我们很容易证明其是成立的。

定理3　如果对任意的矢量 a_i，通过1阶系统 b_i 所定义的量

$$\Phi = a_i b_i \tag{1.5.13}$$

都是一个标量，则1阶系统 b_i 必是矢量。

证明 事实上，利用新、旧坐标系中都成立的映射关系式(1.5.13)和 a_i 的矢量特性，在坐标变换下有

$$\begin{cases} \bar{\Phi} = \bar{a}_i\bar{b}_i = \beta_{il}a_l\bar{b}_i \\ \Phi = a_l b_l \end{cases} \tag{1.5.14}$$

又因为 Φ 为标量，即 $\bar{\Phi}=\Phi$，故有

$$(\beta_{il}\bar{b}_i - b_l)a_l = 0 \tag{1.5.15}$$

此式对任意的矢量 a_l 都应成立，故得

$$\beta_{il}\bar{b}_i = b_l \tag{1.5.16}$$

将式(1.5.16)两端乘以 β_{jl}，即得

$$\beta_{jl}b_l = \beta_{jl}\beta_{il}\bar{b}_i = \delta_{ji}\bar{b}_i = \bar{b}_j \tag{1.5.17}$$

这即证明了 b_i 确为矢量。

类似地，我们可证明如下的另一个张量识别定理，但将不再列出其证明过程，读者可自行证明。

定理4 如果有一组与坐标系相关联的3阶系统 A_{ijk}，通过映射关系

$$a_iA_{ijk} = B_{jk} \tag{1.5.18}$$

而将任意的矢量 a_i 映射为2阶张量 B_{jk}，则3阶系统 A_{ijk} 必为3阶张量。

显然，类似以上的定理，我们可以写出无穷多个，它们的证明方法也都是大同小异的，即由新、旧坐标系中的映射关系及某两个已知张量新、旧分量的变换关系来导出另一个量的某种张量特性。我们将所有这些定理统称为张量识别定理或商法则。虽然将这些无数个定理用统一的语言表达时，不同的作者会有不同的方法，但只要掌握其实质则不难写出这一包容性定理在各种具体情况下的正确表达和结论。“商法则”的核心实质就是：在一个用指标表达的包括三个量的等式中，由其中两个量的已知张量特性（即该量的变异规则）来推断第三个量的某种特定张量特性（即其变异规则），以保证等式两端的总变异规则（次数）相同，而含哑标的一端总的变异次数是指两量变异次数之和减去哑标个数乘以2，无哑标一端的总变异次数等于各量变异次数之和。为了内容完整起见，我们仍然以定理5的方式写出商法则的一个统一表述，这可以作为商法则表述的一个参考，但不需要硬记和套用它，只需掌握上面所述的实质即可。

定理5 如果与坐标系相关联的 n 阶系统 $A_{\cdots j\cdots}$ 通过指标缩并的方式，而将任意的 m 阶张量 $B_{\cdots j\cdots}$ 映射为另一个 $(m+n-2)$ 阶张量 $C_{\cdots\cdots}$：

$$A_{\cdots j\cdots}B_{\cdots j\cdots} = C_{\cdots\cdots} \tag{1.5.19}$$

则 n 阶系统 $A_{\cdots j\cdots}$ 必为 n 阶张量。

顺便指出，由于在以上各定理实例的证明中，只用到新、旧坐标系中的映射关系和有关量的变异规则，故并不要求等式中出现的量都一定是张量的分量，如果等式中含有带指标的基矢量也是可以的，因为基矢量也有相应的变异规则。例如，可以由等式

$$\boldsymbol{a} = a_i\boldsymbol{i}_i \tag{1.5.20}$$

出发，由于 $\boldsymbol{a}$ 本身作为客观量为0次变异，即 $\bar{\boldsymbol{a}}=\boldsymbol{a}$，而基矢量 $\boldsymbol{i}_i$ 为1次变异，即 $\bar{\boldsymbol{i}}_i=\beta_{ij}\boldsymbol{i}_j$，则由商法则可推出 a_i 必满足1次变异规则，即 a_i 为1阶张量。

另外我们也容易理解，如果把定理 5 中的哑标个数增加，显然也可写出类似的商法则，这时只需注意任何一端的总变异规则将是指标个数之和减去哑标个数乘以 2。

最后指出，某些时候只由定理中某些量的任意性还不足以保证有关量的张量特性，而必须辅以某些附加条件才可保证有关量的张量特性。这里我们列出定理 6，并给出其证明，它在定义应变张量时有着直接的应用。

定理 6　如果与基矢相关联的 2 阶系统 A_{ij} 按下式对任意矢量 a_i 进行双线性映射所得到的量，即

$$A_{ij}a_ia_j = \varphi \tag{1.5.21}$$

都是标量，而且 2 阶系统 A_{ij} 是对称的，即

$$A_{ij} = A_{ji} \tag{1.5.22}$$

则 2 阶系统 A_{ij} 必是 2 阶(对称)张量。

证明　根据映射关系式(1.5.21)和 φ 为标量，有

$$\bar{A}_{ij}\bar{a}_i\bar{a}_j = \bar{\varphi} = \varphi = A_{ij}a_ia_j \tag{1.5.23}$$

由于 $\boldsymbol{a}$ 为矢量，故

$$a_i = \beta_{ri}\bar{a}_r, \quad a_j = \beta_{sj}\bar{a}_s \tag{1.5.24}$$

将式(1.5.24)代入式(1.5.23)，得

$$\bar{A}_{ij}\bar{a}_i\bar{a}_j = \beta_{ri}\beta_{sj}A_{ij}\bar{a}_r\bar{a}_s = \beta_{ir}\beta_{js}A_{rs}\bar{a}_i\bar{a}_j$$

$$(\bar{A}_{ij} - \beta_{ir}\beta_{js}A_{rs})\bar{a}_i\bar{a}_j = 0 \tag{1.5.25}$$

在此，我们并不能从式(1.5.25)出发由矢量 $\boldsymbol{a}$ 的任意性而直接得出

$$\bar{A}_{ij} = \beta_{ir}\beta_{js}A_{rs}$$

从而说明 A_{rs} 为 2 阶张量的结论，这是因为式(1.5.25)中的 i 和 j(包括 r 和 s)都是哑标，而 $\boldsymbol{a}$ 的任意性事实上只能由式(1.5.25)给出三个独立的关系。为了证明 A_{rs} 为 2 阶张量，还需要利用 A_{rs} 对称的事实，现说明如下：

如果取 $\bar{a}_i$ 为(1,0,0)，(0,1,0)，(0,0,1)，则式(1.5.25)将分别给出

$$\bar{A}_{11} = \beta_{1r}\beta_{1s}A_{rs}, \quad \bar{A}_{22} = \beta_{2r}\beta_{2s}A_{rs}, \quad \bar{A}_{33} = \beta_{3r}\beta_{3s}A_{rs} \tag{1.5.26}$$

如果取 $\bar{a}_i$ 为(1,1,0)，则式(1.5.25)将给出

$$\bar{A}_{11} + \bar{A}_{12} + \bar{A}_{21} + \bar{A}_{22} = \beta_{1r}\beta_{1s}A_{rs} + \beta_{1r}\beta_{2s}A_{rs} + \beta_{2r}\beta_{1s}A_{rs} + \beta_{2r}\beta_{2s}A_{rs} \tag{1.5.27}$$

再利用式(1.5.26)，则式(1.5.27)可写为

$$\bar{A}_{12} + \bar{A}_{21} = \beta_{1r}\beta_{2s}A_{rs} + \beta_{2r}\beta_{1s}A_{rs} \tag{1.5.28}$$

此时，只有再利用 $\bar{A}_{ij}$ 的对称性才能由式(1.5.28)而得出

$$\bar{A}_{12} = \beta_{1r}\beta_{2s}A_{rs} \tag{1.5.29}$$

类似地，如果取 $\bar{a}_i$ 为(0,1,1)和(1,0,1)，则可分别有

$$\bar{A}_{23} = \beta_{2r}\beta_{3s}A_{rs} \tag{1.5.30}$$

$$\bar{A}_{31} = \beta_{3r}\beta_{1s}A_{rs} \tag{1.5.31}$$

式(1.5.26)、式(1.5.29)、式(1.5.30)、式(1.5.31)连同 A_{ij} 的对称性即证明了 2 阶系统 A_{ij} 确为 2 阶对称张量。

1.6 张量的特征值和特征矢量

2 阶张量的特征值和特征矢量的问题不但在连续介质力学的基本原理中，而且在结构振动、波的传播等诸多领域中都有重要意义和广泛应用。

定义 对 2 阶张量 $\boldsymbol{T}$，如果存在着非零矢量 $\boldsymbol{a}$ 和数 μ，使得下式成立：

$$\boldsymbol{a}\cdot\boldsymbol{T}=\mu\boldsymbol{a} \tag{1.6.1}$$

则称 μ 为 $\boldsymbol{T}$ 的一个特征值(eigenvalue)，称 $\boldsymbol{a}$ 为与特征值 μ 相对应的 $\boldsymbol{T}$ 的左特征矢量(left eigenvector)；如果存在非零矢量 $\boldsymbol{b}$ 和数 λ，使得

$$\boldsymbol{T}\cdot\boldsymbol{b}=\lambda\boldsymbol{b} \tag{1.6.2}$$

则称 λ 为 $\boldsymbol{T}$ 的特征值，而称 $\boldsymbol{b}$ 为与特征值 λ 相对应的 $\boldsymbol{T}$ 的右特征矢量(right eigenvector)。

现在来求 $\boldsymbol{T}$ 的特征值和左、右特征矢量。将式(1.6.1)和式(1.6.2)写为笛卡儿分量表达的形式，分别有

$$a_jT_{ji}=\mu a_i=\mu\delta_{ji}a_j,\quad (T_{ji}-\mu\delta_{ji})a_j=0 \tag{1.6.3}$$

$$T_{ij}b_j=\lambda b_i=\lambda\delta_{ij}b_j,\quad (T_{ij}-\lambda\delta_{ij})b_j=0 \tag{1.6.4}$$

式(1.6.3)和式(1.6.4)分别是关于 a_j 和 b_j 的线性齐次代数方程组，其系数矩阵分别为 $(\boldsymbol{T}-\mu\boldsymbol{I})^{\mathrm{T}}$ 和 $(\boldsymbol{T}-\lambda\boldsymbol{I})$，它们对 $\boldsymbol{a}$ 和 $\boldsymbol{b}$ 有非零解的充要条件是其系数矩阵的行列式等于 0，而由于转置矩阵行列式的值与原矩阵行列式的值相等，故由左、右特征矢量所决定的特征值 μ 和 λ 必相同，因此以下将均以 λ 记之。于是，$\boldsymbol{T}$ 的特征值 λ 将由以下的特征方程所决定：

$$\begin{aligned}|\boldsymbol{T}-\lambda\boldsymbol{I}|=|T_{ij}-\lambda\delta_{ij}|&=\begin{vmatrix}T_{11}-\lambda & T_{12} & T_{13}\\ T_{21} & T_{22}-\lambda & T_{23}\\ T_{31} & T_{32} & T_{33}-\lambda\end{vmatrix}\\ &=-\lambda^3+I_1\lambda^2-I_2+I_3=0\end{aligned} \tag{1.6.5}$$

其中

$$\begin{cases}I_1=T_{11}+T_{22}+T_{33}\equiv\operatorname{tr}\boldsymbol{T}\\ I_2=\begin{vmatrix}T_{22} & T_{23}\\ T_{32} & T_{33}\end{vmatrix}+\begin{vmatrix}T_{11} & T_{13}\\ T_{31} & T_{33}\end{vmatrix}+\begin{vmatrix}T_{11} & T_{12}\\ T_{21} & T_{22}\end{vmatrix}\\ I_3=|\boldsymbol{T}|\equiv\det\boldsymbol{T}\end{cases} \tag{1.6.6}$$

I_1、I_2、I_3 分别称为 2 阶张量 $\boldsymbol{T}$ 的第一、第二和第三主不变量。若以 λ_1、λ_2、λ_3 表示特征方程(1.6.5)的 3 个根，即 $\boldsymbol{T}$ 的特征值，则式(1.6.5)可以写为

$$|\boldsymbol{T}-\lambda\boldsymbol{I}|=-(\lambda-\lambda_1)(\lambda-\lambda_2)(\lambda-\lambda_3) \tag{1.6.7}$$

与式(1.6.5)对比，可得

$$\begin{cases}I_1=\lambda_1+\lambda_2+\lambda_3\\ I_2=\lambda_2\lambda_3+\lambda_3\lambda_1+\lambda_1\lambda_2\\ I_3=\lambda_1\lambda_2\lambda_3\end{cases} \tag{1.6.8}$$

由于 2 阶张量 $\boldsymbol{T}$ 本身作为一个张量是客观的，与坐标系的选取无关，而定义其特征值和左、右特征矢量的式(1.6.1)和式(1.6.2)也是与坐标系的选取无关的，故尽管形式上式(1.6.3)、式(1.6.4)、式(1.6.5)含有 $\boldsymbol{T}$ 的分量 T_{ij}(它们是与坐标系选取有关的)，但特征值以及决定它们的特征方程(1.6.5)的各个系数 I_i 也必然是与坐标系的选取无关的。故称 I_i 为 2 阶张量的主不变量，当然它们的任何函数仍是坐标变换下的不变量。

在由特征方程(1.6.5)求出特征值 λ_i 之后，分别代入式(1.6.3)和式(1.6.4)并解之，即可由它们的非零解分别得到 $\boldsymbol{T}$ 的左、右特征矢量 $\boldsymbol{a}$ 和 $\boldsymbol{b}$。但值得注意的是，虽然由左、右特征矢量所定义的特征值是相同的，但对应同一特征值的左、右特征矢量一般则是不相同的。将式(1.6.1)和式(1.6.2)分别改写为

$$\begin{cases} \boldsymbol{a} \cdot \boldsymbol{T} = \boldsymbol{T}^{\mathrm{T}} \cdot \boldsymbol{a} = \lambda \boldsymbol{a} \\ \boldsymbol{T} \cdot \boldsymbol{b} = \boldsymbol{b} \cdot \boldsymbol{T}^{\mathrm{T}} = \lambda \boldsymbol{b} \end{cases} \tag{1.6.9}$$

立即可见，张量 $\boldsymbol{T}$ 和 $\boldsymbol{T}^{\mathrm{T}}$ 必有相同的特征值 λ，而且 $\boldsymbol{T}$ 的左特矢 $\boldsymbol{a}$ 必是 $\boldsymbol{T}^{\mathrm{T}}$ 的右特矢，$\boldsymbol{T}$ 的右特矢 $\boldsymbol{b}$ 必是 $\boldsymbol{T}^{\mathrm{T}}$ 的左特矢(对应同一特征值而言)。当 2 阶张量为对称张量 $\boldsymbol{T}^{\mathrm{T}} = \boldsymbol{T}$ 时，其左、右特矢 $\boldsymbol{a} = \boldsymbol{b}$ 便重合了，这是在实际应用中最常遇到的情况，其典型例子即是以后要讲到的 Cauchy 真应力张量、应变张量等等。

由于 2 阶笛卡儿对称张量与实对称矩阵有一一对应的关系，故可应用线性代数中关于实对称矩阵特征值和特征矢量的有关结果，直接写出 2 阶对称张量 $\boldsymbol{T}$ 的如下性质：

(1) 2 阶对称张量的所有特征值 λ_i 都是实数。

(2) 与 2 阶对称张量不同的特征值相对应的特征矢量必定是正交的(更是线性无关的)。

(3) 对应 2 阶对称张量的 S 重特征值，必定有 S 个线性无关的特征矢量，它们生成一个属于此特征值的 S 维不变子空间，其中的任何矢量都是与此特征值相对应的特征矢量，并且可通过正交化手续找到一个与此特征值相对应的一组 S 个两两正交的幺正特征矢量组。

(4) 在 n 维空间中，2 阶对称张量必有 n 个线性无关的特征矢量，且有一组 n 个两两正交的幺正特征矢量组，当以它们为基矢量时，2 阶张量 $\boldsymbol{T}$ 的表象将成为对角形，且对角元素恰为其特征值。

1.7 张量分析

连续介质力学中的各种张量，除了是空间坐标的函数以外，通常还与某一标量参数(如时间 t)有关，即我们所遇到的是以标量 t 为参数的张量场 $\boldsymbol{A} = \boldsymbol{A}(\boldsymbol{x}, t)$。张量分析一方面涉及张量对参数 t 的求导运算，更重要的则是指张量对空间坐标的求导运算。

1.7.1 张量对某一标量参数 t 的导数

张量是某一标量参数 t 的函数，也即它的每个分量都是参数 t 的函数。我们定义张量对参数 t 的导数是一个与原张量同阶的新张量，其每个分量等于原张量相应的分量对 t 的

导数。例如设 $\boldsymbol{a}(\boldsymbol{x},t)$为矢量场，$\boldsymbol{T}(\boldsymbol{x},t)$为 2 阶张量场，则可定义二者对 t 的导数张量 $\boldsymbol{b}$、$\boldsymbol{Q}$ 分别为

$$\begin{cases} \boldsymbol{b} \equiv \dfrac{\partial \boldsymbol{a}}{\partial t} = \dfrac{\partial}{\partial t}(a_i \boldsymbol{i}_i) = \dfrac{\partial a_i}{\partial t}\boldsymbol{i}_i \\ b_i = \dfrac{\partial a_i}{\partial t} \end{cases} \tag{1.7.1}$$

$$\begin{cases} \boldsymbol{Q} \equiv \dfrac{\partial \boldsymbol{T}}{\partial t} = \dfrac{\partial}{\partial t}(T_{ij} \boldsymbol{i}_i \boldsymbol{i}_j) = \dfrac{\partial T_{ij}}{\partial t}\boldsymbol{i}_i \boldsymbol{i}_j \\ Q_{ij} = \dfrac{\partial T_{ij}}{\partial t} \end{cases} \tag{1.7.2}$$

很容易证明式(1.7.1)和式(1.7.2)所定义的量确实分别为矢量和 2 阶张量。

但是在实践中，更重要的是作为坐标函数的张量场对坐标求导的问题，下面我们就来讲解这一问题。

1.7.2 张量场对坐标的导数——张量的梯度

作为场函数的张量既然是空间坐标的函数，我们就可以研究它在空间各个方向的变化、变化最快的方向以及在不同方向的变化之间相互联系的问题，这一问题的核心就是下面所谓张量梯度的问题。为此，我们首先证明如下定理。

定理 由任何一个笛卡儿张量的各分量对坐标求偏导所得到的量组成一个比原张量阶数高 1 阶的新笛卡儿张量，我们称此新张量为原张量的梯度张量(gradient tensor)。

证明 以原张量为 1 阶张量即矢量的情形为例来证明之，其他情况的证明是类似的。设 $\boldsymbol{v}$ 为任一个矢量，其在新、旧笛卡儿坐标系 $\bar{x}_i$ 和 x_i 中的分量分别为 $\bar{v}_i$ 和 v_i，则可在新、旧坐标系中通过求偏导，分别定义 2 阶系统 $\bar{A}_{ij}$ 和 A_{ij}，即

$$\begin{cases} \bar{A}_{ij} = \dfrac{\partial \bar{v}_i}{\partial \bar{x}_j} \\ A_{ij} = \dfrac{\partial v_i}{\partial x_j} \end{cases} \tag{1.7.3}$$

于是，根据复合函数求导的链锁法则，可有

$$\bar{A}_{ij} = \frac{\partial \bar{v}_i}{\partial \bar{x}_j} = \frac{\partial \bar{v}_i}{\partial x_k}\frac{\partial x_k}{\partial \bar{x}_j} \tag{1.7.4}$$

由于 $\boldsymbol{v}$ 和 $\boldsymbol{x}$ 为笛卡儿矢量，故

$$\begin{cases} \bar{v}_i = \beta_{il} v_l \\ x_k = \beta_{mk} \bar{x}_m \\ \bar{x}_j = \beta_{jm} x_m \end{cases} \tag{1.7.5a}$$

其中，β_{jk} 为由 x_k 到 $\bar{x}_j$ 的正交过渡矩阵，即

$$\beta_{jk} = \bar{\boldsymbol{i}}_j \cdot \boldsymbol{i}_k \tag{1.7.5b}$$

由式(1.7.5a)中的第二式和第三式分别得

$$\frac{\partial x_k}{\partial \bar{x}_j} = \beta_{mk}\frac{\partial \bar{x}_m}{\partial \bar{x}_j} = \beta_{mk}\delta_{mj} = \beta_{jk}$$

$$\frac{\partial \bar{x}_j}{\partial x_k} = \beta_{jm}\frac{\partial x_m}{\partial x_k} = \beta_{jm}\delta_{mk} = \beta_{jk}$$

即

$$\frac{\partial \bar{x}_j}{\partial x_k} = \beta_{jk} = \frac{\partial x_k}{\partial \bar{x}_j} \tag{1.7.6}$$

将式(1.7.5)和式(1.7.6)代入式(1.7.4)中并利用式(1.7.3),有

$$\bar{A}_{ij} = \beta_{il}\frac{\partial v_l}{\partial x_k}\beta_{jk} = \beta_{il}\beta_{jk}A_{lk} \tag{1.7.7}$$

式(1.7.7)即说明了 2 阶系统 $A_{ij}=\dfrac{\partial v_i}{\partial x_j}$确为 2 阶笛卡儿张量,证毕。

其他任意阶张量对坐标求偏导数将得到一个阶数高 1 阶的新张量的结论,其证明是类似的,读者可作为练习尝试之,我们将把这一新的张量称为原张量的梯度张量。但是在此要强调指出:由张量分量对坐标求偏导可得出一个新张量的结论,只是在笛卡儿张量理论的框架内才成立。在一般的曲线坐标中,一般张量分量对坐标求偏导所得的量并不具有一般张量的特征,因而并不构成一个张量。在一般张量理论的框架内,需要引入协变导数的概念才可保证张量求导所得的新量仍为张量,从而保持张量运算的封闭性。关于一般张量的基本知识和其协变导数的概念可参见《张量初步和近代连续介质力学概论》(第 2 版)的第 1 章。

为方便起见,在张量分析中人们广泛采用如下的梯度微分算子∇,称为 Nabla 算子或 Hamilton 算子,其在直角笛卡儿坐标系中的表达式为

$$\nabla \equiv \frac{\partial}{\partial x_i}\boldsymbol{i}_i = \nabla_i\boldsymbol{i}_i \tag{1.7.8}$$

其中,$\nabla_i\equiv\dfrac{\partial}{\partial x_i}$。我们可以认为梯度微分算子$\nabla$是一个兼具求导和矢量双重性质的矢量算子,其笛卡儿分量为$\nabla_i\equiv\dfrac{\partial}{\partial x_i}$。

利用 Nabla 梯度算子∇,可以把对矢量求导所得的 2 阶张量 $\boldsymbol{A}$ 视为矢量和∇的并矢,即 $\boldsymbol{v}$ 和∇的外积,并称之为矢量 $\boldsymbol{v}$ 的梯度,记为 grad $\boldsymbol{v}$:

$$\boldsymbol{A} = \text{grad}\,\boldsymbol{v} = \boldsymbol{v}\overleftarrow{\nabla} \tag{1.7.9}$$

以分量表示即为

$$A_{ij} = v_i\overleftarrow{\nabla}_j = \frac{\partial v_i}{\partial x_j} = v_{i,j} \tag{1.7.10}$$

由于

$$\boldsymbol{A}^{\mathrm{T}} = \overrightarrow{\nabla}\boldsymbol{v} \tag{1.7.11}$$

以分量表示即为

$$A^{\mathrm{T}}_{ij} = A_{ji} = \overrightarrow{\nabla}_i v_j = \frac{\partial v_j}{\partial x_i} = v_{j,i} \tag{1.7.12}$$

其中,∇上的箭头表示指向被求导的量。当然,也可以将式(1.7.11)所给出的 $\boldsymbol{A}^{\mathrm{T}}$作为 $\boldsymbol{v}$ 的梯度,此时该式给出的梯度(有人称为左梯度)将是前面定义的梯度(有人称为右梯度)的转置张量。

矢量 $\boldsymbol{v}$ 的梯度是矢量在空间不均匀性的一种刻画,故得其名。推而广之,我们可以把任意阶的张量对坐标求导所得的高 1 阶的新笛卡儿张量称为原张量的梯度,用张量的直接记

法可以把它写为原张量与梯度算子∇的外积。

例如,标量 Φ 的梯度 grad Φ 定义为 Φ 与∇的乘积,它是一个矢量(这是读者在高等数学中所熟知的):

$$\text{grad } \Phi = \begin{cases} \Phi \overleftarrow{\nabla} = \Phi \overleftarrow{\nabla}_i \boldsymbol{i}_i = \dfrac{\partial \Phi}{\partial x_i} \boldsymbol{i}_i \\ \overrightarrow{\nabla} \Phi = \boldsymbol{i}_i \overrightarrow{\nabla}_i \Phi = \boldsymbol{i}_i \dfrac{\partial \Phi}{\partial x_i} \end{cases} \tag{1.7.13a}$$

若以 s 表示某方向的弧长,以 $\boldsymbol{s} = \dfrac{\mathrm{d}\boldsymbol{r}}{\mathrm{d}s}$ 表示 $\mathrm{d}\boldsymbol{r}$ 方向的单位矢量,则其笛卡儿分量为 $s_i = \dfrac{\mathrm{d}x_i}{\mathrm{d}s}$,而 Φ 在一点处沿 $\boldsymbol{s}$ 的方向导数为

$$\frac{\mathrm{d}\Phi}{\mathrm{d}s} = \frac{\partial \Phi}{\partial x_i} \frac{\mathrm{d}x_i}{\mathrm{d}s} = \frac{\partial \Phi}{\partial x_i} s_i = \boldsymbol{s} \cdot \text{grad } \Phi \tag{1.7.13b}$$

这就是说"标量 Φ 沿任意方向的方向导数等于其梯度矢量在该方向的正交投影",所以梯度方向是 Φ 变化最快的方向,Φ 在梯度方向上的方向导数恰等于梯度矢量之模。这是大家在高等数学场论中所熟知的。

2 阶张量 $\boldsymbol{T}$ 的梯度定义为 $\boldsymbol{T}$ 与∇的外积,它是一个 3 阶张量:

$$\text{grad } \boldsymbol{T} \equiv \boldsymbol{T} \overleftarrow{\nabla} = T_{ij} \boldsymbol{i}_i \boldsymbol{i}_j \overleftarrow{\nabla}_k \boldsymbol{i}_k = T_{ij} \overleftarrow{\nabla}_k \boldsymbol{i}_i \boldsymbol{i}_j \boldsymbol{i}_k = \frac{\partial T_{ij}}{\partial x_k} \boldsymbol{i}_i \boldsymbol{i}_j \boldsymbol{i}_k \tag{1.7.14}$$

即右梯度的 ijk 分量为 $(\boldsymbol{T} \overleftarrow{\nabla})_{ijk} = T_{ij} \overleftarrow{\nabla}_k = \boldsymbol{T}_{ij,k}$。如果采用左梯度,则为

$$\overrightarrow{\nabla} \boldsymbol{T} = \overrightarrow{\nabla}_k \boldsymbol{i}_k T_{ij} \boldsymbol{i}_i \boldsymbol{i}_j = \overrightarrow{\nabla}_k T_{ij} \boldsymbol{i}_k \boldsymbol{i}_i \boldsymbol{i}_j \tag{1.7.15}$$

即左梯度的 kij 分量为 $(\overrightarrow{\nabla} \boldsymbol{T})_{kij} = \overrightarrow{\nabla}_k T_{ij} = \boldsymbol{T}_{ij,k}$。显然,一般而言,式(1.7.14)所定义的右梯度和式(1.7.15)所定义的左梯度是不同的张量,习惯上取右梯度作为 $\boldsymbol{T}$ 的梯度 grad $\boldsymbol{T}$。对其他更高阶张量的梯度,我们将不再写出其表达式,读者是容易写出来的。

1.7.3 张量的散度

任何一个张量的散度(divergence)为该张量与 Nabla 算子∇的点积,是一个比原张量阶数低 1 的新张量。

例如,矢量 $\boldsymbol{v}$ 的散度是 $\boldsymbol{v}$ 和∇的点积,为一个标量,记为 div $\boldsymbol{v}$:

$$\text{div } \boldsymbol{v} = \begin{cases} \boldsymbol{v} \cdot \overleftarrow{\nabla} = v_i \overleftarrow{\nabla}_i \\ \overrightarrow{\nabla} \cdot \boldsymbol{v} = \overrightarrow{\nabla}_i v_i \end{cases} = \frac{\partial v_i}{\partial x_i} = v_{i,i} \tag{1.7.16}$$

同样地,2 阶张量 $\boldsymbol{T}$ 的散度 div $\boldsymbol{T}$ 是 $\boldsymbol{T}$ 与∇的点积,它为一个矢量,如采用右散度,则为

$$\text{div } \boldsymbol{T} = \boldsymbol{T} \cdot \overleftarrow{\nabla} = T_{ij} \boldsymbol{i}_i \boldsymbol{i}_j \cdot \overleftarrow{\nabla}_k \boldsymbol{i}_k = T_{ij} \overleftarrow{\nabla}_j \boldsymbol{i}_i \tag{1.7.17}$$

其第 i 个分量为

$$(\text{div } \boldsymbol{T})_i = (\boldsymbol{T} \cdot \nabla)_i = T_{ij,j} = \frac{\partial T_{ij}}{\partial x_j} \tag{1.7.18}$$

如采用左散度,则为

$$\overrightarrow{\nabla} \cdot \boldsymbol{T} = \overrightarrow{\nabla}_k \boldsymbol{i}_k \cdot T_{ij} \boldsymbol{i}_i \boldsymbol{i}_j = \overrightarrow{\nabla}_i T_{ij} \boldsymbol{i}_j = \overrightarrow{\nabla}_j T_{ji} \boldsymbol{i}_i \tag{1.7.19}$$

其第 i 个分量为

$$(\vec{\nabla}\cdot\boldsymbol{T})_i = \vec{\nabla}_j T_{ji} = T_{ji,j} = \frac{\partial T_{ji}}{\partial x_j} \tag{1.7.20}$$

易见,式(1.7.17)与式(1.7.19)所定义的 $\boldsymbol{T}$ 的散度是不同的,即 $\boldsymbol{T}\cdot\overleftarrow{\nabla} \neq \vec{\nabla}\cdot\boldsymbol{T}$,但根据 2 阶张量和矢量点积的运算规则,显然有

$$\boldsymbol{T}\cdot\overleftarrow{\nabla} = \vec{\nabla}\cdot\boldsymbol{T}^{\mathrm{T}} \tag{1.7.21}$$

当 $\boldsymbol{T}=\boldsymbol{T}^{\mathrm{T}}$ 时,也就是当 $\boldsymbol{T}$ 为 2 阶对称张量时,它们的结果是相同的。对一般的 2 阶张量,通常取右散度。

1.7.4　张量的旋度

任意一个张量的旋度为 Nabla 算子∇与该张量的叉积,是一个与原张量同阶的新张量。例如,矢量 $\boldsymbol{v}$ 的旋度是∇与 $\boldsymbol{v}$ 的叉积,仍为一个矢量,记为 rot $\boldsymbol{v}$,如采用左旋度,则有

$$\mathrm{rot}\,\boldsymbol{v} = \vec{\nabla}\times\boldsymbol{v} = e_{ijk}\nabla_i v_j \boldsymbol{i}_k \tag{1.7.22}$$

其第 k 个分量为

$$(\mathrm{rot}\,\boldsymbol{v})_k = e_{ijk}\vec{\nabla}_i v_j = e_{ijk}\frac{\partial v_j}{\partial x_i} = e_{ijk}v_{j,i} \tag{1.7.23}$$

根据上述式子,可得

$$\mathrm{rot}\,\boldsymbol{v} = \vec{\nabla}\times\boldsymbol{v} = \boldsymbol{i}_1(v_{3,2}-v_{2,3}) + \boldsymbol{i}_2(v_{1,3}-v_{3,1}) + \boldsymbol{i}_3(v_{2,1}-v_{1,2}) \tag{1.7.24}$$

这与我们在高等数学中所学的完全一致,因此对旋度习惯上人们常常采用左旋度而不是右旋度。根据矢量叉乘的性质,对于矢量的左右旋度,显然有

$$\boldsymbol{v}\times\overleftarrow{\nabla} = -\vec{\nabla}\times\boldsymbol{v} \tag{1.7.25}$$

2 阶张量 $\boldsymbol{T}$ 的旋度 rot $\boldsymbol{T}$ 为 $\boldsymbol{T}$ 和∇的叉积,仍为一个 2 阶张量,如采用左旋度,则可写为

$$\mathrm{rot}\,\boldsymbol{T} = \vec{\nabla}\times\boldsymbol{T} = \vec{\nabla}_k\boldsymbol{i}_k\times T_{ij}\boldsymbol{i}_i\boldsymbol{i}_j = \frac{\partial T_{ij}}{\partial x_k}e_{kil}\boldsymbol{i}_l\boldsymbol{i}_j = \frac{\partial T_{ji}}{\partial x_k}e_{kjl}\boldsymbol{i}_l\boldsymbol{i}_i \tag{1.7.26}$$

由此可得其 li 分量为

$$(\mathrm{rot}\,\boldsymbol{T})_{li} = (\vec{\nabla}\times\boldsymbol{T})_{li} = e_{kjl}\frac{\partial T_{ji}}{\partial x_k} \tag{1.7.27}$$

如采用右旋度,则有

$$\boldsymbol{T}\times\overleftarrow{\nabla} = T_{ij}\boldsymbol{i}_i\boldsymbol{i}_j\times\overleftarrow{\nabla}_k\boldsymbol{i}_k = T_{ij}\overleftarrow{\nabla}_k e_{jkl}\boldsymbol{i}_i\boldsymbol{i}_l = \frac{\partial T_{ij}}{\partial x_k}e_{jkl}\boldsymbol{i}_i\boldsymbol{i}_l \tag{1.7.28}$$

其 il 分量为

$$(\boldsymbol{T}\times\overleftarrow{\nabla})_{il} = e_{jkl}\frac{\partial T_{ij}}{\partial x_k} \tag{1.7.29}$$

对比式(1.7.27)和式(1.7.29)可见,2 阶张量 $\boldsymbol{T}$ 的左右旋度之间的关系为

$$\boldsymbol{T}\times\overleftarrow{\nabla} = -(\vec{\nabla}\times\boldsymbol{T}^{\mathrm{T}})^{\mathrm{T}} \tag{1.7.30}$$

1.7.5　Laplace 算子

Laplace 算子 Δ 为 Nabla 算子∇的自点积,它是一个标量型的 2 阶微分算子:

$$\Delta = \nabla \cdot \nabla = \nabla_i \nabla_i = \frac{\partial^2}{\partial x_i \partial x_i} \tag{1.7.31}$$

对于任意阶的张量都可与此标量算子相乘并进行两次求导，而得到一个与原张量同阶的张量。例如，对标量 Φ、矢量 $\boldsymbol{v}$ 以及 2 阶张量 $\boldsymbol{T}$ 可分别有

$$\begin{cases} \Delta\Phi = (\nabla \cdot \nabla)\Phi = \nabla_i \nabla_i \Phi = \dfrac{\partial^2 \Phi}{\partial x_i \partial x_i} \\ \Delta \boldsymbol{v} = (\nabla \cdot \nabla)\boldsymbol{v} = \nabla_i \nabla_i v_j \boldsymbol{i}_j = \dfrac{\partial^2 v_j}{\partial x_i \partial x_i}\boldsymbol{i}_j \\ \Delta \boldsymbol{T} = (\nabla \cdot \nabla)\boldsymbol{T} = \nabla_i \nabla_i T_{kl} \boldsymbol{i}_k \boldsymbol{i}_l = \dfrac{\partial^2 T_{kl}}{\partial x_i \partial x_i}\boldsymbol{i}_k \boldsymbol{i}_l \end{cases} \tag{1.7.32}$$

根据 Nabla 算子的定义和矢量代数中熟知的公式，可以证明如下一些恒等式成立，它们在连续介质力学中是十分有用的。下式中，f、Φ 为任意可微函数，$\boldsymbol{F}$ 为 2 阶张量，$\boldsymbol{a}$、$\boldsymbol{b}$ 和 $\boldsymbol{v}$ 等均为矢量。

$$\begin{cases} \vec{\nabla}(\Phi f) = \Phi \vec{\nabla} f + f \vec{\nabla}\Phi \\ \vec{\nabla} \cdot (\Phi \boldsymbol{v}) = \Phi \vec{\nabla} \cdot \boldsymbol{v} + \boldsymbol{v} \cdot \vec{\nabla}\Phi \\ \vec{\nabla} \times (\vec{\nabla}\Phi) = \boldsymbol{0} \\ \vec{\nabla} \cdot (\vec{\nabla} \times \boldsymbol{v}) = 0 \\ \vec{\nabla} \cdot (\vec{\nabla}\Phi) = \vec{\nabla}^2 \Phi = \Delta\Phi \\ \vec{\nabla} \cdot (\vec{\nabla}\boldsymbol{v}) = \vec{\nabla}^2 \boldsymbol{v} = \Delta \boldsymbol{v} \\ \vec{\nabla} \cdot (\boldsymbol{F} \cdot \boldsymbol{v}) = \boldsymbol{v} \cdot (\vec{\nabla} \cdot \boldsymbol{F}) + \boldsymbol{F} : \vec{\nabla}\boldsymbol{v} \\ \vec{\nabla} \times (\vec{\nabla} \times \boldsymbol{v}) = \vec{\nabla}(\vec{\nabla} \cdot \boldsymbol{v}) - \Delta \boldsymbol{v} \\ \vec{\nabla} \cdot (\boldsymbol{a} \times \boldsymbol{b}) = \boldsymbol{b} \cdot (\vec{\nabla} \times \boldsymbol{a}) - \boldsymbol{a} \cdot (\vec{\nabla} \times \boldsymbol{b}) \\ \vec{\nabla} \times (\boldsymbol{a} \times \boldsymbol{b}) = \boldsymbol{a}(\vec{\nabla} \cdot \boldsymbol{b}) - \boldsymbol{a} \cdot (\vec{\nabla}\boldsymbol{b}) + \boldsymbol{b} \cdot (\vec{\nabla}\boldsymbol{a}) - \boldsymbol{b}(\vec{\nabla} \cdot \boldsymbol{a}) \end{cases} \tag{1.7.33}$$

其余的不再一一列出，读者可自行补充并作为练习证明之。

1.8　正交曲线坐标和正交曲线坐标中的笛卡儿张量

1.8.1　正交曲线坐标和正交曲线坐标中的笛卡儿张量

在工程实践中，往往会碰到管中流体的运动、柱杆的扭转、导弹的贯穿以及球形药包的爆炸等现象，这些问题在笛卡儿直角坐标中进行刻画是不方便的，为此我们需要引入曲线坐标。我们可以通过笛卡儿直角坐标(x_1, x_2, x_3)和任意三个变量(q_1, q_2, q_3)间如下的一一对应的映射关系来引入所谓的曲线坐标 q_i：

$$x_i = x_i(q_1, q_2, q_3) \quad (i = 1、2、3), \quad q_i = q_i(x_1, x_2, x_3) \quad (i = 1、2、3) \tag{1.8.1}$$

为保证式(1.8.1)中的两个函数互为反函数，即为了保证它们之间可以一对一地互相确定，要求在空间内，除了个别的点和线之外，函数 $x_i = x_i(q_1, q_2, q_3)$处处单值、连续且存在连续的 1 阶偏导数，同时其雅可比(Jacobi)行列式 $J \neq 0$：

$$J = \left|\frac{\partial x_i}{\partial q_j}\right| = \begin{vmatrix} \dfrac{\partial x_1}{\partial q_1} & \dfrac{\partial x_1}{\partial q_2} & \dfrac{\partial x_1}{\partial q_3} \\ \dfrac{\partial x_2}{\partial q_1} & \dfrac{\partial x_2}{\partial q_2} & \dfrac{\partial x_2}{\partial q_3} \\ \dfrac{\partial x_3}{\partial q_1} & \dfrac{\partial x_3}{\partial q_2} & \dfrac{\partial x_3}{\partial q_3} \end{vmatrix} \neq 0, \quad \frac{1}{J} = \left|\frac{\partial q_i}{\partial x_j}\right| \tag{1.8.2}$$

我们称具有性质 $J \neq 0$ 的变换式(1.8.1)为许可变换。如果 $J > 0$，则称其为正则的许可变换；如果 $J < 0$，则称其为非正则的许可变换。我们通常只研究处处正则的许可变换。

在式(1.8.1)的第二式中令 q_i 为常数，可分别得三族曲面：

$$q_i(x_1, x_2, x_3) = c_i \quad (i = 1、2、3) \tag{1.8.3}$$

称之为 q_i坐标面，在此坐标面上曲线坐标 q_i 为常数，而另两个曲线坐标发生变化。任两个坐标面的交线形成曲线坐标中的坐标线，例如 q_1 坐标面和 q_2 坐标面的交线即为 q_3 坐标线：

$$\begin{cases} q_1(x_1, x_2, x_3) = c_1 \\ q_2(x_1, x_2, x_3) = c_2 \end{cases} \tag{1.8.4}$$

沿 q_3 坐标线，q_1 和 q_2 为常数，只有坐标 q_3 发生变化。

以上的说明和下面的叙述如图 1.2 所示。

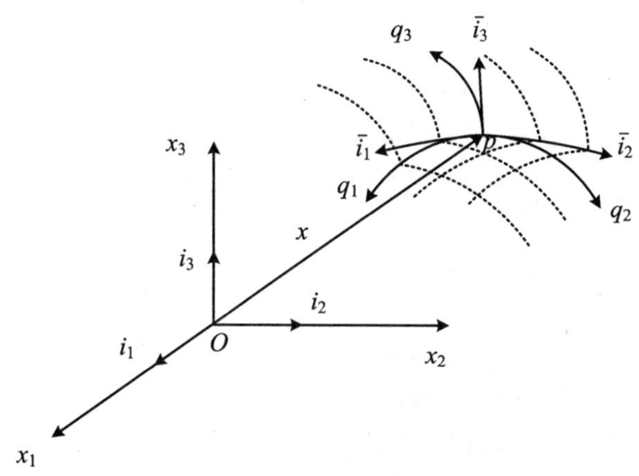

图 1.2　曲线坐标

对空间中的任一点 p，其相对于笛卡儿坐标系的原点 O 的矢径也就是位置矢量 $\overrightarrow{op} = \boldsymbol{x}(q_1, q_2, q_3)$是曲线坐标 q_i 的函数，故在任一点 p 处可按下式定义三个矢量 $\hat{\boldsymbol{i}}_k$：

$$\hat{\boldsymbol{i}}_k(p) = \lim_{\Delta q_k \to 0} \frac{\boldsymbol{x}(q_k + \Delta q_k) - \boldsymbol{x}(q_k)}{\Delta q_k} = \frac{\partial \boldsymbol{x}}{\partial q_k} = \frac{\partial(x_j \boldsymbol{i}_j)}{\partial q_k} = \frac{\partial x_j}{\partial q_k}\boldsymbol{i}_j \quad (k = 1、2、3) \tag{1.8.5}$$

其中，x_j 和 $\boldsymbol{i}_j$分别是直角笛卡儿坐标和其中的幺正基矢量。由于$\hat{\boldsymbol{i}}_k(p)$与 p 点的位置无关，即与点的曲线坐标无关，故有式(1.8.5)。

根据其定义式(1.8.5)，矢量$\hat{\boldsymbol{i}}_k(p)$显然沿 p 点处坐标线 q_k 的切线，且指向 q_k 增加的

方向，其长度为

$$H_k(p)=|\hat{\boldsymbol{i}}_k(p)|=\sqrt{\left(\frac{\partial x_1}{\partial q_k}\right)^2+\left(\frac{\partial x_2}{\partial q_k}\right)^2+\left(\frac{\partial x_3}{\partial q_k}\right)^2}\quad(k=1、2、3)\tag{1.8.6}$$

称之为 Lamé 系数(拉梅系数)。

特别需要指出的是，在一般的曲线坐标中矢量$\hat{\boldsymbol{i}}_k(p)$不但不一定是单位矢量，而且也不一定两两正交，同时它的长度和方向还是与 p 点的位置有关的，这与笛卡儿坐标系中 $\boldsymbol{i}_k$ 为幺正基且是常矢量有本质上的区别。

如以 $\bar{\boldsymbol{i}}_k$ 表示$\hat{\boldsymbol{i}}_k$ 方向的单位矢量，则有

$$\bar{\boldsymbol{i}}_k(p)=\frac{\hat{\boldsymbol{i}}_k}{H_k}=\frac{1}{H_k}\frac{\partial x_j}{\partial q_k}\boldsymbol{i}_j=\beta_{kj}\boldsymbol{i}_j\quad(k=1、2、3,不求和)\tag{1.8.7}$$

其中

$$\beta_{kj}(p)\equiv\frac{1}{H_k}\frac{\partial x_j}{\partial q_k}=\bar{\boldsymbol{i}}_k\cdot\boldsymbol{i}_j\quad(k=1、2、3,不求和)\tag{1.8.8}$$

特别地，当在空间中的各点三条坐标线都两两正交时，我们即可得到常用的所谓正交曲线坐标，此时 $\bar{\boldsymbol{i}}_k(p)$也组成幺正基，于是上面两式中的 β_{kj}便是由幺正基 $\boldsymbol{i}_j$ 到幺正基 $\bar{\boldsymbol{i}}_k$ 的过渡矩阵，因而根据在 1.3 节中“幺正基到幺正基的过渡矩阵必为正交矩阵”的结论，可知矩阵 β_{kj}必为正交矩阵，这可以表达为

$$\beta_{kj}\beta_{ij}=\delta_{ki}=\beta_{ji}\beta_{jk}\tag{1.8.9}$$

当由 p 点产生三个坐标增量 $\mathrm{d}q_k$而过渡到邻近一点时，所产生的位置矢量增量 $\mathrm{d}\boldsymbol{x}$ 和其长度 $\mathrm{d}s$ 分别为

$$\begin{cases}\mathrm{d}\boldsymbol{x}=\dfrac{\partial\boldsymbol{x}}{\partial q_k}\mathrm{d}q_k=\hat{\boldsymbol{i}}_k\mathrm{d}q_k=H_k\bar{\boldsymbol{i}}_k\mathrm{d}q_k\\ \mathrm{d}s=\sqrt{H_1^2\mathrm{d}q_1^2+H_2^2\mathrm{d}q_2^2+H_3^2\mathrm{d}q_3^2}\end{cases}\tag{1.8.10}$$

而沿第 K 条坐标线只产生该坐标的增量时所对应的位置矢量增量$(\mathrm{d}\boldsymbol{x})_k$ 和其弧长 $\mathrm{d}s_k$ 将分别为

$$\begin{cases}(\mathrm{d}\boldsymbol{x})_1=H_1\mathrm{d}q_1\bar{\boldsymbol{i}}_1,\quad \mathrm{d}s_1=H_1\mathrm{d}q_1\\(\mathrm{d}\boldsymbol{x})_2=H_2\mathrm{d}q_2\bar{\boldsymbol{i}}_2,\quad \mathrm{d}s_2=H_2\mathrm{d}q_2\\(\mathrm{d}\boldsymbol{x})_3=H_3\mathrm{d}q_3\bar{\boldsymbol{i}}_3,\quad \mathrm{d}s_3=H_3\mathrm{d}q_3\end{cases}\tag{1.8.11}$$

本章不涉及一般张量的理论，即不讨论在一般曲线坐标中的张量分量，而是在笛卡儿张量的理论框架内来讨论张量。我们的基本思想是：在空间中的各个点 p 处，以此点处正交曲线坐标系的三个单位化的幺正基 $\bar{\boldsymbol{i}}_k(p)$作为一个局部的笛卡儿基，而寻求该点各个张量在此基上的笛卡儿分量，并将之称为相应张量在正交曲线坐标中的笛卡儿张量分量。显然这相当于在点 p 处做了一个由幺正基$\boldsymbol{i}_i$ 到幺正基 $\bar{\boldsymbol{i}}_i(p)$的正交变换，变换系数矩阵恰为 β_{ij}。例如，如果以 v_i 表示某矢量$\boldsymbol{v}$(比如质点速度矢量)在笛卡儿坐标系中的分量，以 σ_{ij}表示某 2 阶张量$\boldsymbol{\sigma}$(比如应力张量)在笛卡儿坐标系中的分量，而以 $\bar{v}_i$ 和$\bar{\sigma}_{ij}$分别表示矢量$\boldsymbol{v}$ 和 2 阶张量 $\boldsymbol{\sigma}$ 在正交曲线坐标q_i 中的点p 处幺正基$\bar{\boldsymbol{i}}_k(p)$上的分量，则

$$\bar{v}_i=\beta_{ij}v_j,\quad\bar{\sigma}_{ij}=\beta_{il}\beta_{jm}\sigma_{lm}\tag{1.8.12}$$

或者

$$v_i = \beta_{ji}\bar{v}_j, \quad \sigma_{ij} = \beta_{li}\beta_{mj}\bar{\sigma}_{lm} \tag{1.8.13}$$

写成矩阵形式为

$$\begin{cases}[\bar{\boldsymbol{v}}] = [\boldsymbol{\beta}][\boldsymbol{v}], \\ [\boldsymbol{v}] = [\boldsymbol{\beta}]^{\mathrm{T}}[\bar{\boldsymbol{v}}],\end{cases} \quad \begin{cases}[\bar{\boldsymbol{\sigma}}] = [\boldsymbol{\beta}][\boldsymbol{\sigma}][\boldsymbol{\beta}]^{\mathrm{T}} \\ [\boldsymbol{\sigma}] = [\boldsymbol{\beta}]^{\mathrm{T}}[\boldsymbol{\sigma}][\boldsymbol{\beta}]\end{cases} \tag{1.8.14}$$

1.8.2　正交曲线坐标中的梯度算子

如前所述，对正交曲线坐标而言，β_{kj} 为笛卡儿幺正基 $\boldsymbol{i}_j$ 到正交曲线坐标中的局部幺正基 $\bar{\boldsymbol{i}}_k$ 的正交过渡矩阵，于是当把梯度算子∇作为一个矢量看待，并在这两组基中分别对其进行线性分解且以∇_j和$\bar{\nabla}_k$分别表示其分解系数时，将分别有

$$\nabla = \boldsymbol{i}_j \nabla_j = \bar{\boldsymbol{i}}_k \bar{\nabla}_k \tag{1.8.15}$$

于是，根据公式

$$\nabla_j = \frac{\partial}{\partial x_j}, \quad \bar{\boldsymbol{i}}_k = \beta_{kj}\boldsymbol{i}_j, \quad \boldsymbol{i}_j = \beta_{kj}\bar{\boldsymbol{i}}_k, \quad \beta_{kj} = \frac{1}{H_k}\frac{\partial x_j}{\partial q_k}$$

和复合函数求导的链锁法则，将有

$$\nabla = \boldsymbol{i}_j \frac{\partial}{\partial x_j} = \beta_{kj}\bar{\boldsymbol{i}}_k \frac{\partial}{\partial x_j} = \frac{1}{H_k}\frac{\partial x_j}{\partial q_k}\frac{\partial}{\partial x_j}\bar{\boldsymbol{i}}_k = \frac{1}{H_k}\frac{\partial}{\partial q_k}\bar{\boldsymbol{i}}_k \tag{1.8.16a}$$

故有

$$\bar{\nabla}_k = \frac{1}{H_k}\frac{\partial}{\partial q_k} = \frac{\partial}{\partial S_k} \tag{1.8.16b}$$

式(1.8.16)即给出了梯度算子∇在正交曲线坐标中的表达式。

1.8.3　正交曲线坐标中单位基矢对曲线坐标的偏导数

前面我们曾指出，正交曲线坐标与直角笛卡儿坐标的最大区别在于，其局部幺正基矢量并不是常矢量而是其位置或曲线坐标的函数，因此求出其幺正基矢量 $\bar{\boldsymbol{i}}_k$ 对曲线坐标的偏导数就具有十分重要的意义。下面我们将证明如下的正交曲线坐标中单位基矢量对坐标偏导数的公式：

$$\begin{cases}\dfrac{\partial \bar{\boldsymbol{i}}_1}{\partial q_1} = -\dfrac{1}{H_2}\dfrac{\partial H_1}{\partial q_2}\bar{\boldsymbol{i}}_2 - \dfrac{1}{H_3}\dfrac{\partial H_1}{\partial q_3}\bar{\boldsymbol{i}}_3 \\ \dfrac{\partial \bar{\boldsymbol{i}}_1}{\partial q_2} = \dfrac{1}{H_1}\dfrac{\partial H_2}{\partial q_1}\bar{\boldsymbol{i}}_2 \\ \dfrac{\partial \bar{\boldsymbol{i}}_1}{\partial q_3} = \dfrac{1}{H_1}\dfrac{\partial H_3}{\partial q_1}\bar{\boldsymbol{i}}_3\end{cases} \tag{1.8.17}$$

（对 1、2、3 做圆轮转换可得另外 6 个公式。）

证明　将 $\bar{\boldsymbol{i}}_i \cdot \bar{\boldsymbol{i}}_k = \delta_{ik}$ 两边对 q_j 求导，可得

$$\frac{\partial \bar{\boldsymbol{i}}_i}{\partial q_j} \cdot \bar{\boldsymbol{i}}_k = -\frac{\partial \bar{\boldsymbol{i}}_k}{\partial q_j} \cdot \bar{\boldsymbol{i}}_i \quad (i = 1、2、3; j = 1、2、3; k = 1、2、3) \tag{1.8.18}$$

特别地，有

$$\frac{\partial \bar{\boldsymbol{i}}_1}{\partial q_j} \cdot \bar{\boldsymbol{i}}_1 = 0, \quad \frac{\partial \bar{\boldsymbol{i}}_2}{\partial q_j} \cdot \bar{\boldsymbol{i}}_2 = 0, \quad \frac{\partial \bar{\boldsymbol{i}}_3}{\partial q_j} \cdot \bar{\boldsymbol{i}}_3 = 0 \quad (j = 1、2、3) \tag{1.8.19}$$

$$\frac{\partial \bar{\boldsymbol{i}}_1}{\partial q_j} \cdot \bar{\boldsymbol{i}}_2 = -\frac{\partial \bar{\boldsymbol{i}}_2}{\partial q_j} \cdot \bar{\boldsymbol{i}}_1 \quad (j = 1、2、3) \tag{1.8.20}$$

由于位置矢量 $\boldsymbol{x}$ 的 2 阶混合偏导数可以交换顺序，即

$$\frac{\partial^2 \boldsymbol{x}}{\partial q_1 \partial q_2} = \frac{\partial^2 \boldsymbol{x}}{\partial q_2 \partial q_1} \tag{1.8.21}$$

此式即

$$\frac{\partial}{\partial q_1}(H_2 \bar{\boldsymbol{i}}_2) = \frac{\partial}{\partial q_2}(H_1 \bar{\boldsymbol{i}}_1) \tag{1.8.22}$$

展开，即

$$H_2 \frac{\partial \bar{\boldsymbol{i}}_2}{\partial q_1} + \frac{\partial H_2}{\partial q_1} \bar{\boldsymbol{i}}_2 = H_1 \frac{\partial \bar{\boldsymbol{i}}_1}{\partial q_2} + \frac{\partial H_1}{\partial q_2} \bar{\boldsymbol{i}}_1 \tag{1.8.23}$$

把式(1.8.23)两端点乘以 $\bar{\boldsymbol{i}}_1$ 得

$$H_2 \frac{\partial \bar{\boldsymbol{i}}_2}{\partial q_1} \cdot \bar{\boldsymbol{i}}_1 + \frac{\partial H_2}{\partial q_1} \bar{\boldsymbol{i}}_2 \cdot \bar{\boldsymbol{i}}_1 = H_1 \frac{\partial \bar{\boldsymbol{i}}_1}{\partial q_2} \cdot \bar{\boldsymbol{i}}_1 + \frac{\partial H_1}{\partial q_2} \bar{\boldsymbol{i}}_1 \cdot \bar{\boldsymbol{i}}_1 \tag{1.8.24}$$

由式(1.8.20)有

$$\frac{\partial \bar{\boldsymbol{i}}_2}{\partial q_1} \cdot \bar{\boldsymbol{i}}_1 = -\frac{\partial \bar{\boldsymbol{i}}_1}{\partial q_1} \cdot \bar{\boldsymbol{i}}_2 \tag{1.8.25}$$

故在利用式(1.8.19)和式(1.8.25)后，式(1.8.24)将给出

$$\frac{\partial \bar{\boldsymbol{i}}_1}{\partial q_1} \cdot \bar{\boldsymbol{i}}_2 = -\frac{1}{H_2} \frac{\partial H_1}{\partial q_2} \tag{1.8.26a}$$

类似地，可有

$$\frac{\partial \bar{\boldsymbol{i}}_1}{\partial q_1} \cdot \bar{\boldsymbol{i}}_3 = -\frac{1}{H_3} \frac{\partial H_1}{\partial q_3} \tag{1.8.26b}$$

利用式(1.8.19)又有

$$\frac{\partial \bar{\boldsymbol{i}}_1}{\partial q_1} \cdot \bar{\boldsymbol{i}}_1 = 0 \tag{1.8.26c}$$

式(1.8.26a)、式(1.8.26b)、式(1.8.26c)即证明了式(1.8.17)中的第一式。

同样，若把式(1.8.23)两端点乘以 $\bar{\boldsymbol{i}}_2$，则有

$$H_2 \frac{\partial \bar{\boldsymbol{i}}_2}{\partial q_1} \cdot \bar{\boldsymbol{i}}_2 + \frac{\partial H_2}{\partial q_1} \bar{\boldsymbol{i}}_2 \cdot \bar{\boldsymbol{i}}_2 = H_1 \frac{\partial \bar{\boldsymbol{i}}_1}{\partial q_2} \cdot \bar{\boldsymbol{i}}_2 + \frac{\partial H_1}{\partial q_2} \bar{\boldsymbol{i}}_1 \cdot \bar{\boldsymbol{i}}_2 \tag{1.8.27}$$

根据式(1.8.19)中的第二式(上式中的第一项为 0)，可将式(1.8.27)整理后得

$$\frac{\partial \bar{\boldsymbol{i}}_1}{\partial q_2} \cdot \bar{\boldsymbol{i}}_2 = \frac{1}{H_1} \frac{\partial H_2}{\partial q_1} \tag{1.8.28}$$

若把式(1.8.23)两端点乘以 $\bar{\boldsymbol{i}}_3$，则有

$$H_2 \frac{\partial \bar{\boldsymbol{i}}_2}{\partial q_1} \cdot \bar{\boldsymbol{i}}_3 + \frac{\partial H_2}{\partial q_1} \bar{\boldsymbol{i}}_2 \cdot \bar{\boldsymbol{i}}_3 = H_1 \frac{\partial \bar{\boldsymbol{i}}_1}{\partial q_2} \cdot \bar{\boldsymbol{i}}_3 + \frac{\partial H_1}{\partial q_2} \bar{\boldsymbol{i}}_1 \cdot \bar{\boldsymbol{i}}_3 \tag{1.8.29}$$

整理后，有

$$\frac{\partial \bar{\boldsymbol{i}}_1}{\partial q_2} \cdot \bar{\boldsymbol{i}}_3 = \frac{H_2}{H_1} \frac{\partial \bar{\boldsymbol{i}}_2}{\partial q_1} \cdot \bar{\boldsymbol{i}}_3 \tag{1.8.30a}$$

对式(1.8.30a)中的 1、2、3 进行圆轮转换，得到如下两式：

$$\frac{\partial \bar{\boldsymbol{i}}_2}{\partial q_3} \cdot \bar{\boldsymbol{i}}_1 = \frac{H_3}{H_2} \frac{\partial \bar{\boldsymbol{i}}_3}{\partial q_2} \cdot \bar{\boldsymbol{i}}_1 \tag{1.8.30b}$$

$$\frac{\partial \bar{\boldsymbol{i}}_3}{\partial q_1} \cdot \bar{\boldsymbol{i}}_2 = \frac{H_1}{H_3} \frac{\partial \bar{\boldsymbol{i}}_1}{\partial q_3} \cdot \bar{\boldsymbol{i}}_2 \tag{1.8.30c}$$

利用式(1.8.30)中的各式和式(1.8.18)，可有

$$\begin{aligned}\frac{\partial \bar{\boldsymbol{i}}_1}{\partial q_2} \cdot \bar{\boldsymbol{i}}_3 &= \frac{H_2}{H_1} \frac{\partial \bar{\boldsymbol{i}}_2}{\partial q_1} \cdot \bar{\boldsymbol{i}}_3 = -\frac{H_2}{H_1} \frac{\partial \bar{\boldsymbol{i}}_3}{\partial q_1} \cdot \bar{\boldsymbol{i}}_2 = -\frac{H_2}{H_1} \frac{H_1}{H_3} \frac{\partial \bar{\boldsymbol{i}}_1}{\partial q_3} \cdot \bar{\boldsymbol{i}}_2 = \frac{H_2}{H_3} \frac{\partial \bar{\boldsymbol{i}}_2}{\partial q_3} \cdot \bar{\boldsymbol{i}}_1 \\ &= \frac{H_2}{H_3} \frac{H_3}{H_2} \frac{\partial \bar{\boldsymbol{i}}_3}{\partial q_2} \cdot \bar{\boldsymbol{i}}_1 = -\frac{\partial \bar{\boldsymbol{i}}_1}{\partial q_2} \cdot \bar{\boldsymbol{i}}_3\end{aligned}$$

由该式可见

$$\frac{\partial \bar{\boldsymbol{i}}_1}{\partial q_2} \cdot \bar{\boldsymbol{i}}_3 = 0 \tag{1.8.31}$$

由式(1.8.19)、式(1.8.28)和式(1.8.31)我们即证明了式(1.8.17)中的第二式。式(1.8.17)中的第三式可用与第二式类似的方法证明，把其中的指标 2 改为 3 即可。

证毕。

1.8.4　柱坐标和球坐标

对于图 1.3(a)中的柱坐标而言，如果记

$$\begin{cases} q_1 = r \\ q_2 = \theta \\ q_3 = z \end{cases} \tag{1.8.32}$$

则

$$\begin{cases} x_1 = q_1 \cos q_2 = r\cos\theta \\ x_2 = q_1 \sin q_2 = r\sin\theta \\ x_3 = q_3 = z \end{cases} \tag{1.8.33a}$$

$$\begin{cases} q_1 = r = \sqrt{x_1^2 + x_2^2} \\ q_2 = \theta = \arctan\left(\dfrac{x_2}{x_1}\right) \\ q_3 = z = x_3 \end{cases} \tag{1.8.33b}$$

于是

$$\begin{cases} H_1 = 1 \\ H_2 = q_1 = r \\ H_3 = 1 \end{cases} \tag{1.8.34}$$

$$\begin{bmatrix} \bar{\boldsymbol{i}}_1 \\ \bar{\boldsymbol{i}}_2 \\ \bar{\boldsymbol{i}}_3 \end{bmatrix} = \begin{bmatrix} \cos\theta & \sin\theta & 0 \\ -\sin\theta & \cos\theta & 0 \\ 0 & 0 & 1 \end{bmatrix} \begin{bmatrix} \boldsymbol{i}_1 \\ \boldsymbol{i}_2 \\ \boldsymbol{i}_3 \end{bmatrix} \tag{1.8.35a}$$

$$[\beta_{ij}] = \begin{bmatrix} \cos q_2 & \sin q_2 & 0 \\ -\sin q_2 & \cos q_2 & 0 \\ 0 & 0 & 1 \end{bmatrix} = \begin{bmatrix} \cos\theta & \sin\theta & 0 \\ -\sin\theta & \cos\theta & 0 \\ 0 & 0 & 1 \end{bmatrix} \tag{1.8.35b}$$

$$\left[\frac{\partial \bar{\boldsymbol{i}}_i}{\partial q_j}\right] = \begin{bmatrix} \dfrac{\partial \bar{\boldsymbol{i}}_1}{\partial q_1} & \dfrac{\partial \bar{\boldsymbol{i}}_1}{\partial q_2} & \dfrac{\partial \bar{\boldsymbol{i}}_1}{\partial q_3} \\ \dfrac{\partial \bar{\boldsymbol{i}}_2}{\partial q_1} & \dfrac{\partial \bar{\boldsymbol{i}}_2}{\partial q_2} & \dfrac{\partial \bar{\boldsymbol{i}}_2}{\partial q_3} \\ \dfrac{\partial \bar{\boldsymbol{i}}_3}{\partial q_1} & \dfrac{\partial \bar{\boldsymbol{i}}_3}{\partial q_2} & \dfrac{\partial \bar{\boldsymbol{i}}_3}{\partial q_3} \end{bmatrix} = \begin{bmatrix} \boldsymbol{0} & \bar{\boldsymbol{i}}_2 & \boldsymbol{0} \\ \boldsymbol{0} & -\bar{\boldsymbol{i}}_1 & \boldsymbol{0} \\ \boldsymbol{0} & \boldsymbol{0} & \boldsymbol{0} \end{bmatrix} \tag{1.8.36}$$

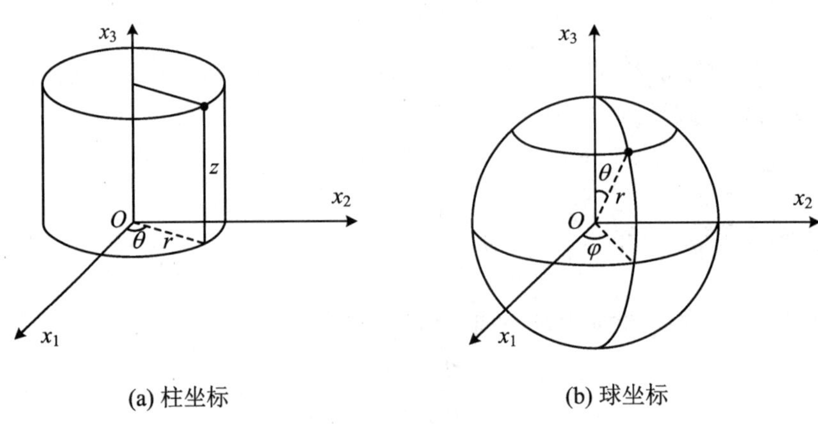

(a) 柱坐标　　(b) 球坐标

图 1.3

对于图 1.3(b)中的球坐标而言,如果记

$$\begin{cases} q_1 = r \\ q_2 = \theta \\ q_3 = \varphi \end{cases} \tag{1.8.37}$$

则

$$\begin{cases} x_1 = q_1 \sin q_2 \cos q_3 = r\sin\theta\cos\varphi \\ x_2 = q_1 \sin q_2 \sin q_3 = r\sin\theta\sin\varphi \\ x_3 = q_1 \cos q_2 = r\cos\theta \end{cases} \tag{1.8.38a}$$

$$\begin{cases} q_1 = r = \sqrt{x_1^2 + x_2^2 + x_3^2} \\ q_2 = \theta = \arctan\left(\dfrac{\sqrt{x_1^2 + x_2^2}}{x_3}\right) \\ q_3 = \varphi = \arctan\left(\dfrac{x_2}{x_1}\right) \end{cases} \tag{1.8.38b}$$

于是

$$\begin{cases} H_1 = 1 \\ H_2 = q_1 = r \\ H_3 = q_1 \sin q_2 = r\sin\theta \end{cases} \tag{1.8.39}$$

$$\begin{bmatrix} \bar{\boldsymbol{i}}_1 \\ \bar{\boldsymbol{i}}_2 \\ \bar{\boldsymbol{i}}_3 \end{bmatrix} = \begin{bmatrix} \sin q_2 \cos q_3 & \sin q_2 \sin q_3 & \cos q_2 \\ \cos q_2 \cos q_3 & \cos q_2 \sin q_3 & -\sin q_2 \\ -\sin q_3 & \cos q_3 & 0 \end{bmatrix} \begin{bmatrix} \boldsymbol{i}_1 \\ \boldsymbol{i}_2 \\ \boldsymbol{i}_3 \end{bmatrix} \tag{1.8.40a}$$

$$[\beta_{ij}] = \begin{bmatrix} \sin q_2 \cos q_3 & \sin q_2 \sin q_3 & \cos q_2 \\ \cos q_2 \cos q_3 & \cos q_2 \sin q_3 & -\sin q_2 \\ -\sin q_3 & \cos q_3 & 0 \end{bmatrix} = \begin{bmatrix} \sin\theta\cos\varphi & \sin\theta\sin\varphi & \cos\theta \\ \cos\theta\cos\varphi & \cos\theta\sin\varphi & -\sin\theta \\ -\sin\varphi & \cos\varphi & 0 \end{bmatrix} \tag{1.8.40b}$$

$$\left[\frac{\partial \bar{\boldsymbol{i}}_i}{\partial q_j}\right] = \begin{bmatrix} \dfrac{\partial \bar{\boldsymbol{i}}_1}{\partial q_1} & \dfrac{\partial \bar{\boldsymbol{i}}_1}{\partial q_2} & \dfrac{\partial \bar{\boldsymbol{i}}_1}{\partial q_3} \\ \dfrac{\partial \bar{\boldsymbol{i}}_2}{\partial q_1} & \dfrac{\partial \bar{\boldsymbol{i}}_2}{\partial q_2} & \dfrac{\partial \bar{\boldsymbol{i}}_2}{\partial q_3} \\ \dfrac{\partial \bar{\boldsymbol{i}}_3}{\partial q_1} & \dfrac{\partial \bar{\boldsymbol{i}}_3}{\partial q_2} & \dfrac{\partial \bar{\boldsymbol{i}}_3}{\partial q_3} \end{bmatrix} = \begin{bmatrix} \boldsymbol{0} & \bar{\boldsymbol{i}}_2 & \sin q_2 \bar{\boldsymbol{i}}_3 \\ \boldsymbol{0} & -\bar{\boldsymbol{i}}_1 & \cos q_2 \bar{\boldsymbol{i}}_3 \\ \boldsymbol{0} & \boldsymbol{0} & -\sin q_2 \bar{\boldsymbol{i}}_1 - \cos q_2 \bar{\boldsymbol{i}}_2 \end{bmatrix} \tag{1.8.36}$$

1.8.5　正交曲线坐标中常用的一些张量公式

关于标量 Φ 的梯度、矢量 $\boldsymbol{v}$ 的梯度、矢量 $\boldsymbol{v}$ 的散度、矢量 $\boldsymbol{v}$ 的旋度、标量 Φ 的 Laplacian 算子、2 阶张量 $\boldsymbol{T}$ 的散度、矢量 $\boldsymbol{v}$ 的 Laplacian 算子、2 阶张量 $\boldsymbol{T}$ 的旋度等在正交曲线坐标中的表达式，可参见《张量初步和近代连续介质力学概论》第 1 章的 1.14.4 小节，那里并未用到一般张量的知识。现将之简介如下。

1. 标量 Φ 的梯度

$$\text{grad}\,\Phi = \vec{\nabla}\Phi = (\bar{\boldsymbol{i}}_i \vec{\bar{\nabla}}_i)\Phi = \left(\bar{\boldsymbol{i}}_i \frac{1}{H_i}\frac{\vec{\partial}}{\partial q_i}\right)\Phi = \frac{\bar{\boldsymbol{i}}_i}{H_i}\frac{\partial \Phi}{\partial q_i} \tag{1.8.41}$$

2. 矢量 $\boldsymbol{v}$ 的梯度

$$\text{grad}\,\boldsymbol{v} \equiv \boldsymbol{v}\overleftarrow{\nabla} = (\bar{v}_i \bar{\boldsymbol{i}}_i)(\overleftarrow{\bar{\nabla}}_j \bar{\boldsymbol{i}}_j) = (\bar{v}_i \bar{\boldsymbol{i}}_i)\left(\frac{1}{H_j}\frac{\vec{\partial}}{\partial q_j}\bar{\boldsymbol{i}}_j\right)$$

$$= \frac{1}{H_j}\frac{\partial \bar{v}_i}{\partial q_j}\bar{\boldsymbol{i}}_i\bar{\boldsymbol{i}}_j + \bar{v}_i \frac{1}{H_j}\frac{\partial \bar{\boldsymbol{i}}_i}{\partial q_j}\bar{\boldsymbol{i}}_j = \frac{1}{H_j}\frac{\partial \bar{v}_i}{\partial q_j}\bar{\boldsymbol{i}}_i\bar{\boldsymbol{i}}_j + \left[\frac{\bar{v}_k}{H_j}\frac{\partial \bar{\boldsymbol{i}}_k}{\partial q_j}\cdot \bar{\boldsymbol{i}}_i\right]\bar{\boldsymbol{i}}_i\bar{\boldsymbol{i}}_j$$

此式即是 grad $\boldsymbol{v}$ 在基并矢 $\bar{\boldsymbol{i}}_i\bar{\boldsymbol{i}}_j$ 上的分解式，对 $(i,j)=(1,1)$，$(i,j)=(1,2)$，$(i,j)=(1,3)$，…的不同选择，分别利用式(1.8.17)之后，即可得到

$$\text{grad}\ \boldsymbol{v} \equiv \boldsymbol{v}\overleftarrow{\nabla} =$$

$$\begin{bmatrix} \frac{1}{H_1}\frac{\partial \bar{v}_1}{\partial q_1}+\left[\frac{\bar{v}_2}{H_2}\frac{\partial H_1}{\partial q_2}+\frac{\bar{v}_3}{H_3}\frac{\partial H_1}{\partial q_3}\right]\frac{1}{H_1} & \frac{1}{H_2}\frac{\partial \bar{v}_1}{\partial q_2}-\frac{\bar{v}_2}{H_2H_1}\frac{\partial H_2}{\partial q_1} & \frac{1}{H_3}\frac{\partial \hat{v}_1}{\partial x^3}-\frac{\hat{v}_3}{H_3H_1}\frac{\partial H_3}{\partial x^1} \\ \frac{1}{H_1}\frac{\partial \bar{v}_2}{\partial q_1}-\frac{\bar{v}_1}{H_1H_2}\frac{\partial H_1}{\partial q_2} & \frac{1}{H_2}\frac{\partial \bar{v}_2}{\partial x^2}+\left[\frac{\bar{v}_3}{H_3}\frac{\partial H_2}{\partial q_3}+\frac{\bar{v}_1}{H_1}\frac{\partial H_2}{\partial q_1}\right]\frac{1}{H_2} & \frac{1}{H_3}\frac{\partial \hat{v}_2}{\partial x^3}-\frac{\hat{v}_3}{H_3H_2}\frac{\partial H_3}{\partial x^2} \\ \frac{1}{H_1}\frac{\partial \bar{v}_3}{\partial q_1}-\frac{\bar{v}_1}{H_1H_3}\frac{\partial H_1}{\partial q_3} & \frac{1}{H_2}\frac{\partial \bar{v}_3}{\partial q_2}-\frac{\bar{v}_2}{H_2H_3}\frac{\partial H_2}{\partial q_3} & \frac{1}{H_3}\frac{\partial \hat{v}_3}{\partial x^3}+\left[\frac{\hat{v}_1}{H_1}\frac{\partial H_3}{\partial x^1}+\frac{\hat{v}_2}{H_2}\frac{\partial H_3}{\partial x^2}\right]\frac{1}{H_3} \end{bmatrix} \tag{1.8.42a}$$

对矢量 $\boldsymbol{v}$ 的左梯度$\overrightarrow{\nabla}\boldsymbol{v}$,有

$$\overrightarrow{\nabla}\boldsymbol{v} = (\boldsymbol{v}\overleftarrow{\nabla})^{\mathrm{T}} \tag{1.8.42b}$$

同时又有

$$\boldsymbol{v}\cdot(\overrightarrow{\nabla}\boldsymbol{v}) = (\boldsymbol{v}\overleftarrow{\nabla})\cdot\boldsymbol{v} = (\boldsymbol{v}\overleftarrow{\nabla})_{ij}\bar{i}_i\bar{i}_j\cdot\bar{i}_k\bar{v}_k = (\boldsymbol{v}\overleftarrow{\nabla})_{ij}\bar{v}_j\bar{i}_i$$

$$= [(\boldsymbol{v}\overleftarrow{\nabla})_{i1}\bar{v}_1 + (\boldsymbol{v}\overleftarrow{\nabla})_{i2}\bar{v}_2 + (\boldsymbol{v}\overleftarrow{\nabla})_{i3}\bar{v}_3]\bar{i}_i$$

该式即是矢量 $\boldsymbol{v}\cdot(\overrightarrow{\nabla}\boldsymbol{v}) = (\boldsymbol{v}\overleftarrow{\nabla}\boldsymbol{v})\cdot\boldsymbol{v}$ 在基矢 $\bar{i}_i$ 上的分解式,例如对 $i=1$,在利用式(1.8.42a)之后,可有

$$[\boldsymbol{v}\cdot(\overrightarrow{\nabla}\boldsymbol{v})]_1 = [(\boldsymbol{v}\overleftarrow{\nabla})\cdot\boldsymbol{v}]_1 = [(\boldsymbol{v}\overleftarrow{\nabla})_{11}\bar{v}_1 + (\boldsymbol{v}\overleftarrow{\nabla})_{12}\bar{v}_2 + (\boldsymbol{v}\overleftarrow{\nabla})_{13}\bar{v}_3] =$$

$$= \frac{\bar{v}_1}{H_1}\left[\frac{\partial\bar{v}_1}{\partial q_1} + \frac{\bar{v}_2}{H_2}\frac{\partial H_1}{\partial q_2} + \frac{\bar{v}_3}{H_3}\frac{\partial H_1}{\partial q_3}\right] + \frac{\bar{v}_2}{H_2}\left[\frac{\partial\bar{v}_1}{\partial q_2} - \frac{\bar{v}_2}{H_1}\frac{\partial H_2}{\partial q_1}\right]$$

$$+ \frac{\bar{v}_3}{H_3}\left[\frac{\partial\bar{v}_1}{\partial q_3} - \frac{\bar{v}_3}{H_1}\frac{\partial H_3}{\partial q_1}\right] \tag{1.8.43}$$

对其另外两个分量,则可由式(1.8.43)通过对 1、2、3 的圆轮转换得到。当 $\boldsymbol{v}$ 为质点速度并且以正交曲线坐标给出其 E 氏描述时,此式即是质点迁移加速度分量的表达式。

3. 矢量 $\boldsymbol{v}$ 的散度

$$\text{div}\ \boldsymbol{v} \equiv \boldsymbol{v}\cdot\overleftarrow{\nabla} = \overrightarrow{\nabla}\cdot\boldsymbol{v} = (\bar{i}_j\overrightarrow{\hat{\nabla}}_j)\cdot(\bar{v}_i\bar{i}_i) = \bar{i}_j\cdot\frac{1}{H_j}\frac{\partial\bar{v}_i\bar{i}_i}{\partial q_j}$$

$$= \bar{i}_j\cdot\bar{i}_i\frac{1}{H_j}\frac{\partial\bar{v}_i}{\partial q_j} + \bar{v}_i\bar{i}_j\cdot\frac{1}{H_j}\frac{\partial\bar{i}_i}{\partial q_j} = \frac{1}{H_j}\frac{\partial\bar{v}_j}{\partial q_j} + \frac{\bar{v}_i}{H_j}\bar{i}_j\cdot\frac{\partial\bar{i}_i}{\partial q_j}$$

在利用单位基矢量对坐标偏导数的式(1.8.17)之后,即有

$$\text{div}\ \boldsymbol{v} = \frac{1}{H_1H_2H_3}\left[\frac{\partial(\bar{v}_1H_2H_3)}{\partial q_1} + \frac{\partial(\bar{v}_2H_3H_1)}{\partial q_2} + \frac{\partial(\bar{v}_3H_1H_2)}{\partial q_3}\right] \tag{1.8.44a}$$

如采用记号

$$V = H_1H_2H_3 \tag{1.8.44b}$$

则式(1.8.44a)也可以更紧凑地写为

$$\text{div}\ \boldsymbol{v} = \frac{1}{V}\left[\frac{\partial(\bar{v}_iV)}{H_i\partial q_i}\right] \tag{1.8.44c}$$

4. 矢量 $\boldsymbol{v}$ 的旋度

$$\text{rot}\ \boldsymbol{v} \equiv \overrightarrow{\nabla}\times\boldsymbol{v} = (\bar{i}_k\overrightarrow{\hat{\nabla}}_k)\times(\bar{v}_i\bar{i}_i) = \left(\bar{i}_k\frac{1}{H_k}\frac{\overrightarrow{\partial}}{\partial q_k}\right)\times(\bar{v}_i\bar{i}_i)$$

$$= \bar{i}_k\times\bar{i}_i\frac{1}{H_k}\frac{\partial\bar{v}_i}{\partial q_k} + \frac{\bar{v}_i}{H_k}\bar{i}_k\times\frac{\partial\bar{i}_i}{\partial q_k}$$

$$= e_{kij}\frac{1}{H_k}\frac{\partial \bar{v}_i}{\partial q_k}\bar{i}_j + \left[\left(\frac{\bar{v}_i}{H_k}\bar{i}_k \times \frac{\partial \bar{i}_i}{\partial q_k}\right)\cdot \bar{i}_j\right]\bar{i}_j$$

此式即是矢量 rot $\boldsymbol{v}$ 在基矢 $\bar{i}_j$ 上的分解式，在利用单位基矢量对坐标偏导数的式(1.8.17)之后，将其展开，即可得

$$\begin{aligned}\text{rot }\boldsymbol{v} = &\left[\frac{1}{H_2}\frac{\partial \bar{v}_3}{\partial q_2} - \frac{1}{H_3}\frac{\partial \bar{v}_2}{\partial q_3} + \frac{\bar{v}_3}{H_2H_3}\frac{\partial H_3}{\partial q_2} - \frac{\bar{v}_2}{H_3H_2}\frac{\partial H_2}{\partial q_3}\right]\bar{i}_1\\ &+\left[\frac{1}{H_3}\frac{\partial \bar{v}_1}{\partial q_3} - \frac{1}{H_1}\frac{\partial \bar{v}_3}{\partial q_1} + \frac{\bar{v}_1}{H_3H_1}\frac{\partial H_1}{\partial q_3} - \frac{\bar{v}_3}{H_1H_3}\frac{\partial H_3}{\partial q_1}\right]\bar{i}_2\\ &+\left[\frac{1}{H_1}\frac{\partial \bar{v}_2}{\partial q_1} - \frac{1}{H_2}\frac{\partial \bar{v}_1}{\partial q_2} + \frac{\bar{v}_2}{H_1H_2}\frac{\partial H_2}{\partial q_1} - \frac{\bar{v}_1}{H_2H_1}\frac{\partial H_1}{\partial q_2}\right]\bar{i}_3\end{aligned} \tag{1.8.45a}$$

或者

$$\begin{aligned}\text{rot }\boldsymbol{v} = &\frac{1}{H_2H_3}\left[\frac{\partial(\bar{v}_3H_3)}{\partial q_2} - \frac{\partial(\bar{v}_2H_2)}{\partial q_3}\right]\bar{i}_1\\ &+\frac{1}{H_3H_1}\left[\frac{\partial(\bar{v}_1H_1)}{\partial q_3} - \frac{\partial(\bar{v}_3H_3)}{\partial q_1}\right]\bar{i}_2\\ &+\frac{1}{H_1H_2}\left[\frac{\partial(\bar{v}_2H_2)}{\partial q_1} - \frac{\partial(\bar{v}_1H_1)}{\partial q_2}\right]\bar{i}_3\end{aligned} \tag{1.8.45b}$$

$$\boldsymbol{v}\times\overleftarrow{\nabla} = -(\vec{\nabla}\times\boldsymbol{v}) \tag{1.8.45c}$$

5. 标量 Φ 的 Laplacian 算子

$$\begin{aligned}\Delta\Phi &= (\vec{\nabla}\cdot\vec{\nabla})\Phi = \vec{\nabla}\cdot(\vec{\nabla}\Phi) = \text{div}(\text{grad }\Phi)\\ &= \frac{1}{V}\frac{\partial}{\partial q_i}\left[\frac{V}{H_i}(\text{grad }\Phi)_i\right] = \frac{1}{V}\frac{\partial}{\partial q_i}\left[\frac{V}{H_i}\frac{1}{H_i}\frac{\partial\Phi}{\partial q_i}\right]\end{aligned} \tag{1.8.46}$$

这里利用了矢量散度的公式(1.8.44c)以及标量梯度的公式(1.8.41)。

6. 2 阶张量 $\boldsymbol{T}$ 的散度

在这里，先写出 $\boldsymbol{T}$ 的左散度：

$$\begin{aligned}\vec{\nabla}\cdot\boldsymbol{T} &= \left(\frac{\bar{i}_k}{H_k}\frac{\vec{\partial}}{\partial q_k}\right)\cdot(\bar{T}_{ij}\bar{i}_i\bar{i}_j) = \left(\frac{\bar{i}_k\cdot\bar{i}_i}{H_k}\frac{\partial\bar{T}_{ij}}{\partial q_k}\right)\bar{i}_j + \left(\frac{\bar{i}_k\bar{T}_{ij}}{H_k}\cdot\frac{\partial\bar{i}_i}{\partial q_k}\right)\bar{i}_j + \left(\frac{\bar{i}_k\bar{T}_{ij}}{H_k}\cdot\bar{i}_i\frac{\partial\bar{i}_j}{\partial q_k}\right)\\ &= \left(\frac{1}{H_i}\frac{\partial\bar{T}_{ij}}{\partial q_i}\right)\bar{i}_j + \left(\frac{\bar{T}_{ij}}{H_k}\bar{i}_k\cdot\frac{\partial\bar{i}_i}{\partial q_k}\right)\bar{i}_j + \left(\frac{\bar{T}_{ij}}{H_i}\frac{\partial\bar{i}_j}{\partial q_i}\right)\\ &= \left(\frac{1}{H_i}\frac{\partial\bar{T}_{ij}}{\partial q_i}\right)\bar{i}_j + \left(\frac{\bar{T}_{ij}}{H_k}\bar{i}_k\cdot\frac{\partial\bar{i}_i}{\partial q_k}\right)\bar{i}_j + \left(\frac{\bar{T}_{ik}}{H_i}\frac{\partial\bar{i}_k}{\partial q_i}\cdot\bar{i}_j\right)\bar{i}_j\end{aligned}$$

该式就是矢量$\vec{\nabla}\cdot\boldsymbol{T}$ 在基矢 $\bar{i}_j$ 上的分解式，对 $j=1$ 有

$$[\vec{\nabla}\cdot\boldsymbol{T}]_1 = \frac{1}{H_i}\frac{\partial\bar{T}_{i1}}{\partial q_i} + \frac{\bar{T}_{i1}}{H_k}\bar{i}_k\cdot\frac{\partial\bar{i}_i}{\partial q_k} + \frac{\bar{T}_{ik}}{H_i}\frac{\partial\bar{i}_k}{\partial q_i}\cdot\bar{i}_1 \tag{1.8.47a}$$

在利用单位矢量对坐标偏导数的式(1.8.17)后，式(1.8.47a)即可化为

$$\begin{aligned}[\vec{\nabla}\cdot\boldsymbol{T}]_1 = &\frac{1}{H_1H_2H_3}\left[\frac{\partial}{\partial q_1}(H_2H_3\bar{T}_{11}) + \frac{\partial}{\partial q_2}(H_3H_1\bar{T}_{21}) + \frac{\partial}{\partial q_3}(H_1H_2\bar{T}_{31})\right]\\ &+\frac{\bar{T}_{12}}{H_1H_2}\frac{\partial H_1}{\partial q_2} + \frac{\bar{T}_{13}}{H_1H_3}\frac{\partial H_1}{\partial q_3} - \frac{\bar{T}_{22}}{H_2H_1}\frac{\partial H_2}{\partial q_1} - \frac{\bar{T}_{33}}{H_3H_1}\frac{\partial H_3}{\partial q_1}\end{aligned} \tag{1.8.47b}$$

至于$\vec{\nabla}\cdot\boldsymbol{T}$ 的另外两个分量可以由式(1.8.47b)通过 1、2、3 的圆轮转换而得到。

2 阶张量 $\boldsymbol{T}$ 的右散度 $\boldsymbol{T}\cdot\overleftarrow{\nabla}$ 则为

$$\operatorname{div}\boldsymbol{T}\equiv\boldsymbol{T}\cdot\overleftarrow{\nabla}=\vec{\nabla}\cdot\boldsymbol{T}^{\mathrm{T}} \tag{1.8.47c}$$

7. 矢量 $\boldsymbol{v}$ 的 Laplacian 算子

$$\Delta\boldsymbol{v}=(\vec{\nabla}\cdot\vec{\nabla})\boldsymbol{v}=\vec{\nabla}\cdot(\vec{\nabla}\boldsymbol{v}) \tag{1.8.48}$$

只要在此式中取 $\boldsymbol{T}=\vec{\nabla}\boldsymbol{v}$,并利用矢量梯度的公式(1.8.42)和 2 阶张量 $\boldsymbol{T}$ 的散度公式(1.8.47),即可求出 $\Delta\boldsymbol{v}$。

8. 2 阶张量 $\boldsymbol{T}$ 的旋度

关于 2 阶张量 $\boldsymbol{T}$ 的旋度 rot $\boldsymbol{T}\equiv\vec{\nabla}\times\boldsymbol{T}$,尽管运算比较繁杂,但并没有原则上的困难,因此不再列出具体公式,读者可作为练习推导之。

1.9 常用的积分定理

1.9.1 高斯(Gauss)定理

考虑由有限个光滑曲面组成的外表面为 S 的任意一个体积 V 上的如下体积分:

$$\int_V\frac{\partial\varphi}{\partial x_3}\mathrm{d}V=\iiint_V\frac{\partial\varphi}{\partial x_3}\mathrm{d}x_1\mathrm{d}x_2\mathrm{d}x_3 \tag{1.9.1}$$

其中,$\varphi(x_1,x_2,x_3)$是任意连续可微的场函数。将 V 分割为无穷多个轴线平行于 x_3 轴的小柱体 V_i,如图 1.4 所示,$V=\sum V_i$,则

$$\int_V\frac{\partial\varphi}{\partial x_3}\mathrm{d}V=\sum\int_{V_i}\frac{\partial\varphi}{\partial x_3}\mathrm{d}V_i \tag{1.9.2}$$

若再将 V_i 分为一系列底面平行于平面 x_1x_2、高度为 $\mathrm{d}x_3$ 的小薄饼(图 1.4),则 $\mathrm{d}V_i=\mathrm{d}x_3\mathrm{d}\sigma$,于是

$$\begin{aligned}\int_{V_i}\frac{\partial\varphi}{\partial x_3}\mathrm{d}V_i&=\int_{x^{**}}^{x^*}\frac{\partial\varphi}{\partial x_3}\mathrm{d}\sigma\mathrm{d}x_3=\mathrm{d}\sigma\int_{x^{**}}^{x^*}\frac{\partial\varphi}{\partial x_3}\mathrm{d}x_3\\&=\mathrm{d}\sigma[\varphi(x^*)-\varphi(x^{**})]=\mathrm{d}\sigma(\varphi^*-\varphi^{**})\end{aligned} \tag{1.9.3}$$

其中,x^* 和 x^{**} 表示 V_i 和曲面 S 所交的上、下微面积 $\mathrm{d}S^*$、$\mathrm{d}S^{**}$ 处的坐标,$\mathrm{d}\sigma$ 为柱体 V_i 投影到平面 x_1x_2 上的面积。

若以 $\boldsymbol{n}=n_i\boldsymbol{i}_i$ 代表曲面 S 的单位外法矢量,则显然有

$$\mathrm{d}\sigma=\mathrm{d}S^*n_3^*=-\mathrm{d}S^{**}n_3^{**} \tag{1.9.4}$$

故式(1.9.3)可写为

$$\int_{V_i}\frac{\partial\varphi}{\partial x_3}\mathrm{d}V_i=\varphi^*n_3^*\mathrm{d}S^*+\varphi^{**}n_3^{**}\mathrm{d}S^{**} \tag{1.9.5}$$

由式(1.9.5)和式(1.9.2),有

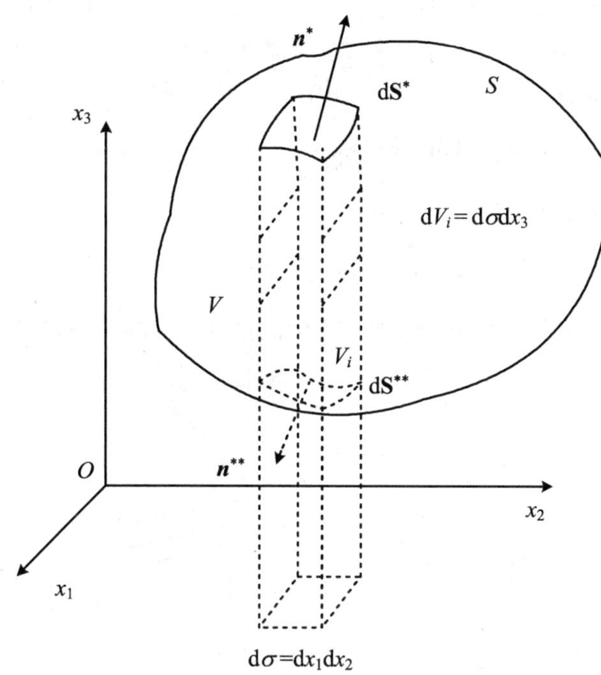

图 1.4

$$\int_V \frac{\partial \varphi}{\partial x_3} \mathrm{d}V = \oint_S \varphi n_3 \mathrm{d}S \tag{1.9.6}$$

类似地，可得另外两个公式，即

$$\int_V \frac{\partial \varphi}{\partial x_i} \mathrm{d}V = \oint_S \varphi n_i \mathrm{d}S \quad (i = 1、2、3) \tag{1.9.7}$$

或写为梯度算子的形式，有

$$\int_V \varphi \overleftarrow{\nabla}_i \mathrm{d}V = \oint_S \varphi n_i \mathrm{d}S \quad (i = 1、2、3) \tag{1.9.8}$$

把式(1.9.8)两边与 $\boldsymbol{i}_i$ 相乘并相加，得出

$$\int_V \varphi \overleftarrow{\nabla} \mathrm{d}V = \oint_S \varphi \boldsymbol{n} \mathrm{d}S \tag{1.9.9}$$

这个推导过程与 φ 是标量、矢量还是张量无关。例如，当取上式中的 $\varphi = \nu_j$ 时，可得

$$\int_V \nu_j \overleftarrow{\nabla}_i \mathrm{d}V = \oint_S \nu_j n_i \mathrm{d}S \tag{1.9.10}$$

或表示为

$$\int_V \boldsymbol{v} \overleftarrow{\nabla} \mathrm{d}V = \oint_S \boldsymbol{v}\boldsymbol{n} \mathrm{d}S \tag{1.9.11}$$

当 φ 取为任意阶张量 $\boldsymbol{T}$ 时，可有

$$\int_V \boldsymbol{T} \overleftarrow{\nabla} \mathrm{d}V = \oint_S \boldsymbol{T}\boldsymbol{n} \mathrm{d}S \tag{1.9.12}$$

若将式(1.9.10)进行一次缩并，可得

$$\int_V \mathrm{div}\ \boldsymbol{v} \mathrm{d}V = \int_V \boldsymbol{v} \cdot \overleftarrow{\nabla} \mathrm{d}V = \oint_S \boldsymbol{v} \cdot \boldsymbol{n} \mathrm{d}S \tag{1.9.13}$$

该式即为高等数学中常见的高斯定理形式，当 $\boldsymbol{v}$ 表示介质的质点速度时，式(1.9.13)的含义为：通过表面 S 的介质体积发散率等于介质速度散度的体积分(图 1.5)。当取 V 为一个包含某点 A 的无限小体积并对式(1.9.13)利用中值定理时，有

$$(\mathrm{div}\ \boldsymbol{v})_A V = \oint_S \boldsymbol{v} \cdot \boldsymbol{n} \mathrm{d}S \tag{1.9.14}$$

由此可得到，矢量 $\boldsymbol{v}$ 散度的物理定义如下：

$$\mathrm{div}\ \boldsymbol{v} = \lim_{V \to 0} \frac{1}{V} \oint_S \boldsymbol{v} \cdot \boldsymbol{n} \mathrm{d}S \tag{1.9.15}$$

式(1.9.5)中的 $\boldsymbol{v}$ 改为任意阶的张量时即可得到该张量散度的物理定义。

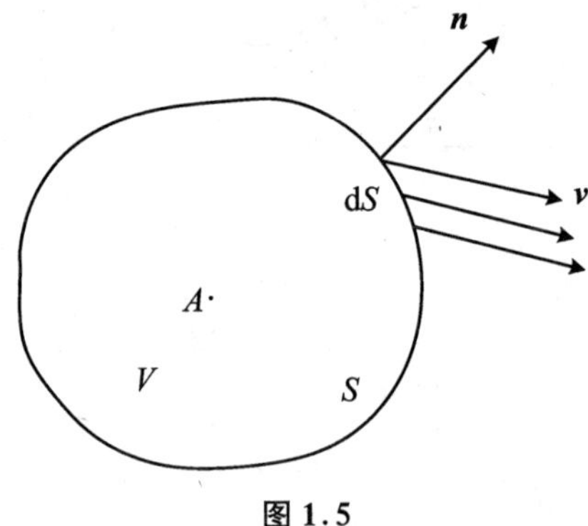

图 1.5

式(1.9.8)～(1.9.13)各式都称为高斯定理，而式(1.9.9)、式(1.9.11)、式(1.9.12)则是高斯定理的张量直接记法，其中的乘积都是外积。

1.9.2 广义高斯定理

广义高斯定理：设 $L(\nabla)$ 为一个 ∇ 的线性算子，即对任意的数量因子 λ、μ(包括求导因子)和矢量 $\boldsymbol{a}$、$\boldsymbol{b}$，都有

$$L(\lambda \boldsymbol{a} + \mu \boldsymbol{b}) = \lambda L(\boldsymbol{a}) + \mu L(\boldsymbol{b}) \tag{1.9.16}$$

则有

$$\int_V L(\nabla) \mathrm{d}V = \oint_S L(\boldsymbol{n}) \mathrm{d}S \tag{1.9.17}$$

证明

$$\int_V L(\nabla)\mathrm{d}V = \int_V L(\nabla_i \boldsymbol{i}_i)\mathrm{d}V = \int_V \nabla_i L(\boldsymbol{i}_i)\mathrm{d}V = \oint_S n_i L(\boldsymbol{i}_i)\mathrm{d}S = \oint_S L(n_i \boldsymbol{i}_i)\mathrm{d}S = \oint_S L(\boldsymbol{n})\mathrm{d}S \tag{1.9.18}$$

证毕。

但要注意，因为定理中的数量因子 λ 和 μ 可以是求导因子，而两个量乘积的微分等于两项之和，故当体积分中只有一个因子求导和两个因子的乘积共同求导时结果将是不同的，即

$$\begin{cases} \int_V (f\varphi)\overleftarrow{\nabla}\mathrm{d}V = \oint_S f\varphi\boldsymbol{n}\mathrm{d}S \\ \int_V (\varphi)\overleftarrow{\nabla}f\mathrm{d}V = \int_V [(f\varphi)\overleftarrow{\nabla} - f\overleftarrow{\nabla}\varphi]\mathrm{d}S = \oint_S f\varphi\boldsymbol{n}\mathrm{d}S - \int_V f\overleftarrow{\nabla}\varphi\mathrm{d}V \end{cases} \tag{1.9.19}$$

以上各式中虽然写的都是$\overleftarrow{\nabla}$，但显然改为$\overrightarrow{\nabla}$时也是一样的，只需保持 $\boldsymbol{n}$ 在相应的位置即可。

1.9.3　斯托克斯(Stokes)定理

取 $L(\nabla) = \nabla \times \boldsymbol{v}$，则广义高斯定理给出一个结果：

$$\int_V \nabla \times \boldsymbol{v}\mathrm{d}V = \oint_S n \times \boldsymbol{v}\mathrm{d}S \tag{1.9.20}$$

将式(1.9.20)应用到如图 1.6 所示的高为 h 的微薄圆盘，并与圆盘上表面 σ 的单位外法矢量 $\boldsymbol{n}_1$ 点积，有

$$\int_V \boldsymbol{n}_1 \cdot (\nabla \times \boldsymbol{v})\mathrm{d}V = \oint_S \boldsymbol{n}_1 \cdot (\boldsymbol{n} \times \boldsymbol{v})\mathrm{d}S = \int_S \boldsymbol{v} \cdot (\boldsymbol{n}_1 \times \boldsymbol{n})\mathrm{d}S \tag{1.9.21}$$

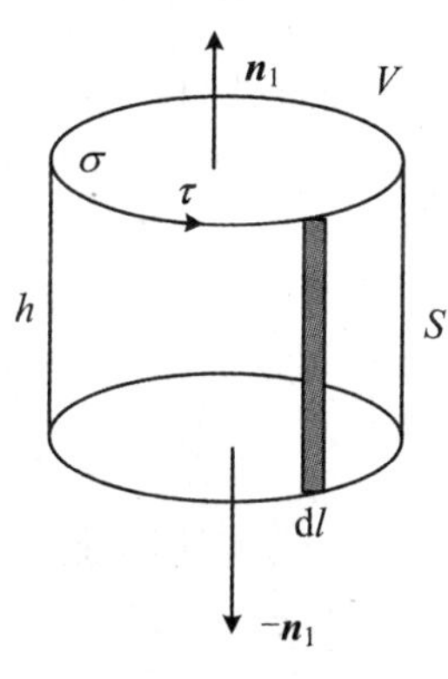

图 1.6

其中，S 包括上、下表面和侧表面。注意到上表面和下表面的单位外法向矢量分别为 $\boldsymbol{n}_1$ 和 $-\boldsymbol{n}_1$，故沿上下表面有 $\boldsymbol{n}_1 \times \boldsymbol{n} = \boldsymbol{0}$；侧面的单位法矢为 $\boldsymbol{n}_2$，有 $\boldsymbol{n}_1 \times \boldsymbol{n} = \boldsymbol{n}_1 \times \boldsymbol{n}_2 = \boldsymbol{\tau}$，$\boldsymbol{\tau}$ 恰为沿侧面环线 C 的单位切矢量，与 $\boldsymbol{n}_1$、$\boldsymbol{n}_2$ 成右手系，如图 1.6 所示。故式(1.9.21)右端为

$$\int_S \boldsymbol{v} \cdot (\boldsymbol{n}_1 \times \boldsymbol{n})\mathrm{d}S = \oint_C \boldsymbol{v} \cdot \boldsymbol{\tau}h\mathrm{d}l = h\oint_C \boldsymbol{v} \cdot \mathrm{d}\boldsymbol{l} \quad (\mathrm{d}\boldsymbol{l} = \boldsymbol{\tau}\mathrm{d}l \text{ 为微线元矢量}) \tag{1.9.22}$$

又 $\boldsymbol{n}_1\mathrm{d}V = \boldsymbol{n}_1 h\mathrm{d}\sigma = h\mathrm{d}\boldsymbol{\sigma}$($\mathrm{d}\boldsymbol{\sigma}$ 为上表面的面积矢量)，故式(1.9.21)左端为

$$\int_V (\nabla \times \boldsymbol{v}) \cdot \boldsymbol{n}_1\mathrm{d}V = h\oint_\sigma (\nabla \times \boldsymbol{v}) \cdot \mathrm{d}\boldsymbol{\sigma} \tag{1.9.23}$$

将式(1.9.22)和式(1.9.23)代入式(1.9.21)，得

$$\oint_\sigma (\nabla \times \boldsymbol{v}) \cdot \mathrm{d}\boldsymbol{\sigma} = \oint_C \boldsymbol{v} \cdot \mathrm{d}\boldsymbol{l} \tag{1.9.24}$$

式(1.9.24)就是平面闭曲线 C 条件下的斯托克斯定理。对任意的闭曲线 C，设 S 是以其为周线的曲面 S，其中 C 与 S 的外法向成右手系，则容易证明斯托克斯定理也是成立的，即

$$\oint_S (\nabla \times \boldsymbol{v}) \cdot \mathrm{d}S = \oint_S \mathrm{rot}\ \boldsymbol{v} \cdot \mathrm{d}S = \oint_C \boldsymbol{v} \cdot \mathrm{d}\boldsymbol{l} \quad (\mathrm{d}\boldsymbol{S} = \boldsymbol{n}\mathrm{d}S \text{ 为面积矢量}) \tag{1.9.25}$$

这是因为：当将 S 分为许多微面积 $\mathrm{d}S_i$ 时，沿每两个相邻的微面积 $\mathrm{d}S_1$ 和 $\mathrm{d}S_2$ 的公共边界上的线积分因其方向相反就相互抵消了(图 1.7)。

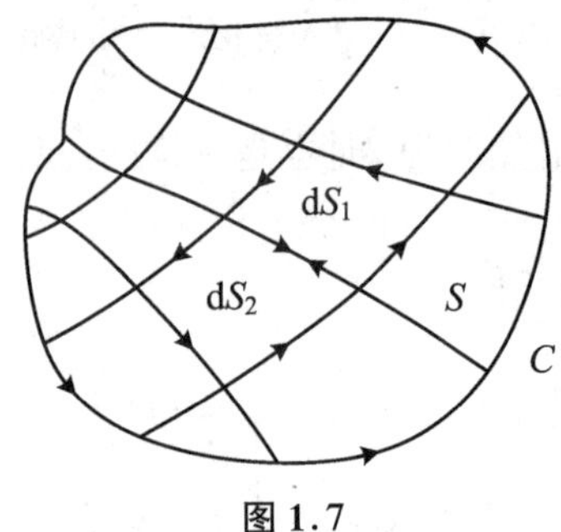

图 1.7

将第二型曲面积分和第二型曲线积分相联系的式(1.9.25)，即是斯托克斯定理的一般形式。当 $\boldsymbol{v}$ 是介质质点速度时，它的物理意义是：速度的旋度沿曲面 S 的发散量等于介质沿 S 的环线 C 的环流量。由此可给出旋度 rot $\boldsymbol{v}$ 的物理定义如下：

$$(\mathrm{rot}\ \boldsymbol{v})_n = \lim_{S\to 0}\frac{1}{S}\oint_C \boldsymbol{v}\cdot\mathrm{d}\boldsymbol{l} \tag{1.9.26}$$

其中，$\boldsymbol{n}$ 与闭曲线 C 成右手系。式(1.9.26)说明，$(\mathrm{rot}\ \boldsymbol{v})_n$ 等于该点处速度 $\boldsymbol{v}$ 沿与 $\boldsymbol{n}$ 垂直的微面积 S 的周环线 C 每单位面积上的环流量(极限意义下)。

1.9.4 位势定理

1. 无旋矢量的标量势

定义 若对矢量场 $\boldsymbol{v}$，存在一个标量场 φ，使得处处有

$$\nabla\varphi = \boldsymbol{v} \tag{1.9.27}$$

则称 $\boldsymbol{v}$ 存在标量势 φ。

定理 1 矢量场 v 无旋的充要条件是它存在标量势 φ。

证明 充分性：设 $\boldsymbol{v}$ 存在标量势 φ，即 $\nabla\varphi = \boldsymbol{v}$，则显然有

$$\mathrm{rot}\ \boldsymbol{v} = \nabla\times\boldsymbol{v} = \nabla\times(\nabla\varphi) = \boldsymbol{0} \tag{1.9.28}$$

这说明，存在标量势 φ 的矢量 $\boldsymbol{v}$ 必然是无旋的，充分性证毕。

必要性：设 $\boldsymbol{v}$ 无旋，即处处有

$$\mathrm{rot}\ \boldsymbol{v} = \nabla\times\boldsymbol{v} = 0 \tag{1.9.29}$$

则由斯托克斯定理知，对空间中任何一条闭合曲线 C 都有

$$\oint_C \boldsymbol{v}\cdot\mathrm{d}\boldsymbol{l} = \int_S(\nabla\times\boldsymbol{v})\cdot\mathrm{d}\boldsymbol{S} = \int_S\boldsymbol{0}\cdot\mathrm{d}\boldsymbol{S} = 0 \tag{1.9.30}$$

这说明线积分与路径无关。于是可以通过线积分来定义一个空间点函数 $\varphi(\boldsymbol{x})$，即

$$\varphi(\boldsymbol{x}) = \varphi(\boldsymbol{x}_0) + \int_{x_0}^{x}\boldsymbol{v}\cdot\mathrm{d}\boldsymbol{l} \tag{1.9.31}$$

其中，$\varphi(\boldsymbol{x}_0)$ 可为任意常数，$\boldsymbol{x}_0$ 和 $\boldsymbol{x}$ 是任意取的起始点和变点的位置矢量。特别地，当 $\boldsymbol{x}_0$ 和 $\boldsymbol{x}$ 无限接近时，则上式变为

$$\mathrm{d}\varphi = \boldsymbol{v}\cdot\mathrm{d}\boldsymbol{x} = v_i\mathrm{d}x_i \tag{1.9.32}$$

又由于 $\mathrm{d}\varphi=\dfrac{\partial \varphi}{\partial x_i}\mathrm{d}x_i$，对比此式和式(1.9.32)，并由 $\mathrm{d}x_i$ 的任意性，可得

$$v_i = \frac{\partial \varphi}{\partial x_i} = \nabla_i \varphi, \quad \boldsymbol{v} = \nabla \varphi = \operatorname{grad} \varphi \tag{1.9.33}$$

这说明无旋矢量 $\boldsymbol{v}$ 存在标量势 φ，而且式(1.9.31)还给出了标量势 φ 的求法，必要性证毕。

2. 无散(等容)矢量的矢量势

定义　若对矢量场 $\boldsymbol{v}$，存在另一个矢量场 $\boldsymbol{a}$，使得处处有

$$\operatorname{rot} \boldsymbol{a} = \nabla \times \boldsymbol{a} = \boldsymbol{v} \tag{1.9.34}$$

则称矢量场 $\boldsymbol{v}$ 存在矢量势 $\boldsymbol{a}$。

定理 2　矢量无散(等容)的充要条件是它存在矢量势 $\boldsymbol{a}$。

证明　定理的充分性是显然的，因为如果 $\boldsymbol{v}$ 存在矢量势 $\boldsymbol{a}$，即 $\boldsymbol{v}=\nabla\times\boldsymbol{a}$，则有

$$\operatorname{div} \boldsymbol{v} = \nabla \cdot \boldsymbol{v} = \nabla \cdot (\nabla \times \boldsymbol{a}) = 0 \tag{1.9.35}$$

即 $\boldsymbol{v}$ 是无散的，充分性证毕。

现证其必要性。设 $\boldsymbol{v}$ 无散，即

$$\operatorname{div} \boldsymbol{v} = \nabla \cdot \boldsymbol{v} = \frac{\partial v_i}{\partial x_i} = 0 \tag{1.9.36}$$

我们来证明，一定存在一个矢量场 $\boldsymbol{a}$，使得 $\operatorname{rot}\boldsymbol{a}=\boldsymbol{v}$，即

$$\begin{cases} \dfrac{\partial a_3}{\partial x_2} - \dfrac{\partial a_2}{\partial x_3} = v_1 \\[2ex] \dfrac{\partial a_1}{\partial x_3} - \dfrac{\partial a_3}{\partial x_1} = v_2 \\[2ex] \dfrac{\partial a_2}{\partial x_1} - \dfrac{\partial a_1}{\partial x_2} = v_3 \end{cases} \tag{1.9.37}$$

问题归结为，由条件式(1.9.36)来证明方程组(1.9.37)必有解。试设 $a_1=0$，积分式(1.9.37)中的第三式和第二式，分别有

$$a_2(x_1,x_2,x_3) = \int_{x_{10}}^{x_1} v_3(x_1,x_2,x_3)\mathrm{d}z_1 + \psi_2(x_2,x_3) \tag{1.9.38}$$

$$a_3(x_1,x_2,x_3) = -\int_{x_{10}}^{x_1} v_2(x_1,x_2,x_3)\mathrm{d}x_1 + \psi_3(x_2,x_3) \tag{1.9.39}$$

其中，ψ_2 和 ψ_3 是 x_2 和 x_3 的任意函数，可由式(1.9.37)中的第一个方程求出。事实上，将式(1.9.38)和式(1.9.39)代入方程(1.9.37)的第一个方程，可得

$$v_1(x_1,x_2,x_3) = -\int_{x_{10}}^{x_1}\left(\frac{\partial v_2}{\partial x_2} + \frac{\partial v_3}{\partial x_3}\right)\mathrm{d}x_1 + \frac{\partial \psi_3}{\partial x_2} - \frac{\partial \psi_2}{\partial x_3} \quad (x_{10}\text{ 为点 }\boldsymbol{x}_0\text{ 的 }x_1\text{ 值})$$

利用式(1.9.36)并积分右端的第一项，此式可写为

$$\frac{\partial \psi_3}{\partial x_2} - \frac{\partial \psi_2}{\partial x_3} = v_1(x_{10},x_2,x_3) \tag{1.9.40}$$

试设 $\psi_2=0$，积分式(1.9.40)可得

$$\psi_3(x_2,x_3) = \int_{x_{20}}^{x_2} v_1(x_{10},x_2,x_3)\mathrm{d}x_2 + \psi(x_3) \quad (x_{20}\text{ 为点 }\boldsymbol{x}_0\text{ 的 }x_2\text{ 值}) \tag{1.9.41}$$

其中，$\psi(x_3)$为 x_3 任意函数。这样，就得到了式(1.9.37)的一组解如下：

$$\begin{cases} a_1(x_1,x_2,x_3) = 0 \\ a_2(x_1,x_2,x_3) = \int_{x_{10}}^{x_1} v_3(x_1,x_2,x_3)\mathrm{d}x_1 \\ a_3(x_1,x_2,x_3) = -\int_{x_{10}}^{x_1} v_2(x_1,x_2,x_3)\mathrm{d}x_1 + \int_{x_{20}}^{x_2} v_1(x_{10},x_2,x_3)\mathrm{d}x_2 + \psi(x_3) \end{cases} \tag{1.9.42}$$

即由 $\boldsymbol{v}$ 的无散条件式(1.9.36)证明了其矢量势的存在性,必要性证毕。

显然无散矢量 $\boldsymbol{v}$ 的矢量势 $\boldsymbol{a}$ 并不是唯一的。事实上,若 $\boldsymbol{a}$ 是 $\boldsymbol{v}$ 的矢量势,那么 $\boldsymbol{a}' = \boldsymbol{a} + \nabla\varphi$ 也必然是 $\boldsymbol{v}$ 的矢量势,这是因为

$$\mathrm{rot}\ \boldsymbol{a}' = \mathrm{rot}\ \boldsymbol{a} + \nabla \times (\nabla\varphi) = \boldsymbol{v} \tag{1.9.43}$$

定理 3 (赫尔姆霍兹(Holmholtz)定理)任意一个矢量场 $\boldsymbol{v}$ 都可分解为一个无旋的矢量场 $\boldsymbol{v}_1$ 和一个无散的矢量场 $\boldsymbol{v}_2$ 之和,即

$$\begin{cases} \boldsymbol{v} = \boldsymbol{v}_1 + \boldsymbol{v}_2 \\ \mathrm{rot}\ \boldsymbol{v}_1 = \boldsymbol{0}, \quad \boldsymbol{v}_1 = \nabla\varphi \\ \mathrm{div}\ \boldsymbol{v}_2 = 0, \quad \boldsymbol{v}_2 = \mathrm{rot}\ \boldsymbol{a} \end{cases} \tag{1.9.44}$$

该定理的证明比较复杂冗长,本书略去,读者可参考(前苏联)柯青(Н. Е. Кочин)所著的《向量计算及张量计算初步》(史福培等译,高等教育出版社,1958)。

1.10 张量方程及其意义

我们把各项都具有同阶张量性质的方程称为张量方程。在学习张量的代数运算、微分运算和积分运算之后,我们就可以理解,张量方程可以是代数方程、微分方程、积分方程或微分-积分方程等等。在指出张量方程的意义之前,首先指出张量的两个最简单却是最重要的性质:

(1) 如果一个张量在某一个坐标系中是零张量(即所有分量都是 0),则它在任何坐标系中仍然是零张量(即所有分量仍然是 0)。

(2) 同阶张量的任何线性组合仍然是同阶的张量。

这两个命题的成立是一目了然的,因为在坐标变换下张量分量的变化规则对其分量是齐次的。

根据以上两条性质,我们可以说张量方程的价值和含义就是:为了描述某一个物理定律,我们找到了某些同阶张量的线性组合,该组合张量在某一个坐标系中为零张量,而且在任何坐标系中都是零张量。这就意味着,只要我们在一个坐标系中得到了某一个物理定律的张量方程,它也就是该物理定律在任何坐标系中的张量方程,即物理定律的张量方程形式具有坐标普适性和不变性的特征,所以只有物理定律的张量方程才是其普适性的数学表达形式。这也就是我们学习张量理论的意义所在。

1.11　各向同性张量

如前所述，除了标量即 0 阶张量以外，当我们进行坐标系变换时，一般张量的分量也将进行变换而改变其值，即在不同的坐标系中张量的分量值将是不同的，它们由相应的张量变换法则相联系。具体来说，标量 φ、矢量 a_j、2 阶张量 A_{ij}、3 阶张量 A_{ijk}……的新、旧分量分别满足如下的坐标变换法则：

$$\bar{\phi} = \phi,\quad \bar{a}_i = \beta_{ij}a_j,\quad \bar{A}_{ij} = \beta_{il}\beta_{jm}A_{lm},\quad \bar{A}_{ijk} = \beta_{il}\beta_{jm}\beta_{kn}A_{lmn},\quad \cdots$$

其中，上边带横杠和不带横杠的量分别为张量在新、旧坐标系中的分量，而 β_{ij} 则代表由旧的笛卡儿坐标系到新的笛卡儿坐标系的正交过渡矩阵，即

$$\bar{\boldsymbol{i}}_i = \beta_{ij}\boldsymbol{i}_j,\quad \beta_{ij} = \bar{\boldsymbol{i}}_i \cdot \boldsymbol{i}_j,\quad \beta_{ik}\beta_{jk} = \delta_{ij} = \beta_{ki}\beta_{kj} \tag{1.11.1}$$

但是，有一些特殊的张量，其分量在任意的笛卡儿坐标系中都保持同样的值，我们把这种张量称为相应阶的各向同性张量。

定义　一个 n 阶笛卡儿张量 $\boldsymbol{A}$，如果在笛卡儿坐标系的任意正交变换式(1.11.1)之下，其新、旧分量都保持不变，即

$$\bar{A}_{i_1 i_2 \cdots i_n} = A_{i_1 i_2 \cdots i_n} \tag{1.11.2}$$

都成立，则我们称 $\boldsymbol{A}$ 为一个 n 阶各向同性张量；若式(1.11.2)只对“正则”的正交坐标变换，即只对“正则”的正交矩阵 β_{ij} 才成立，则我们称 $\boldsymbol{A}$ 为一个 n 阶半各向同性张量。

对于在应用中最重要的 0 阶、1 阶、2 阶、3 阶和 4 阶张量，我们有如下的重要定理：

定理　(1) 所有的标量都是各向同性的(0 阶张量)。

(2) 1 阶张量只有零矢量才是各向同性的。

(3) 2 阶张量 $\boldsymbol{A}$ 为各向同性张量的充要条件是其具有如下的形式：

$$A_{ij} = \alpha\delta_{ij} \tag{1.11.3}$$

(4) 3 阶半各向同性张量的形式必为

$$A_{ijk} = \alpha e_{ijk} \tag{1.11.4}$$

(5) 4 阶张量 $\boldsymbol{A}$ 为各向同性张量的充要条件是其具有如下形式：

$$\begin{aligned} A_{ijkl} &= \lambda\delta_{ij}\delta_{kl} + \alpha\delta_{ik}\delta_{jl} + \beta\delta_{il}\delta_{jk} \\ &= \lambda\delta_{ij}\delta_{kl} + \mu(\delta_{ik}\delta_{jl} + \delta_{il}\delta_{jk}) + \nu(\delta_{ik}\delta_{jl} - \delta_{il}\delta_{jk}) \end{aligned} \tag{1.11.5}$$

(上面各式中，α、λ、β、μ、ν 都是常数。)

证明　(1) 定理中的结论(1)是显然的，只需由 0 阶张量的定义就可说明所有的标量都是各向同性的。

(2) 对于矢量 $\boldsymbol{V}$，根据矢量的解析定义以及各向同性张量的定义，如果矢量 $\boldsymbol{V}$ 是各向同性的，则同时有

$$\bar{V}_i = \beta_{ij}V_j,\quad \bar{V}_i = V_i \tag{1.11.6}$$

即必有

$$V_i = \beta_{ij}V_j \tag{1.11.7}$$

或

$$(\beta_{ij} - \delta_{ij}) V_j = 0 \tag{1.11.8}$$

由正交矩阵 β_{ij} 的任意性,总可有

$$|\beta_{ij} - \delta_{ij}| \neq 0$$

即式(1.11.8)作为 V_j 的线性齐次代数方程组,其系数矩阵的行列式不为 0,由线性代数中的定理可知,式(1.11.8)只能有 0 解,即 $V_j \equiv 0$。定理的结论(2)证毕。

(3) 对于 2 阶张量 $\boldsymbol{A}$,根据 2 阶张量的解析定义以及各向同性张量的定义,如果 2 阶张量 $\boldsymbol{A}$ 是各向同性的,则同时有

$$\bar{A}_{ij} = \beta_{im}\beta_{jn}A_{mn}, \quad \bar{A}_{ij} = A_{ij} \tag{1.11.9}$$

即必有

$$A_{ij} = \beta_{im}\beta_{jn}A_{mn} \tag{1.11.10}$$

这是关于 2 阶各向同性张量 A_{ij} 的方程组。容易证明,如下形式的 2 阶张量(α 为任意常数)

$$A_{ij} = \alpha\delta_{ij} \tag{1.11.11}$$

确是方程组(1.11.10)的解,读者可自行验证。现在我们来证明式(1.11.10)的解只能具有式(1.11.11)的形式。

式(1.11.10)对任意的正交矩阵 $\boldsymbol{\beta}$ 都应成立,特别来说可取其为

$$[\beta_{ij}] = \begin{bmatrix} -1 & 0 & 0 \\ 0 & -1 & 0 \\ 0 & 0 & 1 \end{bmatrix} \tag{1.11.12}$$

式(1.11.12)在几何上代表绕 x_3 轴旋转 π 的坐标变换,如图 1.8 所示,其对应的基变换公式为

$$\begin{cases} \bar{\boldsymbol{i}}_1 = -\boldsymbol{i}_1 \\ \bar{\boldsymbol{i}}_2 = -\boldsymbol{i}_2 \\ \bar{\boldsymbol{i}}_3 = \boldsymbol{i}_3 \end{cases} \tag{1.11.12'}$$

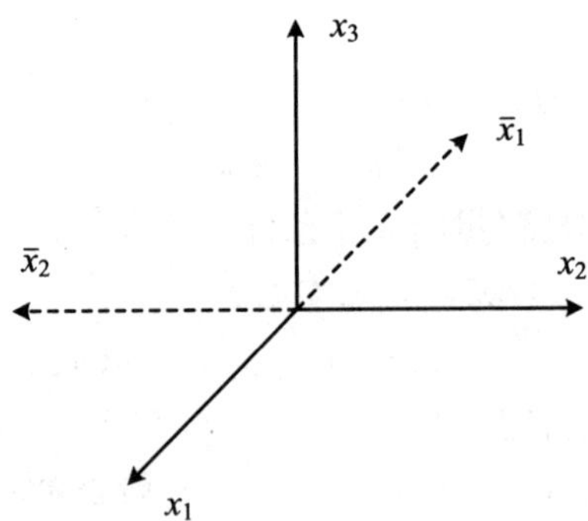

图 1.8　坐标变换式(1.11.12)

由式(1.11.12)和式(1.11.10)可得

$$A_{23} = \beta_{2m}\beta_{3n}A_{mn} = \beta_{22}\beta_{33}A_{23} = (-1)\times(+1)A_{23}$$

即 $A_{23} = 0$;同样可证 $A_{23} = 0, A_{31} = 0, A_{13} = 0$,即

$$A_{23} = A_{32} = A_{31} = A_{13} = 0$$

与上式相类似，可以证明：如果分别进行绕 x_1 和 x_2 轴旋转 π 的坐标变换，将可分别得出

$$A_{12} = A_{21} = A_{31} = A_{13} = 0$$

$$A_{23} = A_{32} = A_{21} = A_{12} = 0$$

以上三式说明 2 阶各向同性张量 A_{ij} 的非对角元素必为 0，即

$$A_{ij} = 0 \quad (i \neq j) \tag{1.11.13}$$

取正交矩阵 $\boldsymbol{\beta}$ 为

$$[\beta_{ij}] = \begin{bmatrix} 0 & 1 & 0 \\ -1 & 0 & 0 \\ 0 & 0 & 1 \end{bmatrix} \tag{1.11.14}$$

即绕 x_3 轴逆时针旋转 $\pi/2$（图 1.9），这对应如下的基变换：

$$\begin{cases} \bar{\boldsymbol{i}}_1 = \boldsymbol{i}_2 \\ \bar{\boldsymbol{i}}_2 = -\boldsymbol{i}_1 \\ \bar{\boldsymbol{i}}_3 = \boldsymbol{i}_3 \end{cases} \tag{1.11.14$'$}$$

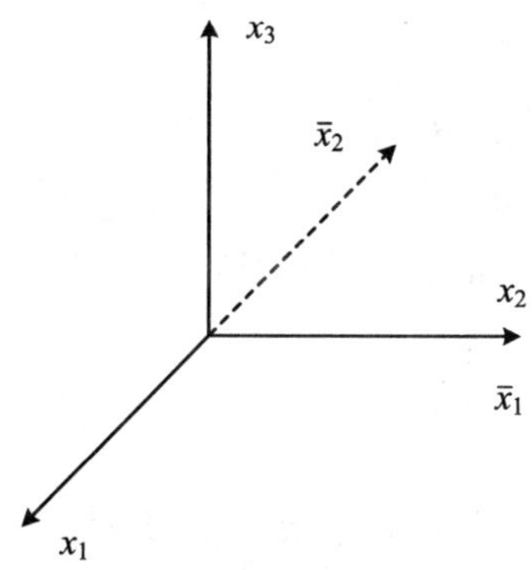

图 1.9　坐标变换式(1.11.14)

由式(1.11.10)和式(1.11.14)，可得

$$A_{11} = \beta_{1m}\beta_{1n}A_{mn} = \beta_{12}\beta_{12}A_{22} = A_{22} \tag{1.11.15}$$

类似地，分别绕 x_1 轴和绕 x_2 轴逆时针旋转 $\pi/2$，则可证

$$A_{22} = A_{33}, \quad A_{33} = A_{11} \tag{1.11.16}$$

式(1.11.15)和式(1.11.16)说明：

$$A_{11} = A_{22} = A_{33} \equiv \alpha \tag{1.11.17}$$

式(1.11.13)和式(1.11.17)说明：2 阶各向同性张量 A_{ij} 必然具有式(1.11.11)的形式。证毕。

(4) 由 3 阶张量的定义和各向同性张量的定义，分别有

$$\bar{A}_{ijk} = \beta_{il}\beta_{jm}\beta_{kn}A_{lmn}, \quad \bar{A}_{ijk} = A_{ijk}$$

即

$$A_{ijk} = \beta_{il}\beta_{jm}\beta_{kp}A_{lmp} \tag{1.11.18a}$$

这是关于 3 阶各向同性张量 A_{ijk} 的方程组。将形如式(1.11.4)的 3 阶张量（α 为任意常数）

$$A_{ijk} = \alpha e_{ijk} \tag{1.11.4}$$

代入方程组(1.11.18a)可得

$$\alpha e_{ijk} = \beta_{il}\beta_{jm}\beta_{kn}\alpha e_{lmn} = \alpha \mid \beta \mid e_{ijk} \tag{1.11.18b}$$

可见,如果

$$\mid \beta \mid = 1$$

即对正则的正交坐标变换,式(1.11.18b)即成为恒等式 $\alpha e_{ijk} = \alpha e_{ijk}$,从而方程组(1.11.18a)就是满足的。这说明:形如式(1.11.4)的 3 阶张量 $A_{ijk} = \alpha e_{ijk}$ 确为 3 阶半各向同性张量。

下面我们来证明 3 阶半各向同性张量只能具有式(1.11.4)的形式。这相当于我们要证明在正则正交变换之下,式(1.11.4)的解必可写为如下形式:

$$A_{ijk} = \begin{cases} 0 & (\text{当 } i = j = k \text{ 三个指标都相同时}) & (1.11.4a) \\ 0 & (\text{当 } i、j、k \text{ 中只有两个指标相同时}) & (1.11.4b) \\ \alpha & (\text{当 } ijk \text{ 为 123 的正序时}) & (1.11.4c) \\ -\alpha & (\text{当 } ijk \text{ 为 123 的逆序时}) & (1.11.4d) \end{cases}$$

绕 x_3 轴旋转 π,即取

$$[\beta_{ij}] = \begin{bmatrix} -1 & 0 & 0 \\ 0 & -1 & 0 \\ 0 & 0 & 1 \end{bmatrix} \tag{1.11.12}$$

则式(1.11.18)给出:

$$A_{111} = \beta_{1l}\beta_{1m}\beta_{1n}A_{lmn} = \beta_{11}\beta_{11}\beta_{11}A_{111} = -A_{111}$$

$$A_{222} = \beta_{2l}\beta_{2m}\beta_{2n}A_{lmn} = \beta_{22}\beta_{22}\beta_{22}A_{222} = -A_{222}$$

即 $A_{111} = A_{222} = 0$;类似地,绕 x_1 轴和 x_2 轴旋转 π,可分别得到:$A_{222} = A_{333} = 0$ 和 $A_{333} = A_{111} = 0$。总之,必有

$$A_{111} = A_{222} = A_{333} = 0$$

这就证明了式(1.11.18b)。

仍然取$[\beta_{ij}]$为式(1.11.12),即绕 x_3 轴旋转 π,则对 ijk 中两个指标为 3,而另一指标不为 3 的情况,式(1.11.18)给出

$$A_{33k} = \beta_{3l}\beta_{3m}\beta_{kn}A_{lmn} = \beta_{33}\beta_{33}\beta_{kk}A_{33k} = -A_{33k} \quad (k \neq 3)$$

$$A_{i33} = \beta_{il}\beta_{3m}\beta_{3n}A_{lmn} = \beta_{ii}\beta_{33}\beta_{33}A_{i33} = -A_{i33} \quad (i \neq 3)$$

$$A_{3j3} = \beta_{3l}\beta_{jm}\beta_{3n}A_{lmn} = \beta_{33}\beta_{jj}\beta_{33}A_{3j3} = -A_{3j3} \quad (j \neq 3)$$

即

$$A_{33k} = 0 \quad (k \neq 3), \quad A_{i33} = 0 \quad (i \neq 3), \quad A_{3j3} = 0 \quad (j \neq 3) \tag{1.11.19}$$

这说明对 ijk 中任 2 个指标为 3 而另一指标不为 3 的全部情况,都有 $A_{ijk} = 0$。类似地,绕 x_1 轴和 x_2 轴旋转 π,则可证对 ijk 中两个指标为 1 而另一指标不为 1 的情况,以及 ijk 中两个指标为 2 而另一指标不为 2 的情况,可分别有

$$A_{11k} = 0 \quad (k \neq 1), \quad A_{i11} = 0 \quad (i \neq 1), \quad A_{1j1} = 0 \quad (j \neq 1) \tag{1.11.20}$$

$$A_{22k} = 0 \quad (k \neq 2), \quad A_{i22} = 0 \quad (i \neq 2), \quad A_{2j2} = 0 \quad (j \neq 2) \tag{1.11.21}$$

式(1.11.19)、式(1.11.20)、式(1.11.21)就是式(1.11.4b)。

对三个坐标轴做 1、2、3 的圆轮转换(图 1.10),即取

$$[\beta_{ij}] = \begin{bmatrix} 0 & 1 & 0 \\ 0 & 0 & 1 \\ 1 & 0 & 0 \end{bmatrix} \tag{1.11.22}$$

则由式(1.11.18a)可有

$$A_{123}=\beta_{1l}\beta_{2m}\beta_{3n}A_{lmn}=\beta_{12}\beta_{23}\beta_{31}A_{231}=A_{231}$$
$$A_{231}=\beta_{2l}\beta_{3m}\beta_{1n}A_{lmn}=\beta_{23}\beta_{31}\beta_{12}A_{312}=A_{312}$$
$$A_{213}=\beta_{2l}\beta_{1m}\beta_{3n}A_{lmn}=\beta_{23}\beta_{12}\beta_{31}A_{321}=A_{321}$$
$$A_{321}=\beta_{3l}\beta_{2m}\beta_{1n}A_{lmn}=\beta_{31}\beta_{23}\beta_{12}A_{132}=A_{132}$$

此四式中的前两式和后两式分别说明:对 ijk 为 123 正序的三种情况,A_{ijk} 具有相同的值,记之为 α;而对 ijk 为 123 逆序的三种情况,A_{ijk} 也具有相同的值,记之为 β。即

$$A_{123}=A_{231}=A_{312}\equiv\alpha,\quad A_{213}=A_{321}=A_{132}\equiv\beta \tag{1.11.23}$$

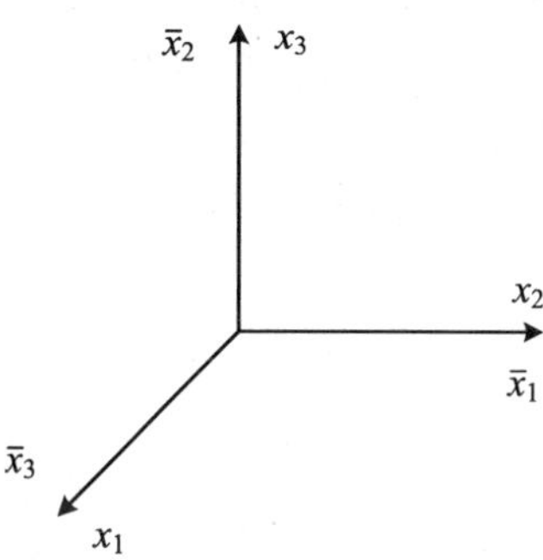

图 1.10　坐标变换式(1.11.22)

绕 x_3 轴逆时针旋转 $\pi/2$,即取

$$[\beta_{ij}]=\begin{bmatrix}0 & 1 & 0\\ -1 & 0 & 0\\ 0 & 0 & 1\end{bmatrix} \tag{1.11.14}$$

则由式(1.11.18a)可有

$$\alpha\equiv A_{123}=\beta_{1l}\beta_{2m}\beta_{3n}A_{lmn}=\beta_{12}\beta_{21}\beta_{33}A_{213}=-A_{213}\equiv-\beta \tag{1.11.24}$$

式(1.11.23)和式(1.11.24)就是式(1.11.4c)和式(1.11.4d)。这样我们就证明了定理的结论(4)。

(5) 由 4 阶张量的解析定义和各向同性张量的定义,同时有

$$\bar{A}_{ijkl}=\beta_{im}\beta_{jn}\beta_{kp}\beta_{lq}A_{mnpq},\quad \bar{A}_{ijkl}=A_{ijkl}$$

即

$$A_{ijkl}=\beta_{im}\beta_{jn}\beta_{kp}\beta_{lq}A_{mnpq} \tag{1.11.25}$$

式(1.11.25)是关于 4 阶各向同性张量 A_{ijkl} 的方程组。容易证明,4 阶张量 $\delta_{ij}\delta_{kl}$、$\delta_{il}\delta_{kj}$ 和 $\delta_{ik}\delta_{jl}$ 都是式(1.11.25)的解,请读者自行验证;因此对任意的常数 λ、α 和 β,形如

$$A_{ijkl}=\lambda\delta_{ij}\delta_{kl}+\alpha\delta_{ik}\delta_{jl}+\beta\delta_{il}\delta_{jk} \tag{1.11.5}$$

的任意 4 阶张量 A_{ijkl} 也必然都是方程组(1.11.25)的解。下面我们来证明,方程组(1.11.25)的任意解都必然可以写为式(1.11.5)的形式,即要证明,必有

$$A_{ijkl}=\begin{cases}\lambda+\alpha+\beta & (\text{当 } i=j=k=l \text{ 指标重复 4 次时}) & (1.11.5\text{a})\\ \lambda & (\text{当 } i=j\neq k=l \text{ 指标重复 2 次时}) & (1.11.5\text{b})\\ \alpha & (\text{当 } i=k\neq j=l \text{ 指标重复 2 次时}) & (1.11.5\text{c})\\ \beta & (\text{当 } i=l\neq j=k \text{ 指标重复 2 次时}) & (1.11.5\text{d})\\ 0 & (\text{其他,即某指标只出现 1 或 3 次时}) & (1.11.5\text{e})\end{cases}$$

先证明式(1.11.5e)。绕 x_3 轴旋转 π,即取

$$[\beta_{ij}]=\begin{bmatrix}-1 & 0 & 0\\ 0 & -1 & 0\\ 0 & 0 & 1\end{bmatrix} \tag{1.11.12}$$

对于不等于3的指标 i、j、k，由式(1.11.12)和式(1.11.25)可得

$$A_{ijk3}=\beta_{im}\beta_{jn}\beta_{kp}\beta_{3q}A_{mnpq}=(-1)(-1)(-1)(+1)A_{ijk3}$$

即 $A_{ijk3}=0$(i、j、k 不等于3)，同样可证 $A_{3ijk}=A_{i3jk}=A_{ij3k}=0$($i$、$j$、$k\neq3$)；同样可证 $A_{i333}=0(i\neq3)$，$A_{3j33}=0(j\neq3)$，$A_{33k3}=0(k\neq3)$，$A_{333l}=0(l\neq3)$。这说明当指标3出现1次或3次时必有 $A_{ijkl}=0$。类似地，当绕 x_1 轴和 x_2 轴旋转 π 时，可分别得出：当指标1出现1次或3次时，以及当指标2出现1次或3次时，也必有 $A_{ijkl}=0$。总之，当任一指标出现1次或3次时，都有 $A_{ijkl}=0$。这也就是式(1.11.5e)。

下面来证明式(1.11.5b)。绕 x_3 轴逆时针旋转 $\pi/2$，即取

$$[\beta_{ij}]=\begin{bmatrix}0 & 1 & 0\\ -1 & 0 & 0\\ 0 & 0 & 1\end{bmatrix} \tag{1.11.14}$$

则由式(1.11.14)和式(1.11.25)，可有

$$A_{1122}=\beta_{1m}\beta_{1n}\beta_{2p}\beta_{2q}A_{mnpq}=\beta_{12}\beta_{12}\beta_{21}\beta_{21}A_{2233}=(1)(1)(-1)(-1)A_{2211}=A_{2211}$$
$$A_{2233}=\beta_{2m}\beta_{2n}\beta_{3p}\beta_{3q}A_{mnpq}=\beta_{21}\beta_{21}\beta_{33}\beta_{33}A_{1133}=(-1)(-1)(1)(1)A_{1133}=A_{1133}$$
$$A_{3311}=\beta_{3m}\beta_{3n}\beta_{1p}\beta_{1q}A_{mnpq}=\beta_{33}\beta_{33}\beta_{12}\beta_{12}A_{3322}=(1)(1)(1)(1)A_{3322}=A_{3322}$$

即

$$A_{1122}=A_{2211},\quad A_{2233}=A_{1133},\quad A_{3311}=A_{3322} \tag{1.11.26}$$

与式(1.11.26)相类似，通过绕 x_1 轴和 x_2 轴逆时针旋转 $\pi/2$，可分别证明如下二式：

$$A_{1122}=A_{1133},\quad A_{2233}=A_{3322},\quad A_{3311}=A_{2211} \tag{1.11.27}$$
$$A_{1122}=A_{3322},\quad A_{2233}=A_{2211},\quad A_{3311}=A_{1133} \tag{1.11.28}$$

式(1.11.26)、式(1.11.27)、式(1.11.28)三式说明：对于 $i=j\neq k=l$ 的全部6种情况的 A_{ijkl}，其值是相等的，将之记为 λ，即

$$A_{1122}=A_{1133}=A_{2211}=A_{2233}=A_{3311}=A_{3322}\equiv\lambda \tag{1.11.29}$$

式(1.11.29)就是式(1.11.5b)。与式(1.11.29)的证明相类似，我们也可以证明：对于 $i=k\neq j=l$ 的全部6种情况的 A_{ijkl}，其值也是相等的，记之为 α，即

$$A_{1212}=A_{1313}=A_{2121}=A_{2323}=A_{3131}=A_{3232}\equiv\alpha \tag{1.11.30}$$

式(1.11.30)就是式(1.11.5c)。对于 $i=l\neq j=k$ 的全部6种情况的 A_{ijkl}，其值也是相等的，记之为 β，即

$$A_{1221}=A_{1331}=A_{2112}=A_{2332}=A_{3113}=A_{3223}\equiv\beta \tag{1.11.31}$$

式(1.11.31)就是式(1.11.5d)。

最后证明式(1.11.5a)。对三个坐标轴进行1、2、3的圆轮转换，即取正交矩阵$[\beta_{ij}]$为

$$[\beta_{ij}]=\begin{bmatrix}0 & 1 & 0\\ 0 & 0 & 1\\ 1 & 0 & 0\end{bmatrix} \tag{1.11.22}$$

则由式(1.11.22)和式(1.11.25)，可有

$$A_{1111}=\beta_{1m}\beta_{1n}\beta_{1p}\beta_{1q}A_{mnpq}=\beta_{12}\beta_{12}\beta_{12}\beta_{12}A_{2222}=(1)(1)(1)(1)A_{2222}=A_{2222}$$
$$A_{2222}=\beta_{2m}\beta_{2n}\beta_{2p}\beta_{2q}A_{mnpq}=\beta_{23}\beta_{23}\beta_{23}\beta_{23}A_{3333}=(1)(1)(1)(1)A_{3333}=A_{3333}$$

即

$$A_{1111} = A_{2222} = A_{3333} \tag{1.11.32}$$

绕 x_3 轴逆时针旋转 $\pi/4$(图1.12)，即取正交矩阵$[\beta_{ij}]$为

$$[\beta_{ij}] = \begin{bmatrix} \frac{1}{\sqrt{2}} & \frac{1}{\sqrt{2}} & 0 \\ -\frac{1}{\sqrt{2}} & \frac{1}{\sqrt{2}} & 0 \\ 0 & 0 & 1 \end{bmatrix} \tag{1.11.33}$$

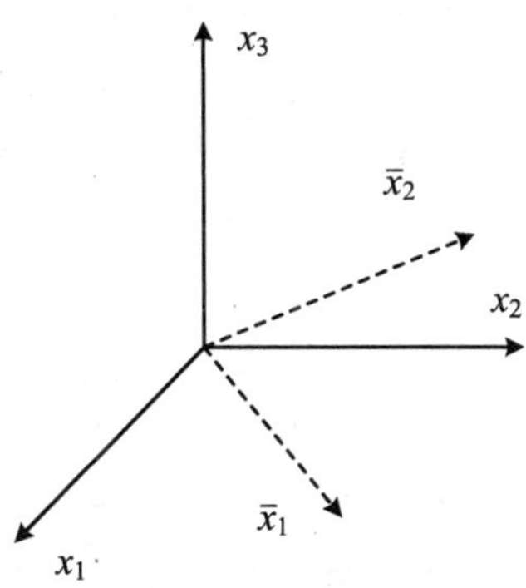

图1.12　坐标变换式(1.11.33)

则由式(1.11.33)和式(1.11.25)，可得

$$A_{1111} = \beta_{1m}\beta_{1n}\beta_{1p}\beta_{1q}A_{mnpq} \tag{1.11.34}$$

根据式(1.11.33)可知：式(1.11.34)中的 β_{1m}、β_{1n}、β_{1p}、β_{1q} 只有当列标等于1或2时，其值才不为0而为$\frac{1}{\sqrt{2}}$；另外，由式(1.11.5e)可知，A_{mnpq} 只有当同一指标出现偶数次时才不为0，而当同一指标出现奇数次时必有 $A_{mnpq}=0$。根据此两点，并利用上面的式(1.11.29)、式(1.11.30)、式(1.11.31)，则式(1.11.34)将给出

$$\begin{aligned} A_{1111} &= \left(\frac{1}{\sqrt{2}}\right)^4 (A_{1111} + A_{2222} + A_{1122} + A_{2211} + A_{1212} + A_{2121} + A_{1221} + A_{2112}) \\ &= \frac{1}{4}(2A_{1111} + 2\lambda + 2\alpha + 2\beta) \end{aligned}$$

即

$$A_{1111} = \lambda + \alpha + \beta$$

再由式(1.11.32)，即有

$$A_{1111} = A_{2222} = A_{3333} = \lambda + \alpha + \beta \tag{1.11.35}$$

式(1.11.35)就是式(1.11.5a)。整个式(1.11.5)证毕。至于式(1.11.5)右端的第二个等式，只是一种不同的形式而已，只需令

$$\alpha = \mu + \nu,\quad \beta = \mu - \nu,\quad \left(\mu = \frac{\alpha + \beta}{2},\quad \nu = \frac{\alpha - \beta}{2}\right)$$

即可得出。从张量分析的角度看，这两种形式是完全等价的；但是在本构理论中，其第2种形式更加有用，因为在导出线弹性各向同性材料 Lamé 形式的胡克定律时，将发现与 ν 有关的最后两项当与对称的应变张量相乘时其结果将为零张量。

整个定理也即证毕。

习　题

1.1　试证明

$$\delta_{ii} = 3;\quad a_j\delta_{ji} = a_i;\quad A_{ij}\delta_{jk} = A_{ik}$$

1.2　试证明 $T_{ij}e_{ijk}=0$ 的充要条件是 T_{ij} 为 2 阶对称系统。

1.3　试证明

$$|\boldsymbol{A}| = e_{ijk}A_{i1}A_{j2}A_{k3} = e_{ijk}A_{1i}A_{2j}A_{3k}$$

$$-|\boldsymbol{A}| = e_{ijk}A_{i2}A_{j1}A_{k3} = e_{ijk}A_{2i}A_{1j}A_{3k}$$

1.4　试证明

$$e_{ijk}e_{ijk} = 6;\quad e_{ijk}e_{lmn}A_{il}A_{jm}A_{kn} = 6|\boldsymbol{A}|$$

1.5　设 $\boldsymbol{A}$ 和 $\boldsymbol{B}$ 为任意两个 3×3 的矩阵，以 $\boldsymbol{A}\cdot\boldsymbol{B}$ 表示此二矩阵的乘积，试证明

$$|\boldsymbol{A}\cdot\boldsymbol{B}| = |\boldsymbol{A}||\boldsymbol{B}|$$

1.6　设 $\boldsymbol{f}$ 和 $\boldsymbol{g}$ 为三维空间中的任意两个矢量，$\boldsymbol{I}$ 表示 3×3 的单位矩阵，试证明

$$|\boldsymbol{I}+\boldsymbol{fg}| = 1+\boldsymbol{f}\cdot\boldsymbol{g}$$

1.7　试证明

$$\boldsymbol{a}\times(\boldsymbol{b}\times\boldsymbol{c}) = \boldsymbol{b}(\boldsymbol{c}\cdot\boldsymbol{a}) - \boldsymbol{c}(\boldsymbol{a}\cdot\boldsymbol{b})$$

1.8　试证明

$$(\boldsymbol{a}\times\boldsymbol{b})\cdot(\boldsymbol{c}\times\boldsymbol{d}) = (\boldsymbol{a}\cdot\boldsymbol{c})(\boldsymbol{b}\cdot\boldsymbol{d}) - (\boldsymbol{a}\cdot\boldsymbol{d})(\boldsymbol{b}\cdot\boldsymbol{c})$$

1.9　设 $\boldsymbol{A}$ 为 4 阶张量，试证明按式(1.4.7)各式缩并所得的各量都是 2 阶张量。

1.10　设有一组与坐标系相关联的 3 阶系统 A_{ijk}，通过映射关系式(1.5.18)而将任意的矢量 $\boldsymbol{a}_i$ 都映射为 2 阶张量 $\boldsymbol{B}_{jk}$，试证明：3 阶系统 A_{ijk} 必为 3 阶张量。

1.11　设对任意的 2 阶张量 $\boldsymbol{T}_{ij}$，都有 $\bar{\varphi} = \bar{T}_{ij}\bar{\boldsymbol{M}}_{ij} = T_{ij}\boldsymbol{M}_{ij} = \varphi$ 为一不变量，试证明 $\boldsymbol{M}_{ij}$ 为 2 阶张量。

1.12　设 2 阶正交张量 $\boldsymbol{Q}$ 将幺正基 $\boldsymbol{i}_i$ 按关系

$$\bar{\boldsymbol{i}}_i = \boldsymbol{Q}\cdot\boldsymbol{i}_i$$

映射为新的幺正基 $\bar{\boldsymbol{i}}_i$，试证明新、旧基之间的基变换关系为 $\bar{\boldsymbol{i}}_i = Q_{ji}\boldsymbol{i}_j$。

1.13　试证明

$$\vec{\nabla}F(\varphi) = \frac{\mathrm{d}F}{\mathrm{d}\varphi}\vec{\nabla}\varphi$$

1.14　试证明

$$\vec{\nabla}(\varphi f) = \varphi\vec{\nabla}f + f\vec{\nabla}\varphi;\quad \vec{\nabla}\cdot(\rho\boldsymbol{v}) = \rho\vec{\nabla}\cdot\boldsymbol{v} + \boldsymbol{v}\cdot\vec{\nabla}\rho$$

1.15　定义$\nabla\cdot(\nabla\varphi)\equiv\nabla^2\varphi\equiv\Delta\varphi$，试证明

$$\Delta(\varphi f) = \varphi\Delta f + 2(\nabla\varphi)\cdot(\nabla f) + f\Delta\varphi;\quad \vec{\nabla}\cdot(\varphi\vec{\nabla}f) = \varphi\Delta f + \vec{\nabla}\varphi\cdot\vec{\nabla}f$$

1.16　试证明

$$(\rho\boldsymbol{vv})\cdot\overleftarrow{\nabla} = (\rho\boldsymbol{v})\cdot\overleftarrow{\nabla}\boldsymbol{v} + \boldsymbol{v}\overleftarrow{\nabla}\cdot\rho\boldsymbol{v};\quad (\rho\boldsymbol{vv})\cdot\overleftarrow{\nabla} = \boldsymbol{v}\cdot\overleftarrow{\nabla}\rho\boldsymbol{v} + (\rho\boldsymbol{v})\overleftarrow{\nabla}\cdot\boldsymbol{v}$$

1.17　试证明

$$\vec{\nabla}\times(\vec{\nabla}\varphi)=\mathbf{0};\quad \vec{\nabla}\cdot(\vec{\nabla}\times\boldsymbol{v})=0$$

1.18　试证明

$$\vec{\nabla}\cdot(\boldsymbol{a}\times\boldsymbol{b})=\boldsymbol{b}\cdot(\vec{\nabla}\times\boldsymbol{a})-\boldsymbol{a}\cdot(\vec{\nabla}\times\boldsymbol{b})$$

$$\vec{\nabla}\times(\varphi\boldsymbol{v})=\varphi\vec{\nabla}\times\boldsymbol{v}-\boldsymbol{v}\times\vec{\nabla}\varphi$$

$$\nabla\times(\nabla\times\boldsymbol{v})=\nabla(\nabla\cdot\boldsymbol{v})-\Delta\boldsymbol{v}$$

1.19　设 $\boldsymbol{F}$ 和 $\boldsymbol{v}$ 分别为2阶张量和矢量,试证明

$$\vec{\nabla}\cdot(\boldsymbol{F}\cdot\boldsymbol{v})=\boldsymbol{v}\cdot(\vec{\nabla}\cdot\boldsymbol{F})+\boldsymbol{F}:\vec{\nabla}\boldsymbol{v}$$

1.20　试证明如下的置换定理:设 $\boldsymbol{A}$ 为各向同性张量,则对其任意分量的三个指标做1、2、3的圆轮置换时,其值不变。

1.21　试直接验证:$\alpha\delta_{ij}$ 为2阶各向同性张量;$\lambda\delta_{ij}\delta_{kl}$ 为4阶各向同性张量。

1.22　试证明1.11节中的公式(1.11.13)、(1.11.16)、(1.11.27)、(1.11.28)、(1.11.30)、(1.11.31)。

第 2 章　应 力 分 析

连续介质的变形是由力和温度等所引起的，本章将重点讲解材料内部的各点处受力状态的科学描述方法。从我们所关注的介质对象和其所受的力之间的关系来划分，连续介质体所受的力可分为外力和内力，它们分别来自于所研究的介质对象的外部和内部；从连续介质体所受的力的形式来划分，可分为分布于介质每一部分体积（或质量）上的力以及通过介质的接触表面而分布于每一部分表面上的力，分别将其称为体力（或质量力）以及面力，前者如介质所受的重力等，后者如下面要讲的应力。

2.1　一点的应力状态和应力张量

2.1.1　应力矢量和应力张量

当物体受到外力或其他作用时，便产生变形，同时，其内部各部分之间便产生相互的作用力，这种作用力是一部分物体通过它与另一部分物体的接触交界面而对另一部分物体施加的接触面力，它是一种内力。所谓应力矢量和应力张量的概念就是为刻画这种介质内部的接触面力而建立的。与此性质不同的另一类力是隔一段距离才存在的分布于介质中的体积或质量上的力，称之为体力（或质量力），如重力、电磁力等等。

为描述介质内部的接触面力，设想用一截面 S 将物体分割为 A、B 两部分，如图 2.1 所示，A 部分物体将通过交界面 S 而对 B 部分物体产生接触面力，反之亦然。一般而言，这种面力在 S 上的分布是不均匀的。为考察在 S 上的某一点 M 处的受力情况，可在 M 点附近取一个极小的面积 ΔS，设其单位外法矢（即由 B 指向 A 的）为 $\boldsymbol{n}$，A 部分通过 ΔS 而对 B 部分所施加的接触面力以 $\Delta \boldsymbol{F}(\boldsymbol{n})$ 记之，则 $\dfrac{\Delta \boldsymbol{F}(\boldsymbol{n})}{\Delta S}$ 便表征了在 M 点附近法矢为 $\boldsymbol{n}$ 所指向的 A 部分对 B 部分作用的接触面力的平均面密度，而极限

$$\boldsymbol{t}(\boldsymbol{n}) \equiv \lim_{\Delta S \to 0} \frac{\Delta \boldsymbol{F}(\boldsymbol{n})}{\Delta S} \tag{2.1.1}$$

则代表在 M 点处外法矢为 $\boldsymbol{n}$ 的面上 $\boldsymbol{n}$ 所指向的 A 部分对 B 部分施加的接触面力的面密度，称为 M 点处外法矢为 $\boldsymbol{n}$ 的面上的应力矢量（stress vector），记为 $\boldsymbol{t}(\boldsymbol{n})$。这里我们强调指出：第一，应力矢量是单位面积上的内接触面力，即接触内力的面密度（area density）；第二，

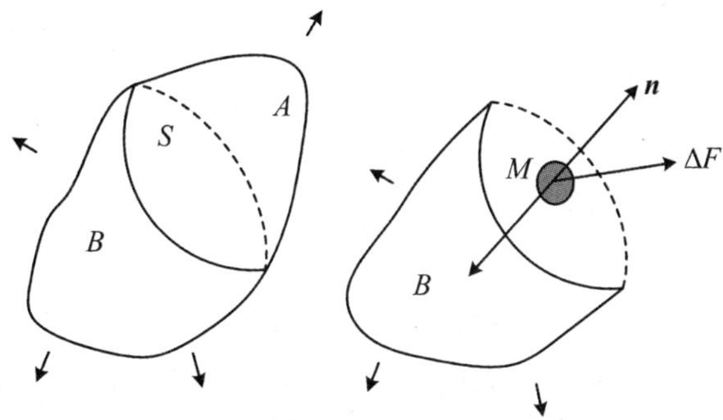

图 2.1 应力矢量

一点的应力矢量不仅与所考虑的 M 点的位置有关，还与所考虑的面元的方向 $\boldsymbol{n}$ 有关，记号 $\boldsymbol{t}(\boldsymbol{n})$ 中的记号 $\boldsymbol{n}$ 即是为了着重强调这一点的，它不是指标，而是说明方向 $\boldsymbol{n}$。按照这种记号规定，根据牛顿第三定律作用与反作用等值反向的原理，显然有

$$\boldsymbol{t}(-\boldsymbol{n}) = -\boldsymbol{t}(\boldsymbol{n}) \tag{2.1.2}$$

其中，$\boldsymbol{t}(-\boldsymbol{n})$ 表示 M 点处 $-\boldsymbol{n}$ 所指向的 B 部分对 A 部分作用的应力矢量，即面 $-\boldsymbol{n}$ 上的应力矢量。

在物理上通常可将应力矢量 $\boldsymbol{t}(\boldsymbol{n})$ 分解为沿外法矢 $\boldsymbol{n}$ 方向的分量 $\sigma_n\boldsymbol{n}$ 和在平面 S 内的分量 $\sigma_\tau\boldsymbol{\tau}$，如图 2.2 所示，即

$$\boldsymbol{t}(\boldsymbol{n}) = \sigma_n\boldsymbol{n} + \sigma_\tau\boldsymbol{\tau} \tag{2.1.3}$$

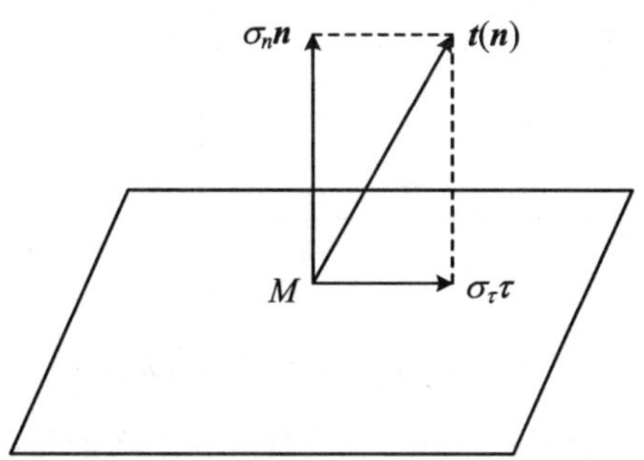

图 2.2 正应力和切应力

其中，$\boldsymbol{\tau}$ 表示 $\boldsymbol{t}(\boldsymbol{n})$ 在 S 内的垂直投影线方向的单位矢量，称 σ_n 为正应力或法应力(normal stress)，称 σ_τ 为(总)切应力或(总)剪应力(shear stress)。当 $\sigma_n\boldsymbol{n}$ 沿 $\boldsymbol{n}$ 方向即 $\sigma_n>0$ 时，表示正应力为拉应力(tensional stress)；当 $\sigma_n\boldsymbol{n}$ 沿 $-\boldsymbol{n}$ 方向即 $\sigma_n<0$ 时，表示正应力为压应力(compressive stress)。如果将应力矢量 $\boldsymbol{t}(\boldsymbol{n})$ 沿坐标轴方向进行分解，则可有

$$\boldsymbol{t}(\boldsymbol{n}) = t_i(\boldsymbol{n})\boldsymbol{e}_i \tag{2.1.4}$$ ①

其中，$t_i(\boldsymbol{n})$ 表示应力矢量 $\boldsymbol{t}(\boldsymbol{n})$ 在坐标轴 x_i 方向上的分量。再次强调，这里 i 是指标，而 $\boldsymbol{n}$ 指向平面的定向。特别地，我们可以考虑三个正的坐标面上的应力矢量 $\boldsymbol{t}(\boldsymbol{e}_1)$、$\boldsymbol{t}(\boldsymbol{e}_2)$、$\boldsymbol{t}(\boldsymbol{e}_3)$，这相当于分别取 $\boldsymbol{n}=\boldsymbol{e}_1$、$\boldsymbol{e}_2$、$\boldsymbol{e}_3$，为简单计，以 $\boldsymbol{t}_1$、$\boldsymbol{t}_2$、$\boldsymbol{t}_3$ 来表示它们，即 $\boldsymbol{t}_1=\boldsymbol{t}(\boldsymbol{e}_1)$，$\boldsymbol{t}_2=\boldsymbol{t}(\boldsymbol{e}_2)$，$\boldsymbol{t}_3=\boldsymbol{t}(\boldsymbol{e}_3)$。如果将 $\boldsymbol{t}_1$、$\boldsymbol{t}_2$、$\boldsymbol{t}_3$ 也沿坐标轴方向进行分解，并以 σ_{1i}、σ_{2i}、σ_{3i} 表示

① 从第 2 章开始，笛卡儿积中的幺正积矢量将写为 $\boldsymbol{e}_i$。

其分解系数，则有

$$\begin{cases} \boldsymbol{t}_1 = \sigma_{11}\boldsymbol{e}_1 + \sigma_{12}\boldsymbol{e}_2 + \sigma_{13}\boldsymbol{e}_3 \\ \boldsymbol{t}_2 = \sigma_{21}\boldsymbol{e}_1 + \sigma_{22}\boldsymbol{e}_2 + \sigma_{23}\boldsymbol{e}_3 \\ \boldsymbol{t}_3 = \sigma_{31}\boldsymbol{e}_1 + \sigma_{32}\boldsymbol{e}_2 + \sigma_{33}\boldsymbol{e}_3 \end{cases} \tag{2.1.5a}$$

即

$$\boldsymbol{t}_i \equiv \boldsymbol{t}(\boldsymbol{e}_i) = \sigma_{ij}\boldsymbol{e}_j \quad (i = 1、2、3) \tag{2.1.5b}$$

式(2.1.5a)中采用了双重下标制，其中第一个指标 i 代表应力矢量对应的坐标面的外法矢所沿的坐标轴的编号，第二个指标代表应力矢量所投影的坐标轴的编号，故 σ_{ij} 代表第 i 个正向坐标面(外法矢为 $\boldsymbol{e}_i$)上的应力矢量 $\boldsymbol{t}_i$ 在 $\boldsymbol{e}_j$ 方向上的(分)切应力。在我们的符号规定下，显然对于正应力而言，$\sigma_{ii}>0$ 和 $\sigma_{ii}<0$(不求和)分别对应拉应力和压应力；而对于切应力而言，在正向坐标面上指向正坐标轴方向的切应力取正值，而在负向坐标面内指向负坐标轴方向的切应力才取正值。在一点附近以坐标轴为棱的小微体受力状态(当所有 $\sigma_{ij}>0$ 时)如图 2.3 所示。

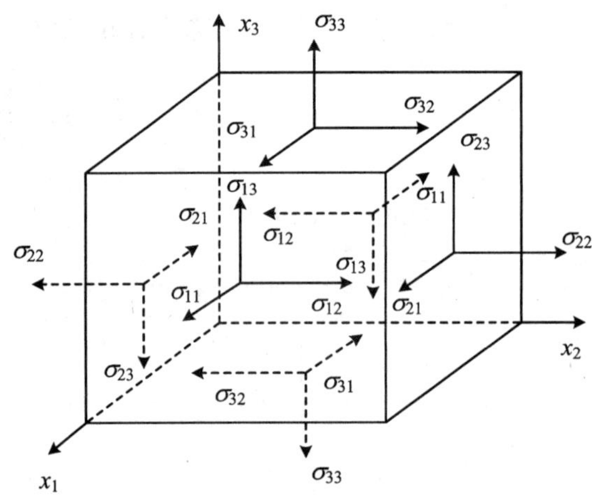

图 2.3　正应力和切应力分量

这样在介质中的任何一点处即引入了一个 $3^2=9$ 个数的集合，即 2 阶系统 σ_{ij}，根据其定义，显然它们的值是与坐标系的选取有关的，即 σ_{ij} 是一个与坐标系相关联的 2 阶系统。下面我们将证明，在进行从笛卡儿坐标系到笛卡儿坐标系的正交变换时，它们确实满足 2 阶笛卡儿张量的变换法则，因此 σ_{ij} 是一个 2 阶笛卡儿张量，称之为应力张量(stress tensor)。

2.1.2　应力张量和 Cauchy 公式

前面我们引入了一点 M 处的应力矢量的概念，并指出了应力矢量不但与所考虑的点 M 的位置有关，而且与在点 M 处所取的平面的定向 $\boldsymbol{n}$ 有关。由于在一点处可以做出无穷多个取向不同的平面，因此在任一点 M 处可以有无穷多个应力矢量，故如果用应力矢量来描述介质内部一点处的应力状态(stress state)，则必须指出过此点处所有取向不同的平面上的应力矢量，这显然是不方便的。下面将指出，由于牛顿运动定律的制约，一点处各不同取向的平面上的应力矢量并不是独立无关的，而是由一定的规律相联系的，只要知道了一点处三个坐标面上的应力矢量 $\boldsymbol{t}_i$(更一般地是三个法线不共面的平面上的应力矢量)，即知道了一点

处的应力张量 σ_{ij}，则此点处任意平面上的应力矢量也便完全确定了，反映这一关系的即是下面所要讲的 Cauchy 公式。

为了说明此点，我们在介质中的某点 M 处，以其为顶点取一个棱线沿坐标轴 x_i 方向的小四面体 $MSRT$，于是其三个侧面为坐标面，单位外法矢各为 $(-\boldsymbol{e}_i)$，面积各记为 $\mathrm{d}a_i$，底面单位外法矢为 $\boldsymbol{n}$，面积记为 $\mathrm{d}a$，如图 2.4 所示。如以面积矢量表示，则侧面和底面的面积矢量分别为

$$\begin{cases}\mathrm{d}\boldsymbol{a}_i = -\mathrm{d}a_i\boldsymbol{e}_i \quad (i = 1、2、3，不求和) \\ \mathrm{d}\boldsymbol{a} = \mathrm{d}a\boldsymbol{n}\end{cases} \tag{2.1.6}$$

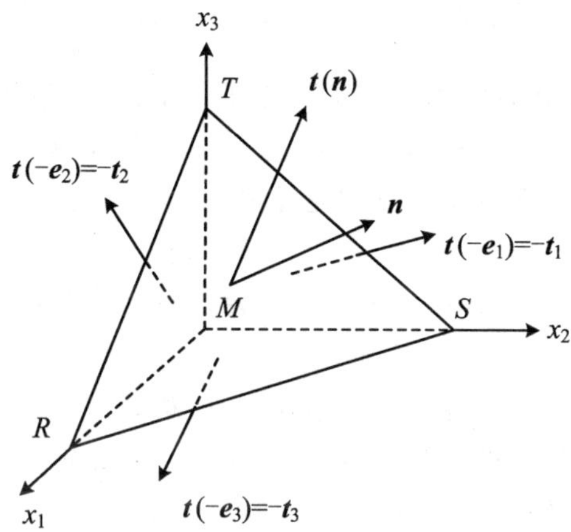

图 2.4 微四面体所受的面力

根据 Gauss 定理，任一封闭曲面的面积矢量和为 $\mathbf{0}$，即

$$\oint_a \mathrm{d}\boldsymbol{a} = \oint_a \boldsymbol{n}\mathrm{d}a = \int_V 1\overleftarrow{\nabla}\mathrm{d}V = \mathbf{0} \tag{2.1.7}$$

由于常量 1 的梯度为零矢量，故有式(2.1.7)。将式(2.1.7)应用于微四面体 $MRST$ 的外表面，则有

$$\boldsymbol{n}\mathrm{d}a = \mathrm{d}a_i\boldsymbol{e}_i \tag{2.1.8a}$$

即

$$\boldsymbol{n} = \frac{\mathrm{d}a_i}{\mathrm{d}a}\boldsymbol{e}_i, \quad n_i = \frac{\mathrm{d}a_i}{\mathrm{d}a} \tag{2.1.8b}$$

式(2.1.8)是一个纯几何的关系，它给出了微四面体底面单位外法矢量 $\boldsymbol{n}$ 与各侧面面积 $\mathrm{d}a_i$ 和底面面积 $\mathrm{d}a$ 的关系，其背景是任一封闭曲面面积矢量之和为 $\mathbf{0}$。

现在我们来考虑牛顿第二定律即动量定理会给出什么结果。

任一闭口体系（即由固定物质粒子所组成的物质体）的动量定理可表达为：

任一时刻闭口体系的动量变化率等于该时刻体系所受的外力的矢量和。

如果 ρ、$\boldsymbol{b}$ 分别表示介质的瞬时质量密度（单位瞬时体积介质的质量）和比体积力（单位质量介质所受的体积力），则动量定理可表达为

$$\frac{\mathrm{d}}{\mathrm{d}t}\int_{V(t)} \rho\boldsymbol{v}\mathrm{d}V = \int_{V(t)} \rho\boldsymbol{b}\mathrm{d}V + \oint_{a(t)} \boldsymbol{t}(\boldsymbol{n})\mathrm{d}a \tag{2.1.9}$$

其中，$\frac{\mathrm{d}}{\mathrm{d}t}$表示随体导数，即属于确定质量的闭口体系的某物理量随时间的变化率。由于和的

微商等于微商的和，故当将闭口体系进行相应微质量的划分时，即有

$$\frac{\mathrm{d}}{\mathrm{d}t}\int_{V(t)}\rho\boldsymbol{v}\mathrm{d}V=\int_{V(t)}\frac{\mathrm{d}}{\mathrm{d}t}(\rho\boldsymbol{v}\mathrm{d}V)=\int_{V(t)}\boldsymbol{v}\frac{\mathrm{d}}{\mathrm{d}t}(\rho\mathrm{d}V)+\int_{V(t)}\rho\frac{\mathrm{d}\boldsymbol{v}}{\mathrm{d}t}\mathrm{d}V=\int_{V(t)}\rho\dot{\boldsymbol{v}}\mathrm{d}V \tag{2.1.10}$$

其中，$\dot{\boldsymbol{v}}=\frac{\mathrm{d}\boldsymbol{v}}{\mathrm{d}t}$表示介质的质点加速度，而在推导式(2.1.10)之最后一式时，利用了微闭口体系的质量守恒：

$$\frac{\mathrm{d}(\rho\mathrm{d}V)}{\mathrm{d}t}=0$$

将式(2.1.10)代入式(2.1.9)，即有

$$\oint_{a(t)}\boldsymbol{t}(\boldsymbol{n})\mathrm{d}a+\int_{V(t)}[\rho\boldsymbol{b}-\rho\dot{\boldsymbol{v}}]\mathrm{d}V=\boldsymbol{0} \tag{2.1.11a}$$

式(2.1.11a)即是闭口体系动量守恒定理的达朗贝尔形式：闭口体系所受的面积力、体积力和惯性力相互平衡。式(2.1.11a)对任意的闭口体系都是成立的，对我们的微闭口体系 *MRST* 当然也成立。在 *MRST* 上除在其质心上作用有体积力和惯性力$[\rho\boldsymbol{b}-\rho\dot{\boldsymbol{v}}]\mathrm{d}V$以外，在其底面和侧面的中心分别作用有面力 $\boldsymbol{t}(\boldsymbol{n})\mathrm{d}a$ 和 $-\mathrm{d}a_1\boldsymbol{t}_1$、$-\mathrm{d}a_2\boldsymbol{t}_2$、$-\mathrm{d}a_3\boldsymbol{t}_3$。如将式(2.1.11a)应用于微四面体 *MRST*，并将各个力都以 M 点处的值表示而将之展开为泰勒级数，则可写出

$$[\boldsymbol{t}(\boldsymbol{n})+\boldsymbol{\varepsilon}]\mathrm{d}a-[\boldsymbol{t}_i+\boldsymbol{\varepsilon}_i]\mathrm{d}a_i+\rho[\boldsymbol{b}-\dot{\boldsymbol{v}}+\boldsymbol{\varepsilon}']\mathrm{d}V=\boldsymbol{0} \tag{2.1.11b}$$

其中，$\boldsymbol{\varepsilon}$、$\boldsymbol{\varepsilon}_i$、$\boldsymbol{\varepsilon}'$都是微体线性尺寸的 1 阶小量，表示相应量在 M 点的值与在各相应中心点的差。当微四面体 *MRST* 的体积趋于零而向 M 点收缩时，由于 $\rho[\boldsymbol{b}-\dot{\boldsymbol{v}}]\mathrm{d}V$、$\mathrm{d}a\varepsilon$、$\mathrm{d}a_i\boldsymbol{\varepsilon}_i$、$\mathrm{d}V\boldsymbol{\varepsilon}'$分别为微体线性尺寸的 3 阶、3 阶、3 阶和 4 阶小量，故在极限情况下，式(2.1.11b)将表现为各面上 2 阶小量面力的平衡：

$$\boldsymbol{t}(\boldsymbol{n})\mathrm{d}a=\boldsymbol{t}_i\mathrm{d}a_i \tag{2.1.12a}$$

即

$$\boldsymbol{t}(\boldsymbol{n})=\frac{\mathrm{d}a_i}{\mathrm{d}a}\boldsymbol{t}_i \tag{2.1.12b}$$

式(2.1.12)就是动量定理给出的动力学结果，它与纯几何关系(2.1.8)是各自独立的，但它们在数学形式上有某种“类似性”。

把式(2.1.8b)代入式(2.1.12b)，有

$$\boldsymbol{t}(\boldsymbol{n})=n_i\boldsymbol{t}_i \tag{2.1.13a}$$

可见，任何法向矢量为 $\boldsymbol{n}$ 的面积上的应力矢量 $\boldsymbol{t}(\boldsymbol{n})$等于三个正坐标面上的应力矢量 $\boldsymbol{t}_i$ 的线性组合，其系数恰为 n_i。

将 $\boldsymbol{t}_i$ 沿坐标轴线性分解的式(2.1.5)代入式(2.1.13a)，可有

$$\boldsymbol{t}(\boldsymbol{n})=n_i\sigma_{ij}\boldsymbol{e}_j,\quad t_j(\boldsymbol{n})=n_i\sigma_{ij} \tag{2.1.13b}$$

如果保持 $\boldsymbol{n}$ 不变而进行笛卡儿坐标系的坐标变换，则客观存在的应力矢量 $\boldsymbol{t}(\boldsymbol{n})$的分量 $t_j(\boldsymbol{n})$为满足 1 次变异规则的 1 阶张量，而矢量的分量 n_i 也是满足 1 次变异规则的 1 阶张量，故对式(2.1.13b)应用商法则可知：由式(2.1.5)所定义的 2 阶系统 σ_{ij} 必为 2 阶笛卡儿张量，我们将之称为介质在 M 点处的 Cauchy 应力张量。

如果将式(2.1.13b)写为张量运算的直接记法，可写为

$$\boldsymbol{t}(\boldsymbol{n})=\boldsymbol{n}\cdot\boldsymbol{\sigma} \tag{2.1.13c}$$

式(2.1.13a)、式(2.1.13b)、式(2.1.13c)实际上是同一个公式的不同表达方式，我们将之统

称为Cauchy公式。从数学上讲，式(2.1.13b)和式(2.1.13c)都表明，应力张量$\boldsymbol{\sigma}$是将任意方向的矢量$\boldsymbol{n}$映射为矢量$\boldsymbol{t}(\boldsymbol{n})$的线性映射系数(2阶张量的第二定义)；从物理上讲，式(2.1.13a)、式(2.1.13b)、式(2.1.13c)都说明：只要知道一点处的应力张量σ_{ij}或三个坐标面上的应力矢量$\boldsymbol{t}_i$，则该点处任一取向为$\boldsymbol{n}$的平面上的应力矢量$\boldsymbol{t}(\boldsymbol{n})$也便确定了，因此应力张量$\boldsymbol{\sigma}$是介质中一点$M$处应力状态的一个完全的刻画。这就是Cauchy公式的意义，而其物理背景就是动量定理。

这里顺便指出：在前面的论述中，式(2.1.5)取了如下形式：

$$\boldsymbol{t}_i = \sigma_{ij}\boldsymbol{e}_j, \quad \sigma_{ij} = \boldsymbol{t}_i \cdot \boldsymbol{e}_j = \boldsymbol{t}(\boldsymbol{e}_i) \cdot \boldsymbol{e}_j \tag{2.1.5}$$

即σ_{ij}表示第i个坐标面上的应力矢量$\boldsymbol{t}_i$在$\boldsymbol{e}_j$方向上的分量，于是Cauchy公式便具有如下形式：

$$\boldsymbol{t}(\boldsymbol{n}) = n_i\boldsymbol{t}_i, \quad t_j(\boldsymbol{n}) = n_i\sigma_{ij}, \quad \boldsymbol{t}(\boldsymbol{n}) = \boldsymbol{n} \cdot \boldsymbol{\sigma} \tag{2.1.13}$$

如果将式(2.1.5)改为如下形式：

$$\boldsymbol{t}_i = S_{ji}\boldsymbol{e}_j, \quad S_{ji} = \boldsymbol{t}_i \cdot \boldsymbol{e}_j = \sigma_{ij}, \quad \boldsymbol{S} = \boldsymbol{\sigma}^{\mathrm{T}}, \quad \boldsymbol{\sigma} = \boldsymbol{S}^{\mathrm{T}} \tag{2.1.5b}$$

即以$S_{ji} = \sigma_{ij}$来表示第i个坐标面上的应力矢量$\boldsymbol{t}_i$在$\boldsymbol{e}_j$方向上的分量，则显然Cauchy公式(2.1.13)将取$\boldsymbol{n}$与应力张量$\boldsymbol{\sigma} = \boldsymbol{S}^{\mathrm{T}}$右点积的如下形式：

$$\boldsymbol{t}(\boldsymbol{n}) = n_i\boldsymbol{t}_i, \quad t_j(\boldsymbol{n}) = n_iS_{ji} = S_{ji}n_i, \quad \boldsymbol{t}(\boldsymbol{n}) = \boldsymbol{S} \cdot \boldsymbol{n} \tag{2.1.13d}$$

当然我们有

$$\boldsymbol{t}(\boldsymbol{n}) = \boldsymbol{S} \cdot \boldsymbol{n} = \boldsymbol{n} \cdot \boldsymbol{S}^{\mathrm{T}} = \boldsymbol{n} \cdot \boldsymbol{\sigma} \tag{2.1.13e}$$

2.1.3 坐标变换时应力张量分量的变换公式

前面我们已经用商法则证明了所定义的2阶系统σ_{ij}确为2阶张量，并将之称为Cauchy应力张量，因此在由旧的笛卡儿坐标系x_i经正交过渡矩阵β_{ij}变到新的笛卡儿坐标系$\bar{x}_i$时，即在正交坐标变换

$$\begin{cases} \bar{x}_i = \beta_{ij}x_j \\ \bar{\boldsymbol{e}}_i = \beta_{ij}\boldsymbol{e}_j \end{cases}, \quad \begin{cases} \beta_{il} = \bar{\boldsymbol{e}}_i \cdot \boldsymbol{e}_l = \boldsymbol{e}_l \cdot \bar{\boldsymbol{e}}_i \\ \beta_{il}\beta_{jl} = \delta_{ij} = \beta_{li}\beta_{lj} \end{cases} \tag{2.1.14}$$

之下，应力张量新旧分量之间的变换关系必为

$$\begin{cases} \bar{\sigma}_{ij} = \beta_{il}\beta_{jm}\sigma_{lm} \\ \sigma_{ij} = \beta_{li}\beta_{mj}\bar{\sigma}_{lm} \end{cases} \tag{2.1.15a}$$

将式(2.1.15a)写为矩阵的形式，即

$$\begin{cases} [\bar{\boldsymbol{\sigma}}] = [\boldsymbol{\beta}][\boldsymbol{\sigma}][\boldsymbol{\beta}]^{\mathrm{T}} \\ [\boldsymbol{\sigma}] = [\boldsymbol{\beta}]^{\mathrm{T}}[\bar{\boldsymbol{\sigma}}][\boldsymbol{\beta}] \end{cases} \tag{2.1.15b}$$

其中，$[\bar{\boldsymbol{\sigma}}]$、$[\boldsymbol{\sigma}]$、$[\boldsymbol{\beta}]$分别表示应力张量的新、旧分量所组成的矩阵以及由旧坐标系到新坐标系的正交过渡矩阵。

为了进一步加深对应力张量概念的理解，也可以由式(2.1.5)所定义的应力张量分量σ_{ij}的物理意义出发来导出式(2.1.15a)：

在新坐标系$\bar{x}_i$中，有

$$\bar{\sigma}_{ij} = \boldsymbol{t}(\bar{\boldsymbol{e}}_i) \cdot \bar{\boldsymbol{e}}_j \tag{2.1.16}$$

对新的坐标面$\bar{x}_i$，其单位法矢量$\boldsymbol{n} = \bar{\boldsymbol{e}}_i$，它在旧坐标系$x_l$中的分量为

$$n_l = \boldsymbol{n} \cdot \boldsymbol{e}_l = \bar{\boldsymbol{e}}_i \cdot \boldsymbol{e}_l = \beta_{il} \tag{2.1.17}$$

对新坐标面 $\boldsymbol{n} = \bar{\boldsymbol{e}}_i$ 上的应力矢量 $\boldsymbol{t}(\bar{\boldsymbol{e}}_i)$ 在旧坐标系 x_l 中应用 Cauchy 公式(2.1.13)和(2.1.5),有

$$\boldsymbol{t}(\bar{\boldsymbol{e}}_i) = \boldsymbol{t}(\boldsymbol{n}) = n_l \boldsymbol{t}_l = n_l \sigma_{lm} \boldsymbol{e}_m = \beta_{il} \sigma_{lm} \boldsymbol{e}_m \tag{2.1.18}$$

将式(2.1.18)代入式(2.1.16),即得

$$\bar{\sigma}_{ij} = \boldsymbol{t}(\bar{\boldsymbol{e}}_i) \cdot \bar{\boldsymbol{e}}_j = \beta_{il} \sigma_{lm} \boldsymbol{e}_m \cdot \bar{\boldsymbol{e}}_j = \beta_{il} \beta_{jm} \sigma_{lm}$$

此即式(2.1.15a)。

2.1.4 Cauchy 应力张量的对称性

前面在建立介质中的一点处应力矢量的概念时,是在变形的介质中的现时形态(构形)中,以其任一切面上的现时真实受的面力 $\Delta \boldsymbol{F}$ 除以其现时刻的真实面积 ΔS 而建立应力矢量的概念的,这样定义的应力矢量称为 Cauchy 应力矢量或真应力矢量;相应地,以现时构形中的面积的单位法矢 $\boldsymbol{n}$ 到 $\boldsymbol{t}(\boldsymbol{n})$ 的线性映射关系 Cauchy 公式(2.1.13)所引入的应力张量 $\boldsymbol{\sigma} = \boldsymbol{S}^{\mathrm{T}}$ 称为 Cauchy 应力张量或真应力张量。在连续介质力学中,还存在其他含义的应力矢量和相对应的应力张量,读者在有关的研究生课程中会读到,由于篇幅关系,本书将只讲 Cauchy 应力张量及其性质。下面将用 Cauchy 应力张量证明如下的重要结论:由于动量矩定理的制约,在非极性物质中 Cauchy 应力张量是对称张量。因此前面所说的 $\boldsymbol{S} = \boldsymbol{\sigma}^{\mathrm{T}}$ 是与 $\boldsymbol{\sigma}$ 相等的,于是 Cauchy 公式(2.1.13)中 $\boldsymbol{n}$ 和 $\boldsymbol{\sigma}$ 的点积便可交换次序。

闭口体系的动量矩定理可表述为:

闭口体系对某一固定点(如原点或任一固定点)的动量矩的变化率等于该时刻体系所受全部外力对同一固定点的矩。

写为数学形式即

$$\frac{\mathrm{d}}{\mathrm{d}t} \int_{V(t)} \boldsymbol{x} \times \rho \boldsymbol{v} \mathrm{d}V = \int_{V(t)} \boldsymbol{x} \times \rho \boldsymbol{b} \mathrm{d}V + \oint_{a(t)} \boldsymbol{x} \times \boldsymbol{t}(\boldsymbol{n}) \mathrm{d}a + \oint_{V(t)} \rho \boldsymbol{c}_1 \mathrm{d}V + \oint_{a(t)} \rho \boldsymbol{c}_2 \mathrm{d}a \tag{2.1.19}$$

其中,$\boldsymbol{x}$ 表示各点对某固定点的矢径,$\boldsymbol{c}_1$ 和 $\boldsymbol{c}_2$ 分别表示极性物质中的比力偶(单位质量介质所受的力偶)和 a 上的面偶密度(单位面积上所受的力偶),对非极性物质,它们均为 $\boldsymbol{0}$。以下将考虑此种情况。对左端动量矩的随体导数,类似于以前的处理,可有

$$\begin{aligned} \frac{\mathrm{d}}{\mathrm{d}t} \int_{V(t)} \boldsymbol{x} \times \rho \boldsymbol{v} \mathrm{d}V &= \int_{V(t)} \boldsymbol{x} \times \boldsymbol{v} \frac{\mathrm{d}}{\mathrm{d}t}(\rho \mathrm{d}V) + \int_{V(t)} \frac{\mathrm{d}\boldsymbol{x}}{\mathrm{d}t} \times \rho \boldsymbol{v} \mathrm{d}V + \int_{V(t)} \boldsymbol{x} \times \rho \frac{\mathrm{d}\boldsymbol{v}}{\mathrm{d}t} \mathrm{d}V \\ &= \boldsymbol{0} + \boldsymbol{0} + \int_{V(t)} \rho \boldsymbol{x} \times \dot{\boldsymbol{v}} \mathrm{d}V \end{aligned} \tag{2.1.20}$$

式(2.1.20)中利用了

$$\frac{\mathrm{d}}{\mathrm{d}t}(\rho \mathrm{d}V) = 0 (\text{质量守恒定律}), \quad \frac{\mathrm{d}\boldsymbol{x}}{\mathrm{d}t} = \boldsymbol{v}, \quad \boldsymbol{v} \times \boldsymbol{v} = \boldsymbol{0}$$

故对非极性物质,式(2.1.20)成为

$$\oint_{a(t)} \boldsymbol{x} \times \boldsymbol{t}(\boldsymbol{n}) \mathrm{d}a + \int_{V(t)} \boldsymbol{x} \times \rho [\boldsymbol{b} - \dot{\boldsymbol{v}}] \mathrm{d}V = \boldsymbol{0} \tag{2.1.21}$$

式(2.1.21)其实是式(2.1.19)的达朗贝尔表达形式,这是因为 $-\rho \dot{\boldsymbol{v}}$ 是单位体积介质的惯性

力。式(2.1.21)对任何闭口体系 V 都成立，将其应用于以坐标面围成的微体 $\mathrm{d}x_1\mathrm{d}x_2\mathrm{d}x_3$，如图2.5所示，可认为各面上面力作用于其面积中心，体积力和惯性力作用于微体的质心 M 上，如果对 M 取矩，即认为式(2.1.21)中的 $\boldsymbol{x}$ 是对 M 点的矢径，则体积力和惯性力的矩为0，而左、右两面上的面力密度分别为

$$-\boldsymbol{t}_2(x_2),\quad \boldsymbol{t}_2(x_2+\mathrm{d}x_2)=\boldsymbol{t}_2(x_2)+\frac{\partial \boldsymbol{t}_2}{\partial x_2}\mathrm{d}x_2$$

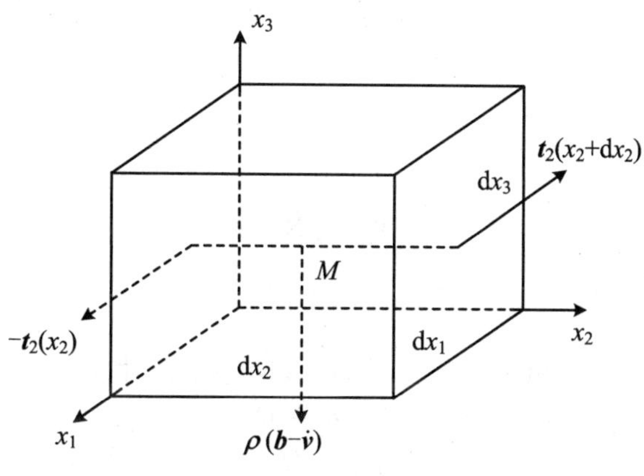

图2.5 动量矩定理

其对 M 的和矩为

$$-\frac{\mathrm{d}x_2}{2}\boldsymbol{e}_2\times(-\boldsymbol{t}_2)\mathrm{d}x_3\mathrm{d}x_1+\frac{\mathrm{d}x_2}{2}\boldsymbol{e}_2\times\left(\boldsymbol{t}_2+\frac{\partial \boldsymbol{t}_2}{\partial x_2}\mathrm{d}x_2\right)\mathrm{d}x_3\mathrm{d}x_1$$

$$=\boldsymbol{e}_2\times\boldsymbol{t}_2\mathrm{d}x_2\mathrm{d}x_3\mathrm{d}x_1+\frac{1}{2}\left(\boldsymbol{e}_2\times\frac{\partial \boldsymbol{t}_2}{\partial x_2}\mathrm{d}x_2\mathrm{d}x_3\mathrm{d}x_1\right)$$

对其他两对坐标面可有类似的结果。如果除以 $\mathrm{d}x_1\mathrm{d}x_2\mathrm{d}x_3$ 并令微体的体积趋于零，即得

$$\boldsymbol{e}_i\times\boldsymbol{t}_i=\boldsymbol{0},\quad \boldsymbol{e}_i\times\sigma_{ij}\boldsymbol{e}_j=0 \tag{2.1.22a}$$

或

$$e_{ijk}\sigma_{ij}\boldsymbol{e}_k=\boldsymbol{0} \tag{2.1.22b}$$

由于 $\boldsymbol{e}_1$、$\boldsymbol{e}_2$、$\boldsymbol{e}_3$ 线性无关，故有

$$\sigma_{ij}e_{ijk}=0\quad(k=1、2、3) \tag{2.1.22c}$$

故必有

$$\sigma_{ij}=\sigma_{ji},\quad \boldsymbol{\sigma}=\boldsymbol{\sigma}^{\mathrm{T}} \tag{2.1.23}$$

事实上，对 $k=1、2、3$，由式(2.1.22c)将分别推出

$$\begin{cases} k=1 & \Rightarrow & \sigma_{23}=\sigma_{32} \\ k=2 & \Rightarrow & \sigma_{31}=\sigma_{13} \\ k=3 & \Rightarrow & \sigma_{12}=\sigma_{21} \end{cases}$$

式(2.1.23)称为 Cauchy 应力的切应力互等定理或共轭切应力定理，它说明如果两平面互相垂直，则在其中一个平面上垂直于其交线的切应力分量必等于另一平面上垂直于交线的切应力分量，如图2.6所示。

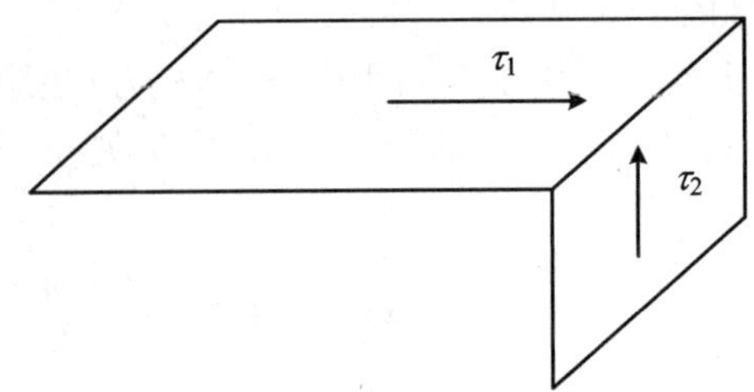

图 2.6 切应力互等定理

2.2 运 动 方 程

从课程体系来讲,运动方程是连续介质力学守恒方程组中动量守恒定理的数学形式,将在第 4 章中系统介绍。但由于我们已具备了得出它的知识基础,故在此简单地给以介绍,以后还将更系统地谈到。

前一节中得到了任一闭口体系的动量定理的数学形式(2.1.11),可以将其改为

$$\int_{V(t)} \rho \dot{\boldsymbol{v}} \mathrm{d}V = \int_{V(t)} \rho \boldsymbol{a} \mathrm{d}V = \int_{V(t)} \rho \boldsymbol{b} \mathrm{d}V + \oint_{a(t)} \boldsymbol{t}(\boldsymbol{n}) \mathrm{d}a \tag{2.2.1}$$

其中,$\boldsymbol{a}=\dot{\boldsymbol{v}}$表示介质的质点加速度。式(2.2.1)事实上正是所谓的牛顿第二定律对连续介质物体的具体应用。将式(2.2.1)应用于如图 2.7 所示的由坐标面所围成的微物质体 $\mathrm{d}x_1\mathrm{d}x_2\mathrm{d}x_3$,此微体除受有体积力 $\rho\boldsymbol{b}\mathrm{d}x_1\mathrm{d}x_2\mathrm{d}x_3$ 以外,在 6 个坐标面上分别受到相应的应力矢量 $\boldsymbol{t}_i$。考虑到各面坐标位置的差异,将以 $\boldsymbol{t}_i(x_j)$和 $\boldsymbol{t}_i(x_j+\mathrm{d}x_j)$简示其此种差异,于是将式(2.2.1)应用于此微体将给出

$$\begin{aligned}\rho\boldsymbol{a}\mathrm{d}x_1\mathrm{d}x_2\mathrm{d}x_3 = {} & \rho\boldsymbol{b}\mathrm{d}x_1\mathrm{d}x_2\mathrm{d}x_3 + [-\boldsymbol{t}_1(x_1)+\boldsymbol{t}_1(x_1+\mathrm{d}x_1)]\mathrm{d}x_2\mathrm{d}x_3 \\ & + [-\boldsymbol{t}_2(x_2)+\boldsymbol{t}_2(x_2+\mathrm{d}x_2)]\mathrm{d}x_3\mathrm{d}x_1 + [-\boldsymbol{t}_3(x_3)+\boldsymbol{t}_3(x_3+\mathrm{d}x_3)]\mathrm{d}x_1\mathrm{d}x_2\end{aligned}$$

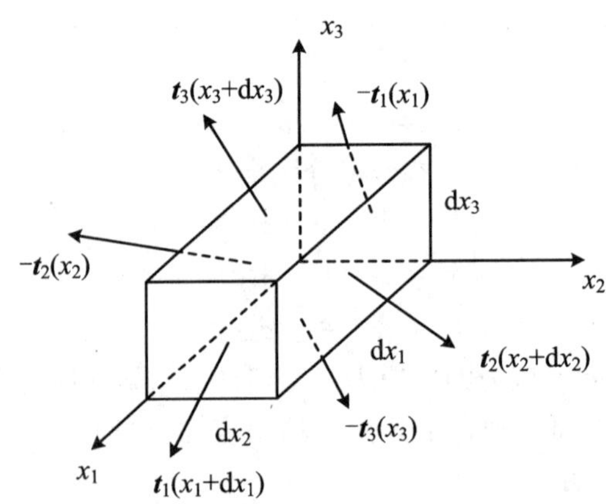

图 2.7 微闭口体系面力

考虑到 $t_1(x_1+\mathrm{d}x_1)=t_1(x_1)+\dfrac{\partial t_1}{\partial x_1}\mathrm{d}x_1$ 等等，于是有

$$\frac{\partial \boldsymbol{t}_j}{\partial x_j}+\rho \boldsymbol{b}=\rho \boldsymbol{a},\quad \frac{\partial \sigma_{ji}}{\partial x_j}\boldsymbol{e}_i+\rho b_i\boldsymbol{e}_i=\rho a_i\boldsymbol{e}_i \tag{2.2.2a}$$

$$\frac{\partial \sigma_{ji}}{\partial x_j}+\rho b_i=\rho a_i\quad (i=1、2、3) \tag{2.2.2b}$$

考虑到 $\sigma_{ji}=\sigma_{ij}$，可将式(2.2.2b)写为

$$\frac{\partial \sigma_{ij}}{\partial x_j}+\rho b_i=\rho a_i\quad (i=1、2、3) \tag{2.2.2c}$$

如果利用梯度算子和张量的直接记法，式(2.2.2b)和式(2.2.2c)可分别写为

$$\vec{\nabla}\cdot\boldsymbol{\sigma}+\rho\boldsymbol{b}=\rho\boldsymbol{a},\quad \boldsymbol{\sigma}\cdot\overleftarrow{\nabla}+\rho\boldsymbol{b}=\rho\boldsymbol{a} \tag{2.2.2d}$$

2.3 应力连接条件和应力边界条件

在实际解题时，应力张量常常是一个重要的未知量，除了它出现在有关的基本方程组中以外，为了得到应力张量及其他重要物理量的解，还必须辅以某些由实际问题所决定的附加条件，即初始条件、边界条件以及连接条件。初始条件是指在初始时刻各物理量具有给定的值，显然只有对随时间变化的所谓动力学问题才是需要的。边界条件则是指在物体的某些边界上根据物理问题的特征，某些量必须具有给定的值。最常见的边界条件包括应力边界条件、位移边界条件、速度边界条件、应变边界条件等等，对动力学问题而言，它们不仅可以是沿边界以任意规律分布的，还可以是时间的任意函数。除此之外，由于受某些问题的性质影响，边界条件常常是某些量间一定关系相联系的所谓耦合边界条件，如应力和位移耦合边界条件、应力和速度的耦合边界条件。连接条件是指在两个物体的交界面上，根据实际问题的特征和某些物理定律的要求所提出的连接两个物体交界面两侧各量间的某种相互关系。对动力学问题而言，这种交界面不仅可以是固定不动的，还可以是运动的；不仅可以是某类已知的交界面，也可以是未知待解的交界面。本节只简单介绍应力连接条件和应力边界条件。

应力连接条件是指在给定的两个物体 B 和 A 的交界面 S 上的任意一点 M 处，两侧应力大小相同、方向相反，这是牛顿第三定律的数学形式。设 $\boldsymbol{n}$ 表示点 M 处 S 面的指向物体 A 方向的单位法矢，$-\boldsymbol{n}$ 便是指向物体 B 方向的 S 的单位法矢，分别以①和②代表物体 A 侧和物体 B 侧，并将加以相应标号 1,2 表示相应侧的量，如图 2.8 所示，则交界面 S 上任意一点 M 处的应力连接条件可以表达为

$$\overset{(2)}{\boldsymbol{t}}(\boldsymbol{n})=-\overset{(1)}{\boldsymbol{t}}(-\boldsymbol{n})=\overset{(1)}{\boldsymbol{t}}(\boldsymbol{n}) \tag{2.3.1}$$

即

$$\overset{(2)}{\boldsymbol{t}}(\boldsymbol{n})=\overset{(1)}{\boldsymbol{t}}(\boldsymbol{n})\quad (S\text{ 上}) \tag{2.3.2a}$$

其中，$\overset{(2)}{\boldsymbol{t}}(\boldsymbol{n})$ 和 $\overset{(1)}{\boldsymbol{t}}(-\boldsymbol{n})$ 分别表示 M 处 $\boldsymbol{n}$ 面上 A 侧介质对 B 侧介质所作用的应力矢量以及

$-\boldsymbol{n}$ 面上 B 侧介质对 A 侧介质所作用的应力矢量。式(2.3.2a)表明,交界面上的任一点 M 处两侧应力矢量连续。在理解式(2.3.2a)时,应从两侧接近点 M 时的极限观点来看待它的含义,而它的物理背景即是牛顿第三定律。为了将式(2.3.2a)写成以应力张量表达的形式,只需利用 Cauchy 公式即可,有

$$n_i \overset{(2)}{\sigma_{ij}} = n_i \overset{(1)}{\sigma_{ij}} \quad (j = 1、2、3) \quad (S\ 上) \tag{2.3.2b}$$

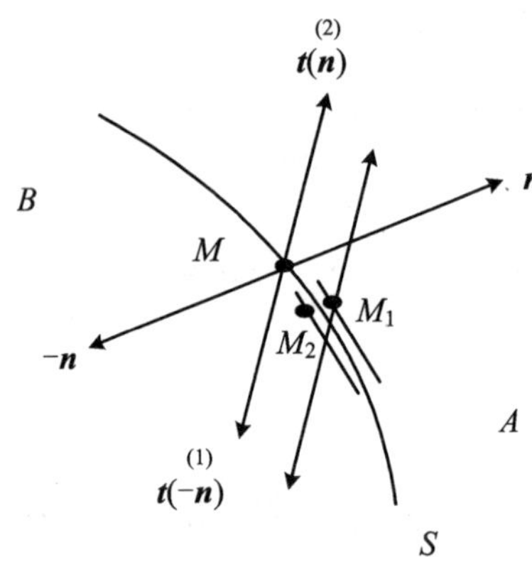

图 2.8 应力边界条件

式(2.3.2b)即是以交界面上应力张量分量表达的应力矢量连续这一物理定律的数学形式,即应力连接条件,它包括 3 个方程。特别地,当交界面为 x_3 坐标面(即 x_1x_2 坐标面)时,$n_3=1, n_1=n_2=0$,式(2.3.2b)成为

$$\overset{(2)}{\sigma_{31}} = \overset{(1)}{\sigma_{31}}, \quad \overset{(2)}{\sigma_{32}} = \overset{(1)}{\sigma_{32}}, \quad \overset{(2)}{\sigma_{33}} = \overset{(1)}{\sigma_{33}} \quad (x_3\ 坐标面上) \tag{2.3.2c}$$

在此我们强调指出,式(2.3.2a)和式(2.3.2b)只包含了 σ_{ij} 间的 3 个方程,由它们是不能得出 $\overset{(2)}{\sigma_{ij}} = \overset{(1)}{\sigma_{ij}}$ 的 9 个方程的。同样,式(2.3.2c)也是只包含 3 个方程,由它们也是不能给出两边介质全部应力分量分别连续的结果,即只能给出 σ_{31}、σ_{32}、σ_{33} 各自连续的结果,而不能给出两侧应力分量 σ_{11}、σ_{12}、σ_{22} 连续的结果。

如果 A 侧没有介质,但外界对 B 侧介质在 S 上作用下的应力矢量 $\boldsymbol{t}^*(\boldsymbol{n})$ 已知,则 S 便成为介质 B 的边界,于是,连接条件式(2.3.2a)、式(2.3.2b)便表现为 B 介质沿 S 的应力边界条件如下:

$$\boldsymbol{t}(\boldsymbol{n}) = \boldsymbol{t}^*(\boldsymbol{n}) \quad (已知) \quad (S\ 上) \tag{2.3.3a}$$

$$n_i\sigma_{ij} = t_j^*(\boldsymbol{n}) \quad (已知) \quad (S\ 上; j = 1、2、3) \tag{2.3.3b}$$

这里省略了介质 B 的标识号 2。特别地,当 S 为 x_3 坐标面(即 x_1x_2 坐标面)时,式(2.3.3a)和式(2.3.3b)分别变为

$$\boldsymbol{t}_3 = \boldsymbol{t}^*, \quad \sigma_{31} = t_1^*, \quad \sigma_{32} = t_2^*, \quad \sigma_{33} = t_3^* \tag{2.3.3c}$$

又特别地,当 A 侧为真空或者介质 A 相对于介质 B 软得可以近似为真空时,可以认为介质 B 邻接着理想化的自由面:$\boldsymbol{t}(\overset{(1)}{\boldsymbol{n}})=0$,式(2.3.3a)、式(2.3.3b)和式(2.3.3c)即成为自由面上的应力边界条件:

$$\boldsymbol{t}(\boldsymbol{n}) = 0 \quad (S\ 上) \tag{2.3.3d}$$

$$n_i\sigma_{ij} = 0 \quad (S\ 上; j = 1、2、3) \tag{2.3.3e}$$

$$\boldsymbol{t}_3 = \boldsymbol{0}, \quad \sigma_{31} = 0, \quad \sigma_{32} = 0, \quad \sigma_{33} = 0 \tag{2.3.3f}$$

另外我们指出，由于 Cauchy 应力即真应力是在介质变形后的瞬时形态的构形之上定义的，因此前面的界面应力连接条件和应力边界条件必须是在瞬时构形中的交界面 S 上建立的。如果知道的是介质变形前的交界面或变形前 S 上的应力，则我们应该用所谓的工程应力即 Pialo-Kirchhoff 应力张量才是恰当的和方便的，这种概念和这个问题读者可参阅有关的研究生教材，比如《张量初步和近代连续介质力学概论》(第 2 版)。而对于小变形的问题，我们可以忽略变形前后交界面或边界的区别，也可忽略真应力和工程应力的区别，而这则是在弹性力学中常用的。

2.4 正交曲线坐标中的笛卡儿张量和应力分量

一般而言，直角笛卡儿坐标是最简单也是最方便和最易于理解的，因此基本方程组和初始条件、边界条件都常在笛卡儿坐标系中写出。但如果遇到的物体具有特殊的形状，则采用其他的坐标将更为方便。例如：研究柱体的扭转、管中的流动、具有旋转体形状的导弹或穿甲弹对钢甲的贯穿等类问题，显然采用柱坐标更为方便；研究球形炸弹的爆炸和引起的波传播、球形高压容器的强度设计等问题，则采用球坐标更为方便，因此引入所谓的曲线坐标具有重要的意义。但是，在任意的曲线坐标中研究保持张量特性的各类物理量以及相应的张量方程，将超出笛卡儿张量的理论范围，需要系统讲解张量的普遍理论，这不但将增加理论的难度和深度，也将由于数学处理过于繁杂而影响突出有关的物理概念这一目标。关于张量的普遍理论将在研究生课程中介绍，本节将结合最常用的正交曲线坐标，仍然在笛卡儿张量的理论框架体系内讲解有关张量在正交曲线坐标中的分量。张量在正交曲线坐标中的这种分量并不是其作为一般张量在正交曲线坐标中的一般分量，而是将其局部化的笛卡儿分量，即所谓的张量的物理分量。

正交曲线坐标已在第 1 章中进行了系统介绍，这里只是结合应力张量分量的表示再简单回顾一下正交曲线坐标的有关知识。

以 $x_i\,(i=1、2、3)$ 表示笛卡儿坐标，则一定的曲线坐标 $q_i\,(i=1、2、3)$ 可以通过以下的映射关系而建立：

$$x_i = x_i(q_1, q_2, q_3), \quad q_i = q_i(x_1, x_2, x_3) \quad (i = 1、2、3) \tag{2.4.1}$$

式(2.4.1)中的前三个函数和后三个函数互为反函数，为了保证它们可以“一对一”地互相确定，即它们互相成为单值的反函数(例如 $x_i(q_1, q_2, q_3)$ 存在唯一的单值反函数)，要求在空间区域 $\mathbf{R}$ 内 $x_i(q_1, q_2, q_3)$ 单值、连续存在 1 阶连续的偏导数，且要求在 $\mathbf{R}$ 内 Jacobi 行列式 $J\neq 0$：

$$J = \left|\frac{\partial x_i}{\partial q_j}\right| = \begin{vmatrix} \dfrac{\partial x_1}{\partial q_1} & \dfrac{\partial x_1}{\partial q_2} & \dfrac{\partial x_1}{\partial q_3} \\ \dfrac{\partial x_2}{\partial q_1} & \dfrac{\partial x_2}{\partial q_2} & \dfrac{\partial x_2}{\partial q_3} \\ \dfrac{\partial x_3}{\partial q_1} & \dfrac{\partial x_3}{\partial q_2} & \dfrac{\partial x_3}{\partial q_3} \end{vmatrix} \neq 0 \tag{2.4.2}$$

称具有这种性质的变换式(2.4.1)为许可变换。如果 $J>0$,则称其为正则(proper)的许可变换,$J<0$ 称其为非正则(improper)的许可变换,以后我们只研究正则的许可变换。在式(2.4.1)的第二式中令某一 $q_i=\text{const}$,即得三族曲面:

$$q_i(x_1,x_2,x_3)=\text{const}\quad(i=1、2、3)\tag{2.4.3}$$

称之为 q_i 坐标面,在此曲面上,曲线坐标 $q_i=\text{const}$,只有另两个曲线坐标变化,例如 q_3 坐标面上 $q_3=\text{const}$,只有 q_1,q_2 变化。任两个坐标面的交线形成一个曲线坐标中的坐标线,例如 q_1 面和 q_2 面的交线即为 q_3 坐标线:

$$\begin{cases}q_1(x_1,x_2,x_3)=\text{const}\\q_2(x_1,x_2,x_3)=\text{const}\end{cases}\quad(q_3\text{ 坐标线})\tag{2.4.4}$$

因为沿此坐标线,$q_1=\text{const}$,$q_2=\text{const}$,只有 q_3 在变化。以上的说明如图 2.9 所示。

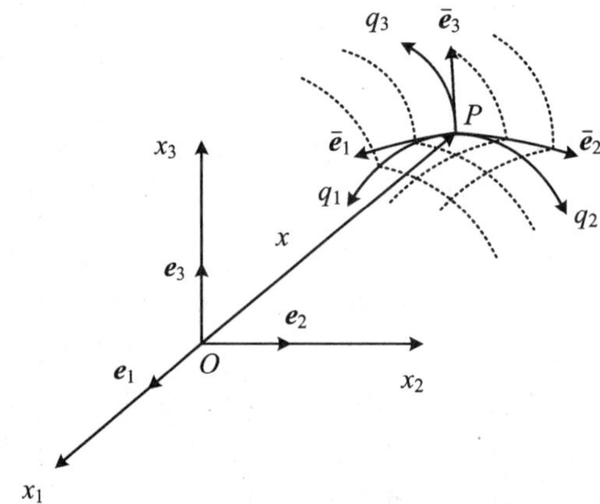

图 2.9　曲线坐标

在空间的任何一个矢径为 $\overrightarrow{OP}=\boldsymbol{X}$ 的点 P 处,可以引入三个矢量 $\widehat{\boldsymbol{e}}_k$:

$$\widehat{\boldsymbol{e}}_k(p)=\frac{\partial\boldsymbol{X}}{\partial q_k}=\frac{\partial(x_j\boldsymbol{e}_j)}{\partial q_k}=\frac{\partial x_j}{\partial q_k}\boldsymbol{e}_j\quad(k=1、2、3)\tag{2.4.5}$$

其中,$\boldsymbol{e}_j$ 表示笛卡儿坐标系的幺正基矢,它与空间点的位置无关,故有式(2.4.5)的最后一式。根据 $\widehat{\boldsymbol{e}}_k$ 的定义式(2.4.5),矢量 $\widehat{\boldsymbol{e}}_k$ 显然沿点 P 处坐标线 q_k 的切线,且指向 q_k 增加的方向,其长度为

$$H_k(p)=|\widehat{\boldsymbol{e}}_k(p)|=\sqrt{\left(\frac{\partial x_1}{\partial q_k}\right)^2+\left(\frac{\partial x_2}{\partial q_k}\right)^2+\left(\frac{\partial x_3}{\partial q_k}\right)^2}\quad(k=1、2、3)\tag{2.4.6}$$

通常称 $H_k(p)$ 为 Lamé 系数(拉梅系数)。需要指出的是,对于一般的曲线坐标,$\widehat{\boldsymbol{e}}_k$ 不但不一定是单位矢量,也不一定两两正交,而且在空间中也不是常矢量,而是与 P 点的位置有关,这与笛卡儿坐标系中 $\boldsymbol{e}_k$ 为幺正基且为常矢量有着本质的区别。当在空间中各点处三个 $\widehat{\boldsymbol{e}}_k$ 都两两正交时,则称曲线坐标为正交曲线坐标(orthogonal curvilinear coordinates),常用的柱坐标和球坐标就是此种情况。引入正交曲线坐标中的三个正交矢量 $\widehat{\boldsymbol{e}}_k$ 方向的单位矢量 $\bar{\boldsymbol{e}}_k$:

$$\bar{\boldsymbol{e}}_k(p)=\frac{\widehat{\boldsymbol{e}}_k}{H_k}=\frac{1}{H_k}\frac{\partial\boldsymbol{r}}{\partial q_k}=\frac{1}{H_k}\frac{\partial x_j}{\partial q_k}\boldsymbol{e}_j=\beta_{kj}\boldsymbol{e}_j\quad(k=1、2、3,\text{不求和})\tag{2.4.7}$$

其中

$$\beta_{kj} = \bar{\boldsymbol{e}}_k \cdot \boldsymbol{e}_j = \boldsymbol{e}_j \cdot \bar{\boldsymbol{e}}_k = \frac{1}{H_k}\frac{\partial x_j}{\partial q_k} \quad (k = 1、2、3,\text{不求和}) \tag{2.4.8a}$$

对于正交曲线坐标，$\bar{\boldsymbol{e}}_k$ 组成幺正基矢，而 β_{kj} 将为正交矩阵，即

$$\beta_{kj}\beta_{ij} = \delta_{ki} = \beta_{ji}\beta_{jk}, \quad [\beta][\beta]^{\mathrm{T}} = [\boldsymbol{I}] = [\beta]^{\mathrm{T}}[\beta] \tag{2.4.9}$$

对应于坐标增量 $\mathrm{d}q_k$，相应的矢径增量为

$$\mathrm{d}\boldsymbol{X} = \frac{\partial \boldsymbol{X}}{\partial q_k}\mathrm{d}q_k = \hat{\boldsymbol{e}}_k \mathrm{d}q_k = H_k \bar{\boldsymbol{e}}_k \mathrm{d}q_k \tag{2.4.10a}$$

而当只有某一个 q_k 变化，即沿坐标线 q_k 产生增量 $\mathrm{d}q_k$ 时，产生的沿 q_k 线方向的弧长矢量增量 $(\mathrm{d}\boldsymbol{X})_k$ 及弧长 $\mathrm{d}s_k$ 将分别为

$$(\mathrm{d}X)_k = \hat{\boldsymbol{e}}_k \mathrm{d}q_k = H_k \bar{\boldsymbol{e}}_k \mathrm{d}q_k \quad (k = 1、2、3,\text{不求和}) \tag{2.4.10b}$$

$$\mathrm{d}s_k = H_k \mathrm{d}q_k \quad (k = 1、2、3,\text{不求和}) \tag{2.4.10c}$$

于是式(2.4.8a)也可以写为

$$\beta_{kj} = \bar{\boldsymbol{e}}_k \cdot \boldsymbol{e}_j = \frac{\partial x_j}{\partial s_k} = \frac{1}{H_k}\frac{\partial x_j}{\partial q_k} \quad (k = 1、2、3,\text{不求和}) \tag{2.4.8b}$$

在笛卡儿张量的理论框架内，我们引入应力张量以及其他各个张量在正交曲线坐标中的分量的基本思想是：在空间中的各个点 P 处，以此点处正交曲线坐标系的三个单位化的幺正基矢 $\bar{\boldsymbol{e}}_k$ 作为一个局部的笛卡儿基，并寻求该点处各个张量在此基上的笛卡儿分量，显然这相当于在 P 点的局部进行了一个由笛卡儿坐标中的旧幺正基矢 $\boldsymbol{e}_k$ 到新幺正基矢 $\bar{\boldsymbol{e}}_k$ 的正交变换，而变换的过渡矩阵即为式(2.4.8)所给出的正交矩阵 β_{kj}。于是，如果应力张量 $\boldsymbol{\sigma}$ 在笛卡儿坐标系中 P 点处的分量为 σ_{kj}，则在正交曲线坐标系中的分量即为 $\bar{\sigma}_{kj}$，其变换关系为

$$\bar{\sigma}_{ij} = \beta_{il}\beta_{jm}\sigma_{lm}, \quad \sigma_{ij} = \beta_{li}\beta_{mj}\bar{\sigma}_{lm} \tag{2.4.11a}$$

$$[\bar{\sigma}] = [\beta][\sigma][\beta]^{\mathrm{T}}, \quad [\sigma] = [\beta]^{\mathrm{T}}[\sigma][\beta] \tag{2.4.11b}$$

这里强调指出：由于 $\hat{\boldsymbol{e}}_k$、$\bar{\boldsymbol{e}}_k$ 与 P 点的位置有关且是 P 点坐标 q_k 的函数，因此由式(2.4.8)所确定的正交矩阵 β_{kj} 也与 P 点的位置有关，而且也是 P 点坐标 q_k 的函数。

对柱坐标 $q_1 = r, q_2 = \theta, q_3 = z$，如图 2.10 所示，式(2.4.1)变为

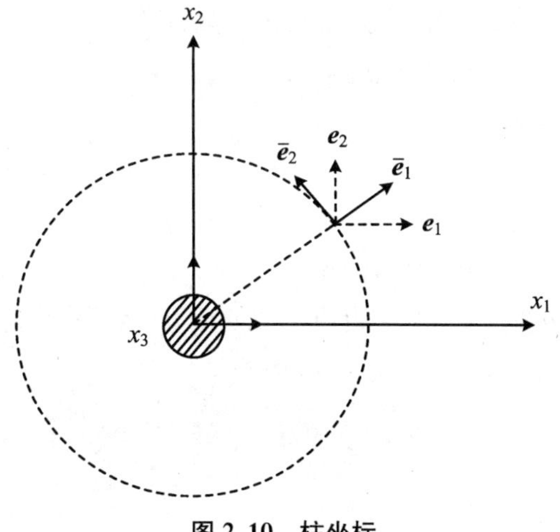

图 2.10 柱坐标

$$\begin{cases} x_1 = x_1(q_1, q_2, q_3) = q_1\cos q_2 = r\cos\theta, & q_1 = x_1^2 + x_2^2 = x + y^2 \\ x_2 = x_1(q_1, q_2, q_3) = q_1\sin q_2 = r\sin\theta, & \theta = q_2 = \tan^{-1}\dfrac{x_2}{x_1} = \tan^{-1}\dfrac{y}{x} \\ x_3 = x_1(q_1, q_2, q_3) = q_3 = z, & z = q_3 = x_3 \end{cases} \tag{2.4.12}$$

于是,式(2.4.6)和式(2.4.8)分别给出

$$H_1 = 1,\quad H_2 = q_1 = r,\quad H_3 = 1 \tag{2.4.13a}$$

$$[\beta_{ij}] = \begin{bmatrix} \cos q_2 & \sin q_2 & 0 \\ -\sin q_2 & \cos q_2 & 0 \\ 0 & 0 & 1 \end{bmatrix} \tag{2.4.13b}$$

因此,柱坐标中的应力分量与笛卡儿坐标系中的应力分量的关系式(2.4.11)为

$$[\bar{\sigma}_{ij}] = \begin{bmatrix} \cos q_2 & \sin q_2 & 0 \\ -\sin q_2 & \cos q_2 & 0 \\ 0 & 0 & 1 \end{bmatrix} \begin{bmatrix} \sigma_{11} & \sigma_{12} & \sigma_{13} \\ \sigma_{21} & \sigma_{22} & \sigma_{23} \\ \sigma_{31} & \sigma_{32} & \sigma_{33} \end{bmatrix} \begin{bmatrix} \cos q_2 & \sin q_2 & 0 \\ -\sin q_2 & \cos q_2 & 0 \\ 0 & 0 & 1 \end{bmatrix}^{\mathrm{T}} \tag{2.4.14a}$$

$$[\sigma_{ij}] = \begin{bmatrix} \cos q_2 & \sin q_2 & 0 \\ -\sin q_2 & \cos q_2 & 0 \\ 0 & 0 & 1 \end{bmatrix}^{\mathrm{T}} \begin{bmatrix} \bar{\sigma}_{11} & \bar{\sigma}_{12} & \bar{\sigma}_{13} \\ \bar{\sigma}_{21} & \bar{\sigma}_{22} & \bar{\sigma}_{23} \\ \bar{\sigma}_{31} & \bar{\sigma}_{32} & \bar{\sigma}_{33} \end{bmatrix} \begin{bmatrix} \cos q_2 & \sin q_2 & 0 \\ -\sin q_2 & \cos q_2 & 0 \\ 0 & 0 & 1 \end{bmatrix} \tag{2.4.14b}$$

如果用 r、θ、z 的记号,把 $\bar{\sigma}_{11}$ 记为 σ_{rr},$\bar{\sigma}_{12}$ 记为 $\sigma_{r\theta}$,σ_{11} 记为 σ_{xx},σ_{12} 记为 σ_{xy},等等,并利用应力张量的对称性 $\sigma_{ij} = \sigma_{ji}$,$\bar{\sigma}_{ij} = \bar{\sigma}_{ji}$,则式(2.4.14)便成为下列通常所见的形式:

$$\begin{cases} \sigma_{rr} = \sigma_{xx}\cos^2\theta + 2\sigma_{xy}\sin\theta\cos\theta + \sigma_{yy}\sin^2\theta \\ \sigma_{\theta\theta} = \sigma_{xx}\sin^2\theta - 2\sigma_{xy}\sin\theta\cos\theta + \sigma_{yy}\cos^2\theta \\ \sigma_{zz} = \sigma_{zz} \\ \sigma_{r\theta} = (\sigma_{yy} - \sigma_{xx})\sin\theta\cos\theta + \sigma_{xy}(\cos^2\theta - \sin^2\theta) \\ \sigma_{rz} = \sigma_{yz}\sin\theta + \sigma_{zx}\cos\theta \\ \sigma_{\theta z} = \sigma_{yz}\cos\theta - \sigma_{zx}\sin\theta \end{cases} \tag{2.4.14c}$$

$$\begin{cases} \sigma_{xx} = \sigma_{rr}\cos^2\theta - \sigma_{r\theta}\sin 2\theta + \sigma_{\theta\theta}\sin^2\theta \\ \sigma_{yy} = \sigma_{rr}\sin^2\theta + \sigma_{r\theta}\sin 2\theta + \sigma_{\theta\theta}\cos^2\theta \\ \sigma_{zz} = \sigma_{zz} \\ \sigma_{xy} = (\sigma_{rr} - \sigma_{\theta\theta})\sin\theta\cos\theta + \sigma_{r\theta}(\cos^2\theta - \sin^2\theta) \\ \sigma_{zx} = \sigma_{zr}\cos\theta - \sigma_{z\theta}\sin\theta \\ \sigma_{zy} = \sigma_{zr}\sin\theta + \sigma_{z\theta}\cos\theta \end{cases} \tag{2.4.14d}$$

对于球坐标 $q_1 = r$,$q_2 = \theta$,$q_3 = \varphi$ 也可类似处理,读者可作为练习推导相应的公式。

习　题

2.1　试证明柯西定理的初始形式 $\boldsymbol{t}(\boldsymbol{n})=\boldsymbol{t}(\boldsymbol{e}_i)n_i=\boldsymbol{t}_i n_i$，其中 $\boldsymbol{e}_i$ 为幺正基矢量，$\boldsymbol{t}(\boldsymbol{e}_i)\equiv\boldsymbol{t}_i$，$n_i$ 为矢量 $\boldsymbol{n}$ 的笛卡儿分量。

2.2　若定义 $\boldsymbol{t}(\boldsymbol{e}_i)\equiv\boldsymbol{t}_i=\sigma_{ij}\boldsymbol{e}_j=T_{ji}\boldsymbol{e}_j$，试证明 $\boldsymbol{t}(\boldsymbol{n})=\boldsymbol{n}\cdot\boldsymbol{\sigma}=\boldsymbol{T}\cdot\boldsymbol{n}$。

2.3　试证明 $t_i(\boldsymbol{n}')n_i=t_i(\boldsymbol{n})n_i'$。

2.4　设 $\boldsymbol{n}'$ 和 $\boldsymbol{n}$ 是任意两个共面的单位矢量，试证明投影定理：$\boldsymbol{t}(\boldsymbol{n}')\cdot\boldsymbol{n}=\boldsymbol{t}(\boldsymbol{n})\cdot\boldsymbol{n}'$。

2.5　已知 $\boldsymbol{\sigma}=\begin{pmatrix}7 & 0 & -2\\ 0 & 5 & 0\\ -2 & 0 & 4\end{pmatrix}$，$\boldsymbol{n}=\frac{2}{3}\boldsymbol{e}_1-\frac{2}{3}\boldsymbol{e}_2+\frac{1}{3}\boldsymbol{e}_3$，试求 $\boldsymbol{t}(\boldsymbol{n})=\boldsymbol{n}\cdot\boldsymbol{\sigma}$。

2.6　题 2.6 图中 OAB 是轴线沿 z 轴的棱柱的截面，$\angle B=60^\circ$。设 $\sigma_{xz}=\sigma_{yz}=0$，沿 AB 不受外载作用。试求出 AB 面上任意点 P 处的应力分量 σ_{xx}、σ_{xy}、σ_{yy} 所应满足的方程。

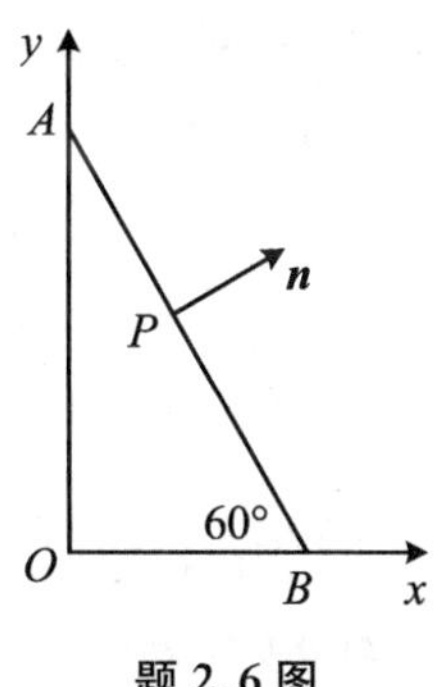

题 2.6 图

2.7　试导出球坐标中应力分量和直角笛卡儿坐标中应力分量之间的转换关系。

第 3 章 主应力和主方向

3.1 主应力和主方向的定义及求法

如第 2 章 2.1 节所述,在介质中的任意点 M 处,当通过此点平面的单位法矢量 $\boldsymbol{n}$ 改变时,其面上的应力矢量 $\boldsymbol{t}(\boldsymbol{n})$也将改变。我们可将此应力矢量分解为沿其法线方向的正应力 $\sigma_n(\boldsymbol{n})$和在平面内的总切应力 $\sigma_\tau(\boldsymbol{n})$:

$$\boldsymbol{t}(\boldsymbol{n}) = \sigma_n(\boldsymbol{n})\boldsymbol{n} + \sigma_\tau(\boldsymbol{n})\boldsymbol{\tau} \tag{3.1.1}$$

在一般情况下,其正应力 $\sigma_n(\boldsymbol{n})$和总切应力 $\sigma_\tau(\boldsymbol{n})$都不为 0。但是下面我们将证明:对于任何一个确定的应力状态 σ_{ij},都一定存在某些特定取向 $\boldsymbol{n}$ 的平面,在这些平面上只有正应力的作用而切应力为 0,即在这些特定取向 $\boldsymbol{n}$ 的平面上,其应力矢量恰恰沿着平面的法线方向。我们称具有这种性质的平面为此应力状态的主平面(principal plane),其主平面的法线方向称为主方向(principal direction),在主平面上的正应力称为主应力(principal stress)。下面我们来求解某给定应力状态的主应力和主方向。

设在某一笛卡儿坐标系中,有一个由应力张量 $\boldsymbol{\sigma}$ 表达的应力状态,其应力分量为 σ_{ij},以 $\boldsymbol{n}$ 表示其单位主方向,以 σ 表示其主应力,则由以上给出的主应力和主方向的定义,有

$$\boldsymbol{t}(\boldsymbol{n}) = \sigma\boldsymbol{n} \tag{3.1.2}$$

根据第 2 章 2.1 节中的柯西公式(2.1.13),有

$$\boldsymbol{t}(\boldsymbol{n}) = \boldsymbol{n}\cdot\boldsymbol{\sigma}$$

故

$$\boldsymbol{n}\cdot\boldsymbol{\sigma} = \sigma\boldsymbol{n} = \boldsymbol{n}\cdot\sigma\boldsymbol{I}$$

$$\boldsymbol{n}\cdot(\boldsymbol{\sigma} - \sigma\boldsymbol{I}) = \boldsymbol{0} \tag{3.1.3a}$$

指标记法表示为

$$n_i(\sigma_{ij} - \sigma\delta_{ij}) = 0 \tag{3.1.3b}$$

因为 $\boldsymbol{\sigma}^{\mathrm{T}} = \boldsymbol{\sigma}$ 是 2 阶对称张量,故上式也可以写为

$$\boldsymbol{\sigma}\cdot\boldsymbol{n} = \sigma\boldsymbol{n} = \sigma\boldsymbol{I}\cdot\boldsymbol{n}$$

$$[\boldsymbol{\sigma} - \sigma\boldsymbol{I}]\cdot\boldsymbol{n} = \boldsymbol{0} \tag{3.1.3c}$$

以分量表示即为

$$(\sigma_{ij} - \sigma\delta_{ij})n_j = 0 \tag{3.1.3d}$$

式(3.1.3b)和式(3.1.3d)分别是 n_i 和 n_j 的线性齐次代数方程组,其系数矩阵分别为 $(\boldsymbol{\sigma} - \sigma\boldsymbol{I})^{\mathrm{T}}$ 和 $\boldsymbol{\sigma} - \sigma\boldsymbol{I}$。根据线性代数的知识,式(3.1.3)对 $\boldsymbol{n}$ 有非 0 解的充要条件是其系数矩阵的行列式为 0,而由于其转置矩阵和原矩阵的行列式相等,故可得到求解主应力 σ 的方

程如下：

$$|(\boldsymbol{\sigma}-\sigma\boldsymbol{I})^{\mathrm{T}}|=|\boldsymbol{\sigma}-\sigma\boldsymbol{I}|=\begin{vmatrix}\sigma_{11}-\sigma & \sigma_{12} & \sigma_{13}\\ \sigma_{21} & \sigma_{22}-\sigma & \sigma_{23}\\ \sigma_{31} & \sigma_{32} & \sigma_{33}-\sigma\end{vmatrix}=0 \tag{3.1.4a}$$

或者

$$|\boldsymbol{\sigma}-\sigma\boldsymbol{I}|=-\sigma^3+I_1\sigma^2-I_2\sigma+I_3=0 \tag{3.1.4b}$$

其中

$$\begin{cases}I_1=\sigma_{11}+\sigma_{22}+\sigma_{33}\\ I_2=\begin{vmatrix}\sigma_{22} & \sigma_{23}\\ \sigma_{32} & \sigma_{33}\end{vmatrix}+\begin{vmatrix}\sigma_{11} & \sigma_{13}\\ \sigma_{31} & \sigma_{33}\end{vmatrix}+\begin{vmatrix}\sigma_{11} & \sigma_{12}\\ \sigma_{21} & \sigma_{22}\end{vmatrix}\\ I_3=|\boldsymbol{\sigma}|\end{cases} \tag{3.1.5a}$$

我们称方程(3.1.4)为求解主应力 σ 的特征方程，当由其求出主应力 σ 后，代入线性齐次代数方程组(3.1.3)即可求得与此主应力相对应的主方向 $\boldsymbol{n}$。这样我们就在原则上解决了求解主应力和主方向的问题。

由以上的分析可见：求解一个确定应力状态的主应力和主方向的问题，在数学上恰恰就是求解与这个应力状态相对应的应力张量(或相应的实对称矩阵)的特征值和特征矢量的问题，主应力 σ 对应着 $\boldsymbol{\sigma}$ 的特征值，主方向 $\boldsymbol{n}$ 对应着 $\boldsymbol{\sigma}$ 的特征矢量。虽然式(3.1.3a)、式(3.1.3b)和式(3.1.3c)、式(3.1.3d)分别对应着求解应力张量 $\boldsymbol{\sigma}$ 的左、右特征矢量，但由于 $\boldsymbol{\sigma}$ 是对称的，所以其结果是一样的。

在此强调指出，尽管表征某一应力状态的应力张量 $\boldsymbol{\sigma}$ 的分量 σ_{ij} 是与坐标系的选取有关的，但其主应力和主方向的定义是一个物理上的定义，因此一个确定应力状态的主应力和主方向是与坐标系的选取无关的客观量，即主应力是坐标变换下的不变标量，主方向是坐标变换下的不变矢量(虽然它的分量是与坐标系有关的)。由于主应力是坐标变换下的不变量，因此确定主应力的特征方程的系数 I_1、I_2、I_3 也是坐标变换下的不变量，我们分别将其称为这个应力状态的第一、第二、第三主不变量；显然主不变量的任意函数仍然是坐标变换下的不变量。如果我们以 σ_1、σ_2、σ_3 表示应力张量的主应力，则特征方程(3.1.4)和主不变量(3.1.5)可分别写为

$$|\boldsymbol{\sigma}-\sigma\boldsymbol{I}|=-\sigma^3+I_1\sigma^2-I_2\sigma+I_3=-(\sigma-\sigma_1)(\sigma-\sigma_2)(\sigma-\sigma_3)=0 \tag{3.1.4c}$$

$$\begin{cases}I_1=\sigma_1+\sigma_2+\sigma_3\\ I_2=\sigma_1\sigma_2+\sigma_2\sigma_3+\sigma_3\sigma_1\\ I_3=\sigma_1\sigma_2\sigma_3\end{cases} \tag{3.1.5b}$$

由主应力和主方向的定义，显然可知：当以三个幺正的主方向 $\overset{1}{\boldsymbol{n}}$、$\overset{2}{\boldsymbol{n}}$ 和 $\overset{3}{\boldsymbol{n}}$ 为坐标系(主坐标系)，即取新的幺正基为

$$\bar{\boldsymbol{e}}_1=\overset{1}{\boldsymbol{n}},\quad \bar{\boldsymbol{e}}_2=\overset{2}{\boldsymbol{n}},\quad \bar{\boldsymbol{e}}_3=\overset{3}{\boldsymbol{n}} \tag{3.1.6}$$

时，应力张量 $[\bar{\sigma}_{ij}]$ 将成为对角形，其对角元素恰为三个主应力 σ_1、σ_2 和 σ_3：

$$[\bar{\sigma}_{ij}]=\begin{bmatrix}\sigma_1 & 0 & 0\\ 0 & \sigma_2 & 0\\ 0 & 0 & \sigma_3\end{bmatrix} \tag{3.1.7}$$

而由原坐标系到主坐标系的变换系数矩阵 β_{ij} 为

$$\beta_{ij} = \bar{\boldsymbol{e}}_i \cdot \boldsymbol{e}_j = \overset{i}{n}_j \tag{3.1.8}$$

故应力张量在原坐标系分量 σ_{lm} 和在主坐标系分量 $\bar{\sigma}_{ij}$ 的关系

$$\bar{\sigma}_{ij} = \beta_{il}\beta_{jm}\sigma_{lm}, \quad [\bar{\sigma}] = [\beta][\sigma][\beta]^{\mathrm{T}} \tag{3.1.9a}$$

$$\sigma_{lm} = \beta_{il}\beta_{jm}\bar{\sigma}_{ij}, \quad [\sigma] = [\beta]^{\mathrm{T}}[\bar{\sigma}][\beta] \tag{3.1.9b}$$

便分别成为

$$\begin{bmatrix} \sigma_1 & 0 & 0 \\ 0 & \sigma_2 & 0 \\ 0 & 0 & \sigma_3 \end{bmatrix} = \begin{bmatrix} \overset{1}{n}_1 & \overset{1}{n}_2 & \overset{1}{n}_3 \\ \overset{2}{n}_1 & \overset{2}{n}_2 & \overset{2}{n}_3 \\ \overset{3}{n}_1 & \overset{3}{n}_2 & \overset{3}{n}_3 \end{bmatrix} \begin{bmatrix} \sigma_{11} & \sigma_{12} & \sigma_{13} \\ \sigma_{21} & \sigma_{22} & \sigma_{23} \\ \sigma_{31} & \sigma_{32} & \sigma_{33} \end{bmatrix} \begin{bmatrix} \overset{1}{n}_1 & \overset{2}{n}_1 & \overset{3}{n}_1 \\ \overset{1}{n}_2 & \overset{2}{n}_2 & \overset{3}{n}_2 \\ \overset{1}{n}_3 & \overset{2}{n}_3 & \overset{3}{n}_3 \end{bmatrix} \tag{3.1.9c}$$

$$\begin{bmatrix} \sigma_{11} & \sigma_{12} & \sigma_{13} \\ \sigma_{21} & \sigma_{22} & \sigma_{23} \\ \sigma_{31} & \sigma_{32} & \sigma_{33} \end{bmatrix} = \begin{bmatrix} \overset{1}{n}_1 & \overset{2}{n}_1 & \overset{3}{n}_1 \\ \overset{1}{n}_2 & \overset{2}{n}_2 & \overset{3}{n}_2 \\ \overset{1}{n}_3 & \overset{2}{n}_3 & \overset{3}{n}_3 \end{bmatrix} \begin{bmatrix} \sigma_1 & 0 & 0 \\ 0 & \sigma_2 & 0 \\ 0 & 0 & \sigma_3 \end{bmatrix} \begin{bmatrix} \overset{1}{n}_1 & \overset{1}{n}_2 & \overset{1}{n}_3 \\ \overset{2}{n}_1 & \overset{2}{n}_2 & \overset{2}{n}_3 \\ \overset{3}{n}_1 & \overset{3}{n}_2 & \overset{3}{n}_3 \end{bmatrix} \tag{3.1.9d}$$

3.2 主应力和主方向的性质Ⅰ(存在性及特征)

由于柯西应力张量是对称张量，在任一笛卡儿系中其表象为一实对称矩阵，故对主应力和主方向的存在性及特征的问题可以照搬代数中关于实对称矩阵特征值和特征矢量的存在性及特征的结论，但由于其物理概念的重要性，下面我们将单独给以论证。首先，写出主应力、主方向存在性及特征的如下定理。

定理 对表达任一应力状态的应力张量 $\boldsymbol{\sigma}$：

(1) 一定存在着三个实的主应力 σ_1、σ_2、σ_3。

(2) 对应于不同的主应力，其相应的主方向一定是正交的。

(3) 对于 S 重的主应力($S=1$、2、3)，一定存在着 S 个相互正交的主方向，它们的任何线性组合方向，即它们生成的子空间中的任何方向都是对应同一主应力的主方向。

(4) 总能找到三个互相正交的主方向，当以它们为坐标轴时，即在主坐标系中，应力张量成为以主应力为对角元素的对角矩阵。

这一代数中的熟知定理，事实上对任意的 $n\times n$ 实对称矩阵都是成立的。对于三维E氏空间中的应力张量 $\boldsymbol{\sigma}$，$n=3$，这可以表达为：在 $\sigma_1\neq\sigma_2\neq\sigma_3\neq\sigma_1$ 两两不相等的情况下，三个主应力对应的主方向两两正交，组成一个正交坐标系(主坐标系)，这一情况如图3.1(a)所示；在 $\sigma_1=\sigma_2\neq\sigma_3$ 的情况下，与 $\sigma_1=\sigma_2$ 相对应有两个互相正交的主方向 $\overset{1}{\boldsymbol{n}}$、$\overset{2}{\boldsymbol{n}}$，而且由 $\overset{1}{\boldsymbol{n}}$、$\overset{2}{\boldsymbol{n}}$ 所决定的平面内的任何方向也都是与 $\sigma_1=\sigma_2$ 相对应的主方向，所以它们又必然与 σ_3 对应的主方向 $\overset{3}{\boldsymbol{n}}$ 正交(即 $\overset{1}{\boldsymbol{n}}$、$\overset{2}{\boldsymbol{n}}$ 所决定的平面的法向)，从而形成主坐标系，这一情况如图3.1(b)所示；当 $\sigma_1=\sigma_2=\sigma_3=-p$ 时，必存在与主应力 $-p$ 对应的三个互相正交的主方向，且空间中的任何方向 $\boldsymbol{n}$ 都是对应主应力 $-p$ 的主方向，即过该点的任何取向的平面上都只受有应力

矢量$(-p)\boldsymbol{n}$的作用,我们称此种应力状态为球形应力状态或流体动力学应力状态,p称为流体动力学压力,这一情况如图3.1(c)所示。(大多数书中尤其是固体力学类的图书中人们常常将此称为“静水”压力,但是以后我们会指出:这里定义的球形压力在黏性流体中即是流体动力学压力,而“静水”压力只是黏性流体静止时所具有的那一部分压力,因此把球形压力称为流体动力学压力更为恰当。)下面来证明这一定理,并进一步说明其意义。

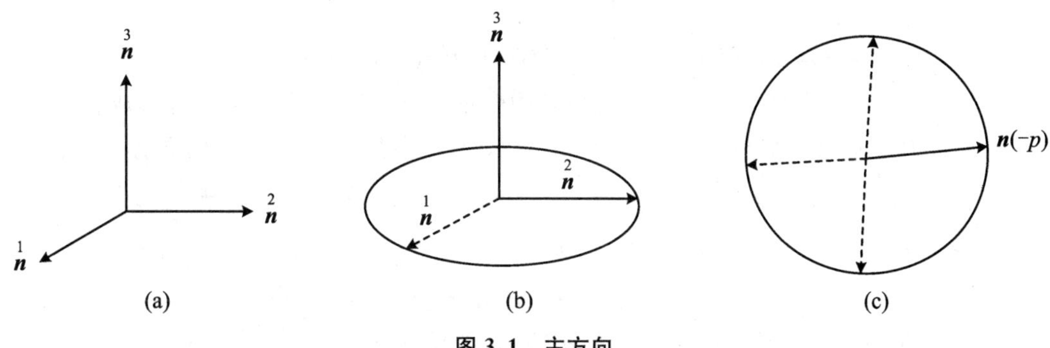

图3.1　主方向

证明　(1) 设σ是$\boldsymbol{\sigma}$的任一主应力,相应的主方向为$\boldsymbol{n}$,则有

$$\boldsymbol{n}\cdot\boldsymbol{\sigma}=\sigma\boldsymbol{n}\tag{3.2.1a}$$

$$\boldsymbol{\sigma}\cdot\boldsymbol{n}=\sigma\boldsymbol{n}\tag{3.2.1b}$$

这里利用了$\boldsymbol{\sigma}$的对称性$\boldsymbol{\sigma}=\boldsymbol{\sigma}^{\mathrm{T}}$(与实对称矩阵相对应)。对式(3.2.1a)取其共轭,有

$$\overset{*}{\boldsymbol{n}}\cdot\overset{*}{\boldsymbol{\sigma}}=\overset{*}{\boldsymbol{n}}\cdot\boldsymbol{\sigma}=\overset{*}{\sigma}\,\overset{*}{\boldsymbol{n}}\tag{3.2.2}$$

其中,$\overset{*}{\boldsymbol{n}}$、$\overset{*}{\boldsymbol{\sigma}}$、$\overset{*}{\boldsymbol{\sigma}}$等表示相应的量取共轭。以$\boldsymbol{n}$对式(3.2.2)进行右点积,得

$$\overset{*}{\boldsymbol{n}}\cdot\boldsymbol{\sigma}\cdot\boldsymbol{n}=\overset{*}{\sigma}\,\overset{*}{\boldsymbol{n}}\cdot\boldsymbol{n}\tag{3.2.3}$$

以$\overset{*}{\boldsymbol{n}}$对式(3.2.1b)进行左点积,有

$$\overset{*}{\boldsymbol{n}}\cdot\boldsymbol{\sigma}\cdot\boldsymbol{n}=\sigma\overset{*}{\boldsymbol{n}}\cdot\boldsymbol{n}\tag{3.2.4}$$

将式(3.2.3)与式(3.2.4)相减,得

$$(\overset{*}{\sigma}-\sigma)\overset{*}{\boldsymbol{n}}\cdot\boldsymbol{n}=0\tag{3.2.5}$$

由于对非零矢量$\boldsymbol{n}$,有

$$\overset{*}{\boldsymbol{n}}\cdot\boldsymbol{n}=|n_1|^2+|n_2|^2+|n_3|^2=|n|^2>0$$

故式(3.2.5)给出

$$\overset{*}{\sigma}-\sigma=0$$

即σ必为实数,定理的结论(1)证毕。

(2) 现设$\overset{1}{\boldsymbol{n}}$和$\overset{2}{\boldsymbol{n}}$分别是对应于主应力$\sigma_1\neq\sigma_2$的主方向,则有

$$\overset{1}{\boldsymbol{n}}\cdot\boldsymbol{\sigma}=\sigma_1\overset{1}{\boldsymbol{n}}(\boldsymbol{\sigma}\cdot\overset{1}{\boldsymbol{n}}=\sigma_1\overset{1}{\boldsymbol{n}}),\quad\overset{2}{\boldsymbol{n}}\cdot\boldsymbol{\sigma}=\sigma_2\overset{2}{\boldsymbol{n}}(\sigma\cdot\overset{2}{\boldsymbol{n}}=\sigma_2\overset{2}{\boldsymbol{n}})$$

故

$$\overset{1}{\boldsymbol{n}}\cdot\boldsymbol{\sigma}\cdot\overset{2}{\boldsymbol{n}}=\sigma_1\overset{1}{\boldsymbol{n}}\cdot\overset{2}{\boldsymbol{n}},\quad\overset{2}{\boldsymbol{n}}\cdot\boldsymbol{\sigma}\cdot\overset{1}{\boldsymbol{n}}=\sigma_2\overset{2}{\boldsymbol{n}}\cdot\overset{1}{\boldsymbol{n}}$$

将此二式相减,可得

$$\overset{2}{\boldsymbol{n}}\cdot\boldsymbol{\sigma}\cdot\overset{1}{\boldsymbol{n}}-\overset{1}{\boldsymbol{n}}\cdot\boldsymbol{\sigma}\cdot\overset{2}{\boldsymbol{n}}=(\sigma_2-\sigma_1)\overset{2}{\boldsymbol{n}}\cdot\overset{1}{\boldsymbol{n}}$$

即

$$\overset{2}{n}_i\sigma_{ij}\overset{1}{n}_j - \overset{1}{n}_j\sigma_{ji}\overset{2}{n}_i = (\sigma_2 - \sigma_1)\overset{2}{\boldsymbol{n}}\cdot\overset{1}{\boldsymbol{n}} \tag{3.2.6a}$$

由于 $\boldsymbol{\sigma}$ 为对称张量,即 $\sigma_{ij}=\sigma_{ji}$,故式(3.2.6a)给出

$$(\sigma_2 - \sigma_1)\overset{2}{\boldsymbol{n}}\cdot\overset{1}{\boldsymbol{n}} = 0 \tag{3.2.6b}$$

因此当 $\sigma_1\neq\sigma_2$ 时,必有 $\overset{1}{\boldsymbol{n}}\cdot\overset{2}{\boldsymbol{n}}=0$,定理的结论(2)证毕。

(3) ① 设 $\sigma_1=\sigma_2\neq\sigma_3$,以 $\overset{3}{\boldsymbol{n}}$ 表示与 σ_3 相对应的单位主方向,取 $\bar{\boldsymbol{e}}_3=\overset{3}{\boldsymbol{n}}$,并以 $\bar{\boldsymbol{e}}_1$、$\bar{\boldsymbol{e}}_2$、$\bar{\boldsymbol{e}}_3$ 表示某右旋幺正基($\bar{\boldsymbol{e}}_1$、$\bar{\boldsymbol{e}}_2$ 为 $\bar{\boldsymbol{e}}_3$ 法平面内的任意两个正交单位矢量,并与之一起形成右手系),如以 $\bar{\sigma}_{ij}$ 表示应力张量在此新系中的分量,则由柯西公式及应力张量的定义,必有

$$\begin{cases}\bar{\boldsymbol{t}}_1 = \boldsymbol{t}(\bar{\boldsymbol{e}}_1) = \bar{\boldsymbol{e}}_1\cdot\bar{\boldsymbol{\sigma}} = \bar{\sigma}_{1j}\bar{\boldsymbol{e}}_j = \bar{\sigma}_{11}\bar{\boldsymbol{e}}_1 + \bar{\sigma}_{12}\bar{\boldsymbol{e}}_2 + \bar{\sigma}_{13}\bar{\boldsymbol{e}}_3 = \bar{\sigma}_{11}\bar{\boldsymbol{e}}_1 + \bar{\sigma}_{12}\bar{\boldsymbol{e}}_2 \\ \bar{\boldsymbol{t}}_2 = \boldsymbol{t}(\bar{\boldsymbol{e}}_2) = \bar{\boldsymbol{e}}_2\cdot\bar{\boldsymbol{\sigma}} = \bar{\sigma}_{2j}\bar{\boldsymbol{e}}_j = \bar{\sigma}_{21}\bar{\boldsymbol{e}}_1 + \bar{\sigma}_{22}\bar{\boldsymbol{e}}_2 + \bar{\sigma}_{23}\bar{\boldsymbol{e}}_3 = \bar{\sigma}_{21}\bar{\boldsymbol{e}}_1 + \bar{\sigma}_{22}\bar{\boldsymbol{e}}_2 \\ \bar{\boldsymbol{t}}_3 = \boldsymbol{t}(\bar{\boldsymbol{e}}_3) = \bar{\boldsymbol{e}}_3\cdot\bar{\boldsymbol{\sigma}} = \bar{\sigma}_{3j}\bar{\boldsymbol{e}}_j = \bar{\sigma}_{31}\bar{\boldsymbol{e}}_1 + \bar{\sigma}_{32}\bar{\boldsymbol{e}}_2 + \bar{\sigma}_{33}\bar{\boldsymbol{e}}_3 = \bar{\sigma}_3\bar{\boldsymbol{e}}_3\end{cases} \tag{3.2.7}$$

式(3.2.7)的最后一列等号中利用了 $\bar{\boldsymbol{e}}_3$ 是 $\boldsymbol{\sigma}$ 的主方向及 $\boldsymbol{\sigma}$ 的对称性,故式中 $\bar{\sigma}_{31}=\bar{\sigma}_{13}=0=\bar{\sigma}_{32}=\bar{\sigma}_{23}$。求解主应力 σ 的特征方程(与坐标系无关)为

$$|\bar{\boldsymbol{\sigma}} - \sigma\boldsymbol{I}| = \begin{vmatrix}\bar{\sigma}_{11}-\sigma & \bar{\sigma}_{12} & 0 \\ \bar{\sigma}_{21} & \bar{\sigma}_{22}-\sigma & 0 \\ 0 & 0 & \sigma_3-\sigma\end{vmatrix} = -(\sigma-\sigma_1)^2(\sigma-\sigma_3) = 0$$

即

$$\begin{aligned}(\sigma-\sigma_1)^2 &= (\bar{\sigma}_{11}-\sigma)(\bar{\sigma}_{22}-\sigma) - \bar{\sigma}_{12}{}^2 \\ &= \sigma^2 - (\bar{\sigma}_{11}+\bar{\sigma}_{22})\sigma + \bar{\sigma}_{11}\bar{\sigma}_{22} - \bar{\sigma}_{12}^2 = 0\end{aligned} \tag{3.2.8}$$

式(3.2.8)右侧的二次三项式有二重根 $\sigma_1=\sigma_2$,故其判别式 $\Delta=0$,即

$$\Delta = (\bar{\sigma}_{11}+\bar{\sigma}_{22})^2 - 4(\bar{\sigma}_{11}\bar{\sigma}_{22} - \bar{\sigma}_{12}{}^2) = (\bar{\sigma}_{11}-\bar{\sigma}_{22})^2 + 4\bar{\sigma}_{12}{}^2 = 0$$

故必有

$$\bar{\sigma}_{11} = \bar{\sigma}_{22},\quad \bar{\sigma}_{12} = 0$$

于是式(3.2.7)应为

$$\begin{cases}\bar{\boldsymbol{t}}_1 = \boldsymbol{t}(\bar{\boldsymbol{e}}_1) = \bar{\boldsymbol{e}}_1\cdot\bar{\boldsymbol{\sigma}} = \bar{\sigma}_{11}\bar{\boldsymbol{e}}_1 \\ \bar{\boldsymbol{t}}_2 = \boldsymbol{t}(\bar{\boldsymbol{e}}_2) = \bar{\boldsymbol{e}}_2\cdot\bar{\boldsymbol{\sigma}} = \bar{\sigma}_{11}\bar{\boldsymbol{e}}_2 \\ \bar{\boldsymbol{t}}_3 = \boldsymbol{t}(\bar{\boldsymbol{e}}_3) = \bar{\boldsymbol{e}}_3\cdot\bar{\boldsymbol{\sigma}}_j = \sigma_3\bar{\boldsymbol{e}}_3\end{cases} \tag{3.2.9}$$

即 $\bar{\boldsymbol{e}}_1$、$\bar{\boldsymbol{e}}_2$、$\bar{\boldsymbol{e}}_3$ 为 $\boldsymbol{\sigma}$ 的幺正主方向,相应的主应力为 $\bar{\sigma}_{11}=\bar{\sigma}_{22}$ 和 σ_3。由于 $\boldsymbol{\sigma}$ 的第一主不变量为

$$I_1 = \sigma_1 + \sigma_2 + \sigma_3 = 2\bar{\sigma}_{11} + \sigma_3$$

故必有

$$\bar{\sigma}_{11} = \sigma_1 = \sigma_2$$

即我们附带地证明了 $\bar{\sigma}_{11}=\sigma_1=\sigma_2$ 是二重应力,因此式(3.2.9)必为

$$\begin{cases}\bar{\boldsymbol{t}}_1 = \boldsymbol{t}(\bar{\boldsymbol{e}}_1) = \bar{\boldsymbol{e}}_1\cdot\bar{\boldsymbol{\sigma}} = \sigma_1\bar{\boldsymbol{e}}_1 \\ \bar{\boldsymbol{t}}_2 = \boldsymbol{t}(\bar{\boldsymbol{e}}_2) = \bar{\boldsymbol{e}}_2\cdot\bar{\boldsymbol{\sigma}} = \sigma_1\bar{\boldsymbol{e}}_2 \\ \bar{\boldsymbol{t}}_3 = \boldsymbol{t}(\bar{\boldsymbol{e}}_3) = \bar{\boldsymbol{e}}_3\cdot\bar{\boldsymbol{\sigma}}_j = \sigma_3\bar{\boldsymbol{e}}_3\end{cases} \tag{3.2.10}$$

前面的推理事实上证明了:与二重主应力 $\sigma_1=\sigma_2$ 相对应,存在着两个互相正交的主方向 $\bar{\boldsymbol{e}}_1$

和$\bar{e}_2$，且它们在与单根主应力 σ_3 相对应的主方向$\bar{e}_3$ 的法平面内。由于

$$\bar{\boldsymbol{\sigma}} \cdot (\lambda \bar{e}_1 + \mu \bar{e}_2) = \lambda \bar{\boldsymbol{\sigma}} \cdot \bar{e}_1 + \mu \bar{\boldsymbol{\sigma}} \cdot \bar{e}_2 = \lambda \sigma_1 \bar{e}_1 + \mu \sigma_1 \bar{e}_2 = \sigma_1 (\lambda \bar{e}_1 + \mu \bar{e}_2) \quad (3.2.11)$$

故$\bar{e}_1$ 和$\bar{e}_2$ 生成的平面内的任何方向都是与主应力 $\sigma_1 = \sigma_2$ 对应的主方向。

② 当 $\sigma_1 = \sigma_2 = \sigma_3$ 为三重主应力时，以$\bar{e}_3$ 为其中的一个单位主方向，以$\bar{e}_1$、$\bar{e}_2$、$\bar{e}_3$ 为一组幺正基，由前面的证明知式(3.2.10)可写为以下形式：

$$[\bar{\boldsymbol{\sigma}}] = \begin{bmatrix} \bar{t}_1 \\ \bar{t}_2 \\ \bar{t}_3 \end{bmatrix} = \begin{bmatrix} \sigma_1 \bar{e}_1 & 0 & 0 \\ 0 & \sigma_1 \bar{e}_2 & 0 \\ 0 & 0 & \sigma_1 \bar{e}_3 \end{bmatrix} \quad (3.2.12)$$

故$\bar{e}_1$、$\bar{e}_2$、$\bar{e}_3$ 必为幺正主方向，且主应力为三重应力 $\sigma_1 = \sigma_2 = \sigma_3$。类似于式(3.2.11)的证明，易证空间中任一方向 $\lambda \bar{e}_1 + \mu \bar{e}_2 + \gamma \bar{e}_3$ 都是主方向。定理的结论(3)证毕。

综合定理的以上证明，即可得出定理的结论(4)：任何情况下，总能找到应力张量的至少一组两两正交的主方向，当以它们为坐标轴时，即以三个幺正的主方向$\bar{e}_1$、$\bar{e}_2$、$\bar{e}_3$ 为基矢量的主坐标系时，应力张量的表象为 $\bar{\boldsymbol{\sigma}} = \sigma_1 \boldsymbol{I} \equiv -p\boldsymbol{I}$。由张量分量的变换公式容易说明，此种应力状态所对应的应力张量在任何笛卡儿中都具有此种形式，我们称此种 2 阶张量为各向同性的 2 阶张量，力学上即为球形应力状态或流体动力学应力状态。

现举一例，具体说明主应力和主方向的求法。

例　对应力状态$[\sigma_{ij}] = \begin{bmatrix} 7 & 3 & 0 \\ 3 & -1 & 0 \\ 0 & 0 & 0 \end{bmatrix}$，试求主应力和一组幺正的主方向。

解　主应力 σ 满足特征方程：

$$|\boldsymbol{\sigma} - \sigma \boldsymbol{I}| = \begin{vmatrix} \sigma_{11} - \sigma & \sigma_{12} & \sigma_{13} \\ \sigma_{21} & \sigma_{22} - \sigma & \sigma_{23} \\ \sigma_{31} & \sigma_{32} & \sigma_{33} - \sigma \end{vmatrix} = 0 \quad (3.2.13)$$

对于应力状态$[\sigma_{ij}] = \begin{bmatrix} 7 & 3 & 0 \\ 3 & -1 & 0 \\ 0 & 0 & 0 \end{bmatrix}$，式(3.2.13)为

$$\begin{vmatrix} 7 - \sigma & 3 & 0 \\ 3 & -1 - \sigma & 0 \\ 0 & 0 & 0 - \sigma \end{vmatrix} = -\sigma[(7 - \sigma)(-1 - \sigma) - 9] = 0$$

即

$$\sigma[\sigma^2 - 6\sigma - 7 - 9] = \sigma(\sigma^2 - 6\sigma - 16) = 0$$

解得

$$\sigma_1 = 8, \quad \sigma_2 = 0, \quad \sigma_3 = -2$$

以 $\boldsymbol{n} = \begin{bmatrix} n_1 \\ n_2 \\ n_3 \end{bmatrix}$ 表示与主应力 σ 相对应的主方向，则其线性齐次代数方程组为

$$(\boldsymbol{\sigma} - \sigma \boldsymbol{I}) \cdot \boldsymbol{n} = \boldsymbol{0}, \quad (\sigma_{ij} - \sigma \delta_{ij}) n_j = 0$$

或

$$\begin{cases}(\sigma_{11}-\sigma)n_1+\sigma_{12}n_2+\sigma_{13}n_3=0\\ \sigma_{21}+(\sigma_{22}-\sigma)n_2+\sigma_{23}n_3=0\\ \sigma_{31}n_1+\sigma_{32}n_2+(\sigma_{33}-\sigma)n_3=0\end{cases}\tag{3.2.14}$$

对于 $\sigma=\sigma_1=8$,方程组(3.2.14)为

$$\begin{cases}(7-8)n_1+3n_2=0\\ 3n_1+(-1-8)n_2=0\\ (0-8)n_3=0\end{cases}$$

即

$$\begin{cases}-n_1+3n_2=0\\ 3n_1-9n_2=0\\ 8n_3=0\end{cases}$$

其中,矩阵的阶 $n=3$,特征根重数 $m=1$,系数矩阵的秩为 $r=n-m=3-1=2$,故独立方程数为2个,即

$$\begin{cases}n_1-3n_2=0\\ n_3=0\end{cases}$$

其解为 $n_3=0$,取 $n_2=1$,推得 $n_1=3$。由此可得出一个主方向为

$$\boldsymbol{n}=\begin{bmatrix}3\\1\\0\end{bmatrix}$$

单位化即得单位主方向为

$$\overset{1}{\boldsymbol{n}}=\begin{bmatrix}3/\sqrt{10}\\1/\sqrt{10}\\0\end{bmatrix}$$

同理,对于 $\sigma=\sigma_2=0$,代入其线性齐次代数方程组(b)有

$$\begin{cases}7n_1+3n_2=0\\ 3n_1-n_2=0\\ 0=0\end{cases}$$

其中,系数矩阵的秩也为 $3-1=2$,故独立方程数也为2个,其单位主方向的解为

$$\overset{2}{\boldsymbol{n}}=\begin{bmatrix}0\\0\\1\end{bmatrix}$$

对于 $\sigma=\sigma_3=-2$,代入其线性齐次代数方程组(b)有

$$\begin{cases}9n_1+3n_2=0\\ 3n_1+n_2=0\\ 2n_3=0\end{cases}$$

其中,系数矩阵的秩也为 $3-1=2$,故独立方程数也为2个,其解为 $n_3=0$,$n_1=1$:

$$\boldsymbol{n}=\begin{bmatrix}1\\-3\\0\end{bmatrix}$$

单位化后可得

$$\overset{3}{\boldsymbol{n}} = \begin{bmatrix} 1/\sqrt{10} \\ -3/\sqrt{10} \\ 0 \end{bmatrix}$$

$\overset{1}{\boldsymbol{n}}$、$\overset{2}{\boldsymbol{n}}$、$\overset{3}{\boldsymbol{n}}$为幺正主方向，且形成右手系。

需注意的是，当某一主应力为重根（$m=2$）时，有两个线性无关的主方向与之对应，系数矩阵之秩为 $r=n-m=3-2=1$，相对应的主方向的线性齐次代数方程组将只有 $n-m=3-2=1$ 个方程独立，可得 2 个线性无关的主方向，通过正交化手续和单位化手续即可得出一组幺正主方向。当主应力为三重根时，为流体动力学压力状态，任意方向都是主方向，应力张量为各向同性张量 $\sigma\boldsymbol{I}$。对于有二重主应力的应力状态，读者可以将下列的应力张量

$$[\sigma_{ij}] = \begin{bmatrix} 10 & 2 & 0 \\ 2 & 10 & 0 \\ 0 & 0 & 12 \end{bmatrix}$$

作为例子求其主应力和其至少一组幺正的主方向。

3.3 主应力和主方向的性质Ⅱ(物理性质)

1. 主应力与主方向性质 1

对于任何一个确定的应力状态 σ 而言，在其主方向为法线的平面上切应力为零，而正应力正好等于与此主方向相对应的主应力之值。

2. 主应力与主方向性质 2

对于任何一个确定的应力状态 $\boldsymbol{\sigma}$ 而言，各种取向 $\boldsymbol{n}$ 的不同平面上的正应力的最大代数值和最小代数值一定都是某个主应力。

现在来证明此结论。

证明 取向为单位法矢 $\boldsymbol{n}$ 的面上的应力矢量 $\boldsymbol{t}(\boldsymbol{n})$ 为

$$\boldsymbol{t}(\boldsymbol{n}) = \boldsymbol{n}\cdot\boldsymbol{\sigma} \tag{3.3.1a}$$

$$t_j(\boldsymbol{n}) = n_i\sigma_{ij} \quad (j=1、2、3) \tag{3.3.1b}$$

其面上的正应力为

$$\sigma_n(\boldsymbol{n}) = \boldsymbol{t}(\boldsymbol{n})\cdot\boldsymbol{n} = \boldsymbol{n}\cdot\boldsymbol{\sigma}\cdot\boldsymbol{n} \tag{3.3.2}$$

当取坐标系为主坐标系时，$[\sigma_{ij}] = \begin{bmatrix} \sigma_1 & 0 & 0 \\ 0 & \sigma_2 & 0 \\ 0 & 0 & \sigma_3 \end{bmatrix}$成为对角形，对角元素恰为主应力 σ_i，于是式(3.3.1b)给出

$$t_1(\boldsymbol{n}) = n_1\sigma_1, \quad t_2(\boldsymbol{n}) = n_2\sigma_2, \quad t_3(\boldsymbol{n}) = n_3\sigma_3 \tag{3.3.1c}$$

故面 $\boldsymbol{n}$ 上的正应力 $\sigma_n(\boldsymbol{n})$ 为

$$\sigma_n(\boldsymbol{n}) = \boldsymbol{t}(\boldsymbol{n}) \cdot \boldsymbol{n} = \boldsymbol{n} \cdot \boldsymbol{\sigma} \cdot \boldsymbol{n} = \begin{bmatrix} n_1 & n_2 & n_3 \end{bmatrix} \begin{bmatrix} \sigma_1 & 0 & 0 \\ 0 & \sigma_2 & 0 \\ 0 & 0 & \sigma_3 \end{bmatrix} \begin{bmatrix} n_1 \\ n_2 \\ n_3 \end{bmatrix}$$

即

$$\sigma_n(\boldsymbol{n}) = n_1^2\sigma_1 + n_2^2\sigma_2 + n_3^2\sigma_3 \tag{3.3.3}$$

由于 $n_1^2+n_2^2+n_3^2=1$,故有

$$\begin{aligned} \sigma_n(\boldsymbol{n}) &= \sigma_1 n_1^2 + \sigma_2 n_2^2 + \sigma_3 n_3^2 = \sigma_1(1 - n_2^2 - n_3^2) + \sigma_2 n_2^2 + \sigma_3 n_3^2 \\ &= \sigma_1 + (\sigma_2 - \sigma_1) n_2^2 + (\sigma_3 - \sigma_1) n_3^2 \end{aligned} \tag{3.3.4a}$$

$$\begin{aligned} \sigma_n(\boldsymbol{n}) &= \sigma_1 n_1^2 + \sigma_2 n_2^2 + \sigma_3 n_3^2 = \sigma_1 n_1^2 + \sigma_2 n_2^2 + \sigma_3(1 - n_1^2 - n_2^2) \\ &= \sigma_3 + (\sigma_1 - \sigma_3) n_1^2 + (\sigma_2 - \sigma_3) n_2^2 \end{aligned} \tag{3.3.4b}$$

不妨设 $\sigma_1 \geqslant \sigma_2 \geqslant \sigma_3$,则由式(3.3.4)显然可见,恒有

$$\sigma_3 \leqslant \sigma_n(\boldsymbol{n}) \leqslant \sigma_1 \tag{3.3.5}$$

即主应力是各取向不同的平面上正应力的最大代数值和最小代数值,证毕。

3. 主应力和主方向性质 3

对于任一确定的应力状态 $\boldsymbol{\sigma}$ 而言,主应力的绝对值是各取向 $\boldsymbol{n}$ 不同的平面上的全应力 $|\boldsymbol{t}(\boldsymbol{n})|$ 的最大值和最小值。

事实上,当坐标系为主坐标系时,式(3.3.1c)成立,故面 $\boldsymbol{n}$ 上的全应力大小 $|\boldsymbol{t}(\boldsymbol{n})|$ 的平方为

$$|\boldsymbol{t}(\boldsymbol{n})|^2 = t_1^2(\boldsymbol{n}) + t_2^2(\boldsymbol{n}) + t_3^2(\boldsymbol{n}) = \sigma_1^2 n_1^2 + \sigma_2^2 n_2^2 + \sigma_3^2 n_3^2 \tag{3.3.6}$$

不妨设 $\sigma_1^2 \geqslant \sigma_2^2 \geqslant \sigma_3^2$,则由与前面类似的推导,可有

$$|\boldsymbol{t}(\boldsymbol{n})|^2 = \sigma_1^2 + (\sigma_2^2 - \sigma_1^2) n_2^2 + (\sigma_3^2 - \sigma_1^2) n_3^2 \tag{3.3.7a}$$

$$|\boldsymbol{t}(\boldsymbol{n})|^2 = \sigma_3^2 + (\sigma_1^2 - \sigma_3^2) n_1^2 + (\sigma_2^2 - \sigma_3^2) n_2^2 \tag{3.3.7b}$$

故恒有

$$\sigma_3^2 \leqslant |\boldsymbol{t}(\boldsymbol{n})|^2 \leqslant \sigma_1^2 \tag{3.3.8}$$

即就绝对值而言,主应力是各不同取向平面上的全应力的最大值和最小值。

4. 应力椭球面——应力状态的几何表示

在解析几何中我们知道矢量的几何表示是有向线段,现在将说明作为描述一点应力状态的应力张量可由应力椭球面来描述。

当取三个互相正交的主方向为坐标轴时,即在主坐标系中,应力张量是对角元素为主应力的对角形,而任一单位法矢为 $\boldsymbol{n}$ 的面上的应力矢量 $\boldsymbol{t}(\boldsymbol{n})$ 如前所述,将为

$$t_1(\boldsymbol{n}) = n_1\sigma_1, \quad t_2(\boldsymbol{n}) = n_2\sigma_2, \quad t_3(\boldsymbol{n}) = n_3\sigma_3 \tag{3.3.1c}$$

$$n_1 = \frac{t_1(\boldsymbol{n})}{\sigma_1}, \quad n_2 = \frac{t_2(\boldsymbol{n})}{\sigma_2}, \quad n_3 = \frac{t_3(\boldsymbol{n})}{\sigma_3} \tag{3.3.1d}$$

由于 $\boldsymbol{n}$ 是单位矢量,即

$$n_1^2 + n_2^2 + n_3^2 = 1 \tag{3.3.9}$$

故有

$$\frac{t_1^2(\boldsymbol{n})}{\sigma_1^2} + \frac{t_2^2(\boldsymbol{n})}{\sigma_2^2} + \frac{t_3^2(\boldsymbol{n})}{\sigma_3^2} = 1 \tag{3.3.10}$$

在应力矢量空间$(t_1(\boldsymbol{n}),t_2(\boldsymbol{n}),t_3(\boldsymbol{n}))$中,这代表了一个椭球面,其三个半轴各为 σ_1、σ_2、σ_3。因此可以形象地说,对应于一个确定的应力状态,单位法矢量为 $\boldsymbol{n}$ 的各不同面上的无穷

多个应力矢量的端点都位于半轴为σ_1、σ_2 和 σ_3 的椭球面之上，如图3.2所示。作出椭球后，$\boldsymbol{n}$ 和 $\boldsymbol{t}(\boldsymbol{n})$之间有一一对应关系式(3.3.1)：给出任一平面的单位法矢量 $\boldsymbol{n}$，其面上的应力矢量 $\boldsymbol{t}(\boldsymbol{n})$由式(3.3.1c)给出，$t_1(\boldsymbol{n}) = n_1\sigma_1$，$t_2(\boldsymbol{n}) = n_2\sigma_2$，$t_3(\boldsymbol{n}) = n_3\sigma_3$；而给定任一应力矢量 $\boldsymbol{t}(\boldsymbol{n})$，则其值为应力矢量 $\boldsymbol{t}(\boldsymbol{n})$的面积的单位法矢量 $\boldsymbol{n}$ 由式(3.3.1d)给出，$n_1 = \dfrac{t_1(\boldsymbol{n})}{\sigma_1}$，$n_2 = \dfrac{t_2(\boldsymbol{n})}{\sigma_2}$，$n_3 = \dfrac{t_3(\boldsymbol{n})}{\sigma_3}$。但需注意，由于 σ_1、σ_2、σ_3 一般并不相等，故 $\boldsymbol{t}(\boldsymbol{n})$和 $\boldsymbol{n}$ 一般并不共线，只有当 $\boldsymbol{n}$ 为主方向即主坐标方向$\boldsymbol{e}_i$ 时，$\boldsymbol{t}(\boldsymbol{n})$才与 $\boldsymbol{n}$ 即主坐标轴重合：$\boldsymbol{t}(\boldsymbol{e}_1) = \boldsymbol{e}_1\sigma_1$，$\boldsymbol{t}(\boldsymbol{e}_2) = \boldsymbol{e}_2\sigma_2$，$\boldsymbol{t}(\boldsymbol{e}_3) = \boldsymbol{e}_3\sigma_3$。

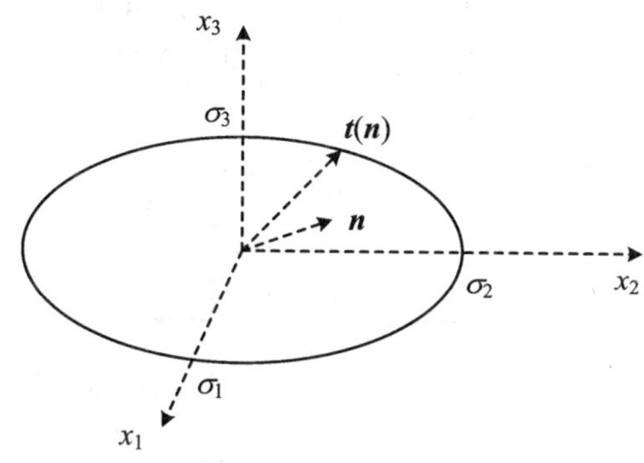

图3.2　应力椭球面

3.4　最大切应力及其作用平面

最大切应力及其作用平面的寻求具有非常重要的理论和实际意义，这是因为许多材料特别是韧性材料的塑性屈服和破坏与最大切应力密切相关，并且塑性滑移是沿着最大切应力的作用平面进行的。特别地，当以最大切应力本身作为塑性屈服的判据时，这即是塑性力学中的最大切应力屈服准则或Tresca屈服准则。

现在给出由主应力和主方向来求解最大切应力及其作用平面的方法，并说明与此相关的结论。

设有某个应力状态$\boldsymbol{\sigma}$，主应力为 σ_1、σ_2 和 σ_3，在主坐标系中$\boldsymbol{\sigma}$ 成为对角形：

$$[\sigma_{ij}] = \begin{bmatrix} \sigma_1 & 0 & 0 \\ 0 & \sigma_2 & 0 \\ 0 & 0 & \sigma_3 \end{bmatrix} \tag{3.4.1}$$

故由柯西公式知任一个法向矢量为 $\boldsymbol{n}$ 的面上(图3.3)，应力矢量 $\boldsymbol{t}(\boldsymbol{n})$为

$$\boldsymbol{t}(\boldsymbol{n}) = \boldsymbol{n} \cdot \boldsymbol{\sigma} \tag{3.4.2}$$

即

$$\begin{cases} t_1(\boldsymbol{n}) = n_1\sigma_1 \\ t_2(\boldsymbol{n}) = n_2\sigma_2 \\ t_3(\boldsymbol{n}) = n_3\sigma_3 \end{cases} \tag{3.4.3}$$

此面上的正应力为

$$\sigma_n(\boldsymbol{n}) = \boldsymbol{t}(\boldsymbol{n}) \cdot \boldsymbol{n} = \boldsymbol{n} \cdot \boldsymbol{\sigma} \cdot \boldsymbol{n} = n_1^2\sigma_1 + n_2^2\sigma_2 + n_3^2\sigma_3 \tag{3.4.4}$$

该面上的全应力的平方为

$$|\boldsymbol{t}(\boldsymbol{n})|^2 = t_1^2(\boldsymbol{n}) + t_2^2(\boldsymbol{n}) + t_3^2(\boldsymbol{n}) = n_1^2\sigma_1^2 + n_2^2\sigma_2^2 + n_3^2\sigma_3^2 \tag{3.4.5}$$

故该面上切应力的平方为

$$\tau^2(\boldsymbol{n}) = |\boldsymbol{t}(\boldsymbol{n})|^2 - \sigma_n^2(\boldsymbol{n}) = n_1^2\sigma_1^2 + n_2^2\sigma_2^2 + n_3^2\sigma_3^2 - (n_1^2\sigma_1 + n_2^2\sigma_2 + n_3^2\sigma_3)^2 \tag{3.4.6}$$

这些量的关系如图 3.3 所示。当平面的取向 $\boldsymbol{n}$ 改变时,其面上的切应力 $\tau(\boldsymbol{n})$也将改变,$\tau^2(\boldsymbol{n})$作为 $\boldsymbol{n}$ 的函数由式(3.4.6)给出。由于 $\boldsymbol{n}$ 是单位矢量,即

$$n_1^2 + n_2^2 + n_3^2 = 1 \tag{3.4.7}$$

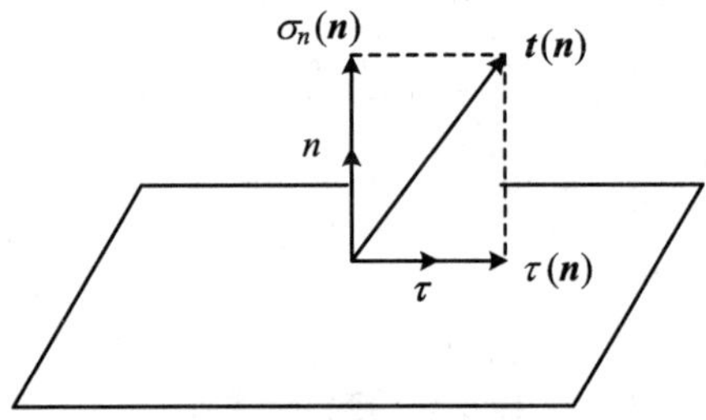

图 3.3　正应力和切应力

故求最大切应力及其作用平面的问题就归结为在条件式(3.4.7)之下求函数 $\tau^2(\boldsymbol{n}) = \tau^2(n_1, n_2, n_3)$的一个条件极值问题。利用 λ 乘子法,这相当于求函数

$$f(n_i, \lambda) = \tau^2(\boldsymbol{n}) - \lambda(n_1^2 + n_2^2 + n_3^2 - 1) \tag{3.4.8}$$

的极值问题。将式(3.4.6)代入式(3.4.8)并利用式(3.4.7),可以将式(3.4.8)写为对 n_1、n_2、n_3 比较对称的形式如下:

$$f(n_i, \lambda) = n_1^2n_2^2(\sigma_1 - \sigma_2)^2 + n_2^2n_3^2(\sigma_2 - \sigma_3)^2 + n_3^2n_1^2(\sigma_3 - \sigma_1)^2 - \lambda(n_1^2 + n_2^2 + n_3^2 - 1) \tag{3.4.9}$$

为了求 $f(n_i, \lambda)$的极值点,令

$$\begin{cases} \dfrac{\partial f}{\partial n_i} = 0 \\ \dfrac{\partial f}{\partial \lambda} = 0 \end{cases} \tag{3.4.10}$$

将式(3.4.9)代入式(3.4.10),可得

$$\begin{cases} 2n_1[n_2^2(\sigma_1 - \sigma_2)^2 + n_3^2(\sigma_1 - \sigma_3)^2 + \lambda] = 0 & \left(\dfrac{\partial f}{\partial n_1} = 0\right) \\ 2n_2[n_3^2(\sigma_2 - \sigma_3)^2 + n_1^2(\sigma_2 - \sigma_1)^2 + \lambda] = 0 & \left(\dfrac{\partial f}{\partial n_2} = 0\right) \\ 2n_3[n_1^2(\sigma_3 - \sigma_1)^2 + n_2^2(\sigma_3 - \sigma_2)^2 + \lambda] = 0 & \left(\dfrac{\partial f}{\partial n_3} = 0\right) \\ n_1^2 + n_2^2 + n_3^2 = 1 & \left(\dfrac{\partial f}{\partial \lambda} = 0\right) \end{cases} \tag{3.4.11}$$

现在来寻求式(3.4.11)的解。显然，$n_1=0$ 可以使式(3.4.11)中的第一式得到满足，在 $n_1=0$ 的条件下，式(3.4.11)中的第二式、第三式和第四式分别成为

$$\begin{cases} n_2[2n_3^2(\sigma_2-\sigma_3)^2+2\lambda]=0 \\ n_3[2n_2^2(\sigma_3-\sigma_2)^2+2\lambda]=0 \\ n_2^2+n_3^2=1 \end{cases} \tag{3.4.12}$$

容易看出，式(3.4.12)有一组解如下：

$$\begin{cases} n_2=0 \\ n_3=\pm 1 \\ \lambda=0 \end{cases} \tag{3.4.13}$$

于是，式(3.4.11)有一组解：$n_1=0, n_2=0, n_3=\pm 1, \lambda=0$。显然，此解代表与第三主应力 σ_3 对应的主方向，其上的切应力有极小值 $\tau(\boldsymbol{n})=0$。由数学上的对称性知，显然与第一和第二主应力 σ_1 和 σ_2 相对应的主方向（$n_2=0, n_3=0, n_1=\pm 1, \lambda=0$ 和 $n_3=0, n_1=0, n_2=\pm 1, \lambda=0$）也是问题的解，在这些主平面上切应力也具有极小值 $\tau(\boldsymbol{n})=0$。但是，这些解并不是我们所关心的，因为主平面上的切应力为最小值0，而不是其最大值。

前面三组解的特征是 n_1、n_2、n_3 中有两个同时为0，下面我们来寻求式(3.4.12)在 $n_1=0$ 的前提下 $n_2\neq 0\neq n_3$ 的解。由于 $n_2\neq 0\neq n_3$，故式(3.4.12)的前两个方程中括号内的项都为0，将其相减，可得

$$n_2^2=n_3^2 \tag{3.4.14}$$

结合式(3.4.12)中的第三式有

$$n_2^2=n_3^2=\frac{1}{2} \tag{3.4.15}$$

故而得到一组解为

$$\begin{cases} n_1=0 \\ n_2^2=n_3^2=1/2 \\ \lambda=-(\sigma_2-\sigma_3)^2/2 \end{cases} \tag{3.4.16a}$$

根据数学上的对称性可有另两组解：

$$\begin{cases} n_2=0 \\ n_3^2=n_1^2=1/2 \\ \lambda=-(\sigma_3-\sigma_1)^2/2 \end{cases} \tag{3.4.16b}$$

$$\begin{cases} n_3=0 \\ n_1^2=n_2^2=1/2 \\ \lambda=-(\sigma_2-\sigma_3)^2/2 \end{cases} \tag{3.4.16c}$$

将式(3.4.16)中的三个式子分别代入式(3.4.6)或式(3.4.8)中，可得到这些平面上的切应力（极大值）分别为

$$\begin{cases} \tau_1^2=\left(\dfrac{\sigma_2-\sigma_3}{2}\right)^2 \\ \tau_2^2=\left(\dfrac{\sigma_3-\sigma_1}{2}\right)^2 \\ \tau_3^2=\left(\dfrac{\sigma_1-\sigma_2}{2}\right)^2 \end{cases} \tag{3.4.17}$$

其上的正应力 $\sigma_n(\boldsymbol{n})$分别为

$$\begin{cases} \sigma_n^{(1)}(\boldsymbol{n}) = \dfrac{\sigma_2 + \sigma_3}{2} \\ \sigma_n^{(2)}(\boldsymbol{n}) = \dfrac{\sigma_3 + \sigma_1}{2} \\ \sigma_n^{(3)}(\boldsymbol{n}) = \dfrac{\sigma_1 + \sigma_2}{2} \end{cases} \tag{3.4.18}$$

式(3.4.16)所给出的三个平面法向 $\boldsymbol{n}$ 在几何上恰恰代表了平分两个主方向而与之成45°的三个方向;式(3.4.17)中的三个式子则表明,这些平面上达到的切应力的极大值恰恰分别等于相应的两个主应力的差的一半;而式(3.4.18)中的三个式子则表明,这些平面上的正应力恰恰分别等于相应的两个主应力的平均值。

情况Ⅰ $\sigma_1 \neq \sigma_2 \neq \sigma_3 \neq \sigma_1$。

不妨设 $\sigma_1 > \sigma_2 > \sigma_3$,则最大切应力显然为

$$\tau_{\max} = \tau_2 = \frac{\sigma_1 - \sigma_3}{2} \tag{3.4.19a}$$

其上的正应力为

$$\sigma_n^{(2)}(\boldsymbol{n}) = \frac{\sigma_3 + \sigma_1}{2} \tag{3.4.19b}$$

而最大切应力作用平面的单位法矢量将是

$$\boldsymbol{n} = \pm\left(\frac{\boldsymbol{e}_1 \pm \boldsymbol{e}_3}{\sqrt{2}}\right) = \pm\left(\frac{\overset{1}{\boldsymbol{n}} \pm \overset{3}{\boldsymbol{n}}}{\sqrt{2}}\right) \tag{3.4.19c}$$

其中,式(3.4.19c)中的第一个式子是在主坐标系中的表达式,而第二个式子则是在一般坐标系中的表达式,$\overset{1}{\boldsymbol{n}}$和$\overset{3}{\boldsymbol{n}}$分别代表第一和第三单位主方向矢量。如图 3.4 所示,图中所标出的一个最大切应力作用平面的单位法矢量 $\boldsymbol{n}$ 为

$$\boldsymbol{n} = \left(\frac{\overset{1}{\boldsymbol{n}} + \overset{3}{\boldsymbol{n}}}{\sqrt{2}}\right) \tag{3.4.20a}$$

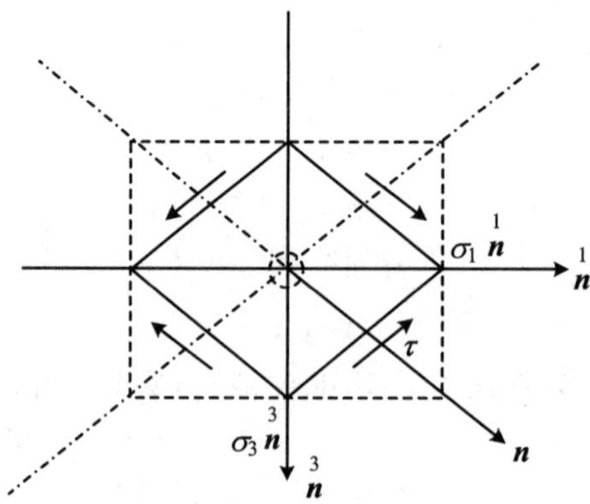

图 3.4 情况Ⅰ的最大切应力平面

由于 $\sigma_1 > \sigma_2 > \sigma_3$,显然此平面上的切应力矢量为

$$\boldsymbol{\tau} = \frac{(\sigma_1 - \sigma_3)}{2}\left(\frac{\overset{1}{\boldsymbol{n}} - \overset{3}{\boldsymbol{n}}}{\sqrt{2}}\right) = \frac{\sqrt{2}}{4}(\sigma_1 - \sigma_3)(\overset{1}{\boldsymbol{n}} - \overset{3}{\boldsymbol{n}}) \tag{3.4.20b}$$

其上的正应力矢量则为

$$\sigma_n^{(2)}(\boldsymbol{n})\boldsymbol{n} = \frac{\sigma_1 + \sigma_3}{2}\boldsymbol{n} = \frac{\sqrt{2}(\sigma_1 + \sigma_3)}{4}(\overset{1}{\boldsymbol{n}} + \overset{3}{\boldsymbol{n}}) \tag{3.4.20c}$$

情况Ⅱ　$\sigma_1 = \sigma_2 > \sigma_3$。

当 $\sigma_1 = \sigma_2 > \sigma_3$ 时，与第三主应力作用平面单位法矢量 $\overset{3}{\boldsymbol{n}}$ 垂直的平面内的任何方向都是达到主应力 $\sigma_1 = \sigma_2$ 的主方向，故与 $\overset{3}{\boldsymbol{n}}$ 成 45°的锥面内的任何母线方向 $\boldsymbol{n}$ 都是达到最大切应力 τ_2 的平面的法线方向(图3.5)，而其上的切应力和正应力分别为

$$\tau_2 = \frac{\sigma_1 - \sigma_3}{2} = \frac{\sigma_2 - \sigma_3}{2}$$

$$\sigma_n^{(2)}(n) = \frac{\sigma_1 + \sigma_3}{2} = \frac{\sigma_2 + \sigma_3}{2}$$

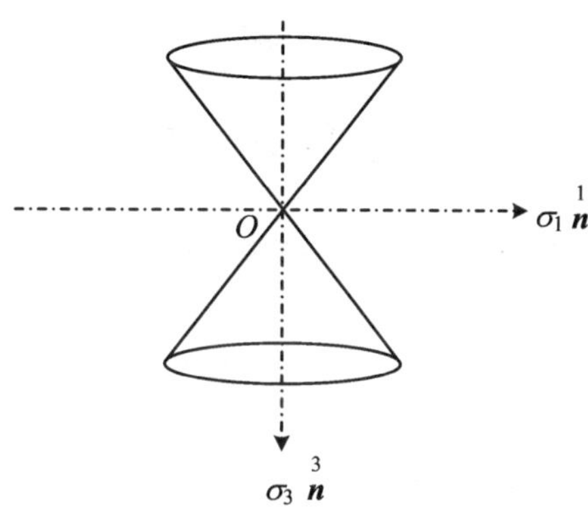

图3.5　情况Ⅱ的最大切应力平面

情况Ⅲ　$\sigma_1 = \sigma_2 = \sigma_3 = -p$。

此时介质的应力状态为球形应力状态或流体动力学压力状态，空间中的任意方向都是主应力为 $\sigma_1 = \sigma_2 = \sigma_3 = -p$ 的主方向，任意取向平面上的切应力都为0。

3.5　三维应力状态和三维应力莫尔圆

上节给出的最大切应力的分析解法，可以很直观地通过应力莫尔圆在几何上给出直观的论证。设 $\boldsymbol{n}$ 为任意一个单位矢量，且

$$n_1^2 + n_2^2 + n_3^2 = 1 \tag{3.5.1}$$

σ_1、σ_2、σ_3 为一点的三个主应力，则如上节所述，当以三个正交的主方向为坐标轴时，以 $\boldsymbol{n}$ 为单位外法矢量的面上的应力矢量 $\boldsymbol{t}(\boldsymbol{n})$ 的三个分量将分别为

$$t_1(\boldsymbol{n}) = n_1\sigma_1,\quad t_2(\boldsymbol{n}) = n_2\sigma_2,\quad t_3(\boldsymbol{n}) = n_3\sigma_3$$

以 $\boldsymbol{n}$ 为单位法矢的面上的正应力 $\sigma_n(\boldsymbol{n})$、全应力 $|\boldsymbol{t}(\boldsymbol{n})|$ 和此面上的总切应力 $\tau(\boldsymbol{n})$ 分别为

$$\sigma_n(\boldsymbol{n}) = n_1^2\sigma_1 + n_2^2\sigma_2 + n_3^2\sigma_3 \tag{3.5.2}$$

$$|\boldsymbol{t}(\boldsymbol{n})|^2 = n_1^2\sigma_1^2 + n_2^2\sigma_2^2 + n_3^2\sigma_3^2 \tag{3.5.3}$$

$$\tau^2(\boldsymbol{n}) = |\boldsymbol{t}(\boldsymbol{n})|^2 - \sigma_n^2(\boldsymbol{n}) = (n_1^2\sigma_1^2 + n_2^2\sigma_2^2 + n_3^2\sigma_3^2) - \sigma_n^2(\boldsymbol{n}) \tag{3.5.4}$$

这几个式子的物理意义为：① 若给定某一面的单位法矢 $\boldsymbol{n}$，则可由式(3.5.2)和式(3.5.4)确定出此面上的正应力 $\sigma_n(\boldsymbol{n})$ 和切应力 $\tau(\boldsymbol{n})$，即确定出此面的应力状态 $[\sigma_n(\boldsymbol{n}),\tau(\boldsymbol{n})]$；② 反之，若给定了某面上的应力状态 $[\sigma_n(\boldsymbol{n}),\tau(\boldsymbol{n})]$，则方程(3.5.1)、(3.5.2)和(3.5.4)可视为以 n_1^2、n_2^2、n_3^2 为未知数的线性代数方程组，从而可以求出取此应力状态 $[\sigma_n(\boldsymbol{n}),\tau(\boldsymbol{n})]$ 的平面的单位法矢 $\boldsymbol{n}$。据克莱姆定理，在一般的情况下，其解可表达为

$$\begin{cases} n_1^2 = \dfrac{D_1}{D} \\ n_2^2 = \dfrac{D_2}{D} \\ n_3^2 = \dfrac{D_3}{D} \end{cases} \tag{3.5.5}$$

其中

$$\begin{cases} D = \begin{vmatrix} 1 & 1 & 1 \\ \sigma_1 & \sigma_2 & \sigma_3 \\ \sigma_1^2 & \sigma_2^2 & \sigma_3^2 \end{vmatrix} = (\sigma_1 - \sigma_2)(\sigma_2 - \sigma_3)(\sigma_3 - \sigma_1) \\ D_1 = \begin{vmatrix} 1 & 1 & 1 \\ \sigma_n(\boldsymbol{n}) & \sigma_2 & \sigma_3 \\ \sigma_n^2(\boldsymbol{n}) + \tau^2(\boldsymbol{n}) & \sigma_2^2 & \sigma_3^2 \end{vmatrix} \\ D_2 = \begin{vmatrix} 1 & 1 & 1 \\ \sigma_1 & \sigma_n(\boldsymbol{n}) & \sigma_3 \\ \sigma_1^2 & \sigma_n^2(\boldsymbol{n}) + \tau^2(\boldsymbol{n}) & \sigma_3^2 \end{vmatrix} \\ D_3 = \begin{vmatrix} 1 & 1 & 1 \\ \sigma_1 & \sigma_2 & \sigma_n(\boldsymbol{n}) \\ \sigma_1^2 & \sigma_2^2 & \sigma_n^2(\boldsymbol{n}) + \tau^2(\boldsymbol{n}) \end{vmatrix} \end{cases} \tag{3.5.6}$$

上式中的行列式 D，作为线性代数方程组(3.5.1)、(3.5.2)、(3.5.4)的系数矩阵的行列式恰为所谓的范德蒙行列式，可由第二、三列减去第一列再对第一行进行展开而得出，故有右端的结果。在主应力没有重根的情况下，$D\neq0$，式(3.5.5)有效；在主应力有重根时，$D=0$，式(3.5.5)不适用。下面将分别进行讨论。

3.5.1 当 $\sigma_1\neq\sigma_2\neq\sigma_3\neq\sigma_1$ 时

此时 $D\neq0$，式(3.5.5)即为解，其中

$$\begin{cases} D_1 = -(\sigma_2 - \sigma_3)[\tau^2 + (\sigma_n - \sigma_2)(\sigma_n - \sigma_3)] \\ D_2 = -(\sigma_3 - \sigma_1)[\tau^2 + (\sigma_n - \sigma_3)(\sigma_n - \sigma_1)] \\ D_3 = -(\sigma_1 - \sigma_2)[\tau^2 + (\sigma_n - \sigma_1)(\sigma_n - \sigma_2)] \end{cases} \tag{3.5.7}$$

式(3.5.7)是不难得到的，例如对 D_1 可由其前两列分别减去其第三列再对第一行展开而得出，D_2、D_3 可用类似方法求得。将式(3.5.6)之第一式中的 D 和式(3.5.7)代入式(3.5.5)，可解得

$$\begin{cases} n_1^2 = \dfrac{\tau^2 + (\sigma_n - \sigma_2)(\sigma_n - \sigma_3)}{(\sigma_1 - \sigma_2)(\sigma_1 - \sigma_3)} \\ n_2^2 = \dfrac{\tau^2 + (\sigma_n - \sigma_3)(\sigma_n - \sigma_1)}{(\sigma_2 - \sigma_3)(\sigma_2 - \sigma_1)} \\ n_3^2 = \dfrac{\tau^2 + (\sigma_n - \sigma_1)(\sigma_n - \sigma_2)}{(\sigma_3 - \sigma_1)(\sigma_3 - \sigma_2)} \end{cases} \tag{3.5.8}$$

由于 σ_1、σ_2 和 σ_3 为已知的主应力，故根据某面的正应力 σ_n 和切应力 τ 即该面应力状态 (σ_n, τ) 就可由式(3.5.8)求出该面的单位法矢量 $\boldsymbol{n}$，这就是式(3.5.8)的意义：它给出了 $\boldsymbol{n}$ 作为 (σ_n, τ) 函数的解析表达式 $\boldsymbol{n} = \boldsymbol{n}(\sigma_n, \tau)$。

不妨设 $\sigma_1 \geqslant \sigma_2 \geqslant \sigma_3$，因为 $n_i^2 \geqslant 0 (i = 1、2、3)$，则根据式(3.5.8)有下列式子成立：

$$\begin{cases} \tau^2 + (\sigma_n - \sigma_2)(\sigma_n - \sigma_3) \geqslant 0 \\ \tau^2 + (\sigma_n - \sigma_3)(\sigma_n - \sigma_1) \leqslant 0 \\ \tau^2 + (\sigma_n - \sigma_1)(\sigma_n - \sigma_2) \geqslant 0 \end{cases}$$

进行配方，即

$$\begin{cases} \tau^2 + \left[\sigma_n - \dfrac{\sigma_2 + \sigma_3}{2}\right]^2 \geqslant \left(\dfrac{\sigma_2 - \sigma_3}{2}\right)^2 \\ \tau^2 + \left[\sigma_n - \dfrac{\sigma_3 + \sigma_1}{2}\right]^2 \leqslant \left(\dfrac{\sigma_3 - \sigma_1}{2}\right)^2 \\ \tau^2 + \left[\sigma_n - \dfrac{\sigma_1 + \sigma_2}{2}\right]^2 \geqslant \left(\dfrac{\sigma_1 - \sigma_2}{2}\right)^2 \end{cases} \tag{3.5.9a}$$

如果引入记号

$$\begin{cases} \tau_1 = \dfrac{\sigma_2 - \sigma_3}{2}, \quad \tau_2 = \dfrac{\sigma_1 - \sigma_3}{2}, \quad \tau_3 = \dfrac{\sigma_1 - \sigma_2}{2} \\ \sigma_n^{(1)} = \dfrac{\sigma_2 + \sigma_3}{2}, \quad \sigma_n^{(2)} = \dfrac{\sigma_1 + \sigma_3}{2}, \quad \sigma_n^{(3)} = \dfrac{\sigma_1 + \sigma_2}{2} \end{cases} \tag{3.5.10}$$

则式(3.5.9a)可表示为

$$\begin{cases} \tau^2 + [\sigma_n - \sigma_n^{(1)}]^2 \geqslant \tau_1^2 \\ \tau^2 + [\sigma_n - \sigma_n^{(2)}]^2 \geqslant \tau_2^2 \\ \tau^2 + [\sigma_n - \sigma_n^{(3)}]^2 \geqslant \tau_3^2 \end{cases} \tag{3.5.9b}$$

式(3.5.9b)即是任意取向 $\boldsymbol{n}$ 的平面上的正应力和切应力 (σ_n, τ) 所必须满足的关系，它说明：任意取向 $\boldsymbol{n}$ 的平面上的正应力 σ_n 和切应力 τ 的坐标点 (σ_n, τ) 必然落在图 3.6 中的阴影区域内，而式(3.5.9b)中的等号恰恰表示图 3.6 的三个圆，其圆心分别为 σ_n 轴上的点 $O_1\left(\sigma_n^{(1)} = \dfrac{\sigma_2 + \sigma_3}{2}, 0\right)$、$O_2\left(\sigma_n^{(2)} = \dfrac{\sigma_1 + \sigma_3}{2}, 0\right)$ 和 $O_3\left(\sigma_n^{(3)} = \dfrac{\sigma_1 + \sigma_2}{2}, 0\right)$，半径分别为 $\tau_1 = \dfrac{\sigma_2 - \sigma_3}{2}$、$\tau_2 = \dfrac{\sigma_1 - \sigma_3}{2}$ 和 $\tau_3 = \dfrac{\sigma_1 - \sigma_2}{2}$。由此不难看出切应力 $\tau(\boldsymbol{n})$ 的极小值点(零切应力)是主平面上所对应的应力状态点 $(\sigma_1, 0)$、$(\sigma_2, 0)$ 和 $(\sigma_3, 0)$，而切应力 $|\tau(\boldsymbol{n})|$ 的极大值点则恰为图 3.6 中的 $A(\sigma_n^{(1)}, \tau_1)$、$B(\sigma_n^{(2)}, \tau_2)$、$C(\sigma_n^{(3)}, \tau_3)$、$A'(\sigma_n^{(1)}, -\tau_1)$、$B'(\sigma_n^{(2)}, -\tau_2)$、$C'(\sigma_n^{(3)}, -\tau_3)$，它们分别对应三个圆的上、下水平切点。因此，当 $\sigma_1 > \sigma_2 > \sigma_3$ 时，最大切应力之值 $\tau_{\max}$ 和其作用平面上的正应力 $\sigma_n(\boldsymbol{n})$ 分别对应图 3.6 中的点 B 及点 B'：

$$|\tau_{\max}| = \tau_2 \equiv \frac{\sigma_1 - \sigma_3}{2} \tag{3.5.11a}$$

$$\sigma_n = \sigma_n^{(2)} = \frac{\sigma_1 + \sigma_3}{2} \tag{3.5.11b}$$

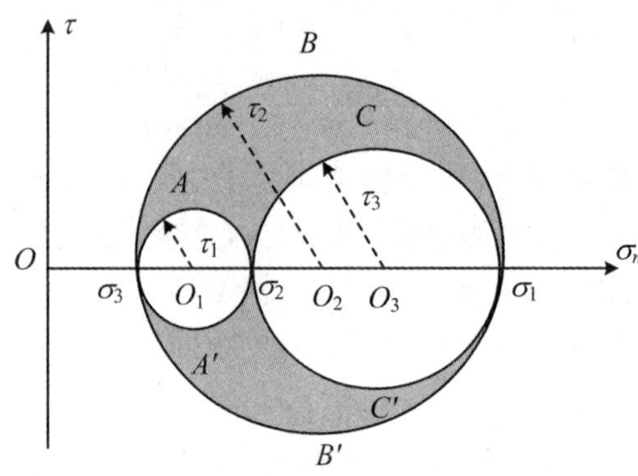

图 3.6　三维应力状态的应力莫尔圆

将式(3.5.11)代入式(3.5.8)中,不难求得相应的最大切应力作用面的单位法矢 $\boldsymbol{n}$ 为

$$n_1^2 = \frac{1}{2}, \quad n_2^2 = 0, \quad n_3^2 = \frac{1}{2} \tag{3.5.12}$$

即到达最大切应力的平面恰是平分第一主方向 $\overset{1}{\boldsymbol{n}}$ 和第三主方向 $\overset{3}{\boldsymbol{n}}$ 的方向。这些结果与在 3.4 节中用解析法求得的结果是完全一样的,同样,对其他极值点可有类似结果。

总结前面的结果,可概括为:① 对任一单位法矢为 $\boldsymbol{n}$ 的平面,其上的正应力 $\sigma_n(\boldsymbol{n})$ 及切应力 $\tau(\boldsymbol{n})$ 分别由式(3.5.2)和式(3.5.4)给出,在状态平面 (σ_n, τ) 上表达这一应力状态的点 (σ_n, τ) 一定落在由式(3.5.9)所表达的图中的阴影区域内,界定这一阴影区域的三个圆上的点,分别对应着通过某一主方向的平面(即 $n_1 = 0$ 或 $n_2 = 0$ 或 $n_3 = 0$)上的应力状态(即法线在主平面内的平面)。② 当 $\sigma_1 \neq \sigma_2 \neq \sigma_3 \neq \sigma_1$ 时,对应给定的正应力 $\sigma_n(\boldsymbol{n})$ 和切应力 $\tau(\boldsymbol{n})$ 的平面,其单位法矢 $\boldsymbol{n}$ 将由式(3.5.8)给出。③ 当 $\sigma_1 > \sigma_2 > \sigma_3$ 时,最大切应力 $\tau_{\max}$、其作用平面上的正应力 $\sigma_n(\boldsymbol{n})$ 及最大切应力作用平面的单位法矢 $\boldsymbol{n}$ 将分别由式(3.5.11a)、式(3.5.11b)和式(3.5.12)给出。

3.5.2　当 $\sigma_1 = \sigma_2 > \sigma_3$,即最大主应力 σ_1 为二重根时

此时,求解 n_1^2、n_2^2、n_3^2 的线性代数方程组(3.5.1)、(3.5.2)、(3.5.4)的系数矩阵的行列式 $D = 0$,故只有当 $D_1 = D_2 = D_3 = 0$ 时,方程才有解,而 $D_1 = D_2 = D_3 = 0$ 时将给出

$$\begin{vmatrix} 1 & 1 & 1 \\ \sigma_n(\boldsymbol{n}) & \sigma_1 & \sigma_3 \\ \sigma_n^2(\boldsymbol{n}) + \tau^2(\boldsymbol{n}) & \sigma_1^2 & \sigma_3^2 \end{vmatrix} = 0, \quad \begin{vmatrix} 1 & 1 & 1 \\ \sigma_1 & \sigma_n(\boldsymbol{n}) & \sigma_3 \\ \sigma_1^2 & \sigma_n^2(\boldsymbol{n}) + \tau^2(\boldsymbol{n}) & \sigma_3^2 \end{vmatrix} = 0,$$

$$\begin{vmatrix} 1 & 1 & 1 \\ \sigma_1 & \sigma_1 & \sigma_n(\boldsymbol{n}) \\ \sigma_1^2 & \sigma_1^2 & \sigma_n^2(\boldsymbol{n}) + \tau^2(\boldsymbol{n}) \end{vmatrix} = 0 \tag{3.5.13a}$$

式(3.5.13a)中的第三式为恒等式,第一式和第二式相同,都给出

$$\tau^2 + \left(\sigma_n - \frac{\sigma_1 + \sigma_3}{2}\right)^2 = \left(\frac{\sigma_1 - \sigma_3}{2}\right)^2 \tag{3.5.13b}$$

即

$$\tau^2 + [\sigma_n - \sigma_n^{(2)}]^2 = \tau_2^2 \tag{3.5.13c}$$

式(3.5.13)表示的圆恰是式(3.5.9)中的前两式所代表的圆在 $\sigma_2 \to \sigma_1$ 时的极限情况，而式(3.5.9)中的第三式所代表的圆成为半径为 0 的一个点($\sigma_1 = \sigma_2$, 0)，图 3.6 中可能应力状态的阴影区域成为一个圆。也可以直接从极限观点而不用从式(3.5.13)出发来得出这些结果。

对于 $\sigma_1 > \sigma_2 = \sigma_3$，即最小主应力 σ_3 为二重根的情况，可有类似结果：此时 $\sigma_2 \to \sigma_3$，半径为 τ_1 的圆趋于一点($\sigma_2 = \sigma_3$, 0)，而阴影区域成为半径为 $\tau_2 = \tau_3$ 的两个重合的圆。

3.5.3　当 $\sigma_1 = \sigma_2 = \sigma_3 = -p$，即主应力为三重根时

式(3.5.9)中的三式所代表的三个圆缩为一个点($\sigma_1 = \sigma_2 = \sigma_3 = -p$, 0)，代表球形应力状态，任一面上的正应力为 $\sigma_1 = \sigma_2 = \sigma_3 = -p$，切应力为 $\tau = 0$。

3.6　二维应力状态和二维莫尔圆

现在我们考虑一种较简单的情况——平面应力状态。所谓平面应力状态是指某一坐标面上不受应力，而只有位于此坐标面内的应力分量的情况。在工程实际中，很薄的薄膜和薄壳，当外载主要是沿膜或壳的切平面方向作用时，上、下表面未受到垂直于膜壳曲面方向的应力，而膜壳又很薄，故可以近似地认为在整个膜和壳中材料都是处于平面应力状态。设膜和壳的切面为 x_1x_2 平面(图 3.7)，则有

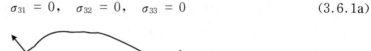

$$\sigma_{31} = 0, \quad \sigma_{32} = 0, \quad \sigma_{33} = 0 \tag{3.6.1a}$$

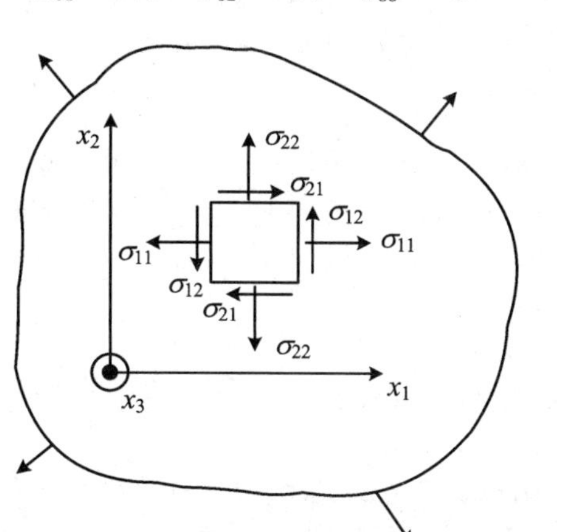

图 3.7　笛卡儿坐标系下的平面应力状态

其应力张量为

$$[\sigma_{ij}] = \begin{bmatrix} \sigma_{11} & \sigma_{12} & 0 \\ \sigma_{21} & \sigma_{22} & 0 \\ 0 & 0 & 0 \end{bmatrix} \tag{3.6.1b}$$

另外，当 $\sigma_{31} = \sigma_{32} = 0$，而 $\sigma_{33} = \sigma_3 \neq 0$ 时，x_3 仍为主方向，此时主应力状态可称为广义平面应力状态——平面应力状态上加一个简单拉伸或压缩的应力状态，其应力张量为

$$[\sigma_{ij}] = \begin{bmatrix} \sigma_{11} & \sigma_{12} & 0 \\ \sigma_{21} & \sigma_{22} & 0 \\ 0 & 0 & \sigma_3 \end{bmatrix} \tag{3.6.1c}$$

下面的论述对平面应力状态(3.6.1b)和广义平面应力状态(3.6.1c)都是成立的。

现在我们来考察所有通过 x_3 轴的各个平面上的应力状态。为此，绕 x_3 轴旋转一个角度 θ，建立一个新的局部坐标系 $\bar{x}_1\bar{x}_2\bar{x}_3$，如图 3.8 所示。由 $x_1x_2x_3$ 系到 $\bar{x}_1\bar{x}_2\bar{x}_3$ 系的正交变换矩阵 β_{ij} 为

$$[\beta_{ij}] = \begin{bmatrix} \cos\theta & \sin\theta & 0 \\ -\sin\theta & \cos\theta & 0 \\ 0 & 0 & 1 \end{bmatrix} \tag{3.6.2}$$

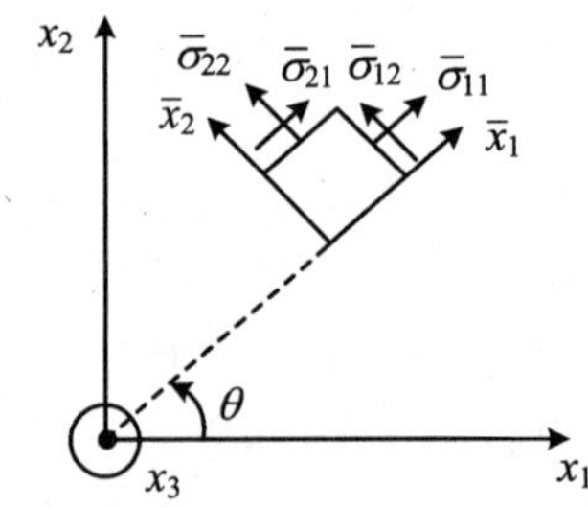

图 3.8 极坐标下的平面应力状态

而由 2.4 节中的式(2.4.14)可知，在新坐标系 $\bar{x}_1\bar{x}_2$ 中的新应力分量 $\bar{\sigma}_{ij}$ 将为

$$[\bar{\boldsymbol{\sigma}}] = [\boldsymbol{\beta}][\boldsymbol{\sigma}][\boldsymbol{\beta}]^{\mathrm{T}} \tag{3.6.3a}$$

即

$$\begin{bmatrix} \bar{\sigma}_{11} & \bar{\sigma}_{12} & \bar{\sigma}_{13} \\ \bar{\sigma}_{21} & \bar{\sigma}_{22} & \bar{\sigma}_{23} \\ \bar{\sigma}_{31} & \bar{\sigma}_{32} & \bar{\sigma}_{33} \end{bmatrix} = \begin{bmatrix} \cos\theta & \sin\theta & 0 \\ -\sin\theta & \cos\theta & 0 \\ 0 & 0 & 1 \end{bmatrix} \begin{bmatrix} \sigma_{11} & \sigma_{12} & 0 \\ \sigma_{21} & \sigma_{22} & 0 \\ 0 & 0 & \sigma_3 \end{bmatrix} \begin{bmatrix} \cos\theta & -\sin\theta & 0 \\ \sin\theta & \cos\theta & 0 \\ 0 & 0 & 1 \end{bmatrix} \tag{3.6.3b}$$

由此可得

$$\begin{cases} \bar{\sigma}_{11} = \sigma_{11}\cos^2\theta + \sigma_{22}\sin^2\theta + 2\sigma_{12}\sin\theta\cos\theta = \dfrac{\sigma_{11}+\sigma_{22}}{2} + \dfrac{\sigma_{11}-\sigma_{22}}{2}\cos 2\theta + \sigma_{12}\sin 2\theta \\ \bar{\sigma}_{12} = \bar{\sigma}_{21} = (\sigma_{22}-\sigma_{11})\sin\theta\cos\theta + \sigma_{12}(\cos^2\theta - \sin^2\theta) = -\dfrac{\sigma_{11}-\sigma_{22}}{2}\sin 2\theta + \sigma_{12}\cos 2\theta \\ \bar{\sigma}_{22} = \sigma_{11}\sin^2\theta + \sigma_{22}\cos^2\theta - 2\sigma_{12}\sin\theta\cos\theta = \dfrac{\sigma_{11}+\sigma_{22}}{2} - \dfrac{\sigma_{11}-\sigma_{22}}{2}\cos 2\theta - \sigma_{12}\sin 2\theta \\ \bar{\sigma}_{33} = \sigma_{33} = \sigma_3, \quad \bar{\sigma}_{13} = \bar{\sigma}_{31} = 0, \quad \bar{\sigma}_{23} = \bar{\sigma}_{32} = 0 \end{cases} \tag{3.6.4}$$

对于平面应力状态或广义平面应力状态，其中的一个主方向显然是 x_3 轴；为寻求位于

x_1x_2 平面内的另外两个主方向，设其中一个主方向对应着与 x_1 轴夹角为 θ_1 的方向，在式(3.6.4)之第二式中令 $\theta=\theta_1$ 并取 $\bar{\sigma}_{12}=0$，可得

$$\tan 2\theta_1 = \frac{2\sigma_{12}}{\sigma_{11}-\sigma_{22}} \tag{3.6.5}$$

角度 θ_1、$\theta_1 \pm \frac{\pi}{2}$、$\theta_1 \pm \pi$ 对应的方向即为主方向。为考察对应不同 θ 角的平面上的应力随 θ 变化而改变的特性，将式(3.6.4)对 θ 求导，可得

$$\begin{cases} \dfrac{\partial \bar{\sigma}_{11}}{\partial \theta} = -(\sigma_{11}-\sigma_{22})\sin 2\theta + 2\sigma_{12}\cos 2\theta = 2\bar{\sigma}_{12} \\ \dfrac{\partial \bar{\sigma}_{22}}{\partial \theta} = (\sigma_{11}-\sigma_{22})\sin 2\theta - 2\sigma_{12}\cos 2\theta = -2\bar{\sigma}_{12} \\ \dfrac{\partial \bar{\sigma}_{12}}{\partial \theta} = -(\sigma_{11}-\sigma_{22})\cos 2\theta - 2\sigma_{12}\sin 2\theta \end{cases} \tag{3.6.6}$$

由式(3.6.6)中的前两式显然可见：对应主方向的角度为 θ_1 时，必有

$$\left.\frac{\partial \bar{\sigma}_{11}}{\partial \theta}\right|_{\theta_1} = 2\bar{\sigma}_{12} = 0, \quad \left.\frac{\partial \bar{\sigma}_{22}}{\partial \theta}\right|_{\theta_1} = -2\bar{\sigma}_{12} = 0 \tag{3.6.7}$$

故取向为主方向的平面即对应角度 θ_1 的平面上的正应力 $\bar{\sigma}_{11}$ 和 $\bar{\sigma}_{22}$ 必然达到对应各 θ 角的平面上正应力的极值，这和过去所讲的主应力及主方向的性质是一致的。将 $\theta=\theta_1$ 代入式(3.6.4)并利用式(3.6.5)，可得正应力的最大值和最小值，即两个主应力分别为

$$\begin{matrix}\sigma_{\max} \\ \sigma_{\min}\end{matrix} = \frac{\sigma_{11}+\sigma_{22}}{2} \pm \sqrt{\left(\frac{\sigma_{11}-\sigma_{22}}{2}\right)^2 + \sigma_{12}^2} \tag{3.6.8}$$

为求法线位于 x_1x_2 平面内的各平面上的最大切应力，设切应力的极值平面对应 θ_2 角，根据式(3.6.6)中的第三式，并令 $\left.\dfrac{\partial \bar{\sigma}_{12}}{\partial \theta}\right|_{\theta_2}=0$，可得

$$\tan 2\theta_2 = \frac{\sigma_{11}-\sigma_{22}}{-2\sigma_{12}} \tag{3.6.9}$$

显然，由于 $\tan 2\theta_2 \tan 2\theta_1 = -1$，故 $2\theta_2$ 决定的方向与 $2\theta_1$ 决定的方向正交，即 θ_2 决定的方向与 θ_1 决定的方向成 45°，亦即最大切应力平面法线对应的方向平分主应力 $\sigma_{\max}$ 和 $\sigma_{\min}$ 所对应的主方向，这也与以前的结果相一致。将式(3.6.9)代入式(3.6.4)之第二式中，可得最大切应力为

$$\tau_{\max} = \sqrt{\left(\frac{\sigma_{11}-\sigma_{22}}{2}\right)^2 + \sigma_{12}^2} \tag{3.6.10a}$$

再利用式(3.6.8)，则式(3.6.10a)可写为

$$\tau_{\max} = \frac{\sigma_{\max}-\sigma_{\min}}{2} \tag{3.6.10b}$$

所以式(3.6.10)是与坐标系无关的。

此外，由式(3.6.4)显然有

$$\sigma_{11}+\sigma_{22}+\sigma_{33} = \bar{\sigma}_{11}+\bar{\sigma}_{22}+\bar{\sigma}_{33}$$

这也是符合应力第一主不变量的坐标不变性特征的。

需要指出的是：① 前面所说的“最大”“最小”都是指法线位于 x_1x_2 平面内的各平面(即平行于 x_3 轴的各平面)而言的，所以即使对平面应力状态对三个主应力的总体排序也应将

另一主应力 $\sigma_3=\sigma_{33}=0$ 计入一起考虑，因此对与 x_3 轴不平行而有倾斜的面上的切应力有可能比式(3.6.10)给出的切应力更大；② 如果不是平面应力状态而是广义平面应力状态，且 x_3 轴为主方向，$\sigma_3=\sigma_{33}\neq 0$，则前面的各式(3.6.4)～(3.6.10)也都成立，且“说明①”也适用。

下面对前面的论述在主坐标系中给以更简洁的论述。以位于 x_1x_2 平面内的任意方向为法线的平面，其广义平面应力状态为

$$[\sigma_{ij}]=\begin{bmatrix}\sigma_{11} & \sigma_{12} & 0\\ \sigma_{21} & \sigma_{22} & 0\\ 0 & 0 & \sigma_{33}\end{bmatrix}$$

若在主坐标系中，则为

$$[\sigma_{ij}]=\begin{bmatrix}\sigma_1 & 0 & 0\\ 0 & \sigma_2 & 0\\ 0 & 0 & \sigma_3\end{bmatrix}$$

其平行于或通过 x_3 轴的任意平面的单位化法矢 $\boldsymbol{n}$ 可表达为

$$\boldsymbol{n}=\begin{bmatrix}n_1\\ n_2\\ n_3\end{bmatrix}=\begin{bmatrix}\cos\theta\\ \sin\theta\\ 0\end{bmatrix}\tag{3.6.11}$$

其中，θ 表示 $\boldsymbol{n}$ 方向与 x_1 轴的夹角。如果坐标系为主坐标系，且三个主应力为 σ_1、σ_2、σ_3，则以式(3.6.11)中的 $\boldsymbol{n}$ 为单位法矢的平面上的应力矢量为

$$\boldsymbol{t}(\boldsymbol{n})=\boldsymbol{n}\cdot\boldsymbol{\sigma}\tag{3.6.12a}$$

即

$$\begin{cases}t_1(\boldsymbol{n})=n_1\sigma_1=\sigma_1\cos\theta\\ t_2(\boldsymbol{n})=n_2\sigma_2=\sigma_2\sin\theta\\ t_3(\boldsymbol{n})=n_3\sigma_3=0\end{cases}\tag{3.6.12b}$$

$\boldsymbol{n}$ 面上的正应力 σ_n、全应力 $|\boldsymbol{t}(\boldsymbol{n})|$、切应力 τ 分别为

$$\begin{cases}\sigma_n=\boldsymbol{t}(\boldsymbol{n})\cdot\boldsymbol{n}=\sigma_1n_1^2+\sigma_2n_2^2+\sigma_3n_3^2=\sigma_1\cos^2\theta+\sigma_2\sin^2\theta\\ |\boldsymbol{t}(\boldsymbol{n})|^2=t_1^2(n)+t_2^2(n)+t_3^2(n)=n_1^2\sigma_1^2+n_2^2\sigma_2^2+n_3^2\sigma_3^2=\sigma_1^2\cos^2\theta+\sigma_2^2\sin^2\theta\\ \tau^2=|\boldsymbol{t}(\boldsymbol{n})|^2-\sigma_n^2=(\sigma_1^2\cos^2\theta+\sigma_2^2\sin^2\theta)-(\sigma_1\cos^2\theta+\sigma_2\sin^2\theta)^2\end{cases}$$

即

$$\sigma_n=\sigma_1\cos^2\theta+\sigma_2\sin^2\theta=\frac{\sigma_1+\sigma_2}{2}+\frac{\sigma_1-\sigma_2}{2}\cos 2\theta\tag{3.6.13}$$

$$\tau^2=\left(\frac{\sigma_1-\sigma_2}{2}\right)^2\sin^2 2\theta,\quad \tau=\pm\left(\frac{\sigma_1-\sigma_2}{2}\right)\sin 2\theta\tag{3.6.14}$$

不妨设 $\sigma_1\geqslant\sigma_2$，则图 3.9 中的 $\boldsymbol{n}$ 面和与之垂直的 $\boldsymbol{n}'$ 面上的切应力将如图 3.9 所示，即 $\boldsymbol{n}$ 面上的切应力将由 $\boldsymbol{n}$ 转向顺时针方向，而 $\boldsymbol{n}'$ 面上的切应力将由 $\boldsymbol{n}'$ 转向逆时针方向。因此，如果我们规定由面的外法线向顺时针方向的切应力为正，而由面的外法线向逆时针方向的切应力为负的话，则有

$$\begin{cases}\tau(\boldsymbol{n})=\left(\dfrac{\sigma_1-\sigma_2}{2}\right)\sin 2\theta,\quad \tau(\boldsymbol{n}')=-\left(\dfrac{\sigma_1-\sigma_2}{2}\right)\sin 2\theta=\left(\dfrac{\sigma_1-\sigma_2}{2}\right)\sin 2\theta'\\ \tau(\boldsymbol{n}')=-\tau(\boldsymbol{n})\end{cases}\tag{3.6.15}$$

在现在的切应力符合规定之下，切应力互等定理表现为“两个相互垂直的面上的切应力等值反号”，这是因为，如果 $\boldsymbol{n}$ 面上的切应力沿顺时针方向，则与之垂直的 $\boldsymbol{n}'$面上的切应力必然沿逆时针方向。

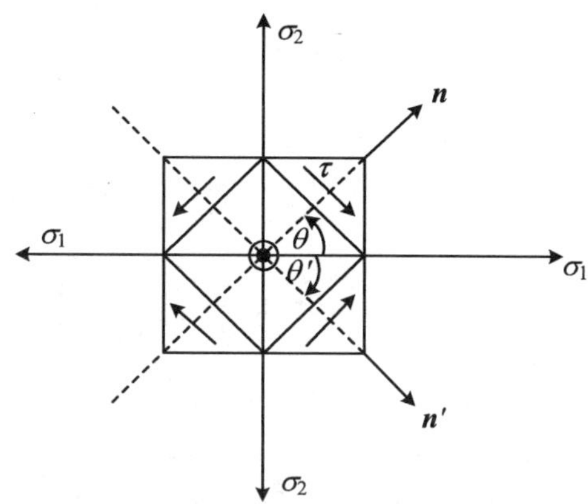

图 3.9　广义平面应力状态

显然，方程(3.6.13)、(3.6.15)代表(σ_n,τ)平面上一个以 θ 为参数的圆的参数方程(图 3.10)，此圆的圆心为点 $O_3\left(\frac{\sigma_1+\sigma_2}{2},0\right)$，半径为$\frac{\sigma_1-\sigma_2}{2}=\tau_3$，$2\theta$ 恰为应力状态点 $D(\sigma_n,\tau)$对圆心 O_3 的矢径$\overrightarrow{O_3D}$与横轴σ_n 轴的夹角，而$\overrightarrow{PD}$与σ_n 轴的夹角恰为θ。因此，如果把$\overrightarrow{PQ}$视为主方向$\overset{1}{\boldsymbol{n}}=\boldsymbol{e}_1$ 的方向，则$\overrightarrow{PD}$即代表所考虑的平面的法线方向，而与$\overset{1}{\boldsymbol{n}}=\boldsymbol{e}_1$ 垂直的$\overset{2}{\boldsymbol{n}}=\boldsymbol{e}_2$ 方向即是与第二主应力状态$(\sigma_2,0)$对应的平面的法线方向。

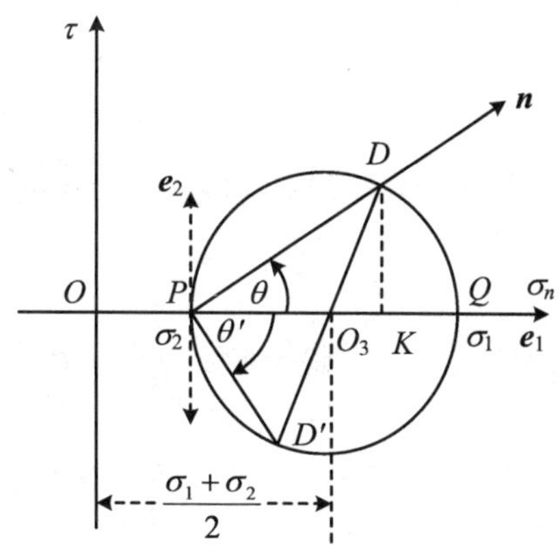

图 3.10　二维应力莫尔圆

我们也可以由式(3.6.13)和式(3.6.15)消去参数 θ 而得出圆的显示方程：

$$\tau^2+\left[\sigma_n-\frac{\sigma_1+\sigma_2}{2}\right]^2=\left(\frac{\sigma_1-\sigma_2}{2}\right)^2 \tag{3.6.16}$$

这正是 3.5 节中式(3.5.9)之第三式取等号时所代表的莫尔圆。因此，我们可以说这个圆上的点 $D(\sigma_n,\tau)$代表了法线位于主平面 x_1x_2 内某方向 $\boldsymbol{n}=[\cos\theta\quad\sin\theta\quad 0]^{\mathrm{T}}$ 的平面上的应力状态；而直径 DD'的另一端点$D'(\sigma_n',-\tau)$则恰恰代表了图 3.9 中与 $\boldsymbol{n}$ 垂直的方向$\boldsymbol{n}'$面上的应力状态，$\overrightarrow{PD}$的方向即代表了此面的法线方向$\boldsymbol{n}'$。

以上图示法的结果的正确性也很容易由直接的几何论证来说明。事实上，

$$\sigma_n = OK = OO_3 + O_3K = \left(\sigma_2 + \frac{\sigma_1 - \sigma_2}{2}\right) + \frac{\sigma_1 - \sigma_2}{2}\cos 2\theta = \frac{\sigma_1 + \sigma_2}{2} + \frac{\sigma_1 - \sigma_2}{2}\cos 2\theta \tag{3.6.13}$$

$$\tau(\boldsymbol{n}) = KD = O_3D\sin 2\theta = \left(\frac{\sigma_1 - \sigma_2}{2}\right)\sin 2\theta \tag{3.6.15}$$

这恰恰与前面给出的 σ_n 和 τ 的式(3.6.13)和式(3.6.15)相一致。反之,也可以由图解法给出由任意两个互相垂直的面 $\boldsymbol{n}$ 和面 $\boldsymbol{n}'$ 上的应力状态 $D(\sigma_n,\tau)$ 和 $D'(\sigma_n',-\tau)$ 求解主应力的公式：

$$\sigma_1 = OO_3 + O_3Q = \frac{\sigma_n + \sigma_n'}{2} + \frac{1}{2}\sqrt{(\sigma_n - \sigma_n')^2 + 4\tau^2} \tag{3.6.17a}$$

$$\sigma_2 = OO_3 - O_3Q = \frac{\sigma_n + \sigma_n'}{2} - \frac{1}{2}\sqrt{(\sigma_n - \sigma_n')^2 + 4\tau^2} \tag{3.6.17b}$$

同时,也可由图解法得出相应的主方向 $\overset{1}{\boldsymbol{n}}$、$\overset{2}{\boldsymbol{n}}$ 对面 $\boldsymbol{n}$ 的相对位置。

前面的论证可以归纳为:① 如果知道主应力 σ_1、σ_2,则法线位于此两个主方向所作主平面内任一方向 $\boldsymbol{n}$ 的面上的应力状态 $D(\sigma_n,\tau)$ 即可求出,只要自 P 点引出相对于第一主方向 $\overset{1}{\boldsymbol{n}} = \boldsymbol{e}_1$ 的方向 $\boldsymbol{n} = [\cos\theta \quad \sin\theta \quad 0]^{\mathrm{T}}$,由此射线与莫尔圆的交点即可得出 D 点,从而求出其应力状态 $D(\sigma_n,\tau)$;② 反之,如果知道与主方向 $\overset{3}{\boldsymbol{n}}$ 垂直的主平面$(\overset{1}{\boldsymbol{n}},\overset{2}{\boldsymbol{n}})$内任意两个相互垂直的平面 $\boldsymbol{n}$ 和 $\boldsymbol{n}'$ 上的应力 $D(\sigma_n,\tau)$ 和 $D'(\sigma_n',-\tau)$,以 DD' 为直径作出莫尔圆,即可由莫尔圆与 σ_n 轴的交点求出此主平面内的两个主方向 $\overset{1}{\boldsymbol{n}}$、$\overset{2}{\boldsymbol{n}}$ 及其相应的主应力 σ_1、σ_2,此时,$\overset{1}{\boldsymbol{n}}$、$\overset{2}{\boldsymbol{n}}$ 是以对给定的 $\boldsymbol{n}$ 及 $\boldsymbol{n}'$ 的相对位置来体现的。

3.7 应力张量的球形压力与偏量分解

在工程实践上,特别是在塑性力学中,常常对应力张量 $\boldsymbol{\sigma}$ 进行如下的所谓球形压力和偏量分解：

$$\boldsymbol{\sigma} = -p\boldsymbol{I} + \boldsymbol{\sigma}', \quad \sigma_{ij} = -p\delta_{ij} + \sigma_{ij}' \tag{3.7.1}$$

其中

$$p = -\frac{\sigma_{ii}}{3} = -\frac{\sigma_{11} + \sigma_{22} + \sigma_{33}}{3} = -\frac{\sigma_1 + \sigma_2 + \sigma_3}{3} = -\frac{I_1}{3} \tag{3.7.2}$$

I_1 是应力张量的第一主不变量,p 称为球形压力或流体动压(hydrodynamic pressure),$-p\delta_{ij}$ 称为应力的球形部分,而 σ_{ij}' 称为应力偏量(deviatoric stress)。由球形压力的定义式(3.7.2)及应力张量的分解式(3.7.1),显然有应力偏量的如下性质：

$$J_1 \equiv \sigma_{ii}' = 0, \quad \sigma_{ij}' = \sigma_{ij} \quad (i \neq j) \tag{3.7.3}$$

即应力偏量张量的第一主不变量 J_1 为 0,而其非对角元素与应力张量的非对角元素相等。

对于应力偏量张量 $\boldsymbol{\sigma}'$,也可以按常规方法求出其特征值 σ'(称为主偏量)和其特征矢量(称为应力偏量张量的主方向)。但为了说明它们和应力张量特征值 σ(主应力)、特征矢量

$\boldsymbol{n}$(主方向)的关系,也可做如下简单的分析。

设 $\boldsymbol{n}$ 是应力张量 $\boldsymbol{\sigma}$ 的与主应力 σ 相对应的主方向,则由定义有

$$\boldsymbol{\sigma}\cdot\boldsymbol{n}=\sigma\boldsymbol{n} \tag{3.7.4}$$

于是,如果设

$$\sigma=\sigma'-p,\quad \sigma'=\sigma+p \tag{3.7.5a}$$

则有

$$\boldsymbol{\sigma}\cdot\boldsymbol{n}=(-p\boldsymbol{I}+\boldsymbol{\sigma}')\cdot\boldsymbol{n}=\sigma\boldsymbol{n}=(-p+\sigma')\boldsymbol{n} \tag{3.7.6}$$

但由于

$$p\boldsymbol{I}\cdot\boldsymbol{n}=p\boldsymbol{n} \tag{3.7.7}$$

故代入式(3.7.6)有

$$\boldsymbol{\sigma}'\cdot\boldsymbol{n}=\sigma'\boldsymbol{n} \tag{3.7.8}$$

即 $\sigma'=\sigma+p$ 是 $\boldsymbol{\sigma}'$ 的特征值,$\boldsymbol{n}$ 是 $\boldsymbol{\sigma}'$ 的主方向。

式(3.7.8)说明:应力偏量张量 $\boldsymbol{\sigma}'$ 与应力张量 $\boldsymbol{\sigma}$ 有同样的主方向 $\boldsymbol{n}$,而主偏量 σ' 与主应力 σ 的关系则为 $\sigma'=\sigma+p$,或

$$\sigma'_i=\sigma_i+p,\quad \sigma_i=\sigma'_i-p\quad (i=1、2、3) \tag{3.7.5b}$$

当然,偏应力 $\boldsymbol{\sigma}'$ 的特征值即主偏量 σ' 及其相应的主方向 $\boldsymbol{n}$ 也可由特征值问题的一般方法式(3.7.8)独立求出。主偏量 σ' 由 $\boldsymbol{\sigma}'$ 的如下特征方程给出:

$$|\boldsymbol{\sigma}'-\sigma'\boldsymbol{I}|=|\sigma'_{ij}-\sigma'\delta_{ij}|=0 \tag{3.7.9}$$

将其展开即为如下形式:

$$-\sigma'^3+J_1\sigma'^2+J_2\sigma'+J_3=0,\quad \sigma'^3-J_1\sigma'^2-J_2\sigma'-J_3=0 \tag{3.7.10}$$

(注意:应力偏量 $\boldsymbol{\sigma}'$ 的第二主不变量 J_2 与以前关于应力张量 $\boldsymbol{\sigma}$ 的第二主不变量 I_2 的记法差一符号。)其应力偏量 $\boldsymbol{\sigma}'$ 的第一主不变量为

$$J_1\equiv\sigma'_{ii}=0 \tag{3.7.3}$$

而应力偏量 $\boldsymbol{\sigma}'$ 的第二主不变量则为

$$\begin{aligned}J_2&=-(\sigma'_1\sigma'_2+\sigma'_2\sigma'_3+\sigma'_3\sigma'_1)\\&=-(\sigma_1+p)(\sigma_2+p)-(\sigma_2+p)(\sigma_3+p)-(\sigma_3+p)(\sigma_1+p)\\&=-(\sigma_1\sigma_2+\sigma_2\sigma_3+\sigma_3\sigma_1)-2p(\sigma_1+\sigma_2+\sigma_3)-3p^2\\&=-I_2+3p^2\end{aligned}$$

即

$$J_2=3p^2-I_2 \tag{3.7.11}$$

类似可有应力偏量 $\boldsymbol{\sigma}'$ 的第三主不变量为

$$\begin{aligned}J_3&=\sigma'_1\sigma'_2\sigma'_3=(\sigma_1+p)(\sigma_2+p)(\sigma_3+p)\\&=\sigma_1\sigma_2\sigma_3+p(\sigma_1\sigma_2+\sigma_2\sigma_3+\sigma_3\sigma_1)+p^2(\sigma_1+\sigma_2+\sigma_3)+p^3\\&=I_3+pI_2-3p^3+p^3=I_3+pI_2-2p^3\\&=I_3+pJ_2+p^3\end{aligned}$$

即

$$J_3=I_3+pI_2-2p^3=I_3+pJ_2+p^3 \tag{3.7.12}$$

如果利用应力偏量 $\boldsymbol{\sigma}'$ 的第一主不变量为0的式(3.7.3),可通过恒等变换证明以下一些在一般坐标系中对 J_2 的各种形式的表达式:

$$J_2 = -\begin{vmatrix} \sigma'_{11} & \sigma'_{12} \\ \sigma'_{21} & \sigma'_{22} \end{vmatrix} - \begin{vmatrix} \sigma'_{22} & \sigma'_{23} \\ \sigma'_{32} & \sigma'_{33} \end{vmatrix} - \begin{vmatrix} \sigma'_{33} & \sigma'_{31} \\ \sigma'_{13} & \sigma'_{11} \end{vmatrix}$$

$$= -(\sigma'_{11}\sigma'_{22} + \sigma'_{22}\sigma'_{33} + \sigma'_{33}\sigma'_{11}) + \sigma'^2_{12} + \sigma'^2_{23} + \sigma'^2_{31} \tag{3.7.13a}$$

将式(3.7.13a)的右端加上$\frac{1}{2}(\sigma'_{11} + \sigma'_{22} + \sigma'_{33})^2 = 0$,可以得出

$$J_2 = \frac{1}{2}(\sigma'^2_{11} + \sigma'^2_{22} + \sigma'^2_{33}) + \sigma'^2_{12} + \sigma'^2_{23} + \sigma'^2_{31} \tag{3.7.13b}$$

将式(3.7.13a)的右端加上$\frac{1}{6}(\sigma'_{11} + \sigma'_{22} + \sigma'_{33})^2 = 0$,可以得出

$$J_2 = \frac{1}{6}[(\sigma'_{11} - \sigma'_{22})^2 + (\sigma'_{22} - \sigma'_{33})^2 + (\sigma'_{33} - \sigma'_{11})^2] + \sigma'^2_{12} + \sigma'^2_{23} + \sigma'^2_{31} \tag{3.7.13c}$$

或

$$J_2 = \frac{1}{6}[(\sigma_{11} - \sigma_{22})^2 + (\sigma_{22} - \sigma_{33})^2 + (\sigma_{33} - \sigma_{11})^2] + \sigma^2_{12} + \sigma^2_{23} + \sigma^2_{31} \tag{3.7.13d}$$

式(3.7.13b)显然可由约定求和写为

$$J_2 = \frac{1}{2}\sigma'_{ij}\sigma'_{ij} \tag{3.7.14}$$

式(3.7.13)中的各式以及式(3.7.14)在塑性力学中有极为重要的应用。

习　　题

3.1　试对以下应力状态求出其主应力及其一组幺正的主方向:

$$\sigma_{ij} = \begin{bmatrix} 3 & 1 & 1 \\ 1 & 0 & 2 \\ 1 & 2 & 0 \end{bmatrix}$$

3.2　试对以下应力状态求出其主应力及其相应的一组幺正主方向:

$$\sigma_{ij} = \begin{bmatrix} 7 & 3 & 0 \\ 3 & -1 & 0 \\ 0 & 0 & 0 \end{bmatrix},\quad \sigma_{ij} = \begin{bmatrix} 7 & 3 & 0 \\ 3 & -1 & 0 \\ 0 & 0 & 8 \end{bmatrix},\quad \sigma_{ij} = \begin{bmatrix} 7 & 3 & 0 \\ 3 & -1 & 0 \\ 0 & 0 & -2 \end{bmatrix}$$

$$\sigma_{ij} = \begin{bmatrix} 10 & 2 & 0 \\ 2 & 10 & 0 \\ 0 & 0 & 10 \end{bmatrix},\quad \sigma_{ij} = \begin{bmatrix} 10 & 2 & 0 \\ 2 & 10 & 0 \\ 0 & 0 & 12 \end{bmatrix},\quad \sigma_{ij} = \begin{bmatrix} 10 & 2 & 0 \\ 2 & 10 & 0 \\ 0 & 0 & 8 \end{bmatrix}$$

3.3　试对应力状态

$$\sigma_{ij} = \begin{bmatrix} \tau & \tau & \tau \\ \tau & \tau & \tau \\ \tau & \tau & \tau \end{bmatrix}$$

(1) 求出主应力及其幺正的主方向;

(2) 求出其最大切应力作用平面的单位法矢量以及该平面上的切应力矢量和正应力

矢量。

3.4　试对应力状态

$$\sigma_{ij} = \begin{bmatrix} 3 & -1 & 0 \\ -1 & 3 & 0 \\ 0 & 0 & 4 \end{bmatrix}$$

(1) 求出主应力及其幺正的主方向；

(2) 求出其最大切应力作用平面的单位法矢量以及该平面上的切应力矢量和正应力矢量。

3.5　试证明偏应力张量 $\boldsymbol{\sigma}'$ 与应力张量 $\boldsymbol{\sigma}$ 有相同的主方向，而其特征值 $\sigma_i' = \sigma_i + p(i = 1、2、3)$，其中 $p = -\dfrac{1}{3}\sigma_{ii}$ 为流体动力学压力。

第 4 章　连续介质的运动和变形

4.1　连续介质运动规律的 Lagrange(物质)和 Euler(空间)描述

4.1.1　连续介质模型

在研究物质宏观运动的连续介质力学中，物体被看成是所谓的“粒子”或“微团”的连续集合，这里的“粒子”或“微团”的含义不同于物理中的原子、分子等特定微观粒子的含义，而是宏观连续介质力学的一种理想化模型，它应该满足如下两方面的要求。第一，这种“微团”在宏观上应该足够小，以致于可以认为各种物理量在此“微团”内是均匀分布的，因而具有属于此“微团”的一个平均值，这样我们便可以将这种“微团”视为几何上的一个点，从而建立起连续介质的场，并利用场论的工具；第二，这种“微团”在微观上应该足够大，它应该包含足够多的微观粒子(原子、分子等)，从而避免因个别微观粒子的运动引起各种物理量的不确定性涨落，这样我们便可以利用统计平均的方法，对各个物理量在任一时刻得到其属于该“微团”的宏观(统计平均)表征值。简言之，连续介质力学中的所谓“微团”是一种宏观上足够小、微观上足够大的物质微团。这在实践上是可以做到的，例如，大气在标准状态下，每立方厘米体积中含有气体分子 2.7×10^{19} 个，即使在 10^{-12} cm^3 这个宏观上极小而可以视为一个几何点的体积内，也仍含有 2.7×10^{7} 个分子，而这在微观上仍是极大的。因而，连续介质力学的模型在大多数情况下是符合实际问题需要的。当然，对于某些微观因素和特征起决定作用的问题，连续介质力学的模型就必须进行修正。

4.1.2　连续介质运动的 L 氏(物质)和 E 氏(空间)描述

连续介质的物体在任一时刻都有一定的形状并占有一定的空间区域，同时在此空间区域内其各个“微团”有各自位置相应的分配，我们把物体在任一时刻 t 所占的空间区域连同其全体粒子在此区域中位置的相应分配称为此物体在空间中的一个“构形”(configuration)。其在初始时刻的构形称为初始构形(original configuration)，记为 B，在现时刻 t 的构形称为瞬时构形(current configuration)，记为 b。为了描述介质的各个粒子在初始构形中的位置，可以在欧氏空间中建立一个笛卡儿坐标系，以 X_J $(J=1、2、3)$表示其坐标，称为 Lagrange(L 氏)坐标或物质坐标，因为它是确定的粒子的标志；同样，为了描述介质中各个粒子在瞬时构形中的位置，也可以在欧氏空间中建立一个笛卡儿坐标系，以 $x_i(i=1、2、3)$表示其坐标，称为 Euler(E 氏)坐标或空间坐标，因为它是粒子现时空间位置的标志。介质的运动规律可以由以 t 为参数的 L 氏坐标 X_J 到其 E 氏坐标 x_i 的如下映射关系或由粒子在初始构形中的位置矢量 $\boldsymbol{X}$(对原点)到其在瞬时构形中的位置矢量 $\boldsymbol{x}$(对原点)间的如下映射关系所表征：

$$x_i = x_i(X_1, X_2, X_3, t) = x_i(X_J, t) \quad (i、J = 1、2、3) \quad (X_J \in B, x_i \in b) \tag{4.1.1a}$$

或

$$\boldsymbol{x} = \boldsymbol{x}(\boldsymbol{X}, t) \quad (\boldsymbol{X} \in B, \boldsymbol{x} \in b) \tag{4.1.1b}$$

式(4.1.1)即为运动规律的 L 氏描述，其含义是：$t=0$ 时位于 L 氏坐标 X_J 的粒子在 t 时刻到达 E 氏坐标为 x_i 的位置处。如果映射是连续、光滑且一对一的，则式(4.1.1)存在单值且连续光滑的反函数。由隐函数定理可知，满足这一要求的一个充分条件是式(4.1.1)的 Jacobi 行列式 $J\neq 0$，即

$$J = \left|\frac{\partial x_i}{\partial X_J}\right| = \begin{vmatrix} \dfrac{\partial x_1}{\partial X_1} & \dfrac{\partial x_1}{\partial X_2} & \dfrac{\partial x_1}{\partial X_3} \\ \dfrac{\partial x_2}{\partial X_1} & \dfrac{\partial x_2}{\partial X_2} & \dfrac{\partial x_2}{\partial X_3} \\ \dfrac{\partial x_3}{\partial X_1} & \dfrac{\partial x_3}{\partial X_2} & \dfrac{\partial x_3}{\partial X_3} \end{vmatrix} \neq 0 \quad (X_J \in B, x_i \in b) \tag{4.1.2}$$

设除个别点之外，式(4.1.2)成立，则式(4.1.1)的单值反函数可写为

$$X_J = X_J[x_1, x_2, x_3, t] = X_J[x_i, t] \quad (i、J = 1、2、3) \quad (x_i \in b, X_J \in B) \tag{4.1.3a}$$

或

$$\boldsymbol{X} = \boldsymbol{X}[\boldsymbol{x}, t] \quad (\boldsymbol{x} \in b, \boldsymbol{X} \in B) \tag{4.1.3b}$$

式(4.1.3)即为介质运动规律的 E 氏描述，其含义是：t 时刻位于 E 氏坐标 x_i 的粒子在 $t=0$ 时刻处于 L 氏坐标为 X_J 的位置处。这里指出，之所以把式(4.1.1)和式(4.1.3)分别称为介质运动规律的 L 氏描述和 E 氏描述，是因为它们右端函数的自变量除了时间 t，另一自变量分别是 L 氏坐标和 E 氏坐标。在以下的叙述中，对任意物理量的 L 氏描述和 E 氏描述也具有同样的含义。

4.1.3　各物理量的 L 氏描述和 E 式描述

如上所述，根据其右端空间坐标的特征，把式(4.1.1)和式(4.1.3)称为介质运动规律的 L 氏描述和 E 氏描述。为了清楚起见，两种描述的函数关系我们分别采用()和[]来表达。除了运动规律本身以外，介质中的任何物理量 f(标量)、$\boldsymbol{b}$(矢量)、$\boldsymbol{T}$(2 阶张量)等也可以采用 L 氏描述和 E 氏描述，此时分别将它们视为时间 t 和 L 氏坐标及 E 氏坐标的函数：

$$f = f(X_1, X_2, X_3, t), \quad \boldsymbol{b} = \boldsymbol{b}(X_1, X_2, X_3, t), \quad \boldsymbol{T} = \boldsymbol{T}(X_1, X_2, X_3, t) \tag{4.1.4a}$$

$$f = f[x_1, x_2, x_3, t], \quad \boldsymbol{b} = \boldsymbol{b}[x_1, x_2, x_3, t], \quad \boldsymbol{T} = \boldsymbol{T}[x_1, x_2, x_3, t] \tag{4.1.5a}$$

如果直接以点相对于坐标原点的位置矢量 $\boldsymbol{X}$ 和 $\boldsymbol{x}$ 来表达，则式(4.1.4a)和式(4.1.5a)可分别写为

$$f = f(\boldsymbol{X}, t), \quad \boldsymbol{b} = \boldsymbol{b}(\boldsymbol{X}, t), \quad \boldsymbol{T} = \boldsymbol{T}(\boldsymbol{X}, t) \tag{4.1.4b}$$

$$f = f[\boldsymbol{x}, t], \quad \boldsymbol{b} = \boldsymbol{b}[\boldsymbol{x}, t], \quad \boldsymbol{T} = \boldsymbol{T}[\boldsymbol{x}, t] \tag{4.1.5b}$$

从广义上讲，L 氏坐标系和 E 氏坐标系不一定是同样的笛卡儿标架，式(4.1.1)和式(4.1.3)中的下标即表明这种区别，但为了简洁方便和突出物理概念、减少数学上的困难，通常取它们为同样的笛卡儿标架，如图 4.1 所示，且下标都用小写表达，此时，对粒子的位移矢量 $\boldsymbol{u}$ 以及位置矢量 $\boldsymbol{X}$ 和 $\boldsymbol{x}$ 之间便有非常简单的关系：

$$\boldsymbol{x} = \boldsymbol{X} + \boldsymbol{u}, \quad x_i = X_i + u_i \tag{4.1.6a}$$

这对以后引入以位移表达的各类应变张量是更为方便的。

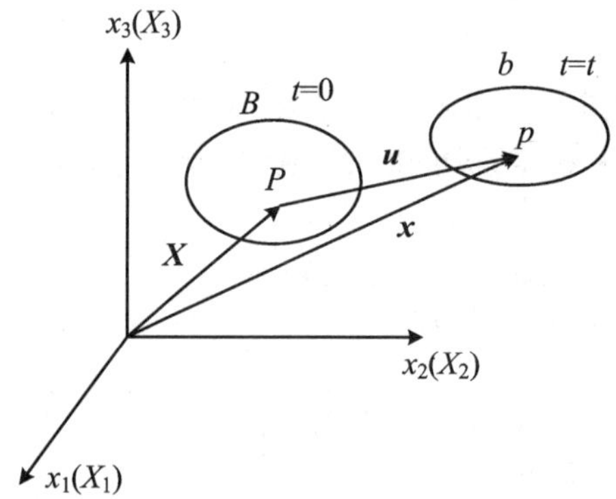

图 4.1　L 氏坐标和 E 氏坐标

当采用 Lagrange 描述时，可将式(4.1.6a)写为

$$x_i = X_i + u_i(X_1, X_2, X_3, t) = X_i + u_i(X_j, t), \quad \boldsymbol{x} = \boldsymbol{X} + \boldsymbol{u}(\boldsymbol{X}, t) \tag{4.1.6b}$$

而质点速度矢量 $\boldsymbol{v}$ 和质点加速度矢量 $\boldsymbol{a}$ 将分别为

$$\boldsymbol{v} = \left.\frac{\partial \boldsymbol{x}}{\partial t}\right|_X = \left.\frac{\partial \boldsymbol{u}}{\partial t}\right|_X \tag{4.1.7a}$$

$$v_i = \left.\frac{\partial x_i}{\partial t}\right|_{X_J} = \left.\frac{\partial u_i}{\partial t}\right|_{X_J} \tag{4.1.7b}$$

$$\boldsymbol{a} = \left.\frac{\partial \boldsymbol{v}}{\partial t}\right|_X = \left.\frac{\partial^2 \boldsymbol{u}}{\partial t^2}\right|_X = \left.\frac{\partial^2 \boldsymbol{x}}{\partial t^2}\right|_X \tag{4.1.8a}$$

$$a_i = \left.\frac{\partial v_i}{\partial t}\right|_X = \left.\frac{\partial^2 x_i}{\partial t^2}\right|_X \tag{4.1.8b}$$

不仅如此，当采用 Lagrange 描述式(4.1.4)时，对任一物理量 $f(\boldsymbol{X}, t)$、$\boldsymbol{b}(\boldsymbol{X}, t)$ 和 $\boldsymbol{T}(\boldsymbol{X}, t)$ 都可求出跟随同一粒子 $\boldsymbol{X}$ 前进时所感受到的它们随时间的变化率，即随体导数或物质导数(substantial derivatives or material derivatives)，其值记为 $\dot{f} = \frac{\mathrm{d}f}{\mathrm{d}t}$，$\dot{\boldsymbol{b}} = \frac{\mathrm{d}\boldsymbol{b}}{\mathrm{d}t}$ 和 $\dot{T} = \frac{\mathrm{d}T}{\mathrm{d}t}$，且

$$\dot{f} = \frac{\mathrm{d}f}{\mathrm{d}t} = \left.\frac{\partial f}{\partial t}\right|_X, \quad \dot{\boldsymbol{b}} = \frac{\mathrm{d}\boldsymbol{b}}{\mathrm{d}t} = \left.\frac{\partial \boldsymbol{b}}{\partial t}\right|_X, \quad \dot{\boldsymbol{T}} = \frac{\mathrm{d}\boldsymbol{T}}{\mathrm{d}t} = \left.\frac{\partial \boldsymbol{T}}{\partial t}\right|_X \tag{4.1.9}$$

即在用 L 氏描述时，任一物理量的随体导数等于其对时间的偏导数，这是因为粒子的 L 氏坐标 X 保持不变也就是跟随了同一粒子。式(4.1.7)、式(4.1.8)只不过是式(4.1.9)中的第二式对量 $\boldsymbol{x}$、$\boldsymbol{u}$ 及 $\boldsymbol{v}$ 的具体应用。

通过连续介质运动规律的物质描述式(4.1.1)和空间描述式(4.1.3)，可以在任一物理量的物质描述和空间描述之间建立转换关系。例如，将介质运动的空间描述式(4.1.3)代入

任一物理量的物质描述式(4.1.4)中,可以得到该物理量的空间描述:

$$\begin{cases} f = f(\boldsymbol{X},t) = f(\boldsymbol{X}[\boldsymbol{x},t],t) \equiv f[\boldsymbol{x},t] \\ \boldsymbol{b} = \boldsymbol{b}(\boldsymbol{X},t) = \boldsymbol{b}(\boldsymbol{X}[x,t],t) \equiv \boldsymbol{b}[\boldsymbol{x},t] \\ \boldsymbol{T} = \boldsymbol{T}(\boldsymbol{X},t) = \boldsymbol{T}(\boldsymbol{X}[\boldsymbol{x},t],t) \equiv \boldsymbol{T}[\boldsymbol{x},t] \end{cases} \tag{4.1.10}$$

式(4.1.10)之三式中的最后一个等号即以复合函数的形式得到了各量 f、$\boldsymbol{b}$、$\boldsymbol{T}$ 等的空间描述。类似地,将介质运动规律的物质描述式(4.1.1)代入任一物理量的空间描述式(4.1.5)中,即可得到该量的物质描述:

$$\begin{cases} f = f[\boldsymbol{x},t] = f[\boldsymbol{x}(\boldsymbol{X},t),t] \equiv f(\boldsymbol{X},t) \\ \boldsymbol{b} = \boldsymbol{b}[\boldsymbol{x},t] = \boldsymbol{b}[\boldsymbol{x}(\boldsymbol{X},t),t] \equiv \boldsymbol{b}(\boldsymbol{X},t) \\ \boldsymbol{T} = \boldsymbol{T}[\boldsymbol{x},t] = \boldsymbol{T}[\boldsymbol{x}(\boldsymbol{X},t),t] \equiv \boldsymbol{T}(\boldsymbol{X},t) \end{cases} \tag{4.1.11}$$

式(4.1.11)之三式中的最后一个等号即以复合函数的形式得到了各量 f、$\boldsymbol{b}$、$\boldsymbol{T}$ 等的物质描述。利用式(4.1.11)和复合函数求导的链锁法则(chain rule),可以得出当给定的是各量的空间描述 $f[\boldsymbol{x},t]$、$\boldsymbol{b}[\boldsymbol{x},t]$和 $\boldsymbol{T}[\boldsymbol{x},t]$时该量物质导数(随体导数)的公式。事实上,由式(4.1.11)并利用复合函数求导的链锁法则,可有

$$\begin{cases} \dot{f} = \dfrac{\mathrm{d}f}{\mathrm{d}t} = \left.\dfrac{\partial f[x_i,t]}{\partial t}\right|_x + \left.\dfrac{\partial f[x_i,t]}{\partial x_i}\right|_t \left.\dfrac{\partial x_i(X_j,t)}{\partial t}\right|_X = \left.\dfrac{\partial f}{\partial t}\right|_x + f\overleftarrow{\nabla}_i v_i \\ \quad = \left.\dfrac{\partial f}{\partial t}\right|_x + v_i\overrightarrow{\nabla}_i f \\ \dot{\boldsymbol{b}} = \dfrac{\mathrm{d}\boldsymbol{b}}{\mathrm{d}t} = \left.\dfrac{\partial \boldsymbol{b}[x_i,t]}{\partial t}\right|_x + \left.\dfrac{\partial \boldsymbol{b}[x_i,t]}{\partial x_i}\right|_t \left.\dfrac{\partial x_i(X_j,t)}{\partial t}\right|_X = \left.\dfrac{\partial \boldsymbol{b}}{\partial t}\right|_x + \boldsymbol{b}\overleftarrow{\nabla}_i v_i \\ \quad = \left.\dfrac{\partial \boldsymbol{b}}{\partial t}\right|_x + v_i\overrightarrow{\nabla}_i \boldsymbol{b} \\ \dot{\boldsymbol{T}} = \dfrac{\mathrm{d}\boldsymbol{T}}{\mathrm{d}t} = \left.\dfrac{\partial \boldsymbol{T}[x_i,t]}{\partial t}\right|_x + \left.\dfrac{\partial \boldsymbol{T}[x_i,t]}{\partial x_i}\right|_t \left.\dfrac{\partial x_i(X_j,t)}{\partial t}\right|_X = \left.\dfrac{\partial \boldsymbol{T}}{\partial t}\right|_x + \boldsymbol{T}\overleftarrow{\nabla}_i v_i \\ \quad = \left.\dfrac{\partial \boldsymbol{T}}{\partial t}\right|_x + v_i\overrightarrow{\nabla}_i \boldsymbol{T} \end{cases} \tag{4.1.12a}$$

其中,$\nabla = e_i \dfrac{\partial}{\partial x_i} = \dfrac{\partial}{\partial \boldsymbol{x}}$表示 E 氏坐标中的梯度算子。如用直接记法书写,则公式(4.1.12a)可写为

$$\begin{cases} \dot{f} = \dfrac{\mathrm{d}f}{\mathrm{d}t} = \left.\dfrac{\partial f[\boldsymbol{x},t]}{\partial t}\right|_x + \left.\dfrac{\partial f[\boldsymbol{x},t]}{\partial \boldsymbol{x}}\right|_t \cdot \left.\dfrac{\partial \boldsymbol{x}(\boldsymbol{X},t)}{\partial t}\right|_X = \left.\dfrac{\partial f}{\partial t}\right|_x + f\overleftarrow{\nabla}\cdot\boldsymbol{v} \\ \quad = \left.\dfrac{\partial f}{\partial t}\right|_x + \boldsymbol{v}\cdot\overrightarrow{\nabla} f \\ \dot{\boldsymbol{b}} = \dfrac{\mathrm{d}\boldsymbol{b}}{\mathrm{d}t} = \left.\dfrac{\partial \boldsymbol{b}[\boldsymbol{x},t]}{\partial t}\right|_x + \left.\dfrac{\partial \boldsymbol{b}[\boldsymbol{x},t]}{\partial \boldsymbol{x}}\right|_t \cdot \left.\dfrac{\partial \boldsymbol{x}(\boldsymbol{X},t)}{\partial t}\right|_X = \left.\dfrac{\partial \boldsymbol{b}}{\partial t}\right|_x + \boldsymbol{b}\overleftarrow{\nabla}\cdot\boldsymbol{v} \\ \quad = \left.\dfrac{\partial \boldsymbol{b}}{\partial t}\right|_x + \boldsymbol{v}\cdot\overrightarrow{\nabla}\boldsymbol{b} \\ \dot{\boldsymbol{T}} = \dfrac{\mathrm{d}\boldsymbol{T}}{\mathrm{d}t} = \left.\dfrac{\partial \boldsymbol{T}[\boldsymbol{x},t]}{\partial t}\right|_x + \left.\dfrac{\partial \boldsymbol{T}[\boldsymbol{x},t]}{\partial x}\right|_t \cdot \left.\dfrac{\partial \boldsymbol{x}(\boldsymbol{X},t)}{\partial t}\right|_X = \left.\dfrac{\partial \boldsymbol{T}}{\partial t}\right|_x + \boldsymbol{T}\overleftarrow{\nabla}\cdot\boldsymbol{v} \\ \quad = \left.\dfrac{\partial \boldsymbol{T}}{\partial t}\right|_x + \boldsymbol{v}\cdot\overrightarrow{\nabla}\boldsymbol{T} \end{cases} \tag{4.1.12b}$$

其中

$$\boldsymbol{v}\cdot\vec{\nabla}f = v_i\,\vec{\nabla}_i f,\quad \boldsymbol{v}\cdot\vec{\nabla}\boldsymbol{b} = v_i\,\vec{\nabla}_i\boldsymbol{b},\quad \boldsymbol{v}\cdot\vec{\nabla}\boldsymbol{T} = v_i\,\vec{\nabla}_i\boldsymbol{T} \tag{4.1.12c}$$

式(4.1.12a)和式(4.1.12b)中的第一项$\dfrac{\partial f[\boldsymbol{x},t]}{\partial t}=\left.\dfrac{\partial f}{\partial t}\right|_{x}$等表示在一个固定的空间点$\boldsymbol{x}$处所感受到的物理量$f$随时间的变化率,是由空间场的不定常性(unstationary)所引起的,称之为物理量f等的局部导数(local derivatives);而其中的第二项$\boldsymbol{v}\cdot\vec{\nabla}f$等是由于粒子本身在具有空间梯度$\vec{\nabla}f$等的不均匀场中以速度$v$迁移运动而引起的物理量$f$等随时间的变化率,称之为物理量$f$等的迁移导数(convective derivatives)。式(4.1.12a)和式(4.1.12b)的含义是:在采用空间描述$f[\boldsymbol{x},t]$等时,任一物理量的物质导数等于其局部导数与迁移导数之和,即

$$\frac{\mathrm{d}[\cdots]}{\mathrm{d}t} = \left(\frac{\partial}{\partial t} + \boldsymbol{v}\cdot\vec{\nabla}\right)[\cdots] = [\cdots]\left(\frac{\partial}{\partial t} + \overleftarrow{\nabla}\cdot\boldsymbol{v}\right) \tag{4.1.12d}$$

式(4.1.12d)中的[…]可以是任意阶的张量。特别地,当式(4.1.12)中的$\boldsymbol{b}$和$\boldsymbol{T}$分别为质点速度$\boldsymbol{v}$及Cauchy应力张量$\boldsymbol{\sigma}$时,分别得到

$$\begin{cases}\boldsymbol{a} = \dfrac{\mathrm{d}\boldsymbol{v}}{\mathrm{d}t} = \dot{\boldsymbol{v}} = \left.\dfrac{\partial\boldsymbol{v}}{\partial t}\right|_{x} + \boldsymbol{v}\cdot(\vec{\nabla}\boldsymbol{v}) = \left.\dfrac{\partial\boldsymbol{v}}{\partial t}\right|_{x} + (\boldsymbol{v}\overleftarrow{\nabla})\cdot\boldsymbol{v} \\ \dfrac{\mathrm{d}\boldsymbol{\sigma}}{\mathrm{d}t} = \dot{\sigma} = \left.\dfrac{\partial\boldsymbol{\sigma}}{\partial t}\right|_{x} + \boldsymbol{v}\cdot(\vec{\nabla}\boldsymbol{\sigma}) = \left.\dfrac{\partial\boldsymbol{v}}{\partial t}\right|_{x} + (\boldsymbol{\sigma}\overleftarrow{\nabla})\cdot\boldsymbol{v}\end{cases} \tag{4.1.13}$$

其中,$\vec{\nabla}\boldsymbol{v}$和$\vec{\nabla}\boldsymbol{\sigma}$分别为质点速度$\boldsymbol{v}$和应力张量$\boldsymbol{\sigma}$的左梯度($\boldsymbol{v}\overleftarrow{\nabla}$和$\boldsymbol{\sigma}\overleftarrow{\nabla}$分别为质点速度$\boldsymbol{v}$和应力张量$\boldsymbol{\sigma}$的右梯度),各为2阶和3阶张量。

一般而言,在固体力学中L氏描述用得较多,而在流体力学中E氏描述用得较多,但这并不是必须如此的,从本质上讲任何介质的运动都可用任何一种描述方法,有时候还需同时应用,在爆炸与冲击力学中尤其如此。

4.2 连续介质的微小运动和变形、工程应变张量

4.2.1 一点附近连续体微小运动和变形的分解

从理论力学中知道,刚体的运动可以分解为随任意选定的极点的平移(translation)和绕极点的转动(rotation)。刚体的特点是:对于它的任何运动,任意两点之间的距离都保持不变,即刚体不变形。现实的连续介质是可变形的固体或流体,其运动除了平移、转动之外,还有由于介质变形而产生的位移,而且任意两点之间的距离是可以改变的。如图4.2所示,在一选定的极点A附近,考虑任一与A点接近的P点的运动。设介质运动变形后使A点移到A'点,P点移到P'点,则P点的位移$\overrightarrow{PP'}$可以设想分为三步走:

(1) 平移:作和极点A同样的位移,$\overrightarrow{PP_1}=\overrightarrow{AA'}$。

(2) 转动:绕过点A'而和平面$A'PP_1$垂直的轴作一转角为ϕ的旋转,使P_1发生位移

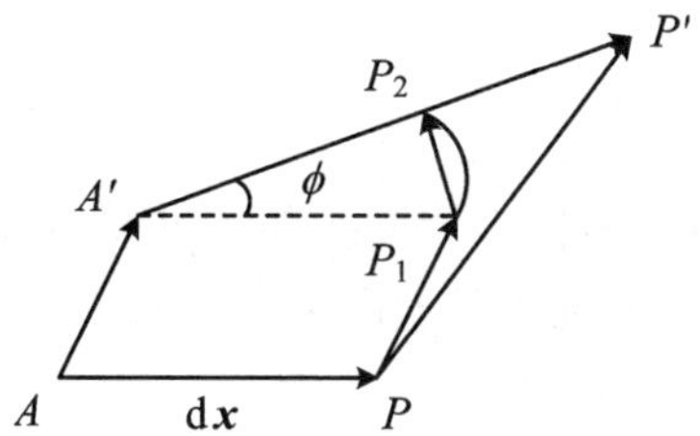

图 4.2　连续体的微小运动

$\overrightarrow{P_1P_2}$ 而到达 P_2 点。

(3) 变形(deformation):使 $\overrightarrow{A'P_2}$ 产生纯变形,而将点 P_2 拉至点 P'。

在整个过程中,P 点产生的总位移为

$$\boldsymbol{u}(P) = \overrightarrow{PP'} = \overrightarrow{PP_1} + \overrightarrow{P_1P_2} + \overrightarrow{P_2P'} \tag{4.2.1a}$$

这可以表达为:P 点位移等于随同极点 A 的平移位移、转动位移和变形位移之和。当旋转为有限值时,虽然 P_1 到 P_2 的旋转路程 $\widehat{P_1P_2} = A'P_1 \times \phi$,但位移矢量之模 $|\overrightarrow{P_1P_2}|$(弦 P_1P_2)并不等于弧长 $\widehat{P_1P_2}$,即

$$|\overrightarrow{P_1P_2}| \neq A'P_1 \times \phi$$

只有当旋转为无限小旋转时,弧长才趋于弦长,即

$$|\overrightarrow{P_1P_2}| \approx A'P_1 \times \phi$$

有限旋转无法用矢量表述,只能用 2 阶张量表示,旋转也不能交换次序,较为复杂,这将在研究生课程中讲述。当转动为无穷小时,可用一个无穷小的转动矢量 $\boldsymbol{\phi}$ 来表示,此矢量的模等于转角 ϕ 的值,其方向垂直于旋转平面而和旋转方向形成右手系。此时,转动位移为

$$\overrightarrow{P_1P_2} = \boldsymbol{\phi} \times \overrightarrow{A'P_1} = \boldsymbol{\phi} \times \mathrm{d}\boldsymbol{x}$$

其中,$\mathrm{d}\boldsymbol{x} = \overrightarrow{A'P_1} = \overrightarrow{AP}$ 表示 P 对 A 的矢径。于是对 A 点附近介质微小运动和变形导致的邻近点 P 的位移式(4.2.1a)可写为

$$\boldsymbol{u}(P) = \boldsymbol{u}(A) + \boldsymbol{\phi} \times \mathrm{d}\boldsymbol{x} + \boldsymbol{u}_\varepsilon(\mathrm{d}\boldsymbol{x}) \tag{4.2.1b}$$

其中

$$\boldsymbol{u}(A) = \overrightarrow{PP_1} = \overrightarrow{AA'}, \quad \boldsymbol{\phi} \times \mathrm{d}\boldsymbol{x} = \overrightarrow{P_1P_2}, \quad \boldsymbol{u}_\varepsilon(\mathrm{d}\boldsymbol{x}) = \overrightarrow{P_2P'}$$

分别表示随极点 A 的平移位移、绕极点 A 的无穷小转动位移和微元纯变形所引起的位移。

以上对介质运动变形的分析过程比较直观,但也有缺点:一是各部分平移、旋转、变形与极点的选取有关,而极点取法并不是唯一的,故这样确定的平移、旋转、变形等也不是唯一的;二是看不出转动、变形与介质的整个位移场的关系;三是只孤立地看了一个线元 $\mathrm{d}\boldsymbol{x} = \overrightarrow{AP}$ 的变形,而未揭示出 A 点附近无穷多个取向的线元各自变形间的相互关系。其中第三个缺点正如孤立地看一点附近各个平面上的应力矢量不能清晰刻画此点的应力状态一样。

下面将通过引入各种形式的所谓应变张量来刻画一点附近的变形情况,它的作用与应力张量可以刻画一点的应力状态一样,显示了张量工具的重要性。为了便于理解,我们先从小变形的工程应变张量(无穷小应变张量)开始,并直接从它的物理意义出发给出其与位移场的关系。这种方法便于导出正交曲线坐标中工程应变的表达式。

4.2.2 工程应变(engineering strain)

取 Lagrange 坐标系和 Euler 坐标系为同一笛卡儿坐标系,在某一点 $A(X_j)$处的坐标轴如图 4.3 所示。以 x_j、X_j、u_j 分别表示点的 Euler 坐标、Lagrange 坐标和位移矢量分量,当用 Lagrange 描述时,介质的运动规律可表述为

$$\boldsymbol{x} = \boldsymbol{X} + \boldsymbol{u}(\boldsymbol{X}, t), \quad x_i = X_i + u_i(X_j, t) \tag{4.2.2}$$

我们来考虑变形前处于 X_1 轴和 X_2 轴上的两个线元 $\mathrm{d}X_1$ 和 $\mathrm{d}X_2$,其端点 A、M、N 的 L 氏坐标分别为 $A(X_1, X_2, X_3)$、$M(X_1+\mathrm{d}X_1, X_2, X_3)$、$N(X_1, X_2+\mathrm{d}X_2, X_3)$,如图 4.3 所示。变形后,点 A、M、N 分别移至点 A'、M'、N',相应的线元分别成为 $A'M'$ 和 $A'N'$,它们在 X_1 轴和 X_2 轴上的投影线分别为 $A'M_2$ 和 $A'N_2$,而变形后的线元 $A'M'$ 和 X_1 轴在逆时针方向形成夹角 ϕ_1,$A'N'$ 和 X_2 轴在顺时针方向形成夹角 ϕ_2,如图 4.3 所示,图中的线元 $A'M_1$ 和 $A'N_1$ 的长度分别等于二线元在变形前的长度 $\mathrm{d}X_1$ 和 $\mathrm{d}X_2$。

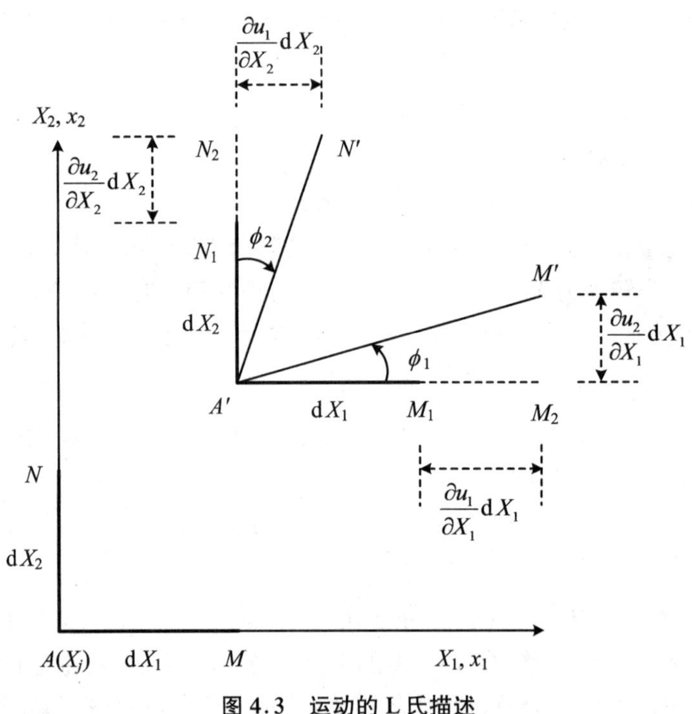

图 4.3　运动的 L 氏描述

首先,看变形前位于 X_1 轴上的长为 $\mathrm{d}X_1$ 的线元 AM 变形后在自身方向 X_1 方向上投影的伸长量 M_1M_2,此伸长量是由于点 M 在 X_1 轴方向的位移比点 A 在 X_1 轴方向的位移大一个量 $\mathrm{d}u_1 = u_1(M) - u_1(A)$所引起的,所以此伸长量可表达为

$$\begin{aligned}\mathrm{d}u_1 &= M_1M_2 = u_1(M) - u_1(A) = u_1(X_1+\mathrm{d}X_1, X_2, X_3) - u_1(X_1, X_2, X_3) \\ &\approx \left.\frac{\partial u_1}{\partial X_1}\right|_X \mathrm{d}X_1\end{aligned}$$

这里忽略了位移高阶偏导数的影响,其中$\dfrac{\partial u_1}{\partial X_1}$在 $A(X_1, X_2, X_3)$处取值。将线元 $\mathrm{d}X_1$ 在 X_1 轴投影的相对伸长(以原长为基准所度量)定义为线元 $\mathrm{d}X_1$ 的工程正应变(或无穷小正

应变),记为 ε_{11},则有

$$\varepsilon_{11}=\frac{\dfrac{\partial u_1}{\partial X_1}\mathrm{d}X_1}{\mathrm{d}X_1}=\frac{\partial u_1}{\partial X_1}\tag{4.2.3a}$$

类似地,定义变形前位于 X_2 轴和 X_3 轴上的线元 $\mathrm{d}X_2$、$\mathrm{d}X_3$ 在自身方向上投影的相对伸长为工程正应变 ε_{22} 和 ε_{33},则可以分别写为

$$\varepsilon_{22}=\frac{\partial u_2}{\partial X_2},\quad \varepsilon_{33}=\frac{\partial u_3}{\partial X_3}\tag{4.2.3b}$$

现在再来看线元 $\mathrm{d}X_1$ 和 $\mathrm{d}X_2$ 在 X_1X_2 平面上投影线的夹角变化(以减小为正)。变形前,这两线元的夹角为$\dfrac{\pi}{2}$;变形后,它们在 X_1X_2 平面上的投影线的夹角成为$\angle N'A'M'$。由于点 M 比点 A 在 X_2 轴方向上的位移大 $u_2(M)-u_2(A)$,从而使线元向逆时针方向旋转一个角度 ϕ_1,如图 4.3 所示。当角度改变不大时,可有

$$\begin{aligned}\phi_1&\approx\tan\phi_1=\frac{M'M_2}{A'M_2}=\frac{u_2(M)-u_2(A)}{\mathrm{d}X_1\left(1+\dfrac{\partial u_1}{\partial X_1}\right)}\\&=\frac{u_2(X_1+\mathrm{d}X_1,X_2,X_3)-u_2(X_1,X_2,X_3)}{\mathrm{d}X_1\left(1+\dfrac{\partial u_1}{\partial X_1}\right)}\\&\approx\frac{\partial u_2}{\partial X_1}\mathrm{d}X_1\frac{1}{\mathrm{d}X_1}\left(1-\frac{\partial u_1}{\partial X_1}\right)\approx\frac{\partial u_2}{\partial X_1}\end{aligned}\tag{4.2.4a}$$

这里忽略了位移偏导数的二次方项的贡献。类似地,由于点 N 比点 A 在 X_1 方向上的位移大 $u_1(N)-u_1(A)$,从而使线元 $\mathrm{d}X_2$ 向顺时针方向旋转一个角度 ϕ_2,如图 4.3 所示。当角度改变不大时,类似于式(4.2.4a)的推导,将有

$$\phi_2\approx\tan\phi_2=\frac{u_1(M)-u_1(A)}{\mathrm{d}X_2\left(1+\dfrac{\partial u_2}{\partial X_2}\right)}\approx\frac{\partial u_1}{\partial X_2}\mathrm{d}X_2\frac{1}{\mathrm{d}X_2}\left(1-\frac{\partial u_2}{\partial X_2}\right)\approx\frac{\partial u_1}{\partial X_2}\tag{4.2.4b}$$

于是线元 $\mathrm{d}X_1$ 和 $\mathrm{d}X_2$ 在自身平面 X_1X_2 上投影线夹角的减小量将为

$$\phi_1+\phi_2=\frac{\partial u_2}{\partial X_1}+\frac{\partial u_1}{\partial X_2}\tag{4.2.4c}$$

我们定义变形前位于 X_1 轴和 X_2 轴上的线元 $\mathrm{d}X_1$,$\mathrm{d}X_2$ 在自身平面 X_1X_2 上的投影线夹角减小量(角应变)的一半为面积元 $\mathrm{d}X_1\mathrm{d}X_2$ 的工程剪应变(shear strain),并记为 $\varepsilon_{12}=\varepsilon_{21}$,于是有

$$\varepsilon_{12}=\varepsilon_{21}=\frac{1}{2}\left(\frac{\partial u_1}{\partial X_2}+\frac{\partial u_2}{\partial X_1}\right)\tag{4.2.5a}$$

类似地,可定义线元 $\mathrm{d}X_2$ 和线元 $\mathrm{d}X_3$ 之间的工程剪应变 $\varepsilon_{23}=\varepsilon_{32}$,以及线元 $\mathrm{d}X_3$ 和线元 $\mathrm{d}X_1$ 间的工程剪应变 $\varepsilon_{31}=\varepsilon_{13}$,则分别有

$$\varepsilon_{23}=\varepsilon_{32}=\frac{1}{2}\left(\frac{\partial u_2}{\partial X_3}+\frac{\partial u_3}{\partial X_2}\right)\tag{4.2.5b}$$

$$\varepsilon_{13}=\varepsilon_{31}=\frac{1}{2}\left(\frac{\partial u_3}{\partial X_1}+\frac{\partial u_1}{\partial X_3}\right)\tag{4.2.5c}$$

于是可以在介质中的任何一点(X_1,X_2,X_3)处,由其位移场 $\boldsymbol{u}(\boldsymbol{X})$而定义其如下的所谓的工程应变张量$\boldsymbol{\varepsilon}$,其分量 ε_{ij} 如下式所表示,并且作为一个 2 阶对称系统与一个实对称矩阵

$[\varepsilon_{ij}]$相对应：

$$\varepsilon_{ij} = \frac{1}{2}\left(\frac{\partial u_i}{\partial X_j} + \frac{\partial u_j}{\partial X_i}\right) = \frac{1}{2}(u_i \overleftarrow{\nabla}_j + \overrightarrow{\nabla}_i u_j), \quad \varepsilon_{ij} = \varepsilon_{ji}, \quad \boldsymbol{\varepsilon} = \boldsymbol{\varepsilon}^{\mathrm{T}} \tag{4.2.6}$$

其中，$\nabla = \boldsymbol{e}_i \dfrac{\partial}{\partial X_i}$为 L 氏坐标中的梯度算子。我们将证明，式(4.2.6)所定义的 2 阶系统确实是一个 2 阶张量，而且在定义剪应变时特意加上系统$\dfrac{1}{2}$，其目的也正是保证 2 阶系统(4.2.6)共同组成一个 2 阶张量。由位移场 $\boldsymbol{u} = \boldsymbol{u}(\boldsymbol{X})$求应变张量$\boldsymbol{\varepsilon}$ 的式(4.2.6)在弹性力学中常常被称为 Cauchy 几何关系。

证明 ε_{ij}为 2 阶张量的方法不只一个，其中的一个方法是：位移 u_i 是一个矢量，故由其对笛卡儿坐标 X_j 求导所得的位移梯度

$$\frac{\partial u_i}{\partial X_j} = u_i \overleftarrow{\nabla}_j = \overrightarrow{\nabla}_j u_i, \quad \frac{\partial \boldsymbol{u}}{\partial \boldsymbol{X}} = \boldsymbol{u} \overleftarrow{\nabla} = (\overrightarrow{\nabla} \boldsymbol{u})^{\mathrm{T}}$$

必为 2 阶笛卡儿张量，而其转置$\dfrac{\partial u_j}{\partial X_i} = u_j \overleftarrow{\nabla}_i = \overrightarrow{\nabla}_i u_j$ 也必为 2 阶笛卡儿张量，因而 $\varepsilon_{ij} = \dfrac{1}{2}\left(\dfrac{\partial u_i}{\partial X_j} + \dfrac{\partial u_j}{\partial X_i}\right)$必然为 2 阶笛卡儿张量。具体推理过程详见第 1 章 1.7 节张量分析中的第二部分，它说明笛卡儿矢量对坐标的偏导数所得的 2 阶系统必为 2 阶笛卡儿张量。证明 ε_{ij}为 2 阶张量的另一种方法是直接由张量的解析定义出发，现简述如下：

设有新、旧笛卡儿坐标系 $\bar{X}_i$、X_i，其幺正基矢 $\bar{\boldsymbol{e}}_i$ 和$\boldsymbol{e}_i$ 由正交张量β_{ij}相联系：

$$\bar{\boldsymbol{e}}_i = \beta_{ij}\boldsymbol{e}_j, \quad \boldsymbol{e}_i = \beta_{ji}\bar{\boldsymbol{e}}_j, \quad \beta_{ij} = \bar{\boldsymbol{e}}_i \cdot \boldsymbol{e}_j, \quad \beta_{ik}\beta_{jk} = \delta_{ij} = \beta_{ki}\beta_{kj} \tag{4.2.7}$$

则由位移矢量 $\boldsymbol{u}$ 在新、旧基中的分量 $\bar{u}_i$ 和u_i 的关系以及位置矢量$\boldsymbol{X}$ 在新、旧基中的分量 $\bar{X}_i$ 和X_i 的关系，必有

$$\begin{cases} \bar{u}_k = \beta_{ki}u_i & (k = 1、2、3) \\ X_j = \beta_{kj}\bar{X}_k & (j = 1、2、3) \end{cases} \tag{4.2.8}$$

式(4.2.8)说明了 $\boldsymbol{u}$ 及$\boldsymbol{X}$ 的矢量特性，由此可有

$$\begin{cases} \dfrac{\partial X_j}{\partial \bar{X}_i} = \beta_{kj}\dfrac{\partial \bar{X}_k}{\partial \bar{X}_i} = \beta_{kj}\delta_{ki} = \beta_{ij} \\ \dfrac{\partial \bar{X}_j}{\partial X_i} = \beta_{jk}\dfrac{\partial X_k}{\partial X_i} = \beta_{jk}\delta_{ki} = \beta_{ji} \end{cases} \quad \text{（见 1.7 节中的式(1.7.6)）} \tag{4.2.9}$$

于是

$$\begin{aligned} \bar{\varepsilon}_{kl} &= \frac{1}{2}\left(\frac{\partial \bar{u}_k}{\partial \bar{X}_l} + \frac{\partial \bar{u}_l}{\partial \bar{X}_k}\right) = \frac{1}{2}\left(\frac{\partial(\beta_{ki}u_i)}{\partial \bar{X}_l} + \frac{\partial(\beta_{li}u_i)}{\partial \bar{X}_k}\right) \\ &= \frac{1}{2}\left[\frac{\partial(\beta_{ki}u_i)}{\partial X_j}\frac{\partial X_j}{\partial \bar{X}_l} + \frac{\partial(\beta_{li}u_i)}{\partial X_j}\frac{\partial X_j}{\partial \bar{X}_k}\right] \\ &= \frac{1}{2}\left(\beta_{ki}\frac{\partial u_i}{\partial X_j}\beta_{lj} + \beta_{li}\frac{\partial u_i}{\partial X_j}\beta_{kj}\right) = \frac{1}{2}\left(\beta_{ki}\frac{\partial u_i}{\partial X_j}\beta_{lj} + \beta_{lj}\frac{\partial u_j}{\partial X_i}\beta_{ki}\right) = \beta_{ki}\beta_{lj}\varepsilon_{ij} \end{aligned}$$

即

$$\bar{\varepsilon}_{kl} = \beta_{ki}\beta_{lj}\varepsilon_{ij}, \quad [\bar{\boldsymbol{\varepsilon}}] = [\boldsymbol{\beta}][\boldsymbol{\varepsilon}][\boldsymbol{\beta}]^{\mathrm{T}} \tag{4.2.10a}$$

式(4.2.10a)证明了式(4.2.6)所定义的工程应变 ε_{ij} 确为 2 阶笛卡儿张量。有的书上将式(4.2.10a)展开为更明显可见的如下形式：

$$\begin{cases}\bar{\varepsilon}_{11} = \beta_{11}^2\varepsilon_{11} + \beta_{12}^2\varepsilon_{22} + \beta_{13}^2\varepsilon_{33} + 2\beta_{11}\beta_{12}\varepsilon_{12} + 2\beta_{12}\beta_{13}\varepsilon_{23} + 2\beta_{13}\beta_{11}\varepsilon_{31} \\ \bar{\varepsilon}_{12} = \beta_{11}\beta_{21}\varepsilon_{11} + \beta_{12}\beta_{22}\varepsilon_{22} + \beta_{13}\beta_{23}\varepsilon_{33} + (\beta_{11}\beta_{22} + \beta_{12}\beta_{21})\varepsilon_{12} \\ \qquad + (\beta_{12}\beta_{23} + \beta_{13}\beta_{22})\varepsilon_{23} + (\beta_{11}\beta_{23} + \beta_{13}\beta_{21})\varepsilon_{31}\end{cases} \tag{4.2.10b}$$

现在将式(4.2.10a)写为另一种由张量直接记法表示的意义更为清晰的形式。记列矢量 $\bar{\boldsymbol{e}}_k = [\beta_{k1}\quad\beta_{k2}\quad\beta_{k3}]^{\mathrm{T}}$，$\bar{\boldsymbol{e}}_l = [\beta_{l1}\quad\beta_{l2}\quad\beta_{l3}]^{\mathrm{T}}$，则有

$$\beta_{ki} = (\bar{\boldsymbol{e}}_k)_i,\quad \beta_{lj} = (\bar{\boldsymbol{e}}_l)_j$$

故如用张量的直接记法，式(4.2.10a)可写为

$$\bar{\varepsilon}_{kl} = \bar{\boldsymbol{e}}_k\cdot\boldsymbol{\varepsilon}\cdot\bar{\boldsymbol{e}}_l = [\beta_{k1}\quad\beta_{k2}\quad\beta_{k3}]\begin{bmatrix}\varepsilon_{11} & \varepsilon_{12} & \varepsilon_{13}\\ \varepsilon_{21} & \varepsilon_{22} & \varepsilon_{23}\\ \varepsilon_{31} & \varepsilon_{32} & \varepsilon_{33}\end{bmatrix}\begin{bmatrix}\beta_{l1}\\ \beta_{l2}\\ \beta_{l3}\end{bmatrix} \tag{4.2.10c}$$

式(4.2.10c)不但表明了工程应变 ε_{ij} 的 2 阶张量特性，还说明了如下的事实：只要知道了一点的应力张量 ε_{ij} 的值，则此点处任一方向上线元的正应变(例如可取该方向为 $\bar{X}_1$ 方向，从而得正应变 $\bar{\varepsilon}_{11}$)便可求出；同时，原来互相垂直的任意两个方向的剪应变(例如可取该二垂直方向为 $\bar{X}_1$、$\bar{X}_2$，从而得剪应变 $\bar{\varepsilon}_{12}$)也便可以求出。因此，我们可以说应变张量完全刻画了一点的应变状态，而且易证一点附近任意方向上的线应变为 0 的充要条件是该点应变张量为 $\mathbf{0}$，$\boldsymbol{\varepsilon}=\mathbf{0}$。

由于 $\bar{\boldsymbol{e}}_k$ 和 $\bar{\boldsymbol{e}}_l$ 可为任意两个垂直的单位矢量，所以对任意的单位矢量 $\boldsymbol{n}$ 和任意两个正交的单位矢量 $\boldsymbol{n}$、$\boldsymbol{m}$，式(4.2.10c)也可写为

$$\varepsilon(\boldsymbol{n}) = \boldsymbol{n}\cdot\boldsymbol{\varepsilon}\cdot\boldsymbol{n} = [n_1\quad n_2\quad n_3]\begin{bmatrix}\varepsilon_{11} & \varepsilon_{12} & \varepsilon_{13}\\ \varepsilon_{21} & \varepsilon_{22} & \varepsilon_{23}\\ \varepsilon_{31} & \varepsilon_{32} & \varepsilon_{33}\end{bmatrix}\begin{bmatrix}n_1\\ n_2\\ n_3\end{bmatrix} \tag{4.2.10d}$$

$$\varepsilon(\boldsymbol{n},\boldsymbol{m}) = \boldsymbol{n}\cdot\boldsymbol{\varepsilon}\cdot\boldsymbol{m} == [n_1\quad n_2\quad n_3]\begin{bmatrix}\varepsilon_{11} & \varepsilon_{12} & \varepsilon_{13}\\ \varepsilon_{21} & \varepsilon_{22} & \varepsilon_{23}\\ \varepsilon_{31} & \varepsilon_{32} & \varepsilon_{33}\end{bmatrix}\begin{bmatrix}m_1\\ m_2\\ m_3\end{bmatrix} \tag{4.2.10e}$$

式(4.2.10d)在应变从实验中有着重要的应用，因为它说明：只要测出一点处 6 个方向上的正应变，即可由式(4.2.10d)给出的 6 个式子反解出该点的应变张量；而在平面问题中，只要测出一点处某平面上 3 个方向上的正应变，即可由式(4.2.10d)给出的 3 个式子反解出该点的应变张量在此平面上的 3 个分量。

4.2.3　应变主方向和主应变

由于式(4.2.6)所定义的量 ε_{ij} 是一个 2 阶实对称张量，故可以像应力分析中定义应力张量 $\boldsymbol{\sigma}$ 的主方向及主应力一样，来定义工程应变张量的主方向和主应变，在数学上，它们分别是应变张量 ε_{ij} 的特征矢量和特征值，即主应变 ε 和主方向 $\boldsymbol{n}$，可由下列公式给出：

$$\boldsymbol{\varepsilon}\cdot\boldsymbol{n} = \varepsilon\boldsymbol{n},\quad \varepsilon_{ij}n_j = \varepsilon\delta_{ij}n_j,\quad (\varepsilon_{ij}-\varepsilon\delta_{ij})n_j = 0 \tag{4.2.11}$$

$$|\varepsilon_{ij}-\varepsilon\delta_{ij}| = -\varepsilon^3 + I_1\varepsilon^2 + I_2\varepsilon + I_3 = 0 \tag{4.2.12}$$

特征方程(4.2.12)中的系数 I_1、I_2 和 I_3 是坐标变换下的不变量，称为应变张量的主不变

量,它们与应变各分量 ε_{ij} 以及主应变 ε_i 的关系如下:

$$
\begin{aligned}
I_1 &= \varepsilon_{11} + \varepsilon_{22} + \varepsilon_{33} = \varepsilon_{ii} = \varepsilon_1 + \varepsilon_2 + \varepsilon_3 \\
I_2 &= -\begin{vmatrix} \varepsilon_{11} & \varepsilon_{12} \\ \varepsilon_{21} & \varepsilon_{22} \end{vmatrix} - \begin{vmatrix} \varepsilon_{22} & \varepsilon_{23} \\ \varepsilon_{32} & \varepsilon_{33} \end{vmatrix} - \begin{vmatrix} \varepsilon_{11} & \varepsilon_{13} \\ \varepsilon_{31} & \varepsilon_{33} \end{vmatrix} \\
&= -\frac{1}{2}(\varepsilon_{ii}\varepsilon_{jj} - \varepsilon_{ij}\varepsilon_{ji}) = -(\varepsilon_1\varepsilon_2 + \varepsilon_1\varepsilon_3 + \varepsilon_2\varepsilon_3) \\
I_3 &= \begin{vmatrix} \varepsilon_{11} & \varepsilon_{12} & \varepsilon_{13} \\ \varepsilon_{21} & \varepsilon_{22} & \varepsilon_{23} \\ \varepsilon_{31} & \varepsilon_{32} & \varepsilon_{33} \end{vmatrix} = e_{ijk}\varepsilon_{i1}\varepsilon_{j2}\varepsilon_{k3} = \varepsilon_1\varepsilon_2\varepsilon_3
\end{aligned}
\tag{4.2.13}
$$

像应力张量可以引入拉梅应力椭球一样,应变张量也可以引入应变拉梅椭球。

对于应变张量的主方向及主应变的存在性及其特征,可以做出与应力张量中主方向和主应力存在性及其特征相平行的讨论和结论,这是容易理解的,因为只要将应变张量乘以一个具有应力量纲的因子并进行讨论,然后再回到应变张量本身就可以了。但是由于其物理意义与应力张量不同,故在物理上关于应变张量主方向和主应变的结论应改述如下:

(1) 对于物体中一点的任一应变状态 ε_{ij},都至少存在着三个互相垂直的方向 $\boldsymbol{n}$,其中的每一方向具有这样的性质:

$$
\begin{cases} \varepsilon(\boldsymbol{n}, \boldsymbol{n}^*) = \boldsymbol{n}^* \cdot \boldsymbol{\varepsilon} \cdot \boldsymbol{n} = \boldsymbol{0} \\ \boldsymbol{n} \cdot \boldsymbol{\varepsilon} \cdot \boldsymbol{n} = \varepsilon \end{cases} \Rightarrow \boldsymbol{\varepsilon} \cdot \boldsymbol{n} = \varepsilon \boldsymbol{n} \tag{4.2.14}
$$

与它垂直的每一线元 $\boldsymbol{n}^*$ 和它之间的剪应变等于 0(即变形前垂直,变形后仍然垂直),这样的方向称为应变主方向或应变主轴,相应的主轴的法平面即为应变主平面,应变主轴方向上的线应变 $\varepsilon(\boldsymbol{n})$ 称为主应变。

(2) 当由式(4.2.12)确定的主应变两两互不相等,即 $\varepsilon_1 \neq \varepsilon_2 \neq \varepsilon_3 \neq \varepsilon_1$ 时,由式(4.2.11)所确定的三个主方向 $\boldsymbol{n}$ 两两正交,且是唯一的,当以它们为坐标轴时,即在主坐标系中应变张量成为对角元素恰为主应变的对角形。

(3) 当其中的一个主应变为重根,例如 $\varepsilon_1 = \varepsilon_2 \neq \varepsilon_3$ 时,与主应变 ε_3 对应的主方向 $\overset{3}{\boldsymbol{n}}$ 的法平面内的任意方向都是与 $\varepsilon_1 = \varepsilon_2$ 相对应的主方向,故可找出无穷多组幺正主方向 $(\overset{1}{\boldsymbol{n}}, \overset{2}{\boldsymbol{n}}, \overset{3}{\boldsymbol{n}})$。

(4) 当主应变为 3 重根 $\varepsilon_1 = \varepsilon_2 = \varepsilon_3 = \varepsilon$ 时,空间的任何方向都是应变主方向,空间中的任何一个幺正基都可以作为应变张量的主坐标系,故在任意的笛卡儿坐标系中应变张量都恒为对角形:

$$
\boldsymbol{\varepsilon} = \varepsilon \boldsymbol{I} \tag{4.2.15}
$$

物理上这代表了一种在任意方向上正应变都为 $\varepsilon_1 = \varepsilon_2 = \varepsilon_3 = \varepsilon$ 的均匀的球形膨胀(或压缩)变形。

如引入所谓的工程体应变 θ:

$$
\theta = \frac{\mathrm{d}v - \mathrm{d}V}{\mathrm{d}V}
$$

其中,$\mathrm{d}v$ 和 $\mathrm{d}V$ 分别为微体的瞬时体积和初始体积,则在 1 阶近似下将有(先取主坐标系为棱的微长方体)

$$\theta = \frac{\mathrm{d}v - \mathrm{d}V}{\mathrm{d}V} \approx \frac{(1+\varepsilon_1)(1+\varepsilon_2)(1+\varepsilon_3)\mathrm{d}X_1\mathrm{d}X_2\mathrm{d}X_3 - \mathrm{d}X_1\mathrm{d}X_2\mathrm{d}X_3}{\mathrm{d}X_1\mathrm{d}X_2\mathrm{d}X_3}$$
$$\approx \varepsilon_1 + \varepsilon_2 + \varepsilon_3 = \varepsilon_{11} + \varepsilon_{22} + \varepsilon_{33} = I_1 \tag{4.2.16}$$

恰为工程应变中的第一不变量。如果引入应变偏量张量 $\boldsymbol{\varepsilon}'$：

$$\boldsymbol{\varepsilon}' = \boldsymbol{\varepsilon} - \frac{\theta}{3}\boldsymbol{I}, \quad \varepsilon'_{ij} = \varepsilon_{ij} - \frac{\theta}{3}\delta_{ij} \tag{4.2.17}$$

则应变偏量张量 $\boldsymbol{\varepsilon}'$ 与应变张量 $\boldsymbol{\varepsilon}$ 有同样的主方向 $\overset{i}{\boldsymbol{n}}$，而其主偏量 ε'_i 与主应变 ε_i 的关系将为

$$\varepsilon'_i = \varepsilon_i - \frac{\theta}{3} = \varepsilon_i - \varepsilon, \quad \varepsilon = \frac{\theta}{3} = \frac{\varepsilon_1 + \varepsilon_2 + \varepsilon_3}{3} = \frac{\varepsilon_{ii}}{3} \tag{4.2.18}$$

其中，$\varepsilon = \frac{\theta}{3} = \frac{\varepsilon_{ii}}{3}$ 为平均正应变(线应变)。而主偏量的特征方程及主偏不变量 J_i 将各为

$$|\varepsilon'_{ij} - \varepsilon'\delta_{ij}| = -\varepsilon'^3 + J_1\varepsilon'^2 + J_2\varepsilon' + J_3 = 0 \tag{4.2.19}$$

$$\begin{cases} J_1 = \dfrac{\varepsilon'_{ii}}{3} = 0 \\ J_2 = -\dfrac{1}{2}(\varepsilon'_{ii}\varepsilon'_{ii} - \varepsilon'_{ij}\varepsilon'_{jj}) = \dfrac{1}{2}\varepsilon'_{ij}\varepsilon'_{jj} \\ J_3 = \det\boldsymbol{\varepsilon}' = e_{ijk}\varepsilon'_{i1}\varepsilon'_{i2}\varepsilon'_{i3} \end{cases} \tag{4.2.20}$$

对于应变张量，当然也可类比应力张量引入应变椭球、应变莫尔圆等概念和方法，在此不再多述。

4.3　连续介质微小运动的分解与微小旋转量

4.3.1　连续介质中一点的微小旋转

现在考察连续介质中一点附近介质的旋转如何描述。由于介质中存在变形，所以与刚体不同，一点附近各不同方向的线元将有不同的旋转，因而我们必须以某种平均的方式来定义介质在一点处的旋转。尽管微小旋转可以用矢量来表示，但以某种方式进行平均也是必不可少的。如图4.4所示，线元 $\mathrm{d}X_1$ 和线元 $\mathrm{d}X_2$ 组成的面元 $\mathrm{d}X_1\mathrm{d}X_2$ 变形后在平面 X_1X_2 内的投影成为由线元 $A'M'$ 及线元 $A'N'$ 组成的面元，我们可以把由变形前 $\angle MON$ 的角平分线到变形后 $\angle M'O'N'$ 的角平分线之间的夹角 Ω_3(逆时针转角为正)作为面元 $\mathrm{d}X_1\mathrm{d}X_2$ 绕 X_3 轴的平均旋转，并将之作为 A 点附近微小旋转矢量 $\boldsymbol{\Omega}$ 在 X_3 方向上的分量。如上节所述，图4.4中的角度 ϕ_1(逆时针)和 ϕ_2(顺时针)分别为

$$\phi_1 = \frac{\partial u_2}{\partial X_1}, \quad \phi_2 = \frac{\partial u_1}{\partial X_2} \tag{4.3.1}$$

当只有 ϕ_1 时，旧角平分线到新角平分线之间逆时针旋转角为 $\frac{1}{2}\phi_1$，当只有 ϕ_2(或在原基础上再发生 ϕ_2)时，旧角平分线到新角平分线之间逆时针旋转角为 $-\frac{1}{2}\phi_2$，故绕 X_3 轴的逆时

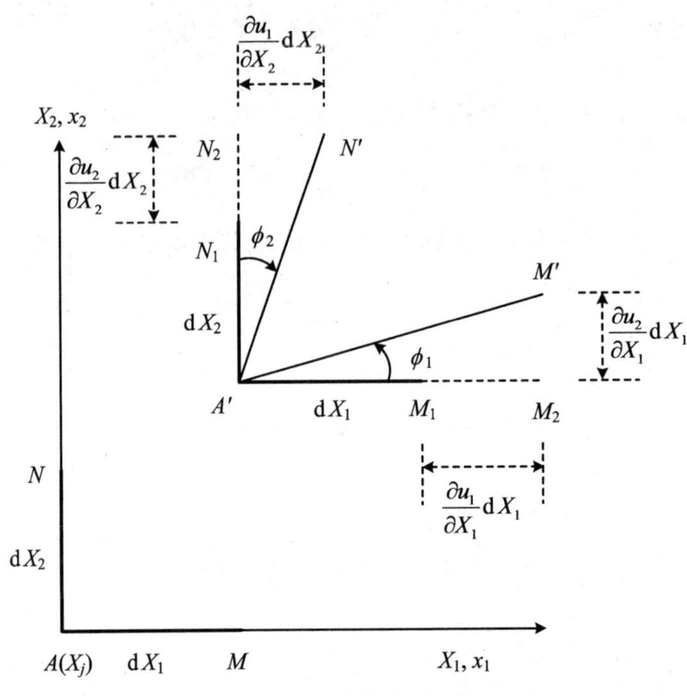

图 4.4 运动的 L 氏描述

针平均旋转角 Ω_3 为

$$\Omega_3 = \frac{1}{2}(\phi_1 - \phi_2) = \frac{1}{2}\left(\frac{\partial u_2}{\partial X_1} - \frac{\partial u_1}{\partial X_2}\right) \tag{4.3.2a}$$

类似地，我们可以把线元 $\mathrm{d}X_2$、$\mathrm{d}X_3$ 的角平分线到变形后其在 X_2X_3 平面投影线的角平分线绕 X_1 轴的逆时针转角 Ω_1 定义为 A 点附近微小旋转矢量$\boldsymbol{\Omega}$ 在 X_1 方向上的分量，把线元 $\mathrm{d}X_3$、$\mathrm{d}X_1$ 的角平分线到变形后其在 X_3X_1 平面投影线的角平分线绕 X_2 轴的逆时针转角 Ω_2 定义为 A 点附近微小旋转矢量$\boldsymbol{\Omega}$ 在 X_2 方向上的分量，即

$$\Omega_1 = \frac{1}{2}(\phi_2 - \phi_3) = \frac{1}{2}\left(\frac{\partial u_3}{\partial X_2} - \frac{\partial u_2}{\partial X_3}\right) \tag{4.3.2b}$$

$$\Omega_2 = \frac{1}{2}(\phi_3 - \phi_1) = \frac{1}{2}\left(\frac{\partial u_1}{\partial X_3} - \frac{\partial u_3}{\partial X_1}\right) \tag{4.3.2c}$$

式(4.3.2)也可统一地写为

$$\Omega_i = -\frac{1}{2}e_{ijk}\frac{\partial u_j}{\partial X_k} = -\frac{1}{2}e_{ijk}u_j\overleftarrow{\nabla}_k \quad \left(\Omega_i = \frac{1}{2}e_{ikj}\frac{\partial u_j}{\partial X_k} = \frac{1}{2}e_{ikj}u_j\overleftarrow{\nabla}_k\right) \tag{4.3.3a}$$

$$\boldsymbol{\Omega} = -\frac{1}{2}\boldsymbol{u}\times\overleftarrow{\nabla} = \frac{1}{2}\overrightarrow{\nabla}\times\boldsymbol{u} = \frac{1}{2}\mathrm{rot}\,\boldsymbol{u} \tag{4.3.3b}$$

即微体无穷小的旋转矢量 $\boldsymbol{\Omega}$ 恰好等于位移场矢量 $\boldsymbol{u}$ 在 L 氏坐标中的旋度 rot $\boldsymbol{u}$ 的一半。在张量分析中我们曾指出，三维空间中的矢量和反对称张量有一一对偶的关系，如以 $\boldsymbol{W}^*$ 来表示与无穷小的旋转矢量 $\boldsymbol{\Omega}$ 相对偶的反对称张量，则它恰是位移在 L 氏坐标中梯度的反对称部分，从而有

$$W_{ij}^* = -W_{ji}^* \tag{4.3.4a}$$

$$[\boldsymbol{W}^*]=\begin{bmatrix}0 & W_{12}^* & -W_{31}^*\\ -W_{12}^* & 0 & W_{23}^*\\ W_{31}^* & -W_{23}^* & 0\end{bmatrix}=\begin{bmatrix}0 & -\Omega_3 & \Omega_2\\ \Omega_3 & 0 & -\Omega_1\\ -\Omega_2 & \Omega_1 & 0\end{bmatrix}\tag{4.3.4b}$$

$$W_{ij}^*=-e_{ijk}\Omega_k=\frac{1}{2}\left(\frac{\partial u_i}{\partial X_j}-\frac{\partial u_j}{\partial X_i}\right)=\frac{1}{2}(u_i\overleftarrow{\nabla}_j-\overrightarrow{\nabla}_i u_j),\quad \boldsymbol{W}^*=\frac{1}{2}(\boldsymbol{u}\overleftarrow{\nabla}-\overrightarrow{\nabla}\boldsymbol{u})\tag{4.3.4c}$$

$$\Omega_i=-e_{ijk}W_{jk}^*\tag{4.3.4d}$$

我们称反对称张量 $\boldsymbol{W}^*$ 为一点附近的无穷小旋转张量,它与其无穷小旋转矢量 $\boldsymbol{\Omega}$ 相对偶。

4.3.2　连续介质一点附近微小运动的分解

现在我们以位移的 L 氏描述为基础来研究连续介质中一点附近微小运动的分解及其物理意义。设 $P(\boldsymbol{X}+\mathrm{d}\boldsymbol{X})$ 是点 $A(\boldsymbol{X})$ 邻近的一点,则将 P 点的位移在 A 点处展开为 Taylor 级数,并且只保留位移梯度的 1 阶小量,则有

$$u_i(\boldsymbol{X}+\mathrm{d}\boldsymbol{X})=u_i(\boldsymbol{X})+\left.\frac{\partial u_i}{\partial X_j}\right|_X\mathrm{d}X_j,\quad \boldsymbol{u}(\boldsymbol{X}+\mathrm{d}\boldsymbol{X})=\boldsymbol{u}(\boldsymbol{X})+\left.\frac{\partial \boldsymbol{u}}{\partial \boldsymbol{X}}\right|_X\cdot\mathrm{d}\boldsymbol{X}\tag{4.3.5}$$

在张量分析中已经证明,任意 2 阶张量都可以唯一地分解为一个 2 阶对称张量和一个 2 阶反对称张量之和,如将位移梯度张量分解为其对称部分和反对称部分之和,则有

$$\begin{aligned}\frac{\partial u_i}{\partial X_j}&=\frac{1}{2}\left(\frac{\partial u_i}{\partial X_j}+\frac{\partial u_j}{\partial X_i}\right)+\frac{1}{2}\left(\frac{\partial u_i}{\partial X_j}-\frac{\partial u_j}{\partial X_i}\right)\\&=\frac{1}{2}(u_i\overleftarrow{\nabla}_j+\overrightarrow{\nabla}_i u_j)+\frac{1}{2}(u_i\overleftarrow{\nabla}_j-\overrightarrow{\nabla}_i u_j)=\varepsilon_{ij}+W_{ij}^*\end{aligned}\tag{4.3.6a}$$

$$\begin{aligned}\frac{\partial \boldsymbol{u}}{\partial \boldsymbol{X}}&=\frac{1}{2}\left(\frac{\partial \boldsymbol{u}}{\partial \boldsymbol{X}}+\left(\frac{\partial \boldsymbol{u}}{\partial \boldsymbol{X}}\right)^{\mathrm{T}}\right)+\frac{1}{2}\left(\frac{\partial \boldsymbol{u}}{\partial \boldsymbol{X}}-\left(\frac{\partial \boldsymbol{u}}{\partial \boldsymbol{X}}\right)^{\mathrm{T}}\right)\\&=\frac{1}{2}(\boldsymbol{u}\overleftarrow{\nabla}+\overrightarrow{\nabla}\boldsymbol{u})+\frac{1}{2}(\boldsymbol{u}\overleftarrow{\nabla}-\overrightarrow{\nabla}\boldsymbol{u})=\varepsilon+\boldsymbol{W}^*\end{aligned}\tag{4.3.6b}$$

利用式(4.3.6),可将式(4.3.5)写为

$$\begin{cases}u_i(\boldsymbol{X}+\mathrm{d}\boldsymbol{X})=u_i(\boldsymbol{X})+\varepsilon_{ij}(\boldsymbol{X})\mathrm{d}X_j+W_{ij}^*(\boldsymbol{X})\mathrm{d}X_j\\ \qquad\qquad\quad=u_i(\boldsymbol{X})+\varepsilon_{ij}(\boldsymbol{X})\mathrm{d}X_j+e_{ikj}\Omega_k\mathrm{d}X_j\\ \boldsymbol{u}(\boldsymbol{X}+\mathrm{d}\boldsymbol{X})=\boldsymbol{u}(\boldsymbol{X})+\boldsymbol{\varepsilon}\cdot\mathrm{d}\boldsymbol{X}+\boldsymbol{W}^*\cdot\mathrm{d}\boldsymbol{X}=\boldsymbol{u}(\boldsymbol{X})+\boldsymbol{\varepsilon}\cdot\mathrm{d}\boldsymbol{X}+\Omega\times\mathrm{d}\boldsymbol{X}\end{cases}\tag{4.3.7}$$

式(4.3.7)即是连续介质中一点 A 邻近区域内任一点 P 处微小运动的分解式,其各项含义是:第一项代表点 P 随极点 A 的刚体平动位移,第三项 $\boldsymbol{W}^*\cdot\mathrm{d}\boldsymbol{X}=\Omega\times\mathrm{d}\boldsymbol{X}$ 代表绕极点 A 所进行的无穷小刚体转动位移,第二项 $\boldsymbol{\varepsilon}\cdot\mathrm{d}\boldsymbol{X}$ 代表纯变形位移。这种分解对点 A 附近的任意点 P 都是适用的,而且 $\boldsymbol{\varepsilon}$ 和 $\boldsymbol{\Omega}$(或 $\boldsymbol{W}^*$)在点 A 处取值,与线元 $\overrightarrow{OP}$ 的取向无关,是点 A 附近一个小微体运动和变形的共同特征,这就克服了 4.1 节中直观分解的缺陷。

4.4 正交曲线坐标中工程应变分量与位移分量的关系

4.4.1 引言

在笛卡儿张量的理论框架内，引入工程应变张量 $\boldsymbol{\varepsilon}$ 在正交曲线坐标系中的分量 $\bar{\varepsilon}_{ij}$ 的方法，可以仿效对应力张量 $\boldsymbol{\sigma}$ 的处理方法，即将正交曲线坐标中沿坐标线方向单位化的幺正基作为局部化的笛卡儿基 $\bar{\boldsymbol{e}}_k$，并寻求应变张量 $\boldsymbol{\varepsilon}$ 在此基上的笛卡儿分量 $\bar{\varepsilon}_{ij}$。这一点并不难做到，只要将式(2.4.11)中的 σ_{ij} 和 $\bar{\sigma}_{ij}$ 分别以 ε_{ij} 和 $\bar{\varepsilon}_{ij}$ 代替即可：

$$\bar{\varepsilon}_{ij} = \beta_{il}\beta_{jm}\varepsilon_{lm}, \quad \varepsilon_{ij} = \beta_{li}\beta_{mj}\bar{\varepsilon}_{lm}$$

$$[\bar{\boldsymbol{\varepsilon}}] = [\boldsymbol{\beta}][\boldsymbol{\varepsilon}][\boldsymbol{\beta}]^{\mathrm{T}}, \quad [\boldsymbol{\varepsilon}] = [\boldsymbol{\beta}]^{\mathrm{T}}[\bar{\boldsymbol{\varepsilon}}][\boldsymbol{\beta}]$$

其中，正交矩阵 $[\beta_{kj}]$ 是由笛卡儿基 $\boldsymbol{e}_j$ 到正交曲线坐标局部幺正基 $\bar{\boldsymbol{e}}_k$ 的过渡矩阵，它通常是所考虑的点 P 的位置，即曲线坐标的函数：

$$\beta_{kj}(P) = \bar{\boldsymbol{e}}_k \cdot \boldsymbol{e}_j = \frac{1}{H_k}\frac{\partial X_j}{\partial q_K} = \frac{\partial X_j}{\partial S_k} \quad (k = 1、2、3,\text{不求和})$$

关于以上几个公式可见 2.4 节。但是与应力张量的情形不同，我们的任务并未完全解决，因为公式中的

$$\varepsilon_{lm} = \frac{1}{2}\left(\frac{\partial u_l}{\partial X_m} + \frac{\partial u_m}{\partial X_l}\right)$$

仍是通过位移矢量 $\boldsymbol{u}$ 在笛卡儿坐标系中的位移分量对笛卡儿坐标的偏导数来确定的，我们还有一个任务就是，必须把它们化为正交曲线坐标中的位移分量对正交曲线坐标的偏导数，只有这样我们才能解决正交曲线坐标中工程应变分量和位移分量关系的问题。解决这一问题的方法之一是：利用位移分量的坐标变换公式以及复合函数求导的链锁法则，将其中的 ε_{lm} 化为曲线坐标中位移分量 $\bar{u}_i$ 对曲线坐标 $\bar{X}_j$ 的偏导数 $\dfrac{\partial \bar{u}_i}{\partial \bar{X}_j}$ 等所表达，这种方法称为坐标变换法。此种方法虽然不难，但是显然非常繁琐且得出的公式的物理意义并不清楚，这将在下面的第三部分中给出。另一种得出正交曲线坐标中工程应变分量和位移分量关系的方法是直接将 4.2 节所讲的工程应变分量的物理意义应用于正交曲线坐标的局部幺正基中，并应用正交曲线坐标中单位基矢量偏导数的公式，这种方法称为直接的物理推导法，这将在下面的第四部分中给出。这种方法物理概念清晰，而且在一般的书上较少见到，是本节内容的重点。下面首先把在张量分析一章中所讲过的正交曲线坐标的有关知识，特别是正交曲线坐标单位基矢量的微商公式简述和汇总如下。

4.4.2 正交曲线坐标中的梯度算子和单位基矢量的微商公式

1. 正交曲线坐标中的梯度算子

如 1.8 节和 2.4 节所述，设通过以下函数关系而建立了由笛卡儿坐标 X_i 到任意曲线坐

标 q_i 间的一一映射关系：

$$\begin{cases} X_i = X_i(q_1,q_2,q_3) = X_i(q_k) \\ q_i = q_i(X_1,X_2,X_3) = q_i(X_k) \end{cases} \quad (i、k = 1、2、3) \tag{4.4.1}$$

则在空间中的任一点 P 可以确定三个分别沿过该点的曲线坐标线切线方向的矢量 $\hat{\boldsymbol{e}}_k(P)$：

$$\hat{\boldsymbol{e}}_k(P) = \frac{\partial \boldsymbol{r}}{\partial q_k} = \frac{\partial X_j}{\partial q_k}\boldsymbol{e}_j \tag{4.4.2}$$

这里 $\boldsymbol{e}_j$ 为笛卡儿坐标中的单位基矢。矢量 $\hat{\boldsymbol{e}}_k(P)$ 的长度，即拉梅系数 $H_k(P)$ 为

$$H_k(P) = |\hat{\boldsymbol{e}}_k(P)| = \sqrt{\left(\frac{\partial X_1}{\partial q_k}\right)^2 + \left(\frac{\partial X_2}{\partial q_k}\right)^2 + \left(\frac{\partial X_3}{\partial q_k}\right)^2} \quad (k = 1、2、3) \tag{4.4.3}$$

而沿 $\hat{\boldsymbol{e}}_k(P)$ 方向的单位矢量 $\bar{\boldsymbol{e}}_k(P)$ 为

$$\bar{\boldsymbol{e}}_k(P) = \frac{\hat{\boldsymbol{e}}_k}{H_k} = \frac{1}{H_k}\frac{\partial X_j}{\partial q_k}\boldsymbol{e}_j = \beta_{kj}\boldsymbol{e}_j \quad (k = 1、2、3,\text{不求和}) \tag{4.4.4a}$$

其中

$$\beta_{kj} = \bar{\boldsymbol{e}}_k \cdot \boldsymbol{e}_j = \frac{1}{H_k}\frac{\partial X_j}{\partial q_K} = \frac{\partial X_j}{\partial S_k}, \quad \mathrm{d}S_k = H_k \mathrm{d}q_k \quad (k = 1、2、3,\text{不求和}) \tag{4.4.5}$$

其中，$\mathrm{d}S_k = H_k\mathrm{d}q_k$ 是沿坐标线 q_k 的弧长 S_k 的微分。此外，我们显然有恒等式：

$$\frac{\partial X_i}{\partial X_j} = \frac{\partial X_i}{\partial q_K}\frac{\partial q_K}{\partial X_j} = \delta_{ij}, \quad \frac{\partial q_i}{\partial q_j} = \frac{\partial q_i}{\partial X_K}\frac{\partial X_K}{\partial q_j} = \delta_{ij}$$

以上各式对任意曲线坐标都适用。如果曲线坐标为正交曲线坐标，则任一点 P 处三个 $\hat{\boldsymbol{e}}_k(P)$ 两两正交，于是 $\bar{\boldsymbol{e}}_k(P)$ 也形成幺正基，公式(4.4.5a)所定义的 β_{kj} 将为由幺正基到幺正基的变换系数矩阵，故其必为正交矩阵，即

$$\beta_{ik}\beta_{jk} = \delta_{ij} = \beta_{ki}\beta_{kj}, \quad [\beta][\beta]^{\mathrm{T}} = [\boldsymbol{I}] = [\beta]^{\mathrm{T}}[\beta] \tag{4.4.6a}$$

$$\beta_{ik}\frac{\partial \beta_{jk}}{\partial q_l} = \bar{\boldsymbol{e}}_i \cdot \boldsymbol{e}_k\frac{\partial \beta_{jk}}{\partial q_l} = \bar{\boldsymbol{e}}_i \cdot \frac{\partial \bar{\boldsymbol{e}}_j}{\partial q_l} = -\bar{\boldsymbol{e}}_j \cdot \frac{\partial \bar{\boldsymbol{e}}_i}{\partial q_l} \tag{4.4.6b}$$

其中，式(4.4.6b)之最后一式应用了 $\bar{\boldsymbol{e}}_i \cdot \bar{\boldsymbol{e}}_j = \delta_{ij}$ 的导数为 0 这一事实。由于有

$$\nabla = \boldsymbol{e}_j\frac{\partial}{\partial X_j} = \beta_{kj}\bar{\boldsymbol{e}}_k\frac{\partial}{\partial X_j} = \frac{\bar{\boldsymbol{e}}_k}{H_k}\frac{\partial X_j}{\partial q_K}\frac{\partial}{\partial X_j} = \frac{\bar{\boldsymbol{e}}_k}{H_k}\frac{\partial}{\partial q_K}$$

所以正交曲线坐标中的梯度算子表达式为

$$\nabla = \frac{\bar{\boldsymbol{e}}_k}{H_k}\frac{\partial}{\partial q_K} = \bar{\boldsymbol{e}}_k\bar{\nabla}_k, \quad \bar{\nabla}_k = \frac{1}{H_k}\frac{\partial}{\partial q_K} = \frac{\partial}{\partial S_K} \tag{4.4.7}$$

此外，对正交曲线坐标，由于$[\beta]$为正交矩阵，所以式(4.4.4a)的逆解式可写为

$$\boldsymbol{e}_j(P) = \beta_{kj}\bar{\boldsymbol{e}}_k \tag{4.4.4b}$$

2．正交曲线坐标中单位基矢量的微商公式

在 1.8 节中，我们曾证明了正交曲线坐标系中单位基矢量的微商公式(1.8.17)，为了便于下面应用，将其重新列出：

$$\begin{cases}\dfrac{\partial \bar{\boldsymbol{e}}_1}{\partial q_1}=-\dfrac{1}{H_2}\dfrac{\partial H_1}{\partial q_2}\bar{\boldsymbol{e}}_2-\dfrac{1}{H_3}\dfrac{\partial H_1}{\partial q_3}\bar{\boldsymbol{e}}_3\\ \dfrac{\partial \bar{\boldsymbol{e}}_1}{\partial q_2}=\dfrac{1}{H_1}\dfrac{\partial H_2}{\partial q_1}\bar{\boldsymbol{e}}_2\\ \dfrac{\partial \bar{\boldsymbol{e}}_1}{\partial q_3}=\dfrac{1}{H_1}\dfrac{\partial H_3}{\partial q_1}\bar{\boldsymbol{e}}_3\end{cases}\tag{4.4.8a}$$

$$\begin{cases}\dfrac{\partial \bar{\boldsymbol{e}}_2}{\partial q_2}=-\dfrac{1}{H_3}\dfrac{\partial H_2}{\partial q_3}\bar{\boldsymbol{e}}_3-\dfrac{1}{H_1}\dfrac{\partial H_2}{\partial q_1}\bar{\boldsymbol{e}}_1\\ \dfrac{\partial \bar{\boldsymbol{e}}_2}{\partial q_3}=\dfrac{1}{H_2}\dfrac{\partial H_3}{\partial q_2}\bar{\boldsymbol{e}}_3\\ \dfrac{\partial \bar{\boldsymbol{e}}_2}{\partial q_1}=\dfrac{1}{H_2}\dfrac{\partial H_1}{\partial q_2}\bar{\boldsymbol{e}}_1\end{cases}\tag{4.4.8b}$$

$$\begin{cases}\dfrac{\partial \bar{\boldsymbol{e}}_3}{\partial q_3}=-\dfrac{1}{H_1}\dfrac{\partial H_3}{\partial q_1}\bar{\boldsymbol{e}}_1-\dfrac{1}{H_2}\dfrac{\partial H_3}{\partial q_2}\bar{\boldsymbol{e}}_2\\ \dfrac{\partial \bar{\boldsymbol{e}}_3}{\partial q_1}=\dfrac{1}{H_3}\dfrac{\partial H_1}{\partial q_3}\bar{\boldsymbol{e}}_1\\ \dfrac{\partial \bar{\boldsymbol{e}}_3}{\partial q_2}=\dfrac{1}{H_3}\dfrac{\partial H_2}{\partial q_3}\bar{\boldsymbol{e}}_2\end{cases}\tag{4.4.8c}$$

4.4.3 坐标变换法推导正交曲线坐标中应变分量和位移分量的关系

如前所述，如把工程应变张量 $\boldsymbol{\varepsilon}$ 在正交曲线坐标局部幺正基 $\bar{\boldsymbol{e}}_k$ 中的分量 $\bar{\varepsilon}_{ij}$ 作为其在正交曲线坐标中的笛卡儿分量，则 $\boldsymbol{\varepsilon}$ 在正交曲线坐标系中的分量 $\bar{\varepsilon}_{ij}$ 和其在笛卡儿坐标系中的分量 ε_{lm} 的关系可以由正交过渡矩阵为 β_{ij} 的 2 阶张量分量间的变换公式给出：

$$\begin{cases}\bar{\varepsilon}_{ij}=\beta_{il}\beta_{jm}\varepsilon_{lm}, \quad \varepsilon_{ij}=\beta_{li}\beta_{mj}\bar{\varepsilon}_{lm}\\ [\bar{\varepsilon}]=[\beta][\varepsilon][\beta]^{\mathrm{T}}, \quad [\varepsilon]=[\beta]^{\mathrm{T}}[\bar{\varepsilon}][\beta]\end{cases}\tag{4.4.9}$$

其中，ε_{lm} 与位移矢量 $\boldsymbol{u}$ 在笛卡儿坐标系中的分量 u_l 等的关系为

$$\varepsilon_{lm}=\frac{1}{2}\left(\frac{\partial u_l}{\partial X_m}+\frac{\partial u_m}{\partial X_l}\right)=\frac{1}{2}(u_l\overleftarrow{\nabla}_m+u_m\overleftarrow{\nabla}_l)\tag{4.4.10}$$

但是位移 $\boldsymbol{u}$ 也是矢量，故其在笛卡儿坐标中的分量 u_l、u_m 和其在正交曲线坐标中的分量 $\bar{u}_s$ 有如下关系：

$$u_l=\beta_{sl}\bar{u}_s, \quad u_m=\beta_{sm}\bar{u}_s\tag{4.4.11}$$

将式(4.4.11)代入式(4.4.10)，然后再代入式(4.4.9)，可得

$$\bar{\varepsilon}_{ij}=\beta_{il}\beta_{jm}\frac{1}{2}\left(\beta_{sl}\frac{\partial \bar{u}_s}{\partial X_m}+\frac{\partial \beta_{sl}}{\partial X_m}\bar{u}_s+\beta_{sm}\frac{\partial \bar{u}_s}{\partial X_l}+\frac{\partial \beta_{sm}}{\partial X_l}\bar{u}_s\right)\tag{4.4.12}$$

(1) 对应 $i=j=1$。

式(4.4.12)中的第一项为

$$\begin{aligned}\beta_{1l}\beta_{1m}\frac{1}{2}\beta_{sl}\frac{\partial \bar{u}_s}{\partial X_m}&=\frac{1}{2}\delta_{1s}\beta_{1m}\frac{\partial \bar{u}_s}{\partial X_m}=\frac{1}{2}\beta_{1m}\frac{\partial \bar{u}_1}{\partial X_m}\\&=\frac{1}{2}\frac{1}{H_1}\frac{\partial X_m}{\partial q_1}\frac{\partial \bar{u}_1}{\partial X_m}=\frac{1}{2}\frac{1}{H_1}\frac{\partial \bar{u}_1}{\partial q_1}\end{aligned}\tag{4.4.13}$$

类似地，式(4.4.12)中的第三项为

$$\beta_{1l}\beta_{1m}\frac{1}{2}\beta_{sm}\frac{\partial\bar{u}_s}{\partial X_l}=\frac{1}{2}\beta_{1l}\delta_{1s}\frac{\partial\bar{u}_s}{\partial X_l}=\frac{1}{2}\frac{1}{H_1}\frac{\partial X_l}{\partial q_1}\frac{\partial\bar{u}_1}{\partial X_l}=\frac{1}{2}\frac{1}{H_1}\frac{\partial\bar{u}_1}{\partial q_1}\tag{4.4.14}$$

利用式(4.4.6b)和式(4.4.8a)，式(4.4.12)中的第二项为

$$\begin{aligned}\beta_{1l}\beta_{1m}\frac{1}{2}\frac{\partial\beta_{sl}}{\partial X_m}\bar{u}_s&=\frac{1}{2}\beta_{1l}\frac{1}{H_1}\frac{\partial X_m}{\partial q_1}\frac{\partial\beta_{sl}}{\partial X_m}\bar{u}_s=\frac{1}{2}\beta_{1l}\frac{1}{H_1}\frac{\partial\beta_{sl}}{\partial q_1}\bar{u}_s\\&=\frac{1}{2}\frac{\bar{u}_s}{H_1}\bar{e}_1\cdot\frac{\partial\bar{e}_s}{\partial q_1}=-\frac{1}{2}\frac{\bar{u}_s}{H_1}\bar{e}_s\cdot\frac{\partial\bar{e}_1}{\partial q_1}\\&=\frac{1}{2}\frac{1}{H_1}\left(\frac{\bar{u}_2}{H_2}\frac{\partial H_1}{\partial q_2}+\frac{\bar{u}_3}{H_3}\frac{\partial H_1}{\partial q_3}\right)\end{aligned}\tag{4.4.15}$$

类似地，式(4.4.12)中的第四项为

$$\begin{aligned}\beta_{1l}\beta_{1m}\frac{1}{2}\frac{\partial\beta_{sm}}{\partial X_l}\bar{u}_s&=\frac{1}{2}\beta_{1m}\frac{1}{H_1}\frac{\partial X_l}{\partial q_1}\frac{\partial\beta_{sm}}{\partial X_l}\bar{u}_s=\frac{1}{2}\beta_{1m}\frac{1}{H_1}\frac{\partial\beta_{sm}}{\partial q_1}\bar{u}_s\\&=\frac{1}{2}\frac{1}{H_1}\bar{e}_1\cdot\frac{\partial\bar{e}_s}{\partial q_1}\bar{u}_s=-\frac{1}{2}\frac{1}{H_1}\bar{e}_s\cdot\frac{\partial\bar{e}_1}{\partial q_1}\bar{u}_s\\&=\frac{1}{2}\frac{1}{H_1}\left(\frac{\bar{u}_2}{H_2}\frac{\partial H_1}{\partial q_2}+\frac{\bar{u}_3}{H_3}\frac{\partial H_1}{\partial q_3}\right)\end{aligned}\tag{4.4.16}$$

综合式(4.4.13)、式(4.4.14)、式(4.4.15)、式(4.4.16)，即有

$$\bar{\varepsilon}_{11}=\frac{1}{H_1}\frac{\partial\bar{u}_1}{\partial q_1}+\frac{1}{H_1}\left(\frac{\bar{u}_2}{H_2}\frac{\partial H_1}{\partial q_2}+\frac{\bar{u}_3}{H_3}\frac{\partial H_1}{\partial q_3}\right)\tag{4.4.17}$$

(2) 对应 $i=1,j=2$。

式(4.4.12)中的第一项为

$$\begin{aligned}\beta_{1l}\beta_{2m}\frac{1}{2}\beta_{sl}\frac{\partial\bar{u}_s}{\partial X_m}&=\beta_{2m}\frac{1}{2}\delta_{1s}\frac{\partial\bar{u}_s}{\partial X_m}=\frac{1}{2}\beta_{2m}\frac{\partial\bar{u}_1}{\partial X_m}\\&=\frac{1}{2}\frac{1}{H_2}\frac{\partial X_m}{\partial q_2}\frac{\partial\bar{u}_1}{\partial X_m}=\frac{1}{2}\frac{1}{H_2}\frac{\partial\bar{u}_1}{\partial q_2}\end{aligned}\tag{4.4.18}$$

类似地，式(4.4.12)中的第三项为

$$\begin{aligned}\beta_{1l}\beta_{2m}\frac{1}{2}\beta_{sm}\frac{\partial\bar{u}_s}{\partial X_l}&=\beta_{1l}\frac{1}{2}\delta_{2s}\frac{\partial\bar{u}_s}{\partial X_l}=\frac{1}{2}\beta_{1l}\frac{\partial\bar{u}_2}{\partial X_l}\\&=\frac{1}{2}\frac{1}{H_1}\frac{\partial X_l}{\partial q_1}\frac{\partial\bar{u}_2}{\partial X_l}=\frac{1}{2}\frac{1}{H_1}\frac{\partial\bar{u}_2}{\partial q_1}\end{aligned}\tag{4.4.19}$$

而式(4.4.12)中的第二项为

$$\begin{aligned}\beta_{1l}\beta_{2m}\frac{1}{2}\frac{\partial\beta_{sl}}{\partial X_m}\bar{u}_s&=\frac{1}{2}\beta_{1l}\frac{1}{H_2}\frac{\partial X_m}{\partial q_2}\frac{\partial\beta_{sl}}{\partial X_m}\bar{u}_s=\frac{1}{2}\beta_{1l}\frac{1}{H_1}\frac{\partial\beta_{sl}}{\partial q_2}\bar{u}_s\\&=\frac{1}{2}\frac{\bar{u}_s}{H_2}\bar{e}_1\cdot\frac{\partial\bar{e}_s}{\partial q_2}=-\frac{1}{2}\frac{\bar{u}_s}{H_2}\bar{e}_s\cdot\frac{\partial\bar{e}_1}{\partial q_2}\\&=-\frac{1}{2}\frac{\bar{u}_2}{H_1H_2}\frac{\partial H_2}{\partial q_1}\end{aligned}\tag{4.4.20}$$

类似地，式(4.4.12)中的第四项为

$$\begin{aligned}\beta_{1l}\beta_{2m}\frac{1}{2}\frac{\partial\beta_{sm}}{\partial X_l}\bar{u}_s&=\beta_{2m}\frac{1}{2}\frac{1}{H_1}\frac{\partial X_l}{\partial q_1}\frac{\partial\beta_{sm}}{\partial X_l}\bar{u}_s=\beta_{2m}\frac{1}{2}\frac{1}{H_1}\frac{\partial\beta_{sm}}{\partial q_1}\bar{u}_s\\&=\frac{1}{2}\frac{1}{H_1}\bar{e}_2\cdot\frac{\partial\bar{e}_s}{\partial q_1}\bar{u}_s=-\frac{1}{2}\frac{1}{H_1}\bar{e}_s\cdot\frac{\partial\bar{e}_2}{\partial q_1}\bar{u}_s\end{aligned}$$

$$= -\frac{1}{2}\frac{\bar{u}_1}{H_1 H_2}\frac{\partial H_1}{\partial q_2} \tag{4.4.21}$$

综合式(4.4.18)、式(4.4.19)、式(4.4.20)、式(4.4.21)，即有

$$\bar{\varepsilon}_{12} = \frac{1}{2}\left(\frac{1}{H_2}\frac{\partial \bar{u}_1}{\partial q_2} + \frac{1}{H_1}\frac{\partial \bar{u}_2}{\partial q_1}\right) - \frac{1}{2}\left(\frac{\bar{u}_1}{H_1 H_2}\frac{\partial H_1}{\partial q_2} + \frac{\bar{u}_2}{H_2 H_1}\frac{\partial H_2}{\partial q_1}\right) \tag{4.4.22}$$

式(4.4.17)和式(4.4.22)分别给出了正交曲线坐标中正应变分量 $\bar{\varepsilon}_{11}$ 和切应变分量 $\bar{\varepsilon}_{12}$ 由位移分量表达的公式，只要对它们进行 1、2、3 的圆轮转换即可得出其他正应变分量和切应变分量由位移分量表达的公式。

4.4.4 由工程应变分量的物理意义推导正交曲线坐标中应变分量和位移分量的关系

参见图 4.5，根据 4.2 节中所述工程应变分量的物理意义，正交曲线坐标中任一点处的工程应变分量 $\bar{\varepsilon}_{11}$ 是变形前位于 q_1 坐标线上的线元 $\mathrm{d}\boldsymbol{r}_1 = H_1 \mathrm{d}q_1 \bar{\boldsymbol{e}}_1$ 变形后在原自身方向 $\bar{\boldsymbol{e}}_1$ 投影的相对伸长度，而这种相对伸长是由于线元的两个端点 $A(q_1, q_2, q_3)$ 和 $M(q_1 + \mathrm{d}q_1, q_2, q_3)$ 的位移 $\boldsymbol{u}(A)$ 和 $\boldsymbol{u}(M)$ 在 $\bar{\boldsymbol{e}}_1$ 方向投影的不同所造成的，而这种位移的不同又是由于两端点的 q_1 坐标不同所造成的，故有

$$\bar{\varepsilon}_{11} = \frac{[\boldsymbol{u}(M) - \boldsymbol{u}(O)] \cdot \bar{\boldsymbol{e}}_1}{H_1 \mathrm{d}q_1} = \frac{[\boldsymbol{u}(q_1 + \mathrm{d}q_1, q_2, q_3) - \boldsymbol{u}(q_1, q_2, q_3)] \cdot \bar{\boldsymbol{e}}_1}{H_1 \mathrm{d}q_1}$$

$$\approx \frac{1}{H_1 \mathrm{d}q_1}\frac{\partial \boldsymbol{u}}{\partial q_1}\mathrm{d}q_1 \cdot \bar{\boldsymbol{e}}_1 = \frac{1}{H_1}\frac{\partial \boldsymbol{u}}{\partial q_1} \cdot \bar{\boldsymbol{e}}_1$$

即

$$\bar{\varepsilon}_{11} = \frac{1}{H_1}\frac{\partial \boldsymbol{u}}{\partial q_1} \cdot \bar{\boldsymbol{e}}_1 \tag{4.4.23a}$$

由于 $\boldsymbol{u} = \bar{u}_i \bar{\boldsymbol{e}}_i$，故

$$\frac{\partial \boldsymbol{u}}{\partial q_1} = \frac{\partial \bar{u}_1}{\partial q_1}\bar{\boldsymbol{e}}_1 + \frac{\partial \bar{u}_2}{\partial q_1}\bar{\boldsymbol{e}}_2 + \frac{\partial \bar{u}_3}{\partial q_1}\bar{\boldsymbol{e}}_3 + \bar{u}_1\frac{\partial \bar{\boldsymbol{e}}_1}{\partial q_1} + \bar{u}_2\frac{\partial \bar{\boldsymbol{e}}_2}{\partial q_1} + \bar{u}_3\frac{\partial \bar{\boldsymbol{e}}_3}{\partial q_1} \tag{4.4.23b}$$

将式(4.4.23b)代入式(4.4.23a)，并利用单位矢量的微商公式(4.4.8)，便有

$$\bar{\varepsilon}_{11} = \frac{\partial \bar{u}_1}{H_1 \partial q_1} + \frac{1}{H_1}\left(\frac{\bar{u}_2 \partial H_1}{H_2 \partial q_1} + \frac{\bar{u}_3 \partial H_1}{H_3 \partial q_3}\right) \tag{4.4.23c}$$

这与式(4.4.17)是完全相同的。

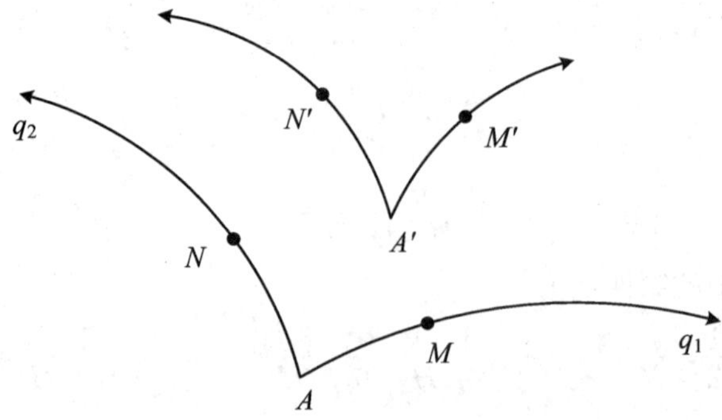

图 4.5 正交曲线坐标中的工程应变

类似地，按照物理意义，$\bar{\varepsilon}_{12}$ 是变形前位于 q_1 坐标线的线元 $\mathrm{d}\boldsymbol{r}_1=H_1\mathrm{d}q_1\bar{\boldsymbol{e}}_1$ 和位于 q_2 坐标线的线元 $\mathrm{d}\boldsymbol{r}_2=H_2\mathrm{d}q_2\bar{\boldsymbol{e}}_2$ 的夹角 $\frac{\pi}{2}$，到变形后在 q_1q_2 坐标面投影线夹角减少的一半，这种夹角的减小是由于线元 $\mathrm{d}\boldsymbol{r}_1$ 的两个端点 A、M 之位移 $\boldsymbol{u}$ 在 $\bar{\boldsymbol{e}}_2$ 方向投影的不同，以及线元 $\mathrm{d}\boldsymbol{r}_2$ 的两个端点 A、N 之位移在 $\bar{\boldsymbol{e}}_1$ 方向投影的不同所造成的，而 A、M 之位移的不同和 A、N 之位移的不同则分别是由于 A、M 的 q_1 坐标不同和 A、N 的 q_2 坐标不同所造成的，故有

$$
\begin{aligned}
\bar{\varepsilon}_{12} &= \frac{\frac{1}{2}[\boldsymbol{u}(M)-\boldsymbol{u}(A)]\cdot\bar{\boldsymbol{e}}_2}{H_1\mathrm{d}q_1}+\frac{\frac{1}{2}[\boldsymbol{u}(N)-\boldsymbol{u}(A)]\cdot\bar{\boldsymbol{e}}_1}{H_2\mathrm{d}q_2} \\
&\approx \frac{1}{2}\frac{\partial\boldsymbol{u}}{\partial q_1}\mathrm{d}q_1\cdot\bar{\boldsymbol{e}}_2\frac{1}{H_1\mathrm{d}q_1}+\frac{1}{2}\frac{\partial\boldsymbol{u}}{\partial q_2}\mathrm{d}q_2\cdot\bar{\boldsymbol{e}}_1\frac{1}{H_2\mathrm{d}q_2} \\
&= \frac{1}{2}\frac{\partial\boldsymbol{u}}{H_1\mathrm{d}q_1}\cdot\bar{\boldsymbol{e}}_2+\frac{1}{2}\frac{\partial\boldsymbol{u}}{H_2\mathrm{d}q_2}\cdot\bar{\boldsymbol{e}}_1
\end{aligned}
$$

即

$$
\bar{\varepsilon}_{12}=\frac{1}{2}\frac{\partial\boldsymbol{u}}{H_1\mathrm{d}q_1}\cdot\bar{\boldsymbol{e}}_2+\frac{1}{2}\frac{\partial\boldsymbol{u}}{H_2\mathrm{d}q_2}\cdot\bar{\boldsymbol{e}}_1 \tag{4.4.24a}
$$

由于 $\boldsymbol{u}=\bar{u}_i\bar{\boldsymbol{e}}_i$，故

$$
\begin{cases}
\dfrac{\partial\boldsymbol{u}}{\partial q_1}=\dfrac{\partial\bar{u}_1}{\partial q_1}\bar{\boldsymbol{e}}_1+\dfrac{\partial\bar{u}_2}{\partial q_1}\bar{\boldsymbol{e}}_2+\dfrac{\partial\bar{u}_3}{\partial q_1}\bar{\boldsymbol{e}}_3+\bar{u}_1\dfrac{\partial\bar{\boldsymbol{e}}_1}{\partial q_1}+\bar{u}_2\dfrac{\partial\bar{\boldsymbol{e}}_2}{\partial q_1}+\bar{u}_3\dfrac{\partial\bar{\boldsymbol{e}}_3}{\partial q_1} \\
\dfrac{\partial\boldsymbol{u}}{\partial q_2}=\dfrac{\partial\bar{u}_1}{\partial q_2}\bar{\boldsymbol{e}}_1+\dfrac{\partial\bar{u}_2}{\partial q_2}\bar{\boldsymbol{e}}_2+\dfrac{\partial\bar{u}_3}{\partial q_2}\bar{\boldsymbol{e}}_3+\bar{u}_1\dfrac{\partial\bar{\boldsymbol{e}}_1}{\partial q_2}+\bar{u}_2\dfrac{\partial\bar{\boldsymbol{e}}_2}{\partial q_2}+\bar{u}_3\dfrac{\partial\bar{\boldsymbol{e}}_3}{\partial q_2}
\end{cases} \tag{4.4.24b}
$$

将式(4.4.24b)代入式(4.4.24a)，并利用单位矢量的微商公式(4.4.8)，便得

$$
\bar{\varepsilon}_{12}=\frac{1}{2}\left(\frac{1}{H_1}\frac{\partial\bar{u}_2}{\partial q_1}+\frac{1}{H_2}\frac{\partial\bar{u}_1}{\mathrm{d}q_2}\right)-\frac{1}{2}\left(\frac{\bar{u}_1}{H_1H_2}\frac{\partial H_1}{\partial q_2}+\frac{\bar{u}_2}{H_2H_1}\frac{\partial H_2}{\partial q_1}\right) \tag{4.4.24c}
$$

这与式(4.4.22)是完全相同的。其他应变分量的表达式可以类似得出。

这种推导方法不但简洁明了，而且物理概念也十分清楚。式(4.4.23c)、式(4.4.24c)中各项的物理意义也是非常清楚的。例如，$\bar{\varepsilon}_{11}$ 中的第一项 $\frac{\partial\bar{u}_1}{H_1\partial q_1}=\frac{\partial\bar{u}_1}{\partial S_1}$ 是由于线元 $\mathrm{d}\boldsymbol{r}_1=H_1\mathrm{d}q_1\bar{\boldsymbol{e}}_1$ 两端在自身方向的位移 $\bar{u}_1$ 之不均匀性所造成的相对伸长度，这与笛卡儿坐标系中的完全类似；而 $\bar{\varepsilon}_{11}$ 中的第二项 $\frac{\bar{u}_2\partial H_1}{H_1H_2\partial q_1}$ 是由于线元 $\mathrm{d}\boldsymbol{r}_1=H_1\mathrm{d}q_1\bar{\boldsymbol{e}}_1$ 沿另外的坐标线 q_2 方向 $\bar{\boldsymbol{e}}_2$ 均匀移动 $\bar{u}_2$，而两端点处的 $\bar{\boldsymbol{e}}_2$ 方向不同(因之 $\bar{\boldsymbol{e}}_1$ 方向不同)故而 q_2 线不平行(因之 q_1 线也不平行)所造成的其沿自身方向的相对伸长度；第三项意义类似。$\bar{\varepsilon}_{12}$ 中的前两项 $\frac{1}{2}\frac{1}{H_1}\frac{\partial\bar{u}_2}{\partial q_1}+\frac{1}{2}\frac{1}{H_2}\frac{\partial\bar{u}_1}{\mathrm{d}q_2}$ 是由于线元 $\mathrm{d}\boldsymbol{r}_1=H_1\mathrm{d}q_1\bar{\boldsymbol{e}}_1$ 两端沿另一坐标线 q_2 方向 $\bar{\boldsymbol{e}}_2$ 之位移 $\bar{u}_2$ 不均匀，以及线元 $\mathrm{d}\boldsymbol{r}_2=H_2\mathrm{d}q_2\bar{\boldsymbol{e}}_2$ 两端沿另一坐标线 q_1 方向 $\bar{\boldsymbol{e}}_1$ 之位移 $\bar{u}_1$ 不均匀所造成的夹角减小一半，这与笛卡儿坐标系中的完全类似；第三项 $-\frac{1}{2}\frac{\bar{u}_1}{H_1H_2}\frac{\partial H_1}{\partial q_2}$ 则是由于线元 $\mathrm{d}\boldsymbol{r}_1=H_1\mathrm{d}q_1\bar{\boldsymbol{e}}_1$ 沿自身方向均匀移动 $\bar{u}_1$，而 $\bar{\boldsymbol{e}}_1$ 改变方向所造成的线元之偏转，从而引起的夹角的减小；第四项类似。注意，线元 $\mathrm{d}\boldsymbol{r}_1=H_1\mathrm{d}q_1\bar{\boldsymbol{e}}_1$ 在自身方向均匀位移不会引起正应变 $\bar{\varepsilon}_{11}$；而在忽略高阶小量时，线元 $\mathrm{d}\boldsymbol{r}_1$、$\mathrm{d}\boldsymbol{r}_2$ 在 $\bar{\boldsymbol{e}}_3$ 方向的均匀位移也不会引起它们之间在自身平面内

投影线夹角的改变，即剪应变 $\bar{\varepsilon}_{12}$。

下面列出柱坐标和球坐标中应变分量由位移分量表达的公式。

对柱坐标$(q_1, q_1, q_1) = (r, \theta, z)$：

$$\begin{cases} X_1 = r\cos\theta, \quad X_2 = r\cos\theta, \quad X_3 = z \\ r = \sqrt{X_1^2 + X_2^2}, \quad \theta = \tan^{-1}\dfrac{X_2}{X_1}, \quad z = X_3 \end{cases} \tag{4.4.25}$$

有

$$H_1 = 1, \quad H_2 = r, \quad H_3 = 1 \tag{4.4.26}$$

$$\begin{cases} \bar{\boldsymbol{e}}_1 = \dfrac{1}{H_1}\dfrac{\partial \boldsymbol{r}}{\partial q_1} = \dfrac{1}{H_1}\dfrac{\partial \boldsymbol{r}}{\partial r} = \cos\theta \boldsymbol{e}_1 + \sin\theta \boldsymbol{e}_2 \\ \bar{\boldsymbol{e}}_2 = \dfrac{1}{H_2}\dfrac{\partial \boldsymbol{r}}{\partial q_2} = \dfrac{1}{H_1}\dfrac{\partial \boldsymbol{r}}{\partial \theta} = -\sin\theta \boldsymbol{e}_1 + \cos\theta \boldsymbol{e}_2 \\ \bar{\boldsymbol{e}}_3 = \dfrac{1}{H_3}\dfrac{\partial \boldsymbol{r}}{\partial q_3} = \dfrac{1}{H_1}\dfrac{\partial r}{\partial z} = \boldsymbol{e}_3 \end{cases} \tag{4.4.27a}$$

$$[\beta_{ij}] = [\bar{\boldsymbol{e}}_i \cdot \boldsymbol{e}_j] = \begin{bmatrix} \cos\theta & \sin\theta & 0 \\ -\sin\theta & \cos\theta & 0 \\ 0 & 0 & 1 \end{bmatrix} \tag{4.4.27b}$$

$$\left[\frac{\partial \bar{\boldsymbol{e}}_i}{\partial q_j}\right] = \begin{bmatrix} \dfrac{\partial \bar{\boldsymbol{e}}_1}{\partial q_1} & \dfrac{\partial \bar{\boldsymbol{e}}_1}{\partial q_2} & \dfrac{\partial \bar{\boldsymbol{e}}_1}{\partial q_3} \\ \dfrac{\partial \bar{\boldsymbol{e}}_2}{\partial q_1} & \dfrac{\partial \bar{\boldsymbol{e}}_2}{\partial q_2} & \dfrac{\partial \bar{\boldsymbol{e}}_2}{\partial q_3} \\ \dfrac{\partial \bar{\boldsymbol{e}}_3}{\partial q_1} & \dfrac{\partial \bar{\boldsymbol{e}}_3}{\partial q_2} & \dfrac{\partial \bar{\boldsymbol{e}}_3}{\partial q_3} \end{bmatrix} = \begin{bmatrix} \boldsymbol{0} & \bar{\boldsymbol{e}}_2 & \boldsymbol{0} \\ \boldsymbol{0} & -\bar{\boldsymbol{e}}_1 & \boldsymbol{0} \\ \boldsymbol{0} & \boldsymbol{0} & \boldsymbol{0} \end{bmatrix} \tag{4.4.28}$$

可得在柱坐标中工程应变分量的表达式为

$$\begin{cases} \varepsilon_{rr} = \dfrac{\partial u_r}{\partial r}, \quad \varepsilon_{r\theta} = \varepsilon_{\theta r} = \dfrac{1}{2}\left(\dfrac{1}{r}\dfrac{\partial u_r}{\partial \theta} + \dfrac{\partial u_\theta}{\partial r}\right) - \dfrac{1}{2}\dfrac{u_\theta}{r} \\ \varepsilon_{\theta\theta} = \dfrac{1}{r}\dfrac{\partial u_\theta}{\partial \theta} + \dfrac{u_r}{r}, \quad \varepsilon_{\theta z} = \varepsilon_{z\theta} = \dfrac{1}{2}\left(\dfrac{\partial u_\theta}{\partial z} + \dfrac{\partial u_z}{r\partial \theta}\right) \\ \varepsilon_{zz} = \dfrac{\partial u_z}{\partial z}, \quad \varepsilon_{zr} = \varepsilon_{rz} = \dfrac{1}{2}\left(\dfrac{\partial u_z}{\partial r} + \dfrac{\partial u_r}{\partial z}\right) \end{cases} \tag{4.4.29}$$

对球坐标$(q_1, q_1, q_1) = (r, \theta, \varphi)$：

$$\begin{cases} X_1 = r\sin\theta\cos\varphi, \quad X_2 = r\sin\theta\sin\varphi, \quad X_3 = r\cos\theta \\ r = \sqrt{X_1^2 + X_2^2 + X_3^2}, \quad \theta = \tan^{-1}\dfrac{\sqrt{X_1^2 + X_2^2}}{X_3}, \quad \varphi = \tan^{-1}\dfrac{X_2}{X_1} \end{cases} \tag{4.4.30}$$

有

$$H_1 = 1, \quad H_2 = r, \quad H_3 = r\sin\theta \tag{4.4.31}$$

$$[\beta_{ij}] = [\bar{\boldsymbol{e}}_i \cdot \boldsymbol{e}_j] = \begin{bmatrix} \sin\theta\cos\varphi & \sin\theta\sin\varphi & \cos\theta \\ \cos\theta\cos\varphi & \cos\theta\sin\varphi & -\sin\theta \\ -\sin\varphi & \cos\varphi & 0 \end{bmatrix} \tag{4.4.32}$$

$$\left[\frac{\partial \bar{e}_i}{\partial q_j}\right] = \begin{bmatrix} \dfrac{\partial \bar{e}_1}{\partial q_1} & \dfrac{\partial \bar{e}_1}{\partial q_2} & \dfrac{\partial \bar{e}_1}{\partial q_3} \\ \dfrac{\partial \bar{e}_2}{\partial q_1} & \dfrac{\partial \bar{e}_2}{\partial q_2} & \dfrac{\partial \bar{e}_2}{\partial q_3} \\ \dfrac{\partial \bar{e}_3}{\partial q_1} & \dfrac{\partial \bar{e}_3}{\partial q_2} & \dfrac{\partial \bar{e}_3}{\partial q_3} \end{bmatrix} = \begin{bmatrix} \mathbf{0} & \bar{e}_2 & \sin\theta\, \bar{e}_3 \\ \mathbf{0} & -\bar{e}_1 & \cos\theta\, \bar{e}_3 \\ \mathbf{0} & \mathbf{0} & -\sin\theta\, \bar{e}_1 - \cos\theta\, \bar{e}_2 \end{bmatrix} \tag{4.4.33}$$

可得在球坐标中工程应变分量的表达式为

$$\begin{cases} \varepsilon_{rr} = \dfrac{\partial u_r}{\partial r}, \quad \varepsilon_{r\theta} = \varepsilon_{\theta r} = \dfrac{1}{2}\left(\dfrac{1}{r}\dfrac{\partial u_r}{\partial \theta} + \dfrac{\partial u_\theta}{\partial r} - \dfrac{u_\theta}{r}\right) \\ \varepsilon_{\theta\theta} = \dfrac{1}{r}\dfrac{\partial u_\theta}{\partial \theta} + \dfrac{u_r}{r}, \quad \varepsilon_{\varphi\theta} = \varepsilon_{\theta\varphi} = \dfrac{1}{2}\left(\dfrac{1}{r\sin\theta}\dfrac{\partial u_\theta}{\partial \varphi} + \dfrac{1}{r}\dfrac{\partial u_\varphi}{\partial \theta} - \dfrac{\cot\theta}{r}u_\varphi\right) \\ \varepsilon_{\varphi\varphi} = \dfrac{1}{r\sin\theta}\dfrac{\partial u_\varphi}{\partial \varphi} + \dfrac{u_r}{r} + \dfrac{\cot\theta}{r}u_\theta, \quad \varepsilon_{\varphi r} = \varepsilon_{r\varphi} = \dfrac{1}{2}\left(\dfrac{\partial u_\varphi}{\partial r} + \dfrac{1}{r\sin\theta}\dfrac{\partial u_r}{\partial \varphi} - \dfrac{u_\varphi}{r}\right) \end{cases} \tag{4.4.34}$$

对式(4.4.29)和式(4.4.34)中的各项，可以很容易地给出其物理解释。以柱坐标为例，下面以图 4.6 来说明之。

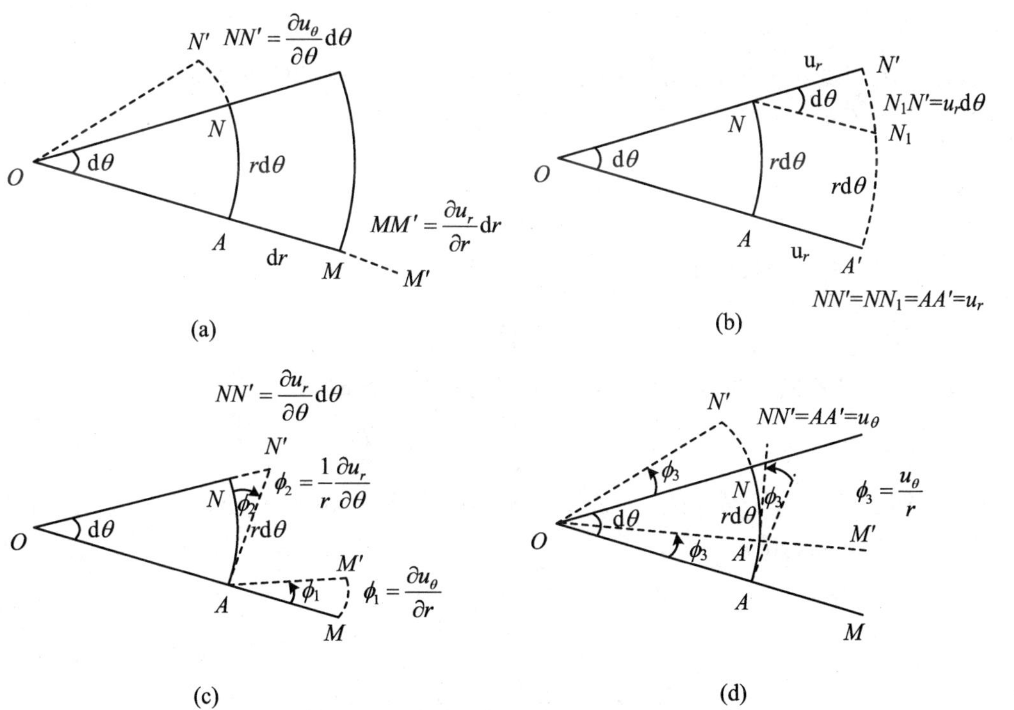

图 4.6　柱坐标下应变张量分量的物理意义

如图 4.6(a)所示，线元 $AM = \mathrm{d}r$ 两端沿自身 r 方向位移不均匀性引起的相对伸长度为(为了简洁起见，我们在图中不妨设参考点 A 不动，而考虑端点 M 对 A 的相对运动)

$$\frac{MM'}{AM} = \frac{\dfrac{\partial u_r}{\partial r}\mathrm{d}r}{\mathrm{d}r} = \frac{\partial u_r}{\partial r}$$

此外，显然线元 $AM = \mathrm{d}r$ 在 r、θ、z 任何方向上的均匀移动都不会引起伸长，故有

$$\varepsilon_{rr} = \frac{\partial u_r}{\partial r}$$

如图 4.6(a)所示,线元 $AN = r\mathrm{d}\theta$ 向自身 θ 方向位移不均匀性引起的相对伸长度为(为了简洁起见,我们在图中不妨设参考点 A 不动,而考虑端点 N 对 A 的相对运动)

$$\frac{NN'}{AN} = \frac{\dfrac{\partial u_\theta}{\partial \theta}\mathrm{d}\theta}{r\mathrm{d}\theta} = \frac{1}{r}\frac{\partial u_\theta}{\partial \theta}$$

如图 4.6(b)所示,线元 $AN = r\mathrm{d}\theta$ 沿 r 方向均匀位移 $u_r = AA' = NN'$ 引起的相对伸长度为

$$\frac{N_1N'}{AN} = \frac{u_r\mathrm{d}\theta}{r\mathrm{d}\theta} = \frac{u_r}{r}$$

此外,显然线元 AN 向 θ、z 均匀运动不会引起伸长,故有

$$\varepsilon_{\theta\theta} = \frac{1}{r}\frac{\partial u_\theta}{\partial \theta} + \frac{u_r}{r}$$

如图 4.6(c)所示,线元 $AN = r\mathrm{d}\theta$ 两端向 r 方向运动不均匀性引起的夹角减小为(为了简洁起见,我们在图中不妨设参考点 A 不动,而考虑端点 N 对 A 的相对运动)

$$\phi_2 = \frac{NN'}{AN} = \frac{\dfrac{\partial u_r}{\partial \theta}\mathrm{d}\theta}{r\mathrm{d}\theta} = \frac{1}{r}\frac{\partial u_r}{\partial \theta}$$

线元 $AM = \mathrm{d}r$ 两端向 θ 方向运动不均匀性引起的夹角减小为(为了简洁起见,我们在图中不妨设参考点 A 不动,而考虑端点 M 对 A 的相对运动)

$$\phi_1 = \frac{MM'}{AM} = \frac{\dfrac{\partial u_\theta}{\partial r}\mathrm{d}r}{\mathrm{d}r} = \frac{\partial u_\theta}{\partial r}$$

如图 4.6(d)所示,线元 $AN = r\mathrm{d}\theta$ 沿自身 θ 方向均匀位移引起的夹角减小为

$$-\phi_3 = -\frac{NN'}{ON} = -\frac{u_\theta}{r}$$

此外,显然线元 AM 向自身方向均匀运动不引起夹角改变,故有

$$2\varepsilon_{r\theta} = \frac{1}{r}\frac{\partial u_r}{\partial \theta} + \frac{\partial u_\theta}{\partial r} - \frac{u_\theta}{r}$$

对柱坐标中其他应变分量表达式的直观推导以及球坐标中各应变分量表达式的直观推导,读者可作为练习尝试之。

4.5 有限应变张量

4.5.1 定义

前面定义的工程应变张量 ε_{ij} 只包含位移的 1 阶导数项,常常称之为线性应变张量,在介质的变形较小,即位移梯度 $\left|\dfrac{\partial u_i}{\partial X_j}\right| \ll 1$ 因而可以忽略其二次项时,可以足够好地刻画一点

附近的应变状态，即刻画一点附近线元的线应变和角应变，故 ε_{ij} 也称作无穷小应变张量。当介质的变形较大，因而不可忽略$\dfrac{\partial u_i}{\partial X_j}$的二次项时，则需引入所谓的有限应变张量来更精确地刻画介质中一点附近的应变状态。

介质的初始构形和瞬时构形相关联，分别建立 Lagrange 笛卡儿坐标系和 Euler 笛卡儿坐标系（它们可以是不同的笛卡儿坐标系），并以 X_I 和 x_i 来表示同一粒子的 L 氏坐标和 E 氏坐标，则介质的运动规律可以由如下的联系 X_I 和 x_i 的映射关系来表达：

$$x_i = x_i(X_I, t),\quad X_I = X_I(x_i, t),\quad \boldsymbol{x} = \boldsymbol{x}(\boldsymbol{X}, t),\quad \boldsymbol{X} = \boldsymbol{X}(\boldsymbol{x}, t) \tag{4.5.1}$$

如图 4.7 所示，设介质中有一线元$\overrightarrow{PQ}$，其在变形前的初始构形中，此线元可以由联结其端点 P、Q 的矢量，即 P、Q 的位置矢量差 $\mathrm{d}\boldsymbol{X}$ 来表达$\overrightarrow{PQ}=\mathrm{d}\boldsymbol{X}$。变形后，此线元成为瞬时构形中的线元$\overrightarrow{P'Q'}=\mathrm{d}\boldsymbol{x}$，分别以 $\mathrm{d}S=|\mathrm{d}\boldsymbol{X}|$ 和 $\mathrm{d}s=|\mathrm{d}\boldsymbol{x}|$ 表示此线元变形前、后的长度，则有

$$\mathrm{d}S^2 = \mathrm{d}\boldsymbol{X}\cdot\mathrm{d}\boldsymbol{X} = \mathrm{d}X_K\mathrm{d}X_K = \frac{\partial X_K}{\partial x_i}\frac{\partial X_K}{\partial x_j}\mathrm{d}x_i\mathrm{d}x_j \tag{4.5.2}$$

$$\mathrm{d}s^2 = \mathrm{d}\boldsymbol{x}\cdot\mathrm{d}\boldsymbol{x} = \mathrm{d}x_k\mathrm{d}x_k = \frac{\partial x_k}{\partial X_I}\frac{\partial x_k}{\partial X_J}\mathrm{d}X_I\mathrm{d}X_J \tag{4.5.3}$$

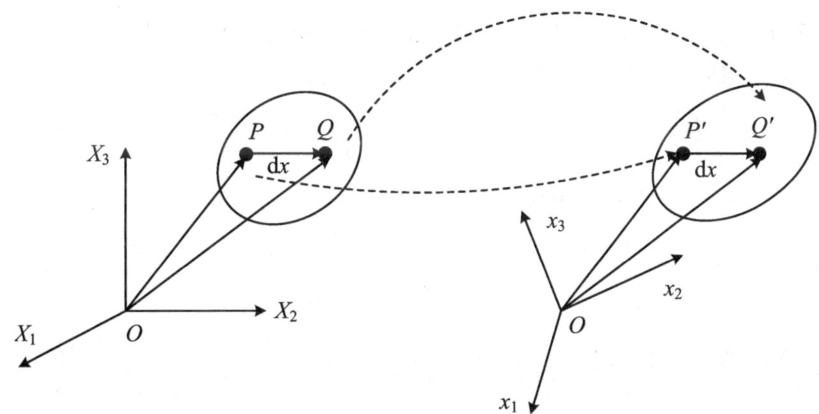

图 4.7　L 氏和 E 氏坐标系介质运动映射关系

于是，其长度平方的改变为

$$\mathrm{d}s^2 - \mathrm{d}S^2 = \frac{\partial x_k}{\partial X_I}\frac{\partial x_k}{\partial X_J}\mathrm{d}X_I\mathrm{d}X_J - \mathrm{d}X_I\mathrm{d}X_I = \left(\frac{\partial x_k}{\partial X_I}\frac{\partial x_k}{\partial X_J} - \delta_{IJ}\right)\mathrm{d}X_I\mathrm{d}X_J$$

即

$$\mathrm{d}s^2 - \mathrm{d}S^2 = \left(\frac{\partial x_k}{\partial X_I}\frac{\partial x_k}{\partial X_J} - \delta_{IJ}\right)\mathrm{d}X_I\mathrm{d}X_J = 2E_{IJ}\mathrm{d}X_I\mathrm{d}X_J \tag{4.5.4}$$

其中

$$E_{IJ} = \frac{1}{2}\left(\frac{\partial x_k}{\partial X_I}\frac{\partial x_k}{\partial X_J} - \delta_{IJ}\right)\quad (I、J = 1、2、3) \tag{4.5.5}$$

当对 Lagrange 坐标系进行笛卡儿坐标系的正交变换时，$\mathrm{d}X_I$、$\mathrm{d}X_J$ 皆为 1 阶张量（1 次变异），而 $\mathrm{d}s^2-\mathrm{d}S^2$ 为标量（0 次变异），又因 E_{IJ} 对称，故将商法则应用于式（4.5.4），由此推知：式（4.5.5）所定义的量 E_{IJ} 必然为 Lagrange 坐标中的 2 阶笛卡儿张量，称此张量为介质中一点的 Lagrange 有限应变张量或 Green 或 St.-Venant 应变张量。类似地，又有

$$\mathrm{d}s^2 - \mathrm{d}S^2 = \mathrm{d}x_i\mathrm{d}x_i - \frac{\partial X_K}{\partial x_i}\frac{\partial X_K}{\partial x_j}\mathrm{d}x_i\mathrm{d}x_j = \left(\delta_{ij} - \frac{\partial X_K}{\partial x_i}\frac{\partial X_K}{\partial x_j}\right)\mathrm{d}x_i\mathrm{d}x_j$$

即

$$ds^2 - dS^2 = \left(\delta_{ij} - \frac{\partial X_K}{\partial x_i}\frac{\partial X_K}{\partial x_j}\right)dx_i dx_j = 2e_{ij}dx_i dx_j \tag{4.5.6}$$

其中

$$e_{ij} = \frac{1}{2}\left(\delta_{ij} - \frac{\partial X_K}{\partial x_i}\frac{\partial X_K}{\partial x_j}\right) \quad (i、j = 1、2、3) \tag{4.5.7}$$

当对 Euler 坐标系进行笛卡儿坐标系的正交变换时，dx_i、dx_j 皆为 1 阶张量（1 次变异），而 $ds^2 - dS^2$ 为标量（0 次变异），又因 e_{ij}对称，故将商法则应用于式(4.5.6)，由此推知：式(4.5.7)所定义的量 e_{ij}必然为 Euler 坐标中的 2 阶笛卡儿张量，称此张量为介质中一点的 Euler 有限应变张量或 Cauchy 或 Almansi 应变张量。这两个张量是分别在对运动规律的 L 氏描述及 E 氏描述之下并分别在 L 氏坐标和 E 氏坐标中定义的，它们分别在 L 氏坐标系和 E 氏坐标系中具有 2 阶张量的特性。由其定义，显然它们都是 2 阶对称张量：

$$E_{IJ} = E_{JI}, \quad \boldsymbol{E} = \boldsymbol{E}^{\mathrm{T}}, \quad e_{ij} = e_{ji}, \quad \boldsymbol{e} = \boldsymbol{e}^{\mathrm{T}} \tag{4.5.8}$$

当将 L 氏坐标系的坐标轴和 E 氏坐标系的坐标轴重合，而取为同一笛卡儿坐标系时，可都以小写字母为下标，且都写为 E_{ij}、e_{ij}。其次，如以 $\boldsymbol{u}$ 表示位移矢量，则由于

$$\boldsymbol{x} = \boldsymbol{X} + \boldsymbol{u}, \quad x_i = X_i + u_i \tag{4.5.9}$$

于是，式(4.5.4)、式(4.5.5)、式(4.5.6)、式(4.5.7)可分别写为

$$\begin{cases} ds^2 - dS^2 = 2E_{ij}dX_i dX_j \\ E_{ij} = \dfrac{1}{2}\left(\dfrac{\partial x_k}{\partial X_i}\dfrac{\partial x_k}{\partial X_j} - \delta_{ij}\right) = \dfrac{1}{2}\left(\dfrac{\partial(X_k + u_k)}{\partial X_i}\dfrac{\partial(X_k + u_k)}{\partial X_j} - \delta_{ij}\right) \\ ds^2 - dS^2 = 2e_{ij}dx_i dx_j \\ e_{ij} = \dfrac{1}{2}\left(\delta_{ij} - \dfrac{\partial X_k}{\partial x_i}\dfrac{\partial X_k}{\partial x_j}\right) = \dfrac{1}{2}\left(\delta_{ij} - \dfrac{\partial(x_k - u_k)}{\partial x_i}\dfrac{\partial(x_k - u_k)}{\partial x_j}\right) \end{cases} \tag{4.5.10}$$

由于

$$\frac{\partial(X_k + u_k)}{\partial X_i}\frac{\partial(X_k + u_k)}{\partial X_j} = \left(\delta_{ki} + \frac{\partial u_k}{\partial X_i}\right)\left(\delta_{kj} + \frac{\partial u_k}{\partial X_j}\right) = \delta_{ij} + \frac{\partial u_i}{\partial X_j} + \frac{\partial u_j}{\partial X_i} + \frac{\partial u_k}{\partial X_i}\frac{\partial u_k}{\partial X_j}$$

$$\frac{\partial(x_k - u_k)}{\partial x_i}\frac{\partial(x_k - u_k)}{\partial x_j} = \left(\delta_{ki} - \frac{\partial u_k}{\partial x_i}\right)\left(\delta_{kj} - \frac{\partial u_k}{\partial x_j}\right) = \delta_{ij} - \frac{\partial u_i}{\partial x_j} - \frac{\partial u_j}{\partial x_i} + \frac{\partial u_k}{\partial x_i}\frac{\partial u_k}{\partial x_j}$$

故式(4.5.10)中的四式可分别写为

$$ds^2 - dS^2 = 2E_{ij}dX_i dX_j \tag{4.5.11}$$

$$E_{ij} = \frac{1}{2}\left(\frac{\partial u_i}{\partial X_j} + \frac{\partial u_j}{\partial X_i}\right) + \frac{1}{2}\frac{\partial u_k}{\partial X_i}\frac{\partial u_k}{\partial X_j} \tag{4.5.12}$$

$$ds^2 - dS^2 = 2e_{ij}dx_i dx_j \tag{4.5.13}$$

$$e_{ij} = \frac{1}{2}\left(\frac{\partial u_i}{\partial x_j} + \frac{\partial u_j}{\partial x_i}\right) - \frac{1}{2}\frac{\partial u_k}{\partial x_i}\frac{\partial u_k}{\partial x_j} \tag{4.5.14a}$$

式(4.5.12)、式(4.5.14a)分别是常用的用位移的 L 氏梯度（物质梯度）$\dfrac{\partial \boldsymbol{u}}{\partial \boldsymbol{X}}\left(\dfrac{\partial u_i}{\partial X_j}\right)$表达的 L 氏有限应变分量的表达式，以及用位移的 E 氏梯度（空间梯度）$\dfrac{\partial \boldsymbol{u}}{\partial \boldsymbol{x}}\left(\dfrac{\partial u_i}{\partial x_j}\right)$表达的 E 氏有限应变分量的表达式，它们分别适用于位移用 L 氏和 E 氏描述时。如果忽略式(4.5.12)中的位移物质梯度的 2 次项$\dfrac{\partial u_k}{\partial X_i}\dfrac{\partial u_k}{\partial X_j}$，则 E_{ij}便成为之前所讲的 Lagrange 工程应变张量 ε_{ij}；如果忽

略式(4.5.14a)中位移空间梯度的 2 次项$\frac{\partial u_k}{\partial x_i}\frac{\partial u_k}{\partial x_j}$，且略去质点 L 氏坐标和 E 氏坐标的区别(小位移)，则 e_{ij}也趋于工程应变ε_{ij}。习惯上，可将 e_{ij}中只有位移空间梯度 1 次项的前两项称为 Euler 工程(线性)应变张量，可以记之为

$$\tilde{\varepsilon}_{ij} = \frac{1}{2}\left(\frac{\partial u_i}{\partial x_j} + \frac{\partial u_j}{\partial x_i}\right) \tag{4.5.14b}$$

4.5.2　有限应变张量分量的物理意义

由式(4.5.11)可以看到：任一线元 d$\boldsymbol{X}$ 长度的平方的改变 $\mathrm{d}s^2 - \mathrm{d}S^2$ 由以 L 氏应变 E_{ij}为系数的矩阵的二次型

$$\mathrm{d}s^2 - \mathrm{d}S^2 = 2E_{ij}\mathrm{d}X_i\mathrm{d}X_j = 2\mathrm{d}X_iE_{ij}\mathrm{d}X_j = 2\mathrm{d}\boldsymbol{X}\cdot\boldsymbol{E}\cdot\mathrm{d}\boldsymbol{X} = 2\,[\mathrm{d}\boldsymbol{X}]^{\mathrm{T}}[\boldsymbol{E}][\mathrm{d}\boldsymbol{X}]$$

所表达。若定义线元 d$\boldsymbol{X}$ 的伸长比Λ 和相对伸长度ε 各为

$$\Lambda(\mathrm{d}\boldsymbol{X}) = \frac{\mathrm{d}s}{\mathrm{d}S},\quad \varepsilon(\mathrm{d}\boldsymbol{X}) = \frac{\mathrm{d}s - \mathrm{d}S}{\mathrm{d}S} = \Lambda - 1 \tag{4.5.15}$$

则式(4.5.11)将给出

$$\Lambda(\boldsymbol{N}) = \sqrt{2E_{ij}N_iN_j + 1},\quad \varepsilon(\mathrm{d}\boldsymbol{X}) = \Lambda - 1 = \sqrt{2E_{ij}N_iN_j + 1} - 1 \tag{4.5.16}$$

其中，$\boldsymbol{N}$ 是在初始构形中线元 d$\boldsymbol{X}$ 方向的单位矢量，即

$$\boldsymbol{N} = \frac{\mathrm{d}\boldsymbol{X}}{\mathrm{d}S},\quad N_i = \frac{\mathrm{d}X_i}{\mathrm{d}S} \tag{4.5.17}$$

式(4.5.16)给出了初始构形中任一方向 $\boldsymbol{N}$ 的线元的伸长比和伸长度，它们都完全是由 L 氏应变张量 $\boldsymbol{E}$ 和方向$\boldsymbol{N}$ 所确定，故 $\boldsymbol{E}$ 完全刻画了一点的变形状态。特别地，当考虑变形前位于 X_1 轴的线元时，有

$$\boldsymbol{N} = (1,0,0)^{\mathrm{T}},\quad N_1 = 1,\quad N_2 = 0 = N_3$$

式(4.5.16)将给出

$$\Lambda_1 \equiv \Lambda(X_1) = \sqrt{2E_{11} + 1},\quad \varepsilon_1 \equiv \varepsilon(X_1) = \sqrt{2E_{11} + 1} - 1 \tag{4.5.18a}$$

其中，$\Lambda_1\equiv\Lambda(X_1)$和 $\varepsilon_1\equiv\varepsilon(X_1)$分别表示变形前处于 X_1 轴上的线元的伸长比和伸长度。故可以说：L 氏应变张量 $\boldsymbol{E}$ 的对角元素E_{11}是通过式(4.5.18a)而和变形前处于 X_1 轴上的线元的伸长比及伸长度相联系的。当$|E_{ij}|\ll1$ 时，式(4.5.18a)中的第二式将给出

$$\varepsilon_1 = \sqrt{2E_{11} + 1} - 1 \approx E_{11} \tag{4.5.18b}$$

故 E_{11}便可以近似代表 X_1 方向线元的伸长度。

考虑初始构形中的任意两个线元 $\mathrm{d}\overset{1}{\boldsymbol{X}}$ 和 $\mathrm{d}\overset{2}{\boldsymbol{X}}$，设其变形后成为瞬时构形中的线元分别为 $\mathrm{d}\overset{1}{\boldsymbol{x}} = \frac{\partial\boldsymbol{x}}{\partial\boldsymbol{X}}\mathrm{d}\overset{1}{\boldsymbol{X}}$，$\mathrm{d}\overset{2}{\boldsymbol{x}} = \frac{\partial\boldsymbol{x}}{\partial\boldsymbol{X}}\mathrm{d}\overset{2}{\boldsymbol{X}}$，此两个线元在变形后的夹角为 $\theta = \angle(\mathrm{d}\overset{1}{x},\mathrm{d}\overset{2}{x})$，满足

$$\cos\theta = \frac{\mathrm{d}\overset{1}{\boldsymbol{x}}\cdot\mathrm{d}\overset{2}{\boldsymbol{x}}}{|\mathrm{d}\overset{1}{\boldsymbol{x}}|\,|\mathrm{d}\overset{2}{\boldsymbol{x}}|} = \frac{\frac{\partial x_k}{\partial X_i}\mathrm{d}X_i^1\,\frac{\partial x_k}{\partial X_j}\mathrm{d}X_j^2}{|\mathrm{d}\overset{1}{\boldsymbol{x}}|\,|\mathrm{d}\overset{2}{\boldsymbol{x}}|} = \frac{\frac{\partial x_k}{\partial X_i}\,\frac{\partial x_k}{\partial X_j}\overset{1}{N}_i\,\overset{2}{N}_j}{\Lambda(\overset{1}{\boldsymbol{N}})\Lambda(\overset{2}{\boldsymbol{N}})}$$

即

$$\cos\theta = \frac{(2E_{ij} + \delta_{ij})\overset{1}{N}_i\,\overset{2}{N}_j}{\Lambda(\overset{1}{\boldsymbol{N}})\Lambda(\overset{2}{\boldsymbol{N}})} = \frac{(2E_{ij} + \delta_{ij})\overset{1}{N}_i\,\overset{2}{N}_j}{\sqrt{2E_{kl}\overset{1}{N}_k\overset{1}{N}_l + 1}\sqrt{2E_{mn}\overset{2}{N}_m\overset{2}{N}_n + 1}} \tag{4.5.19}$$

式(4.5.19)说明:初始构形中任意两个方向$\overset{1}{\boldsymbol{N}}$和$\overset{2}{\boldsymbol{N}}$的线元变形之后的夹角也是由一点处的L氏应变张量$\boldsymbol{E}$及二线元方向$\overset{1}{\boldsymbol{N}}$、$\overset{2}{\boldsymbol{N}}$决定的。

特别地,对变形前处于X_1轴和X_2轴上的线元,有

$$\overset{1}{\boldsymbol{N}} = (1,0,0)^{\mathrm{T}},\quad \overset{2}{\boldsymbol{N}} = (0,1,0)^{\mathrm{T}}$$

式(4.5.19)给出

$$\cos\theta_{12} = \frac{2E_{12}}{\sqrt{2E_{11}+1}\sqrt{2E_{22}+1}} = \sin\alpha_{12} \tag{4.5.20}$$

式(4.5.20)说明:L氏应变张量$\boldsymbol{E}$的非对角分量E_{12},与变形前位移X_1和X_2轴上两个线元变形后的夹角θ_{12}之余弦(夹角减小α_{12}之正弦)成比例,但比例因子与E_{11}、E_{22}也有关,其夹角减小值为

$$\alpha_{12} = \frac{\pi}{2} - \theta_{12}$$

当$|E_{ij}|\ll 1$,$|\alpha_{12}|\ll 1$时,有

$$\begin{aligned}\alpha_{12} &= \frac{\pi}{2} - \theta_{12} = \sin\left(\frac{\pi}{2} - \theta_{12}\right) = \cos\theta_{12} = \frac{2E_{12}}{\sqrt{2E_{11}+1}\sqrt{2E_{22}+1}} \\ &= 2E_{12}(1-E_{11})(1-E_{22}) \approx 2E_{12}\end{aligned}$$

即

$$E_{12} \approx \frac{1}{2}\alpha_{12} = \frac{1}{2}\left(\frac{\pi}{2} - \theta_{12}\right) \tag{4.5.21}$$

E_{12}便可以近似代表变形前位于X_1轴和X_2轴上的线元夹角减小的一半。

类似地,如果对现时构形中方向为$\boldsymbol{n} = \dfrac{\mathrm{d}\boldsymbol{x}}{\mathrm{d}s}$的线元定义其伸长比$\lambda(\boldsymbol{n})$及E氏伸长度$e(\boldsymbol{n})$:

$$\lambda(\boldsymbol{n}) = \frac{\mathrm{d}S}{\mathrm{d}s} = \frac{1}{\Lambda(\boldsymbol{n})},\quad e(\boldsymbol{n}) = \frac{\mathrm{d}s - \mathrm{d}S}{\mathrm{d}s} = 1 - \frac{1}{\Lambda(\boldsymbol{n})} \tag{4.5.22}$$

则

$$\lambda(\boldsymbol{n}) = \sqrt{1 - 2e_{ij}n_i n_j},\quad e(\boldsymbol{n}) = 1 - \sqrt{1 - 2e_{ij}n_i n_j} \tag{4.5.23}$$

故任一线元$\mathrm{d}\boldsymbol{x} = \boldsymbol{n}|\mathrm{d}\boldsymbol{x}|$的伸缩比$\lambda(\boldsymbol{n})$及E氏伸长度$e(\boldsymbol{n})$可由E氏应变张量$\boldsymbol{e}$所确定,$\boldsymbol{e}$也刻画了一点的应变状态。特别地,对变形后处于$x_1$轴上的线元,有

$$\boldsymbol{n} = (1,0,0)^{\mathrm{T}}$$

故变形后位于轴线元的伸长比$\Lambda_1' \equiv \Lambda(x_1) \neq \Lambda(X_1)$和E氏伸长度分别为

$$\frac{1}{\Lambda_1'} = \sqrt{1 - 2e_{11}},\quad e_1 \equiv e(x_1) = 1 - \sqrt{1 - 2e_{11}} \tag{4.5.24}$$

当$|e_{ij}|\ll 1$时,有

$$e_1 \approx e_{11} \tag{4.5.25}$$

现时构形中任意两个线元$\mathrm{d}\overset{1}{\boldsymbol{x}} = \overset{1}{\boldsymbol{n}}|\mathrm{d}\overset{1}{\boldsymbol{x}}|$和$\mathrm{d}\overset{2}{\boldsymbol{x}} = \overset{2}{\boldsymbol{n}}|\mathrm{d}\overset{2}{\boldsymbol{x}}|$在变形前构形中的夹角$\psi$的余弦为

$$\cos\psi = \frac{\mathrm{d}\overset{1}{\boldsymbol{X}} \cdot \mathrm{d}\overset{2}{\boldsymbol{X}}}{|\mathrm{d}\overset{1}{\boldsymbol{X}}||\mathrm{d}\overset{2}{\boldsymbol{X}}|} = \frac{\dfrac{\partial \boldsymbol{X}_k}{\partial \boldsymbol{x}_i}\mathrm{d}x_i^1 \dfrac{\partial \boldsymbol{X}_k}{\partial \boldsymbol{x}_j}\mathrm{d}x_j^2}{|\mathrm{d}\overset{1}{\boldsymbol{X}}||\mathrm{d}\overset{2}{\boldsymbol{X}}|} = \frac{\partial \boldsymbol{X}_k}{\partial \boldsymbol{x}_i}\frac{\partial \boldsymbol{X}_k}{\partial \boldsymbol{x}_j}\overset{1}{n}_i\overset{2}{n}_j\Lambda(\overset{1}{\boldsymbol{n}})\Lambda(\overset{2}{\boldsymbol{n}})$$

即

$$\cos\psi = \overset{1}{n}_i \overset{2}{n}_j \Lambda(\overset{1}{\boldsymbol{n}})\Lambda(\overset{2}{\boldsymbol{n}}) = \frac{(\delta_{ij} - 2e_{ij})\overset{1}{n}_i \overset{2}{n}_j}{\sqrt{1 - 2e_{kl}\overset{1}{n}_k \overset{1}{n}_l}\sqrt{1 - 2e_{mn}\overset{2}{n}_m \overset{2}{n}_n}} \tag{4.5.26}$$

式(4.5.26)给出了一点的 E 氏应变张量 $\boldsymbol{e}$ 求变形后任两个方向 $\overset{1}{\boldsymbol{n}}$ 和 $\overset{2}{\boldsymbol{n}}$ 的线元在变形前夹角 ψ 的公式。特别地，变形后位于 x_1 轴和 x_2 轴的线元分别为

$$\overset{1}{\boldsymbol{n}} = (1,0,0)^{\mathrm{T}}, \quad \overset{2}{\boldsymbol{n}} = (0,1,0)^{\mathrm{T}}$$

变形前的夹角 ψ_{12} 的余弦为

$$\cos\psi_{12} = \frac{-2e_{12}}{\sqrt{1 - 2e_{11}}\sqrt{1 - 2e_{22}}} = -\sin\beta_{12} \tag{4.5.27}$$

其夹角的减小值为 $\beta_{12} = \psi_{12} - \dfrac{\pi}{2}$，且

$$\sin\beta_{12} = -\cos\psi_{12} = \frac{2e_{12}}{\sqrt{1 - 2e_{11}}\sqrt{1 - 2e_{22}}} \tag{4.5.28}$$

式(4.5.28)说明：$\sin\beta_{12}$ 与 e_{12} 成正比，但比例系数与 e_{11}、e_{22} 有关。

当 $|e_{ij}| \ll 1$，且夹角改变 $|\beta_{12}| = \left|\psi_{12} - \dfrac{\pi}{2}\right| \ll 1$ 时，则有

$$\beta_{12} = \sin\beta_{12} = \frac{2e_{12}}{\sqrt{1 - 2e_{11}}\sqrt{1 - 2e_{22}}} = 2e_{12}(1 + e_{11})(1 + e_{22}) \approx 2e_{12}$$

即

$$e_{12} \approx \frac{1}{2}\beta_{12} = \frac{1}{2}\left(\frac{\pi}{2} - \psi_{12}\right) \tag{4.5.29}$$

4.6　工程应变的协调方程

4.6.1　问题的提出

在本章的第 3 节我们引入了工程应变张量的概念，并得出了由位移对 L 氏坐标偏导数表达工程应变张量分量的 Cauchy 几何关系：

$$\varepsilon_{ij} = \frac{1}{2}(u_{i,j} + u_{j,i}), \quad \varepsilon_{ij} = \varepsilon_{ji} \tag{4.6.1}$$

为简单起见，这里以“,”表达对 L 氏坐标的偏导数。只要给定连续可微的位移分布，便可通过求导求出工程应变张量。但是式(4.6.1)是联系 3 个位移分量的 6 个方程，因而从数学上说，当任意给定介质的应变分布后，未必可通过积分 6 个偏微分方程而求出一个连续可微的位移分布，即式(4.6.1)不一定对任意给定的应变分布都是可积的。一般而言，只有给定的应变分布是“合理的、协调的”，即它们之间满足某种附加的限制性、协调性的条件时，式(4.6.1)才是可积的。保证式(4.6.1)对可积的联系的这种协调性条件即称为协调方程

(compatibility equations)。这是从数学上来看待协调方程的意义。从物理上看,可以认为协调方程是保证介质中存在连续可微位移分布而要求介质中各粒子应变必须相互协调所提出的条件。事实上,应变张量完全决定了介质中一点附近的变形状态,设想将介质分为许多小微体,如果孤立任意地给定各个微体的应变而相互不协调,则可能造成原本相互连续的整块物质,或者在某些地方发生空隙,或者在某些地方有些微体相互重合,如图 4.8 所示。这和物理上单值连续位移的要求不相容。只有各个微体的应变满足某种协调性条件时,才可保证存在单值连续的位移分布。这便是协调方程的物理意义。

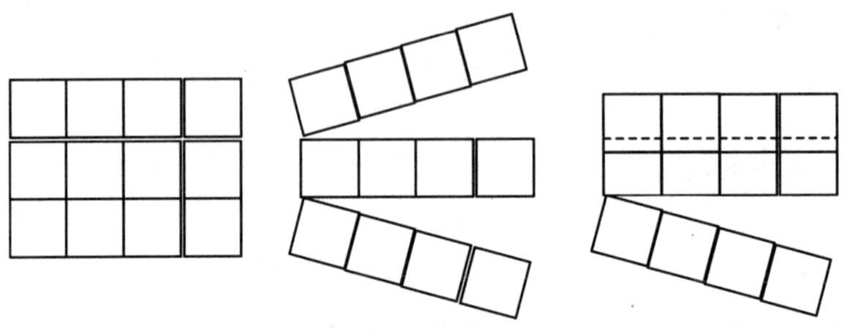

图 4.8 应变协调方程

4.6.2 协调方程

为了易于接受,我们将 Cauchy 几何关系(4.6.1)分开写为如下形式:

$$\begin{cases} \varepsilon_{11} = \dfrac{\partial u_1}{\partial X_1} \\ \varepsilon_{22} = \dfrac{\partial u_2}{\partial X_2} \\ \varepsilon_{33} = \dfrac{\partial u_3}{\partial X_3} \\ \varepsilon_{12} = \varepsilon_{21} = \dfrac{1}{2}\left(\dfrac{\partial u_1}{\partial X_2} + \dfrac{\partial u_2}{\partial X_1}\right) \\ \varepsilon_{23} = \varepsilon_{32} = \dfrac{1}{2}\left(\dfrac{\partial u_2}{\partial X_3} + \dfrac{\partial u_3}{\partial X_2}\right) \\ \varepsilon_{31} = \varepsilon_{13} = \dfrac{1}{2}\left(\dfrac{\partial u_1}{\partial X_3} + \dfrac{\partial u_3}{\partial X_1}\right) \end{cases} \tag{4.6.2}$$

由式(4.6.2)中的第一、二式分别对 X_2、X_1 微商 2 次并相加,得

$$\frac{\partial^2 \varepsilon_{11}}{\partial X_2^2} + \frac{\partial^2 \varepsilon_{22}}{\partial X_1^2} = \frac{\partial^2}{\partial X_1 \partial X_2}\left(\frac{\partial u_1}{\partial X_2} + \frac{\partial u_2}{\partial X_1}\right) = 2\frac{\partial^2 \varepsilon_{12}}{\partial X_1 \partial X_2}$$

该式即是 X_2X_1 平面内 3 个应变分量 ε_{11}、ε_{22}、ε_{12}之间所必须满足的协调关系。显然对其进行 1、2、3 的圆轮转换即可得到另外 2 个类似的协调关系。

由式(4.6.2)的后两式分别对 X_1 和 X_2 微商 1 次并相加,得

$$\frac{\partial \varepsilon_{23}}{\partial X_1} + \frac{\partial \varepsilon_{31}}{\partial X_2} - \frac{\partial \varepsilon_{12}}{\partial X_3} = \frac{1}{2}\left(\frac{\partial^2 u_2}{\partial X_1 \partial X_3} + \frac{\partial^2 u_3}{\partial X_1 \partial X_2} + \frac{\partial^2 u_3}{\partial X_2 \partial X_1} + \frac{\partial^2 u_1}{\partial X_2 \partial X_3} - \frac{\partial^2 u_1}{\partial X_2 \partial X_3} - \frac{\partial^2 u_2}{\partial X_3 \partial X_1}\right)$$

再对 X_3 微商 1 次,得

$$\frac{\partial}{\partial X_3}\left(\frac{\partial \varepsilon_{23}}{\partial X_1}+\frac{\partial \varepsilon_{31}}{\partial X_2}-\frac{\partial \varepsilon_{12}}{\partial X_3}\right)=\frac{\partial^2 \varepsilon_{33}}{\partial X_1 \partial X_2}$$

这就是 X_3 轴上的线应变 ε_{33} 与 3 个剪应变 ε_{23}、ε_{31}、ε_{12} 之间所必须满足的协调关系，对其进行 1、2、3 的圆轮转换即可得到另外两个类似的协调关系。于是共可得到如下 6 个协调方程：

$$\begin{cases}\dfrac{\partial^2 \varepsilon_{11}}{\partial X_2^2}+\dfrac{\partial^2 \varepsilon_{22}}{\partial X_1^2}=2\dfrac{\partial^2 \varepsilon_{12}}{\partial X_1 \partial X_2}\\ \dfrac{\partial^2 \varepsilon_{22}}{\partial X_3^2}+\dfrac{\partial^2 \varepsilon_{33}}{\partial X_2^2}=2\dfrac{\partial^2 \varepsilon_{23}}{\partial X_2 \partial X_3}\\ \dfrac{\partial^2 \varepsilon_{33}}{\partial X_1^2}+\dfrac{\partial^2 \varepsilon_{11}}{\partial X_3^2}=2\dfrac{\partial^2 \varepsilon_{31}}{\partial X_1 \partial X_3}\\ \dfrac{\partial}{\partial X_1}\left(\dfrac{\partial \varepsilon_{31}}{\partial X_2}+\dfrac{\partial \varepsilon_{12}}{\partial X_3}-\dfrac{\partial \varepsilon_{23}}{\partial X_1}\right)=\dfrac{\partial^2 \varepsilon_{11}}{\partial X_2 \partial X_3}\\ \dfrac{\partial}{\partial X_2}\left(\dfrac{\partial \varepsilon_{12}}{\partial X_3}+\dfrac{\partial \varepsilon_{23}}{\partial X_1}-\dfrac{\partial \varepsilon_{31}}{\partial X_2}\right)=\dfrac{\partial^2 \varepsilon_{22}}{\partial X_3 \partial X_1}\\ \dfrac{\partial}{\partial X_3}\left(\dfrac{\partial \varepsilon_{23}}{\partial X_1}+\dfrac{\partial \varepsilon_{31}}{\partial X_2}-\dfrac{\partial \varepsilon_{12}}{\partial X_3}\right)=\dfrac{\partial^2 \varepsilon_{33}}{\partial X_1 \partial X_2}\end{cases} \tag{4.6.3}$$

我们也可以由指标记法直接导出以上的协调方程。对式(4.6.1)微分 2 次，可有

$$\varepsilon_{ij,kl}=\frac{1}{2}(u_{i,jkl}+u_{j,ikl}) \tag{4.6.4a}$$

由式(4.6.4a)对指标进行交换，可有

$$\varepsilon_{kl,ij}=\frac{1}{2}(u_{k,lij}+u_{l,kij}) \tag{4.6.4b}$$

$$\varepsilon_{ik,jl}=\frac{1}{2}(u_{i,kjl}+u_{k,ijl}) \tag{4.6.4c}$$

$$\varepsilon_{jl,ik}=\frac{1}{2}(u_{j,lik}+u_{l,jik}) \tag{4.6.4d}$$

由式(4.6.4)中的 4 个式子，并注意混合导数可以交换次序，立即可得

$$\varepsilon_{ij,kl}+\varepsilon_{kl,ij}-\varepsilon_{ik,jl}-\varepsilon_{jl,ik}=0 \quad (i、j、k、l=1、2、3) \tag{4.6.5}$$

式(4.6.5)共包含 81 个方程，但是由 $\boldsymbol{\varepsilon}=\boldsymbol{\varepsilon}^{\mathrm{T}}$ 的对称性，加之 $f_{,ij}=f_{,ji}$ 等这类对称性，式(4.6.5)包含的 81 个式子中有些是重复的，有些是恒等式，独立的式子只有 6 个，这就是协调方程(4.6.3)。

自然会产生一个问题：Cauchy 几何关系(4.6.1)以及协调方程(4.6.3)共有 6+6=12 个方程，而有 3+6 个物理量 u_i、ε_{ij}，是否提出了太多的条件而对 u_i、ε_{ij} 无解呢？可以说明：6 个协调方程(4.6.3)并不是完全独立的，例如将第五式对 X_2 微商、第六式对 X_1 微商，两者相加所得恒等式与第一式对 X_3 的微商所得恒等式是相同的；类似还可写出式(4.6.3)的另外两个恒等式。这些关系在张量分析中称为 Bianci identity。

以上导出协调方程的数学方法很直接和简单，但物理背景不太明显，其推导过程说明了协调方程是保证位移单值连续而对应变分布所提出的必要条件。

4.7 速度场、伸缩率和旋转率张量及自然增量张量

4.7.1 速度场、伸缩率和旋转率张量

在介质粒子移动范围很大的问题中,特别是在流体力学中,如果将着眼点放在粒子的位移上是困难和不方便的,因此我们常常将着眼点放在粒子的质点速度本身上,且采用E氏坐标,从而在每一时刻观察空间各处的速度分布,这样便可得到介质的瞬时速度场;如果以 $\boldsymbol{x}$ 表示E氏坐标,则可得速度场的E氏描述为

$$\boldsymbol{v} = \boldsymbol{v}(\boldsymbol{x}, t), \quad v_i = v_i(x_j, t) \quad (i = 1、2、3) \tag{4.7.1}$$

而在任一时刻 t,粒子质速的空间梯度(space gradient)张量将为

$$\frac{\partial \boldsymbol{v}}{\partial \boldsymbol{x}} = \boldsymbol{v}\overleftarrow{\nabla} = (\overrightarrow{\nabla}\boldsymbol{v})^{\mathrm{T}}, \quad \frac{\partial v_i}{\partial x_j} = v_i\overleftarrow{\nabla}_j = \overrightarrow{\nabla}_j v_i \tag{4.7.2}$$

在同一时刻 t,由空间一点 $\boldsymbol{x}$ 到邻近的一点 $\boldsymbol{x}+\mathrm{d}\boldsymbol{x}$,两个不同粒子的质点速度的增量 $\mathrm{d}\boldsymbol{v}$ 将为

$$\mathrm{d}\boldsymbol{v} = \frac{\partial \boldsymbol{v}}{\partial \boldsymbol{x}} \cdot \mathrm{d}\boldsymbol{x} = \boldsymbol{v}\overleftarrow{\nabla} \cdot \mathrm{d}\boldsymbol{x}, \quad \mathrm{d}v_i = \frac{\partial v_i}{\partial x_j}\mathrm{d}x_j = v_i\overleftarrow{\nabla}_j \mathrm{d}x_j \tag{4.7.3}$$

类似于过去对位移E氏梯度张量$\frac{\partial \boldsymbol{u}}{\partial \boldsymbol{x}}$进行分解一样,现在也可以将速度的空间梯度张量$\frac{\partial \boldsymbol{v}}{\partial \boldsymbol{x}}$分解为对称张量$\frac{1}{2}\left[\frac{\partial \boldsymbol{v}}{\partial \boldsymbol{x}} + \left(\frac{\partial \boldsymbol{v}}{\partial \boldsymbol{x}}\right)^{\mathrm{T}}\right]$及反对称张量$\frac{1}{2}\left[\frac{\partial \boldsymbol{v}}{\partial \boldsymbol{x}} - \left(\frac{\partial \boldsymbol{v}}{\partial \boldsymbol{x}}\right)^{\mathrm{T}}\right]$之和,即

$$\begin{cases} \dfrac{\partial v_i}{\partial x_j} = \dfrac{1}{2}\left(\dfrac{\partial v_i}{\partial x_j} + \dfrac{\partial v_j}{\partial x_i}\right) + \dfrac{1}{2}\left(\dfrac{\partial v_i}{\partial x_j} - \dfrac{\partial v_j}{\partial x_i}\right) = \dfrac{1}{2}(v_i\overleftarrow{\nabla}_j + \overrightarrow{\nabla}_i v_j) + \dfrac{1}{2}(v_i\overleftarrow{\nabla}_j - \overrightarrow{\nabla}_i v_j) \\ \dfrac{\partial \boldsymbol{v}}{\partial \boldsymbol{x}} = \dfrac{1}{2}\left[\dfrac{\partial \boldsymbol{v}}{\partial \boldsymbol{x}} + \left(\dfrac{\partial \boldsymbol{v}}{\partial \boldsymbol{x}}\right)^{\mathrm{T}}\right] + \dfrac{1}{2}\left[\dfrac{\partial \boldsymbol{v}}{\partial \boldsymbol{x}} - \left(\dfrac{\partial \boldsymbol{v}}{\partial \boldsymbol{x}}\right)^{\mathrm{T}}\right] = \dfrac{1}{2}(\boldsymbol{v}\overleftarrow{\nabla} + \overrightarrow{\nabla}\boldsymbol{v}) + \dfrac{1}{2}(\boldsymbol{v}\overleftarrow{\nabla} - \overrightarrow{\nabla}\boldsymbol{v}) \end{cases} \tag{4.7.4}$$

易证,分解为对称与反对称部分之和的分解式(4.7.4)是唯一的。我们称$\frac{\partial \boldsymbol{v}}{\partial \boldsymbol{x}}$的对称部分为伸缩率张量(stretch-rate tensor)或变形率张量(deformation-rate tensor)或速度应变张量(velocity strain tensor),它不是任何应变张量($\boldsymbol{\varepsilon}, \boldsymbol{E}, \boldsymbol{e}$)之率,记之为 $\boldsymbol{D}$;称$\frac{\partial \boldsymbol{v}}{\partial \boldsymbol{x}}$的反对称部分为旋转率张量(spin-rate tensor),它也不是如4.3节中所引入的微小旋转张量 $\boldsymbol{W}^*$ 之率,记之为 $\boldsymbol{W}$。因此

$$\boldsymbol{D} = \frac{1}{2}\left[\frac{\partial \boldsymbol{v}}{\partial \boldsymbol{x}} + \left(\frac{\partial \boldsymbol{v}}{\partial \boldsymbol{x}}\right)^{\mathrm{T}}\right] = \frac{1}{2}(\boldsymbol{v}\overleftarrow{\nabla} + \overrightarrow{\nabla}\boldsymbol{v}), \quad D_{ij} = \frac{1}{2}\left(\frac{\partial v_i}{\partial x_j} + \frac{\partial v_j}{\partial x_i}\right) = \frac{1}{2}(v_i\overleftarrow{\nabla}_j + \overrightarrow{\nabla}_i v_j) \tag{4.7.5}$$

$$\boldsymbol{W} = \frac{1}{2}\left[\frac{\partial \boldsymbol{v}}{\partial \boldsymbol{x}} - \left(\frac{\partial \boldsymbol{v}}{\partial \boldsymbol{x}}\right)^{\mathrm{T}}\right] = \frac{1}{2}(\boldsymbol{v}\overleftarrow{\nabla} - \overrightarrow{\nabla}\boldsymbol{v}), \quad W_{ij} = \frac{1}{2}\left(\frac{\partial v_i}{\partial x_j} - \frac{\partial v_j}{\partial x_i}\right) = \frac{1}{2}(v_i\overleftarrow{\nabla}_j - \overrightarrow{\nabla}_i v_j) \tag{4.7.6}$$

$$\boldsymbol{D}^{\mathrm{T}} = \boldsymbol{D},\quad D_{ij} = D_{ji},\quad \boldsymbol{W}^{\mathrm{T}} = -\boldsymbol{W},\quad W_{ij} = -W_{ji} \tag{4.7.7}$$

由于旋转率张量 $\boldsymbol{W}$ 是反对称张量，故它与一个矢量 $\boldsymbol{\omega}$ 相对偶，其值恰为速度空间旋度的一半（与位移的 L 氏梯度反对称部分 $\boldsymbol{W}^*$ 的对偶矢量 $\boldsymbol{\Omega}$ 恰为位移 L 氏旋度 $\mathrm{rot}\,\boldsymbol{u}$ 的一半相类似）：

$$W_{ij} = -e_{ijk}\omega_k = \frac{1}{2}\left(\frac{\partial v_i}{\partial x_j} - \frac{\partial v_j}{\partial x_i}\right),\quad \omega_i = -\frac{1}{2}e_{ijk}W_{jk} = \frac{1}{2}(\mathrm{rot}_i\,\boldsymbol{v}),\quad \boldsymbol{\omega} = \frac{1}{2}(\mathrm{rot}\,\boldsymbol{v}) \tag{4.7.8}$$

自然会想到变形速度张量 $\boldsymbol{D}$ 及旋转率张量 $\boldsymbol{W}$ 的物理意义的问题，这是一个看似不复杂但又有极多混乱认识的问题。许多工程类书中充满了含混错误的观念。有的书将其称为应变率张量(strain-rate tensor)，这是不确切的，因为 $\boldsymbol{D}$ 既不是 L 氏应变 $\boldsymbol{E}$ 的随体导数，也不是 E 氏应变 $\boldsymbol{e}$ 的随体导数，也不是工程应变 ε 的随体导数或 E 氏工程应变 $\boldsymbol{e}$ 的随体导数。为说明其物理意义，首先引入自然增量应变 $\mathrm{d}\varepsilon$ 的概念。

4.7.2　自然增量应变张量、瞬时无穷小旋转张量(及矢量)

考虑介质由时刻 t 到下一邻近时刻 $t+\mathrm{d}t$ 期间，即在时间间隔 $[t, t+\mathrm{d}t]$ 中的运动，以 $\boldsymbol{v}(\boldsymbol{x}, t)$ 表示介质的速度场，则 $\mathrm{d}t$ 间隔内，介质所产生的增量位移将是

$$\mathrm{d}\boldsymbol{u} = \boldsymbol{v}(\boldsymbol{x}, t)\mathrm{d}t,\quad \mathrm{d}u_i = v_i\mathrm{d}t$$

如将 t 时刻介质的构形视为参考构形，可求得以此构形为参考构形所度量的在 $\mathrm{d}t$ 间隔中介质所产生的 L 氏、E 氏增量应变 $\mathrm{d}\boldsymbol{E}$、$\mathrm{d}\boldsymbol{e}$ 及工程增量应变 $\mathrm{d}\boldsymbol{\varepsilon}$ 各为

$$\mathrm{d}E_{ij} = \frac{1}{2}\left(\frac{\partial(v_i\mathrm{d}t)}{\partial x_j} + \frac{\partial(v_j\mathrm{d}t)}{\partial x_i}\right) + \frac{1}{2}\frac{\partial(v_k\mathrm{d}t)}{\partial x_i}\frac{\partial(v_k\mathrm{d}t)}{\partial x_j} \tag{4.7.9a}$$

$$\mathrm{d}e_{ij} = \frac{1}{2}\left[\frac{\partial(v_i\mathrm{d}t)}{\partial x_j} + \frac{\partial(v_j\mathrm{d}t)}{\partial x_i}\right] - \frac{1}{2}\frac{\partial(v_k\mathrm{d}t)}{\partial x_i}\frac{\partial(v_k\mathrm{d}t)}{\partial x_j} \tag{4.7.9b}$$

$$\mathrm{d}\varepsilon_{ij} = \frac{1}{2}\left[\frac{\partial(v_i\mathrm{d}t)}{\partial x_j} + \frac{\partial(v_j\mathrm{d}t)}{\partial x_i}\right) = D_{ij}\mathrm{d}t \tag{4.7.9c}$$

如果使 $\mathrm{d}t$ 趋于 0，并将式(4.7.9)中的 $\mathrm{d}\boldsymbol{E}$、$\mathrm{d}\boldsymbol{e}$、$\mathrm{d}\varepsilon$ 与 $\mathrm{d}t$ 之比的极限视为时刻介质变形的速率的标志，称之为变形速度(率)张量，则由于式(4.7.9a)中的第二项极限为 0，故有

$$\frac{\mathrm{d}E_{ij}}{\mathrm{d}t} = \frac{1}{2}\left(\frac{\partial v_i}{\partial x_j} + \frac{\partial v_j}{\partial x_i}\right) = \frac{\mathrm{d}\varepsilon_{ij}}{\mathrm{d}t} = D_{ij} \tag{4.7.9d}$$

这恰恰与前面所引入的速度空间梯度 $\boldsymbol{D}$ 的对称部分相一致，故称为变形率张量、伸缩率张量。当 $\mathrm{d}t$ 足够小时，式(4.7.9a)中第二项作为 $(\mathrm{d}t)^2$ 阶的量可以忽略。故式(4.7.9d)可以足够精确地代替式(4.7.9a)，而

$$\mathrm{d}\varepsilon_{ij} = D_{ij}\mathrm{d}t = \frac{1}{2}\left(\frac{\partial v_i}{\partial x_j} + \frac{\partial v_j}{\partial x_i}\right)\mathrm{d}t \tag{4.7.10}$$

便可以足够精确地表征在时间间隔 $[t, t+\mathrm{d}t]$ 中介质所产生的参考于前一时刻 t 构形的应变，称之为自然增量应变张量(natural incremental strain tensor)。由前面的分析很容易看清式(4.7.10)中各项的物理意义：$\mathrm{d}\varepsilon_{11}$ 表达了时刻处于 x_1 轴上的线元 $\mathrm{d}x_1$ 在 $\mathrm{d}t$ 过程中由于右端 M 比左端 O 在 x_1 方向多运动 $\dfrac{\partial(v_1\mathrm{d}t)}{\partial x_1}\mathrm{d}x_1$ 而其相对于 t 时刻长度 $\mathrm{d}x_1$ 的相对伸长

度为 $d\varepsilon_{11}=\dfrac{\partial v_1}{\partial x_1}dt$，由于 dt 足够小，故此投影伸长度值也代表了 dx_1 本身的伸长度；$\delta\varepsilon_{12}$ 代表了时刻位于 x_1、x_2 轴上的面元素 dx_1dx_2 在 dt 过程中由于 dx_1 端点 M 比端点 O 在 x_2 方向位移多出 $\dfrac{\partial(v_2dt)}{\partial x_1}dx_1$，以及 dx_2 端点 N 比端点 O 在 x_1 方向位移多出 $\dfrac{\partial(v_1dt)}{\partial x_2}dx_2$ 所产生的在平面 x_1x_2 内投影线夹角减小的一半，由于 dt 足够小，故这也可足够精确地代表线元 dx_1、dx_2 夹角减小的一半。总之，自然增量应变 $\delta\varepsilon_{ij}$ 一方面对应于一个微过程 $[t,t+dt]$，另一方面是参考于 t 时刻的构形而量变的微小应变。$\boldsymbol{D}=\dfrac{\delta\varepsilon}{dt}$ 即代表了变形是速率。在大变形问题的数值计算中，常常以自然增量应变为基础来连续跟踪介质的变形过程。

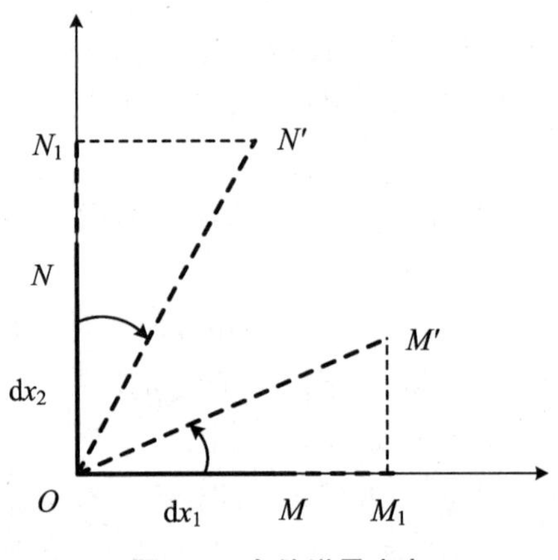

图 4.9　自然增量应变

对应于 dt 时间间隔中的自然增量应变 $\delta\varepsilon_{ij}=D_{ij}dt$，可以引入时间间隔 dt 中微元 $dx_1dx_2dx_3$ 的无穷小旋转张量 $\delta W_{ij}=W_{ij}dt$，它是一个反对称张量，与此反对称张量相对偶的矢量即是 dt 中微体的无穷小旋转矢量 $\delta\omega_i=\omega_i dt$：

$$\delta W_{ij}=W_{ij}dt=\frac{1}{2}\left(\frac{\partial v_i}{\partial x_j}-\frac{\partial v_j}{\partial x_i}\right)dt,\quad \delta\omega_i=\omega_i dt,\quad \boldsymbol{\omega}=\frac{1}{2}(\mathrm{rot}\,\boldsymbol{v}) \tag{4.7.11}$$

旋转率张量 $W_{ij}=\dfrac{\delta W_{ij}}{dt}$ 或其对偶矢量 $\omega_i=\dfrac{\delta\omega_i}{dt}$，即代表了介质中一点处时刻的平均转动的角速度。

4.7.3　速度场的分解定理

将速度场在一点展开为 Taylor 级数，略去高阶小量，并将速度空间梯度分解为对称与反对称部分之和，则有

$$\begin{aligned}\boldsymbol{v}(\boldsymbol{x})&=\boldsymbol{v}(\boldsymbol{x}_0)+\boldsymbol{D}(\boldsymbol{x}_0)\cdot d\boldsymbol{x}+\boldsymbol{W}(\boldsymbol{x}_0)\cdot d\boldsymbol{x}\\&=\boldsymbol{v}(\boldsymbol{x}_0)+\boldsymbol{D}(\boldsymbol{x}_0)\cdot d\boldsymbol{x}+\boldsymbol{\omega}(\boldsymbol{x}_0)\times d\boldsymbol{x}\end{aligned} \tag{4.7.12}$$

这与微小运动的位移分解是类似的，称之为 Holmhalty 速度分解定理。

4.8　相对体积膨胀率、连续方程

4.8.1　相对体积膨胀率

以前曾经讲过，在介质变形很小时，介质中一点处参考初始时刻的相对体积膨胀可以由应变张量的第一不变量即体应变 θ 来表达，即

$$\theta = \varepsilon_{11} + \varepsilon_{22} + \varepsilon_{33} = \varepsilon_{ii} = \frac{\partial u_i}{\partial x_i} \tag{4.8.1}$$

如果将这一结果应用于一个由 t 时刻到 $t+\mathrm{d}t$ 时刻的无效小的时间间隔$[t, t+\mathrm{d}t]$（此间隔内介质产生无限小位移 $v_i\mathrm{d}t$ 和自然增量应变 $\delta\varepsilon_{ij}$），则由于 $\mathrm{d}t$ 可以足够小，在这一间隔内，介质的参考时刻的相对膨胀便可以用自然增量应变 $\delta\varepsilon_{ij}$ 的第一不变量 $\delta\theta = \delta\varepsilon_{ii}$ 来表达：

$$\delta\theta = \delta\varepsilon_{ii} = D_{ii}\mathrm{d}t = \frac{\partial v_i}{\partial x_i}\mathrm{d}t = \mathrm{div}\,\boldsymbol{v}\mathrm{d}t \tag{4.8.2}$$

$\delta\theta = \delta\varepsilon_{ii}$ 称为自然增量体应变，式(4.8.2)说明它恰恰等于质点速度空间场的散度乘以 $\mathrm{d}t$，如令 $\mathrm{d}t$ 趋于0，并以 $\delta\theta$ 与 $\mathrm{d}t$ 之比的极限定义介质相对于 t 时刻的相对体积膨胀率，则相对体积膨胀率为

$$\frac{\delta\theta}{\mathrm{d}t} = \frac{\delta\varepsilon_{ii}}{\mathrm{d}t} = D_{ii} = \frac{\partial v_i}{\partial x_i} = \mathrm{div}\,\boldsymbol{v} \tag{4.8.3}$$

其恰为质点速度场的空间散度。在物理上，t 至 $t+\mathrm{d}t$ 内产生的相对于 t 时刻（参考于 t 时刻体积 V）的体应变增量为

$$\delta\theta = \frac{\mathrm{d}V}{V}$$

相对体积膨胀率为

$$\frac{\delta\theta}{\mathrm{d}t} = \frac{1}{V}\frac{\mathrm{d}V}{\mathrm{d}t}$$

所以，我们还可以直接给出介质中一点处相对体积膨胀率的定义如下：

$$\frac{\delta\theta}{\mathrm{d}t} = \lim_{V\to 0}\frac{1}{V}\frac{\mathrm{d}V}{\mathrm{d}t} \tag{4.8.4}$$

其中，V 是包含某粒子的一个小物质体，$\mathrm{d}V$ 是 $\mathrm{d}t$ 时间中的体积膨胀量。由于体积膨胀量 $\mathrm{d}V$ 恰等于介质 V 通过其所占据的空间表面 S 向外流动的扩散量，故

$$\mathrm{d}V = \oint_S \boldsymbol{v}\mathrm{d}t \cdot \boldsymbol{n}\mathrm{d}S = \mathrm{d}t\oint_S \boldsymbol{v}\cdot\boldsymbol{n}\mathrm{d}S \tag{4.8.5a}$$

利用 Gauss 定理及积分中值定理，有

$$\mathrm{d}V = \mathrm{d}t\oint_S \boldsymbol{v}\cdot\boldsymbol{n}\mathrm{d}S = \mathrm{d}t\int_V \mathrm{div}\,\boldsymbol{v}\mathrm{d}V = \mathrm{d}t(\mathrm{div}\,\boldsymbol{v})_A V \tag{4.8.5b}$$

将式(4.8.5b)代入式(4.8.4)中，并令 V 趋于0，即得

$$\frac{\delta\theta}{\mathrm{d}t} = \lim_{V\to 0}\frac{1}{V}\frac{\mathrm{d}V}{\mathrm{d}t} = \operatorname{div}\boldsymbol{v} \tag{4.8.6}$$

这和式(4.8.3)所给出的结果是完全一致的。式(4.8.5a)和式(4.8.6)即给出了速度散度 $\operatorname{div}\boldsymbol{v}$ 的物理定义：

$$\operatorname{div}\boldsymbol{v} = \lim_{V\to 0}\frac{1}{V}\oint_S \boldsymbol{v}\cdot\boldsymbol{n}\,\mathrm{d}S \tag{4.8.7}$$

将式(4.8.7)应用于由坐标面所包围的小微体，则可以很方便地得出在各种坐标系中散度的表达式。同学们可将柱坐标和球坐标作为习题练习。

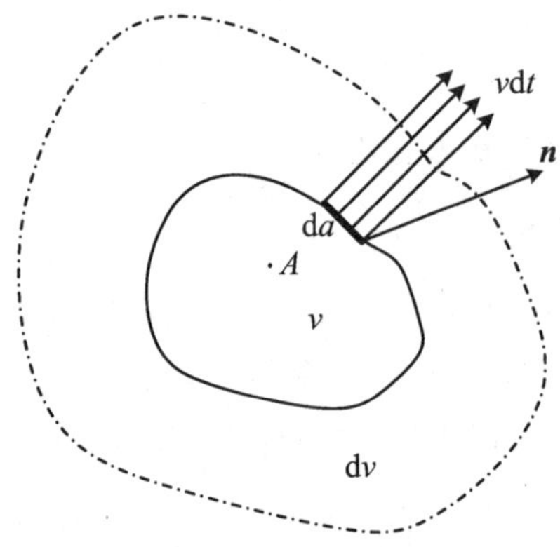

图 4.10　相对体积膨胀率

4.8.2　连续方程(质量守恒定律)

质量守恒定律是自然界最根本的一个物理定律，不管介质如何运动和变形，质量是不能凭空产生和消失的。当用位移场描述介质的运动时，位移单质连续的条件包含了质量守恒的要求；当用速度场描述介质的运动时，质量守恒的体现则是以下要介绍的连续方程(continuity equation)。得出连续方程可以采用不同的观点(闭口体系和开口体系)和不同的方法(积分形式和微分形式)，其在守恒方程组一章中还要详细讲解，这里将用比较简单的方法给以初步的介绍。

1．闭口观点微分形式(L 氏微分形式)

考虑一个无限小的由固定的介质质点所构成的微团，即一个无限小的闭口体系，令其体积为 δV，平均密度为 ρ，质量为 δm，则有

$$\rho\delta V = \delta m \tag{4.8.8}$$

但对于闭口体系，其质量不变，故 δm 的随体导数 $\dfrac{d\delta m}{\mathrm{d}t}=0$，于是由式(4.8.8)得出

$$\frac{\mathrm{d}\delta m}{\mathrm{d}t} = \rho\frac{\mathrm{d}\delta V}{\mathrm{d}t} + \delta V\frac{\mathrm{d}\rho}{\mathrm{d}t} = 0$$

即

$$\frac{\mathrm{d}\rho}{\rho\mathrm{d}t} + \frac{\mathrm{d}\delta V}{\delta V\mathrm{d}t} = 0 \tag{4.8.9a}$$

令 $\delta V\to 0$，并利用式(4.8.6)，即得

$$\frac{\mathrm{d}\rho}{\rho\mathrm{d}t} + \operatorname{div}\boldsymbol{v} = 0,\quad \frac{\mathrm{d}\rho}{\mathrm{d}t} + \rho\vec{\nabla}\cdot\boldsymbol{v} = 0 \tag{4.8.9b}$$

其中，$\frac{d\rho}{dt}$表示密度ρ的随体导数。

式(4.8.9b)即是连续方程的常用形式之一，它是质量守恒定理的体系。式(4.8.9b)可解释为：固定的粒子相对体积膨胀率 $\operatorname{div}\boldsymbol{v}=\frac{dV}{Vdt}$等于介质密度的相对减少率$-\frac{d\rho}{\rho dt}$：

$$\frac{dV}{Vdt}=-\frac{d\rho}{\rho dt}$$

也可解释为：单位体积介质的质量减少率$-\frac{d\rho}{dt}$等于通过其表面的质量发散率$\rho\vec{\nabla}\cdot\boldsymbol{v}$，即

$$-\frac{d\rho}{dt}=\rho\vec{\nabla}\cdot\boldsymbol{v}$$

2．开口观点微分形式(E 氏微分形式)

所谓开口体系是指与外界有质量交换，而并非由固定粒子组成的体系。此时质量守恒表现为：体系内质量的增加(或减少)等于纯流入(或流出)体系的质量。最常用的开口体系是所谓的控制体，即固定在空间中的一个不变的框架体积。如取此控制体为由笛卡儿坐标系的六个坐标面围成的小体积 dv，如图 4.11 所示，其边长分别为 dx_1、dx_2、dx_3，则有

$$dv=dx_1dx_2dx_3$$

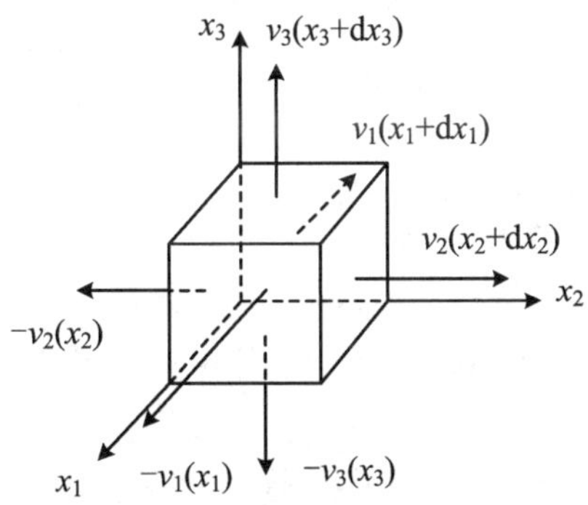

图 4.11　开口观点微分形式

而控制体内单位时间的质量增加则为

$$\frac{\partial m_1}{\partial t}=\frac{\partial}{\partial t}(\rho dx_1dx_2dx_3)=\frac{\partial\rho}{\partial t}(dx_1dx_2dx_3)$$

由图 4.11 显然可见，单位时间内纯流入体系的质量由流入六个坐标面的质量流之和给出：

$$\begin{aligned}\frac{\partial m_2}{\partial t}=&[\rho v_1dx_2dx_3]|_{x_1}-[\rho v_1dx_2dx_3]|_{x_1+dx_1}+[\rho v_2dx_1dx_3]|_{x_2}\\&-[\rho v_2dx_1dx_3]|_{x_2+dx_2}+[\rho v_3dx_1dx_2]|_{x_3}-[\rho v_3dx_1dx_2]|_{x_3+dx_3}\\\approx&-\left[\frac{\partial\rho v_1}{\partial x_1}+\frac{\partial\rho v_2}{\partial x_2}+\frac{\partial\rho v_3}{\partial x_3}\right]dx_1dx_2dx_3\end{aligned}$$

由质量守恒定理，得

$$\frac{\partial m_1}{\partial t}=-\frac{\partial m_2}{\partial t},\quad\frac{\partial\rho}{\partial t}=-\frac{\partial\rho v_i}{\partial x_i}$$

即

$$\frac{\partial\rho}{\partial t}+\operatorname{div}(\rho\boldsymbol{v})=0\tag{4.8.10}$$

式(4.8.10)是连续方程的另一种常用形式,其物理意义可以解释为任一点处空间单位体积的质量发散率(单位时间发散出的质量)$\operatorname{div}(\rho\boldsymbol{v})$,它等于该点处单位体积空间内的质量减少率$-\dfrac{\partial\rho}{\partial t}$,即

$$\operatorname{div}(\rho\boldsymbol{v}) = -\frac{\partial\rho}{\partial t}\quad(\text{开口观点})$$

容易证明,式(4.8.10)和式(4.8.9b)是等价的和互通的,事实上注意以下随体导数$\dfrac{\mathrm{d}\rho}{\mathrm{d}t}$和局部导数$\dfrac{\partial\rho}{\partial t}$的如下关系式(4.8.11),以及$\operatorname{div}(\rho\boldsymbol{v})$和$\operatorname{div}\boldsymbol{v}$的如下关系式(4.8.12),就可以由式(4.8.9b)推出式(4.8.10):

$$\frac{\mathrm{d}\rho}{\mathrm{d}t} = \frac{\partial\rho}{\partial t} + v\cdot\vec{\nabla}\rho \tag{4.8.11}$$

$$\operatorname{div}(\rho\boldsymbol{v}) = \rho\vec{\nabla}\cdot\boldsymbol{v} + \boldsymbol{v}\cdot\vec{\nabla}\rho \tag{4.8.12}$$

习　题

4.1　对运动$x_1=\alpha(t)X_1, x_2=\beta(t)X_2, x_3=\gamma(t)X_3$,试求出:

(1) 介质运动的E氏描述$\boldsymbol{X}=\boldsymbol{X}(\boldsymbol{x},t)$;

(2) 介质质点速度的L氏描述$\boldsymbol{v}=\boldsymbol{v}(\boldsymbol{X},t)$和E氏描述$\boldsymbol{v}=\boldsymbol{v}(\boldsymbol{x},t)$;

(3) 介质质点加速度的L氏描述$\dot{\boldsymbol{v}}=\dot{\boldsymbol{v}}(\boldsymbol{X},t)$和E氏描述$\dot{\boldsymbol{v}}=\dot{\boldsymbol{v}}(\boldsymbol{x},t)$。

4.2　设介质运动的L氏描述为

$$x_1 = X_1,\quad x_2 = \mathrm{e}^{t/\tau}(X_2+X_3)/2+\mathrm{e}^{-t/\tau}(X_2-X_3)/2,$$
$$x_3 = \mathrm{e}^{t/\tau}(X_2+X_3)/2-\mathrm{e}^{-t/\tau}(X_2-X_3)/2$$

试求出:

(1) 介质运动的E氏描述$\boldsymbol{X}=\boldsymbol{X}(\boldsymbol{x},t)$;

(2) 介质质点速度的L氏描述$\boldsymbol{v}=\boldsymbol{v}(\boldsymbol{X},t)$和E氏描述$\boldsymbol{v}=\boldsymbol{v}(\boldsymbol{x},t)$;

(3) 介质质点加速度的L氏描述$\dot{\boldsymbol{v}}=\dot{\boldsymbol{v}}(\boldsymbol{X},t)$和E氏描述$\dot{\boldsymbol{v}}=\dot{\boldsymbol{v}}(\boldsymbol{x},t)$。

4.3　设L氏坐标系和E氏坐标系取为同一直角笛卡儿坐标系,对运动

$$(1)\begin{cases}x_1=(1+\alpha t)X_1\cos\omega t-X_2\sin\omega t\\ x_2=(1+\alpha t)X_1\sin\omega t+X_2\cos\omega t\\ x_3=X_3\end{cases}$$

$$(2)\begin{cases}x_1=X_1\\ x_2=(1+\beta t)X_2\cos\omega t-X_3\sin\omega t\\ x_3=(1+\beta t)X_2\sin\omega t+X_3\cos\omega t\end{cases}$$

$$(3)\begin{cases}x_1=X_1(1+\alpha t)\\ x_2=X_2(1+\beta t)\cos\omega t-(1+\gamma)X_3\sin\omega t\\ x_3=X_2(1+\beta t)\sin\omega t+(1+\gamma)X_3\cos\omega t\end{cases}$$

试求出：

(1) 介质运动的 E 氏描述 $\boldsymbol{X}=\boldsymbol{X}(\boldsymbol{x},t)$；

(2) 介质质点速度的 L 氏描述 $\boldsymbol{v}=\boldsymbol{v}(\boldsymbol{X},t)$和 E 氏描述 $\boldsymbol{v}=\boldsymbol{v}(\boldsymbol{x},t)$；

(3) 介质质点加速度的 L 氏描述 $\dot{\boldsymbol{v}}=\dot{\boldsymbol{v}}(\boldsymbol{X},t)$和 E 氏描述 $\dot{\boldsymbol{v}}=\dot{\boldsymbol{v}}(\boldsymbol{x},t)$。

4.4　对运动 $x_1=X_1\mathrm{e}^t+X_3(\mathrm{e}^t-1)$，$x_2=X_3(\mathrm{e}^t-\mathrm{e}^{-t})+X_2$，$x_3=X_3$，试求出：

(1) 介质运动的 E 氏描述 $\boldsymbol{X}=\boldsymbol{X}(\boldsymbol{x},t)$；

(2) 介质质点速度的 L 氏描述 $\boldsymbol{v}=\boldsymbol{v}(\boldsymbol{X},t)$和 E 氏描述 $\boldsymbol{v}=\boldsymbol{v}(\boldsymbol{x},t)$；

(3) 介质质点加速度的 L 氏描述 $\dot{\boldsymbol{v}}=\dot{\boldsymbol{v}}(\boldsymbol{X},t)$和 E 氏描述 $\dot{\boldsymbol{v}}=\dot{\boldsymbol{v}}(\boldsymbol{x},t)$。

4.5　设已知三个方向的应变分别为 $\varepsilon(0^\circ)=a$，$\varepsilon(45^\circ)=b$，$\varepsilon(90^\circ)=c$。

(1) 试求应变张量分量 ε_{11}，$\varepsilon_{12}=\varepsilon_{21}$，$\varepsilon_{22}$；

(2) 试求应变 $\varepsilon(135^\circ)$和切应变 $\varepsilon(30^\circ,120^\circ)$。

4.6　设已知三个方向的应变分别为 $\varepsilon(0^\circ)=a$，$\varepsilon(60^\circ)=b$，$\varepsilon(120^\circ)=c$。

(1) 试求应变张量分量 ε_{11}，$\varepsilon_{12}=\varepsilon_{21}$，$\varepsilon_{22}$；

(2) 试求应变 $\varepsilon(135^\circ)$和切应变 $\varepsilon(30^\circ,120^\circ)$。

4.7　直接从物理意义试导出柱坐标中的应变分量由位移表达的式子。

4.8　直接从物理意义试导出球坐标中的应变分量由位移表达的式子。

第5章　连续介质守恒定律的场方程组

5.0　引言——两种坐标中随体导数的不同表达

以前我们曾经指出，对连续介质的运动可以采用 Lagrange 描述，也可以采用 Euler 描述，此时介质中的任何物理量将分别是 Lagrange 坐标 $\boldsymbol{X}$ 和 t 的函数，以及 Euler 坐标 $\boldsymbol{x}$ 和 t 的函数：

$$f = f(\boldsymbol{X}, t), \quad f = f[\boldsymbol{x}, t] \tag{5.0.1}$$

对矢量 $\boldsymbol{b}$、张量 $\boldsymbol{T}$ 也一样。与对个别粒子的这两种描述相对应，对整个体系也可以采用闭口体系的观点以及开口体系的观点，前者是指由固定粒子所组成的与外界没有质量交换的体系，后者是指不是由固定粒子所组成的因之与外界有着质量交换的体系。无论是开口体系还是闭口体系，都可以划分为无穷小的微体系或者是一个有限体系，在数学上，这分别对应着微分形式和积分形式。本章将从这些基本观点和概念出发，给出连续介质质量守恒、动量(或动量矩)守恒、能量守恒、热力学第二定律等物理定律的表达方式以及相应的场方程的数学形式，这就是连续介质守恒定律的场方程组。

第4章曾指出，当用 Lagrange 描述时，任一粒子的任一量的随体导数(物质导数)等于其对时间 t 的偏导数，即

$$f = f(\boldsymbol{X}, t), \quad \dot{f} = \frac{\partial f(\boldsymbol{X}, t)}{\partial t}\bigg|_X \tag{5.0.2}$$

同样，当用 Lagrange 描述，并将一个由众多粒子组成的闭口体系映射至初始构形上时，其由"初始体密度"为 f 的密度量(质量、动量、能量、动量矩等)积分所得的总体量 F 之物质导数也将分别为

$$F(t) = \int_V f(\boldsymbol{X}, t)\mathrm{d}V, \quad \dot{F}(t) = \int_V \dot{f}(\boldsymbol{X}, t)\mathrm{d}V = \int_V \frac{\partial f(\boldsymbol{X}, t)}{\partial t}\mathrm{d}V \tag{5.0.3}$$

其中，f 为某种量的初始体密度，即单位初始体积中的某种量(质量、动量、能量、动量矩等)，F 为闭口体系中某种量的总和。式(5.0.3)是显然的，因为 V 和 $\mathrm{d}V$ 都是与时间 t 无关的，故微分可以和积分换次序。但是，当我们采用 Euler 描述时，任一粒子的任一量的物质导数将等于其局部导数$\dfrac{\partial f(\boldsymbol{x}, t)}{\partial t}$及其迁移导数 $\boldsymbol{v} \cdot \vec{\nabla} f$ 之和：

$$f = f(\boldsymbol{x}, t), \quad \dot{f} = \frac{\partial f(\boldsymbol{x}, t)}{\partial t} + f\overleftarrow{\nabla} \cdot \boldsymbol{v} = \frac{\partial f(\boldsymbol{x}, t)}{\partial t} + \boldsymbol{v} \cdot \vec{\nabla} f \tag{5.0.4a}$$

事实上，将介质运动规律的 L 氏描述 $\boldsymbol{x} = \boldsymbol{x}(\boldsymbol{X}, t)$ 代入量 f 的 E 氏描述 $f = f[\boldsymbol{x}, t]$ 之中，即可得到

$$f = f[\boldsymbol{x}(\boldsymbol{X},t),t] \equiv f(\boldsymbol{X},t) \tag{5.0.5}$$

式(5.0.5)是以复合函数所表达的量 f 的 L 氏描述，在 L 氏坐标中对其求随体导数，并利用复合函数求到的链锁法则，即可得到

$$\begin{aligned}\dot{f}[\boldsymbol{x}(\boldsymbol{X},t),t] &= \frac{\partial f(\boldsymbol{x},t)}{\partial t} + \frac{\partial f(\boldsymbol{x},t)}{\partial x} \cdot \dot{x} \\ &= \frac{\partial f(\boldsymbol{x},t)}{\partial t} + f\overleftarrow{\nabla} \cdot \boldsymbol{v} = \frac{\partial f(\boldsymbol{x},t)}{\partial t} + \boldsymbol{v} \cdot \vec{\nabla} f\end{aligned} \tag{5.0.4b}$$

此即前面列出的式(5.0.4a)。其中的第一项$\dfrac{\partial f(\boldsymbol{x},t)}{\partial t}$称为量$f$ 的局部导数(local derivative)，它代表量 f 在粒子于瞬时构形中的位置 $\boldsymbol{x}$ 处随时间的变化率，由场的不定常性所引起；第二项 $f\overleftarrow{\nabla}\cdot\boldsymbol{v}$ 或$\boldsymbol{v}\cdot\vec{\nabla}f$ 称为量f 的迁移导数(convection derivative)，它是由于粒子在具有梯度 $f\overleftarrow{\nabla}$或$\vec{\nabla}f$ 的不均匀场中以质点速度 $\boldsymbol{v}$ 迁移所引起的。所以式(5.0.4b)表示，当采用量的 E 氏表述时，任意量 f 的随体导数等于其局部导数和迁移导数之和。

现在考虑一个由众多粒子所组成的闭口体系，其在瞬时构形中的体积记为 $V(t)$，以$f[\boldsymbol{x},t]$表示某种量的瞬时体密度即单位瞬时体积中某种量(质量、动量、能量、动量矩等)的值，则闭口体系 $V(t)$在任一时刻的相应总体量将为

$$F(t) = \int_{V(t)} f(\boldsymbol{x},t)\mathrm{d}V \tag{5.0.6}$$

在这里，由于 $V(t)$和 $\mathrm{d}V$ 都是随时间 t 变化的，所以不能像 Lagrange 描述时一样，直接将求导运算和积分运算交换次序，即一般是

$$\dot{F}(t) = \frac{\mathrm{d}}{\mathrm{d}t}\int_{V(t)} f(\boldsymbol{x},t)\mathrm{d}V \neq \int_{V(t)} \dot{f}(\boldsymbol{x},t)\mathrm{d}V$$

下一节我们就来讨论在瞬时构型中即在 E 氏坐标中求闭口体系体积分的随体导数的问题。

5.1　闭口体系体积分的随体导数(物质导数)

5.1.1　闭口体系和开口体系

在连续介质力学中分清所研究的体系是闭口体系还是开口体系具有十分重要的意义。所谓闭口体系是指由一群固定粒子组成因而与外界没有质量交换的体系，即通过闭口体系表面外界流入体系的质量流为零，故闭口体系的质量随时间的变化率即其质量的随体导数为零；所谓开口体系是指所观察的体系并不是由固定粒子组成因而与外界存在质量交换的体系，即通过开口体系的表面外界向体系有质量流入或流出，所以开口体系中的介质质量随时间的变化率等于外界向介质的质量纯流入率(即流入率减去流出率)。开口体系和闭口体系的区分并不是以体系在空间是静止或运动为标志的，它们在空间所占有的区域 v 及其区

域的表面 a 都可以是运动的因而都可以是时间 t 的函数。当开口体系取为在空间中静止不动的某一固定空间时，这种特殊的开口体系称为静止控制体，这就是在一般流体力学书中最常用的开口体系。显然，当体系表面各处的运动速度都等于经过该点的介质质点速度时，体系也就成为了闭口体系，而当体系表面各处的运动速度都等于零时，体系就成为了静止控制体，因而闭口体系和静止控制体都可以视为开口体系的特例。为了清楚起见，我们将把闭口体系上任意量体积分随时间的变化率即体积分的随体导数用 $\frac{\mathrm{d}}{\mathrm{d}t}$ 或在其上加"·"来表示；同时把一般开口体系上任意量体积分随时间的变化率体积分的时间导数用 $\frac{\mathrm{D}}{\mathrm{D}t}$ 来表示；而静止控制体上任意量体积分随时间的变化率将用 $\frac{\partial}{\partial t}$ 来表示，这是因为静止控制体的体积 v 和其表面 a 都是与时间无关的，所以这可以视为在固定区域上的局部导数。

为了叙述简洁，我们将单位空间体积中的某种物理量称为其密度量(density quantities)，而把单位介质质量的某种物理量称为其比量(special quantities)。

5.1.2 开口体系体积分的时间导数和闭口体系体积分的随体导数——表面移动法

我们考虑任意一个在空间运动的开口体系 $\boldsymbol{v}(t)$，其表面为 $a(t)$，如图 5.1 所示。为了强调体系 v 和表面 a 都是与时间有关的，我们特意加上了记号 t。设 t 时刻体系各表面点相应的表面运动速度为 $\boldsymbol{v}^*(\boldsymbol{x},t)$，应注意，对于开口体系而言，它与该时刻经过此表面点的介质粒子速度一般是不同的。以 $F(t)$ 表示某种密度量 $f(\boldsymbol{x},t)$ 在开口体系 $\boldsymbol{v}(t)$ 上的总体量，它可以由如下的体积分来表达：

$$F(t) \equiv \int_{v(t)} f(\boldsymbol{x},t)\mathrm{d}v \tag{5.1.1}$$

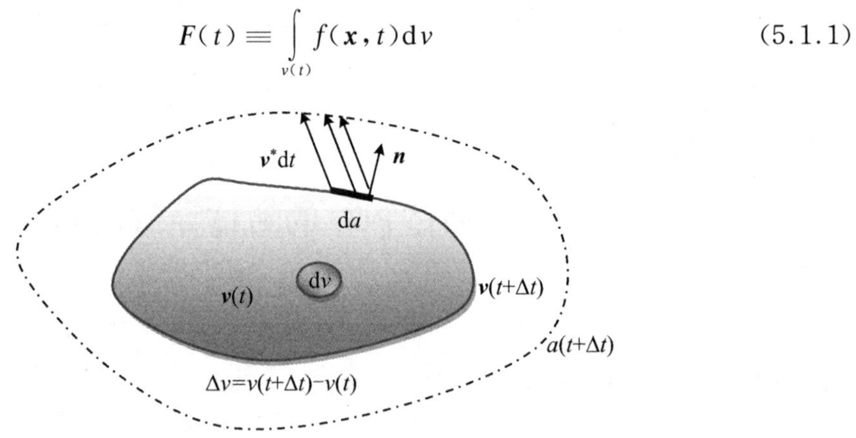

图 5.1 开口体系的变化

现在我们来求开口体系上的体积分的时间导数 $\frac{\mathrm{D}F}{\mathrm{D}t}$。按照定义，有

$$\frac{\mathrm{D}F}{\mathrm{D}t} = \lim_{\Delta t \to 0}\frac{\Delta F}{\Delta t} = \lim_{\Delta t \to 0}\frac{F(t+\Delta t) - F(t)}{\Delta t} \tag{5.1.2}$$

其中，$F(t+\Delta t)$ 表示在 $t+\Delta t$ 时刻开口体系所占据的空间区域 $v(t+\Delta t)$ 上的体积分，在图 5.1 中我们标出了 t 和 $t+\Delta t$ 两个时刻的 $v(t)$、$a(t)$、$v(t+\Delta t)$、$a(t+\Delta t)$，以及 Δt 期

间开口体系所扩充的微区域 $\Delta v = v(t+\Delta t) - v(t)$。因此有

$$\begin{aligned}\Delta F = F(t+\Delta t) - F(t) &= \int_{v(t+\Delta t)} f(\boldsymbol{x}, t+\Delta t)\mathrm{d}v - \int_{v(t)} f(\boldsymbol{x}, t)\mathrm{d}v \\ &= \left[\int_{v(t)} f(\boldsymbol{x}, t+\Delta t)\mathrm{d}v - \int_{v(t)} f(\boldsymbol{x}, t)\mathrm{d}v\right] \\ &\quad + \left[\int_{v(t+\Delta t)} f(\boldsymbol{x}, t+\Delta t)\mathrm{d}v - \int_{v(t)} f(\boldsymbol{x}, t+\Delta t)\mathrm{d}v\right] \\ &= \Delta F_1 + \Delta F_2 \end{aligned} \tag{5.1.3}$$

其中

$$\Delta F_1 = \int_{v(t)} f(\boldsymbol{x}, t+\Delta t)\mathrm{d}V - \int_{v(t)} f(\boldsymbol{x}, t)\mathrm{d}V = \int_{v(t)} \frac{\partial f}{\partial t}\Delta t \mathrm{d}v \tag{5.1.4}$$

$$\Delta F_2 = \int_{v(t+\Delta t)} f(\boldsymbol{x}, t+\Delta t)\mathrm{d}v - \int_{v(t)} f(\boldsymbol{x}, t+\Delta t)\mathrm{d}v = \int_{\Delta v} f(\boldsymbol{x}, t+\Delta t)\mathrm{d}v \tag{5.1.5}$$

而 $\Delta v = v(t+\Delta t) - v(t)$ 表示 Δt 期间开口体系表面移动而膨胀的区域，它是由 t 时刻的表面 $a(t)$ 每一部分 $\mathrm{d}a$ 以速度 $\boldsymbol{v}^*(\boldsymbol{x}, t)$ 移动而形成的。参照图 5.1，易见 $\mathrm{d}a$ 在 $\mathrm{d}t$ 时间内移动所形成的膨胀区域的微体积为

$$\mathrm{d}v = \boldsymbol{v}^* \Delta t \cdot \boldsymbol{n}\mathrm{d}a \tag{5.1.6}$$

将之代入式(5.1.5)中，即有

$$\begin{aligned}\Delta F_2 &= \int_{\Delta v} f(\boldsymbol{x}, t+\Delta t)\mathrm{d}v = \oint_{a(t)} f(x, t+\Delta t)\, \boldsymbol{v}^* \cdot \boldsymbol{n}\Delta t \mathrm{d}a \\ &= \oint_{a(t)} \left[f(\boldsymbol{x}, t) + \frac{\partial f}{\partial t}\Delta t\right]\boldsymbol{v}^* \cdot \boldsymbol{n}\Delta t \mathrm{d}a = \oint_{a(t)} f(\boldsymbol{x}, t)\, \boldsymbol{v}^* \cdot \boldsymbol{n}\Delta t \mathrm{d}a \end{aligned} \tag{5.1.7}$$

在式(5.1.4)和式(5.1.7)的右端省去了 Δt 的二次项，因为它们除以 Δt 并在 Δt 趋于零时的极限为零。将式(5.1.4)和式(5.1.7)代入式(5.1.3)之后，即得到

$$\frac{\mathrm{D}F}{\mathrm{D}t} = \frac{\mathrm{D}}{\mathrm{D}t}\int_{v(t)} f(\boldsymbol{x}, t)\mathrm{d}v = \int_{v(t)} \frac{\partial f}{\partial t}\mathrm{d}v + \oint_{a(t)} f\boldsymbol{v}^* \cdot \boldsymbol{n}\mathrm{d}a \tag{5.1.8}$$

式(5.1.8)即给出了任意开口体系 $v(t)$ 上量 f 体积分的时间导数。

由以上的推导过程可见，式(5.1.8)中的第一项由增量 ΔF_1 得来，它是由在开口体系 t 时刻所占据的原体积 $v(t)$ 上量 f 随时间的变化即场的不定常性所引起的，故可称之为体积分 F 的局部导数；而式(5.1.8)中的第二项是由增量 ΔF_2 得来的，它是由开口体系的表面 $a(t)$ 上的各点以相应表面点的移动速度 $\boldsymbol{v}^*$ 移动所引起的，故可称之为体积分 F 的表面移动导数。特别来说，当开口体系分别成为闭口体系或静止控制体时，分别有 $\boldsymbol{v}^* = \boldsymbol{v}$ 和 $\boldsymbol{v}^* = \boldsymbol{0}$，于是分别得到闭口体系体积分的随体导数和静止控制体体积分时间导数：

$$\dot{F} = \frac{\mathrm{d}}{\mathrm{d}t}\oint_{v(t)} f\mathrm{d}v = \int_{v(t)} \frac{\partial f}{\partial t}\mathrm{d}v + \oint_{a(t)} f\boldsymbol{v} \cdot \boldsymbol{n}\mathrm{d}a \tag{5.1.9a}$$

$$\frac{\partial F}{\partial t} = \frac{\partial}{\partial t}\oint_{v} f\mathrm{d}v = \int_{v} \frac{\partial f}{\partial t}\mathrm{d}v \tag{5.1.10}$$

闭口体系的体积分随体导数的式(5.1.9a)中的第一项与式(5.1.8)中的第一项一样，都是由场的不定常性所引起的，称之为闭口体系体积分的局部导数；式(5.1.9a)中的第二项是由体系表面上的各点以粒子本身速度 v 迁移造成体积胀缩而引起的，故可称之为闭口体系

体积分的迁移导数。至于式(5.1.10)，我们不需要从式(5.1.8)出发即可一眼看出，因为静止控制体 v 和 $\mathrm{d}v$ 都是与时间无关的。

对式(5.1.9a)中的第二项应用 Gauss 定理，可以得到闭口体系体积分随体导数公式的第二种形式，即

$$\dot{F}=\frac{\mathrm{d}}{\mathrm{d}t}\oint_{v(t)} f\mathrm{d}v=\int_{v(t)}\frac{\partial f}{\partial t}\mathrm{d}v+\oint_{v(t)}\operatorname{div}(f\boldsymbol{v})\mathrm{d}v \tag{5.1.9b}$$

由于其重要性，我们在下面再给出闭口体系体积分随体导数公式的另一种导出方法和第三种形式。

5.1.3 闭口体系体积分的随体导数——介质胀缩法

设想我们对整个闭口体系也按闭口体系的观点进行分割，即将整个闭口体系 $v(t)$ 看作无穷多个微闭口体系 $\mathrm{d}v$ 的总和。由于体积分是无穷多个微分的总和，而和的导数等于导数的和，所以对闭口体系的体积分求随体导数，要注意密度量 f 本身和每一个微闭口体系 $\mathrm{d}v$ 都是随时间变化的，则有

$$\dot{F}=\frac{\mathrm{d}}{\mathrm{d}t}\int_{v(t)} f\mathrm{d}v=\int_{v(t)}\frac{\mathrm{d}}{\mathrm{d}t}(f\mathrm{d}v)=\int_{v(t)}\frac{\mathrm{d}f}{\mathrm{d}t}\mathrm{d}v+\int_{v(t)} f\frac{\mathrm{d}(\mathrm{d}v)}{\mathrm{d}t} \tag{5.1.11}$$

利用 $\operatorname{div}\boldsymbol{v}$，即体积相对变化率的物理定义，有

$$\operatorname{div}\boldsymbol{v}=\lim_{\mathrm{d}v\to 0}\frac{1}{\mathrm{d}v}\frac{\mathrm{d}(\mathrm{d}v)}{\mathrm{d}t} \tag{5.1.12}$$

或

$$\frac{\mathrm{d}(\mathrm{d}v)}{\mathrm{d}t}=(\operatorname{div}\boldsymbol{v})\mathrm{d}v \tag{5.1.13}$$

将式(5.1.13)代入式(5.1.11)，即得

$$\dot{F}=\frac{\mathrm{d}}{\mathrm{d}t}\int_{v(t)} f(\boldsymbol{x},t)\mathrm{d}v=\int_{v(t)}\frac{\mathrm{d}f}{\mathrm{d}t}\mathrm{d}v+\int_{v(t)} f\operatorname{div}\boldsymbol{v}\mathrm{d}v \tag{5.1.14}$$

式(5.1.14)即是体积分随体导数公式的第三种形式。由推导过程可以看到，式(5.1.14)中的第一项是在不考虑所有微物质体 $\mathrm{d}v$ 的胀缩、只考虑各微体的量 f 的随体变化而得出的，故可以将其称为闭口体系体积分的等容导数；式(5.1.14)中的第二项是由所有微体变形导致体系的胀缩而引起的，故可以将其称为闭口体系体积分的胀缩导数。如果注意到：

$$\frac{\mathrm{d}f}{\mathrm{d}t}=\frac{\partial f}{\partial t}+f\overleftarrow{\nabla}\cdot\boldsymbol{v} \tag{5.1.15}$$

$$(f\boldsymbol{v})\cdot\overleftarrow{\nabla}=\boldsymbol{v}\cdot\overleftarrow{\nabla}f+f\overleftarrow{\nabla}\cdot\boldsymbol{v} \tag{5.1.16}$$

则容易看到式(5.1.14)和式(5.1.9b)是等价的。

我们将任意开口体系体积分的随体导数分解为等容导数和胀缩导数之和的思想，物理概念清晰且数学推导简洁，是一般的书上不曾采用的。

需要指出的是，我们在前面所得到的开口体系体积分时间导数的式(5.1.8)以及闭口体系体积分随体导数的式(5.1.9a)、式(5.1.9b)、式(5.1.14)并不要求密度量 f 一定是标量，当它是矢量以及任意阶的张量时，这些公式也都是成立的，此时 $f\boldsymbol{v}$ 表示张量 f 和矢量 $\boldsymbol{v}$ 的外积。

5.1.4 体积分随体导数的一个特例

当量 $f=\rho\varphi$ 时，其中 ρ 为介质的质量密度，则有

$$\frac{\mathrm{d}}{\mathrm{d}t}\int_{v(t)}\rho\varphi\mathrm{d}v=\int_{v(t)}\frac{\mathrm{d}}{\mathrm{d}t}(\rho\varphi\mathrm{d}v)=\int_{v(t)}\frac{\mathrm{d}\varphi}{\mathrm{d}t}\rho\mathrm{d}v+\int_{v(t)}\varphi\frac{\mathrm{d}(\rho\mathrm{d}v)}{\mathrm{d}t}\tag{5.1.17}$$

利用微闭口体系质量不变的条件：

$$\frac{\mathrm{d}(\rho\mathrm{d}v)}{\mathrm{d}t}=0\tag{5.1.18}$$

于是，式(5.1.17)变为

$$\frac{\mathrm{d}}{\mathrm{d}t}\int_{v(t)}\rho\varphi\mathrm{d}v=\int_{v(t)}\rho\frac{\mathrm{d}\varphi}{\mathrm{d}t}\mathrm{d}v\tag{5.1.19}$$

式(5.1.19)说明，当被积函数有一个因子是质量密度 ρ 时，我们可以将求导运算移入积分号内，而且只需对被积函数的另一因子 φ 求导即可。在此强调指出，式(5.1.19)成立所依据的物理基础是闭口体系的质量守恒定律，即式(5.1.18)。

5.1.5 跨过运动表面的物理量流

显然，有没有介质跨过空间中运动的微曲面 $\mathrm{d}a$ 取决于微曲面的运动速度 $\boldsymbol{v}^*$ 是否等于它所经过的介质粒子的运动速度 $\boldsymbol{v}$，所以容易看出，单位时间内跨过 $\mathrm{d}a$ 而流向 $(-\boldsymbol{n})$ 一侧的介质体积将为 $(\boldsymbol{v}^*-\boldsymbol{v})\cdot\boldsymbol{n}\mathrm{d}a$（我们将之简称为跨过曲面 $\mathrm{d}a$ 的体积流），其中 $\boldsymbol{n}$ 表示曲面 $\mathrm{d}\boldsymbol{a}=\boldsymbol{n}\mathrm{d}a$ 的单位法矢量。于是，跨过 $\mathrm{d}\boldsymbol{a}$ 的质量流 $\mathrm{d}M$、动量流 $\mathrm{d}\boldsymbol{m}$ 和能量流 $\mathrm{d}E$ 将分别是

$$\mathrm{d}M=\rho(\boldsymbol{v}^*-\boldsymbol{v})\cdot\boldsymbol{n}\mathrm{d}a\tag{5.1.20a}$$

$$\mathrm{d}\boldsymbol{m}=\rho\boldsymbol{v}(\boldsymbol{v}^*-\boldsymbol{v})\cdot\boldsymbol{n}\mathrm{d}a\tag{5.1.20b}$$

$$\mathrm{d}E=\rho(k+u)(\boldsymbol{v}^*-\boldsymbol{v})\cdot\boldsymbol{n}\mathrm{d}a\tag{5.1.20c}$$

其中，k 和 u 分别是介质的比动能和比内能。当 $\boldsymbol{v}^*=\boldsymbol{v}$ 时，微曲面 $\mathrm{d}a$ 即是一个物质微面或随体微面，式(5.1.20)中的三式都为零；当 $\boldsymbol{v}^*=\boldsymbol{0}$ 时，微曲面 $\mathrm{d}a$ 即是一个静止微面，而式(5.1.20)给出了跨过静止微面的质量流、动量流和能量流。

由于当微曲面 $\mathrm{d}a$ 是波阵面的一部分时，$\boldsymbol{v}^*$ 和 $\boldsymbol{v}^*-\boldsymbol{v}$ 即分别是波阵面的E氏绝对波速和波对介质的相对波速，所以式(5.1.20)中的三式在导出跨过三维冲击波的突跃条件时有着重要的应用。

5.1.6 以上公式在L氏描述中的相应表达形式

需要指出的是，无论是对开口体系还是对闭口体系，我们都可以采用L氏描述和E氏描述这两种表达形式。本节前面的叙述和推导尽管涉及开口体系和闭口体系这两种体系，但我们采用的都是E氏描述方法，即都是以瞬时构形为基础来描述的。事实上，我们也可以用L氏描述方法来进行表述，此时可以将开口体系 $v(t)$ 映射为在初始构形中变化的体积 $V(t)$，将它的表面映射为初始构形中的封闭曲面 $A(t)$，单位外法矢量为 $\boldsymbol{N}$，表面点在初始构形中变化的L氏移动速度为 U。如果以 $f_0(\boldsymbol{X},t)$ 表示某种量的L氏密度即单位初始体

积的某种物理量，则式(5.1.8)将成为

$$\frac{\mathrm{D}F}{\mathrm{D}t}=\frac{D}{Dt}\int_{V(t)}f_0(\boldsymbol{X},t)\mathrm{d}V=\int_{V(t)}\frac{\partial f_0}{\partial t}\mathrm{d}v+\oint_{A(t)}f_0\boldsymbol{U}\cdot\boldsymbol{N}\mathrm{d}A \tag{5.1.21}$$

而对闭口体系，$V(t)$、$A(t)$则分别成为初始构形中不变的体积 V 和面积 A，而表面点的 L 氏移动速度 U 为零。于是，闭口体系体积分随体导数的公式将成为

$$\dot{F}=\frac{\mathrm{d}}{\mathrm{d}t}\oint_V f_0\mathrm{d}V=\int_V\frac{\mathrm{d}f_0}{\mathrm{d}t}\mathrm{d}V=\int_V\frac{\partial f_0}{\partial t}\mathrm{d}V \tag{5.1.22}$$

最后一式是因为在 L 氏描述下任意量的随体导数也即等于其对时间的偏导数。事实上，式(5.1.22)的成立是显然的，因为任意闭口体系在初始构形中的体积 V 和微元体积 $\mathrm{d}V$ 都是与时间无关的，所以我们可以把求导运算移入积分号中，而且只需对被积函数求导即可。

根据表面的 L 氏移动速度 U 的定义，显然，当用 L 氏描述时，跨过微曲面 $\mathrm{d}A$ 的 L 氏体积流(即体积流的初始体积)为

$$\boldsymbol{U}\cdot\boldsymbol{N}\mathrm{d}A$$

故跨过微曲面 $\mathrm{d}A$ 的质量流 $\mathrm{d}M$、动量流 $\mathrm{d}\boldsymbol{m}$ 和能量流 $\mathrm{d}E$ 将分别是

$$\mathrm{d}M=\rho_0\boldsymbol{U}\cdot\boldsymbol{N}\mathrm{d}A \tag{5.1.23a}$$

$$\mathrm{d}\boldsymbol{m}=\rho_0\boldsymbol{v}\boldsymbol{U}\cdot\boldsymbol{N}\mathrm{d}A \tag{5.1.23b}$$

$$\mathrm{d}E=\rho_0(k+u)\boldsymbol{U}\cdot\boldsymbol{N}\mathrm{d}A \tag{5.1.23c}$$

由于当微曲面 $\mathrm{d}A$ 是波阵面的一部分时，$\boldsymbol{U}$ 即是波阵面的 L 氏波速，所以式(5.1.23)中的三式在导出 L 氏坐标中跨过三维冲击波的突跃条件时有着重要的应用。

5.2 闭口与开口体系的连续性方程

连续方程(continuity equation)实质上是质量守恒定律的数学表达形式，它是连续介质场力学守恒定律的重要组成部分，我们已经在 4.8 节中对其做了初步讨论。由于场守恒定律的观念本身及其推导方法的重要性，在本节中我们将以表达质量守恒定律的连续方程为例，分别给出从有限闭口体系、有限开口体系、微闭口体系和微开口体系的质量守恒定律导出其连续方程，并说明它们的一致性。

由闭口体系和开口体系所表达的质量守恒定律可分别表达为：任意闭口体系的质量不随时间变化，即闭口体系质量的随体导数等于零；任意开口体系的质量随时间的增加率，即质量的时间导数，等于外界对开口体系的质量纯流入率。

5.2.1 闭口体系积分观点

如果以 v 表示一个有限的闭口体系，其质量为 M，由于介质是运动的，故体积 v 是时间 t 的函数。闭口体系质量守恒定律$\frac{\mathrm{d}M}{\mathrm{d}t}=0$ 可写为如下体积分的随体导数为零，即

$$\frac{\mathrm{d}M}{\mathrm{d}t}=\frac{\mathrm{d}}{\mathrm{d}t}\int_v\rho\mathrm{d}v=\int_v\frac{\mathrm{d}(\rho\mathrm{d}v)}{\mathrm{d}t}=\int_v\left[\dot{\rho}\mathrm{d}v+\rho\frac{\mathrm{d}(\mathrm{d}v)}{\mathrm{d}t}\right]=\int_v[\dot{\rho}+\rho\mathrm{div}\,\boldsymbol{v}]\mathrm{d}v=0 \tag{5.2.1a}$$

在推导过程中，我们考虑了各个微闭口体系 dv 都是随时间变化的，同时利用了体积相对膨胀率的式(4.8.6)。式(5.2.1)其实就是 5.1 节中介质胀缩法的式(5.1.14)当量 f 取为质量密度 ρ 时的一个特例，其中右端的两项分别表示闭口体系质量的等容导数和胀缩导数。式(5.2.1a)即是闭口体系总体形式或积分形式的连续方程。式(5.2.1a)对任意的闭口体系 v 都是成立的，由闭口体系 v 的任意性和式(5.2.1a)中被积函数的处处连续性，我们即可得出被积函数应该处处为零，即

$$\dot{\rho} + \rho \operatorname{div} \boldsymbol{v} = 0 \tag{5.2.2}$$

式(5.2.2)就是局部形式或微分形式的连续方程，它是闭口体系质量守恒的数学表现形式，其意义是它把介质的瞬时质量密度 ρ 和质点速度 $\boldsymbol{v}$ 这一运动学量联系起来了。

如果把闭口体系质量守恒的方程直接写为

$$\int_{V(t)} \rho \mathrm{d}V = \int_{V_0} \rho_0 \mathrm{d}V_0 \tag{5.2.1b}$$

其中，$V(t)$和 V_0 分别是闭口体系在瞬时构形和初始构形中的体积，ρ 和 ρ_0 分别是介质的瞬时质量密度和初始质量密度。将上式两端分别写为在 E 氏坐标和 L 氏坐标中的三重积分形式：

$$\iiint_{V(t)} \rho \mathrm{d}x_1 \mathrm{d}x_2 \mathrm{d}x_3 = \iiint_{V_0} \rho_0 \mathrm{d}X_1 \mathrm{d}X_2 \mathrm{d}X_3 \tag{5.2.1c}$$

以介质的运动规律 $x_i = x_i(X_1, X_2, X_3, t)$为左端被积函数的坐标变换，则可将上式写为

$$\iiint_{V(t)} \rho J \mathrm{d}X_1 \mathrm{d}X_2 \mathrm{d}X_3 = \iiint_{V_0} \rho_0 \mathrm{d}X_1 \mathrm{d}X_2 \mathrm{d}X_3 \tag{5.2.1d}$$

其中

$$J \equiv \left| \frac{\partial x_i}{\partial X_j} \right| \equiv \begin{vmatrix} \dfrac{\partial x_1}{\partial X_1} & \dfrac{\partial x_1}{\partial X_2} & \dfrac{\partial x_1}{\partial X_3} \\ \dfrac{\partial x_2}{\partial X_1} & \dfrac{\partial x_2}{\partial X_2} & \dfrac{\partial x_2}{\partial X_3} \\ \dfrac{\partial x_3}{\partial X_1} & \dfrac{\partial x_3}{\partial X_2} & \dfrac{\partial x_3}{\partial X_3} \end{vmatrix} \tag{5.2.1e}$$

由式(5.2.1d)和闭口体系的任意性，即可得

$$J = \frac{\rho_0}{\rho} = \frac{\delta V}{\delta V_0} \tag{5.2.1f}$$

这里的最后一个等号利用了微闭口体系的质量守恒。由此可以看出，量 J 的物理意义是介质在一点处现时刻相对于初始时刻的体积膨胀比。式(5.2.1e)也是质量守恒定律或连续方程的一种形式，它把介质的质量密度 ρ 和量$J \equiv \left| \dfrac{\partial x_i}{\partial X_j} \right|$联系起来了。它的优点是它是一个代数方程，其缺点是它含有较多的未知量 ρ 和$\dfrac{\partial x_i}{\partial X_j}$。

5.2.2　开口体系积分观点

如果取 v 为某个在空间静止的控制体这一特殊开口体系，其中介质质量为 M，则开口体系 v 中质量的增加率$\dfrac{\partial M}{\partial t}$将为

$$\frac{\partial M}{\partial t} = \frac{\partial}{\partial t}\int_v \rho \mathrm{d}v = \int_v \frac{\partial(\rho \mathrm{d}v)}{\partial t} = \int_v \frac{\partial \rho}{\partial t}\mathrm{d}t \tag{5.2.3}$$

在这里,由于开口体系 v 和微开口体系 $\mathrm{d}v$ 都是与时间无关的,所以式(5.2.3)中对时间的导数写为偏导数,而且$\frac{\partial \mathrm{d}v}{\partial t}$为零。通过控制体 v 的表面介质质量的纯流入率$\frac{\partial M'}{\partial t}$为

$$\frac{\partial M'}{\partial t} = -\oint \rho \boldsymbol{v}\cdot \boldsymbol{n}\mathrm{d}s = -\int_v \mathrm{div}(\rho \boldsymbol{v})\mathrm{d}v \tag{5.2.4}$$

开口体系的质量守恒定律给出$\frac{\partial M}{\partial t}=\frac{\partial M'}{\partial t}$,即

$$\int_v \left[\frac{\partial \rho}{\partial t} + \mathrm{div}(\rho \boldsymbol{v})\right]\mathrm{d}v = 0 \tag{5.2.5}$$

式(5.2.5)即是开口体系总体形式或积分形式的连续方程。由开口体系 v 的任意性和式(5.2.5)中被积函数的连续性,可得出式(5.2.5)中的被积函数应该处处为零,即

$$\frac{\partial \rho}{\partial t} + \mathrm{div}(\rho \boldsymbol{v}) = 0 \tag{5.2.6}$$

式(5.2.6)即是由开口观点所得出的连续方程的局部形式或微分形式。容易证明,它和我们由闭口观点所得出的连续方程(5.2.2)是等价的。事实上,如果将密度的随体导数 $\dot{\rho}$ 化为其局部导数和迁移导数之和,即

$$\dot{\rho} = \frac{\partial \rho}{\partial t} + \rho\, \overleftarrow{\nabla}\cdot \boldsymbol{v} \tag{5.2.7}$$

再注意其中的第二项迁移导数 $\rho\,\overleftarrow{\nabla}\cdot\boldsymbol{v}$ 与式(5.2.2)中的第二项 $\rho\mathrm{div}\,\boldsymbol{v}$ 之和恰等于质量流矢量 $\rho\boldsymbol{v}$ 的散度,即

$$\mathrm{div}(\rho \boldsymbol{v}) = \rho\,\overleftarrow{\nabla}\cdot \boldsymbol{v} + \boldsymbol{v}\cdot\overleftarrow{\nabla}\rho \tag{5.2.8}$$

故式(5.2.2)和式(5.2.6)的等价性便是一目了然的了。

5.2.3 闭口体系微分观点

如果以 ρ_0 和 ρ 分别表示介质的初始质量密度和瞬时质量密度,以 δV 和 δv 分别表示某个微闭口体系的初始体积和瞬时体积,则微闭口体系的质量守恒定律可写为

$$\rho\delta v = \rho_0 \delta V \tag{5.2.9}$$

式(5.2.9)的含义是:微闭口体系在任何时刻的质量 $\delta M=\rho\delta v$ 都等于其初始质量 $\rho_0\delta V$。对式(5.2.9)两边求随体导数,并注意微闭口体系的质量 $\delta M=\rho\delta v$ 不随时间变化,即闭口体系质量的随体导数为零,则有

$$\frac{\mathrm{d}}{\mathrm{d}t}(\rho\delta v) = \dot{\rho}\delta v + \rho\frac{\mathrm{d}\delta v}{\mathrm{d}t} = 0,\quad \dot{\rho} + \rho\frac{1}{\delta v}\frac{\mathrm{d}\delta v}{\mathrm{d}t} = 0$$

如果注意介质的相对体积膨胀率就是其质点速度的散度,即

$$\frac{1}{\delta v}\frac{\mathrm{d}\delta v}{\mathrm{d}t} = \mathrm{div}\,\boldsymbol{v}$$

于是可得到

$$\dot{\rho} + \rho\mathrm{div}\,\boldsymbol{v} = 0$$

这和前面用有限闭口体系的观点所得出的连续方程(5.2.2)是完全相同的。

5.2.4　开口体系微分观点

如果以 δv 来表示某个微静止控制体这一特殊的微开口体系，则其中的质量增加率 $\frac{\partial \delta M}{\partial t}$ 将为

$$\frac{\partial \delta M}{\partial t} = \frac{\partial(\rho \delta v)}{\partial t} = \frac{\partial \rho}{\partial t}\delta v \tag{5.2.10}$$

之所以有上式，是因为 δv 是与 t 无关的静止控制体，同时增加率也应理解为对时间的偏导数而非随体导数。而单位时间内通过 δv 的边界的质量纯流入率为

$$\frac{\partial \delta M'}{\partial t} = -\oint_s \rho \boldsymbol{v} \cdot \boldsymbol{n} \mathrm{d}s = -\int_{\delta v} \operatorname{div}(\rho \boldsymbol{v}) \mathrm{d}\boldsymbol{v} = -\operatorname{div}(\rho \boldsymbol{v})\delta v \tag{5.2.11}$$

由于微开口体系的质量增加率 $\frac{\partial \delta M}{\partial t}$ 应等于其质量的纯流入率 $\frac{\partial \delta M'}{\partial t}$，故由式(5.2.10)和式(5.2.11)即得

$$\frac{\partial \rho}{\partial t} + \operatorname{div}(\rho \boldsymbol{v}) = 0 \tag{5.2.6}$$

这和我们前面由有限开口体系质量守恒所得到的连续方程(5.2.6)是完全一样的。

下面我们来说明：如果由坐标面所围成的静止微控制体 δv 这种特殊开口体系的质量守恒定律来导出连续方程，我们就可以直接得到连续方程(5.2.6)在相应坐标系(笛卡儿坐标系或正交曲线坐标系)中的具体表达式。以直角笛卡儿坐标系中由坐标面所围成的微开口体系 $\mathrm{d}x_1\mathrm{d}x_2\mathrm{d}x_3$(图5.2)为例，则该静止控制体的质量增加率为

$$\frac{\partial}{\partial t}(\rho \mathrm{d}x_1\mathrm{d}x_2\mathrm{d}x_3) = \frac{\partial \rho}{\partial t}\mathrm{d}x_1\mathrm{d}x_2\mathrm{d}x_3 \tag{5.2.12}$$

而通过该体系的6个表面的质量纯流入率为

$$\begin{aligned} &-\rho v_2\big|_{x_2+\mathrm{d}x_2}\mathrm{d}x_3\mathrm{d}x_1 + \rho v_2\big|_{x_2}\mathrm{d}x_3\mathrm{d}x_1 - \rho v_1\big|_{x_1+\mathrm{d}x_1}\mathrm{d}x_2\mathrm{d}x_3 \\ &+ \rho v_1\big|_{x_1}\mathrm{d}x_2\mathrm{d}x_3 - \rho v_3\big|_{x_3+\mathrm{d}x_3}\mathrm{d}x_1\mathrm{d}x_2 + \rho v_3\big|_{x_3}\mathrm{d}x_1\mathrm{d}x_2 \\ &= -\left[\frac{\partial(\rho v_2)}{\partial x_2} + \frac{\partial(\rho v_3)}{\partial x_3} + \frac{\partial(\rho v_1)}{\partial x_1}\right]\mathrm{d}x_1\mathrm{d}x_2\mathrm{d}x_3 \end{aligned} \tag{5.2.13}$$

由上面两个式子相等即可得出

$$\frac{\partial \rho v_1}{\partial x_1} + \frac{\partial \rho v_2}{\partial x_2} + \frac{\partial \rho v_3}{\partial x_3} + \frac{\partial \rho}{\partial t} = 0 \tag{5.2.14}$$

式(5.2.14)即是在直角笛卡儿坐标系中连续方程的数学形式。将式(5.2.14)与式(5.2.6)相对比，即可得出在直角笛卡儿坐标系中 $\operatorname{div}(\rho \boldsymbol{v})$ 的表达式：

$$\operatorname{div}(\rho \boldsymbol{v}) = \frac{\partial(\rho v_1)}{\partial x_1} + \frac{\partial(\rho v_2)}{\partial x_2} + \frac{\partial(\rho v_3)}{\partial x_3} \tag{5.2.15}$$

参照该段的推导方法，作为练习，读者可思考当用正交曲线坐标时连续方程的相应形式。

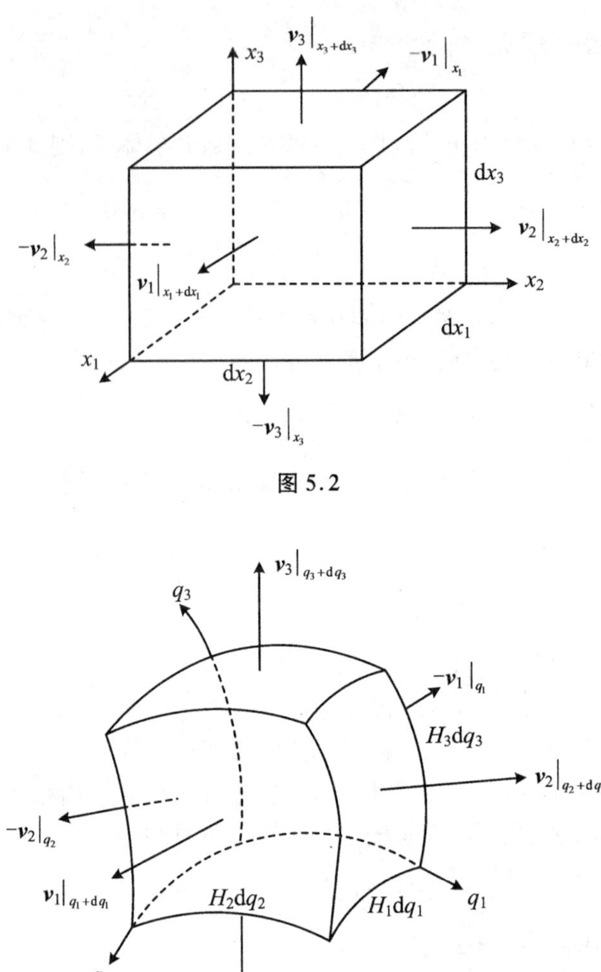

图 5.2

图 5.3

5.3 闭口与开口体系的运动方程

运动方程(equation of motion)是介质动量守恒定律的数学形式。为了导出运动方程，我们既可以从闭口体系出发也可以从开口体系出发，既可以取体系为微体系也可以取体系为有限的体系。在上一章导出反映质量守恒定律的连续方程时，我们就曾对微闭口(或微开口)、有限闭口(或有限开口)四种情况分别导出了连续方程。但是为了节省篇幅，本章将主要从有限闭口体系出发来导出运动方程，至于其他三种情况得到运动方程的方法读者可作为练习尝试之。

闭口体系和开口体系的动量守恒定律可分别表述为：闭口体系在任何时刻的动量变化率等于该瞬时作用于此闭口体系上的外力的矢量和；

开口体系在任何时刻的动量变化率等于该瞬时作用于此开口体系上的外力的矢量和加上外界向体系的动量纯流入率。

5.3.1　闭口体系积分观点

参见图 5.4，任一时刻 t 闭口体系 $V(t)$ 的动量增加率即动量的随体导数，为

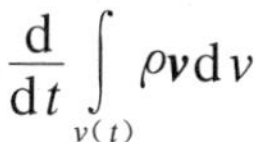

$$\frac{\mathrm{d}}{\mathrm{d}t}\int_{v(t)}\rho\boldsymbol{v}\mathrm{d}v$$

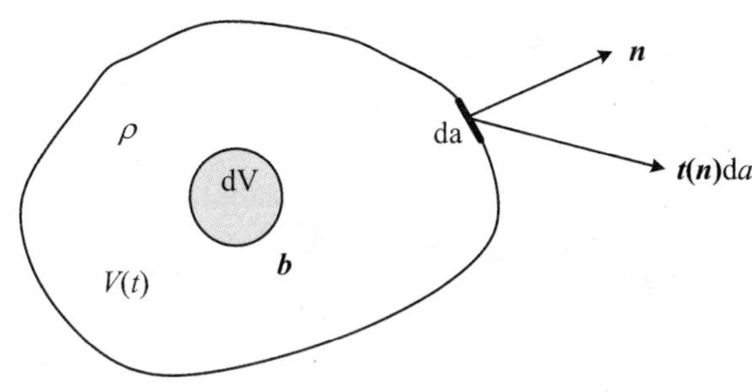

图 5.4

闭口体系 $V(t)$ 所受的外力包括体积力和面积力，其矢量和为

$$\int_{v(t)}\rho\boldsymbol{b}\mathrm{d}v+\oint_{a(t)}\boldsymbol{t}(\boldsymbol{n})\mathrm{d}a$$

上面两式中 $a(t)$ 为闭口体系 $V(t)$ 在 t 时刻的表面积，$\boldsymbol{v}$ 为粒子质点速度，ρ 和 $\boldsymbol{b}$ 为介质的瞬时质量密度和比体积力，$\boldsymbol{n}$ 为 $\mathrm{d}a$ 的单位外法矢量，$\boldsymbol{t}(\boldsymbol{n})$ 表示其上的 Cauchy 应力矢量，$\frac{\mathrm{d}}{\mathrm{d}t}$ 表示随体导数。于是，根据前面所述的闭口体系的动量守恒定律，可有

$$\frac{\mathrm{d}}{\mathrm{d}t}\int_{v(t)}\rho\boldsymbol{v}\mathrm{d}v=\int_{v(t)}\rho\boldsymbol{b}\mathrm{d}v+\oint_{a(t)}\boldsymbol{t}(\boldsymbol{n})\mathrm{d}a \tag{5.3.1}$$

式(5.3.1)即是闭口体系动量守恒定律的总体形式或积分形式。因为微闭口体系的质量守恒定律 $\frac{\mathrm{d}}{\mathrm{d}t}(\rho\mathrm{d}v)=0$，所以有

$$\frac{\mathrm{d}}{\mathrm{d}t}\int_{v(t)}\rho\boldsymbol{v}\mathrm{d}v=\int_{v(t)}\frac{\mathrm{d}}{\mathrm{d}t}(\rho\boldsymbol{v}\mathrm{d}v)=\int_{v(t)}\rho\dot{\boldsymbol{v}}\mathrm{d}v+\int_{v(t)}\boldsymbol{v}\frac{\mathrm{d}}{\mathrm{d}t}(\rho\mathrm{d}v)=\int_{v(t)}\rho\dot{\boldsymbol{v}}\mathrm{d}v \tag{5.3.2}$$

利用第 2 章 2.1 节中的 Cauchy 公式(2.1.13)，有

$$\boldsymbol{t}(\boldsymbol{n})=\boldsymbol{n}\cdot\boldsymbol{\sigma} \tag{5.3.3}$$

再利用 Gauss 定理，有

$$\oint_{a(t)}\boldsymbol{t}(\boldsymbol{n})\mathrm{d}a=\oint_{a(t)}\boldsymbol{n}\cdot\boldsymbol{\sigma}\mathrm{d}a=\int_{v(t)}\vec{\nabla}\cdot\boldsymbol{\sigma}\mathrm{d}v \tag{5.3.4}$$

其中，$\vec{\nabla}$ 为 E 氏坐标中的梯度算子，$\vec{\nabla}\cdot\boldsymbol{\sigma}=\mathrm{div}(\boldsymbol{\sigma})$ 为 Cauchy 应力张量在 E 氏坐标中的散度。

将式(5.3.2)和式(5.3.4)代入式(5.3.1)，即得

$$\int_{v(t)}\rho\dot{\boldsymbol{v}}\mathrm{d}v=\int_{v(t)}\rho\boldsymbol{b}\mathrm{d}v+\int_{v(t)}\vec{\nabla}\cdot\boldsymbol{\sigma}\mathrm{d}v \tag{5.3.5}$$

式(5.3.5)以及与之等价的式(5.3.1)都是闭口体系动量守恒定律的总体形式或积分形

式(global or integral form)。由闭口体系 $v(t)$ 的任意性和被积函数的处处连续性,即得

$$\rho\dot{\boldsymbol{v}} = \rho\boldsymbol{b} + \vec{\nabla}\cdot\boldsymbol{\sigma} \tag{5.3.6a}$$

式(5.3.6a)即是动量守恒定律的局部形式和微分形式(local or deferential form),称之为运动方程,它是微闭口体系动量守恒定律在E氏坐标中的数学形式。$-\rho\dot{\boldsymbol{v}}$ 是单位瞬时体积介质的惯性力,$\rho\boldsymbol{b}$ 是单位瞬时体积介质的体积力,$\vec{\nabla}\cdot\boldsymbol{\sigma}$ 是单位瞬时体积介质的面积力,所以,如果将式(5.3.6a)的左端移至右端,即是单位瞬时体积介质动量守恒定律的达朗贝尔形式。

按照在2.1节中所给出的Cauchy应力张量分量的定义方法,式(5.3.6a)的最后一项为

$$\mathrm{div}\,\boldsymbol{\sigma} \equiv \vec{\nabla}\cdot\boldsymbol{\sigma} = \vec{\nabla}_j\sigma_{ji}\boldsymbol{e}_i = \frac{\partial\sigma_{ji}}{\partial x_j}\boldsymbol{e}_i \tag{5.3.7a}$$

故方程(5.3.6a)的分量形式为

$$\rho\dot{v}_i = \rho b_i + \vec{\nabla}_j\sigma_{ji} = \rho b_i + \frac{\partial\sigma_{ji}}{\partial x_j} \quad (i = 1、2、3) \tag{5.3.6b}$$

对非极性物质,$\boldsymbol{\sigma}$ 是2阶对称张量,有

$$\boldsymbol{\sigma}^{\mathrm{T}} = \boldsymbol{\sigma},\quad \mathrm{div}\,\boldsymbol{\sigma} = \vec{\nabla}\cdot\boldsymbol{\sigma} = \boldsymbol{\sigma}\cdot\overleftarrow{\nabla} \tag{5.3.7b}$$

故式(5.3.6a)和式(5.3.6b)也可分别写为

$$\rho\dot{\boldsymbol{v}} = \rho\boldsymbol{b} + \boldsymbol{\sigma}\cdot\overleftarrow{\nabla} \tag{5.3.6c}$$

$$\rho\dot{v}_i = \rho b_i + \sigma_{ij}\overleftarrow{\nabla}_j = \rho b_i + \frac{\partial\sigma_{ij}}{\partial x_j} \quad (i = 1、2、3) \tag{5.3.6d}$$

5.3.2 开口体系积分观点

为了加深理解,我们再给出由有限开口体系动量守恒定律导出运动方程的方法及方程的表现形式。取空间的某一固定区域 v 这一静止控制体作为我们所观察的开口体系,在这里体系 v 和其表面积 a 都是与时间 t 无关的。于是,开口体系 v 的动量守恒定律的数学形式可写为

$$\frac{\partial}{\partial t}\int_v \rho\boldsymbol{v}\mathrm{d}v = \int_v \rho\boldsymbol{b}\mathrm{d}v + \oint_a \boldsymbol{t}(\boldsymbol{n})\mathrm{d}a - \oint_a \rho\boldsymbol{v}\boldsymbol{v}\cdot\boldsymbol{n}\mathrm{d}a \tag{5.3.8}$$

其中,左端表示开口体系 v 中介质的动量变化率(由于是静止控制体,故将其体积分的时间导数写为 $\frac{\partial}{\partial t}$),右端前两项分别是开口体系所受的体积力和面积力的矢量和,而最后一项表示通过开口体系 v 的表面 a 的动量纯流入率。考虑到 v、$\mathrm{d}v$ 都是与 t 无关的,故有

$$\frac{\partial}{\partial t}\int_v \rho\boldsymbol{v}\mathrm{d}v = \int_v \frac{\partial}{\partial t}(\rho\boldsymbol{v})\mathrm{d}v \tag{5.3.9}$$

对式(5.3.8)中的最后一项利用Gauss定理,可将其写为

$$\oint_a \rho\boldsymbol{v}\boldsymbol{v}\cdot\boldsymbol{n}\mathrm{d}a = \int_v (\rho\boldsymbol{v}\boldsymbol{v})\cdot\overleftarrow{\nabla}\mathrm{d}v \tag{5.3.10}$$

将式(5.3.4)、式(5.3.9)、式(5.3.10)代入式(5.3.8),即得

$$\int_v \frac{\partial}{\partial t}(\rho\boldsymbol{v})\mathrm{d}v = \int_v \rho\boldsymbol{b}\mathrm{d}v + \int_v \vec{\nabla}\cdot\boldsymbol{\sigma}\mathrm{d}v - \int_v (\rho\boldsymbol{v}\boldsymbol{v})\cdot\overleftarrow{\nabla}\mathrm{d}v \tag{5.3.11}$$

式(5.3.8)和与之等价的式(5.3.11)即是开口体系动量守恒定律的总体形式或积分形式。由开口体系 v 的任意性和被积函数的处处连续性,即可得出

$$\frac{\partial}{\partial t}(\rho\boldsymbol{v}) = \rho\boldsymbol{b} + \vec{\nabla}\cdot\boldsymbol{\sigma} - (\rho\boldsymbol{vv})\cdot\overleftarrow{\nabla} = \rho\boldsymbol{b} + \vec{\nabla}\cdot\boldsymbol{\sigma} - \vec{\nabla}\cdot(\rho\boldsymbol{vv}) \tag{5.3.12}$$

其中,式(5.3.12)中的最后一个等号是因为动量流张量 $\rho\boldsymbol{vv}$ 是 2 阶对称张量。当然,如果利用非极性物质中 Cauchy 应力张量的对称性,也可以将式(5.3.12)中的 Cauchy 应力张量的左散度$\vec{\nabla}\cdot\boldsymbol{\sigma}$ 改为其右散度$\boldsymbol{\sigma}\cdot\overleftarrow{\nabla}$。

方程(5.3.12)即是开口体系动量守恒定律的局部形式或微分形式,它是运动方程的另外一种表现形式。式中左端的一项$\frac{\partial}{\partial t}(\rho\boldsymbol{v})$表示单位空间体积的动量变化率,右端第一项 $\rho\boldsymbol{b}$ 和第二项$\boldsymbol{\sigma}\cdot\overleftarrow{\nabla}$如前所述,分别表示单位空间体积所受的体积力和面积力,而右端最后一项 $-(\rho\boldsymbol{vv})\cdot\overleftarrow{\nabla}$(流入体系的动量流 $-\rho\boldsymbol{vv}$ 的散度)则表示单位空间体积的动量纯流入率。

由于我们取的是开口体系,所以从形式上看它与由闭口体系动量守恒定律所得出的运动方程(5.3.6)表面上看起来好像是不同的,但是我们注意到

$$\frac{\partial}{\partial t}(\rho\boldsymbol{v}) = \rho\frac{\partial\boldsymbol{v}}{\partial t} + \frac{\partial\rho}{\partial t}\boldsymbol{v} \tag{5.3.13}$$

$$\vec{\nabla}\cdot(\rho\boldsymbol{vv}) = (\rho\boldsymbol{v})\cdot\vec{\nabla}\boldsymbol{v} + \boldsymbol{v}\cdot\vec{\nabla}(\rho\boldsymbol{v}) \tag{5.3.14}$$

并将此两式代入式(5.3.12),再利用如下公式:

$$\dot{\boldsymbol{v}} = \frac{\partial\boldsymbol{v}}{\partial t} + \boldsymbol{v}\cdot\vec{\nabla}\boldsymbol{v} \tag{5.3.15}$$

$$\frac{\partial\rho}{\partial t} + \vec{\nabla}\cdot(\rho\boldsymbol{v}) = 0 \quad \text{(连续方程)} \tag{5.3.16}$$

则可将式(5.3.12)化为式(5.3.6),故它们是等价的。

5.3.3　闭口体系微分观点

对于一个质量为 $\rho\delta v$ 的无限小的微闭口体系,其动量增加率即其动量的随体导数为

$$\frac{\mathrm{d}(\boldsymbol{v}\rho\delta v)}{\mathrm{d}t} = \frac{\mathrm{d}\boldsymbol{v}}{\mathrm{d}t}\rho\delta v + \boldsymbol{v}\frac{\mathrm{d}(\rho\delta v)}{\mathrm{d}t} = \dot{\boldsymbol{v}}\rho\delta v \tag{5.3.17}$$

这里我们利用了微闭口体系的质量守恒,即

$$\frac{\mathrm{d}(\rho\delta v)}{\mathrm{d}t} = 0$$

而其所受的体积力和面力的矢量和则为

$$\begin{aligned}\rho\boldsymbol{b}\delta v + \oint_{\mathrm{d}a}\boldsymbol{t}(\boldsymbol{n})\mathrm{d}\delta a &= \rho\boldsymbol{b}\delta v + \oint_{\mathrm{d}a}\boldsymbol{n}\cdot\boldsymbol{\sigma}\mathrm{d}\delta a \\ &= \rho\boldsymbol{b}\delta v + \int_{\mathrm{d}V}\vec{\nabla}\cdot\boldsymbol{\sigma}\mathrm{d}\delta V = \rho\boldsymbol{b}\delta v + \delta v\,\mathrm{div}\,\boldsymbol{\sigma}\end{aligned} \tag{5.3.18}$$

故微闭口体系的动量守恒给出

$$\dot{\boldsymbol{v}}\rho\delta v = \rho\boldsymbol{b}\delta v + \delta v\,\mathrm{div}\,\boldsymbol{\sigma}$$

即

$$\rho\dot{\boldsymbol{v}} = \rho\boldsymbol{b} + \mathrm{div}\,\boldsymbol{\sigma} \tag{5.3.6}$$

这与前面的闭口体系积分观点导出的运动方程(5.3.6)是完全一样的。

如果将闭口体系动量定理应用于 t 时刻恰到达笛卡儿直角坐标系中坐标面所围成的微介质 $\rho dx_1 dx_2 dx_3$(图 5.5),则该时刻介质所受的左右 2 个坐标面 x_2 和 x_2+dx_2 上的面力矢量将为

$$-\boldsymbol{t}_2\big|_{x_2}dx_3dx_1+\boldsymbol{t}_2\big|_{x_2+dx_2}dx_3dx_1=\frac{\partial \boldsymbol{t}_2}{\partial x_2}dx_1dx_2dx_3$$

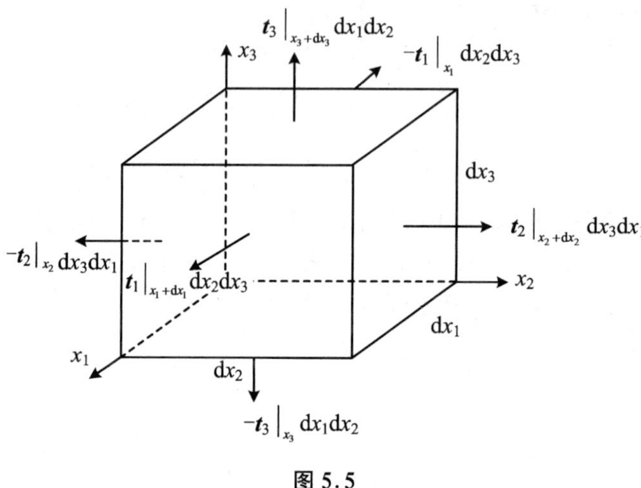

图 5.5

对之进行 1、2、3 的圆轮转换,可以类似地写出另外两对坐标面上的面力矢量,于是微闭口体系所受的面力矢量和将为

$$\text{外面力矢量和}=\frac{\partial \boldsymbol{t}_i}{\partial x_i}dx_1dx_2dx_3 \tag{5.3.19}$$

微闭口体系的体力矢量和为

$$\text{体力矢量和}=\rho\boldsymbol{b}dx_1dx_2dx_3 \tag{5.3.20}$$

微闭口体系的质量 $\rho dx_1dx_2dx_3$ 不变而守恒,其动量改变率只由质点速度的改变率 $\dot{\boldsymbol{v}}$ 所引起,故其动量的改变率为

$$\text{动量改变率}=\rho\dot{\boldsymbol{v}}dx_1dx_2dx_3 \tag{5.3.21}$$

由式(5.3.19)、式(5.3.20)、式(5.3.21)即可得到微闭口体系的动量守恒方程为

$$\rho\dot{\boldsymbol{v}}=\rho\boldsymbol{b}+\frac{\partial \boldsymbol{t}_i}{\partial x_i} \tag{5.3.22}$$

式(5.3.22)是由坐标面上的应力矢量 $\boldsymbol{t}_i$ 所表达的运动方程。如果注意坐标面上的单位法矢量 $\boldsymbol{e}_i$,坐标面上的应力矢量 $\boldsymbol{t}_i\equiv\boldsymbol{t}(\boldsymbol{e}_i)$,并利用 Cauchy 公式 $\boldsymbol{t}(\boldsymbol{n})=\boldsymbol{n}\cdot\boldsymbol{\sigma}$,则可有

$$\frac{\partial \boldsymbol{t}_i}{\partial x_i}=\vec{\nabla}_i\boldsymbol{t}_i=\vec{\nabla}_i\boldsymbol{e}_i\cdot\boldsymbol{\sigma}=\vec{\nabla}\cdot\boldsymbol{\sigma} \tag{5.3.23}$$

故式(5.3.22)就自然化成了前面的式(5.3.6):

$$\rho\dot{\boldsymbol{v}}=\rho\boldsymbol{b}+\mathrm{div}\,\boldsymbol{\sigma} \tag{5.3.6a}$$

如果将之写为在 $\boldsymbol{e}_i$ 方向上的分量形式,显然就是前面所写的式(5.3.6b):

$$\rho\dot{v}_i=\rho b_i+\vec{\nabla}_j\sigma_{ji}=\rho b_i+\frac{\partial\sigma_{ji}}{\partial x_j}\quad(i=1、2、3) \tag{5.3.6b}$$

5.3.4　开口体系微分观点

对由微开口体系动量守恒导出运动方程的问题，读者可作为练习尝试之。(包括一般的微开口体系、在直角笛卡儿坐标系中的微开口体系甚至在正交曲线坐标中的微开口体系。)

在非极性物质中 Cauchy 应力张量的对称性，实际上是动量矩定理的结果，关于这一点我们已经在第 2 章 2.1.4 小节中讲过，这里不再赘述。

5.4　正交曲线坐标中的运动方程

5.4.1　一般正交曲线坐标中的推导方法和结果

如上节所述，反映连续介质动量守恒定律的运动方程形式之一是式(5.3.6a)，即

$$\rho\dot{\boldsymbol{v}} = \rho\boldsymbol{b} + \operatorname{div}\boldsymbol{\sigma} \tag{5.4.1}$$

在笛卡儿坐标系中将之投影于 $\boldsymbol{e}_i$ 方向，即可写出其笛卡儿分量形式如下：

$$\rho\dot{v}_i = \rho b_i + \vec{\nabla}_j\sigma_{ji} = \rho b_i + \frac{\partial\sigma_{ji}}{\partial x_j} \quad (i = 1、2、3) \tag{5.4.2}$$

但是，在正交曲线坐标之中，如果将式(5.4.1)投影于其局部幺正基 $\bar{\boldsymbol{e}}_i$ 方向上，问题就没有这么简单了。这是因为在正交曲线坐标中，其局部幺正基 $\bar{\boldsymbol{e}}_i$ 并不是常矢量，而是与曲线坐标 q_i 有关的；同时，在正交曲线坐标中梯度算子∇的表达式也更复杂了。现在将第 1 章中有关正交曲线坐标的某些知识做一简单回顾。

正交曲线坐标中的局部幺正基 $\bar{\boldsymbol{e}}_i$ 和笛卡儿幺正基 $\boldsymbol{e}_j$ 的关系为

$$\begin{cases} \bar{\boldsymbol{e}}_k = \beta_{kj}\boldsymbol{e}_j \\ \boldsymbol{e}_j = \beta_{kj}\bar{\boldsymbol{e}}_k \end{cases} \tag{5.4.3}$$

其中，系数矩阵 β_{kj} 为

$$\beta_{kj} = \bar{\boldsymbol{e}}_k \cdot \boldsymbol{e}_j = \frac{1}{H_k}\frac{\partial x_j}{\partial q_k} = \frac{\partial x_j}{\partial S_k} \tag{5.4.4}$$

它是正交矩阵，即

$$\beta_{ik}\beta_{jk} = \delta_{ij} = \beta_{ki}\beta_{kj} \tag{5.4.5}$$

而拉梅系数 H_k 为

$$H_k(p) = |\hat{e}_k(p)| = \sqrt{\left(\frac{\partial x_1}{\partial q_k}\right)^2 + \left(\frac{\partial x_2}{\partial q_k}\right)^2 + \left(\frac{\partial x_3}{\partial q_k}\right)^2} \quad (k = 1、2、3) \tag{5.4.6}$$

在第 1 章 1.8.3 小节中，我们曾证明了正交曲线坐标中幺正基 $\bar{\boldsymbol{e}}_i$ 对坐标偏导数的公式如下：

$$
\begin{cases}
\dfrac{\partial \bar{\boldsymbol{e}}_1}{\partial q_1} = \dfrac{\partial H_1}{H_2 \partial q_2} \bar{\boldsymbol{e}}_2 - \dfrac{\partial H_1}{H_3 \partial q_3} \bar{\boldsymbol{e}}_3 \\
\dfrac{\partial \bar{\boldsymbol{e}}_1}{\partial q_2} = \dfrac{\partial H_2}{H_1 \partial q_1} \bar{\boldsymbol{e}}_2 \\
\dfrac{\partial \bar{\boldsymbol{e}}_1}{\partial q_3} = \dfrac{\partial H_3}{H_1 \partial q_1} \bar{\boldsymbol{e}}_3
\end{cases}
\tag{5.4.7}
$$

对式(5.4.7)中的指标进行原论转换，即可得到$\dfrac{\partial \boldsymbol{e}_i}{\partial q_j}$的另外 6 个公式。此外，我们在第 1 章中也曾给出正交曲线坐标中梯度算子∇的表达式为

$$
\nabla = \bar{\boldsymbol{e}}_k \frac{\partial}{H_k \partial q_k} = \bar{\boldsymbol{e}}_k \frac{\partial}{\partial s_k} \tag{5.4.8}
$$

在前面所引用的各公式中，对正交曲线坐标中的幺正基矢量以及有关分量，我们都加上了顶上的一杠“ˉ”，但是为了书写简单起见，在下面的推导中我们将省去顶上的一杠“ˉ”，于是，在正交曲线坐标中，质点速度 $\boldsymbol{v}$ 和 Cauchy 应力张量 $\boldsymbol{\sigma}$ 的直接记法即为

$$
\boldsymbol{v} = v_i \boldsymbol{e}_i \tag{5.4.9}
$$

$$
\boldsymbol{\sigma} = \sigma_{ij} \boldsymbol{e}_i \boldsymbol{e}_j \tag{5.4.10}
$$

注意，这里的 $\boldsymbol{e}_i$ 已是正交曲线坐标中的幺正基，而 v_i 和σ_{ij}已分别是$\boldsymbol{v}$ 和$\boldsymbol{\sigma}$ 在正交曲线坐标局部幺正基中的分量。现在利用前面所列出的一些公式来导出运动方程(5.4.1)在正交曲线坐标中的分量形式。

$$
\begin{aligned}
\dot{\boldsymbol{v}} &= \frac{\mathrm{d}}{\mathrm{d}t}(v_i \boldsymbol{e}_i) = \frac{\mathrm{d}v_i}{\mathrm{d}t}\boldsymbol{e}_i + v_i \frac{\mathrm{d}\boldsymbol{e}_i}{\mathrm{d}t} = \frac{\mathrm{d}v_i}{\mathrm{d}t}\boldsymbol{e}_i + v_i \left[\frac{\partial \boldsymbol{e}_i}{\partial t} + \boldsymbol{v} \cdot \vec{\nabla} \boldsymbol{e}_i \right] \\
&= \frac{\mathrm{d}v_i}{\mathrm{d}t}\boldsymbol{e}_i + v_i v_j \boldsymbol{e}_j \cdot \frac{\boldsymbol{e}_k \partial}{H_k \partial q_k} \boldsymbol{e}_i \\
&= \frac{\mathrm{d}v_i}{\mathrm{d}t}\boldsymbol{e}_i + v_i v_k \frac{\partial}{H_k \partial q_k} \boldsymbol{e}_i
\end{aligned}
$$

利用正交曲线坐标中幺正基矢量对坐标偏导数的公式(5.4.7)，可将该式中的各$\dfrac{\partial \boldsymbol{e}_i}{\partial q_k}$代入，经过运算，即可得出质点加速度 $\boldsymbol{a} \equiv \dot{\boldsymbol{v}}$ 在 $\boldsymbol{e}_1$ 方向的分量 a_1 为

$$
a_1 = \dot{v}_1 + \frac{v_1 v_2}{H_1 H_2} \frac{\partial H_1}{\partial q_2} + \frac{v_1 v_3}{H_1 H_3} \frac{\partial H_1}{\partial q_3} - \frac{v_2^2}{H_2 H_1} \frac{\partial H_2}{\partial q_1} - \frac{v_3^2}{H_3 H_1} \frac{\partial H_3}{\partial q_1} \tag{5.4.11a}
$$

其中

$$
\dot{v}_1 = \frac{\partial v_1}{\partial t} + \frac{v_i}{H_i} \frac{\partial v_1}{\partial q_i} \tag{5.4.11b}
$$

对式(5.4.11)进行圆轮转换就可得到质点加速度 $\boldsymbol{a} \equiv \dot{\boldsymbol{v}}$ 在 $\boldsymbol{e}_2$、$\boldsymbol{e}_3$ 方向的分量 a_2、a_3，剩下的任务是如何求出 Cauchy 应力张量 $\boldsymbol{\sigma}$ 散度$\vec{\nabla} \cdot \boldsymbol{\sigma}$ 在正交曲线中各方向分量的表达式。对此，我们可以采取如下的直接代入法，或者根据$\vec{\nabla} \cdot \boldsymbol{\sigma}$ 的力学意义而求出其在曲线坐标中的表达式。

1. 用直接代入法求$\vec{\nabla} \cdot \boldsymbol{\sigma}$ 在曲线坐标中的表达式

有

$$
\vec{\nabla} \cdot \boldsymbol{\sigma} = \frac{\boldsymbol{e}_j}{H_j} \frac{\partial}{\partial q_j} \cdot (\sigma_{ki} \boldsymbol{e}_k \boldsymbol{e}_i) = \frac{\boldsymbol{e}_j}{H_j} \frac{\partial \sigma_{ki}}{\partial q_j} \cdot (\boldsymbol{e}_k \boldsymbol{e}_i) + \frac{\boldsymbol{e}_j \sigma_{ki}}{H_j} \cdot \frac{\partial \boldsymbol{e}_k}{\partial q_j} \boldsymbol{e}_i + \frac{\boldsymbol{e}_j \sigma_{ki}}{H_j} \cdot \boldsymbol{e}_k \frac{\partial \boldsymbol{e}_i}{\partial q_j}
$$

$$= \frac{1}{H_j}\frac{\partial \sigma_{ji}}{\partial q_j}\boldsymbol{e}_i + \sigma_{ki}\frac{\boldsymbol{e}_j}{H_j}\cdot\frac{\partial \boldsymbol{e}_k}{\partial q_j}\boldsymbol{e}_i + \sigma_{ji}\frac{1}{H_j}\frac{\partial \boldsymbol{e}_i}{\partial q_j} \tag{5.4.12}$$

利用曲线坐标中幺正基矢量对坐标的偏导数公式(5.4.7)，将$\frac{\partial \boldsymbol{e}_k}{\partial q_j}$和$\frac{\partial \boldsymbol{e}_i}{\partial q_j}$的表达式代入式(5.4.12)，经过运算和整理可以得出$\vec{\nabla}\cdot\boldsymbol{\sigma}$在$\boldsymbol{e}_1$方向的分量为

$$(\vec{\nabla}\cdot\boldsymbol{\sigma})_1 = \frac{1}{H_1H_2H_3}\left[\frac{\partial(H_2H_3\sigma_{11})}{\partial q_1} + \frac{\partial(H_3H_1\sigma_{21})}{\partial q_2} + \frac{\partial(H_1H_2\sigma_{31})}{\partial q_3} + H_3\sigma_{12}\frac{\partial H_1}{\partial q_2} + H_2\sigma_{13}\frac{\partial H_1}{\partial q_3} - H_3\sigma_{22}\frac{\partial H_2}{\partial q_1} - H_2\sigma_{33}\frac{\partial H_3}{\partial q_1}\right] \tag{5.4.13}$$

对式(5.4.13)进行 1、2、3 的圆轮转换，即可得到$\vec{\nabla}\cdot\boldsymbol{\sigma}$在$\boldsymbol{e}_2$和$\boldsymbol{e}_3$方向的分量$(\vec{\nabla}\cdot\boldsymbol{\sigma})_2$和$(\vec{\nabla}\cdot\boldsymbol{\sigma})_3$。

2. 根据$\vec{\nabla}\cdot\boldsymbol{\sigma}$的力学意义求其在曲线坐标中的表达式

参见图 5.6，取一个以正交曲线坐标中坐标面所围成的微元体 $dV = H_1H_2H_3dq_1dq_2dq_3$ 作为研究对象，以 da 表示其表面，则根据积分中值定理、Guass 定理和 Cauchy 公式，有

$$\vec{\nabla}\cdot\boldsymbol{\sigma} = \frac{1}{dV}\int_{dV}\vec{\nabla}\cdot\boldsymbol{\sigma}dV = \frac{1}{dV}\oint_{da}\boldsymbol{n}\cdot\boldsymbol{\sigma}da = \frac{1}{dV}\oint_{da}\boldsymbol{t}(\boldsymbol{n})da \tag{5.4.14}$$

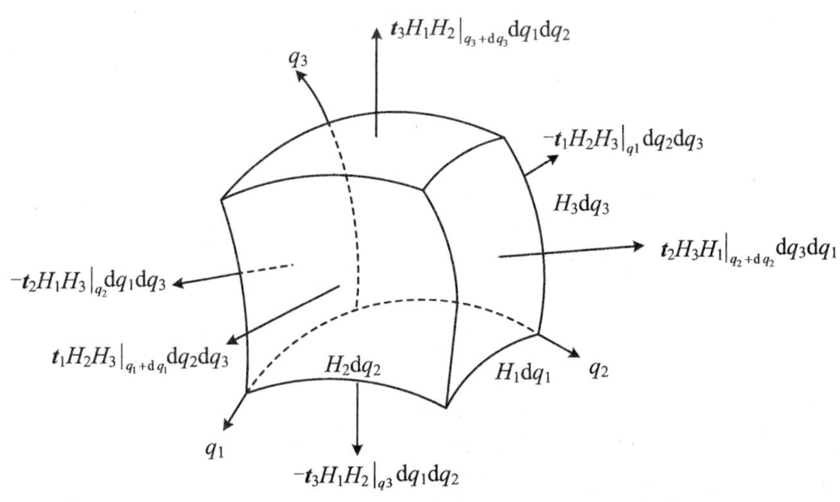

图 5.6

即 Cauchy 应力 $\boldsymbol{\sigma}$ 的散度$\vec{\nabla}\cdot\boldsymbol{\sigma}$在力学上表示一点处单位体积介质上所受到的面力。微元体 dV 在坐标面 q_1 和 q_1+dq_1 上所受的外面力为

$$(\boldsymbol{t}_1H_2H_3dq_2dq_3)|_{q_1+dq_1} - (\boldsymbol{t}_1H_2H_3dq_2dq_3)|_{q_1} = \frac{\partial(\boldsymbol{t}_1H_2H_3)}{\partial q_1}dq_1dq_2dq_3 \tag{5.4.15}$$

对式(5.4.15)进行 1、2、3 的圆轮转换，即可得出在微元体 $dV = H_1H_2H_3dq_1dq_2dq_3$ 另外两对坐标面上所受的面力的公式，将其代入式(5.4.14)，即可得出

$$\vec{\nabla}\cdot\boldsymbol{\sigma} = \frac{1}{H_1H_2H_3}\left[\frac{\partial(\boldsymbol{t}_1H_2H_3)}{\partial q_1} + \frac{\partial(\boldsymbol{t}_2H_3H_1)}{\partial q_2} + \frac{\partial(\boldsymbol{t}_3H_1H_2)}{\partial q_3}\right] \tag{5.4.16}$$

式(5.4.16)是由 3 个坐标面上的应力矢量 $\boldsymbol{t}_i$ 所表达的 Cauchy 应力 $\boldsymbol{\sigma}$ 的散度$\vec{\nabla}\cdot\boldsymbol{\sigma}$。根据

Cauchy 公式，有

$$\boldsymbol{t}_i = \boldsymbol{e}_i \cdot \boldsymbol{\sigma} = \boldsymbol{e}_i \cdot \sigma_{jk}\boldsymbol{e}_j\boldsymbol{e}_k = \sigma_{ik}\boldsymbol{e}_k \quad (i = 1、2、3) \tag{5.4.17}$$

将式(5.4.17)中的 3 个式子代入式(5.4.16)，即可得出$\vec{\nabla}\cdot\boldsymbol{\sigma}$在正交曲线坐标中的表达式，其在 $\boldsymbol{e}_1$ 方向的分量为

$$(\vec{\nabla}\cdot\boldsymbol{\sigma})_1 = \frac{1}{H_1H_2H_3}\left[\frac{\partial(H_2H_3\sigma_{11})}{\partial q_1} + \frac{\partial(H_3H_1\sigma_{21})}{\partial q_2} + \frac{\partial(H_1H_2\sigma_{31})}{\partial q_3} + H_3\sigma_{12}\frac{\partial H_1}{\partial q_2} + H_2\sigma_{13}\frac{\partial H_1}{\partial q_3} - H_3\sigma_{22}\frac{\partial H_2}{\partial q_1} - H_2\sigma_{33}\frac{\partial H_3}{\partial q_1}\right] \tag{5.4.13}$$

这就是前面的公式(5.4.13)，对其进行 1、2、3 的圆轮转换，即可得到$\vec{\nabla}\cdot\boldsymbol{\sigma}$在$\boldsymbol{e}_2$ 和 $\boldsymbol{e}_3$ 方向的分量$(\vec{\nabla}\cdot\boldsymbol{\sigma})_2$ 和$(\vec{\nabla}\cdot\boldsymbol{\sigma})_3$。

5.4.2 柱坐标和球坐标中的运动方程

由于在应用上的重要性，下面我们列出前面的有关公式在柱坐标和球坐标中的具体形式，以备读者查用。

1. 柱坐标$(q_1, q_2, q_3) = (r, \theta, z)$

在柱坐标中，$H_1 = 1, H_2 = r, H_3 = 1$，故有如下公式：

$$\begin{cases} a_r = \dfrac{\mathrm{d}v_r}{\mathrm{d}t} - \dfrac{v_\theta^2}{r} = \left(\dfrac{\partial v_r}{\partial t} + v_r\dfrac{\partial v_r}{\partial r} + \dfrac{v_\theta}{r}\dfrac{\partial v_r}{\partial \theta} + v_z\dfrac{\partial v_r}{\partial z}\right) - \dfrac{v_\theta^2}{r} \\ a_\theta = \dfrac{\mathrm{d}v_\theta}{\mathrm{d}t} + \dfrac{v_rv_\theta}{r} = \left(\dfrac{\partial v_\theta}{\partial t} + v_r\dfrac{\partial v_\theta}{\partial r} + \dfrac{v_\theta}{r}\dfrac{\partial v_\theta}{\partial \theta} + v_z\dfrac{\partial v_\theta}{\partial z}\right) + \dfrac{v_rv_\theta}{r} \\ a_z = \dfrac{\mathrm{d}v_z}{\mathrm{d}t} = \dfrac{\partial v_z}{\partial t} + v_r\dfrac{\partial v_z}{\partial r} + \dfrac{v_\theta}{r}\dfrac{\partial v_z}{\partial \theta} + v_z\dfrac{\partial v_z}{\partial z} \end{cases} \tag{5.4.18}$$

$$\begin{cases} (\vec{\nabla}\cdot\boldsymbol{\sigma})_r = \dfrac{\partial \sigma_{rr}}{\partial r} + \dfrac{1}{r}\dfrac{\partial \sigma_{\theta r}}{\partial \theta} + \dfrac{\partial \sigma_{zr}}{\partial z} + \dfrac{\sigma_{rr} - \sigma_{\theta\theta}}{r} \\ (\vec{\nabla}\cdot\boldsymbol{\sigma})_\theta = \dfrac{\partial \sigma_{r\theta}}{\partial r} + \dfrac{1}{r}\dfrac{\partial \sigma_{\theta\theta}}{\partial \theta} + \dfrac{\partial \sigma_{z\theta}}{\partial z} + \dfrac{2\sigma_{r\theta}}{r} \\ (\vec{\nabla}\cdot\boldsymbol{\sigma})_z = \dfrac{\partial \sigma_{rz}}{\partial r} + \dfrac{1}{r}\dfrac{\partial \sigma_{\theta z}}{\partial \theta} + \dfrac{\partial \sigma_{zz}}{\partial z} + \dfrac{\sigma_{rz}}{r} \end{cases} \tag{5.4.19}$$

2. 球坐标$(q_1, q_2, q_3) = (r, \theta, \varphi)$

在球坐标中，$H_1 = 1, H_2 = r, H_3 = r\sin\theta$，故有如下公式：

$$\begin{cases} a_r = \dfrac{\mathrm{d}v_r}{\mathrm{d}t} - \dfrac{v_\theta^2}{r} - \dfrac{v_\varphi^2}{r} = \left(\dfrac{\partial v_r}{\partial t} + v_r\dfrac{\partial v_r}{\partial r} + \dfrac{v_\theta}{r}\dfrac{\partial v_r}{\partial \theta} + \dfrac{v_\varphi}{r\sin\theta}\dfrac{\partial v_r}{\partial \varphi}\right) - \dfrac{v_\theta^2}{r} - \dfrac{v_\varphi^2}{r} \\ a_\theta = \dfrac{\mathrm{d}v_\theta}{\mathrm{d}t} + \dfrac{v_rv_\theta}{r} - \dfrac{v_\varphi^2}{r}\cot\theta = \left(\dfrac{\partial v_\theta}{\partial t} + v_r\dfrac{\partial v_\theta}{\partial r} + \dfrac{v_\theta}{r}\dfrac{\partial v_\theta}{\partial \theta} + \dfrac{v_\varphi}{r\sin\theta}\dfrac{\partial v_\theta}{\partial \varphi}\right) \\ \qquad + \dfrac{v_rv_\theta}{r} - \dfrac{v_\varphi^2}{r}\cot\theta \\ a_\varphi = \dfrac{\mathrm{d}v_\varphi}{\mathrm{d}t} + \dfrac{v_rv_\varphi}{r} + \dfrac{v_\theta v_\varphi}{r}\cot\theta = \left(\dfrac{\partial v_\varphi}{\partial t} + v_r\dfrac{\partial v_\varphi}{\partial r} + \dfrac{v_\theta}{r}\dfrac{\partial v_\varphi}{\partial \theta} + \dfrac{v_\varphi}{r\sin\theta}\dfrac{\partial v_\varphi}{\partial \varphi}\right) \\ \qquad + \dfrac{v_rv_\varphi}{r} + \dfrac{v_\theta v_\varphi}{r}\cot\theta \end{cases} \tag{5.4.20}$$

$$\begin{cases}(\vec{\nabla}\cdot\boldsymbol{\sigma})_r = \dfrac{\partial\sigma_{rr}}{\partial r}+\dfrac{1}{r}\dfrac{\partial\sigma_{\theta r}}{\partial\theta}+\dfrac{1}{r\sin\theta}\dfrac{\partial\sigma_{\varphi r}}{\partial\varphi}+\dfrac{2\sigma_{rr}-\sigma_{\theta\theta}-\sigma_{\varphi\varphi}+\sigma_{r\theta}\cot\theta}{r}\\(\vec{\nabla}\cdot\boldsymbol{\sigma})_\theta = \dfrac{\partial\sigma_{r\theta}}{\partial r}+\dfrac{1}{r}\dfrac{\partial\sigma_{\theta\theta}}{\partial\theta}+\dfrac{1}{r\sin\theta}\dfrac{\partial\sigma_{\varphi\theta}}{\partial\varphi}+\dfrac{(\sigma_{\theta\theta}-\sigma_{\varphi\varphi})\cot\theta+3\sigma_{r\theta}}{r}\\(\vec{\nabla}\cdot\boldsymbol{\sigma})_\varphi = \dfrac{\partial\sigma_{r\varphi}}{\partial r}+\dfrac{1}{r}\dfrac{\partial\sigma_{\theta\varphi}}{\partial\theta}+\dfrac{1}{r\sin\theta}\dfrac{\partial\sigma_{\varphi\varphi}}{\partial\varphi}+\dfrac{3\sigma_{r\varphi}+2\sigma_{\theta\varphi}\cot\theta}{r}\end{cases}\tag{5.4.21}$$

5.4.3 举例——直接从物理意义推导柱坐标中的$(\vec{\nabla}\cdot\boldsymbol{\sigma})_r$

在 5.4.1 小节中导出了一般正交曲线坐标中运动方程的形式，在 5.4.2 小节中分别写出了其在柱坐标和球坐标中的数学形式。这样做方法虽然一般，但是不易使人抓住问题的中心，即物理概念不是十分清晰。下面作为一个实例，将直接从问题的力学概念来导出柱坐标中$\vec{\nabla}\cdot\boldsymbol{\sigma}$在 r 方向的分量$(\vec{\nabla}\cdot\boldsymbol{\sigma})_r$。

取一个在柱坐标中由坐标面围成的微元，其三边长度分别为 $\mathrm{d}r$、$r\mathrm{d}\theta$、$\mathrm{d}z$，体积为 $r\mathrm{d}r\mathrm{d}\theta\mathrm{d}z$，立体图如图 5.7 所示，从 z 轴方向所看的平面图如图 5.8 所示。下面分别写出小微体在三对坐标面上的面力在微体的中心 r 线上的投影。

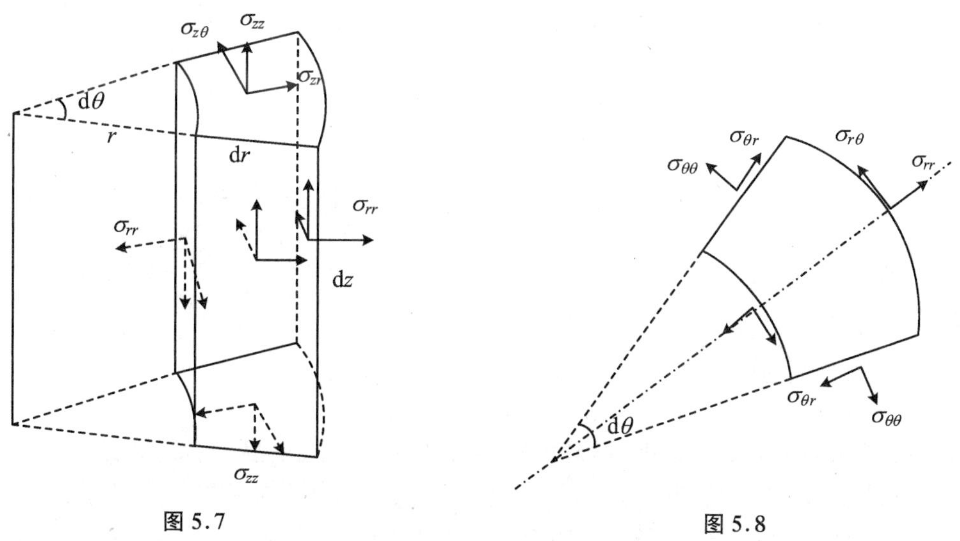

图 5.7　　　　图 5.8

(1) 面 z 和面 $z+\mathrm{d}z$ 上面力在中心 r 线方向的投影为

$$\sigma_{zr}r\mathrm{d}\theta\mathrm{d}r\big|_{z+\mathrm{d}z}-\sigma_{zr}r\mathrm{d}\theta\mathrm{d}r\big|_z=\frac{\partial\sigma_{zr}}{\partial z}\mathrm{d}zr\mathrm{d}\theta\mathrm{d}r=\frac{\partial\sigma_{zr}}{\partial z}r\mathrm{d}\theta\mathrm{d}r\mathrm{d}z\tag{5.4.22}$$

分析其意义可见，这里的合力主要是由两个面上的切应力 σ_{zr} 随坐标面的 z 坐标位置变化$\left(\text{即}\dfrac{\partial\sigma_{zr}}{\partial z}\right)$而引起的。

(2) 面 r 和面 $r+\mathrm{d}r$ 上面力在中心 r 线方向的投影为

$$\sigma_{rr}r\mathrm{d}\theta\mathrm{d}z\big|_{r+\mathrm{d}r}-\sigma_{rr}r\mathrm{d}\theta\mathrm{d}z\big|_r=\frac{\partial[r\sigma_{rr}]}{\partial r}\mathrm{d}r\mathrm{d}\theta\mathrm{d}z=\frac{\partial\sigma_{rr}}{\partial r}r\mathrm{d}r\mathrm{d}\theta\mathrm{d}z+\sigma_{rr}\mathrm{d}r\mathrm{d}\theta\mathrm{d}z\tag{5.4.23}$$

分析其意义可见，合力中右边第一项是由两个面上正应力 σ_{rr} 随坐标面的 r 坐标位置变化$\left(\text{即}\dfrac{\partial\sigma_{rr}}{\partial r}\right)$而引起的;第二项则是由两个面的面积($r\mathrm{d}\theta\mathrm{d}z$)随坐标 r 的改变而引起的。

(3) 面 θ 和面 $\theta+\mathrm{d}\theta$ 上面力在中心 r 线方向上的投影为

$$\sigma_{\theta r}\mathrm{d}r\mathrm{d}z\cos\frac{\mathrm{d}\theta}{2}\bigg|_{\theta+\mathrm{d}\theta}-\sigma_{\theta r}\mathrm{d}r\mathrm{d}z\cos\frac{\mathrm{d}\theta}{2}\bigg|_{\theta}-\sigma_{\theta\theta}\mathrm{d}r\mathrm{d}z\sin\frac{\mathrm{d}\theta}{2}\bigg|_{\theta+\mathrm{d}\theta}-\sigma_{\theta\theta}\mathrm{d}r\mathrm{d}z\sin\frac{\mathrm{d}\theta}{2}\bigg|_{\theta}$$

$$=\frac{\partial\sigma_{\theta r}}{\partial\theta}\mathrm{d}\theta\mathrm{d}r\mathrm{d}z-\sigma_{\theta\theta}\mathrm{d}r\mathrm{d}\theta\mathrm{d}z \tag{5.4.24}$$

在导出式(5.4.24)时,用到了 $\cos\dfrac{\mathrm{d}\theta}{2}\approx 1$ 和 $\sin\dfrac{\mathrm{d}\theta}{2}\approx\dfrac{\mathrm{d}\theta}{2}$($\mathrm{d}\theta$ 为小量)。

将式(5.4.22)、式(5.4.23)和式(5.4.24)相加,并除以微体的体积 $\mathrm{d}V=r\mathrm{d}r\mathrm{d}\theta\mathrm{d}z$,即可得出$\vec{\nabla}\cdot\boldsymbol{\sigma}$在 r 方向的分量$(\vec{\nabla}\cdot\boldsymbol{\sigma})_r$ 为

$$(\vec{\nabla}\cdot\boldsymbol{\sigma})_r=\frac{\partial\sigma_{rr}}{\partial r}+\frac{1}{r}\frac{\partial\sigma_{\theta r}}{\partial\theta}+\frac{\partial\sigma_{zr}}{\partial z}+\frac{\sigma_{rr}-\sigma_{\theta\theta}}{r} \tag{5.4.25}$$

这恰恰就是式(5.4.19)中的第一个公式。

作为练习,读者可参考此例试导出其柱坐标中$(\vec{\nabla}\cdot\boldsymbol{\sigma})_\theta$ 和$(\vec{\nabla}\cdot\boldsymbol{\sigma})_z$ 的表达式;也可参考此例试导出其球坐标中$(\vec{\nabla}\cdot\boldsymbol{\sigma})_r$、$(\vec{\nabla}\cdot\boldsymbol{\sigma})_\theta$ 和$(\vec{\nabla}\cdot\boldsymbol{\sigma})_\varphi$ 的表达式;还可根据质点加速度的定义和柱坐标及球坐标中幺正基矢量对坐标偏导数的公式,尝试导出柱坐标中关于 a_r、a_θ、a_z 的式(5.4.18)和球坐标中关于 a_r、a_θ、a_φ 的式(5.4.20)。

5.5 闭口与开口体系的能量方程

5.5.1 一般性说明

能量方程及涉及热现象的能量守恒和转化定律,实际上就是我们常说的热力学第一定律。在普通物理中,人们曾把热力学第一定律表达为:闭口体系内能的增加率等于体系所受的外力功率加上外界对它的供热率。需要强调指出的是,普通物理中所讲的热力学体系都是静止而没有宏观流动的体系,所以那里的热力学事实上只能称为静热力学(static thermodynamics)。在连续介质力学中,所处理的介质是存在着宏观流动的介质,故介质的总能量除了自身蕴藏的内能之外,还有其宏观流动的动能(这里的动能并非介质的分子无规则运动的动能,而是其宏观流动的动能,而前者则是其内能)。所以,如果将反映能量守恒和转化规律的热力学第一定律应用于连续介质力学的体系上,我们可将之表述为:

闭口体系的总能量(动能和内能)的增加率等于该时刻外力的功率加上外界对体系的供热率;

开口体系的总能量(动能和内能)的增加率等于该时刻外力的功率加上外界对体系的供热率,再加上总能量的纯流入率。

下面导出能量方程的数学形式。像其他的守恒定律一样,在导出能量方程时,我们也可

以从有限闭口体系、有限开口体系、无限小闭口体系和无限小开口体系的角度出发来进行，同时可以证明它们所导出的方程是等价的。但为了节省篇幅，我们仍将主要从有限闭口体系和有限开口体系出发来导出其E氏坐标中的能量方程，至于由微闭口体系和微开口体系而导出能量方程的方法，读者可作为练习思考之。

5.5.2　纯力学情况下的能量方程

为了容易理解起见，我们将首先以不涉及热现象的纯力学问题来导出其所谓的纯力学的能量方程，然后再导出其设计热现象的一般能量方程，并由它们的区别来说明纯力学情况下和涉及热现象时体系内能的不同含义。

对于不涉及热现象的纯力学情况，能量方程可表述如下：

闭口体系总能量(动能和内能)的增加率等于该时刻外力的功率；

开口体系总能量(动能和内能)的增加率等于该时刻外力的功率与能量的纯流入率之和。

下面我们将分别用有限闭口体系和有限开口体系来导出其纯力学情况下的能量方程。

1. 闭口体系积分观点(纯力学情况)

连续介质力学中介质的总能量包括动能和内能。如果以 k 和 u 分别表示介质的比动能和比内能，则闭口体系 $v(t)$ 的纯力学能量守恒定律可写为

$$\frac{\mathrm{d}}{\mathrm{d}t}\int_{v(t)}\rho(k+u)\mathrm{d}v=\int_{v(t)}\boldsymbol{v}\cdot\rho\boldsymbol{b}\mathrm{d}v+\oint_{a(t)}\boldsymbol{v}\cdot\boldsymbol{t}(\boldsymbol{n})\mathrm{d}a \tag{5.5.1}$$

式(5.5.1)中的三项分别表示闭口体系总能量的增加率、体力的功率和面力的功率。根据微闭口体系的质量守恒，即

$$\frac{\mathrm{d}}{\mathrm{d}t}(\rho\mathrm{d}v)=0$$

我们有

$$\begin{aligned}\frac{\mathrm{d}}{\mathrm{d}t}\int_{v(t)}\rho(k+u)\mathrm{d}v&=\int_{v(t)}\frac{\mathrm{d}}{\mathrm{d}t}(k+u)\rho\mathrm{d}v+\int_{v(t)}(k+u)\frac{\mathrm{d}}{\mathrm{d}t}(\rho\mathrm{d}v)\\&=\int_{v(t)}\frac{\mathrm{d}}{\mathrm{d}t}(k+u)\rho\mathrm{d}v=\int_{v(t)}\rho(\dot{k}+\dot{u})\mathrm{d}v\end{aligned}$$

即

$$\frac{\mathrm{d}}{\mathrm{d}t}\int_{v(t)}\rho(k+u)\mathrm{d}v=\int_{v(t)}\rho(\dot{k}+\dot{u})\mathrm{d}v \tag{5.5.2}$$

而式(5.5.1)中的最后一项即面力功率项可写为

$$\oint_{a(t)}\boldsymbol{v}\cdot\boldsymbol{t}(\boldsymbol{n})\mathrm{d}a=\oint_{a(t)}\boldsymbol{v}\cdot\boldsymbol{\sigma}\cdot\boldsymbol{n}\mathrm{d}a=\int_{v(t)}(\boldsymbol{v}\cdot\boldsymbol{\sigma})\cdot\overleftarrow{\nabla}\mathrm{d}v \tag{5.5.3}$$

在式(5.5.3)中，我们利用了 Cauchy 公式和 Gauss 定理。由式(5.5.2)和式(5.5.3)，可将式(5.5.1)改写为

$$\int_{v(t)}\rho(\dot{k}+\dot{u})\mathrm{d}v=\int_{v(t)}\boldsymbol{v}\cdot\rho\boldsymbol{b}\mathrm{d}v+\int_{v(t)}(\boldsymbol{v}\cdot\boldsymbol{\sigma})\cdot\overleftarrow{\nabla}\mathrm{d}v \tag{5.5.4}$$

式(5.5.1)和与之等价的式(5.5.4)就是纯力学情况下闭口体系能量守恒定律的总体形式和积分形式，由闭口体系 $v(t)$ 的任意性和被积函数的处处连续性，可得其局部形式或微

分形式：

$$\rho(\dot{k}+\dot{u}) = \boldsymbol{v}\cdot\rho\boldsymbol{b}+(\boldsymbol{v}\cdot\boldsymbol{\sigma})\cdot\overleftarrow{\nabla} \tag{5.5.5}$$

式(5.5.5)的左端 $\rho(\dot{k}+\dot{u})$ 表示单位瞬时体积介质总能量的增加率，其右端 $\boldsymbol{v}\cdot\rho\boldsymbol{b}+(\boldsymbol{v}\cdot\boldsymbol{\sigma})\cdot\overleftarrow{\nabla}\equiv\rho\dot{w}^*$ 表示单位瞬时体积介质的体力功率和单位瞬时体积介质的面力功率之和，$\dot{w}^*$ 表示外力(体力和面力)的比功率(即外力对单位质量介质的功率)。故式(5.5.5)表达的就是单位瞬时体积介质的总能量增加率和外力功率相等的纯力学能量守恒定律。需要说明的是，尽管功 w^* 是过程量而不是状态量，不过为了书写简单，我们仍用记号 $\dot{w}^*$ 来表达其比功率，但需注意它并不代表随体导数。

2. 开口体系积分观点(纯力学情况)

为了读者阅读文献方便，也为了加深理解，我们给出了开口体系纯力学能量守恒方程的导出方法及其表现形式。对静止的空间控制体 v，其纯力学能量守恒定律的初始数学形式为

$$\frac{\partial}{\partial t}\int_v\rho(k+u)\mathrm{d}v = \int_v\boldsymbol{v}\cdot\rho\boldsymbol{b}\mathrm{d}v+\oint_a\boldsymbol{v}\cdot\boldsymbol{t}(\boldsymbol{n})\mathrm{d}a-\oint_a\rho(k+u)\boldsymbol{v}\cdot\boldsymbol{n}\mathrm{d}a \tag{5.5.6}$$

其中，式(5.5.6)的左端表示开口体系中总能量的变化率，因为其是静止控制体，故将变化率写为对时间的偏导数 $\frac{\partial}{\partial t}$；式(5.5.6)的右端的前两项分别表示体力和面力的功率；而式(5.5.6)的最后一项 $-\oint_a\rho(k+u)\boldsymbol{v}\cdot\boldsymbol{n}\mathrm{d}a$ 则表示能量的纯流入率。由于

$$\frac{\partial}{\partial t}\int_v\rho(k+u)\mathrm{d}v = \int_v\frac{\partial}{\partial t}[\rho(k+u)]\mathrm{d}v \tag{5.5.7}$$

$$\oint_a\rho(k+u)\boldsymbol{v}\cdot\boldsymbol{n}\mathrm{d}a = \int_v[\rho(k+u)\boldsymbol{v}]\cdot\overleftarrow{\nabla}\mathrm{d}v \tag{5.5.8}$$

之所以有式(5.5.7)，是因为 v 和 $\mathrm{d}v$ 都与时间无关，故可将对时间的求导和积分号交换次序；之所以有式(5.5.8)，是因为我们利用了 Gauss 定理。

将式(5.5.7)、式(5.5.3)和式(5.5.8)依次代入式(5.5.6)中，可得开口体系能量守恒方程总体形式或积分形式(5.5.6)的另一等价形式如下：

$$\int_v\frac{\partial}{\partial t}[\rho(k+u)]\mathrm{d}v = \int_v\boldsymbol{v}\cdot\rho\boldsymbol{b}\mathrm{d}v+\int_v(\boldsymbol{v}\cdot\boldsymbol{\sigma})\cdot\overleftarrow{\nabla}\mathrm{d}v-\int_v[\rho(k+u)\boldsymbol{v}]\cdot\overleftarrow{\nabla}\mathrm{d}v \tag{5.5.9}$$

式(5.5.9)对任意的开口体系 v 都成立，于是由开口体系 v 的任意性和被积函数的处处连续性，即可得到纯力学情况下开口体系能量方程的局部形式和微分形式为

$$\frac{\partial}{\partial t}[\rho(k+u)] = \boldsymbol{v}\cdot\rho\boldsymbol{b}+(\boldsymbol{v}\cdot\boldsymbol{\sigma})\cdot\overleftarrow{\nabla}-[\rho(k+u)\boldsymbol{v}]\cdot\overleftarrow{\nabla} \tag{5.5.10}$$

在式(5.5.10)的四项中，$\frac{\partial}{\partial t}[\rho(k+u)]$ 和 $-[\rho(k+u)\boldsymbol{v}]\cdot\overleftarrow{\nabla}$ 分别表示单位空间体积中的能量增加率和单位空间体积的能量纯流入率，而另外两项的意义前面已经说过。

式(5.5.5)和式(5.5.10)分别是由闭口观点和开口观点所得出的纯力学情况下的能量方程，表面看起来它们是完全不同的，但是我们很容易证明它们其实是完全等价的。事实上，由乘积的求导公式，有

$$\frac{\partial}{\partial t}[\rho(k+u)] = \frac{\partial\rho}{\partial t}(k+u)+\rho\frac{\partial(k+u)}{\partial t} \tag{5.5.11}$$

$$[\rho(k+u)\boldsymbol{v}]\cdot\overleftarrow{\nabla}=(\rho\boldsymbol{v})\cdot\overleftarrow{\nabla}(k+u)+(k+u)\overleftarrow{\nabla}\cdot(\rho\boldsymbol{v}) \tag{5.5.12}$$

将此两式代入式(5.5.10)并利用连续方程

$$\frac{\partial\rho}{\partial t}+(\rho\boldsymbol{v})\cdot\overleftarrow{\nabla}=0 \tag{5.5.13}$$

和如下公式($k+u$ 的随体导数等于其局部导数与迁移导数之和)

$$\dot{k}+\dot{u}=\frac{\partial(k+u)}{\partial t}+(k+u)\overleftarrow{\nabla}\cdot\boldsymbol{v} \tag{5.5.14}$$

可以将式(5.5.10)化为式(5.5.5),即它们是等价的。

3. 对单位体积介质外力功率的分解和物理解释

首先,将单位体积面力的功率做一些形式上的改变并说明其物理意义:

$$\begin{aligned}(\boldsymbol{v}\cdot\boldsymbol{\sigma})\cdot\overleftarrow{\nabla}&=(\boldsymbol{v}\cdot\boldsymbol{\sigma})_i\overleftarrow{\nabla}_i=(v_j\sigma_{ji})\overleftarrow{\nabla}_i=(\sigma_{ji}\overleftarrow{\nabla}_i)v_j+(v_j\overleftarrow{\nabla}_i)\sigma_{ji}\\&=(\boldsymbol{\sigma}\cdot\overleftarrow{\nabla})\cdot\boldsymbol{v}+\boldsymbol{L}:\boldsymbol{\sigma}=(\boldsymbol{\sigma}\cdot\overleftarrow{\nabla})\cdot\boldsymbol{v}+\boldsymbol{\sigma}:\boldsymbol{L}\end{aligned} \tag{5.5.15a}$$

其中,$\boldsymbol{L}$ 是质点速度 $\boldsymbol{v}$ 的空间梯度。式(5.5.15a)的意义是:单位体积面力的功率$(\boldsymbol{v}\cdot\boldsymbol{\sigma})\cdot\overleftarrow{\nabla}$可分解为两项之和,第一项$(\boldsymbol{\sigma}\cdot\overleftarrow{\nabla})\cdot\boldsymbol{v}$是“不均衡面力”,即单位体积介质面力$\boldsymbol{\sigma}\cdot\overleftarrow{\nabla}$在微体平移速度 v 上的功率,第二项 $\boldsymbol{\sigma}:\boldsymbol{L}$ 是微体的“均衡面力”$\boldsymbol{\sigma}$ 在微体非均匀运动即速度空间梯度$\boldsymbol{L}$ 上的功率。将速度的空间梯度 $\boldsymbol{L}$ 进行分解,并注意伸缩率张量 $\boldsymbol{D}$ 和旋转率张量 $\boldsymbol{W}$ 分别是对称和反对称的,而 $\boldsymbol{\sigma}$ 也是对称的(对非极性物质),因此有

$$\boldsymbol{\sigma}:\boldsymbol{W}=0,\quad \boldsymbol{\sigma}:\boldsymbol{L}=\boldsymbol{\sigma}:(\boldsymbol{D}+\boldsymbol{W})=\boldsymbol{\sigma}:\boldsymbol{D} \tag{5.5.16}$$

即“均衡面力”$\boldsymbol{\sigma}$ 的旋转功率为零,它在 L 上的功率完全是纯变形功率 $\boldsymbol{\sigma}:\boldsymbol{D}$,于是式(5.5.15)也可写为

$$(\boldsymbol{v}\cdot\boldsymbol{\sigma})\cdot\overleftarrow{\nabla}=(\boldsymbol{\sigma}\cdot\overleftarrow{\nabla})\cdot\boldsymbol{v}+\boldsymbol{\sigma}:\boldsymbol{L}=(\boldsymbol{\sigma}\cdot\overleftarrow{\nabla})\cdot\boldsymbol{v}+\boldsymbol{\sigma}:\boldsymbol{D} \tag{5.5.15b}$$

将式(5.5.15b)代入式(5.5.5)中,并将其中的$(\boldsymbol{\sigma}\cdot\overleftarrow{\nabla})\cdot\boldsymbol{v}$与式(5.5.5)右端的第一项 $\rho\boldsymbol{b}\cdot\boldsymbol{v}$ 相合并,则有

$$\rho(\dot{k}+\dot{u})=(\rho\boldsymbol{b}+\boldsymbol{\sigma}\cdot\overleftarrow{\nabla})\cdot\boldsymbol{v}+\boldsymbol{\sigma}:\boldsymbol{D} \tag{5.5.17}$$

方程(5.5.17)是能量方程(5.5.5)的另一种形式,其中右端第一项$(\rho\boldsymbol{b}+\boldsymbol{\sigma}\cdot\overleftarrow{\nabla})\cdot\boldsymbol{v}$表示单位体积介质体积力 $\rho\boldsymbol{b}$ 和不均衡面力 $\boldsymbol{\sigma}\cdot\overleftarrow{\nabla}$ 在微体质心速度 $\boldsymbol{v}$ 上的刚性移动功率,而第二项 $\boldsymbol{\sigma}:\boldsymbol{D}\equiv\rho\dot{w}$ 表示均衡面力 $\boldsymbol{\sigma}$ 的变形功率($\dot{w}$ 表示比变形功率即单位质量介质的变形功率)。

如果将运动方程

$$\rho\dot{\boldsymbol{v}}=\rho\boldsymbol{b}+\boldsymbol{\sigma}\cdot\overleftarrow{\nabla} \tag{5.5.18}$$

两端点乘以质点速度 $\boldsymbol{v}$ 并注意

$$\rho\dot{\boldsymbol{v}}\cdot\boldsymbol{v}=\rho\frac{1}{2}\overset{\cdot}{\overline{\boldsymbol{v}\cdot\boldsymbol{v}}}=\rho\dot{k} \tag{5.5.19}$$

则有

$$\rho\dot{k}=(\rho\boldsymbol{b}+\boldsymbol{\sigma}\cdot\overleftarrow{\nabla})\cdot\boldsymbol{v} \tag{5.5.20}$$

将式(5.5.20)代入式(5.5.17),即得

$$\rho\dot{u}=\boldsymbol{\sigma}:\boldsymbol{D} \tag{5.5.21}$$

式(5.5.20)的意义是:单位体积介质的体力和面力的刚性移动功率等于其动能增量率,

而这就是微体的动能定理。式(5.5.21)的意义是:单位体积介质的变形功率等于其内能增加率,故在纯力学的情况下介质的内能实际上也就是应力在介质变形上的变形功。以上推理过程实际上就是把单位体积介质总能量的守恒方程(5.5.17),分解成了分别表示其动能守恒和内能守恒的两个方程(5.5.20)和(5.5.21)。由于动能定理(5.5.20)是显然的,故我们也可以把式(5.5.21)视为纯力学情况下能量方程的另一种形式。

4. 单位体积介质面力变形功率的分解和物理解释

如果分别取 $\boldsymbol{\sigma}$ 和 $\boldsymbol{D}$ 表达变形功率 $\rho\dot{w}$ 的动力学和运动学共轭量,则可导出变形功率的另外一种形式。将应力张量 $\boldsymbol{\sigma}$ 和伸缩率张量 $\boldsymbol{D}$ 都分解为球形部分和偏量部分之和,即设

$$\boldsymbol{\sigma} = -p\boldsymbol{I} + \boldsymbol{\sigma}', \quad p = -\frac{1}{3}\mathrm{tr}\,\boldsymbol{\sigma} = -\frac{1}{3}\sigma_{ii}, \quad \mathrm{tr}\,\boldsymbol{\sigma}' = \sigma'_{ii} = 0 \tag{5.5.22a}$$

$$\boldsymbol{D} = \left(\frac{1}{3}\mathrm{tr}\,\boldsymbol{D}\right)\boldsymbol{I} + \boldsymbol{D}', \quad \mathrm{tr}\,\boldsymbol{D} = D_{ii} = \mathrm{div}\,\boldsymbol{v}, \quad \mathrm{tr}\,\boldsymbol{D}' = D'_{ii} = 0 \tag{5.5.22b}$$

其中,p 称为压力,$-p\boldsymbol{I}$ 称为球形应力张量或各向同性应力张量,它只引起微体的各向等值拉压而任何面上都不存在切应力,$\boldsymbol{\sigma}'$称为偏应力张量,它的第一主不变量为零;$\boldsymbol{D}$ 的第一主不变量 $\mathrm{tr}\,\boldsymbol{D}$ 为相对体积膨胀率,$\left(\frac{1}{3}\mathrm{tr}\,\boldsymbol{D}\right)\boldsymbol{I}$ 称为球形伸缩率张量,它只引起微体的各向等值伸缩而不引起其形状的畸变,$\boldsymbol{D}'$称为偏伸缩率张量或畸变率张量,它的第一主不变量也为零。显然有

$$-p\boldsymbol{I} : \boldsymbol{D}' = 0, \quad \sigma' : \left(\frac{1}{3}\mathrm{tr}\,\boldsymbol{D}\right)\boldsymbol{I} = 0 \tag{5.5.23}$$

即压力不在畸变上做功,偏应力不在纯胀缩上做功。将式(5.5.22)代入由 $\boldsymbol{\sigma}$ 和 $\boldsymbol{D}$ 所表达的变形功率表达式之中,并利用式(5.5.23),则有

$$\rho\dot{w} = \boldsymbol{\sigma} : \boldsymbol{D} = -p\,\mathrm{div}\,\boldsymbol{v} + \boldsymbol{\sigma}' : \boldsymbol{D}' \tag{5.5.24}$$

式(5.5.24)的含义是:单位瞬时体积介质的应力变形功率 $\rho\dot{w}$ 等于压力 p 的体积胀缩功率 $-p\,\mathrm{div}\,\boldsymbol{v}$ 与偏应力 $\boldsymbol{\sigma}'$的畸变功率 $\boldsymbol{\sigma}' : \boldsymbol{D}'$ 之和。

5.5.3 涉及热现象的能量方程

下面将主要以有限闭口体系的观点来导出其涉及热现象的能量方程。

外界对体系的供热主要包括热辐射供热和热传导供热。以 r 表示外热源对单位质量介质的热辐射供热率,即所谓的比热辐射供热率;以 $\boldsymbol{h}$ 表示在瞬时构形中所表达的热传导的热流矢量(E 氏热流矢量),它指向热量传导最快的方向,而其大小等于与其垂直的单位面积上的热量传导率,即指向面元 $\boldsymbol{n}\mathrm{d}a$ 外侧的热量传导率为 $\boldsymbol{h}\cdot\boldsymbol{n}\mathrm{d}a$,则边界为 $a(t)$的闭口体系 $v(t)$的能量守恒方程的总体形式或积分形式可写为

$$\frac{\mathrm{d}}{\mathrm{d}t}\int_{v(t)}\rho(k+u)\mathrm{d}v = \int_{v(t)}\rho\boldsymbol{b}\cdot\boldsymbol{v}\mathrm{d}v + \oint_{a(t)}\boldsymbol{v}\cdot\boldsymbol{t}(\boldsymbol{n})\mathrm{d}a + \int_{v(t)}\rho r\mathrm{d}v - \oint_{a(t)}\boldsymbol{h}\cdot\boldsymbol{n}\mathrm{d}a \tag{5.5.25}$$

在式(5.5.25)中,除去量 r 以及 $\boldsymbol{h}$ 的意义如前所述以外,其他各量的意义与前面所述均一样;而式中的最后两项则分别表示外界对体系的热辐射供热率和热传导供热率,其他各项的意义也如纯力学情况下的 5.5.2 小节中所述。与 5.5.2 小节中的推导一样,有

$$\frac{\mathrm{d}}{\mathrm{d}t}\int_{v(t)}\rho(k+u)\mathrm{d}v = \int_{v(t)}\rho(\dot{k}+\dot{u})\mathrm{d}v \tag{5.5.26}$$

$$\oint_{a(t)} \boldsymbol{v} \cdot \boldsymbol{t}(\boldsymbol{n})\mathrm{d}a = \oint_{a(t)} \boldsymbol{v} \cdot (\boldsymbol{\sigma} \cdot \boldsymbol{n})\mathrm{d}a = \int_{v(t)} (\boldsymbol{v} \cdot \boldsymbol{\sigma}) \cdot \overleftarrow{\nabla}\mathrm{d}v \tag{5.5.27}$$

$$\oint_{a(t)} \boldsymbol{h} \cdot \boldsymbol{n}\mathrm{d}a = \int_{v(t)} \boldsymbol{h} \cdot \overleftarrow{\nabla}\mathrm{d}v \tag{5.5.28}$$

其中，∇表示在E氏坐标中的梯度算子。将式(5.5.26)、式(5.5.27)和式(5.5.28)代入式(5.5.25)中，并利用闭口体系 $v(t)$的任意性和被积函数的处处连续性，可得

$$\rho(\dot{k} + \dot{u}) = \rho\boldsymbol{v} \cdot \boldsymbol{b} + (\boldsymbol{v} \cdot \boldsymbol{\sigma}) \cdot \overleftarrow{\nabla} + \rho r - \boldsymbol{h} \cdot \overleftarrow{\nabla} \tag{5.5.29}$$

式(5.5.29)即是涉及热现象情况下的单位瞬时体积介质的能量守恒方程的局部形式或微分形式。在5.5.2小节中我们已经证明，上式中右端第二项外面力的功率$(\boldsymbol{v} \cdot \boldsymbol{\sigma}) \cdot \overleftarrow{\nabla}$可以分解为不均衡面力$\boldsymbol{\sigma} \cdot \overleftarrow{\nabla}$的刚性移动功率 $\boldsymbol{v} \cdot (\boldsymbol{\sigma} \cdot \overleftarrow{\nabla})$和均衡面力 $\boldsymbol{\sigma}$ 的变形功率$\boldsymbol{\sigma} : \boldsymbol{D}$之和，即(见式(5.5.15b))：

$$(\boldsymbol{v} \cdot \boldsymbol{\sigma}) \cdot \overleftarrow{\nabla} = \boldsymbol{v} \cdot (\boldsymbol{\sigma} \cdot \overleftarrow{\nabla}) + \boldsymbol{\sigma} : \boldsymbol{D} \tag{5.5.15b}$$

而外体力和不均衡外面力的刚性移动功率恰等于动能的增加率(见式(5.5.20))：

$$\boldsymbol{v} \cdot [\rho\boldsymbol{b} + (\boldsymbol{\sigma} \cdot \overleftarrow{\nabla})] = \rho\dot{k} \tag{5.5.20}$$

将式(5.5.15b)代入式(5.5.29)并利用式(5.5.20)，则可得

$$\rho\dot{u} = \boldsymbol{\sigma} : \boldsymbol{D} + \rho r - \operatorname{div} \boldsymbol{h} \tag{5.5.30}$$

式(5.5.30)就是单位瞬时体积介质能量方程的又一形式，其意义是：介质内能的增加率等于介质的变形功率与供热率之和。前面的推理相当于，将单位瞬时体积介质的能量守恒方程(5.5.29)分解成了等价的两个方程(5.5.20)和(5.5.30)。式(5.5.30)说明，在考虑热效应时，介质的内能不仅包含变形势能(这由第一项 $\boldsymbol{\sigma} : \boldsymbol{D}$ 来表达)，同时还包括热效应所引起的与介质热运动有关的额外能量(这由第二项和第三项 $\rho r - \operatorname{div} \boldsymbol{h}$ 来表达)。

如果以开口体系的能量守恒定律出发，则容易证明其能量方程的局部形式或微分形式将是

$$\frac{\partial}{\partial t}[\rho(k + u)] = \boldsymbol{v} \cdot \rho\boldsymbol{b} + (\boldsymbol{v} \cdot \boldsymbol{\sigma}) \cdot \overleftarrow{\nabla} - [\rho(k + u)\boldsymbol{v}] \cdot \overleftarrow{\nabla} + \rho r - \boldsymbol{h} \cdot \overleftarrow{\nabla} \tag{5.5.31}$$

读者可作为练习推导之。同时，容易证明式(5.5.29)和式(5.5.31)是等价的，关于此点可参阅5.5.2小节中对于纯力学情况能量方程(5.5.10)和(5.5.5)等价性的说明。

前面主要以有限闭口和有限开口体系的能量守恒分别导出了纯力学情况下和涉及热现象时的能量方程，至于从微闭口体系和微开口体系的能量守恒导出纯力学情况下和涉及热现象时的能量方程的问题，读者可作为练习尝试推导之，包括导出其在直角笛卡儿坐标和正交曲线坐标(一般正交曲线坐标、柱坐标和球坐标)下的具体形式的问题。

5.6 热力学第二定律和熵不等式

5.6.1 可逆过程与不可逆过程,热力学第二定律

热力学第一定律规定了热力学过程中能量守恒和转化所遵循的量的法则,它对于任何与热现象有关的过程都是适用的,但它并不涉及对热力学过程在方向性特征方面的限制和描述,对热力学过程在方向性特征方面进行质的揭示并给出量的表述的则是热力学第二定律。为了揭示热力学过程的方向性特征,人们提出了可逆过程和不可逆过程的概念。我们将热力学体系由一个状态过渡到另一个状态的热力学过程称为可逆过程,即存在另一个过程可以使体系本身和外界都完全恢复到原状态而不产生其他任何影响;相反,如果不管用什么方法,都不能使体系本身和外界都完全恢复到原状态,则我们称原来的热力学过程为不可逆过程。需要强调说明的是,人们将热力学过程区分为可逆过程和不可逆过程,只是对客观的热力学过程的基本特征所进行的一种抽象,因为严格而言,一切与热现象有关的宏观热力学过程在本质上都是不可逆的,所谓的可逆过程只是人们对客观的不可逆过程在某种理想和极限情况的近似而已:当一个过程在某种程度上可以被视为进行得无限缓慢以至于可认为系统有足够的时间在每一步都达到均匀平衡态时,我们即可将这一过程视为由一系列无限接近的平衡态所组成的所谓"准静态过程"或可逆过程。动态力学中,系统在极短时间内即可完成内部瞬间均匀化的所谓"瞬均过程",也可视为可逆过程。可逆过程的一个最典型的例子就是两个温差无限小的平衡态体系之间所发生的热传导过程,因为它们的温度相等,所以所发生的热量传递可以认为是可逆的。一切宏观热力学过程在本质上都是不可逆过程的事实说明,热力学过程除了应遵循能量守恒和转化定律的量的约束以外,还应具有某种方向性上的特征和限制,我们可以用很多事实来说明这一问题。例如,宏观定向运动的摩擦功可以完全转变为热,但是却不能从单一热源提取热量使之完全变为规则运动的机械功而不产生其他影响,或简言之"摩擦生热的过程是不可逆的";又如,热量可以自发地由高温物体传向低温物体,但是却不能自发地由低温物体传向高温物体(除非人们像电冰箱的电机一样人为地付出额外的功),或简言之"热传导是不可逆的";再如,被隔板分割为一半真空一半空气的封闭容器,当隔板被抽出时会发生空气充满整个容器的自由膨胀运动,但是却不可能发生整个容器中空气自发地收缩到半边容器空间的过程,或简言之"气体的自由膨胀过程是不可逆的"。这样的事例我们还可以举出很多,事实上可以举出无穷多,但它们的实质都反映了宏观热力学过程不可逆性的方向性特征;而且,在热力学中人们还证明了,所有宏观热力学过程的不可逆性都是可以互推的,因而都是互相等价的,因此我们可以把任何一个宏观热力学过程的不可逆性表述作为热力学第二定律的一种表述。在热力学中,用得最多的就是所谓的开尔芬(Kelvin)说法和克劳修斯(Clausius)说法,它们事实上也就是刚刚所讲到的热力学过程不可逆性的前两个例子。

开尔芬说法:不可能从单一热源提取热量使之完全变为有用功而不产生其他影响。这

一说法是在人们探讨提高热机效率的过程中总结出来的，它说明了热机总要向另一低温热源废弃部分热量，故开尔芬说法也可以表达为：热效率等于1的所谓第二类永动机是不存在的。

克劳修斯说法：热量不可能自发地从低温物体传向高温物体而不产生其他影响。

热力学第二定律所揭示的一切宏观热力学过程都是不可逆的这一事实，从统计力学和微观物质学的角度看，反映了如下的本质：系统内部所发生的过程总是由概率小的状态向概率大的状态进行，由包含微观数目少的状态向包含微观数目多的状态进行，由内部相对有秩序的状态向更加混乱的状态进行。宏观热力学过程的这一方向性特征说明，我们应该能够找到某一个热力学状态量，由它的值来表征系统的某个状态在不可逆过程中所处的地位和程度，而由它的值的改变来表征不可逆过程所进行的方向，这个宏观状态量就是系统的熵(在统计力学中被称为系统的混乱度)。

5.6.2　克劳修斯不等式和熵

卡诺(Carnot)在提高热机效率的研究工作中提出了一种理想形式的所谓卡诺循环，它是将工作物质循环于一个高温热源和一个低温热源之间的一种循环，由于工作物质在和高温热源及低温热源接触时的过程必是等温过程，而和两个热源都脱离时的过程必是绝热过程，因此整个卡诺循环是由等温膨胀、绝热膨胀、等温压缩、绝热压缩四个过程所组成的。由热力学第二定律出发，卡诺证明了所有工作于同样的高温热源和低温热源之间的一切不可逆卡诺热机的效率都低于相应的可逆卡诺热机的效率；以此为基础，克劳修斯得出了如下所谓的克劳修斯不等式：

$$\oint \frac{\mathrm{d}Q}{T} \leqslant 0 \tag{5.6.1}$$

其中，T 表示热源的绝对温度，$\mathrm{d}Q$ 则表示体系在每一微过程中从热源 T 所吸收的微热，积分号表示体系完成了一个回到原状态的循环。

其中，对体系经历任意一个可逆循环这一极限情况时，不等式(5.6.1)成为等式，即

$$\oint \frac{\mathrm{d}Q}{T} = 0 \tag{5.6.2}$$

式(5.6.2)说明此闭路积分是与路径无关的，因此可以定义一个差一任意常数 S_0 的状态函数 $S(P)$，使得

$$S(P) = S_0 + \int_{P_0}^{P} \frac{\mathrm{d}Q}{T}, \quad S_0 = S(P_0) \tag{5.6.3a}$$

$$\mathrm{d}S = \frac{\mathrm{d}Q}{T} \tag{5.6.3b}$$

其中，$S_0 = S(P_0)$ 表示状态函数 $S(P)$ 在初态 P_0 的值，它是可以任取的，但这并不影响问题的实质，因为我们所关心的是由一个状态到另一个状态时这个状态函数 $S(P)$ 的值的改变。我们将式(5.6.3)所定义的状态函数 $S(P)$ 称为体系的熵(entropy)，由于过程是可逆的，故式(5.6.3)中的 T(既是热源的温度)也是体系自身的温度。下面我们将看到，可以通过体系熵值的改变来描述过程的方向性和不可逆性特征。

需要强调指出的是，尽管我们是通过可逆过程由式(5.6.3)来定义体系的熵 $S(P)$ 的，

但是既然熵是体系的一个状态量，它的存在性以及体系由一个平衡态到另一个平衡态所产生的熵值的改变量则是客观确定的，它和所经历的过程是可逆过程还是不可逆过程都是完全无关的。式(5.6.3)只是告诉我们，可以通过可逆传热过程来计算体系由一个平衡态到另一个平衡态所产生的熵值的增加量而已，即我们可以通过一个与体系温度无限接近的热源对之供热 $\mathrm{d}Q$，而按式(5.6.3)算出体系的熵增 $\mathrm{d}S=\dfrac{\mathrm{d}Q}{T}$，因此这里的热源温度 T 也即等于体系的温度；或者简言之，一个温度为 T 的体系从任意的热源获得热量 $\mathrm{d}Q$ 时，它的熵增量 $\mathrm{d}S$ 将等于热源供热 $\mathrm{d}Q$ 除以体系自身温度 T 所得的商。如果以 T 表示热源的温度，而 T 又不等于体系本身的温度，则过程将成为可逆过程，此时显然就有

$$\mathrm{d}S \geqslant \frac{\mathrm{d}Q}{T} \tag{5.6.4}$$

式(5.6.4)是由系统的状态量熵所表达的克劳修斯不等式，称之为熵不等式(entropy inequality)，它表明在任意过程中系统状态量熵值的增加 $\mathrm{d}S$ 都大于或等于单位热源温度对体系的供热$\dfrac{\mathrm{d}Q}{T}$，它是揭示宏观热力学过程不可逆性特征的热力学第二定律的更清晰和更深刻的数学表达式。熵不等式对任何热力学过程都是成立的，特别来说，对作为不可逆过程理想极限情况的可逆过程而言，不等式(5.6.4)将退化成为等式(5.6.3)，于是我们也就得到了由可逆供热过程计算体系熵增的方法。

以上针对初态 P_0 和终态 P 都是平衡态的情况证明了熵不等式(5.6.4)，但是很容易说明对初、终态都是非平衡态的情况，熵不等式(5.6.4)也是成立的。事实上，我们可以将处于非平衡初态 P_0 的体系分为足够多无限小的可视为平衡态的子体系，而它们又分别经历所给的过程而成为处于终态 P 中的相应无限小的平衡态子体系，由于对每一对平衡态子体系间的过程熵不等式(5.6.4)都成立，而整个体系的熵等于其各个子体系熵的和，于是我们便可得出结论：对于由非平衡初态 P_0 到非平衡终态 P 的任意过程，熵不等式(4.2.2)也都是成立的。

由式(5.6.3)或式(5.6.4)可见，当过程为可逆过程且 $\mathrm{d}Q=0$ 时，即当过程为可逆绝热过程时，将有 $\mathrm{d}S=0$，因此可逆绝热过程也即是等熵过程，连续波在介质中的传播就属于这种情况。而当过程为不可逆的绝热过程时，虽然 $\mathrm{d}Q=0$，但是式(5.6.4)将取绝对不等号，于是将有 $\mathrm{d}S>0$，即在不可逆绝热过程中体系的熵必然增加，我们将这称为孤立绝热体系任意自发过程的熵增原理，激烈突变的冲击波在介质中的传播过程即属于这种情况。对体系接受供热 $\mathrm{d}Q\neq 0$ 而非绝热的一般情况，将有 $\mathrm{d}S-\dfrac{\mathrm{d}Q}{T}\geqslant 0$，这个值非负即表明了过程的不可逆性特点，而这个非负值的大小即表明了不可逆过程所进行的程度，也就是过程的“不可逆程度”。下面引入产熵的概念来进一步阐述这一思想。

由于恒有不等式(5.6.4)，即 $\mathrm{d}S-\dfrac{\mathrm{d}Q}{T}\geqslant 0$，所以可以将微过程中系统的熵增 $\mathrm{d}S$ 分解为两部分 $\mathrm{d}S^r$ 和 $\mathrm{d}S^i$，且写出下式：

$$\begin{cases}\mathrm{d}S = \mathrm{d}S^r + \mathrm{d}S^i \\ \mathrm{d}S^r = \dfrac{\mathrm{d}Q}{T} \\ \mathrm{d}S^i = \mathrm{d}S - \mathrm{d}S^r = \mathrm{d}S - \dfrac{\mathrm{d}Q}{T} \geqslant 0\end{cases} \tag{5.6.5}$$

强调指出：式(5.6.5)中的 T 表示供热源的绝对温度而非体系自身的温度。$\mathrm{d}S$ 称为体系的总熵增(total entropy increase)或简称熵增，它表示在微过程中体系状态量熵的总增加量(等于 $\mathrm{d}Q$ 除以体系自身的温度)；$\mathrm{d}S^r=\dfrac{\mathrm{d}Q}{T}$ 称为体系的可逆熵增(reversible entropy increase)或热源 T 对体系的供熵(entropy supply)，它的意义是当热源将热量 $\mathrm{d}Q$ 供给与自己的温度 T 相同的介质，即假设过程为可逆过程时热量 $\mathrm{d}Q$ 所能引起的介质熵增；$\mathrm{d}S^i$ 称为体系的不可逆熵增(irreversible entropy increase)或产熵(entropy production)，它永远是非负的。我们将式(5.6.5)中的第一式称为体系的"熵守恒"或更精确地称为"熵均衡"(entropy balance)，它表示体系的总熵增等于其热源对它的供熵与体系自身的产熵之和；式(5.6.5)中的第二式则表示热源对体系的供熵等于分配在单位热源温度上的供热；式(5.6.5)中的第三式表明在任意过程中体系的产熵永远非负，称之为熵不等式(entropy inequality)，它是热力学第二定律的核心，也是过程不可逆性特征本质的体现。

5.6.3　场热力学的熵均衡和熵不等式

如以 S、S^r 和 S^i 分别表示闭口体系的总熵、外界对体系的供熵和体系本身的产熵，而以 $\dot{S}$、$\dot{S}^r$ 和 $\dot{S}^i$ 分别表示体系的总熵增率、外界对体系的供熵率以及体系本身的产熵率，则闭口体系总体形式的熵均衡和熵不等式将为

$$\dot{S}=\dot{S}^r+\dot{S}^i,\quad \dot{S}^i\geqslant 0 \tag{5.6.6a}$$

而局部形式的熵均衡和熵不等式即为

$$\dot{s}=\dot{s}^r+\dot{s}^i,\quad \dot{s}^i\geqslant 0 \tag{5.6.6b}$$

其中，s、s^r 和 s^i 分别表示单位质量介质的熵(即比熵)、对单位质量介质的供熵(比供熵)和单位质量介质的产熵(比产熵)，而以 $\dot{s}$、$\dot{s}^r$ 和 $\dot{s}^i$ 分别表示单位质量介质的总熵增率、供熵率以及产熵率。在式(5.6.6)中，熵 S 和比熵 s 都是状态量，熵增率 $\dot{S}$ 和比熵增率 $\dot{s}$ 分别是相应量的随体导数，它们的含义是非常明确的；但是需要说明的是，供熵率 $\dot{S}^r$ 和产熵率 $\dot{S}^i$ 以及比供熵率 $\dot{s}^r$ 和比产熵率 $\dot{s}^i$ 只是表示相应过程量在极限意义下随时间的变化率，即无限小过程量增量与无限小时间间隔之比。式(5.6.6)只是在形式上给出了熵均衡和熵不等式的数学形式，为了更清楚地揭示其本质，我们还需要写出其更具体的数学形式，即写出供熵以及产熵的具体形式。现在来完成这一任务。

考虑到体系内温度等的不均匀性，体系总的供熵率应理解为外界对其各部分的供熵率之和，而这又是由各部分的辐射热源和热传导热流所提供的，因此体系总的供熵率 $\dot{S}^r$ 为

$$\begin{aligned}\dot{S}^r&=\int\rho\dot{s}^r\mathrm{d}v=\int_v\frac{\rho r}{T}\mathrm{d}v-\oint_a\frac{\boldsymbol{h}\cdot\boldsymbol{n}}{T}\mathrm{d}a\\&=\int_v\frac{\rho r}{T}\mathrm{d}v-\int_v\left(\frac{\boldsymbol{h}}{T}\right)\cdot\overleftarrow{\nabla}\mathrm{d}v=\int_v\left[\frac{\rho r}{T}-\mathrm{div}\left(\frac{\boldsymbol{h}}{T}\right)\right]\mathrm{d}v\end{aligned} \tag{5.6.7}$$

其中，ρ、r 和 $\boldsymbol{h}$ 分别表示介质的瞬时质量密度、对单位质量介质的热辐射供热率和 E 氏坐标中的热流矢量，在上式中我们利用了 Guass 定理，而∇表示在 E 氏坐标中的梯度算子。由式(5.6.7)即得到了对单位瞬时体积介质的供熵率为

$$\rho\dot{s}^{r} = \frac{\rho r}{T} - \operatorname{div}\left(\frac{\boldsymbol{h}}{T}\right) \tag{5.6.8a}$$

由于

$$\operatorname{div}\left(\frac{\boldsymbol{h}}{T}\right) = \left(\frac{\boldsymbol{h}}{T}\right)\cdot\overleftarrow{\nabla} = \frac{\boldsymbol{h}\cdot\overleftarrow{\nabla}}{T} + \boldsymbol{h}\cdot\left(\frac{1}{T}\right)\overleftarrow{\nabla} = \frac{\operatorname{div}\boldsymbol{h}}{T} - \frac{1}{T^2}\boldsymbol{h}\cdot\boldsymbol{g} \tag{5.6.9a}$$

其中

$$\boldsymbol{g} \equiv T\overleftarrow{\nabla} = \overrightarrow{\nabla}T = \operatorname{grad} T \tag{5.6.9b}$$

表示温度 T 的 E 氏空间梯度，于是式(5.6.8a)也可以写为

$$\rho\dot{s}^{r} = \frac{\rho r - \operatorname{div}\boldsymbol{h}}{T} + \frac{1}{T^2}\boldsymbol{h}\cdot\boldsymbol{g} \tag{5.6.8b}$$

分别将供熵率的表达式(5.6.8a)和(5.6.8b)代入熵均衡和熵不等式(5.6.6b)中，即可分别得到熵不等式的如下两种等价的形式：

$$\rho\dot{s}^{i} = \rho\dot{s} - \frac{\rho r}{T} + \operatorname{div}\left(\frac{\boldsymbol{h}}{T}\right) \geqslant 0 \tag{5.6.10}$$

$$\rho\dot{s}^{i} = \left[\rho\dot{s} - \frac{\rho r - \operatorname{div}\boldsymbol{h}}{T}\right] - \frac{1}{T^2}\boldsymbol{h}\cdot\boldsymbol{g} \geqslant 0 \tag{5.6.11}$$

式(5.6.10)和式(5.6.11)在连续介质的场热力学中常称作克劳修斯-杜赫姆(Clausius-Duhem)不等式。式(5.6.11)说明产熵率由两部分组成，第一部分可记为

$$\rho\dot{s}^{i} \equiv \rho\dot{s} - \frac{\rho r - \operatorname{div}\boldsymbol{h}}{T} \tag{5.6.12}$$

它只与热流矢量 $\boldsymbol{h}$ 和当地温度 T 有关，故称之为单位瞬时体积介质的局部产熵(local entropy production)率；第二部分可记为

$$\rho\dot{s}^{c} \equiv -\frac{1}{T^2}\boldsymbol{h}\cdot\boldsymbol{g} \tag{5.6.13}$$

它不但与热流矢量 $\boldsymbol{h}$ 和当地温度 T 有关，而且与引起不可逆热传导的温度梯度 $\boldsymbol{g}$ 有关，故称之为热传导产熵(heat conduction entropy production)率。单纯从数学推理上看，似乎只能由熵不等式得出介质的总产熵率(局部产熵率和热传导产熵率之和)为非负的结论，即

$$\rho\dot{s}^{1} + \rho\dot{s}^{c} \geqslant 0$$

但是从更深刻的物理机制出发，我们是可以得出它们中的每一项都必为非负的结论的。事实上，从不可逆过程产生机理的角度来看，可认为介质中存在各种各样的内耗散机制从而导致过程的不可逆性，而且这些内耗散机制是各自相互独立的，因此只有当某种内耗散机制发生作用而其他内耗散机制都不发生作用时，我们即可得出该种内耗散机制所引起的产熵率必为非负的结论。所以，要求每一种内耗散机制的产熵率都为非负，这在物理上自然就是合理的。具体到现在的情况，就是可以要求介质的局部产熵率 $\dot{\rho s}^{1}$ 和热传导产熵率 $\dot{\rho s}^{c}$ 都各自为非负，即

$$\rho\dot{s}^{1} \equiv \rho\dot{s} - \frac{\rho r - \operatorname{div}\boldsymbol{h}}{T} \geqslant 0 \tag{5.6.12$'$}$$

$$\rho\dot{s}^{c} \equiv -\frac{1}{T^2}\boldsymbol{h}\cdot\boldsymbol{g} \geqslant 0 \tag{5.6.13$'$}$$

非负。以热传导产熵率为例，热流矢量 $\boldsymbol{h}$ 向单位法矢量为 $\boldsymbol{n}$ 的面元 $\boldsymbol{n}\mathrm{d}a$ 方向所传递的热量为 $\mathrm{d}Q = \boldsymbol{h}\cdot\boldsymbol{n}\mathrm{d}a$，当采用线性的 Fourier 热传导定律时，有

$$\mathrm{d}Q = \boldsymbol{h} \cdot \boldsymbol{n}\mathrm{d}a = -\beta \frac{\partial T}{\partial n}\mathrm{d}a = -\beta \boldsymbol{g} \cdot \boldsymbol{n}\mathrm{d}a$$

其中，$\beta > 0$ 是介质的热传导系数，故有

$$\boldsymbol{h} = -\beta \boldsymbol{g} \tag{5.6.14}$$

$$\rho \dot{s}^c \equiv -\frac{1}{T^2}\boldsymbol{h} \cdot \boldsymbol{g} = \frac{\beta}{T^2}\boldsymbol{g} \cdot \boldsymbol{g} \geqslant 0 \tag{5.6.15}$$

所以，热传导系数 β 非负以及热流矢量指向温度梯度相反的方向即是热传导不可逆性的体现。与介质中每一种内耗散机制所引起的产熵率相对应，人们常常将产熵率乘以温度 T 而引入另外一个物理量，称之为(单位质量介质的)内耗散(internal dissipation)：

$$\delta \equiv T\dot{s}^i, \quad \delta^1 = T\dot{s}^1, \quad \delta^c = T\dot{s}^c \tag{5.6.16}$$

其中，δ、δ^1 和 δ^c 分别称为单位质量介质的总内耗散、局部内耗散和热传导内耗散，它们具有功率密度(或热量率密度)的量纲，即单位质量介质在单位时间内的耗功。于是，将产熵率非负的熵不等式乘以温度 T 即可得到内耗散非负的内耗散不等式：

$$\rho\delta = \rho\delta^1 + \rho\delta^c \geqslant 0, \quad \rho\delta^1 \geqslant 0, \quad \rho\delta^c \geqslant 0$$

下面把熵不等式写成由内能或自由能等所谓的热力学势所表达的不等式形式。利用比内能 u 所表达的能量均衡方程：

$$\rho\dot{u} = \boldsymbol{\sigma} : \boldsymbol{D} + \rho r - \operatorname{div}\boldsymbol{h}$$

解出 $\rho r - \operatorname{div}\boldsymbol{h}$，然后将其代入熵不等式(5.6.11)中并乘以温度 T，即可得到

$$\rho\delta = \rho T\dot{s}^i = \rho(T\dot{s} - \dot{u}) + \boldsymbol{\sigma} : \boldsymbol{D} - \frac{1}{T}\boldsymbol{h} \cdot \boldsymbol{g} \geqslant 0 \tag{5.6.17}$$

或引入介质的比自由能 ψ：

$$\psi = u - Ts \tag{5.6.18}$$

则可将由比内能 u 所表达的内耗散不等式(5.6.17)改写为用比自由能 ψ 所表达的内耗散不等式：

$$\rho\delta = \rho T\dot{s}^i = -\rho(\dot{\psi} + \dot{T}s) + \boldsymbol{\sigma} : \boldsymbol{D} - \frac{1}{T}\boldsymbol{h} \cdot \boldsymbol{g} \geqslant 0 \tag{5.6.19}$$

式(5.6.17)和式(5.6.19)分别是用比内能 u 和比自由能 ψ 所表达的熵不等式。

习　　题

5.1　试由微闭口体系的能量守恒定律导出能量方程，即

$$\rho(\dot{k} + \dot{u}) = \rho\boldsymbol{v} \cdot \boldsymbol{b} + (\boldsymbol{v} \cdot \boldsymbol{\sigma}) \cdot \overleftarrow{\nabla} + \rho r - \boldsymbol{h} \cdot \overleftarrow{\nabla}$$

5.2　试由微开口体系的能量守恒定律导出能量方程，即

$$\frac{\partial}{\partial t}[\rho(k + u)] = \boldsymbol{v} \cdot \rho\boldsymbol{b} + (\boldsymbol{v} \cdot \boldsymbol{\sigma}) \cdot \overleftarrow{\nabla} - [\rho(k + u)\boldsymbol{v}] \cdot \overleftarrow{\nabla} + \rho r - \boldsymbol{h} \cdot \overleftarrow{\nabla}$$

5.3　试由坐标面所围成的微闭口体系(即将某一时刻处于坐标面中的物质作一个闭口体系)的能量守恒定律导出能量方程在相应坐标系(直角笛卡儿坐标系和正交曲线坐标系)中的具体数学形式。

5.4 试由坐标面所围成的微开口体系的能量守恒定律导出能量方程在相应坐标系（直角笛卡儿坐标系和正交曲线坐标系）中的具体数学形式。

5.5 试证明$\vec{\nabla}\cdot(\rho \boldsymbol{v}\boldsymbol{v})=(\rho \boldsymbol{v})\cdot\vec{\nabla}\boldsymbol{v}+\boldsymbol{v}\cdot\vec{\nabla}(\rho \boldsymbol{v})$。

5.6 试证明$[\rho(k+u)\boldsymbol{v}]\cdot\overleftarrow{\nabla}=(\rho \boldsymbol{v})\cdot\overleftarrow{\nabla}(k+u)+(k+u)\overleftarrow{\nabla}\cdot(\rho \boldsymbol{v})$。

5.7 试由热力学第二定律的开尔芬说法证明其克劳修斯说法；试由热力学第二定律的克劳修斯说法证明其开尔芬说法。

5.8 试由热力学第二定律证明卡诺定理。

5.9 试由热力学第二定律证明克劳修斯不等式$\sum \frac{Q_i}{T_i}\leqslant 0$。

5.10 设温度为T_1的体系Ⅰ向温度为T_2的体系Ⅱ供热$\mathrm{d}Q$，试分别写出此过程中体系Ⅰ、Ⅱ、（Ⅰ＋Ⅱ）各自的总熵增、可逆熵增及产熵。

5.11 试证明如下公式：

$$\mathrm{div}\left(\frac{\boldsymbol{h}}{T}\right)=\left(\frac{\boldsymbol{h}}{T}\right)\cdot\overleftarrow{\nabla}=\frac{\boldsymbol{h}\cdot\overleftarrow{\nabla}}{T}+\boldsymbol{h}\cdot\left(\frac{1}{T}\right)\overleftarrow{\nabla}=\frac{\mathrm{div}\,\boldsymbol{h}}{T}-\frac{1}{T^2}\boldsymbol{h}\cdot\boldsymbol{g}$$

第6章 材料本构关系的初等理论

在第5章中，我们系统地讲解了连续介质守恒定律的基本方程，包括反映质量守恒的连续方程、反映动量守恒的运动方程、反映非极性物质中动量矩守恒的动量矩方程即Cauchy应力张量的对称性、反映能量守恒的能量方程。但是，只由这些连续介质场的守恒方程组还不足以构成求解连续介质工程问题的封闭方程组，因为方程组的个数是远小于需要求解的连续介质物理量的。为了得到连续介质力学任何初边值问题的适定解答，我们还必须附以下面要讲的描写材料力学物理性质的所谓本构方程(constitutive equations)。本构方程是描写材料对外界作用的物理响应特性的方程，从广义上讲，本构方程应该包括材料的力学性质、热学性质、电磁学性质、光学性质等等，而且这些性质常常是互相联系和互相耦合的。但是本书主要讲解连续介质材料的力学和热力学性质，即材料在外部的载荷和热的共同作用下其内部的应力和应变及温度之间的关系。对于流体介质而言，这就是所谓的状态方程的问题；对于固体而言，这就是我们平常所说的应力应变关系的问题(或者说涉及温度及应变率效应的应力应变关系问题)。本书不介绍本构关系的一般理论及相关原则，而主要介绍本构关系的初等理论，主要是指一些在工程应用上比较常用的本构方程形式，并简要说明它们的物理背景和力学意义。

从材料本构方程的特点来看，我们大体可将其分为热弹性材料(包括热弹性流体和热弹性固体)、黏性流体材料、弹塑性材料、黏弹性材料、黏塑性材料。下面将分别对其进行介绍。

6.1 热弹性流体

热弹性流体即我们通常所说的理想流体，它是一种无记忆能力和无黏性的流体。对这种流体而言，它的变形只有反映其体积变化的体积变形，故其质量密度 ρ 或其倒数比容 $v=1/\rho$ 即可反映其变形状态；它在每一点的应力状态只是在各个不同方向都受有同样大小压力 p 的球形应力状态，不论其是静止材料还是流动材料都完全不能承受切应力，即流体中每一点的应力张量 $\boldsymbol{\sigma}$ 可表达为

$$\boldsymbol{\sigma} = -p\boldsymbol{I}$$

在张量分析和连续介质力学中，把这种形式的张量称为2阶各向同性张量(参见第1章1.11节)。所以，热弹性流体最常用的本构形式就是

$$p = \hat{p}(v, T) \tag{6.1.1}$$

其中，T 是温度。需要指出的是，热弹性流体与 6.2 节中所要讲的黏性流体是不同的，后者虽然在静止时不能承受切应力，但其在流动时却可以承受有限的黏性切应力。

对常规条件下的固体，可以将其应力分解为流体动力学压力部分 $-p\boldsymbol{I}$（平均压力）和应力偏量 $\boldsymbol{\sigma}'$ 之和：

$$\boldsymbol{\sigma} = -p\boldsymbol{I} + \boldsymbol{\sigma}'$$

在本章 6.5 节中讲述弹塑性材料的有关内容时，我们将指出应力偏量 $\boldsymbol{\sigma}'$ 受到材料屈服条件的限制，即使考虑到材料的所谓塑性硬化效应，其值也不会太高，故在压力 p 远高于应力偏量 $\boldsymbol{\sigma}'$ 各分量的数值时，材料中的应力状态将可近似地视作流体动力学压力状态。因此在高压下的固体也常可作为流体来近似处理，这就是对高压下固体的流体动力学近似。因此，当不考虑介质中的内摩擦效应时，流体和高压下的固体都可以作为热弹性流体来看待。热弹性流体本构方程的一种形式就是刚才所指出的式(6.1.1)。由于式(6.1.1)中的因变量是压力 p，自变量之一除了比容 v 之外，另一自变量是温度 T，故将式(6.1.1)称为温度型的状态方程(equation of state)。与此相平行，根据另一个自变量的不同，人们常常引入另外三种形式的状态方程，将这四种状态方程分别写出来，即

$$p = \hat{p}(v, T) \tag{6.1.1}$$

$$p = \tilde{p}(v, s) \tag{6.1.2}$$

$$p = p'(v, u) \tag{6.1.3}$$

$$p = p(v, H) \tag{6.1.4}$$

它们中的每一个都是以压力 p 为因变量，且都以比容 v 作为其中一个自变量，而另一个自变量则分别为温度 T、比熵 s、比内能 u 和比焓 H，故分别称式(6.1.1)、式(6.1.2)、式(6.1.3)、式(6.1.4)为温度型、熵型、内能型和焓型的状态方程。比焓 H 和比熵 s 的定义分别由下面两式给出：

$$H = u + pv, \quad ds = \frac{dq}{T}$$

其中，dq 为热源对单位质量介质的可逆供热，T 是介质的绝对温度（因为是可逆供热，所以 T 也是热源的温度）。根据焓的定义和能量守恒定律，对等压过程有

$$dH = du + p dv + v dp = du + p dv = dq$$

故焓表示在等压条件下介质的吸热本领，因此也常常将其称为热焓。当以 T 表示热源的温度而 T 又不同于体系的温度时，则由熵的定义，将有

$$ds \geqslant \frac{dq}{T}$$

这就是 5.6 节中的熵不等式。

6.1.1 温度型状态方程

温度型状态方程(6.1.1)可以从准静态的等温实验得出，典型的例子如普通物理中所讲过的所谓理想气体的状态方程：

$$pv = RT \tag{6.1.5a}$$

其中，R 为单位质量介质的气体常数。该式可以由普通物理中的理想气体的状态方程

$$pV = \frac{M}{\mu}R_0 T \tag{6.1.5b}$$

导出。式(6.1.5b)中的 V 和 M 分别是理想气体的体积和质量，μ 是气体的分子量(克/克分子)，$R_0 = 8.313\times10^7$(尔格/度克分子)是阿伏伽德罗普适气体常数。将式(6.1.5b)写为式(6.1.5a)的形式，即有

$$R = \frac{R_0}{\mu}$$

故 R 表示单位质量介质的气体常数。对空气而言，其平均分子量为 28.9，故有 $R = 2.88\times10^6$(尔格/度克)。

当气体压力不太大、密度也不太大时，气体分子本身的体积和分子相互间作用力的影响可以忽略，以上所谓的理想气体状态方程(6.1.5a)是可以比较准确地反映气体的性质的。但是，当气体被高度压缩时，我们就必须考虑气体分子本身的体积和分子相互间作用力的影响，此时，就必须对式(6.1.5a)进行修正，这就可以引出所谓的实际气体的范德瓦尔斯(Van der Waals)状态方程：

$$\left(p + \frac{a}{v^2}\right)(v - b) = RT \tag{6.1.5c}$$

其中，a 和 b 是材料常数，式中的附加项 $\frac{a}{v^2}$ 代表分子间引力引起的附加压力，而 b 代表单位质量分子的体积，对空气而言约有 $a = 3\times10^{-3}p_0v_0^2$，$b = 3\times10^{-3}v_0$($p_0$ 和 v_0 为空气在标准状态下的压力和比容值)。

6.1.2　熵型状态方程

熵型状态方程可以由等熵波动实验得出并在求解连续波的问题中有广泛应用，这是因为连续波的波速是由其等熵弹性模量决定的。常见的熵型状态方程有以下几种。根据熵型状态方程(6.1.2)，定义等熵体积压缩模量 k 为

$$k = -v\frac{\partial\tilde{p}(v,s)}{\partial v} \tag{6.1.6}$$

将 k 写为等熵条件下的微分之比：

$$k = -v\frac{\partial\tilde{p}(v,s)}{\partial v} = \frac{\mathrm{d}\tilde{p}(v,s)}{-\mathrm{d}v/v} \tag{6.1.6$'$}$$

可见量 k 的物理意义是：介质在等熵条件下的体应变压力系数，即在等熵条件下使介质产生单位体积压应变($-\mathrm{d}v/v$)所需要的压力 $\mathrm{d}\tilde{p}(v,s)$，故将其称为等熵体积压缩模量。莫纳汉(Murnagham)假设材料的等熵体积压缩模量是其压力的线性函数，即

$$k = k_0 + np \tag{6.1.7}$$

其中，k_0 和 n 为常数。将式(6.1.7)代入式(6.1.6)中，并以起始条件

$$p\,|_{v=v_0} = p_0(s) \tag{6.1.8}$$

进行积分，可得

$$p = \frac{k_0}{n}\left[\left(\frac{v_0}{v}\right)^n\left(1 + n\frac{p_0(s)}{k_0}\right) - 1\right]\quad(k_0 \neq 0, n \neq 0) \tag{6.1.9a}$$

$$p = p_0(s) + k_0\ln\left(\frac{v_0}{v}\right)\quad(k_0 \neq 0, n = 0) \tag{6.1.9b}$$

$$p = p_0(s)\left(\frac{v_0}{v}\right)^n \quad (k_0 = 0, n \neq 0) \tag{6.1.9c}$$

式(6.1.7)称为 Murnagham 假设,式(6.1.9a)称为 Murnagham 状态方程,式(6.1.9b)称为对数流体状态方程,式(6.1.9c)称为多方型状态方程,它们常常可以分别作为高压下固体的状态方程、液体的状态方程和气体的状态方程,而式(6.1.9)的这三个公式就是最典型的熵型状态方程。

6.1.3 内能型和焓型状态方程

内能型和焓型状态方程可以通过冲击波实验得出并便于在求解冲击波的问题中应用,这是因为冲击波阵面上的能量守恒条件中含有内能和焓。基于统计物理学的考虑得出的一个固体在高压下的内能型状态方程是所谓的格吕内森(Grüneisen)状态方程:

$$p = p_k(v) + \frac{\gamma(v)}{v}[u - u_k(v)] \tag{6.1.10}$$

其中,$p_k(v)$和 $u_k(v)$分别称为冷压和冷能,即绝对零度时的压力和内能。如果按照内能型状态方程定义所谓的 Grüneisen 系数:

$$\gamma(v, u) = v\frac{\partial p'(v', u)}{\partial u} \tag{6.1.11}$$

将 Grüneisen 系数写为等容条件下的微分之比,即

$$\gamma(v, u) = v\frac{\partial p'(v', u)}{\partial u} = \frac{\mathrm{d}p'(v', u)}{\rho\mathrm{d}u} = \frac{\mathrm{d}p'(v', u)}{\mathrm{d}q} \tag{6.1.11$'$}$$

可见量 γ 的物理意义是:单位体积介质的热压力系数,即在等容条件下,给单位体积的介质供给单位热量所引起的介质压力增加。(等容条件下压力不做功,故由能量守恒定律供热转化为其内能增加 $\mathrm{d}q = \rho\mathrm{d}u$。)在一般情况下,显然它是 v 和 u 的二元函数;Grüneisen 假定它只是比容 v 的函数,即

$$v\frac{\partial p'(v', u)}{\partial u} = \gamma(v) \tag{6.1.12}$$

以绝对零度下的初始条件

$$p\,|_{T=0} = p_k(v), \quad u\,|_{T=0} = u_k(v) \tag{6.1.13}$$

积分方程(6.1.12)即得 Grüneisen 状态方程(6.1.10)。由方程(6.1.10)可见 Grüneisen 状态方程包含 3 个比容 v 的任意函数 $p_k(v)$、$u_k(v)$和 $\gamma(v)$,通常是通过以下三个方程来确定它们的:

$$p_k = -\frac{\mathrm{d}u_k}{\mathrm{d}v} \tag{6.1.14a}$$

$$p_H - p_k = \frac{\gamma}{v}(u_H - u_k) \tag{6.1.14b}$$

$$\gamma = -\frac{3}{3} - \frac{1}{2}\,\frac{\dfrac{\mathrm{d}^2 p_k}{\mathrm{d}v^2}}{\dfrac{\mathrm{d}p_k}{\mathrm{d}v}} \tag{6.1.14c}$$

式(6.1.14a)是能量守恒定律 $T\mathrm{d}s = \mathrm{d}u + p\mathrm{d}v$ 在绝对零度下的体现,或者说是热力学第三定律的结果(绝对零度时熵为常数);式(6.1.14b)中的 p_H、$u_H(v)$是由平板撞击实验数据所

得出的 $p \sim v$、$u \sim v$ 的冲击波 Hugniot 关系；式(6.1.14c)称为斯莱特(Slater)公式，是 Slater 根据统计力学和量子力学的一些假定提出的，详细的说明可见相关文献。当然也有用其他的一些假定来代替 Slater 公式而连同式(6.1.14a)和式(6.1.14b)来确定函数 $p_k(v)$、$u_k(v)$和 $\gamma(v)$的。

Grüneisen 状态方程是在爆炸力学和穿破甲等高速冲击力学问题中常用的一种固体高压状态方程。

根据焓的定义：

$$H = u + pv \tag{6.1.15}$$

很容易将内能型状态方程(6.1.3)及其他的各种具体型式转化为焓型状态方程。由焓的定义(6.1.15)和能量守恒定律容易说明，在等压条件下，有

$$\mathrm{d}H = \mathrm{d}u + v\mathrm{d}p + p\mathrm{d}v = \mathrm{d}u + p\mathrm{d}v = \mathrm{d}q \tag{6.1.16}$$

所以，焓代表在等压条件下介质吸收外热的本领，故焓也常称为热焓。

为了读者阅读文献方便，我们顺便指出，在有关文献中人们常常把式(6.1.1)～(6.1.4)所表达的以上四类状态方程都称为所谓的非完全状态方程(imperfect equation of state)，这是因为它们都不是所谓的热力学势函数，即单由这样的状态方程并不能简单地通过微分和代数运算的方法而确定系统的全部热力学量。为了由非完全状态方程之一确定系统所有的热力学函数，还必须辅以额外的热力学数据和信息。说明这一点的一个例子就是，由温度型状态方程 $p = \hat{p}(v, T)$(即 $v = \check{v}(p, T)$)出发，再加上实验测量所得的某一固定压力 p_0下的定压比热 C_{p_0}为初始条件，而对有关的方程进行积分才可求得一个热力学势，然后再通过微分和代数运算的方法而求得其他全部热力学量。对其他非完全状态方程也有类似情况，只不过所需要的附加信息即积分初始条件各不相同而已。但 Massien 证明了在独立变数的适当选择下，只要有一个热力学函数确定，即可通过对它求导而得出全部的热力学状态变量。我们称这样的热力学函数为热力学势(thermodynamics potential)或特性函数(characteristic function)，而由热力学势所表达的状态方程称为完全状态方程。关于这些内容和有关完全状态方程的理论，读者可参考有关文献，比如《张量初步和连续介质力学概论》中的第 6 章。

6.2　热弹性固体

所谓热弹性材料是指对变形历史和温度历史没有记忆能力的材料，其本构响应完全由现时刻的变形和温度所决定，故各种响应量的瞬时值都是材料现时刻的变形量和温度的函数。在介质的变形不是很大时，通常可以忽略介质中的真应力和工程应力的区别，一般就用应力 $\boldsymbol{\sigma}$ 来表达，而对其应变也只需用其工程应变 $\boldsymbol{\varepsilon}$ 来表达，故在考虑热效应时热弹性固体的本构关系就可以写为

$$\boldsymbol{\sigma} = \hat{\boldsymbol{\sigma}}(\boldsymbol{\varepsilon}, T) \tag{6.2.1}$$

下面首先讲不涉及热效应即纯力学情况下的弹性固体本构关系，然后讲涉及热效应时的热弹性固体本构关系。

6.2.1 纯力学情况下的胡克弹性固体

在不涉及热效应的纯力学情况下，应力的本构关系(6.2.1)可简化为

$$\boldsymbol{\sigma} = \hat{\boldsymbol{\sigma}}(\boldsymbol{\varepsilon}), \quad \sigma_{ij} = \hat{\sigma}_{ij}(\varepsilon_{kl}) \tag{6.2.2}$$

通常取零应变对应零应力状态，并将其称为自然应力状态假定：

$$\hat{\boldsymbol{\sigma}}(\boldsymbol{\varepsilon} = 0) = \mathbf{0}$$

利用下式定义 4 阶张量 $\boldsymbol{M}$：

$$\boldsymbol{M} = \frac{\partial \boldsymbol{\sigma}}{\partial \boldsymbol{\varepsilon}}, \quad M_{ijkl} = \frac{\partial \sigma_{ij}}{\partial \varepsilon_{kl}} \tag{6.2.3}$$

将量 $\boldsymbol{M}$ 称为介质的弹性模量张量(elastic modulus tensor)，或简称为弹性张量，它是一个由材料性质所决定的量，在材料是非线性弹性材料的一般情况下，它也是应变 $\boldsymbol{\varepsilon}$(或应力 $\boldsymbol{\sigma}$)的函数。由 $\boldsymbol{\sigma}$ 和 $\boldsymbol{\varepsilon}$ 的对称性，显然弹性张量 $\boldsymbol{M}$ 具有如下的对称性：

$$M_{ijkl} = M_{jikl}, \quad M_{ijkl} = M_{ijlk} \tag{6.2.4}$$

因此张量 $\boldsymbol{M}$ 只有 36 个独立的分量，我们称此种弹性材料为 Cauchy 弹性材料。如果利用能量守恒定律，纯力学情况下材料中应力的变形功所转化成的应变能即等于介质的内能。若以 u 和 ρ_0 分别表示材料的比内能和初始质量密度(小变形下近似等于其瞬时质量密度)，则有

$$u = \int_0^{\varepsilon} \frac{1}{\rho_0} \boldsymbol{\sigma} : \mathrm{d}\varepsilon = \int_0^{\varepsilon_{ij}} \frac{1}{\rho_0} \sigma_{ij} \mathrm{d}\varepsilon_{ij} \tag{6.2.5}$$

$$\boldsymbol{\sigma} = \rho_0 \frac{\partial u}{\partial \boldsymbol{\varepsilon}}, \quad \sigma_{ij} = \rho_0 \frac{\partial u}{\partial \varepsilon_{ij}} \tag{6.2.6}$$

式(6.2.5)和式(6.2.6)说明：应力 $\boldsymbol{\sigma}$ 可由应变能或内能 u 作为势函数对应变 $\boldsymbol{\varepsilon}$ 求导而得出，我们称这种存在着应变的势函数的材料为超弹性(Hyperelastic)材料或 Green 弹性材料。由方程(6.2.6)中的第二式，将两端对 ε_{kl} 求导，并利用弹性模量张量的定义(6.2.3)以及 u 的 2 阶混合导数的可交换次序，可以得到超弹性材料弹性张量另一附加的对称性质：

$$M_{ijkl} = M_{klij} \tag{6.2.7}$$

我们把同时具有对称性质的方程(6.2.4)和式(6.2.7)的张量 $\boldsymbol{M}$ 称为完全对称的 4 阶张量，它只有 21 个独立的分量。

对于非线弹性材料，一般来说其弹性模量张量的各分量并非常数，而是材料的应变状态或应力状态的函数；如果材料是线弹性的，则其弹性模量张量的各分量都是常数，即弹性张量 $\boldsymbol{M}$ 为常张量。所以线弹性材料的本构方程可以写为

$$\boldsymbol{\sigma} = \boldsymbol{M} : \boldsymbol{\varepsilon}, \quad \sigma_{ij} = M_{ijkl} \varepsilon_{kl} \tag{6.2.8}$$

对 Cauchy 线弹性和 Green 线弹性材料而言，本构方程(6.2.8)中将各有 36 个和 21 个独立的弹性常数，它们是线性各项异性弹性材料本构关系的一般形式，也可将其称为胡克(Hooke)型各向异性线弹性本构关系。

如前所述，对于 Green 线弹性材料，其弹性模量张量 M_{ijkl} 同时具有对称性质(6.2.4)和(6.2.7)，共有 21 个独立的弹性常数。如果材料在构造上具有某种几何上的对称性，则其弹性模量张量 M_{ijkl} 对其指标还会具有某些新的对称性，其独立的弹性常数就会相应减少；如果材料的对称性越多，M_{ijkl} 对其指标就会具有更多的对称性，其独立的弹性常数就会进一步减

少。这在晶体物理和复合材料力学中都有具体的说明，其结果可概括如下：如果材料有一个几何上的对称平面，则其弹性模量张量 M_{ijkl} 将只有 13 个独立的弹性常数；如果材料存在两个垂直的对称平面（可以证明这也等价于材料存在 3 个两两互相垂直的对称平面），则其弹性模量张量 M_{ijkl} 将只有 9 个独立的弹性常数，这就是通常所称的正交各向异性材料（orthotropic materials）；如果材料存在着一个旋转对称轴，即材料对包含这个对称轴的任何平面都是对称的，则其弹性模量张量 M_{ijkl} 将只有 5 个独立的弹性常数，这就是所谓的横观各向同性材料（transversely isotropic materials）；而如果材料在一切方向上的性质都是相同的，则其弹性模量张量 M_{ijkl} 将只有 2 个独立的弹性常数，这就是通常所说的各向同性材料（isotropic materials）。下面我们将重点对各向同性线弹性材料胡克定律的各种形式进行系统的介绍，并说明其中有关材料常数的物理意义以及它们之间的转化关系。

6.2.2　纯力学情况下各向同性线弹性材料胡克定律的常见形式

在介绍纯力学情况下各向同性线弹性材料胡克定律的常见形式之前，首先证明关于各向同性线弹性材料胡克定律式(6.2.8)的如下定理。

定理　如果材料是各向同性的线弹性材料，则其本构方程

$$\sigma_{ij} = M_{ijkl}\varepsilon_{kl} \tag{6.2.8}$$

中的弹性模量张量 M_{ijkl} 必然是 4 阶各向同性张量（参见第 1 章 1.11 节），即其表达式必为

$$\begin{aligned} M_{ijkl} &= \lambda\delta_{ij}\delta_{kl} + \alpha\delta_{ik}\delta_{jl} + \beta\delta_{jk}\delta_{il} \\ &= \lambda\delta_{ij}\delta_{kl} + \mu(\delta_{ik}\delta_{jl} + \delta_{jk}\delta_{il}) + \nu(\delta_{ik}\delta_{jl} - \delta_{jk}\delta_{il}) \end{aligned} \tag{6.2.9a}$$

$$\mu = \frac{\alpha+\beta}{2},\quad \nu = \frac{\alpha-\beta}{2} \tag{6.2.9b}$$

因此，其本构关系(6.2.8)必然具有如下的形式：

$$\sigma_{ij} = \lambda\varepsilon_{kk}\delta_{ij} + 2\mu\varepsilon_{ij} \tag{6.2.10a}$$

我们称本构方程(6.2.10a)为各向同性线弹性材料胡克定律的 Lamé 形式。

在证明该定理之前，强调指出，所谓固体材料的各向同性是指材料在某一个参考构形中为各向同性，用数学语言表达即是：当在这个参考构形中取各种取向不同的笛卡儿正交坐标系时，材料的本构方程具有同样的数学表达形式。我们将这一构形称为无歪斜构形（通常是材料的无应力、无应变的自然状态）。

证明　如果以 $\boldsymbol{e}_i$ 和 $\bar{\boldsymbol{e}}_i$ 分别表示在无歪斜构形中的两个不同的笛卡儿坐标系的幺正基，而以 σ_{ij}、ε_{ij}、M_{ijkl} 和 $\bar{\sigma}_{ij}$、$\bar{\varepsilon}_{ij}$、$\bar{M}_{ijkl}$ 分别表示 $\boldsymbol{\sigma}$、$\boldsymbol{\varepsilon}$、$\boldsymbol{M}$ 在 $\boldsymbol{e}_i$ 和 $\bar{\boldsymbol{e}}_i$ 中的分量，则因为本构方程(6.2.8)是张量方程，故其在 $\boldsymbol{e}_i$ 和 $\bar{\boldsymbol{e}}_i$ 中将分别具有如下形式：

$$\sigma_{ij} = M_{ijkl}\varepsilon_{kl},\quad \bar{\sigma}_{ij} = \bar{M}_{ijkl}\bar{\varepsilon}_{kl} \tag{6.2.11a}$$

但是因为材料是各向同性的，所以材料的本构关系在 $\boldsymbol{e}_i$ 和 $\bar{\boldsymbol{e}}_i$ 中应该具有完全相同的数学形式，即 σ_{ij} 和 ε_{kl} 之间的依赖关系与 $\bar{\sigma}_{ij}$ 和 $\bar{\varepsilon}_{ij}$ 之间的依赖关系应该完全一样，即我们应该同时有

$$\sigma_{ij} = M_{ijkl}\varepsilon_{kl},\quad \bar{\sigma}_{ij} = M_{ijkl}\bar{\varepsilon}_{kl} \tag{6.2.11b}$$

将式(6.2.11a)中的第二式减去式(6.2.11b)中的第二式，即得

$$(\bar{M}_{ijkl} - M_{ijkl})\bar{\varepsilon}_{kl} = 0$$

由于上式对任意的 $\bar{\varepsilon}_{kl}$ 都要成立，故必有

$$\overline{M}_{ijkl} = M_{ijkl} \tag{6.2.12}$$

式(6.2.12)对无歪斜构形中的任意两个幺正基都是成立的，这说明其弹性模量张量 M_{ijkl} 确实是 4 阶各向同性张量，因之它必然有表达式(6.2.9a)；于是，再将之代入本构方程(6.2.8)，并利用应变张量 ε_{kl} 的对称性，我们就可以立即得出其本构关系必然具有 Lamé 形式(6.2.10a)(即常数 ν 在本构方程中并不出现)。证毕。

在文献中，人们常将本构关系(6.2.10a)称为各向同性线弹性材料胡克定律的 Lamé 形式，而将具有应力量纲的弹性常数 λ 和 μ 简称为 Lamé 常数，在本书中我们将简单地将之称为各向同性线弹性材料胡克定律的(λ,μ)形式。下面我们将分别写出各向同性线弹性材料胡克定律的各种常见形式、相应弹性常数的物理意义以及不同弹性常数之间的相互关系。

1. 各向同性线弹性材料胡克定律的(λ,μ)形式

所谓的(λ,μ)形式就是由 Lamé 常数 λ 和 μ 所表达的本构关系(6.2.10a)。为了说明 λ 和 μ 的物理意义，我们将其写为其中一个正应力分量和切应力分量的本构形式，如下：

$$\sigma_{11} = \lambda\varepsilon_{kk} + 2\mu\varepsilon_{11}, \quad \sigma_{12} = 2\mu\varepsilon_{12} \tag{6.2.10a$'$}$$

由式(6.2.10a)′中的第二式，可以看到

$$\mu = \frac{\sigma_{12}}{2\varepsilon_{12}}$$

即弹性常数 μ 表示为使材料产生单位角应变 $\gamma_{12} = 2\varepsilon_{12}$ 所需要施加的切应力 σ_{12}，故习惯上将 μ 称为弹性剪切模量。由式(6.2.10a)′中的第一式可见，在材料产生沿 x_2 方向的侧限一维应变变形，即 $\varepsilon_{11} = \varepsilon_{33} = \varepsilon_{12} = \varepsilon_{23} = \varepsilon_{31} = 0$ 时，有 $\sigma_{11} = \lambda\varepsilon_{22}$，即

$$\lambda = \frac{\sigma_{11}}{\varepsilon_{22}}$$

所以弹性常数 λ 表示材料在某一方向(如 x_2)产生单位一维轴向应变(如 ε_{22})时(但侧向受限)在材料中所引起的侧限垂直方向(如 x_1 或 x_3)的约束正应力(如 σ_{11} 或 σ_{33})，故我们可将弹性常数 λ 称为材料的侧限交叉弹性模量。

2. 各向同性线弹性材料胡克定律的(E,ν)形式

(λ,μ)形式的本构方程(6.2.10a)是应变 $\boldsymbol{\varepsilon}$ 表达应力 $\boldsymbol{\sigma}$ 的形式。习惯上，有时将本构关系(6.2.10a)反解为应力 $\boldsymbol{\sigma}$ 表达应变 $\boldsymbol{\varepsilon}$ 的形式。将式(6.2.10a)两边进行一次缩并，可得 $\sigma_{ii} = 3\lambda\varepsilon_{kk} + 2\mu\varepsilon_{ii}$，即

$$\sigma_{kk} = (3\lambda + 2\mu)\varepsilon_{kk} \tag{6.2.10b}$$

将式(6.2.10b)给出的 ε_{kk} 代入(λ,μ)形式的本构方程(6.2.10a)中，有

$$\sigma_{ij} = \lambda\frac{\sigma_{kk}}{3\lambda + 2\mu}\delta_{ij} + 2\mu\varepsilon_{ij}$$

即

$$\varepsilon_{ij} = -\frac{\lambda}{2\mu(3\lambda + 2\mu)}\sigma_{kk}\delta_{ij} + \frac{\sigma_{ij}}{2\mu} \tag{6.2.10c}$$

由下式引入两个新的弹性常数 E 和 ν：

$$\frac{\lambda}{2\mu(3\lambda + 2\mu)} = \frac{\nu}{E}, \quad \frac{1}{2\mu} = \frac{1 + \nu}{E} \tag{6.2.13a}$$

或

$$E = \frac{\mu(3\lambda + 2\mu)}{\lambda + \mu}, \quad \nu = \frac{\lambda}{2(\lambda + \mu)} \tag{6.2.13a$'$}$$

则可将式(6.1.10c)写为如下形式：

$$\varepsilon_{ij} = -\frac{\nu}{E}\sigma_{kk}\delta_{ij} + \frac{1+\nu}{E}\sigma_{ij} \tag{6.2.10d}$$

式(6.2.10d)就是由弹性常数 E 和 ν 所表达的各向同性线弹性材料胡克定律的形式，简称为 (E,ν) 形式。将式(6.2.10d)写为其一个正应力分量和一个切应力分量的形式，即

$$\begin{cases} \varepsilon_{11} = \dfrac{1}{E}[\sigma_{11} - \nu(\sigma_{22} + \sigma_{33})], \quad \varepsilon_{22} = \dfrac{1}{E}[\sigma_{22} - \nu(\sigma_{33} + \sigma_{11})], \quad \varepsilon_{33} = \dfrac{1}{E}[\sigma_{33} - \nu(\sigma_{11} + \sigma_{22})] \\ \varepsilon_{12} = \dfrac{1+\nu}{E}\sigma_{12} = \dfrac{1}{2\mu}\sigma_{12}, \quad \varepsilon_{23} = \dfrac{1+\nu}{E}\sigma_{23} = \dfrac{1}{2\mu}\sigma_{23}, \quad \varepsilon_{31} = \dfrac{1+\nu}{E}\sigma_{31} = \dfrac{1}{2\mu}\sigma_{31} \end{cases} \tag{6.2.10d$'$}$$

式(6.2.10d)′就是读者在材料力学教科书中常见的胡克定律的一种形式。

在简单拉压状态 $\sigma_{22} = \sigma_{33} = \sigma_{12} = \sigma_{23} = \sigma_{31} = 0$ 下，式(6.2.10d)′中的第一式和第二式可给出

$$E = \frac{\sigma_{11}}{\varepsilon_{11}}, \quad \nu = -\frac{\varepsilon_{22}}{\varepsilon_{11}} \tag{6.2.13b}$$

所以弹性常数 E 表示在简单拉压状态下使材料产生单位轴向应变所需要的轴向应力，即简单拉压状态下材料的轴向弹性模量，通常将其称为杨氏模量(Young's modulus)；而系数 $(-\nu)$ 则表示在简单拉压状态下侧向应变和轴向应变之比，通常将弹性常数称为泊松比(Poisson ratio)。(E,ν) 形式的本构关系(6.2.10d)′中的前三式实际上是简单拉压状态条件下三个方向正应力所引起的正应变的叠加，而后三式即是剪切胡克定律，故本构关系(6.2.10d)就是常数 E 和 ν 各自效应的线性叠加。

3. 各向同性线弹性材料胡克定律的 (k,μ) 形式

如果以 $\theta = \varepsilon_{kk}$ 和 $\bar{p} = -\frac{\sigma_{kk}}{3}$ 分别表示膨胀体应变和压缩球形应力即流体动力学压力(分别以膨胀和压缩为正)，而以 ε'_{ij} 和 σ'_{ij} 分别表示偏应变和偏应力，即

$$\begin{cases} \varepsilon_{ij} = \dfrac{\theta}{3}\delta_{ij} + \varepsilon'_{ij}, \quad \sigma_{ij} = -\bar{p}\delta_{ij} + \varepsilon'_{ij} \\ \theta \equiv \varepsilon_{kk}, \quad \bar{p} \equiv -\dfrac{\sigma_{kk}}{3}, \quad \varepsilon'_{kk} = 0, \quad \sigma'_{kk} = 0 \end{cases} \tag{6.2.14}$$

将本构方程(6.2.10d)进行一次缩并，并定义新的弹性常数：

$$k = \frac{E}{3(1-2\nu)} \tag{6.2.15}$$

可得

$$\theta = -\frac{1}{k}\bar{p}, \quad \bar{p} = -k\theta \tag{6.2.16a}$$

式(6.2.16a)表明，弹性常数

$$k = -\frac{\bar{p}}{\theta} \tag{6.2.16a$'$}$$

表示使得材料产生单位压缩体应变 $(-\theta)$ 所需要施加的球形压力 $\bar{p}$，故通常把 k 称为体积压缩模量(compressive bulk modulus)，而将式(6.2.16a)或式(6.2.16a)′称为体积压缩定律。类似地，如果将 (λ,μ) 形式的本构关系(6.2.10a)进行缩并，则可得前述的式(6.2.10b)，即

$$\sigma_{kk} = (3\lambda + 2\mu)\varepsilon_{kk} \tag{6.2.10b}$$

由此同样可得体积压缩定律(6.2.16a),其中

$$k = \lambda + \frac{2}{3}\mu \tag{6.2.15$'$}$$

式(6.2.15)和式(6.2.15)′分别给出了由(E,ν)和(λ,μ)所表达的体积压缩模量 k 的公式。

对(E,ν)形式的胡克定律式(6.2.10d)或(λ,μ)形式的胡克定律式(6.2.10a)两边取偏量,可分别得

$$\varepsilon'_{ij} = \frac{1+\nu}{E}\sigma'_{ij};\quad \varepsilon'_{ij} = \frac{1}{2\mu}\sigma'_{ij} \tag{6.2.16b}$$

式(6.2.16b)中的两式是完全等价的,它表明:任何一个偏应变分量 ε'_{ij} 都与相应的偏应力分量 σ'_{ij} 成比例,其比例系数是

$$2\mu = \frac{E}{1+\nu} \tag{6.2.13a}$$

这恰恰是前面的式(6.2.13a)。故弹性常数 2μ 的物理意义是使得介质产生单位偏应变 ε'_{ij} 所需要的相应偏应力 σ'_{ij},因此可将弹性常数 2μ 称为材料的畸变弹性模量,这一术语比将 μ 称为剪切模量具有更普遍的意义,而且更加确切更加深刻。将体积压缩定律(6.2.16a)和畸变定律(6.2.16b)写在一起,就是各向同性线弹性材料的胡克定律的(k,μ)形式:

$$\begin{cases} \bar{p} = -k\theta \\ \sigma'_{ij} = 2\mu\varepsilon'_{ij} \end{cases} \tag{6.2.10e}$$

在很多书上,人们常常用 G 来表示 μ,所以(k,μ)形式也称为(k,G)形式。

4. 各向同性线弹性材料胡克定律的(λ,E')形式

将 x_1 方向的正应力 σ_{11} 写为其球形分量($-\bar{p}$)和其偏量 σ'_{11} 之和,并利用(k,μ)形式的胡克定律,则有

$$\sigma_{11} = -\bar{p} + \sigma'_{11} = k\theta + 2\mu\varepsilon'_{11} = k(\varepsilon_{11}+\varepsilon_{22}+\varepsilon_{33}) + 2\mu\left(\varepsilon_{11} - \frac{\varepsilon_{11}+\varepsilon_{22}+\varepsilon_{33}}{3}\right)$$

即(并利用式(F)′)

$$\sigma_{11} = \left(k+\frac{4\mu}{3}\right)\varepsilon_{11} + \left(k-\frac{2\mu}{3}\right)(\varepsilon_{22}+\varepsilon_{33}) = \left(k+\frac{4\mu}{3}\right)\varepsilon_{11} + \lambda(\varepsilon_{22}+\varepsilon_{33}) \tag{6.2.17a}$$

在 x_1 方向的一维应变条件之下,即 $\varepsilon_{22}=\varepsilon_{33}=\varepsilon_{12}=\varepsilon_{23}=\varepsilon_{31}=0$ 时,式(6.2.17a)给出

$$\sigma_{11} = \left(k+\frac{4\mu}{3}\right)\varepsilon_{11} = E'\varepsilon_{11} \tag{6.2.17b}$$

其中

$$E' \equiv k + \frac{4\mu}{3} = \lambda + 2\mu \quad (\text{利用式(F)}') \tag{6.2.17c}$$

由式(6.2.17b)可见,式(6.2.17c)所定义的量 E' 的物理意义是:在侧向受约束的一维应变条件下,产生单位轴向应变 ε_{11} 所需要的轴向应力 σ_{11},故可将 E' 称为侧限(轴向)弹性模量。在 x_2 方向和 x_3 方向的一维应变条件下,式(6.2.17a)将分别给出

$$\sigma_{11} = \lambda\varepsilon_{22},\quad \sigma_{11} = \lambda\varepsilon_{33}$$

由其第一式可见,材料在 x_2 方向产生单位一维轴向应变 ε_{22} 时(但两侧向受限),在材料中所引起的侧限垂直 x_1 方向的约束正应力 σ_{11};类似地,由其第二式可见,弹性常数 λ 的物理意义是:材料在 x_3 方向产生单位一维轴向应变 ε_{33} 时(但两侧向受限),在材料中所引起的侧限垂直 x_1 方向的约束正应力 σ_{11}。故如前所述,我们可将弹性常数 λ 称为材料的侧限交叉弹

性模量。

利用前面所给出的弹性常数 E' 和 λ 的物理意义以及叠加原理，并附以畸变定律，我们可以写出各向同性线弹性材料：

$$\begin{cases}\sigma_{11} = E'\varepsilon_{11} + \lambda(\varepsilon_{22} + \varepsilon_{33}), \quad \sigma_{22} = E'\varepsilon_{22} + \lambda(\varepsilon_{33} + \varepsilon_{11}), \quad \sigma_{33} = E'\varepsilon_{33} + \lambda(\varepsilon_{11} + \varepsilon_{22}) \\ \sigma_{12} = (E' - \lambda)\varepsilon_{12}, \quad \sigma_{23} = (E' - \lambda)\varepsilon_{23}, \quad \sigma_{31} = (E' - \lambda)\varepsilon_{31}\end{cases} \tag{6.2.10f}$$

在写出式(6.2.10f)的畸变胡克定律时，我们利用了式(6.2.17c)，即 $2\mu = E' - \lambda$。

前面我们导出了各向同性线弹性材料胡克定律的四种常见形式，并解释了其意义。在这四种形式的本构关系中，(λ,μ)形式主要具有理论上的意义，而所导出的其他三种形式即(E,ν)形式、(k,μ)形式、(λ,E')形式，则更具有明显的物理意义，而且我们很容易根据各弹性常数的物理意义从线性叠加原理出发而直接写出后三种胡克定律的数学形式。但是，在每一种本构关系的形式中，材料都只有两个互相独立的弹性常数，而且每一个弹性常数都是可以由其他两个独立的弹性常数来表达的，为了便于读者查阅起见，我们特在此列出它们之间的关系式：

$$\begin{cases}\lambda = k - \dfrac{2}{3}\mu = \dfrac{E\nu}{(1+\nu)(1-2\nu)} = \dfrac{2\mu\nu}{1-2\nu} = \dfrac{\mu(E-2\mu)}{3\mu - E} = \dfrac{3k\nu}{1+\nu} = \dfrac{3k(3k-E)}{9k-E} \\ \mu = \dfrac{E}{2(1+\nu)} = \dfrac{3}{2}(k-\lambda) = \dfrac{\lambda(1-2\nu)}{2\nu} = \dfrac{3k(1-2\nu)}{2(1+\nu)} = \dfrac{3kE}{9k-E} \\ E = 2\mu(1+\nu) = 3k(1-2\nu) = \dfrac{\mu(3\lambda+2\mu)}{\lambda+\mu} = \dfrac{\lambda(1+\nu)(1-2\nu)}{\nu} \\ \quad = \dfrac{9k(k-\lambda)}{3k-\lambda} = \dfrac{9k\mu}{3k+\mu} \\ \nu = \dfrac{\lambda}{2(\lambda+\mu)} = \dfrac{\lambda}{3k-\lambda} = \dfrac{E}{2\mu} - 1 = \dfrac{3k-2\mu}{2(3k+\mu)} = \dfrac{3k-E}{6k} \\ k = \dfrac{E}{3(1-2\nu)} = \lambda + \dfrac{2}{3}\mu = \dfrac{\lambda(1+\nu)}{3\nu} = \dfrac{2\mu(1+\nu)}{3(1-2\nu)} = \dfrac{\mu E}{3(3\mu-E)} \\ E' = k + \dfrac{4\mu}{3} = \lambda + 2\mu = \dfrac{E(1-\nu)}{(1+\nu)(1-2\nu)} \\ \dfrac{\mu}{\lambda+\mu} = 1-2\nu, \quad \dfrac{\lambda}{\lambda+2\mu} = \dfrac{\nu}{1-\nu}, \quad \dfrac{\lambda}{2\mu(3\lambda+2\mu)} = \dfrac{\nu}{E}, \quad \dfrac{1}{2\mu} = \dfrac{1+\nu}{E}\end{cases} \tag{6.2.18}$$

6.2.3　涉及热效应的胡克弹性固体

如前所述，当考虑涉及热效应的所谓热弹性材料的本构关系时，其本构关系的形式为式(6.2.1)，即

$$\boldsymbol{\sigma} = \hat{\boldsymbol{\sigma}}(\boldsymbol{\varepsilon}, T) \tag{6.2.19a}$$

其自变量是温度 T 和应变 $\boldsymbol{\varepsilon}$，故将式(6.2.19a)称为应变型的本构关系，类似地，可写出其熵型、内能型和焓型的本构关系，将其写在一起即

$$\boldsymbol{\sigma} = \hat{\boldsymbol{\sigma}}(\boldsymbol{\varepsilon}, T) \tag{6.2.19a}$$

$$\boldsymbol{\sigma} = \tilde{\boldsymbol{\sigma}}(\boldsymbol{\varepsilon}, s) \tag{6.2.19b}$$

$$\boldsymbol{\sigma} = \boldsymbol{\sigma}'(\boldsymbol{\varepsilon}, u) \tag{6.2.19c}$$

$$\boldsymbol{\sigma} = \boldsymbol{\sigma}(\boldsymbol{\varepsilon}, H) \tag{6.2.19d}$$

下面将以温度型本构关系为例来对之进行讨论。将温度型本构关系(6.2.19a)在零应变 $\boldsymbol{\varepsilon}=\mathbf{0}$ 和常温 $T=T_0$ 处展开为 Taylor 级数,并且只取到 1 阶导数项(设为小应变和不太大的温升),则有

$$\sigma_{ij} = \hat{\sigma}_{ij}(\varepsilon_{kl},T) = \hat{\sigma}_{ij}(0,T_0) + \left.\frac{\partial\hat{\sigma}_{ij}}{\partial\varepsilon_{kl}}\right|_{(0,T_0)}\varepsilon_{kl} + \left.\frac{\partial\hat{\sigma}_{ij}}{\partial T}\right|_{(0,T_0)}(T-T_0) \quad (6.2.20\text{a})$$

定义

$$M_{ijkl} = \left.\frac{\partial\hat{\sigma}_{ij}}{\partial\varepsilon_{kl}}\right|_{(0,T_0)}, \quad -\beta_{ij} = \left.\frac{\partial\hat{\sigma}_{ij}}{\partial T}\right|_{(0,T_0)} \quad (6.2.21)$$

其中,M_{ijkl} 表示材料在零应变和常温状态下的弹性模量张量,而($-\beta_{ij}$)表示材料在零应变和常温状态下的温度应力张量,即在零应变约束下材料升高 1 ℃所引起的介质的应力增加,则考虑到零应变和常温下的自然状态假定($\hat{\sigma}_{ij}(0,T_0)=0$),式(6.2.20a)可写为

$$\sigma_{ij} = M_{ijkl}\varepsilon_{kl} - \beta_{ij}(T-T_0) \quad (6.2.20\text{b})$$

式(6.2.20b)就是涉及热效应时各向异性线弹性材料本构方程的一般形式。如果材料是各向同性的,我们曾证弹性模量张量 M_{ijkl} 必是 4 阶各向同性张量,同样可证温度应力张量($-\beta_{ij}$)也必然是 2 阶各向同性张量,即

$$M_{ijkl} = \lambda\delta_{ij}\delta_{kl} + \mu(\delta_{ik}\delta_{jl}+\delta_{jk}\delta_{il}) + \nu(\delta_{ik}\delta_{jl}-\delta_{jk}\delta_{il}), \quad -\beta_{ij} = -\beta\delta_{ij} \quad (6.2.22)$$

于是,我们可得涉及热效应的各向同性线弹性材料本构关系的如下形式:

$$\sigma_{ij} = \lambda\varepsilon_{kk}\delta_{ij} + 2\mu\varepsilon_{ij} - \beta(T-T_0)\delta_{ij} \quad (6.2.23)$$

式(6.2.23)可称为热弹性胡克定律的(λ,μ,β)形式,它表明:材料的应力 σ_{ij} 是由应变所引起的应力(前两项)和温度所引起的附加应力(最后一项)的线性叠加,我们可把后一项称为材料的附加热应力;而且我们可以发现,对各向同性材料而言,温度的改变是不会引起切应力的。

如果引入记号 σ^*_{ij}:

$$\sigma^*_{ij} \equiv \sigma_{ij} + \beta(T-T_0)\delta_{ij} \quad (6.2.24)$$

则式(6.2.23)可写为

$$\sigma^*_{ij} = \lambda\varepsilon_{kk}\delta_{ij} + 2\mu\varepsilon_{ij} \quad (6.2.25)$$

于是,类似于在纯力学情况下由胡克定律的(λ,μ)形式导出其(E,ν)形式一样,我们就可以导出本构关系(6.2.23)的如下形式:

$$\varepsilon_{ij} = -\frac{\nu}{E}\sigma^*_{kk}\delta_{ij} + \frac{1+\nu}{E}\sigma^*_{ij} \quad (6.2.26)$$

将式(6.2.24)代入式(6.2.26)中,即可得出涉及热效应时各向同性线弹性材料胡克定律的(E,ν,β)形式,如下:

$$\varepsilon_{ij} = -\frac{\nu}{E}\sigma_{kk}\delta_{ij} + \frac{1+\nu}{E}\sigma_{ij} + \frac{1-2\nu}{E}\beta(T-T_0)\delta_{ij} \quad (6.2.27\text{a})$$

或

$$\varepsilon_{ij} = -\frac{\nu}{E}\sigma_{kk}\delta_{ij} + \frac{1+\nu}{E}\sigma_{ij} + \alpha(T-T_0)\delta_{ij} \quad (6.2.27\text{b})$$

其中,材料常数 α 为

$$\alpha = \frac{(1-2\nu)\beta}{E} = \frac{\beta}{3k} \quad (6.2.28)$$

由式(6.2.27b)可见,量 α 的物理意义是:温度升高 1 ℃所引起的材料线应变,所以可将其称为材料的线膨胀系数,而 3α 则是其体膨胀系数。

容易将本构关系的(λ,μ,β)形式(6.2.23)写为其(λ,μ,α)形式:

$$\begin{aligned}\sigma_{ij} &= \lambda\varepsilon_{kk}\delta_{ij} + 2\mu\varepsilon_{ij} - 3k\alpha(T - T_0)\delta_{ij} \\ &= \lambda\varepsilon_{kk}\delta_{ij} + 2\mu\varepsilon_{ij} - \alpha(3\lambda + 2\mu)(T - T_0)\delta_{ij}\end{aligned} \tag{6.2.29}$$

6.2.4　某些线性各向异性材料

1. 完全各向异性弹性材料(21 个独立弹性常数)

线弹性各向异性材料本构关系的形式可表达为如下二式之一:

$$\sigma_{ij} = M_{ijkl}\varepsilon_{kl},\quad \varepsilon_{ij} = C_{ijkl}\sigma_{kl} \tag{6.2.30}$$

其中,M_{ijkl} 是弹性模量张量,而 C_{ijkl} 是其逆张量即柔度张量。如前所述,对于数学上的 Cauchy 类各向异性材料,M_{ijkl} 和 C_{ijkl} 各有 36 个独立的弹性常数;而对于存在应变能的所谓超弹性 Green 弹性材料,M_{ijkl} 和 C_{ijkl} 各有 21 个独立的弹性常数,此时 M_{ijkl} 和 C_{ijkl} 都是所谓的完全对称的 4 阶张量,即它们有如下三种对称性,比如对 C_{ijkl},有

$$C_{ijkl} = C_{jikl},\quad C_{ijkl} = C_{ijlk},\quad C_{ijkl} = C_{klij} \tag{6.2.31}$$

如果材料存在着某些构造上的几何对称性,则其独立的弹性常数还会减少。下面就以式(6.2.30)中的第二式为基础来讨论有某些几何对称性的 Green 各向异性材料的本构关系。

张量的一般记法有其方便性,但 4 阶张量进行运算是不方便的,因此在力学中常常采用张量的所谓 Voigt 记法,即将三维空间中的 4 阶完全对称张量视为六维空间中的 2 阶对称张量,而将三维空间中的 2 阶对称张量视为六维空间中的矢量,同时为了保持能量的不变性,对应力和应变分别采用如下的约定:

$$\begin{cases}\sigma_1 = \sigma_{11},\quad \sigma_2 = \sigma_{22},\quad \sigma_3 = \sigma_{33},\quad \sigma_4 = \sigma_{23},\quad \sigma_5 = \sigma_{31},\quad \sigma_6 = \sigma_{12} \\ \varepsilon_1 = \varepsilon_{11},\quad \varepsilon_2 = \varepsilon_{22},\quad \varepsilon_3 = \varepsilon_{33},\quad \varepsilon_4 = 2\varepsilon_{23},\quad \varepsilon_5 = 2\varepsilon_{31},\quad \varepsilon_6 = 2\varepsilon_{12}\end{cases} \tag{6.2.32}$$

对完全对称的 4 阶张量 M_{ijkl} 和 C_{ijkl} 的前两个指标和后两个指标也以与此一样的方式合并为一个指标。线性各向异性弹性介质单位体积的应变能增量 $\rho_0\mathrm{d}u$ 和应变能 $\rho_0 u$ 按张量一般记法和 Voigt 记法可分别写为

$$\rho_0\mathrm{d}u = \sigma_{ij}\mathrm{d}\varepsilon_{ij} = M_{ijkl}\mathrm{d}\varepsilon_{ij}\mathrm{d}\varepsilon_{kl},\quad \rho_0 u = \int\sigma_{ij}\mathrm{d}\varepsilon_{ij} = \frac{1}{2}M_{ijkl}\varepsilon_{ij}\varepsilon_{kl}\quad \text{(哑标从 1 到 3 求和)} \tag{6.2.33a}$$

$$\rho_0\mathrm{d}u = \sigma_i\mathrm{d}\varepsilon_i = M_{ij}\mathrm{d}\varepsilon_i\mathrm{d}\varepsilon_j,\quad \rho_0 u = \int\sigma_i\mathrm{d}\varepsilon_i = \frac{1}{2}M_{ij}\varepsilon_i\varepsilon_j\quad \text{(哑标从 1 到 6 求和)} \tag{6.2.33b}$$

容易说明,式(6.2.33a)和式(6.2.33b)保持了应变能的不变性。将本构关系式(6.2.30)写为 Voigt 形式,即

$$\sigma_i = M_{ij}\varepsilon_j,\quad \varepsilon_i = C_{ij}\sigma_j\quad (i = 1,2,\cdots,6,\text{哑标从 1 到 6 求和}) \tag*{(6.2.30)$'$}$$

2. 有一个弹性对称面的弹性材料(13 个独立弹性常数)

材料本构关系是在各点上建立的,如果材料是均匀的,则其本构关系在各点上就是一样的,而在非均匀材料中则需在各点上分别建立其本构关系。如果材料在某一点上存在着过该点的一个平面,材料沿和该平面相对称的方向上的弹性性能是完全相同的,则称该平面是材料在该点的一个弹性对称面(elastic symmetric plane),而把垂直于弹性对称面的法向方向称为材料在该点的一个材料主轴。需要注意的是,材料的主轴是材料本身的一种固有性质,它和材料在不同应力状态下的应力主轴或不同变形状态下的应变主轴是完全不同的状态,后两者是和材料的应力状态和应变状态紧密相关的。单向纤维材料就是一个纤维方向为材料主轴而其与纤维垂直的平面是一个材料对称面的弹性材料。

设直角笛卡儿坐标系的 x_1x_2 平面是材料在某点的一个材料对称面,即 x_3 轴是其一个材料主轴。作对 x_1x_2 平面的反射坐标变换,以 $\bar{x}_i$ 表示新的笛卡儿坐标,其变换关系为

$$\begin{cases}\bar{x}_1 = x_1\\ \bar{x}_2 = x_2\\ \bar{x}_3 = -x_3\end{cases} \tag{6.2.34a}$$

坐标变换的式(6.2.34a)变换系数矩阵或笛卡儿幺正基的基变换矩阵(必为正交矩阵)为

$$[\beta_{ij}] = \begin{bmatrix}1 & 0 & 0\\ 0 & 1 & 0\\ 0 & 0 & -1\end{bmatrix} \tag{6.2.34b}$$

应力张量和应变张量在新、旧坐标系之间的关系为

$$\begin{cases}\bar{\sigma}_{ij} = \beta_{il}\beta_{jm}\sigma_{lm}, & [\bar{\sigma}_{ij}] = [\beta_{il}]\sigma_{lm}[\beta_{jm}]^{\mathrm{T}}\\ \bar{\varepsilon}_{ij} = \beta_{il}\beta_{jm}\varepsilon_{lm}, & [\bar{\varepsilon}_{ij}] = [\beta_{il}]\varepsilon_{lm}[\beta_{jm}]^{\mathrm{T}}\end{cases} \tag{6.2.35}$$

利用式(6.2.34b)将式(6.2.35)展开,有

$$[\bar{\sigma}_{ij}] = \begin{bmatrix}\sigma_{11} & \sigma_{12} & -\sigma_{13}\\ \sigma_{21} & \sigma_{22} & -\sigma_{23}\\ -\sigma_{31} & -\sigma_{32} & \sigma_{33}\end{bmatrix}, \quad [\bar{\varepsilon}_{ij}] = \begin{bmatrix}\varepsilon_{11} & \varepsilon_{12} & -\varepsilon_{13}\\ \varepsilon_{21} & \varepsilon_{22} & -\varepsilon_{23}\\ -\varepsilon_{31} & -\varepsilon_{32} & \varepsilon_{33}\end{bmatrix} \tag{6.2.36}$$

即在新坐标系中,只有指标 3 出现一次的分量才改变符号,而其余分量都不变:

$$\bar{\sigma}_{13} = -\sigma_{13}, \quad \bar{\sigma}_{23} = -\sigma_{23}, \quad \bar{\sigma}_{ij} = \sigma_{ij} \quad (\text{其他分量})$$

将本构关系式(6.2.30)′中的第二式写为 Voigt 形式,即

$$\begin{bmatrix}\varepsilon_1\\ \varepsilon_2\\ \varepsilon_3\\ \varepsilon_4\\ \varepsilon_5\\ \varepsilon_6\end{bmatrix} = \begin{bmatrix}C_{11} & C_{12} & C_{13} & C_{14} & C_{15} & C_{16}\\ C_{21} & C_{22} & C_{23} & C_{24} & C_{25} & C_{26}\\ C_{31} & C_{32} & C_{33} & C_{34} & C_{35} & C_{36}\\ C_{41} & C_{42} & C_{43} & C_{44} & C_{45} & C_{46}\\ C_{51} & C_{52} & C_{53} & C_{54} & C_{55} & C_{56}\\ C_{61} & C_{62} & C_{63} & C_{64} & C_{65} & C_{66}\end{bmatrix}\begin{bmatrix}\sigma_1\\ \sigma_2\\ \sigma_3\\ \sigma_4\\ \sigma_5\\ \sigma_6\end{bmatrix} \tag{6.2.37}$$

式(6.2.37)代表 6 个方程,其第一个方程为

$$\varepsilon_{11} = C_{11}\sigma_{11} + C_{12}\sigma_{22} + C_{13}\sigma_{33} + C_{14}\sigma_{23} + C_{15}\sigma_{31} + C_{16}\sigma_{12} \tag{6.2.38}$$

因为材料对 x_1x_2 平面对称,所以在坐标变换式(6.2.34a)下,材料在新系 $\bar{x}_i$ 中的本构关系与其在旧系 x_i 中的本构关系的数学形式应该完全一样,即应该有

$$\bar{C}_{ij} = C_{ij} \tag{6.2.39}$$

即在新系 $\bar{x}_i$ 中有

$$\bar{\varepsilon}_{11} = C_{11}\bar{\sigma}_{11} + C_{12}\bar{\sigma}_{22} + C_{13}\bar{\sigma}_{33} + C_{14}\bar{\sigma}_{23} + C_{15}\bar{\sigma}_{31} + C_{16}\bar{\sigma}_{12} \tag{6.2.40}$$

利用式(6.2.36)，将式(6.2.40)中的新应力和新应变分量回到旧坐标系中的分量来表达，则有

$$\varepsilon_{11} = C_{11}\sigma_{11} + C_{12}\sigma_{22} + C_{13}\sigma_{33} - C_{14}\sigma_{23} - C_{15}\sigma_{31} + C_{16}\sigma_{12} \tag{6.2.41}$$

对比式(6.2.38)和式(6.2.41)，可知必有

$$C_{14} = C_{15} = 0$$

该式是由方程(6.2.37)中的第一个方程所得出的结果。类似地，对方程(6.2.37)中的第二、三、四、五、六个方程进行类似的推理，可分别得到

$$C_{24} = C_{25} = 0,\quad C_{34} = C_{35} = 0,\quad C_{41} = C_{42} = C_{43} = C_{46} = 0,$$
$$C_{51} = C_{52} = C_{53} = C_{56} = 0,\quad C_{64} = C_{65} = 0$$

于是，对于有一个对称面 x_1x_2 的材料，柔度张量 C_{ij} 将具有如下表达式：

$$[C_{ij}] = \begin{bmatrix} C_{11} & C_{12} & C_{13} & 0 & 0 & C_{16} \\ C_{21} & C_{22} & C_{23} & 0 & 0 & C_{26} \\ C_{31} & C_{32} & C_{33} & 0 & 0 & C_{36} \\ 0 & 0 & 0 & C_{44} & C_{45} & 0 \\ 0 & 0 & 0 & C_{54} & C_{55} & 0 \\ C_{61} & C_{62} & C_{63} & 0 & 0 & C_{66} \end{bmatrix} \tag{6.2.42a}$$

式(6.2.42a)说明，有一个材料对称面的材料，其本构关系中独立的材料常数减少到只有13个。

3. 正交各向异性弹性材料(9个独立弹性常数)

设 x_1 轴是材料的一个主轴(即 x_2x_3 平面是一个材料对称面)，或者 x_2 轴是材料的一个主轴(即 x_3x_1 平面是一个材料对称面)，则和前面的推导完全类似，可以证明在这两种情况下材料的柔度张量将分别为

$$[C_{ij}] = \begin{bmatrix} C_{11} & C_{12} & C_{13} & C_{14} & 0 & 0 \\ C_{21} & C_{22} & C_{23} & C_{24} & 0 & 0 \\ C_{31} & C_{32} & C_{33} & C_{34} & 0 & 0 \\ C_{41} & C_{42} & C_{43} & C_{44} & 0 & 0 \\ 0 & 0 & 0 & 0 & C_{55} & C_{56} \\ 0 & 0 & 0 & 0 & C_{65} & C_{66} \end{bmatrix} \tag{6.2.42b}$$

$$[C_{ij}] = \begin{bmatrix} C_{11} & C_{12} & C_{13} & 0 & C_{15} & 0 \\ C_{21} & C_{22} & C_{23} & 0 & C_{25} & 0 \\ C_{31} & C_{32} & C_{33} & 0 & C_{35} & 0 \\ 0 & 0 & 0 & C_{44} & 0 & C_{46} \\ C_{51} & C_{52} & C_{53} & 0 & C_{55} & 0 \\ 0 & 0 & 0 & C_{64} & 0 & C_{66} \end{bmatrix} \tag{6.2.42c}$$

如果 x_3 轴和 x_1 轴同时为材料的材料主轴，则应该同时有式(6.2.42a)和式(6.2.42b)，故材料的柔度张量实际上应该为

$$[C_{ij}]=\begin{bmatrix} C_{11} & C_{12} & C_{13} & 0 & 0 & 0 \\ C_{21} & C_{22} & C_{23} & 0 & 0 & 0 \\ C_{31} & C_{32} & C_{33} & 0 & 0 & 0 \\ 0 & 0 & 0 & C_{44} & 0 & 0 \\ 0 & 0 & 0 & 0 & C_{55} & 0 \\ 0 & 0 & 0 & 0 & 0 & C_{66} \end{bmatrix} \tag{6.2.43}$$

该式只是式(6.2.42c)的特例，因此 x_2 轴必然也是材料的一个材料主轴。这说明：只要材料有两个互相垂直的材料主轴，则与它们都垂直的第三个方向也必然是材料主轴，或者说如果材料有两个互相垂直的材料对称面，则与它们都垂直的平面也必然是材料对称面。我们把这种材料称为正交各向异性材料，或简称为正交材料(orthotropic materials)。沿三个两两互相垂直的方向铺设纤维的复合材料就是一种典型的正交材料。

需要说明的是，前面的论述只是说明了如果材料有两个互相垂直的材料对称面，则与它们都垂直的第三个平面必然也是一个材料对称面，即如果材料的性质对两个互相垂直的平面都对称，则其性质也必然对与它们都垂直的另一平面也对称，这是由材料的物理性质所决定的(特别是材料应变能的不变性)；但是只从纯几何对称性的角度来看，我们并不能由对两个互相垂直的平面都几何对称就得出，其对第三个与它们都垂直的平面也几何对称的结论，因为这里没有物理上的限制，而只有几何对称的要求。

根据弹性模量和泊松比的物理意义，以及线性叠加原理，我们可以把正交材料的柔度张量和其本构关系分别写为

$$[C_{ij}]=\begin{bmatrix} \dfrac{1}{E_1} & -\dfrac{\nu_{12}}{E_2} & -\dfrac{\nu_{13}}{E_3} & 0 & 0 & 0 \\ -\dfrac{\nu_{21}}{E_1} & \dfrac{1}{E_2} & -\dfrac{\nu_{23}}{E_3} & 0 & 0 & 0 \\ -\dfrac{\nu_{31}}{E_1} & -\dfrac{\nu_{32}}{E_2} & \dfrac{1}{E_3} & 0 & 0 & 0 \\ 0 & 0 & 0 & \dfrac{1}{\mu_{23}} & 0 & 0 \\ 0 & 0 & 0 & 0 & \dfrac{1}{\mu_{31}} & 0 \\ 0 & 0 & 0 & 0 & 0 & \dfrac{1}{\mu_{12}} \end{bmatrix} \tag{6.2.44}$$

$$\begin{cases} \varepsilon_1 = \dfrac{1}{E_1}\sigma_1 - \dfrac{\nu_{12}}{E_2}\sigma_2 + \dfrac{\nu_{13}}{E_3}\sigma_3 \\ \varepsilon_2 = -\dfrac{\nu_{21}}{E_1}\sigma_1 + \dfrac{1}{E_2}\sigma_2 - \dfrac{\nu_{23}}{E_3}\sigma_3 \\ \varepsilon_3 = -\dfrac{\nu_{31}}{E_1}\sigma_1 - \dfrac{\nu_{32}}{E_2}\sigma_2 + \dfrac{1}{E_3}\sigma_3 \\ \varepsilon_4 = \dfrac{1}{\mu_{23}}\sigma_4 \\ \varepsilon_5 = \dfrac{1}{\mu_{31}}\sigma_5 \\ \varepsilon_6 = \dfrac{1}{\mu_{12}}\sigma_6 \end{cases} \tag{6.2.45}$$

其中，柔度张量的对称性要求

$$\frac{\nu_{12}}{E_2} = \frac{\nu_{21}}{E_1},\quad \frac{\nu_{23}}{E_3} = \frac{\nu_{32}}{E_2},\quad \frac{\nu_{31}}{E_1} = \frac{\nu_{13}}{E_3}\quad \left(\text{即}\frac{\nu_{ij}}{E_j} = \frac{\nu_{ji}}{E_i}\right) \tag{6.2.46}$$

在式(6.2.44)和式(6.2.45)中，我们共有 12 个弹性柔度常数 E_1、E_2、E_3、μ_{12}、μ_{23}、μ_{31}、ν_{12}、ν_{21}、ν_{23}、ν_{32}、ν_{31}、ν_{13}，它们之间满足 3 个关系式(6.2.46)，故我们共有 9 个独立弹性柔度常数。由本构关系式(6.2.45)可见：E_i 表示x_i 方向的杨氏模量($i=1$、2、3)，$\mu_{ij}(=\mu_{ji})$表示引起角应变 γ_{ij}所需要的切应力σ_{ij}，即 x_ix_j 平面上的剪切模量，$\nu_{ij} = -\dfrac{\varepsilon_{ii}}{\varepsilon_{jj}}$表示$x_j$ 方向上的简单拉伸正应力σ_{jj}所引起的侧向x_i 方向的压缩正应变ε_{ii}与轴向拉伸正应变ε_{jj}之比，简称为 x_j 和x_i 方向间的泊松比，但要注意 $\nu_{ij}\neq\nu_{ji}$，而是满足对称关系$\dfrac{\nu_{ij}}{E_j}=\dfrac{\nu_{ji}}{E_i}$。请读者也注意，在有的书上 ν_{ij}相当于我们这里的ν_{ji}。

4．横观各向同性弹性材料(5 个独立弹性常数)

如果在材料中存在一个所谓的旋转对称轴，使得通过该轴的所有平面都是其材料对称面，则我们称该种材料为横观各向同性材料(transversely isotropic materials)。或者说，横观各向同性材料在与旋转对称轴垂直的平面内的所有方向，其材料性质都是相同或各向同性的。如果单向纤维材料在其垂直纤维方向的密度分布是随机的，此种材料即可视为纤维方向为其旋转对称轴的横观各向同性材料。

因为我们总能找到两个通过旋转对称轴而互相垂直的平面，它们是其材料对称面，所以横观各向同性材料都必然是正交材料。

对于横观各向同性材料的本构关系和独立弹性常数的个数，我们可以保持旋转对称轴为 x_3 轴，而绕其旋转不同角度 θ 的笛卡儿坐标系的坐标变换，按照和前面类似的方法而进行论证，读者可作为练习尝试之。在这里，我们利用一种更简洁而物理意义更清楚的方法来进行讨论。

选旋转对称轴为 x_3 轴，并在与其垂直的平面内选 2 个互相垂直的方向为 x_1 轴和 x_2 轴。根据横观各向同性材料的定义，材料在 x_1 和 x_2 的方向性质应该相同，故必有 $E_1=E_2$，$\mu_{23}=\mu_{13}$，$\nu_{12}=\nu_{21}$，$\nu_{13}=\nu_{23}$，$\nu_{31}=\nu_{32}$；此时，式(6.2.46)中的三个对称关系只有一个是独立的，即$\dfrac{\nu_{13}}{E_3}=\dfrac{\nu_{31}}{E_1}$。这样，本构关系式(6.2.45)中的 12 个弹性常数之间就存在着 6 个独立的关系，故只剩下 12－6＝6 个独立的弹性常数。但是，因为材料在 x_1x_2 平面内是各向同性的，即在该平面内互相垂直的 x_1 轴和 x_2 轴其实是可以任选的，故由各向同性材料泊松比、剪切模量和杨氏模量之间的关系，我们必然有 $\mu_{12}=\dfrac{E_1}{2(1+\nu_{12})}$。因此，对横观各向同性材料我们只有 5 个独立的弹性常数。归纳起来，对以 x_3 轴为旋转对称轴的横观各向同性材料，我们可以将其柔度张量和本构关系分别写为

$$[C_{ij}]=\begin{bmatrix} \dfrac{1}{E_1} & -\dfrac{\nu_{12}}{E_1} & -\dfrac{\nu_{13}}{E_3} & 0 & 0 & 0 \\ -\dfrac{\nu_{12}}{E_1} & \dfrac{1}{E_1} & -\dfrac{\nu_{13}}{E_3} & 0 & 0 & 0 \\ -\dfrac{\nu_{31}}{E_1} & -\dfrac{\nu_{31}}{E_1} & \dfrac{1}{E_3} & 0 & 0 & 0 \\ 0 & 0 & 0 & \dfrac{1}{\mu_{13}} & 0 & 0 \\ 0 & 0 & 0 & 0 & \dfrac{1}{\mu_{13}} & 0 \\ 0 & 0 & 0 & 0 & 0 & \dfrac{1}{\mu_{12}} \end{bmatrix} \tag{6.2.47}$$

$$\begin{cases} \varepsilon_1 = \dfrac{1}{E_1}\sigma_1 - \dfrac{\nu_{12}}{E_1}\sigma_2 - \dfrac{\nu_{13}}{E_3}\sigma_3 \\ \varepsilon_2 = -\dfrac{\nu_{12}}{E_1}\sigma_1 + \dfrac{1}{E_1}\sigma_2 - \dfrac{\nu_{13}}{E_3}\sigma_3 \\ \varepsilon_3 = -\dfrac{\nu_{31}}{E_1}\sigma_1 - \dfrac{\nu_{31}}{E_1}\sigma_2 + \dfrac{1}{E_3}\sigma_3 \\ \varepsilon_4 = \dfrac{1}{\mu_{13}}\sigma_4 \\ \varepsilon_5 = \dfrac{1}{\mu_{13}}\sigma_5 \\ \varepsilon_6 = \dfrac{1}{\mu_{12}}\sigma_6 \end{cases} \tag{6.2.48}$$

在式(6.2.47)和式(6.2.48)中，我们所写出的 7 个材料常数 E_1、E_3、μ_{12}、μ_{13}、ν_{12}、ν_{13}、ν_{31} 之间需相互满足如下两个关系：

$$\frac{\nu_{13}}{E_3}=\frac{\nu_{31}}{E_1},\quad \mu_{12}=\frac{E_1}{2(1+\nu_{12})} \tag{6.2.49}$$

5. 各向同性弹性材料(2 个独立弹性常数)

各向同性材料(isotropic materials)是指在一切方向性质都相同的材料。对于各向同性材料，我们已经证明其弹性模量张量(或者其柔度张量)必然是 4 阶各向同性张量，含有三个常数 λ、μ 和 ν，而在本构关系中起作用的只有参数 λ 和 μ，见式(6.2.9a)和式(6.2.10a)。关于各向同性材料本构关系的各种形式和各种弹性常数的意义，我们已经在 6.2.2 小节中详细讨论过了，这里不再列出。

6.3　弹塑性材料

6.3.1　引言——简单拉压的弹塑性应力应变关系

当外载移去后材料中仍保持有残余变形的性质称为塑性(plasticity),具有此种塑性的材料称为塑性体。由于各种材料只有当应力较小时才会表现出变形可完全恢复的纯弹性性质,而当应力超过一定数值后都会表现出以上所说的这种可塑性,所以从实用的角度上说,研究材料的弹塑性本构关系具有非常重要的意义。但是由于理论上的困难,在塑性本构关系理论的领域内仍有许多问题尚在争论之中,这里我们只对小变形假定下的经典弹塑性理论给以简要介绍。作为引言,我们先对材料在简单拉压条件下应力应变曲线的特征做一概括性的说明,并引入一些塑性理论中的基本概念,以作为在复杂应力状态下将其进行推广和引申的基础。

大多数材料的简单拉压应力应变曲线如图6.1所示。根据其变形的特征,可将之划分为如下的四个阶段:

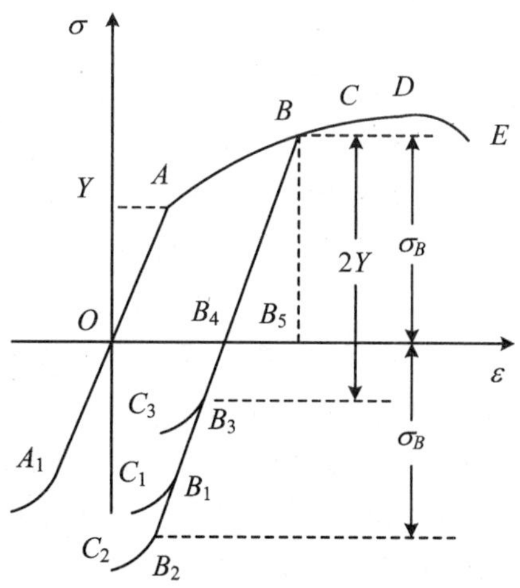

图6.1　典型的简单拉压应力应变曲线

1. 弹性加载(elastic loading)阶段 OA

在忽略弹性极限和比例极限区别的情况下,此阶段的应力-应变曲线可由如下的线性关系来表达,而且材料只发生可逆的弹性变形:

$$\sigma = E\varepsilon \quad (\sigma \leqslant Y) \tag{6.3.1}$$

其中,E 是材料在简单拉压条件下的弹性模量,习惯上称之为杨氏模量(Young's modulus),Y 称为材料在简单拉压条件即一维应力条件下的屈服极限或初始屈服应力(original yielding stress)。

2．塑性加载(plastic loading)阶段 *ABCDE*

当应力超过初始屈服极限 Y 时，材料发生不可逆的塑性变形，其应力-应变曲线可由实验测得的下述方程所表达：

$$\sigma = \sigma(\varepsilon) \quad (\sigma \geqslant Y) \tag{6.3.2}$$

$\frac{d^2\sigma}{d\varepsilon^2}<0$ 对应递减硬化材料，$\frac{d^2\sigma}{d\varepsilon^2}>0$ 对应递增硬化材料，$\frac{d^2\sigma}{d\varepsilon^2}=0$ 对应线性硬化材料。在 $ABCD$ 段由于变形的发展需要应力的提高，故称为硬化阶段(hardening stage)，而在 DE 段中虽然应力下降了但材料的变形仍可继续发展，故称为软化阶段(softening stage)或失稳阶段(instable stage)。对某些材料，当可以将曲线 $ABCD$ 近似为平台时，则称此种材料为理想塑性材料(ideal plastic materials)。

3．弹性卸载(elastic unloading)阶段 BB_1

从任一塑性状态 B 卸载时，进入弹性卸载阶段 BB_1，一般而言其斜率与 E 相同，可见 B 对应的应变等于可恢复的弹性应变 $\varepsilon^e = B_4B_5$ 和残余的塑性应变 $\varepsilon^p = OB_4$ 之和。(当卸载斜率与此前已产生的塑性应变有关时称为弹塑性耦合材料，否则称为弹塑性非耦合材料。)当从直线 B_1B 上任一中间状态重新加载时将沿弹性加载线 B_1B 返回(忽略迴滞效应)，而至 B 才进入新的塑性硬化，故历史上的最大塑性应力 σ_B 称为后继屈服应力。弹塑性非耦合材料在弹性卸载阶段的应力－应变曲线可表达为

$$\sigma - \sigma_* = E(\varepsilon - \varepsilon_*) \quad (\sigma_1 \leqslant \sigma \leqslant \sigma_*) \tag{6.3.3}$$

其中，σ_*、σ_1 和 ε_* 分别是 B 点的应力、B_1 点的应力和 B 点的应变。

4．反向屈服(backward yielding)阶段 B_1C_1

从 B 点的弹性卸载过程达到某一状态 B_1 时，材料便进入反向屈服阶段。对大多数的材料而言，通常有 $|\sigma_{B1}|$ 小于正向后继屈服应力 $\sigma_B = \sigma_*$，这称为包辛格(Baushinger)效应。作为对实际问题的近似和简化，人们在理论上有时完全忽略这一效应，而假定卸载至 B_2 时($\sigma_{B2} = -\sigma_B = -\sigma_*$)材料才进入反向屈服，且设 B_2C_2 与 BC 形状相同，这称为各向同性硬化(isotropic hardening)模型或等向硬化模型；有时人们则夸大这一效应而假定卸载至 B_3 时($\sigma_B - \sigma_{B3} = 2Y$)进入反向屈服，且设 B_3C_3 与 AB 形状相同，这称为随动硬化(kinematic hardening)模型。实际的情况是 B_1 在 B_2 和 B_3 之间。但为了简化问题，人们通常总是采用模型化的方法，即采用等向硬化或随动硬化模型，它们的主要区别是：等向硬化模型中材料弹性变载的最大范围是 2σ，而随动硬化模型中材料弹性变载的最大范围是 $2Y$。

由以上我们对典型的简单拉压应力应变曲线的分析可见，塑性应力应变关系不同于弹性应力应变关系的最大特点是不存在应力和应变间的单值对应关系，因此应力不单依赖于应变而且依赖于变形历史。这是塑性变形不可逆性的结果。在塑性理论中，人们计及材料变形历史影响的方法即是引入对历史有记忆作用的内变量。常用的内变量是塑性应变和塑性功，我们将在 6.3.3 小节中加以介绍。

将以上对简单拉压情况的分析推广到复杂应力状态之下，经典的弹塑性本构理论向人们提出如下的任务：(1) 给出在复杂应力状态之下判定和描述材料进入初始屈服的条件，这称之为屈服准则(yielding criterion)；(2) 给出反映材料塑性硬化特性的准则，即给出材料的后继屈服面随其塑性变形发展而演化的描述方法，这称之为后继屈服准则；(3) 给出在每一微小过程中增量应力和增量应变间的关系，即增量型弹塑性应力应变关系。由于在一般情况下，发生塑性变形的材料中并不存在应力和应变间的单一对应关系，所以弹塑性本构关

系从本质上讲应该是增量型的本构关系，我们必须针对给定的变形过程将各微过程中的增量本构关系进行积分才能得到对应最终应变的应力。人们只有通过某些特殊类型的加载过程，或者对加载过程做出某些特定的近似之后，才能得出应力和应变间的单一对应关系，这就是塑性力学中的所谓全量理论。本书将只介绍在理论上和应用上都更加重要的增量型弹塑性本构关系。

6.3.2 屈服准则

1. 概述

在复杂应力状态下，最一般的屈服准则可写为

$$f(\boldsymbol{\sigma}) = f(\sigma_{ij}) = 0 \tag{6.3.4}$$

在数学上，式(6.3.4)表示应力空间(σ_{ij})中的一个超曲面，它将应力空间分为两部分，其内部 $f<0$ 表示弹性状态，外部 $f>0$ 表示塑性硬化后的可能应力状态。如果材料是初始各向同性的，则函数 $f(\boldsymbol{\sigma})$应只依赖于 $\boldsymbol{\sigma}$ 的主不变量或主应力σ_i，即可有

$$f(\boldsymbol{\sigma}) = f(\sigma_i) = 0 \tag{6.3.5}$$

这里 $\boldsymbol{\sigma}$ 表示主应力空间中点的矢径，且 $\boldsymbol{\sigma}=\sigma_i\boldsymbol{e}_i$，$\boldsymbol{e}_i$ 表示主应力轴方向的单位矢量。将主应力 σ_i 分解为静水压力 p 和应力偏量σ_i'之和：

$$\begin{cases}\sigma_i = -p+\sigma_i' \\ p = -\dfrac{1}{3}(\sigma_1+\sigma_2+\sigma_3), \quad \sigma_1'+\sigma_2'+\sigma_3'=0\end{cases} \tag{6.3.6}$$

并记

$$\boldsymbol{n} = \frac{1}{\sqrt{3}}(\boldsymbol{e}_1+\boldsymbol{e}_2+\boldsymbol{e}_3), \quad \boldsymbol{\sigma}' = \sigma_i'\boldsymbol{e}_i \tag{6.3.7}$$

则有

$$\boldsymbol{\sigma} = \sigma_i\boldsymbol{e}_i = (-p+\sigma_1')\boldsymbol{e}_1+(-p+\sigma_2')\boldsymbol{e}_2+(-p+\sigma_3')\boldsymbol{e}_3 = -\sqrt{3}p\boldsymbol{n}+\boldsymbol{\sigma}'$$

$$\boldsymbol{\sigma}'\cdot\boldsymbol{n} = (\sigma_1'\boldsymbol{e}_1+\sigma_2'\boldsymbol{e}_2+\sigma_3'\boldsymbol{e}_3)\cdot\frac{1}{\sqrt{3}}(\boldsymbol{e}_1+\boldsymbol{e}_2+\boldsymbol{e}_3) = \frac{1}{\sqrt{3}}(\sigma_1'+\sigma_2'+\sigma_3') = 0$$

即

$$\boldsymbol{\sigma} = -\sqrt{3}p\boldsymbol{n}+\boldsymbol{\sigma}' \tag{6.3.8a}$$

$$\boldsymbol{\sigma}'\cdot\boldsymbol{n} = 0 \tag{6.3.8b}$$

矢量 $\boldsymbol{n}$ 与三个主应力轴成等倾角，恰是通过原点、表示静压为零的如下平面

$$p = -\frac{1}{3}(\sigma_1+\sigma_2+\sigma_3) = 0 \tag{6.3.9}$$

的单位法矢量，此平面称为 π 平面。式(6.3.8b)说明，偏应力矢量 $\boldsymbol{\sigma}'$垂直于π 平面的法矢量$\boldsymbol{n}$ 而与π 平面平行，而式(6.3.8a)则说明，主应力矢量 $\boldsymbol{\sigma}$ 可分解为平行于π 平面的偏应力矢量$\boldsymbol{\sigma}'$和沿π 平面法线$\boldsymbol{n}$ 的静压部分$-\sqrt{3}p\boldsymbol{n}$ 。这可以由图6.2来表达，即

$$\boldsymbol{\sigma} = \overrightarrow{OM} = \overrightarrow{OO'}+\overrightarrow{O'M} = -\sqrt{3}p\boldsymbol{n}+\boldsymbol{\sigma}' \tag{6.3.8c}$$

$$\overrightarrow{OO'} = -\sqrt{3}p\boldsymbol{n}, \quad \overrightarrow{O'M} = \boldsymbol{\sigma}' \tag{6.3.8d}$$

如将表示应力状态的点 M 的矢径$\boldsymbol{\sigma}$ 在π 平面内的投影的长度，即偏应力矢量 $\boldsymbol{\sigma}'$的长度记为 ρ，则如下一小节所指出的，它恰恰是与应力偏量第二主不变量 J_2 和应力强度 $\bar{\sigma}$ 分别以如下

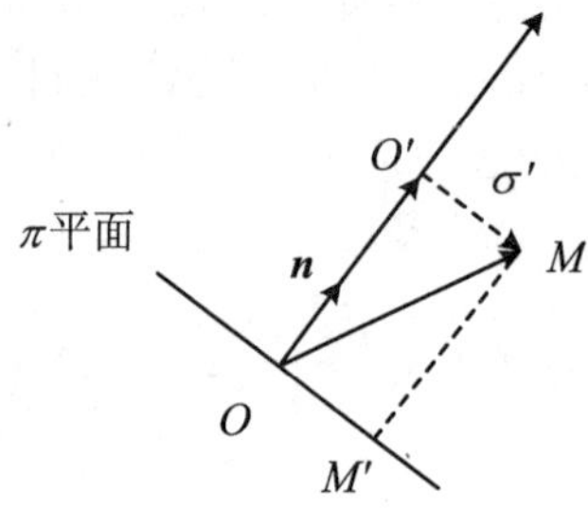

图 6.2　式(6.3.8)的图示

形式相联系的：

$$\rho \equiv |\boldsymbol{\sigma}'| = \sqrt{\sigma'^2_1 + \sigma'^2_2 + \sigma'^2_3} = \sqrt{2J_2} = \sqrt{\frac{2}{3}}\bar{\sigma} \tag{6.3.10}$$

J_2 和 $\bar{\sigma}$ 分别由下式定义(参见下一小节)：

$$\begin{cases} J_2 = \dfrac{1}{2}(\sigma'^2_1 + \sigma'^2_2 + \sigma'^2_3) = \dfrac{1}{6}[(\sigma_1 - \sigma_2)^2 + (\sigma_2 - \sigma_3)^2 + (\sigma_3 - \sigma_1)^2] \\ \quad = \dfrac{1}{3}[\sigma_1^2 + \sigma_2^2 + \sigma_3^2 - \sigma_1\sigma_2 - \sigma_2\sigma_3 - \sigma_3\sigma_1] \\ \bar{\sigma} = \sqrt{3J_2} \end{cases} \tag{6.3.11}$$

在利用式(6.3.8)之后，屈服准则(6.3.5)可写为

$$f(\boldsymbol{\sigma}) = f(\boldsymbol{\sigma}' - \sqrt{3}p\boldsymbol{n}) = 0 \tag{6.3.12}$$

实验证明，对大多数金属材料，在压力不太高时，静水压力 p 只产生纯弹性的体积变形而并不产生塑性变形，故可以认为静水压力 p 不影响屈服。在塑性理论中广泛采用此假定，此时屈服准则(6.3.12)将简化为

$$f(\boldsymbol{\sigma}') = 0 \tag{6.3.13a}$$

考虑到材料的各向同性性质以及应力偏量 $\boldsymbol{\sigma}'$ 的第一主不变量 $J_1 = \sigma'_1 + \sigma'_2 + \sigma'_3$，则屈服准则(6.3.13a)可写为

$$f(J_2, J_3) = 0 \tag{6.3.13b}$$

对于满足屈服准则式(6.3.13)的材料，如果应力点 $\boldsymbol{\sigma}^0$ 在屈服面上，则叠加任意一静水压力 p 的点也必然在屈服面上，即点

$$\sigma_1 = \sigma_1^0 - p, \quad \sigma_2 = \sigma_2^0 - p, \quad \sigma_3 = \sigma_3^0 - p \quad (\boldsymbol{\sigma} = \boldsymbol{\sigma}^0 - \sqrt{3}p\boldsymbol{n})$$

也必然在屈服面上。这表示一个经过点 $\boldsymbol{\sigma}^0$ 而方向沿 $\boldsymbol{n}$ 的直线，所以屈服面式(6.3.13)必是一个母线沿 π 平面法线 $\boldsymbol{n}$ 的柱面。因此，为了讨论屈服面(6.3.13)的性质，我们只需讨论该屈服柱面与静压为零的 π 平面的交线的形状就可以了。为此，我们来研究任意应力点 $M(\boldsymbol{\sigma})$ 与其沿着 π 平面的法线 $\boldsymbol{n}$ 在 π 平面内的投影点 M' 之间的关系。

容易证明，表示简单拉伸状态的主应力点沿方向 $\boldsymbol{n}$ 投影到 π 平面上之后，其尺度将收缩为原长度的 $\sqrt{\frac{2}{3}}$ 倍。事实上，由于矢量 $\boldsymbol{n}$ 与三个主应力轴成等倾角，其三个方向的余弦皆为 $\sqrt{\frac{1}{3}}$，所以表示简单拉伸的主应力状态 σ_1 轴与矢量 $\boldsymbol{n}$ 夹角的余弦为 $\cos\alpha = \sqrt{\frac{1}{3}}$，故 σ_1 轴与它在 π 平面内的投影线夹角的余弦为 $\cos\beta = \sqrt{\frac{2}{3}}$，这就证明了我们的论断。这一论断如

图 6.3 所示。以 01、02、03 分别表示 3 个主应力坐标轴在 π 平面上的投影线(由对称性可知它们必互成 120°的夹角),建立如图 6.4 所示的平面直角笛卡儿坐标系(x,y)和极坐标系(ρ,φ),其中 x 轴与主应力轴σ_1 的投影线 01 间的夹角为 30°,与主应力轴 σ_2 的投影线 02 间的夹角为 90°,与主应力轴 σ_3 的投影线 03 间的夹角为 150°。由于每个应力状态点的矢径$\overrightarrow{OM}=\boldsymbol{\sigma}$ 等于 3 个主应力矢径之和,而每个主应力矢径分别投影到 π 平面上的 01、02、03 方向并都收缩为原长度的$\sqrt{\dfrac{2}{3}}$,故矢径$\overrightarrow{OM}$在π 平面上的投影矢径$\overrightarrow{OM'}$将为

$$\overrightarrow{OM'}=\sqrt{\frac{2}{3}}[\sigma_1(\boldsymbol{i}\cos 30^\circ+\boldsymbol{j}\cos 120^\circ)+\sigma_2(\boldsymbol{i}\cos 90^\circ+\boldsymbol{j}\cos 0^\circ)+\sigma_3(\boldsymbol{i}\cos 150^\circ+\boldsymbol{j}\cos 120^\circ)]$$

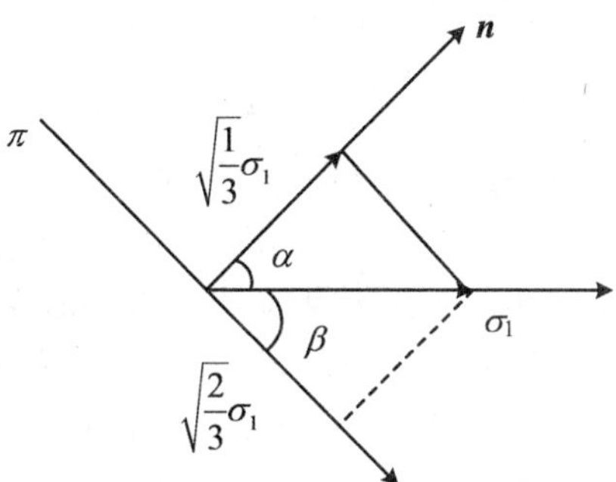

图 6.3 主应力点在 π 平面内的投影

其中,$\boldsymbol{i}$ 和 $\boldsymbol{j}$ 分别表示 x 轴和 y 轴方向的单位矢量。于是,矢径$\overrightarrow{OM}$在π 平面上的投影矢径$\overrightarrow{OM'}$的坐标将为

$$x=\frac{\sqrt{2}}{2}(\sigma_1-\sigma_3) \tag{6.3.14a}$$

$$y=\frac{1}{\sqrt{6}}(2\sigma_2-\sigma_1-\sigma_3) \tag{6.3.14b}$$

$$\rho=\sqrt{x^2+y^2}=\sqrt{2J_2}=\sqrt{\frac{2}{3}}\bar{\sigma} \tag{6.3.14a$'$}$$

$$\tan\varphi=\frac{y}{x}=\frac{1}{\sqrt{3}}\frac{2\sigma_2-\sigma_1-\sigma_3}{\sigma_1-\sigma_3}=\frac{\mu_\sigma}{\sqrt{3}} \tag{6.3.14b$'$}$$

其中

$$\mu_\sigma=\frac{(2\sigma_2-\sigma_1-\sigma_3)}{(\sigma_1-\sigma_3)}$$

称为 Lode 参数,显然它只与 2 个主应力之比$\dfrac{\sigma_1}{\sigma_3}$和$\dfrac{\sigma_2}{\sigma_3}$有关。当 $\sigma_1\geqslant\sigma_2\geqslant\sigma_3$ 时,有 $0\geqslant\mu_\sigma\geqslant-1$,$-30^\circ\leqslant\varphi\leqslant30^\circ$。容易说明,对图 6.4 中其他几个张角为 60°的扇形区域将对应 σ_1、σ_2、σ_3 的其他排序情况(最大和最小主应力的轴线离应力点分别为最近和最远)。

再次强调说明:图 6.4 中的射线 01、02、03 上的点对应一维拉伸状态,而相反方向射线上的点则对应一维压缩状态,例如在 01 线上有 $\sigma_1=\sigma_1$,$\sigma_2=\sigma_3=0$,所以式(6.3.14)给出 $x=\dfrac{\sqrt{2}}{2}\sigma_1$,$y=-\dfrac{1}{\sqrt{6}}\sigma_1$,$\rho=\sqrt{\dfrac{2}{3}}\sigma_1$,$\tan\varphi=-\dfrac{1}{\sqrt{3}}$,$\varphi=-30^\circ$,这就是射线 01,而 $\sigma_1=Y$(一维应力屈服应力)时即对应图中的 A 点;x 轴以及其他五条按 60°而在原点平分 π 平面的射线

上的点，则对应纯剪切状态，例如其中一个纯剪切状态为 $\sigma_1=\tau,\sigma_2=0,\sigma_3=-\tau$，所以式(6.3.14)给出 $x=\sqrt{2}\tau,y=0,\rho=\sqrt{2}\tau,\varphi=0^\circ$，这就是 x 轴，当 τ 恰为纯剪切屈服应力时即对应图中的 B 点。

2. 应力偏量的主不变量和应力强度

由于在理论和应用上的重要性，我们再次对与应力偏量张量相关的某些物理量加以特别说明，其中特别重要的是应力偏量张量第二主不变量 J_2 和应力强度 $\bar{\sigma}$。对应力张量 $\boldsymbol{\sigma}$ 进行如下的所谓球形压力和偏量分解：

$$\boldsymbol{\sigma}=-p\boldsymbol{I}+\boldsymbol{\sigma}',\quad \sigma_{ij}=-p\delta_{ij}+\sigma'_{ij}\tag{6.3.15}$$

其中

$$p=-\frac{\sigma_{ii}}{3}=-\frac{\sigma_{11}+\sigma_{22}+\sigma_{33}}{3}=-\frac{\sigma_1+\sigma_2+\sigma_3}{2}=-\frac{I_1}{3}\tag{6.3.16}$$

I_1 是应力张量的第一主不变量。在固体力学中，人们通常将 p 简单地称为静水压力(hydrostatic pressure)，而在黏性流体中为了避免混乱，则通常将之称为球形压力或流体动压(hydrodynamic pressure)，因为它不仅包含了黏性流体静止不流动时的纯粹的所谓静压，也包含了其运动时的黏性球形摩擦压力。σ'_{ij}称为应力偏量(deviatoric stress)。由球形压力的定义式(6.3.16)及应力张量的分解式(6.3.15)，显然有应力偏量的如下性质：

$$J_1\equiv\sigma'_{ii}=0,\quad \sigma'_{ij}=\sigma_{ij}\quad(i\neq j)\tag{6.3.17}$$

即应力偏量张量 $\boldsymbol{\sigma}'$的第一主不变量J_1 为 0，而其非对角元素与应力张量的非对角元素相等。容易证明(请读者证明之)，应力偏量张量 $\boldsymbol{\sigma}'$与应力张量$\boldsymbol{\sigma}$ 有相同的主方向，而其特征值(也称为主偏量)σ'则恰恰等于应力张量的特征值σ 加上 p，即 $\sigma'=\sigma+p$。当然，应力偏量张量 $\boldsymbol{\sigma}'$的特征值即主偏量σ'及其相应的主方向 $\boldsymbol{n}$ 也可由特征值问题的一般方法求出。主偏量 σ' 由$\boldsymbol{\sigma}'$的如下特征方程给出：

$$|\boldsymbol{\sigma}'-\sigma'\boldsymbol{I}|=|\sigma'_{ij}-\sigma'\delta_{ij}|=0\tag{6.3.18}$$

将其展开，即为如下形式：

$$-\sigma'^3+J_1\sigma'^2+J_2\sigma'+J_3=0,\quad \sigma'^3-J_1\sigma'^2-J_2\sigma'-J_3=0\tag{6.3.19}$$

注意，应力偏量 $\boldsymbol{\sigma}'$的第二主不变量J_2 与以前关于应力张量 $\boldsymbol{\sigma}$ 第二主不变量I_2 的记法差一符号。其应力偏量 $\boldsymbol{\sigma}'$的第一主不变量如式(6.3.17)所述为零，而应力偏量 $\boldsymbol{\sigma}'$的第二主不变量则为

$$\begin{aligned}J_2&=-(\sigma'_1\sigma'_2+\sigma'_2\alpha'_3+\sigma'_3\sigma'_1)\\&=-(\sigma_1+p)(\sigma_2+p)-(\sigma_2+p)(\sigma_3+p)-(\sigma_3+p)(\sigma_1+p)\\&=-(\sigma_1\sigma_2+\sigma_2\sigma_3+\sigma_3\sigma_1)-2p(\sigma_1+\sigma_2+\sigma_3)-3p^2\\&=-I_2+3p^2\end{aligned}$$

即

$$J_2=3p^2-I_2\tag{6.3.20}$$

类似可有应力偏量 $\boldsymbol{\sigma}'$的第三主不变量为

$$\begin{aligned}J_3&=\sigma'_1\sigma'_2\sigma'_3=(\sigma_1+p)(\sigma_2+p)(\sigma_3+p)\\&=\sigma_1\sigma_2\sigma_3+p(\sigma_1\sigma_2+\sigma_2\sigma_3+\sigma_3\sigma_1)+p^2(\sigma_1+\sigma_2+\sigma_3)+p^3\\&=I_3+pI_2-3p^3+p^3=I_3+pI_2-2p^3=I_3+pJ_2+p^3\end{aligned}$$

即

$$J_3=I_3+pI_2-2p^3=I_3+pJ_2+p^3\tag{6.3.21}$$

其中，I_2、I_3 分别为 $\boldsymbol{\sigma}$ 的第二、第三主不变量。

如果利用应力偏量 $\boldsymbol{\sigma}'$ 的第一主不变量为 0 的式(6.3.17)，则可通过恒等变换证明以下一些在一般坐标系中对 J_2 的各种形式的表达式：

$$J_2 = -\begin{vmatrix} \sigma'_{11} & \sigma'_{12} \\ \sigma'_{21} & \sigma'_{22} \end{vmatrix} - \begin{vmatrix} \sigma'_{22} & \sigma'_{23} \\ \sigma'_{32} & \sigma'_{33} \end{vmatrix} - \begin{vmatrix} \sigma'_{33} & \sigma'_{31} \\ \sigma'_{13} & \sigma'_{11} \end{vmatrix}$$

$$= -(\sigma'_{11}\sigma'_{22} + \sigma'_{22}\sigma'_{33} + \sigma'_{33}\sigma'_{11}) + \sigma'^2_{12} + \sigma'^2_{23} + \sigma'^2_{31} \tag{6.3.22a}$$

将式(6.3.22a)的右端加上$\dfrac{1}{2}(\sigma'_{11}+\sigma'_{22}+\sigma'_{33})^2=0$，可以得出

$$J_2 = \frac{1}{2}(\sigma'^2_{11} + \sigma'^2_{22} + \sigma'^2_{33}) + \sigma'^2_{12} + \sigma'^2_{23} + \sigma'^2_{31} \tag{6.3.22b}$$

将式(6.3.22a)的右端加上$\dfrac{1}{6}(\sigma'_{11}+\sigma'_{22}+\sigma'_{33})^2=0$，可以得出

$$J_2 = \frac{1}{6}[(\sigma'_{11}-\sigma'_{22})^2 + (\sigma'_{22}-\sigma'_{33})^2 + (\sigma'_{33}-\sigma'_{11})^2] + \sigma'^2_{12} + \sigma'^2_{23} + \sigma'^2_{31} \tag{6.3.22c}$$

或

$$J_2 = \frac{1}{6}[(\sigma_{11}-\sigma_{22})^2 + (\sigma_{22}-\sigma_{33})^2 + (\sigma_{33}-\sigma_{11})^2] + \sigma^2_{12} + \sigma^2_{23} + \sigma^2_{31} \tag{6.3.22d}$$

式(6.3.22b)显然可由约定求和写为

$$J_2 = \frac{1}{2}\sigma'_{ij}\sigma'_{ij} \tag{6.3.23}$$

式(6.3.22)中的各式以及式(6.3.23)在塑性力学中有极为重要的应用。此外，在塑性力学中，人们还常常引入一个具有应力量纲的量 $\bar{\sigma}$，称之为应力强度(stress intensity)或所谓的 Mises 等效应力(Mises effective stress)，它与 J_2 以下式相联系：

$$\bar{\sigma} = \sqrt{3J_2} = \sqrt{\frac{3}{2}\sigma'_{ij}\sigma'_{ij}} \tag{6.3.24}$$

容易说明，在单轴简单拉压状态下它恰恰就等于受载方向的轴向应力 σ_{11}，而由于这一点，人们常常把简单拉压状态下实验应力应变关系中的 σ_{11} 推广为复杂应力状态下的 $\bar{\sigma}$，而这也正是将之称为 Mises 等效应力的理由。

式(6.3.22)和式(6.3.23)是 J_2 在一般应力状态下的表达式，当以三个幺正的应力主方向为坐标系时即在主坐标系中，我们可以得到其更为简单的表达式，其中式(6.3.11)就是一些这样的简单表达式。

3. 常用的屈服准则

第一种最常用的屈服准则是 Mises 屈服准则，也即是在材料的工程强度理论中人们常说的弹性畸变能准则，该准则认为单位体积介质的弹性畸变能 E_Q 达到某一常数时材料即进入屈服。如果以 μ 表示材料的弹性剪切模量，ε'_{ij} 表示应变偏量，则材料的弹性畸变定律可写为

$$\varepsilon'_{ij} = \frac{1}{2\mu}\sigma'_{ij}$$

于是有

$$E_Q = \int \sigma'_{ij}\mathrm{d}\varepsilon'_{ij} = \frac{1}{4\mu}\sigma'_{ij}\sigma'_{ij} = \frac{1}{2\mu}J_2 = \frac{1}{6\mu}\bar{\sigma}^2$$

即 E_Q 与 J_2 或 $\bar{\sigma}^2$ 成正比，所以 Mises 准则可写为

$$\bar{\sigma}^2 = 3J_2 = \frac{3}{2}\rho^2 = \frac{1}{2}[(\sigma_1 - \sigma_2)^2 + (\sigma_2 - \sigma_3)^2 + (\sigma_3 - \sigma_1)^2] = k_1^2 \quad (6.3.25)$$

其中，k_1 为材料常数，可以由例如简单拉伸实验或者纯剪切实验来确定。所以式(6.3.25)说明，Mises 准则代表一个半径为 $\rho = \sqrt{\frac{2}{3}}k_1$ 的圆柱面。如以 Y 和 τ 分别表示材料的简单拉伸屈服应力和纯剪切屈服应力，则当以简拉实验定常数时(例如对其中一个简单拉伸屈服状态 $\sigma_1 = Y, \sigma_2 = \sigma_3 = 0$)，由式(6.3.25)可得 $k_1 = Y$；当以纯剪切实验定常数时(例如对其中一个纯剪切屈服状态 $\sigma_1 = \tau, \sigma_2 = 0, \sigma_3 = -\tau$)，由式(6.3.25)可得 $k_1 = \sqrt{3}\tau$。故对于能够精确满足 Mises 屈服准则的所谓 Mises 材料，必有 $Y = \sqrt{3}\tau$。

另一种最常用的屈服准则是 Tresca 屈服准则，也即是在材料的工程强度理论中人们常说的最大切应力准则，该准则认为当介质的最大切应力达到某一常数时材料即进入屈服。若以 σ_1、σ_2、σ_3 表示材料屈服时的三个主应力，则 Tresca 准则可写为

$$\mathrm{Max}\left\{\frac{|\sigma_1 - \sigma_2|}{2}, \frac{|\sigma_2 - \sigma_3|}{2}, \frac{|\sigma_3 - \sigma_1|}{2}\right\} = k_2 \quad (6.3.26)$$

或者可以更清楚地将其写为

$$\frac{\sigma_1 - \sigma_3}{2} = k_2 \quad (\text{当 } \sigma_1 \geqslant \sigma_2 \geqslant \sigma_3 \text{ 时}) \quad (6.3.26\text{a})$$

$$\frac{\sigma_2 - \sigma_3}{2} = k_2 \quad (\text{当 } \sigma_2 \geqslant \sigma_1 \geqslant \sigma_3 \text{ 时}) \quad (6.3.26\text{b})$$

$$\frac{\sigma_2 - \sigma_1}{2} = k_2 \quad (\text{当 } \sigma_2 \geqslant \sigma_3 \geqslant \sigma_1 \text{ 时}) \quad (6.3.26\text{c})$$

$$\frac{\sigma_3 - \sigma_1}{2} = k_2 \quad (\text{当 } \sigma_3 \geqslant \sigma_2 \geqslant \sigma_1 \text{ 时}) \quad (6.3.26\text{d})$$

$$\frac{\sigma_3 - \sigma_2}{2} = k_2 \quad (\text{当 } \sigma_3 \geqslant \sigma_1 \geqslant \sigma_2 \text{ 时}) \quad (6.3.26\text{e})$$

$$\frac{\sigma_1 - \sigma_2}{2} = k_2 \quad (\text{当 } \sigma_1 \geqslant \sigma_3 \geqslant \sigma_2 \text{ 时}) \quad (6.3.26\text{f})$$

式(6.3.26)中的六个式子分别代表母线平行于 $\boldsymbol{n}$(因为式(6.3.26)中各式均不依赖于静水压力 p)的正六棱柱面的一个棱面，所以 Tresca 屈服准则在应力空间中的图像是一个母线平行于 $\boldsymbol{n}$ 的正六棱柱面，它在 π 平面上的投影恰是一个正六边形。由式(6.3.14)和式(6.3.14)′容易说明，式(6.3.26a)～(6.3.26f)在 π 平面的投影分别表示如下的直线段(请读者证明之)：

$$\frac{1}{2}(\sigma_1 - \sigma_3) = \frac{\sqrt{2}}{2}x = k_2, \quad -30^\circ \leqslant \varphi \leqslant 30^\circ \quad (\sigma_1 \geqslant \sigma_2 \geqslant \sigma_3) \quad (6.3.26\text{a})'$$

$$\frac{\sigma_2 - \sigma_3}{2} = \frac{x + \sqrt{3}y}{2\sqrt{2}} = k_2, \quad 30^\circ \leqslant \varphi \leqslant 90^\circ \quad (\sigma_2 \geqslant \sigma_1 \geqslant \sigma_3) \quad (6.3.26\text{b})'$$

$$\frac{\sigma_2 - \sigma_1}{2} = \frac{x - \sqrt{3}y}{-2\sqrt{2}} = k_2, \quad 90^\circ \leqslant \varphi \leqslant 150^\circ \quad (\sigma_2 \geqslant \sigma_3 \geqslant \sigma_1) \quad (6.3.26\text{c})'$$

$$\frac{\sigma_3 - \sigma_1}{2} = -\frac{\sqrt{2}}{2}x = k_2, \quad 150^\circ \leqslant \varphi \leqslant 210^\circ \quad (\sigma_3 \geqslant \sigma_2 \geqslant \sigma_1) \quad (6.3.26\text{d})'$$

$$\frac{\sigma_3-\sigma_2}{2}=\frac{x+\sqrt{3}y}{-2\sqrt{2}}=k_2,\quad 210^\circ\leqslant\varphi\leqslant 270^\circ\quad(\sigma_3\geqslant\sigma_1\geqslant\sigma_2)\qquad(6.3.26\mathrm{e})'$$

$$\frac{\sigma_1-\sigma_2}{2}=\frac{x-\sqrt{3}y}{2\sqrt{2}}=k_2,\quad 270^\circ\leqslant\varphi\leqslant 330^\circ\quad(\sigma_1\geqslant\sigma_3\geqslant\sigma_2)\qquad(6.3.26\mathrm{f})'$$

如图6.4所示，当以简单拉压实验定常数时(例如对其中一个简单拉压屈服状态 $\sigma_1=Y,\sigma_2=\sigma_3=0$)，由式(6.3.26a)可得 $k_2=\frac{Y}{2}$；当以纯剪切实验定常数时(例如对其中一个纯剪切屈服状态 $\sigma_1=\tau,\sigma_2=0,\sigma_3=-\tau$)，由式(6.3.26a)可得 $k_2=\tau$。故对于能够精确满足 Tresca 屈服准则的所谓 Tresca 材料，必有 $Y=2\tau$。

当对这两个准则同时用简单拉压试验确定常数时，它们应该在代表一维应力状态的直线01等处相重合，所以，当以简单拉伸试验确定常数时，在 π 平面上 Tresca 准则将是 Mises 圆的内接正六边形；当对这两个准则同时用纯剪切试验确定常数时，它们应该在代表纯剪切的直线 X 轴等处相重合，所以，当以纯剪切试验确定常数时，在 π 平面上 Tresca 准则将是 Mises 圆的外切正六边形，如图6.4所示。

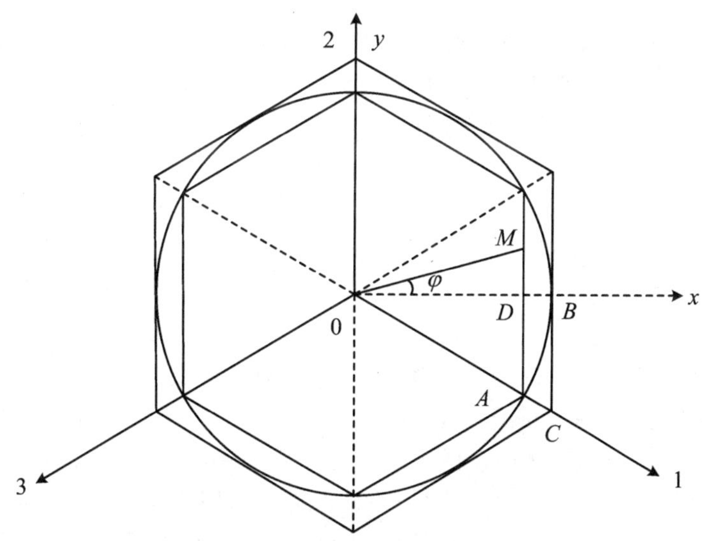

图6.4　屈服面在 π 平面上的投影

以上两个常用的屈服准则都是与静水压力 p 无关的(而且是拉压对称的)，这对大多数的金属材料在其承受的压力不太高时(如十几万大气压以下)是比较符合实际的。但是在金属承受很高的压力时，则必须考虑静水压力 p 对屈服准则的影响；另外对岩石、混凝土以及陶瓷等一类的脆性材料，即使压力不太高时其静水压力对屈服准则的影响一般也是不可忽略的。这时我们就需要考虑静水压力 p 对屈服准则的影响，即需要考虑所谓的压力相关的屈服准则。其中比较常用的就是 Drucker-Prager 屈服准则，该准则认为材料的 Mises 等效屈服应力 $\bar{\sigma}$ 随着其静水压力 p 线性增加，故在数学上该准则写为

$$f=\bar{\sigma}-ap=k_3\qquad(6.3.27)$$

如果要求式(6.3.27)在 $p=0$ 的 π 平面上与 Mises 圆相重合，则有材料常数 $k_3=k_1=Y$ (因为对这类脆性材料主要是考虑其压剪屈服特性，所以通常取压应力为正，所以这里的 Y 是材料的简单压缩屈服极限)。式(6.3.27)中的材料常数 a 可以通过一系列不同围压

条件下的材料屈服实验结果而拟合回归得出。Drucker-Prager 屈服准则不但引入了材料 Mises 等效屈服应力的线性压力硬化效应，而且也在某种程度上引入了材料的拉压屈服的不对称性质。Drucker-Prager 屈服准则式(6.3.27)表示一个在应力空间中轴线沿 $\boldsymbol{n}$ 的圆锥面，该圆锥面在 π 平面上给出 Mises 圆，而圆锥面的半径随着静水压力 p 的增加而线性增大。

对岩石和土壤一类材料还有所谓的 Coulomb 剪破准则、各种不同形式的 Mohr 包络准则、盖帽准则以及由材料的整个弹性变形能(包括弹性畸变能和弹性体变能)所控制的所谓 Lemeitre 准则等等。这些准则多半都是在 Mises 准则的基础上引入了压力的塑性屈服效应，可以统一地写为

$$\bar{\sigma} = f(p) \tag{6.3.28}$$

此外，对于这类脆性材料还有同时计及 J_1、J_2、J_3 影响的各种形式的屈服准则，这里不再赘述，读者可参阅相关文献。

6.3.3 后继屈服准则

后继屈服准则(也有的研究者将之称为加载准则)指的是材料进入塑性屈服以后，后继屈服面(即有的研究者所说的加载面)的形状和尺寸随塑性变形发展而发展和变化的规律。如在应力空间中研究后继屈服面，则材料的硬化效应表现为后继屈服面随着塑性变形的发展而增大，理想塑性表现为后继屈服面就是其初始屈服面，而软化效应则表现为后继屈服面随着塑性变形的发展而缩小；材料的 Baushinger 效应则表现为在应力空间中某一方向上后继屈服面的扩大将伴随着相反方向附近各方向上后继屈服面的缩小。但是，在数学上要精确地表述材料的这些性质则是很复杂的，故人们常常需要抓住材料在塑性变形方面的某些主要特征而提出各种简化模型。这些简化模型从其基本特点方面来讲，主要包括理想塑性模型、各向同性硬化模型(或称等向硬化模型)和随动硬化模型。

1. 理想塑性模型(ideal plastic model)

理想塑性模型完全忽略材料的硬化效应，认为材料的初始屈服面也就是其后继屈服面，而且只要表达材料应力状态的应力点达到并且保持在此屈服面上移动，则材料的塑性变形便可以任意发展(材料单元不受到某种周围的约束)。因此理想塑性材料的后继屈服准则在形式上非常简单，也就是其初始屈服准则：

$$f(\boldsymbol{\sigma}) = 0$$

2. 各向同性硬化模型或称等向硬化模型(isotropic hardening model)

各向同性硬化模型认为后继屈服面的扩大在应力空间中是各向同性的(注意这里的各向同性并非指在反应材料性质的几何空间中的各向同性)，用一句更精确的力学语言描述，就是在应力空间中各不同方向上的应力变化过程对后继屈服面扩大的贡献是可以在量的方面进行等量转换的，即只要这些不同的应力变化过程所产生的随塑性变形发展而单调增加的某一标量型历史记忆量的积累值是一样的，则它们所引起的对后继屈服面扩大的贡献便是相同的。我们可把刻画各向同性硬化特征的随塑性变形发展而单调增加的这类标量型历史记忆量称为各向同性硬化内变量。根据上面的叙述可以得出结论：各向同性硬化模型所确定的后继屈服面必然是其初始屈服面在应力空间中的相似扩大，同时可以通过各向同性硬化内变量的某个函数来反映后继屈服面的这一相似扩大特征和规律。在理论和实践上，

人们最常用的各向同性硬化内变量有累积塑性功 W^p 和累积塑性应变强度 $\bar{\varepsilon}^p$，它们分别由以下公式定义：

$$W^p = \int \boldsymbol{\sigma} : \mathrm{d}\boldsymbol{\varepsilon}^p \tag{6.3.29}$$

$$\bar{\varepsilon}^p = \int \mathrm{d}\bar{\varepsilon}^p = \int \sqrt{\frac{2}{3}\mathrm{d}\boldsymbol{\varepsilon}^p : \mathrm{d}\boldsymbol{\varepsilon}^p} \tag{6.3.30}$$

式(6.3.29)表示单位体积介质的应力塑性功的累积量，而对于式(6.3.30)所定义的量 $\bar{\varepsilon}^p$ 则容易证明，在一维应力条件下 $\bar{\varepsilon}^p = \sqrt{\frac{2}{3}(1+2v_p^2)}\varepsilon_1^p$（其中 v_p 为塑性变形泊松比，ε_1^p 为轴向塑性应变），而对于塑性变形不可压缩材料（$v_p = \frac{1}{2}$），在一维应力条件下 $\bar{\varepsilon}^p$ 恰恰等于其轴向塑性应变 ε_1^p。这一点常常被作为将一维应力实验中的量 ε_1^p 推广为复杂应力状态下的 $\bar{\varepsilon}^p$ 从而获得更一般性结果的基础，因此习惯上人们也常常把累积塑性应变强度 $\bar{\varepsilon}^p$ 称为累积等效塑性应变。

设材料的初始屈服面为 $f_1(\boldsymbol{\sigma}) = K_0$，则各向同性硬化模型的后继屈服准则可写为以下两式中的任何一个：

$$f_1(\boldsymbol{\sigma}) = K(W^p) \tag{6.3.31}$$

$$f_1(\boldsymbol{\sigma}) = K(\bar{\varepsilon}^p) \tag{6.3.32}$$

习惯上常将式(6.3.31)和式(6.3.32)分别称为功硬化材料和应变硬化材料，其右端的函数 $K(W^p)$ 和 $K(\bar{\varepsilon}^p)$ 满足 $K(0) = K_0$，与初始屈服面重合。而这两个函数 $K(W^p)$ 和 $K(\bar{\varepsilon}^p)$ 的具体形式可由材料塑性变形的一维应力实验或纯剪切实验等的实验数据而得出。例如，设材料在一维应力条件下应力 σ 和塑性功 W^p 的实验曲线为 $\sigma = \sigma(W^p)$，将其代入式(6.3.31)中并注意应力 $\boldsymbol{\sigma}$ 只有一个应力分量 $\sigma_{11} = \sigma$，则可得

$$K(W^p) = f_1(\boldsymbol{\sigma}) \equiv F(\sigma) = F(\sigma(W^p))$$

其中，函数 $F(\sigma)$ 是由函数 $f_1(\boldsymbol{\sigma})$ 中令 $\sigma_{11} = \sigma$（其他 $\sigma_{ij} = 0$）而得到的 σ 的函数。类似地，设材料在一维应力条件下应力 σ 和轴向塑性应变 ε_1^p 的实验曲线为 $\sigma = \sigma(\varepsilon_1^p)$，若将其代入式(6.3.32)中，则可得

$$K(\bar{\varepsilon}^p) = f_1(\boldsymbol{\sigma}) \equiv F(\sigma) = F(\sigma(\varepsilon_1^p)) = F(\sigma(\bar{\varepsilon}^p))$$

与前面一样，其中函数 $F(\sigma)$ 是由函数 $f_1(\boldsymbol{\sigma})$ 中令 $\sigma_{11} = \sigma$（其他 $\sigma_{ij} = 0$）而得到的 σ 的函数，而最后一式则利用了塑性变形不可压材料在一维应力条件下恰有 $\bar{\varepsilon}^p = \varepsilon_1^p$（轴向塑性应变）的结果。

3. 随动硬化模型(kinematic hardening model)

各向同性硬化模型完全没有考虑 Baushinger 效应的存在，随动硬化模型则将之夸大，认为塑性变形发展时，后继屈服面的形状和大小并不改变，只是在应力空间中做刚性平移，其移动的距离则与塑性变形历史有关，数学上可写为

$$f(\sigma_{ij} - \alpha_{ij}) = 0 \tag{6.3.33}$$

其中，α_{ij} 是塑性变形历史的某种函数，表示后继屈服面的中心。特别地，当假设后继屈服面中心的移动速度正比于塑性应变率，即设

$$\dot{\alpha}_{ij} = C\dot{\varepsilon}_{ij}^p \tag{6.3.34}$$

时，其中 C 为常数，则以初始条件 $\varepsilon_{ij}^p = 0$ 时，$\alpha_{ij} = 0$ 对式(6.3.6)进行积分，可得 $\alpha_{ij} = C\varepsilon_{ij}^p$，

于是式(6.3.33)成为

$$f(\sigma_{ij}-C\varepsilon_{ij}^{\mathrm{p}})=0 \tag{6.3.33$'$}$$

由式(6.3.33)′表达的模型称为线性随动硬化模型,其中常数 C 可以通过一维应力条件下线性随动硬化的应力应变实验曲线来求出,读者可作为练习尝试之。

4. 联合的塑性硬化模型(combined isotropic-kinematic hardening model)

各向同性硬化模型完全没有考虑到材料的 Baushinger 效应的存在,而随动硬化模型则夸大了材料的 Baushinger 效应,真实材料的塑性硬化规律一般是介于两者之间的,所以可以采用对两种模型的线性内插的方法,例如

$$f_1(\boldsymbol{\sigma}-C\beta\boldsymbol{\varepsilon}^{\mathrm{p}})=K(W^{\mathrm{p}}(1-\beta)) \tag{6.3.35}$$

就是对线性随动硬化和各向同性硬化模型的线性内插硬化模型,其中 $0\leqslant\beta\leqslant1$,而 $\beta=0$ 和 $\beta=1$ 则分别代表各向同性硬化模型和线性随动硬化模型。

但是,从理论上讲更一般的时率无关的塑性理论的硬化模型则是所谓的 Prager 硬化模型,它可以表达为

$$f(\boldsymbol{\sigma},\boldsymbol{\varepsilon}^{\mathrm{p}},K)=0 \tag{6.3.36}$$

其中,后继屈服面同时与硬化参数 K(或其他标量型硬化参数)和塑性应变 $\boldsymbol{\varepsilon}^{\mathrm{p}}$ 有关,它们都可视为塑性变形中的内变量,前者作为随塑性变形发展而单调增加的某一标量型累积量的函数,可刻画材料的各向同性硬化效应,后者则可刻画材料的随动硬化效应。式(6.3.31)、式(6.3.32)、式(6.3.33)和式(6.3.35)都可视为式(6.3.36)的特例。因此,在后面几节讲述增量型塑性本构关系时我们将从后继屈服准则式(6.3.36)出发进行讨论。

需要说明的是,在一般的后继屈服准则式(6.3.36)中虽然硬化参数 K 和塑性应变 $\boldsymbol{\varepsilon}^{\mathrm{p}}$ 都是内变量,但是塑性应变 $\boldsymbol{\varepsilon}^{\mathrm{p}}$ 才是最基本和最重要的内变量,增量型塑性本构关系的任务就是给出它的演化方程;而作为各向同性硬化参数的内变量 K 并不是一个独立的内变量,它是内变量塑性应变张量 $\boldsymbol{\varepsilon}^{\mathrm{p}}$ 的某种取标量值的函数,这种函数可以根据我们对材料塑性硬化特性的理解和应用上的方便而进行选取,而这既给出了内变量 K 的定义,同时也决定了内变量 K 的演化方程。在实践上,人们常常假定内变量 K 的演化率 $\dot{K}$ 是塑性应变率张量 $\dot{\boldsymbol{\varepsilon}}^{\mathrm{p}}$ 的一次齐次函数,即

$$\dot{K}=g(\dot{\boldsymbol{\varepsilon}}^{\mathrm{p}}),\quad g(\alpha\dot{\boldsymbol{\varepsilon}}^{\mathrm{p}})=\alpha g(\dot{\boldsymbol{\varepsilon}}^{\mathrm{p}}) \tag{6.3.37}$$

其中,α 为任意的常数。这保持了内变量 K 的简洁性;此外,还可以保证当塑性应变 $\boldsymbol{\varepsilon}^{\mathrm{p}}$ 停止发展时($\dot{\boldsymbol{\varepsilon}}^{\mathrm{p}}=\mathbf{0}$)内变量 K 也停止发展($\dot{K}=0$)的条件。例如式(6.3.29)和式(6.3.30)所定义的内变量 W^{p} 和 $\bar{\varepsilon}^{\mathrm{p}}$ 的演化方程:

$$\dot{W}^{\mathrm{p}}=\boldsymbol{\sigma}:\dot{\boldsymbol{\varepsilon}}^{\mathrm{p}},\quad \dot{\bar{\varepsilon}}^{\mathrm{p}}=\sqrt{\frac{2}{3}\dot{\boldsymbol{\varepsilon}}^{\mathrm{p}}:\dot{\boldsymbol{\varepsilon}}^{\mathrm{p}}} \tag{6.3.38}$$

就具有这种 $\dot{\boldsymbol{\varepsilon}}^{\mathrm{p}}$ 的一次齐次性质,它们的函数 K 的演化率:

$$\dot{K}=\frac{\partial K}{\partial W^{\mathrm{p}}}\dot{W}^{\mathrm{p}}=\frac{\partial K}{\partial W^{\mathrm{p}}}\boldsymbol{\sigma}:\dot{\boldsymbol{\varepsilon}}^{\mathrm{p}},\quad \dot{K}=\frac{\partial K}{\partial\bar{\varepsilon}^{\mathrm{p}}}\dot{\bar{\varepsilon}}^{\mathrm{p}}=\frac{\partial K}{\partial\bar{\varepsilon}^{\mathrm{p}}}\sqrt{\frac{2}{3}\dot{\boldsymbol{\varepsilon}}^{\mathrm{p}}:\dot{\boldsymbol{\varepsilon}}^{\mathrm{p}}} \tag{6.3.39}$$

当然也具有这种 $\dot{\boldsymbol{\varepsilon}}^{\mathrm{p}}$ 的一次齐次性质。

6.3.4 应力空间中表述的塑性本构关系

为了在理论表述时更加清晰和严谨，在下面的 6.3.4～6.3.6 各节关于本构关系的论述中我们采用了张量的一般表述方法，即将弹性模量张量和柔度张量作为三维空间中的 4 阶完全对称张量，而将应力张量和应变张量作为三维空间中的 2 阶对称张量来表述。为了使这些张量表达的公式易于在计算实践中实现，常常需要将这些公式改写为张量的 Voigt 记法，即将三维空间中的 4 阶完全对称张量视为六维空间中的 2 阶对称张量，而将三维空间中的 2 阶对称张量视为六维空间中的矢量，并且保持功不变性的应力应变分量取法。关于 Voigt 记法的具体内容可参见 6.2.4 小节。

1. 一般性说明

由于在完全大变形理论框架之内的塑性本构关系还存在不少难点和争论，因此本书将仍然在所谓的"小变形塑性理论"的框架内来介绍塑性本构关系的知识，但是实践证明，通过建立这一理论框架之内的增量型塑性本构关系以及对任意有限过程中无穷多微小过程中增量型塑性本构关系的积分和累积计算，事实上是可以很好地解决许多塑性力学大变形的工程问题的。在"小变形塑性理论"的框架内讨论问题，可以不考虑初始密度和瞬时密度之间的区别、Cauchy 应力和 P-K 应力之间的区别，以及各种不同定义的应变之间的区别，因此下面将笼统地以 $\boldsymbol{\sigma}$ 和 $\boldsymbol{\varepsilon}$ 来表示应力张量和应变张量。"小变形塑性理论"框架的一个最重要的假定(当然也是最有争议的假定)就是，假设应变张量 $\boldsymbol{\varepsilon}$ 可以分解为可恢复的弹性应变张量 $\boldsymbol{\varepsilon}^{\mathrm{e}}$ 和塑性应变张量 $\boldsymbol{\varepsilon}^{\mathrm{p}}$ 之和，即

$$\boldsymbol{\varepsilon} = \boldsymbol{\varepsilon}^{\mathrm{e}} + \boldsymbol{\varepsilon}^{\mathrm{p}} \tag{6.3.40a}$$

于是在每一微过程当中的增量应变 $\mathrm{d}\boldsymbol{\varepsilon}$ 也可以分解为弹性增量应变 $\mathrm{d}\boldsymbol{\varepsilon}^{\mathrm{e}}$ 和塑性增量应变 $\mathrm{d}\boldsymbol{\varepsilon}^{\mathrm{p}}$ 之和，即

$$\mathrm{d}\boldsymbol{\varepsilon} = \mathrm{d}\boldsymbol{\varepsilon}^{\mathrm{e}} + \mathrm{d}\boldsymbol{\varepsilon}^{\mathrm{p}}, \quad \dot{\boldsymbol{\varepsilon}} = \dot{\boldsymbol{\varepsilon}}^{\mathrm{e}} + \dot{\boldsymbol{\varepsilon}}^{\mathrm{p}} \tag{6.3.40b}$$

式(6.3.40b)中的第二式表示任意时刻的总应变率 $\dot{\boldsymbol{\varepsilon}}$ 等于其弹性应变率 $\dot{\boldsymbol{\varepsilon}}^{\mathrm{e}}$ 和塑性应变率 $\dot{\boldsymbol{\varepsilon}}^{\mathrm{p}}$ 之和。增量型塑性本构关系的任务就是，寻求每一微过程中增量应变 $\mathrm{d}\boldsymbol{\varepsilon}$ 和增量应力 $\mathrm{d}\boldsymbol{\sigma}$ 之间的关系，或者说寻求每一时刻应变率 $\dot{\boldsymbol{\varepsilon}}$ 和应力率 $\dot{\boldsymbol{\sigma}}$ 之间的关系。

如同 6.3.3 小节中所指出的，为了同时计及材料的各向同性硬化效应和随动硬化效应，可假设材料在应力空间中满足一般形式的 Prager 屈服准则：

$$f(\boldsymbol{\sigma}, \boldsymbol{\varepsilon}^{\mathrm{p}}, K) = 0 \tag{6.3.41}$$

其中，屈服函数 $f(\boldsymbol{\sigma}, \boldsymbol{\varepsilon}^{\mathrm{p}}, K)$ 对 $\boldsymbol{\sigma}$ 的显式依赖表示它是应力空间中的屈服函数，其对塑性应变 $\boldsymbol{\varepsilon}^{\mathrm{p}}$ 的显式依赖表示 $\boldsymbol{\varepsilon}^{\mathrm{p}}$ 是作为内变量参数而引入的，这可以使我们以某种方式计入材料的随动硬化效应，标量型参数 K 是塑性应变的某个函数，屈服函数 $f(\boldsymbol{\sigma}, \boldsymbol{\varepsilon}^{\mathrm{p}}, K)$ 对它的依赖可以使我们以某种方式计入材料的各向同性硬化效应。

第一个任务是求出弹性应变的演化率 $\dot{\boldsymbol{\varepsilon}}^{\mathrm{e}}$，它等于材料的柔度张量 $\boldsymbol{C}$(弹性模量张量 $\boldsymbol{M}$ 的逆张量)和应力率的二次点积：

$$\dot{\boldsymbol{\varepsilon}}^{\mathrm{e}} = \boldsymbol{C} : \dot{\boldsymbol{\sigma}} \tag{6.3.42}$$

第二个任务是给出内变量 K 的演化方程。如同 6.3.3 小节中所指出的，它并不是一个与塑性应变 $\boldsymbol{\varepsilon}^{\mathrm{p}}$ 完全无关而独立的内变量，而是作为对材料各向同性硬化特性的刻画以某种方式依赖于塑性应变 $\boldsymbol{\varepsilon}^{\mathrm{p}}$ 的一个取标量值的函数。如前所述，人们通常假定 K 的演化率 $\dot{K}$

是塑性应变率 $\dot{\boldsymbol{\varepsilon}}^{\mathrm{p}}$ 的一次齐次函数，即

$$\dot{K} = g(\dot{\boldsymbol{\varepsilon}}^{\mathrm{p}}),\quad g(\alpha\dot{\boldsymbol{\varepsilon}}^{\mathrm{p}}) = \alpha g(\dot{\boldsymbol{\varepsilon}}^{\mathrm{p}}) \tag{6.3.43}$$

例如，当 K 取为塑性功 W^{p} 的某种函数 $K(W^{\mathrm{p}})$ 或取为累积等效塑性应变 $\bar{\varepsilon}^{\mathrm{p}}$ 的某种函数 $K(\bar{\varepsilon}^{\mathrm{p}})$ 时，可分别有

$$\dot{K} = \frac{\mathrm{d}K}{\mathrm{d}W^{\mathrm{p}}}\dot{W}^{\mathrm{p}} = \frac{\mathrm{d}K}{\mathrm{d}W^{\mathrm{p}}}\boldsymbol{\sigma} : \dot{\boldsymbol{\varepsilon}}^{\mathrm{p}},\quad \dot{K} = \frac{\mathrm{d}K}{\mathrm{d}\bar{\varepsilon}^{\mathrm{p}}}\dot{\bar{\varepsilon}}^{\mathrm{p}} = \frac{\mathrm{d}K}{\mathrm{d}\bar{\varepsilon}^{\mathrm{p}}}\sqrt{\frac{2}{3}\dot{\boldsymbol{\varepsilon}}^{\mathrm{p}} : \dot{\boldsymbol{\varepsilon}}^{\mathrm{p}}} \tag{6.3.43$'$}$$

它们都具有一次齐次性质。这既保持了内变量 K 的简洁性，也可满足当塑性应变 $\boldsymbol{\varepsilon}^{\mathrm{p}}$ 停止发展时（$\dot{\boldsymbol{\varepsilon}} = \mathbf{0}$）内变量 K 也停止发展（$\dot{K} = 0$）的条件。

最重要的任务是求出作为基本内变量的塑性应变 $\boldsymbol{\varepsilon}^{\mathrm{p}}$ 的演化方程，而这也就是增量型塑性本构关系的核心任务。这一任务可以由如下的 Drucker 公设而得到。

2. Drucker 公设（Drucker postulate）和增量型塑性本构关系

由于塑性变形时是不可逆的，Drucker 提出了在有不可逆塑性变形出现的任意应力循环中材料附加应力的功必然非负的要求，并且把这一要求称为 Drucker 公设。

Drucker 公设可表达如下：

设物体在 t_0 时刻处于屈服面之内或之上的某一任意应力状态 $\boldsymbol{\sigma}^0$，对其加载使其在某一时刻 t^* 达到屈服并在时间间隔 $[t^*, t^* + \delta t]$ 内产生塑性变形，然后对其卸载使物体回到原来的应力状态 $\boldsymbol{\sigma}^0$，从而完成一个应力循环，由于不可逆塑性变形耗散是非负的，所以在这一应力循环中附加应力 $\boldsymbol{\sigma} - \boldsymbol{\sigma}^0$ 对物体之功 W_σ 必须是非负的。我们称严格满足此种要求的材料为 Drucker 材料。

图 6.5(a)和图 6.5(b)分别是简拉情况和一般复杂应力状态情况下的应力循环图。其中，$A_0(t_0)$、$B(t^*)$、$C(t^* + \delta t)$ 和 $A_1(t_1)$ 分别表示初态、屈服态、硬化态和终态的应力点。按 Drucker 公设对 Drucker 材料有

$$W_\sigma = \int_{t_0}^{t_1}(\boldsymbol{\sigma} - \boldsymbol{\sigma}^0) : \dot{\boldsymbol{\varepsilon}}\mathrm{d}t = \int_{t_0}^{t_1}(\boldsymbol{\sigma} - \boldsymbol{\sigma}^0) : (\dot{\boldsymbol{\varepsilon}}^{\mathrm{e}} + \dot{\boldsymbol{\varepsilon}}^{\mathrm{p}})\mathrm{d}t \geqslant 0 \tag{6.3.44}$$

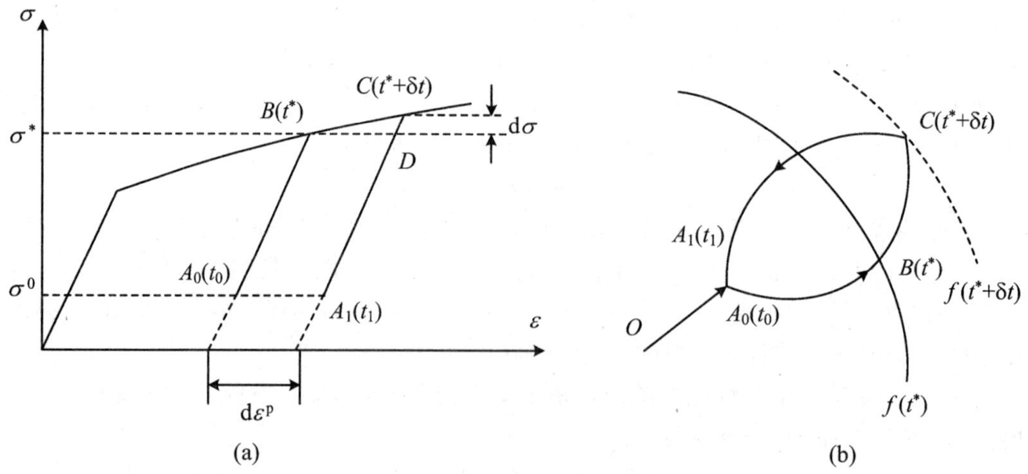

图 6.5　应力空间中的屈服面

由于弹性变形是可逆的，加载过程中所产生的弹性应变在卸载至起始应力 $\boldsymbol{\sigma}^0$ 时将会完全被释放，附加应力在每一应力水平 $\boldsymbol{\sigma}$ 处的微加载弹性应变上的功将与其在同一应力水平 $\boldsymbol{\sigma}$ 处

的微卸载弹性应变上的功相抵消，所以在整个应力循环中附加应力的弹性变形功将为零，而只有其塑性变形功才不为零，后者只在图 6.5(a)中的 BC 段产生，所以式(6.3.44)也可以写为

$$W_\sigma = \int_{t_0}^{t_1} (\boldsymbol{\sigma} - \boldsymbol{\sigma}^0) : \dot{\boldsymbol{\varepsilon}} \mathrm{d}t = \int_{t^*}^{t^* + \delta t} (\boldsymbol{\sigma} - \boldsymbol{\sigma}^0) : \dot{\boldsymbol{\varepsilon}}^{\mathrm{p}} \mathrm{d}t \geqslant 0 \qquad (6.3.44)'$$

在一维应力的情况，参见图 6.5(a)，当起始应力点 A_0 为屈服面内的弹性状态时，式(6.3.44)′的附加应力塑性功积分将由曲线四边形 A_0BCA_1 的面积给出，在忽略 2 阶小量的情况下，它近似地等于平行四边形 A_0BDA_1 的面积，即

$$W_\sigma = (\sigma^* - \sigma^0)\mathrm{d}\varepsilon^0 \quad (\text{当 } \sigma^0 \neq \sigma^* \text{ 时})$$

其中，$\mathrm{d}\varepsilon^{\mathrm{p}}$ 表示在$[t^*, t^* + \delta t]$的微塑性加载段 BC 期间所产生的增量塑性应变；当起始应力点 A_0 恰为屈服面上的塑性屈服状态时，式(6.3.44)′的附加应力塑性功积分将由曲线三角形 BCD 的面积给出，在忽略高阶小量的情况下，它近似地等于直线三角形 BCD 的面积，即

$$W_\sigma = \frac{1}{2}\mathrm{d}\sigma \mathrm{d}\varepsilon^{\mathrm{p}} \quad (\text{当 } \sigma^0 = \sigma^* \text{ 时})$$

其中，$\mathrm{d}\sigma$ 表示在$[t^*, t^* + \delta t]$的微塑性加载段 BC 期间所产生的增量应力。将以上两式推广到图 6.5(b)的一般复杂应力状态，可将之写为张量的形式，即

$$(\boldsymbol{\sigma}^* - \boldsymbol{\sigma}^0) : \mathrm{d}\boldsymbol{\varepsilon}^{\mathrm{p}} \geqslant 0 \quad (\boldsymbol{\sigma}^0 \neq \boldsymbol{\sigma}^* \text{ 时}) \qquad (6.3.45)$$

$$\frac{1}{2}\mathrm{d}\boldsymbol{\sigma} : \mathrm{d}\boldsymbol{\varepsilon}^{\mathrm{p}} \geqslant 0 \quad (\boldsymbol{\sigma}^0 = \boldsymbol{\sigma}^* \text{ 时}) \qquad (6.3.46)$$

事实上，式(6.3.45)和式(6.3.46)也可以由式(6.3.44)′出发而直接加以证明，如下。将式(6.3.44)′中的积分在 $t = t^*$ 时展开为 Taylor 级数，则有

$$\begin{aligned} W_\sigma &= 0 + (\boldsymbol{\sigma} - \boldsymbol{\sigma}^0) : \dot{\boldsymbol{\varepsilon}}^{\mathrm{p}} \Big|_{t=t^*} \delta t + \frac{1}{2}\left[\dot{\boldsymbol{\sigma}} : \dot{\boldsymbol{\varepsilon}}^{\mathrm{p}} + (\boldsymbol{\sigma} - \boldsymbol{\sigma}^0) : \ddot{\boldsymbol{\varepsilon}}^{\mathrm{p}}\right]\Big|_{t=t^*} \delta t^2 + \cdots \\ &= (\boldsymbol{\sigma}^* - \boldsymbol{\sigma}^0) : \mathrm{d}\boldsymbol{\varepsilon}^{\mathrm{p}} + \frac{1}{2}\mathrm{d}\boldsymbol{\sigma} : \mathrm{d}\boldsymbol{\varepsilon}^{\mathrm{p}} + \cdots \geqslant 0 \end{aligned}$$

$\boldsymbol{\sigma}^0 \neq \boldsymbol{\sigma}^*$ 和 $\boldsymbol{\sigma}^0 = \boldsymbol{\sigma}^*$ 即起始应力点 $\boldsymbol{\sigma}^0$ 在屈服面内和恰在屈服面上的两种情况，在略去相对的高阶小量之后，则该式即可分别给出式(6.3.45)和式(6.3.46)：

$$(\boldsymbol{\sigma}^* - \boldsymbol{\sigma}^0) : \mathrm{d}\boldsymbol{\varepsilon}^{\mathrm{p}} \geqslant 0 \quad (\boldsymbol{\sigma}^0 \neq \boldsymbol{\sigma}^* \text{ 时}) \qquad (6.3.45)$$

$$\frac{1}{2}\mathrm{d}\boldsymbol{\sigma} : \mathrm{d}\boldsymbol{\varepsilon}^{\mathrm{p}} \geqslant 0 \quad (\boldsymbol{\sigma}^0 = \boldsymbol{\sigma}^* \text{ 时}) \qquad (6.3.46)$$

式(6.3.45)的物理意义是：塑性增量应变 $\mathrm{d}\boldsymbol{\varepsilon}^{\mathrm{p}}(B)$形成之点的应力 $\boldsymbol{\sigma}^*(B)$在 $\mathrm{d}\boldsymbol{\varepsilon}^{\mathrm{p}}(B)$上的塑性功 $\boldsymbol{\sigma}^*(B) : \mathrm{d}\boldsymbol{\varepsilon}^{\mathrm{p}}(B)$，不小于屈服面之内或之上（极限情况下）任何其他应力状态 $\boldsymbol{\sigma}^0(A_0)$ 在 $\mathrm{d}\boldsymbol{\varepsilon}^{\mathrm{p}}(B)$上的塑性功 $\boldsymbol{\sigma}^0(A_0) : \mathrm{d}\boldsymbol{\varepsilon}^{\mathrm{p}}(B)$，故式(6.3.45)也常常被称为最大塑性功原理。下面我们还会进一步指出，式(6.3.46)将给出稳定材料的定义，其意义是：精确满足 Drucker 公设的材料必然是硬化或至少是理想塑性的稳定材料，而不能是出现软化失稳的材料，故 Drucker 公设也常常被简单地称为稳定公设。

由最大塑性功原理式(6.3.45)很容易证明并得出如下两点重要的结论：(1) 满足 Drucker 公设材料的应力屈服面一定是处处外凸的，这称之为外凸法则；(2) 在 Drucker 材料应力屈服面的任意光滑点处，塑性增量应变 $\mathrm{d}\boldsymbol{\varepsilon}^{\mathrm{p}}$ 一定指向应力屈服面的外法线方向，这称之为正交法则。外凸法则和正交法则是很容易从最大塑性功原理出发经由反证法而得到证

明的，这可以由图 6.6 和图 6.7 说明。

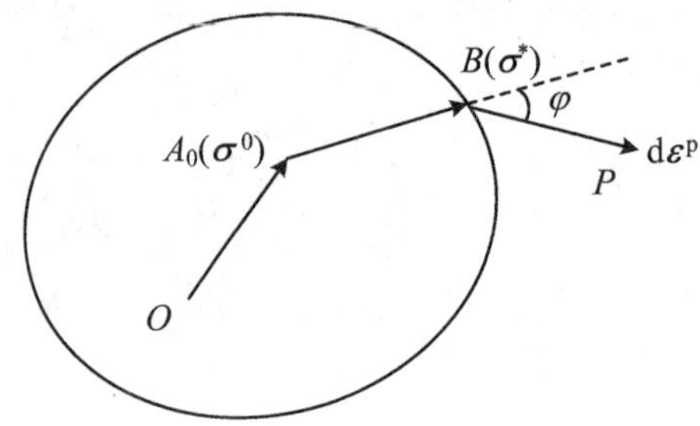

图 6.6　式(6.3.45)图示

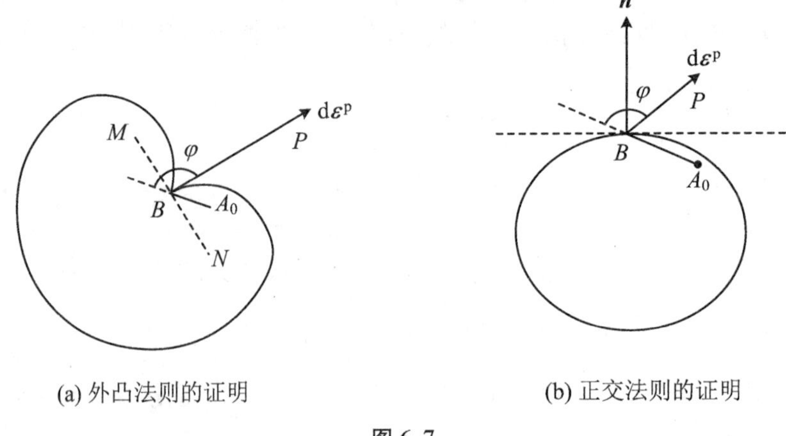

(a) 外凸法则的证明　　(b) 正交法则的证明

图 6.7

事实上，将增量塑性应变 $\mathrm{d}\boldsymbol{\varepsilon}^{\mathrm{p}}$ 的坐标轴与应力空间 $\boldsymbol{\sigma}$ 中的坐标轴相重合，由于表达附加应力 $\boldsymbol{\sigma}-\boldsymbol{\sigma}_0$ 的矢量和表达增量塑性应变 $\mathrm{d}\boldsymbol{\varepsilon}^{\mathrm{p}}$ 的矢量可分别由图 6.6 中的矢量 $\overrightarrow{A_0B}$ 和 $\overrightarrow{BP}$ 来表示，所以最大塑性功原理(6.3.45)也可以表达为(左端为张量直接记法，中间和右端为 Voigt 记法)

$$(\boldsymbol{\sigma}^* - \boldsymbol{\sigma}^0) : \mathrm{d}\boldsymbol{\varepsilon}^{\mathrm{p}} = \overrightarrow{A_0B} \cdot \overrightarrow{BP} = |\overrightarrow{A_0B}||\overrightarrow{BP}|\cos\varphi \geqslant 0 \qquad (6.3.45)'$$

即不管起始应力点 A_0 处于应力屈服面之内或之上的何处，矢量 $\overrightarrow{A_0B}$ 和 $\overrightarrow{BP}$ 的夹角 φ 都不能是钝角。不妨设 $\mathrm{d}\boldsymbol{\varepsilon}^{\mathrm{p}}$ 如图 6.7(a)所示，过产生此 $\mathrm{d}\boldsymbol{\varepsilon}^{\mathrm{p}}$ 的应力点 B 做此矢量的法平面 MBN，则式(6.3.45)′的几何意义是：屈服面之内和极限情况下屈服面之上的任何点都必须位于法平面 MBN 的同一侧(而且是相对于矢量 $\mathrm{d}\boldsymbol{\varepsilon}^{\mathrm{p}}$ 而言的内侧)，即应力屈服面在 B 点处必然是外凸的，这是因为如果它是内凹的，则总可以找到一些起始应力点 A_0 而使得夹角 φ 为钝角，如图 6.7(a)所示。这就证明了外凸法则。对于图 6.7(b)所示的外凸的应力屈服面，以 $\boldsymbol{n}$ 表示其在光滑点 B 处的外法矢量，则由式(6.3.45)′容易说明，不管增量塑性应变 $\mathrm{d}\boldsymbol{\varepsilon}^{\mathrm{p}}$ 指向何处，只要它不与 $\boldsymbol{n}$ 的方向相一致，则总可以找到一些起始应力点 A_0 而使得夹角 φ 为钝角，如图 6.7(b)所示。这就证明了正交法则。

在应力屈服面的每一光滑点处，塑性增量应变一定沿着屈服面外法向的正交法则，在数学上可以表达为

$$\mathrm{d}\boldsymbol{\varepsilon}^{\mathrm{p}} = \mathrm{d}\lambda \frac{\partial f}{\partial \boldsymbol{\sigma}} \quad (\mathrm{d}\lambda > 0) \qquad (6.3.47)$$

或将其写为率形式，即

$$\dot{\boldsymbol{\varepsilon}}^{\mathrm{p}} = \dot{\lambda} \frac{\partial f}{\partial \boldsymbol{\sigma}} \quad (\dot{\lambda} > 0) \tag{6.3.47$'$}$$

待定因子 $\mathrm{d}\lambda>0$ 或 $\dot{\lambda}>0$ 称为塑性流动因子，它们大于零，表明塑性变形在发展，而且增量塑性应变 $\mathrm{d}\boldsymbol{\varepsilon}^{\mathrm{p}}$ 或塑性应变率 $\dot{\boldsymbol{\varepsilon}}^{\mathrm{p}}$ 必然沿着应力屈服面的外法线方向，故正交法则式(6.3.47)或式(6.3.47)′也常常称为塑性流动法则。Drucker 所创建的这一塑性理论也常常被称为"塑性位势理论"，而将屈服函数 f 称为"塑性位势"，并且将式(6.3.47)或式(6.3.47)′称为与屈服函数 f 相关联的塑性流动法则。（在工程塑性力学中，有时以屈服函数以外的其他函数为"塑性位势"而代替屈服函数 f，则称之为非相关的塑性流动法则。）但是，这里强调指出，将式(6.3.47)或式(6.3.47)′中的 f 称为塑性位势只是一种术语上的借用，其实是并不恰当的，因为它们只是通过求导给出了微过程中的塑性增量应变 $\mathrm{d}\boldsymbol{\varepsilon}^{\mathrm{p}}$ 或塑性应变率 $\dot{\boldsymbol{\varepsilon}}^{\mathrm{p}}$，而并不是求出任意状态的塑性应变 $\boldsymbol{\varepsilon}^{\mathrm{p}}$ 本身；同时，Drucker 所提出的应力循环过程只是实现了应力状态 $\boldsymbol{\sigma}$ 本身的循环，而并未实现介质全部状态量（例如内变量 K 和 $\boldsymbol{\varepsilon}^{\mathrm{p}}$）的循环，所以并不是精确意义上的热力学循环，可称之为所谓的准热力学循环。

将正交法则式(6.3.47)代入式(6.3.46)，有

$$\frac{1}{2}\mathrm{d}\boldsymbol{\sigma} : \mathrm{d}\boldsymbol{\varepsilon}^{\mathrm{p}} = \frac{1}{2}\mathrm{d}\boldsymbol{\sigma} : \mathrm{d}\lambda \frac{\partial f}{\partial \boldsymbol{\sigma}} = \frac{1}{2}\mathrm{d}\lambda \frac{\partial f}{\partial \boldsymbol{\sigma}} : \mathrm{d}\boldsymbol{\sigma} \geqslant 0 \tag{6.3.46$'$}$$

塑性变形的发展对应着 $\mathrm{d}\lambda>0$，所以由式(6.3.46)′可见，塑性变形发展($\mathrm{d}\lambda>0$)时必有 $\partial f = \frac{\partial f}{\partial \boldsymbol{\sigma}} : \mathrm{d}\boldsymbol{\sigma} \geqslant 0$，即后继应力屈服面必然是向外扩大（硬化）或至少是保持其尺寸的（理想塑性），而不可能是向内缩小（软化）的。我们把包括理想塑性材料在内的硬化材料简称为稳定的材料，而将软化的材料称为非稳定的材料，所以式(6.3.46)和式(6.3.46)′的物理意义是：满足 Drucker 公设的材料必然是稳定的材料，因此 Drucker 公设应称为稳定公设（但文献上常常简称为硬化公设）。这就是我们在前面指出过的结论。

现在剩下的核心任务就是求出式(6.3.47)′中的塑性流动因子 $\dot{\lambda}$。只要塑性变形在发展，则新的应力点就会仍然保持在新的后继屈服面上，即仍有

$$f(\boldsymbol{\sigma}, \boldsymbol{\varepsilon}^{\mathrm{p}}, K) = 0 \tag{6.3.41}$$

这在数学上可以表达为对后继屈服面式(6.3.41)对时间的导数时仍应成立，于是对时间 t 求导可得

$$\dot{f} = \frac{\partial f}{\partial \boldsymbol{\sigma}} : \dot{\boldsymbol{\sigma}} + \frac{\partial f}{\partial \boldsymbol{\varepsilon}^{\mathrm{p}}} : \dot{\boldsymbol{\varepsilon}}^{\mathrm{p}} + \frac{\partial f}{\partial K}\dot{K} = 0 \tag{6.3.48}$$

在利用了 K 的演化方程(6.3.5)之后，此式可写为

$$\frac{\partial f}{\partial \boldsymbol{\sigma}} : \dot{\boldsymbol{\sigma}} + \frac{\partial f}{\partial \boldsymbol{\varepsilon}^{\mathrm{p}}} : \dot{\boldsymbol{\varepsilon}}^{\mathrm{p}} + \frac{\partial f}{\partial K} g(\dot{\boldsymbol{\varepsilon}}^{\mathrm{p}}) = 0 \tag{6.3.48$'$}$$

式(6.3.48)或式(6.3.48)′称为一致性条件(condition of consistency)。将正交法则式(6.3.47)′代入一致性法则式(6.3.48)′中，并利用函数 g 的一次齐次特性，可得塑性流动因子 $\dot{\lambda}$ 的表达式为

$$\dot{\lambda} = \frac{1}{h} \frac{\partial f}{\partial \boldsymbol{\sigma}} : \dot{\boldsymbol{\sigma}} \tag{6.3.49}$$

其中，标量参数 h 为

$$h \equiv -\frac{\partial f}{\partial \boldsymbol{\varepsilon}^{\mathrm{p}}}:\frac{\partial f}{\partial \boldsymbol{\sigma}}-\frac{\partial f}{\partial K}g\left(\frac{\partial f}{\partial \boldsymbol{\sigma}}\right) \tag{6.3.50}$$

它可由后继屈服准则式(6.3.41)和内变量 K 的演化方程(6.3.43)或(6.3.43)′而求出。将式(6.3.49)代入正交法则式(6.3.47)′中,得

$$\dot{\boldsymbol{\varepsilon}}^{\mathrm{p}}=\frac{1}{h}\frac{\partial f}{\partial \boldsymbol{\sigma}}\left(\frac{\partial f}{\partial \boldsymbol{\sigma}}:\dot{\boldsymbol{\sigma}}\right)=\frac{1}{h}\left(\frac{\partial f}{\partial \boldsymbol{\sigma}}\frac{\partial f}{\partial \boldsymbol{\sigma}}\right):\dot{\boldsymbol{\sigma}} \tag{6.3.51}$$

式(6.3.51)给出了内变量 $\boldsymbol{\varepsilon}^{\mathrm{p}}$ 的演化方程即塑性应变率 $\dot{\boldsymbol{\varepsilon}}$ 的表达式,再加上弹性应变率的式(6.3.42),即得

$$\dot{\boldsymbol{\varepsilon}}=\dot{\boldsymbol{\varepsilon}}^{\mathrm{e}}+\dot{\boldsymbol{\varepsilon}}^{\mathrm{p}}=\left(\boldsymbol{C}+\frac{1}{h}\frac{\partial f}{\partial \boldsymbol{\sigma}}\frac{\partial f}{\partial \boldsymbol{\sigma}}\right):\dot{\boldsymbol{\sigma}} \tag{6.3.52}$$

式(6.3.52)是 $\dot{\boldsymbol{\varepsilon}}$ 和 $\dot{\boldsymbol{\sigma}}$ 间的线性齐次关系,所以它表达的其实就是时率无关型的材料弹塑性本构关系,可称之为亚弹塑性本构关系。将式(6.3.51)和式(6.3.52)分别写为增量形式,可有

$$\mathrm{d}\boldsymbol{\varepsilon}^{\mathrm{p}}=\frac{1}{h}\frac{\partial f}{\partial \boldsymbol{\sigma}}\left(\frac{\partial f}{\partial \boldsymbol{\sigma}}:\mathrm{d}\boldsymbol{\sigma}\right)=\frac{1}{h}\left(\frac{\partial f}{\partial \boldsymbol{\sigma}}\frac{\partial f}{\partial \boldsymbol{\sigma}}\right):\mathrm{d}\boldsymbol{\sigma} \tag{6.3.51′}$$

$$\mathrm{d}\boldsymbol{\varepsilon}=\mathrm{d}\boldsymbol{\varepsilon}^{\mathrm{e}}+\mathrm{d}\boldsymbol{\varepsilon}^{\mathrm{p}}=\left(\boldsymbol{C}+\frac{1}{h}\frac{\partial f}{\partial \boldsymbol{\sigma}}\frac{\partial f}{\partial \boldsymbol{\sigma}}\right):\mathrm{d}\boldsymbol{\sigma} \tag{6.3.52′}$$

式(6.3.51)′和式(6.3.52)′分别给出了由任意微过程中的增量应力 $\mathrm{d}\boldsymbol{\sigma}$ 求其增量塑性应变 $\mathrm{d}\boldsymbol{\varepsilon}^{\mathrm{p}}$ 和增量应变 $\mathrm{d}\boldsymbol{\varepsilon}$ 的公式,它们即是在应力空间中所表达的增量型塑性本构关系。4 阶张量

$$\boldsymbol{C},\quad \boldsymbol{C}^{\mathrm{p}}=\frac{1}{h}\frac{\partial f}{\partial \boldsymbol{\sigma}}\frac{\partial f}{\partial \boldsymbol{\sigma}},\quad \boldsymbol{C}^{\mathrm{ep}}=\boldsymbol{C}+\frac{1}{h}\frac{\partial f}{\partial \boldsymbol{\sigma}}\frac{\partial f}{\partial \boldsymbol{\sigma}}$$

分别称为材料的弹性柔度张量、塑性柔度张量和弹塑性柔度张量。

对各向同性的硬化材料和随动硬化材料分别有 $\dfrac{\partial f}{\partial \boldsymbol{\varepsilon}^{\mathrm{p}}}=\boldsymbol{0}$ 和 $\dfrac{\partial f}{\partial K}=0$。如对于屈服准则为 $f(\boldsymbol{\sigma})=K(W^{\mathrm{p}})$ 的各向同性功硬化材料,可有

$$\left\{\begin{aligned}\dot{\lambda}&=\frac{\dfrac{\partial f}{\partial \boldsymbol{\sigma}}:\dot{\boldsymbol{\sigma}}}{K'(W^{\mathrm{p}})\boldsymbol{\sigma}:\dfrac{\partial f}{\partial \boldsymbol{\sigma}}}\\ \dot{\varepsilon}^{\mathrm{p}}&=\frac{\dfrac{\partial f}{\partial \boldsymbol{\sigma}}:\dot{\boldsymbol{\sigma}}}{K'(W^{\mathrm{p}})\boldsymbol{\sigma}:\dfrac{\partial f}{\partial \boldsymbol{\sigma}}}\frac{\partial f}{\partial \boldsymbol{\sigma}}\end{aligned}\right. \tag{6.3.53}$$

特别地,当屈服函数 f 为 $\boldsymbol{\sigma}$ 的 n 次齐次函数,即对任意常数 α 都有 $f(\alpha\boldsymbol{\sigma})=\alpha^{n}f(\boldsymbol{\sigma})$ 时(Mises 准则是一特例),利用齐次函数的欧拉定理,即 $\boldsymbol{\sigma}:\dfrac{\partial f}{\partial \boldsymbol{\sigma}}=nf(\boldsymbol{\sigma})$,则式(6.3.53)可写为

$$\dot{\varepsilon}^{\mathrm{p}}=\frac{\dfrac{\partial f}{\partial \boldsymbol{\sigma}}:\dot{\boldsymbol{\sigma}}}{nf(\boldsymbol{\sigma})K'(W^{\mathrm{p}})}\frac{\partial f}{\partial \boldsymbol{\sigma}} \tag{6.3.54}$$

在这里特别指出,尽管式(6.3.51)′和式(6.3.52)′给出了由任意微过程中的增量应力 $\mathrm{d}\boldsymbol{\sigma}$ 求其增量塑性应变 $\mathrm{d}\boldsymbol{\varepsilon}^{\mathrm{p}}$ 和增量应变 $\mathrm{d}\boldsymbol{\varepsilon}$ 的公式,但是对于理想塑性材料,它们仍是无法应用的。

这是因为,对理想塑性材料而言,有$\frac{\partial f}{\partial \boldsymbol{\sigma}}:\dot{\boldsymbol{\sigma}}=0$,$\frac{\partial f}{\partial \boldsymbol{\varepsilon}^{\mathrm{p}}}=\mathbf{0}$,$\frac{\partial f}{\partial K}=0$(因为屈服面保持尺寸),故式(6.3.50)给出 $h=0$,所以式(6.3.49)给出$\frac{0}{0}$型的 $\dot{\lambda}$ 而不能确定,从而增量塑性应变 $\mathrm{d}\boldsymbol{\varepsilon}^{\mathrm{p}}$ 和增量应变 $\mathrm{d}\boldsymbol{\varepsilon}$ 也都不能确定。这在物理上表达的是如下的事实:对于理想塑性材料而言,只要应力点保持在屈服面上移动,则当材料微元周围不受几何约束时,其塑性变形便可以任意发展,故其塑性应变和整个应变便是不能确定的(这在一维应力条件下是一目了然的)。

对于理想塑性材料,可以通过由增量应变倒过来确定增量应力的方法来解决塑性本构关系的问题。在 6.3.5 小节中,我们将对包括理想塑性材料在内的各种材料详细介绍这一由增量应变倒过来确定增量应力的一般方法。在本节中,我们将作为一个特例,只对满足 Mises 屈服准则的材料介绍一种特殊方法。对于满足 Mises 屈服准则

$$f(\sigma)=\bar{\sigma}^2=Y^2$$

的材料,求畸变功增量,有

$$\mathrm{d}W_{\mathrm{Q}}=\boldsymbol{\sigma}':\mathrm{d}\boldsymbol{\varepsilon}'=\boldsymbol{\sigma}':\left(\frac{\mathrm{d}\boldsymbol{\sigma}'}{2G}+3\mathrm{d}\lambda\boldsymbol{\sigma}'\right)=\frac{1}{2G}\mathrm{d}J_2+6\mathrm{d}\lambda J_2=2\bar{\sigma}^2\mathrm{d}\lambda=2Y^2\mathrm{d}\lambda$$

即

$$3\mathrm{d}\lambda=\frac{3}{2}\frac{\boldsymbol{\sigma}':\mathrm{d}\boldsymbol{\varepsilon}'}{Y^2}\tag{6.3.55}$$

$$\mathrm{d}\boldsymbol{\varepsilon}^{\mathrm{p}}=\mathrm{d}\lambda\frac{\partial f}{\partial \boldsymbol{\sigma}}=3\mathrm{d}\lambda\boldsymbol{\sigma}'=\frac{3}{2}\frac{\boldsymbol{\sigma}':\mathrm{d}\boldsymbol{\varepsilon}'}{Y^2}\boldsymbol{\sigma}'\tag{6.3.56}$$

这便由增量应变确定了塑性增量应变,从而也可确定出增量应力:

$$\begin{cases}\frac{1}{2\mu}=\mathrm{d}\boldsymbol{\sigma}'=\mathrm{d}\boldsymbol{\varepsilon}'-\frac{3}{2}\frac{\boldsymbol{\sigma}':\mathrm{d}\boldsymbol{\varepsilon}'}{Y^2}\boldsymbol{\sigma}'\\ \mathrm{d}p=-k\mathrm{d}\varepsilon_{ii}\end{cases}\tag{6.3.57}$$

其中,μ、k 分别为弹性剪切模量和体积压缩模量。

6.3.5 Drucker 公设的进一步讨论和塑性本构关系的改进形式

1. 问题的提出

前面从 Drucker 公设出发讨论了塑性本构关系的优点,它所依据的是通常由实验所得到的并在理论上惯于采用的应力空间中的加载函数。其缺点是,Drucker 公设所涵盖的材料必然是稳定材料,因而不能处理非稳定的软化材料(对软化材料,当应力初态在屈服面上时,应力循环甚至无法实现),而且如前面 6.3.4 小节所述,对理想塑性材料而言,它所给出的由增量应力确定的塑性流动因子 $\mathrm{d}\lambda$ 将是$\frac{0}{0}$型,因而是无法确定的;此外,它所得到的以增量应力表达增量应变的本构关系,对动态数值方法来说,应用起来并不方便,这是因为一切动态的有限元或有限差分程序总是基于以下的计算流程运行的:先由一个时刻 t 的应力场和运动方程求出加速度和 $t+\Delta t$ 时刻的速度场;再由连续方程求出 Δt 期间的增量应变;继之由增量形式的本构方程求出 Δt 期间的增量应力,从而得到 $t+\Delta t$ 时刻的新应力场;然后根据稳定性条件求出保证计算稳定进行的时间增量 Δt;最后重复前面的步骤把问题推向前进。由此可见,对动态计算的应用更为方便的,不是给出由增量应力 $\mathrm{d}\boldsymbol{\sigma}$ 表达增量应变 $\mathrm{d}\boldsymbol{\varepsilon}$ 的

本构关系，而是给出由增量应变 $\mathrm{d}\boldsymbol{\varepsilon}$ 表达增量应力 $\mathrm{d}\boldsymbol{\sigma}$ 的增量本构关系。但是，在 6.3.4 小节中导出正交法则式(6.3.47)时所依据的最大塑性功原理式(6.3.44)其实是并不需要完全满足 Drucker 公设的，这是因为只需要求应力循环的起始状态是在屈服面之内的弹性状态即可得出最大塑性功原理式(6.3.44)，从而也便可得出外凸法则和正交法则式(6.3.47)。因此，对稳定的和非稳定的材料，我们都是可以应用正交法则式(6.3.47)的；以此为基础，如果能够再进行一些巧妙的数学处理，将由增量应力计算塑性流动因子 $\mathrm{d}\lambda$ 的工作转化为由增量应变对之进行计算，就有可能克服理想材料 $\mathrm{d}\lambda$ 为 $\frac{0}{0}$ 型的困难。这样，也就实现了以应力空间中的加载函数为基础，直接得到以增量应变表达增量应力的塑性本构关系的目标，而这对实际应用，特别是对动态数值方法中的应用是非常方便的。现在我们就来按此思路进行讨论。

2. 应力空间中由增量应变表达增量应力的塑性本构关系

如前所述，应力空间中的材料后继屈服面即加载面可以表达为

$$f(\boldsymbol{\sigma},\boldsymbol{\varepsilon}^{\mathrm{p}},K) = 0 \tag{6.3.41}$$

其中，$\boldsymbol{\sigma}$ 是应力张量，$\boldsymbol{\varepsilon}^{\mathrm{p}}$ 是塑性应变张量，K 为各向同性硬化内变量参数。当塑性变形发展时，应力点仍应保持在应力加载面式(6.3.41)之上，因此，不管 $\mathrm{d}\boldsymbol{\varepsilon}^{\mathrm{p}}$ 如何发展，下面的一致性条件均成立：

$$\frac{\partial f}{\partial \boldsymbol{\sigma}}:\mathrm{d}\boldsymbol{\sigma}+\frac{\partial f}{\partial \boldsymbol{\varepsilon}^{\mathrm{p}}}:\mathrm{d}\boldsymbol{\varepsilon}^{\mathrm{p}}+\frac{\partial f}{\partial K}\dot{K}=\frac{\partial f}{\partial \boldsymbol{\sigma}}:\mathrm{d}\boldsymbol{\sigma}+\frac{\partial f}{\partial \boldsymbol{\varepsilon}^{\mathrm{p}}}:\mathrm{d}\boldsymbol{\varepsilon}^{\mathrm{p}}+\frac{\partial f}{\partial K}g(\mathrm{d}\boldsymbol{\varepsilon}^{\mathrm{p}})=0 \tag{6.3.58}$$

将正交法则式(6.3.47)代入一致性条件式(6.3.58)，并注意函数 g 的一次齐次性质式(6.3.43)，可得

$$\frac{\partial f}{\partial \boldsymbol{\sigma}}:\mathrm{d}\boldsymbol{\sigma}=hd\lambda \tag{6.3.59}$$

其中

$$h=-\frac{\partial f}{\partial \boldsymbol{\varepsilon}^{\mathrm{p}}}:\frac{\partial f}{\partial \boldsymbol{\sigma}}-\frac{\partial f}{\partial K}g\left(\frac{\partial f}{\partial \boldsymbol{\sigma}}\right) \tag{6.3.60}$$

到现在为止，我们的一切推导都与 6.3.4 小节中的推导完全一致，而且不管材料是硬化、理想塑性还是软化的，式(6.3.59)永远成立。但是，在 6.3.4 小节中我们是直接由式(6.3.59)求出了由 $\mathrm{d}\boldsymbol{\sigma}$ 所表达的塑性流动因子 $\mathrm{d}\lambda$，所以才导致了理想塑性材料的 $\mathrm{d}\lambda$ 为 $\frac{0}{0}$ 型而无法确定的问题。为了避免对理想塑性和软化材料求 $\mathrm{d}\lambda$ 时的不确定性，我们不直接由 $\mathrm{d}\boldsymbol{\sigma}$ 和式(6.3.59)来确定 $\mathrm{d}\lambda$，而是采用如下的方法。考虑由弹性应变 $\boldsymbol{\varepsilon}^{\mathrm{e}}$ 的发展和应力 $\boldsymbol{\sigma}$ 的发展之间的如下关系：

$$\mathrm{d}\boldsymbol{\sigma}=\boldsymbol{M}:\mathrm{d}\boldsymbol{\varepsilon}^{\mathrm{e}}=\boldsymbol{M}:(\mathrm{d}\boldsymbol{\varepsilon}-\mathrm{d}\boldsymbol{\varepsilon}^{\mathrm{p}})=\boldsymbol{M}:\left(\mathrm{d}\boldsymbol{\varepsilon}-\mathrm{d}\lambda\frac{\partial f}{\partial \boldsymbol{\sigma}}\right) \tag{6.3.61}$$

其中，$\boldsymbol{M}$ 是材料的弹性张量，它是一个完全对称的 4 阶张量。将式(6.3.61)两边同时与 $\frac{\partial f}{\partial \boldsymbol{\sigma}}$ 进行二次点积，得

$$\frac{\partial f}{\partial \boldsymbol{\sigma}}:\mathrm{d}\boldsymbol{\sigma}=\frac{\partial f}{\partial \boldsymbol{\sigma}}:\left[\boldsymbol{M}:\left(\mathrm{d}\boldsymbol{\varepsilon}-\mathrm{d}\lambda\frac{\partial f}{\partial \boldsymbol{\sigma}}\right)\right] \tag{6.3.62}$$

将式(6.3.62)代入式(6.3.59)的左端，并解出 $\mathrm{d}\lambda$，有

$$\mathrm{d}\lambda = \frac{1}{h_2}\frac{\partial f}{\partial \boldsymbol{\sigma}} : \boldsymbol{M} : \mathrm{d}\boldsymbol{\varepsilon} \tag{6.3.63}$$

其中

$$h_2 = h + \frac{\partial f}{\partial \boldsymbol{\sigma}} : \boldsymbol{M} : \frac{\partial f}{\partial \boldsymbol{\sigma}} \tag{6.3.64}$$

式(6.3.63)给出了由微过程的增量应变 $\mathrm{d}\boldsymbol{\varepsilon}$(而不是 $\mathrm{d}\boldsymbol{\sigma}$)表达 $\mathrm{d}\lambda$ 的公式,将其代入正交法则式(6.3.47),即可得出由增量应变 $\mathrm{d}\boldsymbol{\varepsilon}$(而不是 $\mathrm{d}\boldsymbol{\sigma}$)表达增量塑性应变 $\mathrm{d}\boldsymbol{\varepsilon}^{\mathrm{p}}$ 的公式,即

$$\mathrm{d}\boldsymbol{\varepsilon}^{\mathrm{p}} = \mathrm{d}\lambda\frac{\partial f}{\partial \boldsymbol{\sigma}} = \frac{\partial f}{\partial \boldsymbol{\sigma}}\frac{1}{h_2}\left(\frac{\partial f}{\partial \boldsymbol{\sigma}} : \boldsymbol{M} : \mathrm{d}\boldsymbol{\varepsilon}\right) \tag{6.3.65}$$

将式(6.3.65)代入式(6.3.61),可得

$$\mathrm{d}\boldsymbol{\sigma} = \boldsymbol{M} : \left[\mathrm{d}\boldsymbol{\varepsilon} - \frac{1}{h_2}\frac{\partial f}{\partial \boldsymbol{\sigma}}\left(\frac{\partial f}{\partial \boldsymbol{\sigma}} : \boldsymbol{M} : \mathrm{d}\boldsymbol{\varepsilon}\right)\right] = \left[\boldsymbol{M} - \frac{1}{h_2}\left(\boldsymbol{M} : \frac{\partial f}{\partial \boldsymbol{\sigma}}\right)\left(\frac{\partial f}{\partial \boldsymbol{\sigma}} : \boldsymbol{M}\right)\right] : \mathrm{d}\boldsymbol{\varepsilon} \tag{6.3.66}$$

如果利用 $\boldsymbol{M}$ 的完全对称性和 $\boldsymbol{\sigma}$ 的对称性,则有 $\boldsymbol{M} : \frac{\partial f}{\partial \boldsymbol{\sigma}} = \frac{\partial f}{\partial \boldsymbol{\sigma}} : \boldsymbol{M}$,可见式(6.3.66)的第二项正比于 2 阶张量 $\frac{\partial f}{\partial \boldsymbol{\sigma}} : \boldsymbol{M}$ 自并乘所得到的 4 阶张量 $\left(\frac{\partial f}{\partial \boldsymbol{\sigma}} : \boldsymbol{M}\right)\left(\frac{\partial f}{\partial \boldsymbol{\sigma}} : \boldsymbol{M}\right)$。张量 $\boldsymbol{M}^{\mathrm{ep}} = \boldsymbol{M} - \frac{1}{h^2}\left(\boldsymbol{M} : \frac{\partial f}{\partial \boldsymbol{\sigma}}\right)\left(\frac{\partial f}{\partial \boldsymbol{\sigma}} : \boldsymbol{M}\right)$ 就是材料的弹塑性模量张量。

式(6.3.65)即是由任一微过程中增量应变 $\mathrm{d}\boldsymbol{\varepsilon}$ 确定塑性增量应变 $\mathrm{d}\boldsymbol{\varepsilon}^{\mathrm{p}}$ 的公式,而式(6.3.66)则是由任一微过程中增量应变 $\mathrm{d}\boldsymbol{\varepsilon}$ 确定其增量应力 $\mathrm{d}\boldsymbol{\sigma}$ 的公式。式(6.3.66)的物理意义是非常清楚的:对于任何一个产生增量应变 $\mathrm{d}\boldsymbol{\varepsilon}$ 的微过程,我们可以先将其看成纯弹性变载过程,计算出相应的尝试增量应力 $\boldsymbol{M} : \mathrm{d}\boldsymbol{\varepsilon}$,如果这一微过程并非纯弹性过程而包含塑性变形,则所得尝试应力点 $\boldsymbol{\sigma} + \mathrm{d}\boldsymbol{\sigma}$ 必然会超出合理的应力加载面之外,于是就应扣除由塑性变形 $\mathrm{d}\boldsymbol{\varepsilon}^{\mathrm{p}}$ 所引起的附加应力,这就是式(6.3.66)中第二项的意义;而当这一微变形过程确实没有塑性变形发生时,则应该令式(6.3.66)中的第二项为零。下面我们写出判别是否有塑性加载出现的数学公式,以便于在动态数值计算中应用。

假设前一时刻的状态($\boldsymbol{\sigma}, \boldsymbol{\varepsilon}^{\mathrm{p}}, K$)位于屈服面 $f = 0$ 之上,而且对任一微变形过程在得到其增量应变 $\mathrm{d}\boldsymbol{\varepsilon}$ 之后,如果由此 $\mathrm{d}\boldsymbol{\varepsilon}$ 按式(6.3.63)所算出的 $\mathrm{d}\lambda > 0$,则说明该过程有塑性变形发生,可由式(6.3.65)算出其塑性增量应变 $\mathrm{d}\boldsymbol{\varepsilon}^{\mathrm{p}}$,并按式(6.3.66)计算此微过程中的相应增量应力 $\mathrm{d}\boldsymbol{\sigma}$;如果 $f = 0$,但是由此 $\mathrm{d}\boldsymbol{\varepsilon}$ 按式(6.3.63)计算出的 $\mathrm{d}\lambda \leqslant 0$,则说明此微过程为弹性卸载或中性变载过程,则应令式(6.3.66)中的第二项为零;如果前一时刻的状态($\boldsymbol{\sigma}, \boldsymbol{\varepsilon}^{\mathrm{p}}, K$)位于屈服面之内,即 $f < 0$,则微过程必为弹性变载过程,也应令式(6.3.66)中的第二项为零。所以可以将式(6.3.66)写为

$$\mathrm{d}\boldsymbol{\sigma} = \left[\boldsymbol{M} - H(f, \mathrm{d}\lambda)\left(\boldsymbol{M} : \frac{\partial f}{\partial \boldsymbol{\sigma}}\right)\left(\frac{\partial f}{\partial \boldsymbol{\sigma}} : \boldsymbol{M}\right)/h_2\right] : \mathrm{d}\boldsymbol{\varepsilon} \tag{6.3.67}$$

其中,函数 $H(f, \mathrm{d}\lambda)$ 为

$$H(f, \mathrm{d}\lambda) = \begin{cases} 1 & (\text{当 } f = 0 \text{ 且 } \mathrm{d}\lambda > 0, \text{塑性加载}) \\ 0 & (\text{当 } f = 0 \text{ 且 } \mathrm{d}\lambda \leqslant 0, \text{弹性卸载或中性变载}) \\ 0 & (\text{当 } f < 0, \text{弹性变载}) \end{cases} \tag{6.3.68}$$

式(6.3.68)事实上就是材料的加卸载判别准则,其中的塑性加载条件是 $f = 0$ 且 $\mathrm{d}\lambda > 0$,这一条件是由一个微过程的增量应变 $\mathrm{d}\boldsymbol{\varepsilon}$ 来表达的,同样适用于稳定和非稳定的材料,比通常

人们所得出的由微过程增量应力 $\mathrm{d}\boldsymbol{\sigma}$ 判别塑性加载的条件更为合理且更具普遍意义。此外，我们指出：由塑性变形发展时 $\mathrm{d}\lambda>0$ 的条件以及式(6.3.59)可以发现，对硬化材料、理想塑性材料和软化材料，分别有 $h>0$、$h=0$ 和 $h<0$。

3. 所得到的增量塑性本构关系式(6.3.66)的优点

我们在前面给出了增量型的塑性本构关系和计算流程，它的主要优点可概括如下：

(1) 它仍是以 Drucker 公设为基础，并以应力空间中的加载函数为基础来进行表述和运算的，这比有的书上以 Ильюшин 公设为基础的应变空间中的加载函数应用起来更为方便。

(2) 与 6.3.4 小节中所建立的本构关系只适用于硬化材料不同，我们在本节所建立的增量型塑性本构关系同时适用于硬化、理想塑性和软化的各类材料。

(3) 在本节所建立的本构关系是以微过程中的增量应变 $\mathrm{d}\boldsymbol{\varepsilon}$ 计算其增量应力 $\mathrm{d}\boldsymbol{\sigma}$ 的显式方程，非常适合于对各类冲击动力学问题的应用并且很便于将之嵌入相应的数值软件之中。

(4) 本节所给出的得到增量型塑性本构关系的思路很容易略加修改，而将之推广到含损伤材料和计及热效应时材料本构关系的研究之中。

6.4 牛顿黏性流体

在 6.1 节中我们讲了热弹性流体的本构关系。热弹性流体是指，无论是在其静止或在其流动之时流体中都不存在切应力，而只能承受各向等值的球形压应力。黏性流体则是指这样一种流体材料：当流体静止时，它只能承受各向等值的球形压应力，而当流体流动时，它既可承受球形压应力又可承受剪应力。因此涉及热效应的黏性流体的本构关系可以一般写为

$$\boldsymbol{\sigma} = -p(\rho,T)\boldsymbol{I} + \boldsymbol{\sigma}^*(\boldsymbol{D},\rho,T) \tag{6.4.1}$$

其中，第一项 $-p(\rho,T)\boldsymbol{I}$ 是流体静止时所表现出的各向等值的球形应力状态，故

$$p = p(\rho,T) \tag{6.4.2}$$

称为静水压力或热力学压力，它与介质的密度 ρ 和温度 T 之间的依赖关系式(6.4.2)也常常称为状态方程；第二项

$$\boldsymbol{\sigma}^* = \boldsymbol{\sigma}^*(\boldsymbol{D},\rho,T) \tag{6.4.3}$$

满足如下条件：

$$\boldsymbol{\sigma}^* = \boldsymbol{\sigma}^*(\boldsymbol{D}=\boldsymbol{0},\rho,T) = 0$$

即在流体静止时(伸缩率张量 $\boldsymbol{D}=\boldsymbol{0}$)，该项应力 $\boldsymbol{\sigma}^*=\boldsymbol{0}$，而在流体流动时(即伸缩率张量 $\boldsymbol{D}\neq\boldsymbol{0}$)，才会产生该项附加应力 $\boldsymbol{\sigma}^*\neq\boldsymbol{0}$，我们称该项附加应力 $\boldsymbol{\sigma}^*$ 为黏性应力。一般而言，人们所关注的主要是它与伸缩率张量 $\boldsymbol{D}$ 之间的关系，因为它与温度 T 的关系只有在较大的温度范围内才是比较明显的，而与密度 ρ 之间的关系一般来说是很弱且通常是可以忽略的。

如果黏性应力 $\boldsymbol{\sigma}^*$ 是伸缩率张量 $\boldsymbol{D}$ 的线性函数，即

$$\sigma_{ij}^* = A_{ijkl}(\rho,T)D_{kl} \tag{6.4.4a}$$

$$\sigma_{ij} = -p(\rho,T)\delta_{ij} + A_{ijkl}(\rho,T)D_{kl} \tag{6.4.4b}$$

其中,4 阶张量 A_{ijkl} 称为黏性张量或黏性系数。在一般的流体教科书中,一般把由本构关系式(6.4.4b)所表达的线性黏性流体称为牛顿黏性流体。如果黏性流体(在任何一个流动的瞬时构型中)都是各向同性的,则类似于 6.2.2 小节中的定理,我们可以证明,黏性张量 A_{ijkl} 必然是 4 阶各向同性张量,于是本构关系式(6.4.4b)就可以写为如下形式:

$$\sigma_{ij}^{*} = \lambda D_{kk}\delta_{ij} + 2\mu D_{ij}, \quad \sigma_{ij} = -p\delta_{ij} + \lambda D_{kk}\delta_{ij} + 2\mu D_{ij} \tag{6.4.5}$$

即各向同性牛顿黏性流体的本构方程只依赖于两个黏性系数 λ 和 μ,我们将其称为广义的 Stokes 黏性流体。需要特别强调指出的是,尽管对黏性系数用了记号 λ 和 μ,但是它们的物理意义和 6.2.2 小节中的弹性系数 λ 和 μ 是完全不同的,而且其量纲都是不一样的。

为了使物理意义更加清楚起见,我们对式(6.4.5)做一些形式上的变换。将式(6.4.5)中的第二式进行一次缩并,有

$$\sigma_{jj} = -3p + (3\lambda + 2\mu)D_{kk} \tag{6.4.6}$$

所以总的球形平均压力 $\bar{p}$ 等于

$$\bar{p} \equiv -\frac{\sigma_{jj}}{3} = p - \left(\lambda + \frac{2}{3}\mu\right)D_{kk} = p + p^{*} \tag{6.4.7}$$

其中,量 p^{*} 为

$$p^{*} \equiv -\left(\lambda + \frac{2}{3}\mu\right)D_{kk} \tag{6.4.8}$$

而新的黏性系数 k 由下式定义:

$$k \equiv \lambda + \frac{2}{3}\mu \tag{6.4.9}$$

压力 p 是黏性流体静止时所表现出的压力,即静水压力或热力学压力,压力 p^{*} 是黏性流体运动时所产生的附加压力,即黏性压力,而总的球形平均压力 $\bar{p}$ 则是运动中的黏性流体所表现出的总压力,故称之为流体动力学压力(hydrodynamic pressure)。式(6.4.7)说明,黏性流体的流体动力学压力 $\bar{p}$ 由静水压力 p 和黏性压力 p^{*} 两部分组成;式(6.4.8)说明,黏性压力 p^{*} 与流体的相对体积压缩率 $(-\operatorname{div}\boldsymbol{v}) = -D_{kk}$ 成比例,$k \equiv \lambda + \frac{2}{3}\mu$ 即是产生单位体积压缩率所需要的压力,故通常将 k 称为体积黏性系数。同样需注意的是,这里的体积黏性系数 k 和 6.2.2 小节中的体积压缩模量也是绝然不同的。

将伸缩率张量 $\boldsymbol{D}$ 分解为球形部分和偏量部分 $\boldsymbol{D}'$(称之为黏性畸变率)之和,即

$$\boldsymbol{D} = \frac{1}{3}D_{kk}\boldsymbol{I} + \boldsymbol{D}', \quad D'_{kk} = 0 \tag{6.4.10}$$

则式(6.4.4a)可化为

$$\boldsymbol{\sigma}^{*} = \lambda D_{kk}\boldsymbol{I} + 2\mu\left(\frac{1}{3}D_{kk}\boldsymbol{I} + \boldsymbol{D}'\right) = \left(\lambda + \frac{2}{3}\mu\right)D_{kk}\boldsymbol{I} + 2\mu\boldsymbol{D}'$$

即

$$\boldsymbol{\sigma}^{*} = kD_{kk}\boldsymbol{I} + 2\mu\boldsymbol{D}' = -p^{*}\boldsymbol{I} + 2\mu\boldsymbol{D}' \tag{6.4.11}$$

与流体的黏性畸变率 $\boldsymbol{D}'$ 成比例的张量 $2\mu\boldsymbol{D}'$,既是黏性应力张量 $\boldsymbol{\sigma}^{*}$ 的偏量张量,也是流体整个应力张量 $\boldsymbol{\sigma}$ 的偏量张量,即

$$(\boldsymbol{\sigma}^{*})' = \boldsymbol{\sigma}' = 2\mu\boldsymbol{D}' \tag{6.4.12}$$

称为黏性流体的(黏性)畸变应力张量,相应地将第一黏性系数 μ 称为畸变黏性系数。式(6.4.11)说明,黏性压力张量 $\boldsymbol{\sigma}^{*}$ 等于黏性体积应力张量 $(-p^{*}\boldsymbol{I})$ 和(黏性)畸变应力张量

$2\mu\boldsymbol{D}'$之和。于是,在式(6.4.11)的基础上再加上静水应力张量$(-p\boldsymbol{I})$之后,即可得出各向同性牛顿黏性流体的本构方程如下:

$$\boldsymbol{\sigma} = -p\boldsymbol{I} + kD_{kk}\boldsymbol{I} + 2\mu\boldsymbol{D}' \tag{6.4.13}$$

简言之,各向同性牛顿黏性流体的应力张量 $\boldsymbol{\sigma}$ 等于球形的静水应力张量$(-p\boldsymbol{I})$、球形的体积黏性应力张量 $kD_{kk}\boldsymbol{I} = -p^*\boldsymbol{I}$ 与纯偏量的畸变黏性应力张量 $2\mu\boldsymbol{D}'$之和。

对大多数黏性流体而言,其体积黏性压力 p^* 常常是很小以至于可以忽略的,或者说其体积黏性系数远远小于其畸变黏性系数,$k \ll \mu$,于是可设

$$k = \lambda + \frac{1}{3}\mu = 0 \tag{6.4.14}$$

此时式(6.4.13)成为

$$\boldsymbol{\sigma} = -p(\rho, T)\boldsymbol{I} + 2\mu(T)\boldsymbol{D}' \tag{6.4.15}$$

我们可以将由本构方程(6.4.15)所表达的流体称为狭义的 Stokes 黏性流体,而在一般的流体力学教科书中,常常将其简单地称为 Stokes 黏性流体,对这种黏性流体而言其总的球形平均压力 $\bar{p}$ 也就是其静水压力 p。

6.5 黏弹性材料

6.5.1 线性黏弹性材料的微分型本构关系

随着高分子材料和复合材料的广泛应用,加上生物力学的兴起,黏弹性本构关系的研究越来越重要。黏弹性材料虽然是固体,但它与黏性流体一样,材料对过去的变形历史有记忆作用,其表现就是应力并不立即引起材料的应变,或者说,材料的应变对应力的响应有着黏性滞后效应。对此我们可以用一维应力状态下的材料行为做如下的简单说明。

在一维应力状态下,弹性模量为 E 的线弹性材料本构关系可表达为

$$\varepsilon = \frac{\sigma}{E} \quad \left(\mathrm{d}\varepsilon = \frac{\mathrm{d}\sigma}{E}\right)$$

该本构关系的特点是其瞬变性和可恢复性:在某一时刻施加一定的应力 σ 时,材料在该时刻立即便产生相应的应变 $\varepsilon = \sigma/E$;撤去 σ 时,ε 也便立即消失,而恢复原状。由公式(a)所表达的一维线弹性本构关系可以由一个弹性模量为 E 的线性弹簧来表征。黏性系数为 η 的线性粘壶模型其一维应力的本构关系可写为

$$\dot{\varepsilon} = \frac{\sigma}{\eta} \quad \left(\mathrm{d}\varepsilon = \frac{\sigma}{\eta}\mathrm{d}t\right)$$

该本构关系的特点是时间滞后效应和流动性:在某一时刻施加一定的应力 σ 时,只是使材料在该时刻产生一定的应变率 $\dot{\varepsilon} = \frac{\sigma}{\eta}$,而只有当此应力 σ 持续时间 $\mathrm{d}t$ 后才可在材料中产生一个应变增量 $\mathrm{d}\varepsilon = \frac{\sigma}{\eta}\mathrm{d}t$,只要 σ 维持,其应变会以等应变率 $\dot{\varepsilon} = \frac{\sigma}{\eta}$ 继续流动。弹簧模型和粘壶

模型分别对材料的某种性质给出了最简单的刻画方法，而实际的工程黏弹性材料则可视为弹性元件和黏性元件的各种组合，下面我们以典型例子来加以说明。

1. Maxwell 模型

图 6.8 中的模型是弹簧 E 和粘壶 η 的串联模型，称为 Maxwell 模型。二元件上有同样的应力：

$$\sigma = \sigma^{e} = \sigma^{\eta}$$

和各自的应变 ε^{e}、ε^{η}，而此二者之和等于其总应变，即

$$\varepsilon = \varepsilon^{e} + \varepsilon^{\eta}, \quad \dot{\varepsilon} = \dot{\varepsilon}^{e} + \dot{\varepsilon}^{\eta}$$

由于

$$\varepsilon^{e} = \sigma^{e}/E, \quad \dot{\varepsilon}^{e} = \dot{\sigma}^{e}/E = \dot{\sigma}/E$$
$$\dot{\varepsilon}^{\eta} = \sigma^{\eta}/\eta = \sigma/\eta$$

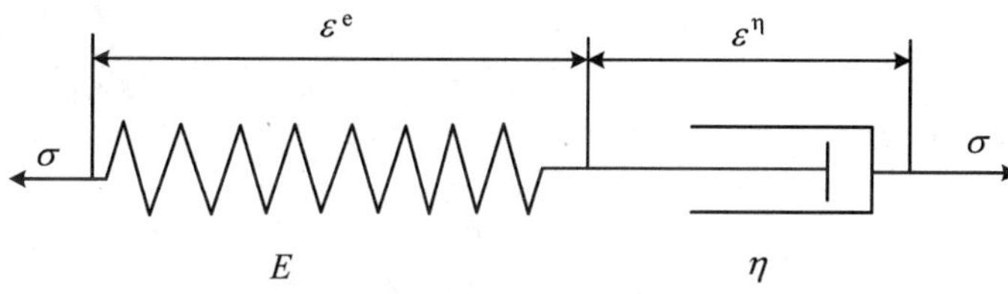

图 6.8　Maxwell 模型

所以容易得到 Maxwell 模型的本构关系为

$$\dot{\varepsilon} = \frac{\dot{\sigma}}{E} + \frac{\sigma}{\eta} \tag{6.5.1}$$

或

$$\varepsilon = \frac{E + \eta D}{E\eta D}\sigma, \quad \sigma = \frac{E\eta D}{E + \eta D}\varepsilon \tag{6.5.2}$$

其中，$D \equiv \dfrac{\mathrm{d}}{\mathrm{d}t}$为微分算子。式(6.5.2)在形式上给出了模型的应力 σ 和应变 ε 互成比例的关系，这样有其代数上的简洁性和方便性，便于将其作为一个元件而进行处理，但具体理解它们时，则应该按照将其中的分母乘到其左端所得出的式子来理解。

(1) 恒应力下的蠕变特性

设在 $t=0^{+}$ 时对材料突加应力 σ_0 并维持此应力 σ_0 不变，此后在材料中所出现的应变发展规律 $\varepsilon(t)$称为蠕变(creep)规律。由于在突加应力 $\sigma=\sigma_0$ 时存在变形滞后效应的黏性元件 η 来不及变形($\varepsilon^{\eta}=0$)，初始时刻的应变将完全集中在弹性元件 E 之上($\varepsilon=\varepsilon^{e}=\sigma_0/E$)，所以此蠕变规律 $\varepsilon(t)$可由下列常微分方程的初值问题而求出：

$$\dot{\varepsilon} = \frac{\dot{\sigma}_0}{E} + \frac{\sigma_0}{\eta} = \frac{\sigma_0}{\eta}, \quad \varepsilon(0^{+}) = \frac{\sigma_0}{E}$$

解之，即可求得恒应力 $\sigma_0 H(t)$下 Maxwell 模型的蠕变解为

$$\varepsilon(t) = \left(\frac{1}{E} + \frac{1}{\eta}t\right)\sigma_0 H(t) = J_c(t)\sigma_0 \tag{6.5.3}$$

其中，$H(t)$表示从 0^{+} 开始的单位阶梯函数。式(6.5.3)中的系数 $J_c(t)$为

$$J_c(t) = \left(\frac{1}{E} + \frac{1}{\eta}t\right)H(t) = \frac{\varepsilon(t)}{\sigma_0} \tag{6.5.3$'$}$$

它表示在恒应力 σ_0 作用下材料柔度随时间而不断增大的规律，称之为 Maxwell 模型的蠕变柔度（creeping compliance），它是材料本身的一种性质。

式(6.5.3)所给出的 Maxwell 材料的蠕变行为如图 6.9(a)所示，它表明：Maxwell 材料确实具有蠕变行为，这在定性上可以刻画高分子材料的蠕变特性；但是它只能以等应变率 $\dot{\varepsilon}=\sigma_0/\eta$ 而蠕变，所以不存在有限的“平衡态应变”，因为在 $t\to\infty$ 时应变将蠕变发展为无穷大，这又是该模型不能很好刻画高分子材料性质的缺陷，即该种材料不存在有限的平衡态应变。

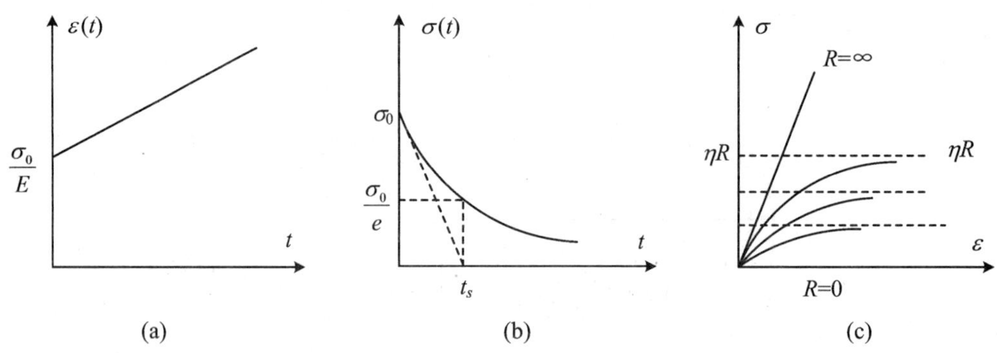

图 6.9　Maxwell 体的蠕变、松弛和恒应变率应力/应变曲线

(2) 恒应变下的应力松弛特性

设在 $t=0^+$ 时对材料突加应变 ε_0 并维持此应变 ε_0 不变，在材料中所表现的应力发展规律 $\sigma(t)$ 称为应力松弛（stress relaxation）规律。由于黏性元件 η 变形的延迟效应，突加应变 ε_0 在一开始将完全集中于弹性元件 E 之上，故相当于其承受一个突加应力 $\sigma_0=E\varepsilon_0$，所以其应力松弛规律 $\sigma(t)$ 可由下列常微分方程的初值问题而求出：

$$0=\dot{\varepsilon}=\frac{\dot{\sigma}}{E}+\frac{\sigma}{\eta},\quad \sigma(0^+)=\varepsilon_0 E$$

由此可求出恒应变 $\varepsilon_0 H(t)=\dfrac{\sigma_0}{E}H(t)$ 之下 Maxwell 材料的应力松弛规律(图 6.9(b))为

$$\sigma(t)=\varepsilon_0 E\mathrm{e}^{-t/t_s}H(t)=E_{\mathrm{R}}(t)\varepsilon_0 \tag{6.5.4}$$

其中，量 $E_{\mathrm{R}}(t)$ 为

$$E_{\mathrm{R}}(t)=E\mathrm{e}^{-t/t_s}H(t)=\frac{\sigma(t)}{\varepsilon_0} \tag{6.5.4$'$}$$

它表示保持恒应变 ε_0 时材料表现出来的随时间而逐渐松弛减少的模量，称之为 Maxwell 材料的松弛模量（relaxation modulus），而具有时间量纲的时间常数 t_s：

$$t_s=\frac{\eta}{E} \tag{6.5.5}$$

称之为松弛时间（relaxation time），t_s 越大（小）反映出材料应力松弛得越慢（快），其数学上的意义如图 6.9(b)所示。松弛时间 t_s 是该种材料本身的一种性质，它完全刻画了 Maxwell 材料的应力松弛特性。

由式(6.5.4)和图 6.9(b)可见：Maxwell 材料确实存在应力松弛现象；但是在 $t\to\infty$ 时材料的应力会松弛至 0，而这一点是与高分子固体材料存在有限的非零平衡态松弛应力不相符合的。

(3) 恒应变率下的应力应变关系

现在我们来研究使材料保持恒应变率(constant strain rate)$\dot{\varepsilon}=R$ 而变形时材料的应力应变关系。对 Maxwell 材料突加应力 σ_0 时，由于黏性元件 η 的变形滞后效应，其全部应变将由弹性元件 E 所承担并且等于$\varepsilon_0=\sigma_0/E$，以此突加应力 σ_0 和突加应变 $\varepsilon_0=\sigma_0/E$ 为初始条件，Maxwell 材料在恒应变率 $\dot{\varepsilon}=R$ 之下应力和应变的发展规律将分别由如下常微分方程的初值问题来决定：

$$\frac{\dot{\sigma}}{E}+\frac{\sigma}{\eta}=\dot{\varepsilon}=R,\quad \sigma(0^+)=\sigma_0$$

$$\dot{\varepsilon}=R,\quad \varepsilon(0^+)=\frac{\sigma_0}{E}$$

分别解之，可得

$$\sigma(t)=\mathrm{e}^{-t/t_s}[\sigma_0+ERt_s(\mathrm{e}^{t/t_s}-1)],\quad \varepsilon(t)=\frac{\sigma_0}{E}+Rt$$

消去 t 即可得出其恒应变率下的应力应变曲线。特别地，对于 $\sigma_0=0,\varepsilon_0=\varepsilon_0/E=0$，即可由此得出 Maxwell 材料从自然状态(零应力和零应变)出发的恒应变率下的应力应变曲线为

$$\sigma=\eta R[1-\mathrm{e}^{\frac{-\varepsilon}{Rt_s}}]\tag{6.5.6}$$

对于从 $R=0$ 直至 $R=\infty$ 的不同恒应变率 R，式(6.5.6)所给出的应力应变曲线如图6.9(c)所示。值得注意的是：各条恒应变率下的应力应变曲线在 $\varepsilon=\infty$ 时的渐近线分别为不同的水平线 $\sigma=\eta R$；但是它们在坐标原点处的斜率却都等于 $\mathrm{d}\sigma/\mathrm{d}\varepsilon=E$。(只有 $R=0$ 时的情况例外，此种情况的应力应变曲线为 $\sigma=0$。)

由以上的分析结果可见，Maxwell 模型可以一定的方式反映出应变率对材料应力应变曲线的影响，随着应变率的提高，材料的应力应变曲线有上升的趋势。

2. Voigt 模型

图6.10中所画的弹簧 E 和粘壶 η 并联的模型称为 Voigt 模型。二元件上有相同应变 ε，即

$$\varepsilon=\varepsilon^{\mathrm{e}}=\varepsilon^{\eta}$$

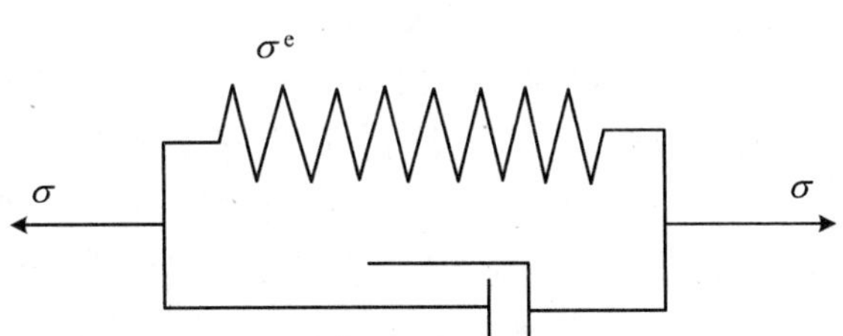

图6.10　Voigt 体

而各自应力 σ^{e}、σ^{η} 之和等于其总应力：

$$\sigma=\sigma^{\mathrm{e}}+\sigma^{\eta}$$

由于

$$\sigma^{\mathrm{e}}=E\varepsilon^{\mathrm{e}}=E\varepsilon,\quad \sigma^{\eta}=\eta\dot{\varepsilon}^{\mathrm{e}}=\eta\dot{\varepsilon}$$

所以易得 Voigt 材料的本构方程为

$$\sigma=E\varepsilon+\eta\dot{\varepsilon}\tag{6.5.7}$$

或

$$\sigma = (E + \eta D)\varepsilon, \quad \varepsilon = \frac{1}{E + \eta D}\sigma \tag{6.5.8}$$

(1) 恒应力下的蠕变特性

设在 $t = 0^+$ 时对材料突加恒值应力 σ_0，η 元件的变形延迟效应将使得初始时刻的应变 $\varepsilon^\eta(0^+) = \varepsilon(0^+) = 0$，于是恒应力 σ_0 之下的蠕变解将由如下常微分方程的初值问题来确定：

$$\sigma_0 = E\varepsilon + \eta\dot{\varepsilon}, \quad \varepsilon(0^+) = 0$$

解之，即得恒应力 $\sigma_0 H(t)$ 之下的蠕变解为

$$\varepsilon(t) = \frac{\sigma_0}{E}(1 - e^{-t/t_r})H(t) = J_c(t)\sigma_0 \tag{6.5.9}$$

其中，蠕变柔度为

$$J_c(t) = \frac{(1 - e^{-t/t_r})H(t)}{E} = \frac{\varepsilon(t)}{\sigma_0} \tag{6.5.9$'$}$$

而具有时间量纲的时间常数 t_r：

$$t_r = \frac{\eta}{E} \tag{6.5.10}$$

称之为推迟时间(retardation time)，作为材料参数它完全刻画了 Voigt 材料的蠕变行为。式(6.5.9)和推迟时间的几何意义如图 6.11(a)所示。如果在应变蠕变至某一值 ε_1 的时刻 t_1 突然将应力卸载至零，则此后的应变蠕变规律将是如下常微分方程初值问题的解：

$$0 = \sigma = E\varepsilon + \eta\dot{\varepsilon}, \quad \varepsilon(t_1) = \varepsilon_1$$

容易解出，此后继的蠕变解为

$$\varepsilon = \varepsilon_1 e^{-(t-t_1)/t_r}$$

(2) 恒应变下的应力松弛特性

将 $\varepsilon = \varepsilon_0 H(t)$ 代入本构方程(6.5.7)中，即可得到其恒应变 $\varepsilon_0 H(t)$ 之下的应力松弛解如下：

$$\sigma = E\varepsilon_0 H(t) + \eta\varepsilon_0\delta(t) \tag{6.5.11}$$

其中，$\delta(t)$ 为 δ 函数，它的值处处为 0 且只在起始时刻 $t = 0$ 时具有其值 ∞。式(6.5.11)如图 6.11(b)所示。式(6.5.11)表明，只有在初始时刻突加无穷大的应力时才可使得材料获得有限值的应变，而突加有限的应力时只能使材料产生零应变，这一点正是由弹性元件和粘壶元件并联而成的 Voigt 模型的特点。式(6.5.11)还表明，在恒应变 $\varepsilon_0 H(t)$ 之下，Voigt 材料的应力保持常数而并不产生应力松弛，所以 Voigt 材料作为一种模型虽然可以较好地刻画材料的蠕变行为，但是却无法很好地刻画高分子材料所存在的应力松弛现象。

(3) 恒应变率下的应力应变关系

由 Voigt 材料的本构关系式(6.5.7)立即可得其恒应变率 $\dot{\varepsilon} = R$ 下的应力应变关系为

$$\sigma = E\varepsilon + \eta R \tag{6.5.12}$$

将以 R 为参数所表达的应力应变曲线示于图 6.11(c)中，从中可以看出，随着应变率的提高，材料应力应变曲线也越升越高。

3. 标准线性黏弹性模型(Kelvin 模型)

如前所述，Maxwell 材料能定性地反映材料在等应力下的应变蠕变行为，但是蠕变结果的平衡态应变却等于无穷大，即材料不存在有限的平衡应变；Maxwell 模型能较好地刻画材

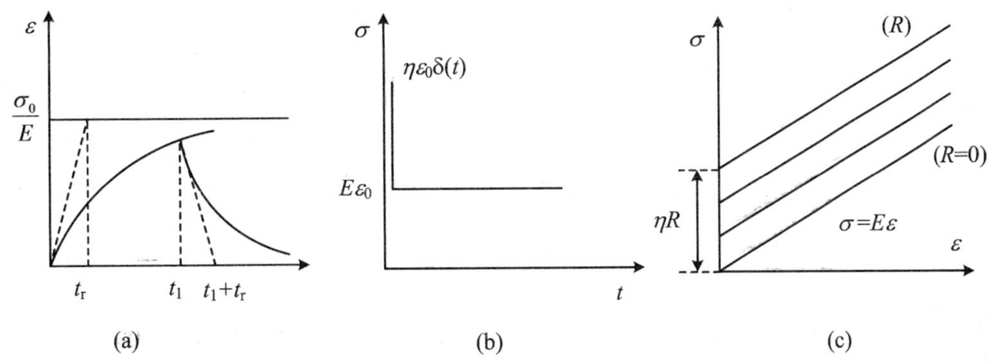

图 6.11　Voigt 体的蠕变、松弛和恒应变率应力/应变曲线

料在等应变下的应力松弛行为，但是应力却松弛为 0，即材料不存在有限的平衡态应力。Voigt 材料能较好地刻画材料在等应力下的应变蠕变行为，而且蠕变结果的平衡态应变为有限值，即材料可存在有限的平衡态应变；但是 Voigt 材料却不能很好地刻画材料在等应变下的应力松弛行为，因为在等应变之下它并不发生应力松弛现象，而且有限的瞬态应力并不能在材料中产生有限的瞬态应变。以上的两种模型虽然都能在一定程度上反映应变率对材料应力应变曲线的影响，但都是比较粗浅的。为了能够更全面地刻画高分子材料的蠕变行为、应力松弛行为以及应力应变关系的应变率效应，人们又引入了各种更复杂的材料模型。

图 6.12(a)和图 6.12(b)表示的模型称为标准线性黏弹性模型，下面我们来导出它们的本构方程。利用 Maxwell 模型的本构方程(6.5.2)和 Voigt 模型的本构方程(6.5.8)，对图 6.12(a)和图 6.12(b)分别有

$$\sigma = \sigma_0 + \sigma_1 = E_0\varepsilon + \frac{E_1\eta_1 D}{E_1 + \eta_1 D}\varepsilon = E_0\varepsilon + \frac{E_1 D}{E_1/\eta_1 + D}\varepsilon$$

$$\varepsilon = \varepsilon_0' + \varepsilon_1' = \frac{\sigma}{E_0'} + \frac{\sigma}{E_1' + \eta_1' D}$$

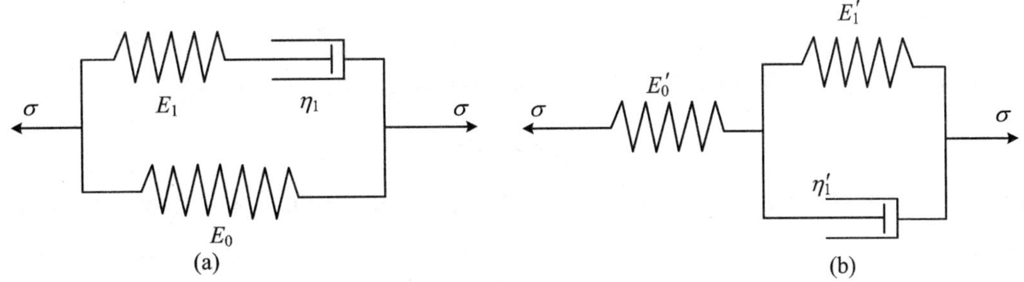

图 6.12　标准线性黏弹性模型

将其展开，可分别写为如下形式的本构方程：

$$\dot{\sigma} + \frac{E_1}{\eta_1}\sigma = (E_0 + E_1)\dot{\varepsilon} + \frac{E_0 E_1}{\eta_1}\varepsilon \tag{6.5.13a}$$

$$\dot{\sigma} + \frac{E_0' + E_1'}{\eta_1'}\sigma = E_0'\dot{\varepsilon} + \frac{E_0' E_1'}{\eta_1'}\varepsilon \tag{6.5.13b}$$

对比方程(6.5.13a)和(6.5.13b)可见，只要它们的材料参数间有如下的关系：

$$E_0' = E_0 + E_1 \equiv b_1$$

$$\frac{E_0' E_1'}{\eta_1'} = \frac{E_0 E_1}{\eta_1} \equiv b_0$$

$$\frac{E_0' + E_1'}{\eta_1'} = \frac{E_1}{\eta_1} \equiv a_0$$

则式(6.5.13a)和式(6.5.13b)便重合。采用新的材料参数 a_0、b_0 和 b_1,可将方程(6.5.13a)和(6.5.13b)统一地写为如下形式:

$$\dot{\sigma} + a_0\sigma = b_1\dot{\varepsilon} + b_0\varepsilon \tag{6.5.14}$$

还有一些元件的组合也可归结为形如式(6.5.14)的 1 阶微分型本构关系,所有这些材料都称为标准线性黏弹性材料或 Kelvin 材料。由于式(6.5.14)中含有三个独立的材料常数,故也可以将它们写为如下方程中的任何一个:

$$\dot{\sigma} + \frac{\sigma}{t_s} = E_i\dot{\varepsilon} + \frac{E_e}{t_s}\varepsilon \tag{6.5.15}$$

$$t_s\dot{\sigma} + \sigma = E_e(t_r\dot{\varepsilon} + \varepsilon) \tag{6.5.16}$$

在式(6.5.15)和式(6.5.16)中各有三个新的独立材料常数 E_e、E_i、t_s 和 E_e、t_r、t_s。对比以上两式,易见这四个材料常数 E_i、E_e、t_s、t_r 之间存在如下关系:

$$E_e t_r = E_i t_s \tag{6.5.17}$$

故它们之中只有三个是独立的。E_i 是突加应力和应变($\dot{\sigma} = \infty$,$\dot{\varepsilon} = \infty$)时材料表现出的弹性模量,$E_i = \dot{\sigma}/\dot{\varepsilon} = \mathrm{d}\varepsilon/\mathrm{d}\varepsilon$,故称为瞬态弹性模量;$E_e$ 是在平衡态之下($\dot{\sigma} = 0$,$\dot{\varepsilon} = 0$)材料表现出的弹性模量,$E_e = \dfrac{\sigma}{\varepsilon}$,故称为平衡态弹性模量。可以证明,材料(式(6.5.16))在恒应力下的蠕变行为、恒应变下的应力松弛行为以及从自然状态出发的恒应变率 R 下的应力应变关系分别为

$$\varepsilon(t) = \frac{\sigma_0}{E_e}\left[1 + E_e\left(\frac{1}{E_i} - \frac{1}{E_e}\right)e^{\frac{-t}{t_r}}\right] \tag{6.5.18}$$

$$\sigma(t) = E_e\varepsilon_0\left[1 + \frac{1}{E_e}(E_i - E_e)e^{\frac{-t}{t_s}}\right] \tag{6.5.19}$$

$$\sigma(\varepsilon) = E_e\varepsilon + (E_i - E_e)Rt_s(1 - e^{\frac{-\varepsilon}{Rt_s}}) \tag{6.5.20}$$

事实上,恒应力 σ_0 之下的蠕变行为可由如下常微分方程的初值问题求得:

$$\sigma_0 = E_e(t_r\dot{\varepsilon} + \varepsilon),\quad \varepsilon(0^+) = \frac{\sigma_0}{E_i}$$

解之,即得蠕变规律式(6.5.18)。恒应变 ε_0 下的应力松弛行为可由如下常微分方程的初值问题求得:

$$\dot{\sigma} + \frac{\sigma}{t_s} = \frac{E_e}{t_s}\varepsilon,\quad \sigma(0^+) = E_i\varepsilon_0$$

解之,即得应力松弛规律式(6.5.19)。从自然状态出发的恒应变率 R 下的应力应变关系可由如下常微分方程的初值问题求得:

$$\dot{\varepsilon} = R,\quad \varepsilon(0^+) = 0,\quad \varepsilon = Rt$$

$$\dot{\sigma} + \frac{\sigma}{t_s} = E_iR + \frac{E_e}{t_s}Rt,\quad \sigma(0^+) = 0$$

解之并消去 t,即可得恒应变率 R 下的应力应变关系式(6.5.20)。

式(6.5.18)、式(6.5.19)、式(6.5.20)分别如图 6.13(a)、图 6.13(b)、图 6.13(c)所示。由此三式以及此三图可见，具有时间量纲的参数 t_r 和 t_s 分别代表应变蠕变中的推迟时间和应力松弛中的松弛时间。同时还可发现，此种材料同时具有有限的瞬态响应和有限的平衡态响应：材料的蠕变规律是由其有限的瞬态应变 σ_0/E_i 最后蠕变为有限的平衡态应变 σ_0/E_e，材料的应力松弛规律是由其有限的瞬态应力 $E_i\varepsilon_0$ 最后松弛为有限的平衡态应力 $E_e\varepsilon_0$。此外，我们还可发现此种材料确实存在着应力应变关系的应变率效应：对于 $R=0$，我们得到准静态的弹性本构关系 $\sigma=E_e\varepsilon$，随着应变率 R 的增大，具有非线性特征的应力应变曲线逐渐上升，当应变率 R 趋于无穷大时，即可得到突加的瞬态弹性本构关系 $\sigma=E_i\varepsilon$，而每一条恒应变率 $R>0$ 的应力应变曲线在原点处的斜率，都等于其瞬态弹性模量 E_i。

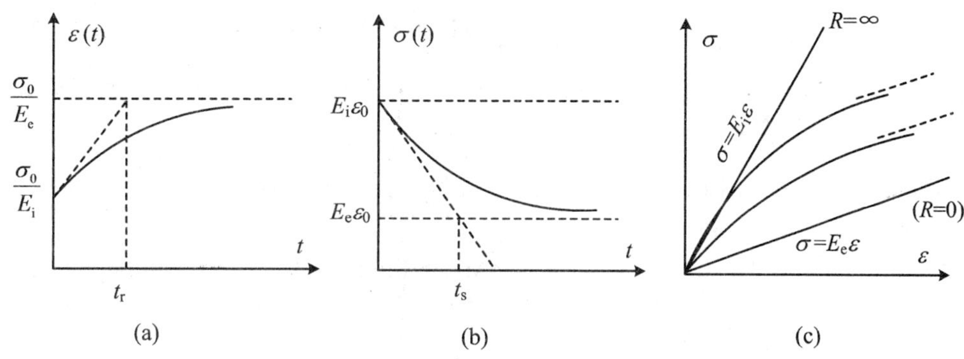

图 6.13　标准线性黏弹性体的蠕变、松弛和恒应变率应力/应变曲线

由以上的分析总结可以看出，标准线性黏弹性材料总体上可以比较全面地刻画高分子材料的黏弹性变形特征，而且不失是一种简洁和有效的线性黏弹性本构关系。但是，它也存在缺点，即它只含有一个松弛时间和推迟时间。为此人们又提出了一些新的线性黏弹性本构关系。

4. 广义 Maxwell 模型和广义 Voigt 模型

为了能够包括多个松弛时间，人们所提出的第一类线性黏弹性本构模型是所谓的广义 Maxwell 模型，它是由若干个 Maxwell 体并联同时又和某一弹簧并联而构成的，如图 6.14(a) 所示。附加一个并联弹簧是为了保证材料可具有有限的(非零)松弛应力。

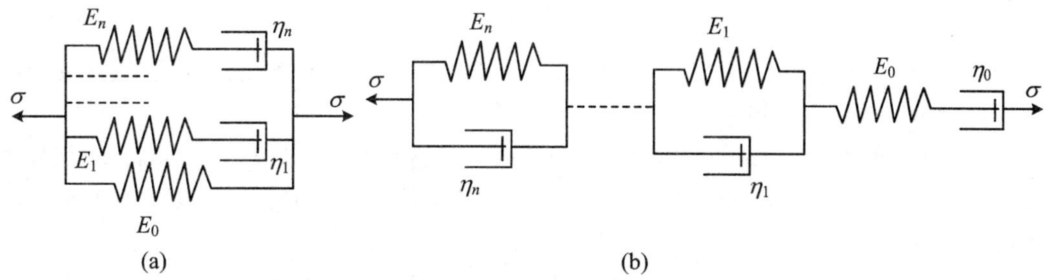

图 6.14　广义 Maxwell 体和广义 Voigt 体模型

如果把应变和应力分别与电压和电流相类比，则力学元件的柔度和模量便分别与电学元件的电阻和电导相对应。下面我们就以此种思想为指导并以 Maxwell 体和 Voigt 体的已有结果为基础来进行讨论。

由于一个 Maxwell 体的应力松弛规律为

$$\sigma = \sigma_0 e^{\frac{-t}{t_s}} = E\varepsilon_0 e^{\frac{-t}{t_s}} \quad \left(t_s = \frac{\eta}{E}\right)$$

其松弛模量为

$$E_r(t) = \frac{\sigma(t)}{\varepsilon_0} = E e^{\frac{-t}{t_s}}$$

作为众多子元件并列而成的广义 Maxwell 体的松弛模量应该等于各子元件松弛模量之和，即

$$E_r(t) = E_0 + \sum_1^n E_k e^{\frac{-t}{t_{sk}}} \tag{6.5.21}$$

其中，E_k、η_k 和 $t_{sk} = \frac{\eta_k}{E_k}(k = 1,2,\cdots,n)$为各子 Maxwell 元件的模量、黏性系数和松弛时间，E_0 为附加并联弹簧的模量。广义 Maxwell 体的应力等于各并联子元件的应力之和，故其应力松弛规律为

$$\sigma = \sigma_0 + \sum_1^n \sigma_k = \varepsilon_0 E_0 + \varepsilon_0 \sum_1^n E_k e^{\frac{-t}{t_{sk}}} \quad \left(t_{sk} = \frac{\eta_k}{E_k}\right)$$

广义 Maxwell 体的本构关系可由 $\sigma = \sigma_0 + \sum_1^n \sigma_k$ 和 Maxwell 体的本构关系式(6.5.2)而得到：

$$\sigma = \left(E_0 + \sum_1^n \frac{E_k \eta_k D}{E_k + \eta_k D}\right)\varepsilon \tag{6.5.22}$$

将形式上的方程(6.5.22)展开，即为一个包含直至 σ 及 ε 的 n 阶时间导数的常微分方程。广义 Maxwell 体包含了 n 个松弛时间 t_{sk}，但这些松弛时间是各自离散的。我们可以视 $E_k e^{\frac{-t}{t_{sk}}}$ 是松弛时间为 t_{sk} 的 Maxwell 子元件对松弛模量的贡献。如果设想材料所包含的松弛时间越来越多而且趋近于连续分布，则可假设在松弛时间间隔$[t_s, t_s + dt_s]$上的元件对松弛模量的贡献为 $G(t_s)e^{\frac{-t}{t_s}}dt_s$，因此松弛时间在$[0,\infty)$上所有元件所引起的松弛模量将为 $\int_0^\infty G(t_s)e^{\frac{-t}{t_s}}dt_s$，再加上瞬态元件 E_0 的贡献，即可得到连续谱的广义 Maxwell 体的松弛模量为

$$E_r(t) = E_0 + \int_0^\infty G(t_s)e^{\frac{-t}{t_s}}dt_s \tag{6.5.23}$$

其中，$G(t_s)$称为松弛谱密度或简称松弛谱，它完全是黏弹性材料本身的性质，其意义是分布在单位松弛时间段上的模量。

图 6.14(b)的模型称为广义 Voigt 体，它是由一系列 Voigt 体和一个 Maxwell 体串联而成的，附加串联一个 Maxwell 体是为了保证材料在有限应力的作用下可以存在有限且非零的瞬态应变。

由于附加 Maxwell 体的柔度和蠕变柔度各为 $J_0 = \frac{1}{E_0}$ 和 $J_0 + \frac{t}{\eta_0}$，各 Voigt 体的柔度和蠕变柔度各为 $J_k = \frac{1}{E_k}$ 和 $J_k(1 - e^{\frac{-t}{t_{rk}}})(k = 1,2,\cdots,n)$，其中 $t_{rk} = \frac{\eta_k}{E_k}$ 为第 k 个 Voigt 体的推迟时间，而在恒应力 σ_0 作用下广义 Voigt 体的蠕变柔度 J_c 等于各串联子元件蠕变柔度之和，故有

$$J_c = \frac{1}{E_0} + \frac{1}{\eta_0} + \sum_1^n \frac{1}{E_k}(1 - e^{\frac{-t}{t_{rk}}}) = J_0 + \frac{t}{\eta_0} + \sum_1^n J_k(1 - e^{\frac{-t}{t_{rk}}}) \tag{6.5.24}$$

由 $\varepsilon = \varepsilon_0 + \sum_1^n \varepsilon_k$ 以及 Maxwell 体和 Voigt 体的本构方程(6.5.2)、(6.5.8)，可以得到广义 Voigt 体的本构关系为

$$\varepsilon = \left(\frac{1}{E_0} + \frac{1}{\eta_0 D} + \sum_1^n \frac{1}{E_k + \eta_k D}\right)\sigma \tag{6.5.25}$$

将其展开之后，式(6.5.25)也是一个包含直至 σ 及 ε 的 n 阶时间导数的常微分方程。

与前面的叙述类似，也可以引入有连续谱特性的广义 Voigt 体，其蠕变柔度为

$$J_c = J_0 + \frac{t}{\eta_0} + \int_0^\infty J(t_r)(1 - e^{\frac{-t}{t_r}})\mathrm{d}t_r \tag{6.5.26}$$

其中，函数 $J(t_r)$ 称为材料的蠕变谱密度或简称蠕变谱，它也是材料本身的性质。

6.5.2　线性黏弹性体的积分型本构关系

在 6.5.1 小节中我们引入了若干类型的线性黏弹性本构关系，并分别讨论了它们在恒应力下的蠕变行为、恒应变下的应力松弛行为以及应力应变关系的应变率效应。在那里所引入的各种类型的线性黏弹性本构关系都是微分形式的本构关系。此小节我们将从效应叠加的概念出发来讨论线性黏弹性材料的积分型本构关系。

任意的应力和应变历史可以看成一系列阶梯形脉冲的叠加，图 6.15 中的应变历史可写为

$$\varepsilon(t) = \sum \Delta\varepsilon_k H(t - t'_k) \tag{6.5.27}$$

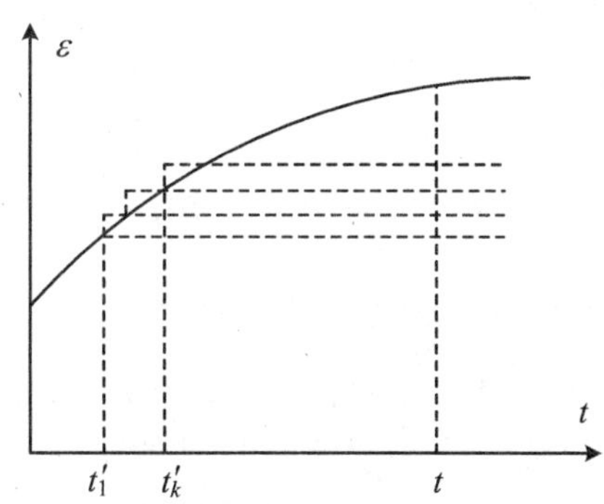

图 6.15　典型应变历史

根据 6.5.1 小节中所讲的恒应变之下材料应力松弛的概念，我们可假设在历史时刻 t'_k 所产生的每一应变增量 $\Delta\varepsilon_k$ 对现时刻 t 所引起的应力贡献 $\Delta\sigma_k$ 按规律

$$\Delta\sigma_k = \Delta\varepsilon_k g(t - t'_k) \tag{6.5.28}$$

而发生应力松弛，其中函数 $g(t - t'_k)$ 为松弛模量，它随着流逝时间 $\tau = t - t'_k$ 而松弛。Boltzmann 提出了一个对各历史时间间隔上的效应可进行叠加的所谓 Boltzmann 叠加原理，并将其应用到历史上各应变增量对现时刻 t 应力的贡献，所以可以写为

$$\sigma(t) = \sum \Delta\sigma_k = \sum \Delta\varepsilon_k g(t - t'_k) \tag{6.5.29}$$

对现时刻 t 之前整个历史$(-\infty, t]$各微间隔上的响应进行积分叠加，即可得黏弹性材料的

积分型本构方程为

$$\sigma(t)=\int_{-\infty}^{t}g(t-t')\dot{\varepsilon}(t')\mathrm{d}t' \tag{6.5.30}$$

引入流逝时间：

$$\tau=t-t' \tag{6.5.31}$$

则式(6.5.30)可写为

$$\sigma(t)=\int_{0}^{\infty}g(\tau)\dot{\varepsilon}(t-\tau)\mathrm{d}\tau \tag{6.5.30$'$}$$

式(6.5.30)和式(6.5.30)′即是线性黏弹性材料的 Boltzmann 积分型本构关系，请注意两式中的 $\dot{\varepsilon}(t')=\dot{\varepsilon}(t-\tau)$都是对自变量 t'求导。对式(6.5.30)′进行分部积分，并假定

$$g(\infty)=0\quad（记忆减退） \tag{6.5.32}$$

则可将其化为如下形式：

$$\sigma(t)=g(0)\varepsilon(t)+\int_{0}^{\infty}\dot{g}(t)\varepsilon(t-\tau)\mathrm{d}\tau=g(0)\varepsilon(t)+\int_{0}^{\infty}\dot{g}(\tau)\varepsilon^{t}(\tau)\mathrm{d}\tau \tag{6.5.33}$$

这就是积分型线性黏弹性本构关系的常见形式，其中积分是以流逝时间 τ 为积分变量而进行的积分。式(6.5.33)中的第一项 $g(0)\varepsilon(t)$表示时刻 t 的应变$\varepsilon(t)$以瞬态模量 $g(0)$所引起的应力，为瞬态响应，而第二项则表示 t 以前的应变历史$\varepsilon^{t}(\tau)=\varepsilon(t-\tau)$共同对现时刻应力的贡献。$g(\tau)$称为松弛模量，可直接通过实验或者某种理论模型而确定。例如，当我们分别假定 $g(\tau)$具有如下的离散松弛谱和连续松弛谱形式：

$$g(\tau)=g_{\mathrm{e}}+\sum_{1}^{n}g_{k}\mathrm{e}^{-\frac{\tau}{t_{sk}}}$$

$$g(\tau)=g_{\mathrm{e}}+\int_{0}^{\infty}G(t_{\mathrm{s}})\mathrm{e}^{-\frac{\tau}{t_{\mathrm{s}}}}\mathrm{d}t_{\mathrm{s}}$$

时，将其代入式(6.5.33)中则可分别得出对应离散松弛谱和连续松弛谱形式的本构关系。

将以上的论述推广至复杂应力状态时，式(6.5.30)和式(6.5.33)中的松弛模量 g 将成为 4 阶的松弛模量张量 $\boldsymbol{M}$，于是式(6.5.30)和式(6.5.33)的一般张量形式为

$$\boldsymbol{\sigma}(t)=\int_{-\infty}^{t}\boldsymbol{M}(t-t'):\dot{\boldsymbol{\varepsilon}}(t')\mathrm{d}t' \tag{6.5.34}$$

$$\boldsymbol{\sigma}(t)=\boldsymbol{M}(0):\boldsymbol{\varepsilon}(t)+\int_{0}^{\infty}\dot{\boldsymbol{M}}(\tau):\boldsymbol{\varepsilon}^{t}(\tau)\mathrm{d}\tau \tag{6.5.35}$$

对于一般的情况(即使松弛模量 $\boldsymbol{M}$ 为完全对称的 4 阶张量)，它们所表达的仍然是各向异性的线性黏弹性本构关系；而当松弛模量 $\boldsymbol{M}$ 为各向同性的 4 阶张量，即它们的任意分量都与坐标系选取无关时，它们所表达的材料才为各向同性黏弹性本构关系(请读者思考之)。各向同性 4 阶张量的表达式为

$$M_{ijkl}=\lambda\delta_{ij}\delta_{kl}+\mu(\delta_{ik}\delta_{jl}+\delta_{il}\delta_{jk})+\gamma(\delta_{ik}\delta_{jl}-\delta_{il}\delta_{jk}) \tag{6.5.36}$$

将其代入式(6.5.34)和式(6.5.35)中，可分别得到

$$\boldsymbol{\sigma}(t)=\boldsymbol{I}\int_{-\infty}^{t}\lambda(t-t')\varepsilon_{kk}(t')\mathrm{d}t'+\int_{-\infty}^{t}2\mu(t-t')\dot{\boldsymbol{\varepsilon}}(t')\mathrm{d}t' \tag{6.5.37}$$

$$\boldsymbol{\sigma}(t)=\lambda(0)\varepsilon_{kk}(t)\boldsymbol{I}+2\mu(0)\boldsymbol{\varepsilon}(t)+\int_{0}^{\infty}[\dot{\lambda}(\tau)\varepsilon_{kk}^{t}(\tau)\boldsymbol{I}+2\dot{\mu}(\tau)\boldsymbol{\varepsilon}^{t}(\tau)]\mathrm{d}\tau \tag{6.5.38}$$

其中，$\boldsymbol{I}$ 表示 2 阶单位张量。

6.6　黏塑性材料

6.6.1　超应力型的黏塑性本构关系

1. 黏塑性材料的概念

在6.3节中我们介绍了弹塑性材料及其本构关系。弹塑性材料的基本特点是，材料存在着一个明显的屈服极限(在复杂应力之下即是材料存在着一个明显的屈服面)，当材料的应力状态低于其屈服极限(或位于屈服面之内)时，材料只发生瞬态和可逆的弹性变形，而当材料达到或超过其屈服极限(或达到屈服面之上)时，材料将在产生弹性变形的同时还产生伴随而生的不可逆塑性变形。我们将这种材料称为"弹塑性材料"，是因为它的屈服极限(或屈服面)是与其加载速率或应变率无关的。但是，实验证明，除了少数金属材料(如纯铝)的屈服应力与应变率基本无关以外，大多数材料的屈服应力是与应变率有着明显的依赖关系的，这就是材料屈服应力和塑性变形的应变率效应，我们将这种屈服应力和塑性变形发展具有应变率效应的材料称为黏塑性材料。绝大多数的材料具有所谓的正应变率敏感特性，即屈服应力随着应变率的提高而提高，例如0.22%碳含量的低碳钢在应变率为$\dot{\varepsilon}=200\ \text{s}^{-1}$时，其屈服应力为$5.76\times10^8$ Pa，约是准静态$\dot{\varepsilon}=10^{-3}\ \text{s}^{-1}$屈服应力$2.71\times10^8$ Pa的2倍还多(Clark和Duwez)；而极少数材料具有所谓的负应变率敏感特性，即屈服应力随着应变率的提高而降低，例如铝锂合金在应变率为$\dot{\varepsilon}=2.5\times10^3\ \text{s}^{-1}$时，其(应变$\varepsilon$为0.15的)屈服应力为$4.5\times10^8$ Pa，仅是准静态$\dot{\varepsilon}=10^{-3}\ \text{s}^{-1}$(应变$\varepsilon$为0.15的)屈服应力$6.0\times10^8$ Pa的3/4左右。许多研究者通过不同的实验还研究了一些材料在复杂应力状态之下的屈服面与应变率的关系，结果也表明大多数材料的屈服面都是与应变率明显有关的。因此，在6.3节中我们所介绍的弹塑性材料的本构关系只有对那些应变率不敏感的材料或者当我们所研究的问题中应变率范围变化不大而将此应变率范围中的平均屈服面作为其屈服面时才是近似适用的，而对大多数应变率敏感的材料则必须采用本节所介绍的黏塑性材料的本构关系。

2. 不考虑应变硬化效应时的一维应力黏塑性本构关系

以一维应力条件下的有关实验数据为基础，人们提出了一系列不同形式的黏塑性本构关系，借以反映不考虑应变硬化效应时的材料屈服应力σ与应变率$\dot{\varepsilon}$之间的依赖关系，其常见的代表形式为如下两种：

$$\frac{\sigma}{\sigma_0}=1+\left(\frac{\dot{\varepsilon}}{\dot{\varepsilon}_0}\right)^{\gamma}=1+\left(\frac{\dot{\varepsilon}}{\dot{\varepsilon}_0}\right)^{1/n}\quad\left(\gamma=\frac{1}{n}\right)\tag{6.6.1a}$$

$$\frac{\sigma}{\sigma_0}=1+\lambda\ln\left(\frac{\dot{\varepsilon}}{\dot{\varepsilon}_0}\right)\tag{6.6.2a}$$

其中，$\gamma=1/n$，λ为无量纲常数，具有应力量纲的常数σ_0，对于式(6.6.2a)而言表示准静态常应变率条件$\dot{\varepsilon}=\dot{\varepsilon}_0$(例如$10^{-3}\ \text{s}^{-1}$)之下材料的屈服应力，而对于式(6.6.1a)而言$2\sigma_0$则表示准静态常应变率条件$\dot{\varepsilon}=\dot{\varepsilon}_0$(例如$10^{-3}\ \text{s}^{-1}$)之下材料的屈服应力。由于$\gamma$和$\lambda$分别表示

双对数平面 $\ln\sigma/\sigma_0 \sim \ln\dot{\varepsilon}/\dot{\varepsilon}_0$ 和单对数平面 $\sigma/\sigma_0 \sim \ln\dot{\varepsilon}/\dot{\varepsilon}_0$ 上的斜率，即

$$\gamma = \frac{\mathrm{d}\ln(\sigma/\sigma_0 - 1)}{\mathrm{d}(\ln\dot{\varepsilon}/\dot{\varepsilon}_0)} \tag{6.6.1c}$$

$$\lambda = \frac{\mathrm{d}(\sigma/\sigma_0)}{\mathrm{d}(\ln\dot{\varepsilon}/\dot{\varepsilon}_0)} \tag{6.6.2c}$$

所以 γ 和 λ 是表明材料屈服应力随应变率提高而如何提高的特性参数，可称之为在各自意义下的材料屈服应力的应变率敏感因子。由此二式可见，对一定的 γ 和 λ 而言，只有当应变率有量级上的改变时屈服应力才会有较明显的改变。从式(6.6.1a)和式(6.6.2a)本身看，它们都是表明了材料在动态高应变率 $\dot{\varepsilon}$ 之下的屈服应力 σ 与准静态加载 $\dot{\varepsilon}_0$ 时屈服应力 σ_0 之间的关系；但是另一方面，式(6.6.1a)和式(6.6.2a)可分别写为

$$\frac{\dot{\varepsilon}}{\dot{\varepsilon}_0} = \left(\frac{\sigma - \sigma_0}{\sigma_0}\right)^{1/\gamma} = \left(\frac{\sigma - \sigma_0}{\sigma_0}\right)^{n} \tag{6.6.1b}$$

$$\frac{\dot{\varepsilon}}{\dot{\varepsilon}_0} = \exp\left[\frac{1}{\lambda}\left(\frac{\sigma - \sigma_0}{\sigma_0}\right)\right] \tag{6.6.2b}$$

故式(6.6.1b)表明，应变率是相对超屈服应力 $\frac{\sigma - \sigma_0}{\sigma_0}$ 的幂函数，而式(6.6.2b)则表明应变率是相对超屈服应力 $\frac{\sigma - \sigma_0}{\sigma_0}$ 的指数函数，故它们都简称为超应力(over stress)型的黏塑性本构关系。这就给出了式(6.6.1)和式(6.6.2)的另一种解释，即黏塑性材料的应变率是超应力的某种函数。

显然，我们可以将式(6.6.1b)和式(6.6.2b)加以推广而写出更一般形式的超应力型的如下黏塑性本构关系：

$$\frac{\dot{\varepsilon}}{\dot{\varepsilon}_0} = g\left(\frac{\sigma - \sigma_0}{\sigma_0}\right) \tag{6.6.3}$$

超应力的函数 g 的不同具体形式即反映了不同的材料黏塑性特性。由于材料的弹性应变是可逆的和瞬态发生的，而且远小于其不可逆的黏塑性应变(既有塑性变形的不可逆特征，又有应变率效应引起的粘滞性特征，故称之为黏塑性应变，见下面对方程(6.6.6)的解释)，所以材料的弹性应变率对材料的屈服应力的影响是很小的，而所谓的应变率效应主要表现在黏塑性应变率对其屈服应力的影响上，所以可以将式(6.6.3)改写为

$$\frac{\dot{\varepsilon}^{\mathrm{p}}}{\dot{\varepsilon}_0} = g\left(\frac{\sigma - \sigma_0}{\sigma_0}\right) \tag{6.6.4}$$

式(6.6.4)就是人们在理论上所常用的超应力型黏塑性本构关系。之所以采用式(6.6.4)的形式还因为在复杂应力状态下含内变量的本构关系理论中，人们常常把内变量的演化率取为塑性应变率张量的某种一次齐次函数，同时又把复杂应力状态下的所谓应变率通常取为等效塑性应变率。由于

$$\varepsilon = \varepsilon^{\mathrm{e}} + \varepsilon^{\mathrm{p}}, \quad \dot{\varepsilon} = \dot{\varepsilon}^{\mathrm{e}} + \dot{\varepsilon}^{\mathrm{p}}, \quad \varepsilon^{\mathrm{e}} = \frac{\sigma}{E}, \quad \dot{\varepsilon}^{\mathrm{e}} = \frac{\dot{\sigma}}{E} \tag{6.6.5}$$

因此由式(6.6.4)和式(6.6.5)可得

$$\dot{\varepsilon} = \dot{\varepsilon}^{\mathrm{e}} + \dot{\varepsilon}^{\mathrm{p}} = \frac{\dot{\sigma}}{E} + \dot{\varepsilon}_0 g\left(\frac{\sigma - \sigma_0}{\sigma_0}\right) \tag{6.6.6}$$

式(6.6.6)就是人们所常用的一维应力条件下的黏塑性本构关系的一般形式，称之为

Соколовский 黏塑性本构模型。黏塑性本构关系式(6.6.6)与如下的弹性和弹塑性本构关系

$$\dot{\varepsilon}^{e} = \frac{\dot{\sigma}}{E}, \quad \dot{\varepsilon}^{p} = \frac{\dot{\sigma}}{E^{p}}, \quad \dot{\varepsilon} = \frac{\dot{\sigma}}{E^{ep}} \tag{6.6.7}$$

其中，E、E^{p} 和 E^{ep} 分别是弹性、塑性和弹塑性模量)的根本区别在于：式(6.6.7)是应力率 $\dot{\sigma}$ 和相应的应变率 $\dot{\varepsilon}^{e}$、$\dot{\varepsilon}^{p}$ 和 $\dot{\varepsilon}$ 间的齐次关系，在某一瞬时的应力率 $\dot{\sigma}$ 立刻就会产生此时的应变率 $\dot{\varepsilon}^{e}$、$\dot{\varepsilon}^{p}$ 和 $\dot{\varepsilon}$，而要想产生增量应变 $d\varepsilon = (\dot{\sigma}/E)dt$ 或 $d\varepsilon = (\dot{\sigma}/E^{ep})dt$ 只有此刻的应力 σ 是不够的，还必须保持应力率 $\dot{\sigma} \neq 0$，即应力的改变才会产生相应的应变改变，从这个意义上来说，应力率 $\dot{\sigma}$ 和应变率 $\dot{\varepsilon}^{e}$、$\dot{\varepsilon}^{p}$ 和 $\dot{\varepsilon}$ 间齐次关系的弹性和弹塑性本构关系式(6.6.7)在本质上是瞬态型本构关系，或者说弹塑性本构关系中的应变 ε^{e}、ε^{p} 和 ε 都是相应意义下的瞬态型应变；而黏塑性本构关系式(6.6.6)则是应力率 $\dot{\sigma}$ 和应变率 $\dot{\varepsilon}$ 间的非齐次关系。材料的整个应变 ε 除了包括瞬态的弹性应变 ε^{e} 以外还包括黏塑性应变 ε^{p}，而黏塑性应变率 $\dot{\varepsilon}^{p}$ 不是应力率 $\dot{\sigma}$ 的齐次函数而是由非齐次关系式(6.6.4)来表达的：只要在某时刻有超应力 $\frac{\sigma - \sigma_0}{\sigma_0}$ 存在并维持(而不需要有应力率 $\dot{\sigma} \neq 0$)，则在 dt 之后便会在材料中产生流动的黏塑性增量应变：

$$d\varepsilon^{p} = \dot{\varepsilon}_0 g\left(\frac{\sigma - \sigma_0}{\sigma_0}\right)dt$$

故黏塑性应变与弹性和弹塑性应变的不同之处是，前者不是瞬态性的而是具有黏性和滞后性的，这就是采用黏塑性一词并把 $\dot{\varepsilon}^{p}$ 称为黏塑性应变率的原因。

现在我们来对黏塑性本构关系式(6.6.6)的意义做进一步的阐述和分析。当忽略材料中的弹性应变 ε^{e} 时，黏塑性本构关系式(6.6.6)将简化为方程(6.6.3)或(6.6.4)，因为此时 $\dot{\varepsilon} = \dot{\varepsilon}^{p}$，所以后两者也即是同一方程。由于材料中不存在弹性变形，而材料的应变率也即黏塑性应变率完全是由超应力的函数 $g\left(\frac{\sigma - \sigma_0}{\sigma_0}\right)$ 所决定的，所以式(6.6.3)或式(6.6.4)也即是等应变率或等黏塑性应变率下的材料屈服准则，故此种材料称为刚(性)黏塑性模型，也称为 Bingham 模型。由于超应力大于零时才会有黏塑性变形产生，所以 Bingham 刚(性)黏塑性模型可以视为一个以阈值应力开关 σ_0 控制黏塑性流动起始的摩擦板与黏塑性流动特性由式(6.6.4)表征的非线性粘壶元件 ε^{p} 的并联，如图 6.16 所示。其等应变率或等黏塑性应变率 $\dot{\varepsilon}_i^{p}$ 下的屈服应力 $\sigma_i = \sigma_0\left[1 + g^{-1}\left(\frac{\dot{\varepsilon}_i^{p}}{\dot{\varepsilon}_0}\right)\right]$，其中 g^{-1} 表示函数 g 的反函数，或表示黏塑性应变流动发展的应力应变曲线，如图 6.17 所示，它的具体形式将决定各不同应变率下水平屈服应力间的间隔。

考虑弹性应变影响的 Соколовский 黏塑性本构关系式(6.6.6)可视为一个弹性模量为 E 的弹性元件和 Bingham 模型的串联，如图 6.18 所示；由于对正应变率敏感的材料而言，在应力未超过准静态屈服应力即超应力大于零之前，材料不会产生黏塑性流动而只有弹性应变，而在黏塑性应变流动发生时一定的黏塑性应变率 $\dot{\varepsilon}_i^{p}$ 就对应着一定的超应力 σ_i，故 Соколовский 模型在等黏塑性应变率 $\dot{\varepsilon}_i^{p}$ 之下的应力应变曲线如图 6.19 所示。

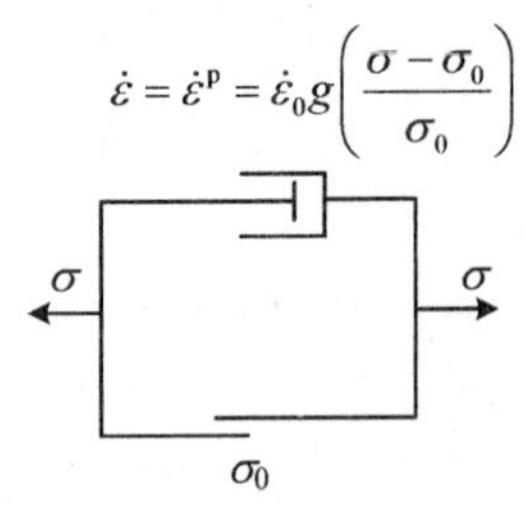

图 6.16　Bingham 模型

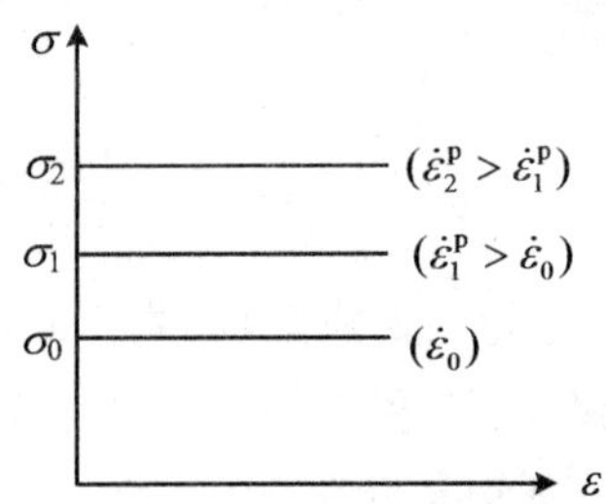

图 6.17　Bingham 模型应力应变曲线

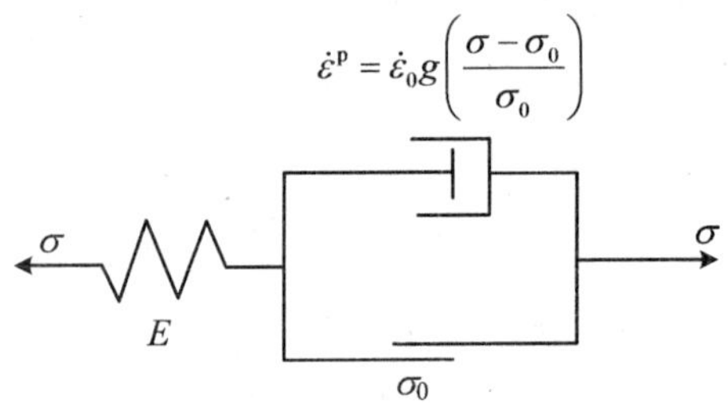

图 6.18　Соколовский 本构模型

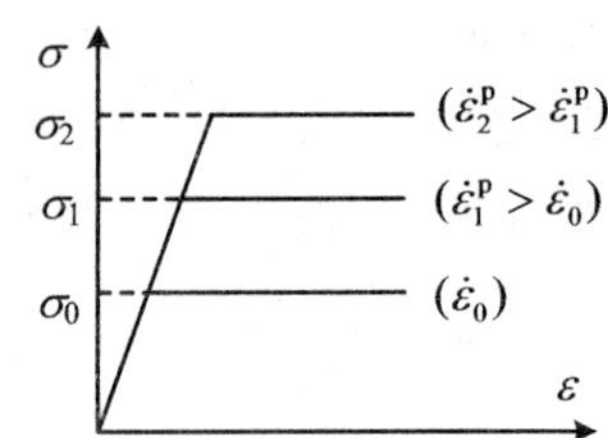

图 6.19　Соколовский 模型应力应变曲线

一个重要的特例是，表征材料黏塑性流动特征的函数 g 是超应力的线性函数，即

$$\dot{\varepsilon}^{p}=\gamma^{*}\left(\frac{\sigma-\sigma_0}{\sigma_0}\right)=\frac{\sigma-\sigma_0}{\eta}\tag{6.6.8}$$

$$\dot{\varepsilon}=\frac{\dot{\sigma}}{E}+\gamma^{*}\left(\frac{\sigma-\sigma_0}{\sigma_0}\right)=\frac{\dot{\sigma}}{E}+\frac{\sigma-\sigma_0}{\eta}\tag{6.6.9}$$

其中，具有应变率量纲的材料常数 γ^* 可称为运动学黏性系数，而具有应力冲量量纲的材料常数 $\eta=\sigma_0/\gamma^*$ 称为动力学黏性系数。本构关系式(6.6.9)与 6.5 节中所讲的 Maxwell 黏弹性本构关系是类似的，但是它是一个由阈值开关 σ_0 控制黏塑性流动起始，并且其黏塑性应变率 $\dot{\varepsilon}^p$ 与超应力 $\frac{\sigma-\sigma_0}{\sigma_0}$ 成比例的特殊 Maxwell 模型，故将其称为超应力型 Maxwell 模型。

顺便指出，当考虑弹性应变的影响时，黏塑性本构关系式(6.6.3)的模型和等应变率下的应力应变曲线分别与图 6.18 和图 6.19 相类似，只需把其中的塑性应变率 $\dot{\varepsilon}^p$ 改为总应变率 $\dot{\varepsilon}$ 即可。

3. 考虑应变硬化效应时的一维应力黏塑性本构关系

在上部分内容中所讲的黏塑性本构模型都没有考虑材料的应变硬化效应，即已经积累起来的应变 ε 或黏塑性应变 ε^p 对黏塑性应变率 $\dot{\varepsilon}^p$ 的影响，故在不同应变率下的材料屈服应力 σ 都是常数，可简称为理想黏塑性本构模型。为了计入材料的应变硬化效应，Malvern 等人以材料在准静态条件 $\dot{\varepsilon}_0$ 下具有应变硬化效应的塑性段应力应变曲线 $\sigma_0(\varepsilon)$ 代替恒定的准静态屈服应力 σ_0，于是代替式(6.6.6)可有如下形式的黏塑性本构关系：

$$\dot{\varepsilon}^{p}=\dot{\varepsilon}_0 g\left(\frac{\sigma}{\sigma_0(\varepsilon)}-1\right)\tag{6.6.10}$$

$$\dot{\varepsilon}=\frac{\dot{\sigma}}{E}+\dot{\varepsilon}_0 g\left(\frac{\sigma}{\sigma_0(\varepsilon)}-1\right)\tag{6.6.11}$$

从本构关系的内变量理论考虑,更科学的形式应该是将准静态应力应变曲线 $\sigma_0(\varepsilon)$转化为以黏塑性应变 ε^{p} 为自变量的函数形式 $\sigma_0(\varepsilon^{\mathrm{p}})$,尽管对同一种材料,这两个函数是不同的函数,但是为了减少符号我们仍将以 $\sigma_0(\varepsilon^{\mathrm{p}})$记之。于是代替式(6.6.10)和式(6.6.11),便可写出如下形式的黏塑性本构关系:

$$\dot{\varepsilon}^{\mathrm{p}} = \dot{\varepsilon}_0 g\left(\frac{\sigma}{\sigma_0(\varepsilon^{\mathrm{p}})} - 1\right) \tag{6.6.12}$$

$$\dot{\varepsilon} = \frac{\dot{\sigma}}{E} + \dot{\varepsilon}_0 g\left(\frac{\sigma}{\sigma_0(\varepsilon^{\mathrm{p}})} - 1\right) \tag{6.6.13}$$

显然,式(6.6.11)和式(6.6.13)仍然都可以用图6.18所示的元件组合模型来描述,只不过其中的滑动板开关阈值不再是常数了,而其中的黏塑性元件的黏塑性应变流动特性分别以式(6.6.10)和式(6.6.12)表征罢了。容易理解,黏塑性本构关系式(6.6.11)和式(6.6.13)在等应变率 $\dot{\varepsilon}_i^{\mathrm{p}}$ 下的应力应变曲线将如图6.20所示,其中各曲线为 $\sigma_i(\varepsilon) = \sigma_0(\varepsilon)\left[1 + g^{-1}\left(\frac{\dot{\varepsilon}_i^{\mathrm{p}}}{\dot{\varepsilon}_0}\right)\right]$。

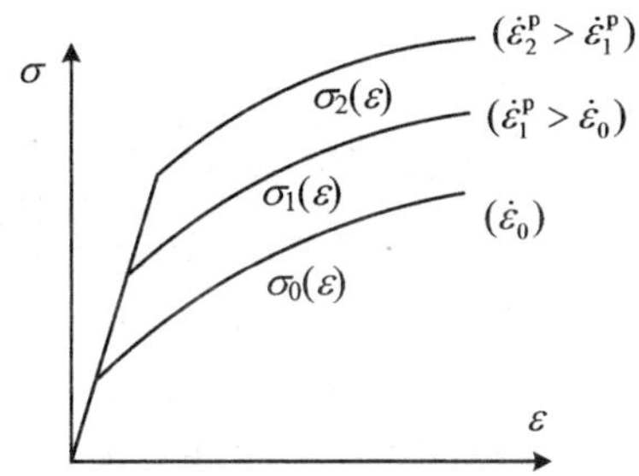

图6.20　式(6.6.11)的等应变率应力应变曲线

在此特别指出,对超应力型的黏塑性材料而言,黏塑性应变 ε^{p} 是否发展主要是由其超应力是否大于零而决定的,只要某一状态的超应力大于零,则不管其应力 σ 是增加还是减小即 $\dot{\sigma}$ 是大于零还是小于零,其黏塑性应变率 $\dot{\varepsilon}^{\mathrm{p}}$ 都会大于零而黏塑性应变和整个应变都会继续发展,这一点与弹塑性材料在应力减少时即转入弹性卸载是截然不同的。为了突出强调这一点,通常将黏塑性本构方程(6.6.4)和(6.6.6)写为如下的形式:

$$\frac{\dot{\varepsilon}^{\mathrm{p}}}{\dot{\varepsilon}_0} = \left\langle g\left(\frac{\sigma - \sigma_0}{\sigma_0}\right)\right\rangle \tag{6.6.4$'$}$$

$$\dot{\varepsilon} = \dot{\varepsilon}^{\mathrm{e}} + \dot{\varepsilon}^{\mathrm{p}} = \frac{\dot{\sigma}}{E} + \dot{\varepsilon}_0\left\langle g\left(\frac{\sigma - \sigma_0}{\sigma_0}\right)\right\rangle \tag{6.6.6$'$}$$

其中,函数 $g(x)$的含义是

$$\langle g(x)\rangle = \begin{cases} g(x) & (\text{当 } x > 0) \\ 0 & (\text{当 } x \leqslant 0) \end{cases} \tag{6.6.14}$$

最后,我们指出,前面所讲的黏塑性本构关系都只考虑了材料的瞬态弹性应变和非瞬态的黏塑性应变,而未考虑材料的瞬态塑性应变。为了同时考虑材料的瞬态弹性应变、瞬态塑性应变和非瞬态的黏塑性应变,N. Cristescu 等曾引入了如下形式的黏塑性本构关系:

$$\dot{\varepsilon}^{\mathrm{p}} = \varphi(\sigma,\varepsilon)\dot{\sigma} + \psi(\sigma,\varepsilon) \tag{6.6.15}$$

其中,$\varphi(\sigma,\varepsilon)$是反映材料瞬态塑性变形特性的瞬态塑性模量,$\psi(\sigma,\varepsilon)$是材料的非瞬态黏塑性应变率,而 $\dot{\varepsilon}^{\mathrm{p}}$ 则表示材料总的不可逆应变率,它同时包含了瞬态的塑性应变率和非瞬态

的黏塑性应变率。将式(6.6.15)与材料的瞬态弹性应变率相加,可得如下形式的黏塑性本构关系:

$$\dot{\varepsilon} = \left[\frac{1}{E} + \Phi(\sigma, \varepsilon, \operatorname{sign}\dot{\sigma})\right]\dot{\sigma} + \psi(\sigma, \varepsilon) \tag{6.6.16}$$

其中,函数 $\Phi(\sigma, \varepsilon, \operatorname{sign}\dot{\sigma})$ 的定义是

$$\Phi(\sigma, \varepsilon, \operatorname{sign}\dot{\sigma}) = \begin{cases} \varphi(\sigma, \varepsilon) & (\text{当 } \dot{\sigma} > 0) \\ 0 & (\text{当 } \dot{\sigma} \leqslant 0) \end{cases} \tag{6.6.17}$$

本构关系(6.6.16)右端的第一项、第二项和第三项分别表示材料的瞬态弹性应变率、瞬态塑性应变率和非瞬态黏塑性应变率。由于方程(6.6.15)和(6.6.16)是应变率和应力率的线性方程,所以习惯上也把它们称为拟线性型的黏塑性本构方程。

由于瞬态塑性应变率与非瞬态黏塑性应变率相比一般而言较小,所以在下面几节中我们一般只考虑材料的瞬态弹性应变率和非瞬态黏塑性应变率,但是只要给出材料瞬态塑性模量的适当形式,可将材料的瞬态塑性应变率引入其中。

6.6.2 复杂应力状态下的超应力型黏塑性本构关系

1. 一般情况下的 Perzyna 超应力型黏塑性本构关系

在 6.6.1 小节中,我们讲了一维应力状态下超应力型的黏塑性本构关系,以此为基础并结合第 7 章所讲的塑性本构关系的有关知识,我们便可以将上面所讲的一维黏塑性本构关系加以推广,而建立起在复杂应力状态下材料的黏塑性本构关系。这种类型的本构关系可称为 Соколовский-Malvern-Perzyna 超应力型黏塑性本构关系,或简称为 Perzyna 超应力型黏塑性本构关系,因为这方面的工作最早是由 Perzyna 在 Соколовский-Malvern 一维黏塑性本构关系的基础上将其推广到一般复杂应力状态的。在他们的理论中并未考虑不可逆应变中瞬态塑性应变的存在。

Соколовский-Malvern-Perzyna 超应力型黏塑性本构关系的建立主要基于以下基本思想:

(1) 在复杂应力状态下,黏塑性材料的总应变仍然是由可逆的瞬态弹性应变和其非瞬态的黏塑性应变所组成的,因此其总应变率仍然是由可逆的瞬态弹性应变率和其非瞬态的黏塑性应变率所组成的,即

$$\dot{\boldsymbol{\varepsilon}} = \dot{\boldsymbol{\varepsilon}}^{\mathrm{e}} + \dot{\boldsymbol{\varepsilon}}^{\mathrm{p}} \tag{6.6.18}$$

(2) 材料的瞬态弹性应变率和其应力率之间通过其瞬态弹性模量张量 $\boldsymbol{M}$ 由下式相联系:

$$\dot{\boldsymbol{\varepsilon}}^{\mathrm{e}} = \boldsymbol{M}^{-1} : \dot{\boldsymbol{\sigma}}, \quad \dot{\boldsymbol{\sigma}} = \boldsymbol{M} : \dot{\boldsymbol{\varepsilon}}^{\mathrm{e}} \tag{6.6.19}$$

(3) 在复杂应力下材料的黏塑性应变率仍然是其所谓的"超应力"的某种函数,不过这里的所谓"超应力"是指材料状态所超过其准静态屈服函数的值。例如,如果材料的准静态屈服准则为

$$F(\boldsymbol{\sigma}, \boldsymbol{\varepsilon}^{\mathrm{p}}, K) \equiv \frac{f(\boldsymbol{\sigma}, \boldsymbol{\varepsilon}^{\mathrm{p}})}{K} - 1 = 0 \tag{6.6.20}$$

则其超应力便是函数 $F(\boldsymbol{\sigma}, \boldsymbol{\varepsilon}^{\mathrm{p}}, K) \equiv \dfrac{f(\boldsymbol{\sigma}, \boldsymbol{\varepsilon}^{\mathrm{p}})}{K} - 1$,只要函数 F 的值大于零,则材料的黏塑性

应变便会发展，否则便只有弹性变形发展。上式中 K 为等向硬化因子，可以取为累积黏塑性功 W_p 或者等效累积黏塑性应变 $\bar{\varepsilon}^p$ 的函数。

(4) 材料黏塑性应变的发展仍然满足正交法则的要求，即其黏塑性应变率仍然沿着相应状态屈服面的外法向，亦即黏塑性应变率 $\dot{\boldsymbol{\varepsilon}}^p$ 仍然与$\dfrac{\partial F}{\partial \boldsymbol{\sigma}}=\dfrac{1}{K}\dfrac{\partial f}{\partial \boldsymbol{\sigma}}$成比例。

根据以上几条基本思想，Perzyna 等人给出了复杂应力状态下如下形式的黏塑性本构关系：

$$\dot{\boldsymbol{\varepsilon}}^p = \gamma\langle\varphi(F)\rangle\frac{\partial f}{\partial \boldsymbol{\sigma}} \tag{6.6.21}$$

其中，γ 可称为黏性系数，而函数$\langle\varphi(F)\rangle$的定义如下：

$$\langle\varphi(F)\rangle = \begin{cases}\varphi(F) & (\text{当 } F>0)\\ 0 & (\text{当 } F\leqslant 0)\end{cases} \tag{6.6.22}$$

将式(6.6.21)与弹性应变率式(6.6.19)相加，即可得

$$\dot{\boldsymbol{\varepsilon}} = \boldsymbol{M}^{-1}:\dot{\boldsymbol{\sigma}} + \gamma\langle\varphi(F)\rangle\frac{\partial f}{\partial \boldsymbol{\sigma}} \tag{6.6.23}$$

式(6.6.21)和式(6.6.23)就是 Perzyna 超应力型黏塑性本构关系。函数 F 或 f 的选取决定了材料的塑性屈服特性，函数 φ 的选取则决定了材料的黏塑性流动特性。特别来说，对各向同性材料而言，利用各向同性材料弹性变形的胡克定律，则式(6.6.23)可写为

$$\dot{\boldsymbol{\varepsilon}} = \frac{1}{2\mu}\dot{\boldsymbol{S}} + \frac{1-2\nu}{E}\dot{\sigma}_{ii}\boldsymbol{I} + \gamma\langle\varphi(F)\rangle\frac{\partial f}{\partial \boldsymbol{\sigma}} \tag{6.6.24}$$

其中，$\boldsymbol{S}$ 为应力偏量张量，E、ν 和$\mu=\dfrac{1}{2(1+\nu)}$分别为弹性模量、泊松比和剪切模量。

式(6.6.23)和式(6.6.24)是以应力率 $\dot{\boldsymbol{\sigma}}$ 表达应变率 $\dot{\boldsymbol{\varepsilon}}$ 的形式，而在实际应用中人们通常将式(6.6.23)写为以应变率 $\dot{\boldsymbol{\varepsilon}}$ 来表达应力率 $\dot{\boldsymbol{\sigma}}$ 的形式，因为这对动态数值计算的应用是更方便的。此时式(6.6.23)和式(6.6.24)分别具有如下的形式：

$$\dot{\boldsymbol{\sigma}} = \boldsymbol{M}:\dot{\boldsymbol{\varepsilon}}^e = \boldsymbol{M}:(\dot{\boldsymbol{\varepsilon}}-\dot{\boldsymbol{\varepsilon}}^p) = \boldsymbol{M}:\left[\dot{\boldsymbol{\varepsilon}} - \gamma\langle\varphi(F)\rangle\frac{\partial f}{\partial \boldsymbol{\sigma}}\right] \tag{6.6.23$'$}$$

$$\dot{\boldsymbol{\sigma}} = \frac{E}{1+\nu}(\dot{\boldsymbol{e}}-\dot{\boldsymbol{e}}^p) + \frac{E}{3(1-2\nu)}[\dot{\varepsilon}_{ii}-\dot{\varepsilon}_{ii}^p]\boldsymbol{I} \tag{6.6.24$'$}$$

其中，$\dot{\boldsymbol{e}}$ 为偏应变率张量，$\dot{\boldsymbol{e}}^p$ 为黏塑性应变率张量 $\dot{\boldsymbol{\varepsilon}}^p=\gamma\langle\varphi(F)\rangle\dfrac{\partial f}{\partial \boldsymbol{\sigma}}$的偏量部分。

2．Perzyna 超应力型黏塑性本构关系所对应的应变率相关动态屈服面

现在我们来分析一下如下的问题：满足 Perzyna 超应力型黏塑性本构关系的材料，其动态屈服面和其准静态屈服面式(6.6.20)究竟有什么关系？

假设黏塑性变形是发展的，则有 $F>0$，于是将方程(6.6.21)的两边进行二次点积并做适当变形，即可得

$$\dot{\bar{\varepsilon}}^p \equiv \sqrt{\frac{2}{3}\dot{\boldsymbol{\varepsilon}}^p:\dot{\boldsymbol{\varepsilon}}^p} = \gamma\varphi(F)\sqrt{\frac{2}{3}\frac{\partial f}{\partial \boldsymbol{\sigma}}:\frac{\partial f}{\partial \boldsymbol{\sigma}}} \tag{6.6.25}$$

其中，$\dot{\bar{\varepsilon}}^p$ 是等效黏塑性应变率，我们可将此标量型的量作为在复杂应力状态之下对材料应变率的一个度量。所以，式(6.6.25)事实上就是黏塑性材料应变率相关屈服准则的一种表达方式，可称之为材料的动态屈服准则，它的含义是：如果材料的准静态屈服准则是由式(6.6.20)，即

$$F(\boldsymbol{\sigma},\boldsymbol{\varepsilon}^{\mathrm{p}},K) \equiv \frac{f(\boldsymbol{\sigma},\boldsymbol{\varepsilon}^{\mathrm{p}})}{K} - 1 = 0, \quad f(\boldsymbol{\sigma},\boldsymbol{\varepsilon}^{\mathrm{p}}) = K \tag{6.6.20}$$

来表达,则等效应变率为 $\dot{\varepsilon}^{\mathrm{p}}$ 时的材料动态屈服面即为式(6.6.25)。由于准静态的情况可视为 $\dot{\varepsilon}^{\mathrm{p}}=0$,所以理论上如下三式必然是等价的,即

$$\gamma\varphi(F)\sqrt{\frac{2}{3}\frac{\partial f}{\partial\boldsymbol{\sigma}}:\frac{\partial f}{\partial\boldsymbol{\sigma}}} = 0 \quad \infty \quad f(\boldsymbol{\sigma},\boldsymbol{\varepsilon}^{\mathrm{p}}) = K \quad \infty \quad F = 0 \tag{6.6.20$'$}$$

式(6.6.25)也可以写为如下的两种形式:

$$\varphi(F) = \varphi\left(\frac{f(\boldsymbol{\sigma},\boldsymbol{\varepsilon}^{\mathrm{p}})}{K} - 1\right) = \frac{\dot{\varepsilon}^{\mathrm{p}}}{\gamma}\bigg/\sqrt{\frac{2}{3}\frac{\partial f}{\partial\boldsymbol{\sigma}}:\frac{\partial f}{\partial\boldsymbol{\sigma}}} \tag{6.6.26}$$

或

$$f(\boldsymbol{\sigma},\boldsymbol{\varepsilon}^{\mathrm{p}}) = K\left[1 + \varphi^{-1}\left(\frac{\dot{\varepsilon}^{p}}{\gamma}\bigg/\sqrt{\frac{2}{3}\frac{\partial f}{\partial\boldsymbol{\sigma}}:\frac{\partial f}{\partial\boldsymbol{\sigma}}}\right)\right] \equiv f(\boldsymbol{\sigma},\boldsymbol{\varepsilon}^{\mathrm{p}},K,\dot{\varepsilon}^{\mathrm{p}}) \tag{6.6.27}$$

其中,φ^{-1}表示函数 φ 的反函数。

同式(6.6.25)一样,式(6.6.26)和式(6.6.27)也可以称为材料应变率相关的动态屈服准则,其中式(6.6.27)可以视为材料动态屈服准则的一种显式表达,其右端的函数可以称为动态屈服函数,它显式地表达了材料的动态屈服函数 f 对等效应变率 $\dot{\varepsilon}^{p}$ 的依赖关系。由于 $\varphi(0)=0,\varphi^{-1}(0)=0$,故准静态情况下即 $\dot{\varepsilon}^{p}=0$ 时,式(6.6.27)给出了材料的准静态屈服面 $f(\boldsymbol{\sigma},\boldsymbol{\varepsilon}^{\mathrm{p}})=K$,即式(6.6.20);对正应变率敏感的材料,函数 φ 和其反函数 φ^{-1}都是自变量的增函数,故当材料的等效应变率 $\dot{\varepsilon}^{\mathrm{p}}$ 提高时,式(6.6.27)中的第二项也将增大,所以动态屈服面式(6.6.27)表明了随着等效应变率 $\dot{\varepsilon}^{\mathrm{p}}$ 的提高,材料的动态屈服面是如何扩大的,或者其动态屈服函数 $f(\boldsymbol{\sigma},\boldsymbol{\varepsilon}^{\mathrm{p}},K,\dot{\varepsilon}^{\mathrm{p}})$是如何增加的。

为了易于理解起见,我们在下一小段中来看一看如下的一种特殊情况。

3. 等向硬化的 Mises 材料

对于此种情况,材料的准静态屈服准则为

$$f(\boldsymbol{\sigma}) = \bar{\sigma} = K, \quad F = \frac{f(\boldsymbol{\sigma})}{K} - 1 = \frac{\bar{\sigma}}{K} - 1$$

其中

$$\bar{\sigma} = \sqrt{\frac{3}{2}\boldsymbol{S}:\boldsymbol{S}} \quad (\boldsymbol{S}\ \text{为应力偏量张量})$$

为等效应力。由于 Mises 材料是屈服函数与静水压力无关的材料,所以将本构关系分别写为偏应变率 $\dot{\boldsymbol{e}}$ 与体应变率 $\dot{\theta}$ 表达的形式更为方便。注意到

$$\frac{\partial\bar{\sigma}}{\partial\boldsymbol{\sigma}} = \frac{3\boldsymbol{S}}{2\bar{\sigma}}$$

故对各向同性材料而言,可有

$$\dot{\boldsymbol{e}} = \frac{1}{2\mu}\dot{\boldsymbol{S}} + \gamma < \varphi\left(\frac{\bar{\sigma}}{K} - 1\right) > \frac{3\boldsymbol{S}}{2\bar{\sigma}} \tag{6.6.28a}$$

$$\dot{\theta} = \frac{1}{3k}\dot{\sigma}_{ii} \tag{6.6.28b}$$

其中,μ 和 k 分别为弹性剪切模量和体积模量。相应的动态屈服准则式(6.6.27)则为

$$\bar{\sigma} = K\left[1 + \varphi^{-1}\left(\frac{\dot{\bar{\varepsilon}}^{p}}{\gamma}\right)\right] \tag{6.6.29}$$

当材料为弹性-理想黏塑性材料时，以上的一些公式仍然是成立的，只不过此时函数 f 不依赖于塑性应变 $\dot{\boldsymbol{\varepsilon}}^{p}$，而且 K 成为常数而已。

6.6.3　无屈服面的黏塑性本构关系

1．一维应力状态下的 Bodner-Parton 无屈服面黏塑性本构关系

在 6.6.1 小节和 6.6.2 小节中，我们重点介绍了超应力型的黏塑性本构关系，其主要思想是认为材料存在着一个确定的准静态应力应变曲线（或复杂应力状态之下存在确定的准静态屈服面），当材料的状态位于其准静态应力应变曲线之下（准静态屈服面之内）时，材料只发生可逆的弹性变形，而当其状态超出其准静态应力应变曲线之上（准静态屈服面之外）时，材料才发生与可逆弹性变形伴随而流动的不可逆黏塑性变形。这种理论虽然基本上符合黏塑性材料受力变形的宏观物理特性，但是对于动态问题的数值计算则是比较复杂的，因为我们必须在每一步都要判别材料是处于屈服面之内还是之上，并分别根据其弹性变载和黏塑性加载的不同情况而进行不同的本构计算。自 20 世纪 70 年代以来，随着动态数值方法的不断发展和高效高精度本构计算的需要，出现了一种将细观位错动力学理论与宏观黏塑性本构关系理论相结合的趋势，这方面理论的典型代表就是 Bodner-Parton 等的无屈服面黏塑性本构关系理论。在这种理论中，他们认为材料并未有一个明确的所谓屈服面，材料的变形也并不存在所谓黏塑性加载和弹性卸载之分，而是认为材料的瞬态弹性变形和非瞬态黏塑性变形存在于材料加载和卸载的各个阶段，而且这两种变形始终是耦合在一起的。

无屈服面黏塑性本构关系的理论主要基于位错动力学的成果和传统的宏观黏塑性本构关系理论的成果。位错动力学认为，存在于材料内部的缺陷即位错，在一定的应力作用下会被激活而产生运动，这种位错的运动造成材料颗粒之间的相对滑移，这在宏观上即表现为材料的不可逆塑性变形，故材料的塑性应变率与其位错运动的速率之间存在着一定的关系。这种关系是由如下的 Orowan 关系所表达的：

$$\dot{\varepsilon}^{p} = \varphi N b v \tag{6.6.30}$$

其中，N 是可动位错密度，b 是 Burgers 矢量，v 是位错运动的平均速度，φ 为取向因子。实验证明位错运动速度是与材料所受应力的大小紧密相关的，当不考虑热效应时，其中最常用的经验公式是 v 正比于如下的应力函数：

$$v \propto \sigma^{n}, \quad v \propto \exp\left(-\frac{D}{\sigma}\right) \tag{6.6.31}$$

其中，n、D 为材料常数。以此为基础，Bodner、Parton 等假设了如下两种形式的材料黏塑性应变率的表达式：

$$\dot{\varepsilon}^{p} = C\left(\frac{\sigma}{\sigma_0}\right)^{n} \tag{6.6.32}$$

$$\dot{\varepsilon}^{p} = A\exp\left(-\frac{B}{\sigma}\right) \tag{6.6.33}$$

其中，n 是无量纲的材料常数，σ_0 和 B 是具有应力量纲的材料常数，C 和 A 是具有应变率量纲的材料常数。当然，在式(6.6.32)中 C、n 和 σ_0 只有两个材料常数是独立的。

将式(6.6.32)和式(6.6.33)相对应，可以分别写出如下两种形式的一维应力条件下材

料的 Bodner-Parton 无屈服面黏塑性本构关系：

$$\dot{\sigma} = E(\dot{\varepsilon} - \dot{\varepsilon}^{\mathrm{p}}) = E\left[\dot{\varepsilon} - C\left(\frac{\sigma}{\sigma_0}\right)^n\right] \tag{6.6.32$'$}$$

$$\dot{\sigma} = E(\dot{\varepsilon} - \dot{\varepsilon}^{\mathrm{p}}) = E\left[\dot{\varepsilon} - A\exp\left(-\frac{B}{\sigma}\right)\right] \tag{6.6.33$'$}$$

无屈服面黏塑性本构关系与超应力型黏塑性本构关系的主要区别就是，黏塑性变形连同弹性变形发生在材料的任何一种状态之下，即使材料有接近于零的很小应力，它们也会发展。现在我们将以幂函数型 Bodner-Parton 无屈服面黏塑性本构关系式(6.6.32)$'$为例来说明材料变形的一些规律和特性，从而可以使我们认识到它是可以反映黏塑性材料变形的主要特征的。

(1) 材料应力应变曲线的应变率相关特性

材料(式(6.6.32)$'$)在等应变率 $\dot{\varepsilon} = \dot{\varepsilon}_c$ 下的应力应变曲线 $\sigma = \sigma(\varepsilon, \dot{\varepsilon}_c)$ 可由常微分方程组

$$\begin{cases} \dot{\varepsilon} = \dot{\varepsilon}_c \\ \dot{\sigma} = E\left[\dot{\varepsilon}_c - C\left(\dfrac{\sigma}{\sigma_0}\right)^n\right] \end{cases} \tag{6.6.34}$$

在初始条件 $\varepsilon(t=0)=0$，$\sigma(t=0)=0$ 下求解并消去时间 t 而得到；也可由常微分方程

$$\frac{\mathrm{d}\sigma}{\mathrm{d}\varepsilon} = E - \frac{EC}{\dot{\varepsilon}_c}\left(\frac{\sigma}{\sigma_0}\right)^n \tag{6.6.35}$$

在初始条件 $\sigma(\varepsilon=0)=0$ 下直接求解。图 6.21 画出的是不同常应变率 $\dot{\varepsilon} = \dot{\varepsilon}_c$ 下材料的应力应变曲线，其中的材料参数为 $E = 60$ MPa，$\sigma_0 = 2$ MPa，$n = 6.00$，$C = 0.1\ \mathrm{s}^{-1}$。由图 6.21 可以看出，随着应变率的应力提高，应变曲线逐渐上移，材料具有明显的正应变率敏感特性。每一条应力应变曲线大体上经历三个不同的阶段：在应力较小的第一阶段，因为黏塑性应变率很小，所以材料变形主要是弹性变形，应力应变曲线接近于斜率为弹性模量 E 的直线；在第二阶段，随着应力的提高，黏塑性应变率也逐渐增大，即式(6.6.35)中的第二项逐渐增大，所以应力应变曲线的斜率逐渐减小而曲线趋于变缓；在第三阶段，材料的等应变率应力应变曲线将趋于一个水平的渐近线：

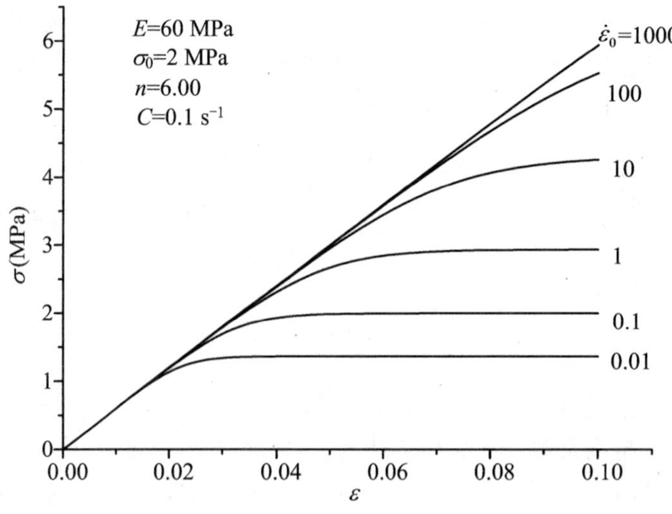

图 6.21　不同应变率下 Bodner 应力应变曲线

$$\sigma = \sigma_0 \left(\frac{\dot{\varepsilon}_c}{C} \right)^{1/n} \equiv \sigma(\dot{\varepsilon}_c) \tag{6.6.36}$$

这是因为 $t \to \infty$、$\varepsilon \to \infty$ 而 $\sigma \to \sigma(\dot{\varepsilon}_c)$时，有$\frac{d\sigma}{d\varepsilon} \to 0$。但是，当应变率 $\dot{\varepsilon} = \dot{\varepsilon}_c \to \infty$时，则式(6.6.35)给出$\frac{d\sigma}{d\varepsilon} = E$，材料的应力应变曲线趋于瞬态弹性应力应变曲线 $\sigma = E\varepsilon$。

(2) 材料在等应变率加载至某一状态后的卸载特性

为了直观和易于理解起见，这里我们将以应变的增加和减少作为加载和卸载，来研究它们所导致的材料应力的加卸载特性。仍然取前面的材料参数。假设材料在某一为正的等应变率 $\dot{\varepsilon}_c > 0$ 下从自然静止状态加载至某一特定状态$(\sigma^*, \varepsilon^*)$，然后以某一负的常应变率 $\dot{\varepsilon}_c^* = -|\dot{\varepsilon}_c^*| < 0$ 使其应变减小而卸载，则材料的卸载应力应变曲线将由常微分方程

$$\frac{d\sigma}{d\varepsilon} = E + \frac{EC}{|\dot{\varepsilon}_c^*|} \left(\frac{\sigma}{\sigma_0} \right)^n \tag{6.6.35$'$}$$

在初始条件$(\sigma^*, \varepsilon^*)$下求解。图6.22给出了从 $\dot{\varepsilon}_c = 1\ \text{s}^{-1}$加载曲线上的某点$(\sigma^* = 2.93\ \text{MPa}, \varepsilon^* = 0.10)$处，分别以 $\dot{\varepsilon}_c^* = -0.1\ \text{s}^{-1}$、$-1\ \text{s}^{-1}$、$-10\ \text{s}^{-1}$的恒定负应变率卸载时材料的等应变率卸载曲线。由图6.22可以看到，对于任何一个确定值的翻转应变率 $\dot{\varepsilon}_c^* = -|\dot{\varepsilon}_c^*| < 0$，材料的卸载应力应变曲线都同时具有非线弹性卸载的特征和应变率相关的特征，而且大体上也可分为三个阶段：在卸载刚发生后的第一阶段，由于应力较高黏塑性应变率的绝对值较大，故曲线的非线性特性较为明显；在第二阶段，随着应力的降低，黏塑性应变率的绝对值也逐渐减小，曲线的非线性特征逐渐减弱；在应力较小的第三阶段，黏塑性应变率的绝对值很小而起作用的主要是常数的弹性应变率，故卸载曲线趋近于斜率为 E 的直线。对比不同取值翻转应变率 $\dot{\varepsilon}_c^* = -|\dot{\varepsilon}_c^*| < 0$ 的卸载曲线，还可发现卸载的翻转应变率绝对值越小，卸载应力应变曲线的非线弹性特征越明显，卸载的翻转应变率绝对值越大，卸载应力应变曲线的

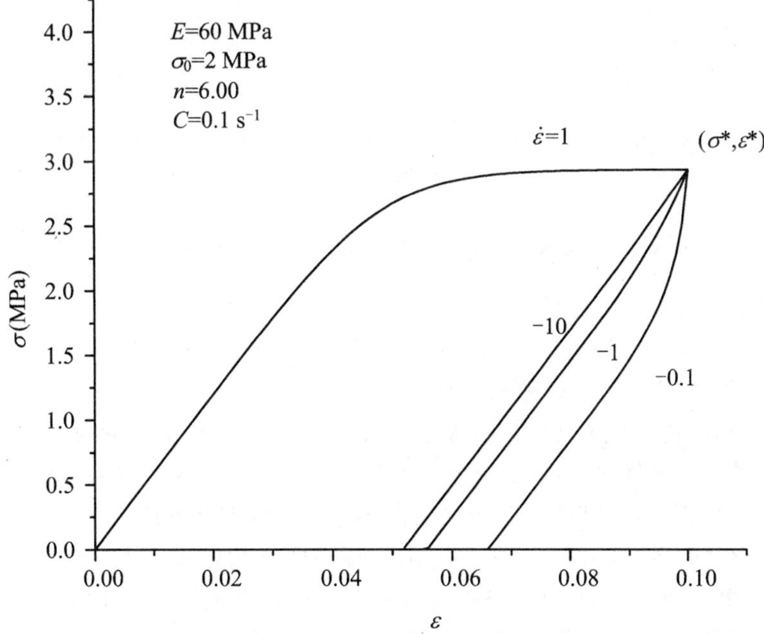

图6.22　Bodner模型的卸载性

非线弹性特征越不明显，而对绝对值较大的翻转应变率(如 $\dot{\varepsilon}_c^* = -|\dot{\varepsilon}_c^*| = -10\ \mathrm{s}^{-1}$)，整个卸载应力应变曲线都接近于线弹性的卸载曲线。由此可以看到，幂函数型的 Bodner-Parton 模型可以较好地反映黏塑性材料卸载时的非线弹性性质、变形滞后性质以及应变率相关特性。

(3) 材料对应变率历史的记忆效应

图 6.23 的两条虚线给出了应变率发生突变时材料应力应变曲线的性状，其中的一条虚线是由应变率为 $\dot{\varepsilon} = 1\ \mathrm{s}^{-1}$ 的加载曲线上的点($\sigma^* = 2.70$ MPa，$\varepsilon^* = 0.05$)处应变率突降为 $\dot{\varepsilon} = 0.1\ \mathrm{s}^{-1}$ 时的流变应力应变曲线，特点是应变率初降的初期应力发生较快的下降，伴随着应变的流动增大，曲线逐渐地趋近于低应变率 $\dot{\varepsilon} = 0.1\ \mathrm{s}^{-1}$ 时的加载应力应变曲线；另外的一条虚线是由应变率为 $\dot{\varepsilon} = 0.1\ \mathrm{s}^{-1}$ 的加载曲线上的点($\sigma^* = 1.99$ MPa，$\varepsilon^* = 0.05$)处应变率突增为 $\dot{\varepsilon} = 1\ \mathrm{s}^{-1}$ 时的流变应力应变曲线，特点是应变率初增的初期曲线按照接近于弹性加载曲线的路径发展，伴随着应变的流动增大，曲线逐渐地趋近于高应变率 $\dot{\varepsilon} = 1\ \mathrm{s}^{-1}$ 时的加载应力应变曲线。由这些例子可以看出幂函数型的 Bodner-Parton 模型也可以较好地反映材料对应变率历史的记忆作用。

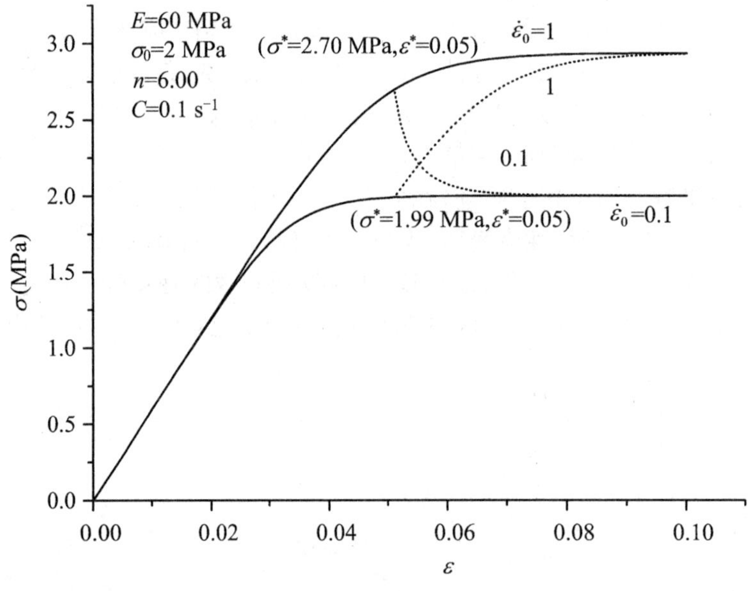

图 6.23　Boder 模型的应变率历史效应

(4) 材料参数的意义和对材料性能的影响

由于无屈服面黏塑性模型不存在所谓的准静态屈服应力，材料在极小的应力下即会发生黏塑性流动，所以式(6.6.32)中的参数 σ_0 不能称为准静态屈服应力，但是由此公式的数学形式显然可见，故可以把 C 称为“参考黏塑性应变率”，而 σ_0 就是使材料的黏塑性应变率达到 C 时所需的一个门槛应力。由于绝大多数的材料 $n \geqslant 1$，故在应力 $\sigma < \sigma_0$ 的范围内，材料的黏塑性应变率很小，且其应力应变曲线将接近于其线弹性的应力应变曲线；而当 $\sigma > \sigma_0$ 时，材料的黏塑性应变率较大，且将随着应力的提高而继续较快增大，所以其应力应变曲线将逐渐地变缓，并趋近于前面第(1)条中所讲的水平渐近线；当 $\sigma = \sigma_0$ 时，材料的黏塑性应变率等于其参考黏塑性应变率 C，所以在总应变率为参考黏塑性应变率 C 时，材料的应力应变曲线将近似于水平线 $\sigma = \sigma_0$，不妨将此条应力应变曲线称为“参考应力应变曲线”。(两者之所以不相重合，是因为总应变率中还包含着弹性应变率，且总应变中还包含着弹性应变。）这就是 C 和 σ_0 的含义，它们控制着"参考应力应变曲线"，此曲线的渐近高度就是使材料的黏塑性应变率等于 C 时所需的门槛应力，或者说 σ_0 就是当材料的黏塑性应变率等于 C 时的流动应力，类似于塑性理论中屈服应力的作用。图 6.24 给出了不同 σ_0 下材料在应变率 $\dot{\varepsilon}=1\ \mathrm{s}^{-1}$ 时的应力应变曲线，其中的材料参数为 $E=60$ MPa，$n=6.00$，$C=0.1\ \mathrm{s}^{-1}$。

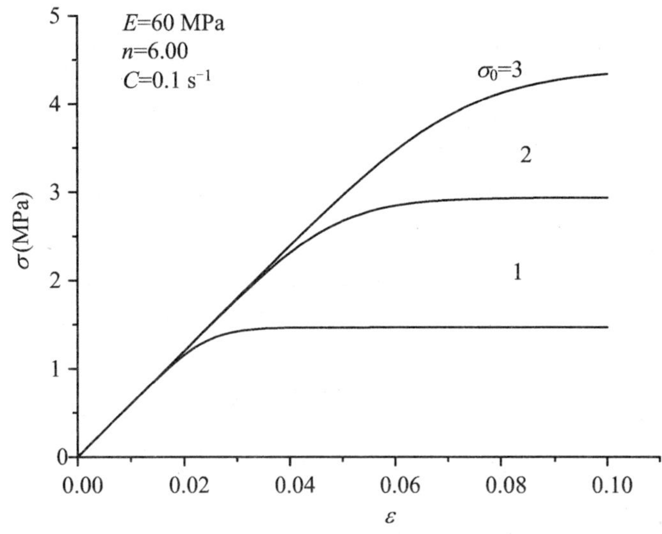

图 6.24　σ_0 值对应力应变曲线的影响

由于

$$\frac{1}{n}=\frac{\mathrm{dln}(\sigma/\sigma_0)}{\mathrm{dln}(\dot{\varepsilon}^{\mathrm{p}}/C)} \tag{6.6.37}$$

所以无量纲参数 $1/n$ 可称为材料的应变率敏感因子：n 越小，材料的应变率敏感性越高，使材料塑性应变率提高所需的应力增加越大；n 越大，材料的应变率敏感性越低，使材料塑性应变率提高所需的应力增加越小；n 趋于无穷时，材料的性质将接近于弹性理想塑性材料。图 6.25 给出了不同 n 之下材料在应变率 $\dot{\varepsilon}=1\ \mathrm{s}^{-1}$ 时的应力应变曲线，其中的材料参数为 $E=60$ MPa，$n=6.00$，$\sigma_0=2$ MPa，$C=0.1\ \mathrm{s}^{-1}$。

最后我们指出，以上所剖析的 Bodner-Parton 无屈服面黏塑性本构关系所刻画的材料性质，对超应力黏塑性模型（例如将式(6.6.32)的右端改为 $C\left(\left\langle\frac{\sigma-\sigma_0}{\sigma_0}\right\rangle\right)^n$）也都是定性存在的，因为两者的区别主要是黏塑性流动产生的阈值应力不同而已。

2. 复杂应力状态之下的 Bodner-Parton 无屈服面黏塑性本构关系

Bodner-Parton 等人在以下的两个基本假定下将前面所讲的在一维应力下的无屈服面黏塑性本构关系推广到了复杂应力状态的情况。这两个基本假定就是：

(1) 材料的黏塑性应变率满足 Mises 材料的流动法则，即

$$\dot{\boldsymbol{\varepsilon}}^{\mathrm{p}}=\dot{\lambda}\boldsymbol{S} \tag{6.6.38}$$

(2) 将式(6.6.32)中的 $\dot{\varepsilon}^{\mathrm{p}}$ 推广为复杂应力状态下的等效黏塑性应变率 $\dot{\bar{\varepsilon}}^{\mathrm{p}}$，将其中的 σ 推广为复杂应力状态下的等效应力 $\bar{\sigma}$，即将式(6.6.32)推广为如下形式：

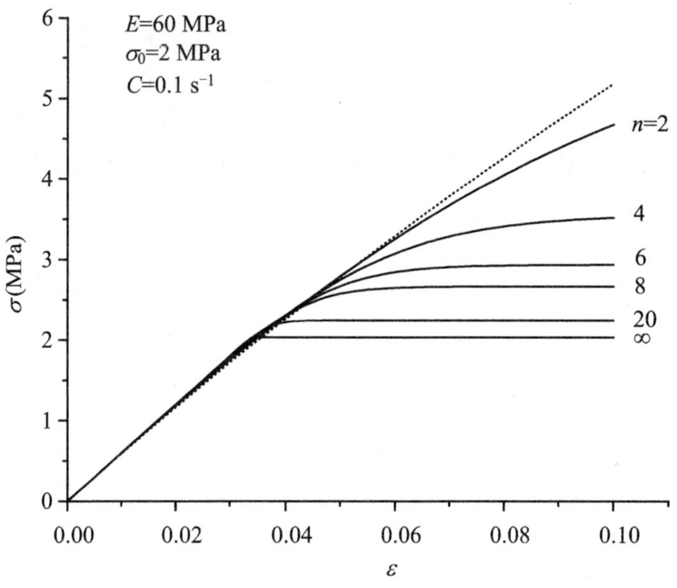

图 6.25　n 值对应力应变曲线的影响

$$\dot{\bar{\varepsilon}}^{\mathrm{p}} = C\left(\frac{\bar{\sigma}}{\sigma_0}\right)^n \tag{6.6.39}$$

在此二假定之下,由式(6.6.38)两端进行二次自点积可得

$$(\dot{\bar{\varepsilon}}^{\mathrm{p}})^2 = \left(\frac{2}{3}\dot{\lambda}\bar{\sigma}\right)^2, \quad \dot{\lambda} = \frac{3}{2}\frac{\dot{\bar{\varepsilon}}^{\mathrm{p}}}{\bar{\sigma}} \tag{6.6.40}$$

将式(6.6.39)代入式(6.6.40)中,可得

$$\dot{\lambda} = \frac{3}{2}\frac{C\left(\dfrac{\bar{\sigma}}{\sigma_0}\right)^n}{\bar{\sigma}} \tag{6.6.41}$$

由式(6.6.41)和式(6.6.38),有

$$\dot{\boldsymbol{\varepsilon}}^{\mathrm{p}} = \frac{3}{2}\frac{C\left(\dfrac{\bar{\sigma}}{\sigma_0}\right)^n}{\bar{\sigma}}\boldsymbol{S} \tag{6.6.42}$$

于是可得

$$\dot{\boldsymbol{\sigma}} = \boldsymbol{M} : (\dot{\boldsymbol{\varepsilon}} - \dot{\boldsymbol{\varepsilon}}^{\mathrm{p}}) = \boldsymbol{M} : \dot{\boldsymbol{\varepsilon}} - \boldsymbol{M} : \frac{3}{2}\frac{C\left(\dfrac{\bar{\sigma}}{\sigma_0}\right)^n}{\bar{\sigma}}\boldsymbol{S} \tag{6.6.43}$$

或者

$$\dot{\boldsymbol{\sigma}} = \dot{\boldsymbol{\sigma}}^{\mathrm{e}} - \dot{\boldsymbol{\sigma}}^{\mathrm{p}}, \quad \dot{\boldsymbol{\sigma}}^{\mathrm{e}} \equiv \boldsymbol{M} : \dot{\boldsymbol{\varepsilon}}, \quad \dot{\boldsymbol{\sigma}}^{\mathrm{p}} \equiv \boldsymbol{M} : \frac{3}{2}\frac{C\left(\dfrac{\bar{\sigma}}{\sigma_0}\right)^n}{\bar{\sigma}}\boldsymbol{S} \tag{6.6.43$'$}$$

式(6.6.42)和式(6.6.43)即是复杂应力状态之下 Bodner-Parton 无屈服面的黏塑性本构关系。由式(6.6.42)可以看到,材料的黏塑性应变率 $\dot{\boldsymbol{\varepsilon}}^{\mathrm{p}}$ 完全是由材料的应力状态所决定的,而与材料的整个应变率 $\dot{\boldsymbol{\varepsilon}}$ 毫无关系;式(6.6.43)或式(6.6.43)′说明,材料的应力率 $\dot{\boldsymbol{\sigma}}$ 是由两部分组成的,其中第一部分 $\dot{\boldsymbol{\sigma}}^{\mathrm{e}} = \boldsymbol{M} : \dot{\boldsymbol{\varepsilon}}$ 是其瞬态应力率,它是由应变率 $\dot{\boldsymbol{\varepsilon}}$ 来决定并与其同时产生的,在时间间隔 $\mathrm{d}t$ 之中若产生非零的瞬态增量应力 $\mathrm{d}\boldsymbol{\sigma}^{\mathrm{e}} = \boldsymbol{M} : \dot{\boldsymbol{\varepsilon}}\mathrm{d}t$,必须有应变的改

变，即非零的应变率 $\dot{\boldsymbol{\varepsilon}} \neq 0$；而第二部分 $\dot{\boldsymbol{\sigma}}^{\mathrm{p}} = \boldsymbol{M} : \dfrac{3}{2}\dfrac{C\left(\dfrac{\bar{\sigma}}{\sigma_0}\right)^n}{\bar{\sigma}}\boldsymbol{S}$ 则是完全由材料的应力状态所决定的，可称之为黏塑性松弛应力率，因为持续时间 $\mathrm{d}t$ 后材料的应力都将以此应力率而产生松弛增量应力 $-\dot{\boldsymbol{\sigma}}^{\mathrm{p}}\mathrm{d}t$，而不管 t 时刻的应变率 $\dot{\boldsymbol{\varepsilon}}$ 是否为零以及等于何值。

3．"无屈服面"的黏塑性本构模型即是"随遇的"黏塑性本构模型

最后，顺便指出，所谓"无屈服面"的黏塑性本构模型只是表示材料并不存在产生与不产生黏塑性流动的临界屈服面，该种材料在任何状态(包括其应力等外变量状态以及内变量状态)下以及在任何加卸载的状态改变时都会产生黏塑性流动，所以更确切地说，"无屈服面"的黏塑性本构模型应该称为"随遇的"黏塑性本构模型，认为它随时都在产生黏塑性流动。在此种意义上，式(6.6.39)事实上就可以看作是一种应变率相关的材料屈服准则或动态屈服准则，它表达了材料的动态应力屈服面是如何随着等效黏塑性应变率 $\dot{\bar{\varepsilon}}^{\mathrm{p}}$ 的增大而扩大的。如果将式(6.6.10)右端的函数记为 $f(\boldsymbol{\sigma})$ 而将其写为

$$\dot{\bar{\varepsilon}}^{\mathrm{p}} = f(\boldsymbol{\sigma}) \equiv C\left(\frac{\bar{\sigma}}{\sigma_0}\right)^n, \quad F(\boldsymbol{\sigma}, \dot{\bar{\varepsilon}}^{\mathrm{p}}) \equiv f(\boldsymbol{\sigma}) - \dot{\bar{\varepsilon}}^{\mathrm{p}} = 0 \tag{6.6.39$'$}$$

则 $F(\boldsymbol{\sigma}, \dot{\bar{\varepsilon}}^{\mathrm{p}}) = 0$ 就是以 $\dot{\bar{\varepsilon}}^{\mathrm{p}}$ 为参数的材料屈服面，于是由与屈服函数相关联的塑性流动的正交法则，可有

$$\dot{\varepsilon}^{\mathrm{p}} = \dot{\lambda}\frac{\partial F}{\partial \boldsymbol{\sigma}} = \dot{\lambda}\frac{\partial f}{\partial \boldsymbol{\sigma}} = \dot{\lambda}Cn\left(\frac{\bar{\sigma}}{\sigma_0}\right)^{n-1}\frac{1}{\sigma_0}\frac{3}{2}\frac{\boldsymbol{S}}{\bar{\sigma}} \tag{6.6.44}$$

将式(6.6.44)两端进行二次自点积，可得

$$(\dot{\bar{\varepsilon}}^{\mathrm{p}})^2 = \left[\dot{\lambda}Cn\left(\frac{\bar{\sigma}}{\sigma_0}\right)^n\frac{1}{\bar{\sigma}}\right]^2, \quad \dot{\lambda} = \frac{\dot{\bar{\varepsilon}}^{\mathrm{p}}\bar{\sigma}}{Cn}\left(\frac{\sigma_0}{\bar{\sigma}}\right)^n \tag{6.6.45}$$

将式(6.6.39)代入式(6.6.45)，有

$$\dot{\lambda} = \frac{\bar{\sigma}}{n} \tag{6.6.46}$$

故

$$\dot{\boldsymbol{\varepsilon}}^{\mathrm{p}} = \frac{3}{2}\frac{C\left(\dfrac{\bar{\sigma}}{\sigma_0}\right)^n}{\bar{\sigma}}\boldsymbol{S} \tag{6.6.42}$$

$$\dot{\boldsymbol{\sigma}} = \boldsymbol{M} : (\dot{\boldsymbol{\varepsilon}} - \dot{\boldsymbol{\varepsilon}}^{\mathrm{p}}) = \boldsymbol{M} : \dot{\boldsymbol{\varepsilon}} - \boldsymbol{M} : \frac{3}{2}\frac{C\left(\dfrac{\bar{\sigma}}{\sigma_0}\right)^n}{\bar{\sigma}}\boldsymbol{S} \tag{6.6.43}$$

这恰恰就是前面的式(6.6.42)和式(6.6.43)。事实上，如果把式(6.6.44)中 $\boldsymbol{S}$ 前的系数称为新的黏塑性流动因子 $\dot{\lambda}$，那么它与前面 Bodner-Parton 作为基本出发点的假设式(6.6.38)就完全相同了。而现在我们是把式(6.6.39)作为一个时率相关的屈服面而导出了它们。这就是说，我们可以从更广泛的意义上来理解 Bodner-Parton 黏塑性本构模型，这就是将式(6.6.39)作为一个应变率相关的随遇屈服面，根据与屈服函数相关联的塑性流动的正交法则直接得到材料的黏塑性本构关系，而不必把式(6.6.38)作为一个独立的基本假设。这就为下一节中提出广义的 Bodner-Parton 黏塑性本构模型奠定了基础。

将上节所讲的超应力黏塑性本构模型和本节所讲的 Bodner-Parton 黏塑性本构模型进行对比，可以发现，两者的区别除了有无明确的屈服面以外，另一个就是两者的思路也不同：

前者是首先直接给出黏塑性应变率张量的流动规律，然后再导出与此流动规律相对应的材料动态屈服面，而后者则是首先给出应变率因子与材料状态依赖关系的材料动态屈服面，然后再导出黏塑性应变率张量的表达式。由于后一种思路更为自然和严谨，所以下一节将按此思路导出广义的 Bodner-Parton 黏塑性本构关系。

6.6.4 一般形式的自恰黏塑性本构关系

1. Bodner-Parton 黏塑性本构模型的局限性

在 6.6.3 小节中，我们介绍了一维应力条件下和复杂应力条件下的 Bodner-Parton 黏塑性本构关系，并且在最后特别提出了所谓无屈服面的黏塑性本构关系应该更确切地称为随遇屈服面的黏塑性本构关系，因为此种材料在任何时刻都处于由其当时状态所决定的随遇屈服面上并且产生黏塑性流动。同时我们还指出，如果把 Bodner-Parton 关于材料的等效黏塑性应变率 $\dot{\bar{\varepsilon}}^{\mathrm{p}}$ 与材料应力状态的依赖关系看作材料应变率相关的随遇屈服面，则以与此屈服函数相关联的黏塑性流动的正交法则出发就可以直接得到材料的黏塑性本构关系，而不必再对材料的黏塑性应变率张量 $\dot{\boldsymbol{\varepsilon}}^{\mathrm{p}}$ 做出任何独立的假定。这就为我们推广 Bodner-Parton 的黏塑性本构关系提供了启示。为了对之进行推广，我们首先指出上节所讲的 Bodner-Parton 黏塑性本构关系的如下局限性：

(1) 只讨论了 Mises 类的材料，即式(6.6.39)的右端是有效应力 $\bar{\sigma}$ 函数的情况，而且不包含材料内变量状态的影响，这在刻画材料黏塑性应变发展的特性方面有其局限性。

(2) 所取的材料应变率的度量是有效黏塑性应变率 $\dot{\bar{\varepsilon}}^{\mathrm{p}}$，这也是有其局限性的，因为有时我们可能需要反映材料更为多彩的应变率效应，比如为了反映材料应变率特性的各向异性特征，我们可能需要某种具有张量特性的量作为材料应变率效应的度量，或者需要若干个标量型的应变率因子来共同反映材料的应变率效应，或者只有黏塑性应变率张量的某些分量才对材料的应变率效应有贡献，等等。

但是，分析一下在 6.6.3 小节最后由随遇屈服面导出 Bodner-Parton 黏塑性本构关系的过程，就会发现其实可以突破以上的局限而按照同样的思路将 Bodner-Parton 黏塑性本构关系进行推广，从而导出一般情况下的所谓自恰随遇黏塑性本构关系，这种本构关系也是广义的 Bodner-Parton 黏塑性本构关系。

2. 自恰随遇黏塑性本构关系

作为例子我们考虑可以由一个单应变率因子 $\dot{\zeta}$ 来描写材料应变率效应的情况，并假设它是材料黏塑性应变率张量 $\dot{\boldsymbol{\varepsilon}}^{\mathrm{p}}$ 的某种函数，即

$$\dot{\zeta} = y(\dot{\boldsymbol{\varepsilon}}^{\mathrm{p}}) \tag{6.6.47}$$

如以前所讲过的，之所以假设它是黏塑性应变率张量 $\dot{\boldsymbol{\varepsilon}}^{\mathrm{p}}$ 的函数是因为弹性应变一般很小，而且由于弹性应变是可逆和瞬态的，故对材料的应变率效应没什么影响。函数 $y(\dot{\boldsymbol{\varepsilon}}^{\mathrm{p}})$ 的形式给出了我们对材料在复杂变形状态下的所谓应变率的一种特定度量，其具体形式可以根据我们对材料性质的认识来选择。特别来说，为了简单起见，可以假设式(6.6.47)中的函数 y 是黏塑性应变率张量 $\dot{\boldsymbol{\varepsilon}}^{\mathrm{p}}$ 的一次齐次函数，即它具有如下性质：

$$y(a\dot{\boldsymbol{\varepsilon}}^{\mathrm{p}}) = ay(\dot{\boldsymbol{\varepsilon}}^{\mathrm{p}}) \tag{6.6.48}$$

其中，a 为任意的常数。需要说明的是，一次齐次函数形式(6.6.48)的假定对于黏塑性本构

关系的导出并不是绝对必要的,而只是为了使本构关系具有相对较简单和实用的形式才做出的,而实践表明对绝大多数工程问题的需要而言这已经足够了。显然,材料的等效黏塑性应变率 $\dot{\bar{\varepsilon}}^{\mathrm{p}}$、黏塑性体应变率 $\dot{\theta}^{\mathrm{p}}$、黏塑性应变率的任何分量 $\dot{\varepsilon}_{ij}^{\mathrm{p}}$ 等都具有式(6.6.48)的一次齐次性质,因为

$$\dot{\bar{\varepsilon}}^{\mathrm{p}} = \sqrt{\frac{2}{3}\dot{\boldsymbol{\varepsilon}}^{\mathrm{p}} : \dot{\boldsymbol{\varepsilon}}^{\mathrm{p}}}, \quad \dot{\theta}^{\mathrm{p}} = \dot{\varepsilon}_{ii}^{\mathrm{p}}, \dot{\varepsilon}_{11}^{\mathrm{p}}, \dot{\varepsilon}_{12}^{\mathrm{p}}, \cdots$$

其次,假设材料的应变率因子 $\dot{\zeta}$ 是材料应力状态和内变量状态的某个函数,即

$$\dot{\zeta} = f(\boldsymbol{\sigma}, \xi_\alpha), \quad \Phi(\boldsymbol{\sigma}, \xi_\alpha, \dot{\zeta}) \equiv f(\boldsymbol{\sigma}, \xi_\alpha) - \dot{\zeta} = 0 \tag{6.6.49}$$

其中,$\xi_\alpha(\alpha = 1, \cdots, n)$是 n 个内变量,比如可以包含累积黏塑性应变 $\boldsymbol{\varepsilon}^{\mathrm{p}}$ 的各个分量,可以包含等向硬化(功硬化或应变硬化)参数 K,等等。函数 $f(\boldsymbol{\sigma}, \xi_\alpha)$的形式决定了材料应变率效应的具体特性,可以借鉴已有的理论或以实验为基础来进行选择,6.6.3 小节所给出的等效应力的某种函数形式就是一种具体特例。如前所述,由于任何时刻材料都会发生黏塑性流动,所以式(6.6.49)可以看作材料的一个随遇屈服面,或应变率相关的动态屈服面。

将应变率因子 $\dot{\zeta}$ 的定义代入随遇的动态屈服面式(6.6.49)中,则有

$$y(\dot{\boldsymbol{\varepsilon}}^{\mathrm{p}}) = f(\boldsymbol{\sigma}, \xi_\alpha) \tag{6.6.49$'$}$$

而其黏塑性应变率 $\dot{\boldsymbol{\varepsilon}}^{\mathrm{p}}$ 可以由与屈服函数 $\Phi(\boldsymbol{\sigma}, \xi_\alpha, \dot{\zeta})$或 $f(\boldsymbol{\sigma}, \xi_\alpha)$相关的正交流动法则所决定,即

$$\dot{\boldsymbol{\varepsilon}}^{\mathrm{p}} = \dot{\lambda}\frac{\partial \Phi}{\partial \boldsymbol{\sigma}} = \dot{\lambda}\frac{\partial f}{\partial \boldsymbol{\sigma}} \tag{6.6.50}$$

将正交法则式(6.6.50)代入定义应变率因子 $\dot{\zeta}$ 的式(6.6.47)中,可得

$$y\left(\dot{\lambda}\frac{\partial f}{\partial \boldsymbol{\sigma}}\right) = f(\boldsymbol{\sigma}, \xi_\alpha) \tag{6.6.51}$$

式(6.6.51)是关于 $\dot{\lambda}$ 的一个隐式方程。由于$\dfrac{\partial f}{\partial \boldsymbol{\sigma}}$也只是材料内外状态($\boldsymbol{\sigma}, \xi_\alpha$)的函数,对于任何给定的应变率因子 $\dot{\zeta}$ 的式(6.6.47),可以由式(6.6.51)解出 $\dot{\lambda}$,设其为

$$\dot{\lambda} = \dot{\lambda}(\boldsymbol{\sigma}, \xi_\alpha) \tag{6.6.52}$$

将其代入式(6.6.50),可得出材料的黏塑性本构关系如下:

$$\dot{\boldsymbol{\varepsilon}}^{\mathrm{p}} = \dot{\lambda}(\boldsymbol{\sigma}, \xi_\alpha)\frac{\partial f}{\partial \boldsymbol{\sigma}} \tag{6.6.53}$$

$$\dot{\boldsymbol{\sigma}} = \boldsymbol{M} : (\dot{\boldsymbol{\varepsilon}} - \dot{\boldsymbol{\varepsilon}}^{\mathrm{p}}) = \boldsymbol{M} : \dot{\boldsymbol{\varepsilon}} - \boldsymbol{M} : \dot{\lambda}(\boldsymbol{\sigma}, \xi_\alpha)\frac{\partial f}{\partial \boldsymbol{\sigma}} \tag{6.6.54}$$

或

$$\dot{\boldsymbol{\sigma}} = \dot{\boldsymbol{\sigma}}^{\mathrm{e}} - \dot{\boldsymbol{\sigma}}^{\mathrm{p}}, \quad \dot{\boldsymbol{\sigma}}^{\mathrm{e}} = \boldsymbol{M} : \dot{\boldsymbol{\varepsilon}}, \quad \dot{\boldsymbol{\sigma}}^{\mathrm{p}} = \dot{\lambda}(\boldsymbol{\sigma}, \xi_\alpha)\frac{\partial f}{\partial \boldsymbol{\sigma}} \tag{6.6.54$'$}$$

其中,$\dot{\boldsymbol{\sigma}}^{\mathrm{e}}$ 和 $\dot{\boldsymbol{\sigma}}^{\mathrm{p}}$ 分别称为材料的瞬态弹性应力率和黏塑性松弛应力率。

特别说来,当应变率因子 $\dot{\zeta}$ 为黏塑性应变率的一次齐次函数时,利用一次齐次函数性质式(6.6.48),可由式(6.6.51)得出

$$\dot{\lambda} y\left(\frac{\partial f}{\partial \boldsymbol{\sigma}}\right) = f(\boldsymbol{\sigma}, \xi_\alpha)$$

于是可以得出 $\dot{\lambda}$ 的显式解如下：

$$\dot{\lambda} = \frac{f(\boldsymbol{\sigma}, \xi_\alpha)}{y\left(\dfrac{\partial f}{\partial \boldsymbol{\sigma}}\right)} \equiv \dot{\lambda}(\boldsymbol{\sigma}, \xi_\alpha) \tag{6.6.55}$$

黏塑性材料的本构关系为

$$\dot{\boldsymbol{\varepsilon}}^{\mathrm{p}} = \frac{f(\boldsymbol{\sigma}, \xi_\alpha)}{y\left(\dfrac{\partial f}{\partial \boldsymbol{\sigma}}\right)} \frac{\partial f}{\partial \boldsymbol{\sigma}} \tag{6.6.56}$$

$$\dot{\boldsymbol{\sigma}} = \boldsymbol{M} : (\dot{\boldsymbol{\varepsilon}} - \dot{\boldsymbol{\varepsilon}}^{\mathrm{p}}) = \boldsymbol{M} : \dot{\boldsymbol{\varepsilon}} - \boldsymbol{M} : \frac{f(\boldsymbol{\sigma}, \xi_\alpha)}{y\left(\dfrac{\partial f}{\partial \boldsymbol{\sigma}}\right)} \frac{\partial f}{\partial \boldsymbol{\sigma}} \tag{6.6.57}$$

或

$$\dot{\boldsymbol{\sigma}} = \dot{\boldsymbol{\sigma}}^{\mathrm{e}} - \dot{\boldsymbol{\sigma}}^{\mathrm{p}}, \quad \dot{\boldsymbol{\sigma}}^{\mathrm{e}} = \boldsymbol{M} : \dot{\boldsymbol{\varepsilon}}, \quad \dot{\boldsymbol{\sigma}}^{\mathrm{p}} = \boldsymbol{M} : \frac{f(\boldsymbol{\sigma}, \xi_\alpha)}{y\left(\dfrac{\partial f}{\partial \boldsymbol{\sigma}}\right)} \frac{\partial f}{\partial \boldsymbol{\sigma}} \tag{6.6.57$'$}$$

由于函数 $f(\boldsymbol{\sigma}, \xi_\alpha)$ 只是材料内外状态 $(\boldsymbol{\sigma}, \xi_\alpha)$ 的函数，所以 $\dot{\lambda}$，因之 $\dot{\boldsymbol{\varepsilon}}^{\mathrm{p}}$ 和 $\dot{\boldsymbol{\sigma}}^{\mathrm{p}}$ 也都只是材料内外状态 $(\boldsymbol{\sigma}, \xi_\alpha)$ 的函数，而与材料的瞬时应变率 $\dot{\varepsilon}$ 完全无关，所以不管 $\dot{\boldsymbol{\varepsilon}}$ 是否为 0，在时间间隔 $\mathrm{d}t$ 后，材料都将会产生松弛增量应力 $-\dot{\boldsymbol{\sigma}}^{\mathrm{p}}\mathrm{d}t$；而弹性应力率 $\dot{\boldsymbol{\sigma}}^{\mathrm{e}}$ 正比于瞬时应变率 $\dot{\boldsymbol{\varepsilon}}$，所以只有当应变发生改变即 $\dot{\boldsymbol{\varepsilon}} \neq \boldsymbol{0}$ 时，在时间间隔 $\mathrm{d}t$ 后才会以 t 时的应变率 $\dot{\boldsymbol{\varepsilon}}$ 而产生弹性增量应力 $\dot{\boldsymbol{\sigma}}^{\mathrm{e}} = \boldsymbol{M} : \dot{\boldsymbol{\varepsilon}}$。

现在我们来讨论一下得出上述黏塑性本构关系与 6.3 节中得出应变率无关的弹塑性材料本构关系的推理过程之间的主要区别。在得出弹塑性材料的本构关系时，我们除了需依据材料的屈服准则和塑性应变流动的正交法则以外，还需要利用内外变量连同屈服面演化的一致性法则，后者是由屈服面求导而得出的；而在前面得出黏塑性材料的本构关系时，我们只需要利用材料应变率相关的动态屈服准则和黏塑性应变流动的正交法则，而不需要额外利用由动态屈服准则求导的一致性法则，其原因和意义是：材料在任何状态下都会产生黏塑性流动，而度量材料应变率的应变率因子 $\dot{\zeta}$ 是由正交法则控制的黏塑性应变率 $\dot{\boldsymbol{\varepsilon}}^{\mathrm{p}}$ 的函数，并以确定的方式和材料的内、外状态相联系，这自然就意味着在每一时刻材料的黏塑性应变率 $\dot{\boldsymbol{\varepsilon}}^{\mathrm{p}}$ 与材料的内、外状态之间有着自恰和相容的关系，而这一关系就是将 $\dot{\zeta}$ 的定义代入动态屈服准则所得到的式(6.6.49)$'$。由于这个原因，我们将把上面推广 Bodner-Parton 模型而得到的黏塑性本构关系称为一般的自恰黏塑性本构关系。

最后指出，本节所讲的本构关系既可以包含超应力模型也可以包含无屈服的本构模型，这取决于我们对方程(6.6.49)右端函数的取法：当对该函数设置某一种临界状态作为是否产生黏塑性流动的条件时，它就是超应力模型；当不设置此种临界状态而认为在任何状态下材料都会产生黏塑性流动时，它就是无屈服黏塑性模型或随遇自恰黏塑性模型，也可以称之为广义的 Bodner-Parton 模型。从工程问题数值计算的角度考虑，不设判别条件的无屈服自恰黏塑性模型显然更加方便。

习　题

6.1　试由(E,ν)形式的胡克定律导出(K,G)形式的胡克定律，或者反过来由(K,G)形式的胡克定律导出(E,ν)形式的胡克定律。

6.2　设各向同性线弹性材料的杨氏模量为 E，泊松比为 ν，试证明其剪切模量为 $G=\dfrac{E}{2(1+\nu)}$。

6.3　平均半径为 R、壁厚为 $\delta\ll R$ 的薄壁圆筒，受轴向拉力 T 和扭矩 M 的联合作用，材料的简拉屈服应力为 Y，试分别对 Mises 材料和 Tresca 材料写出用 M、T 表达的屈服准则。

6.4　试由 6.3 节中的式(6.3.14)出发，证明 Trasca 准则式(6.3.26a)～(6.3.26f)在 π 平面内的正交投影可以表达为正六边形式(6.3.26a)′～(6.3.26f)′。

6.5　σ_{ij}取压为正，静水压力为 $p=\dfrac{\sigma_{ii}}{3}=\dfrac{1}{3}(\sigma_1+\sigma_2+\sigma_3)$，材料满足 Drucker-Prager 准则，$\bar{\sigma}=ap+k_3$。以 Y 表示简单压缩屈服应力，并已测出三轴围压的两个屈服状态 Ⅰ$(\sigma_2=\sigma_3=0,\sigma_1=Y)$，Ⅱ$\left(\sigma_2=\sigma_3=\dfrac{2}{3}Y,\sigma_1=2Y\right)$。试求出常数 a 和 k_3。

6.6　试导出材料的总弹性变形能屈服准则即 Lemeitre 屈服准则的数学形式。

6.7　设各向同性硬化材料的后继屈服面为 $\bar{\sigma}=K(W^{\mathrm{p}})$，其中

$$\bar{\sigma}=\sqrt{\frac{3}{2}\sigma'_{ij}\sigma'_{ij}}=\sqrt{\frac{1}{2}[(\sigma_1-\sigma_2)^2+(\sigma_2-\sigma_3)^2+(\sigma_3-\sigma_1)^2]},\quad W^{\mathrm{p}}=\int\sigma_{ij}\mathrm{d}\varepsilon_{ij}^{\mathrm{p}}$$

分别为应力强度和塑性功。又设材料在一维应力条件下的应力应变曲线是线性硬化的（弹性模量和弹塑性模量分别为 E 和 E_1），试以此为出发点求出各向同性硬化函数 $K(W^{\mathrm{p}})$。试分别对塑性变形不可压$\left(\nu^{\mathrm{p}}=\dfrac{1}{2}\right)$和可压$\left(\nu^{\mathrm{p}}\neq\dfrac{1}{2}\right)$的情形进行讨论。

6.8　设各向同性硬化材料的后继屈服面为 $\bar{\sigma}=K(\bar{\varepsilon}^{\mathrm{p}})$，其中

$$\bar{\sigma}=\sqrt{\frac{3}{2}\sigma'_{ij}\sigma'_{ij}}=\sqrt{\frac{1}{2}[(\sigma_1-\sigma_2)^2+(\sigma_2-\sigma_3)^2+(\sigma_3-\sigma_1)^2]},\quad \bar{\varepsilon}^{\mathrm{p}}=\int\sqrt{\frac{2}{3}\mathrm{d}\varepsilon_{ij}^{\mathrm{p}}\mathrm{d}\varepsilon_{ij}^{\mathrm{p}}}$$

分别为应力强度和累积等效塑性应变。又设材料在一维应力条件下的应力应变曲线是线性硬化的（弹性模量和弹塑性模量分别为 E 和 E_1），试以此为出发点求出各向同性硬化函数 $K(\bar{\varepsilon}^{\mathrm{p}})$。试分别对塑性变形不可压$\left(\nu^{\mathrm{p}}=\dfrac{1}{2}\right)$和可压$\left(\nu^{\mathrm{p}}\neq\dfrac{1}{2}\right)$的情形进行讨论。

6.9　设材料满足 Mises 屈服准则 $f(\boldsymbol{\sigma})\equiv\bar{\sigma}-Y=0$ 和线性随动硬化模型 $f(\boldsymbol{\sigma}-C\boldsymbol{\varepsilon}^{\mathrm{p}})=0$。试由一维应力条件下的线性随动硬化规律求出常数 C（设弹性模量和弹塑性模量分别为 E 和 E_1）。分别对塑性变形不可压$\left(\nu^{\mathrm{p}}=\dfrac{1}{2}\right)$和可压$\left(\nu^{\mathrm{p}}\neq\dfrac{1}{2}\right)$的情形进行讨论。

6.10　设各向同性的内变量 K 分别作为累积塑性功 W^{p}、累积等效塑性应变 $\bar{\varepsilon}^{\mathrm{p}}$、有限等效塑性应变 ε^{p} 的函数：

$$K = K(W^{\mathrm{p}}),\quad K = K(\bar{\varepsilon}^{\mathrm{p}}),\quad K = K(\varepsilon^{\mathrm{p}})$$

$$W^{\mathrm{p}} = \int \boldsymbol{\sigma} : \mathrm{d}\boldsymbol{\varepsilon}^{\mathrm{p}},\quad \bar{\varepsilon}^{\mathrm{p}} = \int \sqrt{\frac{2}{3}\mathrm{d}\boldsymbol{\varepsilon}^{\mathrm{p}} : \mathrm{d}\boldsymbol{\varepsilon}^{\mathrm{p}}},\quad \varepsilon^{\mathrm{p}} = \sqrt{\frac{2}{3}\boldsymbol{\varepsilon}^{\mathrm{p}} : \boldsymbol{\varepsilon}^{\mathrm{p}}}$$

试分别求出 $K(W^{\mathrm{p}})$、$K(\bar{\varepsilon}^{\mathrm{p}})$、$K(\varepsilon^{\mathrm{p}})$的演化方程；设加载面为 $f(\boldsymbol{\sigma},\boldsymbol{\varepsilon}^{\mathrm{p}},K)=0$，写出其在应力空间中所表达的增量型塑性本构关系。

6.11 设对满足 Mises 型等向硬化后继屈服面 $\bar{\sigma}^2 = K^2(W^{\mathrm{p}})$的弹塑性材料，求出塑性流动因子 $\mathrm{d}\lambda$ 和由偏应变增量 $\mathrm{d}\boldsymbol{\varepsilon}'$表达偏应力增量 $\mathrm{d}\boldsymbol{\sigma}'$的增量型塑性本构关系。

6.12 设材料的屈服准则为 $f(\sigma_{ij})=0$，以 σ_{ij}、s_{ij} 和 p 分别表示应力张量、偏应力张量和压力，都以压为正。

(1) 试证明

$$\frac{\partial f}{\partial \sigma_{ij}} = \frac{\partial f}{\partial s_{ij}} - \frac{1}{3}\delta_{ij}\left(\frac{\partial f}{\partial s_{kk}} - \frac{\partial f}{\partial p}\right)$$

(2) 设应力屈服函数 f 依赖于 p 和 Mises 等效应力材料 $\bar{\sigma}$，试证明上式可以化为

$$\frac{\partial f}{\partial \sigma_{ij}} = \frac{\partial f}{\partial s_{ij}} + \frac{1}{3}\delta_{ij}\frac{\partial f}{\partial p}$$

而且必有

$$\dot{\theta}^{\mathrm{p}} = \dot{\lambda}\frac{\partial f}{\partial p}$$

$$\dot{e}_{ij}^{\mathrm{p}} = \dot{\lambda}\frac{\partial f}{\partial s_{ij}}$$

其中，$\dot{\theta}^{\mathrm{p}}$ 和 $\dot{e}_{ij}^{\mathrm{p}}$分别为塑性体应变率和塑性偏应变率。

6.13 设有一平面应力状态 $\sigma_1 = \frac{\sigma_s}{\sqrt{3}}$，$\sigma_2 = \frac{-\sigma_s}{\sqrt{3}}$，且设 $\mathrm{d}\varepsilon_1^{\mathrm{p}} = c$ 为常数，试求等效塑性应变增量 $\mathrm{d}\bar{\varepsilon}^{\mathrm{p}} = \sqrt{\frac{2}{3}\mathrm{d}\varepsilon_{ij}^{\mathrm{p}}\mathrm{d}\varepsilon_{ij}^{\mathrm{p}}}$和塑性功增量 $\mathrm{d}W^{\mathrm{p}} = \sigma_{ij}\mathrm{d}\varepsilon_{ij}^{\mathrm{p}}$。

6.14 试对题 6.14 图中模型求出其本构关系，并求出其瞬态杨氏模量 E_i、静态杨氏模量 E_e、推迟时间 t_{r}、松弛时间 t_{s}；求出其恒应力 $\sigma_0 H(t)$下的蠕变行为，恒应变 $\varepsilon_0 H(t)$下的松弛行为，恒应变率 $\dot{\varepsilon} = R$ 下的应力应变关系$\sigma(\varepsilon)$。

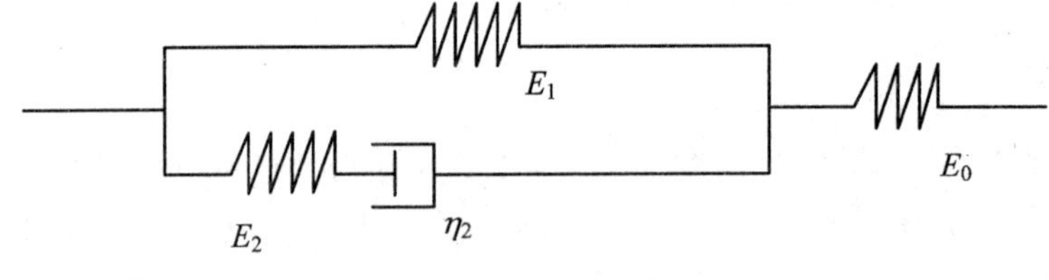

题 6.14 图

第 7 章　流体力学中的典型问题

7.1　流体的质点迹线和速度场的流线、热力学简介

在 5.0 节中我们介绍了连续介质力学中常用的两种描述方法，即 Lagrange 描述方法和 Euler 描述方法，并介绍了在两种描述方法之下任何一个物理量 f 的随体导数的不同求法。在 L 氏描述之下，物理量 f 的随体导数就等于其对时间的偏导数，即

$$f = f(\boldsymbol{X},t), \quad \dot{f} = \left.\frac{\partial f(\boldsymbol{X},t)}{\partial t}\right|_X$$

见式(5.0.2)。而在 E 氏描述之下，任意物理量 f 的随体导数则等于其局部导数和迁移导数之和：

$$f = f[\boldsymbol{x},t], \quad \dot{f} = \frac{\partial f[\boldsymbol{x},t]}{\partial t} + f\overleftarrow{\nabla}\cdot\boldsymbol{v} = \frac{\partial f[\boldsymbol{x},t]}{\partial t} + \boldsymbol{v}\cdot\vec{\nabla}f$$

见式(5.0.4)。

7.1.1　流体的质点迹线(particle trace)

所谓质点迹线是指一个确定的流体粒子在其整个运动过程中在空间所走过的运动轨迹，即

$$\boldsymbol{x} = \boldsymbol{x}(t), \quad x_i = x_i(t) \tag{7.1.1}$$

更清楚地说，质点迹线是一个确定的粒子在不同时刻经过的位置的连线。由于质点速度 $\boldsymbol{v}$ 是粒子的瞬时空间位置矢量 $\boldsymbol{x}$ 对时间的导数，即

$$\boldsymbol{v} = \frac{\mathrm{d}\boldsymbol{x}}{\mathrm{d}t}, \quad v_i = \frac{\mathrm{d}x_i}{\mathrm{d}t} \tag{7.1.2}$$

故当给定流体的速度场 $\boldsymbol{v}$ 的 E 氏描述，即

$$\boldsymbol{v} = \boldsymbol{v}(\boldsymbol{x},t), \quad v_i = v_i(x_1,x_2,x_3,t) \tag{7.1.3}$$

时，粒子的迹线 $x_i = x_i(t)$将满足如下常微分方程组：

$$\begin{cases} \dfrac{\mathrm{d}x_1}{\mathrm{d}t} = v_1(x_1,x_2,x_3,t) \\ \dfrac{\mathrm{d}x_2}{\mathrm{d}t} = v_2(x_1,x_2,x_3,t) \\ \dfrac{\mathrm{d}x_3}{\mathrm{d}t} = v_3(x_1,x_2,x_3,t) \end{cases} \tag{7.1.4a}$$

或

$$\frac{\mathrm{d}x_1}{v_1(x_1,x_2,x_3,t)}=\frac{\mathrm{d}x_2}{v_2(x_1,x_2,x_3,t)}=\frac{\mathrm{d}x_3}{v_3(x_1,x_2,x_3,t)}=\mathrm{d}t \tag{7.1.4b}$$

在常微分方程组(7.1.4a)或(7.1.4b)中,时间 t 是自变量,而 $x_1(t)$、$x_2(t)$、$x_3(t)$则是关于 t 的待求未知函数,故在式(7.1.4a)的右端 x_i 是作为待求未知量函数而出现的,故式(7.1.4)是三个未知函数 $x_i=x_i(t)$的常微分方程组。当给定初始条件

$$x_i(t_0)=x_i^0 \tag{7.1.5}$$

时,以此为初始条件解常微分方程组(7.1.4),则可得其解:

$$x_i=x_i(t) \tag{7.1.6}$$

所求得的解(7.1.6)即表示在 t_0 时刻位于 x_i^0 处的粒子运动轨迹的参数方程,消去作为参数的时间 t,即得其轨迹的显式方程。质点迹线可按下法做出:以 t_0 时刻位于 A_0 点即 $\boldsymbol{x}_0$ 处的粒子速度 $\boldsymbol{v}(\boldsymbol{x}_0,t_0)$画一矢量,以 Δt 表示一个很小的时间间隔,在其上取一临近的点 A_1',其E氏坐标为 $\boldsymbol{x}_1'=\boldsymbol{x}_0+\boldsymbol{v}(\boldsymbol{x}_0,t_0)\Delta t$;再过 A_1'点以 $t_0+\Delta t$ 时刻该粒子在该位置的质点速度 $\boldsymbol{v}(\boldsymbol{x}_1',t_0+\Delta t)$作一矢量,其上再取一临近的点 A_2',其E氏坐标为 $\boldsymbol{x}_2'=\boldsymbol{x}_1'+\boldsymbol{v}(\boldsymbol{x}_1',t_0+\Delta t)\Delta t$;再过 A_2'点以 $t_0+2\Delta t$ 时刻该粒子在该位置的质点速度 $\boldsymbol{v}(\boldsymbol{x}_2',t_0+2\Delta t)$作一矢量,其上再取一临近的点 A_3'……这样我们就可以画出如图7.1所示的折线 $A_0A_1'A_2'\cdots$,在 $\Delta t\to 0$ 的极限情况下,我们即可得到 t_0 时刻经过 A_0 点处的那个粒子的迹线。

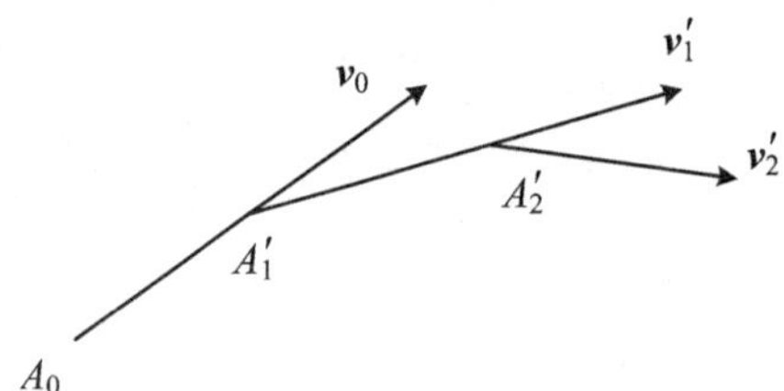

图7.1 质子迹线 $A_0A_1'A_2'$

7.1.2 速度场的流线(stream line)

所谓速度场的流线是指在任一确定的时刻 t,我们所看到的在流场中和各处质点流向(即质速 $\boldsymbol{v}$)相切的曲线,这不是某一个粒子在不同时刻所经位置的连线,而是同一时刻 t 流场中一系列不同粒子的位置的连线,该连线在各点的切线恰与 t 时刻经过该相应点的粒子的流向即质点速度共线。

设给定流动的速度场 $\boldsymbol{v}=\boldsymbol{v}(\boldsymbol{x},t)$,$v_i=v_i(x_1,x_2,x_3,t)$,如式(7.1.3)所示,如果以 $\mathrm{d}\boldsymbol{r}=(\mathrm{d}x_1,\mathrm{d}x_2,\mathrm{d}x_3)^{\mathrm{T}}$ 表示 t 时刻流线切线方向的微矢量,则由于 $\mathrm{d}\boldsymbol{r}$ 平行于 $\boldsymbol{v}$,$\mathrm{d}\boldsymbol{r}\times\boldsymbol{v}=0$,则必有

$$\frac{\mathrm{d}x_1}{v_1(x_1,x_2,x_3,t)}=\frac{\mathrm{d}x_2}{v_2(x_1,x_2,x_3,t)}=\frac{\mathrm{d}x_3}{v_3(x_1,x_2,x_3,t)} \tag{7.1.7}$$

式(7.1.7)就是 t 时刻流场流线的常微分方程组。乍看起来,常微分方程组(7.1.7)在形式上似乎是与常微分方程组(7.1.4b)相同的,但是它们的含义则是完全不同的:在式(7.1.4b)中 t 是自变量,它是变化的;而在式(7.1.7)中 t 只是参数,在积分式(7.1.7)时参数 t 是被作为常数而处理的。因此,常微分方程组(7.1.4b)包含3个方程,而式(7.1.7)只包含2个

方程。如果在形式上将 x_1 视为式(7.1.7)中的自变量，而将 x_2、x_3 视为自变量 x_1 的函数，则在初条件

$$x_2(x_1^0) = x_2^0, \quad x_3(x_1^0) = x_3^0 \tag{7.1.8}$$

下求解方程组(7.1.7)，则可得其解，设其为

$$x_2 = x_2(x_1;t), \quad x_3 = x_3(x_1;t) \tag{7.1.9}$$

方程(7.1.9)即是 t 时刻通过点(x_1^0,x_2^0,x_3^0)的一条流线。流线可由下法做出：t 时刻给定速度场，在场内取一点 A_0，作 A_0 的速矢 $\boldsymbol{v}_0(t)$，其上取一临近的点 A_1，作 A_1 的速矢 $\boldsymbol{v}_1(t)$，在其上取一点 A_2，作 A_2 的速矢 $\boldsymbol{v}_2(t)$……即得一折线 $A_0A_1A_2\cdots$，令折线各临近点间距趋于0，即得 t 时刻经过 A_0 点的流线。如图7.2所示。设 t_1 时刻位于 A_1 点的粒子于 $t_1+\Delta t$ 时刻运动到 A_2，如果场不定常，则此粒子于 $t_1+\Delta t$ 时刻的速度将不同于 t_1 时刻位于 A_2 处粒子的速度 $v(A_2,t_1)=v_2$，而是 $v(A_2,t_1+\Delta t)=v_2'$，Δt 后粒子将运动到 A_3'，下一时刻迹线点将在 $v(A_3',t_1+2\Delta t)=v_3'$ 上……

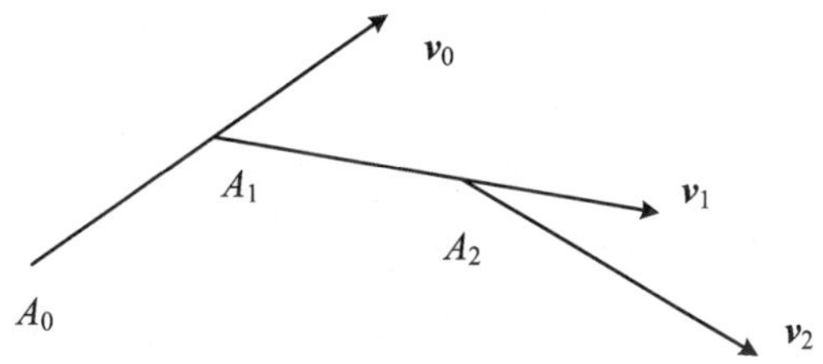

图7.2　t 时刻的流线 $A_0A_1A_2$

7.1.3　热力学简介和理想气体状态方程

本小节我们将主要考虑理想气体的状态方程，所谓理想气体是指气体的分子被视为没有大小以及之间没有相互作用的无限小的微粒点，理想气体的内能只是分子无规则运动的能量。根据普通物理中的查理定律、玻意耳马略特定律和盖吕萨克定律，理想气体的状态方程可以表达为

$$p = R\rho T \tag{7.1.10}$$

其中，p、ρ、T 分别为气体的压力、密度和绝对温度，而 $R=\dfrac{R_0}{\mu_0}$ 为单位质量介质的气体常数，μ_0 为分子量，R_0 为阿伏伽德罗普适气体常数，其值对于各种气体都是一样的，$R_0 = 8.314\ \mathrm{J/K^0}$。对空气而言，分子量约为 $\mu_0=28$，$R=287\ \mathrm{m^2/(s^2\cdot K^0)}$。气体分子运动论证明了 $p=\dfrac{1}{3}\rho\bar{v}^2$，其中 $\bar{v}$ 是气体分子的平均速度；理想气体的内能完全是分子无规则热运动的能量，因而单位质量的内能即气体的比内能为 $u=\dfrac{1}{2}\bar{v}^2$，因此单自由度分子的比内能为 $u=\dfrac{3p}{2\rho}=\dfrac{3}{2}RT$。根据能量按自由度平均分配的定律，多自由度分子的比内能将为

$$u = \frac{i}{2}RT \tag{7.1.11}$$

其中，i 为分子运动的自由度，对单原子气体 $i=3$，对双原子气体如空气，一般取 $i=5$，对多原子气体，一般取 $i=6$。

理想气体的定容比热 C_V 和定压比热 C_p 分别为

$$C_V = \frac{\mathrm{d}q_{(V)}}{\mathrm{d}T} = \frac{\mathrm{d}u}{\mathrm{d}T} = \frac{i}{2}R \tag{7.1.12}$$

$$C_p = \frac{\mathrm{d}q_{(p)}}{\mathrm{d}T} = \frac{\mathrm{d}u}{\mathrm{d}T} = \frac{\mathrm{d}u + p\mathrm{d}\frac{1}{\rho}}{\mathrm{d}T} = \frac{\mathrm{d}u + \mathrm{d}\frac{p}{\rho}}{\mathrm{d}T} = \frac{i}{2}R + R = \frac{i+2}{2}R \tag{7.1.13}$$

$$C_p - C_V = R \tag{7.1.14a}$$

这里分别利用了等容条件和等压条件下的热力学第一定律。而比热比 γ 为

$$\gamma \equiv \frac{C_p}{C_V} = \frac{i+2}{i} \tag{7.1.15}$$

对于单原子气体，$\gamma = \frac{5}{3} \approx 1.67$；对于双原子气体，$\gamma = \frac{7}{5} = 1.4$；对于多原子气体，$\gamma = \frac{8}{6} \approx 1.33$。所以，这种理想气体可称为定比热气体。由式(7.1.14a)和式(7.1.15)可有

$$C_V = \frac{R}{\gamma - 1} \tag{7.1.14b}$$

$$C_p = \frac{\gamma R}{\gamma - 1} \tag{7.1.14c}$$

根据热力学第一定律，可有

$$u = \mathrm{d}q_{(V)} = C_V T = C_V \frac{p}{R\rho} = \frac{C_V p}{(C_p - C_V)\rho} = \frac{p}{(\gamma - 1)\rho}$$

即

$$u = \frac{p}{(\gamma - 1)\rho} \tag{7.1.16}$$

式(7.1.16)即是内能的表达式，也可看成是内能型的状态方程。由比焓 h 的定义

$$h \equiv u + \frac{p}{\rho} \tag{7.1.17}$$

可有

$$h = \frac{\gamma}{\gamma - 1}\frac{p}{\rho} \tag{7.1.18}$$

式(7.1.18)即是比焓的表达式，也可看成是焓型的状态方程。

下面我们来求理想气体熵型的状态方程，即把压力表达为比熵 s 和密度 ρ 的状态方程。将 s 作为温度 T 和比容 V 的函数，则有

$$\mathrm{d}s = \left(\frac{\partial s}{\partial T}\right)_V \mathrm{d}T + \left(\frac{\partial s}{\partial V}\right)_T \mathrm{d}V \tag{7.1.19}$$

因为

$$C_V = \frac{\mathrm{d}q_{(V)}}{\mathrm{d}T} = T\left(\frac{\mathrm{d}s}{\mathrm{d}T}\right)_V = T\left(\frac{\partial s}{\partial T}\right)_V$$

即

$$\left(\frac{\partial s}{\partial T}\right)_V = \frac{C_V}{T} \tag{7.1.20}$$

而我们可以证明(见下面的 7.1.4 小节)：

$$\left(\frac{\partial s}{\partial V}\right)_T = \left(\frac{\partial p}{\partial T}\right)_V \tag{7.1.21}$$

将式(7.1.20)和式(7.1.21)代入式(7.1.19),有

$$ds = \frac{C_V}{T}dT + \left(\frac{\partial p}{\partial T}\right)_V dV \tag{7.1.22}$$

对于理想气体,$\left(\frac{\partial p}{\partial T}\right)_V = \frac{R}{V}$,所以式(7.1.22)给出

$$ds = \frac{C_V}{T}dT + \frac{R}{V}dV \tag{7.1.23}$$

故有

$$s = C_V \ln T + R\ln V + C \tag{7.1.24a}$$

利用 $R=(\gamma-1)C_V$,有

$$s = C_V \ln[TV^{(\gamma-1)}] + C \tag{7.1.24b}$$

其中,C 为常数。式(7.1.24b)也可以写为

$$TV^{(\gamma-1)} = B(s) \tag{7.1.24c}$$

$$\frac{p}{T^{\gamma/(\gamma-1)}} = D(s) \tag{7.1.24d}$$

其中,$B(s)$和 $D(s)$是熵的任意函数。式(7.1.24a)也可写为

$$s = C_V \ln[TV^{(\gamma-1)}] + C = C_V \ln\frac{p}{R\rho^\gamma} + C = C_V \ln\frac{p}{\rho^\gamma} - C_V \ln R + C \tag{7.1.25a}$$

$$\frac{p}{\rho^\gamma} = A(s) \tag{7.1.25b}$$

其中,$A(s)$为熵的函数。式(7.1.25b)就是压力作为密度和熵的函数而看待的所谓熵型状态方程;式(7.1.24a)、式(7.1.24b)、式(7.1.24c)和式(7.1.24d)可以分别称为熵、温、比容型的状态方程。

类似地,可以证明

$$ds = C_p \frac{dT}{T} - R\frac{dp}{p} \tag{7.1.23$'$}$$

积分可得

$$s = C_p \ln T - R\ln p + C' \tag{7.1.24$'$}$$

由此也可以得到以上各种含熵的状态方程。读者可作为练习证明之。

7.1.4　热力学势的概念

除了比内能 u 之外,热力学中还常常用比自由能 f、比焓 h 和比自由焓 g,其定义分别为

$$f = u - Ts \tag{7.1.26}$$

$$h = u + pV \tag{7.1.27}$$

$$g = h - Ts = u + pV - Ts \tag{7.1.28}$$

由热力学第一定律和平衡态热力学第二定律,可得

$$du = Tds - pdV \tag{7.1.29a}$$

$$df = du - Tds - sdT = Tds - pdV - Tds - sdT = - pdV - sdT \tag{7.1.29b}$$

$$dh = du + pdV + Vdp = Tds - pdV + pdV + Vdp = Tds + Vdp \tag{7.1.29c}$$

$$dg = dh - Tds - sdT = Tds + Vdp - Tds - sdT = Vdp - sdT \quad (7.1.29d)$$

将 u 作为 s 和 V 的函数 $u = u(s, V)$，f 作为 T 和 V 的函数 $f = f(T, V)$，h 作为 s 和 p 的函数 $h = h(s, p)$，g 作为 T 和 p 的函数 $g = g(T, p)$，则分别有

$$du = \left(\frac{\partial u}{\partial s}\right)_V ds + \left(\frac{\partial u}{\partial V}\right)_s dV \quad (7.1.30a)$$

$$df = \left(\frac{\partial f}{\partial V}\right)_T dV + \left(\frac{\partial f}{\partial T}\right)_V dT \quad (7.1.30b)$$

$$dh = \left(\frac{\partial h}{\partial s}\right)_p ds + \left(\frac{\partial h}{\partial p}\right)_s dp \quad (7.1.30c)$$

$$dg = \left(\frac{\partial g}{\partial p}\right)_T dp + \left(\frac{\partial g}{\partial T}\right)_p dT \quad (7.1.30d)$$

分别将式(7.1.30)与式(7.1.29)中的各式比对，并由微过程的任意性可得

$$T = \left(\frac{\partial u}{\partial s}\right)_V, \quad p = -\left(\frac{\partial u}{\partial V}\right)_s \quad (7.1.31a)$$

$$p = -\left(\frac{\partial f}{\partial V}\right)_T, \quad s = -\left(\frac{\partial f}{\partial T}\right)_V \quad (7.1.31b)$$

$$T = \left(\frac{\partial h}{\partial s}\right)_p, \quad V = \left(\frac{\partial h}{\partial p}\right)_s \quad (7.1.31c)$$

$$V = \left(\frac{\partial g}{\partial p}\right)_T, \quad s = -\left(\frac{\partial g}{\partial T}\right)_p \quad (7.1.31d)$$

式(7.1.31a)说明，将 u 作为 s 和 V 的函数 $u = u(s, V)$ 看待时，T 和 p 可以作为热力学的力，由势函数 $u = u(s, V)$ 对热力学的距离 s 和 V 求导而得到，故我们可将 $u = u(s, V)$ 作为一个热力学的势函数；类似地，式(7.1.31b)、式(7.1.31c)、式(7.1.31d)则说明 $f = f(T, V)$，$h = h(s, p)$，$g = g(T, p)$ 也可以作为热力学的势函数。在理论上，常常把由热力学势函数表达的这种状态方程称为所谓的完全的状态方程。由式(7.1.31)中各式 2 阶混合导数交换次序，我们可以分别得到

$$\left(\frac{\partial T}{\partial V}\right)_s = -\left(\frac{\partial p}{\partial s}\right)_V \quad (7.1.32a)$$

$$\left(\frac{\partial p}{\partial T}\right)_V = \left(\frac{\partial s}{\partial V}\right)_T \quad (7.1.32b)$$

$$\left(\frac{\partial T}{\partial p}\right)_s = \left(\frac{\partial V}{\partial s}\right)_p \quad (7.1.32c)$$

$$\left(\frac{\partial V}{\partial T}\right)_p = -\left(\frac{\partial s}{\partial p}\right)_T \quad (7.1.32d)$$

这里的式(7.1.32b)就是我们前面所要证的式(7.1.21)。

7.2　运动方程的几个积分及其应用

7.2.1　兰姆方程(Lamb equation)及葛罗米柯(Громыко)积分

E 氏坐标中的运动方程为(以下的∇皆表示 E 氏坐标中的左梯度算子)

$$\rho \frac{\partial \boldsymbol{v}}{\partial t} + (\boldsymbol{v} \cdot \nabla)\boldsymbol{v} = \rho \boldsymbol{b} + \nabla \cdot \boldsymbol{\sigma} \tag{7.2.1}$$

利用矢量运算关系($\boldsymbol{v}_c$ 表示常矢量)

$$\nabla(\boldsymbol{v} \cdot \boldsymbol{v}) = \nabla(\boldsymbol{v} \cdot \boldsymbol{v}_c) + \nabla(\boldsymbol{v}_c \cdot \boldsymbol{v}) = 2\nabla(\boldsymbol{v} \cdot \boldsymbol{v}_c)$$

有(v 表示质点速度的模)

$$\nabla\left(\frac{v^2}{2}\right) = \nabla(\boldsymbol{v} \cdot \boldsymbol{v}_c)$$

根据矢量双重叉积的公式以及上式,又有

$$\boldsymbol{v} \times (\nabla \times \boldsymbol{v}) = \boldsymbol{v}_c \times (\nabla \times \boldsymbol{v}) = \nabla(\boldsymbol{v} \cdot \boldsymbol{v}_c) - (\boldsymbol{v}_c \cdot \nabla)\boldsymbol{v} = \nabla\left(\frac{v^2}{2}\right) - (\boldsymbol{v} \cdot \nabla)\boldsymbol{v}$$

即

$$\boldsymbol{v} \times (\nabla \times \boldsymbol{v}) = \nabla\left(\frac{v^2}{2}\right) - (\boldsymbol{v} \cdot \nabla)\boldsymbol{v}$$

将上式给出的$(\boldsymbol{v} \cdot \nabla)\boldsymbol{v}$ 代入运动方程(7.2.1),则有

$$\frac{\partial \boldsymbol{v}}{\partial t} - \boldsymbol{v} \times \boldsymbol{\Omega} = \boldsymbol{b} + \frac{1}{\rho}\nabla \cdot \boldsymbol{\sigma} - \nabla\left(\frac{v^2}{2}\right) \tag{7.2.1$'$}$$

其中

$$\boldsymbol{\Omega} = \nabla \times \boldsymbol{v}$$

表示质点速度的旋度。

对理想弹性流体,有

$$\boldsymbol{\sigma} = -p\boldsymbol{I}, \quad \nabla \cdot \boldsymbol{\sigma} = -\nabla_j p \delta_{ji} \boldsymbol{i}_i = -\nabla_i p \boldsymbol{i}_i = -\nabla p$$

于是,式(7.2.1)$'$成为

$$\frac{\partial \boldsymbol{v}}{\partial t} - \boldsymbol{v} \times \boldsymbol{\Omega} = \boldsymbol{b} - \frac{1}{\rho}\nabla p - \nabla\left(\frac{v^2}{2}\right) \tag{7.2.2}$$

式(7.2.2)称为兰姆方程或葛罗米柯-兰姆方程(Громыко-Lamb equation)。

如果假设:

(1) 体积力是有势的,则可按下式引入体力势 Π:

$$\boldsymbol{b} = -\nabla \Pi \tag{7.2.3}$$

(2) 流体是正压的,即

$$p = -p(\rho), \quad \rho = \rho(p) \tag{7.2.4}$$

则可按下式引入压力函数或压力势 P:

$$\frac{\mathrm{d}P}{\mathrm{d}p}=\frac{1}{\rho(p)},\quad P=\int\frac{\mathrm{d}p}{\rho(p)} \tag{7.2.5a}$$

于是,压力函数的梯度为

$$\nabla P=\frac{\mathrm{d}P}{\mathrm{d}p}\nabla p=\frac{1}{\rho(p)}\nabla p \tag{7.2.5b}$$

此时兰姆方程(7.2.2)就可写为如下形式:

$$\frac{\partial \boldsymbol{v}}{\partial t}-\boldsymbol{v}\times\boldsymbol{\Omega}=-\nabla\left(\Pi+P+\frac{v^2}{2}\right)=-\nabla H \tag{7.2.6}$$

其中

$$H\equiv\Pi+P+\frac{v^2}{2} \tag{7.2.7}$$

可称为单位质量介质的总机械能,它等于单位质量的体力势能、压力势能和动能之和。通常把方程(7.2.6)称为葛罗米柯方程(Громblко equation)或葛罗米柯积分。

7.2.2 拉格朗日(Lagrange)积分

如果假设:(1) 体积力有势;(2) 流体正压;(3) 运动又是无旋的,则由场论知识可知,无旋矢量 $\boldsymbol{v}$ 必有标量势 Φ,即

$$\boldsymbol{v}=\nabla\Phi\quad(\boldsymbol{\Omega}=\nabla\times\boldsymbol{v}=0) \tag{7.2.8}$$

于是,兰姆方程(7.2.2)可写为

$$\nabla\left(\Pi+P+\frac{v^2}{2}+\frac{\partial\Phi}{\partial t}\right)=0 \tag{7.2.9a}$$

方程(7.2.9a)说明,在任一时刻 t,量 $\Pi+P+\frac{v^2}{2}+\frac{\partial\Phi}{\partial t}$ 的梯度都为0,故必有

$$\Pi+P+\frac{v^2}{2}+\frac{\partial\Phi}{\partial t}=C(t) \tag{7.2.9b}$$

其中,$C(t)$只是时间 t 的函数,而与瞬时未知矢量 $\boldsymbol{x}$ 无关。方程(7.2.9b)称为拉格朗日(Lagrange)积分,它适用于非定常流场的任何一个位置。

7.2.3 伯努利(Bernoulli)积分

如果假设:(1) 体积力有势;(2) 流体正压;(3) 运动又是定常的(可有旋),即一切物理量 f 满足

$$\frac{\partial f}{\partial t}=0$$

则葛罗米柯方程(7.2.6)将成为

$$\boldsymbol{v}\times\boldsymbol{\Omega}=\nabla H=\nabla\left(\Pi+P+\frac{v^2}{2}\right) \tag{7.2.10}$$

将方程(7.2.10)的两端点乘以质点速度 $\boldsymbol{v}$,由于

$$\boldsymbol{v}\cdot(\boldsymbol{v}\times\boldsymbol{\Omega})=0$$

故可得

$$\boldsymbol{v}\cdot\nabla H=0 \tag{7.2.11a}$$

如果以 s 表示流线方向的单位矢量,即 $\boldsymbol{s}=\dfrac{\boldsymbol{v}}{v}$,而以$\dfrac{\partial H}{\partial s}$表示量$H$沿流线方向的方向导数,则式(7.2.11a)将给出

$$\frac{\partial H}{\partial s}=0 \tag{7.2.11b}$$

式(7.2.11b)说明,量 H 沿任何一条流线都保持其值不变,故也可将其写为

$$H\equiv\Pi+P+\frac{v^2}{2}=C(l) \tag{7.2.12}$$

其中,$C(l)$是流线编号 l 的函数,沿同一流线 l 其值为常数,但沿不同的流线可以有不同的值。式(7.2.12)称为伯努利(Bernoulli)积分。

7.2.4　伯努利-拉格朗日(Bernoulli-Lagrange)积分或欧拉(Euler)积分

如果假设:(1) 体积力有势;(2) 流体正压;(3) 运动无旋;(4) 运动定常,则拉格朗日积分式(7.2.9b)和伯努利积分式(7.2.12)都成立,而且其中的函数 $C(t)$和 $C(l)$在任何时间和全场都将是常数 C。于是,我们可得出如下的伯努利拉格朗日(Bernoulli-Lagrange)积分或欧拉(Euler)积分:

$$H\equiv\Pi+P+\frac{v^2}{2}=C \tag{7.2.13}$$

运动方程的以上各积分式(7.2.9b)、式(7.2.12)和式(7.2.13)将流体的质点速度、质量密度和压力联系了起来,其在不少工程问题中是很有用的。

对不可压缩流体承受自身重力的特殊情况下,流体的质量密度 ρ 为常数,比体积力 $\boldsymbol{b}$ 指向地心方向,即

$$\begin{cases}\rho=\text{常数}, & \boldsymbol{b}=-g\boldsymbol{i}_3\\ P=\dfrac{p}{\rho}, & \Pi=gx_3=gh\end{cases} \tag{7.2.14}$$

其中,g 为重力加速度,$\boldsymbol{i}_3$ 为垂直海平面向上的单位矢量,$x_3=h$ 为从海平面算起的高度。

拉格朗日积分式(7.2.9b)、伯努利积分式(7.2.12)和欧拉积分式(7.2.13)分别给出

$$\frac{1}{g}\frac{\partial\Phi}{\partial t}+h+\frac{p}{\rho g}+\frac{v^2}{2g}=\frac{C(t)}{\rho}\equiv C_1(t)\quad\text{(Lagrange 积分)} \tag{7.2.9$'$}$$

$$h+\frac{p}{\rho g}+\frac{v^2}{2g}=\frac{C(l)}{\rho}\equiv C_1(l)\quad\text{(Bernoulli 积分)} \tag{7.2.12$'$}$$

$$h+\frac{p}{\rho g}+\frac{v^2}{2g}=\frac{C}{\rho}\equiv C_1\quad\text{(Euler 积分)} \tag{7.2.13$'$}$$

对多方型可压缩流体的绝热可逆(等熵)流动,只考虑重力时,有

$$p=A\rho^\gamma,\quad P=\int\frac{\mathrm{d}p}{\rho(p)}=\frac{\gamma p}{(\gamma-1)\rho},\quad \Pi=gh \tag{7.2.15}$$

于是拉格朗日积分式(7.2.9b)、伯努利积分式(7.2.12)和欧拉积分式(7.2.13)分别为

$$\frac{1}{g}\frac{\partial\Phi}{\partial t}+h+\frac{\gamma p}{(\gamma-1)\rho g}+\frac{v^2}{2g}=\frac{C(t)}{\rho}\equiv C_1(t)\quad\text{(Lagrange 积分)} \tag{7.2.9$''$}$$

$$h+\frac{\gamma p}{(\gamma-1)\rho g}+\frac{v^2}{2g}=\frac{C(l)}{\rho}\equiv C_1(l)\quad\text{(Bernoulli 积分)} \tag{7.2.12$''$}$$

$$h + \frac{\gamma p}{(\gamma - 1)\rho g} + \frac{v^2}{2g} = \frac{C}{\rho} \equiv C_1 \quad (\text{Euler 积分}) \tag{7.2.13$''$}$$

特别地，在重力影响可以忽略的情况下，可认为 $\Pi = 0, h = 0$，从而得出其更简化的形式。

7.2.5 应用举例

1. 射流对靶板的定常侵彻

破甲弹所产生的高速射流对钢板或混凝土靶的侵彻问题是一个有重要意义的军事和工程问题。考虑到射流的速度极高（10000 m/s 左右），其与靶板撞击时所产生的压力也极高（十几万大气压左右），远高于靶板的屈服和破坏强度，此时我们可以将看上去很硬的靶板视为没有强度的流体，从而使问题大大简化。

对于以很高速度 $v = V$ 向右边靶板进行侵彻的问题，如图 7.3(a)所示。如果忽略侵彻过程中射流和靶材质量密度的变化，即假定射流和靶材都是不可压缩材料，则问题满足了流体正压的条件，我们以 ρ_j 和 ρ_t 分别表示射流和靶材的质量密度。问题中的体积力只有重力，满足体积力有势的条件（但是重力与压力比起来很小，其影响可以忽略，故可令体积力的势 $\Pi \approx 0$）。考虑到侵彻过程中，射流和靶板侧向流动速度与轴向速度相比极小而可忽略，问题可认为是沿射流轴线的一维轴向流动；忽略射流速度沿其长度的不均匀性而认为具有共同的轴向速度 V，并忽略射流对靶板侵彻过程中对坑底侵蚀掘进的轴向速度（称为侵彻速度）随时间的变化且设之为 U，则尽管整个问题在绝对坐标系中其本身并不是定常流动，但是当站在坑底观察问题的流动图案时，即在随着坑底以速度 U 向右运动的坐标系中，问题则是一维定常流动，或者说至少在沿射流中心轴线上是一维定常流动：射流以速度 $v_1 = V - U$ 向右边的坑底流来，而未被侵彻的靶材则以速度 U 向左流来，如图 7.3(b)所示。于是，在沿射流中心轴线这条特殊的流线上，我们可以应用前面所讲的伯努利定理，如式(7.2.12)′所示。忽略重力高度 h，则式(7.2.12)′可写为

$$\frac{p}{\rho g} + \frac{v^2}{2g} = C_1(l)$$

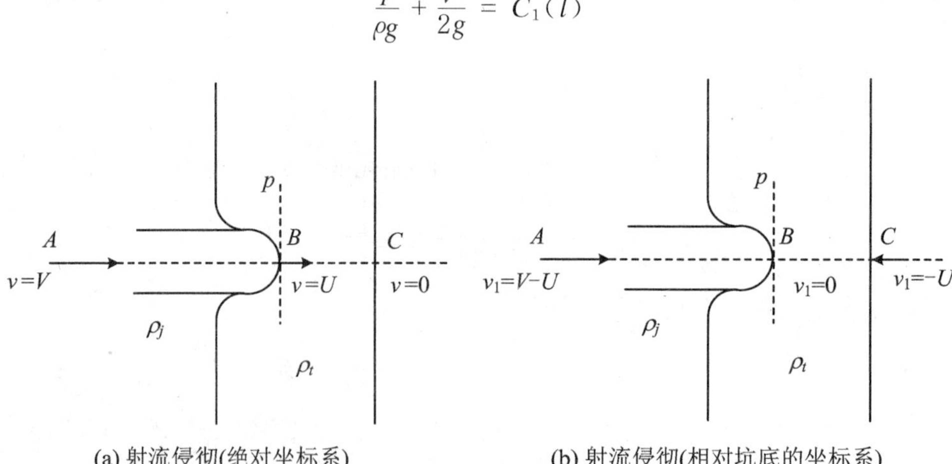

(a) 射流侵彻(绝对坐标系)　　(b) 射流侵彻(相对坑底的坐标系)

图 7.3

或

$$p + \frac{\rho v^2}{2} = C_2(l) \tag{7.2.16}$$

将式(7.2.16)应用于中心轴线上位于左端无穷远处的射流点 A 和坑底点 B，则有

$$0 + \frac{1}{2}\rho_j(V - U)^2 = p + 0 \tag{7.2.17a}$$

这是因为左端点 A 的压力为 0，速度为 $v_1 = V - U$；而坑底的未知压力为 p，但其速度为 0。将式(7.2.16)应用于坑底点 B 和中心轴线上右端无穷远处的靶材点 C，则有

$$p + 0 = 0 + \frac{\rho_t U^2}{2} \tag{7.2.17b}$$

这里利用了 C 处压力为 0，而速度为 $-U$。由式(7.2.17a)和式(7.2.17b)，可得坑底压力的两个表达式为

$$p = \frac{1}{2}\rho_j(V - U)^2 = \frac{1}{2}\rho_t U^2 \tag{7.2.18}$$

由式(7.2.18)中的第二式，可得

$$\frac{U}{V - U} = \sqrt{\frac{\rho_j}{\rho_t}} \tag{7.2.19}$$

如果以 L 表示射流长度，H 表示射流的总侵彻深度，T 为总侵彻时间，则有

$$T = \frac{L}{V - U},\quad H = UT = \frac{UL}{V - U} \tag{7.2.20}$$

将式(7.2.19)代入式(7.2.20)，可得

$$H = L\sqrt{\frac{\rho_j}{\rho_t}} \tag{7.2.21}$$

由式(7.2.19)可解得侵彻速度为

$$U = \frac{V\sqrt{\dfrac{\rho_j}{\rho_t}}}{1 + \sqrt{\dfrac{\rho_j}{\rho_t}}} \tag{7.2.22}$$

将式(7.2.22)代入式(7.2.18)，可解得坑底压力为

$$p = \frac{1}{2}\rho_t\left[\frac{V\sqrt{\dfrac{\rho_j}{\rho_t}}}{1 + \sqrt{\dfrac{\rho_j}{\rho_t}}}\right]^2 \tag{7.2.23}$$

式(7.2.21)、式(7.2.22)和式(7.2.23)给出了高速射流侵彻问题的流体动力学近似解答。现在我们对其结果进行若干简单的分析。

(1) 由式(7.2.21)可见，射流的总侵彻深度 H 正比于射流质量密度的平方根 $\sqrt{\rho_j}$，但是反比于靶板质量密度的平方根 $\sqrt{\rho_t}$。因此，为了提高破甲弹的破甲威力，在实践中我们总是采用高质量密度的金属作为转换为射流的药型罩，例如铜或者掺有适量钨粉的铜钨合金，虽然钨的密度更大，但是由于其韧性不如铜，故过多的钨粉将会影响所形成的连续射流的长度；相反，为了提高靶板的抗侵彻能力，人们则总是采用高密度的合金钢作为其装甲的首选材料。

(2) 由式(7.2.21)可见,射流的总侵彻深度 H 正比于射流的长度 L。这是很容易理解的,因为射流的长度越大,其所提供的侵彻元的质量和能量就会更高。故在实践中,人们总是在技术条件许可的情况下尽量增加形成射流的金属药型罩的长度,并适当控制其形状及角度,以便有利于形成更长的射流。

(3) 式(7.2.21)说明,射流的总侵彻深度 H 却是与射流的速度 V 无关的。这一点乍看起来好像是难以理解的,但其实这与我们忽略了靶板的强度而将其视为强度为零的流体是直接相关的,这个结论的意义其实是指:在射流速度足够高、其所产生的冲击压力 p 远高于靶板强度 $Y(p\gg Y)$的条件下,该结论才是正确的;而在射流速度较低、其所产生的冲击压力 p 与靶板强度 Y 同量级时,该结论则是不正确的,则需要考虑靶板强度的影响并对其进行修正。式(7.2.23)可给出以上流体动力学解适用的条件为

$$\frac{\frac{1}{2}\rho_t V^2}{Y} \gg \left[\frac{\sqrt{\frac{\rho_j}{\rho_t}}}{1+\sqrt{\frac{\rho_j}{\rho_t}}}\right]^2$$

(4) 式(7.2.22)说明,射流的侵彻速度 U 与射流速度 V 成正比,其比值依赖于射流和靶板的密度比。对常规的铜质药型罩射流侵彻合金钢靶,$\frac{\rho_j}{\rho_t}\approx\frac{8.9}{7.8}=1.41, U=0.52\ \mathrm{V}$。

2. 一维定常流动测体积流量的问题

对于图 7.4 所示的 Venturi 流量计,设 U 形管中的液体柱高差为 Δh,试求一维定常气体流动中的体积流量 $Q=v_2S_2$,其中 S_2 和 v_2 分别为截面 2 处的截面积和流速。

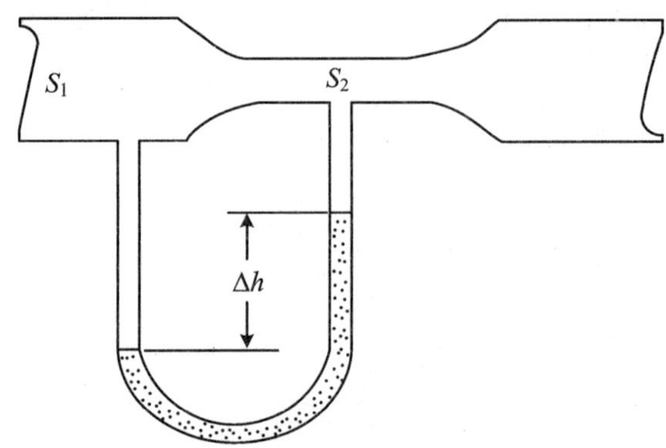

图 7.4 Venturi 流量计原理图

解:先考虑低速定常流动的情况,此时可认为气体是不可压缩的,于是,气体的密度将为常数 ρ。此时定常流动的积分型连续方程将使得通过截面 1 和截面 2 的流量相等,即

$$v_1S_1 = v_2S_2 \tag{7.2.24}$$

而在忽略气体体积力势能的情况下,伯努利方程(7.2.12)′将给出

$$\frac{p_1}{\rho}+\frac{v_1^2}{2}=\frac{p_2}{\rho}+\frac{v_2^2}{2} \tag{7.2.25}$$

由式(7.2.24)和式(7.2.25)可解出气体的体积流量为

$$Q = v_2S_2 = S_2\sqrt{2\frac{p_1-p_2}{\rho\left[1-\left(\frac{S_2}{S_1}\right)^2\right]}} \tag{7.2.26a}$$

而压差 $p_1 - p_2$ 为

$$p_1 - p_2 = \rho' g \Delta h \tag{7.2.27}$$

故气体的体积流量为

$$Q = S_2 \sqrt{2 \frac{\rho' g \Delta h}{\rho\left[1 - \left(\frac{S_2}{S_1}\right)^2\right]}} \tag{7.2.26b}$$

其中，ρ' 为液体的质量密度，g 为重力加速度。

考虑到气体有一定的黏性，实际测出的体积流量通常需要引入一个修正系数 ξ，故将体积流量写为

$$Q = \xi S_2 \sqrt{2 \frac{\rho' g \Delta h}{\rho\left[1 - \left(\frac{S_2}{S_1}\right)^2\right]}} \tag{7.2.26c}$$

其中，修正系数 ξ 可以通过实验而加以标定。

再考虑一维高速定常流动的情况，此时气体将是可压缩的，而密度不再是常数。设气体满足多方指数为 γ 的绝热等熵流动，则有

$$\frac{p_1}{\rho_1^\gamma} = \frac{p_2}{\rho_2^\gamma} = A_0 \tag{7.2.28}$$

其中，A_0 为材料常数。如果以 ρ_1 和 ρ_2 分别表示截面 1 和截面 2 处的质量密度，则定常流动积分型连续方程为

$$\rho_1 v_1 S_1 = \rho_2 v_2 S_2 \tag{7.2.29}$$

在忽略气体的体积力的势能时，伯努利方程(7.2.12)″将给出

$$\frac{\gamma p_1}{(\gamma - 1)\rho_1} + \frac{v_1^2}{2} = \frac{\gamma p_2}{(\gamma - 1)\rho_2} + \frac{v_2^2}{2} \tag{7.2.30}$$

由式(7.2.28)、式(7.2.29)和式(7.2.30)可解出

$$v_2 = \sqrt{\frac{2\gamma}{\gamma - 1} \frac{\frac{p_1}{\rho_1}\left[1 - \left(\frac{p_2}{p_1}\right)^{\frac{\gamma-1}{\gamma}}\right]}{1 - \left(\frac{S_2}{S_1}\right)^2 \left(\frac{p_2}{p_1}\right)^{\frac{2}{\gamma}}}} \tag{7.2.31}$$

于是，体积流量将为

$$Q = \xi S_2 v_2 \rho_2 = \xi S_2 v_2 \rho_1 \left(\frac{p_2}{p_1}\right)^{\frac{1}{\gamma}} = \xi S_2 \sqrt{\frac{2\gamma}{\gamma - 1} \frac{p_1 \rho_1 \left[1 - \left(\frac{p_2}{p_1}\right)^{\frac{\gamma-1}{\gamma}}\right]}{1 - \left(\frac{S_2}{S_1}\right)^2 \left(\frac{p_2}{p_1}\right)^{\frac{2}{\gamma}}} \left(\frac{p_2}{p_1}\right)^{\frac{2}{\gamma}}} \tag{7.2.32}$$

利用

$$p_1 = A_0 \rho_1^\gamma, \quad \frac{p_2}{p_1} = \frac{p_1 + p_2 - p_1}{p_1} = 1 - \frac{p_1 - p_2}{p_1} = 1 - \frac{\rho' g \Delta h}{A_0 \rho_1^\gamma}$$

则有

$$Q = \xi S_2 \sqrt{\frac{2\gamma}{\gamma - 1} \frac{A_0 \rho_1^{\gamma+1}\left[1 - \left(1 - \frac{\rho' g \Delta h}{A_0 \rho_1^\gamma}\right)^{\frac{\gamma-1}{\gamma}}\right]}{\left(1 - \frac{\rho' g \Delta h}{A_0 \rho_1^\gamma}\right)^{\frac{2}{\gamma}} - \left(\frac{S_2}{S_1}\right)^2}} \tag{7.2.33}$$

7.3 量纲分析和相似理论基础知识

7.3.1 量纲的概念

1. 单位及单位系

度量一个物理量要有单位，如时间 t 的单位有秒(s)、分(min)、时(h)等，长度 l 的单位有毫米(mm)、厘米(cm)、米(m)等。有的物理量可以直接由物理量的定义通过测量单位确定，如距离 s 可以通过测量单位长度确定，但是有些物理量则需要通过测量其他物理量而得到，例如速度 v 需要通过测量距离和时间而求得。因此我们可以将物理量的单位划分为基本单位和导出单位两类。在一般纯力学的问题中，常取时间、长度、质量的单位作为基本单位；在涉及热效应的热力耦合问题中，常取时间、长度、质量和温度的单位作为基本单位……它们构成一个基本单位系统，其余物理量的单位均可以由这些基本单位导出，称之为导出单位。在国际单位制中，通常取米(m)、千克(kg)、秒(s)作为基本的力学量度单位，取开氏度(K)作为温度的单位。基本量度单位一经确立，其他力学量(例如力、能量、速度、加速度等)的单位就可以根据它们的定义通过基本量度单位而导出。

现在普遍采用的力学单位制有绝对单位制和工程单位制两种。在绝对单位制中，厘米(cm)、克(g)、秒(s)是基本量度单位系，而在工程单位制中，则采用米(m)、千克(kg)、秒(s)作为基本量度单位系。

2. 有量纲量与无量纲量

有些量与测量单位无关，如 π 表示圆周长与直径之比时，便与测量单位无关，是常数，这种量称为无量纲量，而另一些量则与测量单位有关，称为有量纲量，如密度需要通过测量物体的质量和体积才能获得，其大小与测量单位有关。因此，对于有量纲量，需要引入量纲来描述其大小。量纲是物理量的基本属性，可用符号表示，通常用 L 表示长度单位，M 表示质量单位，T 表示时间单位。只有在确定的量度单位制下方能谈论量纲，例如，在 LMT 单位制里，面积的量纲为 L^2，速度的量纲是 LT^{-1}，力的量纲是 MLT^{-2}，等等。

需要指出的是，基本量纲和导出量纲的概念是相对的，尽管习惯上人们通常把长度 L、质量 M 和时间 T 作为基本量纲，而将其他物理量的量纲看作它们的导出量纲，但是从认识和揭示问题的物理本质出发，这并不是绝对的和必须的。例如在纯力学问题中，我们也可以把质量 M、速度 V 和时间 T 作为基本量纲，此时长度 $\mathrm{L}=\mathrm{VT}$ 就成为它们的导出量纲。问题的关键和核心在于，我们必须搞清楚一个实际问题总共主要涉及多少个物理量，以及在这些所涉及的物理量之中到底又有多少个是量纲独立的；而且，在任何一个实际问题当中不管它所涉及的全部物理量有多少，但是这些物理量之中其量纲独立的物理量个数都是确定的，并且这个量纲独立物理量的个数是由这个物理问题本身的性质所决定的；同时该问题中其他物理量的量纲都可以由这几个基本物理量的量纲所导出。这三点就是建立量纲分析理论核心定理即 Π 定理的基础。在实践中，当对某一物理现象进行量纲分析时，首先需要根据我们对这一物理问题本质的认识，抓住主要矛盾，列出影响这一物理现象的全部主要物理量，这是第一步；第二步就是通过对这些所出现的全部物理量量纲的分析，从中选出一组（数目最大的）量纲彼此独立的有量纲量，并将其作为基本量，而将其余物理量作为它们的导出量，这一步既是最重要的一步也是量纲分析的基础。当然，从纯理论角度讲，虽然对这一具体问题而言其中量纲独立量的个数是确定的，但人们对基本量组的选取则带有一定的随意性，选取的方式要视问题的具体情况而定，在不同的问题中可取不同的物理量组作为基本量，而这一基本量组的选取常常会对我们揭示物理问题规律性本质的深度有重要的影响，这需要在实践中不断总结和提高。

3. 量纲的性质

物理量的量纲通常用括号[ ]表示，例如速度 v 的量纲就可以表示成$[v]$，时间 t 的量纲就可以表示成$[t]$。

有量纲的物理量具有以下几点性质：

(1) 只有同一量纲的物理量才能比较大小，只有量纲相同的物理量才能相加或相减。

(2) 任何科学的方程式两端的量纲必须相同，或者更准确地讲，任何科学的方程式中各项的量纲必须相同，且与度量单位无关。量纲的这一性质可用来检验一个物理方程式是否科学合理。

(3) 不同量纲的物理量可以相乘，其积的量纲等于相乘因子量纲之积，即

$$[ab]=[a][b] \tag{7.3.1}$$

(4) 任一物理量的量纲都可以由彼此独立的基本量量纲的指数幂的乘积来表示，假如基本量的量纲共有 k 个，则物理量 a 的量纲$[a]$便可以表示成

$$[a]=[a_1]^{m_1}[a_2]^{m_2}\cdots[a_k]^{m_k} \tag{7.3.2}$$

其中，m_1、m_2、m_k 为有理数，$[a_1]$，$[a_2]$，…，$[a_k]$为彼此独立的基本量量纲。

(5) 任一导出物理量都可以和基本量的指数幂乘积相组合，构成无量纲量。例如，倘若 b 是导出物理量，$a_1,a_2,\cdots,a_k$ 为量纲独立的基本量，则由性质(4)可知，量纲$[b]$可以表示成

$$[b]=[a_1]^{n_1}[a_2]^{n_2}\cdots[a_k]^{n_k} \tag{7.3.3}$$

其中，$n_1,n_2,\cdots,n_k$ 为有理数，$[a_1]$，$[a_2]$，…，$[a_k]$为量纲独立的基本量量纲。由于 b 和 $a_1,a_2,\cdots,a_k$ 的指数幂乘积具有相同的量纲，因此

$$\Pi=\frac{b}{a_1^{n_1}a_2^{n_2}\cdots a_k^{n_k}} \tag{7.3.4}$$

必定为无量纲的数，故Π是无量纲量。

有量纲量的这些基本性质可用于检验繁杂方程式是否有误，确定经验公式中系数的量纲，等等。

7.3.2 Π定理

科学研究工作者的任务在于用实验、理论或计算的方法确定某一物理现象中各种物理量间的内在关系。更具体地说，就是研究物理问题中的某个响应量或因变量（结果）对影响这一因变量的各种本源量或自变量（原因）的依赖关系。不失一般性，设 a 是我们感兴趣和要研究的某个因变量，而根据我们对问题的认识和分析，认为影响这一因变量 a 的全部主要

自变量是$a_1,a_2,\cdots,a_n$。则我们要寻求的因变量 a 与自变量$a_1,a_2,\cdots,a_n$ 之间的内在联系，可以用如下的函数关系来表达：

$$a = f(a_1,a_2,\cdots,a_k,a_{k+1},\cdots,a_n) \tag{7.3.5}$$

量纲分析的任务就在于，以前面我们所讲的量纲理论的基本概念为基础来最大限度地确定加在此关系式上的限制，即最大限度地简化这种依赖关系的可能形式，并加以利用，指导实验、理论分析或模拟计算，从而得出科学的结果和引出规律性结论。引出这个限制所依赖的基础就是，我们所研究的物理量不仅仅是简单的数，而且是有量纲的量，同时各量之间的量纲是有特定联系的。为此，我们首先在自变量中找出具有量纲独立性质的基本量，而将其余自变量以及要研究的因变量视为由这些基本量导出的导出量。假如物理问题中的基本量共有 k 个，不妨把这 k 个基本量排在自变量的最前面，于是，$a_1,a_2,\cdots,a_k$ 就是基本量，其余的 $n-k$ 个自变量$a_{k+1},a_{k+2},\cdots,a_n$ 便是导出量。设基本量的量纲分别为 $\mathrm{A}_1,\mathrm{A}_2,\cdots,\mathrm{A}_k$，则由式(7.3.3)知，导出量的量纲便可以通过这些基本量量纲的指数幂的乘积表示，即

$$[a_{k+1}] = \mathrm{A}_1^{p_1}\mathrm{A}_2^{p_2}\cdots\mathrm{A}_k^{p_k}$$

$$[a_{k+2}] = \mathrm{A}_1^{q_1}\mathrm{A}_2^{q_2}\cdots\mathrm{A}_k^{q_k}$$

……

$$[a_n] = \mathrm{A}_1^{r_1}\mathrm{A}_2^{r_2}\cdots\mathrm{A}_k^{r_k}$$

由于因变量 a 也是导出量，因此其量纲也可以表示成基本量量纲的指数幂乘积式，即

$$[a] = \mathrm{A}_1^{m_1}\mathrm{A}_2^{m_2}\cdots\mathrm{A}_k^{m_k}$$

其中，$p_1,\cdots,p_k;q_1,\cdots,q_k;r_1,\cdots,r_k;m_1,\cdots,m_k$ 等均是相应的幂次值。

用本问题中的基本量 $a_1,a_2,\cdots,a_k$ 作为基本单位，按上述指数幂乘积的方式度量各物理量，则结果都是无量纲的纯数，或者说都是无量纲量，即我们可引出与各导出量(包括因变量在内)相对应的无量纲量：

$$\Pi = \frac{a}{a_1^{m_1}a_2^{m_2}\cdots a_k^{m_k}}$$

$$\Pi_1 = \frac{a_{k+1}}{a_1^{p_1}a_2^{p_2}\cdots a_k^{p_k}},\quad \Pi_2 = \frac{a_{k+2}}{a_1^{q_1}a_2^{q_2}\cdots a_k^{q_k}},\quad \cdots,\quad \Pi_{n-k} = \frac{a_n}{a_1^{r_1}a_2^{r_2}\cdots a_k^{r_k}} \tag{7.3.6}$$

我们总可以改变各基本量的测量单位而使其各基本量的数值成为纯数1，于是前述物理问题中的函数关系式(7.3.5)便可以表示成如下的无量纲量间的关系：

$$\frac{a}{a_1^{m_1}a_2^{m_2}\cdots a_k^{m_k}} = f\left(1,1,\cdots,1;\frac{a_{k+1}}{a_1^{p_1}a_2^{p_2}\cdots a_k^{p_k}},\frac{a_{k+2}}{a_1^{q_1}a_2^{q_2}\cdots a_k^{q_k}},\cdots,\frac{a_n}{a_1^{r_1}a_2^{r_2}\cdots a_k^{r_k}}\right) \tag{7.3.7a}$$

即

$$\Pi = f(\Pi_1,\Pi_2,\cdots,\Pi_{n-k}) \tag{7.3.7b}$$

上式的左端是无量纲因变量，记为Π；而右端函数 f 中的前k 个量都是常数 1，对因变量Π没有影响，起作用的只是后面 $n-k$ 个无量纲自变量，我们将它们分别记作$\Pi_1,\Pi_2,\cdots,\Pi_{n-k}$，于是无量纲因变量$\Pi$便是 $n-k$ 个无量纲自变量$\Pi_1,\Pi_2,\cdots,\Pi_{n-k}$的函数。可见，$n+1$ 个有量纲量 $a,a_1,a_2,\cdots,a_n$ 之间的函数关系经无量纲化后，变成了 $n+1-k$ 个无量纲量$\Pi,\Pi_1,\Pi_2,\cdots,\Pi_{n-k}$之间的关系，变量数减少了 k 个，这就是量纲分析理论中著名的Π定理，它是量纲分析理论的核心。

Π定理：设某因变量 a 与自变量$a_1,a_2,\cdots,a_n$ 之间的内在联系由函数关系式(7.3.5)所表达，而问题存在 k 个独立的量纲，则我们就可以将因变量和自变量之间的关系表达为无量

纲形式(7.3.7b)。

Π定理告诉我们，当一个物理问题的函数关系采用无量纲量表示时，变量的个数可以减少，减少的数目就是独立的基本量个数。因此，采用无量纲量描述物理问题可以简化问题的表述。另一方面，由于无量纲量与测量单位系无关，因此用无量纲量描述物理问题还有助于模拟实验的开展。因为从物理上讲，只要问题的无量纲量相同，原型和模型的函数关系式是一样的，因此我们可以通过实验室模型实验来获得实际问题的解。

通常我们把式(7.3.7b)中的无量纲量$\Pi_1,\Pi_2,\cdots,\Pi_{n-k}$称为相似准数或相似参数(有的人将其称为相似准则)。这样，我们就可以说Π定理的物理意义是：任何两个同类但取不同测量单位的物理现象，只要它们的相似准数是各自分别相等的，则它们的无量纲因变量就必然也是相等的，因此这两个现象就是“相似的”，因而其结果是可以相互转化的。所以量纲分析给出的结果也称为相似理论，对不同的物理问题相似理论可以引出各种不同的规律性结论。

对Π定理再补充说明如下几点：

(1) 无论物理问题的表述是显式还是隐式，Π定理给出的结论都是一样的。如果把物理问题的因变量和自变量都统一视为变量，设其总数为N(这相当于上面显函数表述中的$n+1$)，则它们间的关系可以用如下的隐式关系表示：

$$f(a_1,a_2,\cdots,a_N)=0 \tag{7.3.8}$$

我们同样可以在N个变量中选出k个量纲独立的量作为基本量，假如它们是$a_1,a_2,\cdots,a_k$。不妨将这些基本量置于函数式的前面，则后面的$N-k$个变量便是可以通过这些基本量导出的导出量。将这k个基本量取作基本单位，将式(7.3.8)中的所有变量进行无量纲化，则式(7.3.8)可以写为

$$f(1,1,\cdots,1;\Pi_1,\Pi_2,\cdots,\Pi_{N-k})=0$$

常数1在函数关系里不起任何作用，因此上式可进一步写为

$$f(\Pi_1,\Pi_2,\cdots,\Pi_{N-k})=0 \tag{7.3.9}$$

从而将原先N个变量的隐式函数关系转化为$N-k$个无量纲量间的函数关系，函数的形式并没有改变，但自变量的个数少了k个，这当然简化了问题的表述和研究。

总之，Π定理告诉我们：任何一个物理问题的函数关系都可以在一个基本量作为参考的系统中将有量纲量转化为无量纲量，将有量纲量间的函数关系转化为无量纲量间的函数关系。由于无量纲量的个数要比有量纲量少，因此采用无量纲量描述物理问题可以使问题得到简化，既可简化函数关系的复杂性，又有利于对物理本质的深入研究，因此量纲分析始终是科学研究中一个非常重要而又行之有效的方法。

(2) 如果在自变量之中引入点的空间坐标x_i和时间t，则我们便可以利用Π定理对问题的任何因变量进行分析并得出对该无量纲因变量的时空分布函数的相应简化结论。这一点对问题的理论求解和数值求解的帮助也是很大的，有时会帮助我们得到解的形式的某些特定类型(如自模拟解)。

(3) 由Π定理可见，问题中量纲独立的量的个数k越多，则Π定理对问题的限制和简化便越大，这对我们研究工作的帮助也便越大。一般而言，在纯力学的问题当中所出现的量纲独立的量的个数是3(个别问题也可能小于3)，但即使如此Π定理的威力也是很大的。

(4) 除了前面所述的所谓正问题以外，我们也可以将Π定理应用于下面的反问题：在对某一因变量提出限定要求时，求解对某一自变量的相应限定条件。这种反问题的一个例子

就是,已知弹、靶的几何及材料特性,求解弹对靶要达到某个侵彻深度时所需要的初始弹速;另一个例子就是,已知载荷和结构的几何和材料特征,求解结构达到某种变形或应力时所需要的外载。

7.3.3 量纲分析的基本方法

运用Π定理时必须注意以下几点:

(1) 在表示物理规律的函数关系

$$a = f(a_1, a_2, \cdots, a_n) \tag{7.3.10}$$

时,$a_1, a_2, \cdots, a_n$ 必须是自变量,不能混入因变量,也不能加入与问题无关的量,这就要求我们事先要对物理问题有正确的把握,在正确判断并比较各种因素对物理现象所起作用的基础上,合理决定并取舍相应的物理量。在这里抓住主要矛盾且不漏掉主要因素是很重要的。

(2) 尽管Π定理可以减少我们要寻求的各量内在关系中独立自变量的个数,但是需要强调指出的是,无量纲型的函数关系

$$\Pi = f(\Pi_1, \Pi_2, \cdots, \Pi_{n-k}) \tag{7.3.11}$$

的具体形式却是无法直接由Π定理得出的,它的具体形式需要通过实验、计算或者理论研究获得。

(3) 分析无量纲自变量 Π_i 的物理意义和量级很有实际价值。例如,物体受到三个具有同样量纲的物理量的作用,分别记为 F_1, F_2, F_3。那么,我们可以取其中任一物理量,如取 F_1 为基本量之一,从而由这三个量组成两个无量纲自变量 F_2/F_1 和 F_3/F_1。倘若问题的特点是,F_3 的作用与 F_1 相近(包括它们的数值以及它们对因变量的影响方式和程度),则 $F_3/F_1 \approx 1$,F_3 便基本不起作用,那么在无量纲自变量中可只保留 F_2/F_1,从而可简化对问题的研究。

(4) 采用无量纲形式的函数关系 $\Pi = f(\Pi_1, \Pi_2, \cdots, \Pi_{n-k})$ 研究问题要比采用有量纲形式的函数关系 $a = f(a_1, a_2, \cdots, a_n)$ 简便许多。它们不但省去了单位换算的麻烦,而且减少了自变量的个数,从而减少了研究的难度和工作量,使得结果更简洁,也更具普遍性。

7.3.4 量纲分析实例

量纲分析是研究不同物理量间的函数关系、寻求物理规律的有力工具,其基本依据是:物理量都是有量纲的,但物理规律不随测量单位的改变而改变,因此用与测量单位无关的无量纲量描述物理现象不但最简洁,也最科学、最具有实际意义。

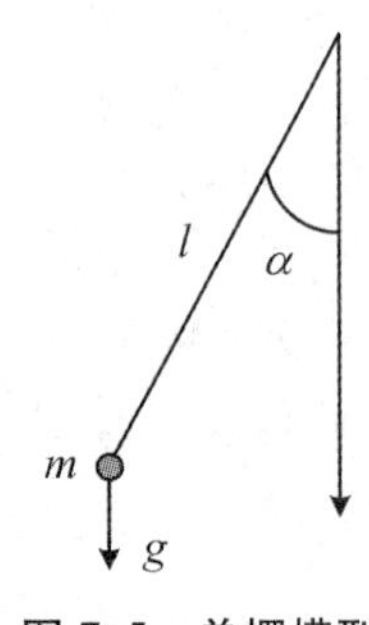

图 7.5 单摆模型

一般说来,在大多数实际力学问题的研究中,只要引入三个独立的基本度量单位就够了。通常取长度、质量和时间的度量单位为基本度量单位。在研究热力学现象时,则还需要引入另外一个独立的基本量,即温度。以单摆问题为例(图 7.5),具体说明怎样运用量纲分析方法研究实际的物理问题,揭示物理本质,确定各物理量间的因果关系。

如图 7.5 所示,单摆是由一长为 l 的细绳和一质量为 m 的摆组成的。细绳的一端固定不动,另一端悬挂着摆 m。将摆 m 从铅垂的自然位置沿半径为 l 的圆弧挪动到初始角度为 α 的位置后放开,则摆

m 将在重力的作用下以铅垂线为对称线做周期性的往复摆动，我们试图研究物体的自由摆动周期 T。倘若忽略细绳的质量和变形，也忽略空气的阻力和相关链接处的摩擦力，则这一物理问题中出现的物理量主要有摆的质量 m、细绳的长度 l、重力加速度 g、初始角 α、单摆的摆动周期 T。取 T 为因变量，其余各物理量为自变量，则确定周期 T 的函数式便可以一般地写为

$$T = f(m, l, g, \alpha) \tag{7.3.12}$$

这是一个简单的力学系统，函数 f 的自变量中存在着三个量纲独立的基本量：质量 m、长度 l 和加速度 g，角度 α（可定义为两个长度之比，当以弧度为单位时它本身已是一个无量纲量）和摆动周期 T 可以看成是导出量。

将 m、l 和 g 作为基本量，则问题中的所有物理量可通过这三个基本量表示成无量纲量。例如，摆 m 就通过自身量进行无量纲化，$m/m=1$，周期 T 的量纲是时间，可以用基本量 l 和 g 的某种组合量的量纲来进行无量纲化，即 $T/(l/g)^{\frac{1}{2}}$。于是，有量纲量函数关系式(7.3.12)便可以等价地写成如下的无量纲量形式：

$$T/(l/g)^{\frac{1}{2}} = f(1,1,1,\alpha) \tag{7.3.13}$$

由于 1 是常数，它对函数 f 不起作用，因此单摆摆动周期 T 的无量纲量 $T/(l/g)^{\frac{1}{2}}$ 只与摆角 α 有关，即

$$T/(l/g)^{\frac{1}{2}} = f_1(\alpha) \tag{7.3.14}$$

于是，研究中我们只需要确定无量纲量 $T/(l/g)^{\frac{1}{2}}$ 与摆角 α 之间的关系就可以了。这样做不但可简化问题的复杂性和降低研究的难度，同时还能更深刻地揭示物理量间的本质关系。例如我们所研究的单摆周期问题，根据上述量纲分析，便可以立即得出如下几点结论：

(1) 单摆周期 T 与绳长 l 和重力加速度 g 有关，它正比于 $l^{\frac{1}{2}}$，但反比于 $g^{\frac{1}{2}}$。

(2) 单摆周期 T 与悬挂物质量 m 无关。

(3) 单摆的无量纲周期 $T/(l/g)^{\frac{1}{2}}$ 只依赖于摆角 α。但是函数 $f_1(\alpha)$ 的具体形式需要通过实验或理论研究确定，无法直接由量纲分析给出。

量纲分析方法可以简化问题的研究难度和复杂性，这一点是十分明显的。如果我们试图直接通过实验研究建立有量纲量的函数关系式(7.3.12)的具体形式，$T=f(m,l,g,\alpha)$，则要做数目相当可观的实验工作。为此，我们可以对实验次数做一初步估计：由于问题共有 4 个自变量，因此必须对每一自变量（固定其余自变量）分别进行实验，如果每个自变量做 10 次实验，那么总共要做 10^4 次实验才能达到我们的要求。上万次的实验，不但工作量可观，有时甚至是无法实现的。但是，倘若采用量纲分析的方法进行研究，那么只要做 10 次不同大小摆角 α 的实验，得出无量纲量 $T/(l/g)^{\frac{1}{2}}$ 与 α 间的对应数据，并通过对数据的最小二乘法拟合，就可以得出无量纲量 $T/(l/g)^{\frac{1}{2}}$ 与 α 间的函数关系了，其精度与有量纲量的上万次实验相同。由此可见，采用量纲分析方法研究问题具有很大的优势。

在某些特殊情况下，还可以将上述问题做进一步简化。设初始摆角 α 是个小量，即 $\alpha \ll 1$。由于在物理上可以判断 $f_1(\alpha)$ 是 α 的偶函数，因此可以将 $f_1(\alpha)$ 在 $\alpha=0$ 处做泰勒展开，即

$$f_1(\alpha) = f_1(0) + f_1''(0)\frac{\alpha^2}{2} + f_1^{(4)}(0)\frac{\alpha^4}{4*3*2*1} + \cdots \cong f_1(0) \tag{7.3.15}$$

忽略高阶小项，则有

$$T = f_1(0)(l/g)^{\frac{1}{2}} \tag{7.3.16}$$

可见,此时只要做一次实验就可确定常数 $f_1(0)$ 的值,从而就可以建立单摆周期 T 与绳长 l 和重力加速度 g 间的函数关系了。小角度 α 下的不同实验一定会测出 $f_1(0)=2\pi$;而由理论上将单摆的运动方程在小角度下进行线性化并求解之,所得出的单摆周期 T 恰恰为 $T=2\pi(l/g)^{\frac{1}{2}}$,即量纲分析中所引出的常数 $f_1(0)$ 其实就是理论研究中给出的常数 2π。

7.3.5 量纲分析的一般步骤

Π 定理指出了量纲分析的核心,即任何一个物理问题,当用无量纲量表述时,可以减少问题研究中自变量的个数而大大简化问题,并有利于揭示问题的物理本质。运用量纲分析方法研究物理问题,通常需要遵循以下几个步骤:

(1) 首先要对研究对象做系统而深入的分析,对支配物理现象的规律和特性有明确的认识,以便通过在对影响事件的众多因素分析中忽略次要因素,找出那些基本的、对问题有决定性影响的因素,然后通过对所研究对象物理量的具体分析,确定哪些量是主定量(自变量),哪些量是被定量(因变量)。

例如在上述单摆问题的研究中,我们视摆绳的伸长和绳重等为次要因素而予以忽略,则单摆问题中出现的物理量便只有摆的质量 m、绳长 l、重力加速度 g、初始角 α 和单摆的摆动周期 T,选定周期 T 为因变量,其余物理量就都是自变量,于是单摆的摆动周期 T 便是这些自变量的函数,其有量纲形式的函数关系可以写为

$$T = f(m,l,g,\alpha) \tag{7.3.17}$$

(2) 确定一个与所研究对象相对应的测量单位系,写出所有变量的量纲,然后从自变量里选出一组对此问题而言,数目最大的量纲彼此独立的自变量作为量纲分析中的基本量组,以便对问题中的所有物理量进行无量纲化。这个量纲彼此独立的基本量组选取的基本原则是,此问题中所涉及的其他所有物理量(包括自变量和因变量)的量纲必须是能够由这个基本量组的量纲所导出的;另外一个原则就是要有利于对本问题物理本质的揭示。第一点是基本原则,第二点则需要很好的知识积累和丰富的经验。

例如在单摆问题里,我们以长度、时间、质量为基本测量单位,并取质量 m、绳长 l、重力加速度 g 为基本量。

(3) 对所有物理量进行无量纲化,将有量纲量化为无量纲量,例如对于上述单摆问题,我们可以做出如下一些无量纲量:

因变量周期 T 对应的无量纲量:$\Pi = T/(l/g)^{1/2}$ (7.3.18a)

自变量单摆质量 m 对应的无量纲量:$\Pi_1 = m/m = 1$ (7.3.18b)

自变量单摆长度 l 对应的无量纲量:$\Pi_2 = l/l = 1$ (7.3.18c)

自变量重力加速度 g 对应的无量纲量:$\Pi_3 = g/g = 1$ (7.3.18d)

自变量初始摆角 α 对应的无量纲量:$\Pi_4 = \alpha$ (7.3.18e)

式(7.3.18b)、式(7.3.18c)、式(7.3.18d)的物理意义是,总可以调整基本量的测量单位,使所测得的基本量的数值等于纯数 1。

(4) 将有量纲量的函数关系式(7.3.17)简化为无量纲形式的如下函数关系:

$$\Pi = f(1,1,1,\Pi_4) \tag{7.3.19}$$

由于常数1对函数关系不起作用，因此式(7.3.19)可以进一步写为(不妨仍用记号 f)

$$\Pi = f(\alpha) \quad 或 \quad T/(l/g)^{1/2} = f(\alpha) \tag{7.3.20}$$

因此，仅仅通过量纲分析就可以得出单摆振动周期正比于 $(l/g)^{1/2}$、与摆的质量无关而只与初始摆角 α 有关等重要结论。

(5) 通过实验的方法确定函数 $f(\alpha)$，为了确认这一结果的正确性我们可以通过理论分析或模拟计算对结果进行分析和核对；如果对某些问题是知道其基本方程组的，则可以通过上述方法将基本方程组无量纲化，并对无量纲化方程组进行理论分析或模拟计算，得出相应的函数关系，然后通过相应的实验对结果进行检验。我们现在所走的就是第二条道路，即先由量纲分析指导模拟计算而得出某些规律性的结论，再由相关的实验来进行检验。

7.3.6　量纲分析和相似理论的科学意义和工程应用价值

可以说，自然科学研究有两大基石，一是张量分析，二就是量纲分析。量纲分析不但是研究问题的基础，而且也是研究问题的重要方法和武器。有了前面的基本知识介绍和实例说明后，我们现在可以对量纲分析和相似理论的科学意义和工程应用价值做一个简单的概括。

(1) 量纲分析和相似理论是指导我们科学地开展模拟实验和合理地分析实验数据的基础。

在科学研究和工程实践中，我们常常需要做大量的实验以获得对问题认识的第一手数据资料和科学认识，如建造飞机、船舶、堤坝以及许多其他复杂的工程结构，都要以事先的大量实验研究为基础。但是，完全做现场实验既费时费力又会有很大的经费消耗，这样系列的模型实验就起着重要的作用。因此，如何科学地进行模拟实验才能保证模拟实验与现场实验的相似性和可比性，以及如何将模拟实验的数据合理地转换为对现场实验结果的正确预测，就成为了十分关键和重要的问题。量纲分析和相似理论为我们建立了在模型实验中所应遵循的条件，并给出了更加简洁和有效地开展模型实验的方法，这就是：在抓住主要矛盾列出影响问题结果的主要因素之后，只要我们能保证模型实验和现场实验的相似准数分别相等，则我们就保证了模型实验结果的可靠性，同时也给出了由模型实验结果向现场实验结果转化的方法。此外，有许多现场实验受客观条件的限制是很难完成的(如有毒、易燃、易爆等因素以及场地条件限制和制造工艺限制等)，而我们却可以在量纲分析和相似理论指导下，通过更小尺寸(或更大尺寸)甚至保证相似准数相同的不同材料的模拟实验来完成。

如果以下标m和下标p分别标志模型和原型的相关量，则它们的各相似准数分别相等的相似条件可写为

$$(\Pi_1)_m = (\Pi_1)_p, \quad (\Pi_2)_m = (\Pi_2)_p, \quad \cdots, \quad (\Pi_{n-k})_m = (\Pi_{n-k})_p \tag{7.3.21a}$$

只要这些等式成立，我们就能保证模型和原型的因变量 $\Pi = f(\Pi_1, \Pi_2, \cdots, \Pi_{n-k})$ 也相等，即有

$$(\Pi)_m = (\Pi)_p \tag{7.3.21b}$$

由式(7.3.21a)和式(7.3.21b)所表达的条件和结果的总和，就是我们由量纲分析和相似理论所得出的该问题所遵循的相似规律，简称相似律或模型律。

以黏性流体在管道中的一维流动问题为例，人们曾由量纲分析和相似理论引出了一个反映流体黏性特征的无量纲相似准数Reynolds数 Re：

$$Re = vr\rho/\mu$$

其中,v 是流体的流动速度,r 是问题的特征长度(例如管道的半径),ρ 是流体的质量密度,μ 是流体的黏性系数。如果问题的原型给出了 v_p、r_p、ρ_p、μ_p 的数值,则关系

$$v_m r_m \rho_m/\mu_m = v_p r_p \rho_p/\mu_p$$

就给出了模型实验所需要满足的设计条件。如果原型的长度对于实验室实验来说过大,我们可以缩减模型的长度(比如 $r_m = r_p/10$),此时,如果使用相同的流体(即 $\rho_m = \rho_p$,$\mu_m = \mu_p$),则必须变更流体的流动速度而取 $v_m = 10v_p$,这样才能保证模型的 Reynolds 数与原型的 Reynolds 数相同,从而达到两个流动的相似性。

两个问题的相似必须是全方位的物理相似,这包括几何相似、运动学相似(如运动学边条件的相似)、动力学相似(如力、冲量或能量沉积边条件的相似)、材料相似(如材料本构模型、破坏准则及有关材料参数的相似)等,它们分别由相应的相似准数来反映,各类相似准数彼此相互联系和相互制约,它们统一在物理相似中,而只有模型和原型的全部相似准数分别相等时,我们才能说两者是物理相似的。根据物理相似的定义,对应点(包括对应的空间和时间)上所有无量纲特征量均相等,所以两个物理相似的问题必有相似的物形、相同的物体安放角(如机翼的攻角、叶片的安装角等),即几何相似(这些由几何相似准数来反映)。所以几何相似只是两个问题物理相似的必要条件之一;同样任何一个相似准数保持不变也只是两个问题物理相似的必要条件之一。

(2) 在获得某些有关规律的结论时,量纲分析和相似理论可帮助我们大大减少实验的次数,从而提高科学研究的效率,并大大节约研究经费。关于这一点可参见前面单摆周期问题的例子。

(3) 量纲分析和相似理论所建立的Π定理,虽然不能直接帮助我们确定所要寻求的响应函数的具体形式,但却大大减少了未知函数中自变量的个数,也就大大简化了理论分析,减小了模拟计算的难度和工作量。可以说明这一点的最重要的例子就是,在一系列涉及爆炸与冲击响应的复杂问题中,当问题中既不存在特征长度也不存在特征时间时,因为空间坐标 x 和时间 t 必然以组合 x/t 的形式与其他量共同组成有关的无量纲量,这样我们就将任何因变量对 x 和 t 的各自独立依赖转化为对组合 x/t 的依赖,从而将很难求解的偏微分方程组化为相对较易求解的常微分方程组,并得到问题的所谓"自模拟解",这就大大简化和加深了我们对问题时空分布规律的认识。不考虑前方压力影响时,核爆炸和炸药强爆炸冲击波传播规律的一维"自模拟解",炸药平面爆轰、柱面爆轰和球面爆轰波传播规律的一维"自模拟解",平面一维应力波传播规律的"自模拟解",等等,都是很好的例子。

(4) 对于某些过于复杂甚至当前还根本没有精确数学提法的问题,我们可以用量纲分析和相似理论为武器,建立特定无量纲因变量与无量纲自变量间的函数关系,并通过较少的相似模拟实验得到该无量纲因变量与无量纲自变量间的数据对应关系,再经由对数据的最小二乘拟合而求出要求的函数关系。在航空力学、流体力学领域里许多非常重要的新问题中,在各种结构强度和变形以及材料和结构的动力学响应等问题中,也经常碰到这种情况。

总之,量纲分析与相似理论不但是我们研究一切问题的重要基础,而且也是研究问题的一种重要手段。然而,我们也不应该过高估计该方法所能起到的作用,因为从原则上讲,它只能简化问题,并不是单纯地依靠它就可以完全地解决问题。要完全地解决问题,我们必须将量纲分析方法同实验研究、理论分析或者模拟计算结合起来。

7.3.7　量纲分析方法与相似模拟的讨论

量纲分析是指从物理量的量纲出发，对相互联系的物理量进行分析，构造无量纲量，建立无量纲量间的函数关系，达到简化问题的目的。然而，实际物理问题往往十分复杂，影响因素众多，我们无法将所有这些因素一一考虑。事实上，研究中也没有这个必要，因为影响一个物理事件的因素，其所起的作用往往是互不相同的，有的因素很重要，起主导作用，有的因素对事件的影响非常之小，微乎其微，完全可以忽略。这就要求研究人员对所研究的物理现象有全面和透彻的了解，能够正确地决定影响因素的取舍，把握问题的主要矛盾，这对简化问题乃至正确解决问题至关重要。

此外，我们还必须注意，量纲分析只是研究问题的一种方法和手段，它不能代替物理实验和理论分析。量纲分析无法给出无量纲函数关系的具体形式，因此不能给出问题的最终解，但它可以提供解的基本结构，从而为实验研究和数值研究提供科学的依据和指导。

在现代科学技术研究中，许多问题的解决都需要通过大量的实验，随着科学技术的发展，实验的复杂性越来越大，难度也越来越高。例如，航空航天飞行器的设计、大型船舶的制造、尖端武器的研制和生产等等，这些问题的解决都需要事先了解相应物理现象的基本规律。倘若我们都要通过实物实验才能获得相关信息，不但不经济，耗资巨大，有时甚至是不可能实现的。因此开展相应的模型实验成为必然的选择，这就是所谓的模拟实验（或数值模拟）。模拟实验的基本目标是通过实验室实验或数值模拟，取得所研究问题中的一些基本规律和基本特征量，并将之用于实物原型上。为此我们必须研究模型与原型的相似准则及其应用问题，而基于量纲分析中的相似律科学地回答了这些问题。其基本要点是，所谓模型和原型相似，指的是模型和原型相应特征量之比应保持常数，这些常数又称为相似系数。在力学问题里，这种相似包括几何相似、运动相似和动力相似，当我们在模型研究中获得某种规律或某些感兴趣的特征量后，可以以无量纲特征量的方式直接用于原型。因此，这是一种科学、便捷的研究方法。相似理论是指导模拟实验（包括数值模拟）的重要依据，因此在学术研究和工程实践中具有广泛的应用价值。

7.4　流体力学基本方程组和流体力学问题的相似准数

7.4.1　流体力学基本方程组

对于应用中的大多数问题来讲，介质都是非极性的，此时动量矩定理将给出应力张量的对称性，即 $\sigma_{ij}=\sigma_{ji}$，$\frac{\partial \sigma_{ji}}{\partial x_j}=\frac{\partial \sigma_{ij}}{\partial x_j}$。此时流体力学的基本方程组将由连续方程、运动方程、能量方程等守恒定律和流体的本构方程所组成，而对于黏性流体而言，其本构方程将包括状态方程和黏性应力的广义斯托克斯定律。如果考虑热传导的效应，则还应包括热传导方程。根据第 5 章所讲的守恒定律和第 6 章所讲的本构理论，现在我们列出流体力学基本方程组。以 ρ、v_i、σ_{ij}、p、u、h_i、T 分别表示流体的质量密度、质点速度、应力分量、压力、比内能、热流矢量、温度，则其基本方程组可列出如下：

连续方程为

$$\frac{\partial \rho}{\partial t} + \frac{\partial \rho v_1}{\partial x_1} + \frac{\partial \rho v_2}{\partial x_2} + \frac{\partial \rho v_3}{\partial x_3} = 0 \tag{7.4.1}$$

运动方程为

$$\rho\left(\frac{\partial v_i}{\partial t} + v_1 \frac{\partial v_i}{\partial x_1} + v_2 \frac{\partial v_i}{\partial x_2} + v_3 \frac{\partial v_i}{\partial x_3}\right) = \rho b_i + \frac{\partial \sigma_{ij}}{\partial x_j} \quad (i = 1、2、3) \tag{7.4.2}$$

对于体积力 b_i 是重力沿 x_3 轴的情形，则有

$$b_1 = b_2 = 0, \quad b_3 = g(\text{重力加速度})$$

能量方程为

$$\rho\left(\frac{\partial u}{\partial t} + v_1 \frac{\partial u}{\partial x_1} + v_2 \frac{\partial u}{\partial x_2} + v_3 \frac{\partial u}{\partial x_3}\right) = \frac{1}{2}\sigma_{ij}\left(\frac{\partial v_i}{\partial x_j} + \frac{\partial v_j}{\partial x_i}\right) - \frac{\partial h_i}{\partial x_i} \tag{7.4.3}$$

其中，h_i 为热流矢量，这里我们没有考虑热辐射的影响。

黏性流体的本构方程为

$$\sigma_{ij} = -p\delta_{ij} + k\frac{\partial v_k}{\partial x_k}\delta_{ij} + 2\mu\left(\frac{1}{2}\left(\frac{\partial v_i}{\partial x_j} + \frac{\partial v_j}{\partial x_i}\right) - \frac{1}{3}\frac{\partial v_k}{\partial x_k}\delta_{ij}\right) \tag{7.4.4}$$

其中，μ 和 k 分别为第一即畸变黏性系数和第二即体积黏性系数。

压力 p 的状态方程为

$$p = \rho RT \quad (\text{以理想气体为例}) \tag{7.4.5}$$

此时，介质的比内能将为

$$u = \frac{p}{\rho(\gamma - 1)} \tag{7.4.6}$$

其中，γ 为多方指数。

热传导方程为

$$h_i = -\beta\frac{\partial T}{\partial x_i} \tag{7.4.7}$$

这里我们利用了线性的傅立叶热传导定律，其中 $\beta>0$ 为热传导系数。

这样，我们将有 ρ、v_i、σ_{ij}、p、u、h_i、T 共 16 个未知量，而式(7.4.1)～(7.4.7)恰恰共有 16 个方程，所以方程组是封闭的。

7.4.2 流体力学问题的相似准数

要解决一个完整的问题，除了基本方程组以外，我们还需要有初始条件和边界条件，以一般的不定常流动为例，初始条件可表达为 $t=0$ 时给定流体的初始状态，即所有未知量的初始分布规律。

边界条件可表达为：

在无穷远处给定流体的来流状态 $v_i = f_i(V_0)$（V_0 为特征速度）、ρ_0、T_0；

在固定壁面上：$v_i = 0$；

给定壁面上的温度分布规律以及随时间的变化规律；

给定壁面上热流矢量法向分量的分布规律以及随时间的变化规律。

不妨设壁面上的特征温度为 T_C，特征法向热流率为 h_n，边界条件的特征时间为 τ，固壁的特征尺寸为 L。

决定一个流动的流动解，除了依赖于有关的材料参数、几何和时间特征参数以外，还依赖于初始条件和边界条件中的特征量。现在，我们共有如下 14 个特征量：固壁的特征尺寸 L，问题的特征时间 τ，来流的状态参数 ρ_0、T_0 和 V_0，介质的黏性系数 μ 和 k，流体的热传导系数 β，状态方程参数 R，介质的定压比热 C_p 和定容比热 C_V，边界的特征温度 T_C 和特征法向热流率 h_n，重力加速度 g。根据 Π 定理可知，任何一个无量纲因变量都可以写为 $14-4=10$ 个无量纲自变量的函数，取 L、τ、ρ_0、T_0 为基本量，则我们可以得到如下 10 个无量纲的相似准数：

$S=\dfrac{L}{V_0\tau}$，称为斯托鲁哈利数，它一方面可以看作来流无量纲速度的倒数，另一方面因为 $S=\dfrac{V_0}{\tau}\Big/\dfrac{V_0^2}{L}$，它表示局部加速度 $\dfrac{\partial v_i}{\partial t}$ 和迁移加速度 $v_j\dfrac{\partial v_i}{\partial x_j}$ 之比；

$F=\dfrac{V_0^2}{gL}$，称为弗劳德数，$F=\dfrac{\rho V_0^2}{L}\Big/\rho g$，它表示单位体积介质的惯性力（迁移加速度）和重力之比；

$Re=\dfrac{\rho V_0 L}{\mu}$，称为雷诺数，$Re=\dfrac{\rho V_0^2}{L}\Big/\dfrac{\mu V_0}{L^2}$，它表示单位体积介质的惯性力和黏性力之比；

$M=\dfrac{V_0}{\sqrt{\gamma R T_0}}=\dfrac{V_0}{C_0}$，称为马赫数，它表示流动速度与声速之比，是材料可压缩性的体现；

$P_r=\dfrac{\mu C_V}{\beta}$，称为普朗特数，它是黏性和导热性之比；

$\dfrac{k}{\mu}$，它是体积黏性和畸变黏性之比；

$\dfrac{C_p}{C_V}=\gamma$，它是定压比热和定容比热之比即多方指数；

$\dfrac{V_0^2}{C_V T}=\dfrac{\rho V_0^2}{\rho C_V T}$，它是单位体积介质的动能和热能之比；

$\dfrac{T_C}{T_0}$，它是固壁上的无量纲特征温度；

$\dfrac{q_n}{\rho_0 V_0^3}$，它是壁面上的无量纲特征热流率。

对于定常的流动，问题没有特征时间，所以我们不必引入斯托鲁哈利数，而只有 9 个相似准数；如果只考虑畸变黏性的影响，则 $k=0$，$\dfrac{k}{\mu}=0$，我们将只有 8 个相似准数。

对于低速流动的不可压缩介质，可以认为介质的密度 ρ_0 为常数，热力学的状态方程可以不用，与热传导有关的量也可以不考虑；同时介质的声速 $C_0=\infty$，因而马赫数 $M=0$；同时介质的压力是不能由密度 ρ_0 所确定的，设其来流的压力为 p_0，则我们可以得到另外一个无量纲量：$E=\dfrac{p_0}{\rho_0 V_0^2}$，称为欧拉数，又 $E=\dfrac{p_0}{L}\Big/\dfrac{\rho_0 V_0^2}{L}$，可见它表示压力梯度和单位体积介质的惯性力之比。于是我们将有 5 个相似准数,即 S、F、Re、$\frac{k}{\mu}$和E。如果只考虑畸变黏性 μ 的影响,则 $k=0$,$\frac{k}{\mu}=0$ 也不出现,因此我们将只有 4 个相似准数,即 S、F、Re 和E。如果考虑定常流动,则 S 也不出现,因此我们将只有 F、Re 和E 3 个相似准数。如果又不考虑重力的存在,则只有 Re 和E 两个相似准数。

7.5 黏性不可压缩流体中的一维定常流动

7.5.1 黏性不可压缩流体在水平槽内的一维定常流动

我们考虑如图 7.6 所示的高度为 $2h$ 的无限宽水平槽内的黏性流体一维定常流动。可假设流体的一维流动速度场为

$$u = u(y), \quad v = 0, \quad w = 0 \tag{7.5.1}$$

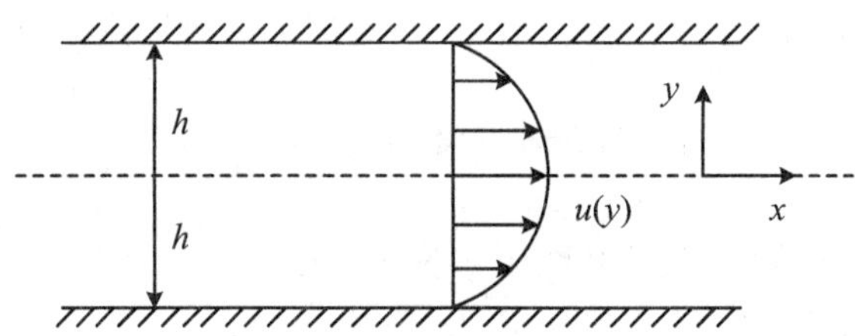

图 7.6 无限宽水平槽内的黏性一维流动

其中,$u=v_1$、$v=v_2$、$w=v_3$ 分别为流体质点沿 x、y、z 方向的质点速度。我们来寻求能够满足流体力学基本方程组(运动方程和连续方程)以及流动边界条件的函数 $u=u(y)$。显然,对任意的函数 $u=u(y)$,式(7.5.1)都是满足不可压缩流体的连续方程的:

$$\frac{\partial u}{\partial x} + \frac{\partial v}{\partial y} + \frac{\partial w}{\partial z} = 0 \tag{7.5.2}$$

而流体的应力等于其静水压力 p 与黏性应力之和:

$$\begin{aligned}\sigma_{ij} &= -p\delta_{ij} + \lambda\frac{\partial v_k}{\partial x_k}\delta_{ij} + \mu\left(\frac{\partial v_i}{\partial x_j} + \frac{\partial v_j}{\partial x_i}\right)\\ &= -p\delta_{ij} + k\frac{\partial v_k}{\partial x_k}\delta_{ij} + \mu\left(\frac{\partial v_i}{\partial x_j} + \frac{\partial v_j}{\partial x_i} - \frac{2\partial v_k}{3\partial x_k}\delta_{ij}\right)\end{aligned} \tag{7.5.3}$$

即

$$\begin{aligned}
\sigma_{xx} &= -p + 2\mu\frac{\partial u}{\partial x} + \lambda\left(\frac{\partial u}{\partial x} + \frac{\partial v}{\partial y} + \frac{\partial w}{\partial z}\right)\\
\sigma_{yy} &= -p + 2\mu\frac{\partial u}{\partial y} + \lambda\left(\frac{\partial u}{\partial x} + \frac{\partial v}{\partial y} + \frac{\partial w}{\partial z}\right)\\
\sigma_{zz} &= -p + 2\mu\frac{\partial u}{\partial z} + \lambda\left(\frac{\partial u}{\partial x} + \frac{\partial v}{\partial y} + \frac{\partial w}{\partial z}\right)\\
\sigma_{xy} &= \mu\left(\frac{\partial u}{\partial y} + \frac{\partial v}{\partial x}\right)\\
\sigma_{yz} &= \mu\left(\frac{\partial v}{\partial z} + \frac{\partial w}{\partial y}\right)\\
\sigma_{zx} &= \mu\left(\frac{\partial u}{\partial z} + \frac{\partial w}{\partial x}\right)
\end{aligned} \tag{7.5.3}'$$

其中，μ 和 k 分别为第一即畸变黏性系数和第二即体积黏性系数，$\lambda = k - \frac{2}{3}\mu$。对非极性物质，因为 $\sigma_{ij} = \sigma_{ji}$，$\frac{\partial \sigma_{ji}}{\partial x_j} = \frac{\partial \sigma_{ij}}{\partial x_j}$，故运动方程为

$$\rho\left(\frac{\partial v_i}{\partial t} + v_k\frac{\partial v_i}{\partial x_k}\right) = \rho b_i - \frac{\partial p}{\partial x_i} + \frac{\partial}{\partial x_i}\left(\lambda\frac{\partial v_k}{\partial x_k}\right) + \frac{\partial}{\partial x_j}\left(\mu\frac{\partial v_i}{\partial x_j}\right) + \frac{\partial}{\partial x_j}\left(\mu\frac{\partial v_j}{\partial x_i}\right) \tag{7.5.4}$$

在不可压缩流体一维定常流动的情况下，方程(7.5.4)简化为

$$0 = -\frac{\partial p}{\partial x} + \mu\frac{\mathrm{d}^2 u}{\mathrm{d}y^2} \tag{7.5.5}$$

$$0 = \frac{\partial p}{\partial y} \tag{7.5.6}$$

$$0 = \frac{\partial p}{\partial z} \tag{7.5.7}$$

方程(7.5.6)和(7.5.7)说明压力 p 只是 x 的函数。将式(7.5.5)对 x 求导，并注意 $u = u(y)$ 且 $\frac{\partial u}{\partial x} = 0$，则可得

$$\frac{\partial^2 p}{\partial x^2} = \frac{\mathrm{d}^2 p}{\mathrm{d}x^2} = 0$$

因之 $\frac{\partial p}{\partial x}$ 必为常数，设之为 $-\beta$，即

$$\frac{\partial p}{\partial x} = -\beta$$

于是，式(7.5.5)成为

$$\frac{\mathrm{d}^2 u}{\mathrm{d}y^2} = -\frac{\beta}{\mu} \tag{7.5.8}$$

由此可解得

$$u = -\frac{\beta y^2}{2\mu} + A + By \tag{7.5.9}$$

而黏性流体在水平槽的下边界 $y = \pm h$ 处质点速度必须为0，所以由边界条件

$$u(h) = 0, \quad u(-h) = 0 \tag{7.5.10}$$

可解得

$$B = 0, \quad A = \frac{\beta h^2}{2\mu}$$

于是,解(7.5.9)成为

$$u = \frac{\beta}{2\mu}(h^2 - y^2) \tag{7.5.11}$$

解方程(7.5.11)给出的流体水平质点速度的分布沿槽高呈抛物线分布,如图 7.6 所示。

7.5.2 黏性不可压缩流体在圆管内的一维定常流动

设圆管的半径为 a,我们寻求如下形式的解:

$$u = u(y,z), \quad v = 0, \quad w = 0 \tag{7.5.12}$$

此时,运动方程就成为

$$0 = -\frac{\partial p}{\partial x} + \mu\frac{\partial^2 u}{\partial y^2} + \mu\frac{\partial^2 u}{\partial z^2} \tag{7.5.13}$$

$$0 = \frac{\partial p}{\partial y} \tag{7.5.14}$$

$$0 = \frac{\partial p}{\partial z} \tag{7.5.15}$$

式(7.5.14)和式(7.5.15)说明 p 只是 x 的函数。将式(7.5.13)对 x 求导,并注意式(7.5.12)给出$\frac{\partial u}{\partial x}=0$,可得

$$\frac{\partial^2 p}{\partial x^2} = \frac{\mathrm{d}^2 p}{\mathrm{d}x^2} = 0$$

因之$\frac{\partial p}{\partial x}$为常数,设之为 $-\beta$,于是,式(7.5.13)给出

$$\frac{\partial^2 u}{\partial y^2} + \frac{\partial^2 u}{\partial z^2} = -\frac{\beta}{\mu} \tag{7.5.16}$$

令 $r^2 = y^2 + z^2$,将直角笛卡儿坐标(x,y,z)转换为柱坐标(r,θ,x),容易证明

$$\frac{\partial^2 u}{\partial y^2} + \frac{\partial^2 u}{\partial z^2} = \frac{1}{r}\frac{\partial}{\partial r}\left(r\frac{\partial u}{\partial r}\right) + \frac{1}{r^2}\frac{\partial^2 u}{\partial \theta^2} \tag{7.5.17}$$

假设流动是轴对称的,则 u 不依赖于极角 θ,于是,方程(7.5.16)成为

$$\frac{1}{r}\frac{\partial}{\partial r}\left(r\frac{\partial u}{\partial r}\right) = -\frac{\beta}{\mu} \tag{7.5.18}$$

上式积分,可得

$$u = -\frac{\beta}{\mu}\frac{r^2}{4} + B\ln r + A \tag{7.5.19}$$

一维轴对称流动中的边界条件,除了在管壁上的黏性滞止条件以外,还有对称轴上 $r=0$ 处的流动速度有限的条件,即

$$u(r = a) = 0, \quad \frac{\mathrm{d}u}{\mathrm{d}r}(r = 0) = 0, \quad u(r = 0) \neq \infty \tag{7.5.20}$$

利用边界条件式(7.5.20),可得

$$B = 0, \quad A = \frac{\beta a^2}{4\mu}$$

于是,解方程(7.19)得

$$u = \frac{\beta}{4\mu}(a^2 - r^2) \tag{7.5.21}$$

流动解式(7.5.21)沿管的各个方向的直径也是呈抛物线分布的。该理论解是由斯托克斯给出的。

如果在长度为 L 的管道上,其压力下降值为 Δp,即 $\beta = \frac{\Delta p}{L}$,则式(7.5.21)成为

$$u = \frac{\Delta p}{4\mu L}(a^2 - r^2) \tag{7.5.22}$$

以 V 表示特征速度,有

$$V \equiv \sqrt{\frac{\Delta p}{\rho}} \tag{7.5.23}$$

则管道的无量纲速度将为

$$\frac{u}{V} = \sqrt{\frac{\Delta p}{\rho}}\frac{\rho}{4\mu L}(a^2 - r^2) = \frac{\rho V}{4\mu L}(a^2 - r^2) = \frac{a^2 \rho V}{4\mu L}\left(1 - \frac{r^2}{a^2}\right)$$

即

$$\frac{u}{V} = \left(1 - \frac{r^2}{a^2}\right)\frac{a}{4L}Re \tag{7.5.24}$$

其中,Re 为雷诺数,且

$$Re = \frac{\rho V a}{\mu} \tag{7.5.25}$$

所以,无量纲的速度与两个无量纲量 $\frac{a}{L}$ 和 Re 成正比。

需要说明的是,实验指出,式(7.5.24)或式(7.5.21)只在小雷诺数即流体黏性系数 μ 比较大的情况下才是正确的,此时管道中的流动是成层次的流动,即所谓的层流;在流体黏性系数 μ 较小的大雷诺数情况下,介质的流动除了总体上会产生宏观的轴向流动以外,还将出现随机的无规则的横向脉动,即所谓的湍流,此时问题就比较复杂,需要用湍流的理论来进行求解。

7.6　理想不可压缩流体平面无旋流动的基本知识

7.6.1　问题背景和数学提法

在工程实际问题中,我们常常碰到一些物体,其在某一个方向 z 的尺寸比在与其垂直的 x、y 方向的尺寸大很多,比如浸在水中的桥墩,在风中耸立的烟囱、高楼以及电线杆等,这些物体在其长度方向(取为 z)的截面积尺寸可以近似认为是不变的,而流体在垂直于 z 方向

的流动也可近似认为是相同的,因此是与 z 无关的。如果流体的流动主要是垂直于 z 方向的流动,且在沿 z 方向的速度分量很小且可以忽略,则我们就可以把流体对这种细长柱体的绕流问题简化为二维流动,其特点可以表达为

$$u = u(x,y), \quad v = v(x,y), \quad w = 0 \tag{7.6.1}$$

7.6.2 速度势函数、流函数和复位势

如果在流动的区域内(除个别点以外),流动是无旋的,则其质点速度 $\boldsymbol{v}$ 的旋度 $\operatorname{rot} \boldsymbol{v} = \boldsymbol{0}$;如果流体的流动速度不是特别高,则可以认为流体是不可压缩的,根据不可压缩介质的连续方程,我们将有质点速度的散度 $\operatorname{div} \boldsymbol{v} = 0$。即对不可压缩介质的无旋流动,同时有

$$\operatorname{rot} \boldsymbol{v} = \boldsymbol{0}, \quad \operatorname{div} \boldsymbol{v} = 0 \tag{7.6.2}$$

在二维流动的问题中,式(7.6.2)的两式分别为

$$\frac{\partial v}{\partial x} - \frac{\partial u}{\partial y} = 0 \quad (\operatorname{rot} \boldsymbol{v} = \boldsymbol{0}) \tag{7.6.3}$$

$$\frac{\partial u}{\partial x} + \frac{\partial v}{\partial y} = 0 \quad (\operatorname{div} \boldsymbol{v} = 0) \tag{7.6.4}$$

因为运动是无旋的,$\operatorname{rot} \boldsymbol{v} = \boldsymbol{0}$,所以质点速度 $\boldsymbol{v}$ 必然存在着标量势 φ,使得 $\boldsymbol{v} = \nabla\varphi$,即

$$u = \frac{\partial \varphi}{\partial x}, \quad v = \frac{\partial \varphi}{\partial y} \tag{7.6.5}$$

将式(7.6.5)代入不可压缩流体的连续方程(7.6.4)中,可得

$$\frac{\partial^2 \varphi}{\partial x^2} + \frac{\partial^2 \varphi}{\partial y^2} = 0 \tag{7.6.6}$$

这说明速度势 φ 满足拉普拉斯方程,是一个所谓的调和函数。

根据连续方程(7.6.4),可以引入一个所谓的流函数 ψ,它满足

$$u = \frac{\partial \psi}{\partial y}, \quad v = -\frac{\partial \psi}{\partial x} \tag{7.6.7}$$

将式(7.6.7)代入无旋方程(7.6.3)中,可得

$$\frac{\partial^2 \psi}{\partial x^2} + \frac{\partial^2 \psi}{\partial y^2} = 0 \tag{7.6.8}$$

这说明流函数 ψ 也满足拉普拉斯方程,也是一个所谓的调和函数。

由式(7.6.5)和式(7.6.7),显然可得

$$\frac{\partial \varphi}{\partial x} = \frac{\partial \psi}{\partial y}, \quad \frac{\partial \varphi}{\partial y} = -\frac{\partial \psi}{\partial x} \tag{7.6.9}$$

式(7.6.9)就是复变函数中著名的哥西-黎曼条件,因此复变函数 $W(z) = \varphi + \mathrm{i}\psi$ 必然是复变数 z 的解析函数,即

$$W(z) = \varphi + \mathrm{i}\psi \tag{7.6.10}$$

我们称复变函数 $W(z) = \varphi + \mathrm{i}\psi$ 为复位势。根据复变函数的理论,复位势 $W(z)$ 的1阶导数将为

$$\frac{\mathrm{d}W}{\mathrm{d}z} = \frac{\partial \varphi}{\partial x} + \mathrm{i}\frac{\partial \psi}{\partial x} = \frac{\partial \psi}{\partial y} - \mathrm{i}\frac{\partial \varphi}{\partial y}$$

由式(7.6.5)或式(7.6.7)可见,这都将给出

$$\frac{\mathrm{d}W}{\mathrm{d}z} = u - \mathrm{i}v \equiv V^*(z), \quad V(z) \equiv u + \mathrm{i}v \tag{7.6.11}$$

复变函数 $V^*(z) = u - \mathrm{i}v$ 称为共轭复速度,它也是复变数 z 的解析函数;$V \equiv u + \mathrm{i}v$ 称为复速度。由式(7.6.3)和式(7.6.4)也可看出,函数 $V^*(z) = u - \mathrm{i}v$ 的实部 u 和虚部 $-v$ 之间也是满足哥西-黎曼关系的。

下面来看一看速度势函数 φ 和流函数 ψ 的物理意义。

对于 φ,利用式(7.6.5),有

$$\mathrm{d}\varphi = \frac{\partial\varphi}{\partial x}\mathrm{d}x + \frac{\partial\varphi}{\partial y}\mathrm{d}y = u\mathrm{d}x + v\mathrm{d}y \tag{7.6.12}$$

于是,在差一个任意常数 φ_0 的情况下,有

$$\varphi(M) = \varphi_0 + \int_{M_0}^{M}(u\mathrm{d}x + v\mathrm{d}y) = \varphi_0 + \int_{M_0}^{M}\boldsymbol{v}\cdot\mathrm{d}\boldsymbol{r} \tag{7.6.13}$$

其中,$\varphi_0 = \varphi(M_0)$,故 $\varphi(M)$ 表示沿曲线 $M_0 \sim M$ 的速度环流量(扣除常数 φ_0),如图 7.7 所示。

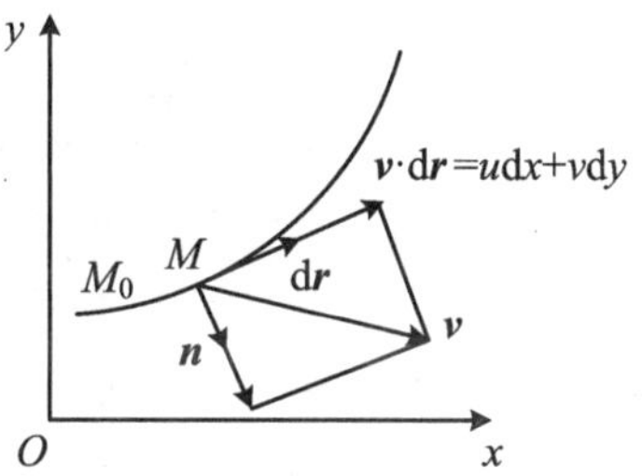

图 7.7　质点速度沿曲线 $M_0 \sim M$ 的速度环流量

由此可见,速度势 φ 可以差一个任意常数,而并不影响流动的实质。同时,等势线 $\varphi = C$ 的法线方向恰是其梯度的方向,即质点速度的方向:$\boldsymbol{v} = \nabla\varphi$;而沿任一方向 $\boldsymbol{n}$,其 φ 的方向导数则为

$$\frac{\partial\varphi}{\partial n} = \boldsymbol{n}\cdot\nabla\varphi = \boldsymbol{n}\cdot\boldsymbol{v} = v_n \tag{7.6.14}$$

需要说明的是,对于单连通区域,沿封闭曲线 C 的环量为 $\oint_C \boldsymbol{v}\cdot\mathrm{d}\boldsymbol{r} = 0$;对于双连通区域,$\oint_C \boldsymbol{v}\cdot\mathrm{d}\boldsymbol{r} = k\Gamma$,其中 k 为绕孔洞的封闭区线的圈数,Γ 为绕一圈的环流量。因此,φ 可以是多值函数。

对于流函数 ψ,利用式(7.6.7),有

$$\mathrm{d}\psi = \frac{\partial\psi}{\partial x}\mathrm{d}x + \frac{\partial\psi}{\partial y}\mathrm{d}y = u\mathrm{d}y - v\mathrm{d}x \tag{7.6.15}$$

于是,在差一个任意常数 ψ_0 的情况下,有

$$\begin{aligned}\psi(M) &= \psi_0 + \int_{M_0}^{M}(u\mathrm{d}y - v\mathrm{d}x) = \psi_0 + \int_{M_0}^{M}\left(u\frac{\mathrm{d}y}{\mathrm{d}s} - v\frac{\mathrm{d}x}{\mathrm{d}s}\right)\mathrm{d}s \\ &= \psi_0 + \int_{M_0}^{M}(un_x + vn_y)\mathrm{d}s\end{aligned}$$

即

$$\psi(M) = \psi_0 + \int_{M_0}^{M} \boldsymbol{v} \cdot \boldsymbol{n} \mathrm{d}s = \psi_0 + \int_{M_0}^{M} v_n \mathrm{d}s \tag{7.6.16}$$

其中，$\psi_0=\psi(M_0)$，故 $\psi(M)$ 表示通过曲线 $M_0 \sim M$（高度为 1 的柱体）向与之呈右手系的法线 $\boldsymbol{n}$ 方向的体积流量（扣除常数 ψ_0），如图 7.8 所示。由此可见，速度势 ψ 可以差一个任意常数，而并不影响流动的实质。

同时，沿着等流函数线 $\psi=C$，有

$$0 = \mathrm{d}\psi = \frac{\partial\psi}{\partial x}\mathrm{d}x + \frac{\partial\psi}{\partial y}\mathrm{d}y = u\mathrm{d}y - v\mathrm{d}x$$

因此，有

$$\frac{u}{\mathrm{d}x} = \frac{v}{\mathrm{d}y}$$

这说明等流函数线 $\psi=C$ 恰恰就是流线。

需要说明的是，对于单连通区域，沿封闭曲线 C 的流量为 $\oint_C v_n \mathrm{d}s = 0$；对于双连通区域，$\oint_C v_n \mathrm{d}s = kQ$，其中 k 为绕孔洞的封闭区线的圈数，Q 为绕一圈向外的流量。因此，ψ 可以是多值函数。

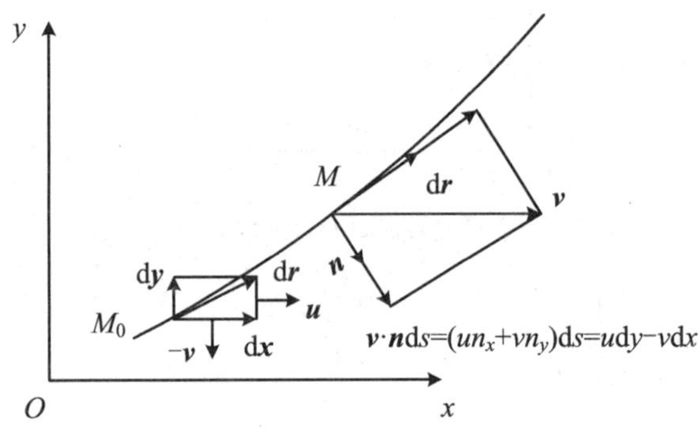

图 7.8 质点速度沿曲线 $M_0 \sim M$ 的速度流量

对平面上的任意平面曲线 C 求逆时针绕其一圈的积分，有

$$\begin{aligned}\oint_C \frac{\mathrm{d}W}{\mathrm{d}z}\mathrm{d}z &= \oint_C (u - \mathrm{i}v)(\mathrm{d}x + \mathrm{i}\mathrm{d}y) = \oint_C (u\mathrm{d}x + v\mathrm{d}y) + \mathrm{i}\oint_C (u\mathrm{d}y - v\mathrm{d}x) \\ &= \oint_C \boldsymbol{v} \cdot \mathrm{d}\boldsymbol{r} + \mathrm{i}\oint_C v_n \mathrm{d}s = \Gamma + \mathrm{i}Q\end{aligned}$$

即

$$\oint_C \frac{\mathrm{d}W}{\mathrm{d}z}\mathrm{d}z = \Gamma + \mathrm{i}Q \tag{7.6.17}$$

其中

$$\Gamma = \oint_C \boldsymbol{v} \cdot \mathrm{d}\boldsymbol{r}, \quad Q = \oint_C v_n \mathrm{d}s \tag{7.6.18}$$

分别表示绕曲线 C 一圈的环流量和流量。

7.6.3　不可压缩流体平面无旋运动问题的数学提法

设有一平面物体，其边界由封闭曲线 C 所表达，其外部区域记为 Ω，设其在无穷远处的均匀来流速度为 $\boldsymbol{V}_\infty(u_\infty, v_\infty)$，我们要求此绕流问题的解。根据前面所介绍的速度位势 φ、流函数 ψ 和复位势 $W(z)$，我们看到这类问题的运动流场是可以不依赖于动力学关系而直接求解的。对其流场的求解，我们有以下三种解法。

以速度位势 φ 作为变量求解问题，问题可表达为：

求一个函数 φ，其在曲线 C 以外的无限区域 Ω 内满足拉普拉斯方程(7.6.6)：

$$\frac{\partial^2 \varphi}{\partial x^2} + \frac{\partial^2 \varphi}{\partial y^2} = 0 \tag{7.6.6}$$

并且其在边界 C 上和无穷远处满足如下的边界条件：

(1) 在 C 上，$\dfrac{\partial \varphi}{\partial n} = v_n = 0$(流动不侵入绕流体)；

(2) 在无穷远处，$\dfrac{\partial \varphi}{\partial x} = u_\infty$，$\dfrac{\partial \varphi}{\partial y} = v_\infty$(来流条件)。

这是数理方程中求解拉普拉斯方程的所谓纽曼问题。

以流函数 ψ 作为变量求解问题，问题可表达为：

求一个函数 ψ，其在曲线 C 以外的无限区域 Ω 内，满足拉普拉斯方程(7.6.8)

$$\frac{\partial^2 \psi}{\partial x^2} + \frac{\partial^2 \psi}{\partial y^2} = 0 \tag{7.6.8}$$

并且其在边界 C 上和无穷远处满足如下的边界条件：

(1) 在 C 上，$\psi =$ 常数(绕流体边界为一条流线)；

(2) 在无穷远处，$\dfrac{\partial \psi}{\partial y} = u_\infty$，$\dfrac{\partial \psi}{\partial x} = -v_\infty$(来流条件)。

这是数理方程中求解拉普拉斯方程的所谓狄氏问题。

以复位势 $W(z)$ 作为变量求解问题，问题可表达为：

在曲线 C 以外的无限区域 Ω 内，求一个解析函数 $W(z)$，使其在边界 C 上和无穷远处满足如下的边界条件：

(1) 在 C 上，$\mathrm{Im}\, W(z) = \psi =$ 常数(绕流体边界为一条流线)；

(2) 在无穷远处，$\dfrac{\mathrm{d}W}{\partial z} = V_\infty^* = u_\infty - \mathrm{i} v_\infty$(来流条件)。

对于比较复杂的绕流体 C，解拉普拉斯方程的边值问题相对来说比较困难，而用复变函数方法在原则上则可以解决各种复杂绕流体 C 的绕流问题，下面我们将简要给予介绍。

在不可压缩流体的平面无旋流动和解析函数之间有着一对一的对应关系。尽管对给定的绕流问题求出相应的满足要求的解析函数相对是比较困难的，但是我们可以反过来考虑问题，即首先可以研究某些简单的解析函数代表什么流动，我们将其称为基本流动；而这些基本流动解析函数的叠加也代表一些新的流动，在这些新的流动中可以寻求一些有重要意义的流动，比如对圆柱体的流动等等；然后我们可以通过保角变换的方法，将任意形状的绕流边界变换为圆，从而利用圆柱体绕流的解而得出所要求的绕流问题的解。从原则上讲，我们这样是可以解决任何复杂形状绕流问题的。下面就先来介绍所谓的基本流动。

7.6.4 基本流动

1. 均匀流动(线性函数)

首先来研究线性函数：

$$W(z) = Az \tag{7.6.19}$$

其中，A 为一复常数，$A = a_1 + \mathrm{i}a_2$。由 $W(z) = Az = (a_1 + \mathrm{i}a_2)(x + \mathrm{i}y) = \varphi + \mathrm{i}\psi$，可得

$$\varphi = a_1 x - a_2 y, \quad \psi = a_2 x + a_1 y$$

由此可见，等势线 $\varphi = C$ 和等流函数线即流线 $\psi = C$ 都是直线，其斜率分别为$\dfrac{a_1}{a_2}$和$-\dfrac{a_2}{a_1}$，恰是互相正交的两组直线，如图 7.9 所示。

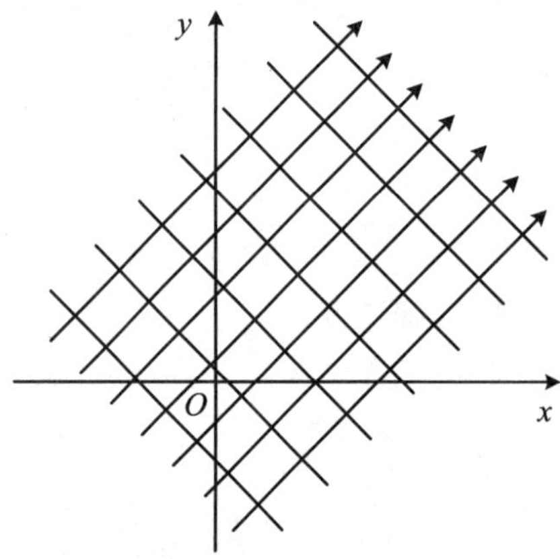

图 7.9 均匀流动的流线和等势线

均匀流动的共轭复速度为

$$V^*(z) = \frac{\mathrm{d}W}{\mathrm{d}z} = A = a_1 + \mathrm{i}a_2$$

可见其复速度 $V(z) = a_1 - \mathrm{i}a_2$，处处为常数。来流为 $V_\infty = u_\infty + \mathrm{i}v_\infty$ 的均匀流动，也可写为

$$W(z) = V_\infty^* z \tag{7.6.19$'$}$$

其中，$V_\infty^* = u_\infty - \mathrm{i}v_\infty$ 为来流的共轭复速度。

2. 点源或点汇(实数倍对数函数)

考虑对数函数

$$W(z) = a\ln z \tag{7.6.20}$$

其中，a 为实常数。由

$$W(z) = a\ln z = a\ln r + \mathrm{i}a\theta = \varphi + \mathrm{i}\psi$$

可得

$$\varphi = a\ln r, \quad \psi = a\theta$$

可见等势线 $\varphi = a\ln r = C$ 是以原点为中心的圆，等流函数线即流线 $\psi = a\theta = C$ 是从原点出发的等极角的射线，它们也是两组正交的曲线，如图 7.10 所示。

对于围绕原点的任意封闭曲线 C，利用式(7.6.17)，有

$$\Gamma + \mathrm{i}Q = \oint_C \frac{\mathrm{d}W}{\mathrm{d}z}\mathrm{d}z = \oint_C \frac{a}{z}\mathrm{d}z = 2\pi \mathrm{i}a$$

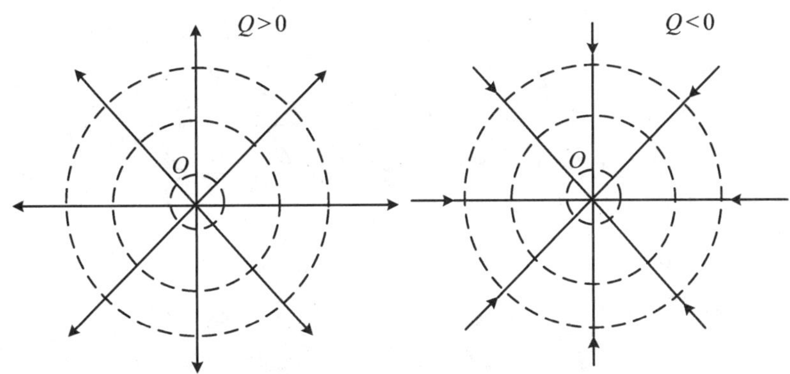

图 7.10　点源和点汇的流线和等势线

故有

$$\Gamma = 0, \quad Q = 2\pi a$$

这说明对围绕原点 O 的任意封闭曲线 C，其向外的流量为 $Q = 2\pi a$，$Q>0$ 表示原点为向外发散流体的点源，$Q<0$ 表示向原点汇集的点汇。利用 $Q = 2\pi a$，流动函数(7.6.20)也可写为

$$W(z) = \frac{Q}{2\pi}\ln z \tag{7.6.20$'$}$$

流动(7.6.20)′的共轭复速度和复速度分别为

$$V^*(z) = \frac{Q}{2\pi z} = \frac{Q}{2\pi r}e^{-i\theta}, \quad V(z) = \frac{Q}{2\pi \bar{z}} = \frac{Q}{2\pi r}e^{i\theta}$$

这表明对于 $Q>0$ 和 $Q<0$，其质点速度矢量分别与该点位置矢量 $\boldsymbol{r}$ 同向和反向，如图 7.10 所示，而其速度的大小则为

$$|V(z)| = \left|\frac{Q}{2\pi r}\right|$$

在 r 趋于 0 时，$|V(z)|$ 趋于无穷大；在 r 趋于无穷时，$|V(z)|$ 则以 $1/r$ 的阶次逐渐减小并趋于 0。

显然，当点源或点汇的位置在 z_0 时，其复位势将为

$$W(z) = \frac{Q}{2\pi}\ln(z - z_0)$$

3．点涡(虚数倍对数函数)

考虑对数函数：

$$W(z) = ib\ln z \tag{7.6.21}$$

其中，b 为实常数。由

$$W(z) = ib\ln z = ib\ln r - b\theta = \varphi + i\psi$$

可得

$$\varphi = -b\theta, \quad \psi = b\ln r$$

可见等势线 $\varphi = -b\theta = C$ 是从原点出发的等极角的射线，等流函数线即流线 $\psi = b\ln r = C$ 是以原点为中心的圆，它们也是两组正交的曲线，如图 7.11 所示。

对于围绕原点的任意封闭曲线 C，利用式(7.6.17)，有

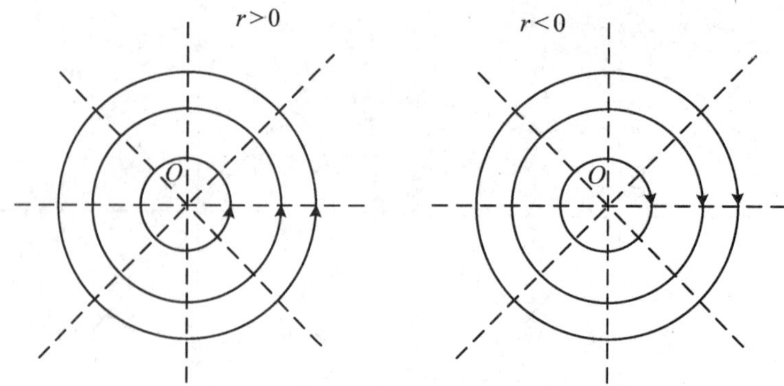

图 7.11　点涡流线和等势线

$$\Gamma + \mathrm{i}Q = \oint_C \frac{\mathrm{d}W}{\mathrm{d}z}\mathrm{d}z = \oint_C \frac{\mathrm{i}b}{z}\mathrm{d}z = -2\pi b$$

故有

$$\Gamma = -2\pi b, \quad Q = 0$$

此式表明，原点 O 处有一个强度为 $\Gamma = -2\pi b$ 的点涡，$\Gamma>0$ 和 $\Gamma<0$ 分别表示逆时针和顺时针方向的涡旋。由点涡的强度 Γ 来表达，流动函数(7.6.21)可写为

$$W(z) = \frac{\Gamma}{2\pi \mathrm{i}}\ln z \tag{7.6.21$'$}$$

由(7.6.21)′可求出位势

$$\varphi = \frac{\Gamma\theta}{2\pi}$$

由此可得

$$v_r = \frac{\partial \varphi}{\partial r} = 0, \quad v_\theta = \frac{1}{r}\frac{\partial \varphi}{\partial \theta} = \frac{\Gamma}{2\pi r}$$

因为 $v_r = 0$，所以任一点的质点速度都是沿着以原点为中心、该点矢径为半径的圆周方向，$\Gamma>0$ 和 $\Gamma<0$ 分别对应逆时针和顺时针旋转流动的速度，如图 7.11 所示。至于速度的大小 $|v_\theta| = \left|\frac{\Gamma}{2\pi r}\right|$，同样有，在 r 趋于 0 时，$|v_\theta| = \left|\frac{\Gamma}{2\pi r}\right|$ 趋于无穷大；在 r 趋于无穷时，$|v_\theta| = \left|\frac{\Gamma}{2\pi r}\right|$ 则以 $1/r$ 的阶次逐渐减小并趋于 0。

当点涡的位置在 z_0 时，其复位势将为

$$W(z) = \frac{\Gamma}{2\pi \mathrm{i}}\ln(z - z_0)$$

4. 偶极子流(倒数函数)

考虑分别位于点 O 和点 O' 的等强度 Q 的点汇和点源，其中 OO' 矢量与 x 轴的夹角为 β，如图 7.12 所示。这一对点源和点汇所产生的复位势为

$$W(z) = \frac{Q}{2\pi}\ln z' - \frac{Q}{2\pi}\ln z = \frac{Q}{2\pi}(z' - z)\frac{\ln z' - \ln z}{z' - z}$$

因为 $z' - z$ 所代表的矢量为 $\overrightarrow{O'O}$，与 x 轴的夹角为 $\pi + \beta$，所以

$$z' - z = |\overrightarrow{O'O}|\mathrm{e}^{\mathrm{i}(\pi+\beta)} = -|\overrightarrow{O'O}|\mathrm{e}^{\mathrm{i}\beta}$$

故有

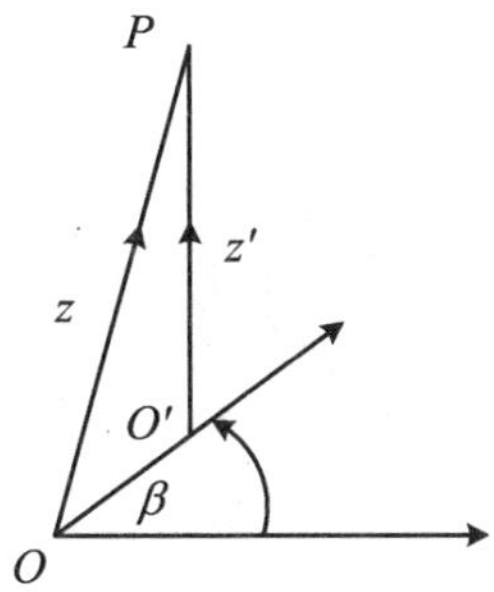

图 7.12　偶极子示例图

$$W(z) = -\frac{Q|\overrightarrow{O'O}|}{2\pi}e^{i\beta}\frac{\ln z' - \ln z}{z' - z}$$

保持角 β 不变，令 $|\overrightarrow{O'O}| \to 0$ 和 $Q \to \infty$，而使得

$$\lim Q|\overrightarrow{O'O}| = m \tag{7.6.22}$$

仍保持为有限值 m，则复位势为

$$W(z) = -\frac{m}{2\pi}e^{i\beta}\lim\frac{\ln z' - \ln z}{z' - z} = -\frac{m}{2\pi}e^{i\beta}\frac{1}{z}$$

令

$$M = me^{i\beta} \tag{7.6.23}$$

则有

$$W(z) = -\frac{m}{2\pi}e^{i\beta}\frac{1}{z} = -\frac{M}{2\pi}\frac{1}{z} \tag{7.6.24}$$

我们把满足式(7.6.22)的一对无限接近的点汇和点源称为偶极子，把 $M = me^{i\beta}$ 称为偶极子的矩，而把点汇指向点源的矢量 $\overrightarrow{OO'}$ 称为偶极子的轴向(其对 x 轴的倾角为 β)。式(7.6.24)说明，倒数函数 $W(z) = \frac{c}{z}$(c 为实数)代表偶极子流动。特别说来，对于轴向指向 x 轴和负 x 轴的偶极子，将分别有

$$W(z) = -\frac{m}{2\pi}\frac{1}{z}, \quad W(z) = \frac{m}{2\pi}\frac{1}{z} \tag{7.6.25}$$

以指向负 x 轴的偶极子为例，有

$$W(z) = \frac{m}{2\pi}\frac{1}{z} = \frac{m}{2\pi}\frac{x}{x^2 + y^2} - i\frac{m}{2\pi}\frac{y}{x^2 + y^2} = \varphi + i\psi$$

故可得

$$\varphi = \frac{m}{2\pi}\frac{x}{x^2 + y^2}, \quad \psi = -\frac{m}{2\pi}\frac{y}{x^2 + y^2}$$

故其流线 $\psi =$ 常数，可表达为 $0 = x^2 + y^2 + Cy = x^2 + \left(y + \frac{C}{2}\right)^2 - \frac{C^2}{4}$，是圆心在 y 轴上且通过原点 O 的圆；等势线 $\varphi =$ 常数，则可表达为 $0 = x^2 + y^2 - Cx = \left(x - \frac{C}{2}\right)^2 + y^2 - \frac{C^2}{4}$，是圆心在 x 轴上且通过原点 O 的圆。显然，流线和等势线是彼此正交的，如图 7.13 所示。

由式(7.6.25)中的第二式，可得其共轭复速度为

$$V^*(z) = \frac{dW}{dz} = -\frac{m}{2\pi z^2} = -\frac{m}{2\pi}\frac{1}{r^2}e^{-2i\theta}$$

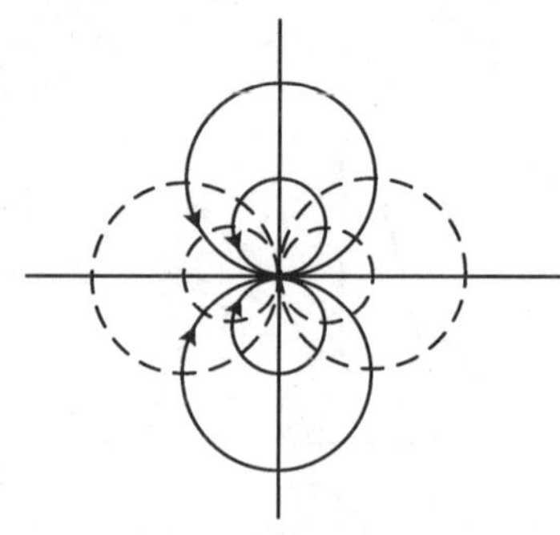

图 7.13　轴向沿负 x 轴的偶极子的流线和等势线

其速度的大小为 $|V^*(z)| = \dfrac{m}{2\pi r^2}$，可见在 r 趋于 0 时，$|V^*(z)|$ 以 $1/r^2$ 的阶次趋于无穷大；在 r 趋于无穷时，$|V^*(z)|$ 则趋于 0。同时，有

$$\Gamma + \mathrm{i}Q = \oint_C \frac{\mathrm{d}W}{\mathrm{d}z}\mathrm{d}z = -\oint_C \frac{m}{2\pi z^2}\mathrm{d}z = 0$$

这表明，即使对包括偶极子位置原点的任意封闭曲线，我们都有 $\Gamma = 0, Q = 0$。其实这是显然的，因为在 C 内没有涡，所以 $\Gamma = 0$；而偶极子点源和点汇的流量相等，从点源流出的全部流体都流入了点汇。

显然对于位置在 z_0 时的偶极子，其复位势将为

$$W(z) = -\frac{M}{2\pi}\frac{1}{z - z_0}$$

5. 绕角流动(幂次函数)

设复位势为幂次函数：

$$W(z) = az^n \tag{7.6.26}$$

其中，a 和 n 都是实数。由于

$$W(z) = az^n = ar^n \mathrm{e}^{\mathrm{i}n\theta} = \varphi + \mathrm{i}\psi$$

可得

$$\varphi = ar^n \cos n\theta, \quad \psi = ar^n \sin n\theta \tag{7.6.27}$$

由此可见，零流线 $\psi = 0$ 为

$$\theta = 0 \text{ 和 } \theta = \frac{\pi}{n}$$

前者为正 x 轴，后者为通过原点与 x 轴夹角为 $\dfrac{\pi}{n}$ 的射线，故式(7.6.26)可以代表绕过这两条射线间角形区域的绕角流动(为保证 $\theta \leqslant 2\pi$，需 $n \geqslant 1/2$)。对于 $n > 1, n = 1, n < 1$，区域张角分别小于 π、等于 π、大于 π。图 7.14(a)～(f)分别画出了 $n = 3, n = 2, n = 3/2, n = 1, n = 2/3, n = 1/2$ 六个典型的角形区域及其绕流情况。

由式(7.6.27)可有

$$v_r = \frac{\partial \varphi}{\partial r} = nar^{n-1}\cos n\theta, \quad v_\theta = \frac{1}{r}\frac{\partial \varphi}{\partial \theta} = -nar^{n-1}\sin n\theta \tag{7.6.28}$$

可见

$$v_\theta\big|_{\theta=0} = 0, \quad v_\theta\big|_{\theta=\frac{\pi}{n}} = 0$$

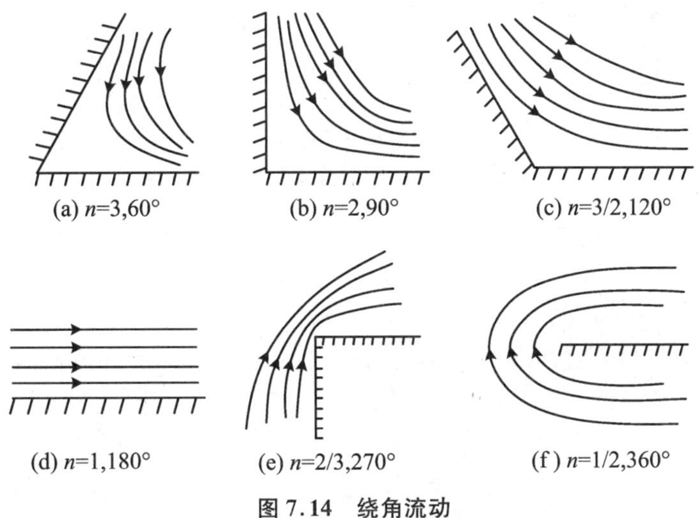

图 7.14　绕角流动

$$v_r\big|_{\theta=0}=anr^{n-1},\quad v_r\Big|_{\theta=\frac{\pi}{n}}=-anr^{n-1}$$

这说明正 x 轴射线 $\theta=0$ 和射线 $v_\theta\big|_{\theta=0}=0$ 上质点速度沿 r 方向，故此二射线确实是流线，因此速度势(7.6.26)确实代表了绕角流动；而对于 $a>0$，在 $\theta=0$ 上有 $v_r>0$，而在 $\theta=\dfrac{\pi}{n}$ 上 $v_r<0$，速度方向如图 7.14 中的箭头所示；而对于 $a<0$，则速度方向正好相反。

速度的大小为

$$|V(z)|=\sqrt{v_r^2+v_\theta^2}=n|a|r^{n-1}$$

可见在角点处，即 r 趋于 0 时，有

$$|V(0)|=\begin{cases}0 & (n>1)\\ |a| & (n=1)\\ \infty & (n<1)\end{cases}$$

故对于 $n>1$，即小于 π 角的绕角流动(图 7.14(a)～(c))，其角点的速度为 0；而对于 $n<1$，即大于 π 角的绕角流动(图 7.14(e)、(f))，其角点速度为无穷大，则根据伯努利定理，其角点的压力将等于负无穷；而对于 $n=1$，即等于 π 角的平板绕流，则速度等于常数 $|a|$，流动代表顺着平板的平行流。

7.6.5　圆柱的无环量绕流

我们很容易说明，平行流和偶极子流的叠加可以代表圆柱的无环量绕流。不妨设平行流动速度为 $u_\infty>0$ 沿着 x 轴，偶极子为原点，其轴向沿负 x 轴，而偶极矩为 $m>0$，则其复位势将为

$$W(z)=u_\infty z+\frac{m}{2\pi z}\tag{7.6.29}$$

求出其虚部即可得出其流函数为

$$\psi=u_\infty y-\frac{m}{2\pi}\frac{y}{x^2+y^2}$$

$\psi=C$ 即给出其流线，其零流线 $\psi=0$ 为

$$\left(u_\infty-\frac{m}{2\pi}\frac{1}{x^2+y^2}\right)y=0$$

由此可得

$$y=0 \quad 和 \quad x^2+y^2=\frac{m}{2\pi u_\infty}$$

其中，前者 $y=0$ 代表 x 轴，而后者代表半径为

$$R=\sqrt{\frac{m}{2\pi u_\infty}} \tag{7.6.30}$$

的圆。由于此圆是流线，所以我们可以把它看成是一个圆柱体的绕流物面。这说明复位势(7.6.29)在此圆的外面代表圆柱体的绕流，而在其内部则是偶极子运动，其流线情况如图 7.15 所示。

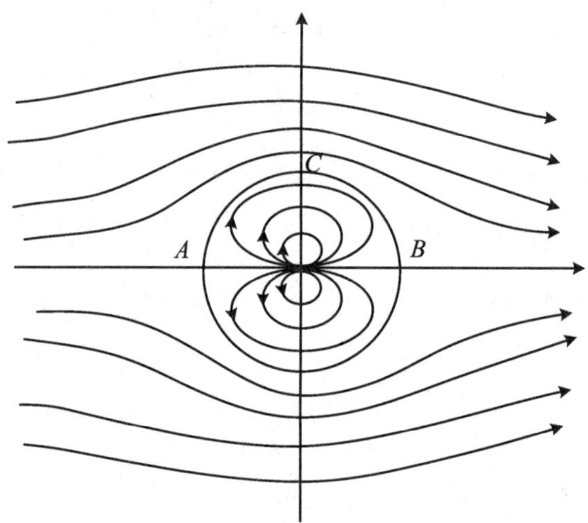

图 7.15　圆柱的无环量绕流的流线

由式(7.6.30)可见，如果给定圆柱的半径 R 和来流速度 u_∞，则偶极子的矩 m 将为

$$m=2\pi u_\infty R^2 \tag*{(7.6.30)$'$}$$

将其代入式(7.6.29)中，则式(7.6.29)可写为

$$W(z)=u_\infty\left(z+\frac{R^2}{z}\right) \tag*{(7.6.29)$'$}$$

绕流在 $|z|\geqslant R$ 时成立。由式(7.6.29)′可有

$$W(z)=u_\infty\left(r\mathrm{e}^{\mathrm{i}\theta}+\frac{R^2}{r}\mathrm{e}^{-\mathrm{i}\theta}\right)=\varphi+\psi\mathrm{i}$$

由此可得

$$\varphi=u_\infty\left(r+\frac{R^2}{r}\right)\cos\theta$$

所以

$$v_r=\frac{\partial\varphi}{\partial r}=u_\infty\left(1-\frac{R^2}{r^2}\right)\cos\theta$$

$$v_\theta=\frac{\partial\varphi}{r\partial\theta}=-u_\infty\left(1+\frac{R^2}{r^2}\right)\sin\theta$$

在圆周 $r=R$ 上，有

$$v_r = 0,\quad v_\theta = -2u_\infty \sin\theta,\quad |V| = 2u_\infty \sin\theta \quad (r = R) \tag{7.6.31}$$

这表明在圆周 $r = R$ 上，其速度确实沿着轴线方向，且呈正弦分布，并对 y 轴对称。在图 7.15 中的 A 点处，$\theta=\pi$，$v_\theta=0$，$v_r=0$，$|V|=0$，是一个驻点；在 C 点处，$\theta=\frac{\pi}{2}$，$v_\theta=-2u_\infty$，$v_r=0$，$|V|=2u_\infty$，达到最大值；在 B 点处，$\theta=0$，$v_\theta=0$，$v_r=0$，$|V|=0$，也是一个驻点。沿着流线 $\theta=\pi$ 和 $r=R$，利用伯努利定理，可有

$$p_\infty + \frac{\rho u_\infty^2}{2} = p + \frac{\rho V^2}{2} \tag{7.6.32}$$

定义压力系数：

$$\bar{p} = \frac{p - p_\infty}{\frac{1}{2}\rho u_\infty^2}$$

则由式(7.6.32)和式(7.6.31)可得

$$\bar{p} = 1 - \left(\frac{V}{u_\infty}\right)^2 = 1 - 4\sin^2\theta \tag{7.6.33}$$

上式给出了圆柱上的压力分布规律，它对 x 轴和 y 轴都是对称的。在前驻点 A 处，$\theta=\pi$，$|V|=0$，$\bar{p}=1$，$p=p_\infty+\frac{1}{2}\rho u_\infty^2$，达到最大值；在 $\theta=\frac{5\pi}{6}$ 处，$4\sin^2\theta=1$，$\bar{p}=0$，$p=p_\infty$；在图中的 C 点处，$\theta=\frac{\pi}{2}$，$\bar{p}=-3$，$p=p_\infty-\frac{3}{2}\rho u_\infty^2$，达到最小值；$\theta=\frac{\pi}{2}$ 到 $\theta=0$ 期间的压力分布和 $\theta=\frac{\pi}{2}$ 到 $\theta=\pi$ 期间的压力分布是对称的，直至在后驻点 B 处又有 $\bar{p}=1$，$p=p_\infty+\frac{1}{2}\rho u_\infty^2$。

7.6.6　圆柱的有环量绕流

在圆柱无环量绕流运动的基础上叠加一个圆心处强度为 $-\Gamma(\Gamma>0)$ 的顺时针旋转的点涡，则可得出圆柱有环量绕流的复位势为

$$W(z) = u_\infty\left(z + \frac{R^2}{z}\right) - \frac{\Gamma}{2\pi i}\ln z \tag{7.6.34}$$

复位势(7.6.34)在圆柱体之外仍然是解析函数，而且点涡所产生的流动满足无穷远处速度为零的条件，因此式(7.6.34)仍然满足无穷远处来流速度为 u_∞ 的条件；同时点涡流动的流线都是以原点为中心的圆，特别说来其圆柱表面 $r=R$ 仍然是一个流线，所以式(7.6.34)和无环量圆柱绕流问题一样，仍能满足无穷远处的来流条件和圆柱表面是流线的条件，因此式(7.6.34)代表的仍然是一个圆柱绕流的问题，只不过由于点涡 Γ 的存在，改变了在圆柱上的具体速度分布，即在圆柱上的速度边条件。

求出式(7.6.34)的共轭复速度，得

$$V^*(z) = \frac{dW}{dz} = u_\infty\left(1 - \frac{R^2}{z^2}\right) + i\frac{\Gamma}{2\pi z} \tag{7.6.35}$$

由此可得驻点位置为

$$z = R\left(-i\frac{\Gamma}{4\pi R u_\infty} \pm \sqrt{1 - \frac{\Gamma^2}{16\pi^2 R^2 u_\infty^2}}\right) \tag{7.6.36}$$

因此,有如下几种情形:

(1) 小环量 $\Gamma < 4\pi R u_\infty$ 的情形:寻求在圆柱上的驻点 θ_0,可令平行流引起的速度 $2u_\infty \sin\theta_0$ 和点涡引起的速度 $\frac{\Gamma}{2\pi R}$ 相抵消,即 $\frac{\Gamma}{4\pi R u_\infty} = \sin\theta_0$,可得两个驻点的位置:

$$z = R(-\mathrm{i}\sin\theta_0 \pm \cos\theta_0)$$

如图 7.16(a)中的 A、B 两点。

(2) 中环量 $\Gamma = 4\pi R u_\infty$ 的情形:可见这两个驻点趋于同一个点,如图 7.16(b)中重合的 $A(B)$两点。

(3) 大环量 $\Gamma > 4\pi R u_\infty$ 的情形:寻求圆柱上的驻点是不存在的,但是在 y 轴上的下方 A 处有一驻点,如图 7.16(c)中的 A 点。

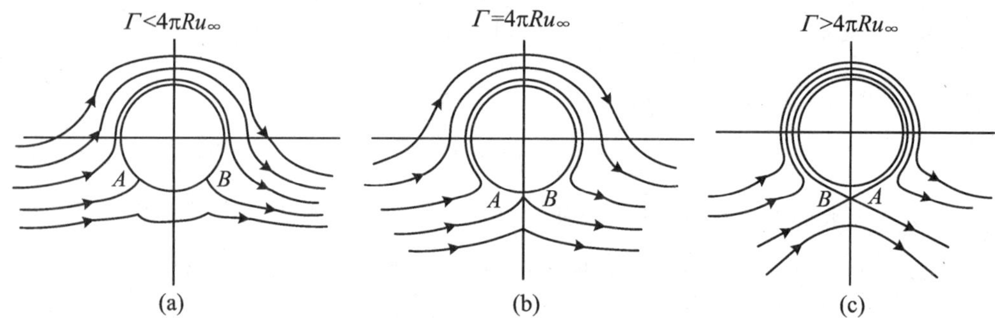

图 7.16　圆柱有环量绕流的驻点

由式(7.6.34),有

$$W(z) = u_\infty\left(z + \frac{R^2}{z}\right) - \frac{\Gamma}{2\pi \mathrm{i}}\ln z = u_\infty\left(r\mathrm{e}^{\mathrm{i}\theta} + \frac{R^2}{r}\mathrm{e}^{-\mathrm{i}\theta}\right) + \frac{\mathrm{i}\Gamma}{2\pi}(\ln r + \mathrm{i}\theta) = \varphi + \mathrm{i}\psi$$

因此

$$\varphi = u_\infty\left(r + \frac{R^2}{r}\right)\cos\theta - \frac{\Gamma\theta}{2\pi}$$

所以

$$v_r = \frac{\partial\varphi}{\partial r} = u_\infty\left(1 - \frac{R^2}{r^2}\right)\cos\theta, \quad v_\theta = \frac{\partial\varphi}{r\partial\theta} = -u_\infty\left(1 + \frac{R^2}{r^2}\right)\sin\theta - \frac{\Gamma}{2r\pi}$$

在圆柱 $r = R$ 上,有

$$v_r = 0, \quad v_\theta = -2u_\infty\sin\theta - \frac{\Gamma}{2R\pi} \quad (r = R) \tag{7.6.37}$$

其在圆柱上的速度大小为

$$V^2 = |V(R\mathrm{e}^{\mathrm{i}\theta})|^2 = \left(2u_\infty\sin\theta + \frac{\Gamma}{2R\pi}\right)^2 \tag{7.6.38}$$

由伯努利定理,可得圆柱上的压力为

$$p = p_\infty + \frac{\rho u_\infty^2}{2} - \frac{1}{2}\rho V^2 \tag{7.6.39}$$

其中,V^2 又是式(7.6.38)所给出的极角 θ 的函数。圆柱所受的合力为

$$\boldsymbol{F} = -\oint p\boldsymbol{n}\mathrm{d}s = -\int_0^{2\pi} p(\mathbf{i}\cos\theta + \mathbf{j}\sin\theta)R\mathrm{d}\theta \tag{7.6.40}$$

将 p 的表达式(7.6.39)代入式(7.6.40),并注意

$$\int_0^{2\pi}\sin\theta = 0,\quad \int_0^{2\pi}\sin^2\theta = \pi,\quad \int_0^{2\pi}\sin^3\theta = 0$$

即得

$$F_x = 0,\quad F_y = \rho u_\infty \Gamma \tag{7.6.41}$$

式(7.6.41)说明圆柱不存在绕流方向的阻力 F_x，而在与绕流方向垂直的 y 方向却存在一个升力 $F_y=\rho u_\infty\Gamma$，其值与流体的密度 ρ、来流速度 u_∞、环流量 Γ 都成比例。这一结果称为茹科夫斯基定理。进一步的研究证明，这一结果不但对圆柱是正确的，而且对任意有尖后缘的机翼型物体也都是正确的。对于真实的流体，由于其存在黏性，其对物体的绕流在后半部会出现流线对物体的分离，其阻力也将不为 0。

最后指出，如果无穷远处的来流速度矢量与 x 轴成 α 角，即其无穷远处的共轭复速度为 $V_\infty^* = u_\infty e^{-i\alpha}$，则其圆柱有环量绕流问题的复位势将为

$$W(z) = V_\infty^* z + V_\infty\frac{R^2}{z} - \frac{\Gamma}{2\pi i}\ln z \tag{7.6.42}$$

其中，$V_\infty = u_\infty e^{i\alpha}$ 为无穷远处的复速度。读者可作为练习证明此结论。

7.6.7　任意形状物体的绕流和保角变换方法

如 7.6.3 小节所述，对任意外形封闭曲线 C 的绕流问题，以复位势 $W(z)$ 求解问题，其问题可表达为：在 C 以外的无限区域 Ω 内，求一个解析函数，使其在边界 C 上和无穷远处满足如下的边界条件：

(1) 在 C 上，$\mathrm{Im}\,W(z)=\psi=$常数(绕流体边界为一条流线)；

(2) 在无穷远处，$\dfrac{dW}{dz}=V_\infty^*=u_\infty-iv_\infty$(来流条件)。

由于已经得到了对圆柱绕流问题的解，所以我们可以采用保角变换的方法，通过解析函数 $z=f(\xi)$，将真实物体的形状 C 及其外部区域 $\Omega(z\in\Omega+C)$ 变换为半径为 R 的圆 C' 的外部区域 $\Omega'(\xi\in\Omega'+C')$，并通过圆柱绕流问题的解而求出真实物体绕流问题的解，对此，我们可以有如下的定理。

定理　设 $z=f(\xi)$ 是一个单值的解析函数(设 $\xi=F(z)$ 为其反函数)，将半径为 R 的圆 C' 以外的区域 $\Omega'(\xi\in\Omega'+C')$ 单值而且保角地映射为某任意封闭曲线 C 以外的区域 $\Omega(z\in\Omega+C)$。设此变换满足如下条件：

(1) 无穷远点对应无穷点；

(2) $\dfrac{dz}{d\xi}\Big|_\infty=k$，$k$ 为正的实数。

则我们可以通过无穷远处复速度为 kV_∞ 的圆柱绕流问题的解

$$w(\xi) = kV_\infty^*\xi + \frac{kV_\infty R^2}{\xi} - \frac{\Gamma}{2\pi i}\ln\xi$$

而得到真实问题绕流的解为

$$W(z) = kV_\infty^* F(z) + \frac{kV_\infty R^2}{F(z)} - \frac{\Gamma}{2\pi i}\ln F(z) \tag{7.6.43}$$

现在来证明这一定理。

(1) 首先，因为 $w(\xi)$ 是在 $\Omega'+C'$ 上连续且在 Ω' 内的解析函数，而 $\xi=F(z)$ 是在 $\Omega+C$

上连续且在 Ω 内的解析函数，所以根据复合函数的性质可知，$W(z)=w(F(z))$必是在 $\Omega+C$ 上连续且在 Ω 内的解析函数。

(2) 由 $W(z)=w(F(z))$可知，在 ξ 平面和 z 平面的相应点上，有

$$\varphi=\Phi,\quad \psi=\Psi$$

其中，φ 和 ψ 分别是函数 $w(\xi)$的实数部分速度势和虚数部分流函数，Φ 和 Ψ 分别是函数 $W(z)$的实数部分速度势和虚数部分流函数。由于在 C' 上 ψ 为常数，故在 C' 对应曲线 C 上必有 Ψ = 常数，即 C 是一条流线。

(3) 利用复合函数的求导法则，有

$$\frac{\mathrm{d}W}{\mathrm{d}z}=\frac{\mathrm{d}w}{\mathrm{d}\xi}\frac{\mathrm{d}\xi}{\mathrm{d}z}$$

于是，在无穷远处，有

$$\left(\frac{\mathrm{d}W}{\mathrm{d}z}\right)_\infty=\left(\frac{\mathrm{d}w}{\mathrm{d}\xi}\right)_\infty\left(\frac{\mathrm{d}\xi}{\mathrm{d}z}\right)_\infty$$

由于

$$\left(\frac{\mathrm{d}w}{\mathrm{d}\xi}\right)_\infty=kV_\infty^*,\quad \left(\frac{\mathrm{d}\xi}{\mathrm{d}z}\right)_\infty=1\Big/\left(\frac{\mathrm{d}z}{\mathrm{d}\xi}\right)_\infty=\frac{1}{k}$$

于是有

$$\left(\frac{\mathrm{d}W}{\mathrm{d}z}\right)_\infty=V_\infty^*$$

这样我们就证明了上述定理。

根据这个定理，为了解决任意形状物体的绕流问题，我们有两个问题需要解决。第一个问题就是如何求出该物体到圆的保角变换函数 $z=f(\xi)$或 $\xi=F(z)$的问题，复变函数理论证明了这样的解析函数是存在的而且是唯一的；第二个问题就是如何求出式(7.6.43)包含的环量 Γ，在理想流体理论的框架内，这需要根据它的绕流图案的特点，提出一些补充假定，从而确定 Γ 的值。关于绕流问题的进一步阐述和其他解法，读者可参考有关的读物，如文献[6]或[7]。

7.7 理想气体一维定常绝热变截面管流

7.7.1 不可压缩流体一维定常变截面管流

考虑一个截面积变化 $A=A(x)$不太剧烈的管道，可以认为流动是近似地沿着管道中心线 x 的，其沿着截面的平均速度为 $v(x)$，截面上的平均压力为 $p=p(x)$。假设流动是定常的和不可压缩的，则其任何两个截面 $x=x_1$ 和 $x=x_2$ 之间的开口体系的质量守恒可以表达为：开口体系的质量增加率等于其纯流入的质量。由于流动是定常的，其开口体系的质量增加率等于 0，因此质量守恒将表达为流入截面 x_1 的质量等于流出截面 x_2 的质量，即

$$\rho_1v_1A_1=\rho_2v_2A_2=m \tag{7.7.1}$$

其中,m 为质量流,即 1 秒钟流过截面的质量。因为介质是不可压的,所以 $\rho_1=\rho_2$,故一维定常不可压缩流体的质量守恒定律可以写为

$$v_1 A_1 = v_2 A_2 \tag{7.7.2}$$

所以,对于不可压缩定常流动而言,面积越小的地方,速度就越大,而面积越大的地方,速度就越小。另外,根据不可压缩流体定常流动的伯努利定理,沿着管轴的流线,有

$$p_1 + \frac{1}{2}\rho v_1^2 = p_2 + \frac{1}{2}\rho v_2^2 \tag{7.7.3}$$

所以,在面积越小的地方,因为速度越大,所以其压力必然就越小;反之在面积越大的地方,因为速度越小,所以其压力必然就越大。这就是不可压缩流体一维不定常变截面流动的基本规律。

7.7.2　理想可压缩流体一维定常绝热变截面管流基本方程组

1. 一维定常变截面流的连续方程

现在来考虑不可压缩流体一维定常绝热即等熵变截面流的问题。考虑如图 7.17 所示的变截面管的微开口体系$[x, x+\mathrm{d}x]$,其左截面积为 A,右截面积为 $A(x+\mathrm{d}x)=A+\mathrm{d}A$,截面 x 处的密度和质点速度各为ρ 和 v,截面 $x+\mathrm{d}x$ 处的密度和质点速度各为$\rho+\mathrm{d}\rho$ 和 $v+\mathrm{d}v$。开口体系$[x, x+\mathrm{d}x]$定常流动的质量守恒表现为:从截面 x 流入的质量等于从截面$x+\mathrm{d}x$ 流出的质量,即

$$\rho v A = (\rho+\mathrm{d}\rho)(v+\mathrm{d}v)(A+\mathrm{d}A)$$

忽略高阶小量而只保留 1 阶小量,即得

$$\rho A\mathrm{d}v + vA\mathrm{d}\rho + \rho v\mathrm{d}A = 0$$

即

$$\frac{\mathrm{d}v}{v} + \frac{\mathrm{d}\rho}{\rho} + \frac{\mathrm{d}A}{A} = 0 \tag{7.7.4}$$

式(7.7.4)就是一维定常变截面流动的连续方程。如果对有限开口体系$[x_1, x_2]$应用定常流动的质量守恒,则很容易得到

$$\rho_1 v_1 A_1 = \rho_2 v_2 A_2 = m = \rho v A \tag{7.7.1}$$

即通过管道的质量流 $m=\rho vA$ 为常数。由式(7.7.1)求对数微分,自然就得到式(7.7.4)。方程(7.7.1)就是积分形式的连续方程。

2. 一维定常变截面流的运动方程

考虑开口体系$[x, x+\mathrm{d}x]$的动量守恒,其可表达为:开口体系的动量增加率等于其上的外力加上其纯流入的动量。对定常流动而言,开口体系的动量增加率等于 0,因此其动量守恒可表达为:开口体系所受的在 x 方向的外力加上纯流入的动量等于 0。考虑到变截面管在侧面也受到压力的作用,可认为其在侧面均受到在截面 x 和$x+\mathrm{d}x$ 处压力p 和$p+\mathrm{d}p$ 的平均值$p+\dfrac{\mathrm{d}p}{2}$的作用,如图 7.17 所示。利用高斯定理容易证明,任何一个封闭曲面受到均匀压力 $p+\dfrac{\mathrm{d}p}{2}$作用时其总的合力将为 0,即

$$-\oint_s \boldsymbol{n}\left(p+\frac{\mathrm{d}p}{2}\right)\mathrm{d}s = -\int_V \nabla\left(p+\frac{\mathrm{d}p}{2}\right)\mathrm{d}V = 0$$

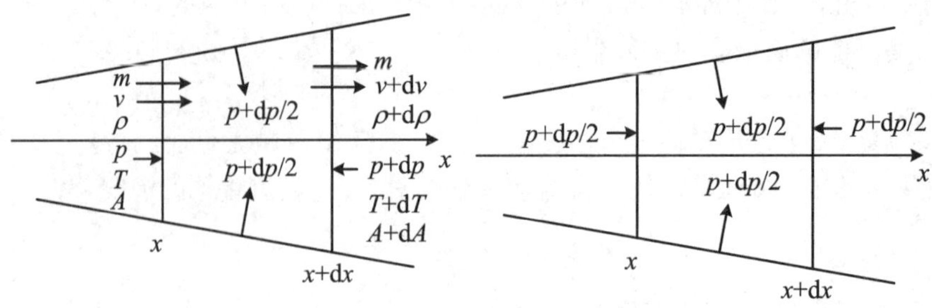

(a) 变截面管开口体系　　(b) 侧面压力求法示意图

图 7.17

故其在侧面所受到的总压力将等于$\left(p+\frac{\mathrm{d}p}{2}\right)(A+\mathrm{d}A-A)=\left(p+\frac{\mathrm{d}p}{2}\right)\mathrm{d}A$。于是开口体系$[x,x+\mathrm{d}x]$的动量守恒可表达为

$$0=pA-(p+\mathrm{d}p)(A+\mathrm{d}A)+\left(p+\frac{\mathrm{d}p}{2}\right)\mathrm{d}A+mv-m(v+\mathrm{d}v)$$

其中,$m=A\rho v$ 为质量流。忽略高阶项而只保留 1 阶小量,即得

$$0=-p\mathrm{d}A-A\mathrm{d}p+p\mathrm{d}A-m\mathrm{d}v=-A\mathrm{d}p-m\mathrm{d}v=-A\mathrm{d}p-A\rho v\mathrm{d}v$$

即

$$\mathrm{d}p+\rho v^2\frac{\mathrm{d}v}{v}=0 \tag{7.7.5}$$

式(7.7.5)就是变截面管中流体的运动方程。由于理想气体的声速为

$$c=\sqrt{\gamma RT}=\sqrt{\frac{\gamma p}{\rho}}$$

所以

$$\rho v^2=\rho M^2c^2=\rho M^2\frac{\gamma p}{\rho}=\gamma pM^2$$

即

$$\rho v^2=\gamma pM^2 \tag{7.7.6}$$

其中,$M=\frac{v}{c}$为马赫数。于是运动方程(7.7.5)可以写为

$$\frac{\mathrm{d}p}{p}+\gamma M^2\frac{\mathrm{d}v}{v}=0 \tag{7.7.7}$$

式(7.7.7)是运动方程的另外一种形式。

3. 一维定常变截面流的绝热等能量方程

开口体系$[x,x+\mathrm{d}x]$在绝热条件下的能量守恒可表达为:开口体系的能量增加率等于开口体系外力的功率加上其能量的纯流入率。对定常流动而言,外力的功率加上其能量纯流入率等于0。注意侧面的压力垂直于流速,其功率为0。列出之,即为

$$pAv-(p+\mathrm{d}p)(A+\mathrm{d}A)(v+\mathrm{d}v)+m\left(u+\frac{v^2}{2}\right)-m\left[\left(u+\frac{v^2}{2}\right)+\mathrm{d}\left(u+\frac{v^2}{2}\right)\right]=0$$

忽略高阶小量而只保留 1 阶小量,即

$$-Av\mathrm{d}p-Ap\mathrm{d}v-pv\mathrm{d}A-m\mathrm{d}\left(u+\frac{v^2}{2}\right)=0$$

利用连续方程(7.7.1)和(7.7.4),此式可写为

$$-\frac{m}{\rho}\mathrm{d}p-\frac{p}{\rho}m\left(\frac{1}{v}\mathrm{d}v+\frac{1}{A}\mathrm{d}A\right)-m\mathrm{d}\left(u+\frac{v^2}{2}\right)=0$$

$$-\frac{1}{\rho}\mathrm{d}p+\frac{p}{\rho^2}\mathrm{d}\rho-\mathrm{d}\left(u+\frac{v^2}{2}\right)=0$$

$$\mathrm{d}\frac{p}{\rho}+\mathrm{d}\left(u+\frac{v^2}{2}\right)=0$$

即

$$\mathrm{d}\left(h+\frac{v^2}{2}\right)=0 \tag{7.7.8}$$

式(7.7.8)即是微分形式的能量方程。对于理想气体,有

$$\mathrm{d}h=C_p\mathrm{d}T=\frac{\gamma}{\gamma-1}R\mathrm{d}T,\quad \mathrm{d}\frac{v^2}{2}=v\mathrm{d}v=v^2\frac{\mathrm{d}v}{v}=\frac{\gamma pM^2}{\rho}\frac{\mathrm{d}v}{v}=\gamma RTM^2\frac{\mathrm{d}v}{v}$$

所以式(7.7.8)可以化为

$$\frac{\mathrm{d}T}{T}+(\gamma-1)M^2\frac{\mathrm{d}v}{v}=0 \tag{7.7.9}$$

式(7.7.9)是能量方程的另一形式。

式(7.7.9)是微分形式的能量方程,要求流动是连续可微的,即中间不存在强间断的不可逆冲击波。事实上,我们还可以得到绝热(可逆或不可逆)条件下的一般积分形式的能量方程。考虑有限开口体系$[x_1,x_2]$在定常条件下的能量守恒方程,就可以得到

$$p_1v_1A_1+m\left(u_1+\frac{v_1^2}{2}\right)-p_2v_2A_2-m\left(u_2+\frac{v_2^2}{2}\right)=0$$

即

$$m\frac{p_1}{\rho_1}+m\left(u_1+\frac{v_1^2}{2}\right)-m\frac{p_2}{\rho_2}-m\left(u_2+\frac{v_2^2}{2}\right)=0$$

$$\frac{p_1}{\rho_1}+u_1+\frac{v_1^2}{2}=\frac{p_2}{\rho_2}+u_2+\frac{v_2^2}{2}$$

或

$$h_1+\frac{v_1^2}{2}=h_2+\frac{v_2^2}{2}=h+\frac{v^2}{2}=C \tag{7.7.8$'$}$$

其中,C 为常数。式(7.7.8)′就是积分形式的能量方程,它只要求绝热,对可逆等熵和不可逆而包含间断的管流都是适用的。简言之,式(7.7.8)′表明,管子各截面的总能量 $h+\dfrac{v^2}{2}$ 等于常数 C。虽然可压缩等熵流的伯努利定理一样可以给出式(7.7.8)′,但这只是局限于连续流而言的;而事实上,能量方程(7.7.8)′的适用范围是更广泛而同样适用于间断流的。

4. 状态方程

理想气体的状态方程为

$$p=\rho RT \tag{7.7.10}$$

写成微分形式,即

$$\frac{\mathrm{d}p}{p}-\frac{\mathrm{d}\rho}{\rho}-\frac{\mathrm{d}T}{T}=0 \tag{7.7.11}$$

这样就可得到一维定常绝热变截面流动的基本方程组如下:

$$\frac{\mathrm{d}v}{v} + \frac{\mathrm{d}\rho}{\rho} + \frac{\mathrm{d}A}{A} = 0 \tag{7.7.4}$$

$$\frac{\mathrm{d}p}{p} + \gamma M^2 \frac{\mathrm{d}v}{v} = 0 \tag{7.7.7}$$

$$\frac{\mathrm{d}T}{T} + (\gamma - 1)M^2 \frac{\mathrm{d}v}{v} = 0 \tag{7.7.9}$$

$$\frac{\mathrm{d}p}{p} - \frac{\mathrm{d}\rho}{\rho} - \frac{\mathrm{d}T}{T} = 0 \tag{7.7.11}$$

由于

$$M^2 = \frac{v^2}{c^2} = \frac{v^2}{\gamma RT}$$

故有

$$\frac{\mathrm{d}M}{M} = \frac{\mathrm{d}v}{v} - \frac{1}{2}\frac{\mathrm{d}T}{T} \tag{7.7.12}$$

把 v、p、ρ、T、M 作为未知数，对于给定的变截面规律，即$\frac{\mathrm{d}A}{A}$，可由如下五个方程解出：

$$\frac{\mathrm{d}v}{v} = \frac{-1}{1 - M^2}\frac{\mathrm{d}A}{A} \tag{7.7.13}$$

$$\frac{\mathrm{d}p}{p} = \frac{\gamma M^2}{1 - M^2}\frac{\mathrm{d}A}{A} \tag{7.7.14}$$

$$\frac{\mathrm{d}\rho}{\rho} = \frac{M^2}{1 - M^2}\frac{\mathrm{d}A}{A} \tag{7.7.15}$$

$$\frac{\mathrm{d}T}{T} = \frac{(\gamma - 1)M^2}{1 - M^2}\frac{\mathrm{d}A}{A} \tag{7.7.16}$$

$$\frac{\mathrm{d}M}{M} = -\frac{2 + (\gamma - 1)M^2}{2(1 - M^2)}\frac{\mathrm{d}A}{A} \tag{7.7.17}$$

方程(7.7.13)～(7.7.17)就是关于未知量 v、p、ρ、T、M 的常微分方程组。由式(7.7.13)和式(7.7.15)还可得出

$$M^2 = -\frac{\mathrm{d}\rho/\rho}{\mathrm{d}v/v} \tag{7.7.18}$$

7.7.3 理想可压缩流体一维定常绝热等熵管流的基本特性

由以上这些微分关系，我们可以得出一维变截面管绝热流动的各流动参数随着截面积变化的规律如下：

(1) 对于亚声速流，即 $M<1$ 时，如果截面积增大(减小)，则必然引起速度的减小(增大)，压力的增加(减小)，密度的增加(减小)，温度的增加(减小)。就速度、压力随截面积变化而变化的规律而言，这和不可压缩流动的特点是完全类似的。

(2) 对于超声速流，即 $M>1$ 时，如果截面积增大(减小)，则必然引起速度的增大(减小)，压力的减小(增加)，密度的减小(增加)，温度的减小(增加)。对于速度、压力随截面积变化而变化的规律而言，这和不可压缩流动的情况是完全相反的。

(3) 当 $M=1$ 时，如果截面上的速度仍有变化，即 $\mathrm{d}v\neq 0$，则必有 $\mathrm{d}A=0$，这说明声速一定出现在截面积变化的极值处。而由于亚声速流在趋于最大截面时将减速而不会达到声

速，而超声速流在趋于最大截面时将加速但也不会达到声速，所以我们可以得出结论：声速一定不会出现在最大截面积处，而只能出现在最小截面积处，即所谓喷管的喉部。这就是说，在管中要产生超声速流，管子的形状在亚声速段应该是收缩的，在收缩至最小截面的喉部时达到声速，而在喉部以下管子则是扩张的，从而实现超声速流。虽然要真正实现超声速流，管子的上下游还要有足够的压力差，但是管道先收缩再扩张则是必要条件，否则上下游存在再大的压力差，也不可能在管内产生超声速流。通过管道先收缩再扩张而在喉部达到声速并在扩张段实现超声速的设想，是由瑞典的蒸汽轮机设计师拉伐尔首先实现的，所以人们就把这样一种管子称为拉伐尔喷管。

(4) 如果在管子的最小截面积处，即 $dA=0$ 处不出现声速，而 $M\neq1$，由式(7.7.13)可知 $dv=0$，这说明不等于声速的最大、最小截面积处必是速度的极大值或极小值。

对于收缩管道($dA/dx<0$)和扩张管道($dA/dx>0$)，当流动为亚声速流和超声速流时，气体的速度 v、压力 p、密度 ρ、温度 T 等在管道中的变化规律可用表 7.1 来表示。

表 7.1　截面积变化对流动参数的影响趋势

dA/dx	M	dv/dx	$d\rho/dx, dp/dx, dT/dx$
收缩管 $dA/dx<0$	<1	>0	<0
	>1	<0	>0
扩张管 $dA/dx>0$	<1	<0	>0
	>1	>0	<0

7.7.4　理想可压缩流体一维定常绝热等熵变截面管流的积分关系式

对于给定的截面变化规律 $A=A(x)$，要得到有关物理量的变化规律，我们可以在给定的起始条件 $v(A_1)=v_1, p(A_1)=p_1, \rho(A_1)=\rho_1, T(A_1)=T_1, M(A_1)=M_1$ 之下，求解常微分方程组(7.7.13)～(7.7.17)。但是，由于 M 本身也是未知数，常微分方程组(7.7.13)～(7.7.17)是非线性的常微分方程组，得到其解析解是并不容易的，不过用数值解法是并不难的，读者可作为练习求解其中一个例子。在这里，我们将不通过积分方程组(7.7.13)～(7.7.17)而给出另外一种方法，通过此种方法，可以由一个截面上的量求出另一个截面上的量。首先，将能量方程写为积分形式，即 $h+\frac{v^2}{2}=C$，写为

$$\frac{\gamma}{\gamma-1}RT+\frac{v^2}{2}=C=\frac{\gamma}{\gamma-1}RT_0$$

其中，T_0 表示驻点即 $v=0$ 时的温度，称为总温。于是有

$$\frac{T_0}{T}=1+\frac{\gamma-1}{2}\frac{v^2}{\gamma RT}=1+\frac{\gamma-1}{2}\frac{v^2}{c^2}=1+\frac{\gamma-1}{2}M^2$$

$$\frac{T}{T_0}=\frac{1}{1+\frac{\gamma-1}{2}M^2} \tag{7.7.19}$$

以 c_0 表示驻点声速，则由于

$$\frac{c^2}{c_0^2}=\frac{\gamma RT}{\gamma RT_0}=\frac{T}{T_0}$$

所以

$$\frac{c}{c_0} = \left[\frac{1}{1+\frac{\gamma-1}{2}M^2}\right]^{\frac{1}{2}} \tag{7.7.20}$$

式(7.7.19)和式(7.7.20)并不要求流动是绝热可逆的。如果流动是绝热可逆的，即等熵的，则由等熵关系可有

$$\frac{p}{p_0} = \left(\frac{\rho}{\rho_0}\right)^{\gamma} = \left(\frac{T}{T_0}\right)^{\frac{\gamma}{\gamma-1}} \tag{7.7.21}$$

其中，p_0 和 ρ_0 分别表示驻点压力和密度。于是有

$$\frac{p}{p_0} = \frac{1}{\left(1+\frac{\gamma-1}{2}M^2\right)^{\frac{\gamma}{\gamma-1}}} \tag{7.7.22}$$

$$\frac{\rho}{\rho_0} = \frac{1}{\left(1+\frac{\gamma-1}{2}M^2\right)^{\frac{1}{\gamma-1}}} \tag{7.7.23}$$

由以上各式就可以得到两个截面间各参数比的公式如下：

$$\frac{T_2}{T_1} = \frac{1+\frac{\gamma-1}{2}M_1^2}{1+\frac{\gamma-1}{2}M_2^2} \tag{7.7.24}$$

$$\frac{c_2}{c_1} = \left[\frac{1+\frac{\gamma-1}{2}M_1^2}{1+\frac{\gamma-1}{2}M_2^2}\right]^{\frac{1}{2}} \tag{7.7.25}$$

$$\frac{p_2}{p_1} = \left[\frac{1+\frac{\gamma-1}{2}M_1^2}{1+\frac{\gamma-1}{2}M_2^2}\right]^{\frac{\gamma}{\gamma-1}} \tag{7.7.26}$$

$$\frac{\rho_2}{\rho_1} = \left[\frac{1+\frac{\gamma-1}{2}M_1^2}{1+\frac{\gamma-1}{2}M_2^2}\right]^{\frac{1}{\gamma-1}} \tag{7.7.27}$$

利用连续性方程有

$$\frac{A_2}{A_1} = \frac{\rho_1 v_1}{\rho_2 v_2} = \frac{\rho_1 M_1 c_1}{\rho_2 M_2 c_2} \tag{7.7.28}$$

利用式(7.7.25)和式(7.7.27)可有

$$\frac{A_2}{A_1} = \frac{M_1}{M_2}\left[\frac{1+\frac{\gamma-1}{2}M_2^2}{1+\frac{\gamma-1}{2}M_1^2}\right]^{\frac{\gamma+1}{2(\gamma-1)}} \tag{7.7.29}$$

式(7.7.29)是由截面 A_1 上的马赫数 M_1 求解截面 A_2 上的马赫数 M_2 的公式，于是式(7.7.29)连同式(7.7.24)～(7.7.27)即给出了一维定常等熵流的解答：因为通过式(7.7.29)可以由截面 A_1 上的马赫数 M_1 求出截面 A_2 上的马赫数 M_2，进而就可以由第一截面 A_1 上的量 T_1、c_1、p_1、ρ_1 求出截面 A_2 上的量 T_2、c_2、p_2、ρ_2。至于质点速度 v_2，利用

连续性方程可有

$$\frac{v_2}{v_1} = \frac{A_1\rho_1}{A_2\rho_2} = \frac{A_1}{A_2}\left(\frac{1+\frac{\gamma-1}{2}M_2^2}{1+\frac{\gamma-1}{2}M_1^2}\right)^{\frac{1}{\gamma-1}} \tag{7.7.30}$$

7.7.5　能量方程和其他特征参数

对于定比热理想气体，由于有

$$h = c_pT = \frac{c^2}{\gamma-1} = \frac{\gamma}{\gamma-1}\frac{p}{\rho} = \frac{\gamma}{\gamma-1}RT$$

所以能量方程可以写为以下各种形式：

$$c_pT + \frac{v^2}{2} = C \tag{7.7.31a}$$

$$\frac{c^2}{\gamma-1} + \frac{v^2}{2} = C \tag{7.7.31b}$$

$$\frac{\gamma}{\gamma-1}\frac{p}{\rho} + \frac{v^2}{2} = C \tag{7.7.31c}$$

$$\frac{\gamma}{\gamma-1}RT + \frac{v^2}{2} = C \tag{7.7.31d}$$

式(7.7.31)各式中的常数 C 表示通过管道各截面的总能量。人们常常把总能量 C 用某个设想参考状态的物理量来表征，称之为特征参数。例如，在式(7.7.19)、式(7.7.20)、式(7.7.22)、式(7.7.23)中，我们就引入了所谓驻点参数，并给出了截面上的有关量与所谓驻点量比值的公式。有时，人们也利用截面流动的其他特征量。这主要包括所谓的驻点参数、最大速度参数、临界参数，其意义分别如下：

1. 驻点参数(也称滞止参数)

设想管道中的气流速度降为零，将此时气流的各状态参数称为驻点参数，以带有下标 0 的记号表示之。由式(7.7.31)中各式，可见能量方程中的常数 C 与有关驻点参数的关系为

$$C = h + \frac{v^2}{2} = h_0 = c_pT_0 = \frac{1}{\gamma-1}c_0^2 = \frac{\gamma}{\gamma-1}\frac{p_0}{\rho_0} \tag{7.7.32}$$

其中，h_0、T_0、p_0 分别称为总焓、总温和总压，c_0 和 ρ_0 分别称为驻点声速和驻点密度。式(7.7.32)说明气流的总流量可以由 h_0、T_0、c_0^2、$\frac{p_0}{\rho_0}$来表达。

2. 最大速度参数

设想管道中的气流膨胀到真空，即 $p=0, T=0$ 时，气流达到最大速度 v_{max}的状态。由能量方程可得

$$C = \frac{\gamma}{\gamma-1}\frac{p}{\rho} + \frac{v^2}{2} = \frac{v_{max}^2}{2} \tag{7.7.33}$$

可见，最大速度参数为 $v = v_{max}, p = 0, T = 0, h = 0, \rho = 0$。比较式(7.7.32)和式(7.7.33)，可得最大速度 v_{max}和驻点参数的关系为

$$v_{max} = \sqrt{2h_0} = \sqrt{2c_pT_0} = \sqrt{\frac{2\gamma}{\gamma-1}RT_0} = \sqrt{\frac{2}{\gamma-1}}c_0 \tag{7.7.34}$$

3. 临界参数

设想气流在某一截面处其速度 v 等于当地声速 c，即 $v=c=c_*$，将 c_* 称为临界速度，而将此一截面上的各参数统称为临界参数，如 p_*、T_* 等等。由能量方程可得

$$C=\frac{c^2}{\gamma-1}+\frac{v^2}{2}=\frac{c_*^2}{\gamma-1}+\frac{c_*^2}{2}=\frac{\gamma+1}{\gamma-1}\frac{c_*^2}{2} \tag{7.7.35}$$

对比式(7.7.32)和式(7.7.35)，可得临界速度 c_* 和驻点声速 c_0 的关系为

$$c_*=\left(\frac{2}{\gamma+1}\right)^{\frac{1}{2}}c_0 \tag{7.7.36}$$

在式(7.7.19)、式(7.7.20)、式(7.7.22)、式(7.7.23)中令 $M=1$，可得临界参数和驻点参数的关系为

$$\frac{T_*}{T_0}=\frac{2}{\gamma+1},\quad \frac{c_*}{c_0}=\left(\frac{2}{\gamma+1}\right)^{\frac{1}{2}},\quad \frac{p_*}{p_0}=\left(\frac{2}{\gamma+1}\right)^{\frac{\gamma}{\gamma-1}},\quad \frac{\rho_*}{\rho_0}=\left(\frac{2}{\gamma+1}\right)^{\frac{1}{\gamma-1}} \tag{7.7.37}$$

从能量方程出发，也可以间接地得到式(7.7.37)中的各式。

以临界速度 c_* 为对比基准，有时人们常常引入另外一个无量纲量 λ，即

$$\lambda=\frac{v}{c_*} \tag{7.7.38}$$

可称之为临界马赫数。将能量方程(7.7.35)改写为

$$\frac{c^2}{c_*^2}=\frac{\gamma+1}{2}-\frac{\gamma-1}{2}\lambda^2$$

并注意

$$M^2=\frac{v^2}{c^2}=\frac{v^2}{c_*^2}\frac{c_*^2}{c^2}$$

可得

$$M^2=\frac{\lambda^2}{1-\frac{\gamma-1}{2}(\lambda^2-1)},\quad \lambda^2=\frac{M^2}{\frac{2}{\gamma+1}\left(1+\frac{\gamma-1}{2}M^2\right)} \tag{7.7.39}$$

式(7.7.39)给出了马赫数和临界马赫数之间的关系。式(7.7.39)也可写为

$$1+\frac{\gamma-1}{2}M^2=\frac{1}{1-\frac{\gamma-1}{\gamma+1}\lambda^2} \tag{7.7.39$'$}$$

利用式(7.7.39)′可以将由马赫数 M 表达的式(7.7.19)、式(7.7.20)、式(7.7.22)、式(7.7.23)中各式改为由临界马赫数 λ 表达的式子。

由式(7.7.39)或式(7.7.39)′可见：

对于亚音速流，有 $0<M<\lambda<1$；对于超声速流，有 $M>\lambda>\sqrt{\frac{\gamma+1}{\gamma-1}}>1$，而临近流动恰恰对应 $M=\lambda=1$。

7.7.6 质量流密度

有时人们引入单位面积上的质量流 $\bar{m}=\frac{m}{A}=\rho v$，作为质量流密度，则其无量纲的临界质量流密度将为

$$\bar{m}_* \equiv \frac{\rho v}{\rho_* v_*} = \frac{\dfrac{\rho}{\rho_0} v}{\dfrac{\rho_*}{\rho_0} c_*} = \frac{\dfrac{\rho}{\rho_0}}{\dfrac{\rho_*}{\rho_0}} \lambda$$

$$= \frac{1}{\left(1 + \dfrac{\gamma - 1}{2} M^2\right)^{\frac{1}{\gamma-1}} \left(\dfrac{2}{\gamma + 1}\right)^{\frac{1}{\gamma-1}}} \frac{M}{\left(\dfrac{2}{\gamma + 1}\right)^{\frac{1}{2}} \left(1 + \dfrac{\gamma - 1}{2} M^2\right)^{\frac{1}{2}}}$$

即

$$\bar{m}_* = \frac{\rho v}{\rho_* v_*} = M \left[\frac{2}{\gamma + 1}\left(1 + \frac{\gamma - 1}{2} M^2\right)\right]^{\frac{1+\gamma}{2(1-\gamma)}} \tag{7.7.40}$$

7.7.7　绝热不可逆过程中的熵增和压力及密度的变化

因为能量方程(7.7.31)是适用于不可逆绝热过程的,所以任意两截面 1 和 2 处的特征参数将是相同的或者有某种关系的,特别说来,有

$$h_{01} = h_{02}, \quad T_{01} = T_{02}, \quad c_{01} = c_{02}, \quad c_{*1} = c_{*2}, \quad v_{\max 1} = v_{\max 2} \tag{7.7.41}$$

而

$$\frac{p_{01}}{\rho_{01}} = \frac{p_{02}}{\rho_{02}} \tag{7.7.42}$$

即总压和驻点密度的比值是不变的。利用熵的表达式(7.1.24)′,即

$$s = c_p \ln T - R \ln p + C' \tag{7.7.43}$$

在截面 1 和截面 2 处分别等熵地转化为相应的驻点状态,则有

$$s_2 - s_1 = s_{02} - s_{01} = c_p \ln \frac{T_{02}}{T_{01}} + R \ln \frac{p_{01}}{p_{02}} = R \ln \frac{p_{01}}{p_{02}}$$

即

$$s_2 - s_1 = R \ln \frac{p_{01}}{p_{02}} = R \ln \frac{\rho_{01}}{\rho_{02}} \tag{7.7.44}$$

由式(7.7.44)可见,如果 $s_2 - s_1 > 0$,则必有 $p_{01} > p_{02}$,$\rho_{01} > \rho_{02}$,这说明不可逆的熵增必然伴随着介质总压的下降和滞止密度的下降。

7.8　流体中的波和气体动力学基础知识

7.8.1　流体中声波的概念

流体作为一种连续介质只是物理形态和本构关系的形式与固体不同而已,作为应力扰动信号而在连续介质中传播的应力波在流体中和在固体中的表现形式和处理方法基本上是相同的,只不过由于流体有着较大的流动性,所以人们常常采用 Euler 坐标为空间变量来描

述其运动规律，同时采用将一切物理量作为 E 氏坐标和时间 t 的函数来看待的所谓 E 氏描述方法。本节中我们将重点介绍以 E 氏坐标为空间变量时波传播的特征线方法。

众所周知，作为一种特殊的应力波，流体中的声波就是声压扰动的传播，我们以管道中活塞推动流体所引起的压力扰动的传播为例来说明声波的概念和其数学描述方法。参照图 7.18，当管道中的流体被图中活塞缓慢向右推动时，紧挨着活塞的流体的密度和压力就会发生微量增加，这一微量增加又会引起前方流体的密度和压力发生微量增加，如此由近及远、由此及彼即会在管道的流体中产生一个向右传播的压缩波；类似地，当活塞向左拉动时，紧挨着活塞的流体的密度和压力就会发生微量减小，这一微量减小又会引起前方流体的密度和压力发生微量减小，这样即会在管道的流体中产生一个向右传播的稀疏波。这就是流体中声波的概念，压缩波和稀疏波的特征分别是，波的扰动效果分别是介质的压力产生微量增加和减小。

设声波阵面于 t 时刻到达图 7.18 中的截面 AB 处，其前方介质的质点速度、瞬时质量密度和压力分别为 v、ρ 和 p，其受到扰动的后方介质的质点速度、瞬时质量密度和压力分别为 $v+\mathrm{d}v$、$\rho+\mathrm{d}\rho$ 和 $p+\mathrm{d}p$。下面我们将以微闭口体系的观点来导出声波阵面上的质量守恒和动量守恒条件。

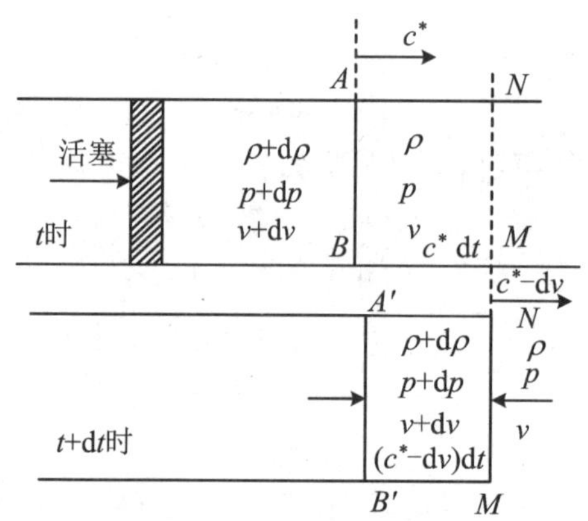

图 7.18　声波及其阵面守恒条件

以 c^* 表示波阵面相对于前方介质的传播速度（相对声速或局部声速），则波阵面的绝对波速将为 $c=c^*+v$，而波阵面相对于后方介质的传播速度将为 $c-(v+\mathrm{d}v)=(c^*+v)-(v+\mathrm{d}v)=c^*-\mathrm{d}v$。设波阵面在 $t+\mathrm{d}t$ 时刻到达截面 MN 处（t 时刻波阵面所经过的物质截面已运动至 $A'B'$ 处），则 $\mathrm{d}t$ 时间内波阵面所扫过的介质作为一个微闭口体系，其质量守恒可以表达为：该微闭口体系在阵面扫过它之前的质量 $\mathrm{d}m$（即 $ABMN$ 的质量）应该等于其在阵面扫过它之后的质量（即 $A'B'MN$ 的质量），用另一种说法也可以表达为：$\mathrm{d}t$ 时间内从前方进入波阵面的介质质量 $\mathrm{d}m$ 应该等于从阵面向后流出的介质质量。参照图 7.18，可以表达为（A 表示管道的截面积）

$$\begin{aligned}\mathrm{d}m &= A\rho c^*\mathrm{d}t = A(\rho+\mathrm{d}\rho)(c^*-\mathrm{d}v)\mathrm{d}t\\ &= A\rho c^*\mathrm{d}t + A\mathrm{d}\rho c^*\mathrm{d}t - A\rho\mathrm{d}v\mathrm{d}t - A\mathrm{d}\rho\mathrm{d}v\mathrm{d}t\end{aligned}$$

忽略 2 阶小量，即

$$\mathrm{d}v = \frac{c^*}{\rho}\mathrm{d}\rho \tag{7.8.1}$$

式(7.8.1)即是声波阵面上的质量守恒条件,它把声波扰动所引起的无穷小质点速度增量 $\mathrm{d}v$ 和密度增量 $\mathrm{d}\rho$ 联系起来。该微闭口体系 $\mathrm{d}m$ 的动量守恒条件可以表达为:在 $\mathrm{d}t$ 时间内,其动量的增加(即 $A'B'MN$ 的动量比 $ABMN$ 的动量的增加)等于在 $\mathrm{d}t$ 时间内外压力的冲量,数学上可以写为

$$\mathrm{d}m(v+\mathrm{d}v-v)=A(p+\mathrm{d}p-p)\mathrm{d}t$$

利用 $\mathrm{d}m=A\rho c^*\mathrm{d}t$,则上式成为

$$\mathrm{d}p=\rho c^*\mathrm{d}v \tag{7.8.2}$$

式(7.8.2)即是声波阵面上的动量守恒条件。由式(7.8.1)和式(7.8.2)消去 $\mathrm{d}v$,可得

$$\mathrm{d}p=(c^*)^2\mathrm{d}\rho$$

或

$$c^*=\sqrt{\frac{\mathrm{d}p}{\mathrm{d}\rho}} \tag{7.8.3}$$

式(7.8.3)所给出的 c^* 的表达式说明,声波相对于介质的局部声速 c^* 是由声波引起的压力增量 $\mathrm{d}p$ 和密度增量 $\mathrm{d}\rho$ 之比所决定的,所以它是一个热力学量;问题是,声波到底是一个什么样的热力学过程。最初,人们曾假设声波是一个等温过程,此时,以理想气体为例,其状态方程为

$$p=\rho RT$$

其中,T 为绝对温度,R 为单位质量气体的气体常数。由式(7.8.3)可有

$$c^*=\sqrt{\frac{\mathrm{d}p}{\mathrm{d}\rho}}=\sqrt{RT}$$

对空气而言,$R=287.14\ \mathrm{m^2/s^2\cdot K}$,由此可算出常温 $T=288\ \mathrm{K}$ 时,其空气中的声速为 $c^*=280\ \mathrm{m/s}$,这与实际情况相差甚多,所以将声波传播视为等温过程显然是不正确的。后来,人们认识到,由于波传播得很快,在波传播时,波所经过的介质来不及和周围介质交换热量,所以,波传播的过程实际上是一个绝热过程。如果波不是非常剧烈而可以看作连续波即声波,则这一过程可视为可逆的绝热过程,即等熵过程。所以式(7.8.3)应该写为如下的形式才是正确的:

$$c^*=\sqrt{\left(\frac{\partial p}{\partial \rho}\right)_s} \tag{7.8.4}$$

其中,$\left(\frac{\partial p}{\partial \rho}\right)_s$ 表示在等熵条件下所求的 p 对 ρ 的偏导数。此时,如果利用空气的多方形式的熵型状态方程:

$$p=p_0(s)\left(\frac{\rho}{\rho_0}\right)^\gamma=A(s)\rho^\gamma$$

则式(7.8.4)可化为

$$c^*=\sqrt{\gamma\rho^{\gamma-1}A(s)}=\sqrt{\frac{\gamma p}{\rho}}=\sqrt{\gamma RT}$$

对空气而言,$\gamma=1.4$,由此可算出常温 $T=288\ \mathrm{K}$ 时的空气声速为 $c^*=340\ \mathrm{m/s}$。这与实际测量的空气声速是完全符合的,说明声波的传播的确是一个可逆绝热过程,即等熵过程。

如果流体中压力的扰动非常剧烈而出现强间断的冲击波,则此时虽然波的传播仍然是一个绝热过程,但它不是一个可逆的绝热过程而是一个不可逆的绝热过程。根据热力学第

二定律,不可逆的绝热过程即是一个熵增过程,所以强间断的冲击波的通过必将引起介质熵的增加和温度的提高。在固体中冲击波虽然也会引起介质的熵增,但一般而言固体中冲击波引起的熵增是比较小的,而且常常可以忽略不计,只有对非常强的冲击波才需要考虑其引起的熵增;然而,在流体中特别是在气体中,冲击波所引起的熵增和温升通常是很重要而必须加以考虑的。在一般情况下,冲击波在传播过程中其强度会发生演化(即视初始条件和边界条件的不同冲击波的强度会衰减或增强),于是在冲击波传播过程中冲击波所引起的介质的熵增也将会发生变化,因而将在介质中形成所谓的非均熵场,此时我们将必须研究一般情况下的非均熵场中的波。在研究非均熵场中的波时,我们必须把介质的熵作为一个重要的物理量,在数学上即表现为必须利用波传播过程中介质的熵型状态方程,或者其他等价的热力耦合状态方程,如果要求出介质的内能和温度,则还必须利用介质的能量方程。但是,如果冲击波在传播过程中的强度保持不变,或者可视为近似保持不变,则其在传播过程中所引起的介质熵增则也可视为是不变的,于是在冲击波后方我们将遇到所谓的均熵场,即在整个流场中介质的熵处处相等,再加之连续波对介质中的每个粒子而言又是一个等熵过程,因此在均熵场的波动问题中,熵将是一个与时间和位置都无关的常数,这样我们就不必再把熵作为一个未知量而进行求解了。为了介绍流体中波的基本知识,并说明其和固体中波传播的异同,我们将首先对流体均熵场中的波进行研究。

7.8.2 流体均熵场中的波

如前所述,对于均熵场中的波,熵是一个与时间和位置都无关的常数,于是介质的状态方程将成为纯力学形式的所谓正压流体的状态方程,即 $p = p(\rho)$,该方程与运动方程和连续方程一起组成均熵场中波的基本方程组。

我们将以 x 表示粒子的 E 氏坐标。考虑面积为 1、长为 $\mathrm{d}x$ 的一个微开口体系 $\mathrm{d}v = 1\mathrm{d}x$,其动量守恒可表达为:任意时刻 t 微开口体系的动量增加率等于该时刻体系所受的外力与动量的纯流入率之和,即

$$\mathrm{d}x\,\frac{\partial(\rho v)}{\partial t} = p\,|_{x} - p\,|_{x+\mathrm{d}x} + (\rho v^2)\,|_{x} - (\rho v^2)\,|_{x+\mathrm{d}x} = -\frac{\partial p}{\partial x}\mathrm{d}x - \frac{\partial \rho v^2}{\partial x}\mathrm{d}x$$

即

$$\rho\frac{\partial v}{\partial t} + v\frac{\partial \rho}{\partial t} + \frac{\partial p}{\partial x} + 2\rho v\frac{\partial v}{\partial x} + v^2\frac{\partial \rho}{\partial x} = 0 \tag{7.8.5a}$$

式(7.8.5a)即是运动方程。上述微开口体系 $\mathrm{d}v$ 的质量守恒表现为其中的质量增加率等于质量的纯流入率,数学上可写为

$$\frac{\partial \rho}{\partial t}\mathrm{d}x = (\rho v)\,|_{x} - (\rho v)\,|_{x+\mathrm{d}x} = -\rho\frac{\partial v}{\partial x}\mathrm{d}x - v\frac{\partial \rho}{\partial x}\mathrm{d}x$$

化简之,即可得

$$\frac{\partial \rho}{\partial t} + \rho\frac{\partial v}{\partial x} + v\frac{\partial \rho}{\partial x} = 0 \tag{7.8.6a}$$

式(7.8.6a)即是连续方程。运动方程(7.8.5a)、连续方程(7.8.6a)连同介质的正压流体状态方程

$$p = p(\rho) \tag{7.8.7}$$

即构成一维均熵场中波动力学的基本方程组。利用连续方程(7.8.6a),可以将运动方程

(7.8.5a)简化成如下的形式：

$$\frac{\partial v}{\partial t} + v\frac{\partial v}{\partial x} + \frac{1}{\rho}\frac{\partial p}{\partial x} = 0 \tag{7.8.5b}$$

于是运动方程(7.8.5b)、连续方程(7.8.6a)和状态方程(7.8.7)即构成一维均熵场中波动力学的基本方程组：

$$\frac{\partial v}{\partial t} + v\frac{\partial v}{\partial x} + \frac{1}{\rho}\frac{\partial p}{\partial x} = 0 \tag{7.8.5b}$$

$$\frac{\partial \rho}{\partial t} + \rho\frac{\partial v}{\partial x} + v\frac{\partial \rho}{\partial x} = 0 \tag{7.8.6a}$$

$$p = p(\rho) \tag{7.8.7}$$

为了将其化为标准的 1 阶拟线性偏微分方程组，我们按照式(7.8.4)或下式引入局部声速 c^*：

$$(c^*)^2 = \frac{\mathrm{d}p}{\mathrm{d}\rho} \tag{7.8.8}$$

当给定介质的状态方程(7.8.7)后，式(7.8.8)所定义的局部声速 c^* 将是压力 p 的确定函数 $c^* = c^*(p)$ 或者密度 ρ 的确定函数 $c^* = c^*(\rho)$。如果将 c^* 作为压力 p 的函数，则可以由连续方程(7.8.6a)消去密度 ρ 而将其变换为

$$\frac{\mathrm{d}\rho}{\mathrm{d}t}\frac{\partial p}{\partial t} + \rho\frac{\partial v}{\partial x} + v\frac{\mathrm{d}\rho}{\mathrm{d}p}\frac{\partial p}{\partial x} = \frac{1}{(c^*)^2}\frac{\partial p}{\partial t} + \rho\frac{\partial v}{\partial x} + \frac{v}{(c^*)^2}\frac{\partial p}{\partial x} = 0$$

即

$$\frac{\partial p}{\partial t} + \rho(c^*)^2\frac{\partial v}{\partial x} + v\frac{\partial p}{\partial x} = 0 \tag{7.8.6b}$$

由于 $c^* = c^*(p)$ 和 $\rho = \rho(p)$ 都是压力 p 的函数，所以式(7.8.5b)和式(7.8.6b)即构成 v 和 p 的 1 阶拟线性偏微分方程组：

$$\frac{\partial v}{\partial t} + v\frac{\partial v}{\partial x} + \frac{1}{\rho}\frac{\partial p}{\partial x} = 0 \tag{7.8.5b}$$

$$\frac{\partial p}{\partial t} + \rho(c^*)^2\frac{\partial v}{\partial x} + v\frac{\partial p}{\partial x} = 0 \tag{7.8.6b}$$

类似地，如果将 c^* 作为密度 ρ 的函数，则可以由运动方程(7.8.5b)消去压力 p 而将其变换为

$$\frac{\partial v}{\partial t} + v\frac{\partial v}{\partial x} + \frac{1}{\rho}\frac{\mathrm{d}p}{\mathrm{d}\rho}\frac{\partial \rho}{\partial x} = \frac{\partial v}{\partial t} + v\frac{\partial v}{\partial x} + \frac{(c^*)^2}{\rho}\frac{\partial \rho}{\partial x} = 0$$

即

$$\frac{\partial v}{\partial t} + v\frac{\partial v}{\partial x} + \frac{(c^*)^2}{\rho}\frac{\partial \rho}{\partial x} = 0 \tag{7.8.5c}$$

由于 $c^* = c^*(\rho)$ 是密度 ρ 的函数，所以式(7.8.5c)和连续方程(7.8.6a)即构成 v 和 ρ 的 1 阶拟线性偏微分方程组：

$$\frac{\partial v}{\partial t} + v\frac{\partial v}{\partial x} + \frac{(c^*)^2}{\rho}\frac{\partial \rho}{\partial x} = 0 \tag{7.8.5c}$$

$$\frac{\partial \rho}{\partial t} + \rho\frac{\partial v}{\partial x} + v\frac{\partial \rho}{\partial x} = 0 \tag{7.8.6a}$$

我们将以 v 和 p 的方程组(7.8.5b)和(7.8.6b)为例来求出其特征波速和特征关系。可

以将其写为规范形式的1阶拟线性偏微分方程组：

$$\boldsymbol{W}_t + \boldsymbol{B}\cdot\boldsymbol{W}_x = \boldsymbol{b} \tag{7.8.9}$$

其中

$$\boldsymbol{W} = \begin{bmatrix} v \\ p \end{bmatrix},\quad \boldsymbol{B} = \begin{bmatrix} v & \dfrac{1}{\rho} \\ \rho(c^*)^2 & v \end{bmatrix},\quad \boldsymbol{b} = \begin{bmatrix} 0 \\ 0 \end{bmatrix} \tag{7.8.10}$$

在物理平面(x,t)上特征方向的斜率或特征波速

$$\lambda = \frac{\mathrm{d}x}{\mathrm{d}t} \tag{7.8.11}$$

由张量$\boldsymbol{B}$的特征值所决定，它满足如下特征方程：

$$|\boldsymbol{B} - \lambda\boldsymbol{I}| = \begin{vmatrix} v-\lambda & \dfrac{1}{\rho} \\ \rho(c^*)^2 & v-\lambda \end{vmatrix} = (v-\lambda)^2 - (c^*)^2 = 0 \tag{7.8.12}$$

由此可求得两个特征波速分别为

$$\lambda_1 = v + c^*,\quad \lambda_2 = v - c^* \tag{7.8.13}$$

它们分别表示相对于(以质点速度v而运动的)介质的右行波和左行波。设与特征值λ相对应的张量$\boldsymbol{B}$的左特征矢量为$\boldsymbol{L}$，则有

$$\boldsymbol{L}\cdot(\boldsymbol{B} - \lambda\boldsymbol{I}) = (\boldsymbol{B} - \lambda\boldsymbol{I})^{\mathrm{T}}\cdot\boldsymbol{L} = 0$$

写为矩阵形式，即

$$\begin{bmatrix} v-\lambda & \rho(c^*)^2 \\ \dfrac{1}{\rho} & v-\lambda \end{bmatrix} = \begin{bmatrix} L_1 \\ L_2 \end{bmatrix} = \begin{bmatrix} 0 \\ 0 \end{bmatrix}$$

由此可得与特征值λ相对应的特征矢量$\boldsymbol{L}$为

$$\boldsymbol{L} = \begin{bmatrix} L_1 \\ L_2 \end{bmatrix} = \begin{bmatrix} \dfrac{\rho(c^*)^2}{\lambda - v} \\ 1 \end{bmatrix}\quad \left(\text{或者 } \boldsymbol{L} = \begin{bmatrix} L_1 \\ L_2 \end{bmatrix} = \begin{bmatrix} \rho(\lambda - v) \\ 1 \end{bmatrix}\right) \tag{7.8.14}$$

将特征值$\lambda=\lambda_1$和$\lambda=\lambda_2$代入可得相应的左特征矢量分别为

$$\boldsymbol{L}_1 = \begin{bmatrix} \rho c^* \\ 1 \end{bmatrix},\quad \boldsymbol{L}_2 = \begin{bmatrix} -\rho c^* \\ 1 \end{bmatrix} \tag{7.8.14$'$}$$

与特征波速$\lambda = \dfrac{\mathrm{d}x}{\mathrm{d}t}$相对应的特征关系为

$$\boldsymbol{L}\cdot\frac{\mathrm{d}\boldsymbol{W}}{\mathrm{d}t} = \boldsymbol{L}\cdot\boldsymbol{b} = 0 \tag{7.8.15}$$

即

$$\frac{\rho(c^*)^2}{(\lambda - v)}\mathrm{d}v + \mathrm{d}p = 0 \tag{7.8.15$'$}$$

将式(7.8.14)′所给出的特征矢量分别代入式(7.8.15)，或者将两个特征波速$\lambda = v \pm c^*$分别代入式(7.8.15)′，即可得到在(v,p)平面上的两组特征关系如下：

$$\mathrm{d}v \pm \frac{\mathrm{d}p}{\rho c^*} = 0\quad (\text{沿特征线}\frac{\mathrm{d}c}{\mathrm{d}t} = v \pm c^*) \tag{7.8.16}$$

我们可以用和上面相同的方法通过平行地处理基本方程组(7.8.5c)和(7.8.6a)而得出(v,ρ)平面上的特征关系(请读者尝试之)，也可以通过数学变换而直接将特征关系

(7.8.16)化为(v,ρ)平面上的特征关系。事实上,因为$\mathrm{d}p=(c^*)^2\mathrm{d}\rho$,所以式(7.8.16)可以化为

$$\mathrm{d}v \pm \frac{c^*\mathrm{d}\rho}{\rho} = 0 \quad \left(沿特征线\frac{\mathrm{d}x}{\mathrm{d}t} = v \pm c^*\right) \tag{7.8.17}$$

这便是(v,ρ)平面上的特征关系。

我们也可以将特征关系式(7.8.16)或式(7.8.17)化为(v,c^*)平面上的特征关系:

$$\mathrm{d}v \pm p'(c^*)\frac{\mathrm{d}c^*}{\rho c^*} = 0 \quad \left(沿特征线\frac{\mathrm{d}x}{\mathrm{d}t} = v \pm c^*\right) \tag{7.8.18a}$$

$$\mathrm{d}v \pm \rho'(c^*)\frac{\mathrm{d}c^*}{\rho} = 0 \quad \left(沿特征线\frac{\mathrm{d}x}{\mathrm{d}t} = v \pm c^*\right) \tag{7.8.18b}$$

特别地,对于多方指数为γ的多方形流体,由于有

$$p = p_0\left(\frac{\rho}{\rho_0}\right)^\gamma = A\rho^\gamma, \quad (c^*)^2 = \frac{\mathrm{d}p}{\mathrm{d}\rho} = A\gamma\rho^{\gamma-1}$$

$$2c^*\mathrm{d}c^* = A\gamma(\gamma-1)\rho^{\gamma-2}\mathrm{d}\rho = (\gamma-1)\frac{(c^*)^2}{\rho}\mathrm{d}\rho = (\gamma-1)\frac{\mathrm{d}p}{\rho}$$

即

$$\frac{c^*\mathrm{d}\rho}{\rho} = \frac{2\mathrm{d}c^*}{\gamma-1}, \quad \frac{\mathrm{d}\rho}{\rho c^*} = \frac{2\mathrm{d}c^*}{\gamma-1} \tag{7.8.19}$$

故由式(7.8.17)或式(7.8.16)可直接得到(v,c^*)平面上的特征关系如下:

$$\mathrm{d}v \pm \frac{2\mathrm{d}c^*}{\gamma-1} = 0 \quad \left(沿特征线\frac{\mathrm{d}x}{\mathrm{d}t} = v \pm c^*\right) \tag{7.8.20}$$

如果引入由以下公式所定义的接触速度φ和Riemann不变量R_1、R_2:

$$\mathrm{d}\varphi = \frac{\mathrm{d}p}{\rho c^*}, \quad \mathrm{d}R_1 = \mathrm{d}v + \mathrm{d}\varphi = \mathrm{d}v + \frac{\mathrm{d}p}{\rho c^*}, \quad \mathrm{d}R_2 = \mathrm{d}v - \mathrm{d}\varphi = \mathrm{d}v - \frac{\mathrm{d}p}{\rho c^*} \tag{7.8.21}$$

则可将式(7.8.17)化为(v,φ)平面上的特征关系和(R_1,R_2)平面上的特征关系:

$$\mathrm{d}v \pm \mathrm{d}\varphi = 0 \quad \left(沿特征线\frac{\mathrm{d}x}{\mathrm{d}t} = v \pm c^*\right) \tag{7.8.22}$$

$$\mathrm{d}R_{1,2} = 0 \quad \left(沿特征线\frac{\mathrm{d}x}{\mathrm{d}t} = v \pm c^*\right) \tag{7.8.23}$$

我们看到,与杆中纵波的情况相类似,尽管在物理平面(x,t)上特征线$\frac{\mathrm{d}x}{\mathrm{d}t}=v\pm c^*$是不能事先确定的而且一般说来它们也未必是直线,但是对于任意类型的正压流体的波动问题而言,在(v,φ)平面和(R_1,R_2)平面上的特征关系却都是可以直接积分出来的而且都是直线,而由于沿着左、右行特征线物理量R_2、R_1分别为常数,所以称它们为Riemann不变量。此外,由特征关系式(7.8.20)我们可以看到,对于多方指数为γ的多方形流体而言,在状态平面(v,c^*)上的特征关系也都是直线。

在此我们强调指出,无论是在L氏坐标中还是在E氏坐标中,所谓的左、右行波都是指波信号相对于介质粒子而言是左行的还是右行的,这在对波的L氏描述中是容易理解且不容易产生误解的,但是当我们采用对波的E氏描述时则需注意:相对于介质粒子向左传播的左行波在绝对空间中却可能是向右传播的(相对于介质粒子向右传播的右行波在绝对空间中却可能是向左传播的),这是因为介质粒子本身可能是以超过局部声速的速度$|v|>c^*$向左(或向右)运动的。

7.8.3 简单波解

与波传播的L氏描述一样，当我们采用波传播的E氏描述时我们一样可以引入简单波的概念，即将沿着一个方向朝前方均匀区中传播的波称为简单波(simple waves)，只不过需要强调的是这里我们是指，波是向着前方均匀区中的介质中传播的，所以当用E氏坐标和时间 t 组成物理平面(x,t)时，右行波的特征线的斜率有可能是负的。但是为了简单起见，我们仍然在图上按常规向右倾斜的方法来表示右行特征线。

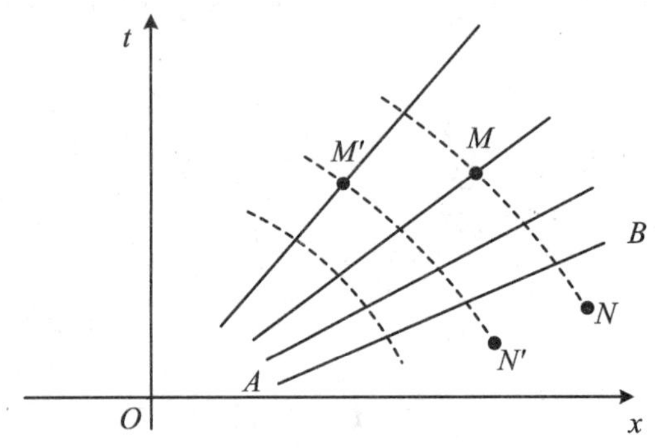

图 7.19　右行简单波

设有一个右行简单波区如图7.19所示，以 AB 表示波的前阵面，其前方为均匀区。过此右行简单波区中的每一点(x,t)都存在左行和右行的两条特征线。对于此右行简单波区中的任意一点 $M(x,t)$，可作出一条左行特征线至前方的均匀区，以 N 表示均匀区中此条左行特征线上某一点，则根据特征关系式(7.8.23)，沿此条左行特征线我们有 $\mathrm{d}R_2=0$，或黎曼不变量 R_2 等于常数 β，即

$$R_2(M)\equiv v(M)-\int_0^{p(M)}\frac{\mathrm{d}p}{\rho c^*}=v(N)-\int_0^{p(N)}\frac{\mathrm{d}p}{\rho c^*}\equiv\beta \tag{7.8.24}$$

这里我们强调指出：式(7.8.24)中的常数 β 是一个"绝对"常数，即它完全由右行简单波区前方均匀区的状态所决定，而与点 M 在简单波区中的位置无关，这是因为，即使我们考虑简单波区中的另一点 M'，由于考虑的是右行简单波，我们总能由 M' 作出延伸至前方均匀区的一条左行特征线 $M'N'$(不管其形状如何)，其中 N' 为延伸至前方均匀区中的某点，由于与点 N 同处均匀区的点 N' 具有和点 N 完全相同的状态，所以由它们所决定的常数 β 必然是相同的，即 β 是一个完全由简单波前方均匀区状态所决定的"绝对"常数，这就说明了我们的论断。式(7.8.24)称为右行简单波的表达式(formulation)或介质的右行简单波动态响应曲线，它既表明了右行简单波区中黎曼不变量 R_2 为"绝对"常数的事实，也是一个联系右行简单波区中质点速度 v 和压力 p 的一个关系式，在状态平面(v,p)上，它是一条通过均匀区状态$(v(N),p(N))$的曲线，即状态平面(v,p)上的右行波动态响应曲线。当然，我们也可以通过状态量的变换，将其化为(v,ρ)，(v,φ)，(v,c^*)，…平面上的动态响应曲线。

另外，如果以 r 表示右行简单波区中通过 M 点的右行特征线(暂时不管其形状)，则由沿右行特征线的特征关系式(7.8.23)可知，沿此条右行特征线 $\mathrm{d}R_1=0$，或沿右行特征线黎曼不变量 R_1 为常数，即

$$R_1(M) \equiv v(M) + \int_0^{p(M)} \frac{\mathrm{d}p}{\rho c^*} = v(N) + \int_0^{p(N)} \frac{\mathrm{d}p}{\rho c^*} \equiv \alpha(r) \tag{7.8.25}$$

需要指出的是，与式(7.8.24)中的常数 β 是一个由右行简单波区前方均匀区状态所决定的“绝对”常数不同，式(7.8.25)中的常数 $\alpha(r)$ 并不是在整个右行简单波区中处处都相同的“绝对”常数，而是只有沿着同一条右行特征线时它才是常数，即 $\alpha(r)$ 是右行特征线 r 的函数，在不同的右行特征线上，常数 $\alpha(r)$ 可以是不同的，换言之，在右行简单波区中各条不同的右行特征线可以视为传播不同的黎曼不变量 $R_1 = \alpha(r)$ 的波阵面的迹线。如果把方程(7.8.24)和(7.8.25)一起视为求解质点速度 v 和压力 p 的一个联立方程组并对其求解，则显然我们可以得出结论：

$$v = v(r), \quad p = p(r) \tag{7.8.26a}$$

也都是右行特征线 r 的函数；由于波速 $c^* = c^*(p)$ 是由介质状态方程所决定的压力状态 p 的函数，所以由式(7.8.26a)又可引出结论：

$$c^* = c^*(r) \tag{7.8.26b}$$

也必然是右行特征线 r 的函数，即沿同一条右行特征线 r 的各点，其斜率 $\frac{\mathrm{d}x}{\mathrm{d}t} = v(r) + c^*(r)$ 处处为常数。于是积分该右行特征线的微分方程 $\frac{\mathrm{d}x}{\mathrm{d}t} = v(r) + c^*(r)$，即可得出结论：在右行简单波区中，每一条右行特征线都必然是斜率为 $v(r) + c^*(r)$ 的直线，当然不同的右行特征线其斜率可以是不同的。显然，在右行简单波区中，沿同一条左行特征线的不同各点对应着不同的右行特征线 r，故左行特征线上各点处的斜率 $\frac{\mathrm{d}x}{\mathrm{d}t} = v(r) - c^*(r)$ 是不同的，故在右行简单波区中每一条左行特征线都未必是直线。在右行简单波区中，右行特征线在物理上代表了右行简单波波阵面的迹线，而左行特征线则只有数学上的意义，并不具有实际的物理意义。

与杆中纵波的情况相似，我们可把以上的推理总结为以下的重要结论：

在右行简单波区中，黎曼不变量 R_2 为一“绝对”常数 β，这一“绝对”常数的值是完全由简单波区前方均匀区的给定状态所确定的；其他各个物理量 v、p、ρ、c^*、R_1、φ 等则都只是沿着同一条右行特征线 r 才保持为常数，而沿着不同的右行特征线它们可以分别是不同的常数；在右行简单波区中，每一条右行特征线都必然是直线，但是不同的右行特征线的斜率则可以是不同的。

我们很容易将上述关于右行简单波的结论改为关于左行简单波的相应结论，不再赘述。

现在我们来求右行简单波解的具体形式，即右行简单波区中的各个状态量的表达式。如上所述，在右行简单波区中其每一条右行特征线 r 都是一条具有确定斜率 $v(r) + c^*(r)$ 的直线，如以 $F(r)$ 表示其在 t 轴上的截距，则它也将是该条右行特征线编号 r 的函数。由于右行简单波区中在同一条右行特征线上一切物理量 v、p、ρ、c^*、R_1、φ 也都是常数，即它们与右行特征线的编号 r 都有着一一对应的关系，所以每一条右行特征线的斜率和截距都可以由该条特征线上的任何一个状态量 v、p、ρ、c^*、R_1、φ 来表征，例如将其斜率由状态量 $v + c^*$ 来表征，而将其截距由 $F(v)$，$F(p)$，…来表征。例如，我们可以写出右行简单波解：

$$\begin{cases} x = (v + c^*)t + F(v) \\ v - \int_0^p \frac{\mathrm{d}p}{\rho c^*} = \beta \end{cases} \tag{7.8.27a}$$

其中，常数 β 可由右行简单波前方均匀区的状态确定，而函数 $F(v)$ 则可以由产生右行简单波的左端边界条件确定。[当给出的是速度边界条件时，我们可采用函数 $F(v)$；当给出的是压力边界条件时，我们可采用函数 $F(p)$。]对多方指数为 γ 的多方形正压流体，右行简单波解(7.8.27a)可化简为

$$\begin{cases} x = (v + c^*)t + F(v) \\ v - \dfrac{2c^*}{\gamma - 1} = \beta \end{cases} \tag{7.8.27b}$$

由于在应用上的重要性，下面我们写出多方气体的右行简单波表达式。设右行简单波前方均匀区的状态为$(v_0, \rho_0, p_0, c_0^*)$等，将其代入式(7.8.27b)中的第二式，可得

$$\beta = v_0 - \frac{2c_0^*}{\gamma - 1}$$

所以在(v, c^*)平面上的右行简单波表达式为

$$v = v_0 + \frac{2(c^* - c_0^*)}{\gamma - 1}, \quad \frac{c^*}{c_0^*} = 1 + \frac{\gamma - 1}{2c_0^*}(v - v_0) \tag{7.8.28a}$$

积分式(7.8.19)可得

$$\frac{\rho}{\rho_0} = \left(\frac{c^*}{c_0^*}\right)^{\frac{2}{\gamma-1}} = \left[1 + \frac{\gamma - 1}{2c_0^*}(v - v_0)\right]^{\frac{2}{\gamma-1}} \tag{7.8.28b}$$

$$\frac{p}{p_0} = \left(\frac{c^*}{c_0^*}\right)^{\frac{2\gamma}{\gamma-1}} = \left[1 + \frac{\gamma - 1}{2c_0^*}(v - v_0)\right]^{\frac{2\gamma}{\gamma-1}} \tag{7.8.28c}$$

再由理想气体状态方程 $p = \rho RT$ 或者其局部声速公式$(c^*)^2 = \gamma RT$ 可得

$$\frac{T}{T_0} = \frac{p}{p_0}\frac{\rho_0}{\rho} = \left(\frac{c^*}{c_0^*}\right)^2 = \left[1 + \frac{\gamma - 1}{2c_0^*}(v - v_0)\right]^2 \tag{7.8.28d}$$

式(7.8.28a)～(7.8.28d)各式可以分别视为在相应状态平面上的右行简单波表达式。

作为例子，我们考虑充满多方气体管道的如下一维右行简单波问题。设在 $t = 0$ 时刻管道中的活塞位于 $x = 0$ 处，其后活塞以等加速度 a 向左运动，试求活塞运动所激发的气体中的右行简单稀疏波解。以 v_p 表示活塞的瞬时速度，显然有 $v_p = -at$，于是我们可得活塞在物理平面(x, t)上的运动迹线方程为

$$x = \int_0^t v_p dt = \int_0^t -at\mathrm{d}t = -\frac{at^2}{2}$$

假设在活塞向左运动时，其紧邻的气体质点是和活塞仍然紧密接触的，即质点速度 v 等于活塞速度 v_p，则这一事实在数学上可表达为：在物理平面(x, t)的已知运动边界 $x = -\dfrac{at^2}{2}$上，气体质点具有速度 $v = -at$。这就是我们的已知移动边界上的边界条件。

不妨设活塞右侧的多方气体是初始静止的，即右行简单波前方均匀区中的气体质点速度为 $v_0 = 0$，则简单波解(7.8.27b)中的常数 β 将为

$$\beta = v_0 - \frac{2c_0^*}{\gamma - 1} = -\frac{2c_0^*}{\gamma - 1}$$

其中，c_0^* 为前方均匀区中的局部声速。将其代入式(7.8.28a)，可得

$$c^* = c_0^* + \frac{\gamma - 1}{2}v \tag{7.8.29}$$

再将此式代入简单波解(7.8.27b)中的第一式，可得

$$x = \left(v + c_0^* + \frac{\gamma - 1}{2}v\right)t + F(v)$$

此式对右行简单波区中的任何一点(x,t)都成立，特别说来，在具有移动速度 $v = -at$ 的移动边界$x = -\frac{at^2}{2}$上，它也应成立，将这一边界条件代入上式，可得

$$-\frac{at^2}{2} = \left[-at + c_0^* + \frac{\gamma - 1}{2}(-at)\right]t + F(v)$$

即

$$F(v) = -c_0^* t + \frac{a\gamma t^2}{2}$$

将移动边界上 t 和质点速度 v 的关系 $t = -\frac{v}{a}$代入此式，我们即可得出待定函数为

$$F(v) = c_0^* \frac{v}{a} + \frac{\gamma v^2}{2a}$$

将其代入右行简单波式(7.8.27b)的第一式中，即可得出

$$x = \left(c_0^* + \frac{\gamma + 1}{2}v\right)t + \frac{c_0^*}{a}v + \frac{\gamma}{2a}v^2$$

此式是待求函数 $v = v(x,t)$的一个二次代数方程，可求出其两个解：

$$v = -\frac{1}{\gamma}\left(c_0^* + \frac{\gamma + 1}{2}at\right) \pm \sqrt{\left(c_0^* + \frac{\gamma + 1}{2}at\right)^2 - 2a\gamma(c_0^* t - x)}$$

但是容易说明对应“$-$”的解不能满足 $x = 0$，$t = 0$ 时 $v = 0$ 的条件，所以只有取“$+$”的解才是正确的，即我们可得出简单波解为

$$v = -\frac{1}{\gamma}\left(c_0^* + \frac{\gamma + 1}{2}at\right) + \frac{1}{\gamma}\sqrt{\left(c_0^* + \frac{\gamma + 1}{2}at\right)^2 - 2a\gamma(c_0^* t - x)} \quad (7.8.30)$$

但是此解成立的条件是基于我们前面所做的一个假设，即在活塞向左运动时，其紧邻的气体质点仍然是和活塞紧密接触的。而一旦当与活塞相接触的气体由于右行稀疏波的作用而膨胀至接近真空状态，即其局部声速 c 趋于 0 时，继续向左加速运动的活塞将会与气体分离，而在气体与活塞之间形成所谓的真空“空化区”，此一时刻的活塞速度称为“逃逸速度”。在式(7.8.29)中，令 $c^* = 0$，可得

$$v = \frac{2}{1 - \gamma}c_0^*$$

即“逃逸速度”v_e 为

$$v_e = -v = \frac{2}{1 - \gamma}c_0^* \quad (7.8.31)$$

而活塞达到“逃逸速度”v_e 时的时间 t_1 和所处的位置 x_1 分别为

$$t_1 = \frac{2c_0^*}{(\gamma - 1)a}, \quad x_1 = \frac{2(c_0^*)^2}{(\gamma - 1)^2 a} \quad (7.8.32)$$

当 $0 \leqslant t \leqslant t_1$ 时，解(7.8.30)才是正确的。当活塞速度达到“逃逸速度”v_e 时，右行简单波的最后一道尾波上应该满足边界条件 $c^* = 0$，读者可作为练习思考并对问题求解。

作为第二个例子，我们考虑如下的问题：设在 $t = 0$ 时刻管道中的活塞位于 $x = 0$ 处，其后活塞突然以某一有限的等速度 v^* 向左运动，则我们将在$(x = 0, t = 0)$处同时激发一系列的右行稀疏波，它们的波速随着介质压力的下降而依次减小，但其出发时间和地点却相同，

于是在气体中传播的将是所谓的右行中心稀疏波，此时右行简单波解(7.8.27)中的待定函数 $F(v)$将为0，即 $F(v)=0$。故右行中心简单波解将为

$$\begin{cases} x = (v + c^*)t \\ v - \dfrac{2c^*}{\gamma - 1} = \beta \end{cases} \tag{7.8.33}$$

利用前方均匀区的状态(v_0, c_0^*)可求出常数 $\beta = v_0 - \dfrac{2c_0^*}{\gamma-1}$，代入式(7.8.33)中可得

$$v = v_0 + \frac{2}{\gamma+1}\left(\frac{x}{t} - c_0^* - v_0\right) \tag{7.8.34}$$

$$c^* = \frac{2c_0^*}{\gamma+1} + \frac{\gamma-1}{\gamma+1}\left(\frac{x}{t} - v_0\right) \tag{7.8.35}$$

由式(7.8.34)和式(7.8.35)可见，此种右行中心简单波区中的质点速度 v、声速 c^*(因之其他一切状态量)都只是一个单独的组合自变量$\dfrac{x}{t}$的函数，而不是像一般情况下分别独立地依赖于 x 和 t，这种形式的解称为自模拟解。

现在我们来进一步说明中心简单波解(7.8.34)和(7.8.35)在(x, t)平面上的适用范围。在与前方均匀区紧相衔接的第一道右行稀疏波上，介质的状态与均匀区的状态应该相同，即应有 $v=v_0, c^*=c_0^*$，故由式(7.8.34)或式(7.8.35)知，第一道右行波应为

$$\frac{x}{t} = v_0 + c_0^* \tag{7.8.36a}$$

中心简单波尾部最后一道波上的质点速度应该与活塞的移动速度保持连续，即 $v=-v^*$，故由式(7.8.34)知，中心简单波的尾波迹线应为

$$\frac{x}{t} = c_0^* - \frac{(\gamma+1)}{2}v^* - \frac{\gamma-1}{2}v_0 \tag{7.8.36b}$$

所以，中心简单波解(7.8.34)和(7.8.35)的适用范围为

$$c_0^* - \frac{(\gamma+1)}{2}v^* - \frac{\gamma-1}{2}v_0 \leqslant \frac{x}{t} \leqslant v_0 + c_0^* \tag{7.8.37}$$

我们将把由式(7.8.37)所界定的区域称为Ⅱ区；在Ⅱ区的前方是均匀区的状态，称之为Ⅰ区；在Ⅱ区后方的区域称为Ⅲ区，此区内气体保持与尾波上相同的状态，也是一个均匀区状态：

$$v = -v^*, \quad c^* = c_0^* - \frac{\gamma-1}{2}(v^* + v_0) \tag{7.8.38}$$

其中的第二个式子是将式(7.8.36b)代入式(7.8.35)而得出的。

以上结果可由图7.20说明，图中的 OA、OB、OP 分别表示头波、尾波、活塞的迹线。

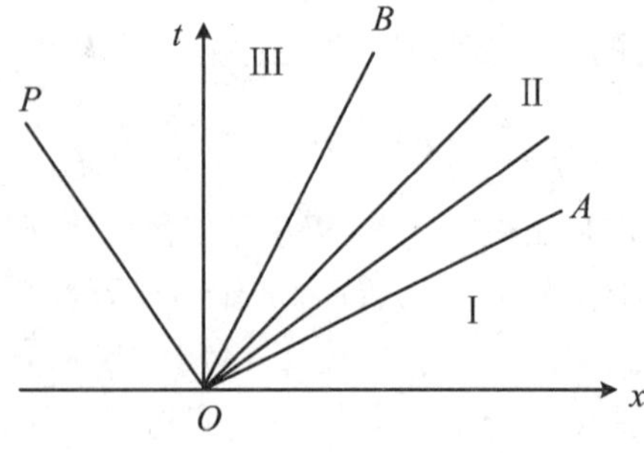

图7.20　中心简单波

7.8.4　流体中的非均熵连续波

如 7.8.1 小节中所述，当流体中出现非常突然而剧烈的压力扰动时，将出现强间断的冲击波，此时，虽然波动过程仍是一个绝热过程，但却是一个不可逆的绝热过程。根据热力学第二定律，不可逆过程中的介质熵增 $\mathrm{d}S$ 将大于单位热源温度的供热，$\mathrm{d}S>\dfrac{\mathrm{d}Q}{T}=0$，即绝热冲击波是一个熵增过程，必将导致流体的熵增加并引起其温度的升高。如果冲击波是非定常的，即其强度是变化的，则在其传播过程中将会在其所经历过的不同流体质点中引起不等值的熵增，因此将会在流体中造成非均熵场。我们将在此小节中介绍流体非均熵场中的连续波，而在下一小节中再来介绍其本身引起熵增的强间断冲击波及其有关结果。

研究非均熵场中的连续波，用熵型的状态方程显然是最方便的，因为利用它便于引入和计算流体的局部声速。此时，一维弹性流体动力学的基本方程组为

$$\frac{\partial v}{\partial t}+v\frac{\partial v}{\partial x}+\frac{1}{\rho}\frac{\partial p}{\partial x}=0\quad\text{（运动方程）}\tag{7.8.39}$$

$$\frac{\partial \rho}{\partial t}+\rho\frac{\partial v}{\partial x}+v\frac{\partial \rho}{\partial x}=0\quad\text{（连续方程）}\tag{7.8.40}$$

$$p=p(\rho,s)\quad\text{（状态方程）}\tag{7.8.41}$$

$$\frac{\partial s}{\partial t}+v\frac{\partial s}{\partial x}=0\quad\text{（等熵方程）}\tag{7.8.42}$$

$$\frac{\partial e}{\partial t}+v\frac{\partial e}{\partial x}+p\left(\frac{\partial V}{\partial t}+v\frac{\partial V}{\partial x}\right)=0\quad\text{（能量方程）}\tag{7.8.43}$$

其中，v、p、ρ、e、s 分别为质点速度、压力、质量密度、比内能、比熵，而 $V=\dfrac{1}{\rho}$ 为比容。方程(7.8.42)即是连续波中的等熵方程：

$$\frac{\mathrm{d}s}{\mathrm{d}t}=0\tag{7.8.42$'$}$$

方程(7.8.43)即是连续波中的绝热能量方程，因为绝热，故其内能增加只来源于纯力学的压力变形功，即

$$\frac{\mathrm{d}e}{\mathrm{d}t}=-p\frac{\mathrm{d}V}{\mathrm{d}t}\tag{7.8.43$'$}$$

其中，$\dfrac{\mathrm{d}}{\mathrm{d}t}$ 为随体导数。由于等熵方程(7.8.42)′和绝热能量方程(7.8.43)′都已经是有关量全微分(随体微分)的组合形式，所以它们其实也就是沿着流体质点迹线的特征关系，由此我们就可以分别计算比熵和比内能。

引入局部声速 c^*，即

$$c^*=\sqrt{\left(\frac{\partial p}{\partial \rho}\right)_s}\tag{7.8.44}$$

利用等熵方程(7.8.42)′，有

$$\frac{\mathrm{d}p}{\mathrm{d}t}=\left(\frac{\partial p}{\partial \rho}\right)_s\frac{\mathrm{d}\rho}{\mathrm{d}t}+\left(\frac{\partial p}{\partial s}\right)_\rho\frac{\mathrm{d}s}{\mathrm{d}t}=\left(\frac{\partial p}{\partial \rho}\right)_s\frac{\mathrm{d}\rho}{\mathrm{d}t}=(c^*)^2\frac{\mathrm{d}\rho}{\mathrm{d}t}$$

即

$$\left(\frac{\partial p}{\partial t}+v\frac{\partial p}{\partial x}\right)-(c^*)^2\left(\frac{\partial \rho}{\partial t}+v\frac{\partial \rho}{\partial x}\right)=0 \tag{7.8.45a}$$

将式(7.8.40)给出的$\frac{\partial \rho}{\partial t}+v\frac{\partial \rho}{\partial x}=-\rho\frac{\partial v}{\partial x}$代入式(7.8.45a)中,即得

$$\left(\frac{\partial p}{\partial t}+v\frac{\partial p}{\partial x}\right)+\rho(c^*)^2\frac{\partial \rho}{\partial x}=0 \tag{7.8.45b}$$

式(7.8.39)、式(7.8.45b)、式(7.8.42)即组成关于未知量 v、p、s 的 1 阶拟线性偏微分方程组:

$$\begin{cases}\dfrac{\partial v}{\partial t}+v\dfrac{\partial v}{\partial x}+\dfrac{1}{\rho}\dfrac{\partial p}{\partial x}=0\\[2mm]\left(\dfrac{\partial p}{\partial t}+v\dfrac{\partial p}{\partial x}\right)+\rho(c^*)^2\dfrac{\partial \rho}{\partial x}=0\\[2mm]\dfrac{\partial s}{\partial t}+v\dfrac{\partial s}{\partial x}=0\end{cases} \tag{7.8.46}$$

写为 1 阶拟线性偏微分方程组的规范形式,即

$$\boldsymbol{W}_t+\boldsymbol{B}\cdot\boldsymbol{W}_x=\boldsymbol{b} \tag{7.8.47}$$

其中

$$\boldsymbol{W}=\begin{bmatrix}v\\p\\s\end{bmatrix},\quad \boldsymbol{B}=\begin{pmatrix}v & \dfrac{1}{\rho} & 0\\ -\rho(c^*)^2 & v & 0\\ 0 & 0 & v\end{pmatrix},\quad \boldsymbol{b}=\begin{bmatrix}0\\0\\0\end{bmatrix} \tag{7.8.48}$$

由特征方程

$$|\boldsymbol{B}-\lambda\boldsymbol{I}|=0 \tag{7.8.49}$$

易求出特征值为

$$\lambda_1=v+c^*,\quad \lambda_2=v-c^*,\quad \lambda_3=0 \tag{7.8.50}$$

将其分别代入求解 $\boldsymbol{B}$ 的左特矢 $\boldsymbol{L}$ 的线性齐次代数方程组

$$\boldsymbol{L}\cdot(\boldsymbol{B}-\lambda\boldsymbol{I})=0,\quad (\boldsymbol{B}-\lambda\boldsymbol{I})^{\mathrm{T}}\cdot\boldsymbol{L}=0 \tag{7.8.51}$$

可求出与 λ_1、λ_2、λ_3 相对应的左特矢 $\boldsymbol{L}_1$、$\boldsymbol{L}_2$、$\boldsymbol{L}_3$,分别为

$$\boldsymbol{L}_1=\begin{bmatrix}\rho c^*\\1\\0\end{bmatrix},\quad \boldsymbol{L}_2=\begin{bmatrix}-\rho c^*\\1\\0\end{bmatrix},\quad \boldsymbol{L}_3=\begin{bmatrix}0\\0\\1\end{bmatrix} \tag{7.8.52}$$

将三组特征值和特征矢量分别代入特征关系:

$$\boldsymbol{L}\cdot\frac{\mathrm{d}\boldsymbol{W}}{\mathrm{d}t}=\boldsymbol{L}\cdot\boldsymbol{b}=0 \tag{7.8.53}$$

可得如下三组沿特征线的特征关系:

$$\begin{cases}\mathrm{d}v\pm\dfrac{\mathrm{d}p}{\rho c^*}=0 & \left(沿\dfrac{\mathrm{d}x}{\mathrm{d}t}=v\pm c^*\right)\\[2mm]\mathrm{d}s=0 & \left(沿\dfrac{\mathrm{d}x}{\mathrm{d}t}=v\right)\end{cases} \tag{7.8.54}$$

上式中的前两式分别表示沿相对流体质点的右行波和左行波的特征关系,而其第三式则表示沿流体质点迹线的特征关系。至于流体密度和比内能的计算,则可以分别按照式(7.8.45)和式(7.8.43)′计算,即

$$\frac{\mathrm{d}\rho}{\mathrm{d}t} = \frac{1}{(c^*)^2}\frac{\mathrm{d}p}{\mathrm{d}t} \quad \left(沿\frac{\mathrm{d}x}{\mathrm{d}t} = v\right) \tag{7.8.55}$$

$$\frac{\mathrm{d}e}{\mathrm{d}t} = -p\frac{\mathrm{d}V}{\mathrm{d}t} \quad \left(沿\frac{\mathrm{d}x}{\mathrm{d}t} = v\right) \tag{7.8.56}$$

对非均熵流场的计算问题，我们可以利用以上所得到的沿三条特征线的有关特征关系和状态方程一起对包括熵 s 在内的各种量进行耦合计算，这对初始条件和已知运动边界是给定的非均熵分布的问题是比较方便的。而对由非定常激波所引起的非均熵场的计算问题，更方便的方法是通过质量守恒引入 Lagrange 坐标，并将其作为一个独立变量进行计算，由于对同一粒子只有在其跨过冲击波时才会产生熵增，而在连续场中 Lagrange 坐标与熵是一一对应的，故在连续场中我们只需利用沿左右特征线的特征关系和状态方程就可以完成有关的计算。在2.6节中我们将给出利用后一方法的一个算例。

7.8.5　流体中的冲击波

1. 冲击波阵面上的突跃条件

在本小节中，我们将以两个运动着的欧拉坐标网 $x_1(t)$和 $x_0(t)$所界定的开口体系的守恒条件来导出流体中冲击波阵面上的突跃条件。

考虑如图7.21所示的单位面积为1的开口体系$[x_1(t),x_0(t)]$，显然，通过任何一个运动网 $x(t)$的物质量及其所含有的物理量，是由网相对于质点的运动速度$\left(\frac{\mathrm{d}x}{\mathrm{d}t} - v\right)$所决定并与其成正比的，通过单位面积网进入其左端的质量流、动量流和能量流分别是

$$\rho\left(\frac{\mathrm{d}x}{\mathrm{d}t} - v\right),\quad \rho\left(\frac{\mathrm{d}x}{\mathrm{d}t} - v\right)v,\quad \rho\left(\frac{\mathrm{d}x}{\mathrm{d}t} - v\right)\left(e + \frac{v^2}{2}\right)$$

而任意开口体系的质量守恒、动量守恒和能量守恒可分别表达为：开口体系的质量变化率等于质量的纯流入率；开口体系的动量变化率等于其动量的纯流入率与外力之和；开口体系的能量变化率等于其能量纯流入率和外力的功率之和(对绝热过程)。故如图7.21所示的开口体系$[x_1(t),x_0(t)]$的质量守恒、动量守恒和能量守恒可分别表示为

$$\frac{\mathrm{d}}{\mathrm{d}t}\int_{x_1(t)}^{x_0(t)}\rho\mathrm{d}x = \rho_0\left(\frac{\mathrm{d}x_0}{\mathrm{d}t} - v_0\right) - \rho_1\left(\frac{\mathrm{d}x_1}{\mathrm{d}t} - v_1\right) \tag{7.8.57a}$$

$$\frac{\mathrm{d}}{\mathrm{d}t}\int_{x_1(t)}^{x_0(t)}\rho v\mathrm{d}x = \rho_0 v_0\left(\frac{\mathrm{d}x_0}{\mathrm{d}t} - v_0\right) - \rho_1 v_1\left(\frac{\mathrm{d}x_1}{\mathrm{d}t} - v_1\right) + p_1 - p_0 \tag{7.8.57b}$$

$$\begin{aligned}\frac{\mathrm{d}}{\mathrm{d}t}\int_{x_1(t)}^{x_2(t)}\rho\left(e + \frac{v^2}{2}\right)\mathrm{d}x = {}& \rho_0\left(e_0 + \frac{v_0^2}{2}\right)\left(\frac{\mathrm{d}x_0}{\mathrm{d}t} - v_0\right) - \rho_1\left(e_1 + \frac{v_1^2}{2}\right)\left(\frac{\mathrm{d}x_1}{\mathrm{d}t} - v_1\right)\\ &+ p_1 v_1 - p_0 v_0\end{aligned} \tag{7.8.57c}$$

式(7.8.57)中的三式对任意的开口体系$[x_1(t),x_0(t)]$都成立，特别说来，当网 $x_1(t)$和 $x_0(t)$分别紧贴在冲击波阵面的紧后方和紧前方时，开口体系$[x_1(t),x_0(t)]$便成为附着在冲击波阵面上的单位面积为1的无限薄的薄层，任意时刻其内的质量、动量、能量都为零，故式(7.8.57)的三式左端都为零；而

$$\frac{\mathrm{d}x_1}{\mathrm{d}t} = \frac{\mathrm{d}x_0}{\mathrm{d}t} = D \tag{7.8.58}$$

恰恰等于冲击波阵面的绝对波速或欧拉波速。如果以

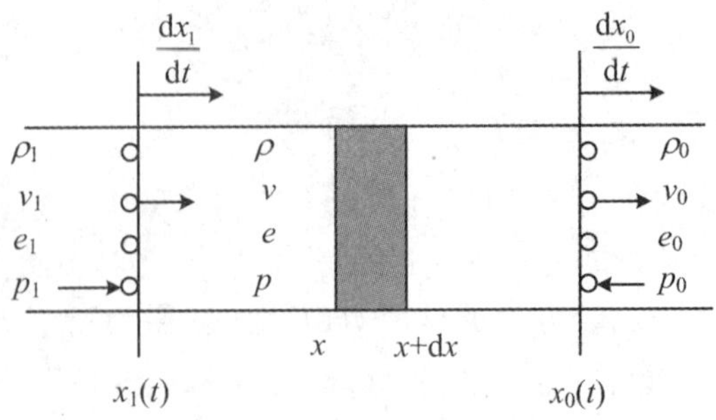

图 7.21　两个运动欧拉坐标网所界定的开口体系

$$[\varphi]\equiv \varphi^- - \varphi^+ \tag{7.8.59}$$

表示从冲击波阵面紧前方跨至其紧后方时量 φ 的跳跃量，即以量 φ 所衡量的冲击波的强度，则式(7.8.57)中的三式将分别给出

$$[\rho(D-v)]=[\rho D^*]=0 \tag{7.8.60a}$$

$$[\rho(D-v)v-p]=[\rho D^* v-p]=0 \tag{7.8.61a}$$

$$\left[\rho(D-v)\left(e+\frac{v^2}{2}\right)-pv\right]=\left[\rho D^*\left(e+\frac{v^2}{2}\right)-pv\right]=0 \tag{7.8.62a}$$

其中

$$D^* \equiv D-v \tag{7.8.63}$$

为冲击波对介质的相对波速，与绝对波速 D 在跨过冲击波阵面时保持连续不同，冲击波的相对波速 D^* 在跨过冲击波阵面时是不连续而产生突跃的，这是因为质点速度 v 是不连续而产生突跃的。式(7.8.60a)、式(7.8.61a)、式(7.8.62a)分别称为冲击波阵面上的质量守恒条件、动量守恒条件和能量守恒条件，它们是以开口体系的观点所列出的欧拉形式的冲击波阵面守恒条件的数学形式。

为叙述简洁起见，我们将以 φ_0 表示冲击波紧前方量 φ 的值，φ 表示其在冲击波紧后方的值，并引入如下记号：

$$D_0 \equiv D-v_0,\quad D_1\equiv D-v \tag{7.8.64}$$

D_0 和 D_1 分别表示冲击波相对紧前方介质的相对波速和相对紧后方介质的相对波速，则质量守恒条件式(7.8.60a)可简单地写为

$$\rho D_1=\rho_0 D_0\equiv \bar{m} \tag{7.8.60b}$$

该式的物理意义是：单位时间内从冲击波阵面前方进入单位面积的冲击波阵面的流体质量 $\bar{m}$ 等于向其后方流出的流体质量，这也可看作把单位时间内单位面积冲击波阵面所扫过的流体介质作为一个闭口体系时，其质量守恒定律的体现。我们把 $\rho D_1=\rho_0 D_0$ 称为冲击波的波阻抗，作为单位时间内单位面积冲击波阵面所扫过的流体质量，它从运动学角度说明了波阻抗的物理含义。此外，利用以下恒等式：

$$\begin{cases}[ab]=a^+[b]+b^-[a]=a^-[b]+b^+[a]\\[2mm] \left[\dfrac{a}{b}\right]=\dfrac{b^+[a]-a^+[b]}{b^+b^-}=\dfrac{b^-[a]-a^-[b]}{b^+b^-}\\[2mm] [V]\equiv\left[\dfrac{1}{\rho}\right]=\dfrac{-[\rho]}{\rho^+\rho^-}\end{cases} \tag{7.8.65}$$

我们还可将质量守恒条件式(7.8.60a)化为以下各种形式：

$$[v]=\frac{D_0}{\rho}[\rho]=\frac{D_1}{\rho_0}[\rho]=-\rho_0 D_0[V]=-\rho D_1[V] \tag{7.8.60c}$$

质量守恒条件式(7.8.60c)的优点是，它以显式的形式把跨过冲击波时质点速度的间断量$[v]$和密度的间断量$[\rho]$或比容的间断量$[V]$直接联系了起来。

利用恒等式(7.8.65)和质量守恒条件式(7.8.60a)，并注意绝对波速 D 跨波连续因而$[D]=0$，可将动量守恒条件式(7.8.61a)化为如下形式：

$$[p]=\rho_0 D_0[v]=\rho D_1[v] \tag{7.8.61b}$$

动量守恒条件式(7.8.61b)的优点是，它把跨过冲击波阵面时压力的间断量$[p]$和质点速度的间断量$[v]$直接联系了起来，而其比例系数恰恰是冲击波阻抗 $\rho D_1=\rho_0 D_0$，这从动力学角度对冲击波阻抗的物理意义给出了解释，它完全类似于电学中电压、电流和电阻之间的关系。

由式(7.8.60c)和式(7.8.61b)消去$[v]$，可求得冲击波相对于其前后方传播速度 D_0 和 D_1 的如下公式：

$$\bar{m}\equiv\rho_0 D_0=\sqrt{\frac{-[p]}{[V]}}=\sqrt{\frac{\rho_0\rho[p]}{[\rho]}},\quad \bar{m}\equiv\rho D_1=\sqrt{\frac{-[p]}{[V]}}=\sqrt{\frac{\rho\rho_0[p]}{[\rho]}} \tag{7.8.66}$$

当冲击波趋于无限小时，即成为等熵的声波，$[\varphi]\to \mathrm{d}\varphi$，$D_0$ 和 D_1 都趋于局部声速 c^*，式(7.8.66)即给出

$$c^*=\sqrt{\left(\frac{\partial p}{\partial\rho}\right)_s}=\sqrt{\frac{-1}{\rho^2}\left(\frac{\partial p}{\partial V}\right)_s} \tag{7.8.67}$$

而冲击波阵面上的动量守恒条件式(7.8.60c)将成为跨过声波阵面的守恒条件：

$$\mathrm{d}v=\frac{c^*}{\rho}\mathrm{d}\rho=-\rho c^*\mathrm{d}V \tag{7.8.68}$$

利用恒等式(7.8.65)、质量守恒条件式(7.8.60a)、动量守恒条件式(7.8.61b)，并注意绝对波速 D 跨波连续因而$[D]=0$，可将动量守恒条件式(7.8.61a)化为如下形式：

$$[pv]=\rho_0 D_0\left[e+\frac{v^2}{2}\right] \tag{7.8.62b}$$

即

$$\rho_0 D_0[e]=pv-p_0 v_0-\frac{1}{2}\rho_0 D_0(v-v_0)(v+v_0)$$

利用动量守恒条件式(7.8.61b)可将该式化为

$$\rho_0 D_0[e]=pv-p_0 v_0-\frac{1}{2}(p-p_0)(v+v_0)=\frac{1}{2}(p+p_0)(v-v_0)$$

再利用质量守恒条件式(7.8.60c)，又可将该式化为

$$[e]=-\frac{1}{2}(p+p_0)[V] \tag{7.8.62c}$$

当冲击波的强度趋于零时，能量守恒条件式(7.8.62c)将给出如下的绝热等熵能量方程：

$$\mathrm{d}e=-p\mathrm{d}V$$

而这其实也就是前面在非均熵连续波小节中的式(7.8.56)。

式(7.8.62c)也是冲击波阵面上能量守恒条件的一种形式，但比起式(7.8.62a)和式(7.8.62b)而言，它有一个突出的优点，这就是在式(7.8.62c)中只涉及热力学的量 e、p、V，

而不涉及运动学量质点速度 v，这时我们可以直接将内能型状态方程代入其中而得出冲击波阵面上的所谓(V,p)Hugoniot 曲线。事实上，如果流体的内能型状态方程为

$$e = e(V,p) \tag{7.8.69}$$

将其代入能量守恒条件式(7.8.62c)中，则可得出参考于冲击波前方状态(V_0,p_0)而联系冲击波后方压力 p 和 V 之间的一个关系：

$$p = p_h(V;V_0,p_0) \tag{7.8.70}$$

我们将该式称为绝热冲击波在(V,p)平面上的 Hugoniot 曲线，它的物理意义是：参考前方状态(V_0,p_0)由状态方程(7.8.69)所描述的流体，其冲击波后方的状态(V,p)必须是该曲线上的一点。需要强调指出的是，该曲线是与参考状态(V_0,p_0)紧密相关的，即使是同一种流体，其相对于不同参考状态的 Hugoniot 曲线也将会是不同的，这就是我们在式(7.8.70)中特别写出 p_0、V_0 的原因。下面我们将对其他状态平面上的 Hugoniot 曲线进行一般性的说明。

2. 冲击绝热 Hugoniot 曲线

如果冲击波阵面前方的状态量 $\boldsymbol{W}_0(v_0,p_0,\rho_0,e_0)$是已知的，则式(7.8.60a)、式(7.8.61a)、式(7.8.62a)(或者式(7.8.60c)、式(7.8.61b)、式(7.8.62b))连同流体的状态方程(7.8.69)就是关于冲击波阵面后方状态量 $\boldsymbol{W}(v,p,\rho,e)$以及冲击波绝对波速 D 的四个方程，所以参考前方状态量 $\boldsymbol{W}_0$，我们可以将阵面后方的状态量 $\boldsymbol{W}(v,p,\rho,e)$作为冲击波速度 D 的函数而解出：

$$\boldsymbol{W} = \boldsymbol{W}_h(D;\boldsymbol{W}_0) \tag{7.8.71a}$$

式(7.8.71)表示在四维状态空间 $\boldsymbol{W}(v,p,\rho,e)$中以 D 为参数的一条曲线的参数方程，并且经过其参考状态 $\boldsymbol{W}_0$。如果由式(7.8.71)四个方程中的任意两个方程消去参数 D，我们即可得出在任意两个状态量之间的关系，它表示在该状态平面上经过其参考状态的一条曲线，将其称为冲击波在该状态平面上的 Hugoniot 曲线，实践上应用最多的是在(v,p)平面上和在(ρ,p)平面上的 Hugoniot 曲线：

$$p = p_h(v;v_0,p_0), \quad p = p_h(\rho;\rho_0,p_0) \tag{7.8.71b}$$

它们表示以前方状态(v_0,p_0)和(ρ_0,p_0)为参考点冲击波后方的状态(v,p)之间或(ρ,p)之间所必须满足的关系。下面我们还将结合具体实例或实验应用对这两种 Hugoniot 曲线的有关问题进行一些说明。

3. 冲击波传播和 Hugoniot 曲线的某些性质

下面我们来特别对 Hugoniot 曲线(7.8.71b)中的两式进行一些分析。如前所述，关于它的第二式我们可以通过直接将状态方程(7.8.69)代入冲击波阵面上的能量守恒条件式(7.8.62c)而得到，其结果即为前面的式(7.8.70)：

$$p = p_h(V;V_0,p_0) \tag{7.8.70}$$

作为例子，我们来考虑多方型的流体，其熵型状态方程为 $p = A(s)V^{-\gamma}$，由其绝热条件下的能量守恒条件容易求出其比内能为

$$e = \frac{pV}{\gamma - 1} \tag{7.8.72}$$

将之代入能量守恒条件式(7.8.62c)中，可得其(V,p)上的冲击绝热线如下：

$$pV - p_0V_0 = \frac{\gamma - 1}{2}(p + p_0)(V_0 - V) \tag{7.8.73a}$$

或

$$\frac{V}{V_0} = -\frac{(\gamma - 1)p + (\gamma + 1)p_0}{(\gamma + 1)p + (\gamma - 1)p_0} \tag{7.8.73b}$$

或

$$\left(p + \frac{\gamma - 1}{\gamma + 1}p_0\right)\left(V - \frac{\gamma - 1}{\gamma + 1}V_0\right) = \left[1 - \left(\frac{\gamma - 1}{\gamma + 1}\right)^2\right]p_0 V_0 \tag{7.8.73c}$$

式(7.8.73c)在(V,p)平面上是一条通过参考状态点$B(V_0,p_0)$的直角双曲线，它有两条渐近线：

$$p = \frac{1-\gamma}{\gamma+1}p_0,\quad V = \frac{\gamma-1}{\gamma+1}V_0$$

(对于$p<p_0$，$V>V_0$曲线上的点代表膨胀，不表示合理的压缩激波。)在图 7.22 中，示意性地画出了 Hugoniot 曲线式(7.8.73c)；为了对比起见，在图中也同时画出了通过参考状态$B(V_0,p_0)$的等熵线(即等熵状态方程)：

$$p = p_s(V;p_0,V_0) = p_0\left(\frac{V}{V_0}\right)^\gamma \tag{7.8.74}$$

图 7.22 中连接冲击波前后方状态的直线 BA 称为 Rayleigh 线，它的斜率为$\dfrac{p-p_0}{V-V_0}$，由式(7.8.66)可见，该斜率是与冲击波相对于前方介质的传播速度 D_0 以如下的公式而相联系的：

$$\frac{p-p_0}{V-V_0} = -\frac{D_0^2}{V_0^2},\quad \bar{m} \equiv \rho_0 D_0 = \sqrt{\frac{p-p_0}{V_0-V}} \tag{7.8.66$'$}$$

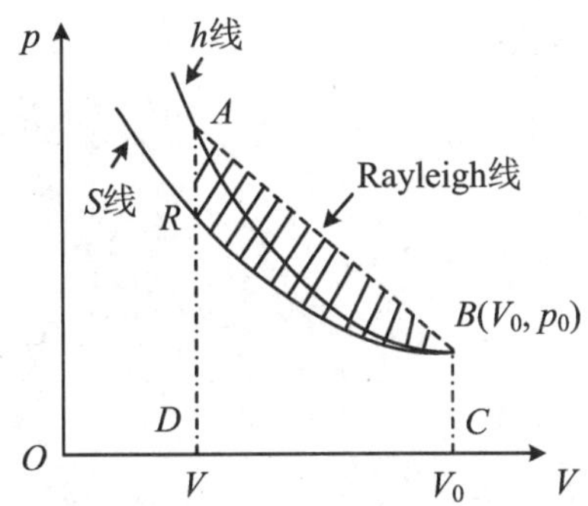

图 7.22　参考于参考状态 B 的冲击绝热线 h 和等熵线 S

利用 Hugoniot 曲线式(7.8.73)可解出 $p=p(V)$或者 $V=V(p)$，将其代入式(7.8.66)′中，即可得

$$\rho_0 D_0 \equiv \bar{m} = \bar{m}(V),\quad \rho_0 D_0 \equiv \bar{m} = \bar{m}(p)$$

即冲击波阻抗 $\rho_0 D_0 \equiv \bar{m}$ 可作为波后比容 V 或者波后压力 p 的函数来看待。将前两式中的第一式 $\bar{m}=\bar{m}(V)$代入质量守恒方程(7.8.60c)，即得

$$v - v_0 = -\bar{m}(V)(V - V_0) \tag{7.8.60c$'$}$$

式(B)就是 $v\sim V$ 平面上的 Hugoniot 曲线。将前两式中的第二式 $\bar{m}=\bar{m}(p)$代入动量守恒方程(7.8.61b)，即得

$$p - p_0 = \bar{m}(p)(v - v_0) \tag{7.8.61c}$$

或者，将式(7.8.66)′代入动量守恒方程(7.8.61b)，可得

$$v - v_0 = -\sqrt{(p - p_0)(V_0 - V)} \tag{7.8.61d}$$

式(7.8.61c)就是 $v \sim p$ 平面上的 Hugoniot 曲线；或者将 $p \sim V$ Hugoniot 关系 $V = V(p)$ 代入式(7.8.61d)，也可得出 $v \sim p$ 平面上的 Hugoniot 曲线。可以证明，对于定比热理想气体，式(7.8.61c)或式(7.8.61d)的具体形式为

$$v - v_0 = (p - p_0)\sqrt{\frac{2V_0}{(\gamma + 1) + (\gamma - 1)p_0}}$$

3. 形成冲击波的条件、冲击波和声波的关系、等熵线和 Hugoniot 曲线之间的关系

下面我们重点对形成冲击波的条件、冲击波和声波的关系、等熵线和 Hugoniot 曲线之间的关系进行分析。

我们曾指出在递增硬化的材料即凹形应力应变曲线的材料中，才能形成稳定传播的加载冲击波，在物理上这是因为高应力处的加载增量波的波速是高于前方低应力处的波速的，故可以不断淹没前方的连续波而维持或增强其强间断波向前传播。在流体中也有类似的性质。事实上，由声波的公式以及对其求导的公式可得

$$c^2 = \left(\frac{\partial p}{\partial \rho}\right)_s, \quad 2c\left(\frac{\partial c}{\partial \rho}\right)_s = \left(\frac{\partial^2 p}{\partial \rho^2}\right)_s$$

可见，如果 (p,ρ) 平面上的等熵线是凹形的，即 $\left(\frac{\partial^2 p}{\partial \rho^2}\right)_s \geqslant 0$，则 $\left(\frac{\partial c}{\partial \rho}\right)_s \geqslant 0$，于是有

$$\frac{\partial c}{\partial p} = \frac{\partial c}{\partial \rho}\frac{\partial \rho}{\partial p} = \frac{\partial c}{\partial \rho}\frac{1}{c^2} \geqslant 0$$

这说明，高压力处的声波大于低压力处的声波，故流体中将存在稳定传播的加载冲击波。这是从局部声速的角度来分析问题的，如果我们从绝对波速的角度则可以得出类似的条件。事实上，利用连续声波阵面上的动量守恒条件 $\mathrm{d}v = \frac{\mathrm{d}p}{\rho c^*}$，在等熵条件下对绝对波速求对压力的导数，可有

$$\frac{\mathrm{d}c}{\mathrm{d}p} = \frac{\mathrm{d}v}{\mathrm{d}p} + \frac{\mathrm{d}c^*}{\mathrm{d}p} = \frac{1}{\rho c^*} + \frac{\mathrm{d}c^*}{\mathrm{d}V}\frac{\mathrm{d}V}{\mathrm{d}p} \tag{7.8.75}$$

而利用局部声速 c^* 的公式，有

$$\frac{\mathrm{d}c^*}{\mathrm{d}V} = \frac{\mathrm{d}}{\mathrm{d}V}\left[\sqrt{-V^2\frac{\mathrm{d}p}{\mathrm{d}V}}\right] = \frac{1}{2c^*}\left(-2V\frac{\mathrm{d}p}{\mathrm{d}V} - V^2\frac{\mathrm{d}^2 p}{\mathrm{d}V^2}\right) \tag{7.8.76}$$

将式(7.8.76)代入式(7.8.75)中，经过化简可得

$$\frac{\mathrm{d}c}{\mathrm{d}p} = \frac{-V^2}{2c^*}\frac{\left(\frac{\partial^2 p}{\partial V^2}\right)_s}{\left(\frac{\partial p}{\partial V}\right)_s} = \frac{V^4}{2(c^*)^3}\left(\frac{\partial^2 p}{\partial V^2}\right)_s \tag{7.8.77}$$

式(7.8.77)说明，如果 (p,V) 等熵线是凹形的，即 $\left(\frac{\partial^2 p}{\partial V^2}\right)_s \geqslant 0$，则有 $\frac{\mathrm{d}c}{\mathrm{d}p} \geqslant 0$，说明高压力处声波的绝对波速大于低压力处声波的绝对波速，流体中将会存在稳定传播的加载冲击波。从数学上容易说明，如果 $\left(\frac{\partial^2 p}{\partial \rho^2}\right)_s \geqslant 0$，则必有 $\left(\frac{\partial^2 p}{\partial V^2}\right)_s \geqslant 0$，所以第一个条件更加苛刻，而第二个条件则是稍微放松而在实践上应用更多的判断流体中是否有稳定加载冲击波的充分条件。

如果引入轴向工程压应变 ε，则从一维应变轴向压缩应力应变曲线的角度考虑问题，我们还可以引入另一个保证材料中存在稳定加载冲击波的条件 $\left(\dfrac{\partial^2 p}{\partial \varepsilon^2}\right)_s \geqslant 0$，读者可以思考该条件与其他两个条件之间的关系。

由图 7.22 可见，在 (V,p) 平面上 Hugoniot 曲线是位于等熵线的下方的，这在物理上反映了要将流体从初始状态 $B(V_0,p_0)$ 通过不可逆的绝热冲击压缩过程而将其压缩至比容 V 的 $A(V,p)$ 状态，要比通过绝热可逆的等熵过程而将其压至同样比容 V 的 R 处需要做更多的功，这是不可逆过程中必然存在非负的能量耗散的热力学第二定律的体现，其不可逆的能量耗散值则是由曲线三角形 BAR 的面积所表达的。这也可以由如下的推理来简单说明。冲击波阵面上的能量守恒条件式(7.8.62c)说明，从状态 B 将之绝热冲击压缩至状态 A 时介质的内能增加值(热一律说明该值应等于过程中压力的功)恰恰等于图 7.22 中的梯形 $BADC$ 的面积("似乎"不可逆过程是沿 Rayleigh 线由 B 至 A 一样)；而将其从状态 B 等熵压缩至具有同样比容的 R 处，介质的内能增加将是沿等熵线压力所做的功，即曲线梯形 $BRDC$ 的面积：

$$e_R - e_0 = -\int_{V_0}^{V} p\mathrm{d}V = BRDC \tag{7.8.78}$$

如果我们要将介质从状态 R 变到与其具有同样比容的状态 A，则因为是一个等容过程外力的功为零，所以我们就只能通过供热的方式而实现，而为了达到 A 处的内能值，我们所提供的热量 ΔQ 恰应该等于图 7.22 中曲线三边形 BAR 的面积，由热力学第一定律可有

$$e_A - e_R = \Delta Q = \int_{s_R}^{s_A} T\mathrm{d}s = \overline{T}(s_A - s_R) = \overline{T}(s_A - s_0) \tag{7.8.79}$$

这里用了积分中值定理，其中 $\overline{T}$ 是 R 和 A 之间的某一中值温度，而在等熵过程中，$s_R = s_0$。热力学第二定律要求 $s_A - s_0 > 0$，故 $e_A - e_R > 0$，其值恰由等容过程中所需提供的热量 $\Delta Q = BAR > 0$ 决定。

由于冲击波的强度趋于零时即退化为声波，所以图 7.22 中的 Rayliegh 线的斜率 $\dfrac{p-p_0}{V-V_0} = -\dfrac{D_0^2}{V_0^2}$ 将趋于没有熵增的等熵线在参考点 B 处的斜率 $\dfrac{\mathrm{d}p}{\mathrm{d}V} = -\dfrac{(c_0^*)^2}{V_0^2}$，所以在参考点处 Hugoniot 曲线和等熵线必是相切的。而且我们还可以证明，它们在参考点处还必然是 2 阶相切的，下面来简要说明这一点。利用热力学第一定律和冲击波阵面上的能量守恒条件式(7.8.62c)，有

$$\begin{aligned} T\mathrm{d}s &= \mathrm{d}e + p\mathrm{d}V = \frac{1}{2}\mathrm{d}p(V_0 - V) - \frac{1}{2}(p + p_0)\mathrm{d}V + p\mathrm{d}V \\ &= \frac{1}{2}\mathrm{d}p(V_0 - V) + \frac{1}{2}(p - p_0)\mathrm{d}V \end{aligned}$$

即

$$T\frac{\mathrm{d}s}{\mathrm{d}p} = \frac{1}{2}(V_0 - V) + \frac{1}{2}(p - p_0)\frac{\mathrm{d}V}{\mathrm{d}p} \tag{7.8.80}$$

由式(7.8.80)对 p 求 1 阶导数或 2 阶导数，可分别有

$$\frac{\mathrm{d}T}{\mathrm{d}p}\frac{\mathrm{d}s}{\mathrm{d}p} + T\frac{\mathrm{d}^2 s}{\mathrm{d}p^2} = \frac{1}{2}(p - p_0)\frac{\mathrm{d}^2 V}{\mathrm{d}p^2} \tag{7.8.81}$$

$$\frac{\mathrm{d}^2 T}{\mathrm{d}p^2}\frac{\mathrm{d}s}{\mathrm{d}p} + 2\frac{\mathrm{d}T}{\mathrm{d}p}\frac{\mathrm{d}^2 s}{\mathrm{d}p^2} + T\frac{\mathrm{d}^3 s}{\mathrm{d}p^3} = \frac{1}{2}\frac{\mathrm{d}^2 V}{\mathrm{d}p^2} + \frac{1}{2}(p - p_0)\frac{\mathrm{d}^3 V}{\mathrm{d}p^3} \tag{7.8.82}$$

由式(7.8.80)、式(7.8.81)、式(7.8.82)可见,在参考状态点 $B(p_0,V_0)$处必有

$$\left(\frac{\mathrm{d}s}{\mathrm{d}p}\right)_B = 0 \tag{7.8.83}$$

$$\left(\frac{\mathrm{d}^2 s}{\mathrm{d}p^2}\right)_B = 0 \tag{7.8.84}$$

$$\left(\frac{\mathrm{d}^3 s}{\mathrm{d}p^3}\right)_B = \frac{1}{2T_0}\left(\frac{\mathrm{d}^2 V}{\mathrm{d}p^2}\right)_B \tag{7.8.85}$$

式(7.8.83)和式(7.8.84)说明,在(p,s)状态平面上的 Hugoniot 曲线在参考点处的 1 阶导数$\left(\frac{\mathrm{d}s}{\mathrm{d}p}\right)_B$和 2 阶导数$\left(\frac{\mathrm{d}^2 s}{\mathrm{d}p^2}\right)_B$都等于零,而在状态平面$(p,s)$上的等熵线恰是过参考点的一条水平线,其熵对压力的 1 阶和 2 阶导数当然等于零,这就说明了在状态平面(p,s)上的 Hugoniot 曲线和其等熵线在参考点处确实是 1 阶和 2 阶相切的,而只有 3 阶导数不相同,这就证明了我们的论断;同时,其 2 阶导数$\left(\frac{\mathrm{d}^2 s}{\mathrm{d}p^2}\right)_B=0$说明$(p,s)$平面上的 Hugoniot 曲线在参考点处必是一个拐点,故 Hugoniot 曲线是 2 阶相切并且穿越水平的等熵线的,参考图 7.23。通过复合函数求导的链锁法则,并利用 1 阶相切和 2 阶相切的式(7.8.83)、式(7.8.84),容易说明在其他状态平面上,比如说在(v,p)平面上的 Hugoniot 曲线在参考点处也必然和其等熵线是 1 阶相切和 2 阶相切的:

$$\left(\frac{\mathrm{d}V}{\mathrm{d}p}\right)_B = \left(\frac{\partial V}{\partial p}\right)_{sB} \tag{7.8.86}$$

$$\left(\frac{\mathrm{d}^2 V}{\mathrm{d}p^2}\right)_B = \left(\frac{\partial^2 V}{\partial p^2}\right)_{sB} \tag{7.8.87}$$

其中,右端表示等熵线的 1 阶导数和 2 阶导数在参考点 B 处的值。

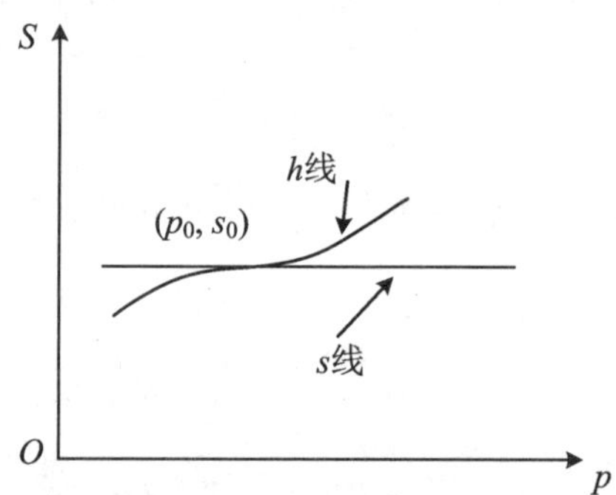

图 7.23 (p,s)平面上的冲击绝热线 h 和等熵线 s

以前我们曾经以凹向上的应力应变曲线为例在 Lagrange 坐标中给出了冲击波稳定传播的 Lax 条件,这一条件在 Euler 坐标中也是成立的,现在我们就来说明此点。参照图 7.22 中的上凹 Hugoniot 曲线,有 Rayliegh 弦的斜率介于冲击波前后方状态点切线的斜率之间,利用 Hugoniot 曲线和等熵线在参考点相切的条件,这可以表达为

$$-\left(\frac{\partial p}{\partial V}\right)_{sB} < \frac{p-p_0}{V_0-V} < -\left(\frac{\partial p}{\partial V}\right)_{sA}$$

由此可有

$$-\left(V_0^2\frac{\partial p}{\partial V}\right)_{sB} < V_0^2\frac{p-p_0}{V_0-V} \tag{7.8.88}$$

$$\left(\frac{V}{V_0}\right)^2 V_0^2\left(\frac{p-p_0}{V_0-V}\right) < -\left(V^2\frac{\partial p}{\partial V}\right)_{sA} \tag{7.8.89}$$

式(7.8.88)即是$(c_B^*)^2<(D_0)^2$,或

$$c_B^* < D_0 \tag{7.8.90}$$

式(7.8.89)即是

$$\left(\frac{V}{V_0}\right)^2 D_0^2 < (c_A^*)^2 \tag{7.8.91}$$

利用冲击波阵面上的质量守恒条件式(7.8.60b)可有

$$\frac{V}{V_0} = \frac{D_1}{D_0} \tag{7.8.92}$$

将其代入式(7.8.91),即有 $D_1^2<(c_A^*)^2$,或

$$D_1 < c_A^* \tag{7.8.93}$$

式(7.8.90)和式(7.8.93)即是冲击波稳定传播的 Lax 条件,它表明冲击波相对于其前方介质是超声速的,而相对于其后方介质则是亚声速的;如果用冲击波的绝对声速 D 来表达,则可以将其合在一起写为

$$c_B^* + v_B < D < c_A^* + v_A \tag{7.8.94}$$

此公式称为运动激波的普朗特公式。

前面我们曾指出,通过跨过冲击波阵面的三个突跃条件和其给定的状态方程,可以得出冲击波在任何两个量的状态平面如(V,p),(v,p),…上的 Hugoniot 曲线。反之,如果通过实验的方法得出了冲击波某两个量间的 Hugoniot 关系,则可以由该两个量间的 Hugoniot 关系以及冲击波阵面的突跃条件来求出介质的状态方程。这在固体高压状态方程理论中有重要的应用。作为运动学量冲击波波速 D 和介质质点速度 v 通常是容易测量的,所以容易通过实验测量而拟合出(D,v)平面上的 Hugoniot 曲线。实验表明,多数固体材料在相当高的压力范围内该曲线可以用线性关系来近似,我们将其写为冲击波相对于前方介质的波速 $D_0\equiv D-v_0$ 和质点速度突跃量 $v-v_0$ 之间的如下线性关系,即

$$D - v_0 = c_0^* + b(v - v_0) \tag{7.8.95}$$

由于无穷小的激波即为声波,故右端的常数项必为前方状态下的局部声速,所以实验测量主要是拟合出其中的参数 b。利用(D,v)平面上的 Hugoniot 关系式(7.8.95)、冲击波阵面上的动量守恒条件式(7.8.61b)、质量守恒条件式(7.8.60c)容易求出:

$$p - p_0 = \rho_0[c_0^* + b(v - v_0)](v - v_0) \tag{7.8.96}$$

$$v - v_0 = \frac{\eta c_0^*}{1-\eta b} \tag{7.8.97}$$

$$p - p_0 = \rho_0(c_0^*)^2\frac{\eta}{(1-\eta b)^2} \tag{7.8.98}$$

其中

$$\eta \equiv \frac{V_0 - V}{V_0} \tag{7.8.99}$$

为压缩体应变。式(7.8.96)、式(7.8.97)、式(7.8.98)分别是(v,p)Hugoniot 关系、(ρ,v) Hugoniot 关系和(ρ,p)Hugoniot 关系。在固体中,即使是很高的冲击压力一般也只会引起很小的熵增,所以其绝热 Hugoniot 曲线和等熵线是近似重合的,故(ρ,p)Hugoniot 关系式(7.8.98)也常常被用作其状态方程,文献中一般将其称为 Hugoniot 状态方程。在压力很高

时，该种纯力学形式的状态方程是不够的，需要进行改进，我们还必须利用冲击波阵面上的能量守恒条件并与更多方面的实验数据相结合才行。

7.9 驻 激 波

7.9.1 驻激波的守恒条件

如我们在7.8.5小节所述，冲击波是指介质中的一个间断面，当跨过这个间断面时，其物理量质点速度、压力、密度和温度等会发生突跃间断。激波可以是在介质中运动的动激波，也可以是驻定不动的驻激波，当我们跟随激波阵面前进时，在此运动的坐标系中动激波也就成了驻激波，当超声速气流向固壁流来时，在固壁附近也会形成驻激波。鉴于驻激波在理论上的重要性和其结果的简洁性，我们在此节专门讲解流体中的一维正驻激波。如图7.24所示，考虑在驻激波阵面 AA 两侧无限接近的两个面积为1的截面1和截面2之间的开口体系，因其间的质量、动量和能量都为无限小，所以其开口体系的质量、动量和能量的增加率为0。因此，其开口体系的质量守恒表现为从截面1单位面积流入的质量等于从截面2单位面积流出的质量，即

$$\rho_1 v_1 = \rho_2 v_2 \equiv \bar{m} \tag{7.9.1}$$

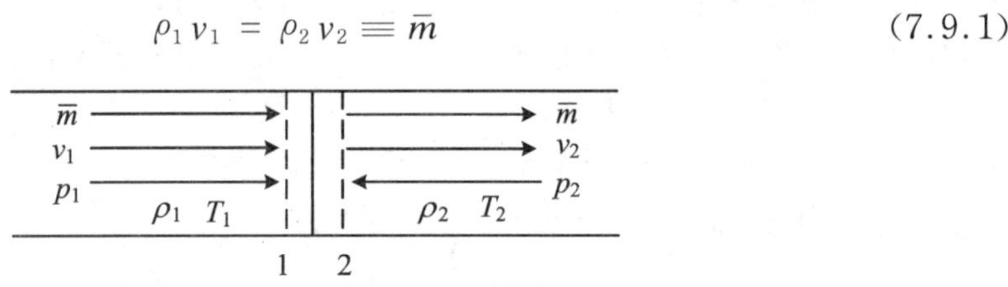

图7.24 驻激波阵面两侧无限接近的两截面间的开口体系

亦即通过两截面的质量流密度 $\bar{m}$ 相等。开口体系的动量守恒表现为作用在体积上的外力加上从截面1和截面2纯流入的动量等于0：

$$p_1 - p_2 + mv_1 - mv_2 = p_1 - p_2 + \rho_1 v_1^2 - \rho_2 v_2^2 = 0$$

即

$$p_1 + \rho_1 v_1^2 = p_2 + \rho_2 v_2^2 \tag{7.9.2}$$

能量守恒表现为作用在体系上的外力的功率加上从截面1和截面2纯流入的能量等于0：

$$\begin{aligned} & p_1 v_1 - p_2 v_2 + m\left(u_1 + \frac{v_1^2}{2}\right) - m\left(u_2 + \frac{v_2^2}{2}\right) \\ & = m\frac{p_1}{\rho_1} - m\frac{p_2}{\rho_2} + m\left(u_1 + \frac{v_1^2}{2}\right) - m\left(u_2 + \frac{v_2^2}{2}\right) = 0 \end{aligned}$$

即

$$\frac{p_1}{\rho_1} + u_1 + \frac{v_1^2}{2} = \frac{p_2}{\rho_2} + u_2 + \frac{v_2^2}{2}$$

或

$$h_1 + \frac{v_1^2}{2} = h_2 + \frac{v_2^2}{2} \tag{7.9.3}$$

其中，u 为比内能，$h = u + \frac{p}{\rho}$为比焓。式(7.9.1)、式(7.9.2)、式(7.9.3)分别是驻激波阵面上的质量、动量和能量守恒条件。可以看到，能量守恒条件和变截面管道中的能量守恒条件是一样的。对定比热理想气体，其状态方程和焓的表达式分别为

$$p = \rho RT \tag{7.9.4}$$

$$h = c_p T = \frac{\gamma}{\gamma - 1}\frac{p}{\rho} \tag{7.9.5}$$

7.9.2　驻激波的基本特性——普朗特关系

利用式(7.9.5)将能量守恒方程(7.9.3)写为

$$h_1 = \frac{\gamma}{\gamma-1}\frac{p_1}{\rho_1} + \frac{v_1^2}{2} = \frac{\gamma}{\gamma-1}\frac{p_2}{\rho_2} + \frac{v_2^2}{2} = \frac{\gamma}{\gamma-1}\frac{p_*}{\rho_*} + \frac{c_*^2}{2} = \frac{c_*^2}{\gamma-1} + \frac{c_*^2}{2} = \frac{\gamma+1}{2(\gamma-1)}c_*^2$$

即

$$\frac{c_1^2}{\gamma-1} + \frac{v_1^2}{2} = \frac{\gamma+1}{2(\gamma-1)}c_*^2,\quad \frac{c_2^2}{\gamma-1} + \frac{v_2^2}{2} = \frac{\gamma+1}{2(\gamma-1)}c_*^2 \tag{7.9.6}$$

将动量守恒方程(7.9.2)写为

$$p_1 + mv_1 = p_2 + mv_2$$

可有

$$v_2 - v_1 = \frac{1}{m}(p_1 - p_2) = \frac{p_1}{\rho_1 v_1} - \frac{p_2}{\rho_2 v_2} = \frac{c_1^2}{\gamma v_1} - \frac{c_2^2}{\gamma v_2}$$

即

$$v_2 - v_1 = \frac{c_1^2}{\gamma v_1} - \frac{c_2^2}{\gamma v_2} \tag{7.9.7}$$

由式(7.9.6)给出的 c_1^2 和 c_2^2 代入式(7.9.7)，可得

$$v_2 - v_1 = \frac{\gamma-1}{2\gamma}(v_2 - v_1) + \frac{\gamma+1}{2\gamma}c_*^2\left(\frac{1}{v_1} - \frac{1}{v_2}\right)$$

即

$$\frac{\gamma+1}{2\gamma}(v_2 - v_1) = \frac{\gamma+1}{2\gamma}c_*^2\,\frac{v_2 - v_1}{v_1 v_2}$$

如果激波强度不为0，即 $v_2 \neq v_1$，则必有

$$v_1 v_2 = c_*^2 \tag{7.9.8a}$$

或

$$\lambda_1 \lambda_2 = 1 \tag{7.9.8b}$$

其中，$\lambda = \frac{v}{c_*}$为临界马赫数。式(7.9.8)称为普朗特公式，它表明如果 $\lambda_1 > 1$，即 $M_1 > 1$，则必有 $\lambda_2 < 1$，即 $M_2 < 1$；而如果 $\lambda_1 < 1$，即 $M_1 < 1$，则必有 $\lambda_2 > 1$，即 $M_2 > 1$。这表明如果激波一方的流动是超声速的，则激波另一方的流动必是亚声速的，反之亦然。以后我们将以来流激波数 $M_1 > 1$ 为超声速流及 $M_2 < 1$ 离去流为亚声速流的情况来讨论。

7.9.3 驻激波前后方马赫数的关系

在 7.7 节中，我们曾得到式(7.7.39)，即

$$\lambda^2 = \frac{M^2}{\frac{2}{\gamma+1}\left(1+\frac{\gamma-1}{2}M^2\right)} \tag{7.9.9}$$

利用式(7.9.9)和式(7.9.8b)，可得

$$M_2^2 = \frac{1+\frac{\gamma-1}{2}M_1^2}{\gamma M_1^2 - \frac{\gamma-1}{2}} \tag{7.9.10}$$

式(7.9.10)给出了激波前后方马赫数之间的关系。可以看到，随着 M_1 的增大，M_2 是减小的，当 M_1 趋于∞时，M_2 趋于$\sqrt{\frac{\gamma-1}{2}}$。

7.9.4 驻激波前后方压力比、温度比和马赫数的关系

因为

$$\rho v^2 = \rho M^2 c^2 = \gamma p M^2 \tag{7.9.11}$$

将其代入动量守恒方程(7.9.2)，有

$$p_1 + \gamma p_1 M_1^2 = p_2 + \gamma p_2 M_2^2$$

即

$$\frac{p_2}{p_1} = \frac{1+\gamma M_1^2}{1+\gamma M_2^2} \tag{7.9.12}$$

将式(7.9.10)代入式(7.9.12)，可得

$$\frac{p_2}{p_1} = \frac{2\gamma}{\gamma+1}M_1^2 - \frac{\gamma-1}{\gamma+1} \tag{7.9.13}$$

式(7.9.13)就是压力比$\frac{p_2}{p_1}$随波前方马赫数 M_1 变化的规律。可以看到，随着 M_1 的增大，$\frac{p_2}{p_1}$也是增大的，M_1 趋于∞时，$\frac{p_2}{p_1}$也趋于∞。

将能量守恒方程写为

$$\frac{\gamma}{\gamma-1}RT + \frac{v^2}{2} = \frac{\gamma}{\gamma-1}RT_0$$

即

$$\frac{T}{T_0} = \left(1+\frac{\gamma-1}{2\gamma RT}v^2\right)^{-1} = \left(1+\frac{\gamma-1}{2c^2}v^2\right)^{-1} = \left(1+\frac{\gamma-1}{2}M^2\right)^{-1}$$

或

$$\frac{T}{T_0} = \left(1+\frac{\gamma-1}{2}M^2\right)^{-1} \tag{7.9.14}$$

其中，T 为驻点温度即总温。由于激波两侧的总温是相等的，所以由式(7.9.14)可得

$$\frac{T_2}{T_1} = \frac{1 + \dfrac{\gamma - 1}{2}M_1^2}{1 + \dfrac{\gamma - 1}{2}M_2^2} \tag{7.9.15}$$

将式(7.9.10)代入式(7.9.15),可得

$$\frac{T_2}{T_1} = 1 + \frac{2(\gamma - 1)}{(\gamma + 1)^2}\left[\gamma M_1^2 - \frac{1}{M_1^2} - (\gamma - 1)\right]$$

即

$$\frac{T_2}{T_1} = \frac{[2\gamma M_1^2 - (\gamma - 1)][(\gamma - 1)M_1^2 + 2]}{(\gamma + 1)^2 M_1^2} \tag{7.9.16}$$

式(7.9.16)给出了激波前后的温度比$\frac{T_2}{T_1}$随马赫数 M_1 变化的关系。可以看到随着 M_1 的增大,$\frac{T_2}{T_1}$也是增大的,当 M_1 趋于∞时,$\frac{T_2}{T_1}$也趋于∞。

7.9.5 激波绝热线

由质量守恒方程(7.9.1)可得

$$v_1 = \frac{\bar{m}}{\rho_1} = \bar{m}V_1,\quad v_2 = \frac{\bar{m}}{\rho_2} = \bar{m}V_2 \tag{7.9.1$'$}$$

将式(7.9.1)′代入动量守恒方程(7.9.2),可得

$$p_1 + \bar{m}^2 V_1 = p_2 + \bar{m}^2 V_2$$

即

$$\bar{m}^2 = \frac{p_2 - p_1}{V_1 - V_2}$$

将式(7.9.1)′代入能量守恒方程(7.9.3),可得

$$h_1 + \frac{\bar{m}^2 V_1^2}{2} = h_2 + \frac{\bar{m}^2 V_2^2}{2}$$

联立以上两式,可得

$$h_1 + \frac{p_2 - p_1}{V_1 - V_2}\frac{V_1^2}{2} = h_2 + \frac{p_2 - p_1}{V_1 - V_2}\frac{V_2^2}{2}$$

即

$$h_1 - h_2 + \frac{1}{2}(p_2 - p_1)(V_1 + V_2) = 0 \tag{7.9.17}$$

或者以比内能 u 来表达,即

$$u_1 - u_2 + \frac{1}{2}(p_2 + p_1)(V_1 - V_2) = 0 \tag{7.9.17$'$}$$

如果把式(7.9.17)和式(7.9.17)′中的比焓 h 和比内能 u 表达为 p 和 V 的函数,则我们可以得到 $p \sim V$ 平面上的激波绝热线。对定比热理想气体,因为

$$h = \frac{\gamma}{\gamma - 1}RT = \frac{\gamma}{\gamma - 1}\frac{p}{\rho} = \frac{\gamma}{\gamma - 1}pV$$

代入能量方程(7.9.17),可得

$$\gamma p_1 V_1 - \gamma p_2 V_2 + \frac{1}{2}(\gamma - 1) p_2 V_1 + \frac{1}{2}(\gamma - 1) p_2 V_2 - \frac{1}{2}(\gamma - 1) p_1 V_1 - \frac{1}{2}(\gamma - 1) p_1 V_2 = 0$$

进行化简,可得

$$\frac{V_2}{V_1} = \frac{(\gamma + 1) p_1 + (\gamma - 1) p_2}{(\gamma - 1) p_1 + (\gamma + 1) p_2} = \frac{(\gamma + 1) + (\gamma - 1)\dfrac{p_2}{p_1}}{(\gamma - 1) + (\gamma + 1)\dfrac{p_2}{p_1}} \tag{7.9.18a}$$

或

$$\left(p_2 + \frac{\gamma - 1}{\gamma + 1} p_1\right)\left(V_2 - \frac{\gamma - 1}{\gamma + 1} V_1\right) = \left[1 - \left(\frac{\gamma - 1}{\gamma + 1}\right)^2\right] p_1 V_1 \tag{7.9.18b}$$

式(7.9.18)就是 $p \sim V$ 平面上的激波绝热线,即 Hugoniot 曲线。作为合理的冲击压缩激波,它只在 $p_2 > p_1$ 和 $V_2 < V_1$ 时才有意义。从数学上看,它是一条经过点($V_2 = V_1, p_2 = p_1$)的 $V_2 \sim p_2$ 之间的直角双曲线,当 p_2 增大时,V_2 减小,当 p_2 趋于∞时,V_2 趋于$\frac{\gamma-1}{\gamma+1}V_1$,当 V_2 趋于∞时(只是从数学上,物理上并不代表压缩激波),p_2 趋于$\frac{1-\gamma}{\gamma+1}p_1$,所以 $V_2 = \frac{\gamma-1}{\gamma+1}V_1$ 和 $p_2 = \frac{1-\gamma}{\gamma+1}p_1$ 是直角双曲线的两条渐进线。

7.9.6 驻激波前后方密度比和马赫数的关系

将式(7.9.13)代入式(7.9.18),并进行化简,可得

$$\frac{\rho_2}{\rho_1} = \frac{V_1}{V_2} = \frac{(\gamma + 1) M_1^2}{(\gamma - 1) M_1^2 + 2} \tag{7.9.19}$$

式(7.9.19)给出了激波两侧的密度比$\frac{\rho_2}{\rho_1} = \frac{V_1}{V_2}$随激波前方马赫数 M_1 的变化趋势。当 M_1 增加时,$\frac{\rho_2}{\rho_1} = \frac{V_1}{V_2}$也增加,当 M_1 趋于∞时,$\frac{\rho_2}{\rho_1} = \frac{V_1}{V_2}$趋于$\frac{\gamma+1}{\gamma-1}$。

7.9.7 驻激波前后方声速、质点速度和马赫数的关系

由于

$$\frac{c^2}{c_0^2} = \frac{\gamma R T}{\gamma R T_0} = \frac{T}{T_0} \tag{7.9.20}$$

而激波两侧的总温是相等的,所以可以得到

$$\frac{c_2^2}{c_1^2} = \frac{T_2}{T_1} \tag{7.9.21}$$

利用式(7.9.16),可有

$$\frac{c_2^2}{c_1^2} = \frac{[2\gamma M_1^2 - (\gamma - 1)][(\gamma - 1) M_1^2 + 2]}{(\gamma + 1)^2 M_1^2} \tag{7.9.22}$$

式(7.9.22)给出了声速比$\frac{c_2}{c_1}$和 M_1 的关系。而

$$\frac{v_2}{v_1}=\frac{M_2c_2}{M_1c_1}=\frac{M_2}{M_1}\frac{[2\gamma M_1^2-(\gamma-1)]^{\frac{1}{2}}[(\gamma-1)M_1^2+2]^{\frac{1}{2}}}{(\gamma+1)M_1} \tag{7.9.23}$$

将式(7.9.10)代入式(7.9.23)，就可以得到质点速度比$\frac{v_2}{v_1}$和 M_1 的关系：

$$\frac{v_2}{v_1}=f(M_1) \tag{7.9.24}$$

事实上，我们可以由质量守恒直接得到

$$\frac{v_2}{v_1}=\frac{\rho_1}{\rho_2}=\frac{(\gamma-1)M_1^2+2}{(\gamma+1)M_1^2} \tag{7.9.25}$$

读者可尝试证明，由式(7.9.23)和式(7.9.24)所得到的函数 $f(M_1)$就是式(7.9.25)。

7.9.8　驻激波前总压比和马赫数的关系

根据式(7.1.24d)，有

$$p_2=D(s_2)T_2^{\frac{\gamma}{\gamma-1}},\quad p_1=D(s_1)T_1^{\frac{\gamma}{\gamma-1}},\quad p_{20}=D(s_2)T_{20}^{\frac{\gamma}{\gamma-1}},\quad p_{10}=D(s_1)T_{10}^{\frac{\gamma}{\gamma-1}}$$

$$\frac{p_2}{p_1}=\frac{D(s_2)}{D(s_1)}\left(\frac{T_2}{T_1}\right)^{\frac{\gamma}{\gamma-1}},\quad \frac{p_{20}}{p_{10}}=\frac{D(s_2)}{D(s_1)}\left(\frac{T_{20}}{T_{10}}\right)^{\frac{\gamma}{\gamma-1}}$$

所以有激波前后的总压比为

$$\frac{p_{20}}{p_{10}}=\frac{p_2}{p_1}\left(\frac{T_1}{T_2}\right)^{\frac{\gamma}{\gamma-1}} \tag{7.9.26}$$

将式(7.9.13)和式(7.9.16)代入，即有

$$\frac{p_{20}}{p_{10}}=\left(\frac{2\gamma}{\gamma+1}M_1^2-\frac{\gamma-1}{\gamma+1}\right)^{\frac{-1}{\gamma-1}}\left(\frac{\frac{\gamma+1}{2}M_1^2}{1+\frac{\gamma-1}{2}M_1^2}\right)^{\frac{\gamma}{\gamma-1}} \tag{7.9.27}$$

由式(7.9.27)可见，当 $M_1>1$ 时，$p_{20}<p_{10}$；当 $M_1>1$ 增加时，总压 p_{20}是下降的。

7.9.9　驻激波中熵的突跃

由式(7.1.25a)，可有

$$s_2-s_1=C_V\ln\frac{p_2}{\rho_2^\gamma}-C_V\ln\frac{p_1}{\rho_1^\gamma}=\frac{R}{\gamma-1}\ln\left[\frac{p_2}{p_1}\left(\frac{\rho_1}{\rho_2}\right)^\gamma\right] \tag{7.9.28}$$

根据式(7.1.25b)，有

$$p_2=A(s_2)\rho_2^\gamma,\quad p_1=A(s_1)\rho_1^\gamma,\quad p_{20}=A(s_2)\rho_{20}^\gamma,\quad p_{10}=A(s_1)\rho_{10}^\gamma$$

$$\frac{p_1}{p_{10}}=\left(\frac{\rho_1}{\rho_{10}}\right)^\gamma,\quad \frac{p_2}{p_{20}}=\left(\frac{\rho_2}{\rho_{20}}\right)^\gamma$$

将其代入式(7.9.28)，可得

$$s_2-s_1=\frac{R}{\gamma-1}\ln\left[\frac{p_{20}}{p_{10}}\left(\frac{\rho_{10}}{\rho_{20}}\right)^\gamma\right] \tag{7.9.29}$$

因为驻点参数的关系为

$$\frac{p_{20}}{\rho_{20}} = \frac{p_{10}}{\rho_{10}}, \quad \frac{p_{20}}{p_{10}} = \frac{\rho_{20}}{\rho_{10}} \tag{7.9.30}$$

将其代入式(7.9.29)，可得

$$s_2 - s_1 = R\ln\frac{p_{10}}{p_{20}} \tag{7.9.31}$$

式(7.9.31)说明，如果 $p_{20} < p_{10}$，则 $s_2 > s_1$，反之亦然。

归纳起来，如果 $M_1 > 1$，即来流是超声速的，则：

由式(7.9.27)可知 $p_{20} < p_{10}$，总压 p_{20} 是下降的；由式(7.9.31)可知 $s_2 > s_1$，即熵是增加的；由式(7.9.10)可知 $M_2 < 1$，即波后是亚声速的；由式(7.9.13)可知 $p_2 > p_1$，即压力是增加的；由式(7.9.16)可知 $T_2 > T_1$，即温度是增加的；由式(7.9.19)可知 $\rho_2 > \rho_1$，即密度是增加的；由质量守恒方程 $\rho_1 v_1 = \rho_2 v_2$ 可知 $v_2 < v_1$，即质点速度是下降的。

由于在跟随运动激波的坐标系中，运动激波就称为驻激波，所以我们能够以驻激波的关系为基础，通过坐标变换的方法而求出运动激波波后的量与激波前方马赫数 M_1 之间的关系，也可求出运动激波的 $v \sim p$ Hugoniot 曲线。读者可作为练习求解之。

习　题

7.1　设简单弹性流体在重力作用下的压力为 $P = -\rho gh$，其中 ρ、g、h 分别为流体的质量密度、重力加速度和液体的深度，试直接导出浮力定律。

7.2　设流体运动的质点速度场的 Euler 描述为 $u = x + t, v = -y + t, w = 0$。试求出：

(1) $t = 0$ 时，过点 $M(-1, -1, 0)$ 的流线；

(2) $t = 0$ 时，经过点 $M(-1, -1, 0)$ 的质点的迹线。

7.3　设流体运动的质点速度场的 Euler 描述为 $u = \frac{x}{1+t}, v = y, w = 0$。试求出：

(1) $t = 1$ 时，过点 $A(1,1,0)$ 的流线；

(2) $t = 1$ 时，经过点 $A(1,1,0)$ 的质点的迹线。

7.4　设介质运动的 Euler 描述为 $x = Xe^{-2t}, y = Y(1+t)^2, z = Ze^{2t}(1+t)^{-2}$。试求出：

(1) 介质运动的 Lagrange 描述，介质速度场的 Lagrange 描述和 Euler 描述；

(2) $t = 0$ 时，过空间点 $A(1,1,1)$ 的流线；

(3) $t = 0$ 时，过空间点 $A(1,1,1)$ 的质点的迹线；

7.5　设流体质点速度场的 Euler 描述为 $u = ax + t^2, v = -ay - t^2, w = 0$，其中 a 为常数。试求出流线族和迹线族。

7.6　试证明状态方程的公式(7.1.23)′和(7.1.24)′。

7.7　如题 7.7 图所示，有一很大的容器充满水，在距水面为 h 的侧下方开一水平小孔向外排水。设容器很大，以致可以将排水过程看成定常的流动，试利用伯努利定理求出水平小孔的流速。

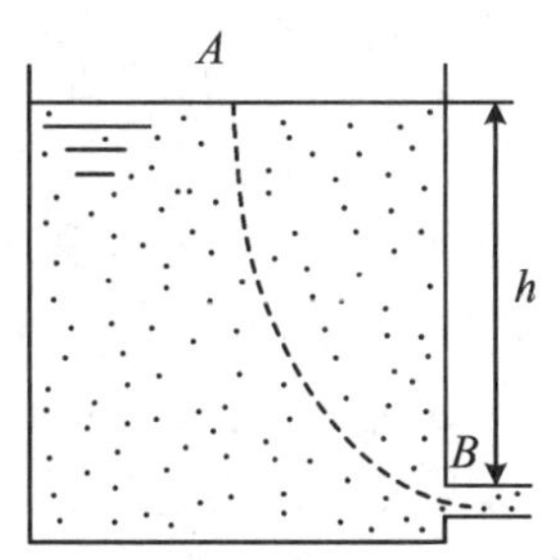

题 7.7 图　充水容器小孔排水

7.8　定常不可压缩流体的一维变截面管流中,如果忽略掉质量力的作用,试证明其通过管道的流量为

$$m = \frac{A_1 A_2}{\sqrt{A_2^2 - A_1^2}} \sqrt{\frac{2(p_2 - p_1)}{\rho}}$$

其中,ρ 为流体的质量密度,p_2 和 p_1 分别是截面 A_2 和截面 A_1 处的压力($A_2 > A_1$, $p_2 > p_1$)。

7.9　设有相距为 h 的两块平板,设向其中一块平板以恒定速度 U 相对另一块平板运动,试求其中不可压缩黏性流体的一维定常流动。

7.10　设平面流动的速度场为

$$u = \frac{cx}{x^2 + y^2}, \quad v = \frac{cy}{x^2 + y^2}$$

其中,c 为常数。试求:

(1) 速度势 φ、流函数 ψ、复位势 $W(z)$,并画出其等势线和流线。

(2) 给定围绕原点的任意封闭曲线,试求沿此封闭曲线的环流量 Γ、通过此封闭曲线的流量 Q。

7.11　复速度势为 $W(z) = az^n$,其中 a、n 为实数,$n = \frac{\pi}{\pi - \alpha}$($1 < n < 2, 0 < \alpha < \frac{\pi}{2}$)。试说明该复速度势代表什么流动,并画出其流线。

7.12　试对复速度势 $W(z) = c' \cosh^{-1} z$,即 $z = c \cosh W(z)$,其中 c' 和 c 是实数,求出其流线。

7.13　试对复速度势 $W(z) = c' \cos^{-1} z$,即 $z = c \cos W(z)$,其中 c' 和 c 是实数,求出其流线。

7.14　试对 $\frac{\mathrm{d}A}{A} = -1\%$,$\frac{\mathrm{d}A}{A} = 1\%$ 的拉伐尔喷管,当 $M = 0$、0.5、0.9、0.98、0.99、1.05、1.50、2.0 时,分别计算 $\frac{\mathrm{d}v}{v}$ 的值,从而说明在拉伐尔喷管的喉部即 $M = 1$ 附近截面积的很小变化可以引起质点速度的很大变化,而在 M 远离 1 的地方截面积的变化只能引起速度的很小变化。

7.15　试叙述对一维绝热变截面管流,如何由截面 1 的各物理参数求解截面 2 的各物理参数。

7.16　对运动激波,试求出 $v \sim V$ 平面上的 Hugoniot 曲线和 $v \sim p$ 平面上的 Hugoniot

曲线。

7.17 试写出左行运动激波阵面上的质量守恒条件、动量守恒条件和能量守恒条件。

7.18 驻激波的激波绝热 $p \sim V$ 曲线和运动激波的激波绝热 $p \sim V$ 曲线是否一样？为什么？

7.19 试比较驻激波的激波绝热 $p \sim V$ 曲线和等熵 $p \sim V$ 曲线，并比较它们在 (V_1, p_1) 点的斜率。激波绝热 $p \sim V$ 曲线割线的斜率等于什么？

7.20 试求出驻激波在 $p \sim T$ 平面上的冲击绝热 Hugoniot 曲线。试与 $p \sim T$ 平面上的等熵线对比，在同样的压力增加下，哪条曲线的温升更高？为什么？

7.21 试求出驻激波前后总压比与 M_1 的关系。

7.22 试求出跨过驻激波的熵增与激波两侧的总压的关系。

7.23 试以驻激波的关系为基础，通过坐标变换的方法，导出运动激波波后的量用激波马赫数 M_1 表达的式子。以此为基础求出运动激波的 $v \sim p$ 平面上的 Hugoniot 曲线。

7.24 设活塞向右边静止流体逐渐推动而形成连续压缩波，试求出连续压缩波形成激波的时间和地点。

7.25 对左行激波，试求出 $v \sim p$ 平面上的 Hugoniot 曲线；设以速度 v^* 撞击流体形成右行冲击波，试求出右行激波在刚壁上反射之后的压力。

7.26 设流体的状态方程是纯力学的状态方程 $p = p(\rho)$，试求出右行激波的 $v \sim p$ 关系。

第 8 章　弹塑性力学中的典型问题

8.1　弹性力学基本方程组和其基本解法

8.1.1　弹性力学问题的位移解法

本节将对线弹性各向同性的弹性力学问题的一般解法给予简单介绍。一般而言，只在有关波传播的问题中才会考虑质点加速度，而关于这个问题我们将在 8.7 节中进行介绍，所以本节将只考虑弹性静力学的问题。因此，弹性力学问题的基本方程组可以归纳为平衡方程(2.2.2)、描写工程应变和位移关系的 Cauchy 几何关系式(4.2.6)、各向同性线弹性材料的本构关系及胡克定律式(6.2.10a)：

$$\frac{\partial \sigma_{ji}}{\partial X_j} = \frac{\partial \sigma_{ij}}{\partial X_j} = -\rho b_i \quad (i = 1、2、3) \tag{8.1.1}$$

$$\varepsilon_{ij} = \frac{1}{2}\left(\frac{\partial u_i}{\partial X_j} + \frac{\partial u_j}{\partial X_i}\right) \quad (i = 1、2、3;j = 1、2、3) \tag{8.1.2}$$

$$\sigma_{ij} = \lambda\theta\delta_{ij} + 2\mu\varepsilon_{ij} \quad (i = 1、2、3;j = 1、2、3) \tag{8.1.3}$$

其中，$\sigma_{ij} = \sigma_{ji}$(非极性物质)、$\varepsilon_{ij}$、$u_i$ 分别为应力分量、工程应变分量和位移分量，$\theta \equiv \varepsilon_{kk}$ 为体应变，λ 和 μ 为 Lamé 系数。我们共有 15 个未知数和 15 个方程，方程组是封闭的。为了书写直观，在下面有时我们采用 $X_1 = X, X_2 = Y, X_3 = Z, u_1 = u, u_2 = v, u_3 = w$ 的记法。

为了得到以位移为未知量的求解方程组，我们只需把几何关系式(8.1.2)代入胡可定律式(8.1.3)，然后再将其代入平衡方程即可。将几何关系式(8.1.2)代入胡克定律式(8.1.3)的方程，可以写为

$$\begin{cases} \sigma_{11} = \lambda\theta + 2\mu\dfrac{\partial u}{\partial X}, \quad \sigma_{22} = \lambda\theta + 2\mu\dfrac{\partial v}{\partial Y}, \quad \sigma_{33} = \lambda\theta + 2\mu\dfrac{\partial w}{\partial Z} \\ \sigma_{12} = \mu\left(\dfrac{\partial u}{\partial Y} + \dfrac{\partial v}{\partial X}\right), \quad \sigma_{23} = \mu\left(\dfrac{\partial v}{\partial Z} + \dfrac{\partial w}{\partial Y}\right), \quad \sigma_{31} = \mu\left(\dfrac{\partial w}{\partial X} + \dfrac{\partial u}{\partial Z}\right) \end{cases} \tag{8.1.4}$$

将式(8.1.4)代入运动方程的第一个方程，可得

$$\lambda\frac{\partial \theta}{\partial X} + 2\mu\frac{\partial^2 u}{\partial X^2} + \mu\left(\frac{\partial^2 u}{\partial Y^2} + \frac{\partial^2 v}{\partial X\partial Y}\right) + \mu\left(\frac{\partial^2 w}{\partial Z\partial X} + \frac{\partial^2 u}{\partial Z^2}\right) + \rho b_1 = 0$$

或

$$\lambda\frac{\partial \theta}{\partial X} + \mu\left(\frac{\partial^2 u}{\partial X^2} + \frac{\partial^2 u}{\partial Y^2} + \frac{\partial^2 u}{\partial Z^2}\right) + \mu\left(\frac{\partial^2 u}{\partial X^2} + \frac{\partial^2 v}{\partial X\partial Y} + \frac{\partial^2 w}{\partial X\partial Z}\right) + \rho b_1$$

$$= \lambda \frac{\partial \theta}{\partial X} + \mu \left(\frac{\partial^2 u}{\partial X^2} + \frac{\partial^2 u}{\partial Y^2} + \frac{\partial^2 u}{\partial Z^2} \right) + \mu \frac{\partial \theta}{\partial X} + \rho b_1 = 0$$

即

$$(\lambda + \mu) \frac{\partial \theta}{\partial X} + \mu \Delta u + \rho b_1 = 0$$

其中，$\Delta u \equiv \nabla^2 u$ 表示对 u 取拉普拉斯算子。类似地，将式(8.1.4)代入运动方程的第二个方程和第三个方程，可得另外的两个方程，这样即可得到如下三个方程：

$$(\lambda + \mu) \frac{\partial \theta}{\partial X} + \mu \Delta u + \rho b_1 = 0 \tag{8.1.5a}$$

$$(\lambda + \mu) \frac{\partial \theta}{\partial Y} + \mu \Delta v + \rho b_2 = 0 \tag{8.1.5b}$$

$$(\lambda + \mu) \frac{\partial \theta}{\partial Z} + \mu \Delta w + \rho b_3 = 0 \tag{8.1.5c}$$

式(8.1.5)的三个方程就是求解位移 u、v、w 的偏微分方程组。如果给定的是位移边界条件，则可直接在位移边界条件下求解方程组(8.1.5)。如果给定的是应力边界条件，则可以利用应力边界条件的式(2.3.3b)，即下式：

$$n_i \sigma_{ij} = t_j^*(\boldsymbol{n}) \quad (j = 1、2、3) \tag{8.1.6}$$

其中，$t_j^*(\boldsymbol{n})$表示单位法矢量为 $\boldsymbol{n}$ 的界面上应力矢量的 j 分量。将式(8.1.6)中的三个式子展开，即

$$\begin{cases} n_1 \sigma_{11} + n_2 \sigma_{21} + n_3 \sigma_{31} = t_1^*(\boldsymbol{n}) \\ n_1 \sigma_{12} + n_2 \sigma_{22} + n_3 \sigma_{32} = t_2^*(\boldsymbol{n}) \\ n_1 \sigma_{13} + n_2 \sigma_{23} + n_3 \sigma_{33} = t_3^*(\boldsymbol{n}) \end{cases} \tag{8.1.6$'$}$$

将式(8.1.4)代入式(8.1.6)′，即可将应力边界条件化为由位移所表达的形式，如下：

$$\begin{cases} n_1 \left(\lambda \theta + 2\mu \frac{\partial u}{\partial X} \right) + n_2 \mu \left(\frac{\partial u}{\partial Y} + \frac{\partial v}{\partial X} \right) + n_3 \mu \left(\frac{\partial w}{\partial X} + \frac{\partial u}{\partial Z} \right) = t_1^*(\boldsymbol{n}) \\ n_1 \mu \left(\frac{\partial u}{\partial Y} + \frac{\partial v}{\partial X} \right) + n_2 \left(\lambda \theta + 2\mu \frac{\partial v}{\partial Y} \right) + n_3 \mu \left(\frac{\partial v}{\partial Z} + \frac{\partial w}{\partial Y} \right) = t_2^*(\boldsymbol{n}) \\ n_1 \mu \left(\frac{\partial w}{\partial X} + \frac{\partial u}{\partial Z} \right) + n_2 \mu \left(\frac{\partial v}{\partial Z} + \frac{\partial w}{\partial Y} \right) + n_3 \left(\lambda \theta + 2\mu \frac{\partial w}{\partial Z} \right) = t_3^*(\boldsymbol{n}) \end{cases} \tag{8.1.7}$$

这样，不管是位移边界条件还是应力边界条件，或者部分边界给定位移，部分边界给定应力的混合边界条件，我们都可以求出问题的解。在求出位移解 u、v、w 后，我们就可以利用 Cuachy 几何关系式(8.1.2)求出应变 ε_{ij}，然后再利用胡克定律式(8.1.3)求出应力 σ_{ij}。当然，对于应力条件边界的问题，也可以在求出应力分量 σ_{ij}后，直接利用边界条件式(8.1.6)′。

8.1.2 弹性力学问题的应力解法

除了消去应力和应变而以位移作为基本变量的上述方法以外，我们也可以消去位移和应变而以应力作为基本未知量来求解问题，这就是所谓的应力解法。在以应力为基本未知量求解问题时，需要注意的是应力只满足平衡方程是不够的，它还必须使得按照胡克定律所求出的应变满足协调方程。协调方程就是在 4.6 节中所讲的式(4.6.3)，即下式：

$$\begin{cases}\dfrac{\partial^2 \varepsilon_{11}}{\partial X_2^2}+\dfrac{\partial^2 \varepsilon_{22}}{\partial X_1^2}=2\dfrac{\partial^2 \varepsilon_{12}}{\partial X_1 \partial X_2}\\ \dfrac{\partial^2 \varepsilon_{22}}{\partial X_3^2}+\dfrac{\partial^2 \varepsilon_{33}}{\partial X_2^2}=2\dfrac{\partial^2 \varepsilon_{23}}{\partial X_2 \partial X_3}\\ \dfrac{\partial^2 \varepsilon_{33}}{\partial X_1^2}+\dfrac{\partial^2 \varepsilon_{11}}{\partial X_3^2}=2\dfrac{\partial^2 \varepsilon_{31}}{\partial X_1 \partial X_3}\\ \dfrac{\partial}{\partial X_1}\left(\dfrac{\partial \varepsilon_{31}}{\partial X_2}+\dfrac{\partial \varepsilon_{12}}{\partial X_3}-\dfrac{\partial \varepsilon_{23}}{\partial X_1}\right)=\dfrac{\partial^2 \varepsilon_{11}}{\partial X_2 \partial X_3}\\ \dfrac{\partial}{\partial X_2}\left(\dfrac{\partial \varepsilon_{12}}{\partial X_3}+\dfrac{\partial \varepsilon_{23}}{\partial X_1}-\dfrac{\partial \varepsilon_{31}}{\partial X_2}\right)=\dfrac{\partial^2 \varepsilon_{22}}{\partial X_3 \partial X_1}\\ \dfrac{\partial}{\partial X_3}\left(\dfrac{\partial \varepsilon_{23}}{\partial X_1}+\dfrac{\partial \varepsilon_{31}}{\partial X_2}-\dfrac{\partial \varepsilon_{12}}{\partial X_3}\right)=\dfrac{\partial^2 \varepsilon_{33}}{\partial X_1 \partial X_2}\end{cases}\tag{8.1.8}$$

利用 6.2 节中的本构关系式(6.2.10b)，即下式：

$$\varepsilon_{ij}=-\frac{\nu}{E}\sigma_{kk}\delta_{ij}+\frac{1+\nu}{E}\sigma_{ij}\tag{8.1.9}$$

将应变分量 ε_{ij} 用应力分量表达，代入协调方程(8.1.8)中，即可得到如下 6 个方程(用 X、Y、Z 代替 X_1、X_2、X_3)：

$$\begin{cases}\dfrac{\partial^2 \sigma_{11}}{\partial Y^2}+\dfrac{\partial^2 \sigma_{22}}{\partial X^2}-\dfrac{\nu}{1+\nu}\left(\dfrac{\partial^2 \sigma_{kk}}{\partial X^2}+\dfrac{\partial^2 \sigma_{kk}}{\partial Y^2}\right)=2\dfrac{\partial^2 \sigma_{12}}{\partial X \partial Y}\\ \dfrac{\partial^2 \sigma_{22}}{\partial Z^2}+\dfrac{\partial^2 \sigma_{33}}{\partial Y^2}-\dfrac{\nu}{1+\nu}\left(\dfrac{\partial^2 \sigma_{kk}}{\partial Z^2}+\dfrac{\partial^2 \sigma_{kk}}{\partial Y^2}\right)=2\dfrac{\partial^2 \sigma_{23}}{\partial Y \partial Z}\\ \dfrac{\partial^2 \sigma_{33}}{\partial X^2}+\dfrac{\partial^2 \sigma_{11}}{\partial Z^2}-\dfrac{\nu}{1+\nu}\left(\dfrac{\partial^2 \sigma_{kk}}{\partial X^2}+\dfrac{\partial^2 \sigma_{kk}}{\partial Z^2}\right)=2\dfrac{\partial^2 \sigma_{31}}{\partial Z \partial X}\\ \dfrac{\partial^2 \sigma_{11}}{\partial Y \partial Z}-\dfrac{\nu}{1+\nu}\dfrac{\partial^2 \sigma_{kk}}{\partial Y \partial Z}=\dfrac{\partial}{\partial X}\left(\dfrac{\partial \sigma_{31}}{\partial Y}+\dfrac{\partial \sigma_{12}}{\partial Z}-\dfrac{\partial \sigma_{23}}{\partial X}\right)\\ \dfrac{\partial^2 \sigma_{22}}{\partial Z \partial X}-\dfrac{\nu}{1+\nu}\dfrac{\partial^2 \sigma_{kk}}{\partial Z \partial X}=\dfrac{\partial}{\partial Y}\left(\dfrac{\partial \sigma_{12}}{\partial Z}+\dfrac{\partial \sigma_{23}}{\partial X}-\dfrac{\partial \sigma_{31}}{\partial Y}\right)\\ \dfrac{\partial^2 \sigma_{33}}{\partial X \partial Y}-\dfrac{\nu}{1+\nu}\dfrac{\partial^2 \sigma_{kk}}{\partial X \partial Y}=\dfrac{\partial}{\partial Z}\left(\dfrac{\partial \sigma_{31}}{\partial Y}+\dfrac{\partial \sigma_{23}}{\partial X}-\dfrac{\partial \sigma_{12}}{\partial Z}\right)\end{cases}\tag{8.1.10}$$

将式(8.1.10)中的第一式与第三式相加，并利用运动方程，可得

$$\begin{aligned}&\frac{\partial^2 \sigma_{11}}{\partial Y^2}+\frac{\partial^2 \sigma_{11}}{\partial Z^2}+\frac{\partial^2(\sigma_{22}+\sigma_{33})}{\partial X^2}-\frac{\nu}{1+\nu}\left(2\frac{\partial^2 \sigma_{kk}}{\partial X^2}+\frac{\partial^2 \sigma_{kk}}{\partial Y^2}+\frac{\partial^2 \sigma_{kk}}{\partial Z^2}\right)\\ &=2\frac{\partial^2 \sigma_{31}}{\partial Z \partial X}+2\frac{\partial^2 \sigma_{12}}{\partial X \partial Y}=2\frac{\partial}{\partial X}\left(\frac{\partial \sigma_{31}}{\partial Z}+\frac{\partial \sigma_{12}}{\partial Y}\right)\\ &=-2\frac{\partial}{\partial X}\left(\frac{\partial \sigma_{11}}{\partial X}+\rho b_1\right)=-2\frac{\partial^2 \sigma_{11}}{\partial X^2}-2\frac{\partial(\rho b_1)}{\partial X}\end{aligned}$$

即

$$\Delta\sigma_{11}+\frac{1}{1+\nu}\frac{\partial^2 \sigma_{kk}}{\partial X^2}-\frac{\nu}{1+\nu}\Delta\sigma_{kk}=-2\frac{\partial(\rho b_1)}{\partial X}$$

类似地，可得另外两个式子，合在一起，即有

$$\begin{cases}\Delta\sigma_{11}+\dfrac{1}{1+\nu}\dfrac{\partial^2\sigma_{kk}}{\partial X^2}-\dfrac{\nu}{1+\nu}\Delta\sigma_{kk}=-2\dfrac{\partial(\rho b_1)}{\partial X}\\ \Delta\sigma_{22}+\dfrac{1}{1+\nu}\dfrac{\partial^2\sigma_{kk}}{\partial Y^2}-\dfrac{\nu}{1+\nu}\Delta\sigma_{kk}=-2\dfrac{\partial(\rho b_2)}{\partial Y}\\ \Delta\sigma_{33}+\dfrac{1}{1+\nu}\dfrac{\partial^2\sigma_{kk}}{\partial Z^2}-\dfrac{\nu}{1+\nu}\Delta\sigma_{kk}=-2\dfrac{\partial(\rho b_3)}{\partial Z}\end{cases}\tag{8.1.11}$$

将式(8.1.11)中的三式相加,可得

$$\frac{2(1-\nu)}{1+\nu}\Delta\sigma_{kk}=-2\left[\frac{\partial(\rho b_1)}{\partial X}+\frac{\partial(\rho b_2)}{\partial Y}+\frac{\partial(\rho b_3)}{\partial Z}\right]\tag{8.1.12}$$

将式(8.1.12)中的 $\Delta\sigma_{kk}$ 代入式(8.1.11)中,可得

$$\Delta\sigma_{11}+\frac{1}{1+\nu}\frac{\partial^2\sigma_{kk}}{\partial X^2}=-2\frac{\partial(\rho b_1)}{\partial X}-\frac{\nu}{1-\nu}\left[\frac{\partial(\rho b_1)}{\partial X}+\frac{\partial(\rho b_2)}{\partial Y}+\frac{\partial(\rho b_3)}{\partial Z}\right]\tag{8.1.13a}$$

类似地,可得另外两个式子:

$$\Delta\sigma_{22}+\frac{1}{1+\nu}\frac{\partial^2\sigma_{kk}}{\partial Y^2}=-2\frac{\partial(\rho b_2)}{\partial Y}-\frac{\nu}{1-\nu}\left[\frac{\partial(\rho b_1)}{\partial X}+\frac{\partial(\rho b_2)}{\partial Y}+\frac{\partial(\rho b_3)}{\partial Z}\right]\tag{8.1.13b}$$

$$\Delta\sigma_{33}+\frac{1}{1+\nu}\frac{\partial^2\sigma_{kk}}{\partial Z^2}=-2\frac{\partial(\rho b_3)}{\partial Z}-\frac{\nu}{1-\nu}\left[\frac{\partial(\rho b_1)}{\partial X}+\frac{\partial(\rho b_2)}{\partial Y}+\frac{\partial(\rho b_3)}{\partial Z}\right]\tag{8.1.13c}$$

将式(8.1.10)中的第四式改写为

$$\begin{aligned}\frac{\partial^2\sigma_{11}}{\partial Y\partial Z}-\frac{\nu}{1+\nu}\frac{\partial^2\sigma_{kk}}{\partial Y\partial Z}&=\frac{\partial}{\partial Y}\left(\frac{\partial\sigma_{31}}{\partial X}\right)+\frac{\partial}{\partial Z}\left(\frac{\partial\sigma_{12}}{\partial X}\right)-\frac{\partial^2\sigma_{23}}{\partial X^2}\\&=-\frac{\partial}{\partial Y}\left(\frac{\partial\sigma_{23}}{\partial Y}+\frac{\partial\sigma_{33}}{\partial Z}+\rho b_3\right)-\frac{\partial}{\partial Z}\left(\frac{\partial\sigma_{22}}{\partial Y}+\frac{\partial\sigma_{23}}{\partial Z}+\rho b_2\right)-\frac{\partial^2\sigma_{23}}{\partial X^2}\\&=\Delta\sigma_{23}-\frac{\partial^2(\sigma_{22}+\sigma_{33})}{\partial Y\partial Z}-\frac{\partial(\rho b_3)}{\partial Y}-\frac{\partial(\rho b_2)}{\partial Z}\end{aligned}$$

这里利用了运动方程。经化简可得

$$\Delta\sigma_{23}+\frac{\nu}{1+\nu}\frac{\partial^2\sigma_{kk}}{\partial Y\partial Z}=-\frac{\partial(\rho b_3)}{\partial Y}-\frac{\partial(\rho b_2)}{\partial Z}\tag{8.1.14a}$$

类似地,可得另外两个方程:

$$\Delta\sigma_{31}+\frac{\nu}{1+\nu}\frac{\partial^2\sigma_{kk}}{\partial Z\partial X}=-\frac{\partial(\rho b_3)}{\partial X}-\frac{\partial(\rho b_1)}{\partial Z}\tag{8.1.14b}$$

$$\Delta\sigma_{12}+\frac{\nu}{1+\nu}\frac{\partial^2\sigma_{kk}}{\partial X\partial Y}=-\frac{\partial(\rho b_1)}{\partial Y}-\frac{\partial(\rho b_2)}{\partial X}\tag{8.1.14c}$$

将式(8.1.13)和式(8.1.14)中的 6 个式子写在一起,即

$$\begin{cases}\Delta\sigma_{11}+\dfrac{1}{1+\nu}\dfrac{\partial^2\sigma_{kk}}{\partial X^2}=-2\dfrac{\partial(\rho b_1)}{\partial X}-\dfrac{\nu}{1-\nu}\left[\dfrac{\partial(\rho b_1)}{\partial X}+\dfrac{\partial(\rho b_2)}{\partial Y}+\dfrac{\partial(\rho b_3)}{\partial Z}\right]\\ \Delta\sigma_{22}+\dfrac{1}{1+\nu}\dfrac{\partial^2\sigma_{kk}}{\partial Y^2}=-2\dfrac{\partial(\rho b_2)}{\partial Y}-\dfrac{\nu}{1-\nu}\left[\dfrac{\partial(\rho b_1)}{\partial X}+\dfrac{\partial(\rho b_2)}{\partial Y}+\dfrac{\partial(\rho b_3)}{\partial Z}\right]\\ \Delta\sigma_{33}+\dfrac{1}{1+\nu}\dfrac{\partial^2\sigma_{kk}}{\partial Z^2}=-2\dfrac{\partial(\rho b_3)}{\partial Z}-\dfrac{\nu}{1-\nu}\left[\dfrac{\partial(\rho b_1)}{\partial X}+\dfrac{\partial(\rho b_2)}{\partial Y}+\dfrac{\partial(\rho b_3)}{\partial Z}\right]\\ \Delta\sigma_{23}+\dfrac{\nu}{1+\nu}\dfrac{\partial^2\sigma_{kk}}{\partial Y\partial Z}=-\dfrac{\partial(\rho b_3)}{\partial Y}-\dfrac{\partial(\rho b_2)}{\partial Z}\\ \Delta\sigma_{31}+\dfrac{\nu}{1+\nu}\dfrac{\partial^2\sigma_{kk}}{\partial Z\partial X}=-\dfrac{\partial(\rho b_3)}{\partial X}-\dfrac{\partial(\rho b_1)}{\partial Z}\\ \Delta\sigma_{12}+\dfrac{\nu}{1+\nu}\dfrac{\partial^2\sigma_{kk}}{\partial X\partial Y}=-\dfrac{\partial(\rho b_1)}{\partial Y}-\dfrac{\partial(\rho b_2)}{\partial X}\end{cases}\tag{8.1.15}$$

方程(8.1.15)就是协调方程对应力分量的限制方程,以应力分量为基本未知量解弹性力学问题时,我们需要一起解平衡方程(8.1.1)和应力的协调方程(8.1.15)。表面上,方程的数比未知数多出了3个,但是问题的解的存在性却是肯定的。在求出应力分量 σ_{ij} 后,我们即可利用本构方程(8.1.9)求出应变分量 ε_{ij},然后再利用 Cauchy 几何关系式(8.1.2)对位移进行积分而求出位移 u_i。如果给出的是应力边界条件,则我们需要直接利用边界条件(8.1.6)′;如果给出的是位移边界条件,则可利用求出的位移 u_i 的表达式而确定其中的待定常数。需要说明的是,在利用应力作为基本未知量求解弹性力学问题和利用 Cauchy 几何关系积分位移时,还需要保证位移的单值连续性条件,在单连通区域的问题中,这不会提出新的特殊要求,在多连通区域中,这可能会提出新的特殊要求。

特别说来,当体积力 b_i 为零,或者 b_i 与坐标无关而为常量时,由方程(8.1.12)可得

$$\Delta\sigma_{kk}=0\tag{8.1.16}$$

即应力的第一不变量 σ_{kk} 为调和函数。对方程(8.1.15)的每一个方程进行拉普拉斯运算,并利用式(8.1.16),可见应力的每一个分量都是双调和函数,即

$$\Delta^2\sigma_{ij}=0\tag{8.1.17}$$

当然,σ_{ij} 除了满足式(8.1.17)以外,还应该满足平衡方程(8.1.1)。

对于弹塑性问题,其解题的思路和方法与纯弹性力学的问题是类似的,只不过要利用材料的塑性屈服准则和弹塑性本构关系而已。关于这个问题我们不再详述,后面将结合具体的问题加以阐述。

8.2 弹性力学平面问题

8.2.1 平面应力问题、平面应变问题及其本构关系

弹性力学的平面问题作为二维问题,是相对比较简单的一类问题。平面问题主要分为两大类,即平面应力问题和平面应变问题。

平面应力问题是指垂直于 Z 轴的一类薄板结构，如图 8.1(a)所示，它在垂直于 Z 轴的方向厚度很薄，而在薄板的面内受有垂直 Z 轴的平面载荷，同时在薄板的上下表面不受应力的作用，即 $\sigma_{33}=\sigma_{31}=\sigma_{32}=0$，由于薄板很薄，所以可以认为在整个薄板之内都有 $\sigma_{33}=\sigma_{31}=\sigma_{32}=0$，如薄梁等就是这类问题。因此，平面应力问题在应力上是二维的平面应力状态：

$$\begin{cases}\sigma_{11}=\sigma_{11}(X,Y), \quad \sigma_{12}=\sigma_{12}(X,Y), \quad \sigma_{22}=\sigma_{22}(X,Y) \\ \sigma_{13}=0, \quad \sigma_{23}=0, \quad \sigma_{33}=0\end{cases} \tag{8.2.1}$$

但是，垂直于 Z 轴的正应变 ε_{33} 则不等于 0，即

$$\varepsilon_{33}=\frac{-\nu}{E}(\sigma_{11}+\sigma_{22})$$

对于平面应力问题，根据各向同性材料的线弹性的胡克定律，有

$$\begin{cases}\varepsilon_{11}=\dfrac{1}{E}(\sigma_{11}-\nu\sigma_{22})=\dfrac{1}{2G(1+\nu)}(\sigma_{11}-\nu\sigma_{22}) \\ \varepsilon_{22}=\dfrac{1}{E}(\sigma_{22}-\nu\sigma_{11})=\dfrac{1}{2G(1+\nu)}(\sigma_{22}-\nu\sigma_{11}) \\ \varepsilon_{12}=\dfrac{1+\nu}{E}\sigma_{12}=\dfrac{1}{2G}\sigma_{12} \\ \varepsilon_{33}=\dfrac{-\nu}{E}(\sigma_{11}+\sigma_{22})=\dfrac{-\nu}{2G(1+\nu)}(\sigma_{11}+\sigma_{22})\end{cases} \tag{8.2.2}$$

即对平面应力问题，平面内的应变 ε_{11}、ε_{22}、ε_{12} 都是 X、Y 的函数，而且 Z 方向的应变 ε_{33} 也不等于 0，而是 X、Y 的函数。

平面应变问题是指在一个方向 Z 很长的柱体结构，如图 8.1(b)所示，结构受有垂直于 Z 轴而与 Z 无关的平面载荷，由于柱体很长可以认为柱体在 Z 方向的位移为 0，即 $w=0$，而在垂直于 Z 轴的平面内的变形则只是 X、Y 的函数，如水坝坝体、隧道等就是这类结构。因此，对于平面应变问题，其应变是二维的平面应变状态，即

$$\begin{cases}\varepsilon_{11}=\varepsilon_{11}(X,Y), \quad \varepsilon_{12}=\varepsilon_{12}(X,Y), \quad \varepsilon_{22}=\varepsilon_{22}(X,Y) \\ \varepsilon_{13}=0, \quad \varepsilon_{23}=0, \quad \varepsilon_{33}=0\end{cases} \tag{8.2.3}$$

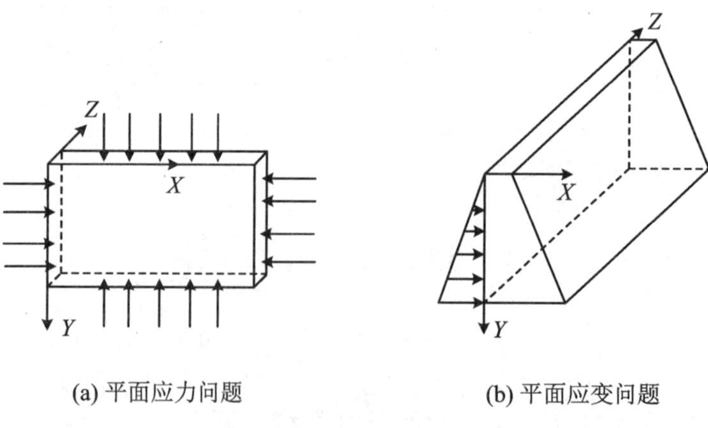

(a) 平面应力问题　　(b) 平面应变问题

图 8.1

但是，其垂直于 Z 轴方向的正应力 σ_{33} 却由于 Z 方向应变为 0 的约束而不等于 0：

$$0 = \varepsilon_{33} = \frac{1}{E}[\sigma_{33} - \nu(\sigma_{11} + \sigma_{22})]$$

$$\sigma_{33} = \nu(\sigma_{11} + \sigma_{22})$$

对于平面应变问题,根据各向同性材料的线弹性的胡克定律,并利用上式,有

$$\begin{cases} \varepsilon_{11} = \dfrac{1}{E}[\sigma_{11} - \nu(\sigma_{22} + \sigma_{33})] = \dfrac{1}{E}[(1 - \nu^2)\sigma_{11} - \nu(1 + \nu)\sigma_{22}] \\ \varepsilon_{22} = \dfrac{1}{E}[\sigma_{22} - \nu(\sigma_{11} + \sigma_{33})] = \dfrac{1}{E}[(1 - \nu^2)\sigma_{22} - \nu(1 + \nu)\sigma_{11}] \\ \varepsilon_{12} = \dfrac{1 + \nu}{E}\sigma_{12} = \dfrac{1}{2G}\sigma_{12} \end{cases} \tag{8.2.4}$$

如令

$$\nu' = \frac{\nu}{1 - \nu}, \quad E' = 2G(1 + \nu') = \frac{E}{1 - \nu^2} \tag{8.2.5}$$

则式(8.2.4)就可以写为

$$\begin{cases} \varepsilon_{11} = \dfrac{1}{E'}(\sigma_{11} - \nu'\sigma_{22}) = \dfrac{1}{2G(1 + \nu')}(\sigma_{11} - \nu'\sigma_{22}) \\ \varepsilon_{22} = \dfrac{1}{E'}(\sigma_{22} - \nu'\sigma_{11}) = \dfrac{1}{2G(1 + \nu')}(\sigma_{22} - \nu'\sigma_{11}) \\ \varepsilon_{12} = \dfrac{1 + \nu'}{E'}\sigma_{12} = \dfrac{1}{2G}\sigma_{12} \\ \sigma_{33} = \nu(\sigma_{11} + \sigma_{22}) \end{cases} \tag{8.2.6}$$

式(8.2.6)说明,只要把 E 和 ν 分别用 E' 和 ν' 代替,我们就可以由平面应力的本构关系式(8.2.2)得到平面应变问题的本构关系。对于本构关系,下面我们将以平面应力问题进行叙述。

8.2.2　艾雷(Airy)应力函数

首先考虑没有体力的平面问题。此时平衡方程为

$$\begin{cases} \dfrac{\partial \sigma_{11}}{\partial X} + \dfrac{\partial \sigma_{12}}{\partial Y} = 0 \\ \dfrac{\partial \sigma_{21}}{\partial X} + \dfrac{\partial \sigma_{22}}{\partial Y} = 0 \end{cases} \tag{8.2.7}$$

由式(8.2.7)可见,只要假设

$$\sigma_{11} = \frac{\partial^2 \varphi}{\partial Y^2}, \quad \sigma_{22} = \frac{\partial^2 \varphi}{\partial X^2}, \quad \sigma_{12} = -\frac{\partial^2 \varphi}{\partial X \partial Y} \tag{8.2.8}$$

则对任何的函数 $\varphi = \varphi(X, Y)$,平衡方程(8.2.7)都能得到满足,即应力状态式(8.2.8)都是可能的平衡应力状态,关键是此应力状态是否能满足协调方程。我们称函数 $\varphi = \varphi(X, Y)$ 为艾雷(Airy)应力函数。现在由协调方程来求出应力函数 $\varphi = \varphi(X, Y)$ 必须满足的方程。

容易说明,对于平面问题,6 个协调方程有 5 个都是自动能满足的恒等式,只有如下的一个方程是独立的:

$$\frac{\partial^2 \varepsilon_{11}}{\partial Y^2} + \frac{\partial^2 \varepsilon_{22}}{\partial X^2} = 2\frac{\partial^2 \varepsilon_{12}}{\partial X \partial Y} \tag{8.2.9}$$

将式(8.2.8)代入本构方程(8.2.2),可得

$$\begin{cases} \varepsilon_{11} = \dfrac{1}{E}\left(\dfrac{\partial^2 \varphi}{\partial Y^2} - \nu \dfrac{\partial^2 \varphi}{\partial X^2}\right) \\ \varepsilon_{22} = \dfrac{1}{E}\left(\dfrac{\partial^2 \varphi}{\partial X^2} - \nu \dfrac{\partial^2 \varphi}{\partial Y^2}\right) \\ \varepsilon_{12} = -\dfrac{1+\nu}{E}\dfrac{\partial^2 \varphi}{\partial X \partial Y} \end{cases} \tag{8.2.10}$$

将式(8.2.10)代入协调方程(8.2.9)中,即得

$$\frac{\partial^4 \varphi}{\partial X^4} + 2\frac{\partial^4 \varphi}{\partial X^2 \partial Y^2} + \frac{\partial^4 \varphi}{\partial Y^4} \equiv \Delta^2 \varphi = 0 \tag{8.2.11}$$

这说明,在没有体力的问题中,应力函数 $\varphi = \varphi(X, Y)$ 必须满足双调和方程(8.2.11)。

在有体积力且体积力有势的问题中,即

$$\rho b_1 = -\frac{\partial V}{\partial X}, \quad \rho b_2 = -\frac{\partial V}{\partial Y} \tag{8.2.12}$$

时,平衡方程具有形式

$$\begin{cases} \dfrac{\partial \sigma_{11}}{\partial X} + \dfrac{\partial \sigma_{12}}{\partial Y} - \dfrac{\partial V}{\partial X} = 0 \\ \dfrac{\partial \sigma_{21}}{\partial X} + \dfrac{\partial \sigma_{22}}{\partial Y} - \dfrac{\partial V}{\partial Y} = 0 \end{cases} \tag{8.2.13}$$

可见,只要假设

$$\sigma_{11} - V = \frac{\partial^2 \varphi}{\partial Y^2}, \quad \sigma_{22} - V = \frac{\partial^2 \varphi}{\partial X^2}, \quad \sigma_{12} = -\frac{\partial^2 \varphi}{\partial X \partial Y} \tag{8.2.14}$$

则平衡方程(8.2.13)就可自动满足,式(8.2.14)就是在体积力有势的情况下艾雷应力函数和应力分量之间的关系。此时,本构关系(8.2.10)将为如下形式:

$$\begin{cases} \varepsilon_{11} = \dfrac{1}{E}\left[\dfrac{\partial^2 \varphi}{\partial Y^2} - \nu \dfrac{\partial^2 \varphi}{\partial X^2} + (1-\nu)V\right] \\ \varepsilon_{22} = \dfrac{1}{E}\left[\dfrac{\partial^2 \varphi}{\partial X^2} - \nu \dfrac{\partial^2 \varphi}{\partial Y^2} + (1-\nu)V\right] \\ \varepsilon_{12} = -\dfrac{1+\nu}{E}\dfrac{\partial^2 \varphi}{\partial X \partial Y} \end{cases} \tag{8.2.15}$$

将式(8.2.15)代入协调方程(8.2.9),可得

$$\Delta^2 \varphi + (1-\nu)\Delta V = 0 \tag{8.2.16}$$

方程(8.2.16)就是在体积力有势的情况下应力函数 φ 所必须满足的方程,它是有非齐次项的双调和方程。对于平面应变问题,则需将 ν 改为 ν'。

若给定的是应力边界条件,则边界条件可以写为

$$\begin{cases} n_1\left(\dfrac{\partial^2 \varphi}{\partial Y^2} + V\right) - n_2 \dfrac{\partial^2 \varphi}{\partial X \partial Y} = t_1^*(\boldsymbol{n}) \\ -n_1 \dfrac{\partial^2 \varphi}{\partial X \partial Y} + n_2\left(\dfrac{\partial^2 \varphi}{\partial X^2} + V\right) = t_2^*(\boldsymbol{n}) \end{cases} \tag{8.2.17}$$

如果给定的是唯一边界条件,则需先由应力函数求出应力,再由本构关系求出应变,最后由几何关系积分求出位移,从而写出位移边界条件。

8.2.3　在边界上应力函数及其导数的意义

为了简洁清晰起见，在本小节我们将以没有体积力的力的问题为例来加以阐述，但是，对于有势体积力的问题，读者是不难进行相应的修正的。

考虑如图8.2所示的弹性体边界，设 $A_0(X_0, Y_0)$ 为其上任一点，从点 A_0 起保持物体在其左侧而环绕边界计算的弧长记为 s。在边界上任一点 $A(X,Y)$，其单位外法线矢量为 $\boldsymbol{n}$（$\boldsymbol{n}$ 和 s 增加的方向成逆时针方向）。以 $\mathrm{d}X$ 和 $\mathrm{d}Y$ 分别表示对应弧长 $\mathrm{d}s$ 的坐标 X 和 Y 的增量，则有 $\boldsymbol{n}$ 的方向余弦 n_1 和 n_2 分别为

$$n_1 = \frac{\mathrm{d}Y}{\mathrm{d}s}, \quad n_2 = -\frac{\mathrm{d}X}{\mathrm{d}s} \tag{8.2.18}$$

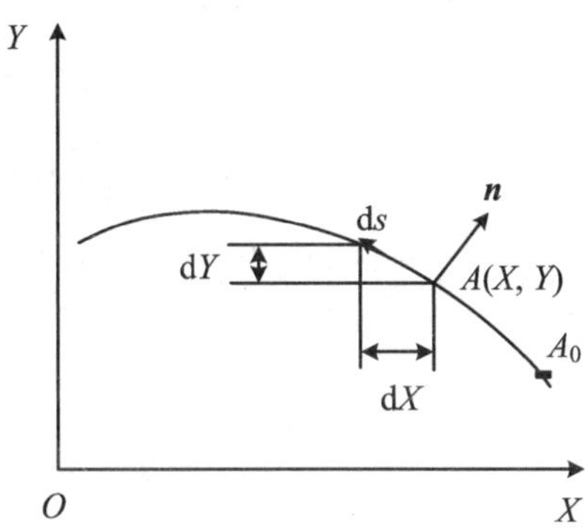

图8.2　弹性体在其左侧的边界线 A_0A_1

没有体积力的边界条件式(8.2.17)为

$$\begin{cases} n_1 \dfrac{\partial^2 \varphi}{\partial Y^2} - n_2 \dfrac{\partial^2 \varphi}{\partial X \partial Y} = t_1^*(\boldsymbol{n}) \\ -n_1 \dfrac{\partial^2 \varphi}{\partial X \partial Y} + n_2 \dfrac{\partial^2 \varphi}{\partial X^2} = t_2^*(\boldsymbol{n}) \end{cases}$$

或

$$\begin{cases} \dfrac{\mathrm{d}Y}{\mathrm{d}s} \dfrac{\partial^2 \varphi}{\partial Y^2} + \dfrac{\mathrm{d}X}{\mathrm{d}s} \dfrac{\partial^2 \varphi}{\partial X \partial Y} = \dfrac{\partial}{\partial Y}\left(\dfrac{\partial \varphi}{\partial Y}\right)\dfrac{\mathrm{d}Y}{\mathrm{d}s} + \dfrac{\partial}{\partial X}\left(\dfrac{\partial \varphi}{\partial Y}\right)\dfrac{\mathrm{d}X}{\mathrm{d}s} = t_1^*(\boldsymbol{n}) \\ -\dfrac{\mathrm{d}Y}{\mathrm{d}s} \dfrac{\partial^2 \varphi}{\partial X \partial Y} - \dfrac{\mathrm{d}X}{\mathrm{d}s} \dfrac{\partial^2 \varphi}{\partial X^2} = -\dfrac{\partial}{\partial Y}\left(\dfrac{\partial \varphi}{\partial X}\right)\dfrac{\mathrm{d}Y}{\mathrm{d}s} - \dfrac{\partial}{\partial X}\left(\dfrac{\partial \varphi}{\partial X}\right)\dfrac{\mathrm{d}X}{\mathrm{d}s} = t_2^*(\boldsymbol{n}) \end{cases}$$

即

$$\begin{cases} \dfrac{\mathrm{d}}{\mathrm{d}s}\left(\dfrac{\partial \varphi}{\partial Y}\right) = t_1^*(\boldsymbol{n}) \\ -\dfrac{\mathrm{d}}{\mathrm{d}s}\left(\dfrac{\partial \varphi}{\partial X}\right) = t_2^*(\boldsymbol{n}) \end{cases} \tag{8.2.19}$$

对式(8.2.19)从 $A_0(s=0)$ 到 $A_1(s=s_1)$ 进行积分，并假设

$$\left.\frac{\partial \varphi}{\partial Y}\right|_{s=0} = 0, \quad \left.\frac{\partial \varphi}{\partial X}\right|_{s=0} = 0$$

则有

$$\begin{cases}\left.\dfrac{\partial\varphi}{\partial Y}\right|_{s=s_1}=\displaystyle\int_0^{s_1}t_1^*(\boldsymbol{n})\mathrm{d}s\equiv R_1\\ \left.\dfrac{\partial\varphi}{\partial X}\right|_{s=s_1}=-\displaystyle\int_0^{s_1}t_2^*(\boldsymbol{n})\mathrm{d}s\equiv-R_2\end{cases}\tag{8.2.20}$$

我们可以假设$\left.\dfrac{\partial\varphi}{\partial Y}\right|_{s=0}=0$，$\left.\dfrac{\partial\varphi}{\partial X}\right|_{s=0}=0$是因为应力分量为应力函数的 2 阶导数，所以线性的应力函数并不影响应力的分布，因此可以设$\left.\dfrac{\partial\varphi}{\partial Y}\right|_{s=0}=0$，$\left.\dfrac{\partial\varphi}{\partial X}\right|_{s=0}=0$ 和 $\varphi|_{s=0}=0$。式(8.2.20)说明：在边界任一点 $A_1(s=s_1)$处，其$\left.\dfrac{\partial\varphi}{\partial Y}\right|_{s=s_1}$值和$-\left.\dfrac{\partial\varphi}{\partial X}\right|_{s=s_1}$值恰恰分别等于边界上由点 $A_0(s=0)$到点 $A_1(s=s_1)$外载荷的主矢量分量 R_1 和 R_2。这样我们就对边界点上应力函数偏导数的物理意义给出了解释。

下面我们来考虑应力函数 φ 的物理意义。利用式(8.2.20)，有

$$\frac{\mathrm{d}\varphi}{\mathrm{d}s}=\frac{\partial\varphi}{\partial X}\frac{\mathrm{d}X}{\mathrm{d}s}+\frac{\partial\varphi}{\partial Y}\frac{\mathrm{d}Y}{\mathrm{d}s}=-\frac{\mathrm{d}X}{\mathrm{d}s}\int_0^s t_2^*(\boldsymbol{n})\mathrm{d}s+\frac{\mathrm{d}Y}{\mathrm{d}s}\int_0^s t_1^*(\boldsymbol{n})\mathrm{d}s\tag{8.2.21}$$

对式(8.2.21)从 $A_0(s=0)$到 $A_1(s=s_1)$进行积分，并不妨设 $\varphi|_{s=0}=0$，则有

$$\varphi|_{s=s_1}=\int_0^{s_1}\left[-\frac{\mathrm{d}X}{\mathrm{d}s}\int_0^s t_2^*(\boldsymbol{n})\mathrm{d}s+\frac{\mathrm{d}Y}{\mathrm{d}s}\int_0^s t_1^*(\boldsymbol{n})\mathrm{d}s\right]\mathrm{d}s$$

对此式进行分部积分，即有

$$\begin{aligned}\varphi|_{s=s_1}&=\left[-X\int_0^s t_2^*(\boldsymbol{n})\mathrm{d}s+Y\int_0^s t_1^*(\boldsymbol{n})\mathrm{d}s\right]_0^{s_1}-\int_0^{s_1}[-Xt_2^*(\boldsymbol{n})+Yt_1^*(\boldsymbol{n})]\mathrm{d}s\\&=\left[-X_1\int_0^{s_1}t_2^*(\boldsymbol{n})\mathrm{d}s+Y_1\int_0^{s_1}t_1^*(\boldsymbol{n})\mathrm{d}s\right]-\int_0^{s_1}[-Xt_2^*(\boldsymbol{n})+Yt_1^*(\boldsymbol{n})]\mathrm{d}s\end{aligned}$$

即

$$\varphi|_{s=s_1}=\int_0^{s_1}[(X-X_1)t_2^*(\boldsymbol{n})+(Y_1-Y)t_1^*(\boldsymbol{n})]\mathrm{d}s\equiv M|_{s=s_1}\tag{8.2.22}$$

式(8.2.22)说明：应力函数 φ 在$A_1(s=s_1)$的值恰恰等于从点 $A_0(s=0)$到点 $A_1(s=s_1)$路段上的外载 $t^*(\boldsymbol{n})$对点 $A_1(s=s_1)$的力矩，这从图 8.3 可以看得很清楚。

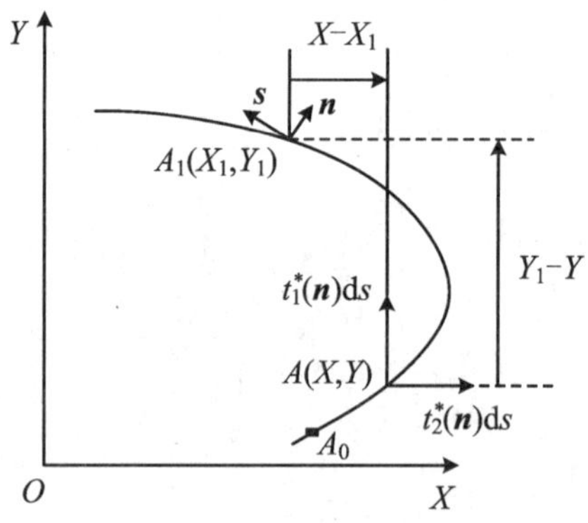

图 8.3　A_0A_1 段上外力对 A_1 点之矩

在实用上，有时将式(8.2.20)改为下面的形式更为方便。如果将点 $A_1(s=s_1)$处的法线方向 $\boldsymbol{n}$ 和由之成逆时针旋转的切向 $\boldsymbol{s}$ 作为一个局部的新直角坐标系，则显然我们可以将式(8.2.20)写为如下更为一般的形式：

$$\begin{cases}\left.\dfrac{\partial\varphi}{\partial s}\right|_{s=s_1} = R_n \\ \left.\dfrac{\partial\varphi}{\partial n}\right|_{s=s_1} = -R_s\end{cases} \tag{8.2.23}$$

其中，$\frac{\partial\varphi}{\partial n}$和$\frac{\partial\varphi}{\partial s}$分别表示$\varphi$沿 $\boldsymbol{n}$ 和 $\boldsymbol{s}$ 方向的方向导数，而 R_n 和 R_s 分别表示 A_0A_1 段上外载主矢量在 $\boldsymbol{n}$ 和 $\boldsymbol{s}$ 方向的分量。

从数学角度考虑，双调和方程的边界条件有两种提法：一种是给定 φ 的两个偏导数的值，如式(8.2.20)所示；另一种是给定 φ 在某一点的值和其在边界上的法向导数$\frac{\partial\varphi}{\partial n}$的值，这就是以式(8.2.22)和式(8.2.23)中的第二个方程作为边界条件。在第二种情况下，式(8.2.23)中的第一个方程就不再是独立的，因为如果知道了边界上 φ 的分布，就自然知道了其切向导数$\frac{\partial\varphi}{\partial s}$。类似地，如果利用式(8.2.22)作为边界条件之一，则式(8.8.20)的两个偏导数也不再是独立的，而只有一个是独立的，它们之间通过式(8.2.21)相联系。

根据本节所讲的内容，我们可以对给定问题写出其在边界上的 φ 值和其导数的值，然后根据这一结果，对 φ 本身的函数形式做出某种带有任意选择性的假定，以其作为要寻求的应力函数的形式，然后再利用双调和方程和边界条件，来确定函数 φ 的具体形式和其中的待定常数。这就是所谓的平面问题的半逆解法，在下面的 8.2.6 小节中我们将用例子加以说明。

8.2.4　在极坐标中双调和方程的形式及其应力分量和应力函数的关系

对有些实际问题，应用极坐标是方便的，为此我们需要求出在极坐标中双调和方程的形式及其应力分量和应力函数的关系。通过坐标变换的方法和复合函数求导的链锁法则，这是不难做到的。极坐标(r,θ)和直角笛卡儿坐标(X,Y)的关系为

$$r = \sqrt{X^2+Y^2},\quad \tan\theta = \frac{Y}{X} \tag{8.2.24}$$

于是，就有

$$\begin{cases}\dfrac{\partial r}{\partial X} = \dfrac{X}{\sqrt{X^2+Y^2}} = \cos\theta, & \dfrac{\partial r}{\partial Y} = \dfrac{Y}{\sqrt{X^2+Y^2}} = \sin\theta \\ \dfrac{\partial\theta}{\partial X} = -\dfrac{Y}{X^2+Y^2} = -\dfrac{\sin\theta}{r}, & \dfrac{\partial\theta}{\partial Y} = \dfrac{X}{X^2+Y^2} = \dfrac{s\cos\theta}{r}\end{cases} \tag{8.2.25}$$

利用复合函数求导的链锁法则和式(8.2.25)，有

$$\begin{cases}\dfrac{\partial\varphi}{\partial X} = \dfrac{\partial\varphi}{\partial r}\dfrac{\partial r}{\partial X} + \dfrac{\partial\varphi}{\partial\theta}\dfrac{\partial\theta}{\partial X} = \cos\theta\dfrac{\partial\varphi}{\partial r} - \dfrac{\sin\theta}{r}\dfrac{\partial\varphi}{\partial\theta} \\ \dfrac{\partial\varphi}{\partial Y} = \dfrac{\partial\varphi}{\partial r}\dfrac{\partial r}{\partial Y} + \dfrac{\partial\varphi}{\partial\theta}\dfrac{\partial\theta}{\partial Y} = \sin\theta\dfrac{\partial\varphi}{\partial r} + \dfrac{\cos\theta}{r}\dfrac{\partial\varphi}{\partial\theta}\end{cases} \tag{8.2.26}$$

利用复合函数求导的链锁法则和式(8.2.25)及式(8.2.26)，有

$$
\left\{
\begin{aligned}
\sigma_{11} &= \frac{\partial^2 \varphi}{\partial Y^2} = \frac{\partial}{\partial Y}\left(\frac{\partial \varphi}{\partial Y}\right) = \sin\theta \frac{\partial}{\partial r}\left(\frac{\partial \varphi}{\partial Y}\right) + \frac{\cos\theta}{r}\frac{\partial}{\partial \theta}\left(\frac{\partial \varphi}{\partial Y}\right) \\
&= \sin\theta \frac{\partial}{\partial r}\left(\sin\theta \frac{\partial \varphi}{\partial r} + \frac{\cos\theta}{r}\frac{\partial \varphi}{\partial \theta}\right) + \frac{\cos\theta}{r}\frac{\partial}{\partial \theta}\left(\sin\theta \frac{\partial \varphi}{\partial r} + \frac{\cos\theta}{r}\frac{\partial \varphi}{\partial \theta}\right) \\
&= \sin^2\theta \frac{\partial^2 \varphi}{\partial r^2} + \cos^2\theta\left(\frac{1}{r}\frac{\partial \varphi}{\partial r} + \frac{1}{r^2}\frac{\partial^2 \varphi}{\partial \theta^2}\right) - 2\sin\theta\cos\theta\left(\frac{1}{r^2}\frac{\partial \varphi}{\partial \theta} - \frac{1}{r}\frac{\partial^2 \varphi}{\partial r \partial \theta}\right) \\
\sigma_{22} &= \frac{\partial^2 \varphi}{\partial X^2} = \frac{\partial}{\partial X}\left(\frac{\partial \varphi}{\partial X}\right) = \cos\theta \frac{\partial}{\partial r}\left(\frac{\partial \varphi}{\partial X}\right) - \frac{\sin\theta}{r}\frac{\partial}{\partial \theta}\left(\frac{\partial \varphi}{\partial X}\right) \\
&= \cos\theta \frac{\partial}{\partial r}\left(\cos\theta \frac{\partial \varphi}{\partial r} - \frac{\sin\theta}{r}\frac{\partial \varphi}{\partial \theta}\right) - \frac{\sin\theta}{r}\frac{\partial}{\partial \theta}\left(\cos\theta \frac{\partial \varphi}{\partial r} - \frac{\sin\theta}{r}\frac{\partial \varphi}{\partial \theta}\right) \\
&= \cos^2\theta \frac{\partial^2 \varphi}{\partial r^2} + \sin^2\theta\left(\frac{1}{r}\frac{\partial \varphi}{\partial r} + \frac{1}{r^2}\frac{\partial^2 \varphi}{\partial \theta^2}\right) + 2\sin\theta\cos\theta\left(\frac{1}{r^2}\frac{\partial \varphi}{\partial \theta} - \frac{1}{r}\frac{\partial^2 \varphi}{\partial r \partial \theta}\right) - \sigma_{12} \\
&= \frac{\partial^2 \varphi}{\partial X \partial Y} = \frac{\partial}{\partial X}\left(\frac{\partial \varphi}{\partial Y}\right) = \cos\theta \frac{\partial}{\partial r}\left(\frac{\partial \varphi}{\partial Y}\right) - \frac{\sin\theta}{r}\frac{\partial}{\partial \theta}\left(\frac{\partial \varphi}{\partial Y}\right) \\
&= \cos\theta \frac{\partial}{\partial r}\left(\sin\theta \frac{\partial \varphi}{\partial r} + \frac{\cos\theta}{r}\frac{\partial \varphi}{\partial \theta}\right) - \frac{\sin\theta}{r}\frac{\partial}{\partial \theta}\left(\sin\theta \frac{\partial \varphi}{\partial r} + \frac{\cos\theta}{r}\frac{\partial \varphi}{\partial \theta}\right) \\
&= \sin\theta\cos\theta\left(\frac{\partial^2 \varphi}{\partial r^2} - \frac{1}{r}\frac{\partial \varphi}{\partial r} - \frac{1}{r^2}\frac{\partial^2 \varphi}{\partial \theta^2}\right) - (\cos^2\theta - \sin^2\theta)\left(\frac{1}{r^2}\frac{\partial \varphi}{\partial \theta} - \frac{1}{r}\frac{\partial^2 \varphi}{\partial r \partial \theta}\right)
\end{aligned}
\right.
\tag{8.2.27}
$$

由式(8.2.27)可得极坐标中的调和方程：

$$
\Delta \varphi = \frac{\partial^2 \varphi}{\partial X^2} + \frac{\partial^2 \varphi}{\partial Y^2} = \frac{\partial^2 \varphi}{\partial r^2} + \frac{1}{r}\frac{\partial \varphi}{\partial r} + \frac{1}{r^2}\frac{\partial^2 \varphi}{\partial \theta^2} \tag{8.2.28}
$$

于是，在极坐标中的双调和方程为

$$
\Delta^2 \varphi = \left(\frac{\partial^2}{\partial r^2} + \frac{1}{r}\frac{\partial}{\partial r} + \frac{1}{r^2}\frac{\partial^2}{\partial \theta^2}\right)\left(\frac{\partial^2 \varphi}{\partial r^2} + \frac{1}{r}\frac{\partial \varphi}{\partial r} + \frac{1}{r^2}\frac{\partial^2 \varphi}{\partial \theta^2}\right) = 0 \tag{8.2.29}
$$

为了得到极坐标中应力分量和应力函数 φ 的关系，我们利用极坐标中应力分量和笛卡儿坐标中应力分量之间关系的式(2.4.14c)，在平面内的应力分量的关系即是

$$
\left\{
\begin{aligned}
\sigma_{rr} &= \sigma_{11}\cos^2\theta + 2\sigma_{12}\sin\theta\cos\theta + \sigma_{22}\sin^2\theta \\
\sigma_{\theta\theta} &= \sigma_{22}\sin^2\theta - 2\sigma_{12}\sin\theta\cos\theta + \sigma_{22}\cos^2\theta \\
\sigma_{r\theta} &= (\sigma_{22} - \sigma_{11})\sin\theta\cos\theta + \sigma_{12}(\cos^2\theta - \sin^2\theta)
\end{aligned}
\right.
\tag{8.2.30}
$$

将 σ_{11}、σ_{22}、σ_{12}的表达式(8.2.27)代入式(8.2.30)中，经化简即可得到

$$
\left\{
\begin{aligned}
\sigma_{rr} &= \frac{1}{r}\frac{\partial \varphi}{\partial r} + \frac{1}{r^2}\frac{\partial^2 \varphi}{\partial \theta^2} \\
\sigma_{\theta\theta} &= \frac{\partial^2 \varphi}{\partial r^2} \\
\sigma_{r\theta} &= \frac{1}{r^2}\frac{\partial \varphi}{\partial \theta} - \frac{1}{r}\frac{\partial^2 \varphi}{\partial r \partial \theta} = -\frac{\partial}{\partial r}\left(\frac{1}{r}\frac{\partial \varphi}{\partial \theta}\right)
\end{aligned}
\right.
\tag{8.2.31}
$$

这样，我们就得到了在极坐标中的双调和方程(8.2.29)和应力分量与应力函数的关系式(8.2.31)。

8.2.5 平面问题的逆解法

逆解法的思想是，对给定的满足双调和方程的应力函数，求出其应力分量，并且来看这

个问题满足什么样的边界条件。虽然这个方法比较笨，但是从原则上来说，我们可以对足够多的满足双调和方程的应力函数而得到其所对应的实际问题。下面我们就用逆解法来看一看一些简单的双调和函数代表什么样的实际问题的解。

首先我们指出，因为应力分量都是和应力函数的 2 阶导数相联系的，所以线性函数对应的应力分量等于零，即对于常数 a、b、c 而言，应力函数

$$\varphi = aX + bY + c$$

所对应的应力状态为零应力状态，因此，给应力函数加上任意的线性函数并不影响材料中的应力分布。例如：

(1) 函数 $\varphi = \frac{a}{2}X^2 + bXY + \frac{c}{2}Y^2$（$a$、$b$、$c$ 为常数）

容易证明上述函数 φ 是满足双调和方程的，所以该函数是没有体积力平面问题的应力函数。容易求出，对此问题有

$$\sigma_{11} = c,\quad \sigma_{22} = a,\quad \sigma_{12} = -b$$

所以该应力函数对应均匀应力状态。对于 $a>0$，$c>0$，$b<0$，其边界应力的情况如图 8.4 所示。

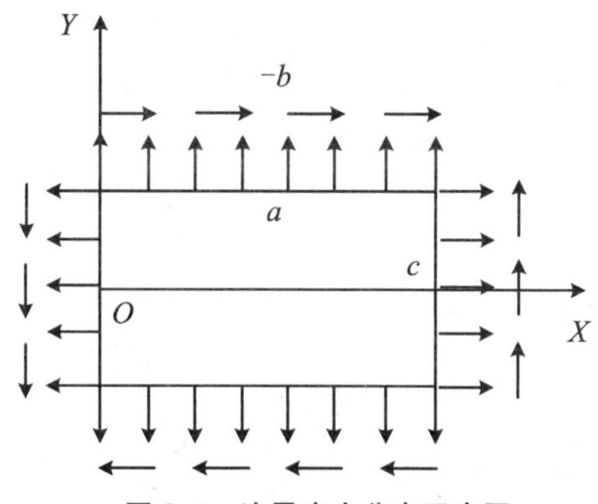

图 8.4　边界应力分布示意图

(2) 函数 $\varphi = \frac{a}{6}X^3 + \frac{b}{2}X^2Y + \frac{c}{2}XY^2 + \frac{d}{6}Y^3$（$a$、$b$、$c$、$d$ 为常数）

该函数 φ 也是满足双调和方程的。容易求出

$$\begin{cases}\sigma_{11} = cX + dY \\ \sigma_{22} = aX + bY \\ \sigma_{12} = -bX - cY\end{cases}$$

这代表线性应力分布的问题。对于只有 $d\neq 0$ 的问题，代表板的纯弯曲问题的解，图 8.5 所示为 $d>0$ 的情况。

(3) 函数 $\varphi = \frac{a}{12}X^4 + \frac{b}{6}X^3Y + \frac{c}{2}X^2Y^2 + \frac{d}{6}XY^3 + \frac{e}{12}Y^4$（$a$、$b$、$c$、$d$、$e$ 为常数）

可以证明，只有当

$$e = -(2c + a)$$

时，函数 φ 才是双调和函数，且可以作为应力函数。此时知应力分布为

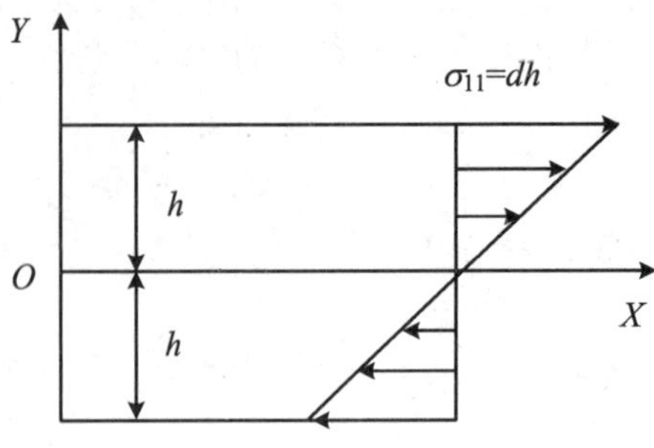

图 8.5　边界应力分布示意图

$$\begin{cases}\sigma_{11} = cX^2 + \mathrm{d}XY - (2c + a)Y^2 \\ \sigma_{22} = aX^2 + bXY + cY^2 \\ \sigma_{12} = -\dfrac{b}{2}X^2 - 2cXY - \dfrac{d}{2}Y^2\end{cases}$$

这是一种二次齐次函数的应力分布，对各种不同的 a、b、c、d、e 值可以得到相应的应力分布情况。例如，对于 $d \neq 0$ 而其余常数为 0 的情况，有

$$\sigma_{11} = dXY, \quad \sigma_{22} = 0, \quad \sigma_{12} = -\frac{d}{2}Y^2$$

对于 $d<0$ 的情况，其边界应力分布如图 8.6 所示。

对于逆解法的问题，我们就列出这些例子。

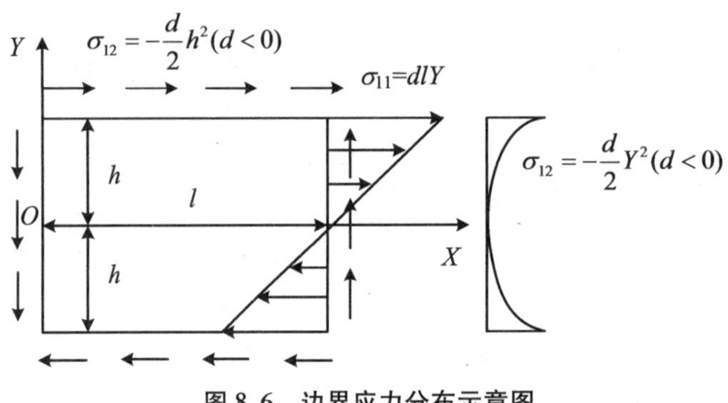

图 8.6　边界应力分布示意图

8.2.6　平面问题的半逆解法

半逆解法是指，通过一些特殊的方式得到对应力函数可能形式的预测，然后再通过协调方程和具体的边界条件来确定应力函数的具体形式和其中的待定常数。这些特殊的方式包括：根据材料力学有关问题的解为启发预测应力函数的形式；通过量纲分析的方法对应力函数的形式做出预测；或者根据 8.2.4 小节所述的方法，写出在边界上应力函数及其偏导数的具体形式，然后以此为基础写出应力函数的更一般的可能形式，等等。下面我们就通过两个例子来说明半逆解法的具体应用。

例 1　如图 8.7 所示的高为 h、长为 l、单位厚度的悬臂梁，受有端部集中力矩 M、集中载荷 P 和上面均布载荷 q 作用，试求梁中的应力分布。

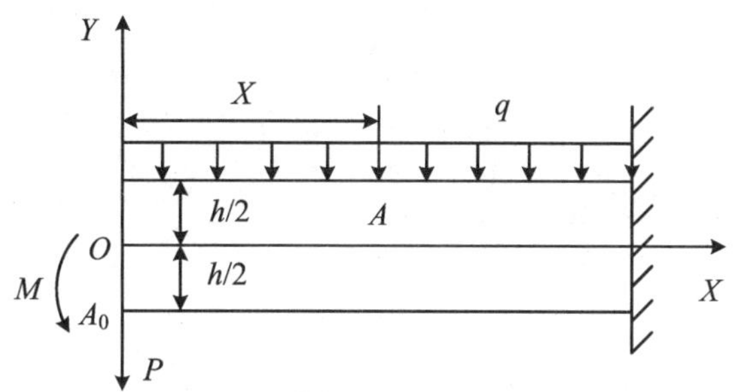

图 8.7　悬臂梁受力情况

严格而言,该问题除给出右端悬臂端的位移和转角为 0 的边界条件以外,在左端也应该给出端面上的应力分布情况。但是,弹性力学中广泛采用的所谓圣维南原理指出,当使用一个静力等效的力系代替给定的力系时,在远离力系作用区的地方,两个问题的解是一样的。所以该题是在圣维南原理的前提下来求解的,所求出的解在远离端部的地方,其解可以认为是精确的,而在端部附近则是近似的。

以图中的点 $A_0(X=0, Y=-\dfrac{h}{2})$作为参考点,并取该点 φ 的值和其偏导数的值为零,$\varphi(A_0)=0, \dfrac{\partial\varphi}{\partial X}(A_0)=0, \dfrac{\partial\varphi}{\partial Y}(A_0)=0$,则其边界点上任意点处 φ 的值和其偏导数的值可以由 8.2.4 小节中所讲的方法来确定。注意在梁的下边界的点 $A(X, Y=-\dfrac{h}{2})$处,A_0A 上没有外力作用,所以该点处有 $\varphi=0, \dfrac{\partial\varphi}{\partial Y}=R_1=0, \dfrac{\partial\varphi}{\partial X}=-R_2=0$(不独立)。而在梁的上边界的点 $A(X, Y=\dfrac{h}{2})$处,因为物体在 A_0A 线的右侧,所以式(8.2.20)和式(8.2.22)应加以负号,于是在上边界的点 A 处有

$$\varphi=-M-PX-\int_0^X qX\mathrm{d}X=-M-PX-\frac{1}{2}qX^2, \quad \frac{\partial\varphi}{\partial Y}=-R_1=0$$

$$\frac{\partial\varphi}{\partial X}=R_2=-P-qX \quad (\text{不独立})$$

于是,对 φ 和$\dfrac{\partial\varphi}{\partial Y}$有边界条件如下:

$$\begin{cases} A(X, Y=\dfrac{h}{2})\text{ 处}, \varphi=-M-PX-\dfrac{1}{2}qX^2, \dfrac{\partial\varphi}{\partial Y}=0 \\ A(X, Y=-\dfrac{h}{2})\text{ 处}, \varphi=0, \dfrac{\partial\varphi}{\partial Y}=0 \end{cases} \tag{8.2.32}$$

根据 φ 和$\dfrac{\partial\varphi}{\partial Y}$在边界上的值式(8.2.32),我们会很自然地想到尝试如下形式的 φ 的表达式:

$$\varphi=F(Y)+f(Y)X+\frac{1}{2}g(Y)X^2 \tag{8.2.33}$$

将式(8.2.33)代入双调和方程,有

$$\Delta^2\varphi=\frac{\partial^4\varphi}{\partial X^4}+2\frac{\partial^4\varphi}{\partial X^2\partial Y^2}+\frac{\partial^4\varphi}{\partial Y^4}=\frac{\mathrm{d}^4F}{\mathrm{d}Y^4}+2\frac{\mathrm{d}^2g}{\mathrm{d}Y^2}+X\frac{\mathrm{d}^4f}{\mathrm{d}Y^4}+\frac{1}{2}X^2\frac{\mathrm{d}^4g}{\mathrm{d}Y^4}=0$$

若此式对一切 X 都成立,则有

$$2\frac{\mathrm{d}^2 g}{\mathrm{d}Y^2}+\frac{\mathrm{d}^4 F}{\mathrm{d}Y^4}=0 \tag{8.2.34a}$$

$$\frac{\mathrm{d}^4 f}{\mathrm{d}Y^4}=0 \tag{8.2.34b}$$

$$\frac{\mathrm{d}^4 g}{\mathrm{d}Y^4}=0 \tag{8.2.34c}$$

因为

$$\varphi\left(\pm\frac{h}{2}\right)=F\left(\pm\frac{h}{2}\right)+f\left(\pm\frac{h}{2}\right)X+\frac{1}{2}g\left(\pm\frac{h}{2}\right)X^2$$

$$\frac{\partial\varphi}{\partial Y}\left(\pm\frac{h}{2}\right)=F'\left(\pm\frac{h}{2}\right)+f'\left(\pm\frac{h}{2}\right)X+\frac{1}{2}g'\left(\pm\frac{h}{2}\right)X^2$$

所以由边界条件式(8.2.32),可以写出对于函数 F、f 和 g 的边界条件为

$$F\left(\frac{h}{2}\right)=-M,\quad f\left(\frac{h}{2}\right)=-P,\quad g\left(\frac{h}{2}\right)=-q,\quad F'\left(\frac{h}{2}\right)=0,\quad f'\left(\frac{h}{2}\right)=0,\quad g'\left(\frac{h}{2}\right)=0$$

$$F\left(-\frac{h}{2}\right)=0,\quad f\left(-\frac{h}{2}\right)=0,\quad g\left(-\frac{h}{2}\right)=0,\quad F'\left(-\frac{h}{2}\right)=0,\quad f'\left(-\frac{h}{2}\right)=0,\quad g'\left(-\frac{h}{2}\right)=0$$

即

$$F\left(\frac{h}{2}\right)=-M,\quad F\left(-\frac{h}{2}\right)=0,\quad F'\left(\frac{h}{2}\right)=0,\quad F'\left(-\frac{h}{2}\right)=0 \tag{8.2.35a}$$

$$f\left(\frac{h}{2}\right)=-P,\quad f\left(-\frac{h}{2}\right)=0,\quad f'\left(\frac{h}{2}\right)=0,\quad f'\left(-\frac{h}{2}\right)=0 \tag{8.2.35b}$$

$$g\left(\frac{h}{2}\right)=-q,\quad g\left(-\frac{h}{2}\right)=0,\quad g'\left(\frac{h}{2}\right)=0,\quad g'\left(-\frac{h}{2}\right)=0 \tag{8.2.35c}$$

以边界条件式(8.2.35b)和式(8.2.35c)解常微分方程(8.2.34b)和(8.2.34c),可求出函数$f(Y)$和 $g(Y)$;然后再以边界条件式(8.2.35a)和求出的函数 $g(Y)$求解常微分方程(8.2.34a),可得出函数 $F(Y)$。其结果如下:

$$F(Y)=-\frac{1}{2}M\left(1+3\frac{Y}{h}-4\frac{Y^3}{h^3}\right)-\frac{1}{80}qhY\left(1-4\frac{Y^2}{h^2}\right)^2 \tag{8.2.36a}$$

$$f(Y)=-\frac{1}{2}P\left(1+3\frac{Y}{h}-4\frac{Y^3}{h^3}\right) \tag{8.2.36b}$$

$$g(Y)=-\frac{1}{2}q\left(1+3\frac{Y}{h}-4\frac{Y^3}{h^3}\right) \tag{8.2.36c}$$

于是,可得应力函数为

$$\varphi=-\frac{1}{2}\left(M+PX+\frac{1}{2}qX^2\right)\left(1+3\frac{Y}{h}-4\frac{Y^3}{h^3}\right)-\frac{1}{80}qhY\left(1-4\frac{Y^2}{h^2}\right)^2 \tag{8.2.37}$$

应力分量为

$$\sigma_{11}=\frac{\partial^2\varphi}{\partial Y^2}=\frac{12Y}{h^3}\left(M+PX+\frac{1}{2}qX^2\right)-q\left(\frac{4Y^3}{h^3}-\frac{3Y}{5h}\right) \tag{8.2.38a}$$

$$\sigma_{22}=\frac{\partial^2\varphi}{\partial X^2}=-\frac{1}{2}q\left(1+3\frac{Y}{h}-4\frac{Y^3}{h^3}\right) \tag{8.2.38b}$$

$$\sigma_{12}=-\frac{\partial^2\varphi}{\partial X\partial Y}=\frac{3}{2h}(P+qX)\left(1-\frac{4Y^2}{h^2}\right) \tag{8.2.38c}$$

由式(8.2.36)可见，力矩 M 只对函数 $F(Y)$ 有贡献，切力 P 只对函数 $f(Y)$ 有贡献，而分布载荷 q 则同时对函数 $F(Y)$ 和 $g(Y)$ 有贡献。将应力分布式(8.2.38)和材料力学的结果进行对比，可以发现 σ_{11} 的第一项即是材料力学的公式，而第二项才是弹性力学的修正项；材料力学中是不考虑纤维的挤压应力 σ_{22} 的，而弹性力学的公式则给出了挤压应力 σ_{22} 的值；剪切应力 σ_{12} 的结果则是和材料力学的结果完全一样。

例 2　如图 8.8 所示为单位厚度的楔形体，其张角为 2α，端部受有水平集中载荷 P 的作用。试求楔形体中的应力分布。

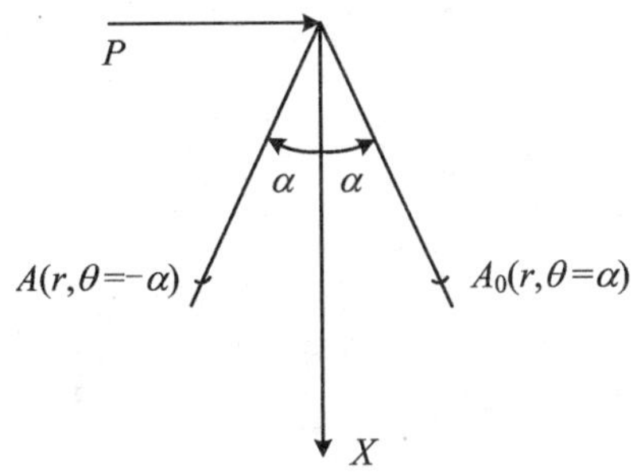

图 8.8　楔形体端部受集中力

以图中的点 $A_0(r,\theta=\alpha)$ 作为参考点，并取该点 φ 的值和其偏导数的值为零，$\varphi(A_0)=0$，$\dfrac{\partial\varphi}{\partial r}(A_0)=0$，$\dfrac{\partial\varphi}{\partial\theta}(A_0)=0$，则其边界点上任意点处 φ 的值和其偏导数的值可以由 8.2.4 小节中所讲的方法来确定。

在边界 $\theta=\alpha$ 上，有 $\varphi=0$，$\dfrac{\partial\varphi}{\partial n}=\dfrac{1}{r}\dfrac{\partial\varphi}{\partial\theta}=-R_s=0$，即$\dfrac{\partial\varphi}{\partial\theta}=0$（$\dfrac{\partial\varphi}{\partial s}=\dfrac{\partial\varphi}{\partial r}=R_n=0$，不独立）；在边界 $\theta=-\alpha$ 上，有 $\varphi=M=-Pr\cos\alpha$，$\dfrac{\partial\varphi}{\partial n}=\dfrac{1}{r}\dfrac{\partial\varphi}{\partial\theta}=-R_s=P\sin\alpha$，即$\dfrac{\partial\varphi}{\partial\theta}=-Pr\sin\alpha$ $\left(\dfrac{\partial\varphi}{\partial s}=\dfrac{\partial\varphi}{\partial r}=R_n=-P\cos\alpha\text{，不独立}\right)$。即在边界线上，有

$$\begin{cases}\theta=\alpha\text{ 处}，\varphi=0，\dfrac{\partial\varphi}{\partial\theta}=0\\[2ex]\theta=-\alpha\text{ 处}，\varphi=-Pr\cos\alpha，\dfrac{\partial\varphi}{\partial\theta}=-Pr\sin\alpha\end{cases}$$

以此边界上 φ 和$\dfrac{\partial\varphi}{\partial\theta}$的表达式为启发，可假设应力函数具有如下的形式：

$$\varphi=rf(\theta)\tag{8.2.39}$$

将此应力函数 φ 代入双调和方程 $\Delta^2\varphi=0$ 之中，并利用表达式：

$$\begin{aligned}\Delta\varphi&=\left(\frac{\partial^2}{\partial r^2}+\frac{1}{r}\frac{\partial}{\partial r}+\frac{1}{r}\frac{\partial^2}{\partial\theta^2}\right)\varphi=\frac{\partial^2}{\partial r^2}[rf(\theta)]+\frac{1}{r}\frac{\partial}{\partial r}[rf(\theta)]+\frac{1}{r}\frac{\partial^2}{\partial\theta^2}[rf(\theta)]\\&=\frac{1}{r}[f(\theta)+f''(\theta)]\end{aligned}$$

可有

$$\begin{aligned}\Delta^2\varphi&=\frac{\partial^2}{\partial r^2}\left\{\frac{1}{r}[f(\theta)+f''(\theta)]\right\}+\frac{1}{r}\frac{\partial}{\partial r}\left\{\frac{1}{r}[f(\theta)+f''(\theta)]\right\}+\frac{1}{r}\frac{\partial^2}{\partial\theta^2}\left\{\frac{1}{r}[f(\theta)+f''(\theta)]\right\}\\&=\frac{1}{r^3}[f''''(\theta)+2f''(\theta)+f(\theta)]=0\end{aligned}$$

即

$$f''''(\theta)+2f''(\theta)+f(\theta)=0 \tag{8.2.40}$$

将该常微分方程的特解 $f(\theta)=e^{k\theta}$ 代入,可得特征值 k 为

$$k=\pm i \quad (\text{各为二重根})$$

于是,可得式(8.2.40)的通解为

$$f(\theta)=A\theta\cos\theta+B\cos\theta+C\theta\sin\theta+D\sin\theta$$

而应力函数将为

$$\varphi=A\theta r\cos\theta+Br\cos\theta+C\theta r\sin\theta+Dr\sin\theta \tag{8.2.41}$$

利用边界条件,并消去 r,可得

$$A\alpha\cos\alpha+B\cos\alpha+C\alpha\sin\alpha+D\sin\alpha=0$$
$$A(\cos\alpha-\alpha\sin\alpha)-B\sin\alpha+C(\sin\alpha+\alpha\cos\alpha)+D\cos\alpha=0$$
$$-A\alpha\cos\alpha+B\cos\alpha+C\alpha\sin\alpha-D\sin\alpha=-P\cos\alpha$$
$$A(\cos\alpha-\alpha\sin\alpha)+B\sin\alpha-C(\sin\alpha+\alpha\cos\alpha)+D\cos\alpha=-P\sin\alpha$$

由此可得

$$A=-\frac{P}{\sin 2\alpha-2\alpha},\quad B=-\frac{P}{2},\quad C=0,\quad D=\frac{P\cos^2\alpha}{\sin 2\alpha-2\alpha}$$

应力函数为

$$\varphi=-\frac{P\theta r}{\sin 2\alpha-2\alpha}\cos\theta-\frac{Pr}{2}\cos\theta+\frac{Pr\cos^2\alpha}{\sin 2\alpha-2\alpha}\sin\theta \tag{8.2.42}$$

应力分量为

$$\sigma_{rr}=\frac{1}{r}\frac{\partial^2\varphi}{\partial\theta^2}+\frac{1}{r}\frac{\partial\varphi}{\partial r}=\frac{2P}{\sin 2\alpha-2\alpha}\frac{\sin\theta}{r} \tag{8.2.43a}$$

$$\sigma_{\theta\theta}=\frac{\partial^2\varphi}{\partial r^2}=0 \tag{8.2.43b}$$

$$\sigma_{r\theta}=\frac{1}{r^2}\frac{\partial\varphi}{\partial\theta}-\frac{1}{r}\frac{\partial^2\varphi}{\partial r\partial\theta}=0 \tag{8.2.43c}$$

关于平面问题的其他解法,如级数解法等,此处不再详述,读者可参考文献[1]、[2]、[3]、[4]等。

8.3 弹性力学长柱体的自由扭转问题

8.3.1 圆截面柱体的自由扭转问题

所谓柱体的自由扭转问题,是指对柱体的轴向位移没有任何限制的问题,这对很多长柱体的中间部分基本上是适用的,而对其两端则通常采用所谓圣维南原理所确定的静力等效载荷的方法。于是,对轴线沿 $X_3=Z$、长为 l、受有扭矩 M_3 的长柱体,其圣维南边界条件可以写为

$$\begin{cases} \iint\limits_R \sigma_{31} \mathrm{d}X\mathrm{d}Y = \iint\limits_R \sigma_{32} \mathrm{d}X\mathrm{d}Y = \iint\limits_R \sigma_{33} \mathrm{d}X\mathrm{d}Y = 0 \\ \iint\limits_R Y\sigma_{33} \mathrm{d}X\mathrm{d}Y = \iint\limits_R (-X\sigma_{33}) \mathrm{d}X\mathrm{d}Y = 0 \\ \iint\limits_R (X\sigma_{32} - Y\sigma_{31}) \mathrm{d}X\mathrm{d}Y = M_3 \end{cases} \tag{8.3.1}$$

其中，R 为圆柱体的横截面积。

首先考虑圆柱体的扭转问题。根据材料力学结果的启发，我们仍然采用所谓的平截面假定，即圆柱体的圆截面在扭矩 M_3 的作用下整体在其自身平面内绕其中心旋转某一角度 $\theta(Z)$。以 $Z=0$ 处的旋转角 $\theta(Z)=0$，则参考材料的力学结果，可假设

$$\theta(Z) = \alpha Z \tag{8.3.2}$$

其中，常数 α 表示相对旋转角，即相距为单位长度的两截面的相对扭转角。

考虑圆截面上的一点 $A(X,Y)$，设其初始极坐标为 $A(r,\beta)$。若其扭转后点 A 旋转一个角度 θ，产生直角坐标中的位移(u,v)而到达点 $A'(X+u,Y+v)$，其极坐标为 $A'(r,\beta+\theta)$，则由图 8.9 可见，有

$$u = r\cos(\beta+\theta) - r\cos\beta = r\cos\beta\cos\theta - r\sin\beta\sin\theta - r\cos\beta = X(\cos\theta - 1) - Y\sin\theta$$
$$v = r\sin(\beta+\theta) - r\sin\beta = r\sin\beta\cos\theta + r\cos\beta\sin\theta - r\sin\beta = Y(\cos\theta - 1) + X\sin\theta$$

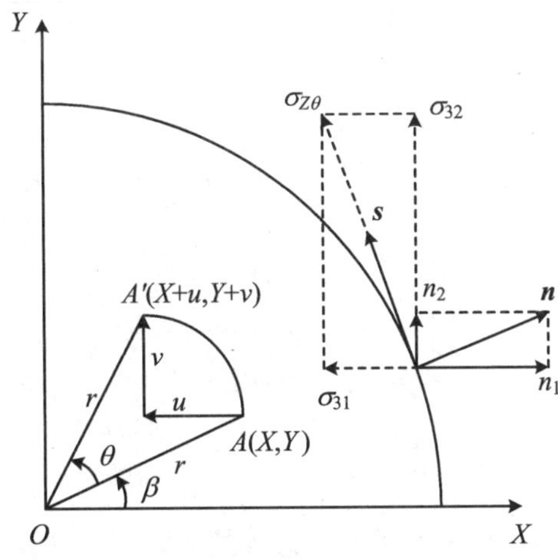

图 8.9　扭转变形

在小变形的情况，近似有 $u=-Y\theta, v=X\theta$，于是由式(8.3.2)可得

$$u = -\alpha YZ, \quad v = \alpha XZ \tag{8.3.3}$$

由此可求得

$$\varepsilon_{31} = \frac{1}{2}\frac{\partial u}{\partial Z} = -\frac{1}{2}\alpha Y, \quad \varepsilon_{32} = \frac{1}{2}\frac{\partial v}{\partial Z} = \frac{1}{2}\alpha X, \quad \text{其他 } \varepsilon_{ij} = 0$$

由胡可定律可得其应力分量为

$$\sigma_{31} = -\alpha\mu Y, \quad \sigma_{32} = \alpha\mu X, \quad \text{其他 } \sigma_{ij} = 0 \tag{8.3.4a}$$

将此应力分布(8.3.4a)转化为柱坐标的应力分量，则有

$$\sigma_{Z\theta} = \sigma_{32}\cos\theta - \sigma_{31}\sin\theta = \alpha\mu X\cos\theta + \alpha\mu Y\sin\theta$$

即

$$\sigma_{Z\theta} = \alpha\mu r \tag{8.3.4b}$$

式(8.3.4b)说明,在柱体的圆截面上各点处,只有一个垂直于半径而沿着 θ 方向的剪应力 $\sigma_{Z\theta}$,其大小与半径 r 成比例,而这正是材料力学给出的结果。

容易证明,应力分布式(8.3.4a)是能够满足平衡方程的;而由于我们是从单值连续的位移式(8.3.3)出发而求解问题的,所以不需要再考虑协调方程,或者说应力协调方程是自然满足的。

也容易验证,应力分布式(8.3.4a)是能够满足端面条件式(8.3.1)中前5个方程的。而第六个方程则给出

$$M_3 = \iint_R \alpha\mu(X^2 + Y^2)\mathrm{d}X\mathrm{d}Y = \alpha\mu I \tag{8.3.5}$$

其中

$$I = \iint_R (X^2 + Y^2)\mathrm{d}X\mathrm{d}Y$$

是截面的极惯性矩。由式(8.3.5)就可以求出相对扭转角 α。

前面的论证说明,对圆截面柱体的扭转问题,以材料力学中的平截面假定为基础所给出的结果式(8.3.4)就是问题的精确解。我们自然会想到:对于一般截面的长柱体的扭转问题,是否平截面假定仍然成立?下面我们将说明答案是否定的。

8.3.2 非圆截面柱体自由扭转问题的翘曲函数解法

现在我们就来说明,对于非圆截面的柱体,前面所述的平截面假定是不适用的,而只有圆截面的情形侧面的边界条件才能满足。事实上,由于在侧面单位法矢量的 n_3 分量为0,所以其侧面的边界条件可以写为

$$\begin{cases} \sigma_{11}n_1 + \sigma_{12}n_2 = 0 \\ \sigma_{21}n_1 + \sigma_{22}n_2 = 0 \\ \sigma_{31}n_1 + \sigma_{32}n_2 = 0 \end{cases} \tag{8.3.6}$$

应力分布式(8.3.4a)对边界条件式(8.3.6)的前两式是自然满足的,而第三式则给出

$$-\alpha\mu Yn_1 + \alpha\mu Xn_2 = 0$$

由于 $n_1 = \dfrac{\mathrm{d}Y}{\mathrm{d}s}, n_2 = -\dfrac{\mathrm{d}X}{\mathrm{d}s}$,其中 $\mathrm{d}s$ 为沿侧面边界线的弧长,于是上式给出

$$Y\mathrm{d}Y + X\mathrm{d}X = 0$$

即

$$X^2 + Y^2 = C^2$$

这说明边界线只能是圆,即只有对圆截面,前面基于平截面假定所得到的应力分布才是正确的。

现在我们借鉴前面的位移分布式(8.3.3),但是抛弃平截面的假定而假设截面有沿着轴线方向与 Z 无关的翘曲位移 $w = \alpha\varphi(X, Y)$,即设

$$u = -\alpha YZ, \quad v = \alpha XZ, \quad w = \alpha\varphi(X, Y) \tag{8.3.7}$$

其中,$\varphi(X, Y)$称为翘曲函数。由式(8.3.7)可有

$$\varepsilon_{31} = \frac{1}{2}\left(\frac{\partial u}{\partial Z} + \frac{\partial w}{\partial X}\right) = \frac{1}{2}\alpha\left(\frac{\partial \varphi}{\partial X} - Y\right), \quad \varepsilon_{32} = \frac{1}{2}\left(\frac{\partial v}{\partial Z} + \frac{\partial w}{\partial Y}\right) = \frac{1}{2}\alpha\left(\frac{\partial \varphi}{\partial Y} + X\right),$$

其他 $\varepsilon_{ij} = 0$

于是，由胡克定律可得应力分量为

$$\sigma_{31} = \alpha\mu\left(\frac{\partial\varphi}{\partial X} - Y\right),\quad \sigma_{32} = \alpha\mu\left(\frac{\partial\varphi}{\partial Y} + X\right),\quad \text{其他 } \sigma_{ij} = 0 \tag{8.3.8}$$

将应力分布式(8.3.8)代入平衡方程，有

$$\frac{\partial\sigma_{ij}}{\partial X_j} = 0\quad (i = 1、2、3)$$

可见前两个方程是自然满足的，而第三个方程则给出

$$\Delta\varphi = \frac{\partial^2\varphi}{\partial X^2} + \frac{\partial^2\varphi}{\partial Y^2} = 0 \tag{8.3.9}$$

即翘曲函数 $\varphi(X,Y)$是调和函数。侧面边界条件式(8.3.6)的前两个方程仍然是自动满足的，而第三个方程则给出

$$\left(\frac{\partial\varphi}{\partial X} - Y\right)n_1 + \left(\frac{\partial\varphi}{\partial Y} + X\right)n_2 = 0$$

由于沿边界线的法向导数为

$$\frac{\partial\varphi}{\partial n} = \frac{\partial\varphi}{\partial X}n_1 + \frac{\partial\varphi}{\partial Y}n_2$$

所以上式可以写为

$$\frac{\partial\varphi}{\partial n} = Yn_1 - Xn_2 \tag{8.3.10}$$

前面的推理说明：翘曲函数 $\varphi(X,Y)$在轴的横截面的区域 R 内要满足调和方程(8.3.9)，而在其边界线上要满足边界条件式(8.3.10)。这在数理方程中称为求解调和函数的第二边值问题，也叫作诺曼问题，其结果可相差一个任意常数。而这个任意常数表示可相差一个 Z 方向的刚体位移。

现在我们来校核，前面的解是否可以满足圣维南意义下的端面条件式(8.3.1)。式(8.3.1)的第三、四、五个方程显然可以满足。将其应力分量代入第一个方程的左端，并注意在 R 内有 $\Delta\varphi=0$，故有

$$\begin{aligned}\iint_R\sigma_{31}\mathrm{d}X\mathrm{d}Y &= \iint_R\alpha\mu\left(\frac{\partial\varphi}{\partial X} - Y\right)\mathrm{d}X\mathrm{d}Y = \iint_R\alpha\mu\left[\left(\frac{\partial\varphi}{\partial X} - Y\right) + X\left(\frac{\partial^2\varphi}{\partial X^2} + \frac{\partial^2\varphi}{\partial Y^2}\right)\right]\mathrm{d}X\mathrm{d}Y\\ &= \alpha\mu\iint_R\left\{\frac{\partial}{\partial X}\left[X\left(\frac{\partial\varphi}{\partial X} - Y\right)\right] + \frac{\partial}{\partial Y}\left[X\left(\frac{\partial\varphi}{\partial Y} + X\right)\right]\right\}\mathrm{d}X\mathrm{d}Y\end{aligned}$$

利用格林公式

$$\iint_R\left(\frac{\partial Q}{\partial X} - \frac{\partial P}{\partial Y}\right)\mathrm{d}X\mathrm{d}Y = \int_C(P\mathrm{d}X + Q\mathrm{d}Y)$$

上式可写为

$$\begin{aligned}\iint_R\sigma_{31}\mathrm{d}X\mathrm{d}Y &= \iint_R\alpha\mu\left(\frac{\partial\varphi}{\partial X} - Y\right)\mathrm{d}X\mathrm{d}Y = \alpha\mu\int_C X\left(-\frac{\partial\varphi}{\partial Y} - X\right)\mathrm{d}X + X\left(\frac{\partial\varphi}{\partial X} - Y\right)\mathrm{d}Y\\ &= \alpha\mu\int_C X\left[\left(\frac{\partial\varphi}{\partial Y} + X\right)n_2 + \left(\frac{\partial\varphi}{\partial X} - Y\right)n_1\right]\mathrm{d}s = \alpha\mu\int_C X\left[\frac{\partial\varphi}{\partial n} - Yn_1 + Xn_2\right]\mathrm{d}s = 0\end{aligned}$$

这里利用了边界条件式(8.3.10)。这说明圣维南端面条件的第一个方程是能满足的，类似地可以证明第二个方程也可满足。最后只剩下第六个条件，此式将给出

$$M_3 = \iint_R(X\sigma_{32} - Y\sigma_{31})\mathrm{d}X\mathrm{d}Y = \alpha\mu\iint_R\left(X^2 + Y^2 + X\frac{\partial\varphi}{\partial Y} - Y\frac{\partial\varphi}{\partial X}\right)\mathrm{d}X\mathrm{d}Y$$

由此式即可根据给出的扭矩 M_3 而求出其相对扭转角 α。定义量

$$D \equiv \mu \iint_R \left(X^2 + Y^2 + X \frac{\partial \varphi}{\partial Y} - Y \frac{\partial \varphi}{\partial X} \right) \mathrm{d}X \mathrm{d}Y \tag{8.3.11}$$

为柱体的扭转刚度，则有

$$\alpha = \frac{M_3}{D} \tag{8.3.12}$$

在没有翘曲的圆柱体扭转问题中，$D \equiv I$。

8.3.3 非圆截面柱体自由扭转问题的应力函数解法

以应力分量为基本未知量，则要求应力分量除满足平衡方程以外，还应该满足应力协调方程。

参考圆截面柱体扭转问题的解，我们仍假设

$$\sigma_{11} = \sigma_{22} = \sigma_{33} = \sigma_{12} = 0$$

而只有 $\sigma_{31} \neq 0$ 和 $\sigma_{32} \neq 0$。此时，平衡方程将成为

$$\frac{\partial \sigma_{31}}{\partial Z} = 0, \quad \frac{\partial \sigma_{32}}{\partial Z} = 0, \quad \frac{\partial \sigma_{31}}{\partial X} + \frac{\partial \sigma_{32}}{\partial Y} = 0 \tag{8.3.13}$$

前两个方程说明，σ_{31} 和 σ_{32} 只是 X 和 Y 的函数而与 Z 无关；第三个方程说明，我们可以引入一个应力函数 φ，使得

$$\sigma_{31} = \alpha\mu \frac{\partial \phi}{\partial Y}, \quad \sigma_{32} = -\alpha\mu \frac{\partial \phi}{\partial X} \tag{8.3.14}$$

常数 $\alpha\mu$ 只是为了方便而引入的。这样平衡方程就自动满足了，而我们只需要由应力协调方程来导出应力函数 ϕ 所必须满足的方程。应力协调方程(8.1.15)除了自动满足的以外，只剩下

$$\Delta\sigma_{31} = \alpha\mu \Delta \frac{\partial \phi}{\partial Y}, \quad \Delta\sigma_{32} = -\alpha\mu \Delta \frac{\partial \phi}{\partial X}$$

即

$$\Delta \phi = \beta \quad (\text{常数}) \tag{8.3.15}$$

下面再来确定常数 β 的值。由应力分量式(8.3.14)，利用胡克定律可以求出

$$\begin{cases} \dfrac{\partial u}{\partial X} = 0, \quad \dfrac{\partial v}{\partial Y} = 0, \quad \dfrac{\partial w}{\partial Z} = 0 \\ \varepsilon_{23} = \dfrac{1}{2}\left(\dfrac{\partial v}{\partial Z} + \dfrac{\partial w}{\partial Y}\right) = -\dfrac{\alpha}{2} \dfrac{\partial \phi}{\partial X} \\ \varepsilon_{13} = \dfrac{1}{2}\left(\dfrac{\partial u}{\partial Z} + \dfrac{\partial w}{\partial X}\right) = \dfrac{\alpha}{2} \dfrac{\partial \phi}{\partial Y} \\ \varepsilon_{12} = \dfrac{1}{2}\left(\dfrac{\partial u}{\partial Y} + \dfrac{\partial v}{\partial X}\right) = 0 \end{cases} \tag{8.3.16}$$

式(8.3.16)中的前三个方程说明 u 与 X 无关，v 与 Y 无关，w 与 Z 无关；第四个方程说明 $\dfrac{\partial v}{\partial Z}$ 与 Z 无关；第五个方程说明 $\dfrac{\partial u}{\partial Z}$ 与 Z 无关。因此我们可以假定

$$\frac{\partial u}{\partial Z} = f_1(Y), \quad \frac{\partial v}{\partial Z} = g_1(X)$$

故

$$u = Zf_1(Y) + f_2(Y), \quad v = Zg_1(X) + g_2(X)$$

将此二式代入式(8.3.16)中的第六个方程,可得

$$Zf_1'(Y) + f_2'(Y) + Zg_1'(X) + g_2'(X) = 0$$

若要此式对一切 X、Y、Z 都成立,就要求

$$g_1'(X) = -f_1'(Y) = a_1, \quad g_2'(X) = -f_2'(Y) = b_1$$

即

$$f_1(Y) = -a_1Y + a_2, \quad f_2(Y) = -b_1Y + b_2, \quad g_1(X) = a_1X + a_3, \quad g_2(X) = b_1X + b_3$$

其中,a_1、a_2、a_3、b_1、b_2、b_3 为常数。因此,有

$$u = Z(-a_1Y + a_2) - b_1Y + b_2, \quad v = Z(a_1X + a_3) + b_1X + b_3$$

将此二式代入式(8.3.16)中的第四式和第五式并积分,可得

$$w(X,Y) = -a_1w_1(X,Y) - a_2X - a_3Y + b_4$$

其中,b_4 为常数。由以上 u、v、w 的表达式可见,a_2、a_3、b_1、b_2、b_3、b_4 都是关于刚体移动的位移系数,与材料的应力分布无关。若假定在原点处,$u = v = w = \dfrac{\partial u}{\partial Z} = \dfrac{\partial v}{\partial Z} = \dfrac{\partial u}{\partial Y} = 0$,则以上系数皆为零。于是,有

$$u = -a_1YZ, \quad v = a_1XZ, \quad w = -a_1w_1(X,Y) \tag{8.3.17}$$

为了与前面用翘曲函数解问题时的位移表达式相一致,我们可以取 $a_1 = \alpha$,而 $w_1(X,Y)$ 实际上代表翘曲函数。将式(8.3.17)代入式(8.3.16)中的第四式和第五式,分别对 X 和 Y 求导,并相加,然后消去 $w_1(X,Y)$,可得

$$\Delta\phi = -2 \tag{8.3.18}$$

即式(8.3.15)中的常数 $\beta = -2$。直接将翘曲函数的应力分布公式(8.3.8)与应力函数的应力分布公式(8.3.14)相对比,也可得出式(8.3.18)。读者可作为练习证明之。方程(8.3.18)称为泊松方程。现在来看它的边界条件。柱体侧面的边界条件式(8.3.6)的前两个方程自动满足,而第三个方程则给出

$$\sigma_{31}n_1 + \sigma_{32}n_2 = \sigma_{31} = \alpha\mu\frac{\partial\phi}{\partial Y}\frac{\mathrm{d}Y}{\mathrm{d}s} + \alpha\mu\frac{\partial\phi}{\partial X}\frac{\mathrm{d}X}{\mathrm{d}s} = \alpha\mu\frac{\mathrm{d}\phi}{\mathrm{d}s} = 0$$

即应力函数 ϕ 沿着柱体的边界 C_i 为常数:

$$\phi\big|_{C_i} = k_i \tag{8.3.19}$$

对于多连通区域,通常取最外缘曲线 C_0 的 $k_0 = 0$,而其他周线 C_i 上的 k_i 值则需要由位移的周期性条件确定。用翘曲函数 φ 表示,位移的周期性条件可写为

$$\int_{C_i}\mathrm{d}w = \alpha\int_{C_i}\mathrm{d}\varphi = \alpha\int_{C_i}\left(\frac{\partial\varphi}{\partial X}\mathrm{d}X + \frac{\partial\varphi}{\partial Y}\mathrm{d}Y\right) = 0$$

注意翘曲函数 φ 和应力函数 ϕ 的关系为

$$\frac{\partial\varphi}{\partial X} = \frac{\partial\phi}{\partial Y} + Y, \quad \frac{\partial\varphi}{\partial Y} = -\frac{\partial\phi}{\partial X} - X$$

则上述周期性条件可写为

$$\int_{C_i}\left(\frac{\partial\varphi}{\partial Y}\mathrm{d}X - \frac{\partial\phi}{\partial X}\mathrm{d}Y\right) + \int_{C_i}(Y\mathrm{d}X - X\mathrm{d}Y) = 0$$

利用格林公式,该式可写为

$$-\int_{C_i}\left[\frac{\partial\phi}{\partial Y}\left(-\frac{\mathrm{d}X}{\mathrm{d}s}\right)+\frac{\partial\phi}{\partial X}\left(\frac{\mathrm{d}Y}{\mathrm{d}s}\right)\right]\mathrm{d}s=\int_{C_i}(X\mathrm{d}Y-Y\mathrm{d}X)=2A_i$$

其中，A_i 是 C_i 围成的面积。注意$\frac{\mathrm{d}Y}{\mathrm{d}s}=n_1$，$-\frac{\mathrm{d}X}{\mathrm{d}s}=n_2$，则上式可写为

$$\int_{C_i}\frac{\mathrm{d}\phi}{\mathrm{d}n}\mathrm{d}s=-2A_i \tag{8.3.19$'$}$$

利用式(8.3.19)′即可确定式(8.3.19)中的常数 k_i 值。

现在来看圣维南端面条件。易见，圣维南端面条件式(8.3.1)的第三、四、五个方程是显然满足的；事实上，有

$$\iint_R\sigma_{31}\mathrm{d}X\mathrm{d}Y=\alpha\mu\iint_R\frac{\partial\phi}{\partial Y}\mathrm{d}X\mathrm{d}Y=-\alpha\mu\int_{C_0}\phi\mathrm{d}X+\alpha\mu\sum_{i=1}^{n}\int_{C_i}\phi\mathrm{d}X=-\alpha\mu\int_{C_0}0\mathrm{d}X+\alpha\mu\sum_{i=1}^{n}\int_{C_i}A_i\mathrm{d}X=0$$

$$\iint_R\sigma_{32}\mathrm{d}X\mathrm{d}Y=\alpha\mu\iint_R\frac{\partial\phi}{\partial X}\mathrm{d}X\mathrm{d}Y=-\alpha\mu\int_{C_0}\phi\mathrm{d}Y-\alpha\mu\sum_{i=1}^{n}\int_{C_i}\phi\mathrm{d}Y=-\alpha\mu\int_{C_0}0\mathrm{d}Y-\alpha\mu\sum_{i=1}^{n}\int_{C_i}A_i\mathrm{d}Y=0$$

至于式(8.3.1)中的第六个方程，则给出

$$\begin{aligned}M_3&=\iint_R(X\sigma_{32}-Y\sigma_{31})\mathrm{d}X\mathrm{d}Y=-\alpha\mu\iint_R\left(X\frac{\partial\phi}{\partial X}+Y\frac{\partial\phi}{\partial Y}\right)\mathrm{d}X\mathrm{d}Y\\&=-\alpha\mu\iint_R\left[\frac{\partial}{\partial X}(X\phi)+\frac{\partial}{\partial Y}(Y\phi)\right]\mathrm{d}X\mathrm{d}Y+2\alpha\mu\iint_R\phi\mathrm{d}X\mathrm{d}Y\end{aligned}$$

利用格林公式，有

$$\begin{aligned}M_3&=-\alpha\mu\int_{C_0}\phi(X\mathrm{d}Y-Y\mathrm{d}X)-\alpha\mu\sum_{i=1}^{n}\int_{C_i}\phi(X\mathrm{d}Y-Y\mathrm{d}X)+2\alpha\mu\iint_R\phi\mathrm{d}X\mathrm{d}Y\\&=\alpha\mu\sum_{i=1}^{n}\int_{C_i}k_i(X\mathrm{d}Y-Y\mathrm{d}X)+2\alpha\mu\iint_R\phi\mathrm{d}X\mathrm{d}Y\end{aligned}$$

因为

$$\int_{C_i}(X\mathrm{d}Y-Y\mathrm{d}X)=2A_i\quad(\text{因为 }A_i\text{ 是 }C_i\text{ 的面积})$$

所以

$$M_3=2\alpha\mu\left[\sum_{i=1}^{n}k_iA_i+\iint_R\phi\mathrm{d}X\mathrm{d}Y\right]$$

定义

$$D=2\mu\left[\sum_{i=1}^{n}k_iA_i+\iint_R\phi\mathrm{d}X\mathrm{d}Y\right] \tag{8.3.20}$$

为抗扭刚度，则有

$$\alpha=\frac{M_3}{D} \tag{8.3.21}$$

式(8.3.20)就是确定单位扭转角 α 的公式。对于单连通区域，式(8.3.20)成为

$$D=2\mu\iint_R\phi\mathrm{d}X\mathrm{d}Y \tag{8.3.20$'$}$$

以上的推理说明：用应力函数 ϕ 求柱体扭转问题，需求解 ϕ 的泊松方程(8.3.18)，而在柱体截面的边界线上，则要求 ϕ 满足边界条件式(8.3.19)，这称为泊松问题。而应力分量则

由式(8.3.14)给出。

最后我们来看一看在柱体横截面区域 R 内,曲线

$$\phi(X,Y) = C = \text{常数}$$

的物理意义。如图 8.10 所示,沿该曲线有 $\mathrm{d}\phi = \frac{\partial \phi}{\partial X}\mathrm{d}X + \frac{\partial \phi}{\partial Y}\mathrm{d}Y = 0$,所以该曲线的斜率 $\frac{\mathrm{d}Y}{\mathrm{d}X}$ 满足方程

$$\frac{\partial \phi}{\partial X} + \frac{\partial \phi}{\partial Y}\frac{\mathrm{d}Y}{\mathrm{d}X} = 0$$

利用式(8.3.14)有

$$\frac{\partial \phi}{\partial X}\Big/\frac{\partial \phi}{\partial Y} = -\frac{\sigma_{32}}{\sigma_{31}}$$

所以此斜线的斜率 $\frac{\mathrm{d}Y}{\mathrm{d}X} = \frac{\sigma_{32}}{\sigma_{31}}$,这说明 $\varphi(X,Y) =$ 常数的曲线方向与该点的总切应力共线,称此种曲线为切应力线。在该点的总切应力为

$$\tau_s = \sigma_{32}\frac{\mathrm{d}Y}{\mathrm{d}s} + \sigma_{31}\frac{\mathrm{d}X}{\mathrm{d}s} = -\alpha\mu\frac{\partial \phi}{\partial X}\frac{\mathrm{d}Y}{\mathrm{d}s} + \alpha\mu\frac{\partial \phi}{\partial Y}\frac{\mathrm{d}X}{\mathrm{d}s} = -\alpha\mu\frac{\partial \phi}{\partial X}n_1 - \alpha\mu\frac{\partial \phi}{\partial Y}n_2$$

即

$$\tau_s = -\alpha\mu\frac{\mathrm{d}\phi}{\mathrm{d}n} \tag{8.3.22}$$

这里 $\boldsymbol{n}$ 指向 $\phi(X,Y) =$ 常数的曲线的外法向,而 $\boldsymbol{n}$、$\boldsymbol{s}$ 的定向与 X、Y 的定向一致。式(8.3.22)说明,总切应力与 $\frac{\mathrm{d}\phi}{\mathrm{d}n}$ 成比例。由于总切应力线沿着 $\phi(X,Y) =$ 常数的曲线切线方向,所以可以得出结论:总切应力的大小正比于 grad ϕ,如图 8.10 所示。

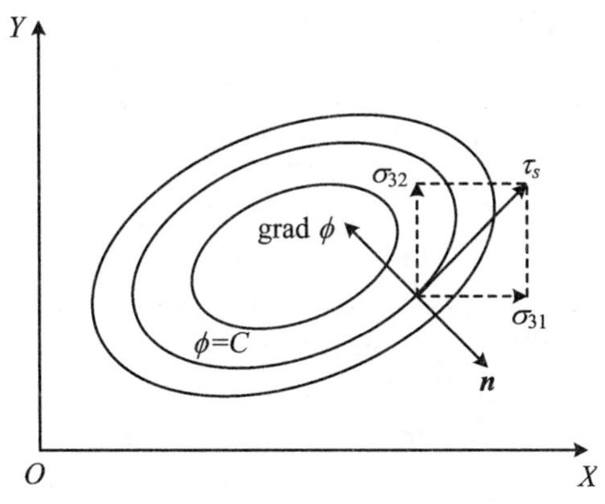

图 8.10　总切应力线

8.3.4　非圆截面柱体自由扭转问题的薄膜比拟法

在物理学中,常常有这样的情况,两个问题所涉及的物理量完全不同,但是它们所满足的数理方程的形式则是完全相同的,而其边界条件也是完全类似的。对于这样的两个问题,我们可以建立起相互之间的比拟,由一个问题的解而得出另一个问题的解。自由扭转问题和薄膜的容器问题就是这样可以相互比拟的问题,因此我们可以通过薄膜的高度及其变化

规律等的测量来预测柱体扭转问题的应力分布。

所谓薄膜是指厚度可以忽略而且可以忽略其自重、同时完全不能承受弯曲的膜，例如像肥皂泡那样的膜。将这个膜固定在与自由扭转柱体横截面形状 R 完全相同的洞形的边界上，其在边界上的膜的高度等于零，当膜从下方受有均匀压力 q 的作用时，膜将鼓起，其高度设为 $Z=Z(X,Y)$，如图 8.11 所示。设薄膜处于均匀应力状态，其单位长度上的张力为 T。考虑图中一个小单元 $ABCD$ 的平衡，其边长为 $\mathrm{d}X$ 和 $\mathrm{d}Y$。边长 AD 上所受的张力为 $T\mathrm{d}Y$，其张力的方向和 X 轴的夹角的正切为 $-\dfrac{\partial Z}{\partial X}$，因此 AD 边上在 AD 端所受的张力在 Z 方向的分量为 $-T\dfrac{\partial Z}{\partial X}\mathrm{d}Y$；在 BC 边上，受力也是 $T\mathrm{d}Y$，但是在 BC 端其张力的方向和 X 轴的夹角的正切为$\dfrac{\partial Z}{\partial X}+\dfrac{\partial^2 Z}{\partial X^2}\mathrm{d}X$，故其在 BC 边上受到的张力在 Z 方向的分量为 $T\left(\dfrac{\partial Z}{\partial X}+\dfrac{\partial^2 Z}{\partial X^2}\mathrm{d}X\right)\mathrm{d}Y$，因此小微元在 AD 端和 BC 端所受外力在 Z 方向的投影为 $T\dfrac{\partial^2 Z}{\partial X^2}\mathrm{d}X\mathrm{d}Y$；同样小微元在 AB 端和 DC 端所受外力在 Z 方向的投影为 $T\dfrac{\partial^2 Z}{\partial Y^2}\mathrm{d}X\mathrm{d}Y$；此外，微元 $ABCD$ 受到的垂直载荷为 $q\mathrm{d}X\mathrm{d}Y$（小挠度下）。因此可得小微元在 Z 方向的平衡方程为

$$T\frac{\partial^2 Z}{\partial Y^2}+T\frac{\partial^2 Z}{\partial X^2}+q=0$$

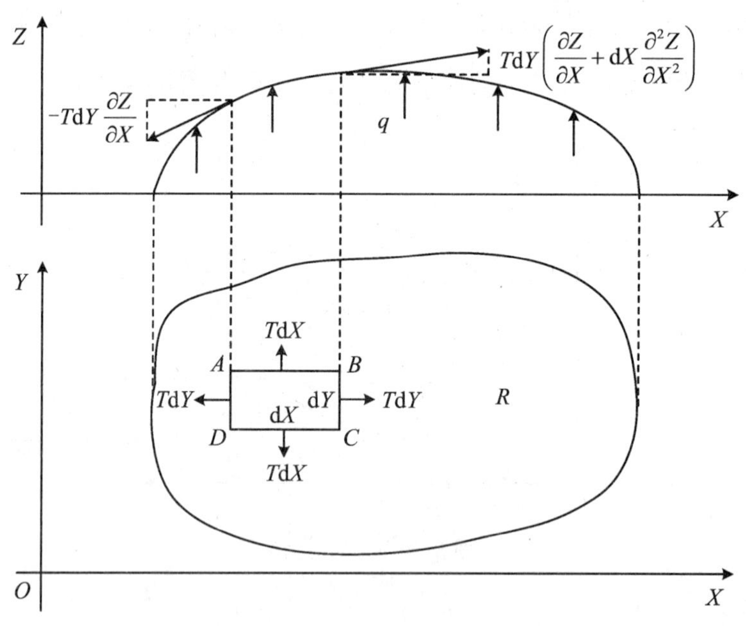

图 8.11　薄膜比拟

即

$$\frac{\partial^2 Z}{\partial Y^2}+\frac{\partial^2 Z}{\partial X^2}=-\frac{q}{T} \tag{8.3.23}$$

方程(8.3.23)和扭转应力函数 ϕ 的方程完全一样，只需令

$$\frac{q}{T} = 2, \quad Z = \frac{q}{2T}\phi \tag{8.3.24}$$

即可。而 Z 的边条件也恰恰是

$$Z\,|_{C_0} = 0 \tag{8.3.24}$$

即对单连通区域的问题，薄膜高度 Z 和应力函数 ϕ 是完全可以比拟的。而其抗扭刚度则恰恰是由薄膜体积的两倍所决定的：

$$D = 2\mu\iint_R \phi \mathrm{d}X\mathrm{d}Y = 2\mu\iint_R \frac{2T}{q} Z\mathrm{d}X\mathrm{d}Y \tag{8.3.26}$$

而应力分量为

$$\sigma_{31} = \alpha\mu\frac{\partial\phi}{\partial Y} = \alpha\mu\frac{2T}{q}\frac{\partial Z}{\partial Y}, \quad \sigma_{32} = -\alpha\mu\frac{\partial\phi}{\partial X} = -\alpha\mu\frac{2T}{q}\frac{\partial Z}{\partial X} \tag{8.3.27}$$

等切应力线的公式则为

$$\tau_s = -\alpha\mu\frac{\mathrm{d}\phi}{\mathrm{d}n} = -\alpha\mu\frac{2T}{q}\frac{\mathrm{d}Z}{\mathrm{d}n} \tag{8.3.28}$$

对于多连通区域，只需加上边界条件：

$$Z\,|_{C_i} = K_i \tag{8.3.29}$$

其中，K_i 可由周期性条件确定。由式(8.3.19)′可见，这一条件也可以写为

$$\int_{C_i} \frac{\mathrm{d}Z}{\mathrm{d}n}\mathrm{d}s = -2A_i \tag{8.3.29$'$}$$

其中，A_i 是 C_i 所围成的面积。

8.4 弹 塑 性 梁

8.4.1 弹塑性梁的纯弯曲问题

考虑如图 8.12 所示的矩形截面梁受弯矩 M 作用的纯弯曲问题，设梁的长度为 l、宽度为 b、高度为 h。对梁的弯曲问题，我们仍然采用材料力学中所用的平截面假定，即变形前垂直于梁轴线的平面在变形后仍然保持为平面而且仍然垂直于梁轴。另外，我们假设在梁中只有横截面上沿梁轴方向的正应力 σ 才是重要的，而在梁中的剪应力以及沿梁轴纵向纤维之间的挤压应力都可以忽略不计。取 X 轴为沿截面对称中心连线的直线，假设弯矩 M 的作用平面为 XY 平面。这样，在梁中的应力分量就只有 $\sigma_{11} \neq 0$，而其他应力分量都为 0：

$$\sigma_{11} = \sigma(Y) \neq 0, \quad \sigma_{22} = \sigma_{33} = \sigma_{12} = \sigma_{23} = \sigma_{31} = 0$$

其中，Y 为截面上的点到中心线的高度。

取 Y 轴和 Z 轴沿梁的横截面的两个对称轴，则中心轴的交点将是沿梁轴的 X 轴。梁的平衡方程为

$$\iint_F \sigma(Y)\mathrm{d}F = 0, \quad \iint_F \sigma(Y) Z\mathrm{d}F = 0, \quad \iint_F \sigma(Y) Y\mathrm{d}F = M \tag{8.4.1}$$

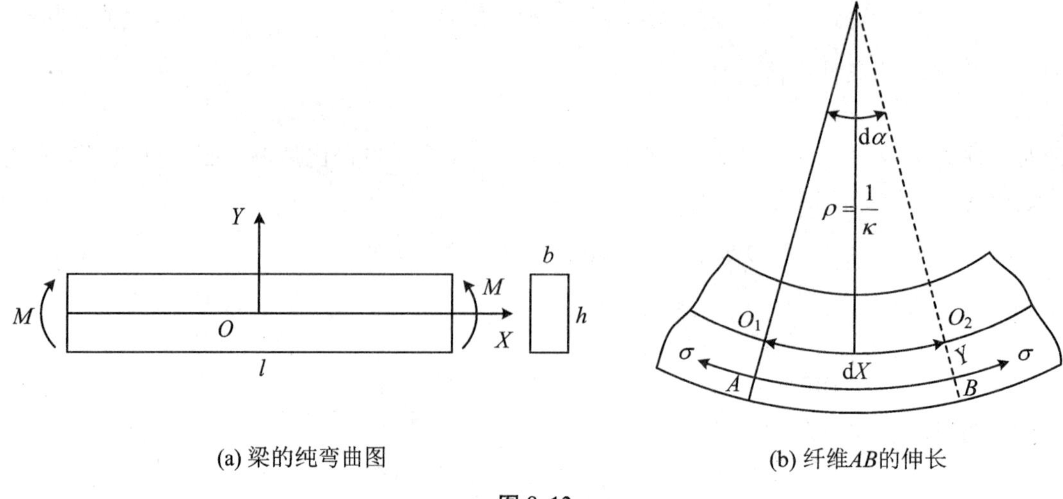

(a) 梁的纯弯曲图

(b) 纤维AB的伸长

图 8.12

假设沿 XZ 平面的纤维为中性层纤维,即其在梁轴 X 方向不伸长,如图 8.12(b)中的纤维 O_1O_2。设梁弯曲后中性轴 O_1O_2 的曲率半径为 ρ,曲率为 $\kappa=\dfrac{1}{\rho}$,纤维 O_1O_2 的长度为 $\mathrm{d}X$,所对的张角为 $\mathrm{d}\alpha$,则 $\mathrm{d}X=\rho\mathrm{d}\alpha$;张角 $\mathrm{d}\alpha$ 所对的高度为 Y 处的纤维 AB 在梁弯曲后的长度为$(\rho+Y)\mathrm{d}\alpha$,其伸长为$(\rho+Y)\mathrm{d}\alpha-\rho\mathrm{d}\alpha=Y\mathrm{d}\alpha$,相对伸长即轴向应变为 $\varepsilon=\dfrac{Y\mathrm{d}\alpha}{\rho\mathrm{d}\alpha}$,即

$$\varepsilon=\frac{Y}{\rho}=\kappa Y \tag{8.4.2}$$

而其轴向应力为

$$\sigma=E\kappa Y \tag{8.4.3}$$

将式(8.4.3)代入平衡方程(8.4.1)中的前两式,分别有

$$\iint_F Y\mathrm{d}F=0,\quad \iint_F YZ\mathrm{d}F=0 \tag{8.4.4}$$

式(8.4.4)中的两式分别表示梁的横截面 F 对中性层的静矩和惯性积为零,而这在我们取 Y 轴和 Z 轴为梁的横截面对称轴时是自动满足的。将式(8.4.3)代入平衡方程(8.4.1)中的第三式,则得

$$\iint_F E\kappa Y^2\mathrm{d}F=M$$

即

$$M=E\kappa J \tag{8.4.5}$$

其中

$$J=\iint_F Y^2\mathrm{d}F \tag{8.4.6}$$

是截面对 Z 轴的惯性矩。对于矩形截面,有

$$J=2b\int_0^{\frac{h}{2}}Y^2\mathrm{d}Y=\frac{bh^3}{12} \tag*{(8.4.6)$'$}$$

将式(8.4.5)代入式(8.4.3),有

$$\sigma = \frac{MY}{J} = \frac{12MY}{bh^3} \tag{8.4.7}$$

由式(8.4.7)可见，在梁的最外层纤维 $Y = \pm\frac{h}{2}$处，应力的绝对值最大。假设材料满足理想塑性的屈服准则，而简单拉伸的屈服应力为 σ_Y，则最外层纤维屈服时，有

$$\sigma_Y = \frac{12M}{bh^3}\frac{h}{2} = \frac{6M}{bh^2}$$

将此弯矩 M 称为梁的弹性极限弯矩，记为 M_e，即

$$M_e \equiv \frac{bh^2}{6}\sigma_Y \tag{8.4.8}$$

将此时梁的曲率半径记为 κ_e，则由式(8.4.5)并利用式(8.4.6)′和式(8.4.8)，有

$$\kappa_e = \frac{M_e}{EJ} = \frac{2\sigma_Y}{Eh} \tag{8.4.9}$$

当 $M > M_e$ 时，梁外层纤维的应变可以继续扩大，而理想塑性要求是外层的且应力仍保持为 σ_Y，此时内层也将有部分纤维进入塑性而应力达 σ_Y，如图 8.13 所示。设弹塑性交界处的纤维高度由量 ζ 来表征，即在 $Y_0 = \zeta\frac{h}{2}$处($0 \leqslant |\zeta| \leqslant 1$)，纤维进入塑性(图 8.13(c))，则由式(8.4.3)有

$$\sigma_Y = E\kappa|\zeta|\frac{h}{2}$$

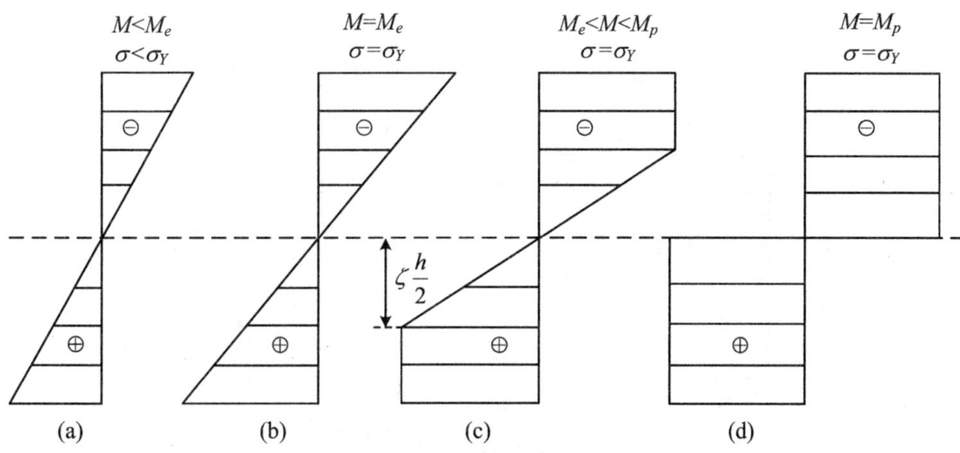

图 8.13　梁截面应力分布

即此时梁的曲率为

$$\kappa = \frac{2\sigma_Y}{Eh|\zeta|} = \frac{\kappa_e}{|\zeta|} \tag{8.4.10}$$

而此时梁的弯矩则为

$$M = \iint_F Y^2 \mathrm{d}F = 2E\kappa b\int_0^{\frac{h}{2}\zeta} Y^2 \mathrm{d}Y + 2b\int_{\frac{h}{2}\zeta}^{\frac{h}{2}} \sigma_Y Y \mathrm{d}Y = \frac{M_e}{2}(3 - \zeta^2) \tag{8.4.11}$$

由式(8.4.10)和式(8.4.11)消去 ζ，可得 $M > M_e$ 时弯矩和曲率的关系为

$$\frac{M}{M_e} = \frac{1}{2}\left[3 - \left(\frac{\kappa_e}{\kappa}\right)^2\right] \tag{8.4.12}$$

或

$$\frac{\kappa}{\kappa_e} = \frac{1}{\sqrt{3 - 2\dfrac{M}{M_e}}} \tag{8.4.13}$$

当 $\zeta \to 0$ 时，截面上的全部纤维进入塑性状态，如图 8.13(d)所示，此时 $M \to \frac{3}{2}M_e$，$\kappa \to \infty$，这意味着梁的曲率可以无限增大而完全失去抵抗弯曲的能力。将此弯矩称为梁的塑性极限弯矩，记为 M_p，则

$$M_p = \frac{3}{2}M_e = \frac{1}{4}\sigma_Y bh^2 \tag{8.4.14}$$

若以无量纲弯矩 $\bar{M} = \frac{M}{M_e}$ 和无量纲曲率 $\bar{\kappa} = \frac{\kappa}{\kappa_e}$ 来表达，连同在 $M < M_e$ 时的关系，则可有

$$\bar{M} = \begin{cases} \bar{\kappa} & (\bar{\kappa} \leqslant 1) \\ \dfrac{1}{2}\left(3 - \dfrac{1}{\bar{\kappa}^2}\right) & (1 \leqslant \bar{\kappa} < \infty) \end{cases}, \quad \bar{\kappa} = \begin{cases} \bar{M} & (\bar{M} \leqslant 1) \\ \dfrac{1}{\sqrt{3 - 2\bar{M}}} & (1 \leqslant \bar{M} < 1.5) \end{cases} \tag{8.4.15}$$

如图 8.14 所示，当 $\bar{\kappa} \to \infty$ 时，$\bar{M} \to 1.5$，有一水平渐近线。可见，尽管本构关系用的是理想塑性的双线性模型，但是在 $\bar{\kappa} > 1$ 时，$\bar{M} \sim \bar{\kappa}$ 的关系仍然是非线性的。

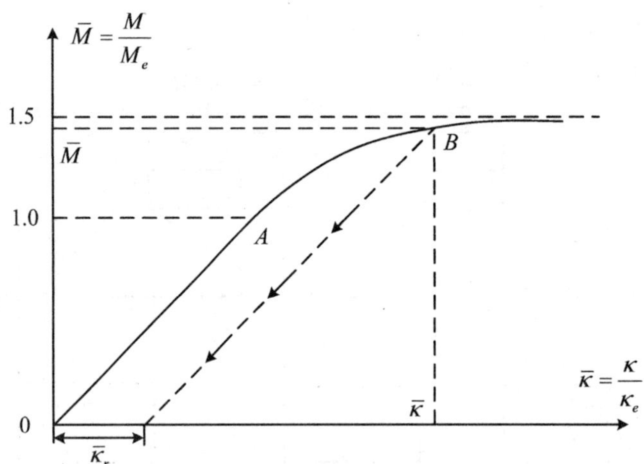

图 8.14　$\bar{M} \sim \bar{\kappa}$ 曲线

当对梁施加至图中 B 点的弯矩 $M(M_e < M < M_p)$，然后再卸除整个弯矩至零时，由于卸载时的弯矩和曲率之间满足弹性的线性关系，所以在弯矩卸除后，梁中将存在残余的曲率 $\bar{\kappa}_r$：

$$\bar{\kappa}_r = \kappa - \bar{M} = \frac{1}{\sqrt{3 - 2\bar{M}}} - \bar{M} \tag{8.4.16}$$

如图 8.14 所示。卸除弯矩 M 时，所引起的应力相当于施加一假想的反向弯矩 $-M$ 所引起的弹性弯曲应力，因此卸载后的残余应力状态是由 M 所引起的弹塑性应力(外部纤维应力为 σ_Y)和 $-M$ 所引起的弹性应力(外部纤维应力为 $-\frac{M}{M_e}\sigma_Y$)的叠加，所以在梁截面上将出现

如图 8.15 所示的压拉交错的应力分布。

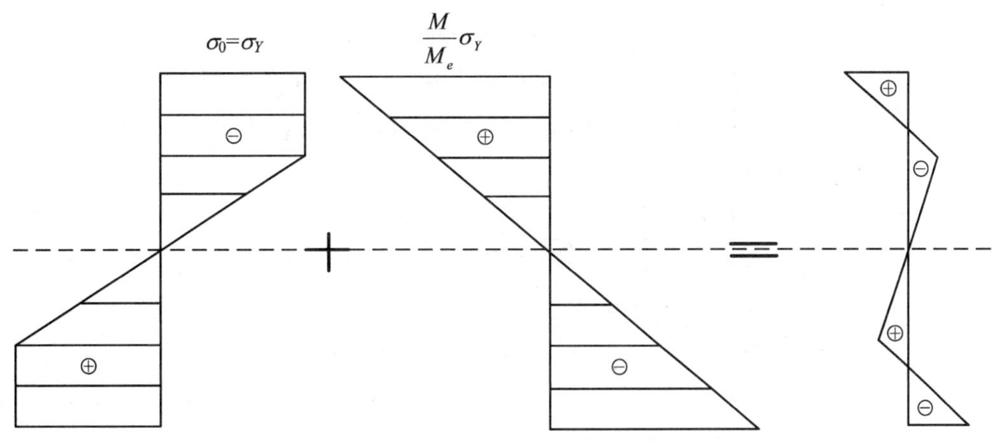

图 8.15　从 $M(M_e<M<M_p)$ 卸除 M 后的应力分布

另外，由式(8.4.11)可见，当 $M\to M_p=\frac{3}{2}M_e$ 时，$\zeta\to 0$，将在梁的中心线 $Y=\pm 0$ 处出现由下纤维 $\sigma=\sigma_Y$ 到上纤维 $\sigma=-\sigma_Y$ 的应力跳跃。

8.4.2　悬臂梁在端部横向集中载荷下的弹塑性弯曲问题

考虑如图 8.16(a)所示的悬臂梁在右端受集中力 P 作用的问题。此时，梁中除了正应力之外还有切力所引起的剪应力；但是，根据材料力学的结果可知，当梁长 $l\gg h$(梁高)时，剪应力将很小，因而可忽略剪应力及其对梁变形的影响，仍然可以采用平截面假定，而且可以认为只有弯矩引起的正应力才影响材料的屈服。此时，根据材料力学中凹型曲线的弯矩为正的约定，梁截面 X 处的弯矩将是

$$M(X)=-(l-X)P \tag{8.4.17}$$

由式(8.4.17)可见，在梁的根部 $X=0$ 处就其绝对值而言，其弯矩最大为 $|M|=lP$。当 P 增至使 $|M|=M_e$，即

$$P=P_e\equiv\frac{M_e}{l}=\frac{bh^2}{6l}\sigma_Y \tag{8.4.18}$$

时，梁的根部的外部纤维应力将达到 σ_Y，而出现塑性变形。将这一载荷 P_e 称为悬臂梁的弹性极限载荷。

当 $P>P_e$ 时，梁中的弯矩分布 $M(X)$ 仍然服从式(8.4.17)，如图 8.16(b)所示；当在某一截面 $\bar{X}$ 处，其弯矩达到

$$M(\bar{X})=-(l-\bar{X})P=-M_e \tag{8.4.19}$$

时，截面 $\bar{X}$ 也将开始出现塑性变形；而且对于每一个截面 X，$0\leqslant X\leqslant\bar{X}$，其上部分区域也将出现塑性变形，其弹塑性交界的高度位置 $\zeta(X)$ 将由式(8.4.11)决定：

$$(l-X)P=|M(X)|=\frac{M_e}{2}[3-\zeta^2(X)]=\frac{lP_e}{2}[3-\zeta^2(X)]$$

由此可得

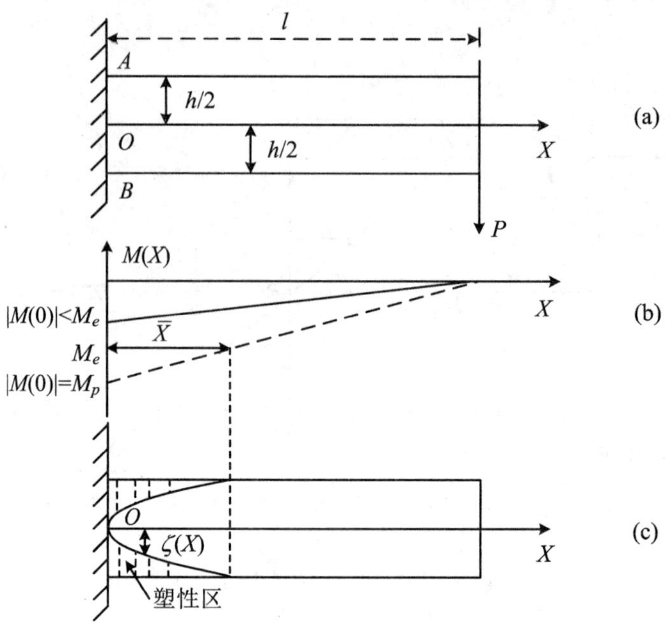

图 8.16 悬臂梁在右端受集中力 P 作用的弹塑性弯曲

$$\zeta(X) = \left[3 - 2\frac{P}{P_e}\left(1 - \frac{X}{l}\right)\right]^{\frac{1}{2}} \quad (0 \leqslant X \leqslant \bar{X}) \tag{8.4.20}$$

式(8.4.20)给出了截面 X 处($0\leqslant X\leqslant \bar{X}$)的塑性区 $\zeta(X)$,对于梁的根部 $X=0$ 处,有

$$\zeta(0) = \left(3 - 2\frac{P}{P_e}\right)^{\frac{1}{2}} \tag{8.4.21}$$

当 $\zeta(0)=0$ 时,在梁的根部的全部纤维进入塑性,由此可得

$$P = \frac{3}{2}P_e \equiv P_p \tag{8.4.22}$$

由于此载荷 P_p 使得梁的根部的全部的纤维进入塑性而失去抵抗弯曲的能力,故称此载荷 P_p 为悬臂梁的塑性极限载荷。由于根部纤维全部进入塑性而失去抵抗弯曲的能力,其此处的曲率可以无限增大,就好像它是一个铰链一样,故称其为塑性铰。与 $P=P_p$ 相对应的 $\bar{X}$ 值可由

$$(l - \bar{X})P_p = M_e \tag{8.4.23}$$

决定,由此可以求得

$$\bar{X} = \frac{l}{3} \tag{8.4.24}$$

在 $\bar{X}=\dfrac{l}{3}$ 处作用 $P=P_p$ 时,梁的塑性区形成一个抛物线,如图 8.16(c)所示。

8.5　厚球壳的弹塑性变形问题

8.5.1　弹性变形问题的基本方程组和边界条件

考虑如图8.17(a)所示的厚球壳,内半径为 a,外半径为 b,内壁受有压力 p 的作用,现研究其弹塑性变形的问题。由于是球对称的问题,所以介质质点只有径向位移 $w=w(r)$,且只是径向坐标 r 的函数。对于这种球对称的问题,取球面 $r=$ 常数,以及两组对称且正交的大圆作为坐标面更为方便,其径向长度为 $\mathrm{d}r$、两个大圆张角各为 $\mathrm{d}\theta$ 的小微体,如图8.17(b)所示。于是,其径向应变 ε_r 和环向应变 ε_θ 将分别为

$$\varepsilon_r=\frac{w(r+\mathrm{d}r)-w(r)}{\mathrm{d}r}=\frac{\mathrm{d}w}{\mathrm{d}r}\tag{8.5.1}$$

$$\varepsilon_\theta=\frac{(w+r)\mathrm{d}\theta-r\mathrm{d}\theta}{r\mathrm{d}\theta}=\frac{w}{r}\tag{8.5.2}$$

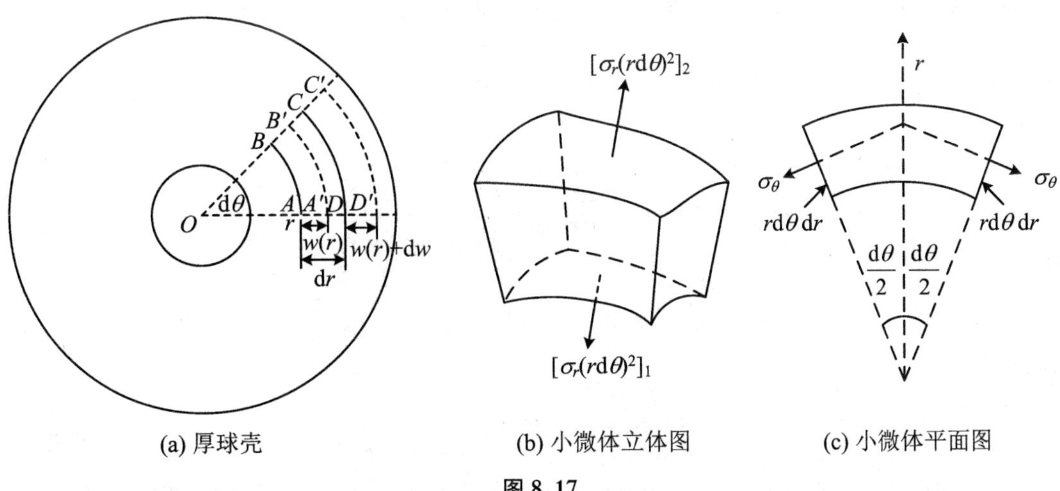

(a) 厚球壳　　(b) 小微体立体图　　(c) 小微体平面图

图8.17

由式(8.5.1)和式(8.5.2)可得连续径向应变 ε_r 和环向应变 ε_θ 的方程如下:

$$\varepsilon_r=\frac{\mathrm{d}(r\varepsilon_\theta)}{\mathrm{d}r}\tag{8.5.3}$$

方程(8.5.3)实际上就是应变协调方程在球对称问题中的表现形式。

现在考虑如图8.17(b)所示的小微体的平衡方程,并将其六个表面所受的应力投影到过球体中心的矢径线上。以 σ_r 和 σ_θ 分别表示径向正应力和环向正应力,则半径为 r 和 $r+\mathrm{d}r$ 的内、外两个面"1"和"2"上的应力在中心 r 线上的投影为

$$[\sigma_r(r\mathrm{d}\theta)^2]_2-[\sigma_r(r\mathrm{d}\theta)^2]_1=\frac{\partial}{\partial r}[\sigma_r(r\mathrm{d}\theta)^2]\mathrm{d}r=\mathrm{d}\theta^2\mathrm{d}r\left(r^2\frac{\partial\sigma_r}{\partial r}+2r\sigma_r\right)$$

左、右两个面上的应力在中心 r 线上的投影为(图8.17(c))

$$-2(rd\theta dr\sigma_\theta)\cos\left(\frac{\pi}{2}-\frac{d\theta}{2}\right)=-2rd\theta dr\sigma_\theta\sin\frac{d\theta}{2}=-rd\theta^2 dr\sigma_\theta$$

前、后两个面上的应力在中心 r 线上的投影同样也为 $-rd\theta^2 dr\sigma_\theta$。故小微体的平衡方程可给出

$$d\theta^2 dr\left(r^2\frac{\partial\sigma_r}{\partial r}+2r\sigma_r\right)-2rd\theta^2 dr\sigma_\theta=0$$

即

$$\frac{\partial\sigma_r}{\partial r}+\frac{2(\sigma_r-\sigma_\theta)}{r}=0 \tag{8.5.4}$$

对于弹性变形的问题，其应力应变关系为

$$\varepsilon_r=\frac{1}{E}[\sigma_r-\nu(\sigma_\theta+\sigma_\theta)]=\frac{1}{E}[\sigma_r-2\nu\sigma_\theta] \tag{8.5.5a}$$

$$\varepsilon_\theta=\frac{1}{E}[\sigma_\theta-\nu(\sigma_r+\sigma_\theta)]=\frac{1}{E}[(1-\nu)\sigma_\theta-\nu\sigma_r] \tag{8.5.5b}$$

对于纯弹性变形的问题，方程(8.5.3)、(8.5.4)、(8.5.5a)和(8.5.5b)组成四个未知量 ε_r、ε_θ、σ_r 和 σ_θ 的封闭方程组。问题的边界条件为

$$\sigma_r(r=a)=-p,\quad \sigma_r(r=b)=0 \tag{8.5.6}$$

8.5.2 弹性变形问题的解

将胡克定律式(8.5.5a)和式(8.5.5b)代入应变协调方程：

$$\varepsilon_r=\frac{d(r\varepsilon_\theta)}{dr}=\frac{d\varepsilon_\theta}{dr}+\varepsilon_\theta$$

并消掉因子 $\frac{1}{E}$，则有

$$\sigma_r-2\nu\sigma_\theta=\left[(1-\nu)\frac{d\sigma_\theta}{dr}-\nu\frac{d\sigma_r}{dr}\right]r+(1-\nu)\sigma_\theta-\nu\sigma_r$$

即

$$(1+\nu)(\sigma_r-\sigma_\theta)=r\left[(1-\nu)\frac{d\sigma_\theta}{dr}-\nu\frac{d\sigma_r}{dr}\right]$$

或者

$$\frac{\sigma_r-\sigma_\theta}{r}=\frac{1-\nu}{1+\nu}\frac{d\sigma_\theta}{dr}-\frac{\nu}{1+\nu}\frac{d\sigma_r}{dr} \tag{8.5.7}$$

式(8.5.7)实际上是该问题的应力协调方程。将平衡方程(8.5.4)代入应力协调方程(8.5.7)，可得

$$\frac{d\sigma_r}{dr}+2\frac{1-\nu}{1+\nu}\frac{d\sigma_\theta}{dr}-\frac{2\nu}{1+\nu}\frac{d\sigma_r}{dr}=0$$

即

$$\frac{1-\nu}{1+\nu}\frac{d}{dr}(\sigma_r+2\sigma_\theta)=0$$

对此方程进行积分可得

$$\sigma_r+2\sigma_\theta=3A\quad（常数）$$

由此可得

$$\sigma_\theta=\frac{1}{2}(3A-\sigma_r) \tag{8.5.8}$$

将式(8.5.8)代入平衡方程(8.5.4)，可得 σ_r 的方程为

$$\frac{\mathrm{d}\sigma_r}{\mathrm{d}r} + \frac{3}{r}(\sigma_r - A) = 0$$

或

$$\frac{\mathrm{d}\sigma_r}{\sigma_r - A} + \frac{3\mathrm{d}r}{r} = 0$$

由此可得

$$\sigma_r = A + \frac{B}{r^3} \tag{8.5.9}$$

其中，A 和 B 为任意常数。将式(8.5.9)代入式(8.5.8)，可得

$$\sigma_\theta = \frac{1}{2}\left(2A - \frac{B}{r^3}\right) \tag{8.5.10}$$

利用边界条件(8.5.6)，可得

$$A = \frac{a^3/b^3}{1 - a^3/b^3}p, \quad B = \frac{-a^3}{1 - a^3/b^3}p$$

于是，可得弹性球壳中的应力分布为

$$\sigma_r = \frac{a^3/b^3 - a^3/r^3}{1 - a^3/b^3}p, \quad \sigma_\theta = \frac{a^3/b^3 + a^3/2r^3}{1 - a^3/b^3}p \tag{8.5.11}$$

将式(8.5.11)代入本构方程(8.5.5a)和(8.5.5b)，可得

$$\varepsilon_r = \frac{1}{E}(\sigma_r - 2\nu\sigma_\theta) = \frac{1}{E}\left[(1 - 2\nu)A + (1 + \nu)\frac{B}{r^3}\right]$$

$$\varepsilon_\theta = \frac{1}{E}[(1 - \nu)\sigma_\theta - \nu\sigma_r] = \frac{1}{E}\left[(1 - 2\nu)A - \frac{1 + \nu}{2}\frac{B}{r^3}\right]$$

由此可得

$$w = r\varepsilon_\theta = \frac{r}{E}\left[(1 - 2\nu)A - \frac{1 + \nu}{2}\frac{B}{r^3}\right]$$

将 A 和 B 的值代入，可得

$$w = \frac{pr}{E}\frac{(1 - 2\nu)a^3/b^3 + \dfrac{1 + \nu}{2}\dfrac{a^3}{r^3}}{1 - a^3/b^3} \tag{8.5.12}$$

由式(8.5.11)可见，在壳体内处处有 $\sigma_r<0$，$\sigma_\theta>0$，对于 $b = 2a$ 的情况，其应力分布如图 8.18 所示。当 $b\to\infty$ 时，有

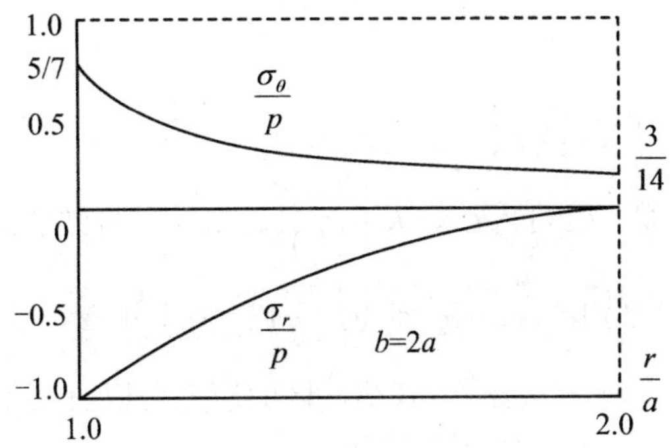

图 8.18　弹性球壳中的应力分布($b = 2a$)

$$\sigma_r = -\frac{a^3}{r^3}p, \quad \sigma_\theta = \frac{a^3}{2r^3}p \tag{8.5.13}$$

$$w = \frac{1+\nu}{2E}\frac{a^3}{r^2}p = \frac{1}{4G}\frac{a^3}{r^2}p \tag{8.5.14}$$

8.5.3 弹性极限载荷和塑性区应力的解

对于球对称的问题，三个主应力是$(\sigma_r,\sigma_\theta,\sigma_\theta)$，这和一维应变问题的主应力是$(\sigma_1,\sigma_2,\sigma_2)$的情形类似。可以证明，对此类问题 Mises 准则和 Trsca 准则都可以写为

$$\sigma_\theta - \sigma_r = Y \tag{8.5.15}$$

其中，Y 是材料简单拉伸时的屈服应力，对于理想塑性材料 Y 是常数，我们只考虑这种情况。由式(8.5.11)可得

$$\sigma_\theta - \sigma_r = \frac{3pa^3}{2r^3}\Big/\left(1-\frac{a^3}{b^3}\right)$$

可见，在球的内壁 $r=a$ 处其值最大，将首先达到屈服状态而发生塑性变形。在 $r=a$ 处，令 $\sigma_\theta - \sigma_r = Y$，可得相应的载荷为

$$p = p_e = \frac{2}{3}Y\left(1-\frac{a^3}{b^3}\right) \tag{8.5.16}$$

称此载荷为弹性极限载荷。由式(8.5.16)可见，球壳的弹性极限载荷 p_e 是随着球壳的变厚即$\frac{a}{b}$的增大而提高的，但是即使$\frac{a}{b}\to\infty$，弹性极限载荷 p_e 最大也只能提高到$\frac{2}{3}Y$，而不能无限增加，这说明靠增加球壳的厚度提高弹性承载能力的方法是不合算的。

当外载 $p>p_e$ 时，球壳的塑性区将从内壁向外扩展。设 $r=c$ 是弹塑性区的分界线，即在 $a\leqslant r\leqslant c$ 时是塑性区，而在 $c\leqslant r\leqslant b$ 时是弹性区。现在我们首先来求塑性区的应力分布。

由于平衡方程(8.5.4)在塑性区 $a\leqslant r\leqslant c$ 仍然是成立的，即

$$\frac{\partial\sigma_r}{\partial r} + \frac{2(\sigma_r - \sigma_\theta)}{r} = 0 \tag{8.5.4}$$

而在塑性区，我们又有屈服准则式(8.5.15)，故在塑性区有

$$\frac{\mathrm{d}\sigma_r}{\mathrm{d}r} = -\frac{2Y}{r} \tag*{(8.5.4)$'$}$$

积分，可得

$$\frac{\sigma_r}{Y} = -2\ln\frac{a}{r} + k \quad （常数）$$

利用内壁条件 $\sigma_r(r=a) = -p$，可得常数 $k = -\frac{p}{Y}$。由此可得塑性区的应力分布为

$$\sigma_r = -p + 2Y\ln\frac{r}{a}, \quad \sigma_\theta = \sigma_r + Y = -p + Y + 2Y\ln\frac{r}{a} \tag{8.5.17}$$

这说明由于在塑性区多了一个屈服条件，其塑性区的应力可以直接由平衡方程而得到，即塑性区的应力是静力可定的，而不需要协调方程。

8.5.4 弹塑性交界面的确定

设弹塑性交界面是 $r=c$，则在塑性区 $a\leqslant r\leqslant c$，应力分布满足式(8.5.17)，而在弹性区 $c\leqslant r\leqslant b$，则虽然满足应力分布(8.5.11)的规律，但是由于 $r=c$ 处是其弹性空腔的内壁，所以除了以 c 代替式(8.5.11)中的 a 以外，还应该以 $p_e(c)$代替式(8.5.11)中的外载 p，即在弹性区应该有

$$\sigma_r = p_e(c)\frac{c^3/b^3 - c^3/r^3}{1 - c^3/b^3} = \frac{2}{3}Y(1 - c^3/b^3)\frac{c^3/b^3 - c^3/r^3}{1 - c^3/b^3} = \frac{2}{3}Y(c^3/b^3 - c^3/r^3)$$

$$\sigma_\theta = p_e(c)\frac{c^3/b^3 + c^3/2r^3}{1 - c^3/b^3} = \frac{2}{3}Y(1 - c^3/b^3)\frac{c^3/b^3 + c^3/2r^3}{1 - c^3/b^3} = \frac{2}{3}Y(c^3/b^3 + c^3/2r^3)$$

即在弹性区 $c\leqslant r\leqslant b$ 应该有

$$\sigma_r = \frac{2}{3}Y(c^3/b^3 - c^3/r^3),\quad \sigma_\theta = \frac{2}{3}Y(c^3/b^3 + c^3/2r^3) \tag{8.5.18}$$

而弹性区的位移也要做同样的代换，即在弹性区有位移表达式为

$$w = p_e(c)\frac{r}{E}\frac{(1-2\nu)c^3/b^3 + \dfrac{1+\nu}{2}\dfrac{c^3}{r^3}}{1 - c^3/b^3} = \frac{2}{3}Y(1 - c^3/b^3)\frac{r}{E}\frac{(1-2\nu)c^3/b^3 + \dfrac{1+\nu}{2}\dfrac{c^3}{r^3}}{1 - c^3/b^3}$$

即

$$w = \frac{2}{3}Y\frac{r}{E}\left[(1-2\nu)c^3/b^3 + \frac{1+\nu}{2}\frac{c^3}{r^3}\right] \tag{8.5.19}$$

在 $r=c$ 处应力的连续条件要求

$$\sigma_r\big|_{r=c}^{\text{弹}} = \sigma_r\big|_{r=c}^{\text{塑}}$$

利用式(8.5.17)和式(8.5.18)，上式将给出

$$-p + 2Y\ln\frac{c}{a} = -\frac{2}{3}Y(1 - c^3/b^3) \tag{8.5.20}$$

式(8.5.20)就是确定弹塑性交界面 c 的方程，虽然它是一个超越方程，但是其数值解是不难得到的。当几何参数 a、b 以及材料参数 Y 给定后，c 就是外载 p 的函数，我们不妨将式(8.5.20)的解记为

$$c = c(p)$$

8.5.5 塑性极限载荷

在式(8.5.20)中令 $c\to b$，即得出整个球壳都进入塑性时的载荷 p，我们称此载荷为球壳的塑性极限载荷：

$$p = p_p = 2Y\ln\frac{b}{a} \tag{8.5.21}$$

我们看到，塑性极限载荷可以随着球壳厚度的增大而无限增大，但是由于 $p_p\propto\ln b$，且所用材料$\propto b^3$，所以这样做是不合算的。

8.5.6 塑性区的位移

在塑性力学中，广泛采用所谓塑性体积变形不可压的假定，这也相当于假设弹性的体积

压缩定律在塑性段也是成立的。弹性的体积压缩定律可以写为

$$\varepsilon_r + 2\varepsilon_\theta = \frac{1}{3K}(\sigma_r + 2\sigma_\theta) \tag{8.5.22}$$

其中，K 为材料的体积模量。由于 $\varepsilon_r = \dfrac{\mathrm{d}w}{\mathrm{d}r}$，$\varepsilon_\theta = \dfrac{w}{r}$，将此两式以及塑性区的应力分布式(8.5.17)代入式(8.5.22)中，可得塑性区位移 w 的微分方程为

$$\frac{\mathrm{d}w}{\mathrm{d}r} + \frac{2w}{r} = \frac{1}{3K}\left(-3p + 2Y + 6Y\ln\frac{r}{a}\right) \tag{8.5.23}$$

解方程(8.5.23)可得

$$w = \frac{D_0}{r^2} + \frac{r}{3K}\left(-p + 2Y\ln\frac{r}{a}\right) \tag{8.5.24}$$

其中，D_0 为任意常数。在 $r = c$ 处的位移连续条件要求

$$w\big|_{r=c}^{弹} = w\big|_{r=c}^{塑}$$

利用弹性区的位移公式(8.5.19)和塑性区的位移公式(8.5.24)，上式将给出

$$D_0 = \frac{2Yc^3}{3E}\left[(1-2\nu)c^3/b^3 + \frac{1+\nu}{2}\right] - \frac{c^3}{3K}\left(2Y\ln\frac{c}{a} - p\right)$$

所以塑性区位移为

$$w = \frac{2Yc^3}{3Er^2}\left[(1-2\nu)c^3/b^3 + \frac{1+\nu}{2}\right] - \frac{c^3}{3Kr^2}\left(2Y\ln\frac{c}{a} - p\right) + \frac{r}{3K}\left(-p + 2Y\ln\frac{r}{a}\right) \tag{8.5.25}$$

8.6 厚壁圆筒(圆盘)的弹塑性变形问题

本节我们将讲解厚壁圆筒(圆盘)受有内部或外部轴对称压力作用下的弹塑性变形问题，这个问题在分析方法上和上节厚球壳问题的分析有其类似性，但是由于这类问题在工程上的极端重要性，所以仍将在本节加以讲解，而且将系统地讲解这类问题的应力解法和位移解法。厚球壳问题我们只讲了应力解法，其实也是可以用位移做基本未知量进行求解的，读者可作为练习求解之。

厚壁圆筒是指很长的圆筒，因而其变形可作为平面应变问题；厚壁圆盘是指很薄的圆盘，因而其变形可作为平面应力问题。而对于平面应力和平面应变问题，在本构关系上形式的对等性可参考 8.2 节中的叙述。

8.6.1 厚壁圆筒(圆盘)弹性变形问题的应力解法

由于问题的对称性，我们将采用柱坐标(r,θ,z)，其中 z 轴沿厚壁圆筒(圆盘)的轴线方向。在此类问题中，径向应变 $\varepsilon_r(r)$、环向应变 $\varepsilon_\theta(r)$、径向应力 $\sigma_r(r)$、环向应力 $\sigma_\theta(r)$、径向位移 $u(r)$都只是径向坐标 r 的函数。对其平面应力问题，轴向应力 $\sigma_z = 0$，而轴向应变 $\varepsilon_z = -\dfrac{\nu}{E}(\sigma_r + \sigma_\theta)$，因而轴向位移 w 除依赖于 r 外，还是 z 的线性函数；而对于平面应变问

题，轴向应变 $\varepsilon_z=0$，因而轴向应力 $\sigma_z=\nu(\sigma_r+\sigma_\theta)$ 也只是 r 的函数。

同球壳问题一样，有如下几何关系：

$$\varepsilon_r = \frac{du}{dr} \tag{8.6.1}$$

$$\varepsilon_\theta = \frac{u}{r} \tag{8.6.2}$$

因此，我们可得应变协调方程为

$$\frac{d(r\varepsilon_\theta)}{dr} = \varepsilon_r$$

即

$$\frac{d\varepsilon_\theta}{dr} + \frac{\varepsilon_\theta - \varepsilon_r}{r} = 0 \tag{8.6.3}$$

另外，容易得到问题的平衡方程为

$$\frac{d\sigma_r}{dr} + \frac{\sigma_r - \sigma_\theta}{r} = 0 \tag{8.6.4}$$

对于平面应力问题，其本构方程为

$$\varepsilon_r = \frac{1}{E}(\sigma_r - \nu\sigma_\theta) \tag{8.6.5a}$$

$$\varepsilon_\theta = \frac{1}{E}(\sigma_\theta - \nu\sigma_r) \tag{8.6.5b}$$

对于平面应变问题，其本构方程(8.6.5a)和(8.5.5b)中的材料常数 E 和 ν 需要改成下式中的 E' 和 ν'：

$$E' = \frac{E}{1-\nu^2},\quad \nu' = \frac{\nu}{1-\nu} \tag{8.6.6}$$

关于此点请参见 8.2 节中的式(8.2.5)及其相应的推导。下面我们将以平面应力问题来叙述。协调方程(8.6.3)、平衡方程(8.6.4)和本构方程(8.6.5a)、(8.6.5b)组成 ε_r、ε_θ、σ_r、σ_θ 的封闭方程组。将本构方程(8.6.5a)、(8.6.5b)代入应变协调方程(8.6.3)中，可得应力的协调方程如下：

$$\frac{d\sigma_\theta}{dr} - \nu\frac{d\sigma_r}{dr} = \frac{1+\nu}{r}(\sigma_r - \sigma_\theta) \tag{8.6.7}$$

由平衡方程(8.6.4)可得

$$\sigma_\theta = \sigma_r + r\frac{d\sigma_r}{dr}$$

$$\frac{d\sigma_\theta}{dr} = 2\frac{d\sigma_r}{dr} + r\frac{d^2\sigma_r}{dr^2}$$

将以上两式代入方程(8.6.7)中消掉 σ_θ，并经整理可得关于 σ_r 的微分方程为

$$\frac{d^2\sigma_r}{dr^2} + \frac{3}{r}\frac{d\sigma_r}{dr} = 0,\quad r^2\frac{d^2\sigma_r}{dr^2} + 3r\frac{d\sigma_r}{dr} = 0$$

这是欧拉方程，其解为

$$\sigma_r = \frac{C_2}{r^2} + C_1 \tag{8.6.8}$$

将式(8.6.8)代入平衡方程(8.6.4)，可得

$$\sigma_\theta = C_1 - \frac{C_2}{r^2} \tag{8.6.9}$$

其中，C_1 和 C_2 为积分常数，可由应力的边界条件确定。设圆盘内外半径分别为 a 和 b，并分别受有压力 p_1 和 p_2，则边界条件为

$$\sigma_r \big|_{r=a} = -p_1, \quad \sigma_r \big|_{r=b} = -p_2 \tag{8.6.10}$$

将边界条件(8.6.10)代入式(8.6.8)，可得

$$C_1 = \frac{1}{b^2 - a^2}(a^2 p_1 - b^2 p_2), \quad C_2 = \frac{a^2 b^2}{b^2 - a^2}(p_2 - p_1)$$

于是，应力分布为

$$\sigma_r = \frac{a^2 b^2 (p_2 - p_1)}{b^2 - a^2}\frac{1}{r^2} + \frac{a^2 p_1 - b^2 p_2}{b^2 - a^2} \tag{8.6.11a}$$

$$\sigma_\theta = -\frac{a^2 b^2 (p_2 - p_1)}{b^2 - a^2}\frac{1}{r^2} + \frac{a^2 p_1 - b^2 p_2}{b^2 - a^2} \tag{8.6.11b}$$

将式(8.6.11)中两式代入本构方程(8.6.5a)和(8.5.5b)，可得应变分布为

$$\varepsilon_r = \frac{1}{E}\left[(1+\nu)\frac{a^2 b^2 (p_2 - p_1)}{b^2 - a^2}\frac{1}{r^2} + (1-\nu)\frac{a^2 p_1 - b^2 p_2}{b^2 - a^2}\right] \tag{8.6.12a}$$

$$\varepsilon_\theta = \frac{1}{E}\left[-(1+\nu)\frac{a^2 b^2 (p_2 - p_1)}{b^2 - a^2}\frac{1}{r^2} + (1-\nu)\frac{a^2 p_1 - b^2 p_2}{b^2 - a^2}\right] \tag{8.6.12b}$$

而径向位移为

$$u = r\varepsilon_\theta = \frac{1}{E}\left[-(1+\nu)\frac{a^2 b^2 (p_2 - p_1)}{b^2 - a^2}\frac{1}{r} + (1-\nu)\frac{a^2 p_1 - b^2 p_2}{b^2 - a^2} r\right] \tag{8.6.13}$$

应力分布的式(8.6.11a)和式(8.6.11b)称为 Lamé 公式，它的特点是其应力分布与材料常数无关，而只与几何参数 a，b 和压力 p_1，p_2 有关，因此此公式既适用于平面应力问题又适用于平面应变问题。而式(8.6.12a)、式(8.6.12b)和式(8.6.13)是依赖于材料常数 E 和 ν 的，它只适用于平面应力问题，而对于平面应变问题，则应将 E 和 ν 改为 E' 和 ν'。

对于平面应力问题，有

$$\sigma_z = 0, \quad \varepsilon_z = -\frac{\nu}{E}(\sigma_r + \sigma_\theta) = -\frac{2\nu}{E}\frac{a^2 p_1 - b^2 p_2}{b^2 - a^2} \quad (\text{平面应力问题}) \tag{8.6.14}$$

而对于平面应变问题，有

$$\varepsilon_z = 0, \quad \sigma_z = \nu(\sigma_r + \sigma_\theta) = \frac{2\nu}{b^2 - a^2}(a^2 p_1 - b^2 p_2) \quad (\text{平面应变问题}) \tag{8.6.15}$$

8.6.2 厚壁圆筒(圆盘)弹性变形问题的位移解法

本构关系式(8.6.5a)和式(8.6.5b)可以反解为

$$\sigma_r = \frac{E}{1-\nu^2}(\varepsilon_r + \nu\varepsilon_\theta) \tag{8.6.5a$'$}$$

$$\sigma_\theta = \frac{E}{1-\nu^2}(\varepsilon_\theta + \nu\varepsilon_r) \tag{8.6.5b$'$}$$

(对于平面应变问题，需要用 $E' = \frac{E}{1-\nu^2}$ 和 $\nu' = \frac{\nu}{1-\nu}$ 代替 E 和 ν。)将几何关系式(8.6.1)和式(8.6.2)代入本构关系式(8.6.5a)$'$和式(8.6.5b)$'$，可得

$$\sigma_r = \frac{E}{1-\nu^2}\left(\frac{\mathrm{d}u}{\mathrm{d}r} + \nu\frac{u}{r}\right),\quad \sigma_\theta = \frac{E}{1-\nu^2}\left(\frac{u}{r} + \nu\frac{\mathrm{d}u}{\mathrm{d}r}\right) \tag{8.6.16}$$

将上述两个方程(8.6.16)代入平衡方程(8.6.4),可得到以位移分量 u 表达的平衡方程为

$$r^2\frac{\mathrm{d}^2u}{\mathrm{d}r^2} + r\frac{\mathrm{d}u}{\mathrm{d}r} - u = 0$$

这也是欧拉方程,其解为

$$u = Ar + \frac{B}{r} \tag{8.6.17}$$

其中,A 和 B 为任意常数。对于位移边界条件的问题,可由位移边界条件确定 A 和 B(读者可作为练习求解之);对于应力边界条件问题,可将式(8.6.17)代入式(8.6.16)而得如下应力分量:

$$\sigma_r = \frac{E}{1-\nu^2}\left[(1+\nu)A - (1-\nu)\frac{B}{r^2}\right] \tag{8.6.18}$$

$$\sigma_\theta = \frac{E}{1-\nu^2}\left[(1+\nu)A + (1-\nu)\frac{B}{r^2}\right] \tag{8.6.19}$$

将式(8.6.18)和式(8.6.19)与以应力为基本未知量所得的解(8.6.8)和(8.6.9)对比,可见两种解法积分常数之间的关系为

$$A = \frac{1-\nu}{E}C_1,\quad B = -\frac{1+\nu}{E}C_2$$

以上的结果是针对平面应力问题,而对于平面应变问题则需用 $E' = \frac{E}{1-\nu^2}$ 和 $\nu' = \frac{\nu}{1-\nu}$ 代替 E 和 ν。

由式(8.6.8)和式(8.6.9)可得

$$\sigma_r + \sigma_\theta = 2C_1$$

对平面应力问题,有

$$\varepsilon_z = \frac{1}{E}[\sigma_z - \nu(\sigma_r + \sigma_\theta)] = -\frac{2C_1\nu}{E}$$

即对于平面应力问题,轴向应变为常数。

8.6.3　屈服条件的讨论

为了简单起见,我们只讨论圆筒受内压 $p_1 = p$ 的情形。(圆筒只受外压 $p_2 = p$ 的情形和同时受有内压、外压的情形,读者可自行思考之。)此时,式(8.6.11a)、式(8.6.11b)和式(8.6.13)给出弹性解,分别为

$$\sigma_r = \frac{a^2p}{b^2-a^2}\left(1 - \frac{b^2}{r^2}\right) \tag{8.6.20}$$

$$\sigma_\theta = \frac{a^2p}{b^2-a^2}\left(1 + \frac{b^2}{r^2}\right) \tag{8.6.21}$$

$$u = \frac{a^2p}{E(b^2-a^2)}\left[\frac{1+\nu}{r}b^2 + (1-\nu)r\right] \tag{8.6.22}$$

对于平面应力问题,主应力为 $\sigma_\theta>0$,$\sigma_z=0$,$\sigma_r<0$;对于平面应变问题,主应力为 $\sigma_\theta>0$,$\sigma_z=\nu(\sigma_\theta+\sigma_r)$,$\sigma_r<0$。所以,如果采用 Tresca 准则,并且以 τ 表示纯剪切的屈服应力,则无

论是平面应力问题还是平面应变问题，其材料的屈服准则都可以写成 $\sigma_\theta - \sigma_r = 2\tau$。如果采用 Mises 准则，仍然以 τ 表示纯剪切的屈服应力，则材料的屈服准则可以写为

$$\bar{\sigma}^2 = 3J_2 = \frac{1}{2}[(\sigma_\theta - \sigma_r)^2 + (\sigma_\theta - \sigma_z)^2 + (\sigma_z - \sigma_r)^2] = 3\tau^2$$

对于平面应变问题，如果假设 $\nu = \frac{1}{2}$，$\sigma_z = \frac{1}{2}(\sigma_\theta + \sigma_r)$，则此式也可化为

$$\sigma_\theta - \sigma_r = 2\tau \tag{8.6.23}$$

因此，将以式(8.6.23)作为材料的屈服条件。

8.6.4 弹性极限载荷、塑性区的应力分布和弹塑性交界面

由式(8.6.20)和式(8.6.21)可见，$\sigma_\theta - \sigma_r = \frac{a^2 p}{b^2 - a^2}\frac{2b^2}{r^2}$，其值在内壁 $r = a$ 处最大且首先达到屈服 $\sigma_\theta - \sigma_r = 2\tau$。若将此时的内压 p 称为弹性极限载荷 p_e，则有

$$2\tau = \frac{a^2 p_e}{b^2 - a^2}\frac{2b^2}{a^2}$$

即

$$p_e = \left(1 - \frac{a^2}{b^2}\right)\tau \tag{8.6.24}$$

当 $p < p_e$ 时，整个圆筒(圆盘)都处于弹性状态；当 $p > p_e$ 时，内壁附近出现塑性区。设 $r = c$ 为弹塑性交界面，则在 $a < r < c$ 处为塑性区。由于在塑性区平衡方程(8.6.4)仍然成立，而 $\sigma_\theta - \sigma_r = 2\tau$，所以平衡方程可化简为

$$\frac{\mathrm{d}\sigma_r}{\mathrm{d}r} - \frac{2\tau}{r} = 0$$

其解为

$$\sigma_r = 2\tau \ln r + C$$

由 $r = a$ 处的边界条件 $\sigma_r|_{r=a} = -p$ 可得

$$C = -p - 2\tau \ln a$$

因此

$$\sigma_r = 2\tau \ln\frac{r}{a} - p \tag{8.6.25}$$

$$\sigma_\theta = 2\tau\left(1 + \ln\frac{r}{a}\right) - p \tag{8.6.26}$$

这说明，由于屈服条件的限制，在塑性区的应力是静定的，而不需要协调方程。塑性区的应力只与外载 p 有关，而与弹性区的应力无关。对于 $p > p_e$，我们需要求出弹塑性交界面 $r = c$。为此，设 $r = c$ 处弹性区的应力为 q，则在弹性区域的解(8.6.20)和(8.6.21)中令 $a = c$ 和 $p = q$，则有

$$\sigma_r = \frac{c^2 q}{b^2 - c^2}\left(1 - \frac{b^2}{r^2}\right)$$

$$\sigma_\theta = \frac{c^2 q}{b^2 - c^2}\left(1 + \frac{b^2}{r^2}\right)$$

而在交界面处，$q=p_e(c)=\left(1-\dfrac{c^2}{b^2}\right)\tau$，将此 q 值代入上式，可得弹性区的应力分布为

$$\sigma_r = \frac{c^2}{b^2}\left(1-\frac{b^2}{r^2}\right)\tau \quad (\text{弹性区}) \tag{8.6.27}$$

$$\sigma_\theta = \frac{c^2}{b^2}\left(1+\frac{b^2}{r^2}\right)\tau \quad (\text{弹性区}) \tag{8.6.28}$$

因此，$r=c$ 处弹性区的 $\sigma_r|_{r=c}$ 为

$$\sigma_r\Big|_{r=c}^{\text{弹}} = -\left(1-\frac{c^2}{b^2}\right)\tau$$

而 $r=c$ 处塑性区的 $\sigma_r|_{r=c}$ 为

$$\sigma_r\Big|_{r=c}^{\text{塑}} = 2\tau\ln\frac{c}{a}-p$$

在 $r=c$ 处应力连续条件为

$$\sigma_r\Big|_{r=c}^{\text{弹}} = \sigma_r\Big|_{r=c}^{\text{塑}}$$

即

$$-\left(1-\frac{c^2}{b^2}\right)\tau = 2\tau\ln\frac{c}{a}-p$$

故

$$p = 2\tau\ln\frac{c}{a}+\left(1-\frac{c^2}{b^2}\right)\tau \tag{8.6.29}$$

式(8.6.29)就是由外载 p 决定弹塑性交界面 $r=c$ 的方程，其解可以记为

$$c = c(p)$$

8.6.5　塑性极限载荷

当弹塑性交界面 $c\to b$ 时，整个圆筒(圆盘)都将进入塑性，我们将此时的外载 p 称为塑性极限载荷 p_p。在式(8.6.29)中令 $c\to b$，则可得塑性极限载荷 p_p 为

$$p_p = 2\tau\ln\frac{b}{a} \tag{8.6.30}$$

8.6.6　弹塑性状态下的位移

对于平面应力状态，弹性区的位移可由式(8.6.22)，即

$$u = \frac{a^2 p}{E(b^2-a^2)}\left[\frac{1+\nu}{r}b^2+(1-\nu)r\right]$$

中的 a 改为 c，p 改为 $p_e(c)=\left(1-\dfrac{c^2}{b^2}\right)\tau$ 而得到，亦即

$$u = \frac{c^2}{Eb^2}\left[\frac{1+\nu}{r}b^2+(1-\nu)r\right]\tau \quad (\text{平面应力}) \tag{8.6.31}$$

对于平面应变问题，需用 $E'=\dfrac{E}{1-\nu^2}$ 和 $\nu'=\dfrac{\nu}{1-\nu}$ 代替 E 和 ν，其结果是

$$u = \frac{(1+\nu)\tau c^2}{Eb^2 r}\left[(1-2\nu)r^2+b^2\right] \quad (\text{平面应变}) \tag{8.6.32}$$

下面我们只考虑平面应变问题中塑性区的位移，此时由于 $\varepsilon_z=0$，故体积不可压缩定律为

$$\varepsilon_r+\varepsilon_\theta=0$$

即

$$\frac{\mathrm{d}u}{\mathrm{d}r}+\frac{u}{r}=0$$

其解为

$$u=\frac{D}{r} \tag{8.6.33}$$

其中的常数 D 可由 $r=c$ 处弹性区和塑性区的位移连续条件确定。由弹性区的解(8.6.32)，得出

$$D=\frac{(1+\nu)\tau c^2}{Eb^2}[(1-2\nu)c^2+b^2]$$

由此可得塑性区的位移为

$$u=\frac{(1+\nu)\tau c^2}{Eb^2 r}[(1-2\nu)c^2+b^2] \tag{8.6.34}$$

8.7 各向同性线弹性介质中应力波的基本知识

8.7.1 位移所表达的弹性动力学方程和无旋波、无散波的概念

小变形情况下，弹性介质的运动方程由下式表达：

$$\rho_0 v_{i,t}-\sigma_{if,f}=\rho_0 b_i \quad (i=1、2、3) \quad (\text{运动方程}) \tag{8.7.1}$$

线弹性各向同性材料的广义胡克定律的 Lamé 形式为

$$\sigma_{ij}=\lambda\theta\delta_{ij}+2\mu\varepsilon_{ij} \tag{8.7.2}$$

其中，λ 和 μ 为 Lamé 系数，θ 和 ε_{ij} 分别为工程体应变和工程应变，δ_{ij} 为 Kronicker 记号，且

$$\theta=u_{k,k},\quad \varepsilon_{ij}=\frac{1}{2}(u_{i,j}+u_{j,i}) \tag{8.7.3}$$

于是，有

$$\sigma_{ij}=\lambda\theta\delta_{ij}+\mu(u_{i,j}+u_{j,i})\varepsilon_{ij} \tag{8.7.4}$$

$$\sigma_{ij,j}=\lambda\theta_{,j}\delta_{ij}+\mu(u_{i,jj}+u_{j,ij})=\lambda\theta_{,i}+\mu(u_{i,jj}+u_{j,ji}) \tag{8.7.5a}$$

$$\sigma_{ij,j}=\lambda u_{j,ji}+\mu(u_{i,jj}+u_{j,ji}) \tag{8.7.5b}$$

于是，运动方程(8.7.1)可以写为以位移 $\boldsymbol{u}$ 所表达的如下弹性动力学方程：

$$\rho_0 u_{i,tt}=(\lambda+\mu)u_{j,ji}+\mu u_{i,jj}+\rho_0 b_i \quad (i=1、2、3) \tag{8.7.6a}$$

写为张量的直接记法，即

$$\rho_0\boldsymbol{u}_{,tt}=(\lambda+\mu)\nabla(\nabla\cdot\boldsymbol{u})+\mu(\nabla\cdot\nabla)\boldsymbol{u}+\rho_0\boldsymbol{b} \tag{8.7.6b}$$

利用张量分析中如下带微分的二重叉积公式：

$$\nabla \times (\nabla \times \boldsymbol{u}) = \nabla(\nabla \cdot \boldsymbol{u}) - (\nabla \cdot \nabla)\boldsymbol{u}, \quad (\nabla \cdot \nabla)\boldsymbol{u} = \nabla(\nabla \cdot \boldsymbol{u}) - \nabla \times (\nabla \times \boldsymbol{u}) \tag{8.7.7}$$

并将式(8.7.7)中的$(\nabla \cdot \nabla)\boldsymbol{u}$代入式(8.7.6b),即得

$$\rho_0 \boldsymbol{u}_{,tt} = (\lambda + 2\mu)\nabla(\nabla \cdot \boldsymbol{u}) - \mu \nabla \times (\nabla \times \boldsymbol{u}) + \rho_0 \boldsymbol{b} \tag{8.7.8}$$

式(8.7.6)或式(8.7.8)都是由位移矢量 $\boldsymbol{u}$ 所表达的各向同性线弹性动力学方程。一般情况下,在一定的初边值条件下要直接求解它们是并不容易的。但是我们可以利用在数理方程中读者都学过的基本知识为基础来分析在不考虑体积力影响时其波传播的特性。

从式(8.7.6)、式(8.7.7)和式(8.7.8)出发,可以得出在不考虑体积力影响时弹性介质中波传播的如下特性:

(1) 如果满足方程(8.7.6)的位移矢量 $\boldsymbol{u}$ 是无散等容的,即

$$\nabla \cdot \boldsymbol{u} = 0 \tag{8.7.9}$$

则可得无体积力影响时的波动方程:

$$\boldsymbol{u}_{,tt} = \frac{\mu}{\rho_0}(\nabla \cdot \nabla)\boldsymbol{u} = C_2^2(\nabla \cdot \nabla)\boldsymbol{u} \tag{8.7.10}$$

这正是读者在数理方程中所学过的标准 2 阶线性波动方程,其中的 $C_2 = \sqrt{\dfrac{\mu}{\rho_0}}$ 恰是其波速。可见满足弹性动力学方程的无散位移 $\boldsymbol{u}$ 必是以波速 C_2 传播的。因此可将这种波称为无散波,平面横波只是它的一个特例。通常文献上一般将无散波称为等容波,因为$\nabla \cdot \boldsymbol{u} = \theta = 0$ 意味着该种波并不引起介质的体积变形,即是等容的。但是为了与下面的无旋波相对应,我们将采用无散波这一术语。

(2) 如果满足方程(8.7.8)的位移矢量 $\boldsymbol{u}$ 是无旋的,即

$$\nabla \times \boldsymbol{u} = 0 \tag{8.7.11}$$

则我们可得无体积力影响时的波动方程:

$$\boldsymbol{u}_{,tt} = \frac{\lambda + 2\mu}{\rho_0}(\nabla \cdot \nabla)\boldsymbol{u} = C_1^2(\nabla \cdot \nabla)\boldsymbol{u} \tag{8.7.12}$$

这也是读者在数理方程中所学过的标准 2 阶线性波动方程,其中的 $C_1 = \sqrt{\dfrac{\lambda + 2\mu}{\rho_0}} = \sqrt{\dfrac{K + \frac{4}{3}\mu}{\rho_0}}$ 恰是其波速,K 为其体积模量。可见满足弹性动力学方程的无旋位移 $\boldsymbol{u}$ 必是以波速 C_1 传播的。因此可将这种波称为无旋波,平面纵波只是其中一个特例。需要指出的是,无旋波既引起介质的体积变形(体现在 K 上)也引起介质的畸变(体现在 μ 上),所以很多文献上将无旋波称为涨缩波(dilatation wave)是不确切的。

在不考虑体积力的影响时,将式(8.7.6)中的三个方程分别对 x_1、x_2、x_3 求导并相加,可以证明

$$\theta_{,tt} = \frac{\lambda + 2\mu}{\rho_0}(\nabla \cdot \nabla)\theta = C_1^2(\nabla \cdot \nabla)\theta \tag{8.7.13}$$

这说明线弹性各向同性介质中的波所引起的体应变 θ 必然是以无旋波的波速 C_1 而传播的。

将式(8.7.6)中的第三个方程和第二个方程分别对 x_2 和 x_3 求导,并相减,可证明

$$\omega_{1,tt} = \frac{\mu}{\rho_0}(\nabla \cdot \nabla)\theta = C_2^2(\nabla \cdot \nabla)\omega_1 \tag{8.7.14}$$

其中

$$\omega_1 \equiv \frac{1}{2}(u_{3,2} - u_{2,3}) \tag{8.7.15}$$

通过对式(8.7.14)和式(8.7.15)进行1、2、3的圆轮替换，我们可得到另外两对公式。将它们合在一起可以写为

$$\boldsymbol{\omega}_{,tt} = \frac{\mu}{\rho_0}(\nabla \cdot \nabla)\boldsymbol{\omega} = C_2^2(\nabla \cdot \nabla)\boldsymbol{\omega} \tag{8.7.16}$$

其中

$$\boldsymbol{\omega} \equiv \frac{1}{2}\mathrm{rot}\,\boldsymbol{u} \tag{8.7.17}$$

是微元的平均刚体微转动矢量。这说明在线弹性各向同性介质中，材料的平均刚体微转动矢量 $\boldsymbol{\omega}$ 必然是以无散波的波速 C_2 传播的。

在上面的叙述中，作为两种特殊情况，我们证明了在无限的各向同性线弹性介质中，无旋位移和无散位移必然分别是以无旋波速 C_1 和无散波速 C_2 传播的，或者说在该类介质中可以存在无旋波和无散波。自然我们就会提出相反的问题，即在无限的各向同性线弹性介质中，是否其任意的位移扰动都可以被视为无旋波位移扰动和无散波位移扰动的叠加呢？这一问题可以由连续介质场论中的定理来解决。该定理指出，任意连续可微、导数有界的矢量场 $\boldsymbol{u}$ 都必然可以分解为一个无旋位移 $\boldsymbol{u}_1$ 和无散位移 $\boldsymbol{u}_2$ 之和，即

$$\boldsymbol{u} = \boldsymbol{u}_1 + \boldsymbol{u}_2, \quad \boldsymbol{u}_1 = \nabla\varphi, \quad \boldsymbol{u}_2 = \nabla \times \boldsymbol{a} \tag{8.7.18}$$

其中，φ 称为标量势，$\boldsymbol{a}$ 称为矢量势。显然，$\boldsymbol{u}_1$ 和 $\boldsymbol{u}_2$ 分别是无旋和无散的。由此我们就可以断定，在无限的各向同性线弹性介质中，是可以而且也只能够存在着分别以 C_1 和 C_2 传播的无旋和无散位移扰动。而且，在数学上我们也容易证明：只要 $\boldsymbol{u}_1$ 和 $\boldsymbol{u}_2$ 分别满足由 C_1 和 C_2 为波速的波动方程，即

$$\boldsymbol{u}_1 = C_1^2(\nabla \cdot \nabla)\boldsymbol{u}_1 \tag{8.7.19}$$

$$\boldsymbol{u}_2 = C_2^2(\nabla \cdot \nabla)\boldsymbol{u}_2 \tag{8.7.20}$$

则由式(8.7.18)所表达的位移和 $\boldsymbol{u} = \boldsymbol{u}_1 + \boldsymbol{u}_2$ 就必然是满足波动方程(8.7.6)的。读者可作为练习证明之。

8.7.2 各向同性线弹性材料中的平面波

由位移的波动方程(8.7.6)容易说明，平面纵波和平面横波实际上分别是无旋波和无散波的特例。事实上，若介质中有以波速 C 沿着 x 轴方向传播的一维平面右行简单波，设其位移为

$$\boldsymbol{u} = \boldsymbol{u}(\xi) = \boldsymbol{u}(x - Ct) \tag{8.7.21}$$

将式(8.7.21)代入式(8.7.6)中，并以 u_i'' 表示 u_i 对 $\xi \equiv x - Ct$ 的2阶导数，则可得

$$\begin{cases} [\rho_0 C^2 - (\lambda + 2\mu)]u_1'' = 0 \\ (\rho_0 C^2 - \mu)u_2'' = 0 \\ (\rho_0 C^2 - \mu)u_3'' = 0 \end{cases} \tag{8.7.22}$$

式(8.7.22)中有非平凡解 $\boldsymbol{u}''(\xi) \neq 0$ 的充要条件是其系数矩阵行列式不等于零，由此可得对波速 C 的如下解：

$$C=\sqrt{\frac{\lambda+2\mu}{\rho_0}}\equiv C_1\quad(\text{单根}),\quad C=\sqrt{\frac{\mu}{\rho_0}}\equiv C_2\quad(\text{二重根})\tag{8.7.23}$$

式(8.7.23)中的第一式对应着非零解：

$$u_1''\neq 0,\quad u_2''=u_3''=0\tag{8.7.24}$$

式(8.7.23)中的第二式对应着两个线性无关的非零解：

$$\begin{cases}u_2''\neq 0,\quad u_1''=u_3''=0\\ u_3''\neq 0,\quad u_1''=u_2''=0\end{cases}\tag{8.7.25}$$

式(8.7.24)在物理上表示沿 x 方向传播的纵波，其波速等于无旋波速 C_1；式(8.7.25)中的第一式在物理上表示沿 x 方向传播的在 x_1x_2 平面内沿 x_2 方向产生横向位移扰动的横波，其波速等于无散波速 C_2；式(8.7.25)中的第二式在物理上表示沿 x 方向传播的在 x_1x_3 平面内沿 x_3 方向产生横向位移扰动的横波，其波速也等于无散波速 C_2。

8.7.3　平面谐波的表达式

设有向正 x 轴传播的平面波，则利用前面所讲的各向同性线弹性介质中波传播特性和解的叙述，我们可以写出其右行简单平面波的位移表达式为 $\boldsymbol{u}=\boldsymbol{u}(x-Ct)$，其中 C 为波速。由于 x 方向可以任取，故可将此平面波表达式推广为

$$\boldsymbol{u}=\boldsymbol{u}(x-Ct)=\boldsymbol{u}(s-Ct)\tag{8.7.26}$$

其中，s 表示垂直于波阵面沿波传播方向的距离，不失一般性，我们可以假设 $t=0$ 时波阵面恰通过原点 $s=0$。以 r 表示波阵面上任一点(x,y,z)相对于原点的矢径，$\boldsymbol{n}$ 表示波传播方向上波阵面的单位法矢量，如图 8.19 所示。由该图我们有

$$s=\boldsymbol{r}\cdot\boldsymbol{n}=lx+my+nz\tag{8.7.27}$$

其中，l、m、n 为波阵面单位法矢 $\boldsymbol{n}$ 的方向余弦。平面波位移表达式(8.7.26)可以改写成

$$\boldsymbol{u}=\boldsymbol{u}(s-Ct)=\boldsymbol{u}(\boldsymbol{r}\cdot\boldsymbol{n}-Ct)=\boldsymbol{u}(lx+my+nz-Ct)\tag{8.7.28}$$

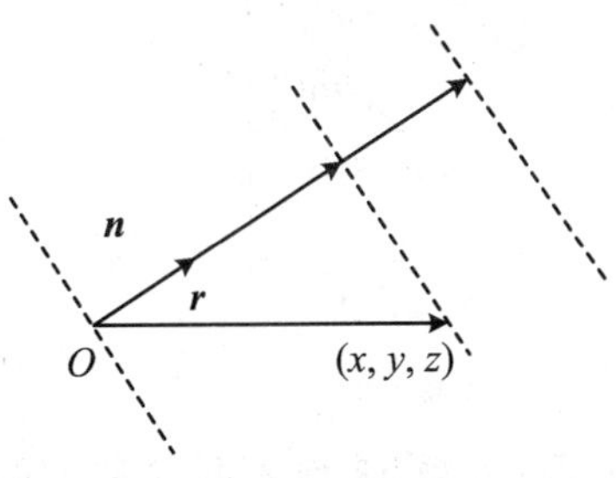

图 8.19　平面波波阵面及其单位法矢量 $\boldsymbol{n}$

在高等数学中已经证明，任意的周期函数都可以用离散谱的傅里叶级数来表达，而任意的非周期函数则可以用连续谱的傅里叶积分来表达。对于线弹性材料而言，其波传播的线性叠加原理是成立的，所以我们除了可以用特征线法求解问题以外，还可以通过谐波的方法来对波传播的问题进行求解。下面我们就来讲平面谐波的表达方式，并将在下一节中讲解平面谐波的透反射问题。

对于平面简谐波，其位移表达式可以写为

$$\boldsymbol{u}=\boldsymbol{A}\cos k(s-Ct)=\boldsymbol{A}\cos(ks-\omega t)\tag{8.7.29}$$

其中

$$\omega = kC \tag{8.7.30}$$

是谐波的圆频率,即 2π 时间内的振动次数,k 为波数,表示 2π 距离上谐波的重复次数。故若用 T 和 L 分别表示谐波的周期和波长,则有

$$\omega = \frac{2\pi}{T}, \quad k = \frac{2\pi}{L}, \quad C = \frac{\omega}{k} = \frac{L}{T} \tag{8.7.31}$$

若约定只取复数实部来表示其位移,则可将谐波表达式写为

$$\boldsymbol{u} = \boldsymbol{A}\mathrm{e}^{\mathrm{i}(ks-\omega t)} = \boldsymbol{A}\mathrm{e}^{\mathrm{i}(k\boldsymbol{n}\cdot\boldsymbol{r}-\omega t)} = \boldsymbol{A}\mathrm{e}^{\mathrm{i}(\boldsymbol{k}\cdot\boldsymbol{r}-\omega t)} \tag{8.7.32}$$

其中

$$\boldsymbol{k} = k\boldsymbol{n} \tag{8.7.33}$$

称为波数矢量,简称为波矢,其方向沿波传播的方向 $\boldsymbol{n}$,而长度等于波数 k。由于式(8.7.31)所给出的波速 $C=\frac{\omega}{k}$是任意一个等于常数的相位 $\varphi = ks-\omega t=\text{const}$ 的波阵面的传播速度,所以 $C=\frac{\omega}{k}$也常常被称为圆频率为 ω、波数为 k 的谐波的相速度。

8.7.4 平面波的斜反射问题

1. P 波、SH 波和 SV 波的概念

作为例子,我们来研究平面波在自由面上的反射问题,这一问题在地震学中有重要的应用价值。将地面即自由面取为 xy 平面,将平面波传播方向即波阵面单位法矢量 $\boldsymbol{n}$ 或波矢 $\boldsymbol{k}=k\boldsymbol{n}$ 的方向简称为平面波的射线方向,将自由面法线和射线所组成的平面 xz 称为入射平面。自由面即地面的法线方向取为 z 轴,指向地心,如图 8.20 所示。我们将入射平面波的位移 $\boldsymbol{u}$ 按如下方式进行分解:

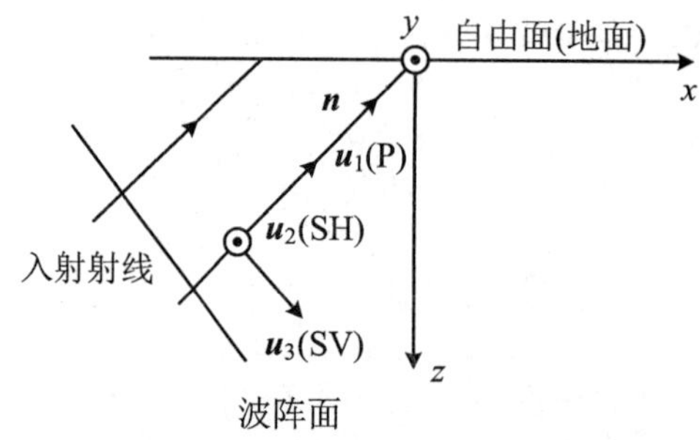

图 8.20 平面波从地下向地平面斜入射问题的示意图

(1) 沿入射波射线 $\boldsymbol{n}$ 方向的位移 $\boldsymbol{u}_1$,这是一种纵波,速度较快,作为地震波的一部分它将首先到达,故在地震学中称为 P 波(Primary wave),其位移记为 $\boldsymbol{u}_1(p)$。

(2) 在波阵面内而与自由面即水平面平行的位移(沿 y 轴方向)$\boldsymbol{u}_2$,这是一种横波,速度较慢,位移又沿地平面内的 y 轴,故称为 SH 波,位移记为 $\boldsymbol{u}_2$,该位移沿图 8.20 中的 y 轴方向,这是一种横波。波速比 P 波波速要慢而在 P 波之后才会到达,而且由于其位移与水平的地平面相平行,故在地震学中称为 SH 波(Secondary Horizontal wave)。

(3) 在波阵面内且与 $\boldsymbol{u}_2$ 相垂直的位移 $\boldsymbol{u}_3$,这也是一种横波,由于该位移位于入射平面即铅直面 xz 内,故在地震学中称为 SV 波(Secondary Vertical wave)。

这种对位移的分解方法和这些术语是地震学中常用的分解方法和术语。需要注意的是，P 波位移 $\boldsymbol{u}_1$ 和 SV 波位移 $\boldsymbol{u}_3$ 都是位于入射平面 xz 内的，其在 y 方向的位移分量为 0；而 SH 波的位移 $\boldsymbol{u}_2$ 则只沿水平 y 轴方向，与入射平面 xz 垂直。所以我们可以肯定，波在地表斜反射时，P 波和 SV 波会有相互的耦合效应，但 SH 波不会和 P 波以及 SV 波产生相互的耦合作用。

2. 地表自由面上的边界条件

地震波从地下传播至地表面时将会产生波的反射问题，地表面可以看作一个没有应力作用的自由面。按图 8.20，则自由面上的边界条件可以表达为

$$\sigma_{zx}|_{z=0} = 0,\quad \sigma_{zy}|_{z=0} = 0,\quad \sigma_{zz}|_{z=0} = 0$$

如果把我们的问题视为沿射线方向上的一维应变问题，这也是一个与 y 无关的平面应变问题，$\frac{\partial}{\partial y} = 0$；此时将应变和位移之间的几何关系代入广义胡克定律，我们就可以把上述的自由面边界条件写为用位移 $\boldsymbol{u}$ 所表达的如下形式：

$$\begin{cases} \sigma_{zx}|_{z=0} = \mu\left[\dfrac{\partial u_x}{\partial z} + \dfrac{\partial u_z}{\partial x}\right]_{z=0} = 0 \\ \sigma_{zy}|_{z=0} = \mu\left[\dfrac{\partial u_y}{\partial z} + \dfrac{\partial u_z}{\partial y}\right]_{z=0} = 0 \\ \sigma_{zz}|_{z=0} = \left[\lambda\theta + 2\mu\dfrac{\partial u_z}{\partial z}\right]_{z=0} = \left[(\lambda + 2\mu)\dfrac{\partial u_z}{\partial z} + \lambda\dfrac{\partial u_x}{\partial x}\right]_{z=0} = 0 \end{cases} \tag{8.7.34}$$

3. SH 波在自由面上的反射

由于 SH 波位移 $\boldsymbol{u}_2$ 沿 y 方向而与入射角平面 xz 垂直，故与位于入射平面 xz 之内的 P 波位移 $\boldsymbol{u}_1$ 和 SV 波位移 $\boldsymbol{u}_3$ 不会产生耦合作用，因而当 SH 波入射至自由面时将只会产生一个反射的 SH 波，而不会产生反射的 P 波和 SV 波。如以 $\boldsymbol{u}_2'$来表示反射 SH 波所产生的位移，则介质中任一点的位移 $\boldsymbol{u}$ 将是入射波位移 $\boldsymbol{u}_2$ 和反射波位移 $\boldsymbol{u}_2'$之和，它们都沿 y 轴方向，如图 8.21 所示。这可以表达为

$$u_y = u_{2y} + u_{2y}',\quad u_z = 0,\quad u_x = 0 \tag{8.7.35}$$

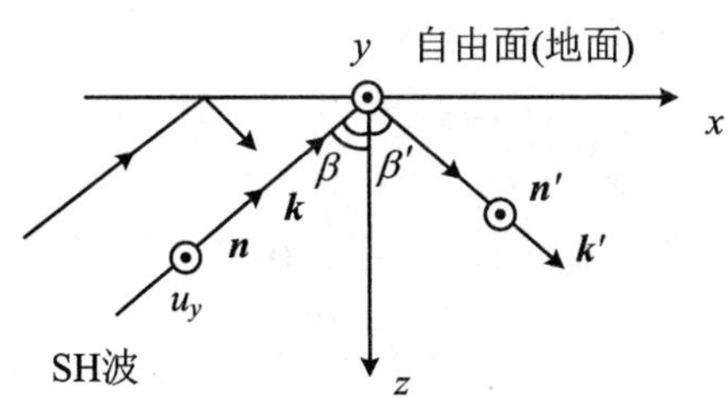

图 8.21　SH 波在自由面上的斜反射

以 β 和 β'分别表示入射 SH 波的入射角和反射 SH 波的反射角，以 k 和 k'分别表示入射波和反射波的波数，以 $\boldsymbol{n}$ 和 $\boldsymbol{n}'$分别表示入射波和反射波波阵面的单位法矢量，其波矢将各为 $\boldsymbol{k} = k\boldsymbol{n}, \boldsymbol{k}' = k\boldsymbol{n}'$，如图 8.21 所示，则当以行矢量表示时，可有

$$\begin{cases} \boldsymbol{n} = (\sin\beta, 0, -\cos\beta),\quad \boldsymbol{n}' = (\sin\beta', 0, \cos\beta') \\ \boldsymbol{k} = k\boldsymbol{n} = (k\sin\beta, 0, -k\cos\beta),\quad \boldsymbol{k}' = k'\boldsymbol{n}' = (k'\sin\beta', 0, k'\cos\beta') \end{cases} \tag{8.7.36}$$

于是，可将入射波位移和反射波位移分别写为

$$\begin{cases} u_{2y} = H\mathrm{e}^{\mathrm{i}(\boldsymbol{k}\cdot\boldsymbol{r}-\omega t)} = H\mathrm{e}^{\mathrm{i}(xk\sin\beta - zk\cos\beta - \omega t)} \\ u'_{2y} = H'\mathrm{e}^{\mathrm{i}(\boldsymbol{k}'\cdot\boldsymbol{r}-\omega' t)} = H'\mathrm{e}^{\mathrm{i}(xk'\sin\beta' - zk'\cos\beta' - \omega' t)} \\ u_y = u_{2y} + u'_{2y}, \quad u_x = 0 = u_z \end{cases} \tag{8.7.37}$$

其中,H 和 H' 分别为入射波和反射波的位移振幅。通过代入法容易验证:只要 k 和 ω,k' 和 ω' 之间满足以下关系:

$$k = \frac{\omega}{c_2}, \quad k' = \frac{\omega'}{c_2} \tag{8.7.38}$$

则式(8.7.37)所表达的位移 u_{2y} 和 u'_{2y} 便都满足横波的波动方程(8.7.10),因此它们的和 $u_y = u_{2y} + u'_{2y}$ 也必然满足横波的波动方程(8.7.10)。而为了使位移 $u_y = u_{2y} + u'_{2y}$ 满足边界条件式(8.7.34),我们将 $u_y = u_{2y} + u'_{2y}$ 代入式(8.7.34),来寻求所需要的条件。代入后可见:式(8.7.34)中的第一式和第三式将为恒等式而自动满足,而式(8.7.34)中的第二式将给出

$$(-\mathrm{i}k\cos\beta)H\mathrm{e}^{\mathrm{i}(xk\sin\beta - \omega t)} + (\mathrm{i}k'\cos\beta')H'\mathrm{e}^{\mathrm{i}(xk'\sin\beta' - \omega' t)} = 0 \tag{8.7.39}$$

为了使得式(8.7.39)对一切 x 和 t 都成立,必有下式成立:

$$k\sin\beta = k'\sin\beta', \quad \omega' = \omega \tag{8.7.40}$$

于是利用式(8.7.38)和式(8.7.40),将有

$$k' = k, \quad \omega' = \omega, \quad \beta' = \beta \tag{8.7.41}$$

再利用式(8.7.39),即得

$$H' = H \tag{8.7.42}$$

至此,我们就已经把 SH 波在自由面反射的问题求解完了。归纳起来可有如下结论:

当 SH 平面斜波入射至自由面上,反射波必然是同频率 ω(同波数 k)的 SH 波;而且反射角 β' 也必然与入射角 β 相等;同时,反射波位移的振幅 H' 也必然与入射波位移的振幅 H 相同。

该问题中,入射波和反射波在自由面上所引起的应力状态如图 8.22 所示,图中入射波和反射波波阵面上的切应力各为 τ 和 τ',方向如图 8.22 所示。由静力平衡可知,入射波和反射波在自由面上的应力状态各为

$$\begin{cases} (\sigma_{zz})_\lambda = 0 \\ (\sigma_{zx})_\lambda = 0 \\ (\sigma_{zy})_\lambda = \tau\cos\beta \end{cases}$$

$$\begin{cases} (\sigma'_{zz})_k = 0 \\ (\sigma'_{zx})_k = 0 \\ (\sigma'_{zy})_k = \tau'\cos\beta \end{cases}$$

只要 $\tau' = \tau$,即如图 8.22 所示,则可满足 $\sigma_{zy} = (\sigma_{zy})_\lambda + (\sigma_{zy})_k = 0$ 的自由面边界条件。

我们也可以考虑入射角为 α 的 P 波在自由面上反射的问题。根据前面对 SH 波反射问题的分析,我们自然也会想到其反射波解是否也只是一个等反射角等值的反射 P 波。但容易说明,如果只是反射这样一个 P 波,此时自由面上的边界条件将是不会满足的。为了满足自由面上的边界条件,除了反射 P 波以外,还会同时反射 S 波;由于 SH 波不在入射平面 xz 内而与 P 波不相耦合,所以反射的必然是 SV 波。读者可作为练习求解之。同样,SV 波在自由面上的反射问题将同时反射 SV 波和 P 波,读者也可以作为练习求解之。

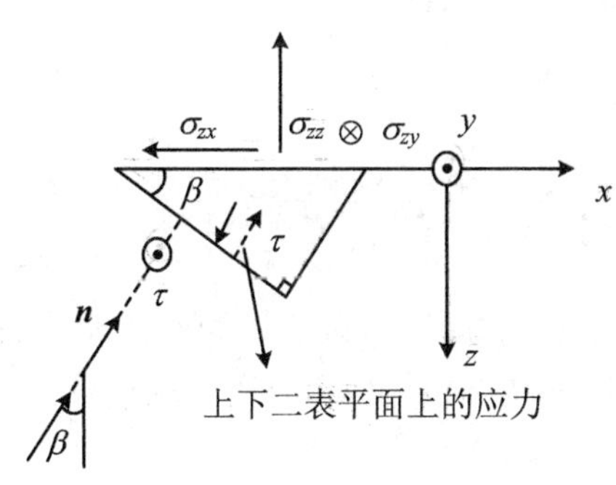

(a) 入射SH波引起的应力状态图

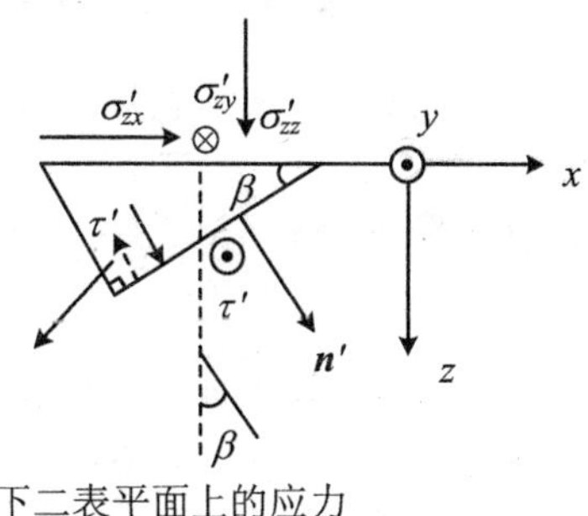

(b) 反射SH波引起的应力状态图

图 8.22　入射和反射 SH 波引起的应力状态图

8.8　波阵面上的守恒条件

本节我们将以杆中的纵波为例来讲解瞬态波波阵面上的守恒条件。设坐标轴沿杆轴，并以 X 表示某一杆截面的 Lagrange 坐标，则杆的轴向位移 u 可视为 Lagrange 坐标 X 和时间 t 的函数，即 $u = u(X,t)$，对于杆中一维应力的问题，只有轴向应力 $\sigma = \sigma(X,t)$，而其轴向质点速度 v 和轴向应变 ε 将分别为

$$v = \frac{\partial u}{\partial t} \tag{8.8.1}$$

$$\varepsilon = \frac{\partial u}{\partial X} \tag{8.8.2}$$

设波在 t 时刻到达 Lagrange 坐标为 $X(t)$处，即波阵面运动规律的 L 氏描述为 $X = X(t)$，则波的 Lagrange 波速为

$$C = \frac{\mathrm{d}X(t)}{\mathrm{d}t} \tag{8.8.3}$$

它表示单位时间内波阵面所经过的一段杆在初始构形中的长度。以

$$[\varphi] \equiv \varphi^- - \varphi^+ \tag{8.8.4}$$

表示量 φ 由波阵面的紧前方值 φ^+ 跨至波阵面的紧后方值 φ^- 时的跳跃量，即以量 φ 所表达的强间断冲击波的强度。由于位移总是连续的，所以当跨过冲击波时，有

$$[u] \equiv u^- - u^+ = 0 \tag{8.8.5}$$

8.8.1　冲击波阵面上的位移连续条件

设 t 时波阵面到达 L 氏坐标为 X 的杆截面，而 $t + \mathrm{d}t$ 时到达 L 氏坐标为 $X + \mathrm{d}X$ 的截面，则根据位移连续的条件式(8.8.5)，有

$$u^-(X,t) = u^+(X,t),\quad u^-(X + \mathrm{d}X, t + \mathrm{d}t) = u^+(X + \mathrm{d}X, t + \mathrm{d}t)$$

将上式中的第二式在(X,t)泰勒级数展开并减去第一式，则有

$$\frac{\partial u^-}{\partial X}\mathrm{d}X+\frac{\partial u^-}{\partial t}\mathrm{d}t=\frac{\partial u^+}{\partial X}\mathrm{d}X+\frac{\partial u^+}{\partial t}\mathrm{d}t$$

由于$\frac{\mathrm{d}X}{\mathrm{d}t}=C$，并利用$\varepsilon^-=\frac{\partial u^-}{\partial X}$，$v^-=\frac{\partial u^-}{\partial t}$，$\varepsilon^+=\frac{\partial u^+}{\partial X}$，$v^+=\frac{\partial u^+}{\partial t}$，则上式为

$$[v]=-C[\varepsilon] \tag{8.8.6}$$

式(8.8.6)成立的依据是即使在冲击波阵面上位移也是连续的，所以称之为冲击波阵面上的位移连续条件，它的价值是把跨过冲击波时质点速度的跳跃量$[v]$和应变的跳跃量$[\varepsilon]$联系起来。

需要说明的是，在一维波的问题中位移连续的条件和质量守恒是等价的，而在三维波的问题中位移连续比质量守恒包含更多的内容。

8.8.2 冲击波阵面上的动量守恒条件

现在我们考虑$\mathrm{d}t$时间内波阵面所经过的一段杆微元$\mathrm{d}X$，作为一个闭口体系的动量守恒条件。以A_0表示杆的初始面积，ρ_0表示杆的初始质量密度，则这段闭口体系的质量为$A_0\rho_0\mathrm{d}X$。如图8.23所示，t时刻波阵面到达X处，微元具有阵前方的质点速度v^+，其左右两侧各作用阵面后方和阵面前方的工程应力为σ^-和σ^+；微元具有阵面后方的质点速度v^-，其左右两侧各作用阵面后方和阵面前方的工程应力为σ^-和σ^+。根据闭口体系的质量守恒定律，这段质量为$A_0\rho_0\mathrm{d}X$的杆，其动量的增加为$A_0\rho_0\mathrm{d}X(v^--v^+)$，等于$\mathrm{d}t$时间内它所受到的外力的冲量$(\sigma^+-\sigma^-)A_0\mathrm{d}t$，即

$$A_0\rho_0\mathrm{d}X(v^--v^+)=(\sigma^+-\sigma^-)A_0\mathrm{d}t$$

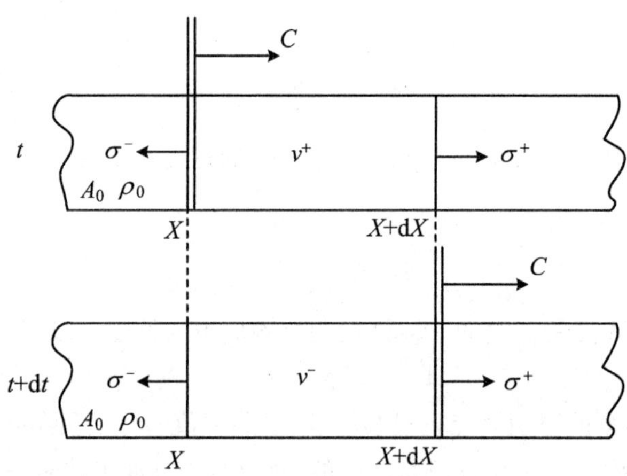

图8.23　闭口体系$A_0\rho_0\mathrm{d}X$的动量守恒

由于$\frac{\mathrm{d}X}{\mathrm{d}t}=C$，则上式给出

$$[\sigma]=-\rho_0C[v] \tag{8.8.7}$$

式(8.8.7)称为冲击波阵面上的动量守恒条件，它的价值是把跨过冲击波时应力的间断量$[\sigma]$与速度的间断量$[v]$联系起来。

由位移连续条件式(8.8.6)和动量守恒条件式(8.8.7)消掉$[v]$，可得冲击波的速度为

$$C = \sqrt{\frac{1}{\rho_0}\frac{[\sigma]}{[\varepsilon]}} = \sqrt{\frac{\sigma^- - \sigma^+}{\rho_0(\varepsilon^- - \varepsilon^+)}} \tag{8.8.8}$$

如果波是连续波中一个无限小的增量波，则式(8.8.6)、式(8.8.7)、式(8.8.8)将成为

$$\mathrm{d}v = -C\mathrm{d}\varepsilon \tag{8.8.9}$$

$$\mathrm{d}\sigma = -\rho_0 C\mathrm{d}v \tag{8.8.10}$$

$$C = \sqrt{\frac{1}{\rho_0}\frac{\mathrm{d}\sigma}{\mathrm{d}\varepsilon}} \tag{8.8.11}$$

其中，$\mathrm{d}v$、$\mathrm{d}\varepsilon$ 和 $\mathrm{d}\sigma$ 是跨过一个无限小增量波时所产生的无穷小质点速度、应变和应力的增量。如图 8.24 中非线性弹性应力应变曲线 $OBMA$ 所示，可见：冲击波的波速 C 是由连接应力-应变曲线上冲击波阵面紧前方和紧后方的状态 B 和 A 的割线弦的斜率$\frac{[\sigma]}{[\varepsilon]}=\frac{\sigma^- - \sigma^+}{\varepsilon^- - \varepsilon^+}$所决定的，我们把割线弦 AB 称为激波弦或 Rayleigh 线。而作为连续波中的一个微小元素，在某一个应力状态 M 处所产生的无限小增量波的波速 C，则是由 $\sigma\sim\varepsilon$ 曲线上产生扰动的状态 M 处的切线弦的斜率$\frac{\mathrm{d}\sigma}{\mathrm{d}\varepsilon}$所决定的。由此可以知道无论是冲击波还是连续波，无论是加载波还是卸载波，影响波传播特性和规律的重要物理量波速 C 都是和材料的应力-应变曲线的具体形式紧密相关的。例如，对于线弹性材料，如果以 E、G、ν、K 分别表示材料的杨氏模量、剪切模量、泊松比、体积模量，则容易由前面的公式得出如下弹性波的波速公式：

$$C = \sqrt{\frac{E}{\rho_0}},\quad C = \sqrt{\frac{E}{\rho_0(1-\nu^2)}},\quad C = \sqrt{\frac{K+4G/3}{\rho_0}},\quad C = \sqrt{\frac{G}{\rho_0}} \tag{8.8.12}$$

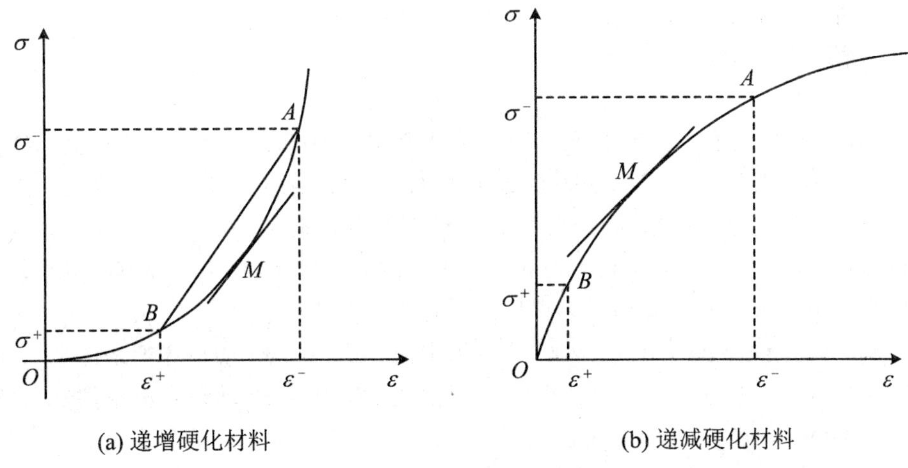

(a) 递增硬化材料　　(b) 递减硬化材料

图 8.24　应力-应变曲线和波速的关系

其中，第一个公式为弹性细长杆中纵波的波速，第二个公式为很薄的平板面内纵波的波速，第三个公式为一维应变纵波的波速，第四个公式为弹性横波的波速公式。读者可作为练习证明之。

需要说明的是，上面我们讨论的是右行波。如果改为左行波，而仍以 C 表示波速的绝对值，则由于$\frac{\mathrm{d}X}{\mathrm{d}t}=-C$，守恒条件式(8.8.6)、式(8.8.7)、式(8.8.9)、式(8.8.10)中的负号则应改为正号。

由动量守恒条件式(8.8.7)和式(8.8.10)，可见对冲击波和增量波将分别有

$$\rho_0 C = \left|\frac{[\sigma]}{[v]}\right|, \quad \rho_0 C = \left|\frac{\mathrm{d}\sigma}{\mathrm{d}v}\right| \tag{8.8.13}$$

这就是说，从绝对值意义上讲，纵波所引起的应力增量和质点速度增量之比恰等于量 $\rho_0 C$，这与电学中加于元件两端的电压和所通过的电流之比恰等于元件的电阻是类似的，故在波动力学中将量 $\rho_0 C$ 称为介质的波阻抗（wave impedance）（冲击波阻抗或增量波阻抗）。式(8.8.13)说明，波阻抗是为使介质产生单位质点速度增量所需要加给介质的扰动应力增量。定性地说，波阻抗是介质在波作用下所显现的“软”或“硬”特性的一种反映，即波阻抗较大时材料显得较“硬”，反之则较“软”。这就是波阵面上动量守恒条件的物理意义。波阻抗 $\rho_0 C$ 的另一种物理解释是：它表示单位面积的波阵面在单位时间内所扫过的介质的质量。

8.9 弹性波在两种材料交界面上的透反射

作为弹性波的传播和相互作用问题的一个例子，本节重点介绍弹性波在两种介质交界面(interface)上的透反射问题。设有一弹性波 $AB(0\sim1)$ 从介质Ⅰ($\rho_1 C_1$)入射到其与介质Ⅱ($\rho_2 C_2$)的交界面 FF 上，其中 C_1、C_2 分别是介质Ⅰ、Ⅱ的弹性波速，ρ_1、ρ_2 分别是介质Ⅰ、Ⅱ的质量密度。为避免材料分离的情况，我们将以入射波为恒值压缩应力脉冲的情况为例来进行讨论。

8.9.1 求解方法和结果

在波 $AB(0\sim1)$ 入射至交界面 FF 之后，将在介质Ⅱ中产生一个透射弹性波 BD 并在介质Ⅰ中产生一个反射弹性波 BC，如图 8.25 中的(a)和(d)所示。如果入射波在交界面透反射后两种材料仍然接触在一起，则透反射后交界面两侧将有共同的状态 $2(v_2, \sigma_2)$，于是入射波(incident wave)、透射波(transmission wave)和反射波(reflection wave)的动量守恒条件可分别表达为

$$v_1 - v_0 = -(\sigma_1 - \sigma_0)/(\rho_1 C_1) \quad (\text{入射波 } AB(0\sim1) \text{ 动量守恒条件}) \tag{8.9.1}$$

$$v_2 - v_0 = -(\sigma_2 - \sigma_0)/(\rho_2 C_2) \quad (\text{透射波 } BD(0\sim2) \text{ 动量守恒条件}) \tag{8.9.2}$$

$$v_2 - v_1 = (\sigma_2 - \sigma_1)/(\rho_1 C_1) \quad (\text{反射波 } BC(1\sim2) \text{ 动量守恒条件}) \tag{8.9.3}$$

其中，$0(v_0, \sigma_0)$ 表示入射波到达之前交界面两侧两种介质的共同初始状态。为了作图简洁，在图 8.25 中我们假设 $v_0=0$，$\sigma_0=0$，但是下面的推导和说明则是与此无关的。入射波波后的状态 (v_1, σ_1) 中的一个量应是给定的，而另一个量则由式(8.9.1)确定。我们的问题就是由已知的 v_1 和 σ_1 通过方程组(8.9.2)和(8.9.3)求出 v_2 和 σ_2，显然这是很容易求解并写出结果的，因为这只是求两条直线式(8.9.2)和式(8.9.3)的交点而已。在图 8.25(b)和(e)中，则分别对波阻抗比(ratio of wave impedance) $k\geqslant1$ 和 $k\leqslant1$ 两种情况给出了交界面状态 $2(v_2, \sigma_2)$ 的图解结果，波阻抗比 k 的定义如下：

$$k = \frac{\rho_2 C_2}{\rho_1 C_1} \tag{8.9.4}$$

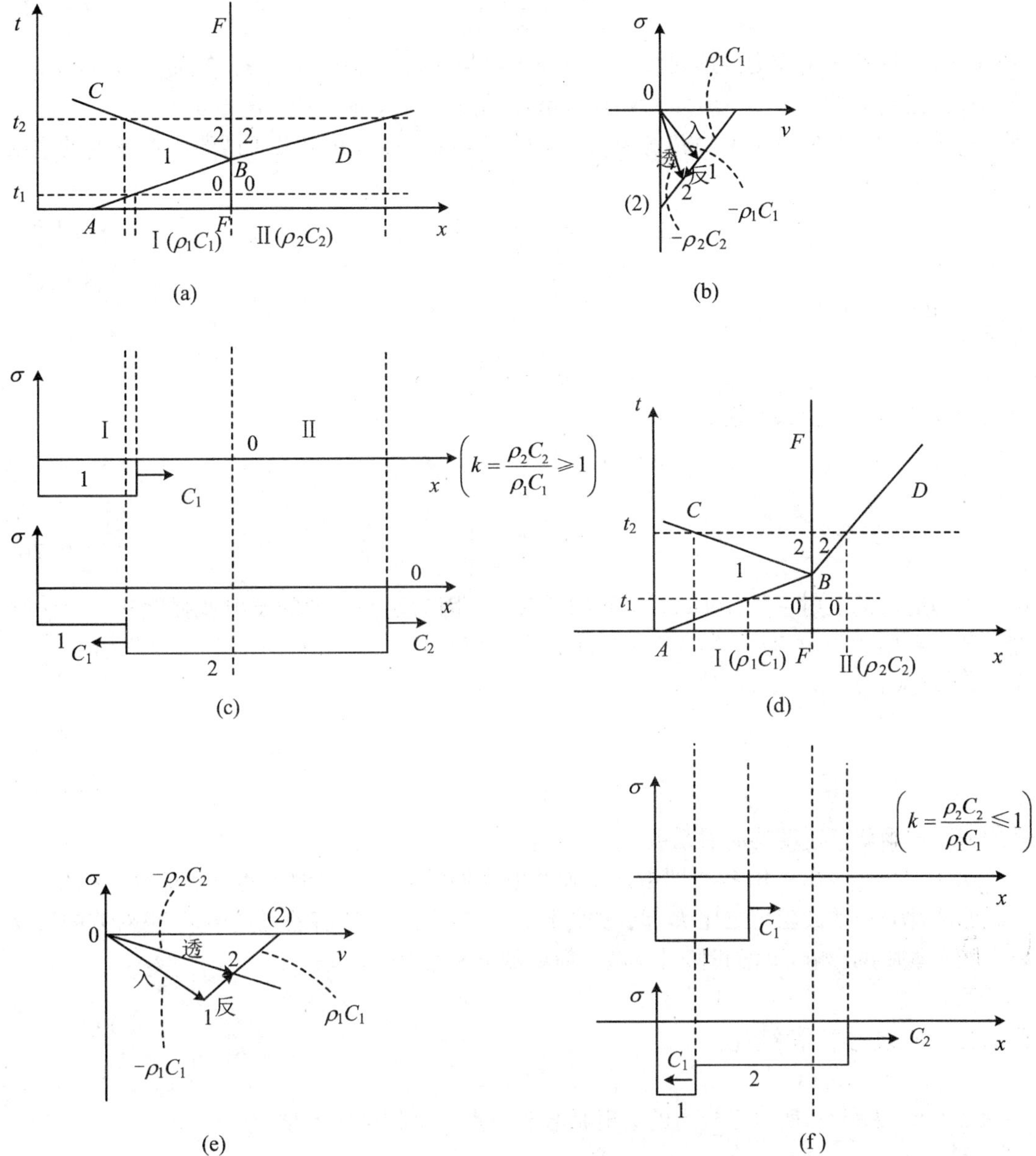

图 8.25　弹性波在介质交界面上的透反射

但为了突出物理概念并总结有关规律，这里将不直接写出具体的求解结果，而是以式(8.9.1)～(8.9.3)为基础，以各个波的强度为关注点通过具有物理意义的恒等变换而得出其相应的结果。

将式(8.9.2)减去式(8.9.3)并做恒等变换，可有

$$v_1 - v_0 = -\frac{\sigma_2 - \sigma_0}{\rho_2 C_2} - \frac{\sigma_2 - \sigma_1}{\rho_1 C_1} = \frac{(\sigma_2 - \sigma_0)}{\rho_2 C_2} - \frac{(\sigma_2 - \sigma_0) - (\sigma_1 - \sigma_0)}{\rho_1 C_1}$$

将式(8.9.1)给出的 $v_1 - v_0$ 代入上式，可以解得

$$\sigma_2 - \sigma_0 = T_\sigma(\sigma_1 - \sigma_0) \tag{8.9.5a}$$

其中

$$T_\sigma = \frac{2k}{k+1} \tag{8.9.5b}$$

式(8.9.5a)即给出了应力的透射波强度($\sigma_2 - \sigma_0$)与入射波强度($\sigma_1 - \sigma_0$)的关系,系数 T_σ 可称为应力透射系数(transmission coefficient)。将式(8.9.5a)中的($\sigma_2 - \sigma_0$)和($\sigma_1 - \sigma_0$)分别通过式(8.9.2)和式(8.9.1)转换为($v_2 - v_0$)和($v_1 - v_0$),并定义所谓的质点速度的透射系数 T_v,则可得

$$v_2 - v_0 = T_v(v_1 - v_0) \tag{8.9.6a}$$

$$T_v \equiv \frac{2}{k+1} \tag{8.9.6b}$$

对于反射波,由于

$$\sigma_2 - \sigma_1 = (\sigma_2 - \sigma_0) - (\sigma_1 - \sigma_0)$$

将式(8.9.5a)代入上式右端后,可得

$$\sigma_2 - \sigma_1 = F_\sigma(\sigma_1 - \sigma_0) \tag{8.9.7a}$$

其中

$$F_\sigma = \frac{k-1}{k+1} \tag{8.9.7b}$$

可称之为应力的反射系数(reflection coefficient),因为它是应力的反射波强度和入射波强度之比。利用式(8.9.3)和式(8.9.1)将($\sigma_2 - \sigma_1$)和($\sigma_1 - \sigma_0$)分别用($v_2 - v_1$)和($v_1 - v_0$)表示,并代入式(8.9.7a),即得

$$v_2 - v_1 = F_v(v_1 - v_0) \tag{8.9.8a}$$

$$F_v = \frac{1-k}{k+1} \tag{8.9.8b}$$

其中,F_v 称为质点速度的反射系数。

式(8.9.5)～(8.9.8)各式即给出了弹性波在两种介质交界面上透反射的全部结果,可以看到两种介质的波阻抗之比 k 起着关键作用,它不但决定所有的定量结果,也对波的透反射图案有本质的影响,下面我们对此做一简要的分析总结。

8.9.2 结果分析和结论

由于 $0 \leqslant k \leqslant \infty$,所以对应力的透射系数和质点速度的透射系数,有

$$0 \leqslant T_\sigma = \frac{2k}{k+1} \leqslant 2 \quad (0 \leqslant k \leqslant \infty) \tag{8.9.9a}$$

$$2 \geqslant T_v = \frac{2}{k+1} \geqslant 0 \quad (0 \leqslant k \leqslant \infty) \tag{8.9.9b}$$

即它们永远都是大于或等于 0 的,这在物理上就意味着:不管我们是以应力还是以质点速度来观察问题,也不管两种材料的波阻抗哪个大哪个小,透射波永远都是与入射波同号的。而对于应力的反射系数和质点速度的反射系数,则有

$$F_\sigma = \frac{k-1}{k+1} \geqslant 0 \quad (\text{当 } k \geqslant 1), \quad F_\sigma = \frac{k-1}{k+1} \leqslant 0 \quad (\text{当 } k \leqslant 1) \tag{8.9.10a}$$

$$F_v = \frac{1-k}{k+1} \leqslant 0 \quad (\text{当 } k \geqslant 1), \quad F_v = \frac{1-k}{k+1} \geqslant 0 \quad (\text{当 } k \leqslant 1) \tag{8.9.10b}$$

这在物理上即表示:当介质Ⅱ的波阻抗比介质Ⅰ的波阻抗大时,从应力角度观察时入射波是

与反射波同号的，而当介质Ⅱ的波阻抗比介质Ⅰ的波阻抗小时，从应力角度观察时入射波则是与反射波异号的。(从质点速度的角度观察时结论则相反。)习惯上，我们总是以应力的波形来观察问题，故可以说，当波从低阻抗介质入射到高阻抗介质时，反射波是与入射波同号的；而当波从高阻抗介质入射到低阻抗介质时，反射波则是与入射波异号的。

以上对透射波、反射波与入射波符号关系所得出的结论，从图 8.25(b)和(e)中对三个波所画的箭头的方向可以看得很清楚，从图 8.25(c)和(f)所做的透反射后典型时刻的应力剖面也可以看出。在这里我们还指出，此处所得出的关于对透射波、反射波与入射波强度间符号关系的结论不仅适用于线弹性波，对一般的非线性材料也是适用的，只不过对非线性材料而言，无论是冲击波还是连续波，材料的波阻抗都不再是常数，而是与应力水平和波的强度有关，同时透射波、反射波与入射波强度间的定量关系也将更加复杂。

8.9.3　两个特例

1. 刚壁(rigid boundary)上的(透)反射

当介质Ⅱ的波阻抗比介质Ⅰ的波阻抗大很多时，可认为 $k=\infty$($E_2=\infty$ 或 $C_3=\infty$)，此种情况即是波在刚壁上(透)反射的问题。

此时，对于"透射波"，有

$$T_v=\frac{2}{k+1}=0,\quad T_\sigma=\frac{2k}{k+1}=2$$

即

$$v_2-v_0=0 \tag{8.9.11a}$$

$$\sigma_2-\sigma_0=2(\sigma_1-\sigma_0) \tag{8.9.11b}$$

式(8.9.11a)即是刚壁上的边界条件 $v_2=v_0$，而式(8.9.11b)称为弹性波在刚壁上反射时的应力加倍定律。对于常见的 $\sigma_0=0$，$v_0=0$ 的静止刚壁情况，弹性波在刚壁上反射后刚壁上状态的解式(8.9.11a)和式(8.9.11b)由图 8.25(b)中的点(2)给出。

对于反射波，有

$$F_v=\frac{1-k}{1+k}=-1,\quad F_\sigma=\frac{k-1}{k+1}=+1$$

即

$$v_2-v_1=-(v_1-v_0) \tag{8.9.12a}$$

$$\sigma_2-\sigma_1=\sigma_1-\sigma_0 \tag{8.9.12b}$$

式(8.9.12a)说明，波在刚壁上反射时对质点速度而言，反射波可视为入射波的倒像，而对应力而言反射波可视为入射波的正像。

2. 自由面(free surface)上的(透)反射

当介质Ⅱ的波阻抗与介质Ⅰ相比非常小时，可认为 $k=0$($E_2=0$ 或 $C_2=0$)，这就是波在自由面反射的情况。

此时，对于"透射波"，有

$$T_v=\frac{2}{k+1}=2,\quad T_\sigma=\frac{2k}{k+1}=0$$

即

$$v_2 - v_0 = 2(v_1 - v_0) \tag{8.9.13a}$$

$$\sigma_2 - \sigma_0 = 0 \tag{8.9.13b}$$

式(8.9.13a)称为弹性波在自由面上反射时的质点速度加倍定律，而式(8.9.13b)即是自由面上的应力边界条件，当 $\sigma_0 = 0$ 时，即成为通常的真空自由面条件。图 8.25(e)中的点(2)给出了常见情况：当 $v_0 = 0, \sigma_0 = 0$ 时弹性波在自由面反射后自由面上的解 $2(v_2, \sigma_2) = 2(v_1, 0)$。

对于反射波，有

$$F_v = \frac{1-k}{1+k} = 1, \quad F_\sigma = \frac{k-1}{k+1} = -1$$

即

$$v_2 - v_1 = v_1 - v_0 \tag{8.9.14a}$$

$$\sigma_2 - \sigma_1 = -(\sigma_1 - \sigma_0) \tag{8.9.14b}$$

式(8.9.14a)说明，波在自由面上反射时，对于质点速度而言，反射波可视为入射波的正像，而对于应力而言，反射波可视为入射波的倒像。

式(8.9.12a)、式(8.9.12b)和式(8.9.14a)、式(8.9.14b)分别称为线弹性波在刚壁上和在自由面上反射时的"镜像法则"(image rules)。尽管我们只给出了恒值阶梯型应力波的镜像法则，但是由于任意形状的应力波可以看成一系列阶梯形波的累加，而线弹性波的相互作用是满足线性叠加原理的，故弹性波在刚壁上和自由面上反射的镜像法则对任何形状的波都是成立的。这使我们可以很方便地作出弹性波在刚壁或自由面上反射后所形成的合成应力波形或质点速度波形。例如，图 8.26 就给出了三角形应力脉冲在自由面附近所形成的在几个典型时刻的应力剖面图，其中 t_1、t_2、t_3 分别是波头到达自由面前、刚到达自由面和在自由面反射后的三个典型时刻，t_3 时刻的合成应力剖面即是由入射应力波和反射倒像应力波合成而得到的。可以看到，压缩应力脉冲在自由面反射的结果可以在自由面附近造成拉伸应力，当此拉应力超过材料的破坏强度时即可造成所谓的层裂(spallation)现象，预防或利用层裂现象在工程上是十分重要的。

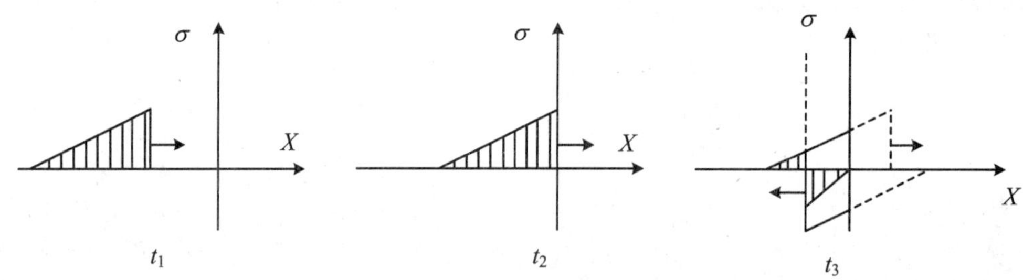

图 8.26　应力波在自由面反射的镜像法则图解

8.9.4　层裂问题

为方便起见，以 $p = -\sigma$ 表示压应力，考虑一个突加至峰值 p_m 然后逐渐卸载，或保持一段时间后突然卸载的压缩脉冲在自由面的反射问题，可以将自由面作为镜子，将反射脉冲作为入射脉冲的镜面倒像(应力)或镜面正像(质速)，并以叠加原理作出任意时刻杆中的应力剖面，如图 8.27 所示。可见，自由面反射后介质中出现了拉应力区，如果拉应力超过材料的破坏应力，即会出现层裂。层裂的本质是压缩加载波在自由面反射产生的卸载波与入射的卸载波相遇使材料出现二次卸载，导致材料中出现拉应力。

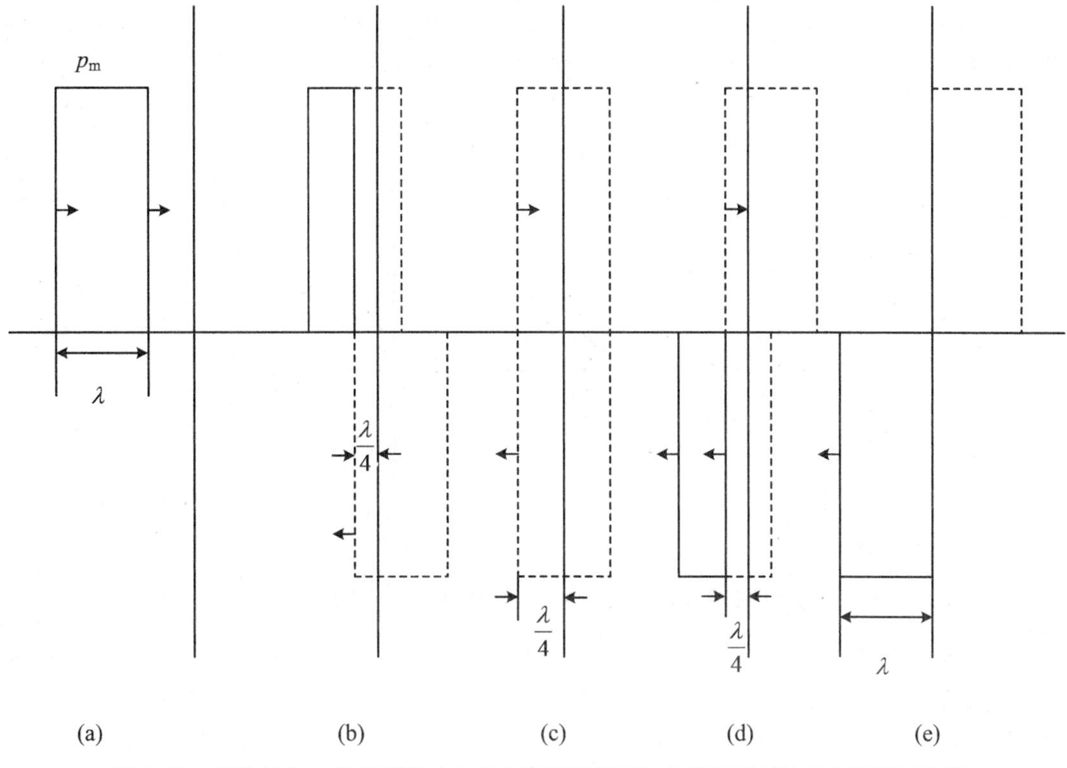

图 8.27　脉冲长为 λ 的矩形脉冲在自由表面反射时五个典型时刻的应力波形示意图

作为第一个例子，先考虑一个峰值为 p_m、波长为 λ 的矩形脉冲在自由面的反射。其反射过程如图 8.27 所示，其中(a)图表示突加至 p_m 持续 λ 长度卸至 0 的矩形应力脉冲接近自由面；(b)图表示脉冲头部一部分(长度$<\lambda/2$)被反射，自由面附近局部区域(加载波造成的压应力被反射卸载波卸载)使其合应力为 0，而入射波卸载波尾和反射波卸载波头进一步接近；(c)图表示脉冲的半波长被反射，入射波造成的压应力在整个半波长内部被反射卸载波卸至 0，介质内应力为 0，但此时自由面附近介质质速并不为 0，而是加倍(可自行画一下质速剖面)，此时入射卸载波尾恰和反射卸载波头相遇；(d)图表示反射卸载波头和入射卸载波尾相遇后继续前进，被反射部分(长度$>\lambda/2$)使材料中出现了拉应力区，且随时间增加拉应力区将扩大；(e)图表示反射结束后，反射波以拉应力脉冲形式向左传播。

由以上图解过程容易说明，对于入射矩形脉冲的情况，所产生的最大拉应力恰等于入射压缩脉冲峰值：$\sigma_m = p_m$，且首先出现此拉应力的截面距自由面为 $\delta = \lambda/2$，故如果取如下的瞬时断裂准则：

$$p_m \geqslant \sigma_c \tag{8.9.15}$$

则将在距自由面为 $\delta = \lambda/2$ 的地方发生层裂，且层裂厚度恰为

$$\delta = \lambda/2 \quad (p_m \geqslant \sigma_c) \tag{8.9.16}$$

层裂质速 v 可以由动量守恒条件得到：裂层飞走时的全部动量 $\rho_0 v\delta$，是由入射脉冲头部到达断裂面至其尾部离开此面整个时间间隔 λ/C 中，入射压力加到此面(此外部体系交界面)上的冲量 $p_m\lambda/C$ 转化而来的，故

$$v = \frac{p_m \dfrac{\lambda}{C}}{\rho_0 \delta} = \frac{2p_m}{\rho_0 C} \tag{8.9.17}$$

如果是峰值为 p_m、波长为 λ 的三角形脉冲，则波在自由面的反射过程可类似于图 8.28。其中，(a)图表示脉冲接近自由区；(b)图表示脉冲头部被反射，并出现拉应力区；(c)图表示脉冲的半波长被反射，峰拉应力增到最大值；(d)图表示脉冲大部分被反射；(e)图表示脉冲全部被反射。为分析其层裂的可能，将入射脉冲表达为

$$P(\xi) = P_m(1 - \xi/\lambda) \quad (0 \leqslant \xi \leqslant \lambda) \tag{8.9.18}$$

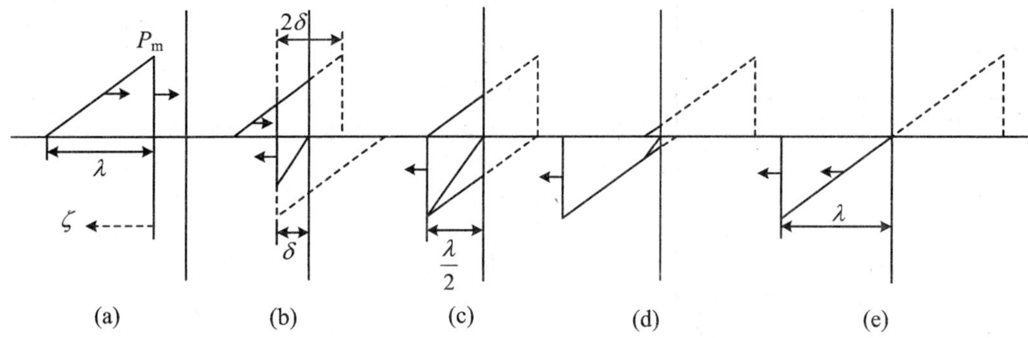

图 8.28　脉冲长为 λ 的三角形脉冲在自由表面反射时五个典型时刻下的应力波形示意图

其中，p_m 为波头峰值压力，ξ 为从波头量起的向波尾计算的距离(即波头上 $\xi = 0$)，$P(\xi)$为从(动)波头算起的距波头 ξ 处的压力。由式(8.9.18)可以计算材料中任一截面处的应力时程曲线。设把波头到达所考虑的截面处的时刻记为 $t = 0$，则 t 时刻该截面距波头距离将为 $\xi = Ct$，故该截面的压应力时程曲线将为

$$P(t) = P(\xi) = P_m(1 - Ct/\lambda) \quad (\text{剖面 } P = P(\xi)\text{；时程 } P = P(t)) \tag{8.9.19}$$

若按瞬时断裂准则，并设 $p_m > \sigma_c$，则层裂将在阶段(b)的某一时刻发生，而且一定发生在反射卸载波的波头上，因为该处拉应力最大。设该处距自由面的距离为 δ，即层裂厚度为 δ，则从入射波头到达此截面直至反射波头到达此截面的所经时间为 $2\delta/C$，而 δ 处的拉应力 σ_m 是反射波头拉应力与入射波在 $t = 2\delta/C$ 时的压应力之差：

$$\sigma_m = P(0) - P(2\delta/C) \tag{8.9.20}$$

由瞬时断裂准则式(8.9.15)，得

$$P(0) - P(2\delta/C) = \sigma_c \ (\text{用应力时程曲线})\text{；} \quad P(0) - P(\xi) = \sigma_c \ (\text{用应力剖面}) \tag{8.9.21}$$

用入射波应力时程曲线式(8.9.19)，可以求得三角形脉冲层裂厚度 δ 为

$$P_m(0) - P_m\left(1 - \frac{C2\delta}{C\lambda}\right) = \sigma_c, \quad \delta = \frac{1}{2}\frac{\sigma_c}{(P_m/\lambda)} \tag{8.9.22}$$

层裂的动量是由入射脉冲从入射波头到达断裂面的 $t = 0$，至反射波到断裂面的 $t = 2\delta/C$ 期间入射波通过断裂面所传递的冲量转化而来的，故

$$\rho_0 \delta v = \int_0^{2\delta/C} P(t)\mathrm{d}t$$

于是层裂速度为

$$v = \frac{1}{\rho_0 \delta}\int_0^{2\delta/C} P(t)\mathrm{d}t \tag{8.9.23}$$

对于三角形脉冲，利用式(8.9.19)，有

$$v = \frac{2P_m}{\rho_0 C}\left(1 - \frac{\delta}{\lambda}\right) = \frac{2P_m - \sigma_c}{\rho_0 C} \tag{8.9.24}$$

这里我们指出：前面所推出的式(8.9.19)中的前一式、式(8.9.21)、式(8.9.23)是适用于任意的头部突增至最大值，随后单调下降的入射压缩脉冲的一次裂层厚度和速度公式。而式(8.9.22)、式(8.9.23)、式(8.9.24)只适用于三角形脉冲(因为用了式(8.9.19)中的后一式)。易证对于指数脉冲，有

$$P(\xi) = P_m e^{-\xi/(C\tau)}, \quad P(t) = P_m e^{-t/\tau} \tag{8.9.25}$$

其中，时间常数 τ 是具有时间量纲的常数，则

$$\delta = \frac{C\tau}{2}\ln\frac{P_m}{P_m - \sigma_c} \tag{8.9.26}$$

$$v = \frac{2\sigma_c}{\rho_0 C \ln\left(\dfrac{P_m}{P_m - \sigma_c}\right)} \tag{8.9.27}$$

由式(8.9.22)、式(8.9.24)、式(8.9.26)、式(8.9.27)可见：入射波的尾巴越陡，即衰减越快(相当于$\frac{P_m}{\lambda}$越大或 τ 越小)，裂片越薄；而裂片速度与入射波陡度或衰减快慢无关，它主要取决于峰值 P_m。

当入射波峰值超过 σ_c 几倍时，可以发生多次层裂，因为一次层裂面又成了新的自由面，反射和层裂过程可以(连续)二次发生，直至拉应力小于 σ_c 为止。三角形脉冲由于衰减陡度不变，故按瞬时断裂准则预测的多次层裂碎片厚度相等；指数脉冲由于衰减陡度逐渐减缓，瞬时断裂准则预言碎片将越来越厚，而实际情况恰恰与此相反。这种与实际情况不符的结论是由于瞬时断裂准则式(8.9.15)不正确(特别是软材料)而造成的；为了得到与实际情况相符的结论，我们应该采用有时间效应的损伤积累准则。

按瞬时断裂准则，可以用图 8.29 将式(8.9.21)、式(8.9.23)加以推广，以 δ_i、v_i 分别表示各次层片的厚度和速度，$P = P(\xi)$ 表示入射脉冲压应力波形，ξ 为从突加波头向波尾量起的距离，则由图 8.29(a)有

$$\delta_1 = \xi_1/2 \tag{8.9.28}$$

$$P(0) - P(\xi_1) = \sigma_c \tag{8.9.29}$$

由图 8.29(b)有

$$\delta_2 = \xi_2/2 - \xi_1/2 \tag{8.9.30}$$

$$P(\xi_1) - P(\xi_2) = \sigma_c \tag{8.9.31}$$

……依此类推，层裂数目为不大于 $P(0)/\sigma_c$ 的整数，这可由图 8.29(c)来说明。$\xi_1, \xi_2, \cdots$ 为从波头起压力下降 $\sigma_c, 2\sigma_c, \cdots$ 的剖面到波头的距离。

各次层裂层的动量是由入射波头到断裂面开始至断裂发生期间入射波注入的动量转化而来的，故各次裂片速度依次为

$$v_1 = \frac{1}{\rho_0\delta_1}\int_0^{\xi_1}\rho_0 v(\xi)d\xi = \frac{1}{\delta_1}\int_0^{2\delta_1} v(\xi)d\xi, \quad v_2 = \frac{1}{\rho_0\delta_2}\int_{\xi_1}^{\xi_2}\rho_0 v(\xi)d\xi = \frac{1}{\delta_1}\int_{2\delta_1}^{2\delta_1+2\delta_2} v(\xi)d\xi, \quad \cdots \tag{8.9.32}$$

利用入射波动量守恒条件 $v = -\frac{\sigma}{\rho_0 C} = \frac{P}{\rho_0 C}$，有

$$v_1 = \frac{1}{\rho_0 C\delta_1}\int_0^{2\delta_1} P(\xi)\mathrm{d}\xi, \quad v_2 = \frac{1}{\rho_0 C\delta_2}\int_{2\delta_1}^{2\delta_1+2\delta_2} P(\xi)\mathrm{d}\xi, \quad \cdots \tag{8.9.33}$$

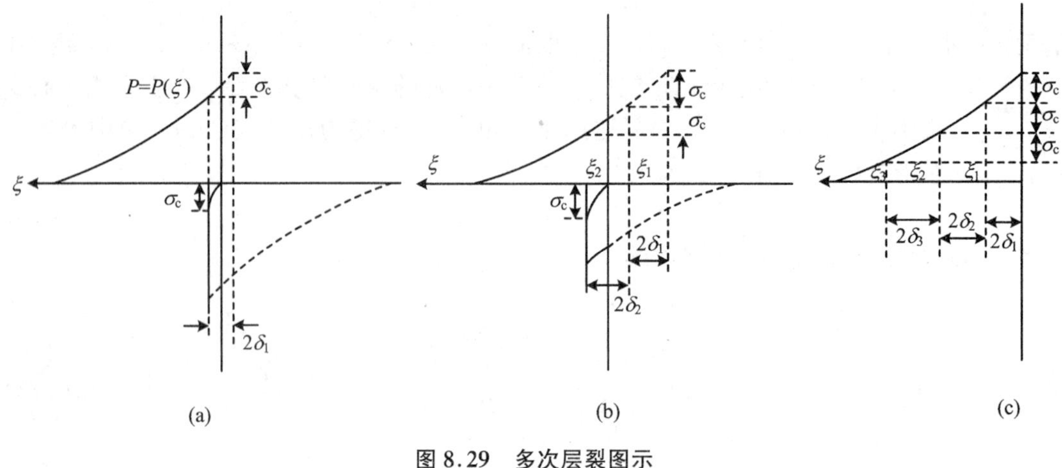

图 8.29　多次层裂图示

8.10　一维应力波的特征线法和应用

8.10.1　一维杆中纵波的基本假定和基本方程组

我们仍然以细长杆中纵波的传播为例来讨论问题，以 X 表示杆中介质粒子沿杆轴的 Lagrange 坐标，t 表示时间，ρ_0 和 A_0 分别表示介质的初始质量密度和杆的初始横截面积，u、v、σ、ε 分别表示粒子沿杆轴的轴向位移、轴向质点速度、轴向工程应力、轴向工程应变。为了简化问题，我们将在如下两个基本假定的基础上建立杆中纵波的基本方程组。这两个基本假定是：

(1) 平截面假定。即假定变形之前垂直于杆轴的平截面变形后仍然为垂直于杆轴的平截面。由此假定出发，杆中的一切物理量都只是 Lagrange 坐标 X 和时间 t 的函数，特别地，u、v、σ、ε 也都只是 X 和 t 的函数，即

$$u = u(X,t), \quad v = v(X,t), \quad \sigma = \sigma(X,t), \quad \varepsilon = \varepsilon(X,t)$$

于是问题便简化成了几何上纯一维的问题，而且是一维的平面波问题。

(2) 忽略横向惯性效应的假定。即虽然杆在遭受轴向打击时，既存在轴向运动以及相伴的轴向应变，也存在横向运动和相伴的横向应变，但是将认为杆中的横向加速度比轴向加速度小很多，因而可以忽略，于是就认为杆中的横向正应力可以忽略，即 $\sigma_{yy} = \sigma_{zz} = 0$。因此问题便简化成了纯一维应力的问题，即杆中只有轴向正应力 $\sigma_{xx} \equiv \sigma \neq 0$，这样我们只需用一维应力状态的本构关系即可。

根据前面的两个基本假定，参照图 8.30，由长为 $\mathrm{d}X$ 的一段杆的动量守恒条件容易得到

$$A_0\rho_0 \mathrm{d}X \frac{\partial v}{\partial t} = A_0\sigma(X+\mathrm{d}X) - A_0\sigma(X) = A_0 \frac{\partial \sigma}{\partial X}\mathrm{d}X$$

即

$$\frac{\partial v}{\partial t} - \frac{1}{\rho_0}\frac{\partial \sigma}{\partial X} = 0 \tag{8.10.1}$$

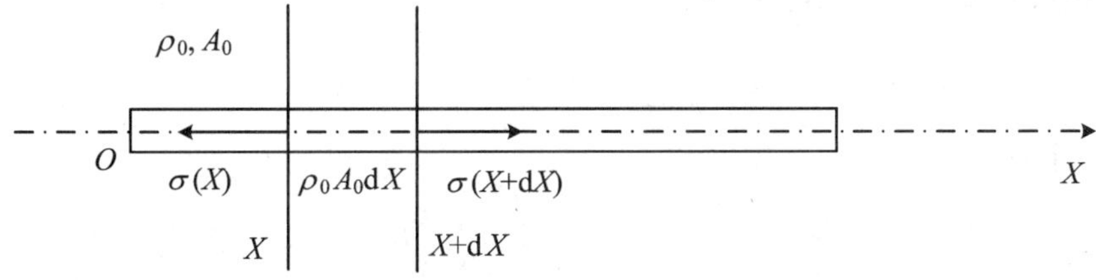

图 8.30　细长杆微体动量守恒

式(8.10.1)即是轴向运动的运动方程。根据工程应变 ε 和介质质点速度 v 的定义，有

$$\varepsilon = \frac{\partial u}{\partial X},\quad v = \frac{\partial u}{\partial t}$$

若假设介质有单值连续且 2 阶连续可微的轴向位移 u，则由 u 的 2 阶混合导数可交换次序的定理，即 $\frac{\partial^2 u}{\partial t\partial X} = \frac{\partial^2 u}{\partial X\partial t}$，可得

$$\frac{\partial \varepsilon}{\partial t} - \frac{\partial v}{\partial X} = 0 \tag{8.10.2}$$

式(8.10.2)即是轴向运动的连续方程。根据前面的基本假定，我们只需考虑一维应力条件下杆的本构方程，即

$$\sigma = \sigma(\varepsilon) \quad 或 \quad \sigma = \sigma\left(\varepsilon, \frac{\partial \varepsilon}{\partial t}\right) \tag{8.10.3}$$

其中，前者为不考虑应变率效应的一维应力材料本构关系，即非线性弹性材料(加卸载有同样形式)或弹塑性材料(加卸载有不同形式)的本构关系，后者为考虑应变率效应的一维应力材料本构关系，即黏弹性或黏塑性材料的本构关系。方程(8.10.1)～(8.10.3)即构成杆中一维纵波的基本方程组。由于特征线方法对它们都是适用的，所以下面将先以应变率无关的本构关系为例来加以说明，此时方程(8.10.1)～(8.10.3)中的第一式即构成三个未知量 v、σ、ε 的微分和代数方程组。通过引入一个如下的量 C，我们可以将其化为其中两个量的偏微分方程组。

引入由下式所定义的量 C：

$$C \equiv \sqrt{\frac{1}{\rho_0}\frac{\mathrm{d}\sigma}{\mathrm{d}\varepsilon}} \tag{8.10.4}$$

当材料的本构关系 $\sigma=\sigma(\varepsilon)$ 给定时，式(8.10.4)所定义的量 C 可以写为应力状态 σ 的函数 $C=C(\sigma)$ 或写为应变状态 ε 的函数 $C=C(\varepsilon)$，这两个函数的具体形式完全是由材料本构关系 $\sigma=\sigma(\varepsilon)$ 的形式所决定的，我们将认为它们是已知的函数。利用函数 $C=C(\sigma)$，可有

$$\frac{\partial \varepsilon}{\partial t} = \frac{\mathrm{d}\varepsilon}{\mathrm{d}\sigma}\frac{\partial \sigma}{\partial t} = \frac{1}{\rho_0 C^2(\sigma)}\frac{\partial \sigma}{\partial t}$$

将其代入连续方程(8.10.2)，可得

$$\frac{\partial \sigma}{\partial t} - \rho_0 C^2(\sigma)\frac{\partial v}{\partial X} = 0 \tag{8.10.5}$$

式(8.10.1)和式(8.10.5)即构成以 v 和 σ 为基本未知量的1阶偏微分方程组：

$$\begin{cases}\dfrac{\partial v}{\partial t}-\dfrac{1}{\rho_0}\dfrac{\partial \sigma}{\partial X}=0\\[2mm] \dfrac{\partial \sigma}{\partial t}-\rho_0 C^2(\sigma)\dfrac{\partial v}{\partial X}=0\end{cases}\tag{8.10.6}$$

类似地，利用函数 $C=C(\varepsilon)$，可有

$$\frac{\partial \sigma}{\partial X}=\frac{\mathrm{d}\sigma}{\mathrm{d}\varepsilon}\frac{\partial \varepsilon}{\partial X}=\rho_0 C^2(\varepsilon)\frac{\partial \varepsilon}{\partial X}$$

将上式代入运动方程(8.10.1)，可得

$$\frac{\partial v}{\partial t}-C^2(\varepsilon)\frac{\partial \varepsilon}{\partial X}=0\tag{8.10.7}$$

方程(8.10.7)连同连续方程(8.10.2)即构成以 v 和 ε 为基本未知量的1阶偏微分方程组：

$$\begin{cases}\dfrac{\partial v}{\partial t}-C^2(\varepsilon)\dfrac{\partial \varepsilon}{\partial X}=0\\[2mm] \dfrac{\partial \varepsilon}{\partial t}-\dfrac{\partial v}{\partial X}=0\end{cases}\tag{8.10.8}$$

如果采用应变率相关的本构关系，即式(8.10.3)中的后一式，则式(8.10.1)～(8.10.3)本身即是以 v、σ、ε 为基本未知量的1阶偏微分方程组，一般而言，式(8.10.3)中的后一式只是应变率 $\dfrac{\partial \varepsilon}{\partial t}$ 的线性函数，此时我们所得到的也将是 v、σ、ε 的所谓1阶拟线性偏微分方程组(对未知量的最高阶导数为线性的偏微分方程组)。一切关于波传播的问题都可以化为如下的1阶拟线性偏微分方程组，故我们将把式(8.10.6)或式(8.10.8)作为如下的1阶拟线性偏微分方程组(8.10.9)的特例来求解。所谓1阶拟线性偏微分方程组，是指如下形式的方程组：

$$\boldsymbol{W}_t+\boldsymbol{B}\cdot\boldsymbol{W}_X=\boldsymbol{b}\tag{8.10.9}$$

其中

$$\boldsymbol{W}=\begin{bmatrix}W_1\\W_2\\\vdots\\W_n\end{bmatrix},\quad \boldsymbol{B}=\begin{bmatrix}B_{11}&B_{12}&\cdots&B_{1n}\\B_{21}&B_{22}&\cdots&B_{2n}\\\vdots&\vdots&&\vdots\\B_{n1}&B_{n2}&\cdots&B_{nn}\end{bmatrix}=\boldsymbol{B}(X,t;\boldsymbol{W}),\quad \boldsymbol{b}=\begin{bmatrix}b_1\\b_2\\\vdots\\b_n\end{bmatrix}=\boldsymbol{b}(X,t;\boldsymbol{W})\tag{8.10.10}$$

作为自变量 X 和 t 的未知函数 $\boldsymbol{W}=\boldsymbol{W}(X,t)$，$\boldsymbol{W}$ 具有 n 个分量，所以矢量微分方程(8.10.9)包含 n 个方程，其中每一个方程中的最高阶偏导数都是1阶偏导数，因此方程(8.10.9)称为1阶偏微分方程组；而由于矩阵 $\boldsymbol{B}=\boldsymbol{B}(X,t;\boldsymbol{W})$ 和矢量 $\boldsymbol{b}=\boldsymbol{b}(X,t;\boldsymbol{W})$ 不依赖于最高阶偏导数 $\boldsymbol{W}_t$ 和 $\boldsymbol{W}_X$，所以方程(8.10.9)对最高阶偏导数 $\boldsymbol{W}_t$ 和 $\boldsymbol{W}_X$ 是线性的，我们称这样的对最高阶偏导数是线性的方程为拟线性偏微分方程，于是方程(8.10.9)就是一个所谓的1阶拟线性偏微分方程组(quasi-linear partial differential equations of first order)。

8.10.2 求解1阶拟线性偏微分方程组的特征线法

1阶拟线性偏微分方程组(8.10.9)的每一个方程都包含未知量 $\boldsymbol{W}$ 在物理平面 (X,t) 上两个方向的导数，即沿 t 轴方向的偏导数 $\boldsymbol{W}_t$ 和沿 X 轴方向的偏导数 $\boldsymbol{W}_X$，故它是不易按照常微分方程的方法进行数值积分的。我们的想法是：可否在 (X,t) 平面上的各点处找到

一些特殊的方向,其斜率设为

$$\lambda = \frac{\mathrm{d}X}{\mathrm{d}t} \tag{8.10.11}$$

使得方程组(8.10.9)各方程的某种线性组合方程只包含未知量 $\boldsymbol{W}$ 各分量沿此方向的方向导数,这样我们便可以对此线性组合方程像常微分方程一样沿此方向进行数值积分了。如果我们可以找到这样的方向和这样的线性组合方程,则该方向就称为该点处的一个特征方向(characteristic directions),而沿该方向的线性组合方程称为沿此特征方向的特征关系(characteristic relations)。在物理平面(X,t)上处处与相应点的特征方向相切的曲线称为方程组(8.10.9)的一条特征线(characteristic curves)。由于 $\boldsymbol{W}$ 沿方向(8.10.11)的方向导数$\frac{\mathrm{d}\boldsymbol{W}}{\mathrm{d}s}$与它沿此方向对 t 的全导数$\frac{\mathrm{d}\boldsymbol{W}}{\mathrm{d}t}$成比例:

$$\frac{\mathrm{d}\boldsymbol{W}}{\mathrm{d}t} = \frac{\mathrm{d}\boldsymbol{W}}{\mathrm{d}s}\frac{\mathrm{d}s}{\mathrm{d}t}$$

其中,s 为沿方向(8.10.11)的弧长,故下面我们将以沿方向(8.10.11) $\boldsymbol{W}$ 对 t 的全导数$\frac{\mathrm{d}\boldsymbol{W}}{\mathrm{d}t}$作为讨论的出发点。

为了实现我们的目的,以待定系数 $l_1,\cdots,l_n$ 分别乘方程组(8.10.9)的各个方程并相加,即以分量为 $l_1,\cdots,l_n$ 的矢量$\boldsymbol{l}$ 与矢量方程(8.10.9)进行点积,则有

$$\boldsymbol{l}\cdot\boldsymbol{W}_t + \boldsymbol{l}\cdot\boldsymbol{B}\cdot\boldsymbol{W}_X = \boldsymbol{l}\cdot\boldsymbol{b} \tag{8.10.9$'$}$$

为了使得方程(8.10.9)′只含有未知量 $\boldsymbol{W}$ 沿某一方向$\frac{\mathrm{d}X}{\mathrm{d}t}=\lambda$ 对 t 的全导数:

$$\frac{\mathrm{d}\boldsymbol{W}}{\mathrm{d}t} = \boldsymbol{W}_t + \boldsymbol{W}_X\frac{\mathrm{d}X}{\mathrm{d}t}$$

显然只需

$$\boldsymbol{l}\cdot\boldsymbol{B} = \frac{\mathrm{d}X}{\mathrm{d}t}\boldsymbol{l} = \lambda\boldsymbol{l} \tag{8.10.12a}$$

即

$$\boldsymbol{l}\cdot(\boldsymbol{B}-\lambda\boldsymbol{I}) = (\boldsymbol{B}^{\mathrm{T}}-\lambda\boldsymbol{I})\cdot\boldsymbol{l} = 0 \tag{8.10.12b}$$

这是因为此时方程(8.10.9)′将成为

$$\boldsymbol{l}\cdot\boldsymbol{W}_t + \boldsymbol{l}\cdot\boldsymbol{B}\cdot\boldsymbol{W}_X = \boldsymbol{l}\cdot(\boldsymbol{W}_t+\lambda\boldsymbol{W}_X) = \boldsymbol{l}\cdot\frac{\mathrm{d}\boldsymbol{W}}{\mathrm{d}t} = \boldsymbol{l}\cdot\boldsymbol{b} \tag{8.10.13a}$$

这样式(8.10.13a)便只含有沿方向 λ 的全导数$\frac{\mathrm{d}\boldsymbol{W}}{\mathrm{d}t}$,我们的目的便达到了。方程(8.10.12)说明:能够满足我们要求的方向 λ 恰恰是 2 阶张量 $\boldsymbol{B}$ 的特征值(eigenvalues or characteristic values),而矢量 $\boldsymbol{l}$ 则是与特征值λ 相对应的$\boldsymbol{B}$ 的左特征矢量(left eigenvectors)。零矢量 $\boldsymbol{l}$ 对我们显然是没有意义的,而方程(8.10.12)对矢量 $\boldsymbol{l}$ 有非零解的充要条件是

$$|\boldsymbol{B}^{\mathrm{T}}-\lambda\boldsymbol{I}| = |\boldsymbol{B}-\lambda\boldsymbol{I}| \tag{8.10.14}$$

式(8.10.14)恰恰是求解 2 阶张量 $\boldsymbol{B}$ 的特征值λ 的所谓特征方程;由特征方程求出特征值 λ 之后,将其代入线性齐次代数方程组(8.10.12b),即可求出与此特征值相对应的特征矢量 $\boldsymbol{l}$,再代入方程(8.10.13a),即可得出只含有沿此特征方向的全导数$\frac{\mathrm{d}\boldsymbol{W}}{\mathrm{d}t}$的常微分方程了。我们把方程(8.10.13a)称为沿特征方向$\frac{\mathrm{d}X}{\mathrm{d}t}=\lambda$ 的特征关系,因为它是一个对 $\boldsymbol{W}$ 各分量沿

此方向的全导数即$\frac{\mathrm{d}\boldsymbol{W}}{\mathrm{d}t}$的一个限制性条件，所以有时我们也把方程(8.10.13a)称为沿特征方向$\frac{\mathrm{d}X}{\mathrm{d}t}=\lambda$的相容关系。为了突出特征关系和特征方向的对应关系，常常将方程(8.10.13a)写为如下形式：

$$\boldsymbol{l}\cdot\frac{\mathrm{d}\boldsymbol{W}}{\mathrm{d}t}=\boldsymbol{l}\cdot\boldsymbol{b}\quad\left(沿\frac{\mathrm{d}X}{\mathrm{d}t}=\lambda\right)\tag{8.10.13b}$$

如果 n 维空间的2阶张量 $\boldsymbol{B}$ 存在 n 个实的特征值，而且存在着 n 个线性无关的左特征矢量 $\boldsymbol{l}$，则我们称1阶拟线性偏微分方程组(8.10.9)为完全双曲型的偏微分方程组，所有有关波传播的问题都可以归结为完全双曲型的方程组的问题。下面我们将假设式(8.10.9)为完全双曲型，于是便可求得其 n 个实的特征值以及 n 个相应的左特征矢量，从而我们便得到了 n 个特征关系式(8.10.13b)，这就是数值积分原方程组的出发点：参照图8.31，设我们已经求出 $t=T$ 时杆中各截面的未知量 $\boldsymbol{W}$，则可求出各点(X,T)处的 n 个特征值$\lambda_1,\lambda_2,\cdots,\lambda_n$，以及相应的左特征矢量 $\boldsymbol{l}_1,\boldsymbol{l}_2,\cdots,\boldsymbol{l}_n$。取定一个足够小的时间增量 Δt，由物理平面 X-t 上 $t=T+\Delta t$ 的任意点 $A(X,T+\Delta t)$ 向回作出 n 条特征线(例如可借用点(X,T)处的特征值)，分别和水平线 $t=T$ 交于点 $B_1,B_2,\cdots,B_n$，将沿特征线 $B_1A,B_2A,\cdots,B_nA$ 的微分型特征关系式(8.10.13b)分别展开为差分方程，由于 $B_1,B_2,\cdots,B_n$ 各点处的 $\boldsymbol{W}$ 是已知的，故这 n 个差分方程便是求解点 A 处 $\boldsymbol{W}$ 的 n 个分量的线性代数方程组，由此即可求出点 A 处的 $\boldsymbol{W}$。

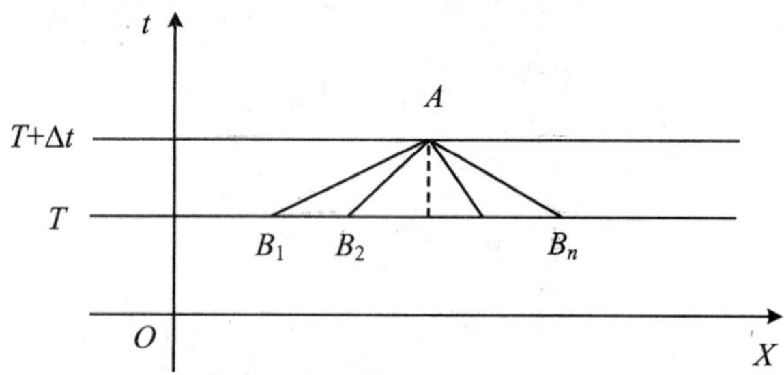

图8.31　特征线数值求解方法图示

下面我们将前面的理论叙述应用于杆中一维纵波的1阶拟线性偏微分方程组(8.10.6)。将式(8.10.6)作为方程(8.10.9)的特例，此时有 $n=2$，而二维空间中的未知矢量 $\boldsymbol{W}$、2阶张量 $\boldsymbol{B}$ 和右端矢量 $\boldsymbol{b}$ 分别为

$$\boldsymbol{W}=\begin{bmatrix}v\\\sigma\end{bmatrix},\quad\boldsymbol{B}=\begin{bmatrix}0&-\frac{1}{\rho_0}\\-\rho_0C^2&0\end{bmatrix},\quad\boldsymbol{b}=\begin{bmatrix}0\\0\end{bmatrix}$$

于是，特征方程(8.10.14)成为

$$\begin{vmatrix}-\lambda&-\frac{1}{\rho_0}\\-\rho_0C^2&-\lambda\end{vmatrix}=\lambda^2-C^2=0$$

所以有两个特征值：

$$\lambda_1=C,\quad\lambda_2=-C\tag{8.10.15}$$

确定左特征矢量 $\boldsymbol{l}$ 的线性齐次代数方程组(8.10.12b)为

$$\begin{bmatrix} -\lambda & -\rho_0 C^2 \\ -\dfrac{1}{\rho_0} & -\lambda \end{bmatrix} = \begin{bmatrix} l_1 \\ l_2 \end{bmatrix} = \begin{bmatrix} 0 \\ 0 \end{bmatrix}$$

即

$$\begin{cases} -\lambda l_1 - \rho_0 C^2 l_2 = 0 \\ -\dfrac{l_1}{\rho_0} - \lambda l_2 = 0 \end{cases} \tag{8.10.16a}$$

由于线性齐次代数方程组(8.10.16)的系数矩阵的行列式为 0，所以其中的两个方程只有一个是独立的，我们可以由其中的任何一个来求出特征矢量 $\boldsymbol{l}$，比如由第二个方程出发，令 $l_2 = 1$ 可得 $l_1 = -\rho_0\lambda$，于是，与特征值 λ 相对应的左特征矢量为

$$\boldsymbol{l} = \begin{bmatrix} -\rho_0\lambda \\ 1 \end{bmatrix} \tag{8.10.16b}$$

将两个特征值式(8.10.15)代入式(8.10.16b)，可分别得出两个左特征矢量，如下：

$$\boldsymbol{l} = \begin{bmatrix} -\rho_0 C \\ 1 \end{bmatrix}, \quad \boldsymbol{l} = \begin{bmatrix} \rho_0 C \\ 1 \end{bmatrix} \tag{8.10.16c}$$

将式(8.10.16c)中的两个左特征矢量代入特征关系式(8.10.13b)，我们分别得出如下的两组特征关系：

$$-\rho_0 C \frac{\mathrm{d}v}{\mathrm{d}t} + \frac{\mathrm{d}\sigma}{\mathrm{d}t} = 0 \quad \left(沿\frac{\mathrm{d}X}{\mathrm{d}t} = C\right)$$

$$\rho_0 C \frac{\mathrm{d}v}{\mathrm{d}t} + \frac{\mathrm{d}\sigma}{\mathrm{d}t} = 0 \quad \left(沿\frac{\mathrm{d}X}{\mathrm{d}t} = -C\right)$$

或

$$-\rho_0 C\mathrm{d}v + \mathrm{d}\sigma = 0 \quad \left(沿\frac{\mathrm{d}X}{\mathrm{d}t} = C\right) \tag{8.10.17a}$$

$$\rho_0 C\mathrm{d}v + \mathrm{d}\sigma = 0 \quad \left(沿\frac{\mathrm{d}X}{\mathrm{d}t} = -C\right) \tag{8.10.17b}$$

式(8.10.17)就是当我们以质点速度 v 和轴向应力 σ 为未知量时赖以进行数值积分的出发点，称之为在状态平面($v \sim \sigma$)上的特征关系，将它们展开为差分方程即可进行数值求解，在下节中我们将对此做出进一步的说明。

观察式(8.10.17a)和式(8.10.17b)可以发现，沿着右行(左行)特征线的特征关系和 8.8 节中跨过左行(右行)增量波的波阵面上的动量守恒条件在形式上是完全相同的，这是因为从物理上讲，当我们沿着右行(左行)特征线前进时，恰恰是在连续地跨过一系列左行(右行)波的波阵面。

我们也可以引入如下的状态量而将特征关系式(8.10.17)变换为新的形式。定义量 ϕ、R_1、R_2 如下：

$$\phi = \int_0^\sigma \frac{\mathrm{d}\sigma}{\rho_0 C(\sigma)}, \quad \mathrm{d}\phi = \frac{\mathrm{d}\sigma}{\rho_0 C(\sigma)} \tag{8.10.18a}$$

$$R_1 = v - \phi, \quad \mathrm{d}R_1 = \mathrm{d}v - \mathrm{d}\phi \tag{8.10.18b}$$

$$R_2 = v + \phi, \quad \mathrm{d}R_2 = \mathrm{d}v + \mathrm{d}\phi \tag{8.10.18c}$$

则特征关系式(8.10.17)可分别化为

$$\mathrm{d}v - \mathrm{d}\phi = 0 \quad \left(沿\frac{\mathrm{d}X}{\mathrm{d}t} = C\right) \tag{8.10.19a}$$

$$\mathrm{d}v + \mathrm{d}\phi = 0 \quad (\text{沿}\frac{\mathrm{d}X}{\mathrm{d}t} = -C) \tag{8.10.19b}$$

或

$$\mathrm{d}R_1 = 0 \quad (\text{沿}\frac{\mathrm{d}X}{\mathrm{d}t} = C) \tag{8.10.20a}$$

$$\mathrm{d}R_2 = 0 \quad (\text{沿}\frac{\mathrm{d}X}{\mathrm{d}t} = -C) \tag{8.10.20b}$$

式(8.10.19a)和式(8.10.19b)是在状态平面($v \sim \phi$)上的特征关系,而式(8.10.20a)和式(8.10.20b)则是在状态平面($R_1 \sim R_1$)上的特征关系。它们的定义虽然不如 v 和 σ 一目了然,但是由它们表达的特征关系的形式却更加简单。特征关系式(8.10.20)可以表述为:沿着任何一条右行特征线 $\frac{\mathrm{d}X}{\mathrm{d}t} = C$,物理量 R_1 为常数,而沿着任何一条左行特征线 $\frac{\mathrm{d}X}{\mathrm{d}t} = -C$,物理量 R_2 为常数。这就是说,右(左)行特征线可视为传播或携带一个特定物理量 R_1(R_2)的波阵面的迹线,而特征值 $\frac{\mathrm{d}X}{\mathrm{d}t} = \pm C$ 则代表了波速,这就对前面引入的物理量 C 的意义给出了解释。通常我们将物理量 R_1 和 R_2 称为黎曼不变量(Riemann invariants)。

需要说明的是,当方程组(8.10.9)中的非齐次项右端矢量 $\boldsymbol{b} \neq \mathbf{0}$ 时(如在有几何扩散效应的变截面杆和柱面波及球面波的问题中,以及有应变率效应的黏弹性或黏塑性杆中的波传播问题中),特征关系式(8.10.17)中也将有非齐次项出现。此时,沿右行和左行特征线的式(8.10.18)所定义的量 R_1 和 R_2 也将不再是常数,故此时将它们称为黎曼变量更为恰当。不过,一般而言,沿特征线量 R_1 和 R_2 的变化比 v、σ 等量的变化要更为平缓些。

8.10.3 简单波解

定义:将沿着一个方向朝前方均匀区中传播的波称为简单波(simple waves)。

设有一个右行简单波区如图 8.32 所示,以 AB 表示波的前阵面,其前方为均匀区。根据前面介绍的特征线理论,过此右行简单波区中的每一点(X,t)都存在左行和右行的两条特征线,我们暂时不关心它们的具体形状,但是它们的存在性却是完全确定的。设 $M(X,t)$ 为右行简单波区中的任意一点,过此点做一条左行特征线至前方的均匀区,以 N 表示均匀区中此条左行特征线上某一点,则根据特征关系式(8.10.20b),沿此条左行特征线有 $\mathrm{d}R_2 = 0$,或黎曼不变量 R_2 等于常数 β,即

$$R_2(M) \equiv v(M) + \int_0^{\sigma(M)} \frac{\mathrm{d}\sigma}{\rho_0 C} = v(N) + \int_0^{\sigma(N)} \frac{\mathrm{d}\sigma}{\rho_0 C} \equiv \beta \tag{8.10.21}$$

这里我们强调指出:式(8.10.21)中的常数 β 是一个"绝对"常数,即它是完全由右行简单波区前方均匀区的状态所决定的,而与点 M 在简单波区中的位置无关,这是因为,即使我们考虑简单波区中的另一点 M',由于考虑的是右行简单波,所以我们总能由 M' 做出延伸至前方均匀区的一条左行特征线 $M'N'$(不管其形状如何),其中 N' 为延伸至前方均匀区中的某点,由于与点 N 同处均匀区的点 N' 具有和点 N 完全相同的状态,所以由它们所决定的常数 β 必然是相同的,即 β 是一个完全由简单波前方均匀区状态所决定的"绝对"常数,这就说明了我们的论断。式(8.10.21)称为右行简单波的表达式(formulation or expression),或参考于初始状态($v(N),\sigma(N)$)的右行波动态响应曲线,它既表明了右行简单波区中黎曼不变量

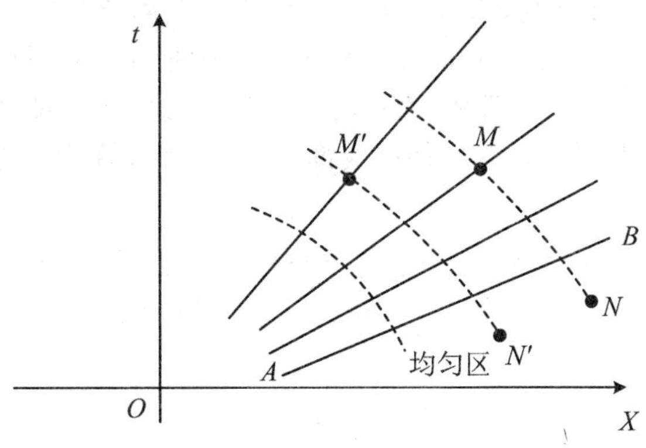

图 8.32　右行简单波

R_2 为"绝对"常数的事实，也是一个联系右行简单波区中质点速度 v 和应力 σ 的一个关系式，在状态平面(v,σ)上，它是一条通过均匀区状态$(v(N),\sigma(N))$的曲线，即参考于状态$(v(N),\sigma(N))$的右行波动态响应曲线。

另外，若以 r 表示右行简单波区中通过 M 点的右行特征线(暂时不管其形状)，则有沿右行特征线的特征关系(8.10.20a)，沿此条右行特征线我们将有 $\mathrm{d}R_1=0$，或沿右行特征线黎曼不变量 R_1 为常数，即

$$R_1(M)\equiv v(M)-\int_0^{\sigma(M)}\frac{\mathrm{d}\sigma}{\rho_0 C}=\alpha(r) \tag{8.10.22}$$

需要指出的是，与式(8.10.21)中常数 β 是一个由右行简单波区前方均匀区状态所决定的"绝对"常数不同，式(8.10.22)中常数 $\alpha(r)$并不是在整个右行简单波区中处处都相同的"绝对"常数，而是只有沿着同一条右行特征线时它才是常数，即 $\alpha(r)$是右行特征线 r 的函数，在不同的右行特征线上，常数 $\alpha(r)$可以是不同的，换言之，在右行简单波区中，各条不同的右行特征线可以视为传播不同的黎曼不变量 $R_1=\alpha(r)$的波阵面的迹线。如果把方程(8.10.21)和(8.10.22)一起视为求解质点速度 v 和应力 σ 的一个联立方程组并对之求解，则显然可以得出结论：

$$v=v(r),\quad \sigma=\sigma(r) \tag{8.10.23a}$$

也都是右行特征线 r 的函数；由于波速 $C=C(\sigma)$是由材料本构关系所决定的应力状态的函数，所以由式(8.10.23a)又可引出结论：

$$C=C(r) \tag{8.10.23b}$$

也必然是右行特征线 r 的函数，即沿同一条右行特征线 r 的各点，其斜率$\frac{\mathrm{d}X}{\mathrm{d}t}=C(r)$处处为常数。于是，积分该右行特征线的微分方程$\frac{\mathrm{d}X}{\mathrm{d}t}=C(r)$，即可得出结论：在右行简单波区中，每一条右行特征线都必然是斜率为 $C(r)$的直线，当然对于不同的右行特征线，其斜率可以是不同的。显然，在右行简单波区中沿同一条左行特征线的不同各点对应着不同的右行特征线 r，故左行特征线上各点处的斜率$\frac{\mathrm{d}X}{\mathrm{d}t}=-C(r)$是不同的，因此在右行简单波区中每一条左行特征线都未必是直线。在右行简单波区中，右行特征线在物理上代表了右行简单波波阵面的迹线，而左行特征线则只有数学上的意义，并不具有实际的物理意义。

现在我们把以上的推理总结为以下的重要结论：

在右行简单波区中,黎曼不变量 R_2 为一“绝对”常数 β,这一“绝对”常数的值是完全由简单波区前方均匀区的给定状态所确定的;其他各个物理量 v、σ、ε、C、R_1、ϕ 等都只有沿着同一条右行特征线 r 时才保持为常数,而沿着不同的右行特征线时它们可以分别是不同的常数;在右行简单波区中,每一条右行特征线都必然是直线,但是不同的右行特征线的斜率可以是不同的。

显然我们可以把这一结论改为对左行简单波的说法,读者是不难完成这一任务的,我们不再赘述。

习　　题

8.1　设有半空间弹性胡克固体,质量密度为 ρ,在水平边界 $Z=0$ 上受有均布压力 q 的作用,假设在平面 $Z=h$ 处满足位移边界条件 $w=0$。试用位移法求解问题的位移分量和应力分量。

8.2　如题 8.2 图所示为矩形截面梁,设已知 $\sigma_{xx}=\dfrac{M_y}{\tau}=\dfrac{ql^2/8-qx^2/2}{h^3/12}y$,$\sigma_{zz}=\sigma_{zy}=\sigma_{zx}=0$,求任一截面上 σ_{xx} 和 σ_{xx} 的分布规律。

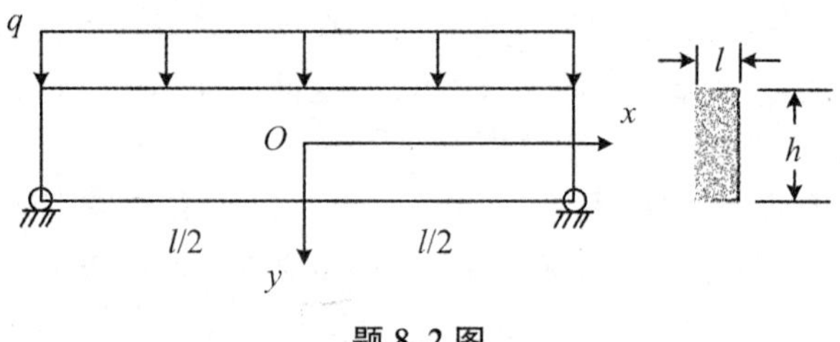

题 8.2 图

8.3　单位厚度的悬臂梁受三角形分布载荷如题 8.3 图所示,悬臂端最大载荷为 p。试由应力函数及其导数的力学意义求梁中应力分布。

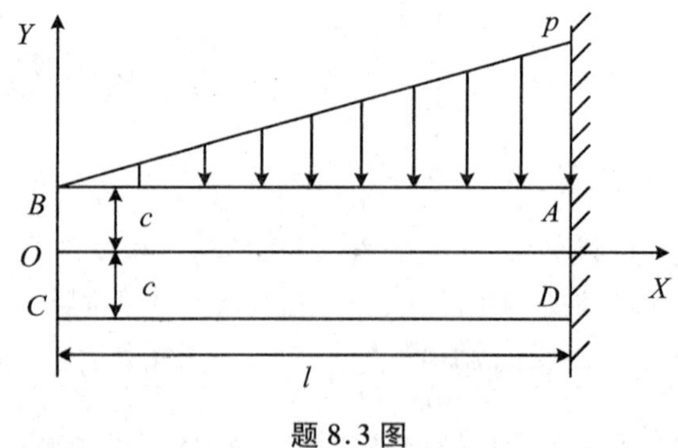

题 8.3 图

8.4　如题 8.4 图所示,张角为 β 的单位厚度的楔形体侧边承受均布载荷 P 的作用。试用应力函数及其导数的力学意义求解此题,并进一步求半无限平板中的应力分量。

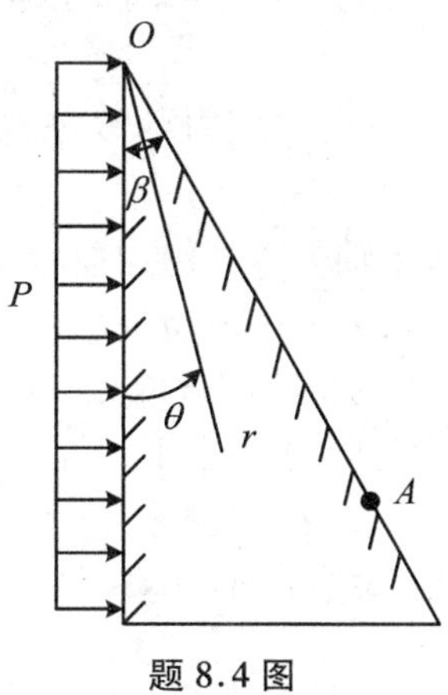

题 8.4 图

8.5　如题 8.5 图所示的单位厚度楔形体，其两侧边承受反对称均匀分布的剪应力 τ 作用。试用应力函数及其导数的力学意义求解此题。

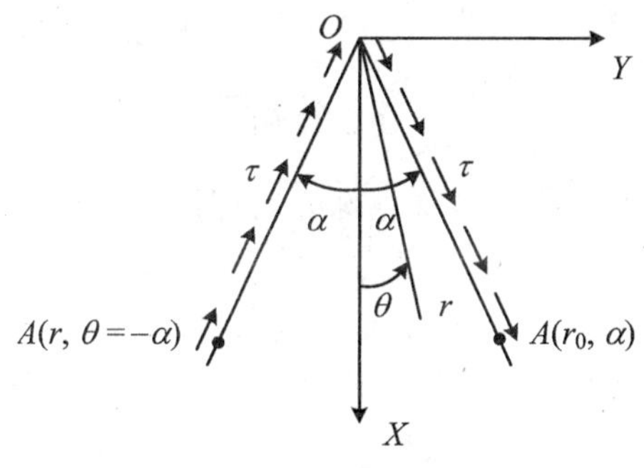

题 8.5 图

8.6　矩形薄板中有半径为 a 的圆孔，远处受有纯剪应力 q 的作用，如题 8.6 图所示，试求板内的应力分布。设已知圆孔远处受单向拉伸应力 p 作用时的应力函数 φ 为

$$\varphi = \frac{1}{4}pr^2(1-\cos 2\theta) - \frac{1}{2}pa^2\ln r + \frac{1}{2}pa^2\left(1-\frac{a^2}{2r^2}\right)$$

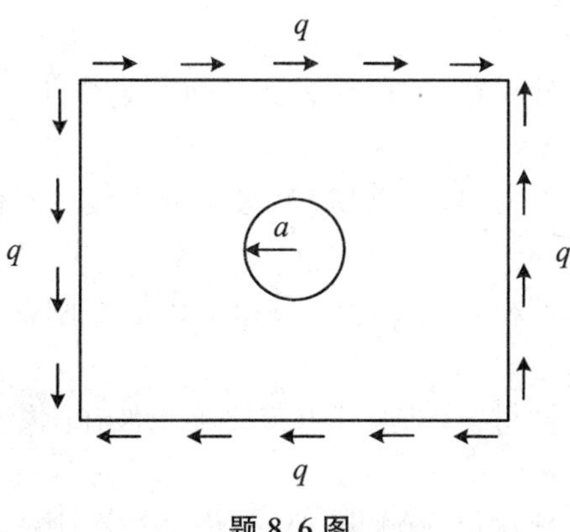

题 8.6 图

8.7　以翘曲函数 φ 解自由扭转问题时，试证明圣维南端面条件的第二个方程。

8.8 若以翘曲函数的共轭调和函数 ψ 为未知量求解自由扭转问题，试写出 ψ 需满足的边界条件。

8.9 试由应力分量以翘曲函数 ϕ 和应力函数 ϕ 的表达式证明应力函数 φ 的方程(8.3.18)。

8.10 试用应力函数法求解长半轴为 a、短半轴为 b 的椭圆截面的扭转问题。

8.11 试用薄膜比拟法求解边长为 a 和 $b(a\gg b)$ 的狭长矩形截面杆的扭转问题。

8.12 内半径为 R、壁厚 $\delta\ll R$ 的密闭圆筒内充有压强为 P 的气体。设已测出应变 ε_1 和 ε_2，如题 8.12 图所示。设材料为各向同性材料。

(1) 试求圆筒材料的杨氏模量 E 和泊松比 ν；

(2) 设材料简拉屈服应力为 Y，试分别对 Mises 材料和 Tresca 材料求出使筒材料屈服的压力 P。

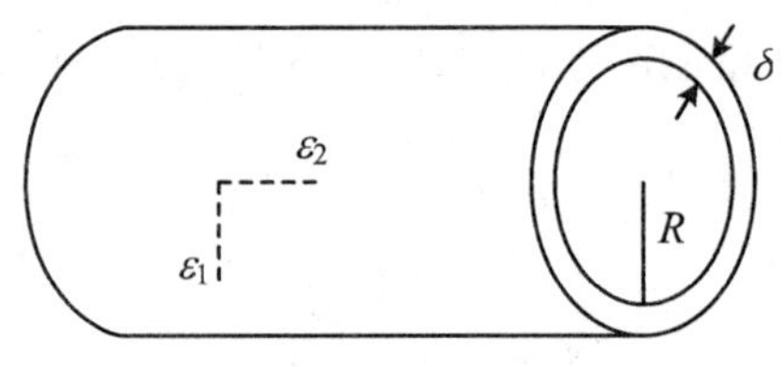

题 8.12 图

8.13 内半径为 a、外半径为 b 的弹性球壳，其外部受外压 p，内部是半径为 a 的刚性材料。设球壳材料的弹性模量和泊松比各为 E 和 ν，试求球壳中的应力分布。

8.14 内半径为 a、外半径为 b 的弹塑性球壳，其外部受外压 p，内部中空不受力的作用。试由弹性球壳中的应力分布和位移分布、弹性极限载荷、塑性区的应力分布，弹塑性交界面，塑性区的位移分布。

8.15 内、外半径分别为 a 和 b 的长圆筒，内部嵌入半径为 a 的刚性柱体内，设材料的杨氏模量和泊松比各为 E 和 ν，试求圆筒在外压 p 作用下的弹性应力分布。

8.16 内、外半径分别为 a 和 b 的圆盘，内部嵌入半径为 a 的刚性柱体内，设材料的杨氏模量和泊松比各为 E 和 ν，试求圆盘在外压 p 作用下的弹性应力分布。

8.17 内、外半径各为 a 和 b 的长圆筒，内部中空不受力，外部受压力 p 的作用。试由弹性长圆筒中的应力分布和位移分布、弹性极限载荷、塑性区的应力分布，弹塑性交界面，塑性区的位移分布。

8.18 对各向同性线弹性材料，试求其 P 波平面谐波在自由面上的斜反射问题，并求出其反射波的反射系数。

8.19 对各向同性线弹性材料，试求其 SV 波平面谐波在自由面上的斜反射问题，并求出其反射波的反射系数。

8.20 对各向同性线弹性材料，试求其 SH 平面谐波在刚壁上的斜反射问题，并求出其反射波的反射系数。

8.21 对各向同性线弹性材料，试求其 P 波平面谐波在刚壁上的斜反射问题，并求出其反射波的反射系数。

8.22 对各向同性线弹性材料，试求其 SV 平面谐波在刚壁上的斜反射问题，并求出其反射波的反射系数。

8.23 对两种不同的各向同性线弹性材料，试求其 SH 平面谐波、P 波平面谐波和 SV

平面谐波在两种不同的各向同性线弹性材料的平面交界面上的透反射问题，并求出其反射波的反射系数和透射波的透射系数。

8.24　压力强度为 p_1 的弹性流体声波从声阻抗为 $\rho_1 C_1$ 斜入射到声阻抗为 $\rho_2 C_2$ 的弹性流体介质中，试求出其反射声波的压力反射系数和透射声波的压力透射系数。

8.25　试导出变截面杆中平面一维纵波的基本方程组，并求出特征波速和特征关系。设材料为线弹性材料，截面变化规律为 $A = A(X)$。设在杆端 $X = 0$ 处施加载荷 $\sigma = \sigma_0 e^{-\frac{t}{\tau}}$（$\tau$ 为时间常数），试求出冲击波阵面上应力 σ 随距离的衰减规律。

8.26　设在半无限介质中向右传播平面一维纯剪切冲击波，试导出平面一维纯剪切冲击波波阵面的位移连续条件和动量守恒条件；并由此导出线弹性纯剪切冲击波的波速公式。

8.27　试对线弹性材料，导出侧向无限的薄板中的面内弹性纵波公式。

8.28　试对线弹性材料，导出一维应变弹性纵波公式。

8.29　设有一质量为 M 的刚性质量块，以速度 v_0 撞击一个杨氏模量为 E、质量密度为 ρ_0 的弹性杆，试求解撞击端应力和刚块速度的衰减规律。

8.30　试导出 E 氏坐标中一维杆中平面波传播的基本方程组，并求出其特征线和特征关系。

第 9 章　爆炸和冲击工程力学中的典型问题

9.1　爆轰过程和平稳自持爆轰模型

9.1.1　爆轰过程

高能炸药主要是由碳(C)、氢(H)、氮(N)、氧(O)四种元素组成的有机化合物,在形成有机化合物的过程中吸收外部的能量,以一定的化学键结合在一起,因而具有一定的键能,并使之保持稳定;当其受到足够大的扰动时,其化学键即可打开,使之爆炸,并释放出化学键能,这就是化学爆炸。碳、氢是燃料,氧是助燃剂,燃料和助燃剂的原子通常被氮所隔开,处于不稳定的平衡态之中,一旦受到外界扰动(冲击、加热、辐射、化学侵蚀等),可打破不稳定的平衡,使之分子解缚,形成燃料和助燃剂等的离子或原子碎片间的剧烈碰撞运动,并重新组合而形成 CO、CO_2、H_2O、H_2、O_2、N_2、NO 等,同时释放出化学能。这是一个把储存的化学能释放出来转化为爆炸产物分子热能的第一步。产物分子的高速无规则热运动使其具有很高的温度,产物分子对单位面积上的统计平均撞击动量即为宏观的爆炸压力,同时这种高压的爆炸产物会形成一股宏观的定向强气流,其前锋即是冲击波。这样,即出现了爆炸气体热能转化为爆炸产物宏观动能和内能的第二步。冲击波又作为新的扰动,压缩和升温未能反应的炸药,导致其出现与前类似的化学反应两步过程……如此,冲击波在炸药中一层层前进,导致整个药柱炸完,或者因某种原因而熄爆。

化学反应实际是有一个过程的,故在很薄厚度的冲击波后方还有一个具有一定厚度的化学反应区,习惯上可将冲击波层和化学反应区一起称为爆轰波。

假设爆轰波以速度 D 向前推进,其冲击波一面向前压缩前方的未爆炸药,其后方已经反应完毕而成为爆炸产物的爆炸气体则会向后方膨胀从而产生稀疏波,这一出现在爆炸产物之中的稀疏波会对前方的带有反应区的冲击波产生追赶卸载,并发生冲击波和稀疏波的相互作用。设爆炸产物中的局部声速为 c(注:在其他各章中我们本来是用 c 来表达欧拉绝对波速的,为了与大多数文献相一致,在本章中我们将以 c 表达局部声速),爆炸产物的质点速度为 v,则爆炸产物中稀疏波追赶冲击波的绝对波速为 $v+c$,冲击波波速 D 和稀疏波追赶波速之间的相对关系将会决定爆轰波的发展趋势:增强、衰减还是平稳自持。如果 $v+c>D$,则说明爆炸产物具有较高的局部声速,因而具有较高的压力,可称之为超压爆轰,此时稀疏波的过快侵入反应区,将会降低化学反应速率、反应区的压力和其局部声速 c,从而使得 $v+c$ 趋于D(此种情况下虽然冲击波也会因稀疏波的追赶卸载而趋于减弱,但其声

速 c 比冲击波速度 D 下降得更快)；如果 $v+c<D$，则说明爆炸产物具有较低的局部声速，因而具有较低的压力，可称之为欠压爆轰，此时稀疏波的过慢侵入反应区，将会提高化学反应速率、反应区的压力和其局部声速 c，从而也将使得 $v+c$ 趋于 D。总之，$v+c>D$ 和 $v+c<D$ 的情况都是不稳定的；而当 $v+c=D$，又无其他耗散效应(如侧向稀疏波、外部降温等)时，则稀疏波恰好可以支持反应区和冲击波的平稳前进，爆轰波即可平稳自持，我们把这种情况称为平稳自持传播的爆轰波(stationarily self-supported detonation wave)或 CJ 爆轰。CJ 爆轰的绝对波速将以 D_{CJ} 来表示(注：为了书写简单起见，下面我们将仍然以 D 来表达 CJ 爆轰波速)，而 CJ 爆轰冲击波阵面上的爆压将以 P_{CJ} 表示。平稳自持爆轰的概念及其上述解释是由 Champman 和 Jouguet 作为一个物理上的假设而提出的；但是，平稳自持爆轰速度的存在也是由实验证明的，而且在下面我们将根据 CJ 爆轰的条件导出 CJ 爆轰参数 D 和 P_{CJ} 的公式，而由这些公式所得到的数值与实验测量数值的一致性则证明了 CJ 爆轰假定的正确性。CJ 爆轰的条件在数学上可以写为

$$v_{CJ}+c_{CJ}=D \tag{9.1.1}$$

上式称为 CJ 条件。冲击波后的炸药化学反应区和之后的爆炸产物的分界面称为 CJ 阵面，化学反应区前的冲击波峰压称为 ZND 尖峰(Zeldovich-Von Neumann-Doering)，如图 9.1 中的(a)和(b)所示。实验证明，对一定类型的炸药，当爆轰波在炸药中传播一段时间之后，其爆轰波的传播速度基本会趋于一个由炸药类型所决定的常数，故爆轰波速 D 是炸药的一个物理特性参数。实验还证明，冲击波厚度的量级一般为 10^{-4} mm，化学反应区的厚度通常约 1 mm。由于这两个厚度都很小，所以在进行理论分析时我们常常忽略其厚度，而将爆轰波视为一个无限薄的伴有化学反应并释放能量的冲击波。这就是理想化的 CJ 爆轰的数学模型，如图 9.1(c)所示，其中爆轰冲击波上的峰压即是 CJ 爆压 P_{CJ}。

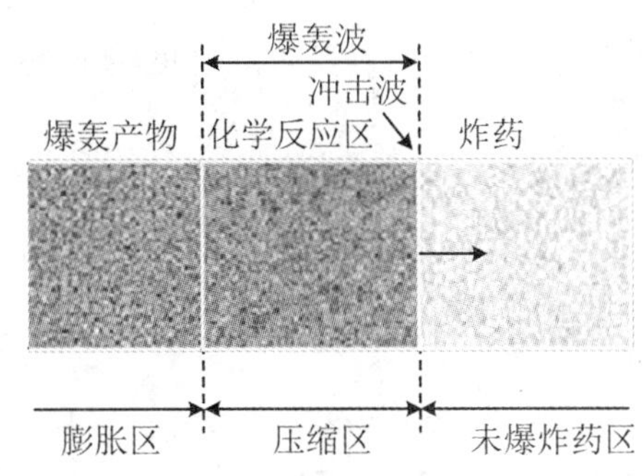

(a) 爆轰波结构

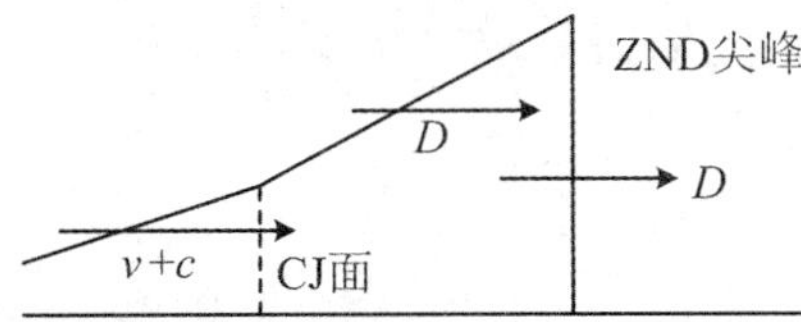

(b) 爆轰波和爆轰产物中的压力分布示意图

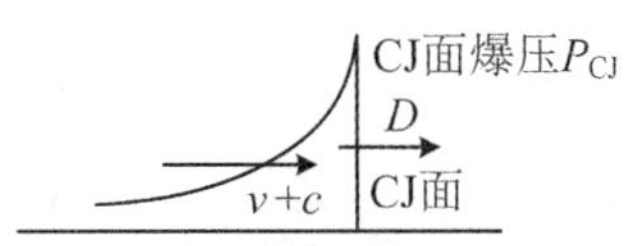

(c) CJ爆轰模型中的压力分布示意图

图 9.1

9.1.2 平稳自持爆轰波和其波阵面上的守恒条件

1. CJ 爆轰波冲击波阵面上的守恒条件

下面我们将以 ρ、v、E 和 p 分别表示介质的质量密度、质点速度、比内能和压力，并从开口体系的观点研究一维 CJ 平面爆轰波阵面上的质量守恒、动量守恒和能量守恒条件。从闭口体系的观点来进行研究，当然也可以得出数学上等价的结果，读者可以作为练习尝试之。

任意开口体系的质量守恒条件可表达为：任意时刻开口体系之内的质量增加率等于其质量的纯流入率。考虑截面积为 1、处于欧拉坐标网 $x_1(t)$ 和 $x_2(t)$ 之间的一个开口体系 $[x_1(t), x_2(t)]$ 的一维平面运动，如图 9.2 所示。

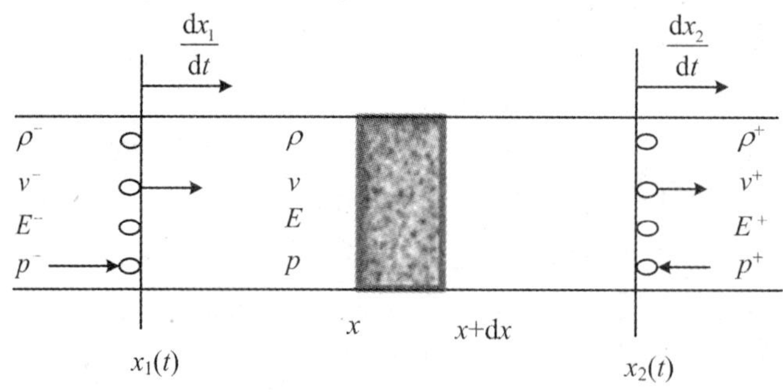

图 9.2 欧拉坐标中的开口体系和受力情况

由于开口体系中的瞬时质量为 $\int_{x_1(t)}^{x_2(t)} \rho \mathrm{d}x$，而跨过任一个欧拉坐标网 $x(t)$ 进入网后方的物质质量正比于网对介质的相对速度 $\left(\frac{\mathrm{d}x}{\mathrm{d}t} - v\right)$ 以及进入网的物质的质量密度 ρ，故开口体系 $[x_1(t), x_2(t)]$ 的质量守恒条件在数学上可以表示为

$$\frac{\mathrm{d}}{\mathrm{d}t}\int_{x_1(t)}^{x_2(t)} \rho \mathrm{d}x = \left(\frac{\mathrm{d}x_2}{\mathrm{d}t} - v^+\right)\rho^+ - \left(\frac{\mathrm{d}x_1}{\mathrm{d}t} - v^-\right)\rho^- \tag{9.1.2}$$

其中，$\frac{\mathrm{d}}{\mathrm{d}t}$ 表示对时间的全导数，而式中的上标“+”和“-”分别表示网 $x_2(t)$ 前方和网 $x_1(t)$ 后方介质的状态量。令 $x_1(t) = x_2(t)$ 恰恰分别为 CJ 爆轰阵面紧后方和紧前方的两个紧贴在爆轰阵面上的网的欧拉坐标，它们也都等于 CJ 爆轰阵面的欧拉坐标 $x(t)$，即 $x_1(t) = x_2(t) = x(t)$，此时我们所取的开口体系 $[x_1(t), x_2(t)]$ 即成为一个附着在 CJ 爆轰阵面之上并与之一起前进的无限薄的薄层，式(9.1.2)的左端等于零，而 $\frac{\mathrm{d}x_1}{\mathrm{d}t} = \frac{\mathrm{d}x_2}{\mathrm{d}t} = \frac{\mathrm{d}x}{\mathrm{d}t} = D$ 恰恰为 CJ 爆轰波速，于是式(9.1.2)将给出

$$[(D - v)\rho] = (D - v^-)\rho^- - (D - v^+)\rho^+ = 0 \tag{9.1.3a}$$

其中

$$[\varphi] \equiv \varphi^- - \varphi^+ \tag{9.1.4}$$

表示从 CJ 爆轰阵面的紧前方跨至其紧后方时物理量 φ 的跳跃量。式(9.1.3a)可以简单地表述为：跨过 CJ 爆轰阵面时的质量流保持连续。如果考虑在静止的炸药中传播的爆轰波，则有 $v^+ = 0$，$\rho^+ = \rho_0$（炸药的初始质量密度）；忽略上标记号“-”而简记 $\varphi^- = \varphi$，于是式

(9.1.3a)将给出

$$(D-v)\rho = D\rho_0 \tag{9.1.3b}$$

或

$$v = \frac{D}{\rho}(\rho - \rho_0) \tag{9.1.3c}$$

式(9.1.3b)或式(9.1.3c)就是在静止炸药中传播的CJ爆轰波阵面上的质量守恒条件，式(9.1.3b)的意义就是：从前方进入CJ阵面的炸药质量等于其从CJ阵面向后方流出的爆炸产物质量，这其实也就是单位时间内爆轰波阵面所跨过的一段物质作为一个闭口体系时的质量守恒条件。

任意开口体系的动量守恒条件可表达为：任意时刻开口体系之内的动量增加率等于其该时刻体系所受的外力加上体系的动量纯流入率。将其应用于图9.2的开口体系$[x_1(t), x_2(t)]$中，在数学上这可以表达为

$$\frac{d}{dt}\int_{x_1(t)}^{x_2(t)} \rho v dx = p^- - p^+ + \left(\frac{dx_2}{dt} - v^+\right)\rho^+ v^+ - \left(\frac{dx_1}{dt} - v^-\right)\rho^- v^- \tag{9.1.4}$$

令$x_2(t) = x_1(t) = x(t)$恰为CJ阵面的欧式坐标，则式(9.1.4)将给出

$$[(D-v)\rho v - p] = (D - v^-)\rho^- v^- - p^- - (D - v^+)\rho^+ v^+ + p^+ = 0 \tag{9.1.5a}$$

式(9.1.5a)的意义是：跨过CJ爆轰阵面时的“广义动量流”保持连续(广义动量流是指动量流与外力压力之差)。对于在静止的炸药中传播的CJ爆轰波，有$p^+ = p_0$(炸药的初始压力)，$v^+ = 0, \rho^+ = \rho_0$(炸药的初始质量密度)，并忽略上标记号“$-$”而简记$\varphi^- = \varphi$，则式(9.1.5a)可写为

$$p - p_0 = (D - v)\rho v \tag{9.1.5b}$$

利用质量守恒公式(9.1.3b)，则可将式(9.1.5b)写为

$$p - p_0 = \rho_0 D v \tag{9.1.5c}$$

式(9.1.5b)或式(9.1.5c)就是在静止炸药中传播的CJ爆轰波阵面上的动量守恒条件。其物理意义可以解释为：单位时间内跨过爆轰波阵面单位面积介质的动量增加等于作用在阵面上的压力差，而这其实也就是单位时间内爆轰波阵面所跨过的一段物质作为一个闭口体系时的动量守恒条件。

任意开口体系的能量守恒条件可表达为：任意时刻开口体系之内的总能量增加率等于其该时刻体系所受的外力功率、外供热率加上体系的能量纯流入率。在绝热的条件下，将其应用于图9.2的开口体系$[x_1(t), x_2(t)]$中，在数学上这可以表达为

$$\frac{d}{dt}\int_{x_1(t)}^{x_2(t)} \rho\left(E + \frac{v^2}{2}\right)dx = p^- v^- - p^+ v^+ + \left(\frac{dx_2}{dt} - v^+\right)\rho^+ \left(E^+ + \frac{v_+^2}{2}\right) - \left(\frac{dx_1}{dt} - v^-\right)\rho^- \left(E^- + \frac{v_-^2}{2}\right) \tag{9.1.6}$$

令$x_2(t) = x_1(t) = x(t)$恰为CJ阵面的欧式坐标，则式(9.1.6)将给出

$$\left[(D-v)\rho\left(E + \frac{v^2}{2}\right) - pv\right] = 0 \tag{9.1.7a}$$

式(9.1.7a)的意义是：跨过CJ爆轰阵面时的“广义能量流”保持连续(广义能量流是指能量流与外力功率之差)。对于在静止炸药中传播的CJ爆轰波，有$p^+ = p_0$(炸药的初始压力)，$v^+ = 0, \rho^+ = \rho_0$(炸药的初始质量密度)，并忽略上标记号“$-$”而简记$\varphi^- = \varphi$，则式(9.1.7a)可写为

$$pv = (D - v)\rho\left(E + \frac{v^2}{2}\right) - D\rho_0 E_0 \tag{9.1.7b}$$

利用质量守恒公式(9.1.3b)后，也可将式(9.1.7b)写为

$$pv = \rho_0 D\left[(E - E_0) + \frac{v^2}{2}\right] \tag{9.1.7c}$$

式(9.1.7b)或式(9.1.7c)就是在静止炸药中传播的 CJ 爆轰波阵面上的能量守恒条件。其物理意义可以解释为：单位时间内跨过爆轰波阵面单位面积介质的能量增加等于作用在阵面上的压力功率，这其实也就是单位时间内爆轰波阵面所跨过的一段物质作为一个闭口体系时的能量守恒条件。

归纳起来，CJ 爆轰阵面上的质量守恒、动量守恒和能量守恒条件可分别由以下三式所表达：

$$v = \frac{D}{\rho}(\rho - \rho_0) \tag{9.1.3c}$$

$$p - p_0 = \rho_0 D v \tag{9.1.5c}$$

$$pv = \rho_0 D\left[(E - E_0) + \frac{v^2}{2}\right] \tag{9.1.7c}$$

由式(9.1.3c)和式(9.1.5c)相乘而消去 v，并以 $V = \frac{1}{\rho}$ 和 $V_0 = \frac{1}{\rho_0}$ 分别表示爆轰产物和炸药的比容，可有

$$D = V_0 \sqrt{\frac{p - p_0}{V_0 - V}} \tag{9.1.8}$$

由式(9.1.3c)和式(9.1.5c)相除而消去 D，可得

$$v = \sqrt{(p - p_0)(V_0 - V)} \tag{9.1.9}$$

而式(9.1.7c)也可写为

$$E - E_0 = \frac{pv}{\rho_0 D} - \frac{1}{2}v^2 \tag{9.1.10$'$}$$

将式(9.1.8)中的 $\rho_0 D$ 和式(9.1.9)中的 v 代入式(9.1.10)′并化简之(请读者作为练习推导之)，可得

$$E - E_0 = \frac{1}{2}(p + p_0)(V_0 + V) \tag{9.1.10}$$

即 CJ 爆轰阵面上的三个守恒条件式(9.1.3c)、式(9.1.5c)、式(9.1.7c)可等价地改写为式(9.1.8)、式(9.1.9)、式(9.1.10)。其中 E 是爆炸产物的比内能，即其单位质量爆轰产物的分子内能 e；E_0 是炸药总的比内能，由其分子比内能 e_0 和其所储存的比化学能 Q(通常称之为炸药的爆热)两部分组成，而炸药的分子比内能包括其分子热运动的内能和其晶格势能，即

$$E_0 = e_0 + Q \tag{9.1.11}$$

将式(9.1.11)代入式(9.1.10)，则可将能量守恒条件写为

$$e - e_0 = \frac{1}{2}(p + p_0)(V_0 - V) + Q \tag{9.1.12$'$}$$

一般而言，爆压 p 很大，可达几万至几十万大气压，但 p_0 仅为一个大气压，因而可以忽略；同样，炸药分子比内能 e_0 与爆炸产物的比内能 e 和爆热 Q 相比也可忽略，故式(9.1.12)′可

写为

$$e = \frac{1}{2}p(V_0 - V) + Q \tag{9.1.12}$$

设爆炸产物满足多方指数为 γ 的多方型状态方程，即

$$p = p_0\left(\frac{V_0}{V}\right)^{\gamma} = AV^{-\gamma} \tag{9.1.13}$$

对绝热可逆过程中的能量守恒方程

$$\mathrm{d}e = -p\mathrm{d}V + 0 \tag{9.1.14}$$

进行积分，并设 $V=\infty$ 时的比内能 $e=0$，则有

$$e = -\int_{\infty}^{V} AV^{-\gamma}\mathrm{d}V = A\frac{V^{1-\gamma}}{\gamma - 1} = \frac{pV}{\gamma - 1}$$

即

$$e = \frac{pV}{\gamma - 1} \tag{9.1.15}$$

式(9.1.15)即是多方型爆炸产物比内能的表达式。当忽略 e_0、p_0 而近似设 $e_0 \approx 0$，$p_0 \approx 0$ 时，将爆炸产物比内能 e 的表达式(9.1.15)代入能量守恒方程(9.1.12)中，可得

$$\frac{pV}{\gamma - 1} = \frac{p}{2}(V_0 - V) + Q \tag*{(9.1.16)$'$}$$

或

$$p\left(V - \frac{\gamma - 1}{\gamma + 1}V_0\right) = \frac{2(\gamma - 1)}{\gamma + 1}Q \tag{9.1.16}$$

我们把式(9.1.16)称为参考于起爆初始状态点 $A(V_0, p_0 = 0)$ 的爆轰波的 Rinkin-Hugoniot 曲线，简称为 Hugoniot 曲线，其物理意义是：为了满足阵面上的守恒条件，从状态 $A(V_0, p_0 = 0)$ 发生爆炸的爆轰产物的可能状态点必须处在该曲线之上。式(9.1.16)在 pV 平面上为一条双曲线：当 $V\to\infty$ 时，$p\to 0$，故 p 轴为其一条渐近线；当 $p\to\infty$ 时，$V\to\frac{\gamma-1}{\gamma+1}V_0$，故垂直线 $V=\frac{\gamma-1}{\gamma+1}V_0$ 也是一条渐近线，这一比容数值代表了爆轰波对产物的压缩极限。我们看到，由于爆热 Q 的存在，式(9.1.16)与一般的没有化学反应而释放能量的冲击波的冲击绝热线是不同的，它并不通过代表炸药起爆起始状态的初始点 $A(V_0, p_0 = 0)$。当 $Q=0$ 时，即退化为一般冲击波的冲击绝热线。对某种典型的炸药，式(9.1.16)如图 9.3 所示。

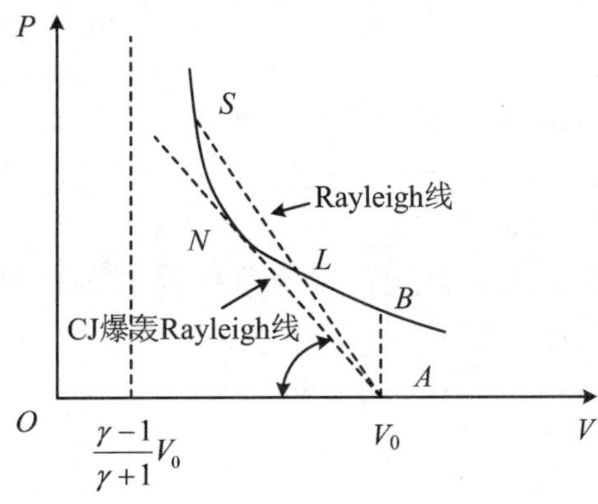

图 9.3　多方型爆轰气体的 CJ 爆轰冲击绝热线

2．等容绝热爆轰状态参数

当 $V=V_0$ 时，物理上代表的是等容绝热爆轰；而合理的爆轰状态又必须位于爆轰 Hugoniot 曲线之上，将 $V=V_0$ 代入式(9.1.16)中，得出

$$p|_{V=V_0}=\frac{\gamma-1}{V_0}Q \tag{9.1.17}$$

我们将该压力称为等容绝热爆压。等容绝热爆轰状态对应图 9.3 中的点 $B\left(V=0,\ p=\frac{\gamma-1}{V_0}Q\right)$。

3．CJ 爆轰状态参数

如前所述，只从满足爆轰阵面上的守恒条件出发，则冲击绝热线式(9.1.16)上的任何一点都可以是爆轰过程的可能终态，只不过这些不同的可能终态代表不同强度的爆轰冲击波和相应的不同爆轰波传播速度。当我们给定某一个爆速 D 时，爆轰终止状态点则还应该满足守恒条件式(9.1.8)，即满足

$$p-p_0=-\rho_0^2D^2(V-V_0) \tag{9.1.18}$$

对于一个给定的爆速 D 而言，式(9.1.18)在(V,p)平面上是一个通过爆轰起始状态点 $A(V_0,p_0=0)$、斜率为$(-\rho_0^2D^2)\leqslant 0$ 的直线，通常人们将其称为爆轰冲击波的 Rayleigh 线，而 ρ_0D 恰恰是爆轰波的冲击阻抗。故点 B 以右的各点不可能是可能的爆轰产物终态，这是因为点 B 以右的各点与初态 A 的连线的斜率都小于 0，这是与斜率 $-\rho_0^2D^2\leqslant 0$ 相矛盾的。等容爆轰状态 $B\left(V=0,p=\frac{\gamma-1}{V_0}Q\right)$是理想的极限情况，此点的左极限所对应的 Rayleigh 线 AB 的斜率为 $-\rho_0^2D^2=-\infty<0$，是满足要求的；而此时所对应的爆轰波速将为 $D=+\infty$，这在物理上表示炸药在一瞬间即完成了化学反应并释放能量的爆轰过程，故等容绝热爆轰也称为瞬时爆轰。在点 B 以左，Rayleigh 线式(9.1.18)与爆轰 Hugoniot 曲线式(9.1.16)有两个交点 S 和 L，参见图 9.3，我们将它们所对应的状态分别称为超压爆轰状态和欠压爆轰状态，但它们具有同样的爆轰波速 D。由波动理论知，较高和较低的爆轰气体压力将分别对应较高和较低的局部声速 c，同时也将分别产生较高和较低的介质质点速度 v，所以在点 S 和点 L 不可能同时满足 CJ 爆轰条件 $v+c=D$；其实由图 9.3 可以看到，在点 S 和点 L 处爆轰冲击绝热线式(9.1.16)的斜率本身都已经是分别大于和小于 Rayleigh 线的斜率的，所以在点 S 和点 L 处必将分别有 $v+c>D$ 和 $v+c<D$。于是如前所述，这两个爆轰状态在物理上都将是不稳定的：超压爆轰 S 处将由于 $v+c>D$，稀疏波的过快侵入反应区，将会降低化学反应速率、反应区的压力和其局部声速 c，从而点 S 将沿着冲击绝热线向下移动而使得 $v+c$ 趋于 D；欠压爆轰 L 处将由于 $v+c<D$，稀疏波的过慢侵入反应区，将会提高化学反应速率、反应区的压力和其局部声速 c，从而点 L 将沿着冲击绝热线向上移动而使得 $v+c$ 趋于 D。即只有中间的某一个满足 $v+c=D$ 的点 N 才是对应物理上稳定自持传播的爆轰波，而这也正是所谓的 CJ 假定。由此我们可以断言，满足 CJ 条件的点 N 必然是 Rayleigh 线式(9.1.18)和冲击绝热线式(9.1.16)相切时的切线交点。下面我们就根据这一点来求出切点 N 所对应的 CJ 爆轰状态的有关物理参数。

冲击绝热线式(9.1.16)上任一点(V,p)处的切线斜率为

$$\frac{\mathrm{d}p}{\mathrm{d}V}=-\frac{p}{V-\frac{\gamma-1}{\gamma+1}V_0} \tag{9.1.19}$$

而 Rayleigh 线式(9.1.18)上任一点(V,p)的斜率是

$$-\rho_0^2 D^2 = \frac{p}{V - V_0} \tag{9.1.20}$$

令由式(9.1.19)和式(9.1.20)两式所表达的斜率相等,可得

$$-\frac{p}{V - \frac{\gamma - 1}{\gamma + 1}V_0} = \frac{p}{V - V_0} \tag{9.1.21}$$

由此可求出该点(V,p)所对应的比容 V,此比容即是 CJ 比容 V_{CJ},即

$$V_{CJ} = \frac{\gamma}{\gamma + 1}V_0 \tag{9.1.22}$$

将式(9.1.22)代入爆轰绝热线式(9.1.16)中,即可求出其 CJ 爆压 p_{CJ}。

式(9.1.22)也可以由 CJ 条件式(9.1.1)而直接导出。事实上,利用声速 c 的公式和爆轰产物的多方型状态方程,可有

$$c = \sqrt{\frac{dp}{d\rho}} = \sqrt{-\frac{dp}{dV}V} = \sqrt{\gamma pV}$$

于是

$$c_{CJ} = \sqrt{\gamma p_{CJ} V_{CJ}} \tag{9.1.23}$$

而式(9.1.9)和式(9.1.10)可分别给出

$$v_{CJ} = \sqrt{p_{CJ}(V_0 - V_{CJ})} \tag{9.1.24}$$

$$D_{CJ} = V_0\sqrt{\frac{p_{CJ}}{V_0 - V_{CJ}}} \tag{9.1.25}$$

将式(9.1.23)、式(9.1.24)、式(9.1.25)代入 CJ 条件式(9.1.1)中,即可求出

$$V_{CJ} = \frac{\gamma}{\gamma + 1}V_0 \tag{9.1.26}$$

而这和我们前面所导出的式(9.1.22)是完全一样的。

将式(9.1.26)代入式(9.1.16)中,可求出

$$p_{CJ} = 2(\gamma - 1)\rho_0 Q \tag{9.1.27}$$

将式(9.1.26)和式(9.1.27)代入式(9.1.24),可求出

$$v_{CJ} = \sqrt{\frac{2(\gamma - 1)}{\gamma + 1}Q} \tag{9.1.28}$$

将式(9.1.26)和式(9.1.27)代入式(9.1.25),可求出

$$D = \sqrt{2(\gamma^2 - 1)Q} \tag{9.1.29}$$

将式(9.1.28)和式(9.1.29)代入 CJ 条件式(9.1.1)中,可求出

$$c_{CJ} = \sqrt{\frac{2\gamma^2(\gamma - 1)}{\gamma + 1}Q} \tag{9.1.30}$$

式(9.1.26)~(9.1.30)分别给出了 CJ 爆轰参数 V_{CJ}、p_{CJ}、v_{CJ}、D、c_{CJ} 以炸药的爆热 Q 以及 ρ_0,γ 所表达的公式。

我们也可以给出如下以 CJ 爆速 D 以及 ρ_0、γ 所表达的 Q、V_{CJ}、p_{CJ}、v_{CJ}、c_{CJ} 各量的公式:

$$Q = \frac{D^2}{2(\gamma^2 - 1)} \tag{9.1.31}$$

$$V_{CJ} = \frac{\gamma}{\gamma + 1} V_0 \tag{9.1.32}$$

$$p_{CJ} = \frac{\rho_0 D^2}{\gamma + 1} \tag{9.1.33}$$

$$v_{CJ} = \frac{D}{\gamma + 1} \tag{9.1.34}$$

$$c_{CJ} = \frac{\gamma D}{\gamma + 1} \tag{9.1.35}$$

在实践上,爆速 D 和爆压 p_{CJ} 是比较容易通过实验而测定的;在测出它们后,我们就可以由所测出的 D 和 p_{CJ} 而求出爆轰气体的多方指数,即

$$\gamma = \frac{\rho_0 D^2}{p_{CJ}} - 1 \qquad 9.1.36)$$

然后再以(γ, D)为基础通过式(9.1.31)、式(9.1.32)、式(9.1.34)、式(9.1.35)而求出 Q、V_{CJ}、v_{CJ}、c_{CJ} 各量。

根据等容爆轰的概念以及前面的有关公式,容易得到瞬时等容爆轰状态所对应的各量可以由下面各式所表达,请读者思考之:

$$\begin{cases} V = V_0 \\ D = \infty \\ v = 0 \\ p = (\gamma - 1)\rho_0 Q \\ c = \sqrt{\gamma p V} = \sqrt{\gamma(\gamma - 1)Q} = \sqrt{\dfrac{\gamma + 1}{\gamma - 1}} c_{CJ} \end{cases} \tag{9.1.37}$$

式(9.1.37)中的第四个公式也可以通过等容爆轰时炸药的爆能 Q 全部转化为爆轰产物内能 e 的条件而得出,即

$$Q = e = \frac{pV}{\gamma - 1} = \frac{pV_0}{\gamma - 1} \tag{9.1.38}$$

故有等容爆压的如下公式:

$$p = (\gamma - 1)\rho_0 Q \tag{9.1.39}$$

9.2 爆轰产物的一维自模拟解和爆轰流场

9.2.1 开端一维平面爆轰的自模拟解和爆轰流场

为了简单起见,本节我们将重点讲解一维平面爆轰的自模拟解,然后再顺便简述一维柱面和一维球面爆轰的自模拟解。

考虑如图 9.4 所示的半无限长细炸药柱,设其侧壁被刚性密封。当从其左端以雷管将其引爆时,由于其药柱很细而侧壁被刚性密封,可以假设药柱的爆轰是一维平面爆轰。建立

如图9.4所示的其轴线沿药柱中心的一维欧拉坐标系 x，以 $x=0$ 表示起爆点，我们先考虑起爆点左侧为真空情况的所谓开端爆轰情况。在起爆之后，爆轰冲击波将向其右端传播，爆轰冲击波阵面上的爆轰产物将受其压缩而向右运动，而邻接左端自由面的爆轰产物将向其左面进行飞散，从而产生向右传播并跟踪其爆轰冲击波的稀疏波。现在来求解其一维平面爆轰的爆轰流场。由于假定爆轰过程是平稳自持的，所以可以假定在一维爆轰波阵面的紧后方爆轰产物将保持其 CJ 爆轰状态，因而爆轰冲击波在传播过程中强度也将是确定不变的。即使我们考虑爆轰冲击波所引起的爆炸产物的熵增，其每个微团的熵增也将是相同的，因而爆轰冲击波后方的爆轰产物飞散膨胀区域将是一个均熵区，这样我们就可以不考虑其中熵的变化并且不把熵作为一个求解变量。于是，我们就可以对爆轰产物采用等熵型的状态方程，比如说多方型的正压流体状态方程。下面我们就这样做。此时，爆轰产物一维平面运动的均熵场波动力学基本方程组如下：

$$\begin{cases}\dfrac{\partial \rho}{\partial t}+v\dfrac{\partial \rho}{\partial x}+\rho\dfrac{\partial v}{\partial x}=0 \quad (\text{连续方程}) \\ \dfrac{\partial v}{\partial t}+v\dfrac{\partial v}{\partial x}+\dfrac{1}{\rho}\dfrac{\partial p}{\partial x}=0 \quad (\text{运动方程}) \\ p=p(\rho) \quad (\text{正压流体状态方程})\end{cases} \tag{9.2.1}$$

引入局部声速 c：

$$c\equiv\sqrt{\frac{\mathrm{d}p}{\mathrm{d}\rho}} \tag{9.2.2}$$

可将基本方程组(9.2.1)化为

$$\begin{cases}\dfrac{\partial \rho}{\partial t}+v\dfrac{\partial \rho}{\partial x}+\rho\dfrac{\partial v}{\partial x}=0 \\ \dfrac{\partial v}{\partial t}+v\dfrac{\partial v}{\partial x}+\dfrac{c^2}{\rho}\dfrac{\partial \rho}{\partial x}=0\end{cases} \tag{9.2.3}$$

由于按式(9.2.2)可将局部声速 c 视为密度 ρ 的函数，故式(9.2.3)就是求解 ρ 和 v 的1阶拟线性偏微分方程组。

因为已假定药柱为 $x\geqslant 0$ 的侧壁刚硬的半无限长柱体，药柱的左方($x<0$)假定为真空，设当 $t=0$ 时，药柱在 $x=0$ 处平面起爆，于是爆轰波以恒定爆速 D 向右传播，后方的爆炸产物将有一部分会受到爆轰冲击波的压缩而向右运动，而另一部分爆轰产物将向左方的真空中膨胀，并向真空中飞散。所以基本方程组(9.2.1)或(9.2.3)的解题边界条件之一将是：在爆轰阵面 $x=Dt$ 上，爆轰产物具有 CJ 爆轰状态，即

$$\text{当}\ x=Dt\ \text{时}, \quad p=p_{\mathrm{CJ}}, \quad \rho=\rho_{\mathrm{CJ}}, \quad v=v_{\mathrm{CJ}} \tag{9.2.4}$$

而对开端爆轰的情况，在爆炸产物和真空的未知待求交界面上，则有另一个边界条件：

$$\text{当}\ x=x(t)\ \text{时}, \quad p=0, \quad \rho=0, \quad c=0 \tag{9.2.5}$$

由于是半无限长的药柱，问题中没有特征距离，也没有特征时间，于是坐标 x 和时间 t 所对应的无量纲量将不会各自独立出现，所以我们可以肯定爆轰产物流场求解的问题必然是一个自模拟的问题，从而可以把求解偏微分方程组(9.2.1)的问题化为一个常微分方程的求解问题。现在我们就来说明这一点，并且求出问题的自模拟解。显然，爆轰产物流场中每一点的状态量除了与坐标 x 和时间 t 有关以外，还与炸药的初始装药密度 ρ_0、CJ 爆速 D 和爆轰产物的多方指数 γ 有关，于是决定我们问题的主定量是 x、t、ρ_0、D、γ，流场中的每一个待求因变量都将是这5个主定量的某个函数：

$$p = p(x,t,\rho_0,D,\gamma), \quad \rho = \rho(x,t,\rho_0,D,\gamma), \quad v = v(x,t,\rho_0,D,\gamma) \tag{9.2.6}$$

由于没有考虑问题的热效应，所以根据量纲分析的Π定理，我们必然只能有 5－3＝2 个独立的无量纲主定量。事实上，如果我们取 5 个主定量中的 ρ_0、D 和 t 为 3 个独立的有量纲基本量，则 x 所对应的无量纲量将是$\frac{x}{Dt}$，而 γ 本身已经是一个无量纲量，故我们的独立无量纲主定量将是$\frac{x}{Dt}$和 γ 两个量，由于 γ 是常数，为了简单起见，下面我们略去其中的 γ。而 p、v、ρ、c 所对应的无量纲量分别是$\frac{p}{\rho_0 D^2}$、$\frac{v}{D}$、$\frac{\rho}{\rho_0}$、$\frac{c}{D}$，它们都将是无量纲自变量$\frac{x}{Dt}$的某种函数，由于 D 是常数，所以它们都将是量 $\xi \equiv \frac{x}{t}$ 的某种函数，其中

$$\xi \equiv \frac{x}{t} \tag{9.2.7}$$

例如我们可有

$$\frac{p}{\rho_0 D^2} = p(\xi), \quad \frac{v}{D} = v(\xi), \quad \frac{\rho}{\rho_0} = \rho(\xi), \quad \frac{C}{D} = c(\xi) \tag{9.2.8}$$

由于

$$\frac{\partial \xi}{\partial x} = \frac{1}{t}, \quad \frac{\partial \xi}{\partial t} = -\frac{\xi}{t} \tag{9.2.9}$$

而对 ξ 的任意函数 f，有

$$\frac{\partial f}{\partial x} = \frac{\mathrm{d}f}{\mathrm{d}\xi}\frac{\partial \xi}{\partial x} = \frac{f'}{t}, \quad \frac{\partial f}{\partial t} = \frac{\mathrm{d}f}{\mathrm{d}\xi}\frac{\partial \xi}{\partial t} = -\frac{\xi f'}{t} \tag{9.2.10}$$

将式(9.2.10)中的函数 f 分别取为 ρ、v 并将之代入式(9.2.3)中，可得出如下的常微分方程组：

$$\begin{cases}(v-\xi)\rho' + \rho v' = 0 \\ \dfrac{c^2}{\rho}\rho' + (v-\xi)v' = 0\end{cases} \tag{9.2.11}$$

$\rho'=0$、$v'=0$ 是平凡解，代表炸药不爆炸的初始状态，这不是我们所关心的。式(9.2.11)存在非平凡解 $\rho'\neq 0$ 和 $v'\neq 0$ 要求其系数矩阵的行列式等于 0，即

$$\Delta = \begin{vmatrix} v-\xi, \rho \\ \dfrac{c^2}{\rho}, v-\xi \end{vmatrix} = (v-\xi)^2 - c^2 = 0 \tag{9.2.12}$$

由此可得

$$v - \xi = \pm c \tag{9.2.13}$$

将边界条件(9.2.4)代入式(9.2.13)中，可得

$$v_{\mathrm{CJ}} - D = \pm c_{\mathrm{CJ}} \tag{9.2.14}$$

可见，只有式(9.2.14)中的负号才能满足稳定自持爆轰的 CJ 条件，故有

$$v + c(\rho) = \xi \tag{9.2.15}$$

当其系数矩阵的行列式为 0 时，式(9.2.11)中的两个方程是等价而不独立的，于是将式(9.2.15)代入式(9.2.11)中的任何一个式子，都将得出

$$v' = \frac{c(\rho)\rho'}{\rho} \quad 或 \quad \mathrm{d}v = \frac{c(\rho)}{\rho}\mathrm{d}\rho \tag{9.2.16}$$

对于给定的产物状态方程函数 $c(\rho)$将是某个确定的函数，故积分此式并利用 CJ 阵面上的条件作为初值，我们是容易积分得出 v 和ρ 的一个依赖关系的；将该依赖关系和它们之间的另一个依赖关系式(9.2.15)联立求解，就可得出问题的解 $\rho=\rho(\xi)$和 $v=v(\xi)$，并进而再由爆轰产物的状态方程得出 $p=p(\xi)$和 $c=c(\xi)$。下面我们就对多方型的产物状态方程来求出其具体结果。

如果爆炸产物状态方程是多方气体型的，$p=A\rho^{\gamma}$，故有

$$c=\sqrt{\frac{\gamma p}{\rho}}=\sqrt{\gamma A}\rho^{\frac{\gamma-1}{2}} \tag{9.2.17}$$

对式(9.2.17)求其对数微分，得

$$\frac{\mathrm{d}c}{c}=\frac{\gamma-1}{2}\frac{\mathrm{d}\rho}{\rho} \tag{9.2.18}$$

代入式(9.2.16)，可得

$$\mathrm{d}v=\frac{2}{\gamma-1}\mathrm{d}c \tag{9.2.19}$$

积分式(9.2.19)，并利用 CJ 爆轰阵面上的条件式(9.2.4)，有

$$v-\frac{2}{\gamma-1}c=v_{\mathrm{CJ}}-\frac{2}{\gamma-1}c_{\mathrm{CJ}} \tag*{(9.2.20)$'$}$$

将式(9.1.34)和式(9.1.35)中的 v_{CJ}和 c_{CJ}代入此式，即得

$$v-\frac{2}{\gamma-1}c=-\frac{D}{\gamma-1} \tag{9.2.20}$$

式(9.2.20)和式(9.2.15)就是关于 v 和c 的联立代数方程组：

$$\begin{cases} v+c=\dfrac{x}{t} \\ v-\dfrac{2}{\gamma-1}c=-\dfrac{D}{\gamma-1} \end{cases} \tag{9.2.21}$$

由此容易解出 v 和c；利用式(9.2.17)即可求出 ρ，再利用爆轰产物的状态方程即可求出 p，将它们写在一起，即

$$\begin{cases} \dfrac{v}{v_{\mathrm{CJ}}}=\dfrac{2x}{Dt}-1 \\ \dfrac{c}{c_{\mathrm{CJ}}}=\dfrac{1}{\gamma}\left(\dfrac{\gamma-1}{D}\dfrac{x}{t}+1\right) \\ \dfrac{\rho}{\rho_{\mathrm{CJ}}}=\left(\dfrac{c}{c_{\mathrm{CJ}}}\right)^{\frac{2}{\gamma-1}}=\left(\dfrac{\gamma-1}{\gamma D}\dfrac{x}{t}+\dfrac{1}{\gamma}\right)^{\frac{2}{\gamma-1}} \\ \dfrac{p}{p_{\mathrm{CJ}}}=\left(\dfrac{c}{c_{\mathrm{CJ}}}\right)^{\frac{2\gamma}{\gamma-1}}=\left(\dfrac{\gamma-1}{\gamma D}\dfrac{x}{t}+\dfrac{1}{\gamma}\right)^{\frac{2\gamma}{\gamma-1}} \end{cases} \tag{9.2.22}$$

飞散的爆炸产物和左端真空交界面的位置可以由边界条件式(9.2.5)确定：把边界条件 $c=0$ 或 $p=0$ 代入式(9.2.22)中的第二式或第四式，可以得出爆轰产物向真空飞散的边界方程为

$$x=-\frac{Dt}{\gamma-1} \tag{9.2.23}$$

这表明邻接真空的爆轰产物是以均匀速度$\dfrac{D}{\gamma-1}$向左面飞散的。

归纳前面的结果,我们可以得到从左端起爆的半无限长药柱爆轰问题的解答为:在任何给定的时刻 t,

(1) 在 $x\leqslant -\dfrac{Dt}{\gamma-1}\left(\xi\leqslant\dfrac{-Dt}{\gamma-1}\right)$处,为真空,$v=0,c=0,\rho=0,p=0$;

(2) 在 $-\dfrac{Dt}{\gamma-1}\leqslant x\leqslant Dt\left(\dfrac{-D}{\gamma-1}\leqslant\xi\leqslant D\right)$处,为爆轰产物,其状态由式(9.2.22)确定;

(3) 在 $x\geqslant Dt(D\leqslant\xi)$处,为未爆炸药,其状态为 $v=0,\rho=\rho_0,p=0$,其中 c 由炸药状态方程确定。

由于在爆轰产物中,任何一个物理量都只是 $\xi\equiv\dfrac{x}{t}$ 的函数,故在不同时刻物理量 t 在欧式坐标中的分布规律是相似的(只需改变 x 而使得 $\xi\equiv\dfrac{x}{t}$ 保持等值),同样在不同空间位置 x 处,物理量的时程变化规律也将是相似的(只需改变 t 而使得 $\xi\equiv\dfrac{x}{t}$ 保持等值),因此我们将形如 $f=f(\xi)=f\left(\dfrac{x}{t}\right)$ 的解(9.2.22)称为自模拟解。由波传播的特征理论容易说明 $v+c=\xi=\text{const}$ 在物理上代表爆轰产物右行波的特征线(见下节的论述),所以解(9.2.22)实际上是爆轰产物的右行简单波解。参见图 9.4。固定一个 t 值,在图 9.4 中作一条水平线,我们可以在表示爆轰产物,即

$$-\frac{Dt}{\gamma-1}\leqslant x\leqslant Dt$$

的范围内,根据式(9.2.22)得出 t 时刻的状态参量的空间分布(即空间波形);同样,固定一个 x 值,在图 9.4 中作一条垂直线,我们可以在表示爆轰产物,即

$$-\frac{Dt}{\gamma-1}\leqslant x\leqslant Dt$$

的范围内,根据式(9.2.22)得出 x 处的状态参量的时程曲线。

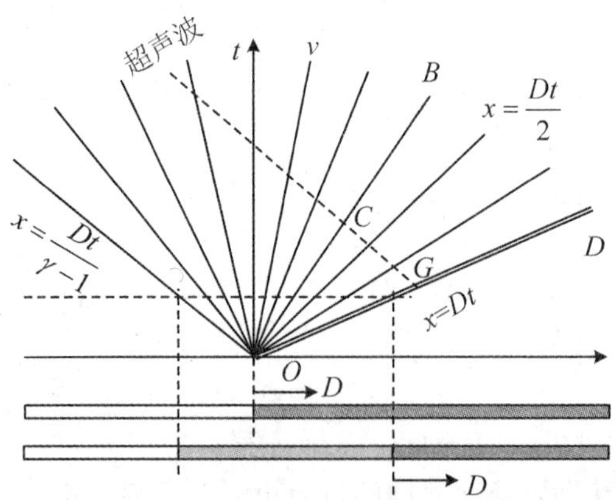

图 9.4 半无限长药柱及其左端开管爆轰波传播图案

对于 $\gamma=3$ 的特殊情况,图 9.5(a)中给出了爆轰产物质点速度 v、局部声速 c、质量密度 ρ 和压力 p 等用无量纲形式表示的空间分布波形。可以看到,在爆轰波后方的压力分布的波形接近于指数衰减的幂次曲线,而声速、密度和质点速度的分布则是直线衰减的三角形锯齿波形。

在式(9.2.22)中,令 $v=0$,可得 $x=\frac{Dt}{2}$;在该波阵面迹线 $x=\frac{Dt}{2}$ 右侧即 $x\geqslant\frac{Dt}{2}$ 处,有 $v\geqslant0$;而在该波阵面迹线 $x=\frac{Dt}{2}$ 左侧即 $x\leqslant\frac{Dt}{2}$ 处,有 $v\leqslant0$。这说明,在任意时刻 t,都有一部分爆轰产物向右运动,这主要是因为其受到了爆轰冲击波的冲击压缩作用,而另一部分爆轰产物则向左运动,这主要是因为其受到了从左端自由面上侵入的右行稀疏波的作用。在任意时刻 t,面积为 A_0 的爆轰药柱向右运动的介质质量 M 为

$$M=\int_{\frac{Dt}{2}}^{Dt}A_0\rho(x)\mathrm{d}x=M_0\frac{1}{\gamma^2}\left[\gamma^{\frac{\gamma+1}{\gamma-1}}-\left(\frac{\gamma+1}{2}\right)^{\frac{\gamma+1}{\gamma-1}}\right]\tag{9.2.24}$$

这里利用了式(9.2.22)中爆轰产物密度的表达式,其中 $M_0=A_0\rho_0Dt$ 为 t 时刻已爆轰完毕的炸药质量。对于 $\gamma=3$ 的特殊情况,可有

$$M=\frac{5}{9}M_0=\frac{5}{9}A_0\rho_0Dt\tag{9.2.25}$$

即在任意时刻 t 都有 $\frac{5}{9}$ 的爆轰产物向右运动,而有 $\frac{4}{9}$ 的爆轰产物向左运动。

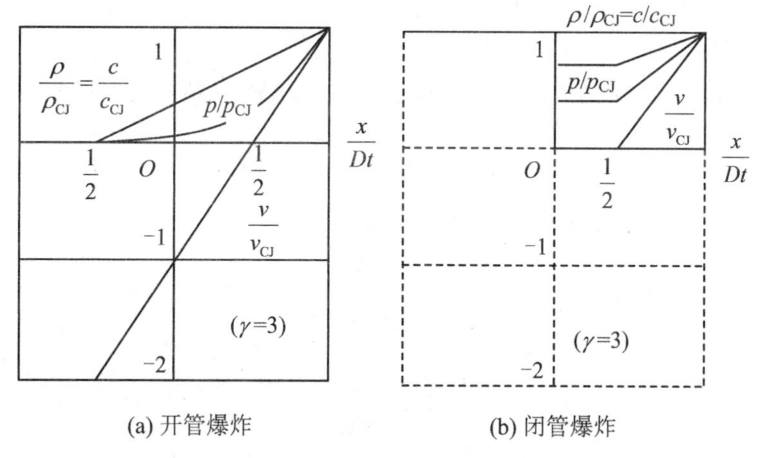

图 9.5　爆轰波后方状态参量分布

需要强调指出的是,尽管图 9.4 中波阵面迹线的斜率有正有负,即爆轰冲击波和每一条稀疏波在绝对空间中有向右传播和向左传播之分,但从波传播特征理论的角度看,它们实际上都是右行波,即波阵面相对介质都是向右传播的,因为波相对介质的局部声速 $c=\frac{x}{t}-v=\frac{c_{CJ}}{\gamma}\left(\frac{\gamma-1}{D}\frac{x}{t}+1\right)$ 在产物区 $-\frac{D}{\gamma-1}\leqslant\frac{x}{t}\leqslant D$ 之内永远都是大于或等于 0 的。由于一部分介质质点是以很高的速度在绝对空间中向左运动的,而在真空面附近产物的相对声速却很小,所以向左飞散的一部分爆轰产物可能是处于超声速运动状态的。事实上,在爆轰产物内 $v\leqslant0$ 处,令 $|v|=-v\geqslant c$(即向左以超声速运动),则将式(9.2.22)中 v 和 c 的表达式代入即可得出 $\frac{x}{t}\leqslant0$,这说明:在区间 $-\frac{D}{\gamma-1}\leqslant\frac{x}{t}\leqslant0$ 的爆轰产物,$v<0$,$|v|=-v\geqslant c$,爆轰产物是以超声速向左运动的;在区间 $0\leqslant x\leqslant\frac{D}{2}$ 的爆轰产物,虽然 $v<0$,但是 $|v|=-v\leqslant c$,此区

间内爆轰产物是以亚声速向左运动的；而在区间$\frac{D}{2}\leqslant x\leqslant D$内，$v>0$，爆轰产物和稀疏波一起向右运动。

9.2.2 闭端一维平面爆轰的自模拟解和爆轰流场

如果起爆端是刚壁，似乎有刚壁的阻挡将使爆炸气体无法膨胀，并产生爆轰冲击波在刚壁上反射的现象，但实际情况其实并非如此。这是因为爆轰冲击波对炸药进行了很强的压缩而使得其达到 CJ 爆轰密度 $\rho_{CJ}=\frac{\gamma+1}{\gamma}\rho_0$，这一密度是大于炸药的初始密度 ρ_0 的。所以，根据质量守恒定律，在刚壁和爆轰阵面之间的同样体积内转变成的爆轰产物，其在刚壁附近的产物密度必然低于炸药的 CJ 爆轰密度，因而仍然会在爆轰冲击波的后方产生稀疏波的跟踪。这种闭端爆炸的问题及其分析求解方法和前面的开端爆炸问题是一样的，仍然是一个自模拟问题，只是左边的边界条件由未知边界的真空自由面条件变成了刚壁条件。由于刚壁不能移动，故边界条件为 $v=0$。将 $v=0$ 的条件代入式(9.2.22)中的第一式，得到

$$x=\frac{1}{2}Dt \tag{9.2.26}$$

所以粒子速度为零的区域从刚壁 $x=0$ 一直延伸至爆轰波传播距离的一半 $x=\frac{1}{2}Dt$ 处。在刚壁和这道波之间的爆炸产物其他各量的状态，可以通过将 $x=\frac{1}{2}Dt$ 代入式(9.2.22)中其他各式而得到。于是在这段静止区里，各物理量之值如下：

$$0\leqslant\frac{x}{t}\leqslant\frac{1}{2}D\text{ 处，}\quad\begin{cases}v=0\\[4pt] \dfrac{c}{c_{CJ}}=\dfrac{\gamma+1}{2\gamma}\\[4pt] \dfrac{\rho}{\rho_{CJ}}=\left(\dfrac{\gamma+1}{2\gamma}\right)^{\frac{2}{\gamma-1}}\\[4pt] \dfrac{p}{p_{CJ}}=\left(\dfrac{\gamma+1}{2\gamma}\right)^{\frac{2\gamma}{\gamma-1}}\end{cases} \tag{9.2.27}$$

而在静止区以外的地方即$\frac{1}{2}D\leqslant\frac{x}{t}\leqslant D$ 处，各参量的分布情况和开端问题的解一样由式(9.2.22)给出。对于 $\gamma=3$ 的特殊情况，图 9.5(b)中给出了爆轰产物的质点速度 v、局部声速 c、质量密度 ρ 和压力 p 等用无量纲形式表示的空间分布波形。

9.2.3 一维球面爆轰的自模拟解和爆轰流场

对于炸药球面爆轰和柱面爆轰的问题可以与药柱一维平面爆轰的问题进行类似的分析。对于采用欧式坐标进行分析的问题，请读者作为练习思考之。在本节中，我们将采用拉氏坐标对一维球面爆轰的自模拟解和爆轰流场进行讨论，一维柱面爆轰的问题也请读者作为练习思考之。

以 R 和 r 分别表示球坐标中爆轰产物的拉氏径向坐标和欧式径向坐标，其他各量的符号同前。以拉氏径向坐标 R 和时间 t 为自变量，一维球对称问题的基本方程组可以导出，如

下(请读者作为练习推导之):

$$\begin{cases}\dfrac{\partial\rho}{\partial t}+\dfrac{r^2}{R^2}\dfrac{\rho^2}{\rho_0}\dfrac{\partial v}{\partial R}+\dfrac{2\rho v}{r}=0 \quad \text{(连续方程)}\\ \dfrac{\partial v}{\partial t}+\dfrac{r^2}{R^2\rho_0}\dfrac{\partial p}{\partial R}=0 \quad \text{(运动方程)}\\ p=p(\rho) \quad \text{(状态方程)}\end{cases} \tag{9.2.28}$$

这里我们是把欧拉径向坐标 r 也看作一个待求未知量而写出的。引入局部声速 $c=\sqrt{\dfrac{\mathrm{d}p}{\mathrm{d}\rho}}$,可将方程组(9.2.28)化为如下等价的方程组:

$$\begin{cases}\dfrac{\partial\rho}{\partial t}+\dfrac{r^2}{R^2}\dfrac{\rho^2}{\rho_0}\dfrac{\partial v}{\partial R}+\dfrac{2\rho v}{r}=0\\ \dfrac{\partial v}{\partial t}+\dfrac{r^2c^2}{R^2\rho_0}\dfrac{\partial p}{\partial R}=0\end{cases} \tag{9.2.29}$$

当采用爆轰产物的多方型状态方程时,与前面对一维平面问题由量纲分析所得出的结论类似,可知:各待求未知量 ρ、v、p、c、r 都将是$\dfrac{R}{Dt}$的函数,因此都将是量 $\xi\equiv\dfrac{R}{t}$的函数,其中

$$\xi\equiv\frac{R}{t} \tag{9.2.30}$$

的函数。记 $\phi=r/R$,则式(9.2.29)可写为

$$\begin{cases}\dfrac{\rho^2\phi^2}{\rho_0}\dfrac{\mathrm{d}v}{\mathrm{d}\xi}-\xi\dfrac{\mathrm{d}\rho}{\mathrm{d}\xi}=-\dfrac{2\rho v}{\phi\xi}\\ -\xi\dfrac{\mathrm{d}v}{\mathrm{d}\xi}+\dfrac{\phi^2c^2}{\rho_0}\dfrac{\mathrm{d}\rho}{\mathrm{d}\xi}=0\end{cases} \tag{9.2.31}$$

解得

$$\begin{cases}\dfrac{\mathrm{d}v}{\mathrm{d}\xi}=-\dfrac{2\rho v\phi c^2}{\rho_0\xi}\Big/\Delta\\ \dfrac{\mathrm{d}\rho}{\mathrm{d}\xi}=-\dfrac{2\rho v}{\phi}\Big/\Delta\end{cases} \tag{9.2.32}$$

其中

$$\Delta=\frac{\rho^2c^2\phi^4}{\rho_0^2}-\xi^2 \tag{9.2.33}$$

由于以 ξ 为自变量进行积分时,计算初始时会使 $\Delta=0$,使计算无法进行,故我们将 v 作为自变量,于是有

$$\frac{\mathrm{d}\xi}{\mathrm{d}v}=-\frac{\rho_0\xi\Delta}{2\rho v\phi c^2} \quad \text{和} \quad \frac{\mathrm{d}\rho}{\mathrm{d}v}=\frac{\mathrm{d}\rho}{\mathrm{d}\xi}\Big/\frac{\mathrm{d}v}{\mathrm{d}\xi}=\frac{\rho_0\xi}{\phi^2c^2}$$

再加上

$$\frac{\mathrm{d}c}{\mathrm{d}v}=\frac{(\gamma-1)c}{2\rho}\frac{\mathrm{d}\rho}{\mathrm{d}v},\quad \frac{\mathrm{d}p}{\mathrm{d}v}=\frac{\mathrm{d}p}{\mathrm{d}\rho}\frac{\mathrm{d}\rho}{\mathrm{d}v}=c^2\frac{\mathrm{d}\rho}{\mathrm{d}v},\quad \frac{\mathrm{d}\phi}{\mathrm{d}v}=\frac{\rho\Delta}{2\rho\xi\phi c^2}$$

便可以构成能求解 ρ、v、p、c、ϕ 的常微分方程组:

$$\begin{cases} \dfrac{\mathrm{d}v}{\mathrm{d}v} = 1 \\ \dfrac{\mathrm{d}\xi}{\mathrm{d}v} = -\dfrac{\rho_0 \xi \Delta}{2\rho v \phi c^2} \\ \dfrac{\mathrm{d}\rho}{\mathrm{d}v} = \dfrac{\mathrm{d}\rho}{\mathrm{d}\xi} \Big/ \dfrac{\mathrm{d}v}{\mathrm{d}\xi} = \dfrac{\rho_0 \xi}{\phi^2 c^2} \\ \dfrac{\mathrm{d}p}{\mathrm{d}v} = \dfrac{\mathrm{d}p}{\mathrm{d}\rho}\dfrac{\mathrm{d}\rho}{\mathrm{d}v} = c^2 \dfrac{\mathrm{d}\rho}{\mathrm{d}v} \\ \dfrac{\mathrm{d}c}{\mathrm{d}v} = \dfrac{(\gamma - 1)c}{2\rho}\dfrac{\mathrm{d}\rho}{\mathrm{d}v} \\ \dfrac{\mathrm{d}\phi}{\mathrm{d}v} = \dfrac{\rho \Delta}{2\rho \xi \phi c^2} \end{cases} \tag{9.2.34}$$

起始条件为 CJ 阵面上的条件，即

$$\text{当 } v = v_{\mathrm{CJ}} \text{ 时，}\quad \xi = D,\quad \rho = \rho_{\mathrm{CJ}},\quad c = c_{\mathrm{CJ}},\quad \phi = 1 \tag{9.2.35}$$

积分计算的中止条件为起爆中心的条件：$v = 0$，并通过积分可以求出 $v = 0$ 时其他各量的值。

我们可以根据计算精度的要求将区间$v[0, v_{\mathrm{CJ}}]$分为若干份，通过 Runge-Kutta 方法对常微分方程组的初值问题式(9.2.34)和式(9.2.35)进行数值求解。读者也可以尝试求解其解析解。作为数值问题的算例，我们对炸药参数 $\rho_0 = 1680.0\ \mathrm{kg/m^3}$，$D_{\mathrm{CJ}} = 7830.0\ \mathrm{m/s}$，$\gamma = 2.814$ 的情况进行了数值求解。在图 9.6(a)、(b)、(c)、(d)中，我们分别给出了在半径为

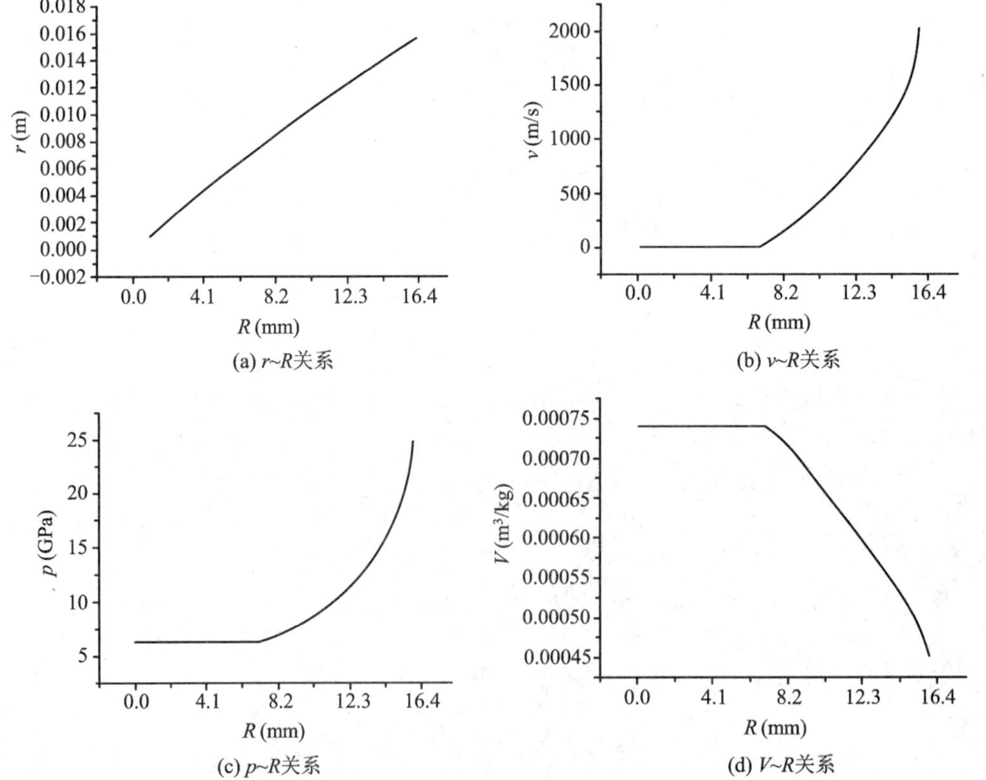

(a) $r\sim R$关系　(b) $v\sim R$关系

(c) $p\sim R$关系　(d) $V\sim R$关系

图 9.6　炸药球面中心起爆问题典型时刻的爆轰产物流场

16 mm 的药球刚刚爆轰完毕时 $T=\dfrac{0.016\ \text{m}}{7830.0\ \text{m/s}}=2.043\ \mu\text{s}$，爆轰产物中的 $r\sim R$ 关系、$v\sim R$ 关系、$p\sim R$ 关系、$V\sim R$ 关系。由图可以看出，在爆心附近的一段区域内，爆轰产物的质点速度 $v=0$，压力 p、比容 V 都是常数，这与平面一维爆轰闭端爆炸问题的情况是完全类似的，这是由于球面中心质点速度 $v=0$ 的条件其实就是一个刚壁条件，刚壁条件作为一种边界扰动向爆轰产物之中的传播就导致有关的物理量保持相应的常数值。

9.3　炸药在刚壁上的平面一维接触爆炸

在 9.2 节中，我们讨论了半无限长药柱一维平面爆轰的自模拟解，并指出了爆轰产物的流场其实是一个爆轰冲击波之后的右行简单波流场。现在我们将用特征线法给出平面一维爆轰问题的解答，并以此为基础再来讨论有限长药柱在刚壁上反射的问题。关于有限长药柱爆轰完毕之后在终端自由面反射的问题，读者可作为练习求解之。如 9.2 节所述，一维平面爆轰问题的基本方程组由式(9.2.1)给出，即

$$\begin{cases}\dfrac{\partial\rho}{\partial t}+v\dfrac{\partial\rho}{\partial x}+\rho\dfrac{\partial v}{\partial x}=0 & \text{（连续方程）}\\[2mm] \dfrac{\partial v}{\partial t}+v\dfrac{\partial v}{\partial x}+\dfrac{1}{\rho}\dfrac{\partial p}{\partial x}=0 & \text{（运动方程）}\\[2mm] p=p(\rho) & \text{（正压流体状态方程）}\end{cases}\tag{9.3.1}$$

引入局部声速 c：

$$c\equiv\sqrt{\frac{\mathrm{d}p}{\mathrm{d}\rho}}\tag{9.3.2}$$

可将基本方程组(9.3.1)化为

$$\begin{cases}\dfrac{\partial v}{\partial t}+v\dfrac{\partial v}{\partial x}+\dfrac{c^2}{\rho}\dfrac{\partial\rho}{\partial x}=0\\[2mm] \dfrac{\partial\rho}{\partial t}+v\dfrac{\partial\rho}{\partial x}+\rho\dfrac{\partial v}{\partial x}=0\end{cases}\tag{9.3.3}$$

通过状态方程，按式(9.3.2)可将局部声速 c 求出，并将其作为密度 ρ 的函数，故式(9.3.3)就是求解 ρ 和 v 的 1 阶拟线性偏微分方程组，将其写为张量方程的直接记法，即

$$\boldsymbol{W}_t+\boldsymbol{B}\cdot\boldsymbol{W}_x=\boldsymbol{b}\tag{9.3.4}$$

其中

$$\boldsymbol{W}=\begin{bmatrix}v\\ \rho\end{bmatrix},\quad \boldsymbol{B}=\begin{bmatrix}v & \dfrac{c^2}{\rho}\\ \rho & v\end{bmatrix},\quad \boldsymbol{b}=\begin{bmatrix}0\\ 0\end{bmatrix}\tag{9.3.5}$$

根据第 2 章中波传播的特征理论，物理平面(x,t)上特征方向的斜率或特征波速

$$\lambda=\frac{\mathrm{d}x}{\mathrm{d}t}\tag{9.3.6}$$

由张量 $\boldsymbol{B}$ 的特征值所确定，它满足特征方程：

$$|\boldsymbol{B}-\lambda\boldsymbol{I}| = \begin{vmatrix} v-\lambda & \dfrac{c^2}{\rho} \\ \rho & v-\lambda \end{vmatrix} = (v-\lambda)^2 - c^2 = 0$$

由此可求出如下两个特征波速的值：

$$\lambda_1 = v + c,\quad \lambda_2 = v - c \tag{9.3.8}$$

它们分别表示相对于(以质点速度 v 而运动的)介质的右行波和左行波。设与特征值 λ 相对应的张量 $\boldsymbol{B}$ 的左特征矢量为 $\boldsymbol{L}$，则有

$$\boldsymbol{L}\cdot(\boldsymbol{B}-\lambda\boldsymbol{I}) = (\boldsymbol{B}-\lambda\boldsymbol{I})^{\mathrm{T}}\cdot\boldsymbol{L} = 0$$

写为矩阵形式，即

$$\begin{pmatrix} v-\lambda & \rho \\ \dfrac{c^2}{\rho} & v-\lambda \end{pmatrix}\begin{bmatrix} L_1 \\ L_2 \end{bmatrix} = \begin{bmatrix} 0 \\ 0 \end{bmatrix}$$

由此可得与特征值 λ 相对应的左特征矢量 $\boldsymbol{L}$ 为

$$\boldsymbol{L} = \begin{bmatrix} L_1 \\ L_2 \end{bmatrix} = \begin{bmatrix} \dfrac{\rho}{\lambda - v} \\ 1 \end{bmatrix} \tag{9.3.9}$$

将特征值 $\lambda = \lambda_1$ 和 $\lambda = \lambda_2$ 代入，可得相应的左特征矢量分别为

$$\boldsymbol{L}_1 = \begin{bmatrix} \dfrac{\rho}{c} \\ 1 \end{bmatrix},\quad \boldsymbol{L}_2 = \begin{bmatrix} -\dfrac{\rho}{c} \\ 1 \end{bmatrix} \tag{9.3.9$'$}$$

将特征值 λ_1、特征矢量 $\boldsymbol{L}_1$ 以及特征值 λ_2、特征矢量 $\boldsymbol{L}_2$ 分别代入与特征波速 $\lambda = \dfrac{\mathrm{d}x}{\mathrm{d}t}$ 相对应的特征关系为

$$\boldsymbol{L}\cdot\frac{\mathrm{d}\boldsymbol{W}}{\mathrm{d}t} = \boldsymbol{L}\cdot\boldsymbol{b} = 0 \tag{9.3.10}$$

即

$$\mathrm{d}v + \frac{\rho}{\lambda - v}\mathrm{d}\rho = 0 \tag{9.3.10$'$}$$

中，可分别得出如下的两组特征关系：

$$\mathrm{d}v \pm \frac{c\,\mathrm{d}\rho}{\rho} = 0 \quad \left(\text{沿特征线}\frac{\mathrm{d}x}{\mathrm{d}t} = v \pm c\right) \tag{9.3.11}$$

这便是 v-ρ 平面上的特征关系。将其化为 v-c 平面上的特征关系，即

$$\mathrm{d}v \pm \frac{\rho'(c)\mathrm{d}c}{\rho} = 0 \quad \left(\text{沿特征线}\frac{\mathrm{d}x}{\mathrm{d}t} = v \pm c\right) \tag{9.3.12}$$

特别地，对于多方指数为 γ 的多方型流体，由于有

$$p = A\rho^{\gamma},\quad c^2 = \frac{\mathrm{d}p}{\mathrm{d}\rho} = A\gamma\rho^{\gamma-1}$$

$$2c\mathrm{d}c = A\gamma(\gamma-1)\rho^{\gamma-2}\mathrm{d}\rho = (\gamma-1)\frac{c^2}{\rho}\mathrm{d}\rho$$

即

$$\frac{c\,\mathrm{d}\rho}{\rho} = \frac{2\mathrm{d}c}{\gamma - 1} \tag{9.3.13}$$

故可将特征关系式(9.3.12)化为

$$\mathrm{d}v \pm \frac{2\mathrm{d}c}{\gamma - 1} = 0 \quad (\text{沿特征线}\frac{\mathrm{d}x}{\mathrm{d}t} = v \pm c) \tag{9.3.14}$$

式(9.3.14)即是多方型爆炸产物在 v-c 平面上的特征关系。

定义 Riemann 不变量 R_1,R_2 为

$$R_1 \equiv v + \frac{2c}{\gamma - 1}, \quad R_2 \equiv v - \frac{2c}{\gamma - 1} \tag{9.3.15}$$

则可将特征关系式(9.3.14)化为 R_1-R_2 平面上的特征关系:

$$\mathrm{d}R_{1,2} = 0 \quad (\text{沿特征线}\frac{\mathrm{d}x}{\mathrm{d}t} = v \pm c) \tag{9.3.16}$$

其解可以写为

$$R_1 = \alpha = \mathrm{const} \quad (\text{沿}\frac{\mathrm{d}x}{\mathrm{d}t} = v + c) \tag{9.3.17}$$

$$R_2 = \beta = \mathrm{const} \quad (\text{沿}\frac{\mathrm{d}x}{\mathrm{d}t} = v - c) \tag{9.3.18}$$

从爆轰产物区中的任何一点 $C(x,t)$引一条左行特征线(不管其形状如何)至爆轰冲击波阵面上,设与之交于点 G,参见图 9.4。沿此左行特征线 CG 必有

$$R_2 = v - \frac{2c}{\gamma - 1} = v_{\mathrm{CJ}} - \frac{c_{\mathrm{CJ}}}{\gamma - 1} = -\frac{D}{\gamma - 1} = \mathrm{const} \tag{9.3.19}$$

此常数 $R_2 = -\dfrac{D}{\gamma - 1}$是由爆轰冲击波阵面上的状态所确定的,与爆轰产物点的位置无关,因此爆轰产物区中的任何一点,其 Riemann 不变量 $R_2 = -\dfrac{D}{\gamma - 1}$都保持这一绝对常数。这说明,爆轰产物的波动是一个所谓的右行简单波流场,这是因为产物前方所邻接的是一个处于均匀 CJ 爆轰状态的无限窄的均值区,而式(9.3.19)就是爆轰产物右行波场的动态响应曲线。

沿着任何一条右行特征线,也有

$$R_1 \equiv v + \frac{2c}{\gamma - 1} = \mathrm{const} \tag{9.3.20}$$

为常数。但是由于右行特征线并不能引至爆轰冲击波阵面上的恒值状态,所以我们并不能得出结论:在整个爆轰产物区中 R_1 也是一个绝对常数,即沿着不同的右行特征线常数值 R_1 可以是不同的,即 R_1 是右行特征线编号的函数。联立解方程组(9.3.19)和(9.3.20),可以得出结论:在爆轰产物区中的质点速度 v 和局部声速 c 也必然都是其右行特征线编号的函数,即沿着同一条右行特征线 v 和 c 是保持不变的,因而沿着同一条右行特征线,其斜率 $\dfrac{\mathrm{d}x}{\mathrm{d}t} = v + c$ 也是不变的,因此在爆轰产物区中的右行特征线必然是直线。但是,其左行特征线则未必是直线。由于在爆轰产物的右行简单波场中,除了黎曼不变量 R_2 是由 CJ 爆轰状态所决定的绝对常数以外,其他物理量 R_1、v、c、ρ、p 等都与右行特征线有一一对应的关系,因而可以将它们视为右行特征线编号的函数;同样,右行特征线的截距也是右行特征线编号的函数。因此可以把右行简单波区中右行特征线的截距视为 R_1、v、c、ρ、p 等其中任何一个量的函数,我们可以根据右行简单波左侧边界条件的不同而做不同的选择。在这里取其为 R_1 的函数。故在右行简单波区中,右行特征线的方程可以简单地写为

$$x=(v+c)t+F(R_1) \tag{9.3.21}$$

函数 $F(R_1)=F\left(v+\dfrac{2c}{\gamma-1}\right)$ 可由右行简单波左侧边界条件确定。整个爆轰产物的简单波解可以由式(9.3.21)和式(9.3.19)来表达，即

$$\begin{cases} x=(v+c)t+F(R_1) \\ v-\dfrac{2c}{\gamma-1}=-\dfrac{D}{\gamma-1} \end{cases} \tag{9.3.22}$$

如上所述，式(9.3.22)中的任意函数 $F(R_1)=F\left(v+\dfrac{2c}{\gamma-1}\right)$ 可以由右行简单波左侧的边界条件确定，现在的情况就是由初始时刻于原点起爆的条件确定：每一条右行特征线都是于 $t=0$ 时在 $x=0$ 处出发的。将这一条件代入式(9.3.22)中的第一式，可得

$$F(R_1)=F\left(v+\frac{2c}{\gamma-1}\right)=0$$

于是可有

$$v+c=\frac{x}{t}$$

此式与式(9.3.22)中的第二式一起给出

$$\begin{cases} v+c=\dfrac{x}{t} \\ v-\dfrac{2c}{\gamma-1}=-\dfrac{D}{\gamma-1} \end{cases} \tag{9.3.23}$$

这与我们在6.2节中所得的式(6.2.21)是完全相同的。求解式(9.3.23)即可得出 v 和 c，进而可以利用爆轰产物多方型的状态方程求出 ρ 和 p。这些解如式(6.2.22)所示，在这里我们重新列出，如下：

$$\begin{cases} \dfrac{v}{v_{\mathrm{CJ}}}=\dfrac{2x}{Dt}-1 \\ \dfrac{c}{c_{\mathrm{CJ}}}=\dfrac{1}{\gamma}\left(\dfrac{\gamma-1}{D}\dfrac{x}{t}+1\right) \\ \dfrac{\rho}{\rho_{\mathrm{CJ}}}=\left(\dfrac{c}{c_{\mathrm{CJ}}}\right)^{\frac{2}{\gamma-1}}=\left(\dfrac{\gamma-1}{\gamma D}\dfrac{x}{t}+\dfrac{1}{\gamma}\right)^{\frac{2}{\gamma-1}} \\ \dfrac{p}{p_{\mathrm{CJ}}}=\left(\dfrac{c}{c_{\mathrm{CJ}}}\right)^{\frac{2\gamma}{\gamma-1}}=\left(\dfrac{\gamma-1}{\gamma D}\dfrac{x}{t}+\dfrac{1}{\gamma}\right)^{\frac{2\gamma}{\gamma-1}} \end{cases} \tag{9.3.24}$$

式(9.3.24)说明，半无限药柱一维平面爆轰的爆轰产物流场是自模拟的。

当爆轰冲击波到达刚壁之后，将会发生冲击波的反射而产生一个左行的反射冲击波，如图9.7中的1-2-3…或 A_1-A_2-A_3…所示，而每一条右行特征线 $O1$，$O2$，…在跨过反射冲击波而到达刚壁之后，也将发生反射而产生反射波。因此，虽然在冲击波的迹线1-2-3…左侧的扇形区域Ⅰ是简单波，其解由式(9.3.24)所给出，但是在反射冲击波的迹线 A_1-A_2-A_3…和刚壁之间的区域Ⅱ将是一个复波区。反射冲击波1-2-3…或 A_1-A_2-A_3…的迹线及其后方的状态可以利用刚壁条件以及跨过左行冲击波时的突跃条件而求出。

类似于右行爆轰冲击波阵面上的质量守恒条件式(6.1.3a)和动量守恒条件式(6.1.5a)，容易证明，左行冲击波阵面上的质量守恒条件和动量守恒条件分别为

$$[(D+v)\rho]=(D+v^-)\rho^- -(D+v^+)\rho^+=0 \tag{9.3.25}$$

$$[(D+v)\rho v+p]=(D+v^-)\rho^- v^- + p^- - (D+v^+)\rho^+ v^+ - p^+ = 0 \quad (9.3.26)$$

将此二式应用于爆轰冲击波反射处的 $1/A_1$，分别有 $\rho^+=\rho_{CJ}, v^+=v_{CJ}, p^+=p_{CJ}, v^-=0$（刚壁条件）。利用式(9.3.25)、式(9.3.26)和爆轰产物多方型的状态方程，我们可以求出 A_1 处刚壁上的反射压力 p^-，ρ^- 和刚壁上 $1/A_1$ 处反射冲击波的波速 D_1，读者可作为练习求出相应量的公式。反射冲击波后，继点 $A_2, A_3, \cdots$ 可以类似求解。于是，在图 9.7 中的Ⅱ区将需要解一个混合边值问题，可以利用特征关系式(9.3.14)求解。读者可作为练习思考之。

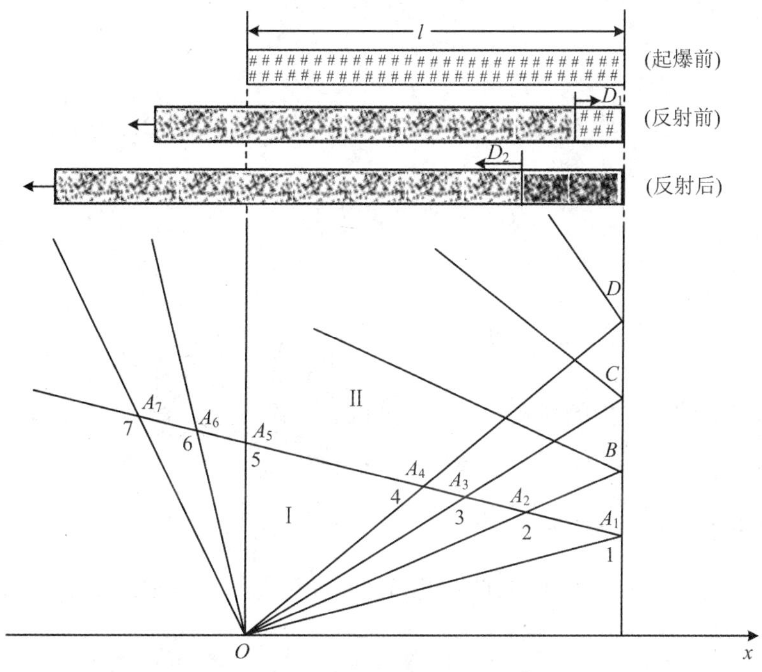

图 9.7　爆轰波在刚壁上的反射波系

上面我们给出了利用特征线法数值求解爆轰波在刚壁反射问题上的解题思路和方法。一般说来，爆轰冲击波在刚壁上反射冲击波的迹线并不是直线，也并不是与Ⅰ区和Ⅱ区中的左行特征线相重合的，同时在复波区Ⅱ中的左右行特征线也都未必是直线。下面我们将说明：在 $\gamma=3$ 的特殊情况下，在复波Ⅱ区中的左右行特征线必然都是直线；同时，其右行特征线可以近似地看成是Ⅰ区中右行特征线的延伸，从而我们可以给出Ⅱ区中的近似解析解。

当 $\gamma=3$ 时，$R_2=v-c$ 恰恰是左行特征线的斜率，$R_1=v+c$ 恰恰是右行特征线的斜率，而特征关系式(9.3.16)说明沿左、右行特征线 R_2 和 R_1 分别为常数，故对于 $\gamma=3$ 的特殊情况，在任何连续流场中，其左、右行特征线也必然都是直线。于是，其复波区的一般解可以表达为

$$\begin{cases} x=(v+c)t+F(v+c) \\ x=(v-c)t+G(v-c) \end{cases} \quad (9.3.27)$$

其任意函数 $F(v+c)$ 和 $G(v-c)$ 可以通过问题的边界条件确定。

另外，通过数值实例可以说明，尽管爆轰冲击波从刚壁上反射冲击波的强度从压力改变的角度来看并不是很弱，但当我们跨过该反射冲击波从其紧前方Ⅰ区中的 123…而跨至其紧后方的 $A_1A_2A_3\cdots$ 时，其 Riemann 不变量 $R_1=v+c$ 的改变却是很小的（请读者作为练习验证之），我们可把该种冲击波称为弱激波。于是，对于 $\gamma=3$ 的特殊情况，我们可以认为Ⅱ

区和Ⅰ区中的右行特征线具有相同的斜率，即可以近似地认为Ⅱ区中的右行特征线就是Ⅰ区中的右行特征线的延伸，因而也是通过原点的。利用其右行特征线近似通过原点的条件，即 $x=0,t=0$，可由式(9.3.27)中的第一式得出 $F(v+c)=0$，于是式(9.3.27)可写为

$$\begin{cases} x = (v+c)t \\ x = (v-c)t + G(v-c) \end{cases} \tag{9.3.28}$$

其中的任意函数 $G(v-c)$ 可以由刚壁上的条件 $v=0$ 确定。事实上，设刚壁距起爆中心为 l，将刚壁位置 $x=l$ 处的刚壁条件 $v=0$ 代入式(9.3.28)中，可得

$$\begin{cases} l = (0+c)t \\ l = (0-c)t + G(0-c) \end{cases}$$

由此可得 $G(-c)=2l$ 为常数，即 $G(v-c)=2l$。将其代回式(9.3.28)，可把复波区Ⅱ中的解式(9.3.28)写为下式：

$$\begin{cases} x = (v+c)t \\ x = (v-c)t + 2l \end{cases} \tag{9.3.29}$$

由此可解得

$$v = \frac{x-l}{t},\quad c = \frac{l}{t},\quad p = p_{\mathrm{CJ}}\left(\frac{c}{c_{\mathrm{CJ}}}\right)^3,\quad \rho = \rho_{\mathrm{CJ}}\left(\frac{c}{c_{\mathrm{CJ}}}\right) \tag{9.3.30}$$

式(9.3.30)即是复波区Ⅱ中的显式解。在复波区Ⅱ中任一点 (x,t) 处，左行特征线的斜率为

$$v - c = \frac{x-2l}{t} \tag{9.3.31}$$

由此可以看到，Ⅱ区中的左行特征线恰恰是Ⅰ区中延伸过来的右行特征线将刚壁作为镜面时的镜面反射。特别说来，在爆轰冲击波到达刚壁时的点 $\left(l,\dfrac{l}{D}\right)$ 处，其左行反射特征线的斜率为

$$v - c = -D \tag{9.3.32}$$

在 $\gamma=3$ 时的弱激波近似下，我们可以把该条左行特征线近似作为反射冲击波的迹线，如图9.7所示。

由式(9.3.30)可以求出，爆轰波在刚壁上反射后，刚壁上的压力时程曲线为

$$p(t) = p_{\mathrm{CJ}}\left(\frac{c}{c_{\mathrm{CJ}}}\right)^3 = p_{\mathrm{CJ}}\left(\frac{l}{l_{\mathrm{CJ}}\,t}\right)^3 = 16\rho_0 D^2\left(\frac{l}{Dt}\right)^3/27 \tag{9.3.33}$$

与历时 t 的立方成反比，其最大压力为

$$p_{\max} = 16\rho_0 D^2/27 \tag{9.3.34}$$

而在单位刚壁面积上的冲量 I 为

$$I = \int_{l/D}^{\infty} p(t)\mathrm{d}t = 8\rho_0 lD/27 = 8MD/27 \tag{9.3.35}$$

其中，$M=\rho_0 l$ 为单位面积上的炸药质量。

根据上面论述，我们可以得到以下两个结论：

(1) 由式(9.3.35)可见，单位刚壁面积上的冲量 I 正比于炸药柱的长度 l。故当物理上需要通过从炸药层表面对其实现一维平面爆轰并达到在炸药层与刚壁接触端上的冲量分布具有某种分布规律时，我们只要将炸药层的厚度按该种分布规律铺设，即可达到相应的冲量面分布要求。

(2) 由式(9.3.34)可见，壁面上的压力峰值为 $16\rho_0 D^2/27$，只与炸药的密度 ρ_0 和爆速 D 有关，即与炸药的种类有关，而与炸药层的厚度 l 无关。

9.4　炸药对金属板的抛掷问题

利用炸药驱动金属板达到较高的速度，是一个重要理论和具有实践意义的问题，例如爆炸复合问题就是其中的一个例子。本节先以炸药驱动平板为例，给出炸药抛掷飞片时飞片速度的计算问题。在处理这些问题时，有两个基本的假定：

(1) 假定飞片达到其极限速度 V_m 时，爆炸气体中的质点速度在 L 氏坐标 X 中的分布，近似为线性分布。

(2) 假定对于确定种类的炸药，单位质量炸药的能量可转化为金属板及爆炸产物的动能的百分比 E 是确定的，即认为 E 是炸药的特性，称之为炸药的特征能量，或称之为 Gurney 能量。

关于第一个假定，是以理论和计算结果为基础的。图 9.8(a)是炸药驱动合金钢靶板的一维数值计算结果，图中给出了炸药产物中的质点速度在 L 氏坐标 X 中的分布情况。可以看出，除了爆轰波在金属板界面上所产生的左行反射冲击波处有速度的突然下降所造成的起伏以外，在冲击波的后方其速度分布基本上是接近线性的，而且随着反射冲击波的传播和衰减，这种速度的起伏变得越来越小，而冲击波的后方速度仍然是接近线性的。因此我们假定，在飞片达到极限速度 V_m 的极限终态时，起爆处的爆炸气体以负的速度 $-V_0$ 向左端膨胀和飞散，而在爆炸气体和金属板的交界面处，则和金属板以共同的极限速度 V_m 向右运动，而在整个产物中爆炸产物的速度，则在 L 氏坐标中呈线性分布，如图 9.8(b)中的简化模型。如果以 L 表示飞片的厚度，X 表示从炸药起爆端算起的 L 氏坐标，则在爆炸产物中的质点速度分布将为

$$V(X) = -V_0 + \frac{V_m + V_0}{L} X \tag{9.4.1}$$

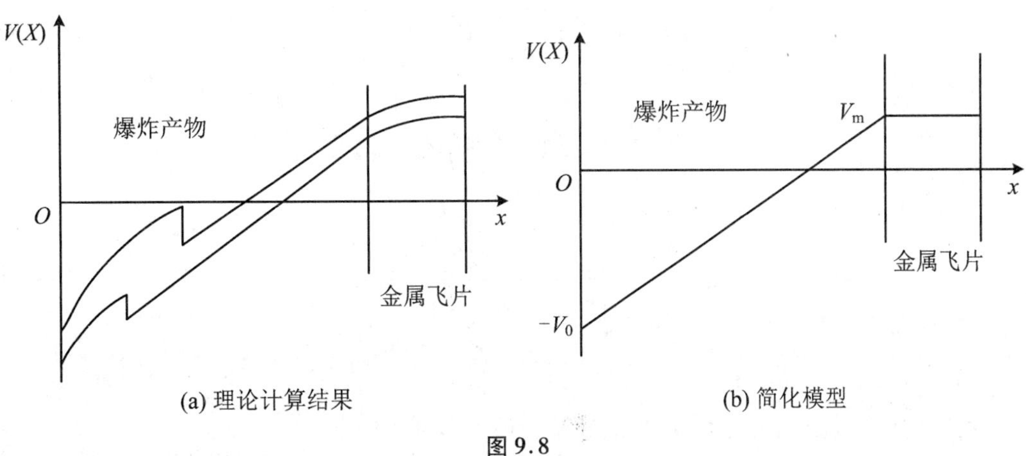

(a) 理论计算结果　　(b) 简化模型

图 9.8

关于第二个假定是由实验证明的，对于一定种类的炸药，除非在飞片质量非常小的情况下，一般而言，所谓的 Gurney 能量，即单位质量炸药能量转换成飞片动能和产物动能的百分

比 E,就是由试验确定的常数。

考虑单位面积的炸药飞片系统。设飞片的质量为 M,装药密度为 ρ_e,单位面积而厚度为 L 的炸药质量将为

$$w = \rho_e L \tag{9.4.2}$$

根据 Gurney 假定,炸药所提供能量的 E 将转化成飞片和爆炸产物的动能,于是由系统的能量守恒方程可得出

$$wE = \frac{1}{2}MV_m^2 + \int_0^L \frac{1}{2}\rho_e V^2(X)\mathrm{d}X \tag{9.4.3}$$

这里利用了 L 氏坐标中长为 $\mathrm{d}X$ 的单位面积上闭口体系的质量为 $\rho_e\mathrm{d}X$。将式(9.4.1)代入式(9.4.3)并进行积分,可得

$$\begin{aligned} wE &= \frac{1}{2}MV_m^2 + \int_0^L \frac{1}{2}\rho_e\left(-V_0 + \frac{V_m + V_0}{L}X\right)^2\mathrm{d}X \\ &= \frac{1}{2}MV_m^2 + \frac{1}{2}\rho_e\left[V_0^2L - V_0\left(\frac{V_m + V_0}{L}\right)L^2 + \frac{1}{3}\left(\frac{V_m + V_0}{L}\right)^2L^3\right] \\ &= \frac{1}{2}MV_m^2 + \frac{1}{2}w\frac{V_m^2 - V_mV_0 + V_0^2}{3} \end{aligned}$$

即

$$E = \frac{1}{2}\frac{M}{w}V_m^2 + \frac{V_m^3 + V_0^3}{6(V_m + V_0)} \tag{9.4.4}$$

另外,系统的初态到终态的动量守恒给出

$$0 = MV_m + \int_0^L \rho_e V(X)\mathrm{d}X \tag{9.4.5}$$

将式(9.4.1)代入式(9.4.5),可得

$$\begin{aligned} 0 &= MV_m + \int_0^L \rho_e\left(-V_0 + \frac{V_m + V_0}{L}X\right)\mathrm{d}X \\ &= MV_m + \rho_e L\left(-V_0 + \frac{V_m + V_0}{2}\right) \end{aligned}$$

即

$$0 = MV_m + \frac{1}{2}w(V_m - V_0) \tag{9.4.6}$$

由式(9.4.6)可得

$$V_0 = \left(1 + \frac{2M}{w}\right)V_m \tag{9.4.7}$$

将式(9.4.7)代入式(9.4.4)中,可解得

$$V_m = \frac{\sqrt{2E}}{\sqrt{\dfrac{1 + \left(1 + \dfrac{2M}{w}\right)^3}{6\left(1 + \dfrac{M}{w}\right)} + \dfrac{M}{w}}} \tag{9.4.8}$$

对于常用的炸药,其 Gurney 能量 E 的试验数值如表 9.1 所示。

表 9.1　炸药的特征能量等试验数据

炸药	装药密度 ρ_e (g/cm^3)	特征能量 E (kcal/g)	特征速度 $\sqrt{2E}$ (mm/μs)	比冲量 I (dyn·s/g)	外热 Q (kcal/g)	$\frac{E}{Q}$
黑索金 RDX	1.77	1.03	2.93	254	1.51	0.68
C3	1.60	0.86	2.68	232		
TNT	1.63	0.67	2.37	205	1.09	0.61
TNT80/AL20	1.72	0.64	2.32	201	1.77	0.36
RDX/TNT	1.72	0.87	2.71	235	1.20	0.72
奥拉今 HMX	1.89	1.06	2.97	257	1.48	0.72
塑性炸药 9404	1.84	1.01	2.90	251	1.37	0.74
特屈儿	1.62	0.75	2.50	217	1.16	0.65
硝基甲烷	1.14	0.69	2.41	209	1.23	0.56
太安 PETN	1.76	1.03	2.93	254	1.49	0.69

因为量$\sqrt{2E}$是具有速度的量纲，所以常称之为特征速度。表中的 I 称为比冲量，它是指单位质量炸药所引起的飞片冲量，即

$$I = \frac{MV_{\mathrm{m}}}{w} \tag{9.4.9}$$

在实验中，人们常以小药量推动大质量块$\left(\frac{M}{w}\gg 1\right)$的弹道摆的倾角而测量出比冲量 I（请读者思考），从而由式(9.4.9)求出飞片的速度。当$\frac{M}{w}\gg 1$时，式(9.4.8)化简为

$$V_{\mathrm{m}} = \sqrt{2E}\sqrt{\frac{6}{8}\frac{w}{M}} = \sqrt{\frac{3}{2}E\frac{w}{M}} \tag{9.4.10}$$

将式(9.4.10)代入式(9.4.9)中，可有

$$I = \sqrt{\frac{3}{2}E} \tag{9.4.11}$$

这是特征能量 E 和比冲量 I 的关系。表中的 I 是按此式算得的，也可以由测得的 I 求出特征能量 E。

可以证明，对长的柱形装药，例如炮弹，其炮弹飞片的飞散速度为

$$V_{\mathrm{m}} = \frac{\sqrt{2E}}{\sqrt{\frac{M}{w}+\frac{1}{2}}} \tag{9.4.12}$$

其中，M 为单位长度柱壳的质量，w 为装药量。对于球形装药，其弹片的飞散速度为

$$V_{\mathrm{m}} = \frac{\sqrt{2E}}{\sqrt{\frac{M}{w}+\frac{3}{5}}} \tag{9.4.13}$$

其中，M 为球壳的质量，w 为装药量。这些公式读者可作为练习证明之。

对于以上的炸药抛掷飞片的问题，其爆轰波是正入射至金属板的，另一类实际问题，爆

轰波并不是垂直于金属板的，而是向金属板擦射的，例如爆炸复合的问题等。实验表明，上面列表的特征能量 E 和由式(9.4.8)决定飞片速度 V_m 的公式仍然是较符合实际的。这相当于不管爆轰波最初的方向如何，当爆轰波在结构内多次反射后，其在与金属板表面正交的方向上的速度在此方向上的 L 氏坐标里仍然是接近线性分布的，而且特征能量 E 仍然是炸药的一个参数，因此式(9.4.8)仍是可以使用的。

9.5 柱形弹壳的动态断裂问题

用9.4节的方法求炸药对飞片的抛掷问题，包括求柱形弹壳飞片的飞散速度式(9.4.12)及球形弹壳飞片的飞散速度式(9.4.13)，有一个缺点，那就是将弹壳视作刚体，而没有考虑弹壳的塑性变形及断裂时所吸收的能量，所以公式本身没有弹壳材料性能的参数。本节将以柱形弹壳的动态断裂问题为例考虑弹壳的塑性变形性质，来求出弹壳飞片的断裂飞散速度。

9.5.1 壳体应力状体分析和破裂条件

考虑厚度为 δ、半径为 $R \gg \delta$ 的圆柱壳，则容易求出圆柱壳受内压 p 作用时的环向应力 σ_θ 为

$$\sigma_\theta = \frac{R}{\delta}p$$

可见壳体中的环向应力 $\sigma_\theta > 0$ 为拉应力，而且 $\sigma_\theta \gg p$，所以其径向应力 σ_r(量级为 p)可以忽略不计。以上的公式是以静力平衡为基础而得到的。但是在爆炸突加载荷之下，由于壳体会产生极大的径向加速度，所以管中的径向应力 σ_r 就可能与环向应力 σ_θ 同量级而不能忽略，而且沿着壳体的厚度，其环向应力 σ_θ 也未必总是拉应力。现在我们进行简单分析。

由于在壳体的内壁上 $\sigma_r = -p$，而在外壁上 $\sigma_r = 0$，考虑到壳体很薄，可以假定沿着壳体的厚度 σ_r 呈线性分布，即假定

$$\frac{d\sigma_r}{dr} = \frac{0-(-p)}{\delta} = \frac{p}{\delta}$$

如果以 y 表示从外壁向壁内算起的距离，即

$$\frac{d\sigma_r}{dy} = -\frac{d\sigma_r}{dr} = -\frac{p}{\delta}$$

利用 $y=0$ 处 $\sigma_r = 0$ 的条件，可得

$$\sigma_r = -\frac{p}{\delta}y \tag{9.5.1}$$

假设壳体在爆炸载荷过程中满足理想刚塑性的屈服准则：

$$\sigma_\theta - \sigma_r = Y \tag{9.5.2}$$

其中，Y 为材料简单拉伸时的屈服应力。将式(9.5.1)代入式(9.5.2)中，可得

$$\sigma_\theta = Y - \frac{p}{\delta}y \tag{9.5.3}$$

由式(9.5.3)可见，沿着壳的厚度，其环向应力 σ_θ 的符号可正可负，而区分于拉伸区和压缩区，其随着 y 的变化规律如图 9.9 所示，或者以下式表示：

$$\sigma_\theta = \begin{cases} Y > 0 & (\text{当 } y = 0) \\ Y - \dfrac{y}{\delta}p > 0 & \left(\text{当 } y < \dfrac{y}{p}\delta \equiv y_0(p)\right) \\ 0 & \left(\text{当 } y = \dfrac{y}{p}\delta \equiv y_0(p)\right) \\ Y - \dfrac{y}{\delta}p < 0 & \left(\text{当 } y > \dfrac{y}{p}\delta \equiv y_0(p)\right) \\ Y - p < 0 & (\text{当 } y = \delta(\text{一般 } p > Y)) \end{cases} \tag{9.5.4}$$

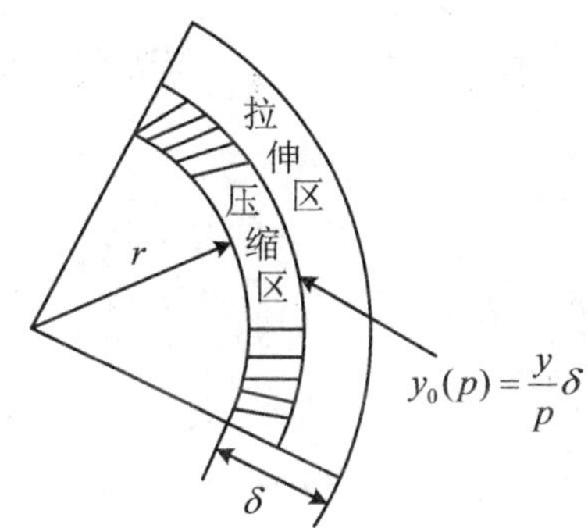

图 9.9　壳内应力状态

由图 9.9 和式(9.5.4)可见，沿着壳的厚度，其环向应力自外壁向内壁于 $y = \dfrac{y}{p}\delta$ 处区分为拉伸区和压缩区，而且随着压力 p 的下降拉伸区向内扩展，而当 p 下降至 Y 时，其内壁的 $\sigma_\theta = 0$，即整个壳体都变成拉伸区，我们把这一条件作为壳体破裂的条件：

$$p = Y \tag{9.5.5}$$

这一条件在理论上是有一定道理的，在实践上是由实验证实的：高速摄影发现，弹壳的破裂是从外壁开始向内壁扩展，当内壁也破裂时即出现了爆烟的溢出。

9.5.2　破裂半径

对于弹壳炸药的爆炸，我们采用瞬时等容爆轰的假定，即在一瞬间炸药以无穷大的传播速度使整个炸药爆炸而转变为爆炸气体。由于等容爆轰压力 $p = (\gamma - 1)\rho_e Q = \dfrac{1}{2(\gamma+1)}\rho_e D^2$，而 CJ 爆轰压力 $p_{CJ} = 2(\gamma - 1)\rho_e Q = \dfrac{1}{\gamma+1}\rho_e D^2$，见式(9.1.37)和式(9.1.27)，其中 Q 是暴热，D 是爆速，ρ_e 是装药密度，γ 是爆炸产物的多方指数。所以等容爆轰压力 $p = \dfrac{p_{CJ}}{2}$。事实上，由能量守恒定律知，爆热应该等于等容爆轰气体的内能，即 $Q = \dfrac{p}{(\gamma - 1)\rho_e}$，或者 $p =$

$(\gamma-1)\rho_e Q=\dfrac{p_{\mathrm{CJ}}}{2}$。如果以 R 表示炸药的装药半径，则初始等容爆轰的爆压 $p(R)$ 为

$$p(R)=\frac{p_{\mathrm{CJ}}}{2} \tag{9.5.6}$$

设爆炸气体是绝热膨胀的，其体积为 V，则满足绝热关系 $pV^{\gamma}=$ 常数，即 $p(r)V^{\gamma}(r)=p(R)V^{\gamma}(R)$，对长度为 L 的圆柱壳，$V(r)=\pi r^2 L$，$V(R)=\pi R^2 L$，于是有

$$\frac{r}{R}=\left(\frac{p(R)}{p(r)}\right)^{\frac{1}{2\gamma}} \tag{9.5.7}$$

由于 $p(R)=\dfrac{p_{\mathrm{CJ}}}{2}$，如果以 r_f 表示断裂时的壳体半径，则根据断裂条件(9.5.5)有 $p(r_f)=Y$，于是式(9.5.7)将给出

$$r_f=R\left(\frac{2Y}{p_{\mathrm{CJ}}}\right)^{-\frac{1}{2\gamma}} \tag{9.5.8}$$

式(9.5.8)给出了破裂半径 r_f 和材料屈服应力 Y 及爆轰压力 p_{CJ} 的关系。

9.5.3 裂片速度

考虑高度为1、张角为 $\mathrm{d}\theta$、内半径为 r 的一块弹壳，以 v 表示其径向速度，以 ρ 表示其弹壳密度，则弹壳的径向运动方程为

$$\rho r\mathrm{d}\theta\delta\frac{\mathrm{d}v}{\mathrm{d}t}=p(r)r\mathrm{d}\theta-2\sigma_\theta\delta\sin\frac{\mathrm{d}\theta}{2}$$

即

$$\rho\delta\frac{\mathrm{d}v}{\mathrm{d}t}=p(r)-\frac{\delta\sigma_\theta}{r} \tag{9.5.9}$$

由于 $r\gg\delta$，所以可以忽略最后一项，而有

$$\rho\delta\frac{\mathrm{d}v}{\mathrm{d}t}=p(r) \tag{9.5.10}$$

方程(9.5.10)可写为

$$\rho\delta\frac{\mathrm{d}v}{\mathrm{d}r}\frac{\mathrm{d}r}{\mathrm{d}t}=\rho\delta v\frac{\mathrm{d}v}{\mathrm{d}r}=p(r)$$

而由式(9.5.7)有

$$p(r)=p(R)\left(\frac{R}{r}\right)^{2\gamma}$$

所以上式成为

$$\rho\delta v\frac{\mathrm{d}v}{\mathrm{d}r}=p(R)\left(\frac{R}{r}\right)^{2\gamma} \tag{9.5.11}$$

以 δ_0 表示壳体的初始厚度，假定壳体是不可压缩的，则有

$$2\pi r\delta L=2\pi R\delta_0 L$$

即

$$\delta=\frac{R}{r}\delta_0 \tag{9.5.12}$$

于是式(9.5.11)成为

$$v\frac{\mathrm{d}v}{\mathrm{d}r}=\frac{p(R)}{\rho\delta_0}\left(\frac{R}{r}\right)^{2\gamma-1}\tag{9.5.13}$$

以初始条件：$r=R$ 时 $v=0$，对式(9.5.13)进行积分，可得

$$\frac{1}{2}v^2=\frac{p(R)}{\rho\delta_0}\frac{R}{(2\gamma-2)}\left[1-\left(\frac{R}{r}\right)^{2\gamma-2}\right]\tag{9.5.14}$$

引入弹壳质量 M、装药质量 w 和爆热 Q：

$$M=2\pi R\delta_0 L\rho,\quad w=\pi R^2 L\rho_e,\quad Q=\frac{p(R)}{\rho_e(\gamma-1)}=\frac{p_{\mathrm{CJ}}}{2\rho_e(\gamma-1)}$$

则式(9.5.14)可以写为

$$v=\sqrt{\frac{2wQ}{M}\left[1-\left(\frac{R}{r}\right)^{2\gamma-2}\right]}\tag{9.5.15}$$

或者写为以爆速 D 表达的式子，即

$$v=D\sqrt{\frac{w}{M}\frac{1}{(\gamma^2-1)}\left[1-\left(\frac{R}{r}\right)^{2\gamma-2}\right]}\tag{9.5.16}$$

式(9.5.15)如图9.10所示。在初始阶段，速度 v 随着 $\frac{r}{R}$ 的增大急剧增大，以后则变化缓慢，当 $\frac{r}{R}\to\infty$ 时，v 则趋于理论上的极大值 $v_{\max}=\sqrt{\frac{2wQ}{M}}$。但是，当 $r=r_f$ 时，弹壳已破碎，以 r_f 代入式(9.5.15)和式(9.5.16)，可得裂片速度 v_f 的公式如下：

$$v_f=\sqrt{\frac{2wQ}{M}\left[1-\left(\frac{2Y}{p_{\mathrm{CJ}}}\right)^{\frac{\gamma-1}{\gamma}}\right]}\tag{9.5.17}$$

$$v_f=D\sqrt{\frac{w}{M}\frac{1}{(\gamma^2-1)}\left[1-\left(\frac{2Y}{p_{\mathrm{CJ}}}\right)^{\frac{\gamma-1}{\gamma}}\right]}\tag{9.5.18}$$

式(9.5.17)和式(9.5.18)所给出的裂片速度和理论上的极限速度 $v_{\max}$ 实际上是很接近的。

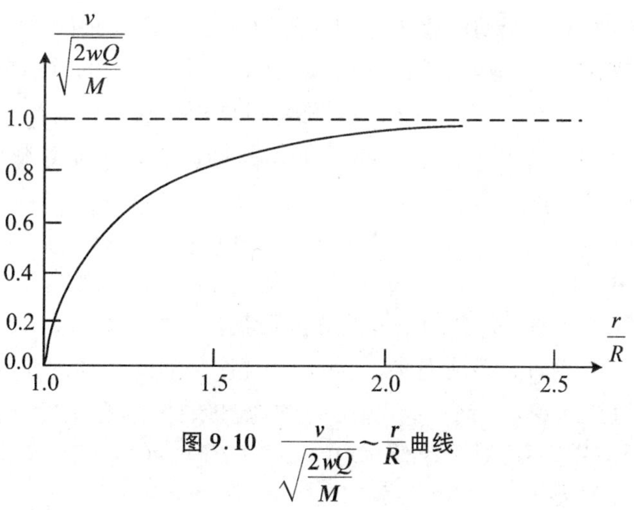

图9.10　$\frac{v}{\sqrt{\frac{2wQ}{M}}}\sim\frac{r}{R}$ 曲线

作为练习，建议读者可考虑球壳破裂的问题。可以证明与式(9.5.7)、式(9.5.8)、式(9.5.15)、式(9.5.16)、式(9.5.17)、式(9.5.18)相对应，对于球壳的问题分别有以下公式成立：

$$\frac{r}{R} = \left(\frac{p(R)}{p(r)}\right)^{\frac{1}{3\gamma}} \tag{9.5.19}$$

$$r_f = R\left(\frac{2Y}{p_{\mathrm{CJ}}}\right)^{-\frac{1}{3\gamma}} \tag{9.5.20}$$

$$v = \sqrt{\frac{2wQ}{M}\left[1 - \left(\frac{R}{r}\right)^{3\gamma-3}\right]} \tag{9.5.21}$$

$$v = D\sqrt{\frac{w}{M}\frac{1}{(\gamma^2 - 1)}\left[1 - \left(\frac{R}{r}\right)^{3\gamma-3}\right]} \tag{9.5.22}$$

$$v_f = \sqrt{\frac{2wQ}{M}\left[1 - \left(\frac{2Y}{p_{\mathrm{CJ}}}\right)^{\frac{\gamma-1}{\gamma}}\right]} \tag{9.5.23}$$

$$v_f = D\sqrt{\frac{w}{M}\frac{1}{(\gamma^2 - 1)}\left[1 - \left(\frac{2Y}{p_{\mathrm{CJ}}}\right)^{\frac{\gamma-1}{\gamma}}\right]} \tag{9.5.24}$$

9.6 梁在空中爆炸载荷作用下的弹性变形

9.6.1 梁的等效单自由度系统

本节讲解梁在空中爆炸载荷作用下的弹性变形问题。由振动理论可知,各种支撑的梁在振动时都有无穷多种不同固有振动频率的固有振型,要求解梁在爆炸载荷作用下的运动规律的问题,即求解梁在爆炸载荷作用下的强迫振动的问题,一般的方法是把梁的强迫振动分解为其在各个主振型上的振动的叠加。但是这种方法是很复杂的,而且对比较复杂的结构而言,其主振型的求解也不是容易的。本节讲一种工程上常用的近似方法,即把梁作为一个等效单自由度来看待的方法,方法中所包含的辩证法思想还是很有启发意义的。

梁本是连续体,有无穷多的自由度。但是如果我们假定梁在爆炸载荷作用下按某一确定的振型 $y(x)$振动,即假设梁的挠度 $w(x,t)$为

$$w(x,t) = y(x)w(t) \tag{9.6.1}$$

则梁的振动将化为单自由度的。式(9.6.1)的意义是,在任意时刻 t,梁各截面 x 的位移分布形状是与$y(x)$同形的,不同时刻的挠度曲线的形状是一样的,与 $y(x)$成比例而步调是一致的。只要知道了一个截面的运动规律,比如最大挠度截面的运动规律,其他截面的运动规律也就确定了。从理论上说,只要 $y(x)$满足梁的边界条件(即它是允许位移的),则都可以选作 $y(x)$。从实际应用来看,对于动载荷 $p(x,t) = p(x)f(t)$而言,常常选择静载荷$p(x)$作用下的静挠度曲线作为$y(x)$,效果较好。

对于振型函数 $y(x)$,除了满足梁的边界条件以外,我们又提出了一个归一化的要求,即要求

$$y(x)\big|_{\max} = 1 \tag{9.6.2}$$

显然,这一要求并不影响问题的实质。于是,对于给定的梁,在选择满足归一化条件要求的振型函数 $y(x)$后,式(9.6.1)中的 $w(t)$就成为梁的最大挠度的振动规律。

以 E 代表梁材料的杨氏模量,J 为梁对中性轴的转动惯量,则梁在分布载荷 $q(x)$下的静力平衡方程为

$$EJy^{(4)} = q(x)$$

将归一化的振型函数 $y(x)$代入梁的静力方程中,可求出与归一化振型函数 $y(x)$相对应的静力载荷 $q_1(x)$,即

$$EJy^{(4)} = q_1(x) \tag{9.6.3}$$

函数 $q_1(x)$称为与振型函数 $y(x)$相对应的单自由度梁的刚度分布密度,这是因为它是使得梁的最大挠度为1所需要的分布载荷,是梁的刚度的反应。例如,在悬臂梁中受均布载荷 q 作用下的静挠度曲线为

$$y(x) = \frac{qx^2}{24EJ}(6l^2 - 4xl + x^2)$$

最大挠度为$y_{\max} = y(l) = \dfrac{ql^4}{8EJ}$,为了$y(x)|_{\max} = 1$ 而归一化,需要

$$q = \frac{8EJ}{ql^4} \equiv q_1$$

归一化的振型为

$$y(x) = \frac{q_1 x^2}{24EJ}(6l^2 - 4xl + x^2) = \frac{x^2}{3l^4}(6l^2 - 4xl + x^2)$$

易证 $q = q_1$,即是此问题的刚度分布密度。

对于梁受到动载荷 $p(x)f(t)$的问题,可求出静载荷 $p(x)$作用之下的挠度曲线$y(x)$,并将之归一化,然后代入方程(9.6.3)中,并求出其刚度分布密度函数 $q_1(x)$。

9.6.2　梁的等效单自由度系统的参数及其运动的微分方程

我们采用能量守恒定律来得到单自由度有关参数及运动的微分方程。梁从0时刻到 t 时刻外力$p(x)f(t)$的功 W 应该等于t 时刻梁的动能E_d和应变能E_e之和,即

$$W = E_d + E_e \tag{9.6.4}$$

考虑单位厚度的梁,则

$$\begin{aligned} W &= \int_0^l \int_0^t p(x)f(t)\frac{\partial w(x,t)}{\partial t}\mathrm{d}x\mathrm{d}t = \int_0^l \int_0^t p(x)y(x)f(t)\frac{\mathrm{d}w}{\mathrm{d}t}\mathrm{d}x\mathrm{d}t \\ &= \int_0^l p(x)y(x)\mathrm{d}x\int_0^t f(t)\frac{\mathrm{d}w}{\mathrm{d}t}\mathrm{d}t \end{aligned} \tag{9.6.5}$$

$$E_d = \int_0^l \frac{1}{2}m(x)\left(\frac{\partial w(x,t)}{\partial t}\right)^2\mathrm{d}x = \int_0^l \frac{1}{2}m(x)y^2(x)\left(\frac{\mathrm{d}w}{\mathrm{d}t}\right)^2\mathrm{d}x \tag{9.6.6}$$

其中,$m(x)$是单位厚度梁的线质量密度。

至于梁的内能 E_e,它只是梁在终态时刻 t 的变形状态$y(x)w(t)$的函数,而与过程无关。由于梁达到归一化变形 $y(x)$所需要的外力是$q_1(x)$,所以梁达到变形 $y(x)w(t)$所需要的外力将是 $q_1(x)w(t)$;而载荷是从0逐渐加上的,且载荷与变形式成比例增加,故达到终态变形 $y(x)w(t)$时所储藏的应变能 E_e将是终态变形 $y(x)w(t)$与终态外力 $q_1(x)w(t)$

乘积的一半，即

$$E_e = \int_0^l \frac{1}{2} q_1(x) w(t) y(x) w(t) \mathrm{d}x = \int_0^l \frac{1}{2} q_1(x) y(x) \mathrm{d}x\, w^2(t) \tag{9.6.7}$$

将式(9.6.5)、式(9.6.6)、式(9.6.7)代入式(9.6.4)中，可得

$$P\int_0^t f(t) \frac{\mathrm{d}w}{\mathrm{d}t}\mathrm{d}t = \frac{1}{2}M\left(\frac{\mathrm{d}w}{\mathrm{d}t}\right)^2 + \frac{1}{2}Kw^2(t) \tag{9.6.8}$$

其中

$$P = \int_0^l p(x)y(x)\mathrm{d}x, \quad M = \int_0^l \frac{1}{2}m(x)y^2(x)\mathrm{d}x, \quad K = \int_0^l \frac{1}{2}q_1(x)y(x)\mathrm{d}x \tag{9.6.9}$$

将式(9.6.8)对 t 微分一次，并消去公因子$\frac{\mathrm{d}w}{\mathrm{d}t}$，即得

$$M\frac{\mathrm{d}^2 w}{\mathrm{d}t^2} + Kw = Pf(t) \tag{9.6.10}$$

式(9.6.10)即是等效单自由度系统振动函数 $w(t)$的运动微分方程。其中 M 称为等效质量，由式(9.6.9)可见，它取决于分布质量 $m(x)$和归一化函数 $y(x)$；K 称为等效刚度，由式(9.6.9)可见，它取决于刚度分布密度 $q_1(x)$和归一化函数 $y(x)$；P 称为等效外载，由式(9.6.9)可见，它取决于外载 $p(x)$和归一化函数$y(x)$。M、K、P 都是与归一化函数$y(x)$有关的，所以对同一结构取不同的归一化函数将得到不同的等效系统。

9.6.3 单自由度系统的运动规律 $w(t)$

我们已经通过归一化振型 $y(x)$表达的位移 $w(x,t)=y(x)w(t)$而将连续体的运动归结为等效单自由系统的运动规律 $w(t)$的问题，而 $w(t)$满足微分方程(9.6.10)。而式(9.6.10)是单自由度系统的强迫振动问题的微分方程。引入等效系统的固有频率：

$$\omega = \sqrt{\frac{K}{M}} \tag{9.6.11}$$

则式(9.6.10)可改写为

$$\frac{\mathrm{d}^2 w}{\mathrm{d}t^2} + \omega^2 w = \frac{P}{M}f(t) = \omega^2\frac{P}{K}f(t) \equiv F(t) \tag{9.6.12}$$

常见爆炸载荷可以近似为持续时间 t_+ 的三角形载荷，即

$$p(x,t) = p(x)f(t) = \begin{cases} p(x)\left(1-\dfrac{t}{t_+}\right) & (0 \ll t \leqslant t_+) \\ 0 & (t > t_+) \end{cases} \tag{9.6.13}$$

此时方程(9.6.12)中的外载函数 $F(t)$将具有如下形式：

$$F(t) = \begin{cases} \dfrac{P}{M}\left(1-\dfrac{t}{t_+}\right) = \omega^2\dfrac{P}{K}\left(1-\dfrac{t}{t_+}\right) & (0 \ll t \leqslant t_+) \\ 0 & (t > t_+) \end{cases} \tag{9.6.14}$$

问题的初始条件为 $w(x,0)=0$，$\frac{\partial w}{\partial t}(x,0)=0$，化为单自由度系统的初始条件，即

$$w(0) = w_0 = 0, \quad \dot{w}(0) = \dot{w}_0 = 0 \tag{9.6.15}$$

我们的任务是，对外载式(9.6.14)，在初始条件式(9.6.15)下，求解微分方程(9.6.12)的解。

根据微分方程的理论，微分方程(9.6.12)在初始条件式(9.6.15)下的解可分为两部分：

第一部分是方程(9.6.12)相对应的齐次方程在初始条件 w_0、$\dot{w}_0$ 下的解：

$$w(t)=w_0\cos\omega t+\frac{\dot{w}_0}{\omega}\sin\omega t \tag{9.6.16}$$

它是由初始条件 w_0、$\dot{w}_0$ 所决定的所谓纯自由振动。在现在的具体情况下，$w_0=0$，$\dot{w}_0=0$，伴随自由振动为 0。

第二部分是非齐次方程(9.6.12)在 0 初始条件下的特解，包括纯强迫振动和所谓的纯强迫振动，这可以由所谓的常数变易法而得出，也可以由下面的方法而得出：将外力视为一系列微脉冲 $F(\tau)\mathrm{d}\tau$ 的迭加，而每一微脉冲提供一定的冲量 $F(\tau)\mathrm{d}\tau$，它将转化为当时系统的动量即速度 $\dot{w}(\tau)=F(\tau)\mathrm{d}\tau$，而对 τ 时刻之后的 t 时刻的运动激发起一个由式(9.6.16)所决定的微自由振动，$\mathrm{d}w\equiv\dfrac{\dot{w}(\tau)}{\omega}\sin\omega(t-\tau)=\dfrac{F(\tau)\mathrm{d}\tau}{\omega}\sin\omega(t-\tau)$(如将 τ 作为初时，则 t 相当于 $t-\tau$ 时刻，所以需将 t 改为 $t-\tau$)，将全部这些冲量的累积作用所激起的自由振动迭加起来，即得到强迫振动的位移，所以有

$$\begin{aligned}w(t)&=\int_0^t\mathrm{d}w=\int_0^t\frac{F(\tau)}{\omega}\sin\omega(t-\tau)\mathrm{d}\tau\\&=\frac{P}{K}\int_0^t\omega f(\tau)\sin\omega(t-\tau)\mathrm{d}\tau\equiv\frac{P}{K}k(t)\end{aligned}\tag{9.6.17}$$

其中

$$k(t)=\int_0^t\omega f(\tau)\sin\omega(t-\tau)\mathrm{d}\tau \tag{9.6.18}$$

函数 $k(t)$是由外载$f(\tau)$所决定的。式(9.6.17)的意义是：系统的动位移是静位移$\dfrac{P}{K}$的 $k(t)$倍。

现在我们对外载式(9.6.14)的解进行具体分析：

(1) 第一阶段 $0\leqslant t\leqslant t_+$

此时将外力 $F(t)$直接代入式(9.6.17)中，并积分之可得

$$w_1(t)=\frac{P}{K}\left(1-\frac{t}{t_+}-\cos\omega t+\frac{\sin\omega t}{\omega t_+}\right) \tag{9.6.19}$$

此位移可视为所谓的纯强迫振动的位移 $w_1'(t)$和伴随自由振动的位移 $w_2'(t)$之和：

$$w_1'(t)=\frac{P}{K}\left(1-\frac{t}{t_+}\right) \tag{9.6.20}$$

$$w_2'(t)=-\frac{P}{K}\left(\cos\omega t-\frac{\sin\omega t}{\omega t_+}\right)=-\frac{P}{K}\sqrt{1+\frac{1}{\omega^2t_+^2}}\cos(\omega t-\varphi_1) \tag{9.6.21}$$

其中

$$\varphi_1=\tan^{-1}\left(\frac{-1}{\omega t_+}\right)=-\tan^{-1}\frac{1}{\omega t_+}$$

(2) 第二阶段 $t\geqslant t_+$

由于从 $t=t_+$时刻开始，外力 $F(\tau)=0$ 而消失，所以 $t\geqslant t_+$后，系统的运动将是以第一阶段 $t=t_+$时的位移 $w_1(t_+)$和速度$\dot{w}_1(t_+)$为初始位移和初始速度条件下的自由振动。由式(9.6.19)知，此初始位移$w_1(t_+)$和初始速度$\dot{w}_1(t_+)$分别为

$$w_1(t_+)=\frac{P}{K}\left(-\cos\omega t_++\frac{\sin\omega t_+}{\omega t_+}\right),\quad \dot{w}_1(t_+)=\frac{P}{K}\left(-\frac{1}{t_+}+\omega\sin\omega t_++\frac{1}{t_+}\cos\omega t_+\right) \tag{9.6.22}$$

但是此初始条件是以 t_+ 为初始时刻的，而 t 时刻相当于 $t-t_+$ 时刻，故由式(9.6.16)知此初始条件所激起的自由振动，即第二阶段的运动 $w_2(t)$ 为

$$
\begin{aligned}
w_2(t) &= w_1(t_+)\cos\omega(t-t_+) + \frac{\dot{w}_1(t_+)}{\omega}\sin\omega(t-t_+) \\
&= \frac{P}{K}\left[\left(-\cos\omega t_+ + \frac{\sin\omega t_+}{\omega t_+}\right)\cos\omega(t-t_+)\right. \\
&\quad \left. + \left(\sin\omega t_+ + \frac{\cos\omega t_+}{\omega t_+} - \frac{1}{\omega t_+}\right)\sin\omega(t-t_+)\right]
\end{aligned}
$$

即

$$
w_2(t) = \frac{P}{K}\left[\left(\frac{\sin\omega t_+}{\omega t_+} - 1\right)\cos\omega t + \left(\frac{1-\cos\omega t_+}{\omega t_+}\right)\sin\omega t\right] \tag{9.6.23}
$$

式(9.6.23)也可写为

$$
w_2(t) = \frac{P}{K}\sqrt{\left(1 - \frac{2\sin\omega t_+}{\omega t_+}\right) + \frac{2}{\omega^2 t_+^2}(1-\cos\omega t_+)}\cos(\omega t - \varphi_2) \tag{9.6.24}
$$

其中

$$
\varphi_2 = \tan^{-1}\frac{1-\cos\omega t_+}{\sin\omega t_+ - \omega t_+}
$$

归纳起来，位移

$$
w(t) = \begin{cases}
w_1(t) = \dfrac{P}{K}\left(1 - \dfrac{t}{t_+} - \cos\omega t + \dfrac{\sin\omega t}{\omega t_+}\right) & (0 \leqslant t \leqslant t_+) \\
w_2(t) = \dfrac{P}{K}\left[\left(\dfrac{\sin\omega t_+}{\omega t_+} - 1\right)\cos\omega t + \left(\dfrac{1-\cos\omega t_+}{\omega t_+}\right)\sin\omega t\right] & (t \geqslant t_+)
\end{cases} \tag{9.6.25}
$$

这样就解决了等效单自由度梁的运动规律的问题。

9.7　薄球壳在空中爆炸载荷作用下的运动和变形

本节考虑在球壳中心的爆炸载荷所引起的球壳的运动和变形问题，这是一个中心球对称问题。严格而言，这是一个耦合爆炸载荷的问题，即爆炸载荷和球壳的运动是相互耦合、相互改造的，不能事先给定载荷 $p(t)$，但是我们将对问题进行简化，认为载荷和球壳的运动是相互解耦的，比如当球壳的波阻抗很大时，可以近似利用爆炸载荷在刚壁上的反射载荷作为 $p(t)$。另外，我们设爆炸载荷不是很强，因而球壳的变形处在纯弹性变形阶段。又设壳体的厚度 δ 远远小于壳体的壳体半径 R，$\delta \ll R$，因而可以认为沿着壳体的厚度，其应力是均匀分布的，即壳中只有所谓的膜应力，而不存在弯曲应力，且可以认为壳体的运动是均匀地向径向产生位移 w。在这些前提下，我们来分析壳体的运动和变形。

9.7.1　运动方程

如图 9.11 所示，考虑由两组大圆在壳上切出的张角为 $\mathrm{d}\theta$ 的小微体，并考虑其动力平衡。

以 ρ 表示壳体的密度，则小微体的质量为 $\rho(R\mathrm{d}\theta)^2\delta$，质量乘径向加速度为 $\rho(R\mathrm{d}\theta)^2\delta\dfrac{\mathrm{d}^2w}{\mathrm{d}t^2}$；微体所受的径向力在中心 r 线上的投影为 $p(t)(R\mathrm{d}\theta)^2$；四个侧面所受的环向应力 σ_θ 在中心 r 线上的投影为 $-4R\mathrm{d}\theta\delta\sigma_\theta\cos\left(\dfrac{\pi}{2}-\dfrac{\mathrm{d}\theta}{2}\right)=-2R\mathrm{d}\theta^2\delta\sigma_\theta$。所以小微体在中心 r 线上的动量守恒给出

$$\rho(R\mathrm{d}\theta)^2\delta\frac{\mathrm{d}^2w}{\mathrm{d}t^2}=p(t)(R\mathrm{d}\theta)^2-2R\mathrm{d}\theta^2\delta\sigma_\theta$$

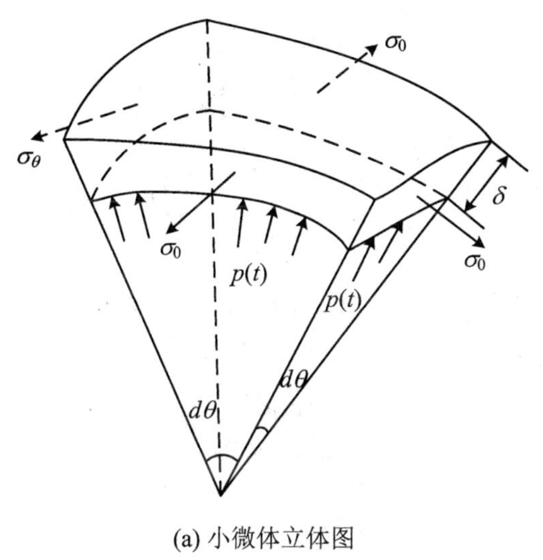

(a) 小微体立体图

(b) 小微体平面图

图 9.11

即

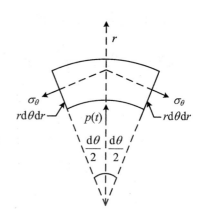

$$\rho\delta\frac{\mathrm{d}^2w}{\mathrm{d}t^2}+\frac{2\delta\sigma_\theta}{R}=p(t) \tag{9.7.1}$$

9.7.2　应力应变关系、应变与位移的关系、应力与位移的关系

以静力平衡为基础，容易得到受有内压 p 作用的半球壳的静力平衡方程为

$$\pi R^2p=2\pi R\delta\sigma_\theta$$

即

$$\sigma_\theta=\frac{pR}{2\delta}$$

而球壳内外壁上的径向应力分别为

$$\sigma_r=-p,\quad \sigma_r=0$$

对于薄球壳而言，$\dfrac{R}{\delta}\gg 1$，所以 $|\sigma_\theta|\gg|\sigma_r|$，因此我们认为在静力平衡的问题中可以忽略 σ_r 的存在而只有 σ_θ 的作用。所以对于动态的问题，我们仍然采取这一假定，即认为 $\sigma_r\approx 0$。于是，胡克定律给出周向应变 ε_θ：

$$\varepsilon_\theta=\frac{1}{E}[\sigma_\theta-\nu(\sigma_\theta+\sigma_r)]$$

即

$$\varepsilon_\theta = \frac{1}{E}(1-\nu)\sigma_\theta \tag{9.7.2}$$

其中，E 为壳体的杨氏模量，ν 为泊松比。而壳体的平均周向应变与位移的关系为

$$\varepsilon_\theta = \frac{w}{R} \tag{9.7.3}$$

由式(9.7.3)和式(9.7.2)可得

$$\sigma_\theta = \frac{E}{1-\nu}\frac{w}{R} \tag{9.7.4}$$

9.7.3 径向位移 w 的运动方程

将式(9.7.4)代入式(9.7.1)即得径向位移 w 的运动方程：

$$\rho\delta\frac{\mathrm{d}^2 w}{\mathrm{d}t^2} + \frac{2\delta E}{1-\nu}\frac{w}{R^2} = p(t) \tag{9.7.5}$$

方程(9.7.5)也是单自由度系统强迫振动的方程，它和上节的等效单自由度系统梁的运动方程是一样的，只需令上节的 M、K、P 分别为

$$M = \rho\delta,\quad K = \frac{2E\delta}{(1-\nu)R^2},\quad P = p(t) \tag{9.7.6}$$

即可。系统的自振频率 ω 和周期 T 各为

$$\omega = \sqrt{\frac{2E}{\rho R^2(1-\nu)}},\quad T = \pi R\sqrt{\frac{2\rho(1-\nu)}{E}} \tag{9.7.7}$$

可见系统的自振频率 ω 正比于$\sqrt{E}$、$\sqrt{\dfrac{1}{\rho}}$、$\dfrac{1}{R}$、$\sqrt{\dfrac{1}{1-\nu}}$。

设爆炸载荷为

$$p(t) = \begin{cases} p_{\mathrm{m}}\left(1-\dfrac{t}{t_+}\right) & (0 \leqslant t \leqslant t_+) \\ 0 & (t \geqslant t_+) \end{cases} \tag{9.7.8}$$

则有上节的结果，可知球壳的运动规律为

$$w(t) = \begin{cases} w_1(t) = \dfrac{p_{\mathrm{m}}}{\rho\delta\omega^2}\left(1-\dfrac{t}{t_+}-\cos\omega t+\dfrac{\sin\omega t}{\omega t_+}\right) & (0 \leqslant t \leqslant t_+) \\ w_2(t) = \dfrac{p_m}{\rho\delta\omega^2}\left[\left(\dfrac{\sin\omega t_+}{\omega t_+}-1\right)\cos\omega t+\left(\dfrac{1-\cos\omega t_+}{\omega t_+}\right)\sin\omega t\right] & (t \geqslant t_+) \end{cases} \tag{9.7.9}$$

9.8 平板在水下爆炸波作用下的运动和变形

水雷等爆炸物袭击舰艇时，会遇到爆炸载荷与结构的相互作用问题，在爆炸成型工艺中也会遇到爆炸波与水中板料相互作用的问题，本节将考虑爆炸载荷与平板的相互作用问题。

为了简单起见，我们把问题简化成一维的，即一维平面波垂直入射到平板上的问题，而且认为平板无限大，周围不受约束。同时认为板料是刚性不变形的，即忽略波在板中的传播过程，在板比较薄时，波的透反射时间很短，认为在其内波速为无穷大而求解板的总体运动对其问题的影响是很小的。这样，只需考虑板的惯性作用而引起的运动对爆炸波的卸载作用。同时，我们将忽略板背面的空气阻力。这是一个波与结构相互作用问题，一方面结构在波的作用下运动，另一方面结构的运动将是波卸载，从而产生反射卸载波并改变载荷。现在来分析这一问题。

9.8.1　平板表面上水的压力和板运动速度的关系

设入射波的压力时程曲线为

$$p_1(t) = p_m e^{-\frac{t}{\tau}} \tag{9.8.1}$$

其中，p_m为峰值应力，τ 为时间常数，以 $t=0$ 作为入射波到达平板表面的时刻。在压力 $p\leqslant 1000$ atm 的范围内，水中波的传播可以采用声学近似，于是当以平板表面的物质坐标轴为 x 轴时，入射波的表达式可以写为

$$p_1(x,t) = p_1\left(t-\frac{x}{c_0}\right) = p_m e^{-\frac{t-\frac{x}{c_0}}{\tau}} \tag{9.8.2}$$

其中，c_0 为水中的声速，这正是右行简单波的达朗贝尔表达式。

入射波到达平板表面时便发生反射。如果平板是绝对固定的刚壁，则按线性波的理论反射波(按压力)应为与入射波同强度的同号波，即反射波 $p_2(x,t)=p_1\left(t+\frac{x}{c_0}\right)$；现在平板在波的作用下因其惯性要向右运动，于是将在水中产生一个左行的稀疏扰动，它与刚壁反射波的共同作用才是真正的左行反射波，设其为

$$p_2(x,t) = p_2\left(t+\frac{x}{c_0}\right) \tag{9.8.3}$$

故其反射后水中的压力，即其入射波的压力和反射波压力之和为

$$p = p_1 + p_2 = p_1\left(t-\frac{x}{c_0}\right) + p_2\left(t+\frac{x}{c_0}\right) \tag{9.8.4}$$

这里 p_1 的形式已知，即式(9.8.2)所给出

$$p_1(x,t) = p_m e^{-\frac{t-\frac{x}{c_0}}{\tau}} \tag{9.8.5}$$

而函数 p_2 的形式则是未知的，它的形式需要利用板面上的条件求出。

以 ρ_0 表示水的密度，则入射波和反射波通过后，各自引起水的质点速度分别为

$$v_1 = \frac{p_1}{\rho_0 c_0}, \quad v_2 = -\frac{p_2}{\rho_0 c_0} \tag{9.8.6}$$

因为水初始静止，故反射后水的质点速度为

$$v = 0 + v_1 + v_2 = \frac{p_1 - p_2}{\rho_0 c_0} = \frac{p_1\left(t-\frac{x}{c_0}\right) - p_2\left(t+\frac{x}{c_0}\right)}{\rho_0 c_0} \tag{9.8.7}$$

在平板表面上 $x=0$，于是由式(9.8.4)和式(9.8.7)可得平板表面上的压力 $p(t)$ 和质点速度 $v(t)$ 分别为

$$p(t)=p_1(t)+p_2(t)=p_{\mathrm{m}}\mathrm{e}^{-\frac{t}{\tau}}+p_2(t) \tag{9.8.8}$$

$$v(t)=\frac{p_1(t)-p_2(t)}{\rho_0 c_0}=\frac{p_{\mathrm{m}}\mathrm{e}^{-\frac{t}{\tau}}-p_2(t)}{\rho_0 c_0} \tag{9.8.9}$$

由式(9.8.8)和式(9.8.9)消去 $p_2(t)$,可得

$$p(t)=2p_1(t)-\rho_0 c_0 v(t)=2p_{\mathrm{m}}\mathrm{e}^{-\frac{t}{\tau}}-\rho_0 c_0 v(t) \tag{9.8.10}$$

式(9.8.10)给出了以平板速度 $v(t)$表达其上压力 $p(t)$的公式,它的意义是很清楚的:第一项 $2p_{\mathrm{m}}\mathrm{e}^{-\frac{t}{\tau}}=2p_1(t)$是固定不动的钢板上的应有压力;第二项 $-\rho_0 c_0 v(t)$则是因平板以速度 $v(t)$向右运动产生的稀疏扰动所造成的压力。当然对平板的运动规律 $v(t)$我们尚不知道,要求出它需要利用板的动力学条件。

9.8.2 平板的运动方程和运动规律

以 w、$\bar{v}$、$\bar{p}$ 分别表示板的位移、速度和压力,ρ 和 δ 分别表示板的密度和厚度,则对单位面积的板将有运动方程

$$\rho\delta\frac{\mathrm{d}\bar{v}}{\mathrm{d}t}=\bar{p} \tag{9.8.11}$$

另外,又有运动学条件:

$$\bar{v}=\frac{\mathrm{d}w}{\mathrm{d}t} \tag{9.8.12}$$

在水发生空化现象前,水和板也不脱离,故有水的速度、压力和板的速度、压力的连续条件:

$$p(t)=\bar{p},\quad v(t)=\bar{v} \tag{9.8.13}$$

于是式(9.8.11)和式(9.8.12)成为

$$\rho\delta\frac{\mathrm{d}v}{\mathrm{d}t}=p(t) \tag*{(9.8.11)$'$}$$

$$v(t)=\frac{\mathrm{d}w}{\mathrm{d}t} \tag*{(9.8.12)$'$}$$

将式(9.8.10)代入式(9.8.11)′,有

$$\rho\delta\frac{\mathrm{d}v}{\mathrm{d}t}=2p_{\mathrm{m}}\mathrm{e}^{-\frac{t}{\tau}}-\rho_0 c_0 v(t) \tag{9.8.14}$$

利用式(9.8.12)′,式(9.8.14)成为

$$\rho\delta\frac{\mathrm{d}^2 w}{\mathrm{d}t^2}+\rho_0 c_0\frac{\mathrm{d}w}{\mathrm{d}t}=2p_{\mathrm{m}}\mathrm{e}^{-\frac{t}{\tau}} \tag{9.8.15}$$

式(9.8.15)就是板的运动方程,其初始条件为

$$w(0)=0,\quad \dot{w}(0)=0 \tag{9.8.16}$$

可见,板以 $v(t)$运动所产生的稀疏压力 $-\rho_0 c_0 v(t)=-\rho_0 c_0\frac{\mathrm{d}w}{\mathrm{d}t}$,相当于给板一个向左的吸引力,即阻力 $\rho_0 c_0\frac{\mathrm{d}w}{\mathrm{d}t}$。

引入参数 μ 为

$$\mu=\frac{\rho_0 c_0 \tau}{\rho\delta} \tag{9.8.17}$$

则方程(9.8.15)在初始条件式(9.8.16)下的解为

$$w(t)=\frac{2p_{\mathrm{m}}\tau}{\rho_0c_0}\left(1-\frac{\mathrm{e}^{-\mu\frac{t}{\tau}}-\mu\mathrm{e}^{-\frac{t}{\tau}}}{1-\mu}\right)\tag{9.8.18}$$

$$v(t)=\frac{\mathrm{d}w}{\mathrm{d}t}=\frac{2p_{\mathrm{m}}\tau}{\rho\delta}\frac{\mathrm{e}^{-\mu\frac{t}{\tau}}-\mathrm{e}^{-\frac{t}{\tau}}}{1-\mu}\tag{9.8.19}$$

可见，板的位移和运动速度都是和入射波的单位面积冲量 $p_{\mathrm{m}}\tau$ 成正比的。

9.8.3　空化现象及空化时刻

将式(9.8.19)代入式(9.8.11)′中，可得平板上的压力 $p(t)$ 为

$$p(t)=2p_{\mathrm{m}}\frac{\mathrm{e}^{-\frac{t}{\tau}}-\mu\mathrm{e}^{-\mu\frac{t}{\tau}}}{1-\mu}\tag{9.8.20}$$

由式(9.8.20)可见：$t=0$ 时，$p(0)=2p_{\mathrm{m}}$，板面达到最大压力，之后随着 t 的增加，压力逐渐下降，在某一时刻板面上压力将为 0，之后出现负压。但是水是不能承受负压的，于是水将被拉断而出现空化现象。出现空化现象是水中爆炸载荷与结构相互作用中的特殊现象，它会改变结构在以后的运动规律。由式(9.8.20)可以求出空化开始时间 t_c 为

$$t_c=\frac{\tau\ln\mu}{\mu-1}\tag{9.8.21}$$

在出现空化现象以后，板不再受到压力，于是不再加速，即板的速度在 $t=t_c$ 时达到最大值 $v_{\max}$。由式(9.8.21)和式(9.8.19)可求出

$$\begin{aligned}v_{\max}&=\frac{2p_{\mathrm{m}}\tau}{\rho\delta(1-\mu)}\left(\mathrm{e}^{\frac{\mu\ln\mu}{1-\mu}}-\mathrm{e}^{\frac{\ln\mu}{1-\mu}}\right)=\frac{2p_{\mathrm{m}}}{\rho_0c_0}\frac{\mu}{1-\mu}\left(\mathrm{e}^{\ln\mu^{\frac{\mu}{1-\mu}}}-\mathrm{e}^{\ln\mu^{\frac{1}{1-\mu}}}\right)\\&=\frac{2p_{\mathrm{m}}}{\rho_0c_0}\frac{\mu}{1-\mu}\left(\mu^{\frac{\mu}{1-\mu}}-\mu^{\frac{1}{1-\mu}}\right)=\frac{2p_{\mathrm{m}}}{\rho_0c_0}\frac{\mu}{1-\mu}\mu^{\frac{1}{1-\mu}}\left(\mu^{\frac{\mu}{1-\mu}-\frac{1}{1-\mu}}-1\right)\\&=\frac{2p_{\mathrm{m}}}{\rho_0c_0}\frac{\mu}{1-\mu}\mu^{\frac{1}{1-\mu}}\left(\frac{1}{\mu}-1\right)=\frac{2p_{\mathrm{m}}}{\rho_0c_0}\frac{\mu}{1-\mu}\mu^{\frac{1}{1-\mu}}\frac{1-\mu}{\mu}=\frac{2p_{\mathrm{m}}}{\rho_0c_0}\mu^{\frac{1}{1-\mu}}\end{aligned}$$

即

$$v_{\max}=\frac{2p_{\mathrm{m}}}{\rho_0c_0}\mu^{\frac{1}{1-\mu}}\tag{9.8.22}$$

空化前水中反射波所引起的压力 $p_2(t)$ 可由式(9.8.9)和式(9.8.19)求出，即

$$p_2(t)=p_{\mathrm{m}}\mathrm{e}^{-\frac{t}{\tau}}-\rho_0c_0v(t)=p_{\mathrm{m}}\mathrm{e}^{-\frac{t}{\tau}}-2p_{\mathrm{m}}\frac{\mu}{1-\mu}\left(\mathrm{e}^{-\mu\frac{t}{\tau}}-\mathrm{e}^{-\frac{t}{\tau}}\right)\tag{9.8.23}$$

所以，反射波表达式为

$$p_2(x,t)=p_2\left(t+\frac{x}{c_0}\right)=p_{\mathrm{m}}\mathrm{e}^{-\frac{t+\frac{x}{c_0}}{\tau}}-2p_{\mathrm{m}}\frac{\mu}{1-\mu}\left(\mathrm{e}^{-\mu\frac{t+\frac{x}{c_0}}{\tau}}-\mathrm{e}^{-\frac{t+\frac{x}{c_0}}{\tau}}\right)\tag{9.8.24}$$

式(9.8.24)中的第一项是刚壁反射压力，第二项是由于板的运动而引起的稀疏扰动压力，水中的总压力为

$$\begin{aligned}p(x,t)&=p_1\left(t-\frac{x}{c_0}\right)+p_2\left(t+\frac{x}{c_0}\right)\\&=p_{\mathrm{m}}\left(\mathrm{e}^{-\frac{t-\frac{x}{c_0}}{\tau}}+\frac{1+\mu}{1-\mu}\mathrm{e}^{-\frac{t+\frac{x}{c_0}}{\tau}}-\frac{2\mu}{1-\mu}\mathrm{e}^{-\mu\frac{t+\frac{x}{c_0}}{\tau}}\right)\end{aligned}\tag{9.8.25}$$

由式(9.8.25)可以画出反射总压力为三项之和的图形。

9.9　高速冲击载荷下的圆柱墩粗问题

高速冲击载荷与爆炸载荷一样都是高应变率下的变形问题，特点有所相似。本节将讲一个高速的圆柱体向砧座撞击的问题。为了简单起见，我们假设砧座是刚性不变形的，而且圆柱体是理想刚塑性的，即忽略其弹性变形，而当撞击应力高于材料的屈服应力 Y 时，材料将发生理想塑性流动。撞击面上的塑性变形将向圆柱体内传播，形成刚塑性交界面，从而形成一个蘑菇头墩粗。

由于变形是大变形问题，所以我们引入圆柱体的对数压应变 ε 的概念。对数压应变是自然增量压应变 $-\dfrac{\mathrm{d}l}{l}$ 的累积，即

$$\varepsilon = -\int_{\mathrm{d}X}^{\mathrm{d}x} \frac{\mathrm{d}l}{l} = \ln \frac{\mathrm{d}X}{\mathrm{d}x} \tag{9.9.1}$$

其中，$-\mathrm{d}l$ 是微线元的压缩量，l 是前一时刻的长度，$-\dfrac{\mathrm{d}l}{l}$ 是自然增量压应变，$\mathrm{d}X$ 和 $\mathrm{d}x$ 分别是线元的初始长度和最终长度。如果假设柱体是不可压缩的，初始截面积和最终截面积分别是 A 和 a，则有

$$A\mathrm{d}X = a\mathrm{d}x \tag{9.9.2}$$

于是，有

$$\varepsilon = \ln \frac{a}{A} \tag{9.9.3}$$

9.9.1　刚体段瞬时速度和阵面截面积的关系

如图 9.12 所示，设 $t=0$ 时，刚塑性交界面到达距刚砧 x 处（x 向上为正），距离圆柱体上端面 X 处（X 向下为正，从瞬时自由端量起），此时自由端下移 S（S 向下为正，从初始自由端量起）。设 t 时刻，刚塑性交界面到达 x 处，距瞬时自由面为 X，设 $t+\mathrm{d}t$ 时刻，刚塑性交界面到达距自由端为 $|X+\mathrm{d}X|$ 处，并将此微元 $\mathrm{d}X$ 压缩成 $\mathrm{d}x$，刚塑性交界面前后方面积各为 A 和 a。现在我们考虑从 t 时刻到 $t+\mathrm{d}t$ 时刻期间此微元的能量守恒。

t 时刻微元只具有动能，而不具有塑性变形功转化来的热能：

$$E_d = \frac{1}{2}\rho_0 A|\mathrm{d}X|v^2 \tag{9.9.4}$$

其中，ρ_0 为柱体的初始密度，v 为微元 $\mathrm{d}X$ 的速度。

$t+\mathrm{d}t$ 时刻，微元 $\mathrm{d}X$ 被压缩成为 $\mathrm{d}x$，但是被滞止为速度 $v=0$，其动能为 0，而具有塑性变形功转化来的热能 W_p 为

$$W_p = A|\mathrm{d}X|\int_0^{\varepsilon} Y\mathrm{d}\varepsilon = Y\varepsilon A|\mathrm{d}X| = YA|\mathrm{d}X|\ln\frac{a}{A} \tag{9.9.5}$$

此过程中，微元的下表面位移为 0，应力不做功，而上表面位移为 $\mathrm{d}S$，其上作用压力为 YA，

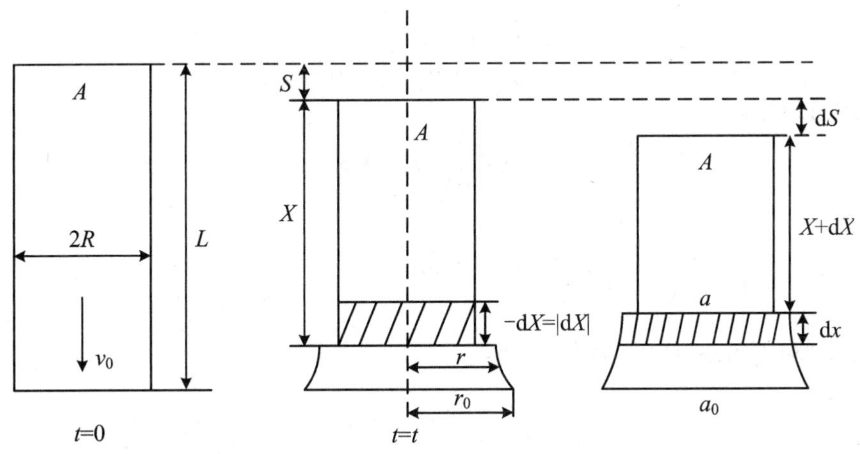

图 9.12　圆柱体墩粗

故从 t 时刻到 $t+\mathrm{d}t$ 时刻期间,外力的总功为

$$W = YA\mathrm{d}S \tag{9.9.6}$$

能量守恒要求 $W = W_p - E_d$,即

$$YA\mathrm{d}S = YA\,|\mathrm{d}X|\ln\frac{a}{A} - \frac{1}{2}\rho_0 A\,|\mathrm{d}X|\,v^2 \tag{9.9.7}$$

而几何关系给出

$$S + X + x = L \tag{9.9.8}$$

其中,L 为柱的初始长度,所以

$$\mathrm{d}S = -\mathrm{d}X - \mathrm{d}x = |\mathrm{d}X| - \mathrm{d}x = |\mathrm{d}X|\left(1 - \frac{\mathrm{d}x}{|\mathrm{d}X|}\right) \tag{9.9.8$'$}$$

利用不可压缩性,此即给出

$$\mathrm{d}S = |\mathrm{d}X|\left(1 - \frac{A}{a}\right) \tag{9.9.9}$$

将式(9.9.9)代入式(9.9.7)中,即得

$$\frac{1}{2}\rho_0 v^2 = Y\left[\ln\frac{a}{A} - \left(1 - \frac{A}{a}\right)\right] \tag{9.9.10}$$

式(9.9.10)给出了柱体的瞬时速度 v 与瞬时面积 a 之间的关系:$v = v(a)$。

设 $t=0$ 时撞击的初始速度为 v_0,此时刚塑性交界面刚触发,将有蘑菇头的最大面积 a_0,故由式(9.9.10)给出

$$\frac{1}{2}\rho_0 v_0^2 = Y\left[\ln\frac{a_0}{A} - \left(1 - \frac{A}{a_0}\right)\right] \tag{9.9.11}$$

式(9.9.11)给出了蘑菇头的最大面积 a_0 与撞击速度 v_0 的关系。

9.9.2　未变形段长度的确定

任一时刻 t,未变形段 $\rho_0 AX$ 的运动规律由其运动方程决定:

$$\rho_0 AX\frac{\mathrm{d}v}{\mathrm{d}t} = -YA \tag{9.9.12}$$

因为

$$\frac{\mathrm{d}v}{\mathrm{d}t}=\frac{\mathrm{d}v}{\mathrm{d}S}\frac{\mathrm{d}S}{\mathrm{d}t}=v\frac{\mathrm{d}v}{\mathrm{d}S}$$

所以式(9.9.12)成为

$$\rho_0 AXv\frac{\mathrm{d}v}{\mathrm{d}S}=-YA \tag{9.9.13}$$

而由式(9.9.10)对 S 求导,可得

$$\rho_0 v\frac{\mathrm{d}v}{\mathrm{d}S}=Y\left(\frac{1}{a}\frac{\mathrm{d}a}{\mathrm{d}S}-\frac{A}{a^2}\frac{\mathrm{d}a}{\mathrm{d}S}\right)=Y\frac{1}{a}\frac{\mathrm{d}a}{\mathrm{d}S}\left(1-\frac{A}{a}\right) \tag{9.9.14}$$

由式(9.9.13)和式(9.9.14)消去$\frac{\mathrm{d}v}{\mathrm{d}S}$,可得

$$\frac{X}{a}\frac{\mathrm{d}a}{\mathrm{d}S}\left(1-\frac{A}{a}\right)+1=0 \tag{9.9.15}$$

利用式(9.9.15)和式(9.9.9)可有

$$\frac{\mathrm{d}a}{a}+\frac{|\mathrm{d}X|}{X}=0$$

即

$$\frac{\mathrm{d}a}{a}-\frac{\mathrm{d}X}{X}=0 \tag{9.9.16}$$

对此式进行积分,并注意 $X=L$ 时,$a=a_0$,有

$$\ln\frac{X}{L}=\ln\frac{a}{a_0} \tag{9.9.17}$$

即

$$X=\frac{a}{a_0}L \tag{9.9.18}$$

式(9.9.18)给出了未变形段长度 X 和刚塑性交界面面积 a 之间的关系。

运动终止时,$v=0$,$a=A$,所以由式(9.9.18)可得最终的未变形段的长度 X_f 为

$$X_f=\frac{A}{a_0}L \tag{9.9.19}$$

9.9.3 变形段的长度和形状

利用不可压缩条件,有

$$\mathrm{d}x=\frac{A|\mathrm{d}X|}{a}=-\frac{A\mathrm{d}X}{a}$$

并利用式(9.9.16),上式成为

$$\mathrm{d}x=-\frac{AX}{a^2}\mathrm{d}a$$

将式(9.9.18)给出的 X 代入,可得

$$\mathrm{d}x=-\frac{AL}{a_0}\frac{\mathrm{d}a}{a} \tag{9.9.20}$$

对此式进行积分,并注意初始时刻,$x=0$,$a=a_0$,可得

$$x=\frac{AL}{a_0}\ln\frac{a_0}{a} \tag{9.9.21}$$

式(9.9.21)给出任意瞬时变形段的长度 x 与刚塑性交界面面积 a 之间的关系。在运动停止时，$a=A$，故撞击结束时变形段的最终长度 x_f 为

$$x_f = \frac{AL}{a_0}\ln\frac{a_0}{A} \tag{9.9.22}$$

柱体的总长度则为

$$X_f + x_f = \frac{AL}{a_0}\left(1+\ln\frac{a_0}{A}\right)r \tag{9.9.23}$$

方程(9.9.21)实际上也给出了蘑菇头轮廓线的方程。因为如果用半径来表示，$a_0=\pi r_0^2$，$a=\pi r^2$，$A=\pi R^2$，则式(9.9.21)将给出

$$x = -2\frac{R^2L}{r^2}\ln\frac{r}{r_0} \tag{9.9.24}$$

其中，r_0 表示蘑菇头的最大半径，r 表示蘑菇头上面积为 a 的半径，R 表示柱体初始半径。容易看到，式(9.9.24)实际上给出的是最终蘑菇头的剖面形状 $x=x(r)$。

9.9.4　刚塑性交界面的传播速度

有的文献把刚塑性交界面称为塑性波，这是不恰当的，因为既然交界面是理想刚塑性的，则塑性波的波速就是 0，因此将刚性区和塑性区交界面称为刚塑性交界面更恰当。

式(9.9.8)′给出

$$\mathrm{d}x = |\mathrm{d}X| - \mathrm{d}S$$

故

$$\frac{\mathrm{d}x}{\mathrm{d}t} = \frac{|\mathrm{d}X|}{\mathrm{d}t} - \frac{\mathrm{d}S}{\mathrm{d}t} \tag{9.9.25}$$

而式(9.9.9)给出

$$|\mathrm{d}X| = \frac{\mathrm{d}S}{1-\dfrac{A}{a}}$$

所以

$$\frac{\mathrm{d}x}{\mathrm{d}t} = \frac{\mathrm{d}S}{\mathrm{d}t}\left(\frac{1}{1-\dfrac{A}{a}}-1\right) = v\left(\frac{1}{1-\dfrac{A}{a}}-1\right) = \frac{Av}{a-A}$$

即刚塑性交界面的速度 c_p 为

$$c_p = \frac{\mathrm{d}x}{\mathrm{d}t} = \frac{Av}{a-A} \tag{9.9.26}$$

当 $t=0$ 时，$v=v_0$，$a=a_0$，因此有

$$c_p^0 = \frac{Av_0}{a_0-A} \tag{9.9.27}$$

习　题

9.1　对于爆轰的自模拟解，试证明任一时刻 t 爆炸产物的 4/9 向左飞散，而 5/9 的爆

炸产物向右运动。

9.2　对于爆轰的自模拟解在刚壁上的反射压力，试求出反射压力的冲量。

9.3　炸药在金属靶表面爆炸时，设其爆轰压力为 P_D，求证其爆炸的接触压力 P 为

$$P = P_D \frac{\rho_2 D_2}{\rho_1 D_1} \frac{(\rho_1 D_1 + \rho_3 D_3)}{(\rho_2 D_2 + \rho_3 D_3)}$$

其中，ρ_1、ρ_2、ρ_3 分别为炸药、金属靶和爆炸产物的密度，D_1 为爆速，D_2 为透射激波在金属靶中的波速，D_3 为反射波相对于爆炸产物的波速。

9.4　对于炸药球面爆轰的问题，试在 E 氏坐标中导出其自模拟爆轰的偏微分方程组，并导出其自模拟解的常微分方程组。

9.5　对于炸药柱面爆轰的问题，试在 L 氏坐标中导出其自模拟爆轰的偏微分方程组，并导出其自模拟解的常微分方程组。

9.6　对于炸药柱面爆轰的问题，试在 E 氏坐标中导出其自模拟爆轰的偏微分方程组，并导出其自模拟解的常微分方程组。

9.7　试对爆炸产物自真空引爆飞散的运动规律

$$\frac{v}{v_{\mathrm{CJ}}} = \frac{2x}{Dt} - 1$$

求出其质点的迹线，并求出其物质坐标中的扰动线。

9.8　对于长的柱形装药，试用 Gurney 能量法证明其弹片的飞散速度为

$$V_m = \frac{\sqrt{2E}}{\sqrt{\frac{M}{w} + \frac{1}{2}}}$$

其中，M 为单位长度柱壳的质量，w 为装药量。

9.9　对于爆炸复合的擦射问题，设金属板偏转运动的图案是定常的，偏转角为 θ，炸药爆速为 D。试证明飞片的垂直速度为

$$V_m = 2D\sin\frac{\theta}{2}$$

9.10　对于球形装药的问题，试证明书中的式(9.5.19)、式(9.5.20)、式(9.5.21)、式(9.5.22)、式(9.5.23)和式(9.5.24)。

9.11　对于悬臂梁受均布载荷的问题，设外载为 $p(x,t)=p_0 f(t)$，试求出归一化挠度 $y(x)$、刚度分布密度函数 $q_1(x)$及等效单自由系统的等效刚度 K。

9.12　对于简支梁受均布载荷作用的问题，设外载为 $p(x,t)=p_0 f(t)$，试求出归一化挠度 $y(x)$、刚度分布密度函数 $q_1(x)$及等效单自由系统的等效刚度 K。

9.13　对于悬臂梁受载荷的问题，设外载为 $p(x,t)=p_0 x f(t)$，其中 x 从悬臂端算起，试求出归一化挠度 $y(x)$、刚度分布密度函数 $q_1(x)$及等效单自由系统的等效刚度 K。

9.14　对于球壳在中心爆炸载荷下的弹性变形问题，如果爆炸载荷为 $p(t)=p_{\mathrm{m}}\mathrm{e}^{-\frac{t}{\tau}}$，试求出球壳的运动规律。

参 考 文 献

[1] 徐芝纶.弹性力学[M].4版.北京:高等教育出版社,2006.

[2] 铁摩辛柯,古地尔.弹性理论[M].3版.徐芝纶,译.北京:高等教育出版社,2013.

[3] 卡兹·A M. 弹性理论[M].北京:机械工业出版社,1959.

[4] 徐秉业,刘信声.应用弹塑性力学[M].北京:清华大学出版社,1995.

[5] 朱滨.弹性力学[M].合肥:中国科学技术大学出版社,2008.

[6] 吴望一.流体力学(上、下册)[M]. 北京:北京大学出版社,1982.

[7] 庄礼贤,尹协远,马晖扬.流体力学[M].2版. 合肥:中国科学技术大学出版社, 2009.

[8] 黄克智.非线性连续介质力学[M].北京:清华大学出版社,北京大学出版社,1989.

[9] 黄克智.固体本构关系[M].北京:清华大学出版社,1999.

[10] 黄克智,薛明德,陆明万.张量分析[M].2版.北京:清华大学出版社,2003.

[11] 李永池.张量初步和近代连续介质力学概论[M].2版.合肥:中国科学技术大学出版社,2016.

[12] 李永池.波动力学[M].合肥:中国科学技术大学出版社,2015.

[13] Fung Y C. Foundations of solid mechanics[M]. New Jersey: Prentice-Hall, Inc., 1965.

[14] Malvern L E. Introduction to the mechanics of a continuous medium[M]. New Jersey: Prentice-Hall Inc., 1969.

[15] 柯青(Кочин Н Е).向量计算及张量计算初步[M].史福培,等,译.北京:高等教育出版社,1958.

[16] Flügge W. Tensor analysis and continuum mechanics[M]. Berlin: Springer-Verlag, 1972.

[17] 周培基,霍普金斯.材料对强冲击载荷的动态响应[M].张宝枰,赵衡阳,李永池,译.北京:科学出版社,1985.

[18] 王仁.塑性力学基础[M].北京:科学出版社,1982.

[19] 李永池,唐之景,胡秀章.关于 Drucker 公设和塑性本构关系的进一步研究[J].中国科学技术大学学报,1988,18(3):339-345.

[20] Li Y C, Wang X J, Huang C Y. Further study on the constitutive relations in dynamic plasticity and the application to stress waves[M]//Research and Application in Dynamic Deformation and Fracture of Solids. Hefei: Press of USTC, 1998: 111-119.

[21] 李永池,王红五,江松青,等.含损伤材料热塑性本构关系的普适表述[C]//塑性力学和地球动力学进展:王仁院士八十寿辰庆贺文集.北京:万国学术出版社,2000.

[22] Li Y C, Guo Y, Zhu L F, et al. Thermoplastic constitutive relation suitable to dynamic problems in anisotropic and damaged materials[J]. The Chinese Journal of Mechanics, 2003, 19(1): 69-72.

[23] Соколовский В В. Распространение Улруго-вязко-плас-тических Воли в Стержнях[J]. ПММ Т 12 В3, 1948.

[24] Malvern L E. Plastic wave propagation in a bar of material exhibiting a strain-rate effect[J]. Q. Appl. Math., 1951(8): 405.

[25] Cristescu N. Dynamic Plasticity[M]. NHPC, 1967.

[26] Perzyna P. Fundamental problem in visco-plasticity[J]. Advances in Applied Mechanics, 1966(9): 243-377.

[27] Bodner S R, Parton Y. Constitutive equations for elastic-viscoplastic strainhardening materials[J]. J. Appl. Mech., 1875(42): 385.

[28] Johnson G R, Cook W H. A constitutive model and data for metals subjected to large strains, high strain rates and high temperatures[C]//Proceedings of 7th International Symposium on Ballistics. Hague: Netherlands, 1983: 541-547.

[29] 朱兆祥. 材料本构关系理论讲义[M]. 北京: 科学出版社, 2015.

后　　记

连续介质力学主要研究连续介质在外部作用下的宏观规律，虽然不同连续介质的物质含义是不同的，但是它们可以用相同的数学结构进行表达。这些数学结构就是我们熟知的本构关系，而力学的各基本分支学科正是以本构关系的不同来划分的。随着社会的发展，科学技术日趋发达，涌现出许多交叉学科，连续介质力学作为一门基础学科，有了更深刻的内涵和更广阔的应用前景。本书正是基于这一新的情况和需要而对连续介质力学的基本知识进行了介绍，并选择了具有典型意义的问题进行求解，使读者在掌握求解连续介质问题基本方法的同时体会到其中的乐趣，正如钱学森先生所说，“也是一种精神享受”，使人“感到自己站得更高了，能洞察事物的本质了”。

恰在本书即将出版的关键时期，李永池先生突然离世，这让连续介质力学领域的研究者和学院师生为之愕然，也使得本书的出版一度陷入停顿。先生是我国在连续介质力学领域进行研究和教学工作的先驱者之一，他的离去给该领域留下了诸多遗憾。遗憾的是，对于他这最后一部呕心沥血之作，他未能在出版前再审校一遍。

早在 2012 年，先生就将其教学内容编辑成书(《张量初步和近代连续介质力学概论》)出版，该书一经问世，广受欢迎。由于该书对理论知识水平要求较高，使得初学者学习时有一定的困难，于是先生着手编写本书，并将本书的第 1 章主要内容植于《张量初步和近代连续介质力学概论》(第 2 版)的第 0 章，使其更具可读性。本书编写过程中参考了大量国内外的优秀教材，整理了很多先生上课时的讲义和笔记。就这样，先生几年如一日地坚持着，熟悉先生的人都知道，他是一位急性子的人，但是唯独对上课、编书之事“耐得住寂寞”。先生上课总是心无旁骛，时常拖堂，而对编书则是达到了废寝忘食的地步，有时师母的电话打过来，我们才发现又快过饭点了。在成书的后期，我和先生相约每天用半天时间来编书，而他在另外的半天时间里整理素材，就这样我们每天上午 9:00 或者下午 3:00 相约到办公室，即便是周末和假期也不例外。在本书的编写过程中，受益最大的非我莫属，先生既严格要求，又给以激励，要我抽时间把书中的习题都做一遍，每天做一道，坚持一年就能做完，然后编成习题集，并鼓励说“一定会大受欢迎”。在我一生的修行中，那段时间显得弥足珍贵。

先生自 1965 年从北京大学毕业后就被分配到中国科学技术大学工作，一生艰苦朴素，克己奉公，兢兢业业。先生宽厚的师德和严谨的治学态度让师生们敬佩不已。他一直坚持采用直接板书的方式进行连续介质力学课程的讲授，凡是听过先生课的学生对先生的印象都非常深刻，先生授课严谨流畅，一丝不苟，能把高深的问题通俗化、形象化，使同学们受益匪浅。听过先生课的学生说，应该把先生的授课过程录制成视频，无奈这成了一大遗憾。先生在本书初稿刚定时就病倒了。现在想起来，先生病倒之前的日子真的是在和时间赛跑，内心坚定的信念支撑着他忘我地工作，最终在他人生的尽头完成了本书的初稿。我有时也在想是不是本书耽误了他去医院检查身体，因为早在一年之前先生就查出疑似肺癌的征兆，而他把编书看得太重要了，全身心地投入，真是达到了“焚膏油以继晷，恒兀兀以穷年”的境界，却不顾自己的身体状况。在先生已经被诊断为肺癌晚期住院期间，他还关心着学生的最后一节课和考试，在我帮他给学生上完复习课后，他还询问我学生有没有问题，考试该如何安排，当我把试卷拿给他看时，他还用颤巍巍的手拿着笔修改。先生在生命的最后时刻还问书稿怎么样了、与出版社沟通得如何。我为了让他少操心，一直和他说全部都定好了，没有问题了，就等着他出院给大家讲课了。不幸的是，2019 年 1 月 27 日凌晨先生与世长辞，未能与新书谋面。

书未成，人已殒。各方面对本书都抱有极大的关注，其中先生的北大同窗多次问起本书的情况，并发来了他们对先生的追忆，我在此摘抄一二：

永池是班里成绩最好、学习最努力的同学，也是文体方面的活跃分子！

跳远和长跑是他强项，一次比赛，他穿着肥大的农家粗布短裤，腰间扎着白布带，尽管有人偷偷嘲笑他，他却毫不在意，一跃获得第三名。真是一个血气方刚的好汉子！

永池是文娱委员，教我们唱“洪湖水，浪打浪……”

一个质朴而富有朝气的农家孩子，一个集忠诚、忘我、智慧于一身的同学，一位既像春蚕、又像蜡烛永不疲倦的教授，永远活在我们心中！

书生报国无杂念，喜怒笑骂皆真心，可贵可敬，永池不朽！

…………

先生未竟之工作，由高光发教授和我在尊重先生之风格的基础上加以补充完善，但因水平有限，难免会有纰漏。在众人的帮助下，本书几经波折，最终付梓。特别是中国科学技术大学工程科学学院吴恒安院长、郑志军副教授以及出版社的编辑等人对本书给予了大力支持，借此机会表示感谢。

愿本书作为对先生在天之灵的慰藉，寄托着我们的无限哀思和崇敬之情！

张永亮

2019 年 10 月于也西湖